RADIOAKTIVITÄT

VON

DR. STEFAN MEYER UND DR. EGON SCHWEIDLER

O. Ö. PROFESSOR DER PHYSIK AN DER UNIVERSITÄT WIEN
INSTITUT FÜR RADIUMFORSCHUNG DER AKADEMIE DER WISSENSCHAFTEN

O. Ö. PROFESSOR DER PHYSIK AN DER UNIVERSITÄT WIEN
I. PHYSIKALISCHES INSTITUT DER UNIVERSITÄT

ZWEITE,
VERMEHRTE UND TEILWEISE UMGEARBEITETE AUFLAGE

MIT 108 ABBILDUNGEN IM TEXT

1927
Springer Fachmedien Wiesbaden GmbH

ISBN 978-3-663-15270-5 ISBN 978-3-663-15835-6 (eBook)
DOI 10.1007/978-3-663-15835-6
Softcover reprint of the hardcover 2nd edition 1927

Vorwort zur ersten Auflage.

Als wir vor mehreren Jahren die Aufforderung erhielten, eine „Radioaktivität“ zu schreiben, willigten wir gerne ein; damals lag das Werk von M. Curie (1910) und E. Rutherfords neue Auflage (1912) noch nicht vor. Nach deren Erscheinen mußten wir uns freilich die Frage stellen, ob eine neuerliche Behandlung dieses Gebietes unserseits noch Berechtigung habe. Wenn wir glaubten, dies bejahen zu dürfen, so geschah es in der Erwägung, daß bei aller — besonders anerkennenswerten — Objektivität der genannten Autoren doch jeder Forscher sein spezielleres Arbeitsfeld und die Methoden seines Institutes in erster Linie berücksichtigt, und weil wir meinten, daß neben Frankreich und England auch Deutschland und Österreich gehört werden sollten; denn nicht bloß passiv — als erster Fundort der kostbaren neuen „radioaktiven“ Stoffe — sondern auch aktiv durch eifrige Mitarbeit an der experimentellen und theoretischen Klarstellung des neu erschlossenen Forschungsgebietes waren von Anfang an diese beiden Länder mitbeteiligt. Auch sollten Teilfragen, die in den genannten Werken minder ausführlich besprochen sind oder noch gar nicht bearbeitet waren, — wie beispielsweise die Radiochemie (speziell die Lehre von der Isotopie) oder die Beziehungen zu Geophysik und Luftelektrizität — eingehender behandelt und einige spezielle Erfahrungen der Meßmethodik, die in den von den Autoren geleiteten Instituten gesammelt waren, bekanntgegeben werden.

Anderseits konnte manches absichtlich sehr kurz gefaßt werden, was in den Büchern von Rutherford und Curie schon ausführlich dargestellt ist. Eine Raumersparnis ergab sich auch aus einer von der bisher üblichen abweichenden Anordnung des Stoffes; die Zerfallstheorie wurde an die Spitze gestellt, nicht mehr induktiv entwickelt, da sie bereits als gesicherter Besitz gelten kann.

Ein solches Buch kann natürlich nicht in einem Zuge geschrieben werden, und tatsächlich ist es im Verlaufe mehrerer Jahre entstanden; bei der raschen Entwicklung der Forschung auf diesem Gebiete hat das den Effekt, daß inzwischen Wandlungen der Anschauungen eintraten; — um nur einiges herauszugreifen, wurde es wahrscheinlich, daß die korpuskularen und zur Zeit bekannten Strahlungsvorgänge nicht zur quantitativen Aufklärung der vom Radium entwickelten Wärme hinreichen; es wurde die bereits erwähnte Isotopie erfaßt und damit die chemische Forschung auf neue Grundlagen gestellt; die Vorstellungen von der Struktur der Atome und vom Mechanismus der radioaktiven Zerfallsvorgänge wurden geklärt und vervollkommnet; die Probleme der außerterrestrischen Strahlung erhielten neue Fassungen usf. — Durch das allmähliche Einarbeiten in den schon fertiggestellten Text ergaben sich daraus Darstellungen, die ein historisches Sich-Entwickeln der letzten Forschungsresultate erkennen lassen. Wir glauben nicht, daß hierdurch die Anschaulichkeit gelitten hat, sondern sehen gerade in solchen Fällen einen gewissen Reiz.

Die Kriegszeit brachte es mit sich, daß der Satz des Buches relativ lange dauerte. Um die Aktualität des Werkes bis in die letzte Zeit zu erhalten, haben wir deshalb noch einige kurze Nachträge angefügt. Kleine Unebenheiten bitten wir mit diesen Schwierigkeiten der Zeitläufte zu entschuldigen.

Was die äußere Form betrifft, so haben wir bezüglich der auf dem Gebiete der Radioaktivität besonders zahlreichen Literaturnachweise die Neuerung eingeführt, diese am Schlusse jedes Kapitels oder Absatzes gesammelt zu bringen — um die einzelnen Seiten durch zu zahlreiche Fußnoten nicht zu überlasten —, dafür aber auf jeder Seite unten anzugeben, wo die Literaturnachweise zu finden sind, wodurch wir hoffen, lästiges Herumblättern zu ersparen. Die Literaturangaben trachteten wir möglichst vollständig zu geben.

Dem Verlage B. G. Teubners, der trotz aller Hemmnisse den stellenweise schwierigen Satz unentwegt durchgeführt hat, gebührt unser aufrichtigster und wärmster Dank für sein stetes Entgegenkommen; er half uns damit in dem Bestreben, ein Dokument zu schaffen, daß selbst während des Krieges die wissenschaftliche Arbeit, die auf ihm fernliegenden Gebieten aufbaut und sammelt, nicht zum Stillstande kam.

Wien und Innsbruck, im Juli 1916.

Stefan Meyer. Egon v. Schweidler.

Vorwort zur zweiten Auflage.

Wenn von einem Kritiker der im Jahre 1916 erschienenen ersten Auflage die Meinung ausgesprochen wurde, unser Buch zeige, daß die Radioaktivität nunmehr im Prinzip ein zum Abschluß gekommenes Wissensgebiet sei und nur mehr für feinere Ausarbeitung der Details Anlaß gebe, so ist sie von der tatsächlichen Entwicklung der Wissenschaft nicht bestätigt worden. Im Gegenteil, neben der extensiven Detailarbeit sind sehr bedeutungsvolle Klärungen und Erweiterungen von damals noch im Anfangsstadium befindlichen Begriffen und Gesetzen erfolgt — es sei nur an die Weiterbildung des Atommodells nach Rutherford und Bohr, an die Entwicklung des Isotopiebegriffes, an die Einordnung der mit Beta- und Gamma-Strahlung verbundenen Zerfallsvorgänge in die allgemeine Quantentheorie sowie an die mittlerweile erfolgte theoretische Erfassung der Vorgänge bei Absorption und Streuung der verschiedenen Strahlenarten erinnert — ferner an die Auffindung neuer radioaktiver Stoffe wie des Protactiniums und des Uran Z. Mit der Entdeckung und weiteren Erforschung der Atomzertrümmerung durch α-Strahlen und des dabei oft zugleich auftretenden Atomaufbaues durch Einfangen von α-Teilchen sind sogar ganz neue Erscheinungen von fundamentaler Bedeutung der Fülle des noch der Bearbeitung harrenden Tatsachenmaterials angegliedert worden.

Als daher der Verlag uns aufforderte, an Stelle der vergriffenen ersten Auflage eine neue zu bearbeiten, mußten wir die ursprüngliche Darstellung auch in wesentlichen Punkten ergänzen und umändern. Im allgemeinen ist allerdings die Anordnung des Stoffes beibehalten und die erwähnte Ausdehnung der Lehre von Atomstruktur und Kernphysik nur soweit behandelt worden, als sie in den engeren Rahmen der Radioaktivität fällt; ebenso blieb es unser Bestreben, das Buch als Nachschlagewerk brauchbar zu erhalten und dementsprechend auf möglichst vollständige Literaturangaben (bis etwa Herbst 1926 reichend) Gewicht zu legen. Aus dem gleichen Grunde wurden auch die im Anhang zusammengestellten Tabellen nach Zahl und Umfang beträchtlich vermehrt.

Wie intensiv die Forschung auf dem Gebiete der Radioaktivität im Dezennium 1916—1926 war, zeigt sich äußerlich darin, daß die Zahl der zitierten Autoren auf 1561 (1. Auflage: 749) gestiegen ist, die Zahl der Literaturzitatnummern auf 4380 (2460), die der Einzelzitate auf 6430 (3080).

Da der Umfangserweiterung Grenzen gesetzt waren, mußten natürlich viele neue Ergebnisse durch bloße Andeutung ohne ausführliche Besprechung berücksichtigt werden.

Wie bei der ersten Auflage fühlen wir uns auch diesmal verpflichtet, dem Verlag für sein Entgegenkommen gegenüber unseren Wünschen und für die Sorgfalt der Durchführung unseren warmen Dank auszusprechen.

Wenn wir uns auch bewußt sind, daß bei dem heutigen Stande der Radioaktivität eine erschöpfende Darstellung nicht von einem einzelnen oder von zwei Autoren geliefert werden kann, so hoffen wir doch, durch die Zusammenstellung der wichtigsten experimentellen und theoretischen Ergebnisse und der entsprechenden Literaturhinweise der stets wachsenden Schar der auf diesem Gebiete arbeitenden Forscher bei ihrer auf immer weiter hinausgeschobene Ziele gerichteten Tätigkeit nützliche Hilfe zu bieten.

Wien, im Februar 1927.

Stefan Meyer. Egon Schweidler.

Inhaltsverzeichnis.

I. Kapitel. Historische Einleitung.

II. Kapitel. Die Prozesse der radioaktiven Umwandlung.

III. Kapitel. Die Prozesse der radioaktiven Strahlung.

IV. Kapitel. Die Wirkungen der radioaktiven Strahlung.

V. Kapitel. Maße und Meßmethoden.

VI. Kapitel. Die radioaktiven Substanzen.

VII. Kapitel. Die Radioaktivität in Geophysik und kosmischer Physik.

Anhang.

Erstes Kapitel.

Historische Einleitung.

1. Allgemeine Einleitung. Die Entdeckung der radioaktiven Substanzen kennzeichnet einen Wendepunkt in den Anschauungen über die Konstitution der Materie und bedeutet einen mächtigen Impuls für die Chemie.

Das Studium der eigenartigen Strahlen dieser Substanzen liefert derzeit die bestbegründeten Stützen für die modernen Auffassungen der Elektronik und der Elektrizitätslehre überhaupt.

Schon diese zwei Sätze allein charakterisieren die Größe des Arbeitsgebietes, welches seit der Jahrhundertwende erschlossen worden ist, und an dessen Entwicklung seither in allen Ländern mit größtem Eifer gearbeitet wird.

Wohl war der Begriff des „Atomes", als des kleinsten Bausteines der elementaren Grundstoffe, schon vorher nicht mehr der ursprüngliche und dasselbe nicht mehr etwa als starre, absolut unveränderliche, kleinste Masse angesehen worden; in den komplizierten optischen, elektromagnetischen Eigenschaften, speziell beispielsweise in den vielerlei Schwingungsformen, die sich im Spektrum eines Elementes äußern, lag ja schon ein Hinweis darauf, daß der innere Aufbau eines Atomes noch ein recht mannigfaltiger sein müßte. Aber doch war die „Unteilbarkeit" des „Atomes" als bloße Vorstellung einer „Grenzgröße" für den Inbegriff aller bekannten physikalischen und chemischen Eigenschaften des betreffenden Elementes noch nicht klar erkannt.

Wohl war auch durch die Aufstellung des „periodischen" Systemes der Elemente durch D. Mendelejeff und L. Meyer (1869) ein Zusammenhang der Elemente untereinander wahrscheinlich gemacht, also ein Hinweis auf einen oder mehrere noch kleinere gemeinsame Bausteine, und es hatten sogar schon zu Beginn des 19. Jahrhunderts W. Prout und J. L. G. Meinecke im Hinblick auf die nahezu erfüllte Ganzzahligkeit der meisten Atomgewichte, für Wasserstoff als Basis, eben den Wasserstoff als gemeinsamen Grundstoff aufgefaßt — aber man war nicht so recht weitergekommen, trotz der zahlreichen Spekulationen und Versuche, Zahlenbeziehungen aufzustellen.

Literatur zu I siehe Seite 21.

Erst die Auffindung der radioaktiven Elemente brachte neue Gesichtspunkte. In diesen wunderbaren Stoffen wird uns unmittelbar das Werden und Vergehen von Elementen offenbart, wir können es geradezu sehend verfolgen, wie bislang als unveränderlich gegoltene Urstoffe explosionsartig unter Ausschleuderung von Partikeln von der Art des Heliums sich zu einem neuen „Element" umbilden. Wir erkennen die Lebhaftigkeit der intraatomistischen Bewegungen, die unter Umständen eben so groß werden kann, daß Umlagerungen im Atome selbst in stabilere Innenanordnungen seiner Teilchen vor sich gehen, ja daß Bruchstücke des Atomes dessen Verband verlassen und zu Neugestaltungen Veranlassung geben.

In den Röntgenstrahlen hatten wir eine neue Strahlenart kennengelernt, die „undurchsichtige" Körper zu durchdringen vermag, und wer zum erstenmal durch Haut und Muskeln die Knochen seiner eigenen Hand gesehen hat, wird sich des tiefen Eindruckes dieser Erscheinung erinnern. Und doch konnten diese Strahlen dem Physiker zunächst nur qualitativ Neuartiges bringen. Denn daß „Lichtstrahlen" feste Körper wie Glas usw. durchdringen können, während sie von dünnem schwarzen Papier nicht durchgelassen werden, war eigentlich ein ebenso großes Wunder, nur hatte die lange Zeit dieser Kenntnis uns das Staunen darüber abgewöhnt. Wir kannten auch schon in den Wärmestrahlen eine Art, welche beispielsweise schwarzen Ebonit relativ leicht zu durchsetzen vermochte, während für gewöhnliches Licht durchsichtiges Glas sie stark zurückhielt. Die radioaktiven Strahlen jedoch erwiesen sich bald als ganz anderer Natur wie die „elektromagnetischen Schwingungen", als welche die Licht-, Wärme- und Elektrizitätsstrahlen angesehen wurden.

Das aufregendste Problem aber ward für alle, die in dem festen Glauben an die beiden Hauptsätze der Wärmetheorie, voran den Satz von der Erhaltung der Energie, aufgewachsen sind, die Frage nach der Quelle der Energie, welche von den radioaktiven Substanzen beständig abgegeben wird. Die Erkenntnis, daß diese Energievorräte infolge des Aufbaues des Atomes in diesem selbst aufgespeichert sind und bei spontanen Änderungen des Gefüges und dem Abbau desselben freigegeben werden können, bildet eines der Fundamente, auf denen unsere derzeitigen Anschauungen über die Radioaktivität aufgebaut sind.

Man erkannte, daß es sich bei der radioaktiven Strahlung um die Emission teils kleiner gravitierender Teilchen von Atomgröße des Heliums, teils von elektrischen Elementarquanten (Elektronen) handelt, daß hier also eine beständige Ausschleuderung zahlreicher elektrisch

Literatur zu I siehe Seite 21.

geladener Korpuskeln stattfindet, womit sich in gewissem Sinne eine Annäherung an die alten Newtonschen Emissionshypothesen des Lichtes ergab; man erkannte weiter, daß bei einer solchen Abspaltung von Bruchstücken des Atomes und Bremsung ihrer Bewegung lebhafte Vibrationen auftreten, die Wirkungen entsprechend denen der Röntgenstrahlen hervorbringen.

2. Erste Entdeckungen: Uranstrahlen; Becquerelstrahlen. Die ersten Entdeckungen auf dem engeren Gebiete der „Radioaktivität" waren von einer Reihe glücklicher Zufälle gefördert worden. Doch hätte dieses Zusammentreffen günstiger Umstände wohl unbeachtet bleiben können, wäre nicht durch die Studien an den Entladungen in gasverdünnten Räumen und die „Elektronentheorie" bereits die notwendige Vorarbeit geschaffen gewesen, und hätten nicht führende Geister wie Henri Becquerel, das Ehepaar Pierre und Marya Curie, Ernest Rutherford und Frederick Soddy und viele andere sich mit größtem Eifer dem Studium der neuen Erscheinungen hingegeben.

Die wichtigsten Etappen des historischen Ganges der Entdeckungen seien kurz im folgenden zusammengestellt.

Ende 1895 hatte W. C. Röntgen die Erscheinungen der X-Strahlen (später „Röntgenstrahlen" genannt) bekanntgemacht.

Am 20. I. 1896 demonstrierte H. Poincaré in der Sitzung der Pariser Akademie die ersten ihm von Röntgen eingesandten Radiographien. Er teilte auf Anfrage H. Becquerels diesem mit, daß der grüne Phosphoreszenzfleck des Glases der Geißlerröhre als Ausgangspunkt der Strahlung aufgefaßt werden dürfte, eine Vermutung, der er auch in einer Notiz am 30. I. 1896 Ausdruck verlieh. Becquerel verfiel nun auf die Idee, die phosphoreszierenden Substanzen selbst auf eventuelle ähnliche Strahlungswirkungen zu untersuchen. Dabei kam ihm der glückliche Umstand sehr gelegen, daß er von den Untersuchungen seines Vaters und eigenen her im Besitze von Urankaliumdoppelsalzen und ähnlichen Produkten war. Tatsächlich war er imstande, photographische Wirkungen durch Papier oder Aluminium hindurch festzustellen. Die ersten Ergebnisse mit Kaliumuranylsulfat sind in einer Publikation vom 24. Februar 1896 niedergelegt. Schon am 5. März 1896 hatte er aber erkannt, daß es gar nicht auf die Vorbelichtung der „phosphoreszierenden" Substanzen ankam, vielmehr auch Uransalze, die lange Zeit im Dunkeln gehalten worden waren, die gleichen Eigenschaften zeigten, während andere uranfreie phosphoreszierende Substanzen, wie vorbelichtetes Zinksulfid, Calciumsulfid usw., keine

Literatur zu I siehe Seite 21.

Wirkungen erkennen ließen, daß es sonach eine Eigenheit des Urans selbst sei, die Strahlungen zu emittieren. Im Verlaufe der nächsten 7 Jahre vermochte er an den gleichen Stücken zu beweisen, daß die Resultate sich in solchen Zeiträumen nicht in ihrer Intensität verändern.

Die Wirkungen, welche vom Uran und seinen Verbindungen ausgingen, wurden seit 1896 nunmehr gründlich studiert und insbesondere erkannt, daß außer den bereits erwähnten photographischen Wirkungen durch für gewöhnliches Licht undurchlässige Materien hindurch die Entladung geladener Körper infolge von Ionisation der umgebenden Luft bewerkstelligt werden kann. Dies gestattete die Ausarbeitung verfeinerter Meßmethoden, und durch solche konnte nun vor allem in quantitativer Weise gezeigt werden, daß alle Uranverbindungen strahlen und die Intensität nur von ihrem Gehalte an Uranelement abhängt. Kleine Abweichungen des Gesetzes ließen sich auf die teilweise Absorption der Strahlen in den verschiedenen Salzarten zurückführen. Moissansches Uranmetall wurde demgemäß von H. Becquerel als Maß für die Strahlung der diversen Produkte vorgeschlagen.

Die Strahlen selbst ließen damals keinerlei Reflexion oder Brechung erkennen, sie waren daher zunächst als wesensverwandt mit den Röntgenstrahlen aufzufassen. Die Strahlung der Präparate zeigte sich, unabhängig davon, ob ein Salz in ein anderes verwandelt wurde, immer nur proportional dem Urangehalt, sie ließ sich durch Temperaturveränderungen bis hinab zu der Temperatur der flüssigen Luft nicht beeinflussen, ebensowenig durch irgendwelche andere Behandlung, kurz sie erschien beständig gegen physikalische oder chemische Beeinflussungsversuche und mußte sonach als eine dem Uranatom immanente, konstante und spontane Eigenschaft charakterisiert werden.

Wir wissen heute, daß nicht der grüne Phosphoreszenzfleck des Glases einer Röntgenröhre notwendigerweise der Ausgangspunkt der X-Strahlen ist. Wir erkennen es als eine besonders glückliche Fügung, daß H. Becquerel unter den phosphoreszierenden Substanzen seiner Sammlung gerade die Uransalze herausgreifen konnte. Wir wissen, daß die Phosphoreszenz primär nichts mit den spontan radioaktiven Strahlungserscheinungen zu tun hat. Um so dankbarer müssen wir die große Bedeutung würdigen, die darin liegt, wie schnell H. Becquerel sich von den falschen Prämissen frei zu machen wußte, indem er die Aktivität als Eigenschaft des Atomes des Urans erfaßte und es ist deshalb eine gerechtfertigte Anerkennung seiner Verdienste, wenn man die Strahlen, die von Uran und von den später entdeckten anderen

Literatur zu I siehe Seite 21.

radioaktiven Substanzen ausgehen, zusammenfassend als Becquerelstrahlen bezeichnet.

Wir definieren sonach als radioaktiv diejenigen Substanzen, die spontan und unbeeinflußt von chemischen und physikalischen Einwirkungen Strahlen aussenden, welche das umgebende Gas ionisieren, photographisch wirken können, usw. (kurz „Becquerelstrahlen" emittieren).

Sie unterscheiden sich demgemäß von phosphoreszierenden Substanzen, von solchen mit Hallwachseffekten und durch Erhitzung oder sonstwie hervorgebrachten Elektronenemissionen, deren „Strahlungen" insbesondere von physikalischer Vorbehandlung wie Belichtung, Erhitzung und dergleichen bestimmt werden.

3. Entdeckung neuer radioaktiver Substanzen. Nachdem die Eigenschaft des „Urans" als solche festgestellt war, Becquerelstrahlen auszusenden, d. h. photographisch, ionisierend und lumineszenzerregend zu wirken, war es naheliegend zu untersuchen, ob dies denn eine Eigenschaft bloß des einen Elementes (U) wäre. 1898 wurden Resultate solcher Untersuchungen fast gleichzeitig von G. C. Schmidt (4. April) und Marya Curie (12. April) publiziert. Sie fanden beide auch bei dem Element Thorium analoge Eigenschaften. M. Curie hat dann systematisch die ihr zugänglichen Mineraliensammlungen durchforscht, aber alle diejenigen Stücke, welche sich als radioaktiv erwiesen, waren uran- oder thoriumhaltig.

Es ist sofort aufgefallen, daß U und Th dabei diejenigen Elemente sind, welchen das größte Atomgewicht (238 und 232) unter allen Grundstoffen zukommt und daß diese Atomgewichte von den nächsten (Wismut 209 und Blei 207) recht weit abstehen. Obwohl dies darauf hinwies, daß die Radioaktivität in besonderem Maße sich bei den kompliziertest aufgebauten Atomen vorfindet, schien es doch von vornherein nicht unplausibel, daß auch den anderen Elementen ähnliche Eigenschaften, vielleicht nur in geringerem Ausmaß, zukämen. Tatsächlich wurde, allerdings erst viel später, eine schwache Aktivität (ob von gleicher Art?) an Kalium und Rubidium entdeckt. Wir können heute noch nichts Bestimmtes darüber aussagen, ob die genannten (unter den alten Elementen) die wirklich einzigen sind, welche Radioaktivität aufweisen, oder ob alle Elemente sich analog verhalten und ihre Wirkung nur so gering ist, daß unsere dermaligen Meßmethoden nicht hinreichen, um sie festzustellen.

Die Meßmethodik wurde nach der Erkenntnis der ionisierenden Wirkungen sehr bald verfeinert und bei ihren grundlegenden Versuchen

Literatur zu I siehe Seite 21.

hat M. Curie sich bereits einer elektrischen Methode bedient. Dank der damit erzielten Genauigkeit konnte sie feststellen, daß natürliche Uranmineralien eine Aktivität aufwiesen, die größer war, als dem Urangehalt entsprach.

Dies stand im Widerspruch zu der bereits wohlfundierten These, daß die Aktivität als „Atomeigenschaft“ des Urans nur von der Menge dieses Elementes, nicht von der Art der chemischen Verbindung abhängig sei, und M. Curie zog sofort den richtigen Schluß, daß sich hier noch ein anderes unbekanntes, besonders stark aktives Element in kleinen Dosen beigemengt finden müßte. Die untersuchten Mineralien waren besonders Uranpecherz, Chalkolith, Autunit und verwandte Proben.

Sie fand in relativen Einheiten u. a.

metallisches Uran	2,3	Chalkolith	5,2
Pechblende aus St. Joachimstal	7,0	Autunit	2,7
„ aus Johann-Georgenstadt	8,3	Carnotit	6,2
„ aus Pribram	6,5	Thorianit	5,0

Die Methode bestand darin, Schälchen, mit dem pulverisierten Material gefüllt, zu vergleichen. Es zeigte sich, daß von einer gewissen Schichtdicke an die Wirkung konstant blieb, es also mehr auf gleiche Oberflächen als gleiches Gewicht ankam. Die Vergleiche wurden daher unter tunlichst gleichen Bedingungen vorgenommen. Trotzdem müssen wir es wieder als eine Art Glücksfall ansehen, daß bereits auf diese Weise nahezu quantitative Resultate von M. Curie erhalten wurden, da wir heute wissen, wie kompliziert de facto die Verhältnisse für die Messung liegen.

Nun folgten systematische Versuche M. Curies allein und gemeinsam mit ihrem Gatten P. Curie, das vermutete neue Element abzuscheiden, wobei die Radioaktivität als Führer galt. Die Erze wurden aufgeschlossen und jeweilig immer diejenigen Fraktionen weiterbehandelt, welche an Aktivität gestiegen waren.

Am 18. Juli 1898 konnten P. und M. Curie berichten, daß es ihnen gelungen sei, aus Pechblende (in ihrer Zusammensetzung etwa U_3O_8 75, PbS 5, SiO_2 3, CaO 5, FeO 3, MgO 2, Diverse 7, wobei unter den „Diversen“ noch viele andere Elemente vorkommen, so auch Bi) einen wesentlich (etwa 400mal) aktiveren Stoff mit der Wismut enthaltenden Fraktion abzuscheiden. Zu Ehren der Heimat von Marya Curie, geborenen Sklodowska, wurde das neue Element „Polonium“ genannt.

Schon am 26. Dez. 1898 konnte das Ehepaar Curie weiter berichten, daß es ihnen gemeinsam mit G. Bémont gelungen war, in der das Barium enthaltenden Fraktion gleicher Provenienz ein anderes radioaktives Element zu finden. Es erhielt den Namen „Radium“.

Literatur zu I siehe Seite 21.

Es sei gleich hier erwähnt, daß es bald darauf, 1899/1900, A. Debierne und F. Giesel gelang, mit dem Lanthan das „Actinium" abzutrennen, daß 1902 J. Elster und H. Geitel, F. Giesel, K. A. Hofmann und E. Strauß das „Radioblei" fanden, 1905 O. Hahn in den Thorprodukten das „Radiothor" und das „Mesothor" abschied, 1907 B. B. Boltwood und bald danach O. Hahn sowie W. Marckwald das „Ionium" auffanden und endlich 1918 O. Hahn und L. Meitner sowie F. Soddy und J. A. Cranston das „Protactinium" entdeckten.

Es waren diese Substanzen aus der Pechblende gewonnen worden, nachdem das Uran daraus bereits abgeschieden war, sie mußten sich daher in den Rückständen der Uranverarbeitungen finden. Demnach war es naheliegend, sich an die Orte der Uranfabrikationen zu wenden, um das bis dahin wertlose Material der „Rückstände" von ihnen zu erhalten, und die Franzosen wandten sich seinerzeit an den damaligen Präsidenten der Wiener Akademie der Wissenschaften, Eduard Sueß, der ihnen die Zuwendung von solchen Rückständen aus St. Joachimstal in Böhmen, der Hauptquelle des Urans, vermittelte.

Wiederum hat nun bei der Möglichkeit der Beschaffung größerer Mengen von Rückständen der Uranverarbeitung ein besonders glücklicher Umstand mitgespielt. Dem zur Zeit seines Silberreichtums blühenden Bergwerke von St. Joachimstal ging es nicht mehr gut. Silber war kaum mehr zu finden, das Blei größtenteils abgebaut, die Uranfabrikation allein nicht besonders erträglich. Da hatte Bergrat G. Kroupa daran gedacht, ob man die geringen Mengen von Silber oder sonst noch etwa enthaltene verwertbare Substanzen aus den Rückständen vielleicht doch noch extrahieren könnte. So waren von diesen Rückständen, die bis dahin auf Halden oder in den Bach geworfen worden waren, einige Waggons voll aufgespeichert, als das Ansuchen eintraf, dem Ehepaare Curie von diesem Material etwas zu überlassen. Das österreichische Ackerbauministerium hat sich ein großes Verdienst damit erworben, daß es in bereitwilliger Weise zwei Waggons unentgeltlich bzw. zum Selbstkostenpreise zur Verfügung stellte. Im ganzen wurden (vgl. F. Paneth und C. Ulrich in C. Doelters Handbuch der Mineralchemie III. 2. S. 314, 1923) von der österr. Regierung 60000 kg mit über 24 g Ra unentgeltlich abgegeben; ein ehrendes Beispiel internationaler Förderung der Wissenschaft. Das damals nahezu wertlose Material wäre heute einige Millionen Dollar wert, aber es ist eben erst durch die radioaktiven Forschungen soviel wert geworden.

4. Charakteristik der Strahlen. Seit 1898 kannte man also schon eine Reihe radioaktiver Stoffe, außer Uran und Thor vornehmlich Polonium und Radium. Nun galt es, die Strahlen dieser Substanzen zu charakterisieren, denn schon frühzeitig war es klar geworden, daß die Becquerelstrahlen nicht einheitlicher Art sein können. Insbesondere waren es Absorptionsversuche mit verschiedenen Strahlenquellen in verschiedenem Material, die es sicherstellten, daß neben sehr weichen, das heißt von geringen Schichtdicken eines Absorbers zurückgehaltenen, härtere und sehr harte Strahlen vorhanden sein müßten.

Literatur zu I siehe Seite 21.

Weitere Klärung brachten die Versuche, Ablenkungen der Strahlen durch magnetische oder elektrische Kräfte zu erhalten. Im Jahre 1899/1900 war es nahezu gleichzeitig F. Giesel, St. Meyer und E. v. Schweidler sowie H. Becquerel gelungen, zu zeigen, daß sich „Radiumstrahlen" im Magnetfeld ablenken ließen, im selben Sinne wie „Kathodenstrahlen", daß es sich hier also um eine Emission negativ geladener Teilchen handle, die mit enormen Geschwindigkeiten ausgeschleudert werden.

„Poloniumstrahlen" aber blieben praktisch unabgelenkt, trotzdem sie sehr leicht absorbierbar waren. Das schien wieder eine neue Schwierigkeit für die Erklärung, denn solange man bloß an eine Analogie mit Kathodenstrahlen dachte, war anzunehmen, daß je weicher die Strahlung, desto leichter die Ablenkung erfolgen müsse.

Man hatte bald eine Fülle von Kombinationen festgestellt: weiche, leicht ablenkbare; härtere, minder ablenkbare; weiche, nicht merklich ablenkbare und harte unablenkbare.

In diese verwirrende Menge von Einzelergebnissen brachten seit 1902 fundamentale Arbeiten E. Rutherfords Ordnung. Er deutete alle diese Strahlungserscheinungen in folgender Weise:

Es gibt:

α) Strahlen, gebildet aus positiv geladenen, rasch fliegenden, materiellen Partikeln der Größe des Heliumatomes, die wenig ablenkbar sind im magnetischen bzw. elektrischen Felde, und zwar im Sinne der „Kanalstrahlen".

β) Strahlen, gebildet aus elektrisch negativen Korpuskeln (Elektronen), die relativ stark ablenkbar sind, je härter (je weniger absorbierbar), desto weniger, die in voller Analogie stehen zu den „Kathodenstrahlen".

γ) Strahlen, die sich als unablenkbar erweisen und keine Ladungen tragen.

Die Bezeichnung als α-, β-, γ-Strahlen ist erhalten geblieben. Die α- und β-Strahlen sind „Korpuskularstrahlen", und es war für sie eine „Emissionstheorie" auszuarbeiten und Aufschluß über Größe, Geschwindigkeit und Ladung der Teilchen zu erhalten. Über die Natur der γ-Strahlen, ob sie als korpuskulare Strahlung ungeladener Teilchen oder in Analogie zur Licht- und Wärmestrahlung („Ätherimpulsstrahlung") aufzufassen sei, konnte man lange keine Anhaltspunkte finden. Die grundlegenden Versuche von M. v. Laue, W. Friedrich und P. Knip-

Literatur zu I siehe Seite 21.

ping sowie die folgenden von W. H. und W. L. Bragg, M. de Broglie, H. G. J. Moseley u. a. mit Röntgenstrahlen, die durch Kristalle passieren und deren Raumgefüge entsprechend zu Interferenzphänomenen Anlaß geben, lassen aber die zweite Annahme nunmehr als gesichert gelten.

Im Verlaufe relativ kurzer Zeit gelang es, die obige Strahlencharakteristik in jeder Hinsicht völlig zu erweisen und zu vervollständigen.

Im Jahre 1903 entdeckten unabhängig voneinander J. Elster und H. Geitel sowie W. Crookes an den von F. Giesel empfohlenen Zinksulfidleuchtschirmen die merkwürdige Erscheinung, daß, unter der Lupe betrachtet, das von α-Strahlen hervorgerufene Leuchten sich aus einzelnen aufblitzenden Punkten zusammensetzt (Szintillationen). Ein von Crookes angegebener kleiner Apparat, von ihm „Spinthariskop" genannt, gestattet dies gut zu demonstrieren.

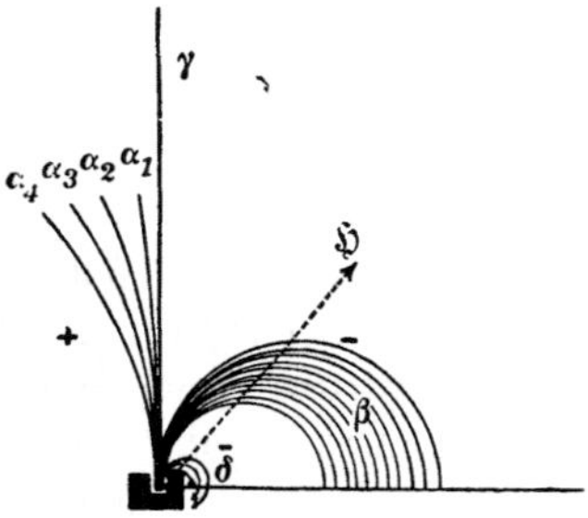

Fig. 1.
Schematischer Strahlengang im Magnetfeld, vorne ein Nordpol, hinten ein Südpol für Ra—RaC.

E. Regener hat dann zuerst zeigen können, daß jeder einzelnen auftreffenden α-Partikel ein distinkter Lichtblitz zugehöre, und er sowohl als E. Rutherford und H. Geiger haben daraus eine Methodik zur Zählung der α-Teilchen und auch zur Berechnung der Ladung einer einzelnen α-Partikel durchgearbeitet.

Die charakteristische Geschwindigkeit, mit der die Teilchen emittiert werden, ließ sich durch Kombination der Beobachtung der Ablenkungen im magnetischen und im elektrischen Felde feststellen (vgl. Kap. III). Sie schwankt für die α-Partikeln aus den verschiedenen radioaktiven Substanzen zwischen $1{,}4 \cdot 10^9$ und $2{,}06 \cdot 10^9$ cm pro Sekunde; für die β-Partikeln zwischen $0{,}87 \cdot 10^{10}$ und $2{,}997 \cdot 10^{10}$ cm/sec und nähert sich in letztem Falle schon sehr stark der Lichtgeschwindigkeit ($3 \cdot 10^{10}$ cm/sec).

Neben dieser Geschwindigkeit der emittierten Teilchen, die für jede Substanz ein wesentliches Kennzeichen bedeutet, werden die Absorptionsverhältnisse der Strahlen als Merkmale herangezogen.

Die α-Partikeln sind in ihrer Flugbahn enge begrenzt; es ergibt sich, wie zuerst P. Curie (1900) erkannte, eine Entfernung in Luft, hinter welcher plötzlich die Strahlungswirkung erlischt. Diese Distanz wird als „Reichweite" (range, parcours) bezeichnet. Sie liegt für die diversen α-Strahler zwischen 2,67 und 8,62 cm Luft von 15° Celsius und

Literatur zu I siehe Seite 21.

Atmosphärendruck. In festen Substanzen wird der Dichte entsprechend die gesamte α-Strahlung bereits von Schichtdicken der Größenordnung von 0,1 mm völlig absorbiert.

Für β- und γ-Strahlen lassen sich zumeist Exponentialgesetze für die Absorption auffinden, und man kann beispielsweise als charakteristisch diejenige Schichtdicke absorbierender Substanz angeben, hinter welcher gerade nur mehr die Hälfte der Strahlung austritt (Halbierungsdicke D). Diese Halbierungsdicke liegt für die β-Strahlen zwischen 0,001 und 0,05 cm Aluminium, für die γ-Strahlen zwischen 0,1 und 1,5 cm Blei (vgl. Kap. III).

Die Größe der α-Partikeln erwies sich einheitlich als die des Heliumatomes vom Atomgewicht 4 und dem absoluten Gewicht $6{,}6 \cdot 10^{-24}$ Gramm;*) die der β-Partikel im absoluten Gewicht von nahezu $9 \cdot 10^{-28}$ Gramm (ca. $\frac{1}{1840}$ H).

Die Größe der elektrischen Ladung konnte für jede α-Partikel mit 2 Elementarquanten, das ist $2e = 9{,}55 \cdot 10^{-10}$ elektrostat. Einheiten $= 3{,}18 \cdot 10^{-20}$ elektromagnetischen Einheiten, diejenige jeder β-Partikel mit $e = 4{,}77 \cdot 10^{-10}$ stat. Einh. $= 1{,}59 \cdot 10^{-20}$ magn. Einh. angesetzt werden.

Die Größenordnung der Wellenlänge für die γ-Strahlen ist 10^{-9} bis 10^{-11} cm.

5. Entdeckung der Emanationen und der induzierten Aktivität. Zeitliche Änderungen der Aktivität. Einen wesentlichen Fortschritt in der Entwicklung der Erkenntnis bedeutete die Entdeckung der „Emanationen“ und der „Induzierten Aktivität“.

R. B. Owens und E. Rutherford hatten zuerst 1899/1900 an Thoriumprodukten, E. Dorn dann am Radium und A. Debierne und F. Giesel am Actinium das Austreten je eines gasförmigen aktiven Stoffes entdeckt. Diese Gase erhielten den Namen „Emanationen“. Sie erklären die merkwürdige Erscheinung, daß in geschlossenen Räumen nach Entfernung der entsprechenden radioaktiven Substanzen die Aktivität sich nicht gleich mitverlor, indem eben von jenen Gasen etwas im Raume zurückblieb. Mit der Zeit verschwinden diese Emanationen in ganz bestimmt gesetzmäßiger Weise, im übrigen verhalten sie sich, wie sich im Laufe der Untersuchungen ergab, ganz wie die inerten Gase und schließen sich in ihrem Gehaben an die Gruppe He, Ne, Ar, Kr, X an.

Dieser Entdeckung folgte unmittelbar diejenige der „induzierten

Literatur zu I siehe Seite 21.

*) Untersuchungen von E. Rutherford (1920) ließen es als möglich erscheinen, daß auch analoge Partikeln des Atomgewichtes 3 ins Spiel treten, doch fand dies seither keine Stütze.

Aktivität", beziehungsweise ihre richtige Deutung. M. und P. Curie hatten schon vorher (1899) beobachtet, daß Körper, welche sich eine Weile im selben Raume mit Radium befanden, radioaktiv wurden. Nun fand man, daß für die Entstehung dieser „induzierten Aktivität" die Anwesenheit einer Emanation notwendig war, und erkannte, daß nach Wegblasen dieser letzteren eine zeitlich veränderliche Aktivität übrigblieb. Die substantielle Natur der „induzierten Aktivität" als eines unsichtbar dünnen Beschlages von radioaktiven festen Körpern, von E. Rutherford und F. Soddy zuerst entsprechend ihren Theorien als solche vermutet, wurde im folgenden insbesondere durch chemische (speziell elektrolytische) Trennungen erwiesen, und es wird in neuerer Zeit daher die Bezeichnung „aktiver Niederschlag" statt: „induzierte Aktivität" zumeist bevorzugt.

War die induzierte Aktivität des Radiums verschwunden, so entwickelte sich im Verlaufe von Wochen und Monaten in den gleichen Gefäßen ansteigend eine neue Aktivität. Sie wurde im Gegensatz zu den ersteren, ziemlich kurz bestehenden, zunächst als „langsam veränderliche induzierte Aktivität" bezeichnet. Später erkannte man auch hier die materielle Natur eines Beschlages radioaktiver Stoffe und fand, daß ein Teil derselben identisch war mit dem als erste radioaktive Substanz entdeckten „Polonium".

Es sei hier eingeschaltet, daß von den Erscheinungen der induzierten Aktivität diejenigen der „sekundären Strahlen" streng zu scheiden sind. Beim Auftreffen von α-, β- oder γ-Strahlen auf irgendwelche Körper werden aus diesen wesensverwandte Strahlen ausgelöst, deren Härte und sonstige Eigenschaften unter anderem auch von der Natur des getroffenen Körpers abhängen. Sie verschwinden mit den erregenden Strahlen, so daß hierin eine gewisse Analogie mit den Fluoreszenzerscheinungen gefunden werden kann.

Das auffallendste an den „Emanationen" und dem „radioaktiven Niederschlag" war, daß sie von selbst mit der Zeit verschwanden. Dieses merkwürdige Verhalten verstanden E. Rutherford und F. Soddy in Zusammenhang zu bringen mit Beobachtungen von W. Crookes am Uran und eigenen am Thorium. W. Crookes war es gelungen, durch einfache chemische Operationen dem Uran seine β-Aktivität zu entziehen und dieselbe in einem uranfreien Rückstand anzusammeln. Er nannte den abgeschiedenen Körper Uran-X. Dieses letztere Produkt ist aber nicht konstant aktiv, sondern verliert seine Strahlung nach einem einfachen Exponentialgesetz derart, daß nach jeweils ca. 24 Tagen immer nur mehr die Hälfte vorhanden ist. Diese charakteristische Konstante (T) nennt man die Halbierungszeit (Halbwertszeit).*) Andererseits steigt die β-Aktivität des von UX befreiten Urans in glei-

Literatur zu I siehe Seite 21.

*) Im englischen meist „half value period" oder kürzer „period".

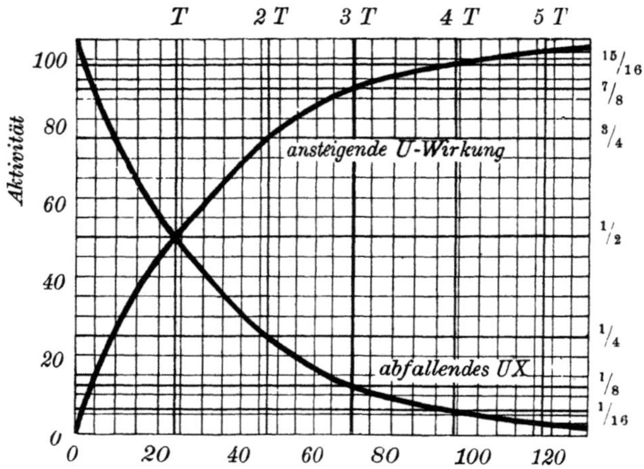

Fig. 2.

chem Tempo an (Fig. 2), während die von UX abnimmt.

Ganz analoge Verhältnisse haben E. Rutherford und F. Soddy am Thorium festgestellt, und es ließ sich zeigen, daß auch die Aktivitäten der Emanationen und „induzierten Aktivitäten" den gleichen Gesetzen (bloß mit anderen Konstanten) des Verschwindens und Gebildetwerdens gehorchen, nur daß es sich im letzteren Falle um die Übereinanderlagerung einer größeren Zahl derartiger Vorgänge handelt, so daß die unmittelbar beobachteten Zustände dadurch kompliziert erscheinen. Ja, in der Folge ließ sich weiter beweisen, daß alle, auch die vorher für zeitlich unveränderlich aktiv gehaltenen radioaktiven Körper, wie Uran, Thor, Radium usw., gleichartigen Wandlungsgesetzen gehorchen, nur daß die Veränderungen so langsam erfolgen, daß sie nicht direkt der Beobachtung zugänglich werden.

6. Wärmeentwicklung; Heliumproduktion. Im Jahre 1903 stellten P. Curie und A. Laborde fest, daß Radiumpräparate beständig Wärme entwickeln. Die radioaktiven Vorgänge sind also von so lebhaften Energieänderungen begleitet, daß die kalorischen Effekte auch an so kleinen Mengen und ohne daß äußerliche Änderungen des Gewichtes usw. wahrnehmbar werden, zu konstatieren sind.

Die Wärmeentwicklung ist eine zunächst überraschend große. Sie beträgt, wie die späteren Versuche lehrten, soviel, daß Radium etwa $1^1/_3$ seines Eigengewichtes an Wasser in einer Stunde immer vom Schmelzpunkt zum Sieden bringen kann. Analoge Erscheinungen wurden dann auch für die anderen radioaktiven Substanzen nachgewiesen. — Der genaue Vergleich der kinetischen Energien der korpuskularen α- und β-Strahlen und aller anderen radioaktiven Vorgänge einerseits mit der experimentell gefundenen Wärmeentwicklung andererseits, verspricht weiteren Einblick in die Natur dieser Vorgänge.

Das gleiche Jahr 1903 zeitigte die Entdeckung von W. Ramsay und F. Soddy, daß aus Radiumemanation sich Helium bilde, und die

---

Literatur zu I siehe Seite 21.

folgenden Untersuchungen bestätigten in immer klarerer Weise, daß jeder α-Strahler zur Entwicklung von Helium Anlaß gebe, und damit die schon 1902 von E. Rutherford und F. Soddy ausgesprochene Vermutung, daß Helium ein Umwandlungsprodukt der radioaktiven Vorgänge sei.

Insbesondere durch die Studien von E. Rutherford, die zum Teil gemeinsam mit F. Soddy, B. B. Boltwood, H. Geiger, T. Royds durchgeführt sind, ist es derzeit vollkommen sichergestellt, daß jede α-Partikel ein positiv geladenes Heliumatom darstellt, das sich nach Neutralisierung seiner elektrischen Ladung in nichts mehr vom gewöhnlichen Helium unterscheidet.

7. Zertrümmerung der Materie. W. Ramsay hatte die Heliumbildung in dem Sinne aufgefaßt, daß durch die Energie der Strahlungen Aufspaltungen in den getroffenen Atomen zustande gebracht werden könnten, und angenommen, daß durch die Wirkung der Emanationen es möglich werde, das Atomgefüge eines solchen Wirkungen ausgesetzten Elementes zu zertrümmern und wenigstens teilweise in seine Bausteine zu zerlegen oder zu Neugestaltungen Anlaß zu geben. In dieser Hinsicht unternahm er eine größere Anzahl von Versuchen, in denen er auch in Erfüllung des alten Alchimistentraumes die Transformation anderer bekannter Elemente (z. B. Kupfer in Lithium) zu erhalten meinte. Seine Ergebnisse konnten aber anderweitig keine Bestätigung finden.

In den Jahren 1919/1920 ist es E. Rutherford gelungen, α-Teilchen als Geschosse tatsächlich so zu verwenden, daß sie zu einer Aufspaltung der Grundstoffe dienen. Trifft ein solches α-Teilchen großer Geschwindigkeit den Kern eines Atomes, insbesondere den eines mit niedrigem Atomgewicht, so kann dieser zerschmettert werden, und unter den Bruchstücken sind Wasserstoffkerne nachweisbar. So wurden zunächst H-Teilchen aus B, N, F, Na, Al, P mit Reichweiten bis zu 90 cm (bei Al) erhalten. Besonders bemerkenswert ist, daß diese gegenüber der Energie der auftreffenden α-Teilchen bis zu 42% mehr davon haben; das heißt, daß es sich dabei um explosionsartige Auslösung im Atomkern aufgespeicherter Energie handelt, also um die Entdeckung einer ganz neuartigen Energiequelle, von deren Tragweite man sich zur Zeit noch nicht volle Rechenschaft geben kann. Weiterhin haben dann G. Kirsch und H. Pettersson erweisen können, daß die Aufspaltbarkeit der Elemente eine viel allgemeinere Eigenschaft derselben ist, als zuerst angenommen war, und daß es sich bei derartigen künstlichen Umwandlungen der Atomkerne nicht immer nur um eine Zertrümmerung,

---

Literatur zu I siehe S. 21.

sondern zuweilen auch um einen Aufbau handeln kann — Aufnahme des α-Teilchens in den Kern und Abgabe eines H-Teilchens.

8. Versuche zur Erklärung der radioaktiven Vorgänge. Die Zerfallshypothese. Die Vorstellung, daß Polonium, Radium usw. „neue Elemente" sein sollen, wollte sich anfangs nicht leicht einbürgern. Man stand vielfach auf dem Standpunkt, daß die Radioaktivität nur eine Eigenschaft sei, und daß es gelingen könnte, sie von den Trägern (Wismut, Barium usw.) zu trennen oder anderen Elementen zu „induzieren", zu übertragen.

Der unmittelbare Nachweis der elementaren Natur — in der Art, wie er bisher von den Chemikern geführt wurde — ist außer an Uran und Thor auch heute nur an Radium und Radiumemanation, also an zwei von mehr als 30 neuen „Elementen" gelungen. Die elementare Natur des Radiums ist, wie die der anderen altbekannten Elemente, sichergestellt durch sein Atomgewicht (226), das viel höher liegt als das des nächstverwandten Bariums (137,37) und sich als nächstes dem der Elemente Thor und Uran anschließt, durch ein charakteristisches Spektrum, die karminrote Färbung der Bunsenflamme usw. Radiumemanation ist, wenn auch in kleinen Quantitäten, so weit rein darstellbar geworden, daß die Befolgung der Gasgesetze, das Atomgewicht (222), sein Spektrum und sonstige Merkmale bestimmt werden konnten. Bei diesen beiden Stoffen war eine chemische Trennung von allen sonst bekannten Elementen möglich. Von allen übrigen sind entweder nur so geringe Mengen gewinnbar, daß eine chemisch-physikalische Untersuchung und Charakteristik, wie sie bislang für ein „Element" gefordert wurde, nicht durchführbar erschien, oder sie waren von alten bekannten Elementen wie Th, Pb usw. durchaus nicht trennbar.*)

Was trotzdem unsere Überzeugung von der elementaren Natur aller radioaktiven Stoffe festigt, ist vielmehr die Einordnung aller bisher beobachteten Tatsachen in die „Zerfallshypothese".

Es waren von Anfang an Deutungen für die radioaktiven Vorgänge versucht worden, und es sei auf die verschiedenen Vorstellungen hingewiesen, bei denen — meist ohne nähere Begründung — eine Übertragung der Erscheinungen des Makrokosmos auf mikrokosmische (Atom-)Gebilde zugrunde liegt, sei es, daß die radioaktiven Atome als zentrale Sonnen mit sie umkreisenden Planeten und Monden, sei es, daß saturnartige Gestaltungen supponiert wurden.

Literatur zu I siehe Seite 21.

*) Radium D wurde rein in sichtbaren Mengen 1914 von G. v. Hevesy und F. Paneth erhalten; Radium G wurde 1914 rein (bleifrei) von O. Hönigschmid in größerer Menge dargestellt. RaD und RaG unterscheiden sich aber chemisch nicht von Blei.

Das Ehepaar M. und P. Curie hatte zuerst zwei Anschauungen als möglich hingestellt:

1. Jedes Atom besitzt in potentieller Form die Energie, die es entbindet.
2. Das radioaktive Atom ist ein Mechanismus, der beständig von außen her die Energie empfängt, welche es wieder freigibt.

Die letztere Anschauung kann als eine Art „Fluoreszenzhypothese" bezeichnet werden, wobei das Atom wie ein Schwamm irgendwelche Gravitationsenergie oder kosmische Strahlen aufzusaugen imstande wäre. Auch H. Becquerels „Phosphoreszenzhypothese" gehört hierher und unterscheidet sich von der vorstehenden nur durch die Auffassung, daß es sich dabei auch um Nachwirkungen handeln könne.

Im einzelnen durchgearbeitet wurde aber die aus 1. abgeleitete eigentliche Zerfallshypothese von E. Rutherford und F. Soddy. Wir haben uns danach vorzustellen, daß die Atome mit den größten Atomgewichten mangelhaft stabile Innenanordnungen besitzen. Entsprechend den Wahrscheinlichkeitsgesetzen wird dann jeweils ein bestimmter Teil der vorhandenen Atome eines solchen Stoffes sich umlagern zu einer stabileren Anordnung seiner Teilchen. Ist die Neuordnung nicht dauernd stabil, so findet eine weitere Umlagerung statt usf. Bei solch einer, explosionsartig vorzustellenden, Umlagerung werden Bruchstücke des Atomes — α- oder β-Korpuskeln — ausgeschleudert, je nach der Art der inneren Atomkonfiguration mit größerer oder kleinerer Energie. Bremsung dieser Korpuskeln oder der anläßlich der Umlagerung hervorgerufenen Schwingungen oder sonstiger Bewegungen gibt Anlaß zur Wärmeentwicklung. Wird eine Partikel herausgeschossen, so muß das Restatom einen entsprechenden Rückstoß erfahren. Auch dies ließ sich bestätigen. Die das Atom verlassenden α- bzw. β-Teilchen geben Anlaß zu elektromagnetischen Erschütterungen, die als Ursache der γ-Strahlen aufgefaßt werden.

Die Ausarbeitung eines detaillierten Atommodells, das alle Erscheinungen zu deuten gestattet, wurde insbesondere von E. Rutherford sowie N. Bohr, M. Born und A. Landé, C. G. Darwin, P. Debye, P. S. Epstein, L. Flamm, W. Lenz, A. Smekal, A. Sommerfeld u. a. in Angriff genommen. Die chemischen Konsequenzen für den Zusammenhang der Elemente haben insbesondere F. Soddy, dann F. W. Aston, K. Fajans, A. Fleck, O. Hahn und L. Meitner, W. D. Harkins, G. v. Hevesy, O. Hönigschmid, W. Kossel, R. Ladenburg, J. Langmuir, G. N. Lewis, F. Paneth, A. S. Russell u. a. in eleganter Weise zu ziehen verstanden.

Literatur zu I siehe Seite 21.

9. Die radioaktiven Elemente. Schematisch stellen wir uns den genetischen Zusammenhang der zur Zeit bekannten Radioelemente nach folgender Skizze vor:*) I s o b a r e n a n o r d n u n g (vgl. Kap. VI).

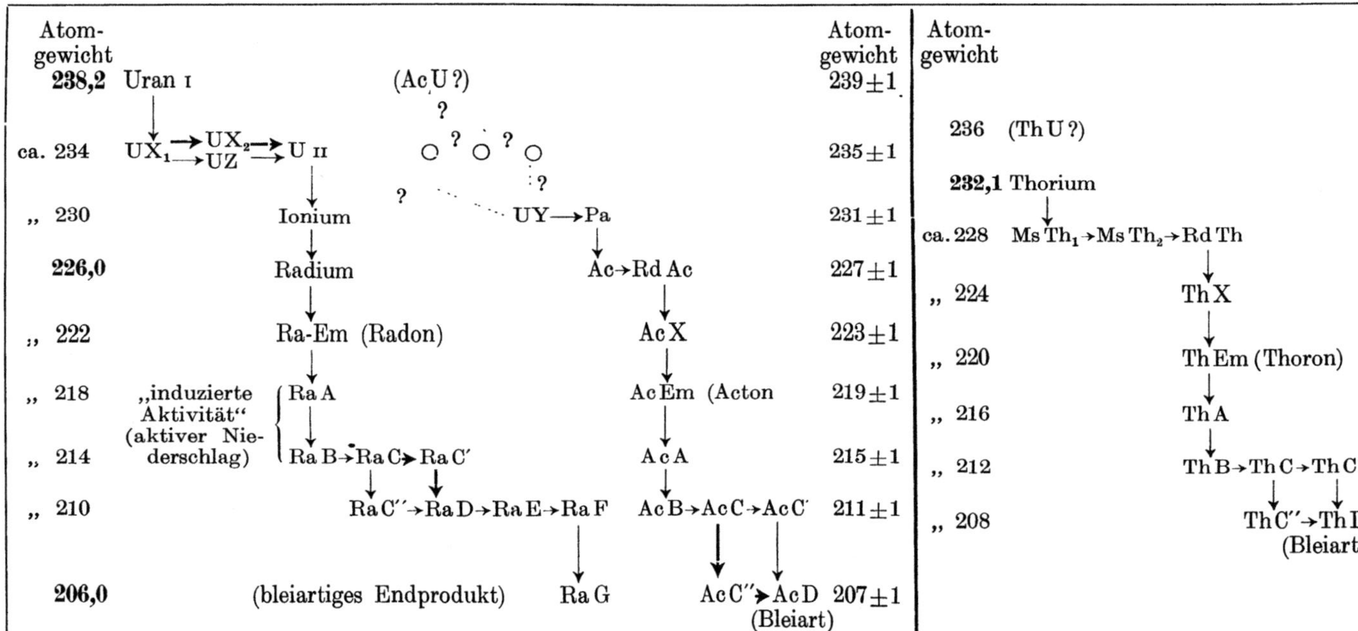

*) ↓ bedeutet dabei eine α-Umwandlung, wobei das Atomgewicht um vier Einheiten abnimmt.
→ „ „ „ β- „ „ „ „ sich nicht merklich verändert.

Dicke Pfeile = vorwiegende Zerfallsart.

Abkürzungen und Symbole:
[zur Nomenklatur vgl. Lit. b) S. 22.]

Uran	U	Radium	Ra	Protactinium	Pa	Thorium	Th
Brevium	UX_2 (Bv)	Emanation	Em	Actinium	Ac	Mesothorium	Ms Th
Ionium	Io	Polonium	Ra F (Po)	Radioactinium	Rd Ac	Radiothorium	Rd Th.

Uran-Radium-Familie	T	Strahlen	Actiniumfamilie	T	Strahlen	Thoriumfamilie	T	Strahlen
Uran I	$4{,}5 \cdot 10^{9}$ a	α	(Ac-Uran?)	—	(α)	(Th-Uran?)	—	(α)
Uran X_1	23,8 d	β	Uran Y	24,6 h	β	Thorium	ca. $1{,}65 \cdot 10^{10}$ a	α
99,65% Uran X_2	68 s	βγ	Protactinium	$1{,}2 \cdot 10^{4}$ a	α	Mesothor 1	6,7 a	β
0,35% Uran Z	6,7 h	β						
Uran II	ca. 10^{6} a	α	Actinium	ca. 20 a	β	Mesothor 2	5,95 h	βγ
Ionium	ca. 10^{5} a	α	Radioactinium	18,9 d	αβγ	Radiothor	1,9 a	αβ
Radium	1580 a	αβ	Actinium X	11,2 d	α	Thorium X	3,64 d	α
Radiumemanation (Radon)	3,825 d	α	Actiniumemanation (Acton)	3,92 s	α	Thoriumemanation (Thoron)	54,5 s	α
Radium A	3,05 m	α	Actinium A	ca. $1{,}5 \cdot 10^{-3}$ s	α	Thorium A	0,14 s	α
Radium B	26,8 m	βγ	Actinium B	36,0 m	βγ	Thorium B	10,6 h	βγ
Radium C	19,5 m	αβγ	Actinium C	2,16 m	αβ	Thorium C	60,8 m	αβ
99,96% β Radium C′	ca. 10^{-8} s	α	β; 0,32% Actinium C′	ca. $5 \cdot 10^{-3}$ s	α	β; 65% Thorium C′	ca. 10^{-11} s	α
α; 0,04% Radium C″	1,32 m	β	99,68% α Actinium C″	4,76 m	βγ	35% α Thorium C″	3,2 m	βγ
Radium D	ca. 16 a	βγ	Actinium D (Bleiart)	—	—	Thorium D (Bleiart)	—	—
Radium E	4,85 d	βγ						
Radium F (Polonium)	136,5 d	α						
Radium G (Bleiart)	—	—						

T: Halbierungszeit; a: Jahre; d: Tage; h: Stunden; m: Minuten; s: Sekunden.

10. Allgemeine Folgerungen. Es handelt sich beim radioaktiven Zerfall also um einen systematischen Abbau der Elemente hohen Atomgewichtes, wobei zunächst Heliumatome und Elektronen als Bausteine zu gelten haben. Sowie gemäß dem 2. Hauptsatze der Thermodynamik alle anderen Energien zugunsten der Wärmeenergie abnehmen, so könnte man für die radioaktive Materie sagen, daß eine ständige Zunahme von Helium zu erwarten sei, indem nur ein einseitig gerichteter Abbau der Atome beobachtet wird.

Wir sind bei der Verwandlung der Radioelemente Zeugen einer spontanen Transformation der Materie, wobei die einzelnen radioaktiven Produkte bloß stabilere Haltestellen bilden; die Verwandelbarkeit einzelner Elemente ist also erwiesen. Jedoch ist dabei stark zu betonen, daß wir bisher durch keinerlei physikalische und chemische Mittel imstande waren, diese Umwandlungen zu beschleunigen, zu verlangsamen oder überhaupt in ihrem einseitig gerichteten Verlauf irgend zu beeinflussen, geschweige denn rückgängig zu machen.

Ob alle Elemente höheren Atomgewichtes als Helium einem analogen allmählichen Zerfall unterworfen sind wie die radioaktiven, darüber läßt sich nichts aussagen, denn wenn der Zerfall so langsam vor sich geht, daß er sich menschlicher Erkenntnis, soweit unsere Beobachtungsmethoden reichen, entzieht, so läßt sich eine experimentelle Entscheidung nicht erhoffen. Dann kommt man hier zu ähnlichen Konsequenzen, wie sie dem 2. Hauptsatz gegenüber vorgebracht wurden, wo die Frage gestellt wurde: Wenn alle Energieformen sich allmählich zu Wärme verwandeln, wie kommt es, daß, wenn wir in Gedanken den Beginn nur früh genug ansetzen, wir nicht schon dem Wärmetod verfallen sind? Dies verlangt bekanntlich, daß zu einer langvergangenen Zeit Energiewerte aufgespeichert worden sein müssen, also daß es eine durch irgendwelche außerirdische Vorgänge bedingte Zeit abnehmender Entropien gegeben habe.

Gewiß leben wir jetzt in einer Epoche zunehmender Entropie, in der alle Energien zugunsten unbrauchbarer Wärmeenergie entwerten. Auch die in den natürlich vorkommenden chemischen Verbindungen und Elementen aufgespeicherten Potentiale vermindern sich in ihrer Gesamtheit in gleichem Sinne. Ob wir aber in den radioaktiven Substanzen bloß als machtlose Zuschauer den allmählichen einseitig gerichteten Verfall der chemischen Werte zu erblicken haben, oder ob allgemein ein Wiederaufbau auch der kompliziertesten Elemente in von uns noch ungeahnter Weise gleichzeitig vor sich gehe, ist wohl eine der entscheidungsvollsten Fragen.

Wir nehmen heute an, daß Uran und Thor die Stammväter aller radio-

Literatur zu I siehe Seite 21.

aktiven Stoffe seien. Betrachten wir nur das Uran und sehen für seinen Zerfall die Größe seiner Halbwertszeit mit ca. $5 \cdot 10^9$ Jahren als gesichert an, so folgt, daß vor etwa $4 \cdot 10^{11}$ Jahren der ganze Erdball (mit $0{,}6 \cdot 10^{25}$ kg Masse) aus Uran bestanden haben müßte, damit jetzt nur noch 1 kg Uran überhaupt vorhanden sei. (Die Größe ändert sich nur auf etwa $1{,}3 \cdot 10^{11}$ Jahre, wenn wir für den derzeitigen Bestand an Uran statt 1 kg den Betrag von 10^{17} kg einstellen.) Daraus folgt unmittelbar, daß, falls die Zerfallsgesetze sich nicht mit der Zeit geändert haben und wir nicht von „ausgestorbenen" Elementen noch höheren Atomgewichtes träumen wollen (die übrigens daran auch nichts ändern könnten, weil sie kurzlebiger als U hätten sein müssen), das Alter der Erde im Maximum mit der Größenordnung von 10^{11} Jahren anzusetzen ist. Bedenken wir weiter, daß nach 10 Halbwertszeiten also nach ca. $5 \cdot 10^{10}$ Jahren, bis auf 1 Promille alles U in RaG-Blei verwandelt wäre, d. h. ein Planet aus Uran sich praktisch ganz in Blei verwandelt hätte, so sieht man, daß schon dieser Wert zu groß ist.

Entnehmen wir bereits aus vorstehenden Andeutungen die Wichtigkeit der Probleme, die für das ganze Werden und Vergehen unserer Welt aus den radioaktiven Erscheinungen emportauchen, so läßt sich unschwer auch unmittelbarere Bedeutung für eine Reihe von Fragen auf anderen Gebieten erkennen.

Die radioaktiven Stoffe sind in der Natur allenthalben verbreitet, sie finden sich in fast allen Gesteinen, in der Ackererde, in den Quellen und im Meerwasser, und wenn auch das konzentriertere Vorkommen ein ziemlich seltenes ist und in reiner Form bis 1916 nur etwa 50 g, bis 1925 etwa 300 g Ra hergestellt wurden, so erfordert doch der Emanationsgehalt der Atmosphäre allein die Existenz von etwa 10^5 kg Radium. Daraus erhellt die Wichtigkeit des Gehaltes an aktiven Stoffen in der Luft für die Erklärung der atmosphärisch-elektrischen Vorgänge. So große Mengen radioaktiver Stoffe müssen aber auch wegen ihrer beständigen Wärmeproduktion für die thermischen Verhältnisse unseres Planeten bedeutungsvoll werden, und es läßt sich berechnen, daß, wenn die ganze Erde im Durchschnitt überall soviel Radium enthielte als an der Oberfläche, der Erdkörper eine beständige Temperaturzunahme aufweisen müßte. Um den bestehenden Wärmeverhältnissen gerecht zu werden, könnte daher angenommen werden, daß das Radium sich nur in einer ca. 20 km dicken äußeren Erdkruste befinde und der maximale Betrag kann von der Größenordnung 10^{11} kg angesetzt werden.

Solche Überlegungen und das Studium der Zusammensetzungen natürlicher Uranerze, in denen das bleiartige Endprodukt sich finden muß,

Literatur zu I siehe Seite 21.

geben Anlaß zu ganz neuartigen geologischen und mineralogischen Schlüssen über das Alter der Gesteine und dergleichen.

Sehr frühzeitig sind Versuche gemacht worden, die stark aktiven Präparate auf den menschlichen Körper einwirken zu lassen. Erzielte man anfangs unfreiwillig und freiwillig nur sehr störende unangenehme „Verbrennungen" an Fingern und sonst exponierten Körperstellen, die merkwürdigerweise nicht sogleich, sondern nach einer „Latenzzeit" von etwa einer Woche auftreten, so scheinen die seither systematisch einsetzenden medizinischen Studien doch jetzt schon vielversprechend.

Aber auch die Frage, wie die stets in geringen Mengen in der Nachbarschaft des Menschen vorhandenen radioaktiven Stoffe auf diesen wirken, muß zur Diskussion gelangen; ist es doch eine allgemeine Erfahrung, daß alle Vorkommnisse in der Umgebung Einfluß auf die Organismen und speziell den Menschen üben. Mit der Nahrung und dem Trinkwasser nimmt der Mensch auch Spuren von Radium auf, die sich mit den Kalk- und Bariumspuren vorwiegend in Knochen und auch Geweben, dann in Gallen-, Nierensteinen usw. absetzen, so daß pro Gramm solcher Substanz sich 10^{-13} bis 10^{-11} g Ra auffinden lassen.

Vielleicht dürfen wir daran denken, daß der menschliche Organismus beständig aus der Umgebung „Elektronen" aufnimmt und unter Einwirkung von Licht und Wärme wieder abgibt, vielleicht wird eine nahe Zukunft gestatten, von einem „Kreislauf der Elektronen" aus der Umgebung in den Menschen und zur Umgebung zurück zu sprechen, von dessen Wirkungen auf unsere Lebensvorgänge wir derzeit noch nichts ahnen.

In der unmittelbaren Praxis haben außer medizinischen Anwendungen die radioaktiven Präparate und Erscheinungen noch nicht viel Bedeutung bekommen. Doch benutzt man immerhin die Strahlungsvorgänge, welche das Vorhandensein stärker radioaktiven Materiales anzeigen, in der bergmännischen Technik zur Aufsuchung von Uranerzgängen. Die ionisierende Wirkung wurde auch zu ladungsausgleichenden Vorrichtungen (Kollektoren) für luftelektrische Zwecke gebraucht. In den Dauerleuchtfarben schließlich, z. B. bei „Radiumuhren", gelangt eine unter spurenweiser Radiumbeimischung kontinuierlich leuchtende (Zinkblende-)Mischung zur Anwendung, die, auf Ziffern und Zeiger aufgetragen, im Dunkeln das Ablesen der Uhr gestattet.*)

Die großtechnische Anwendung der in den radioaktiven Substanzen aufgespeicherten Energien in der Form irgendwelcher „Atom-Explosions-

Literatur zu I siehe Seite 21.

*) Weiter finden sich vielfache Anwendungen, so bei Kompassen, Schlüssellochumgebung, Visieren auf Gewehren, auch bei Fischangeln, Knöpfen auf den Nachtschuhen, Leuchtphänomenen bei „Medien" usw.

Motoren" gehört jedoch in das Reich der Fabel, da hierzu die vorhandenen, auf kleinem Raume konzentrierbaren Mengen nicht hinreichen können. Hingegen gibt es wohl technische Anwendungsmöglichkeiten überall dort, wo es sich um Auslösung von elektrischen Stromübergängen handelt.

Literatur zu Kapitel I.

a) Zusammenfassende Darstellungen.

1) M. Curie, a) Thèses 1903; b) deutsche Ausgabe: Untersuchungen über die radioaktiven Substanzen (Die Wissenschaft 1). Braunschweig 1904, F. Vieweg & Sohn.

2) H. Becquerel, Recherches sur une propriété nouvelle de la matière. Paris 1903, Firmin-Didot & Co.

3) E. Rutherford, Radioactivity, Cambridge University Press. 1. Aufl. 1904; 2. Aufl. 1905.

4) F. Soddy, The Interpretation of Radium and the Structure of the Atom. 1. Aufl. 1909; 4. Aufl. bei J. Murray, London 1922; deutsche Ausgabe von G. Liebert, bei J. A. Barth 1909; französ. Ausgabe von A. Lepape, bei Felix Alcan, Paris 1919.

5) J. Joly, Radioactivity and Geology. London 1909, A. Constable & Co.

6) M. Curie, a) Traité de Radioactivité, Paris 1910, Gauthier-Villars; b) deutsche Ausgabe: Die Radioaktivität. Leipzig 1912, Akad. Verlagsges.

7) A. T. Cameron, Radiochemistry. J. M. Dent & Sons, 1910.

8) A. Laborde, Méthodes de mesures employées en radioactivité. Paris 1910, Gauthier-Villars.

9) A. Battelli, A. Occhialini und S. Chella, Die Radioaktivität. Deutsch von M. Jklé. Leipzig 1910, J. A. Barth.

10) P. Gruner, Kurzes Lehrbuch der Radioaktivität. Bern 1911, A. Francke.

11) E. Rutherford, a) Radioactive Substances and their Radiations, Cambridge 1913; b) deutsche Ausgabe: Handbuch der Radiologie 2. E. Rutherford, Radioaktive Substanzen und ihre Strahlungen. Leipzig 1914, Akad. Verlagsges.

12) F. Soddy, a) The chemistry of the Radioelements. London **1**, 1911; **2**, 1914, Longmans, Green & Co.; b) deutsche Ausgabe: Die Chemie der Radioelemente. Leipzig **1**, 1912; **2**, 1914, J. A. Barth.

13) W. H. Bragg, Studies in Radioactivity. London 1912, Macmillan & Co.

14) W. Makower und H. Geiger, a) Practical Measurements in Radioactivity. London 1912, Longmans, Green & Co.; b) deutsche Ausgabe: Die Wissenschaft, Bd. 65. Braunschweig 1920, F. Vieweg & Sohn.

15) A. Holmes, The Age of the Earth. London 1913, Harper-Brothers.

16) H. Geiger, in L. Graetz, Handb. d. Elektriz. u. d. Magnetismus, Bd. **3**, S. 1—130. Leipzig 1914, J. A. Barth.

17) W. Kaufmann, in Müller-Pouillets Lehrb. d. Physik, 10. Aufl. Herausgegeben von L. Pfaundler, Bd. **4**, (5)1213—1294. Braunschweig 1914, F. Vieweg & Sohn.

18) St. Meyer und E. v. Schweidler, Radioaktivität. Leipzig 1916, B. G. Teubner.

19) F. Henrich, Chemie und chemische Technologie radioaktiver Stoffe. Berlin 1918, J. Springer.

20) E. Ramstedt und E. Gleditsch, Radium och radioaktiver processer. Stockholm 1918, H. Geber.

21) A. Fernau, Einführung in die Physik u. Chemie des Radiums und Mesothors. Wien 1919, W. Braumüller. 2. Aufl. 1926.

22) K. Fajans, Radioaktivität und die neueste Entwicklung der Lehre von den chemischen Elementen. Braunschweig, Sammlung Vieweg, Tagesfragen Heft 45, 1. Aufl. 1919; 4. Aufl. 1922.

23) A. Sommerfeld, Atombau und Spektrallinien. Braunschweig, 1. Aufl. 1919; 4. Aufl. 1924, F. Vieweg & Sohn.

24) S. C. Lind, The chemical effects of α-Particles and Electrons. Am. Chem. Soc. Newyork 1921, The Chemical Catalog Cie. Inc.

25) St. Meyer, Radioactive Konstanten. Jahrb. Rad. u. El. **17**, 80, 1920; **19**, 334, 1923. Konstanten der Atomphysik. Herausgegeben von W. A. Roth und K. Scheel. Berlin 1923, J. Springer.

26) R. W. Lawson, The part played by different countries in the development of the Science of Radioactivity. Scientia. S. 257, Oct. 1921.

27) M. Centnerszwer, Das Radium und die Radioaktivität. Sammlung „Aus Natur und Geisteswelt", Bd. 45. Leipzig 1921, B. G. Teubner.

28) P. Ludewig, Radioaktivität. Sammlung Göschen. Ver. wiss. Verleger, Walter de Gruyter & Co., 1921.

29) A. S. Russell, An Introduction to the Chemistry of radioactive Substances. London 1922, J. Murray; Toronto 1922, Macmillan Comp. of Canada.

30) G. v. Hevesy und F. Paneth, Lehrbuch der Radioaktivität. Leipzig 1923, J. A. Barth. Englische Ausgabe v. R. W. Lawson, Oxford, University Press; London, Humphrey Milford, 1926.

31) E. Marx, Röntgenstrahlen, Radium und Materie. Leipzig 1923, Dürr & Weber.

32) W. Gerlach, Atomabbau und Atombau. Die physikalische Analyse des Atoms. Jena 1923, G. Fischer.

33) W. Gerlach, Materie, Elektrizität, Energie; die Entwickelung der Atomistik in den letzten zehn Jahren. Wiss. Forschungsber. Naturw. Reihe Bd. VII. Dresden-Leipzig 1923, Theodor Steinkopf.

34) E. N. da C. Andrade, The structure of the Atom. London 1923, G. Bell & Sons.

35) P. Kirchberger, Atom- und Quantentheorie. Leipzig 1923, B. G. Teubner.

36) A. Boutaric, La vie des atomes. Paris 1923, E. Flammarion.

37) J. Becquerel, La radioactivité et les transformations des éléments. Paris, 1924, Payot.

38) H. A. Kramers und H. Holst, Das Atom. deutsch von F. Arndt, Berlin 1925, J. Springer.

39) J. Elster und H. Geitel; St. Meyer und E. Schweidler, Kultur der Gegenwart. Bd. Physik, Abs. 24 und 25. 2. Aufl. Leipzig 1925, B. G. Teubner.

40) A. F. Kovarik und L. W. Mc. Keehan, Bull. Nat. Research Council X. 1. 51, Radioactivity. Washington D. C. 1925.

41) Maur. Curie, Le radium et les radioéléments. Paris, 1925, Baillière.

42) F. Honoré, Le Radium. Paris 1926, Gauthier-Villars.

43) O. Müller, Radioaktivität und die neue Atomlehre. Wissenschaft und Bildung Nr. 222. Leipzig 1926, Quelle & Meyer.

44) H. Geiger und K. Scheel, Handbuch der Physik, Bd. XXII. Elektronen, Atome, Moleküle. Berlin 1926, J. Springer.

b) Nomenklatur:

K. Fajans, Z. Elektroch. **23**, 250, 1917; St. Meyer und E. v. Schweidler, Phys. Z. **19**, 30, 1918; Z. Elektroch. **24**, 36, 1918; C. Schmidt, Z. anorg. Chem. **103**, 79, 1918; A. Piccard, Arch. scienc. phys. et nat. (5) **1**, 548, 1919; Tables int. des isotopes et des éléments radioactifs, Paris 1923; J. Amer. Chem. Soc. **45**, 867, 1923; St. Meyer, Jahrb. Rad. u. E. **19**, 344, 1923; vgl. Lit. 40) S. 8.

Zweites Kapitel.

Die Prozesse der radioaktiven Umwandlung.

1. Die Zerfallstheorie und die Struktur der radioaktiven Atome. Während die experimentellen Ergebnisse der Untersuchungen über radioaktive Erscheinungen schon bald eine weitgehende Analogie in den Eigenschaften und Wirkungen der Strahlen radioaktiver Stoffe und Strahlen anderer Entstehungsweise, den Kathoden-, Kanal- und Röntgenstrahlen, aufdeckten und so für eine Theorie der Strahlungsvorgänge als solcher eine gesicherte Grundlage schufen, waren die Versuche, eine Theorie der radioaktiven Stoffe auszubilden, d.i. eine Theorie der Vorgänge, auf denen die Emission der Strahlen beruht, längere Zeit erfolglos. Zwar wurde bald erkannt, daß die Fähigkeit, Becquerelstrahlen auszusenden, an den Atomen der radioaktiven Elemente haftet, unabhängig von der chemischen Verbindung, in der sie sich mit anderen Atomen befinden, und unabhängig von sonstigen physikalischen Zuständen des Stoffes wie Belichtung, Temperatur usw.; auch fiel es bald auf, daß Uran, Thor und Radium, die zunächst als radioaktive Elemente erkannten Stoffe, ein hohes Atomgewicht besitzen; für eine nähere Erklärung fehlte aber vorerst jeder Anhaltspunkt.

Wollte man nicht das Prinzip von der Erhaltung der Energie fallen lassen, so war es von vorneherein klar, daß zwei Möglichkeiten der Erklärung vorhanden sind [M. Curie, M. und P. Curie[1]]:

1. Die in den Strahlen emittierte Energie entstammt einem Vorrate potentieller Energie, der in den radioaktiven Stoffen, speziell in deren Atomen, angehäuft ist.

2. Die Energie rührt von einem Energietransformationsprozesse her, indem die radioaktiven Atome auf irgendeine Weise von außen Energie aufnehmen und als Energie der Becquerelstrahlen wieder abgeben. Zwei speziellere Formulierungen dieser zweiten Hypothese sind die folgenden:

a) Die aufgenommene Energie entstammt der Wärmeenergie der Umgebung [W. Crookes[2].]

b) Sie entsteht aus der Absorption einer allgemein verbreiteten Strahlung unbekannter Natur, für welche nur die radioaktiven Stoffe ein bedeutendes Absorptionsvermögen besitzen, während die anderen Stoffe fast vollkommen durchlässig sind [M. Curie[1]].

Literatur zu II, 1 siehe Seite 34.

Die unter 2a) genannte Hypothese würde zwar nicht dem Energieprinzip, wohl aber dem zweiten Hauptsatze der Thermodynamik widersprechen, außerdem wäre sie schwer vereinbar mit der experimentell festgestellten Temperaturunabhängigkeit der Radioaktivität. Zur experimentellen Prüfung[3]) der unter 2b) angeführten Hypothese führten J. Elster und H. Geitel Versuche in einem Bergwerke, also unter einer mehrere hundert Meter dicken Gesteinsschicht, aus, und zwar mit negativem Ergebnisse. Ebenso zeigten Messungen von A. Piccard und E. Stahel, die in verschiedenen Seehöhen (zwischen 500 und 3500 m) und im Simplontunnel 2200 m unter der Oberfläche ausgeführt wurden, keinen Effekt.

Gegen die erste Annahme schien es zunächst zu sprechen, daß die Strahlung der bekannten radioaktiven Stoffe keine Verringerung ihrer Intensität zeigte, obwohl doch der Vorrat potentieller Energie im Laufe der Zeit aufgebraucht werden müßte; als aber neben den permanent radioaktiven Elementen, wie es anscheinend Uran, Thor und Radium waren, auch die „Emanationen" und die „induzierte Aktivität" entdeckt wurden, als ferner sich an dem vom Uran abtrennbaren UX (vgl. S. 11) und am zurückbleibenden Uran selbst zeitliche Veränderungen der Aktivität, die nach bestimmten Gesetzen erfolgten, feststellen ließen, erhielt diese Auffassung eine größere Bedeutung.

Der Gedanke, daß mit der Aussendung materieller Korpuskeln, auf der die Strahlung beruhe, auch eine Änderung des Atomes verbunden sei, und daß in dieser Wandlungsfähigkeit des Atomes das Wesen der Radioaktivität bestehe, wurde in ziemlich allgemeiner Fassung[4]) zuerst von J. Elster und H. Geitel, J. Perrin und von H. Becquerel ausgesprochen; zu ähnlichen Annahmen gelangte auch J. J. Thomson.

Ausgehend von der Vorstellung, daß die „Emanationen" und die „induzierte Aktivität", die von anderen Forschern in allgemeinerer und unbestimmterer Weise als Übertragung radioaktiver Energie von den primär radioaktiven Stoffen auf die ursprünglich inaktive Umgebung gedeutet wurden, materieller Natur seien, stellten E. Rutherford und F. Soddy[5]) eine präzise formulierte Theorie auf, die als Zerfalls- oder Umwandlungstheorie bezeichnet und bald allgemein angenommen wurde.

Hiernach sind die Atome radioaktiver Elemente keine unteilbaren letzten Einheiten der Materie, sondern relativ komplizierte, aus kleineren subatomistischen Elementarbestandteilen zusammengesetzte Gebilde, welche sich von den Atomen der inaktiven Elemente dadurch unterscheiden, daß die Anordnung der Bestandteile in ihnen eine instabile

---

Literatur zu II, 1 siehe Seite 34.

ist und daß daher unter derzeit unbekannten Bedingungen bei gleichzeitiger Ausscheidung eines oder mehrerer Elementarbestandteile eine neue Anordnung sich einstellt; diese besitzt infolge der Änderung der Zahl und Konfiguration der Bestandteile auch geänderte physikalische und chemische Eigenschaften, d. h. sie stellt ein Atom eines neuen Elementes dar, das durch den Zerfall des ursprünglichen gebildet wurde. Dieses Umwandlungsprodukt kann selbst wieder instabil, also radioaktiv sein und bei seinem Zerfall wieder ein Atom anderer Art bilden und so fort. Auf diese Weise kann man eine größere Zahl radioaktiver Stoffe als sukzessive auseinander entstehende Umwandlungsprodukte oder „Metabolen" betrachten, die zusammen eine Umwandlungsreihe bilden. Haben die durch den Zerfall des in der Reihe vorausgehenden Produktes entstandenen Atome stabile Anordnung, so ist die Reihe damit abgeschlossen und führt zu einem Endprodukt mit den Eigenschaften eines gewöhnlichen inaktiven Elementes.

Es erscheint fraglich, ob der Unterschied der instabilen radioaktiven und der stabilen gewöhnlichen Elemente ein prinzipieller oder nur ein quantitativer ist, in dem Sinne, daß die Atome aller Elemente einem solchen Zerfalle unterliegen, nur bei den als inaktiv angesehenen Elementen so langsam, daß er für unsere derzeitigen Beobachtungsmethoden unmerklich bleibt.

Von Bedeutung hierfür ist die Entscheidung der Frage, ob die an Kalium und Rubidium beobachtete Strahlung echter Radioaktivität ihren Ursprung verdankt (vgl. VI, 11). Versuche von G. Hoffmann[6]), auch an anderen Elementen radioaktive Strahlung (speziell α-Strahlung) nachzuweisen, haben noch kein endgültiges Ergebnis geliefert, vorläufig bloß für Platin das Bestehen einer freilich sehr schwachen Radioaktivität angedeutet.

Eine zweite derzeit nicht lösbare Frage ist die, ob bloß die Prozesse des Atomzerfalles, des Überganges komplizierter gebauter Atome in solche geringerer Masse, in der Natur realisiert sind, oder ob unter bestimmten Bedingungen, z. B. bei besonders hohen Temperaturen, Drucken usw., auch der umgekehrte Vorgang des Aufbaues größerer Atome aus solchen kleinerer Masse durch Hinzutreten von Elementarbestandteilen möglich ist, mit anderen Worten, ob die Erscheinungen der radioaktiven Umwandlung prinzipiell irreversibel sind oder nicht. Im ersten Falle wäre dann eine gewisse Analogie zwischen den Gesetzen der Stoffumwandlung und den im zweiten Hauptsatze ausgedrückten Gesetzen der Energieumwandlung vorhanden [W. Meigen[7])]. Die zweite Annahme, daß in der Natur auch ein Aufbau der Atome statt-

Literatur zu II, 1 siehe Seite 34.

finde, wird von W. Nernst[8]) vertreten; natürlich sind die Bedingungen und der Mechanismus dieses Vorganges derzeit nur in sehr hypothetischer Form angebbar (vgl. auch VII, 7 und 9). Jedenfalls ist aber der Zerfall eines Atomes in der Weise irreversibel, daß er nicht künstlich rückgängig gemacht werden kann; in dieser praktisch vorhandenen Irreversibilität besteht ein wesentlicher Unterschied des radioaktiven Zerfalles und der Zerlegung einer chemischen Verbindung in ihre Bestandteile und auch der — z. B. bei der Ionisierung eines Gases, bei den lichtelektrischen und den glühelektrischen Erscheinungen auftretenden — Abspaltung eines Elektrons, wo der zurückbleibende Rest (positives Atomion) sich stets durch Aufnahme eines freien Elektrons zu einem elektrisch neutralen Atom oder einer Molekel der ursprünglichen Beschaffenheit regenerieren kann.

Die genauere Charakterisierung der Elementarbestandteile, die beim Zerfall eines Atomes ausgeschieden werden, erfolgt in ausführlicher Weise im Kapitel III, das die Natur der Strahlungsvorgänge behandelt. Eine kurze Zusammenfassung wurde bereits im Absatz 4 des I. Kapitels gegeben, und hier sei nur rekapituliert, daß wir sogenannte α-Teilchen (Teilchen von der Masse des Heliumatomes mit einer positiven elektrischen Ladung im Betrage von zwei Elementarquanten) als Träger der α-Strahlen und negative Elektronen (Masse rund $\frac{1}{1845}$ der Masse des Wasserstoffatomes, Ladung ein Elementarquantum) als Träger der β-Strahlen annehmen.

Ein weiteres Hauptproblem bildet die Struktur der radioaktiven Atome selbst. Die Vorstellung, daß die Atome der Elemente aus subatomistischen Elementarbestandteilen zusammengesetzt sind, ergab sich nicht bloß aus den radioaktiven Erscheinungen, sondern fand auch in anderen Erscheinungsgebieten eine Stütze, z. B. in den durch das periodische System der Elemente darstellbaren Gesetzmäßigkeiten, in der Natur der Emissionsspektren der Elemente und in den Absorptionsgesetzen der Kathodenstrahlen. Speziell von den letztgenannten Erscheinungen ausgehend, hatte P. Lenard[9]) die Hypothese der „Dynamiden“ aufgestellt, die als elektrische Kraftzentren von außerordentlich kleinen Dimensionen das Atom aufbauen.

Auch J. J. Thomson [vgl. auch F. Butavand[10])] hat den Versuch unternommen, die Struktur der Atome wenigstens annähernd durch Modelle zu veranschaulichen, die aus elektrisch geladenen Elementarbestandteilen zusammengesetzt sind. Innerhalb einer Kugel, die gleichförmig von positiver Elektrizität erfüllt ist, sind punktförmige negative Ladungen, deren Summe der positiven Kugelladung dem absoluten Betrage nach gleichkommt, verteilt. Es wird genauer untersucht, welches die Gleichgewichtsanordnungen bei verschiedener Anzahl der punkt-

---

Literatur zu II, 1 siehe Seite 34.

förmigen Ladungen sind, ob das Gleichgewicht stabil oder labil ist, ferner welche Änderungen in der Gleichgewichtsanordnung eintreten, wenn man dem Atommodell eine Rotation mit konstanter Winkelgeschwindigkeit erteilt denkt.

Labile Anordnungen geladener Elementarbestandteile, bei denen sowohl positive als negative Teile mit großer Anfangsgeschwindigkeit ausgeschleudert werden können, wurden von Lord Kelvin angegeben. Sogenannte „saturnartige" Atome, bei denen ein positives Zentrum von einem Elektronenring (oder mehreren) umgeben ist und wobei die Gesamtladung des Systemes positiv ist, wurden von H. Nagaoka rechnerisch behandelt; bezüglich ihrer Existenzfähigkeit (auch nur vorübergehende Stabilität) wurden aber von G. A. Schott Einwände erhoben.[11])

Teilweise ähnliche Hypothesen liegen dem Atommodell E. Rutherfords[12]) zugrunde. Hiernach besteht ein Atom aus einem positiven Kern mit einer Gesamtladung Ne, wobei N zunächst etwa gleich der Hälfte des auf $H = 1$ bezogenen Atomgewichtes vorausgesetzt wurde. Der Durchmesser wird auf die Größenordnung 10^{-12} cm geschätzt. Diesen Kern umgeben N negative Elektronen (so daß die Gesamtladung verschwindet), die auf konzentrischen Ringen oder Schalen angeordnet sind und mit großer Winkelgeschwindigkeit um den Kern rotieren; der Durchmesser des äußersten Ringes (Schale) entspricht dann der gewöhnlich für Atomdurchmesser angenommenen Größenordnung von etwa 10^{-8} cm, ist also groß gegenüber den Dimensionen des Kernes.

Das Rutherfordsche — nicht auf radioaktive Atome allein eingeschränkte — Modell diente hauptsächlich dem Zwecke, die Emission der β-Strahlung und deren Zusammenhang mit der γ-Strahlung verständlich zu machen sowie die Gesetze der Zerstreuung und Absorption korpuskularer Strahlung beim Durchgang durch Materie zu erklären.

Eine weitere Vervollkommnung des Rutherfordschen Atommodelles erfolgte insbesondere durch die Arbeiten N. Bohrs[13]), der unter teilweisem Verzicht auf die Gesetze der sogenannten „klassischen" Mechanik und Elektrodynamik die Sätze der Quantentheorie als fundamentale zugrunde legte.

Die Erkenntnis der Beziehung zwischen Kernladung und „Atomnummer" [A. van den Broek, H. G. J. Moseley[14])], des daraus folgenden Begriffes der Isotopie [F. Soddy, A. S. Russell, G. v. Hevesy, K. Fajans, A. Fleck[15])] und der damit zusammenhängenden „Verschiebungsregel", die Arbeiten Rutherfords und anderer über die Kernzerlegung [Atomzertrümmerung[16])] zusammen mit dem weiteren Ausbau des Rutherford-Bohrschen Atommodelles in Einzelheiten führten zu einer neuen Atom- und Kernphysik.

Deren Gebiet ist so weit, daß sie außer den radioaktiven Erscheinungen auch die Theorie der Röntgen- und optischen Spektren, die Kristallstruktur, die Valenztheorie und anderes mehr umfaßt, wobei neben der

---

Literatur zu II, 1 siehe Seite 34.

Quantentheorie auch die Relativitätstheorie hineinspielt. Eine ausführliche Darstellung würde hier zu weit führen, daher sei unter Verweis auf A. Sommerfelds[17]) Buch und unter summarischer Angabe derjenigen Literatur[18]), die sich speziell auf radioaktive Atome bezieht, bloß eine kurze Zusammenfassung der für die Radioaktivität wesentlichen Vorstellungen gegeben.

Die Urbestandteile der Materie sind von zweierlei Art: Wasserstoffkerne (H-Kerne, auch Protonen oder positive Elektronen genannt) und negative Elektronen; ihre elektrische Ladung ist dem absoluten Betrage nach ein Elementarquantum ($e = 4{,}77_4 \cdot 10^{-10}$ stat. Einh.), die Masse beim H-Kern $1{,}662 \cdot 10^{-24}$ g oder 1,0073 bezogen auf O = 16, beim Elektron $0{,}9015 \cdot 10^{-27}$ g oder $\frac{1}{1830}$ bezogen auf O = 16, bzw. $\frac{1}{1844}$ der Masse des H-Kernes. Die Dimensionen sind nicht genau angebbar, der Radius des Elektrons ist von der Größenordnung 10^{-13} cm, der des H-Kernes wahrscheinlich um einige Zehnerpotenzen kleiner.

Ein Atomkern besteht im allgemeinen aus A Protonen und $(A - N)$ Elektronen; dann ist $N \cdot e$ seine positive Kernladung, N die Atomnummer oder Ordnungszahl im periodischen System der Elemente. Durch N ist nicht nur die Anzahl, sondern im allgemeinen auch die Gruppierung der Elektronen in der „Hülle" bestimmt und damit auch das chemische Verhalten des Atomes sowie sein Röntgen- und optisches Spektrum. Atome mit gleichen Werten von N (bei verschiedenen Werten von A) werden als „isotop" bezeichnet, d. h. sie nehmen die gleiche Stelle im periodischen System ein. Neben „Reinelementen", die aus gleichartigen Atomen bestehen, sind daher auch „Mischelemente" (Isotopengemische) vom chemischen Standpunkte aus noch jeweils als ein Element zu bezeichnen.

Die Größe und Form der Bahnen der Hüllelektronen um den Kern wird durch die Gesetze der Quantentheorie bestimmt.

Bezüglich des Atomgewichtes ist zu berücksichtigen, daß keine exakte Additivität der Massen besteht, sondern der Satz von der Trägheit (Masse) der Energie in Betracht kommt, welcher aussagt, daß der Zufuhr oder Abgabe von Energie im Betrage von ΔE Erg eine positive oder negative Massenänderung des betreffenden Systems im Betrage von $\Delta m = \frac{\Delta E}{c^2}$ Gramm entspricht, wobei c die Lichtgeschwindigkeit bedeutet. Dieser Satz — in einem Spezialfall zuerst von F. Hasenöhrl gefunden — ist eine Konsequenz der Relativitätstheorie, läßt sich aber (P. Lenard) auch unabhängig von dieser begründen. Es ist also die kinetische Energie der Elementarbestandteile und der Gewinn oder Verlust an potentieller Energie des elektrostatischen Feldes, der ein-

Literatur zu II, 1 siehe Seite 34.

tritt, wenn sie aus unendlicher Entfernung in das kleine Kernvolumen gebracht werden, in die Kernmasse mit einzurechnen. Daraus folgt, daß die Atomgewichte von Reinelementen nicht stets exakt ganzzahlige Vielfache des Einheitsgewichtes (H-Kern + Elektron) sein müssen, wofür das Atomgewicht des Wasserstoffes (H = 1,0078 bezogen auf O = 16) das krasseste Beispiel liefert. Speziell beim He-Kern ist daher anzunehmen, daß seine Bildung aus 4 H-Kernen und 2 Elektronen mit einer Energieabgabe verbunden ist, die sich zahlenmäßig aus dem „Massendefekt" berechnet zu: $\varDelta E = 4{,}6 \cdot 10^{-5}$ Erg pro He-Kern bzw. $28 \cdot 10^{18}$ Erg pro Grammatom Helium. Eine gleich große Energie ist dann zur Auflösung des He-Kernes in seine Bestandteile notwendig, was für die Stabilität gewisser Elemente und des α-Teilchens selbst bei der Kernzerlegung von Bedeutung ist (vgl. IV, 8).

Immerhin sind die durch die Trägheit der Energie bedingten Abweichungen („Packungseffekte") relativ geringfügig und auch bei Atomkernen höherer Ordnungszahl anscheinend von gleicher Größe wie beim He-Kern, daher die Atomgewichte von Reinelementen nahezu ganzzahlig, und zwar gleich der Zahl A der im Kern enthaltenen H-Kerne, wenn auf O = 16 bezogen. Gröbere Abweichungen, wie sie lange Zeit die alte, den modernen Anschauungen so nahestehende Proutsche Hypothese vom Wasserstoff als Urelement unhaltbar zu machen schienen, lassen sich in der Regel durch das Vorhandensein von Mischelementen (Isotopengemischen) erklären.

Die einzelnen Bestandteile eines Atomkernes sind — auch wenn gleichartig — nicht gleichwertig: schon die Aussendung von α-Teilchen bei den radioaktiven Atomen zeigt an, daß in ihnen das mit dem He-Kern identische α-Teilchen eine innerhalb des Atomkernes fester gebundene Untergruppe bildet, analog etwa dem Verhalten von Atomkomplexen wie z. B. Methyl und dgl. innerhalb der Molekel einer Verbindung. Daneben ist freilich auch denkbar, daß das α-Teilchen nicht schon vorgebildet im Kern radioaktiver Atome vorhanden sei, sondern sich erst im Momente des Austrittes formiere [R. A. Sonder, F. E. Woloschin, W. A. Plotnikow[31])]. Ferner deuten viele Atomgewichtsbeziehungen im periodischen System der Elemente darauf hin, daß auch bei nicht radioaktiven Atomen He-Kerne als derartige Bausteine möglich sind, so z. B. das häufige Auftreten von Atomgewichten der Form $4n$ (n ganze Zahl) oder von Differenzen im Betrage von $4n$ zwischen Elementen der gleichen Reihe. Ob in diesem Sinne allgemein die Atomkerne aus drei Sorten von Bestandteilen (einzelne H-Kerne, He-Kerne und Elektronen) zusammengesetzt sind, läßt sich noch nicht mit Sicherheit entscheiden.

Literatur zu II, 1 siehe Seite 34.

Es könnten sowohl größere Aggregate aus H-Kernen und Elektronen innerhalb des Kernes eine ähnliche Rolle spielen wie der He-Kern, als auch neben diesem analog gebaute kleine Aggregate vorkommen. So hatte z. B. E. Rutherford[16]) bei der Kernzerlegung auf solche geschlossen, die aus 3 H-Kernen und 1 Elektron bestehen, d. h. mit der Kernladung $2e$ zum He-Kern isotop sein sollten und die von ihm als „X_3-Teilchen" bezeichnet wurden. Spätere Ergebnisse Rutherfords lieferten zwar keine Stütze für diese Hypothese, immerhin bleibt die Existenz solcher Teilchen prinzipiell möglich (vgl. weiter unten die Versuche, den X_3-Zerfall für den genetischen Zusammenhang der Radioelemente heranzuziehen).

Nach L. Meitner[19]) ist es auch für das Verständnis gewisser Gesetzmäßigkeiten in den Zerfallsreihen von Bedeutung, zu unterscheiden zwischen α-Teilchen im engeren Sinne, d. i. He-Kernen mit der positiven Ladung $2e$, und α'-Teilchen, das sind α-Teilchen, die bereits innerhalb des Kernes durch zwei fester an sie gebundene Elektronen neutralisiert sind.

Die Kräfte, welche die Bestandteile eines Kernes zusammenhalten, sind den Grundgedanken der modernen Atomphysik entsprechend als elektrische aufzufassen; ob aber im Kern selbst und in seiner unmittelbaren Umgebung noch das einfache Coulombsche Gesetz gilt, ist zweifelhaft [E. Rutherford, A. Smekal, H. Pettersson[20])]. Auch ist es naheliegend, die Vorstellungen der Quantentheorie auf die Berechnung der Bahnen der Kernbestandteile anzuwenden [A. Smekal, S. Rosseland[21])] und in Analogie mit dem Aufbau der Elektronenhülle auch beim Kern einen Aufbau aus „Schalen" anzunehmen, die mit Protonen und Elektronen besetzt sind und bestimmten Energieniveaus entsprechen. Genauere Modelle der Struktur der Atomkerne lassen sich aber beim derzeitigen Stand unserer Kenntnisse noch nicht konstruieren, selbst beim einfachsten aller zusammengesetzten Kerne, dem He-Kern, ergeben sich Schwierigkeiten.

Die Dimensionen der (zusammengesetzten) Atomkerne sind somit auf Grund solcher theoretischer Modelle nicht sicher angebbar, ihre Größenordnung folgt aber aus den Gesetzen der Streuung korpuskularer Strahlen (siehe III, 8) und aus der Geschwindigkeit der α-Strahlen (siehe III, 4) übereinstimmend zu etwa 10^{-12} cm.

Gegenüber den gewöhnlich in der Natur vorkommenden Kraftwirkungen sind die Atomkerne beständig und es rechtfertigt sich so praktisch die vom theoretischen Standpunkte aus eigentlich unhaltbare Bezeichnung „Atom". Doch kennen wir bereits zwei Klassen von Vor-

---

Literatur zu II, 1 siehe S. 34.

gängen, bei denen eine Trennung der im Kern vereinigten Elementarbestandteile eintritt:

1. Die Prozesse des radioaktiven Zerfalles, bei denen anscheinend spontan und quantitativ unbeeinflußbar (vgl. II, 3) Kernteile als korpuskulare Strahlen ausgesandt werden.

2. Die Kernzerlegung (Atomzertrümmerung) durch äußere Einwirkung, wobei vorläufig nur schnelle α-Strahlen als wirksames Agens bekannt sind (siehe IV, 8).

Bei den Prozessen des radioaktiven Zerfalles sind mit Sicherheit α-Teilchen und Elektronen als Träger der Strahlen festgestellt (vgl. III, 1). Aus dem früher erwähnten Satze, daß die Kernladung eines Atomes seinen chemischen Charakter bestimmt, folgt unmittelbar die zunächst empirisch gefundene Verschiebungsregel [F. Soddy, K. Fajans[22])]: Bei der Aussendung eines α-Teilchens sinkt die Kernladung (und daher Atomnummer) um 2 Einheiten, bei der Aussendung eines β-Teilchens steigt sie um 1 Einheit.

Daß die Atome α-strahlender Stoffe tatsächlich nur je ein α-Teilchen, nicht auch bisweilen gleichzeitig zwei oder mehrere emittieren, folgt dann umgekehrt daraus, daß die chemische Stellung der Zerfallsprodukte der Verschiebungsregel entspricht. Überdies wurde in einigen Fällen, wo seinerzeit die Annahme der gleichzeitigen Emission mehrerer α-Teilchen wahrscheinlich war (z. B. bei den Emanationen von Th und Ac), unmittelbar bewiesen, daß es sich hier um sehr kurzlebige Zwischenprodukte handle, deren Atome fast sofort nach ihrer Entstehung unter abermaliger α-Emission zerfallen [H. Geiger und E. Marsden[23])], vgl. auch III, 6.

Ebenso zeigt die tatsächliche Gültigkeit der Verschiebungsregel für die Zerfallsprodukte der β-Strahler, daß hier das Elektron wirklich aus dem Kern stammt.

Problematisch sind noch die Prozesse beim Zerfall von Radioelementen, die sowohl α- als β-Strahlen aussenden. In vielen Fällen (z. B. bei den C-Produkten der Ra-, Th- und Ac-Reihe) liefert die Annahme eines dualen Zerfalles (siehe weiter unten) eine zwanglose Erklärung; in einigen Fällen, so bei Ra, RdTh und RdAc, sind aber die einer β-Umwandlung entsprechenden Zerfallsprodukte nicht nachweisbar, so daß nur die Hypothese übrigbleibt, daß hier die Elektronen der β-Strahlen nicht aus dem Kern, sondern aus der Hülle stammen; dies führt freilich wieder bezüglich der Energieverhältnisse (Geschwindigkeit der β-Strahlen) in quantitativer Beziehung auf Schwierigkeiten [O. Hahn und L. Meitner[24])].

Für eine größere Zahl radioaktiver Elemente, die definierte Zerfallsprodukte lieferten, ohne selbst wahrnehmbare Strahlung auszusenden, wurde in den Zeiten der Entwicklung der Zerfallstheorie eine sogenannte

---

Literatur zu II, 1 siehe S. 34.

„strahlenlose Umwandlung“ [E. Rutherford[25])] angenommen, die ja vom damaligen Standpunkte aus als bloße Umgruppierung der Bestandteile im Atom gedeutet werden konnte. In der jetzigen Atomtheorie ist für eine solche Auffassung kein Platz; es muß angenommen werden, daß nur die geringe Energie der Strahlung ihren empirischen Nachweis verhindere. Übrigens wurde bei den meisten der ursprünglich für strahlenlos gehaltenen Stoffe später eine schwach ionisierend wirkende β-Strahlung tatsächlich aufgefunden (so bei RaB, ThB, AcB und RaD), und nur Ac sowie $MsTh_1$ sind als β-Strahler mit unmerklicher Wirkung im obigen Sinne übriggeblieben. „Strahlenlose“ Elemente, denen auf Grund der Verschiebungsregel eine unmerkliche α-Strahlung zugeschrieben werden müßte, sind nicht bekannt.

Neben den α-Teilchen und β-Elektronen wären a priori auch noch andere Träger korpuskularer Strahlung denkbar, so z. B. die früher erwähnten X_3-Teilchen und vor allem H-Kerne. Die Aussendung von X_3-Strahlen wäre einer α-Strahlung physikalisch sehr ähnlich, chemisch (in bezug auf die Stellung der Folgeprodukte) sogar vollkommen äquivalent, nur mit einer Herabsetzung des Atomgewichtes um 3 statt um 4 Einheiten verbunden. Dies kommt eventuell für die genetische Erklärung der Ac-Reihe in Betracht [St. Meyer, A. Smekal[26])] sowie für die vorläufig rein spekulativen Versuche, die Genesis aller Elemente, auch der nicht radioaktiven, auf Zerfallsvorgänge zurückzuführen.

Demselben Zwecke dient auch die Hypothese der spontanen Emission von einzelnen H-Kernen aus den komplizierteren Atomkernen (spontane oder primäre H-Strahlung im Gegensatz zu der empirisch nachgewiesenen sekundären H-Strahlung bei der Kernzerlegung durch α-Strahlen). Nach der Verschiebungsregel entstünde in diesem Falle ein Folgeprodukt, dessen Kernladung und Atomnummer um eine Einheit verringert wäre. Tatsächlich ist aber bisher noch nie — weder durch die Stellung des Zerfallsproduktes noch durch die physikalischen Eigenschaften der Strahlen — das Vorkommen einer H-Umwandlung beim Zerfall der als sicher radioaktiv erkannten Elemente bewiesen worden.

Endlich ist a priori mit der Möglichkeit zu rechnen, daß außer den einfachen Zerfallsprozessen, die eine unverzweigte Reihe von Zerfallsprodukten liefern, auch ein sogenannter „multipler Zerfall“ eines radioaktiven Elementes eintreten könne, der zu einer Verzweigung der Umwandlungsreihe führen würde [E. Rutherford[26])]. Ein solcher multipler Zerfall könnte darin bestehen, daß ein instabiles Atom in zwei oder mehrere Atome zerfällt, die dann natürlich gegenüber dem pri-

Literatur zu II, 1 siehe Seite 34.

mären an Masse weit stärker verringert wären, als bei dem einfachen Zerfalle unter Aussendung von α-Teilchen, doch ist derzeit kein Vorgang bekannt, der diese Deutung als wahrscheinlich erscheinen ließe. Eine zweite mögliche Form des multiplen Zerfalles besteht darin [F. Soddy[27])], daß ein Atom der Sorte A je nach den Bedingungen, unter denen der Zerfall stattfindet, sich entweder in ein Atom der Sorte A' oder in eines der Sorte A'' umwandelt, z.B. daß die Umwandlung in A' unter Aussendung eines β-Teilchens, in A'' eines α-Teilchens erfolgt. Während also hier jedes einzelne Atom der Primärsubstanz wieder nur ein einziges Atom als Zerfallsprodukt erzeugt, liefert doch ein Quantum der Substanz A zwei verschiedene Stoffe A' und A''.

Ein solcher dualer Zerfall (mit α- und β-Umwandlung) ist bisher bei den C-Körpern der 3 Zerfallsreihen sichergestellt (RaC, ThC, AcC) und die entstehenden Zweigprodukte werden mit C′ und C″ bezeichnet. Weniger sicher ist im Anfange der U-Reihe die Stelle und Art des dualen Zerfalles, der zur Abzweigung der Ac-Reihe führt (vgl. VI, 9). Bei UX_1 ist nach dem Zerfallschema (siehe S. 16/17) ein dualer Zerfall — entweder in UX_2 oder in UZ — anzunehmen, bei dem beide Zerfallsarten einer β-Umwandlung entsprechen. Unter Berücksichtigung der früher erwähnten Unterscheidung von α- und α'-Teilchen nach L. Meitner kann auch bei rein α-strahlenden Elementen ein dualer Zerfall angenommen werden. Nimmt man die oben besprochenen hypothetischen Zerfallsarten (unter Aussendung von X_3-Teilchen oder H-Kernen) hinzu, so ergeben sich im allgemeinen noch andere denkbare Kombinationen dualer oder multipler Zerfallsvorgänge; doch fehlt auch hier vorläufig noch die empirische Grundlage.

Die Bedingungen, unter denen der Zerfall eines Atomes eintritt, lassen sich beim derzeitigen Stande der Kenntnisse von Anordnung und Bewegungszustand der Kernbestandteile nicht angeben; das wirkliche Eintreten des Zerfalles ist für uns noch immer ein „zufälliges" Ereignis (vgl. II, 4 über den statistischen Charakter des Zerfallsgesetzes), wobei die Zerfallswahrscheinlichkeit für jede Atomart einen bestimmten, durch äußere Einflüsse nicht variierbaren Wert besitzt (siehe II, 3), der auch offensichtlich mit der Stellung in der Zerfallsreihe und dem Atomgewicht (siehe VI, 1 und 12) sowie mit der beim Zerfall frei werdenden Energie (siehe II, 5) in Zusammenhang steht. Am meisten verbreitet ist wohl die Anschauung [vgl. A. Debierne[28])], daß infolge der Bewegung der Kernbestandteile Konfigurationen auftreten, die instabil sind und zum Zerfall unter Aussendung der exponiertesten Bestandteile als Korpuskularstrahlung führen. Theoretische Überlegungen über die

Literatur zu II, 1 siehe Seite 34.

Stabilität der Atomkerne sowie über die Geschwindigkeit (Energie) der inneren Bewegung und ihr Verhältnis zur Anfangsgeschwindigkeit der Strahlen finden sich[29]) bei F. A. Lindemann, H. Rausch v. Traubenberg, H. Th. Wolff, A. Smekal, W. Kossel, S. Rosseland, G. Kirsch, W. D. Harkins, K. Fehrle u. a.

Die andere Anschauung, daß der radioaktive Zerfall durch äußere Einwirkung [z. B. einer überall vorhandenen durchdringenden Strahlung, wie J. Perrin sowie E. Briner und A. W. Menzies und C. A. Sloat[30]) annehmen] erfolge, also eine Art Kernzerlegung sei, wobei wieder die Kernstruktur die Empfindlichkeit gegen eine Störung und damit die Zerfallswahrscheinlichkeit bestimme — eine moderne Fassung der eingangs (S. 23) erwähnten Hypothese —, entbehrt zwar jeder empirischen Grundlage, ist aber als solche nicht unvereinbar mit den allgemeinen Vorstellungen der heutigen Atom- und Kernphysik.

Literatur zu II, 1:

1) M. Curie, C.R. **126**, 1101, 1898; Rev. gén. d. scienc. **10**, 41, 1899; P. Curie und M. Curie, C.R. **134**, 85, 1902.

2) W. Crookes, Nature **58**, 438, 1898; C.R. **128**, 176, 1899.

3) J. Elster und H. Geitel, Ann. d. Phys. (3) **66**, 735, 1898; A. Piccard und E. Stahel, Arch. sc. phys. et nat. (5) **3**, 542, 1921.

4) J. Elster und H. Geitel, Ann. d. Phys. (3) **69**, 88, 1899; J. Perrin, Rev. scient. 1901, 13. April; H. Becquerel, C.R. **133**, 977, 1901; J. J. Thomson, Nature **67**, 601, 1903.

5) E. Rutherford und F. Soddy, J. Chem. Soc. **81**, 321, 837, 1902; Phil. Mag. (6) **4**, 370, 569, 1902; **5**, 441, 576, 1903; E. Rutherford, Trans. Roy. Soc. **204**, 169, 1904.

6) G. Hoffmann, Ann. d. Phys. (4) **62**, 738, 1920; Z. f. Phys. **7**, 254, 1921.

7) W. Meigen, Nature **73**, 389, 1909.

8) W. Nernst, Verh. D. Phys. Ges. **18**, 83, 1916; Das Weltgebäude im Lichte der modernen Forschung, Berlin, J. Springer, 1921.

9) P. Lenard, Ann. d. Phys. (4) **12**, 714, 1903.

10) J. J. Thomson, Electricity and Matter, Silliman Lectures, 1903; deutsch von G. Siebert als Nr. 3 der Sammlung „Die Wissenschaft", 1904; Phil. Mag. (6) **7**, 237, 1904; F. Butavand, Le Rad. **9**, 203, 1912; **10**, 75, 1913.

11) Lord Kelvin, Phil. Mag. (6) **8**, 528, 1904; **10**, 695, 1905; H. Nagaoka, Nature **69**, 392, 1904; **70**, 124, 1904; Phil. Mag. (6) **7**, 445, 1904; Phys. Z. **5**, 517, 1904. G. A. Schott, Nature **69**, 437, 1904; **70**, 176, 1904; Phil. Mag. (6) **8**, 834, 1904.

12) E. Rutherford, Phil. Mag. (6) **21**, 669, 1911; **24**, 453, 1912; Vortrag Brit. Assoc. in Birmingham 1913 (Referat Phys. Z. **14**, 1306, 1913); Phil. Mag. (6) **27**, 488, 1914; C. G. Darwin, ebendort **25**, 201, 1913; **27**, 499, 1914.

13) N. Bohr, Phil. Mag. (6) **25**, 10, 1913; **26**, 1, 476, 857, 1913; **27**, 506, 1914; **29**, 332, 1915; **30**, 394, 581, 1915. Dänische Akad. d. Wiss. Afd. 8, IV, (I), 1, 1918; Nature **107**, 104, 1921; **108**, 208, 1921; **112**, 29, 1923; Abhandlungen zum Atombau 1913—1916, bei F. Vieweg & Sohn, 1921; Z. f. Phys. **9**, 1, 1922; N. Bohr und D. Coster, Z. f. Phys. **12**, 342, 1922; N. Bohr, Naturwiss. **11**, 606, 1923.

14) A. van den Broek, Nature **93**, 367, 1914; Naturwiss. **2**, 717, 1914; Phil. Mag. (6) **27**, 455, 1914; H. G. J. Moseley, ebendort 703, 1914.

15) F. Soddy, The chemistry of the Radioelements, Longmans, Green and Co., London, **1**, 1911; **2**, 1914; deutsche Ausgabe bei J.A.Barth, 1912, 1914; A. S. Russell, Chem. News **107**, 49, 1913; F. Soddy, Trans. chem. Soc. **99**, 72, 1911; G. v. Hevesy, Z. Elektroch. **19**, 291, 1913; Phys. Z. **14**, 49, 1913; K. Fajans, Phys. Z. **14**, 134, 136, 1913; Ber. D. chem. Ges. **46**, 422, 1913; Le Rad. **10**, 57, 61, 171, 1913; A. Fleck, Trans. chem. Soc. **103**, 381, 1052, 1913; Chem. Soc. London 23/I, 15/V, 1913; Chem. News **107**, 68, 95, 273, 1913; **108**, 175, 1913; F. Soddy, Jahrb. Rad. u. El. **10**, 188, 1913; Le Rad. **11**, 6, 1914; F. Paneth und G. v. Hevesy, Wien. Ber. **122**, 1037, 1913.

16) E. Rutherford, Phil. Mag. (6) **37**, 537, 562, 571, 581, 1919; Nature **103**, 415, 1919; **107**, 574, 1921; E. Rutherford und J. Chadwick, Nature **107**, 41, 1921; Phil. Mag. (6) **42**, 809, 1921; **44**, 417, 1922; E. Rutherford, Nature **105**, 500, 1920; **107**, 41, 574, 1921; **109**, 584, 614, 1922; **110**, 182, 1922; Proc. Roy. Soc. (A) **97**, 374, 1920; Proc. Phys. Soc. London **33**, 389, 1921; J. de phys. (6) **3**, 133, 1922; Phil. Mag. (6) **41**, 307, 1921.

17) A. Sommerfeld, Atombau und Spektrallinien, F. Vieweg und Sohn, Braunschweig 1922. (4. Aufl. 1924).

18) G. Oddo, Z. anorg. Chem. **87**, 253, 1914; J. W. Nicholson, Nature **93**, 268, 1914; Phil. Mag. (6) **27**, 541, 1914; **28**, 90, 1914; L. Föppl, Phys. Z. **15**, 707, 1914; G. S. Fulcher, Science (N.S.) **38**, 274, 1913; F. A. Lindemann, Verh. d. Phys. Ges. **16**, 281, 1914; Phil. Mag. (6) **30**, 560, 1915; H. Rausch v. Traubenberg, Götting. Nachr. **28**, 1915; Phys. Z. **16**, 264, 1915; St. Meyer, Wien. Ber. **125**, 201, 1916; F. G. Carruthers, Nature **96**, 565, 1916; A. van den Broek, ebendort 677, 1916; W. D. Harkins und E. D. Wilson, J. Amer. Chem. Soc. **37**, 1369, 1383, 1396, 1915; T. C. Choudhari, Chem. News **116**, 25, 1917; E. Kohlweiler, Z. f. phys. Chem. **92**, 685, 1918; St. Meyer, Wien. Ber. **127**, 1283, 1918; C. Schmidt, Z. f. anorg. Chem. **103**, 79, 1918; E. H. Büchner, Hand. **16**, Ned. Nat. en Gen. Congr., 116, 1917; J. W. D. Hackh, Phys. Rev. (2) **13**, 165, 1919; W. Lenz, Naturw. **8**, 181, 1920; Z. Elektrochem. **26**, 277, 1920; A. Smekal, Naturwiss. **8**, 206, 1920; H. Schmidt, Diss. Leipzig 1919 (Ref.: Phys. Ber. 1920, 747).H. Th. Wolff, Phys. Z. **21**, 393, 1920; F. Kirchhof, ebendort, 711, 1920; Z. phys. Chem. **94**, 257, 1920; H. Geiger, Z. Elektroch. **26**, 274, 1920; F. Urbach, Phys. Z. **22**, 114, 1921; K. Fajans, Naturwiss. **10**, 617, 1922; F. W. Aston, Isotopes, London bei E. Arnold, 1922; deutsche Übersetzung von E. Norst-Rubinowicz, Leipzig 1923, S. Hirzel; G. v. Hevesy, Naturwiss. **11**, 604, 1923; K. Fehrle, Z. f. Phys. **16**, 397, 1923; D. Radolescu, Bulet. Soc. de Stiinte din Cluj, **2**, 129, 1924; ferner die im folgenden einzeln genannten Arbeiten (vgl. auch Lit. zu IV, 8, Atomzertrümmerung).

19) L. Meitner, Z. f. Phys. **4**, 146, 1921; Naturwiss. **9**, 423, 1921.

20) E. Rutherford, Phil. Mag. (6) **37**, 537, 1919; J. Chadwick, ebendort **40**, 734, 1920; A. Smekal, Wien. Ber. **130**, 149, 1921.

21) A. Smekal, Wien. Anz. 1922, 79; Z. f. Phys. **10**,275, 1922; S. Rosseland, ebendort **14**, 173, 1923; Nature **111**, 357, 1923.

22) F. Soddy, A. S. Russell, G. v. Hevesy, K. Fajans, A. Fleck, siehe unter Nr. 15.

23) H. Geiger und E. Marsden, Phys. Z. **11**, 7, 1910.

24) O. Hahn und L. Meitner, Z. f. Phys. **2**, 60, 1920.

25) E. Rutherford, Trans. Roy. Soc. **204**, 169, 1904.

26) St. Meyer, Z. phys. Chem. **95**, 407, 1920; A. Smekal, Phys. Z. **22**, 48, 1921.

27) F. Soddy, Phil. Mag. (6) **18**, 739, 1909.

28) A. Debierne, Les idées modernes sur la constitution de la matière, Mem. Soc. Franc. Phys. (2), 1913.

29) F. A. Lindemann, Verh. D. Phys. Ges. **16**, 281, 1914; Phil. Mag. (6) **30**. 560, 1915; H. Rausch v. Traubenberg, Phys. Z. **16**, 264, 1915; W. Kossel, Phys. Z. **20**, 265, 1919; H. Th. Wolff, Ann. d. Phys. (4) **52**, 631, 1917; **60**, 685, 1919; Phys. Z. **21**, 175, 1920; A. Smekal, Naturwiss. **8**, 206, 1920; Z. f. Phys. **10**, 275, 1922; S. Rosseland, Z. f. Phys. **14**, 173, 1923; Nature **111**, 357, 1923; G. Kirsch, Naturwiss. **8**, 207, 1920; Phys. Z. **22**, 20, 1921; C. Neuburger, Ann. d. Phys. (4) **70**, 139, 1923; W. D. Harkins, J. Amer. Chem. Soc. **42**, 1956, 1920; K. Fehrle, Z. f. Phys. **16**, 397, 1923

30) J. Perrin, Ann. de phys. (9) **11**, 5, 1919; E. Briner, C, R. **180**, 1586, 1925. A. W. Menzies und C. A. Sloat, Science, (N. S.), **63**, 44, 1926.

31) R. A. Sonder, Z. f. Kryst. **57**, 611, 1923; F. E. Woloschin, Casopis pro pěst. mat. a. fys. **52**, 1923; C. R. Séanc. Polon. **5**, 61, 1925; W. A. Plotnikow, Z. f. Phys. **23**, 339, 1924.

2. Das Zerfallsgesetz. Ist ein Quantum eines einheitlichen radioaktiven Elementes, also eine bestimmte Anzahl unter sich gleichartiger instabiler Atome gegeben, so wird die Zahl der unverändert gebliebenen Atome infolge des Zerfalles mit der Zeit abnehmen. Das Gesetz des zeitlichen Verlaufes dieser Abnahme ist durch die einfache Formel darstellbar:

$$N_t = N_0 e^{-\lambda t}.$$

Hierin bezeichnet N_t die Zahl der zur Zeit t existierenden unveränderten Atome, N_0 ihre Zahl zur Zeit $t = 0$, e die Basis des natürlichen Logarithmensystems ($e = 2{,}718\,281\,828\ldots\ldots$); die Größe λ ist von der Dimension einer reziproken Zeit und eine für ein bestimmtes Radioelement charakteristische Konstante, die als „Zerfallskonstante" des betreffenden Elementes bezeichnet wird.

Durch Differenzieren der obigen Gleichung erhält man:

$$\frac{dN_t}{dt} = -\lambda N_0 e^{-\lambda t} = -\lambda N_t,$$

das heißt also: die Zahl der in der Zeiteinheit zerfallenden Atome ist proportional der Anzahl der vorhandenen und die Zerfallskonstante λ gibt den Bruchteil der in der Zeiteinheit zerfallenden Atome an. Das Zerfallsgesetz ist also formal ganz analog dem bekannten Gesetze der sogenanten „monomolekularen Reaktionen".

Statt der Zerfallskonstante λ kann man zur Charakterisierung eines Radioelementes auch andere durch sie eindeutig bestimmte Größen anwenden: Setzt man $1/\lambda = \tau$, so ist τ eine Größe von der Dimension einer Zeit, und zwar jener Zeit, in welcher die Zahl der vorhandenen Atome auf den Bruchteil $1/e = 0{,}367\,879\ldots$ des Anfangswertes fällt. Diese Konstante, welche bei formal analog verlaufenden Vorgängen

---

Literatur zu II, 2 siehe Seite 38.

oftmals den Namen „Relaxationszeit" führt, wird speziell in der Radioaktivität „mittlere Lebensdauer" (englisch „average life", französisch „vie moyenne") genannt. Der Sinn dieser Bezeichnung ergibt sich aus folgender Überlegung. Von N_0 zur Zeit $t = 0$ vorhandenen Atomen sind zur Zeit t noch vorhanden $N_0\, e^{-\lambda t}$, zur Zeit $(t + dt)$ die Anzahl $(N_0\, e^{-\lambda t} - \lambda N_0\, e^{-\lambda t}\, dt)$; es ist daher $\lambda N_0 e^{-\lambda t}\, dt$ die Zahl jener Atome, deren tatsächliche Lebensdauer zwischen den Grenzen t und $(t + dt)$ liegt. Summiert man die Lebensdauern sämtlicher ursprünglich gegebenen Atome, so erhält man:

$$S = \int_0^\infty t \cdot \lambda N_0 e^{-\lambda t}\, dt = \frac{N_0}{\lambda} = N_0 \tau.$$

$\tau = \frac{S}{N_0}$ stellt somit den mittleren Wert der Lebensdauer eines Atomes dar und ist unabhängig von der Wahl des Zeitpunktes, für den $t = 0$ gesetzt wird.

Zur unmittelbaren Veranschaulichung des zeitlichen Verlaufes des Zerfalles und zu Überschlagsrechnungen wird häufig statt der Zerfallskonstante λ oder der mittleren Lebensdauer τ die sogenannte „Halbwertszeit" T oder „Halbierungszeit", (auch „Halbierungskonstante", (im Englischen und Französischen kurz „period" resp. „période" genannt) angegeben. Man versteht darunter jene Zeit, innerhalb welcher die Zahl der Atome auf die Hälfte des Anfangswertes absinkt; sie ist also gegeben durch die Gleichung:

$$\frac{N_0}{2} = N_0 e^{-\lambda T} \quad \text{oder} \quad T = \frac{1}{\lambda} \operatorname{lognat} 2 = \tau \operatorname{lognat} 2.$$

Es gelten daher zwischen den 3 Größen λ, τ und T die numerischen Beziehungen:

$$\lambda = \frac{1}{\tau} = 0{,}693147 \cdot \frac{1}{T}$$

$$\tau = \frac{1}{\lambda} = 1{,}442695\ T$$

$$T = 0{,}693147 \cdot \frac{1}{\lambda} = 0{,}693147\ \tau.$$

Für Überschlagsrechnungen bequem ist die Notiz, daß für $t = 10\,T$ die Zahl der Atome auf rund ein Tausendstel (genauer $\frac{1}{1024}$) fällt.

Die Werte von τ und T werden häufig statt in Sekunden in größeren Zeiteinheiten (Minuten, Stunden, Tagen, Jahren) beziehungsweise die Werte von λ in reziproken solchen Einheiten angegeben; zu bemerken

Literatur zu II, 2 siehe Seite 38.

ist hierbei, daß der früher erwähnte Satz, daß die Zerfallskonstante den in der Zeiteinheit zerfallenden Bruchteil der Atome darstellt, nur richtig bleibt, falls die gewählte Zeiteinheit klein gegen die mittlere Lebensdauer ist.

Die Gültigkeit des Zerfallsgesetzes $N_t = N_0 e^{-\lambda t}$ folgt unmittelbar aus der Erfahrung, unter Hinzufügung der Annahme, daß jeder Atomzerfall bestimmter Art den gleichen meßbaren Effekt (z. B. Ionisation eines Gases) liefert; bezeichnet J die in willkürlichen Einheiten gemessene Intensität der Strahlung, so ergibt sich für eine einheitliche radioaktive Substanz eben empirisch:

$$J_t = J_0 e^{-\lambda t}.$$

Da J_t proportional $\frac{dN_t}{dt}$ vorausgesetzt wird, folgt hieraus durch Integration das ursprünglich aufgestellte Gesetz.

Zur experimentellen Ermittlung des numerischen Wertes von λ eignet sich am besten die Darstellung durch Logarithmen, nämlich $\log J_t = \log J_0 - \lambda t \log e$. Bei der graphischen Darstellung von $\log J$ als Funktion der Zeit erhält man also eine Gerade, und es kann daher auf graphischem Wege auch am bequemsten die Ausgleichung der Beobachtungsfehler vorgenommen werden. Die Aufstellung des exponentiellen Zerfallsgesetzes erfolgte durch E. Rutherford und F. Soddy[1]) in den die Zerfallstheorie begründenden Arbeiten.

Über den statistischen Charakter dieses Gesetzes vergleiche den Abschnitt 4 dieses Kapitels.

Literatur zu II, 2:

1) E. Rutherford und F. Soddy, J. Chem. Soc. **81**, 321, und 837, 1902; Phil. Mag. (6) **4**, 370 und 569, 1902; Phil. Mag. (6) **5**, 576, 1903; E. Rutherford, Phil. Trans. (A) **204**, 169, 1904.

3. Die Unabhängigkeit der Zerfallskonstante von äußeren Bedingungen. Da der Mechanismus des Zerfalles radioaktiver Atome sich derzeit unserer Erkenntnis entzieht, kann man mit der Möglichkeit rechnen, daß der Wert der Zerfallskonstante von äußeren Bedingungen, wie Temperatur, Druck usw. beeinflußt werde.

Temperatur. Die Ergebnisse zahlreicher Versuche, die zur Prüfung angestellt wurden, waren zuerst wechselnde; so fanden[1]) P. Curie und J. Danne, W. Makower, W. Makower und S. Russ und W. Engler eine Beeinflussung des Zerfalles von RaC durch die Tempera-

Literatur zu II, 3 siehe Seite 41.

tur, und zwar wurden die Resultate gewöhnlich als eine Vergrößerung der Zerfallskonstante bei 1000° C übersteigenden Temperaturen gedeutet. Im Gegensatz[2]) hierzu erhielten H. L. Bronson, H. W. Schmidt sowie H. W. Schmidt und P. Cermak negative Resultate; bisweilen auftretende scheinbare Temperatureinflüsse konnten erklärt werden durch eine Änderung in der räumlichen Verteilung der strahlenden Substanz RaC; infolge dieses Umstandes ist die beobachtete Intensität der β-Strahlung veränderlich, während die wenig absorbierbare γ-Strahlung dabei nicht merklich beeinflußt wird. Speziell in der letztzitierten Arbeit geben H. W. Schmidt und P. Cermak eine ausführliche Diskussion ihrer eigenen Resultate und jener anderer Autoren, die zur Annahme der Temperaturunabhängigkeit des Zerfalles des RaC führt. Zu dem gleichen Ergebnisse gelangt auch A. S. Russell[3]). Bezüglich der Radiumemanation wurde von E. Rutherford[4]) bis zur Temperatur der flüssigen Luft herab die Unabhängigkeit der Zerfallskonstante festgestellt und Versuche von M. Curie und H. Kamerlingh Onnes[5]) erweiterten den Geltungsbereich bis zur Temperatur des flüssigen Wasserstoffes. Ebenso folgt die Unabhängigkeit der Umwandlung von Uran in Uran X von der Temperatur aus Versuchen R. W. Forsyths[6]) im Intervall von 0° bis 1000° C.

Nach Versuchen von S. Geiger[7]) ist auch die Strahlung von K und Rb durch die Temperatur (Zimmertemperatur bis — 190° C) nicht beeinflußbar, was neben anderen Gründen die Annahme echter Radioaktivität dieser Elemente stützt. J. Eggert[8]) schließt auf theoretischem Wege, daß erst bei Temperaturen oberhalb 10^{11} °C eine Beeinflussung des Zerfalles möglich wäre, also selbst im Innern heißer Sterne nicht in Betracht komme. Dagegen glaubt J. Joly[9]) eine durch kosmische Temperaturen erzeugte Radioaktivität annehmen zu können.

Druck. Analoge Versuche, einen Einfluß des Druckes[10]) auf die Zerfallsgeschwindigkeit festzustellen, lieferten gleichfalls negative Resultate (W. E. Wilson; A. Schuster; A. S. Eve und F. D. Adams; E. Rutherford und J. E. Petavel).

Magnetisches Feld. Versuche von P. Weiss, A. Piccard und G. Volkart[11]) zeigen, daß magnetische Felder bis zu 83000 Γ hinauf keinen merklichen Einfluß haben.

Strahlungen. Versuche E. Rutherfords[12]) ergaben Unabhängigkeit der Zerfallskonstante der Radiumemanation von der Konzentration innerhalb weiter Grenzen (1 : 2000) und beweisen damit, daß der Zerfall der Emanationsatome durch die von der Umgebung ausgehende

---

Literatur zu II, 3 siehe Seite 41.

α-Strahlung nicht beeinflußt wird. Bei noch stärkerer Konzentration (0,2 Curie in 0,2 mm^3) wurde dies neuerdings von M. Curie[23]) bestätigt. Analoge Resultate bezüglich der Wirkung der α-Strahlen erhie ten J. Danysz und L. Wertenstein[13]) an radioaktiven Stoffen, A. G. Shenstone[14]) an inaktiven (C, Al, Pb); ebenso W. P. Jorissen und J. A. Vollgraff[15]) bezüglich der Wirkung von Kathodenstrahlen und G. v. Hevesy[16]) bezüglich der Wirkung von γ-Strahlen auf β-strahlende radioaktive Elemente.

Wie H. Pettersson und G. Kirsch zeigen, sind die meisten der eben angeführten Versuche insofern nicht beweiskräftig, als sie auch dann kein positives Resultat liefern könnten, wenn ein „Kerntreffer" (Zusammenstoß eines α-Teilchens mit einem Atomkern) tatsächlich den Zerfall herbeiführen würde; denn die Zahl der Kerntreffer ist unter diesen Bedingungen zu gering. Aus den Versuchen von J. Danysz und L. Wertenstein[13]), eigenen und solchen von H. Müller[24]) schließen sie aber, daß selbst bei Kerntreffern die Wahrscheinlichkeit eines dadurch bewirkten radioaktiven Zerfalles höchstens von der Größenordnung 10^{-3} sein kann.

Über die Versuche W. Kutzners[25]), der durch α-Strahlung ausgelösten beschleunigten Zerfall des Po annahm, und die abweichende Erklärung R. W. Lawsons[26]) vergl. S. 159. Über die Annahme einer den Zerfall bewirkenden durchdringenden Strahlung (J. Perrin; E. Briner)[27]) siehe S. 34, über negative Versuchsergebnisse (J. Elster und H. Geitel; A. Piccard und E. Stahel)[28]) siehe S. 24.

S. Maracineanu[29]) glaubt, einen Einfluß des Sonnenlichtes auf den Zerfall von Po konstatieren zu können.

Gravitationsfeld und Zentripetalbeschleunigung. Theoretisch hatte F. G. Donnan[17]) aus der allgemeinen Relativitätstheorie einen Einfluß der Gravitation auf die Zerfallskonstante abgeleitet. Eine von E. Rutherford geplante experimentelle Prüfung konnte nicht ausgeführt werden; Versuche aber, die — entsprechend dem Satze von der Äquivalenz eines Schwerefeldes und einer Beschleunigung — an rasch rotierenden Körpern ausgeführt wurden, ergaben selbst bei Zentripetalbeschleunigungen im Betrage der 20000fachen Schwerebeschleunigung keinen Effekt [E. Rutherford und A. H. Compton[18])].

Umgebung.[19]) L. Bruner und E. Bekier sowie W. Marckwald fanden keine Änderung der Zerfallskonstante der RaEm in einer He-Atmosphäre, wobei erstere auch die Unwirksamkeit gleichzeitiger elektrischer Entladungen feststellten.

Literatur zu II, 3 siehe Seite 41.

Alter der Atome. Versuche von H. H. Poole[20]) geben gleiche Zerfallsgeschwindigkeit bei jungen und alten Emanationsatomen. Dagegen glaubt J. Joly[21]) aus geologischen Tatsachen schließen zu können, daß die Zerfallskonstante von U sich im Laufe geologischer Epochen geändert, und zwar verringert habe, daß somit der Satz von der Konstanz der Zerfallskonstante nicht für die Anfangsglieder der radioaktiven Reihen gelte [vgl. auch W. J. Sollas[22])].

Literatur zu II, 3:

1) P. Curie und J. Danne, C.R. **138**, 748, 1904; W. Makower, Proc. Roy. Soc. (A) **77**, **241**, 1906; W. Makower und S. Russ, ebendort **79**, 158, 1907; Phys. Z. **9**, 250, 1908; W. Engler, Ann. d. Phys. (4) **26**, 483, 1908.

2) H. L. Bronson, Sill. Journ. (4) **20**, 60, 1905; Phil. Mag. (6) **11**, 143, 1906; Proc. Roy. Soc. (A) **78**, 494, 1906; H. W. Schmidt, Phys. Z. **9**, 113, 1908; H. W. Schmidt und P. Cermak, ebendort **9**, 816, 1908; **11**, 793, 1910.

3) A. S. Russell, Proc. Roy. Soc. (A) **86**, 240, 1912.

4) E. Rutherford, Wien. Ber. **120**, 303, 1911.

5) M. Curie und H. Kamerlingh Onnes Commun. Phys. Lab. Leiden Nr. 135, 1913; Akad. Wetensch. Amsterdam 1537, 1913; Le Rad. **10**, 181, 1913.

6) R. W. Forsyth, Phil. Mag. (6) **18**, 207, 1909.

7) S. Geiger, Wien. Ber. **132**, 69, 1923.

8) J. Eggert, Phys. Z. **20**, 570, 1919.

9) J. Joly, Nature **110**, 112, 1922.

10) W. E. Wilson, Proc. Dublin Soc. **10**, 193, 1904; A. Schuster, Nature **76**, 269, 1907; A. S. Eve und F. D. Adams, ebendort; E. Rutherford und E. Petavel, Brit. Assoc. Reports, Sect. A, 456, 1907.

11) P. Weiss und A. Piccard, Arch. sc. phys. et nat. (4) **31**, 554, 1911; A. Piccard und G. Volkart, ebendort (5) **3**, 542, 1921.

12) Siehe Nr. 4.

13) J. Danysz und L. Wertenstein C. R. **161**, 784, 1915.

14) A. G. Shenstone, Phil.Mag. (6) **43**, 938, 1922.

15) W. P. Jorissen und J. A. Vollgraff, Z. anorg. Chem. **89**, 151, 1915; **90**, 557, 1915.

16) G. v. Hevesy, Nature **110**, 216, 1922.

17) F. G. Donnan, Nature **104**, 392, 1919.

18) E. Rutherford und A. H. Compton, Nature **104**, 412, 1919; A. H. Compton, Phil. Mag. (6) **39**, 659, 1920.

19) L. Bruner und E. Bekier, Phys. Z. **15**, 240, 1915; W. Marckwald, Phys. Z. **15**, 440, 1915.

20) H. H. Poole, Phil. Mag. (6) **27**, 714, 1914.

21) J. Joly, Phil. Mag. (6) **22**, 357, 1911.

22) W. J. Sollas, Nature **108**, 279, 1921.

23) M. Curie, Ann. de phys. (10) **2**, 405, 1924.

24) H. Pettersson und G. Kirsch, Atomzertrümmerung, Kap. VI, Akad. Verlagsges., Leipzig 1925; H. Müller, ebenda, S. 163.

25) W. Kutzner, Z. f. Phys. **21**, 281, 1924.

26) R. W. Lawson, Nature **114**, 121, 1924.

27) J. Perrin, Ann. de phys. (9) **11**, 5, 1919; E. Briner, C. R. **180**, 1586, 1925.

28) J. Elster und H. Geitel, Ann. d. Phys. (3) **69**, 88, 1899; A. Piccard und E. Stahel, Arch. sc. phys. et nat. (5) **3**, 542, 1921.

29) S. Maracineanu, Bull. Acad. Roumaine **9**, 51, 1924; C. R. **181**, 774, 1925.

4. Der statistische Charakter des Zerfallsgesetzes und die Schwankungen der radioaktiven Umwandlung. Das im Abschnitte 2 dieses Kapitels aufgestellte Zerfallsgesetz: $N_t = N_0 e^{-\lambda t}$ ist, wie dort erwähnt wurde, unmittelbar der Erfahrung entnommen. Um es theoretisch zu begründen, scheint zunächst die Kenntnis der Bedingungen, unter denen der Zerfall eines Atoms eintritt, notwendig zu sein. Unsere Vorstellungen von der Struktur der radioaktiven Atome und von den Vorgängen in ihrem Innern (vgl. Abschnitt 1 dieses Kapitels) sind aber nicht genügend präzisiert für diesen Zweck, und die im vorigen Abschnitt besprochenen Versuche über den Einfluß äußerer Bedingungen auf den Atomzerfall ergeben durchwegs negative Resultate.

Das empirisch gegebene exponentielle Zerfallsgesetz läßt sich jedoch auch ohne jede speziellere Hypothese über den Mechanismus des Vorganges theoretisch aus bloßen Wahrscheinlichkeitsbetrachtungen ableiten. Ohne Kenntnis von den Ursachen, die im einzelnen Falle zur Umwandlung eines bestimmten Atomes führen, können wir diesen Vorgang als einen rein zufälligen im Sinne der Wahrscheinlichkeitsrechnung auffassen und annehmen, die Wahrscheinlichkeit ω, daß ein Atom bestimmter Gattung (eines bestimmten Radioelementes) innerhalb einer gegebenen Zeit Δ zerfalle, sei eine Konstante, d. h. unabhängig von der Zeit, welche seit der Erzeugung des Atomes verflossen ist, und für alle Atome derselben Art dieselbe.

Für hinreichend kleine Werte von Δ kann die Wahrscheinlichkeit ω der Größe des Zeitintervalles proportional, also $\omega = \lambda \Delta$ gesetzt werden, wobei λ als eine für ein Radioelement charakteristische Konstante zu betrachten ist.

Aus diesen Annahmen ergibt sich unmittelbar die zusammengesetzte Wahrscheinlichkeit, daß ein Atom während des Zeitintervalles $t = k\,\Delta$ nicht zerfalle, zu:

$$\omega'_t = (1 - \lambda \Delta)^k = \left[(1 - \lambda \Delta)^{-\frac{1}{\lambda \Delta}}\right]^{-\lambda t}.$$

Läßt man bei konstant erhaltenem Produkt $t = k\,\Delta$ die Größe Δ unendlich klein werden, so ergibt sich:

Literatur zu II, 4 siehe Seite 48.

$$\omega'_t = \lim_{\Delta = 0} \left[(1 - \lambda\Delta)^{-\frac{1}{\lambda\Delta}}\right]^{-\lambda t} = e^{-\lambda t}.$$

Von einer großen Anzahl N_0 gleichartiger zur Zeit $t = 0$ gegebenen Atome werden daher entsprechend dem sogenannten Gesetz der großen Zahlen zu einer beliebigen Zeit noch unverwandelt existieren:

$$N_t = N_0 e^{-\lambda t}.$$

Die Zerfallskonstante λ ist hiernach die Wahrscheinlichkeit, daß ein Atom innerhalb der Zeiteinheit — die klein gegen die mittlere Lebensdauer gewählt werde — zerfalle. [E. v. Schweidler[1]); K. W. F. Kohlrausch.[2])]

Sind für Atome bestimmter Gattung zwei oder mehrere Arten des Zerfalles („multipler Zerfall“, vgl. S. 32) möglich, so können in ähnlicher Weise die Größen $\lambda_1, \lambda_2, \ldots \lambda_n$ angegeben werden, die den auf die Zeiteinheit reduzierten Werten der Wahrscheinlichkeit der verschiedenen Arten des Zerfalles entsprechen. Sind N_t Atome der Primärsubstanz vorhanden, so stellen $\lambda_1 N_t, \lambda_2 N_t \ldots \lambda_n N_t$ die in der Zeiteinheit gebildete Zahl der Atome der verschiedenen Zweigprodukte dar; die Zahl N_t selbst nimmt ab nach dem Gesetze $N_t = N_0 e^{-\lambda t}$, wobei $\lambda = \lambda_1 + \lambda_2 + \cdots + \lambda_n$ ist [F. Soddy[3])].

Daß das Zerfallsgesetz $N_t = N_0 e^{-\lambda t}$ nur eine Annäherung sein kann, insofern die Funktion N_t ihrer Natur nach bloß ganzzahlige Werte annimmt, ist unmittelbar selbstverständlich. Aus der Auffassung dieses Gesetzes als eines statistischen folgt aber das Auftreten von Schwankungen im tatsächlichen Ablauf der Umwandlungsprozesse um die durch das Zerfallsgesetz bestimmten theoretischen Normalwerte, und diese Schwankungen lassen s ch aus bekannten allgemeinen Sätzen der Wahrscheinlichkeitsrechnung vorausbestimmen [E. v. Schweidler[1])].

Verschiedenen Arten der Beobachtung der Zerfallsprozesse entsprechen formal verschiedene Arten der Darstellung, die aber eine gemeinsame physikalische Voraussetzung und einige miteinander zusammenhängende Sätze der Wahrscheinlichkeitsrechnung als Grundlage haben. Die physikalische Voraussetzung ist die eben abgeleitete, daß für jedes radioaktive Atom bestimmter Gattung die Wahrscheinlichkeit, innerhalb der Zeit dt zu zerfallen, den Wert λdt besitze, wobei λ unabhängig vom Alter des Atomes und von äußeren Bedingungen ist. Somit ist $p = 1 - e^{-\lambda t}$ die Wahrscheinlichkeit, daß ein Atom innerhalb der Zeit t zerfalle und $q = 1 - p = e^{-\lambda t}$ die Wahrscheinlichkeit, daß es diese Zeit überdauere.

Literatur zu II, 4 siehe Seite 48.

Die allgemeinen, der Wahrscheinlichkeitsrechnung zu entnehmenden Sätze sind folgende:

Bei einem „Einzelversuche“ sei p die Wahrscheinlichkeit des Eintretens eines bestimmten Ereignisses, $q = 1 - p$ daher die Wahrscheinlichkeit des Nichteintretens. Für eine Serie von N gleichzeitig oder nacheinander unter denselben Bedingungen ausgeführten Einzelversuchen ist die Wahrscheinlichkeit, daß die „Ereigniszahl“, d. i. die Anzahl der innerhalb der Serie tatsächlich eintretenden Ereignisse, einen vorgegebenen (ganzzahligen) Wert x annehme, gegeben durch:

$$w(x) = p^x q^{N-x} \frac{N!}{x!(N-x)!}. \tag{1}$$

Die „mathematische Erwartung“ für die Ereigniszahl hat den Wert $Z = pN$; es ist Z zugleich der mittlere Wert der Ereigniszahl für unendlich viele Serien von je N Einzelversuchen und unterscheidet sich von dem (ganzzahligen) wahrscheinlichsten Werte, beziehungsweise von den beiden um 1 verschiedenen Werten gleicher maximaler Wahrscheinlichkeit um weniger als eine Einheit.

Setzt man die tatsächliche Ereigniszahl einer beliebigen (i^{ten}) Versuchsserie $Z_i = Z + \zeta_i = Z\,(1 + \varepsilon_i)$, so gilt im Mittel über hinreichend viele Serien:

$$\zeta^2 = Npq \text{ und } \varepsilon^2 = \frac{1}{Z} - \frac{1}{N}. \tag{2}$$

Unter der Voraussetzung, daß p und x klein gegen N sind, läßt sich die Gleichung (1) für $w(x)$ umformen in:

$$w(x) = \frac{Z^x}{x!} e^{-Z}. \tag{3}$$

Hieraus ergeben sich in der Anwendung auf die Prozesse des radioaktiven Zerfalles folgende Konsequenzen:

a) Sind N Atome der Zerfallskonstante λ gegeben, so ist $Z = pN = (1 - e^{-\lambda t})\,N$ der durch das Zerfallsgesetz bestimmte theoretische Normalwert für die Anzahl der innerhalb der Zeit t zerfallenden Atome. Die unmittelbare Anwendung der Formel (2) ergibt als

„mittlere absolute Zerfallschwankung“: $\zeta = \sqrt{Z\left(1 - \frac{Z}{N}\right)} \doteq \sqrt{Z}$

„mittlere relative Zerfallsschwankung“: $\varepsilon = \sqrt{\frac{1}{Z} - \frac{1}{N}} \doteq \frac{1}{\sqrt{Z}}.$

Literatur zu II, 4 siehe Seite 48.

Die an zweiter Stelle stehenden Näherungswerte gelten, wenn t klein gegen die mittlere Lebensdauer der Atome ist.

Verschiedene Ableitungen dieser Ausdrücke für die Zerfallsschwankungen wurden gegeben von E. v. Schweidler[1]), N. Campbell[9]) L. v. Bortkiewicz[21]), E. Schrödinger[23]) und R. Fürth[25]).

Falls jedem einzelnen Zerfallsprozeß ein meßbarer „Effekt" (z. B. Ionisation, Wärmeentwicklung usw.) der konstanten Größe k entspricht, so gilt auch für den beobachteten Gesamteffekt Q_i, daß er um einen Mittelwert Q schwankt, und zwar ist die mittlere absolute Schwankung (aus $Q_i = Q + \Delta_i$) gegeben durch $\Delta = k\sqrt{Z} = \sqrt{kQ}$, die mittlere relative Schwankung [aus $Q_i = Q\,(1 + \varepsilon'_i)$] durch $\varepsilon' = \frac{1}{\sqrt{Z}} = \sqrt{\frac{k}{Q}}$. Die Schwankung wird sich also um so leichter konstatieren lassen, je größer der Einzeleffekt k ist.

Falls dagegen der Einzeleffekt selbst wieder um einen Mittelwert k schwankt und ε'' die mittlere relative Abweichung von diesem Mittelwerte bezeichnet, gilt für die mittlere relative Schwankung des Gesamteffektes [N. Campbell[9]), E. v. Schweidler[10]), K. F. Herzfeld[18]), E. Schrödinger[23])];

$$\varepsilon' = \frac{1}{\sqrt{Z}}\sqrt{1 + \varepsilon''^2}.$$

Der experimentelle Nachweis des tatsächlichen Bestehens von Schwankungen in der theoretisch zu erwartenden Größenordnung erfolgte zunächst durch K. W. F. Kohlrausch[2]) für die von α-Strahlen (Polonium) hervorgerufene Ionisation. Mittels einer Differentialmethode wurde die Differenz $(Q_i' - Q_i'')$ der Ionisationswirkung zweier nahegleicher Strahlungsquellen *I* und *II* gemessen; das mittlere Quadrat dieser Differenz hat theoretisch den Wert: $2\Delta^2 = 2kQ$, wenn k als konstant vorausgesetzt wird. Durch Einsetzen des — damals ungenau bekannten — numerischen Wertes von k ergab sich eine ungefähre Übereinstimmung des experimentellen und des theoretischen Wertes von Δ^2.

Nach der gleichen Methode beobachtete H. Geiger[6]), der außerdem das Bestehen einer — infolge des kleineren Wertes von k beträchtlich kleineren — Schwankung in der von β-Strahlen hervorgerufenen Ionisation nachwies.

E. Meyer und E. Regener[4]) beobachteten in analoger Weise die Differenz $(Q_i - Q_0)$ zwischen der Ionisationswirkung eines α-Strahlers und der einer praktisch konstanten Quelle (Bronsonwiderstand); sie

Literatur zu II, 4 siehe Seite 48.

wandten zuerst die Bestimmung der mittleren Schwankung zur empirischen Ermittlung der Zahl der ausgesandten α-Teilchen an.

Durch den Umstand, daß jede praktisch gebrauchte Elektrometeranordnung Trägheit sowie (echte oder scheinbare) Isolationsfehler besitzt, werden bei derartigen Beobachtungsmethoden Korrektionen notwendig [N. Campbell[9]), E. Schrödinger[23]), E. Bormann[24]), A. Muszkat und L. Wertenstein[26])].
Mit Hilfe von Elektrometern hoher Empfindlichkeit und geringer Kapazität (z. B. Einfaden-Elektrometer nach Elster-Geitel) lassen sich die Schwankungen in der Ionisationswirkung α-strahlender Körper auch ohne Differential- oder Kompensationsmethoden aus der unregelmäßig variierenden Aufladungsgeschwindigkeit konstatieren [K. W. F. Kohlrausch und E. v. Schweidler[16])].
Die bereits von K. W. F. Kohlrausch[2]) beobachtete Tatsache, daß bei Differentialmethoden die mittlere relative Zerfallsschwankung zu klein gefunden wird, falls bei nicht gesättigten Strömen beobachtet wird, wurde von A. Ernst[22]) bestätigt und durch Einflüsse der Anordnung (vgl. oben) theoretisch erklärt. E. Schweidler[22]) ergänzte diese Erklärung durch den Hinweis, daß bei ungesättigten Strömen — abgesehen vom Einfluss der Anordnung — die Schwankungen der Leitfähigkeit gegenüber denen der Ionisierungsstärke herabgesetzt sind, und berechnete den Grenzfall sehr wenig gesättigter Ströme quantitativ.

Unmittelbar anwendbar wird Formel (3) auf die Resultate von Szintillationsbeobachtungen [E. Regener[5]), T. Svedberg[13])].

Theoretische und experimentelle Versuche, aus den Schwankungen der von γ-Strahlen hervorgerufenen Ionisation zunächst auf die Zahl der wirksamen γ-Strahlen und daraus weiter auf die Natur der γ-Strahlung Rückschlüsse zu ziehen (vgl. hierüber III, 14), wurden unternommen von E. v. Schweidler[10]), E. Meyer[11]), N. Campbell[9]), T. H. Laby und P. W. Burbidge, P. W. Burbidge[17]) und E. Buchwald[19]).

b) Aus der Formel: $q = e^{-\lambda t}$ für die Wahrscheinlichkeit, daß ein Atom innerhalb der Zeit t nicht zerfalle, ergibt sich unmittelbar die zusammengesetzte Wahrscheinlichkeit, daß von allen N Atomen kein einziges zerfällt, oder mit anderen Worten, daß ein die Dauer t überschreitendes Intervall zerfallsfrei bleibt, zu:

$$w(t) = e^{-N\lambda t} = e^{-\frac{t}{\delta}}.$$

Da im Durchschnitte λN Atome in der Zeiteinheit zerfallen, ist $\delta = \frac{1}{N\lambda}$ der mittlere Wert für das Intervall zwischen zwei aufeinander folgenden Zerfallen. Somit wird die Wahrscheinlichkeit, daß ein zerfallsfreies Intervall eine zwischen t und $t + dt$ liegende Dauer besitze, gleich:

$$-\frac{dw(t)}{dt} \cdot dt = \frac{dt}{\delta} e^{-\frac{t}{\delta}} \quad \text{[E. Marsden und T. Barratt[15])].}$$

Literatur zu II, 4 siehe Seite 48.

Bei hinreichend vielen Beobachtungen wird daher die relative Häufigkeit der zerfallsfreien Intervalle bestimmter Länge dieser Wahrscheinlichkeit gleich sein. Bei Zählungen von α-Teilchen nach der Szintillationsmethode konnten E. Marsden und T. Barratt dieses theoretische Ergebnis auch experimentell bestätigen, ebenso M. Curie[27]) [vgl. auch L. v. Bortkiewicz[21])].

c) Werden mittels der auf Stoßionisation beruhenden Methode von E. Rutherford und H. Geiger (vgl. V, 9) oder mittels Szintillationsbeobachtungen die von einer α-Strahlenquelle in einen bestimmten räumlichen Winkel ω (Blende des Ionisationsgefäßes, im Gesichtsfeld befindlicher Teil des Leuchtschirmes) entsandten α-Partikeln gezählt, so läßt sich Formel (3) anwenden. In diesem Falle ist wieder $p' = 1 - e^{-\lambda t}$ die Wahrscheinlichkeit, daß ein bestimmtes Atom zerfällt, $p'' = \frac{\omega}{4\pi}$ die Wahrscheinlichkeit, daß das von ihm emittierte α-Teilchen in den Beobachtungsraum gelangt, somit $p = p'p''$ die zusammengesetzte Wahrscheinlichkeit für die Beobachtung des Zerfalles eines bestimmten Atomes. Da bei praktisch angewandten Versuchsanordnungen p sehr klein ist, wird die Wahrscheinlichkeit für das Auftreten von x α-Teilchen:

$$w(x) = \frac{Z^x}{x!} e^{-Z}.$$

Eine unmittelbare Ableitung dieser Formel auf Grund von etwas veränderten physikalischen Voraussetzungen findet sich bei H. Bateman[12]) und L. v. Bortkiewicz[21]) sowie M. Fujiwara[28]).

Versuche von E. Rutherford und H. Geiger[7]), bei denen die relative Häufigkeit der Fälle: $x = 0, 1, 2 \ldots$ mit der durch obige Gleichung gegebenen Wahrscheinlichkeit verglichen wurde, ergaben gute Übereinstimmung [vgl. auch E. C. Snow[14])] und zeigten somit, daß auch die Verteilung der Emissionsrichtungen im Raume eine zufällige ist. Nach Berechnung von L. v. Bortkiewicz[21]) besteht zwar bei den Rutherford-Geigerschen Resultaten eine sogenannte „unternormale Dispersion", d. h. die Abweichungen vom theoretischen Normalwerte sind geringer, als es bei rein zufälligen Ereignissen zu erwarten wäre; die unternormale Dispersion läßt sich aber erklären durch Fehler bei der Zählung, die dadurch entstanden sind, daß bisweilen knapp aufeinander folgende α-Teilchen als ein einziges gerechnet wurden. Auch W. Kutzner[29]) findet unternormale Dispersion. Analoge Resultate erhielt T. Svedberg[13]) bei Szintillationsbeobachtungen; aus dem Verhalten radioaktiver Lösungen und Gase

Literatur zu II, 4 siehe Seite 48.

glaubte er schließen zu können, daß hier die Superposition der Zerfallsschwankungen und der aus der kinetischen Gastheorie zu erwartenden Konzentrationsschwankungen nachzuweisen sei.

E. v. Schweidler[20]) sowie T. Ehrenfest[20]) gaben eine von der Svedbergschen abweichende Formulierung der theoretischen Grundlage dieser Erscheinungen, der sich dann Svedberg[13]) anschloß.

Literatur zu II, 4:

1) E. v. Schweidler, Premier Congrès intern. de Radiologie, Liège, 1905.
2) K. W. F. Kohlrausch, Wien. Ber. **115**, 673, 1906.
3) F. Soddy, Phil. Mag. (6) **18**, 739, 1909.
4) E. Meyer und E. Regener, Verh. D. Phys. Ges. **10**, 1, 1908; Ann. d. Phys. (4) **25**, 757, 1908.
5) E. Regener, Verh. D. Phys. Ges. **10**, 78, 1908; Berl. Ber. **38**, 948, 1909.
6) H. Geiger, Phil. Mag. (6) **15**, 539, 1908.
7) E. Rutherford und H. Geiger, Proc. Roy. Soc. (A) **81**, 141, 1908; Phil. Mag. (6) **20**, 698, 1910.
8) E. Meyer, Jahrb. Rad. u. El. **5**, 423, 1908; **6**, 242, 1909.
9) N. Campbell, Proc. Cambr. Soc. **15**, 117, 310 u. 513, 1909/10; Phys. Z. **11**, 826, 1910.
10) E. v. Schweidler, Phys. Z. **11**, 225 u. 614, 1910.
11) E. Meyer, Berlin. Ber. **32**, 647, 1910; Phys. Z. **11**, 1022, 1910; **13**, 73, 1912; Ann. d. Phys. (4) **37**, 700, 1912.
12) H. Bateman, Phil. Mag. (6) **20**, 704, 1910; **21**, 745, 1911.
13) T. Svedberg, Z. phys. Chem. **74**, 738, 1910; Arkiv för Kemie, Min. och. Geol. **4**, N. 22, 1911; ebendort Nr. 25, 1912; Die Existenz der Moleküle, Leipzig 1912; Phys. Z. **14**, 22, 1913; **15**, 512, 1914.
14) E. C. Snow, Phil. Mag. (6) **22**, 198, 1911.
15) E. Marsden und T. Barratt, Proc. Phys. Soc. London **23**, 367, 1911; **24**, 50, 1911.
16) K. W. F. Kohlrausch u. E. v. Schweidler, Phys. Z. **13**, 11, 1912.
17) T. H. Laby u. P. W. Burbidge, Proc. Roy. Soc. (A) **86**, 333, 1912; P. W. Burbidge, ebendort **89**, 45, 1913.
18) K. F. Herzfeld, Phys. Z. **13**, 547, 1912.
19) E. Buchwald, Ann. d. Phys. (4), **39**, 41, 1912.
20) E. v. Schweidler, Phys. Z. **14**, 198, 1913; T. Ehrenfest, ebendort **675**, 1913.
21) L. v. Bortkiewicz, Die radioaktive Strahlung als Gegenstand wahrscheinlichkeitstheoretischer Untersuchungen, Berlin, 1913.
22) A. Ernst, Ann. d. Phys. (4) **48**, 877, 1915; E. v. Schweidler, ebendort **49**, 594, 1916.
23) E. Schrödinger, Wien. Ber. **127**, 237, 1918; **128**, 177, 1919.
24) E. Bormann, Wien. Ber. **127**, 2347, 1918.
25) R. Fürth, Phys. Z. **20**, 303, 322, 350, 375, 1919.
26) A. Muszkat u. L. Wertenstein, J. de phys. (6) **2**, 119, 1921.
27) M. Curie, ebendort (6) **1**, 12, 1920.
28) M. Fujiwara. Tohôku Math. Journ. **20**, 48, 1921.
29) W. Kutzner, Z. f. Phys. **21**, 281, 1924.

5. Zusammenhang zwischen der Zerfallskonstante und der Energie der Korpuskularstrahlung. Wie zuerst E. Rutherford[1]) erkannte, besteht bei den α-strahlenden Radioelementen eine Beziehung zwischen der Zerfallskonstante und der von der Anfangsgeschwindigkeit der emittierten α-Teilchen abhängigen „Reichweite" (vgl. III, 8): beide Größen zeigen parallelen Gang, d. h. kurzlebige Elemente besitzen eine große Reichweite (und daher auch Anfangsgeschwindigkeit) und umgekehrt.

H. Geiger und J. M. Nuttall[2]) stellen diese Beziehung durch die Formel dar:

$$\log \lambda = A + B \log R .$$

Unter Zuhilfenahme der von H. Geiger aufgestellten Gleichung zwischen Anfangsgeschwindigkeit v und Reichweite R (vgl. S. 108): $v^3 = a\,R$ kann obiger Gleichung auch die Form gegeben werden:

$$\log \lambda = A' + 3\,B \log v = A'' + \frac{3B}{2} \log \left(\frac{mv^2}{2}\right).$$

B ist hierin eine Größe von der Dimension einer reinen Zahl, A und A' bzw. A'' sind die Werte des Logarithmus jener Zerfallskonstanten, denen die Reichweite bzw. die Anfangsgeschwindigkeit oder Energie von der Größe 1 zugeordnet ist.

Bei der graphischen Darstellung dieser Formel fielen zunächst die C-Produkte heraus, solange ihre komplexe Natur nicht bekannt war. Gegenwärtig wird umgekehrt aus der Formel die Größenordnung von λ für die enorm rasch zerfallenden C'-Produkte abgeleitet. Außerdem fügt sich Th nicht gut ein und RdAc und AcX stehen in umgekehrter Reihenfolge, d. h. das rascher zerfallende AcX besitzt die kleinere Reichweite.

Von diesen Ausnahmen abgesehen, ergibt nach Ansicht der genannten Autoren die Einsetzung der empirisch bestimmten Werte von λ und R oder v, daß die Zahl B eine universelle, d. h. für alle drei Zerfallsreihen (Uran-Radium, Thor, Actinium) gemeinsame Konstante ist, während A oder A' in den drei Reihen etwas verschiedene Werte annehmen. Die graphische Darstellung der Geiger-Nuttallschen Formel sollte also drei parallele Gerade geben.

Nach den Berechnungen R. Swinnes[3]) ist $3B = 156$, also $B = 52$ zu setzen, während:

$A' = -43{,}1$	in der U-Reihe
$= -44{,}0$	in der Th-Reihe
$= -45{,}2$	in der Ac-Reihe

ist, falls die Sekunde als Zeiteinheit und $10^9\ \frac{\text{cm}}{\text{sec}}$ als Geschwindigkeitseinheit gewählt wird.

Literatur zu II, 5 siehe Seite 53.

Im Gegensatze hierzu berechneten St. Meyer, V. F. Hess und F. Paneth[4]) aus teilweise neu bestimmten Reichweiten speziell für die Actiniumreihe einen merklich kleineren Wert der Konstante B, so daß also die U—Ra-Gerade und die Ac-Gerade sich in einem Punkte schneiden. H. Geiger[5]) leitete aus neuen Präzisionsmessungen der Reichweiten wiederum das alte Resultat ab, dass den drei Reihen parallele Gerade entsprechen; die Elemente Th und AcX wurden dabei als stark herausfallend nicht mit berücksichtigt.

Aus den derzeit besten Werten von Zerfallskonstante λ und Reichweite R_0 (auf 760 mm und 0° C bezogen) erhält man bei Anwendung der Methode der kleinsten Quadrate die folgenden Formeln:

I. U-Ra-Reihe: $\log \lambda = -41,6 + 60,4 \log R_0$

II. Ac-Reihe*): $\log \lambda = -41,6 + 55,3 \log R_0$

III. Th-Reihe:

a) mit Berücksichtigung von Th:

$$\log \lambda = -45,5 + 63,8 \log R_0,$$

b) ohne Berücksichtigung von Th:

$$\log \lambda = -41,0 + 57,2 \log R_0.$$

Die beobachteten und berechneten Werte sind in den auf Seite 51 folgenden Tabellen zusammengestellt.

Es folgt also hieraus eine merkliche Verschiedenheit der Konstante B, speziell flacherer Verlauf der Ac-Geraden, während bemerkenswerterweise die Konstanten A in den Reihen I, II und IIIb nahezu gleich sind. Daß die Geraden der U- und der Ac-Reihe nicht parallel sein können, ist übrigens eine von vornherein theoretisch vorauszusehende Konsequenz der Annahme, daß die letztere durch dualen Zerfall aus den ersteren abgezweigt sei. Bei der Beurteilung der Abweichungen der beobachteten von den berechneten Werten ist zu berücksichtigen, daß kleine Fehler in R_0 bereits große Fehler in λ bewirken. Nimmt man als Genauigkeitsgrenze der R_0-Bestimmung $\pm$ 2 Promille an, so entspricht dem eine Unsicherheit von $\pm$ 0,0009 in den Werten von $\log R_0$ und von $\pm$ 0,05 in den Werten von $\log \lambda$ (d. s. 15% in den Werten von λ selbst). Daraus folgt zugleich, daß sich die wahren Werte von B kaum auf eine Einheit genau angeben lassen. Aus je einem einzelnen Paare berechnete B-Werte variieren in der I. Reihe zwischen 55 und 73, in der II. zwischen 46 und 72, in der III. zwischen 47 und 74. Infolgedessen läßt sich auch nicht entscheiden, ob die der

Literatur zu II, 5 siehe Seite 53.

*) Bei der Berechnung wurden RdAc und AcX durch ein fiktives Element ersetzt, dessen Werte für $\log \lambda$ und $\log R_0$ das Mittel aus den Werten dieser Elemente sind.

I. U-Ra-Reihe

Element	log R_0	log λ + 18	
		beob.	berechn.
UI	0,4033	0,70	$0{,}75_9$
UII	,4639	—	$4{,}40_9$
Io	,4812	5,38	$5{,}45_4$
Ra	,5068	7,14	$7{,}00_0$
Ra C	(,5563)	(14,77)	$(9{,}93_0)$
Ra F	,5706	10,77	$10{,}85_4$
Ra Em	,5918	12,32	$12{,}13_4$
Ra A	,6509	15,58	$15{,}70_4$
Ra C′	,8195	—	$25{,}88_8$

II. Ac-Reihe

Element	log R_0	log λ + 18	
		beob.	berechn.
Pa	0,542	6,28	6,37
Ac X	,617	11,85	10,52
½ (Ac X + Rd Ac)	[,632]	[11,74]	[11,35]
Rd Ac	,646	11,63	12,12
Ac C	,718	15,73	16,10
Ac Em	,739	17,25	17,27
Ac A	,795	20,54	20,36
Ac C′	(,785)	(20,15)	(19,81)

III. Th-Reihe

Element	log R_0	log λ + 18		
		beob.	berechn. (a)	berechn. (b)
Th	$0{,}439_2$	0,12	0,52	2,08
Rd Th	$,580_9$	10,06	9,56	10,19
Th X	$,615_6$	12,34	11,78	12,17
Th C	$,656_5$	14,28	14,38	14,51
Th Em	$,681_1$	16,10	15,95	15,92
Th A	$,731_3$	18,69	19,16	18,79
Th C′	$,912_1$	—	30,65	29,13

Geiger-Nuttall-Formel entsprechende lineare Beziehung zwischen den Logarithmen exakt ist oder besser durch eine Kurve dargestellt würde.

Diese letztere Annahme wird von J. C. Jacobsen[10]) gestützt durch eine direkte Bestimmung der Zerfallskonstante von Ra C′, wobei statt

Literatur zu II, 5 siehe Seite 53.

des sonst angenommenen berechneten Wertes $\lambda = 7{,}7 \cdot 10^7\ \mathrm{sec}^{-1}$ der wesentlich kleinere Wert $\lambda = 8{,}4 \cdot 10^5\ \mathrm{sec}^{-1}$ gefunden wird.

R. Swinne[3]) ersetzte die Geiger-Nuttallsche Relation durch die Formel:

$$\log \lambda = a + bv^n$$

und zeigte, daß für $n = 1$ die Übereinstimmung zwischen berechneten und beobachteten Werten von v mindestens ebenso gut wird, als nach der Geiger-Nuttallschen Formel; dabei soll wieder b (eine Größe von der Dimension einer reziproken Geschwindigkeit) eine universelle, a eine für jede Umwandlungsreihe charakteristische Konstante sein.

Die numerischen Werte sind:

$$b = 42{,}5$$

a	$= -79{,}5$	für die U-Reihe
	$= -80{,}7$	für die Th-Reihe
	$= -82{,}7$	für die Ac-Reihe.

Der Ansatz $n = 2$, der nach R. Swinne theoretisch plausibler wäre, erzielt minder gute Übereinstimmung.

Eine von H. A. Wilson[6]) aufgestellte Formel:

$$\lambda = C \cdot v \cdot e^{kv^{-2}} \quad \text{oder} \quad \log \lambda - \log v = \log C + \frac{k}{v^2} \log e$$

gibt nach den Berechnungen Swinnes ebenfalls eine fast gleich gute Übereinstimmung wie die beiden früher angegebenen Formeln.

Die oben besprochene Unsicherheit in den numerischen Werten der Konstanten gestattet auch hier keine Entscheidung zwischen den verschiedenen Formeln.

F. A. Lindemann[7]) versuchte eine theoretische Begründung der Geiger-Nutallschen Formel, die zunächst eine rein empirische ist.

Er leitet die Beziehung $\log \lambda = A + B \log R$ unter der Annahme ab, daß die Teilchen, welche die Stabilität des Atomes bedingen, rotierend oder oszillierend mit einer mittleren Energie $E = h\nu$ vorzustellen seien. Jede Partikel passiert eine für das Unstabilwerden kritische Stellung ν-mal in der Sekunde, so daß die Wahrscheinlichkeit der Anwesenheit in dieser kritischen Lage innerhalb der Zeit δ gleich $\nu\delta$ ist. Unter der Annahme, daß die Teilchen unabhängig voneinander sind, wird die Wahrscheinlichkeit dafür, daß N Partikeln in δ an die kritische Stelle geraten, gleich $(\delta\nu)^N$. Wenn also x Atome betrachtet werden, so werden in der Zeit dt unstabil und zerfallen $dx = -x(\delta\nu)^N dt$; woraus $x = x_0 e^{-(\delta\nu)^N \cdot t}$

Literatur zu II, 5 siehe Seite 53.

und $\lambda = (\delta v)^N$. Führt man weiter die empirische Beziehung für die Reichweite ein $R = k \cdot E^{\frac{3}{2}}$, so folgt daraus die Form $\log \lambda = N(\text{Const} + \frac{2}{3}\log R)$. Nach den älteren Angaben nimmt Lindemann konstantes B an ($B = 53{,}3$), und daraus wird für alle drei Zerfallsreihen $N = 80$ gewonnen, was im Hinblick darauf, daß die Atomnummern oder Kernladungszahlen aller Radioelemente zwischen 82 und 92 liegen, den Schluß nahelegt, daß der größte Teil aller freien Ladungen der Kernpartikeln zusammenwirken muß, damit es zu einer Kernexplosion kommt. St. Meyer[8]) hat darauf hingewiesen, daß nach den in der früher zitierten Arbeit angegebenen Konstanten B für die U-Ra-Reihe (53,9), für die Th-Reihe (51,5), für die Ac-Reihe (47,1) sich die Werte von N mit 81, 77, 71 berechnen (nach den oben neuberechneten B-Werten: 91, 86, 83). Diese Reihung erscheint beachtenswert im Zusammenhang mit der offenbar systematischen Abnahme der mittleren Lebensdauern der analogen Glieder von der Io-Ra-Familie über die Th-Familie zur Ac-Familie. Dies würde darauf hindeuten, daß das Zusammenwirken von weniger Kernteilchen (oder -ladungen) in für das Unstabilwerden kritischer Stellung für die Actiniumfamilie hinreicht, als für die Thorium- und weiter die Ionium-Radium-Reihe. Nicht berücksichtigt wurde bisher bei allen Versuchen einer theoretischen Deutung der Geiger-Nuttallschen Beziehung, daß vermutlich die (derzeit nicht angebbare) Anfangsgeschwindigkeit, mit der das α-Teilchen den Kern verläßt, statt der Endgeschwindigkeit, mit der es aus der Elektronenhülle austritt, in eine rationell begründete Formel einzusetzen wäre.

Literatur zu II, 5:

1) E. Rutherford, Phil. Mag. (6) **13**, 110, 1907.

2) H. Geiger u. J. M. Nuttall, Phil. Mag. (6) **22**, 613, 1911; **23**, 439, 1912; **24**, 647, 1912.

3) R. Swinne, Chem. Z. **35**, 1376, 1911; Phys. Z. **13**, 14, 1912; **14**, 142, 1913.

4) St. Meyer, V. F. Hess u. F. Paneth, Wien. Ber. **123**, 1459, 1914.

5) H. Geiger, Z. f. Phys. **8**, 45, 1921.

6) H. A. Wilson, Phil. Mag. (6) **23**, 981, 1912.

7) F. A. Lindemann, Phil. Mag. (6) **30**, 560, 1915.

8) St. Meyer, Wien. Ber. **125**, 201, 1916.

9) G. Kirsch, Naturwiss. **8**, 207, 1920; Phys. Z. **21**, 452, 1920; H. Th. Wolff, Phys. Z. **21**, 175, 1920; **22**, 171, 345, 1921; F. Kirchhof, Z. phys. Chem. **93**, 619, 1919; **94**, 257, 19120.

10) J. C. Jacobsen, Phil. Mag. (6) **47**, 23, 1924.

6. Theorie der radioaktiven Umwandlung. Unter Voraussetzung der exakten Gültigkeit des exponentiellen Zerfallsgesetzes läßt sich für die Glieder einer Umwandlungsreihe bestimmen, nach welchen Gesetzen unter bestimmten Bedingungen die Zahl der Atome und damit die ihr proportionale Strahlungsintensität sich mit der Zeit ändert.

a) Anstieg bei konstanter Nacherzeugung.

Es werde vorausgesetzt, daß ein „primäres" radioaktives Element gegeben sei, dessen Zerfallskonstante so klein sei, daß die mit q bezeichnete Zahl der in der Zeiteinheit zerfallenden Atome als konstant betrachtet werden kann. Das aus dem primären Stoffe entstehende Umwandlungsprodukt besitze die Zerfallskonstante λ. Werden zur Zeit $t = 0$ alle schon gebildeten Atome des Umwandlungsproduktes entfernt, so werden im zurückbleibenden Rest einerseits aus der Primärsubstanz ständig neue Atome des Umwandlungsproduktes nacherzeugt, andererseits zerfällt eine dem jeweilig vorhandenen Betrage proportionale Anzahl derselben. Die Differentialgleichung, welche die zeitliche Änderung in der Zahl N_t der jeweils vorhandenen Atome des Umwandlungsproduktes bestimmt, lautet daher:

$$\frac{dN_t}{dt} = q - \lambda N_t,$$

wozu noch die Anfangsbedingung: $N_0 = 0$ tritt.

Durch Integration ergibt sich:

$$N_t = N_\infty (1 - e^{-\lambda t}), \quad \text{wobei} \quad N_\infty = \frac{q}{\lambda}.$$

Die Atomzahl erreicht also asymptotisch einen Grenzwert N_∞, der die sogenannte „Gleichgewichtsmenge" darstellt (vgl. auch II, 7). Der zeitliche Verlauf des Anstieges ist „komplementär" zum Verlaufe des Zerfalles, dem eine abgetrennte Menge von N_∞ Atomen unterliegen würde, d. h. die Zerfall und Anstieg darstellenden Kurven I und II (Fig. 3) sind Spiegelbilder. (Die Bezifferung der Abszissenachse bezieht sich auf den Spezialfall der Umwandlung $\mathrm{U_I} \rightarrow \mathrm{UX_1}$.)

Es kann daher die Zerfallskonstante bzw. die mittlere Lebensdauer oder Halbwertszeit eines radioaktiven Elementes auch aus dem zeitlichen Verlaufe des Anstieges der Strahlungsintensität empirisch ermittelt werden, wenn es aus einer praktisch konstant bleibenden Menge seiner Muttersubstanz nacherzeugt wird.

Literatur zu II, 6 siehe Seite 61.

Im allgemeineren Falle, daß für $t = 0$; $N_0 > 0$, gilt:

$$N_t = N_0 e^{-\lambda t} + N_\infty (1 - e^{-\lambda t}) = N_\infty + (N_0 - N_\infty) e^{-\lambda t},$$

d. h. die positive oder negative Abweichung (Überschuß oder Defizit) von der Gleichgewichtsmenge N_∞ verschwindet entsprechend dem einfachen exponentiellen Zerfallsgesetze.

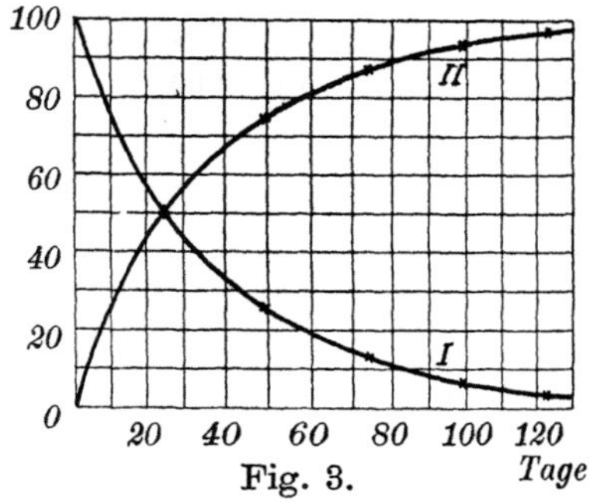

Fig. 3.

Die Nacherzeugung radioaktiver Stoffe wurde experimentell zuerst an Uran X und Thor X von E. Rutherford und F. Soddy[1]) beobachtet und die dabei gewonnenen Resultate gehörten zu den Fundamenten der Zerfallstheorie.

b) Anstieg aus einer zerfallenden Substanz.

Wenn die durch das Zerfallsgesetz $N_1(t) = N_1(0) e^{-\lambda_1 t}$ gegebene Abnahme der durch den Index 1 charakterisierten Muttersubstanz innerhalb der Beobachtungszeit nicht mehr vernachlässigt werden kann, so gilt für die Zahl $N_2(t)$ der Atome des Umwandlungsproduktes (Index 2) die Differentialgleichung:

$$\frac{d N_2(t)}{dt} = \lambda_1 N_1(0) e^{-\lambda_1 t} - \lambda_2 N_2(t).$$

Die Lösung lautet:

$$N_2(t) = N_2(0) e^{-\lambda_2 t} + \frac{\lambda_1}{\lambda_2 - \lambda_1} N_1(0) [e^{-\lambda_1 t} - e^{-\lambda_2 t}].$$

Das zweite Glied, das allein bleibt, falls die Anfangsbedingung $N_2(0) = 0$ erfüllt ist, wird durch die Figur 4 dargestellt.

Der Maximalwert wird erreicht für $t = t_{\max} = \frac{1}{\lambda_1 - \lambda_2} \log \text{nat} \frac{\lambda_1}{\lambda_2}$, wie sich aus der Bedingung $\frac{dN_2}{dt} = 0$ ergibt. Bei $t = 2 t_{\max}$ liegt der Wendepunkt der Kurve.

Das der beobachteten Strahlungsintensität proportionale Produkt:

$$\lambda_2 N_2(t) = \frac{\lambda_1 \lambda_2}{\lambda_2 - \lambda_1} [e^{-\lambda_1 t} - e^{-\lambda_2 t}] N_1(0)$$

ist eine bezüglich der Größen λ_1 und λ_2 symmetrische Funktion; ist daher diese empirisch ermittelt worden, so können zwar die numerischen

[1]) Literatur zu II, 6 siehe Seite 61.

Werte von λ_1 und λ_2 bestimmt werden, aber ihre Zuordnung zu den Stoffen (1) und (2) bleibt unbestimmt. Ist es aber möglich, durch physikalische oder chemische Prozesse ein Quantum der Substanz (2) abzutrennen, so kann natürlich aus dem einfachen exponentiellen Zerfall die Konstante λ_2 bestimmt und als zu (2) gehörig erkannt werden.

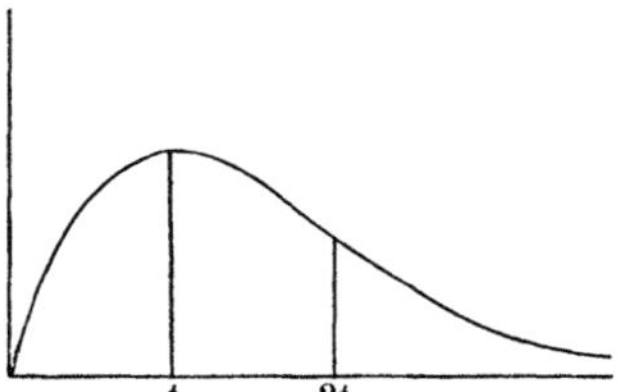

Fig. 4.

Für den Spezialfall $\lambda_1 = \lambda_2 = \lambda$, d. h. also, wenn zufällig die Primärsubstanz und das Umwandlungsprodukt gleiche Lebensdauer hätten, würde der oben gegebene Ausdruck für $N_2(t)$ von der Form $\frac{0}{0}$, demnach unbestimmt, eine andere Art der Integration (vgl. S.57) führt dann zu der Lösung:

$$N_2(t) = N_2(0)\,e^{-\lambda t} + \lambda N_1(0)\,t e^{-\lambda t}.$$

Das Maximum des zweiten Gliedes wird dann erreicht für:

$$t = t_{\max} = \frac{1}{\lambda} = \tau .$$

Ist die Primärsubstanz längerlebend als das Umwandlungsprodukt, also $\lambda_1 < \lambda_2$, so nähert sich mit wachsender Zeit die Größe $N_2(t)$ asymptotisch dem Werte:

$$\frac{\lambda_2}{\lambda_2 - \lambda_1} \cdot \frac{\lambda_1}{\lambda_2} N_1(0)\,e^{-\lambda_1 t} = \frac{\lambda_2}{\lambda_2 - \lambda_1} \cdot \frac{\lambda_1}{\lambda_2} N_1(t) = \frac{\lambda_2}{\lambda_2 - \lambda_1} [N_2].$$

Der Ausdruck $[N_2]$ stellt jene Menge der Substanz (2) dar, die stationär erhalten bliebe, wenn die Primärsubstanz künstlich (z. B. durch ständige Zufuhr neuer Mengen, die den Verlust durch Zerfall decken) auf dem konstanten Werte $N_1(t)$ erhalten würde. $[N_2]$ ist also jene Menge, die als „Gleichgewichtsmenge", genauer „Dauergleichgewichtsmenge" („secular equilibrium") von $N_1(t)$ bezeichnet wird. $\frac{\lambda_2}{\lambda_2 - \lambda_1} [N_2]$ wird auch als „laufende Gleichgewichtsmenge" („transient equilibrium") von $N_1(t)$ bezeichnet (vgl. II, 7).

c) Allgemeine Lösung.

Das allgemeinste Problem ist die Lösung der Differentialgleichung für den zeitlichen Verlauf der Atomzahl eines Stoffes, dessen Zerfallskonstante λ sei und dessen Nacherzeugung durch eine beliebige Funktion $q(t)$ dargestellt werde, also der Differentialgleichung:

$$\frac{dN(t)}{dt} = q(t) - \lambda N(t) .$$

Literatur zu II, 6 siehe Seite 61.

Die Lösung ist: $N(t) = e^{-\lambda t}\left\{N(0) + \int_0^t q(\vartheta)\, e^{\lambda\vartheta}\, d\vartheta\right\}.$

Die vorher besprochenen Spezialfälle entsprechen den Annahmen: $q(t) = 0$, exponentieller Zerfall; $q(t) = \text{const}$, Anstieg bei konstanter Nacherzeugung; $q(t) = \lambda_1 N_1(0)\, e^{-\lambda_1 t}$, Anstieg aus einer exponentiell zerfallenden Muttersubstanz.

Mittels der obigen allgemeinen Lösung läßt sich der zeitliche Verlauf der Umwandlungsprozesse berechnen, wenn beliebig viele Umwandlungsprodukte einer Reihe aufeinander folgen [P. Gruner[5])].

Es sei für k aufeinanderfolgende Produkte

die Zerfallkonstante mit $\lambda_1, \lambda_2 \ldots \lambda_i \ldots \lambda_k$,
die Atomzahl für $t = 0$ mit $N_1(0), N_2(0) \ldots N_i(0) \ldots N_k(0)$,
die Atomzahl zur Zeit t mit $N_1(t), N_2(t) \ldots N_i(t) \ldots N_k(t)$

bezeichnet.

Dann gilt: $N_k(t) = S_1 + S_2 + \cdots + S_i + \cdots + S_k$.

Hierbei bedeutet:

S_1 die aus den ursprünglich vorhandenen $N_1(0)$ Atomen der Substanz (1)
S_2 ,, ,, ,, ,, ,, $N_2(0)$,, ,, ,, (2)
. . . .
S_i ,, ,, ,, ,, ,, $N_i(0)$,, ,, ,, (i)
entstandenen und noch vorhandenen Atome der Substanz (k) und S_k die von den ursprünglich vorhandenen $N_k(0)$ Atomen übriggebliebenen.

Das allgemeine Glied S_i ist gegeben durch den Ausdruck:

$$S_i = N_i(0)\cdot\lambda_i\cdot\lambda_{i+1}\cdot\lambda_{i+2}\ldots\lambda_{k-1}\left\{\frac{e^{-\lambda_i t}}{(\lambda_{i+1}-\lambda_i)(\lambda_{i+2}-\lambda_i)\ldots(\lambda_k-\lambda_i)}\right.$$
$$+\frac{e^{-\lambda_{i+1} t}}{(\lambda_i-\lambda_{i+1})(\lambda_{i+2}-\lambda_{i+1})\ldots(\lambda_k-\lambda_{i+1})}$$
$$+\cdots\cdots\cdots$$
$$\left.+\frac{e^{-\lambda_k t}}{(\lambda_i-\lambda_k)(\lambda_{i+1}-\lambda_k)\ldots(\lambda_{k-1}-\lambda_k)}\right\}.$$

Hieraus folgt z. B.:

$$S_k = N_k(0)\, e^{-\lambda_k t}$$
$$S_{k-1} = N_{k-1}(0)\cdot\lambda_{k-1}\left\{\frac{e^{-\lambda_{k-1} t}}{\lambda_k-\lambda_{k-1}} + \frac{e^{-\lambda_k t}}{\lambda_{k-1}-\lambda_k}\right\} \text{ usw.}$$

Literatur zu II, 6 siehe Seite 61.

Einige weitere, für die Untersuchung, Auffindung und Identifizierung radioaktiver Elemente wichtige Spezialfälle sind die folgenden:

d) Anstieg aus einer linear ansteigenden Muttersubstanz.

Eine sehr langlebige, also praktisch konstant bleibende Primärsubstanz erzeuge zunächst ein Umwandlungsprodukt (1), das ebenfalls verhältnismäßig langlebig sei; wird die auf S. 54 gegebene Lösung $N_1(t)$ durch eine Reihenentwicklung der Exponentialfunktion ersetzt und werden hierin (für kleine Werte von t) die höheren Glieder vernachlässigt, so ergibt sich:

$$N_1(t) = kt,$$

also ein lineares Anwachsen mit der Zeit.

Für ein aus (1) entstehendes relativ kurzlebiges Umwandlungsprodukt (2) ergibt sich dann die Differentialgleichung:

$$\frac{dN_2(t)}{dt} = \lambda_1 kt - \lambda_2 N_2(t)$$

und die Lösung:

$$N_2(t) = N_2(0)\, e^{-\lambda_2 t} + \frac{\lambda_1 k}{\lambda_2^2} \{ \lambda_2 t - (1 - e^{-\lambda_2 t}) \}.$$

Ist $N_2(0) = 0$, so gibt die das zweite Glied darstellende Kurve der Fig. 5 den Anstieg wieder; diese Kurve nähert sich asymptotisch einer durch die Gleichung:

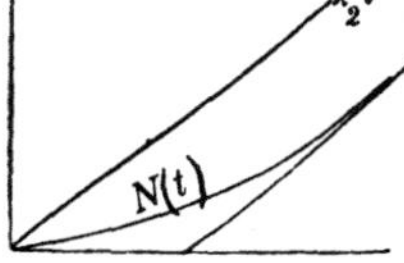

Fig. 5.

$$y = \frac{k\lambda_1}{\lambda_2^2} (\lambda_2 t - 1)$$

definierten Geraden; die vorhandene Menge von (2) bleibt also schließlich um einen konstanten Betrag hinter der jeweiligen — der Größe $\lambda_2 t$ proportionalen — Gleichgewichtsmenge zurück.

e) Parabolischer Anstieg.

Die Primärsubstanz (1) sei sehr langlebig, also λ_1 zu vernachlässigen; aus ihr entstehen zwei aufeinanderfolgende Umwandlungsprodukte (2) und (3). Ist anfänglich die Primärsubstanz allein vorhanden, also $N_2(0) = N_3(0) = 0$, so gilt für spätere Zeiten:

Literatur zu II, 6 siehe Seite 61.

$$N_2(t) = N_2(\infty)(1 - e^{-\lambda_2 t})$$

$$N_3(t) = e^{-\lambda_3 t}\int_0^t \lambda_2 N_2(\infty)(1 - e^{-\lambda_2 \vartheta})\, e^{\lambda_3 \vartheta}\, d\vartheta$$

$$= N_3(\infty)\left\{1 + \frac{\lambda_2}{\lambda_3 - \lambda_2} e^{-\lambda_3 t} + \frac{\lambda_3}{\lambda_2 - \lambda_3} e^{-\lambda_2 t}\right\},$$

wobei $$N_3(\infty) = \frac{\lambda_2}{\lambda_3} N_2(\infty) \cdot$$

Für kleine Werte von t, genauer wenn t sowohl gegen τ_2 wie gegen τ_3 klein bleibt, kann man unter Vernachlässigung der Glieder dritter und höherer Ordnung setzen:

$$e^{-\lambda_2 t} = 1 - \lambda_2 t + \tfrac{1}{2}\lambda_2^2 t^2 \quad \text{und} \quad e^{-\lambda_3 t} = 1 - \lambda_3 t + \tfrac{1}{2}\lambda_3^2 t^2$$

und erhält daher: $$N_3(t) = \tfrac{1}{2}\lambda_2 \lambda_3 N_3(\infty)\, t^2 .$$

Die Menge der Substanz (3) wächst also anfänglich proportional dem Quadrat der Zeit an; die den Anstieg darstellende Parabel kann als das Anfangsstück der in Fig. 5 abgebildeten Kurve angesehen werden. Ist die Größe $N_3(\infty)$, also die dem Betrage $N_1(0)$ der Primärsubstanz zugeordnete Gleichgewichtsmenge von (3) und seine Zerfallskonstante λ_3 bekannt, so läßt sich aus dem Anstiege die Konstante λ_2 des Zwischenproduktes (2) ermitteln, auch wenn ein direkter Nachweis dieses Stoffes unmöglich ist. Auf diese Weise wurde z. B. aus der empirisch beobachteten Entwicklung von Radium aus Uran auf ein unbekanntes Zwischenprodukt großer Lebensdauer geschlossen und dessen Zerfallskonstante der Größenordnung nach bestimmt, erst nachträglich aber dieser Stoff als „Ionium" unmittelbar nachgewiesen (vgl. VI, 3).

f) Curie-Dannesche Kurve.[2])

Mit einer Primärsubstanz seien deren drei aufeinanderfolgende Zerfallsprodukte (1), (2) und (3) so lange in Verbindung geblieben, daß ein stationärer Zustand eingetreten ist und die Gleichgewichtsmengen

$N_1(0)$, $N_2(0) = \frac{\lambda_1}{\lambda_2} N_1(0)$ und $N_3(0) = \frac{\lambda_1}{\lambda_3} N_1(0)$ vorhanden sind.

Zur Zeit $t = 0$ werde die Primärsubstanz abgetrennt und die Gleichgewichtsmengen der drei Zerfallsprodukte bleiben sich selbst überlassen. Wie sich aus der unter c) angeführten allgemeinen Lösung ergibt, ist dann:

Literatur zu II, 6 siehe Seite 61.

$$N_1(t) = N_1(0)\, e^{-\lambda_1 t}$$

$$N_2(t) = N_2(0)\left\{e^{-\lambda_1 t}\frac{\lambda_2}{\lambda_2 - \lambda_1} + e^{-\lambda_2 t}\frac{\lambda_1}{\lambda_1 - \lambda_2}\right\}$$

$$N_3(t) = N_3(0)\left\{e^{-\lambda_1 t}\frac{\lambda_2\lambda_3}{(\lambda_1 - \lambda_2)(\lambda_1 - \lambda_3)} + e^{-\lambda_2 t}\frac{\lambda_3\lambda_1}{(\lambda_2 - \lambda_3)(\lambda_2 - \lambda_1)} + e^{-\lambda_3 t}\frac{\lambda_1\lambda_2}{(\lambda_3 - \lambda_1)(\lambda_3 - \lambda_2)}\right\}.$$

In den Klammerausdrücken entstehen hierbei das zweite, resp. zweite und dritte Glied aus dem ersten durch zyklische Vertauschung der Größen λ_1, λ_2, λ_3. Dieser Fall ist von praktischer Bedeutung bei der Untersuchung des Abfalles der aus Radiumemanation entstehenden „induzierten Aktivität", die auf der Anwesenheit der drei folgenden Produkte RaA, RaB und RaC beruht. Er wurde zuerst von P. Curie und J. Danne[2]) empirisch untersucht. Eine Darstellung der „Curie-Danneschen Kurven" für die Relativwerte $\frac{N_1(t)}{N_1(0)}$, $\frac{N_2(t)}{N_2(0)}$ und $\frac{N_3(t)}{N_3(0)}$ geben die Zahlentabellen in VI, 6.

Ist umgekehrt zur Zeit $t = 0$ eine gewisse Menge der Primärsubstanz gegeben, während $N_1(0) = N_2(0) = N_3(0) = 0$ ist, so erfolgt der Anstieg dieser drei Stoffe zu ihren Gleichgewichtswerten $N_1(\infty)$ usw. komplementär zu den vorhin angeführten Werten, d. h. es ist nun:

$$N_1'(t) = N_1(\infty) - N_1(t); \quad N_2'(t) = N_2(\infty) - N_2(t)$$

und: $$N_3'(t) = N_3(\infty) - N_3(t).$$

Eine Maschine, mit der verschiedene, auch komplizierte Fälle der radioaktiven Umwandlung (bis zu 4-gliederigen Umwandlungsreihen) durch automatisch sich aufzeichnende Diagramme darstellbar sind, wurde von F. Soddy[7]) angegeben. P. Ludewig[8]) beschreibt einen Apparat, bestehend aus hintereinandergeschalteten Gefäßen, die ihre Wasserfüllung mit willkürlich abgestufter Relaxationszeit entleeren; für einige Fälle radioaktiver Umwandlung (z. B. von RaEm bis RaD) läßt sich so der zeitliche Verlauf demonstrieren.

Nach der vorstehend entwickelten Theorie läßt sich die empirisch beobachtete Aktivität eines Gemenges radioaktiver Stoffe, die entweder unabhängig voneinander sind oder in genetischem Zusammenhange stehen, stets ganz allgemein in der Form: $J = \Sigma A_i e^{-\lambda_i t}$ darstellen. Rechnerische Methoden, aus einer entsprechenden Anzahl gegebener Werte von J die numerischen Werte der Koeffizienten λ_i abzuleiten, wurden von F. Aigner und L. Flamm[9]), L. Wertenstein[10]), J. W. T. Walsh[11]) sowie H. Levy[12]) ausgearbeitet.

Literatur zu II, 6 siehe Seite 61.

Literatur zu II, 6:

1) E. Rutherford und F. Soddy, Phil. Mag. (6) **4**, 370 und 569, 1902; J. Chem. Soc. **81**, 321 und 837, 1902.
2) P. Curie und J. Danne, C. R. **136**, 364, 1903; C. R. **138**, 683, 1904.
3) E. Rutherford, Phil. Trans. (A) **204**, 169, 1904.
4) J. Stark, Jahrb. Rad. u. El. **1**, 1, 1904.
5) P. Gruner, Ann. d. Phys. (4), **19**, 169, 1906; Arch. scienc. phys. et nat. (4), **23**, 329, 1907.
6) H. Bateman, Proc. Cambr. Soc. **15**, 423, 1910.
7) F. Soddy, Roy. Instit. of Great Britain, March 1912.
8) P. Ludewig, Phys. Z. **17**, 145, 1916.
9) F. Aigner u. L. Flamm, Phys. Z. **13**, 1151, 1912.
10) L. Wertenstein, C. R. Soc. Varsovie, 8, 486, 1915.
11) J. W. T. Walsh, Nature **104**, 325, 1919; Proc. Phys. Soc. London **32**, 26, 1919.
12) H. Levy, Proc. Phys. Soc. London **34**, 108, 1922.

7. Radioaktives Gleichgewicht; Verhältnis der Mengen und Strahlungsintensitäten. Der Begriff der „Gleichgewichtsmenge“ wurde bereits im vorigen Abschnitte einige Male (vgl. S. 56, 58, 59) verwendet. Eine aus $[N_2]$ Atomen bestehende Menge einer Substanz (2) steht im radioaktiven Gleichgewichte mit einer aus $[N_1]$ Atomen bestehenden Menge ihrer Muttersubstanz (1), wenn die Nacherzeugung aus dieser ihren eigenen Zerfall kompensiert.

Es ist also:

$$\frac{d[N_2]}{dt} = \lambda_1 [N_1] - \lambda_2 [N_2] = 0 \quad \text{oder:} \quad [N_2] = \frac{\lambda_1}{\lambda_2} [N_1].$$

Für beliebig viele aufeinanderfolgende Zerfallsprodukte einer Reihe gilt analog im Falle des radioaktiven Gleichgewichtes:

$$\lambda_1 [N_1] = \lambda_2 [N_2] = \lambda_3 [N_3] = \cdots \lambda_i [N_i] = \text{const.}$$

Es verhalten sich danach die in Atomzahlen ausgedrückten Gleichgewichtsmengen umgekehrt wie die Zerfallskonstanten, beziehungsweise direkt wie die mittleren Lebensdauern oder Halbwertszeiten:

$$[N_1] : [N_2] : [N_3] \cdots = \frac{1}{\lambda_1} : \frac{1}{\lambda_2} : \frac{1}{\lambda_3} \cdots = \tau_1 : \tau_2 : \tau_3 \cdots = T_1 : T_2 : T_3 \cdots$$

Bei der Berechnung der Massenverhältnisse ist natürlich die Verschiedenheit der Atomgewichte zu berücksichtigen.

Der Satz: $\lambda_i [N_i] = \text{const.}$ kann auch in der Form ausgesprochen werden: im radioaktiven Gleichgewichte ist die Zahl der in der Zeiteinheit zerfallenden Atome oder die Zahl der ausgesandten Korpuskularstrahlen für alle Glieder der Reihe dieselbe. Bezeichnen daher $k_1, k_2 \ldots k_i$

Literatur zu II, 7 siehe Seite 63.

für die verschiedenen Umwandlungsprodukte den Effekt eines Einzelzerfalles (Ionisation, Wärme usw.), so stehen die durch $J_i = k_i \lambda_i N_i$ praktisch bestimmten Strahlungsintensitäten der zugeordneten Gleichgewichtsmengen im Verhältnis $k_1 : k_2 : \ldots$

Insofern wenigstens für Zerfallsprozesse der gleichen Art (α-Zerfall, β-Zerfall) die Werte von k bei den verschiedenen Stoffen von gleicher Größenordnung sind, können daher — für rohe Überschlagsrechnungen — die Strahlungsintensitäten von Gleichgewichtsmengen als gleich groß betrachtet werden.

Die Realisierung eines im obigen Sinne definierten Gleichgewichtes setzt voraus, daß entweder die Zerfallskonstante λ_1 der Primärsubstanz verschwindend klein gegen die der folgenden Umwandlungsprodukte sei, oder daß die ursprüngliche Menge der Primärsubstanz trotz ihres Zerfalles durch Zufuhr neuer Mengen konstant erhalten werde. Andernfalls ergibt sich, daß die Zahl $N_i\,(t)$ der zur Zeit t vorhandenen Atome des $i$ten Umwandlungsproduktes mit wachsender Zeit sich asymptotisch dem Grenzwert $[N_i]^*$ nähert [H. Mitchell[1]), A. J. Lotka[2])], wobei:

$$[N_i]_t^* = \frac{\lambda_2 \lambda_3 \ldots \lambda_i}{(\lambda_2 - \lambda_1)(\lambda_3 - \lambda_1) \ldots (\lambda_i - \lambda_1)} [N_i]_t \text{ und } [N_i]_t = \frac{\lambda_1}{\lambda} N_1(t).$$

d. h. also: bei langsamem, aber nicht zu vernachlässigendem Zerfalle der Primärsubstanz ist nach hinreichend langer Zeit von jedem Umwandlungsprodukt eine Menge vorhanden, die gegenüber dem jeweiligen Gleichgewichtswerte $[N_i]_t$ in bestimmtem Verhältnis vergrößert ist. Man pflegt auch diese — praktisch in der Regel in Betracht kommende — Größe als „Gleichgewichtsmenge" zu bezeichnen, doch ist eine unterscheidende Benennung für die beiden in verschiedener Weise definierten „Gleichgewichtsmengen" erforderlich. E. Rutherford[3]) führte die Namen „secular equilibrium" und „transient equilibrium" ein. In Ermanglung allgemein gebrauchter deutscher Ausdrücke wurden hier[4]) neben den symbolischen Bezeichnungen $[N]_t$ und $[N]_t^*$ die Termini „Dauergleichgewichtsmenge" und „laufende Gleichgewichtsmenge" vorgeschlagen.

Das Verhältnis $\frac{[N]^*}{[N]_t}$ beträgt, falls das jeweils an der Spitze stehende Radioelement als Primärsubstanz betrachtet wird:

Ra Em	Th X	Ra D
für Ra A 1,00055	für Th B 1,1375	für Ra E 1,00096
„ Ra B 1,0054	„ Th C 1,1507	„ Ra F 1,0248
„ Ra C 1,0090	„ Th C″ 1,1513	

ferner bei Rd Ac für Ac X : 2,520
und „ Ac B „ Ac C : 3,660

Literatur zu II, 7 siehe Seite 63.

Über die Bezeichnung „Curie" für die mit 1 g Radium (Element) im Gleichgewichte stehende Menge von Radiumemanation vgl. V, 2.

Literatur zu II, 7.

1) H. Mitchell, Phil. Mag. (6) **21**, 40, 1911.
2) A. J. Lotka, Phil. Mag. (6) **22**, 353, 1911.
3) E. Rutherford, Radioactive Substances, Cambridge, 429, 1913.
4) St. Meyer u. E. v. Schweidler, Radioaktivität, 1. Auflage, 1916.

8. Indirekte Ermittlung von Zerfallskonstanten. Die Zerfallskonstante eines Radioelementes kann unmittelbar bestimmt werden, wenn der zeitliche Verlauf seiner Strahlung empirisch festgestellt wird und die den Versuchsbedingungen entsprechende theoretische Gleichung (z. B. für den einfachen exponentiellen Zerfall einer abgetrennten Menge, für den Anstieg bei konstanter Nacherzeugung usw.) nach λ als Unbekannter aufgelöst wird. Dies setzt voraus, daß die Strahlung des betreffenden Elementes und deren zeitliche Änderung wirklich beobachtbar sind.

Diese Methode versagt aber, wenn die zu untersuchende Substanz „strahlenlos" (vgl. S. 32) ist, d. h. keine für quantitative Messungen geeignete Strahlung aussendet, oder wenn der Zerfall so langsam erfolgt, daß die Änderung der Strahlungsintensität während der Beobachtungszeit unmerklich oder wenigstens nicht genügend genau meßbar ist. In diesen Fällen kann die Zerfallskonstante auf indirektem Wege ermittelt werden, entweder indem die zeitliche Änderung der Strahlung eines der in der Umwandlungsreihe folgenden Produkte untersucht wird, oder indem man von den Sätzen über die Strahlungsintensität von gleichen Mengen bzw. von Gleichgewichtsmengen ausgeht, oder endlich indem man Daten über atomistische Elementargrößen, wie z. B. absolute Masse eines Einzelatomes und dgl., heranzieht.

Von zahlreichen im Kapitel VI besprochenen Anwendungen auf strahlenlose oder langlebige Radioelemente seien im folgenden nur einige Fälle als Beispiele zur Erläuterung der Methoden herausgegriffen:

a) Zerfallskonstante von RaB.

Von Radiumemanation umgeben nimmt ein Körper eine „induzierte Aktivität" an, deren Quelle ein die Oberfläche des Körpers bedeckender Niederschlag ist, welcher aus drei aufeinanderfolgenden Zerfallsproduk-

Literatur zu II, 8: keine.

ten der Emanation, nämlich aus RaA, RaB und RaC besteht (von der komplexen Beschaffenheit des RaC kann hier abgesehen werden). Eine genauere Analyse zeigt, daß RaA α-Strahlen, RaC α-, β- und γ-Strahlen aussendet, während dem RaB eine schwache für quantitative Messungen wenig geeignete β- und γ-Strahlung zukommt.

Ist der „induziert aktive" Körper hinreichend lange im Kontakt mit Radiumemanation konstanter Konzentration gewesen, so sind — vom Momente der Entfernung aus dem emanationshaltigen Raume an gerechnet — die jeweils vorhandenen Beträge von RaA, RaB und RaC durch die im vorigen Abschnitte (vgl. S. 60) angeführten Gleichungen gegeben. Die Messung der härteren γ-Strahlung ergibt die für RaC geltende Zeitfunktion, die der α-Strahlung die Superposition der von RaA und RaC herrührenden Wirkungen. Es lassen sich somit die Konstanten λ_1, λ_2 und λ_3 bestimmen, und die eine von ihnen, die größte (der Halbwertszeit $T = 3$ min. entsprechend) dem RaA zuordnen; die Zuordnung von λ_2 und λ_3 bleibt vorläufig unbestimmt. Da aber durch geeignete Methoden (vgl. VI, 6) aus einem Gemisch von RaB und RaC das letztere abgetrennt und für sich untersucht werden kann, so läßt sich nun aus dem einfach exponentiellen Zerfall die dem RaC zugehörige Konstante λ_3 ermitteln und die übrigbleibende als die des RaB feststellen.

b) Zerfallskonstante von RaD.

Aus RaC entsteht ein relativ langlebiges Produkt RaD, das längere Zeit für strahlenlos gehalten wurde, tatsächlich aber eine schwache β-Strahlung aussendet; sein Zerfall führt über ein β-strahlendes (und schwach γ-strahlendes) Zwischenprodukt RaE zu dem α-Strahler RaF (= Polonium). Bei der Ermittlung der Konstante λ_D liegt daher die Komplikation vor, daß dieses Element sowohl praktisch strahlenlos als auch langlebig ist. Mit Hilfe der Beziehungen zwischen Gleichgewichtsmengen und ihren Strahlungsintensitäten und der Gesetze über den zeitlichen Verlauf der Aktivität der Folgeprodukte läßt sich λ_D nach folgendem Schema bestimmen:

Ein Körper sei durch eine Zeit t in einem Raume konstanten Emanationsgehaltes exponiert worden, wobei die Expositionszeit t groß gegen die mittleren Lebensdauern von RaB, RaC und RaE, dagegen klein gegen die mittlere Lebensdauer von RaD vorausgesetzt sei. Dann sind die zur Zeit t vorhandenen Beträge der verschiedenen Zerfallsprodukte angenähert:

Literatur zu II, 8: keine.

$$C(t) = C(\infty)$$
$$D(t) = D(\infty)\{1 - e^{-\lambda_D t}\} = D(\infty)\,\lambda_D t$$
$$E(t) = E(\infty)\,\lambda_D t$$
$$F(t) = F(\infty)\,\lambda_L t\left\{1 - \frac{1 - e^{-\lambda_F t}}{\lambda_F t}\right\}.$$

Hierbei sind die Größen $C(\infty)$, $D(\infty)$ ... die im Verhältnisse des radioaktiven Gleichgewichtes stehenden Beträge.

Wird zur Zeit t der Körper aus dem emanationshaltigen Raume entfernt und seine α-Strahlung untersucht, so ist aus deren zeitlichem Verlaufe der dem RaC zugeordnete rasch abfallende Teil J_C und der nur langsam sich ändernde von RaF herrührende Teil J_F zu ermitteln.

Es ist nun $J_C(t) = k_C \lambda_C C(t)$ und $J_F(t) = k_F \lambda_F F(t)$, wenn k_C und k_F die ionisierende Wirkung eines α-Teilchens bei RaC und RaF bezeichnen; daher:

$$\frac{J_F(t)}{J_C(t)} = \frac{k_F}{k_C} \cdot \frac{\lambda_F \lambda_D t F(\infty)\left\{1 - \frac{1 - e^{-\lambda_F t}}{\lambda_F t}\right\}}{\lambda_C \cdot C(\infty)} = \frac{k_F}{k_C}\left(1 - \frac{1 - e^{-\lambda_F t}}{\lambda_F t}\right)\lambda_D t,$$

da für die Gleichgewichtsmengen $F(\infty)$ und $C(\infty)$ die Relation $\lambda_F F(\infty) = \lambda_C C(\infty)$ erfüllt ist. Wenn k_F und k_C sowie die Zerfallskonstante λ_F bekannt sind, läßt sich somit aus den gemessenen Werten von $J_F(t)$ und $J_C(t)$ die Konstante des RaD berechnen.

c) Zerfallskonstante von Radium.

Eine aus Uranmineralien abgetrennte Ioniummenge erzeugt als Umwandlungsprodukt Radium (vgl. VI, 3); die Zerfallskonstante ist sicher klein im Verhältnis zu der des Radiums (etwa 1,5 %). Somit gilt für die innerhalb einer Zeit t entwickelte Radiummenge:

$$R(t) = R(\infty)(1 - e^{-\lambda t}) = \lambda t R(\infty) \text{ (für kleine } t),$$

wenn λ die Zerfallskonstante des Radiums und $R(\infty)$ die der vorhandenen Ioniummenge entsprechende Dauergleichgewichtsmenge ist. $R(t)$ kann empirisch durch Vergleich z. B. der γ-Strahlung oder der Emanationsentwicklung mit der eines Standardpräparates ermittelt werden (vgl. V, 3 und V, 4).

Andererseits kann die Intensität J der α-Strahlung der ursprünglich vorhandenen Ioniummenge experimentell bestimmt werden. Sind die Werte k_R und k_I für die ionisierende Wirkung eines α-Teilchens von

---

Literatur zu II, 8: keine.

Radium und Ionium bekannt, so ergibt sich daraus der Betrag $R(\infty)$, denn als Gleichgewichtsmenge zum vorhandenen Ioniumquantum würde es die Strahlungsintensität $\frac{k_R}{k_I} \cdot J$ liefern. In der obigen Gleichung $R(t) = \lambda t R(\infty)$ sind daher alle Größen bis auf λ bekannt, und somit ist die Zerfallskonstante des Radiums bestimmbar.

Der Wert der Zerfallskonstante des Ioniums geht in die Formel nicht ein, braucht also nicht bekannt zu sein, ebensowenig wie die absolute Menge des zum Versuch verwendeten Ioniums, das eventuell nur einen Bruchteil im vorliegenden Gemenge mit einer inaktiven oder wenigstens praktisch nicht strahlenden Substanz bildet. Ist aber zufällig diese absolute Masse angebbar, so kann nach der unter d) angegebenen Methode nun auch der Wert der Zerfallskonstante des Ioniums bestimmt werden.

d) Zerfallskonstante des Urans.

Unter der Voraussetzung, daß die Zerfallskonstante des Radiums schon bekannt ist, z. B. nach der unter c) oder unter e) angeführten Methode, läßt sich auch die des Urans ermitteln aus den relativen Beträgen, in denen Uran und Radium durch chemische Analyse in Uranerzen gefunden werden. Da im allgemeinen die Annahme gerechtfertigt sein wird, daß in solchen Erzen Radium und Uran im Verhältnis des radioaktiven Gleichgewichtes vorhanden seien, gilt die Gleichung:

$$\frac{\lambda_U}{\lambda_R} = \frac{M_R}{M_U},$$

wobei M_R und M_U die in Grammolekeln angegebenen, also der Atomzahl proportionalen Massen bezeichnen, die bei der Analyse im Erze gefunden wurden. (Über die experimentellen Ergebnisse bezüglich dieses Verhältnisses vgl. VI, 4.)

e) Bestimmung von λ aus der Zahl der α-Teilchen.

Mittels verschiedener Methoden (vgl. V, 9) kann die Zahl der in der Zeiteinheit emittierten α-Teilchen unmittelbar bestimmt werden und damit zugleich die Zahl $\frac{dN}{dt}$ der in der Zeiteinheit zerfallenden Atome. Die Zahl der vorhandenen Atome N läßt sich nun aus der Masse des angewandten α-Strahlers berechnen, falls die Masse des einzelnen Atomes als bekannt vorausgesetzt wird. Da sowohl die auf das α-Teilchen (III, 6) bezüglichen Messungen als auch verschiedene Methoden der kinetischen Gastheorie und der statistischen Theorie der

Literatur zu II, 8: keine.

Wärmestrahlung gut übereinstimmende Werte für die Loschmidtsche Zahl und damit für die absolute Masse des Wasserstoffatomes geliefert haben, ist diese Voraussetzung für alle Elemente bekannten Atomgewichtes mit ziemlicher Genauigkeit erfüllt. Aus $\frac{dN}{dt} = -\lambda N$ ergibt sich natürlich unmittelbar der Wert von λ.

f) Zerfallskonstante und Reichweite der α-Strahlen. Die im Abschnitte II, 5 besprochenen Beziehungen zwischen der Zerfallskonstante eines α-Strahlers und den die α-Strahlung charakterisierenden Werten der Reichweite, bzw. der Anfangsgeschwindigkeit, lassen in manchen Fällen wenigstens ungefähr die Größenordnung von λ abschätzen. Für enorm rasch zerfallende Stoffe, wie sie in den C'-Gliedern der Uran-Radium- und der Thorreihe konstatiert sind (vgl. VI, 6 und VI, 10), ist in Ermangelung sicherer Methoden auch diese ungefähre Angabe von Wert.

Literatur zu II, 8: keine.

Drittes Kapitel.

Die Prozesse der radioaktiven Strahlung.

1. Einleitung: Die Arten der Strahlen. Nach der Zerfallstheorie liegt das Wesen der radioaktiven Erscheinungen darin, daß der Kern eines Atomes sich unter Aussendung eines Elementarbestandteiles („korpuskulare Strahlung") in einen neuen Kern von veränderter Masse und Kernladung umwandelt. Die Theorie dieser Strahlungsvorgänge erfordert also die Angabe von Zahl, materieller Beschaffenheit und Energie (Geschwindigkeit) der Korpuskeln sowie der Vorgänge (Absorption, Zerstreuung usw.), die bei der Ausbreitung in materiellen Medien sich abspielen; außerdem sind Strahlungen vom Charakter elektromagnetischer Wellen in Betracht zu ziehen, die eventuell die Aussendung der (elektrisch geladenen) Elementarbestandteile begleiten.

Neben den verschiedenen Arten von „Primärstrahlen", deren Emissionszentren in den zerfallenden Atomen selbst liegen, sind weiterhin die sogenannten „Sekundärstrahlen" zu untersuchen, d. h. jene strahlungsartigen Vorgänge, die eine Begleiterscheinung der Absorption der Primärstrahlen sind und daher in den absorbierenden Medien ihre Emissionszentren haben; die Sekundärstrahlen können selbst wieder korpuskularer oder elektromagnetischer Natur sein.

Tatsächlich wurde die Theorie der Strahlungsvorgänge in ihren Grundzügen schon vor der allgemeinen Annahme der Zerfallstheorie entwickelt (vgl. I, 4); von rein deskriptiven Gesichtspunkten aus erfolgte eine Unterscheidung von drei Gruppen von Strahlen:

α-Strahlen, sehr leicht absorbierbar, magnetisch ablenkbar im Sinne positiver Teilchen;

β-Strahlen, ziemlich durchdringend, magnetisch ablenkbar im Sinne negativer Teilchen;

γ-Strahlen, sehr durchdringend, magnetisch unablenkbar.

Dazu traten später noch die sogenannten δ-Strahlen, die in ihren Eigenschaften den β-Strahlen analog sind, aber durch den Mangel an der Fähigkeit, Ionisation und Fluoreszenz hervorzurufen, sich von

---

Literatur zu III, 1: keine.

ihnen unterscheiden, sowie die häufig als α-Strahlen bezeichneten Vorgänge, die den Erscheinungen des radioaktiven Rückstoßes entsprechen, endlich die H-Strahlen (vgl. III, 18).

Es besteht eine auffallende Analogie zwischen den drei erstgenannten Arten von Becquerelstrahlen und drei Arten von Strahlen, die als Begleiterscheinung elektrischer Entladungen bereits bekannt waren, derart daß

die α-Strahlen den Kanalstrahlen,
die β-Strahlen den Kathodenstrahlen,
die γ-Strahlen den Röntgenstrahlen

entsprechen; die Übertragung der Theorien, welche für diese künstlich erzeugten Strahlenarten aufgestellt worden waren, auf die Becquerelstrahlen war daher naheliegend. Quantitativ präzisierte Angaben über Ladung, Masse und Geschwindigkeit der Korpuskeln ergeben sich aus dem Verhalten der Strahlen im magnetischen und im elektrischen Felde sowie aus dem mit der Strahlung verbundenen Transport elektrischer Ladungen und der Zählung (vgl. III, 6 und V, 9) der ausgesandten Teilchen. Die theoretische Grundlage der darauf bezüglichen Beobachtungsmethoden soll daher zunächst in Kürze behandelt werden.

2. Die Bewegung eines geladenen Teilchens in magnetischen und elektrischen Feldern. 1. Abhängigkeit der Masse von der Geschwindigkeit. Es bezeichne c die Lichtgeschwindigkeit, $v = \beta c$ die Geschwindigkeit eines Teilchens, also β eine reine Zahl, m seine Masse, e_s die in elektrostatischen, e_m die in elektromagnetischen Einheiten gemessene Ladung (also $e_s = c e_m$). Zunächst ist zu berücksichtigen, daß die Masse eine Funktion der Geschwindigkeit, bzw. der Zahl β ist.

Schon die sogenannte „klassische" Elektrodynamik hatte zum Resultat geführt, daß eine elektrische Ladung als solche eine „scheinbare" oder „elektromagnetische" Masse besitze, die sich im allgemeinen zur ponderablen Masse des Ladungsträgers addiere. Für eine Ladung, die mit konstanter Raum- bzw. Flächendichte im Volum, bzw. auf der Oberfläche einer Kugel vom Radius a verteilt ist, leitete M. Abraham[1]) für die elektromagnetische Masse die Formel ab:

$$m(\beta) = m_0 \frac{3}{4\beta^2}\left[\frac{1+\beta^2}{2\beta} \log\text{nat} \frac{1+\beta}{1-\beta} - 1\right],$$

wobei die sogenannte „Ruhmasse" m_0 gegeben ist durch $m_0 = \frac{4}{5}\frac{e_s^2}{a c^2}$ bei Volumladung, $m_0 = \frac{2}{3}\frac{e_s^2}{a c^2}$ bei Oberflächenladung. Nach H. A. Lorentz[2]) gilt da-

Literatur zu III, 2 siehe Seite 74.

gegen für ein deformierbares (in der Richtung der Bewegung sich kontrahierendes) Elektron mit Oberflächenladung die Formel:

$$m(\beta) = m_0 (1-\beta^2)^{-1/2},$$

wobei wie früher $m_0 = \frac{2}{3} \frac{e_s^2}{a c^2}$ ist. Hypothetisch wurde diese Gleichung für $m(\beta)$ auch auf beliebige Massenteilchen übertragen. Dieselbe Gleichung mit allgemeiner Gültigkeit für beliebige Körper leitete A. Einstein[3]) aus den Grundgleichungen der speziellen Relativitätstheorie ab. Entsprechend dem Satze von der Trägheit (Masse) der Energie ist die Ruhmasse m_0 durch die Ruhenergie $E_0 = m_0 c^2$ gegeben, also durch die Ladung und die Dimensionen des Teilchens nicht eindeutig bestimmt, wenn neben der Energie des elektrostatischen Feldes noch andere Energieformen vorhanden sind. Der Ausdruck $m = m_0 (1-\beta^2)^{-1/2}$ kann schlechthin als „Masse" des bewegten Teilchens bezeichnet werden, wenn man die Definition der Masse auf den Impulssatz (Kraft = Differentialquotient des Impulses nach der Zeit; Impuls = Masse × Geschwindigkeit) gründet [A. Sommerfeld[4])]. Legt man dagegen die Definition: Masse $= \frac{\text{Kraft}}{\text{Beschleunigung}}$ zugrunde, so ist zwischen transversaler Masse m_{trans} und longitudinaler Masse m_{long} zu unterscheiden, je nachdem die Kraft senkrecht oder parallel zur Bewegungsrichtung wirkt. m_{trans} ist identisch mit der oben definierten Masse schlechthin, $m_{\text{long}} = m_0 (1-\beta^2)^{-3/2}$. Die kinetische Energie eines bewegten Körpers ist allgemein gegeben [A. Einstein[3]), M. Planck[5])] durch

$$E_{\text{kin}} = m_0 c^2 [(1-\beta^2)^{-1/2} - 1].$$

Führt man durch die Substitution $\eta = (1-\beta^2)^{-1/2}$ für diese bei der Lorentztransformation fundamentale Größe ein abkürzendes Symbol*) ein, so erhält man die Formeln in der kurzen Schreibweise:

$$m = m_0 \eta$$

$$m_{\text{trans}} = m = m_0 \eta$$

$$m_{\text{long}} = m_0 \eta^3$$

$$E_{\text{kin}} = m_0 c^2 (\eta - 1)$$

$$\text{Gesamtenergie } E = m_0 c^2 \eta.$$

Für kleine Geschwindigkeiten ($\beta \ll 1$) kann gesetzt werden: $\eta = 1 + \frac{\beta^2}{2} + \frac{3\beta^4}{8} + \frac{5\beta^6}{16} + \ldots$. Bei Vernachlässigung der Glieder zweiter Ordnung gehen die Formeln in die der gewöhnlichen Mechanik über. Praktisch kommt die Geschwindigkeitsabhängigkeit der Masse vorläufig nur bei den rasch bewegten Elektronen der β-Strahlen, eventuell bei den schnellsten H-Strahlen (vgl. IV, 8) in Betracht, während sie bei den schnellsten bekannten α-Strahlen kaum noch die

Literatur zu III, 2 siehe Seite 74.

*) Die sonst üblichere Bezeichnung mit k ist hier vermieden, da k für die Gesamtionisierung eines Teilchens verwendet ist.

Grenze der Meßgenauigkeit erreicht. Über Versuche zur experimentellen Entscheidung zwischen der Abrahamschen und der Lorentz-Einsteinschen Formel vgl. III, 9 über die Zahlenwerte von η die Tabelle 5 des Anhanges.

2. Bewegung im magnetischen Feld. Die Bewegung eines geladenen Teilchens (bei gleicher Bezeichnung der Konstanten wie oben) erfolge mit der Geschwindigkeit $v = \beta c$ in der Richtung der X-Achse, während ein homogenes magnetisches Feld von der Stärke $\mathfrak{H}$ die Richtung der Y-Achse habe. Dann wirkt parallel der Z-Achse (eines Rechts systems) auf das Teilchen eine Kraft:

$$\mathfrak{P} = e_m v \mathfrak{H} = e_s \frac{v}{c} \mathfrak{H} = e_s \beta \mathfrak{H}.$$

Unter dem Einfluß dieser Kraft beschreibt das Teilchen eine in der X-Z-Ebene liegende Kreisbahn, deren Krümmungsradius $\mathfrak{R}$ bestimmt ist durch:

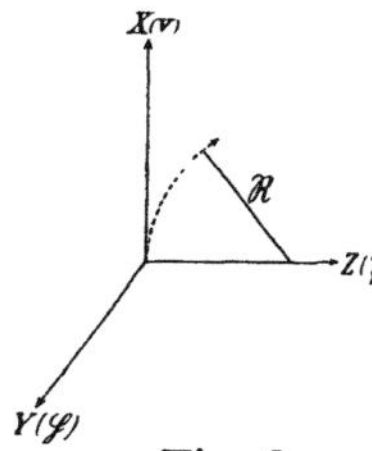

$$\mathfrak{P} = \frac{m v^2}{\mathfrak{R}} = e_m v \mathfrak{H} = e_s \frac{v}{c} \mathfrak{H},$$

also $$\mathfrak{H}\mathfrak{R} = \frac{m}{e_m} v = \frac{m}{e_s} \cdot v c = \frac{m c^2}{e_s} \beta = \frac{m_0 c^2}{e_s} \eta \beta.$$

Fig. 6.

Das experimentell bestimmbare Produkt $\mathfrak{H}\mathfrak{R}$ ist also eine für homogene korpuskulare Strahlungen charakteristische Größe, die nur von der „spezifischen Ladung“ $\frac{e}{m}$ und der Geschwindigkeit v abhängt.

Ein Parallelstrahlenbündel korpuskularer Strahlen, die gleiche spezifische Ladung, aber verschiedene Geschwindigkeiten besitzen, kann somit durch ein Magnetfeld in ein „magnetisches Spektrum“ zerlegt werden, indem die Strahlen verschiedener Geschwindigkeit durch die verschieden starke Ablenkung räumlich getrennt werden; analog der in der Optik üblichen Terminologie spricht man von „Linien“-, „Banden“- und „kontinuierlichen“ Spektren je nach der Geschwindigkeitsverteilung.

Steht die Geschwindigkeit eines Teilchens nicht senkrecht auf der Richtung des homogenen magnetischen Feldes, so ist die Bahn eine Schraubenlinie, wie sich aus der Zerlegung der Geschwindigkeit in zwei Komponenten unmittelbar ergibt.

Die komplizierten Bahnformen in nicht homogenen Feldern, z. B. eines Dipoles, wurden von P. Villard, C. Störmer und P. Gruner[6]) rechnerisch behandelt. Die Resultate sind von praktischer Bedeutung

Literatur zu III, 2 siehe Seite 74.

für die Theorie der Polarlichterscheinungen und eventuell anderer kosmischer Korpuskularstrahlen.

3. Bewegung im elektrischen Felde. Ganz allgemein folgt aus dem Energiesatze, daß die Änderung der kinetischen Energie des Teilchens entgegengesetzt gleich der Änderung seiner potentiellen Energie oder in anderen Worten gleich demProdukte aus Teilchenladung und durchlaufener Potentialdifferenz ist. Diejenige Potentialdifferenz, welche das Teilchen in einem beschleunigenden Felde durchlaufen müßte, um von der Anfangsgeschwindigkeit Null auf seine tatsächliche momentane Geschwindigkeit gebracht zu werden, bzw. welche es in einem hemmenden Felde durchlaufen müßte, um auf die Endgeschwindigkeit Null zu kommen, werde mit P bezeichnet. Diese Größe kann statt der Geschwindigkeit v zur Charkterisierung des Bewegungszustandes angegeben werden und wird speziell dann, wenn sie in Volt ausgedrückt wird, nach P. Lenard abkürzend als „Voltgeschwindigkeit" des betreffenden Teilchens bezeichnet. Bei Messung in absoluten elektrostatischen Einheiten gilt:

$$P = \frac{m_0 c^2}{e_s}(\eta - 1)$$

bzw. bei kleinen Geschwindigkeiten: $P = \frac{m_0 c^2}{e_s} \cdot \frac{\beta^2}{2}$.

Im Spezialfall, daß ein Teilchen sich in der Richtung der X-Achse mit der Anfangsgeschwindigkeit $v = \beta c$ bewegt, während gleichzeitig ein konstantes elektrisches Feld von der Stärke $\mathfrak{E}$ parallel der Y-Achse wirkt, gilt bei kleinen Geschwindigkeiten:

$$e_s \mathfrak{E} = m_0 \frac{d^2 y}{dt^2}$$

und daher: $$x = \beta c t, \quad y = \frac{1}{2} \frac{e_s}{m_0} \mathfrak{E} t^2 = \frac{e_s}{m_0 c^2} \cdot \frac{\mathfrak{E} x^2}{2 \beta^2}.$$

Die infolge der „elektrischen Ablenkung" zurückgelegte Bahn ist — den Gesetzen des horizontalen Wurfes analog — eine Parabel mit dem Halbparameter $p = \frac{m_0 \beta^2 c^2}{e_s \mathfrak{E}}$.

Ist zwar β nicht klein, aber die Geschwindigkeitsänderung durch das Feld zu vernachlässigen, so ist einfach statt m_0 die transversale Masse $m_0 \eta$ einzusetzen. Über die Bewegungsgleichungen im allgemeinen Falle, der aber für die Ablenkungsmessungen an den Korpuskularstrahlen in der Radioaktivtiät praktisch nicht in Betracht kommt, siehe bei M. v. Laue[8]).

Literatur zu III, 2 siehe Seite 74.

4. Kombinierung der magnetischen und elektrischen Feldwirkung. Die experimentelle Bestimmung der magnetischen Ablenkung liefert nach 2) den Wert $\frac{mc^2}{e_s}\beta$, analog die elektrische nach 3) $\frac{mc^2}{e_s}\beta^2$, so daß β und der Quotient $\frac{e_s}{m}$, die sogenannte „spezifische Ladung" des Teilchens berechnet werden können. Wird statt der elektrischen Ablenkung die im vorigen Absatz definierte Potentialdifferenz P experimentell ermittelt, so erhält man aus $2P$ ebenfalls die Größe $\frac{m_0 c^2}{e_s}\beta^2$, falls β klein ist. Auch bei großen, der Lichtgeschwindigkeit vergleichbaren Geschwindigkeiten läßt sich aus $\mathfrak{H}\mathfrak{R} = \frac{m_0 c^2}{e_s}\eta\beta$, $P = \frac{m_0 c^2}{e_s}(\eta - 1)$ und der Definitionsgleichung von η sowohl $\frac{e_s}{m_0}$ als β berechnen, doch kommt dann wegen des hohen Wertes von P seine experimentelle Bestimmung praktisch kaum in Betracht. Bei enorm hohen, der des Lichtes nahezu gleichen Geschwindigkeiten wäre praktisch $\beta = 1$ und $\eta \gg 1$, daher $\mathfrak{H}\mathfrak{R}$ und P nahezu identisch; dieser Fall ist ohne Bedeutung für die wirklich bekannten Typen von Korpuskularstrahlen, dagegen von Interesse für gewisse Hypothesen über sehr schnelle Korpuskularstrahlen kosmischen Ursprunges (vgl. VII, 9).

5. Ladungs-Transport. Gehen von der Strahlungsquelle in der Zeiteinheit Z Korpuskeln der Ladung e aus, so ist Ze der durch die Strahlung hervorgerufene Konvektionsstrom; er kann experimentell bestimmt werden nach galvanometrischen oder elektrometrischen Methoden entweder durch Messungen der von den Strahlern abgegebenen oder der von einem Empfänger, welcher die Strahlen absorbiert, aufgenommenen Ladung. Um einen auf Leitung beruhenden Strom zwischen Strahler und Empfänger auszuschließen, ist als Zwischenmedium Vakuum oder ein festes Dielektrikum, dessen Ionisation durch die Strahlung zu vernachlässigen ist, anzuwenden; die nicht ganz zu vermeidenden Beträge des Leitungsstromes können aus dem Resultate eliminiert werden, indem zwei Beobachtungen bei entgegengesetzter Feldrichtung angestellt werden: dann ist $i_1 = Ze + i'$ und $i_2 = Ze - i'$, wenn i' den Leitungsstrom bezeichnet.

Die Kombination der Messung des Ladungstransportes mit einer Zählung der ausgesandten Teilchen (vgl. V, 9) läßt den Absolutwert der Ladung e ermitteln.

Ein im Vakuum befindlicher Körper, der Korpuskularstrahlen aussendet, nimmt eine Ladung entgegengesetzten Vorzeichens an und

---

Literatur zu III, 2 siehe Seite 74.

erzeugt dadurch ein die Teilchenbewegung hemmendes Feld. Es stellt sich ein stationärer Zustand her, in dem die Zahl der pro Zeiteinheit emittierten und der durch das Feld zurückgetriebenen Teilchen gleich wird. Die stationäre Ladung des Körpers ist dann abhängig von seinen Dimensionen sowie von der Ladung, Anfangsgeschwindigkeit und Zahl der ausgesandten Teilchen. Einige einfachere Fälle wurden von E. Schweidler[7]) rechnerisch behandelt.

6. Zusammenfassung. Wie aus den vorstehenden Ausführungen hervorgeht, lassen sich im Prinzip aus magnetischer Ablenkung, elektrischer Ablenkung (oder statt dessen aus dem Potentiale P), Ladungstransport und Zählung der Teilchen deren charakteristische Konstanten: Masse, Ladung, Geschwindigkeit und Zahl experimentell ermitteln. Zur numerischen Berechnung der dabei auftretenden Funktionen von β vgl. die Tabelle 5 des Anhanges.

Literatur zu III, 2:

1) M. Abraham, Ann. d. Phys. (4) **10**, 105, 1903.
2) H. A. Lorentz, Akad. Wetensch. Amsterdam, 809, 1904.
3) A. Einstein, Ann. d. Phys. (4) **17**, 891, 1905.
4) A. Sommerfeld, Atombau und Spektrallinien, 8. Kap. § 1; 4. Aufl. 1924.
5) M. Planck, Phys. Z. **7**, 753, 1906.
6) P. Villard, C. R. **143**, 143, 1906; Le Rad. **3**, 97, 1906; **4**, 1, 1907; C. Störmer, Arch. scienc. phys. et nat. (4) **24**, 5, 113, 221 u. 317, 1907; **32**, 117, 190, 277, 415, 501, 1911; **33**, 51, 113, 1912; P. Gruner, Jahrb. Rad. u. El. **6**, 149, 1909.
7) E. Schweidler, Terr. Magn. **27**, 105, 1922; **28**, 50, 1923.
8) M. v. Laue, Handbuch der Radiologie von E. Marx Bd. VI, 15ff., 1925.

3. Absorption und Streuung im allgemeinen. Die von radioaktiven Stoffen ausgehenden Strahlen, seien es solche korpuskularer Natur oder von Wellencharakter, erfahren beim Durchgang durch Materie eine Schwächung. Um die Gesetze hierfür aufzustellen, muß man zunächst den Begriff der Intensität der Strahlung präzise festlegen.

Bei Wellenstrahlen ist die Intensität eines Bündels durch den Energiestrom J gegeben.

Es ist aber bei der experimentellen Bestimmung darauf zu achten, ob die tatsächlich gemessene Größe (z. B. Wärmeentwicklung, photochemische oder ionisierende Wirkung) ein Maß oder auch nur ein relatives Maß der Energie bildet.

Literatur zu III, 3 siehe Seite 87.

Für die letztgenannten beiden Größen ist sofort ersichtlich, daß sie ungeeignet sind, wenn ein hinreichend großer Bereich der Wellenlänge umfaßt wird, da langwellige Strahlen überhaupt nicht photochemisch oder ionisierend wirksam sind. Bei relativ engem Bereiche (z. B. γ-Strahlen) ist vorerst eine Untersuchung notwendig, ob bei vollständiger Absorption ein gleicher Bruchteil der Gesamtenergie auf den gemessenen Effekt entfällt. Selbst wenn dies mit hinreichender Annäherung der Fall ist, können bei gleicher Intensität zweier Strahlenbündel die gemessenen Effekte sehr verschieden sein, wenn im Meßapparat nur ein Bruchteil der Strahlungsenergie ausgenützt wird. Z. B. zwei Strahlenbündel verschiedener Wellenlänge, die bei vollständiger Absorption in hinreichend dicken Schichten gleiche Anzahlen von Ionenpaaren erzeugen würden, durchsetzen ein Meßgefäß von geringer Tiefe; infolge der verschiedenen Absorption wird bei der weicheren Strahlung ein größerer Bruchteil der Energie zur Ionenbildung verwendet als bei der härteren und die gemessene „Intensität" wird daher größer. Analoges gilt für die photographische Wirkung. Man erhält in diesem Falle Meßergebnisse, die P. Lenard[11]) passend als „Scheinintensitäten" bezeichnet. Für relative Messungen an Strahlenbündeln gleicher Qualität sind aber natürlich solche Methoden anwendbar.

Bei Korpuskularstrahlen sind zunächst zwei Möglichkeiten für die Definition der „Intensität" gegeben: entweder wie früher der Energiestrom J oder die Teilchenzahl Z, welche in der Zeiteinheit einen Querschnitt des Bündels durchsetzt. Letzteres allein ist nach Lenard[11]) als rationell zu bezeichnen.

Die entsprechende experimentelle Methode wäre dann die Bestimmung des Ladungstransportes, eventuell die Zählung von Szintillationen. Im allgemeinen werden aber Methoden angewandt, die mehr oder minder genau ein relatives Maß von J liefern, z. B. Ionisation. Es ist dann zu berücksichtigen, daß die Energieänderung zum Teil auf Verringerung der Teilchenzahl, zum Teil auf Abnahme der mittleren Energie ε eines einzelnen Teilchens beim Durchgang durch Materie beruht, also daß: $J = Z\varepsilon,\ dJ = \varepsilon dZ + Zd\varepsilon = Z\varepsilon\left(\frac{dZ}{Z} + \frac{d\varepsilon}{\varepsilon}\right)$. Bei verschiedenen Strahlengattungen kann das eine oder das andere Glied stark überwiegen, z. B. das erste bei β-Strahlen, das zweite bei α-Strahlen. Bei unvollständiger Absorption von Korpuskularstrahlen gilt bezüglich der „Scheinintensitäten" dasselbe wie für Wellenstrahlen (vgl. oben).

a) Die Absorption von Parallelstrahlbündeln.

Die Definition von Konstanten, die für das absorbierende Medium und eine bestimmte Strahlengattung charakteristisch sind, erfolgt am einfachsten für den Fall, daß ein Parallelstrahlenbündel senkrecht auf eine Platte von der Dicke dx auffällt. Ist J die Intensität des einfallenden, $(J + dJ)$ die des austretenden Bündels, so ist durch:

$$-dJ = \mu J dx \quad \text{oder} \quad \mu = -\frac{1}{J}\cdot\frac{dJ}{dx} = \frac{d}{dx}\log\text{nat}\,J$$

Literatur zu III, 3 siehe Seite 87.

der sogenannte Absorptionskoeffizient (von der Dimension $[l^{-1}]$, also in cm^{-1} auszudrücken) definiert als der pro Längeneinheit absorbierte Bruchteil der Energie oder auch als die bei der Energiestromdichte 1 pro Volum- und Zeiteinheit absorbierte Energie. Speziell bei Korpuskularstrahlen wäre nach den obigen Ausführungen (S. 75). zu setzen:

$$\mu = -\frac{1}{J}\cdot\frac{dJ}{dx} = -\left(\frac{1}{Z}\frac{dZ}{dx} + \frac{1}{\varepsilon}\frac{d\varepsilon}{dx}\right) = \mu_Z + \mu_\varepsilon$$

und daher wären neben dem auf den Energiestrom J bezogenen Absorptionskoeffizienten μ die Absorptionskoeffizienten $\mu_Z = -\frac{1}{Z}\frac{dZ}{dx}$ und $\mu_\varepsilon = -\frac{1}{\varepsilon}\frac{d\varepsilon}{dx}$ zu unterscheiden, die sich auf die Teilchenzahl, bzw. auf die mittlere Energie des Einzelteilchens beziehen.

Statt Schichten gleicher Dicke kann man auch solche gleicher Flächendichte (Masse pro Flächeneinheit) miteinander vergleichen, d. h. man setzt

$$-dJ = \frac{\mu}{\varrho}\cdot J\cdot \varrho dx.$$

Man nennt dann μ/ϱ den Massenabsorptionskoeffizienten (Dimension $[l^2 m^{-1}]$, Einheit $\frac{cm^2}{g}$); er gibt die bei der Energiestromdichte 1 in der Massen- und Zeiteinheit absorbierte Energie an. Seine Anwendung empfiehlt sich in Fällen, wo eine Strahlengattung von verschiedenen Medien annähernd proportional ihrer Dichte absorbiert wird, μ/ϱ daher angenähert eine Konstante der Strahlengattung, unabhängig vom Medium, ist (vgl. z. B. über die Absorption der β-Strahlen III, 12).

Endlich kann man auch Schichten vergleichen, welche eine gleiche Anzahl von Atomen enthalten. Ist L' die Loschmidtsche Zahl pro Grammatom ($L' = 6{,}06\cdot 10^{23}$), A das Atomgewicht (bezogen auf O = 16) eines Elementes, so ist die Zahl der in der Volumeinheit enthaltenen Atome gegeben durch: $n = \frac{\varrho L'}{A}$. In der Formel:

$$-dJ = \frac{\mu A}{\varrho L'}\cdot J\frac{\varrho L'}{A}dx = \mu_{at}\cdot J\cdot dn$$

nennt man dann den Ausdruck $\mu_{at} = \frac{\mu A}{\varrho L'}$ den „Atomabsorptionskoeffizienten“. Er stellt die bei der Energiestromdichte 1 in der Zeiteinheit von 1 Atom absorbierte Energie dar und hat die Dimension $[l^2]$.

Speziell bei Korpuskularstrahlen ist diese Größe von anschaulicher physikalischer Bedeutung. Jedes Atom des absorbierenden Mediums sei von einer Art

Literatur zu III, 3 siehe Seite 87.

Wirkungssphäre umgeben, derart daß ein Strahlteilchen absorbiert wird, falls sein Mittelpunkt hinein gelangt; Q sei der Querschnitt dieser kugelförmig gedachten Wirkungssphäre [„absorbierender Querschnitt", P. Lenard[11])]. Die Flächeneinheit einer Platte von der Dicke dx enthält $n dx = \frac{\varrho L'}{A} dx$ Atome, die Summe der absorbierenden Querschnitte ist also $\frac{Q \varrho L'}{A} dx$; diese Größe ist zugleich die Wahrscheinlichkeit, daß ein die Flächeneinheit treffendes Strahlteilchen absorbiert wird. Andererseits ist diese Wahrscheinlichkeit durch $\mu_z dx$ gegeben, da eben von einer großen Zahl auftreffender Teilchen der Bruchteil $\mu_z dx$ absorbiert wird. Daraus folgt unmittelbar, daß $\mu_z = \frac{Q \varrho L'}{A}$ oder daß $Q = \frac{\mu_z A}{\varrho L'}$ ist, d. h. der „absorbierende Querschnitt" ist identisch mit dem auf Teilchenzahl bezogenen Atomabsorptionskoeffizienten.

Vom Standpunkte einer radikalen Auffassung der „Lichtquanten" aus wäre die gleiche Anschauung auch auf Wellenstrahlungen übertragbar.

Die bisherigen Ausführungen setzen voraus, daß die Energie der auftreffenden Strahlung bloß durch wahre Absorption geschwächt, d. h. in eine andere Energieform (z. B. kinetische Energie der Molekularbewegung, potentielle Energie der bei der Ionisierung abgespaltenen Elektronen, Energie einer qualitativ verschiedenen Sekundärstrahlung) umgewandelt werde. Im allgemeinen findet aber in einem durchstrahlten Medium neben dieser wahren Absorption auch eine Streuung statt, d. h. ein Teil der einfallenden Strahlung wird ohne Energieänderung (oder Änderung der Teilchenzahl) abgelenkt und nach statistischen Gesetzen auf verschiedene Richtungen verteilt. Für eine Versuchsanordnung, die bloß die in der ursprünglichen Richtung weitergehende Strahlung mißt, ist daher die beobachtete Schwächung zusammengesetzt aus wahrer Absorption und Streuung [R. Glocker[12])]:

$$-\frac{dJ}{J} = \mu\, dx = \mu^* dx + \sigma dx.$$

Die Größe μ^* bezeichnet also den wahren Absorptionskoeffizienten*), σ den Streukoeffizienten. Dieser ist von derselben Dimension wie μ und μ^* und stellt die bei der Energiestromdichte 1 in der Volum- und Zeiteinheit gestreute Strahlung dar.

Die Summe $\mu = \mu^* + \sigma$ sollte eigentlich terminologisch vom wahren Absorptionskoeffizienten unterschieden werden und als „Schwächungskoeffizient" bezeichnet werden [R. Glocker[12])].

Literatur zu III, 3 siehe Seite 87.

*) Es ist sonst üblich, hierfür das Symbol $\bar{\mu}$ zu verwenden; da es aber hier öfters notwendig wird, den mittleren Absorptionskoeffizienten einer inhomogenen Strahlung einzuführen und für diesen die Bezeichnung $\bar{\mu}$ die natürlichste ist, wurde das Symbol μ^* gewählt.

Tatsächlich werden aber meistens die experimentell bestimmten Werte von μ als „Absorptionskoeffizienten" — eventuell mit dem Zusatze „unkorrigierte" — eingeführt und das Verbot, die Größe μ so zu benennen, würde zu vielen Mißverständnissen, besonders bei älteren Literaturangaben, führen. Übrigens ist die Bezeichnung „Absorptionskoeffizient" für μ haltbar, wenn man — rein formal zur Berechnung von Intensitätsverhältnissen, bei bewußtem Verzicht auf eine physikalische Deutung des Vorganges — die Streustrahlung als eine aus absorbierter einfallender Strahlung neu entstandene „Sekundärstrahlung" auffaßt. Unerläßlich ist aber jedenfalls eine die Größen μ und μ^* überhaupt scharf unterscheidende Benennung und Bezeichnung.

Das Exponentialgesetz der Absorption.

Wenn nach Durchsetzen einer Schichte die Strahlung qualitativ unverändert geblieben ist, so wird offenbar eine zweite Schichte gleicher Dicke den gleichen Bruchteil der auffallenden Strahlung absorbieren und μ ist als Konstante zu betrachten; dann folgt aus $\frac{dJ(x)}{dx} = -\mu J(x)$ das einfache exponentielle Absorptionsgesetz:

$$J(x) = J_0 e^{-\mu x}$$

oder

$$\log \operatorname{nat} J(x) = \log \operatorname{nat} J_0 - \mu x.$$

Es besteht eine vollkommene formale Analogie zum Zerfallsgesetz (vgl. II, 2). Statt des Absorptionskoeffizienten μ kann auch die reziproke Größe $\delta = \frac{1}{\mu}$ eingeführt werden, d. i. jene Dicke, welche die Strahlung auf den e^{ten} Teil (0,367879 ... des Anfangswertes) herabsetzt; δ ist das Analogon der mittleren Lebensdauer und wird häufig als „mittlere Reichweite" der Strahlung bezeichnet; ebenso kann die „Halbierungsdicke" D als Analogon der Halbierungszeit T verwendet werden, also jene Schichtdicke, die die Strahlung auf die Hälfte abschwächt; es ist wieder:

$$D = 0{,}693147\,\delta = 0{,}693147\,\frac{1}{\mu} \quad \text{bzw.} \quad \delta = 1{,}442695\,D.$$

Wie bei der Untersuchung des zeitlichen Verlaufes des Zerfalles eignet sich auch hier die graphische Darstellung von $\log J(x)$ als Funktion der Schichtdicke zur Prüfung, ob das einfache exponentielle Absorptionsgesetz erfüllt ist, sowie zur Ausgleichung der Beobachtungsfehler und zur Ermittlung des numerischen Wertes von μ.

Das einfache exponentielle Absorptionsgesetz ist realisiert bei elektromagnetischer Strahlung einheitlicher Wellenlänge, falls Refle-

---

Literatur zu III, 3 siehe Seite 87.

xion und diffuse Zerstreuung nicht vorhanden sind. Offenbar ist die Gültigkeit des gleichen Gesetzes auch für eine homogene Korpuskularstrahlung theoretisch zu erwarten, wenn dieselbe Voraussetzung erfüllt ist und außerdem die Geschwindigkeit der das absorbierende Medium durchdringenden Teilchen keine Veränderung erfährt. In diesem Falle beruht die Absorption auf einer Verringerung der Zahl der durchgehenden Teilchen, indem ein Teil in der Schichte stecken bleibt. Analog wie das Zerfallsgesetz kann auch das Absorptionsgesetz als ein statistisches, auf Wahrscheinlichkeiten zurückführbares angesehen werden, indem μdx die Wahrscheinlichkeit darstellt, daß ein einzelnes Teilchen in einer Schichte von der Dicke dx zum Stillstand gebracht werde; natürlich sind dann analoge Schwankungen wie beim Zerfall auch für die Absorption zu erwarten.

Bei einer inhomogenen Strahlung elektromagnetischer oder korpuskularer Natur, deren einzelne Bestandteile aber den obigen Voraussetzungen entsprechen, gilt dann:

$$J(x) = \sum i_k(0)\, e^{-\mu_k x},$$

wenn i_k die Intensitäten, μ_k die Absorptionskoeffizienten der Komponenten bezeichnen. Der formal gleich wie früher definierte „Absorptionskoeffizient" $\bar{\mu}(x)$ der Gesamtstrahlung:

$$\bar{\mu}(x) = -\frac{1}{J(x)} \frac{dJ(x)}{dx} = -\frac{d}{dx}(\log\text{nat}\, J(x))$$

ist jetzt keine Konstante, sondern eine mit wachsendem x abnehmende Funktion. Die graphische Darstellung von $\log J(x)$ ergibt nicht mehr eine Gerade, sondern eine gegen die X-Achse konvexe Kurve (Kurve II der Figur 7). Man spricht in diesem Falle von einer „Filtrierung" der Strahlung, da die Bestandteile größerer Durchdringungsfähigkeit mit zunehmender Schichtdicke das relative Übergewicht bekommen. Von dem Anwachsen der mittleren Härte infolge Filtrierung zu unterscheiden ist die angebliche „Härtung" beim Durchgang durch absorbierende Schichten (vgl. III, 16).

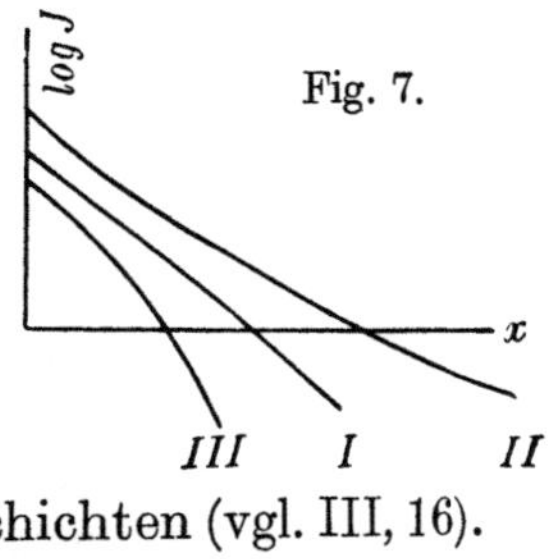

Fig. 7.

Wenn dagegen die Strahlung beim Durchsetzen des absorbierenden Mediums eine qualitative Änderung erfährt, z. B. wenn bei einer Korpuskularstrahlung die Geschwindigkeit der Teilchen verringert wird, so ist auch bei einer homogenen Strahlung der Absorptions-

Literatur zu III, 3 siehe Seite 87.

koeffizient nicht konstant, sondern eine Funktion der schon durchstrahlten Schichtdicke:

$$\mu(x) = -\frac{1}{J(x)}\frac{dJ(x)}{dx} = -\frac{d}{dx}(\log\operatorname{nat} J(x)).$$

Da bei einer Korpuskularstrahlung einer Verringerung der Geschwindigkeit eine Zunahme der Absorption entspricht, wächst in diesem Falle $\mu(x)$ mit wachsendem Argumente; die graphische Darstellung von $\log J(x)$ liefert eine gegen die X-Achse konkave Kurve (Kurve III der Figur 7).

Sehr kompliziert, allgemein durch eine Gleichung von der Form:

$$J(x) = \sum i_k(0) f_k(x)$$

darstellbar, wird das Absorptionsgesetz, wenn eine von vornherein inhomogene Strahlung derartige qualitative Änderungen erfährt, wenn also die Effekte der „Filtrierung“ und der zunehmenden Absorbierbarkeit übereinander gelagert sind. Noch weit komplizierter ist der Fall, daß neben der durch wahre Absorption und Streuung geschwächten Strahlung auch noch die Streustrahlung selbst nach Richtungsverteilung und Intensität darzustellen ist. Dazu ist zunächst erforderlich, daß das Gesetz bekannt ist, nach dem sich die in einem Volumelement dv erzeugte Streustrahlung $J \cdot \sigma \cdot dv$ über die verschiedenen Richtungen verteilt; es wird ausgesprochen durch die Angabe einer „Verteilungsfunktion“ $F(\vartheta)$; dies bedeutet, daß der Bruchteil $F(\vartheta)\,d\vartheta$ auf einen Hohlkegel entfällt, dessen Achse mit der ursprünglichen Richtung der Strahlen zusammenfällt und der den halben Öffnungswinkel ϑ und die Dicke $d\vartheta$ besitzt. Speziell bei Korpuskularstrahlungen ist es dann notwendig, auf atomistischer Grundlage die Gesetze für die Bewegung eines einzelnen Teilchens aufzustellen und dann für die Gesamtheit der in einem Strahlenbündel enthaltenen Teilchen statistische Mittelwerte abzuleiten.

Durch geeignete Annahmen über die Struktur der Atome (vgl. II, 1) kann das erste Problem reduziert werden auf die Bestimmung der Bahn eines geladenen Teilchens, das mit einer gewissen Anfangsgeschwindigkeit in das starke elektrische Feld innerhalb der „Wirkungssphäre“ eines Atomes eindringt.

Im allgemeinen wird daher von den Teilchen eines korpuskularen Parallelstrahlenbündels ein Teil — diejenigen, die zufällig kein Atom des absorbierenden Mediums getroffen haben — mit unveränderter Bewegungsrichtung und Geschwindigkeit hindurchgehen, ein Teil voll-

---

Literatur zu III, 3 siehe Seite 87.

ständig aufgehalten und ein Teil nur in seiner Geschwindigkeit verringert werden. Die dem dritten Teil angehörenden Partikeln erfahren dabei Ablenkungen, deren Größen nach bestimmten Wahrscheinlichkeitsgesetzen verteilt sind; unter den starken Ablenkungen sind dabei zu unterscheiden: „Einzelablenkungen" („single deflection" nach E. Rutherford), die unter zufällig besonders günstigen Bedingungen durch ein einziges Atom hervorgerufen wurden, und „zusammengesetzte Ablenkungen" („compound deflection"), die durch zufällige Summierung zahlreicher kleiner Ablenkungen zustande gekommen sind.

Theorien der Absorption und Streuung von Korpuskularstrahlen wurden aufgestellt von P. Lenard[11]), J. J. Thomson[1]), E. Rutherford[2]), C. G. Darwin[4]), N. Bohr[3]), W. Bothe[16]), G. Wentzel[15]), W. S. Kimball[17]), kritische und zusammenfassende Darstellungen siehe bei R. Seeliger[13]), W. Bothe[16]), und M. v. Laue[18]).

Die Grundlage bildet dabei ein einfacher Satz des Zweikörperproblems. Es bezeichne m, e und v die Masse, bzw. Ladung und Geschwindigkeit eines bewegten Teilchens, m' und e' Masse und Ladung eines ruhenden Teilchens; die ungestörte Bahn des bewegten Teilchens habe einen senkrechten Abstand p vom ruhenden. Dann tritt eine Ablenkung des bewegten Teilchens um den Winkel ϑ ein, während zugleich ein Energiebetrag ΔE vom bewegten auf das ruhende Teilchen übertragen wird. Führt man eine Hilfsgröße s von der Dimension einer Länge ein durch:

$$s = \frac{e e'}{v^2} \cdot \frac{m + m'}{m m'},$$

so gelten die Formeln:

$$\sin^2 \frac{\vartheta}{2} = \frac{1}{1 + p^2/s^2}$$

$$\Delta E = \frac{2}{m'} \left(\frac{m m'}{m + m'}\right)^2 v^2 \sin^2 \frac{\vartheta}{2} = \frac{2}{m'} \cdot \left(\frac{e e'}{v}\right)^2 \cdot \frac{1}{s^2 + p^2}.$$

Durch Einsetzen der numerischen Werte erhält man für das Produkt $s v^2$:

bei 2 Elektronen: $s v^2 = 5{,}06 \cdot 10^8 \frac{\mathrm{cm}^3}{\mathrm{sec}^2}$,

bei Elektron und α-Teilchen denselben Wert, bei Elektron und Atomkern (Masse M und Ladung $N e$): $s v^2 = \frac{N}{2} \cdot 5{,}06 \cdot 10^8$,

bei α-Teilchen und Atomkern: $s v^2 = \frac{N}{7336} \cdot 5{,}06 \cdot 10^8$.

Weitere Einzelheiten siehe in III, 8; III, 12 und IV, 8.

Literatur zu III, 3 siehe Seite 87.

b) Absorption nicht paralleler Strahlen.

Unter der Voraussetzung, daß für eine Strahlung das einfache exponentielle Absorptionsgesetz gilt, sollen im folgenden einige typische, in der Praxis häufig vorkommende Fälle behandelt werden, bei denen nicht parallele Strahlen in Betracht kommen, und die von H. W. Schmidt[5]), F. Soddy[6]), H. Thirring[7]), E. v. Schweidler[8]) und L. V. King[9]) untersucht wurden.

1. Strahlung eines Punktes innerhalb eines homogenen Mediums. Es bezeichne hier und in den folgenden Absätzen J die Strahlung durch eine (eventuell geschlossene) Fläche, gemessen durch den Energiestrom oder eine ihm proportionale Größe (z. B. gesamte Ionisation, die bei vollständiger Absorption der die Fläche passierenden Strahlung erhalten würde), ferner $q\,dv$ die in denselben Einheiten ausgedrückte im Volumelement dv absorbierte Strahlung, also q „die Intensität der Strahlung in einem Punkte", z. B. durch die Ionisierungsstärke gemessen. Die Gesamtstrahlung einer punktförmigen Strahlenquelle, welche die Masse m eines Radioelementes enthalte, werde gesetzt: $J_0 = am$, so daß a die „spezifische Strahlungsstärke" des betreffenden Radioelementes genannt werden kann.

Befindet sich eine solche Strahlungsquelle in einem homogenen Medium mit dem Absorptionskoeffizienten μ, so ist die Strahlung durch eine konzentrische Kugelfläche in der Distanz r:

$$J(r) = J_0 e^{-\mu r} = a m e^{-\mu r};$$

und die Strahlungsintensität in einem Punkte in der Distanz r:

$$q(r) = \frac{a\mu}{4\pi} \cdot \frac{m}{r^2} e^{-\mu r} = K \frac{m}{r^2} e^{-\mu r}.$$

Die Größe K wird häufig als Eve'sche Zahl bezeichnet.

2. Reziprozitätsbeziehung zwischen der Strahlung eines Punktes und der eines Raumes [L. V. King[9])]. In einem Medium I befinde sich ein Punkt P; ein Raumgebiet S sei von einem Medium II erfüllt, die Distanz zwischen P und einem beliebigen Volumelement dv in S sei mit r und die im ersten, bzw. zweiten Medium verlaufenden Teilstrecken seien mit r_1 und r_2 bezeichnet.

Literatur zu III, 3 siehe Seite 87.

a) Wenn sich im Punkte P eine Strahlungsquelle befindet, deren radioaktive Masse $m = 1$ ist, so wird die im ganzen Raumgebiete S absorbierte Strahlung dargestellt durch:

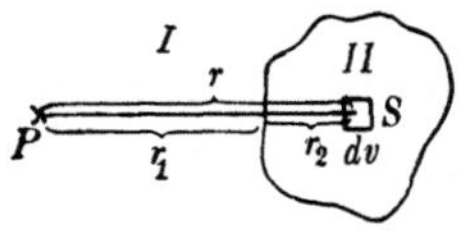

Fig. 8.

$$Q_S = \iiint q\,dv = K_2 \iiint \frac{dv}{r^2} e^{-(\mu_1 r_1 + \mu_2 r_2)},$$

wobei sich das dreifache Integral über das ganze Gebiet von S erstreckt.

b) Wenn der Raum S von einer radioaktiven Substanz mit der Raumdichte 1 erfüllt ist, so erhält man für die Intensität der Strahlung im Punkte P:

$$q_P = K_1 \iiint \frac{dv}{r^2} e^{-(\mu_1 r_1 + \mu_2 r_2)}.$$

Es ist also allgemein: $$\frac{Q_S}{K_2} = \frac{q_P}{K_1}.$$

Auf Grund dieses Reziprozitätssatzes lassen sich viele praktisch vorkommende Fälle auf andere bereits gelöste zurückführen, z. B. die Strahlungsintensität in einem Punkte oberhalb einer radioaktiven Platte auf die Strahlung eines Punktes durch eine absorbierende Platte und dgl.

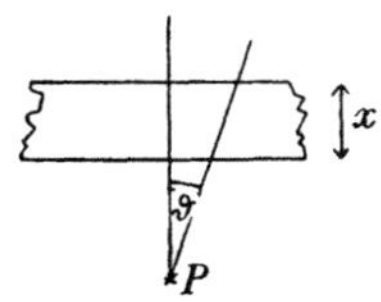

Fig. 9.

3. Strahlung eines Punktes durch eine Platte. Die punktförmige Strahlungsquelle sende eine Gesamtstrahlung J_0 aus; die Strahlung $J(x)$, welche eine unendlich ausgedehnte absorbierende Platte der Dicke x durchsetzt, ergibt sich zu:

$$J(x) = \frac{1}{2} J_0 \int_0^{\frac{\pi}{2}} e^{-\frac{\mu x}{\cos\vartheta}} \cdot \sin\vartheta\, d\vartheta = -\frac{J_0}{2} \int_0^{\frac{\pi}{2}} e^{-\frac{\mu x}{\cos\vartheta}} d\,[\cos\vartheta].$$

Durch die Substitution $u = \frac{\mu x}{\cos\vartheta}$ und entsprechende Änderung der Integralgrenzen erhält man:

$$J(x) = -\frac{J_0}{2} \mu x \int_{\mu x}^{\infty} e^{-u} d\left(\frac{1}{u}\right) = \frac{J_0}{2} \left\{ e^{-\mu x} - \mu x \int_{\mu x}^{\infty} e^{-u} \frac{du}{u} \right\}.$$

Das Integral: $-\int_x^{\infty} e^{-u} \frac{du}{u}$ wird gewöhnlich „Exponentialintegral" genannt und mit dem Symbol $Ei(-x)$ bezeichnet. Numerische Werte

Literatur zu III, 3 siehe Seite 87.

sind berechnet[10]) von J. W. L. Glaisher und auf neun Stellen von W. L. Miller und T. R. Rosebrugh; gekürzte Tabellen finden sich auch bei W. Laska und bei F. Emde und E. Jahnke sowie in der Tabelle Nr. 1 im Anhange dieses Buches.

Es ist also:

$$J(x) = \frac{J_0}{2}\{e^{-\mu x} + \mu x Ei(-\mu x)\} = \frac{J_0}{2}\,\Phi(\mu x).$$

Numerische Werte der Funktion $\Phi(x)$ finden sich bei L. V. King[9]) sowie in der eben erwähnten Tabelle des Anhanges.

Ist die absorbierende Platte aus einzelnen Schichten mit den Dicken $x_1, x_2 \ldots$ und den Absorptionskoeffizienten $\mu_1, \mu_2 \ldots$ zusammengesetzt, so ist in obiger Formel μx durch $\Sigma \mu_i x_i$ zu ersetzen.

Betrachtet man nicht die Strahlung durch die ganze unendlich ausgedehnte Platte, sondern nur einen Strahlenkegel vom halben Öffnungswinkel ϑ, so gilt:

$$J'(x) = \frac{J_0}{2}\{\Phi(\mu x) - \cos\vartheta \cdot \Phi(\mu x \sec\vartheta)\}$$

$$= \frac{J_0'}{1-\cos\vartheta}\{\Phi(\mu x) - \cos\vartheta\,\Phi(\mu x \sec\vartheta)\},$$

da

$$J_0' = \frac{J_0}{2}(1-\cos\vartheta).$$

Näherungsweise ist diese Formel auf die Absorption der Strahlung durch eine kreisförmige Platte anwendbar.

4. Strahlung einer Flächenbelegung. Eine unendliche Ebene sei mit einer radioaktiven Flächenbelegung versehen und die Flächendichte mit η bezeichnet. In einem Medium mit dem Absorptionskoeffizienten μ befinde sich ein Punkt P in der senkrechten Distanz x von der Ebene. Die Strahlungsintensität im Punkte P ist gegeben durch:

$$q(x) = K\eta\int_0^\infty \frac{2\pi z\,dz}{r^2} e^{-\mu r} = 2\pi K\eta \int_{\mu x}^\infty e^{-\mu r}\frac{d(\mu r)}{\mu r} = -\,2\pi K\eta \cdot Ei(-\mu x)$$

$$= -\tfrac{1}{2}a\eta\mu \cdot Ei(-\mu x).$$

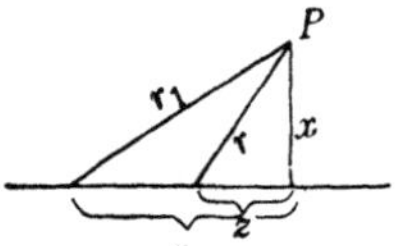

Fig. 10.

Eine endliche Kreisfläche vom Radius z_1 erzeugt in einem in der Distanz x auf der Symmetrieachse gelegenen Punkt P die Strahlungsintensität:

Literatur zu III, 3 siehe Seite 87.

$$q(x) = -\tfrac{1}{2}\, a\eta\mu \,\{Ei(-\mu x) - Ei(-\mu r_1)\},$$

wobei:
$$r_1 = \sqrt{x^2 + z_1^2}.$$

Die Strahlung $J(x)$ der unendlich ausgedehnten radioaktiven Fläche durch die Flächeneinheit einer parallelen Ebene in der Distanz x ergibt sich aus dem Resultate von (3), da die Strahlung eines jeden Punktes eine absorbierende Platte der Dicke x durchsetzt. Die Gesamtstrahlung J_0 der Flächeneinheit ist: $J_0 = a\eta$, daher:

$$J(x) = \tfrac{1}{2}\, a\eta \cdot \Phi(\mu x).$$

Aus $-\dfrac{dJ(x)}{dx} = q(x)$ ergibt sich für $q(x)$ dieselbe Formel, die oben unmittelbar abgeleitet ist.

5. **Strahlung einer Kugelfläche.** Eine Kugelfläche vom Radius R sei mit der radioaktiven Flächendichte η belegt, also die Gesamtmenge $m = 4\pi R^2 \eta$.

Die Absorption in der Kugelfläche sowie in dem innen und außen vorhandenen Medium werde vernachlässigt. Die Strahlungsintensität in einem Punkte P, dessen Distanz vom Mittelpunkte mit d bezeichnet sei, ist:

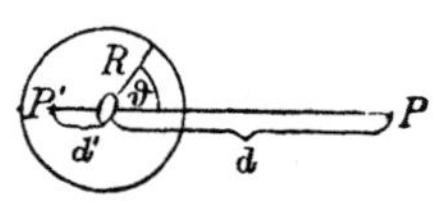

Fig. 11.

a) für einen äußeren Punkt P $(d > R)$:

$$q(d) = K\eta \int_0^{\pi} \frac{2\pi R^2 \sin\vartheta\, d\vartheta}{r^2} = \frac{Km}{2dR} \log\mathrm{nat} \frac{d+R}{d-R},$$

b) für einen inneren Punkt P' $(d < R)$:

$$q(d) = \frac{Km}{2dR} \log\mathrm{nat} \frac{R+d}{R-d}.$$

Im Mittelpunkte ist natürlich $q_0 = \dfrac{Km}{R^2}$; für $d = R$ wird $q(R) = \infty$.

Für einen inneren oder äußeren Punkt, der **sehr nahe** an der Oberfläche liegt, für den also $\delta = (d - R)$ sehr klein ist, gilt:

$$q(\delta) = \frac{Km}{R^2}\frac{1}{2} \log\mathrm{nat} \frac{2R}{\delta},$$

es ist z. B. für:	$\delta/R = 0{,}01$	0,001	0,0001
	$q(\delta)/q_0 = 2{,}65$	3,80	4,95

Literatur zu III, 3 siehe Seite 87.

6. Strahlung eines unendlichen oder halbunendlichen Raumes. Wenn ein unendlicher Raum mit einem Medium erfüllt ist, dessen Absorptionskoeffizient μ ist und dessen Volumeinheit die Menge ϱ eines radioaktiven Stoffes enthält, so ist für einen beliebigen Punkt die Intensität der Strahlung:

$$q = \int_0^\infty K\varrho \frac{4\pi r^2 dr}{r^2} e^{-\mu r} = \frac{4\pi K\varrho}{\mu} = a\varrho$$

wie sich entweder aus den in (1) angeführten Gleichungen oder aus dem Reziprozitätssatz (2) ergibt.

Analog ist für einen halbunendlichen mit radioaktivem Stoffe erfüllten Raum für einen Punkt der Begrenzungsebene:

$$q = \tfrac{1}{2} a\varrho .$$

7. Strahlung einer Platte. Eine planparallele Platte von der Dicke h besitze wieder den Absorptionskoeffizienten μ und eine Raumdichte ϱ des Gehaltes an einer radioaktiven Substanz. Zu der Gesamtstrahlung J_0 liefert eine Schichte von der Dicke dx in der Tiefe x pro Flächeneinheit den Beitrag:

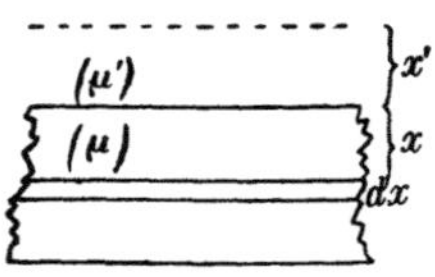

Fig. 12.

$$dJ_0 = a\varrho\, dx;$$

durch die Grenzfläche ($x = 0$) gelangt davon nach außen der Betrag:

$$dJ(x) = \tfrac{1}{2} a\varrho\, dx\, \Phi(\mu x),$$

wie sich aus (4) ergibt. Durch Integration findet man die ganze von der Flächeneinheit nach außen abgegebene Strahlung:

$$J(h) = \frac{1}{2} a\varrho \int_0^h \Phi(\mu x)\, dx = \frac{a\varrho}{2\mu} \int_0^{\mu h} \Phi(u)\, du = \frac{a\varrho}{4\mu} \{1 - e^{-\mu h} + \mu h \Phi(\mu h)\} .$$

Für unendlich dicke Platten ($h = \infty$) wird $J_\infty = \dfrac{a\varrho}{4\mu}$.

Das bisweilen empirisch beobachtete Gesetz $J(h) = J_\infty(1 - e^{-\mu h})$ für die nach außen abgegebene Strahlung einer radioaktiven Platte als Funktion der Schichtdicke ist also unvereinbar mit der Annahme eines einfachen exponentiellen Absorptionsgesetzes.

Literatur zu III, 3 siehe Seite 87.

Befindet sich außerhalb der Platte ein von radioaktiven Stoffen freies absorbierendes Medium (Absorptionskoeffizient μ'), so geht durch die Flächeneinheit einer Ebene in der Distanz x' die Strahlung:

$$J(x') = \frac{a\varrho}{2\mu} \int_{\mu' x'}^{\mu h + \mu' x'} \Phi(u)\, du$$

$$= \frac{a\varrho}{4\mu} \{ e^{-\mu' x'}(1 - e^{-\mu h}) + (\mu' x' + \mu h)\, \Phi(\mu' x' + \mu h) - \mu' x'\, \Phi(\mu' x') \}.$$

Bei einer unendlich dicken Platte ($h = \infty$) wird dann:

$$J(x') = \frac{a\varrho}{4\mu} \{ e^{-\mu' x'} - \mu' x'\, \Phi(\mu' x') \}.$$

Hieraus ergibt sich weiter die Strahlungsintensität in der Distanz x' von einer unendlich dicken Platte:

$$q(x') = -\frac{dJ(x')}{dx} = \frac{a\varrho}{2} \cdot \frac{\mu'}{\mu}\, \Phi(\mu' x').$$

8. Strahlung einer radioaktiven Kugel. Eine Kugel vom Radius R sei homogen mit einer radioaktiven Substanz erfüllt; es sei wieder mit μ der Absorptionskoeffizient, mit ϱ die Raumdichte bezeichnet. Die Gesamtstrahlung hat den Wert:

$$J_0 = \frac{4\pi R^3}{3} \varrho a = am.$$

Die Strahlung $J(R)$, welche die Kugeloberfläche durchsetzt und nach außen gelangt, läßt sich durch die folgende Reihenentwicklung darstellen [H. Thirring [7]), E. v. Schweidler [8])]:

$$\frac{J(R)}{J_0} = 1 - \frac{3}{4}\mu R + \frac{4}{10}(\mu R)^2 - \frac{1}{6}(\mu R)^3 + \frac{2}{35}(\mu R)^4 - \frac{1}{60}(\mu R)^5 + \cdots$$

Analoge Berechnungen für die Eigenabsorption in gefüllten Röhrchen siehe bei E. A. Owen und W. E. Fage [14]).

Literatur zu III, 3:

1) J. J. Thomson, Proc. Cambr. Soc. **15**, 465, 1910.
2) E. Rutherford, Phil. Mag. (6) **21**, 669, 1911.
3) N. Bohr, Phil. Mag. (6) **25**, 10, 1913; **30**, 581, 1915.
4) C. G. Darwin, Phil. Mag. (6) **25**, 201, 1913.
5) H. W. Schmidt, Ann. d. Phys. (4) **23**, 671, 1907.
6) F. Soddy, Phil. Mag. (6) **19**, 725, 1910.
7) H. Thirring, Phys. Z. **13**, 266, 1912.
8) E. v. Schweidler, Phys. Z. **13**, 453, 1912.
9) L. V. King, Phil. Mag. (6) **23**, 242, 1912.

10) J. W. L. Glaisher, Phil. Trans. **160**, 367, 1870; W. L. Miller und T. R. Rosebrugh, Trans. Roy. Soc. Canada (2) **9**. sect. **3**, 73, 1903; E. Jahnke und F. Emde, Funktionentafeln, Leipzig 1909; W. Laska, Sammlung von Formeln, Braunschweig 1888—1894. S. 292.

11) P. Lenard, Abhandl. Akad. Heidelberg 1918, 5. Abh.

12) R. Glocker, Phys. Z. **19**, 66, 249, 1918; Fortschr. a. d. Geb. d. Rontgenstr. **25**, 421, 470, 1919; R. Glocker und M. Kaupp †, Phys. Z. **22**, 200, 1921.

13) R. Seeliger, Jahrb. Rad. u. El. **16**, 19, 1919.

14) E. A. Owen und W. E. Fage, Chem. Trade J. **69**, 791, 1921.

15) G. Wentzel, Ann. d. Phys. (4) **69**, 335, 1922; **70**, 561, 1923; Phys. Z. **23**, 435, 1922.

16) W. Bothe, Z. f. Phys. **4**, 161, 300, 1921; **5**, 63, 1921; Jahrb. Rad. u. El. **20**, 46, 1923,

17) W. S. Kimball, Phys. Rev. (2) **23**, 75, 1924.

18) M. v. Laue, Handb. d. Radiologie von E. Marx, Bd. VI, 54ff., 1925.

4. Die Bewegung der α-Strahlen in magnetischen und elektrischen Feldern. 1. Einleitung. Wie im historischen Überblick (vgl. I, 4) bereits erwähnt wurde, erfolgte die Abtrennung der Gruppe „Alphastrahlen" aus dem Gesamtkomplex der „Becquerelstrahlen" zunächt auf Grund ihrer Durchdringungsfähigkeit [E. Rutherford[1])]. Die bald folgende Erkenntnis [St. Meyer und E. v. Schweidler, H. Becquerel[2])], daß Durchdringungsfähigkeit und magnetische Ablenkung einander überkreuzende Einteilungsprinzipien seien, führte dann auf die drei Typen: α-, β- und γ-Strahlen [E. Rutherford[3])]. Die anfangs bloß vermutete korpuskulare Natur der α-Strahlen (mit positiver Ladung der Träger) wurde experimentell durch die Beobachtung der magnetischen Ablenkung von E. Rutherford[4]) sichergestellt. Die im Abschnit III, 2 besprochenen Methoden führten dann zu einer genaueren Festlegung der Konstanten der α-Teilchen (spezifische Ladung, Masse, Ladung, Zahl und Geschwindigkeit). Erwähnt sei, daß trotzdem abweichende Auffassungen sich erhielten; so betrachtet G. Jaumann[5]) die α-Strahlen als longitudinale Ätherwellen, während F. Ehrenhaft und D. Konstantinowsky[6]) aus Ladungsbestimmungen nach der Millikan-Ehrenhaftschen Methode auf eine kontinuierliche, nicht quantenhafte Ladungsabgabe α-strahlender Körper schließen zu können glauben.

2. Magnetische Ablenkung der α-Strahlen. Diese wurde zuerst von E. Rutherford[4]) in folgender Weise untersucht: die von einer α-strahlenden Schichte ausgehenden Strahlen passierten zunächst ein aus parallelen Platten bestehendes „Filter", das nur

Literatur zu III, 4 siehe Seite 93.

jene Strahlen hindurchläßt, deren Winkel mit der Normalen auf der Schichtebene unterhalb des Wertes $\operatorname{arctg} \frac{d}{l}$ liegt (l Plattenlänge, d Dicke des lichten Zwischenraumes), und gelangten dann in ein Ionsiationsgefäß, dessen untere Begrenzung eine sehr dünne, für α-Strahlen durchlässige Folie bildete. Bei Erregung eines magnetischen Feldes hinreichender Stärke (Feldrichtung senkrecht zur Zeichenebene) wird der Ionisationseffekt abgeschwächt oder vollkommen unterdrückt, je nachdem eine teilweise oder vollkommene Abblendung der abgelenkten Strahlen erfolgt ist. Der zweite Fall tritt ein, sobald die Ablenkung längs des Weges l den Wert d erreicht. Aus der dazu nötigen Feldstärke läßt sich annähernd das Produkt $\mathfrak{H}\mathfrak{R}$ bestimmen. Der Sinn der Ablenkung (positiver Teilchenladung entsprechend) ergab sich aus Versuchen, bei denen die eine Hälfte aller Schlitze am oberen Ende bedeckt war, so daß bei Umkehr der Feldrichtung eine Asymmetrie in der Verringerung des Ionisationseffektes auftrat.

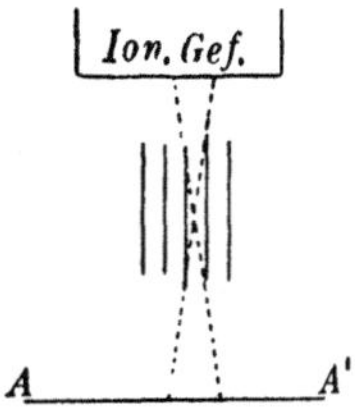

Fig. 13.

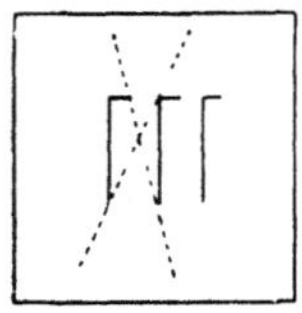
Fig. 14.

Für $\mathfrak{H}\mathfrak{R}$ ergaben sich Werte von der Größenordnung $4 \cdot 10^5$ Gauß-cm. Analoge Resultate erhielt H. Becquerel[7]) bei Versuchen, in denen die Ablenkung der durch einen Spalt gehenden Strahlen photographisch aufgenommen wurde. In der schematischen Fig. 15 stellt R die radioaktive Substanz, S den Spalt und P eine photographische Platte dar. Unter Voraussetzung kreisförmiger Teilchenbahnen ergibt sich $\mathfrak{R} = \frac{l_1(l_1+l_2)}{2\Delta}$ für den Krümmungsradius, wenn $PS = l_1$, $SR = l_2$ und die einseitige Ablenkung des Spaltbildes mit Δ bezeichnet wird. Auf parallel zur Zeichenebene liegenden photographischen Platten läßt sich auch unmittelbar die Form der Bahn abbilden, sobald die Strahlen mit streifender Inzidenz auffallen.

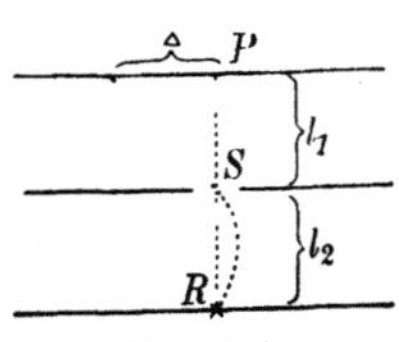

Fig. 15.

Infolge des Umstandes, daß die ersten Beobachtungen mit inhomogenen Strahlenbündeln angestellt wurden, waren die quantitativen Resultate zunächst nur Näherungswerte. Spätere Versuche[8]) von Th. Des Coudres, E. Rutherford, H. Becquerel, E. Rutherford und O. Hahn, A. S. Mackenzie, W. B. Huff, E. Marsden und T. S. Taylor, E. Rutherford und H. Robinson wurden mit homogenen Strahlenbündeln ausgeführt (Anwendung einheitlicher α-Strahler in sehr dünnen Schichten), so daß sich relativ exakt

Literatur zu III, 4 siehe Seite 93.

bestimmbare Werte für $\mathfrak{H}\mathfrak{R}$ ergaben, z. B. $\mathfrak{H}\mathfrak{R} = 3{,}985 \cdot 10^4$ für die α-Strahlen des RaC nach E. Rutherford und H. Robinson[8]).

Messungen der magnetischen Ablenkung der α-Strahlen in gaserfüllten Räumen zeigen infolge der Umladungseffekte (vgl. S. 111) Abweichungen von der einfachen Theorie [P. L. Kapitza[17])].

3. Elektrische Ablenkung. Zur Untersuchung der elektrischen Ablenkung der α-Strahlen wandte E. Rutherford[4]) zunächst eine Anordnung an, die der zum Nachweis der magnetischen Ablenkung gebrauchten (vgl. S. 89) ganz analog ist, nur daß die jetzt isolierten Platten durch abwechselnde Verbindung mit den Polen einer Batterie zu einem System geladener Plattenkondensatoren werden. Die praktisch anwendbaren Feldstärken reichten zu einer vollständigen Abblendung der Strahlen nicht aus, doch konnte aus der Verminderung des Ionisationseffektes die für die elektrische Ablenkung charakteristische Größe $\frac{m v^2}{e}$ der Größenordnung nach bestimmt werden. Analoge Resultate erhielt Th. Des Coudres[8]) durch eine photographische Methode. Spätere Versuche[8]) [A. S. Mackenzie, W. B. Huff, E. Rutherford, E. Rutherford und O. Hahn, E. Rutherford und H. Robinson] betrafen die homogene Strahlung einheitlicher α-Strahler in sehr dünner Schicht. Die Ablenkung wurde durch einen einzigen Plattenkondensator, der zugleich als Spalt wirkt, hervorgerufen, und die bei der Ausbreitung der Strahlen im Vakuum eintretende Verschiebung des Spaltbildes photographisch aufgenommen.

Bezeichnet Δ die Distanz der scharfen äußeren Ränder der beiden durch Umkehrung des Feldes erhaltenen Spaltbilder, δ die Distanz der Platten, l die Entfernung der photographischen Platte vom oberen Ende des Plattenkondensators und E die Potentialdifferenz (in statischen Einheiten), so gilt für Feldstärken passender Größe:

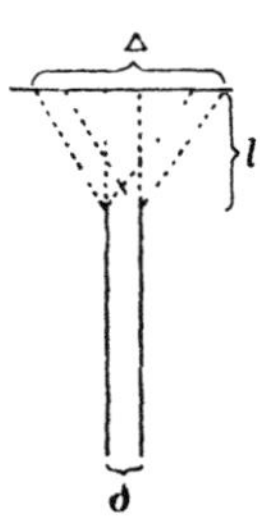

Fig. 16.

$$\frac{m v^2}{e_s} = \frac{8 l^2}{(\Delta - \delta)^2} E.$$

Eine genaue Diskussion der bei verschiedenen Feldstärken auftretenden Bahnformen und Spaltbilder findet sich bei E. Rutherford[9]) sowie in M. Curie, Traité de Radioactivité, Tome II, p. 139--142, 1910. Die quantitativen Ergebnisse sind zusammen mit denen über die magnetische Ablenkung auf S. 91 besprochen.

4. Die spezifische Ladung und Geschwindigkeit der α-Teilchen. Aus der Kombination der Resultate für magnetische und

Literatur zu III, 4 siehe Seite 93.

elektrische Ablenkung läßt sich nach den im Abschnitt III,2 gegebenen Formeln einerseits die spezifische Ladung $\frac{e}{m}$, andererseits die Geschwindigkeit v der α-Teilchen berechnen. Die älteren Untersuchungen an inhomogenen und durch Absorption verlangsamten Strahlen ergaben nur Näherungswerte: $\frac{e_m}{m}$ zwischen 3,4 und $6,4 \cdot 10^3$, v zwischen 1,3 und $2,5 \cdot 10^9 \frac{\text{cm}}{\text{sec}}$ (E. Rutherford[4]); Th. Des Coudres, A. S. Mackenzie, W. B. Huff[8])).

Die späteren Versuche E. Rutherfords sowie E. Rutherfords und O. Hahns[8]) lieferten bei einer vergleichenden Untersuchung, die sich auf die homogene Strahlung dünner Schichten verschiedener Radioelemente bezog, die Werte:

RaC :	$\frac{e_m}{m} = 5{,}07 \cdot 10^3$;	$v = 2{,}06 \cdot 10^9 \frac{\text{cm}}{\text{sec}}$.
Ra A :	5,6 10^3;	$1{,}77 \cdot 10^9$ „
RaF :	5,3 10^3;	$1{,}73 \cdot 10^9$ „
AcC (damals AcB):	4,7 10^3;	— 10^9 „
ThC :	5,6 10^3;	$2{,}77 \cdot 10^9$ „

Bei AcC wurden durch Absorption verlangsamte Strahlen untersucht, so daß der Geschwindigkeitswert ($1{,}2 \cdot 10^9$) nicht die Anfangsgeschwindigkeit darstellt. In Anbetracht der Fehlerquellen können die für die α-Strahlen verschiedener Radioelemente experimentell gefundenen Werte der spezifischen Ladung als gleich betrachtet werden; der am genauesten bestimmte Wert (für RaC) kann somit als der einheitliche Wert der spezifischen Ladung der α-Partikel angesehen werden. Die oben angeführten Zahlen für RaC wurden daher vielfach als Basiswerte verwendet.

Neuere Messungen von E. Rutherford und H. Robinson[8]) führten aber zu merklich verkleinerten Zahlen, sowohl für e/m wie für v; die Unterschiede ergeben sich aus den geänderten Resultaten bezüglich der elektrischen Ablenkung, der experimentell am schwierigsten exakt zu messenden Größe, während die Resultate für $\mathfrak{H}\mathfrak{R}$ nahezu übereinstimmten (z. B. für RaC 3,985 statt 3,980).

Für Radiumemanation, RaA und RaC ist im Mittel:

$$\frac{e_m}{m} = 4{,}823 \cdot 10^3,$$

was mit dem theoretischen Werte (siehe S. 96) fast vollkommen übereinstimmt.

Literatur zu III, 4 siehe Seite 93.

E. Rutherford und A. B. Wood[12]) glauben ferner, daß auch die von ThC′ ausgehenden Strahlen großer Reichweite dieselbe spezifische Ladung wie gewöhnliche α-Strahlen besitzen.

Die Anfangsgeschwindigkeiten (in $10^9 \frac{\text{cm}}{\text{sec}}$ ausgedrückt) betragen dann für RaEm: 1,62, für RaA: 1,69, für RaC: 1,922. Ebenso finden N. Tunstall und W. Makower[10]) den Wert $v = 1{,}690 \,.\, 10^9$ für RaA. Desgleichen fügt sich der von I. Curie[11]) direkt bestimmte Wert von v für Polonium ($1{,}593 \cdot 10^9$) gut in die Reihe der indirekt berechneten Werte ein. S. Rosenblum[18]) findet bei ThC und ThC′ das Verhältnis $\frac{v'}{v} = 1{,}209$.

Indirekt kann die Geschwindigkeit der α-Strahlung eines Radioelementes aus der empirisch bestimmten Reichweite R (vgl. III, 8) ermittelt werden, unter Zugrundelegung der Beziehung (Geigersche Formel):

$$v^3 = aR, \quad \text{bzw.} \quad v = \sqrt[3]{a} \cdot \sqrt[3]{R}.$$

Bezieht man R auf Luft von 760 mm Druck und 0° C, so berechnet sich aus den Basiswerten (bei RaC′):

$$R_0 = 6{,}60 \text{ cm}, \qquad v = 1{,}922 \cdot 10^9 \frac{\text{cm}}{\text{sec}}$$

$$a = 1{,}0758 \cdot 10^{27}, \qquad a^{1/3} = 1{,}0246 \cdot 10^9.$$

Mit diesen Konstanten sind in der Tabelle Nr. 4 des Anhanges die v-Werte aus den experimentell bestimmten Reichweiten berechnet.

Über die Beziehung zwischen Anfangsgeschwindigkeit und Zerfallskonstante vgl. II, 5.

5. Beeinflussung der Strahlen durch parallele elektrische Felder. Theoretisch ist vorauszusehen, daß α-Teilchen, die sich parallel den Kraftlinien eines elektrischen Feldes bewegen, je nach dem Sinne der Feldrichtung beschleunigt oder verzögert werden; allerdings ergeben die später angeführten numerischen Werte, daß die Änderung der kinetischen Energie der α-Teilchen bei dem Durchlaufen von praktisch herstellbaren Potentialdifferenzen relativ klein ist. Ein experimenteller Nachweis dieser Erscheinung, nämlich der Vergrößerung der von der Geschwindigkeit abhängigen „Reichweite" in Luft (vgl. III, 8) durch beschleunigende Felder, erfolgte durch A. S. Eve[13]) und M. Reinganum[14]). Nach den Beobachtungen Reinganums entspricht einer durchlaufenen Potentialdifferenz von 10000 Volt eine Erhöhung der Reichweite in Luft um den Betrag von 0,216 mm, was mit dem theoretisch berechneten

Literatur zu III, 4 siehe Seite 93.

Werte in guter Übereinstimmung steht. Dasselbe gilt von Versuchen von W. Hammer und H. Pychlau [16], die mit 21200 Volt eine Reichweitenänderung von 0,478 mm, also reduziert auf 10000 Volt 0,226 mm, fanden. In analoger Weise konnten E. Dorn und O. Demmler [15]) nachweisen, daß α-Teilchen durch beschleunigende Felder ihre Fähigkeit, szintillierende Fluoreszenz zu erregen, wieder erhalten, wenn sie vorher durch Absorption (Verlangsamung) eben unwirksam geworden waren.

Literatur zu III, 4:

1) E. Rutherford, Phil. Mag. (5) **47**, 109, 1899.
2) St. Meyer und E. v. Schweidler, Wien. Anz. 3. Nov. 1899; Phys. Z. **1**, 91, 1899; H. Becquerel, C. R. **129**, 996, 1205, 1899.
3) E. Rutherford, Phil. Mag. (6) **4**, 1, 1902.
4) E. Rutherford, Phys. Z. **4**, 235, 1902/1903; Phil. Mag. (6) **5**, 177, 1903.
5) G. Jaumann, Wien. Ber. **130**, 169, 1921.
6) F. Ehrenhaft und D. Konstantinowsky, Ann. d. Phys. (4) **63**, 773, 1921.
7) H. Becquerel, C. R. **136**, 199, 431 und 1517, 1903; C. R. **137**, 629, 1903.
8) Th. Des Coudres, Phys. Z. **4**, 483, 1903; E. Rutherford, Phil. Mag. (6) **10**, 163, 1905; A. S. Mackenzie, Phil. Mag. (6) **10**, 538, 1905; H. Becquerel, Phys. Z. **6**, 666, 1905; H. Becquerel, Phys. Z. **7**, 177, 1906; E. Rutherford und O. Hahn, Phil. Mag. (6) **12**, 371, 1906; W. B. Huff, Proc. Roy. Soc. (A) **78**, 77, 1906; E. Marsden und T. S. Taylor, Proc. Roy. Soc. (A) **88**, 443, 1913; E. Rutherford und H. Robinson, Wien. Ber. **122**, 1855, 1913; Phil. Mag. (6) **28**, 522, 1914.
9) E. Rutherford, Phil. Mag. (6) **12**, 134 u. 348, 1906.
10) N. Tunstall und W. Makower, Phil. Mag. (6) **29**, 259, 1915.
11) I. Curie, C. R. **175**, 220, 1922.
12) E. Rutherford, Phil. Mag. (6) **41**, 570, 1921; A. B. Wood, ebendort, 575, 1921.
13) A. S. Eve, Phil. Mag. (6) **15**, 720, 1908.
14) M. Reinganum, Heidelberg. Ber. 1910, Abh. Nr. 8; Ann. d. Phys. (4) **33**, 134, 1910.
15) E. Dorn (O. Demmler), Mitteil. Naturf. Ges. Halle. **2**, 1912.
16) W. Hammer und H. Pychlau, Phys. Z. **25**, 585, 1924.
17) P. L. Kapitza, Proc. Cambr. Soc. **21**, 511, 1923; Proc. Roy. Soc. (A) **106**, 602, 1924.
18) S. Rosenblum, C. R. **180**, 1332, 1925.

5. Der Ladungstransport durch Alphastrahlen. Die S. 73 besprochenen Methoden ergaben für den Ladungstransport durch α-Strahlen zunächst keinen nachweisbaren Betrag [E. Rutherford [1])]. Der Grund mußte in der Kompensation dieses Effektes durch einen gleichzeitig stattfindenden Transport negativer Ladungen gesucht werden. In der Tat konnten R. J. Strutt [2]), J. J. Thomson [3]) und E. Rutherford [4]) nachweisen, daß von den untersuchten α-strahlenden Stoffen

Literatur zu III, 5 siehe Seite 94.

(Radium und Polonium) gleichzeitig relativ langsame negative Elektronen emittiert werden, also eine korpuskulare Strahlung, die sich von der β-Strahlung nur durch das Fehlen merklicher ionisierender Wirksamkeit unterscheidet und die als Deltastrahlung bezeichnet wurde (vgl. III, 13).

Durch magnetische Felder mäßiger Stärke, welche die α-Strahlen nicht merklich beeinflussen, werden diese δ-Strahlen auf kreisförmigen Bahnen oder Schraubenlinien auf die emittierende Oberfläche zurückgelenkt und dadurch unschädlich gemacht [E. Rutherford[4])], so daß nun negative Aufladung des Strahlers oder positive Aufladung des Empfängers leicht beobachtet werden kann. Für quantitative Messungen ist hierbei zu berücksichtigen, daß wegen der leichten Absorbierbarkeit der α-Strahlen die radioaktive Schicht sehr dünn gewählt werden muß, und daß infolge der gleichmäßigen Verteilung der Strahlung bezüglich der Richtung nur die Hälfte der ausgesandten α-Teilchen die strahlende Oberfläche verläßt. Solche Messungen wurden von E. Rutherford und H. Geiger[5]), E. Regener[6]) und E. Aschkinass[7]) ausgeführt.

Der quantitative Nachweis des Ladungstransportes durch α-Strahlen wurde von H. Greinacher[8]) vereinfacht durch Anwendung sehr dünner Schichten fester Isolatoren, welche die α-Strahlung noch hindurchlassen, die δ-Strahlen aber vollständig absorbieren.

Literatur zu III, 5:

1) E. Rutherford, Phil. Trans. (A) **204**, 169, 1904.
2) R. J. Strutt, Phil. Mag. (6) **8**, 157, 1904.
3) J. J. Thomson, Proc. Cambr. Soc. **13**, 49, 1904.
4) E. Rutherford, Phil. Mag. (6) **10**, 193, 1905.
5) E. Rutherford und H. Geiger, Proc. Roy. Soc. (A) **81**, 162, 1908; Phys. Z. **10**, 42, 1909.
6) E. Regener, Berlin. Ber. **38**, 948, 1909.
7) E. Aschkinass, Ann. d. Phys. (4) **27**, 377, 1908.
8) H. Greinacher, Verh. D. Phys. Ges. **11**, 179, 1909.

6. Zahl, Ladung und Masse der Alphateilchen. 1. Zahl. Eine in V, 9 näher beschriebene Methode, bei der die von einem α-Teilchen in einem verdünnten Gase erzeugten Ionen durch starke elektrische Felder eine hohe Geschwindigkeit erhalten und durch Stoß neue Ionen bilden (vgl. über „Stoßionisation" IV, 2), ermöglicht es, die Wirkung eines einzelnen α-Teilchens nachzuweisen [E. Rutherford und H. Geiger[1])].

Literatur zu III, 6 siehe Seite 97.

Wird daher eine entsprechend schwache α-Strahlung in das Ionisationsgefäß gesandt, so daß die einzelnen Teilchen in merklichen zeitlichen Abständen eintreten, so läßt sich auf diese Weise die Zahl der emittierten α-Strahlen bestimmen. Die Versuche von E. Rutherford und H. Geiger mit einer dünnen Schichte von RaC, wobei die zugehörige Gleichgewichtsmenge von Ra bestimmt worden war, ergaben, daß die auf 1 g Radium (Element) und 1 Sekunde bezogene Zahl der ausgesandten α-Teilchen den Wert hat (vgl. auch IV, 10):

$$Z = 3{,}4 \cdot 10^{10} \frac{\alpha\text{-Teilchen}}{\text{sec} \cdot \text{g}}.$$

Nach einer späteren Berechnung E. Rutherfords[20]), die sich auf den Vergleich seines Radiumstandards mit dem internationalen Standard gründet, ist

$$Z = 3{,}57 \cdot 10^{10} \frac{\alpha\text{-Teilchen}}{\text{sec} \cdot \text{g}}.$$

V. F. Hess und R. W. Lawson[24]) fanden dann den Wert:

$$Z = (3{,}72 \pm 0{,}02) \cdot 10^{10} \frac{\alpha\text{-Teilchen}}{\text{sec} \cdot \text{g}},$$

der auch mit der theoretisch berechneten Wärmeentwicklung (vgl. IV, 10) gut übereinstimmt.

Im Gegensatz dazu finden H. Geiger und A. Werner[26]) mittels einer Szintillationsmethode (vgl. unten) wieder den alten Wert:

$$Z = 3{,}40 \cdot 10^{10}, \quad (3{,}48 \cdot 10^{10}),$$

wogegen allerdings V. F. Hess und R. W. Lawson[27]) Einwände in bezug auf die Zuverlässigkeit der Methode erhoben haben. Analoge Versuche wurden auch mit photographischer Registrierung der durch die einzelnen Teilchen bewirkten Elektrometerausschläge angestellt [W. Duane[4]), M. Curie[9]), E. Rutherford und H. Geiger[14])].

Nach L. Myssowsky und K. Nesturch[18]) sind bei der Stoßionisationsmethode Störungen unvermeidlich, die die Verlässlichkeit der Methode beeinträchtigen; doch wird diese Ansicht von H. Geiger[19]) bestritten. Verbesserte Methoden wurden ferner von J. E. Shrader[22]), A. F. Kovarik[23]) und H. Greinacher[29]) angegeben.

Ohne Verstärkung des Effektes durch Stoßionisation läßt sich die Wirkung eines einzelnen α-Teilchens nachweisen, wenn Elektrometer hoher Ladungsempfindlichkeit angewendet werden [K. W. F. Kohlrausch und E. v. Schweidler[10]), G. Hoffmann[13])].

Ebenso kann die Eigenschaft der α-Strahlen, szintillierende Fluoreszenz zu erregen, zur Zählung der Teilchen verwendet werden. Versuche von E. Regener[2]) erbrachten den Nachweis, daß tatsächlich je einem den Leuchtschirm treffenden α-Teilchen eine Szintillation entspricht (bei noch unverbrauchter Leuchtsubstanz).

Literatur zu III, 6 siehe Seite 97.

2. Ladung und Masse. Da nun durch den Ladungstransport (vgl. III, 2) das Produkt Ze' gemessen werden kann, ergibt eine Kombination der Resultate in absoluten Einheiten die Ladung e' eines einzelnen α-Teilchens.

Nach Rutherford-Geiger[1]) ist $e' = 9{,}3 \cdot 10^{-10}$ stat. Einh., nach E. Regener[2]) $e' = 9{,}58 \cdot 10^{-10}$, nach neueren Bestimmungen von J. E. Shrader[25]):

$$e' = (1 \pm 0{,}05) \cdot 9{,}56 \cdot 10^{-10}.$$

Mit Rücksicht auf die Unsicherheit der Zählungsmethoden kann zweifellos die Annahme berechtigt erscheinen, daß der wirkliche Wert von e' gleich 2 Elementarquanten sei, also unter Zugrundelegung des Millikanschen Wertes:

$$\boldsymbol{e' = 2 \times 4{,}77_4 \cdot 10^{-10} \text{ stat. Einh.} = 9{,}54_8 \cdot 10^{-10} \text{ stat. Einh.}}$$

Hieraus und aus dem S. 91 angeführten Werte $4823 \frac{\text{magn. Einh.}}{\text{g}}$ für $\frac{e}{m}$ berechnet sich dann:

$$\boldsymbol{m_\alpha = 6{,}60 \cdot 10^{-24} \text{ g}}$$

Aus dem besten Werte der Loschmidtschen Zahl $L = 2{,}704 \cdot 10^{19}$ cm^{-3} berechnet sich die chemische Masseneinheit $\left(\frac{O}{16}\right)$ zu $1{,}650 \cdot 10^{-24}$ g und daher in vollkommener Übereinstimmung mit dem obigen m_α die Masse eines Teilchens vom Atomgewicht 4 zu $6{,}600 \cdot 10^{-24}$ g.

3. Andere aus der Zählung ableitbare Tatsachen. Beide früher erwähnten Methoden der Zählung der α-Partikeln gestatten auch, die II, 4 besprochenen, den Wahrscheinlichkeitsgesetzen entsprechenden Unregelmäßigkeiten in der zeitlichen Aufeinanderfolge zu konstatieren [E. Regener[2]), H. Geiger, E. Rutherford und H. Bateman[6]), T. Svedberg[7]), E. Marsden und T. Barratt[8 11]), M. Curie[9]), W. Kutzner[28])].

Die Methoden der direkten Zählung der α-Teilchen sind ferner anwendbar auf die experimentelle Entscheidung der Frage, ob ein unter α-Strahlung zerfallendes Atom stets nur ein einziges oder in manchen Fällen auch mehrere Teilchen emittiere (vgl. S. 31). Bei einigen Radioelementen hatte sich der S. 61 besprochene Satz, daß Gleichgewichtsmengen verschiedener derselben Reihe angehörenden Zerfallsprodukte in der Zeiteinheit gleichviel Strahlen aussenden, nicht bestätigt. Als Erklärungsmöglichkeiten kam entweder die Existenz von α-strahlenden Zwischenprodukten oder die Aussendung mehrerer α-Teilchen von je einem zerfallenden Atom in Betracht.

H. Geiger und E. Marsden[3]) wandten die durch die Fig. 17 schematisch dargestellte Versuchsanordnung an. S_1 und S_2 sind zwei durchscheinende fluoreszierende Schirme, A ein zwischengestelltes sehr dünnes, daher für α-Strahlen durchlässiges aber lichtundurchlässiges Aluminiumblatt. Ein beide Schirme umgebendes gasförmiges radioaktives Medium (Luft und Emanation von Radium, Thorium oder

Literatur zu III, 6 siehe Seite 97.

Actinium) erregt durch seine α-Strahlung auf den beiden Schirmen szintillierende Fluoreszenz und die Zeitpunkte der einzelnen Szintillationen (etwa 1—4 in der Minute) werden von zwei Beobachtern an den Mikroskopen M_1 und M_2 für jeden Schirm getrennt registriert. Während RaEm, die sich normal verhält, im wesentlichen einzelne Szintillationen bewirkte, traten bei AcEm gleichzeitig zwei Szintillationen auf, entweder auf demselben Schirme oder auf je einem; es wurde daher zunächst angenommen, daß hier zwei α-Strahlen einem Atomzerfall entsprechen. Bei ThEm, die sich ebenfalls durch abnormal hohe Aktivität auszeichnet, ergab sich dagegen das Auftreten von Gruppen nahezu, aber nicht exakt gleichzeitiger Szintillationen; es wurde daher auf die Existenz sehr rasch zerfallender Zwischenprodukte geschlossen, eine Hypothese, die später durch den direkten Nachweis des kurzlebigen ThA (vgl. V, 5), dessen mittlere Lebensdauer 0,2 sec beträgt, bestätigt wurde. Nachträglich wurde dann auch in der Actinium-Emanation ein sehr rasch zerfallendes Produkt, AcA mit $\tau = 0{,}002$ sec festgestellt, womit die obige Anomalie erklärt ist. Die Annahme der Aussendung von mehr als einem α-Teilchen beim Zerfall eines einzelnen Atomes hat also derzeit keine experimentelle Grundlage.

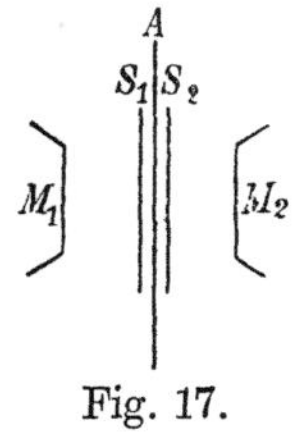

Fig. 17.

Endlich ist die Zählung der α-Teilchen in Verbindung mit der Messung des Ionisationseffektes ein Mittel zur direkten Bestimmung der von einer α-Partikel erzeugten Anzahl von Ionenpaaren [E. Rutherford und H. Geiger[1]), T. S. Taylor[12]), G. Hoffmann[13]), R. Girard[17])] (vgl. hierüber IV, 3).

Literatur zu III, 6:

1) E. Rutherford und H. Geiger, Proc. Roy. Soc. (A) **81**, 141 u. 162, 1908; Phys. Z. **10**, 1 u. 42, 1909.
2) E. Regener, Verh. D. Phys. Ges. **10**, 78, 1908; Berlin. Ber. **38**, 948, 1909.
3) H. Geiger und E. Marsden, Phys. Z. **11**, 7, 1910.
4) W. Duane, C. R. **151**, 228, 1910; Le Rad. **7**, 196, 1910.
5) H. Geiger und E. Rutherford, Phil. Mag. (6) **20**, 691, 1910.
6) H. Geiger, E. Rutherford und H. Bateman, Phil. Mag. (6) **20**, 698, 1910.
7) T. Svedberg, Z. phys. Chem. **74**, 738, 1911; „Die Existenz der Moleküle“, Leipzig 1912.
8) E. Marsden und T. Barratt, Proc. Phys. Soc., London **23**, 367, 1911; **24**, 50, 1911.
9) M. Curie, Le Rad. **8**, 354, 1911; J. de phys. (6) **1**, 12, 1920.
10) K. W. F. Kohlrausch und E. v. Schweidler, Phys. Z. **13**, 11, 1912.
11) E. Marsden und T. Barratt, Phys. Z. **13**, 193, 1912.
12) T. S. Taylor, Phil. Mag. (6) **23**, 670, 1912.
13) G. Hoffmann, Phys. Z. **13**, 480 und 1029, 1912; Elster-Geitel-Festschrift 435, 1915.
14) H. Geiger und E. Rutherford, Phil. Mag. (6) **24**, 618, 1912.
15) J. Satterly, Proc. Cambr. Soc. **16**, 667, 1912.
16) H. Geiger, Verh. D. Phys. Ges. **15**, 534, 1913; Phys. Z. **14**, 1129. 1913.
17) R. Girard, Le Rad. **10**, 195, 1913.
18) L. Myssowsky und K. Nesturch, J. russ. phys. chem. Ges. **45**, 149, 1913; Ann. d. Phys. (4) **43**, 461, 1914.
19) H. Geiger, Ann. d. Phys. (4) **44**, 813, 1914.
20) E. Rutherford, Phil. Mag. (6) **28**, 320, 1914.
21) E. Marsden, Jahrb. Rad. u. El. **11**, 262, 1914.

22) J. E. Shrader, Phys. Rev. (2) **6**, 292, 1915.
23) A. F. Kovarik, Phys. Rev. (2) **9**, 567, 1917; **13**, 272, 1919.
24) V. F. Hess und R. W. Lawson, Wien. Ber. **127**, 405 u. 461, 1918.
25) J. E. Shrader, Phys. Rev. (2) **19**, 422, 1922.
26) H. Geiger und A. Werner, Z. f. Phys. **21**, 187, 1924; H. Geiger, Verh. D. phys. Ges. (3) **5**, 12, 1924.
27) V. F. Hess und R. W. Lawson, Z. f. Phys. **24**, 402, 1924; Phil. Mag. (6) **48**, 200, 1924; R. W. Lawson, Nature **116**, 897, 1925.
28) W. Kutzner, Z. f. Phys. **21**, 281, 1924; **23**, 117, 1924.
29) H. Greinacher, Z. f. Phys. **23**, 361, 1924; **36**, 364, 1926.
30) T. Wulf, Phys. Z. **26**, 382, 1925.

7. Das Alphateilchen als Heliumkern. Die Tatsache, daß in den radioaktiven Mineralien fast immer Helium nachgewiesen werden konnte, führte E. Rutherford und F. Soddy [1]) zur Hypothese, daß hier ein genetischer Zusammenhang mit den Prozessen der radioaktiven Umwandlung vorliege. Eine experimentelle Bestätigung dieser Hypothese erfolgte zunächst dadurch, daß mittels spektralanalytischer Methoden die allmähliche Entstehung von Helium aus Radium nachgewiesen werden konnte [W. Ramsay und F. Soddy [2]), P. Curie und J. Dewar [4]), Th. Indrikson [5]), F. Himstedt und G. Meyer [6])]. Wie zuerst E. Rutherford [3]) darlegte, ist hierbei das Helium nicht als Zerfallsprodukt des Radiums im gewöhnlich gebrauchten Sinne des Wortes aufzufassen, sondern als ein Nebenprodukt, das seine Entstehung den emittierten α-Teilchen verdankt; theoretisch war somit zu erwarten, daß andere α-strahlende Elemente in gleicher Weise wie Radium eine Heliumproduktion zeigen. In der Tat wurde für eine Reihe von α-Strahlern diese Annahme experimentell bestätigt, so für Actinium von A. Debierne [7]), für Thor und Uranmineralien von F. Soddy [8]), für Polonium von M. Curie und A. Debierne [10]) sowie von B. B. Boltwood und E. Rutherford [14]), für Thorianit und Pechblende von R. J. Strutt [12]), für Ionium von B. B. Boltwood [13]), für Radioblei (RaD samt den folgenden Zerfallsprodukten RaE und RaF) von B. B. Boltwood und E. Rutherford [14]).

Die unmittelbare Entstehung des Heliums aus den emittierten α-Teilchen wurde experimentell von E. Rutherford und T. Royds [9]) bewiesen mittels einer Versuchsanordnung, bei der eine α-strahlende Substanz (komprimierte Radiumemanation) die Teilchen durch eine für α-Strahlen eben noch durchlässige dünne Glaswand in ein Vakuum entsandte, in dem dann nach hinreichend langer Zeit das gebildete Helium spektralanalytisch nachgewiesen werden konnte. Quantitative Messungen über die in der Zeiteinheit entwickelte Heliummenge

---

Literatur zu III, 7 siehe Seite 100.

wurden zuerst von J. Dewar[11]) ausgeführt; das Resultat war, daß 1 g Radium (im Gleichgewicht mit den folgenden kurzlebigen Zerfallsprodukten bis einschließlich RaC) innerhalb eines Jahres eine Heliummenge von 169 mm³ (auf 0° C und 760 mm Druck bezogen) erzeuge, bzw. 164 mm³, wenn der Angabe der angewandten Radiummenge das Rutherfordsche Standardpräparat zugrunde gelegt wurde. Eine analoge Bestimmung von B. B. Boltwood und E. Rutherford[14]) lieferte für 1 g Ra samt seinen kurzlebigen Zerfallsprodukten den Wert 156 mm³ pro Jahr.

Theoretische Berechnungen der He-Erzeugung finden sich bei J. Danysz[15]) und A. Debierne[16]). Aus dem Hess-Lawsonschen Werte (vgl. S. 95) $Z = 3{,}72 \cdot 10^{10} \frac{\alpha\text{-T}}{\text{g}\cdot\text{sec}}$ ergibt sich eine jährliche (das Jahr zu 365,24 Tagen $= 3{,}156 \cdot 10^7$ sec gesetzt) Produktion von $1{,}174 \cdot 10^{18}$ He-Atomen durch 1 g Ra ohne Folgeprodukte. Im Gleichgewichte mit den Zerfallsprodukten bis ausschließlich RaD liefert 1 g Ra das Vierfache, also pro Jahr

$$4{,}696 \cdot 10^{18} \text{ He-Atome} = 0{,}1737 \text{ cm}^3 = 3{,}099 \cdot 10^{-5}\text{g},$$

falls die Loschmidtsche Zahl $L = 2{,}704 \cdot 10^{19}$ cm^{-3} gesetzt wird.

Sowohl aus den angeführten Ergebnissen über Ladung und Masse des α-Teilchens als auch aus diesem Resultate bezüglich der Heliumentwicklung aus Radium geht also hervor, daß ein α-Teilchen nichts anderes als ein mit zwei positiven Elementarquanten geladenes Heliumatom ist.

Insofern man sich positive Ladungen an Atomen nicht durch Hinzutreten positiver Bestandteile, sondern durch Abspaltung negativer Elektronen vom neutralen Atom entstanden denkt, ist das α-Teilchen als ein Heliumatom aufzufassen, dem zwei Elektronen fehlen, somit im Sinne des Rutherford-Bohrschen Atommodelles als Heliumkern und daher als ein Teilchen, dessen Dimensionen wesentlich kleiner sind als die eines Atomes im gewöhnlichen Sinne des Wortes. Genauere Angaben über Struktur, Größe und Gestalt des α-Teilchens fallen damit in das Gebiet der „Kernphysik". Die Lage der Kernbestandteile (4 H-Kerne und 2 Elektronen) suchte W. Lenz[17]) durch ein Modell darzustellen: 2 Elektronen an den Enden der Symmetrieachse, 4 H-Kerne äquidistant auf einem Äquatorialkreise, wobei die Distanzen analog wie in den Bohrschen Atommodellen durch die Quantentheorie bestimmt sein sollen. Qualitativ in Übereinstimmung mit den später erwähnten Ergebnissen zeigt dieses Modell doch einige Unstimmig-

Literatur zu III, 7 siehe Seite 100.

keiten mit der Erfahrung, besonders nicht den Grad von Stabilität, den der He-Kern als α-Teilchen erfahrungsgemäß beim Zusammenstoß mit andern Kernen zeigt (vgl. IV, 8).

Weitere Angaben, die auf eine scheibenförmige oder flachellipsoidische Gestalt des α-Teilchens hinweisen und Dimensionen von etwa $4 \cdot 10^{-13}$ cm und $8 \cdot 10^{-13}$ cm abschätzen lassen, gewinnt man aus den Untersuchungen über Streuung der α-Strahlen und Erzeugung von H-Strahlen [E. Rutherford; C. G. Darwin, J. Chadwick und E. S. Bieler[18])] (vgl. auch III, 8 und IV, 8). Vgl. ferner das Modell von R. Hargreaves[19]), der 4 Protonen in den Ecken eines Rechteckes, 2 Elektronen beiderseits auf der Normale desselben und Rotation um eine zur kurzen Rechteckseite parallele Achse annimmt.

Literatur zu III, 7:

1) E. Rutherford und F. Soddy, Phil. Mag. (6) **4**, 569, 1902; **5**, 441, 561, 1903.
2) W. Ramsay und F. Soddy, Nature **68**, 246, 1903; Proc. Roy. Soc. (A) **72**, 204, 1904; **73**, 346, 1904.
3) E. Rutherford, Nature **68**, 366, 1903.
4) P. Curie und J. Dewar, C. R. **138**, 190, 1904.
5) Th. Indrikson, Phys. Z. **5**, 214, 1904.
6) F. Himstedt und G. Meyer, Ann. d. Phys. (4) **15**, 184, 1904.
7) A. Debierne, C. R. **141**, 383, 1905.
8) F. Soddy, Phil. Mag. (6) **16**, 513, 1908.
9) E. Rutherford und T. Royds, Phil. Mag. (6) **17**, 281, 1909.
10) M. Curie und A. Debierne, C. R. **150**, 386, 1909.
11) J. Dewar, Proc. Roy. Soc. (A) **81**, 280, 1908; **83**, 404, 1910.
12) R. J. Strutt, Proc. Roy. Soc. (A) **84**, 379, 1910.
13) B. B. Boltwood, Proc. Roy. Soc. (A) **85**, 87, 1911.
14) B. B. Boltwood und E. Rutherford, Manch. Memoirs **54**, 1909; Wien. Ber. **120**, 313, 1911; Phil. Mag. (6) **22**, 586, 1911.
15) J. Danysz, Thèses, Paris 1913.
16) A. Debierne, Ann. de phys. (2) **9**, 428, 1914.
17) W. Lenz, Münch. Ber. 1918, 35.
18) E. Rutherford, Phil. Mag. (6) **37**, 537, 1919; C. G. Darwin, ebendort **41**, 486, 1921; J. Chadwick und E. S. Bieler, ebendort **42**, 923, 1921.
19) R. Hargreaves, Phil. Mag. (6) **50**, 470, 1925.

8. Absorption und Streuung der Alphastrahlen. 1. Absorption. Nachdem die ersten rein qualitativen Beobachtungen eine sehr geringe Durchdringungsfähigkeit der α-Strahlen ergeben hatten, führten exaktere Messungen über die Abhängigkeit der Absorption von der Dicke der durchstrahlten Schichte zum Resultate, daß ein exponentielles Absorptionsgesetz hier nicht gilt, sondern daß die

Literatur zu III, 8 siehe Seite 115.

Absorbierbarkeit mit wachsender Schichtdicke zunehme; ferner daß die Strahlungsintensität nicht asymptotisch auf Null abnehme, sondern daß eine endliche Schichtdicke vollständige Absorption bewirke [P. und M. Curie[1]), W. H. Bragg[3]), W. H. Bragg und R. D. Kleeman[4])]. Unter Voraussetzung eines Bündels paralleler und homogener α-Strahlen läßt sich daher für jedes absorbierende Medium als charakteristische Größe die „Reichweite" R („range", „parcours") für α-Strahlen bestimmter Anfangsgeschwindigkeit angeben oder umgekehrt eine homogene Strahlung durch ihre Reichweite in einem bestimmten Medium (gewöhnlich Luft von 760 mm Druck und 0° C, eventuell 15° oder 20° C) charakterisieren. Über verschiedene Definitionen der Reichweite siehe S. 106.

Bestimmungen der Reichweite R in Luft für verschiedene α-Strahlen wurden in großer Zahl ausgeführt (Literatur: Nr. 3, 4, 5, 12, 13, 17, 25, 26, 27, 34, 40, 52, 58, 63, 66, 88, 92, 117); eine Zusammenstellung der Ergebnisse enthält die Tabelle Nr. 4 im Anhang. Über die Methoden der Reichweitenbestimmung vgl. V, 7. Ein Demonstrationsversuch, der die Nebelbildung in ionisierter Luft dazu benutzt, die Reichweite einer α-Strahlung unmittelbar sichtbar zu machen, wurde von K. Przibram[39]) beschrieben; über die auf derselben Erscheinung beruhende Methode C. T. R. Wilsons[47]), die Bahn eines einzelnen α-Teilchens in einem Gase sichtbar zu machen, bzw. zu photographieren (Lit. Nr. 70, 78, 94, 99, 103, 104, 105, 110) vgl. IV, 9; eine einfache Anordnung zur Demonstration wurde von H. Mache[60]) angegeben.

Umstritten ist noch die Existenz von α-Strahlen, deren Reichweite die in der Tabelle angeführten Werte beträchtlich übersteigt. E. Rutherford und A. B. Wood[71]) fanden bei ThC neben den normalen Werten solche von 10,2 und 11,4 cm (bezogen auf 760 mm und 15° C); die Anzahl dieser weitreichenden α-Strahlen war aber nur etwa 10^{-4} der Gesamtzahl. Analog beobachteten L. F. Bates und J. S. Rogers[115]) bei einem geringen Bruchteil der Strahlen (3 bis $200 \cdot 10^{-6}$) die abnormen Werte:

Ra C: 9,3; 11,2; 13,3 cm	Th C: 11,5; 15,0; 18,4
Ac C: $>6{,}5$	Po: 6,1; 10,0; 13,1; (>13?).

Die Untersuchungen von D. Pettersson[118]), von K. Philipp, sowie von L. Meitner und K. Freitag[116]), von E. Rutherford und J. Chadwick[121]), ferner von N. Yamada und I. Curie[125]) lassen aber nur die Gruppen mit $R = 11{,}5$ bei Th C′ und mit $R = 9{,}3$ bei

Literatur zu III, 8 siehe Seite 115.

RaC′ als reell erscheinen. Eine ausführliche Diskussion der Frage der weitreichenden α-Strahlen und eine Begründung der Annahme, daß auch die als reell erkannten Gruppen sekundärer Natur seien, findet sich bei H. Pettersson und G. Kirsch[131]) (vgl. auch IV, 8).

Reichweiten in andern Gasen als in Luft wurden von T. S. Taylor[52]), R. W. Lawson[68]), C. W. van der Merwe[98]) und L. F. Bates[123]) gemessen.

Gas	R_0 (RaC′-Str.)	R_0 (Po-Str.)	Lit. Nr.
Luft	6,60 cm	3,72 cm	—
O_2	6,26	3,43; 3,50	52; 98
H_2	30,93	16,83; 17,18; 16,31	52; 98; 68
He	32,54	17,62	52
N_2	—	3,82	98
CH_4	—	4,18	98
CO	—	3,70	98
NO	—	2,49	98
SO_2	—	3,41	98
Methylbromid	—	1,86	98
Luft*)	4,29 cm	—	123
He	24,42	—	123
Ne	7,32	—	123
A	4,61	—	123
Kr	3,23	—	123
Xe	2,38	—	123

Reichweiten in Flüssigkeiten wurden bestimmt von W. Michl[64]), H. Rausch von Traubenberg[83 87]) und K. Philipp[100]).

Substanz	Formel	R_{15}(Po-Str.)	R_{15}(RaC′-Str.)
Äthyläther	$C_2H_5OC_2H_5$	43,0 μ	—
Alkohol	C_2H_5OH	37,1	70,5 μ
Schwefelkohlenstoff	CS_2	36,7	—
Benzol	C_6H_6	36,3	70,0
Chloroform	$CHCl_3$	34,3	—
Anilin	$C_6H_5NH_2$	33,0	—
Wasser	H_2O	32,0	60,0; 59,5
Glyzerin	$C_3H_5(OH)_3$	27,9	—
Pyridin	C_5H_5N	—	63,9

Ebenso liegen Messungen in festen Körpern vor von W. Michl[64]), S. Kinoshita und H. Ikeuti[70]), E. Mühlestein[78]), R. R. Sahni[76]), H. Rausch von Traubenberg[83 87]), H. Herszfinkiel und L. Wertenstein[91]), H. Geiger und A. Werner[89]).

Literatur zu III, 8 siehe Seite 115.

*) Relativwerte für durch Absorption gebremste Strahlen von ThC′.

Strahlen von RaC'; R_{15} in μ (Lit. Nr. 83, 87):

Li;	Mg;	Al;	Ca;	Fe;	Ni;	Cu;	Zn;	Ag;	Cd
129,1;	57,8;	40,6;	78,8;	18,7;	18,4;	18,3;	22,8;	19,2;	24,2

Sn;	Pt;	Au;	Tl;	Pb
29,4;	12,8;	14,0;	23,3	24,1

In der Schicht photographischer Platten ergab sich (Lit. Nr. 64, 70, 76):

Strahler:	RaC'	RaA	Po	ThC
R in μ	50—54	35	23—28	48

In Zn S (von Leuchtschirmen) ist R = 20μ (Lit. Nr. 89, 91).

Über pleochroitische Höfe vgl. IV, 14 und VII, 3.

In Kristallen (K. Heil[82]) hängt R von der Richtung ab und ist am größten parallel zur Achse.

Das relative Absorptionsvermögen irgendeines Mediums im Verhältnis zu Luft kann durch das „Luftäquivalent" einer Schichte bestimmter Dicke angegeben werden; ist nämlich R die Reichweite eines Parallelstrahlenbündels in Luft, $(R - d)$ die Reichweite desselben Bündels, wenn es zuvor eine Schichte von der Dicke d' durchsetzt hat, so wird die Luftstrecke d als Luftäquivalent der Schichtdicke d' des Mediums bezeichnet. Durch einige Zeit wurde die tatsächlich nur in roher Annäherung gültige Gleichung:

$$\varrho d = \varrho' d',$$

worin ϱ und ϱ' die Dichten von Luft und Medium, d und d' die äquivalenten Schichtdicken sind, angenommen. Genauere Untersuchungen W. H. Braggs und R. D. Kleemans[4, 5]) zeigten aber, daß Schichten verschiedener Medien, für die $\varrho' d' = \text{const.}$, also die Flächendichte einen gegebenen Wert hat (vgl. S. 76), nicht äquivalent sind; zunächst bei Metallen wurde festgestellt, daß das Luftäquivalent einer bestimmten Schichtdicke der Wurzel aus dem Atomgewicht angenähert proportional ist, oder mit anderen Worten, daß verschiedene Metallschichten in bezug auf die Absorption äquivalent sind, wenn $\frac{\varrho' d'}{\sqrt{A'}} = \text{const.}$ Diese Beziehung gilt auch für Luft selbst, wenn man sie als fiktives Element mit den Werten $A = 14{,}4$, $\sqrt{A} = 3{,}79$ betrachtet, also einen der Zusammensetzung entsprechenden Mittelwert der wenig verschiedenen Atomgewichte von Stickstoff und Sauerstoff einführt.

Die Atomzahlen in der Flächeneinheit äquivalenter Schichten von Luft und einem absorbierenden Medium (Element) stehen im Verhältnis:

$$s = \frac{\varrho d / A}{\varrho' d' / A'};$$

Literatur zu III, 8 siehe Seite 115.

die Größe s gibt an, durch wie viele Luftatome ein Atom des betreffenden Mediums in bezug auf Absorption ersetzt wird und wird als das auf das Atom bezogene „Bremsvermögen" („stopping power", „pouvoir d'arrêt") bezeichnet.

Zufolge der oben angeführten Relation für äquivalente Schichten: $\frac{\varrho' d'}{\sqrt{A'}} = \text{const.}$, wäre also $s = \sqrt{\frac{A'}{A}}$. H. Rausch v. Traubenberg[87]) setzt $\frac{s}{\sqrt{N}} = \text{const.}$ (N = Atomnummer); J. L. Glasson[93]) zeigt, daß noch besser $\frac{s}{N^{2/3}} = \text{const.}$ erfüllt ist, wie folgende Tabelle zeigt [vgl. auch L. F. Bates[123])].

Element	N	A	s	$sA^{-1/2}$	$sN^{-2/3}$
H	1	1	0,24	0,240	0,240
He	2	4	0,43	0,214	0,269
C	6	12	0,85	0,246	0,256
N	7	14	0,94	0,252	0,256
Luft	(7,2)	(14,4)	1,00	0,264	0,269
O	8	16	1,05	0,262	0,262
Al	13	27	1,49	0,288	0,270
S	16	32	1,76	0,312	0,275
Cl	17	35,5	1,78	0,299	0,270
A	18	40	1,83	0,290	0,267
Fe	26	56	2,29	0,307	0,260
Ni	28	59	2,44	0,319	0,262
Cu	29	64	2,46	0,309	0,262
Br	35	80	2,60	0,291	0,242
Ag	47	108	3,28	0,315	0,253
Sn	50	119	3,56	0,326	0,260
J	53	127	3,44	0,307	0,244
Pt	78	195	4,14	0,297	0,227
Au	79	197	4,22	0,301	0,228
Pb	82	207	4,27	0,298	0,226

Für chemische Verbindungen als absorbierende Medien erweist sich das Bremsvermögen als eine additive Eigenschaft, d. h. es ist $s = \Sigma s_i$, wenn s_i die Werte der Bremsvermögen für die in der Molekel enthaltenen einzelnen Atome und s das auf die Molekel bezogene („molekulare") Bremsvermögen der Verbindung bedeutet [W. H. Bragg und R. D. Kleeman[4]); E. P. Adams[18]), K. Philipp[100])].

Der Satz, daß ein Medium durch Angabe des einer bestimmten Schichtdicke entsprechenden Luftäquivalentes oder durch sein Brems-

Literatur zu III, 8 siehe Seite 115.

vermögen charakterisiert werden kann, gilt exakt nur für α-Strahlen bestimmter Anfangsgeschwindigkeit; wird die Absorption einer Schichte für Strahlen verschiedener Geschwindigkeit und daher verschiedener Reichweite in der Luft untersucht, so erhält man auch für das Luftäquivalent, bzw. das Bremsvermögen verschiedene Werte [B. Kučera und B. Mašek[14]); W. H. Bragg[20]); W. H. Bragg und W. T. Cooke[21])]. Weitere Versuche hierüber [T. S. Taylor[28]); W. Michl[35]); E. Marsden u. H. Richardson[46]); H. J. Vennes[77]) R. W. Lawson[80]); R. W. Gurney[127])] zeigten, daß:

das Bremsvermögen s mit wachsendem R zunimmt, wenn $A' > A$,
„ „ „ „ „ „ abnimmt, „ $A' < A$,

wobei A' das Atomgewicht des Mediums, A das fiktive Atomgewicht (14,4) der Luft ist. Ein Beispiel geben die Messungen von E. Marsden und H. Richardson[46]); die folgende Tabelle gibt die Flächendichte einer Folie, deren Luftäquivalent (bei 15° C, 760 mm) 1 cm beträgt, in mg pro cm² an.

R (cm)	0—1	1—2	2—3	3—4	4—5	5—6	6—7
Al (A = 27·1)	1,90	1,71	1,65	1,64	1,63	1,62	1,62
Ag (A = 107·9)	3,80	3,28	3,10	3,01	2,93	2,86	2,81
Au (A = 197·2)	6,10	4,84	4,44	4,25	4,06	3,96	3,91

Auf diese Tatsache führt W. H. Bragg eine von M. Curie beobachtete Erscheinung zurück, die anfänglich durch das Auftreten von Sekundärstrahlen erklärt wurde, nämlich die Erscheinung, daß eine aus zwei Medien zusammengesetzte Doppelplatte (z. B. Goldfolie + Aluminiumfolie) verschieden stark absorbiert, je nachdem die Strahlen auf der einen oder anderen Seite einfallen.

Eine physikalische Interpretation der für α-Strahlen gefundenen Absorptionsgesetze erfolgte durch die Annahme, daß die Absorption in einer Verringerung der Geschwindigkeit der eine Schichte durchsetzenden α-Teilchen bestehe, während die Zahl der Teilchen unverändert bleibe [W. H. Bragg und R. D. Kleeman[4])]. Die experimentelle Prüfung dieser Hypothese erfolgte dementsprechend teils durch Versuche, welche die Geschwindigkeitsänderung, teils durch solche, welche die Zahl der α-Teilchen in einem Bündel paralleler α-Strahlen betrafen.

a) Abnahme der Teilchenzahl. Mittels der Szintillationsmethode angestellte Versuche E. Regeners[22]) zeigten, daß die Zahl

Literatur zu III, 8 siehe Seite 115.

der α-Teilchen, welche Aluminiumschichten wachsender Dicke durchdrangen, zunächst bis zu einer Dicke d_1, die nur wenig kleiner war als die zur vollständigen Absorption notwendige, konstant blieb, dann bei weiter wachsender Dicke sehr rasch auf Null abnahm.

Analoge Ergebnisse erhielt E. Aschkinass[23]) bei der Messung des Ladungstransportes durch α-Strahlen, wenn absorbierende Schichten verschiedener Dicke angewandt wurden.

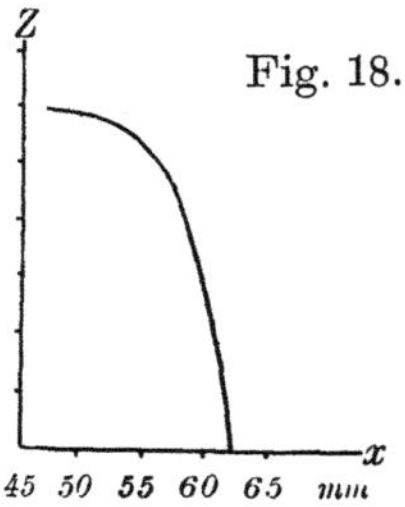

Fig. 18.

Quantitative Untersuchungen über die Abnahme der Zahl der passierenden α-Teilchen wurden von H. Geiger[31]), T. S. Taylor[52]), F. Friedmann[50]), J. P. Rothensteiner[74]) und W. Makower[75]) ausgeführt. Der Verlauf der Funktion $Z = f(x)$ ist durch die der Arbeit Taylors entnommene Fig. 18 dargestellt (Strahlen von Ra C in Sauerstoff). Z bleibt also bis ungefähr 1 cm vor Ende der Reichweite konstant und fällt nun erst langsam, dann rascher auf Null; wie Friedmann und Rothensteiner zeigten, hat aber die Kurve im letzten Millimeter noch eine Unregelmäßigkeit und verflachten Verlauf [vgl. auch I. Curie[126])]

Hiernach wäre also zu unterscheiden zwischen der individuellen Reichweite eines einzelnen Teilchens, dem (praktisch unscharf definierten) Minimal- und Maximalwerte dieser Größe und dem mittleren Werte; über die theoretische Erklärung siehe später.

Wird die Zerstreuung der α-Strahlen und die Verschiedenheit der individuellen Reichweiten vernachlässigt, vielmehr für alle α-Partikeln eines einheitlichen Radioelementes ein konstanter Wert der Reichweite vorausgesetzt, so läßt sich auch die Absorption einer diffusen, nach allen Richtungen gleichmäßig verteilten α-Strahlung theoretisch übersehen [W. H. Bragg[11]), H. N. Mc Coy[48]), E. v. Schweidler[49])].

Eine punktförmige oder flächenhafte Quelle von α-Strahlen entsende in der Zeiteinheit N Strahlen; die Zahl n der Teilchen, welche eine unmittelbar anliegende Schicht der Dicke h durchsetzen, ist dann:

$$n = \frac{N}{2}\left(1 - \frac{h}{R}\right) \quad \text{für} \quad h \leqq R$$

$$n = 0 \qquad \text{für} \quad h \geqq R,$$

wobei R die Reichweite der Strahlen im Medium der absorbierenden Platte ist.

Literatur zu III, 8 siehe Seite 115.

Liegt eine α-strahlende Substanz in dicker Schichte vor und bezeichnet d die Dicke der radioaktiven Platte, R wieder die Reichweite der Strahlung innerhalb dieses Mediums und ist N die Zahl der von der Volumeinheit in der Zeiteinheit ausgesandten Teilchen, so treten in der Zeiteinheit aus der Flächeneinheit der Grenzfläche n Teilchen aus; und zwar ist:

$$n = \frac{Nd}{2}\left(1 - \frac{d}{2R}\right) \quad \text{für} \quad d \leqq R$$

$$n = \frac{NR}{4} \quad \text{für} \quad d \geqq R.$$

Diese austretenden Strahlen besitzen verschiedene Werte der „Restreichweite“ r, da sie bereits verschieden große Strecken innerhalb des absorbierenden Mediums zurückgelegt haben. Bezeichnet $f(r)dr$ die Zahl der Teilchen, deren Restreichweite zwischen den Grenzen r und $(r + dr)$ eingeschlossen ist, so ergibt sich für dieses Verteilungsgesetz der Restreichweiten:

$$\text{für } d \leqq R; \quad \begin{cases} f(r) = \dfrac{N}{4}\dfrac{d^2}{(R-r)^2} & \text{im Intervall } r = 0 \text{ bis } r = R - d \\ \quad\;\; = \dfrac{N}{4} & \text{im Intervall } r = (R-d) \text{ bis } r = R \end{cases}$$

$$\text{für } d \geqq R; \quad f(r) = \frac{N}{4} \quad \text{im Intervall } r = 0 \text{ bis } r = R.$$

Bei einer hinreichend dicken Schichte $(d > R)$ sind somit unter den $\frac{NR}{4}$ pro Flächeneinheit austretenden Teilchen die Restreichweiten gleichförmig zwischen 0 und R verteilt. Über die Anwendung dieser Sätze auf die ionisierende Wirkung einer dicken α-strahlenden Schichte vgl. IV, 3.

b) Abnahme der Geschwindigkeit. Daß nach Durchsetzen einer materiellen Schichte zugleich mit der Verringerung der Reichweite eine Abnahme der Geschwindigkeit eintritt, ergab sich aus Versuchen E. Rutherfords[7]), bei denen aus der magnetischen Ablenkung das Produkt $\mathfrak{H}\mathfrak{R}$, von Feldstärke und Krümmungsradius, bestimmt wurde, somit (vgl. III, 2) eine der Geschwindigkeit proportionale Größe, da $\mathfrak{H}\mathfrak{R} = \frac{m}{e_m} v$. Auch H. Becquerel[8]), der analoge Versuchsergebnisse zuerst als eine Änderung des Quotienten $\frac{m}{e}$ gedeutet hatte, schloß sich später der Auffassung Rutherfords an. Weitere Messungen Rutherfords[9, 10]) ergaben für die Beziehungen zwischen

---

Literatur zu III, 8 siehe Seite 115.

Reichweite R und Geschwindigkeit v der α-Teilchen eines homogenen Parallelstrahlenbündels die Gleichung:

$$v = C\sqrt{R + 1{,}25},$$

worin C eine Konstante und R die in cm ausgedrückte Reichweite in Luft ist. Hiernach würde $v_1 = C\sqrt{1{,}25}$ einen kritischen Geschwindigkeitswert darstellen; sobald die Geschwindigkeit auf diesen Wert abgenommen hat, wäre $R = 0$ und die Ionisationswirkung zugleich mit der photographischen und fluoreszenzerregenden Wirkung der α-Strahlen würde erlöschen; als numerischer Wert von v_1 ergab sich rund $8 \cdot 10^8 \frac{\text{cm}}{\text{sec}}$. Eine theoretische Ableitung eines diesem Resultate entsprechenden Absorptionsgesetzes wurde von E. Riecke[24]) gegeben.

Versuche von H. Geiger[31]) über den Zusammenhang von Geschwindigkeit und Reichweite ergaben, daß diese Funktion besser dargestellt werde durch die Formel:

$$v^3 = a R \quad \text{oder} \quad v = a^{1/3} R^{1/3}.$$

Auf Grund dieser Formel wurden von H. Geiger und J. M. Nuttall[36, 44]) die Anfangsgeschwindigkeiten der α-Strahlen für alle Radioelemente berechnet, bei denen die Reichweite bekannt war, wobei die damaligen Werte von R_0 und v für RaC als Basis dienten und somit $a = 1{,}331 \cdot 10^{27}$ gesetzt war. Spätere Messungen von E. Rutherford und H. Robinson[56]) ergaben $v = 1{,}922 \cdot 10^9$ und damit $a = 1{,}081 \cdot 10^{27}$.

Unter Beibehaltung dieses Geschwindigkeitswertes und aus den übereinstimmenden neueren Reichweitenmessungen von H. Geiger[88]) und G. H. Henderson[92]) erhält man als die derzeitig zuverlässigsten Werte, mit denen auch die Zahlenangaben der Tabelle Nr. 4 des Anhanges berechnet sind:

$$a = 1{,}0758 \cdot 10^{27}; \quad a^{-1} = 0{,}9295 \cdot 10^{-27}$$

$$a^{1/3} = 1{,}0246 \cdot 10^9; \quad a^{-1/3} = 0{,}9760 \cdot 10^{-9}.$$

Unter Voraussetzung der exakten Gültigkeit der Geigerschen Formel ergibt sich für ein α-Teilchen, das anfänglich die Reichweite R_0 besaß und bereits eine Strecke x zurückgelegt hat:

$$\text{Geschwindigkeit:} \quad v(x) = a^{1/3} (R_0 - x)^{1/3}$$

$$\text{Energie:} \quad E(x) = \frac{a^{2/3} \cdot m}{2} (R_0 - x)^{2/3}$$

$$\text{Geschwindigkeitsabnahme:} \quad -\frac{dv}{dx} = \frac{a}{3v(x)^2}.$$

Literatur zu III, 8 siehe Seite 115.

In der Schichte x bis $(x + dx)$ absorbierte Energie:

$$-\,dE(x) = \frac{a^{2/3}\cdot m}{3}(R_0 - x)^{-1/3}\,dx = \frac{m\,a}{3}\cdot\frac{dx}{v(x)}\,.$$

Über die Beziehungen dieser Formeln zur ionisierenden Wirkung der α-Strahlen vgl. IV, 3. Aus dem dort näher ausgeführten Satze, daß die Ionisierungsstärke q der Strahlen dem Energieverluste proportional ist, wäre theoretisch eine Form der Ionisationskurve zu erschließen, die durch die gestrichelte Linie in der Figur 19 schematisch wiedergegeben wird. Tatsächlich ergibt sich aber die voll ausgezogene Kurve. Man erkennt in der Ionisierungskurve wieder die früher besprochene Tatsache, daß genau genommen keine einheitliche Reichweite besteht, sondern die individuellen Reichweiten der α-Teilchen zwischen einem Minimal- und Maximalwerte schwanken, eine Erscheinung, die in der englischen Literatur als „straggling“ bezeichnet wird [C. G. Darwin[42])].

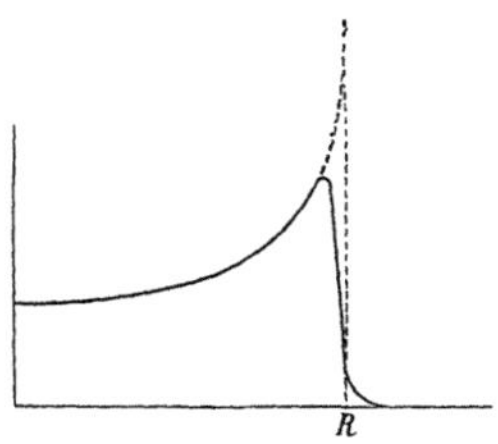

Fig. 19.

Für die empirische Bestimmung der Reichweite, die praktisch in der Regel aus der Ionisierungskurve erfolgt, ist es daher von Wichtigkeit, den gewählten Mittelwert eindeutig zu definieren. Am besten eignet sich der in der Figur 19 angedeutete Wert, den man erhält, wenn man den geradlinig verlaufenden Teil der Kurve bis zum Schnittpunkt mit der Abszissenachse verlängert [H. Geiger[88]), G. H. Henderson[92])]. Eine Folge des tatsächlichen Verlaufes der Kurve ist weiter, daß die oben besprochene Geigersche Formel nur als Näherungsgesetz aufgefaßt werden kann; insbesondere gegen Ende der Reichweite verliert sie ihre Gültigkeit. Hier entspricht der ursprüngliche Ansatz Rutherfords (vgl. S. 108), der auf eine kritische Endgeschwindigkeit $\left[6{,}3\cdot 10^8\,\frac{\text{cm}}{\text{sec}}\right]$ führt, den tatsächlichen Verhältnissen besser [L. Flamm[67])].

2. Streuung der α-Strahlen. (Lit. Nr. 9, 19, 29, 30, 33, 41, 45, 47, 54, 76, 84, 85.) Bisher wurde für die α-Teilchen in einem absorbierenden Medium eine geradlinige Bewegung mit abnehmender Geschwindigkeit vorausgesetzt; obwohl diese Voraussetzung in erster Annäherung zutreffend ist, lassen sich doch experimentell Abweichungen feststellen, die besonders von theoretischem Interesse sind.

Daß beim Durchgange der α-Strahlen durch Metallfolien eine diffuse Zerstreuung stattfindet, wurde mit photographischen Methoden zuerst von E. Rutherford[9]) festgestellt, später auch von L. Meitner[19]) bestätigt. Quantitative Untersuchungen über die Größe der Ablen-

Literatur zu III, 8 siehe Seite 115.

kung durch Zerstreuung wurden von H. Geiger[29]) mittels der Szintillationsmethode ausgeführt; das Resultat ist, daß die Ablenkungswinkel der einzelnen α-Teilchen um einen wahrscheinlichsten Wert φ verteilt sind, und daß dieser Wert φ abhängig von der Dicke d der zerstreuenden Folie und der Geschwindigkeit v der auffallenden α-Teilchen ist, nämlich:

$$\varphi = v^{-3} f(d),$$

wobei $f(d)$ für kleine Werte des Argumentes proportional $\sqrt{d}$, für größere Werte eine lineare Funktion von d ist.

Der sogenannte „Zerstreuungskoeffizient" φ_1, das ist der wahrscheinlichste Ablenkungswinkel bei einer Schichtdicke, deren Luftäquivalent 1 cm beträgt, ist abhängig vom Material der Folie und beträgt (für die α-Strahlen des Ra C):

für	Au	Sn	Ag	Cu	Al
$\varphi_1 =$	$2{,}1^0$	$1{,}5^0$	$1{,}5^0$	$1{,}1^0$	$0{,}6^0$.

Diese Werte sind angenähert der Wurzel aus dem Atomgewicht proportional; da nach dem Ergebnis bezüglich des Bremsvermögens (vgl. S. 103) die Zahl der Atome in äquivalenten Schichten $\sqrt{A}$ umgekehrt proportional ist, folgt, daß die Ablenkung durch ein Atom proportional dem Atomgewicht A ist.

Neben diesen verhältnismäßig kleinen, aber zahlreiche α-Teilchen eines Bündels betreffenden Ablenkungen sind auch relativ sehr selten eintretende Ablenkungen von großem Betrage zu konstatieren, so daß unter Umständen (falls $\varphi > 90^0$) eine scheinbare Reflexion der senkrecht auffallenden Strahlung eintritt. Nach den Beobachtungen von H. Geiger und E. Marsden[30]) steigt die Zahl der stark abgelenkten α-Teilchen mit der Dicke der zerstreuenden Schichte bis zu einem gewissen Werte an; bei gleicher Dicke wächst die Zahl mit dem Atomgewicht des Mediums. Für eine Pt-Folie ergab sich, daß etwa 10^{-4} der auffallenden Teilchen eine 90^0 überschreitende Ablenkung erfuhren.

Einige Konsequenzen der von E. Rutherford[33]) abgeleiteten Formel für die Wahrscheinlichkeit, daß der Ablenkungswinkel zwischen φ und $(\varphi + d\varphi)$ liege (vgl. S. 115) wurden von H. Geiger und E. Marsden[45]) experimentell bestätigt, nämlich die Abhängigkeit von der Größe des Winkels im Intervall von $\varphi = 5^0$ bis $\varphi = 150^0$, die Proportionalität mit v^{-4} und die Proportionalität mit d, wenigstens für kleine Werte der Schichtdicke. Ferner wurde Proportionalität

Literatur zu III, 8 siehe Seite 115.

mit A^2 (A = Atomgewicht des zerstreuenden Mediums) beobachtet; hieraus folgt, daß die Kernladungszahl N — der Rutherfordschen Hypothese entsprechend — angenähert dem Atomgewicht A proportional ist, und zwar ergab sich etwa $N = \frac{A}{2}$, was ja tatsächlich für nicht zu hohe Atomnummern eine gute Annäherung ist. Auch in Gasen wurden von E. Rutherford und J. M. Nuttall[54]) die großen Einzelablenkungen beobachtet, wobei die quantitativen Verhältnisse mit der Theorie in befriedigender Übereinstimmung gefunden wurden. Über die Zerstreuung speziell in leichten Gasen vgl. C. G. Darwin[59]). Die früher erwähnten kleinen Ablenkungen, welche an zahlreichen α-Teilchen eines Bündels konstatierbar sind, werden als zusammengesetzte Ablenkungen aufgefaßt; auch hier läßt sich die Wahrscheinlichkeit, daß die Summierung einer Anzahl von Einzelablenkungen nach zufällig wechselnden Richtungen hin eine resultierende Ablenkung bestimmter Größe ergebe, theoretisch vorausberechnen; die Übereinstimmung der beobachteten Werte mit den berechneten wurde von H. Geiger[41]) nachgewiesen. Präzisionsmessungen von J. Chadwick[85]) an verschiedenen Metallen (Pt, Ag, Cu) stehen in guter Übereinstimmung mit den anderweitig bekannten Kernladungszahlen der untersuchten Elemente und zeigen zugleich, daß bis zu sehr kleinen Distanzen vom Kern ($r \geqq 7 \cdot 10^{-12}$ cm) das Coulombsche Kraftgesetz noch gültig ist.

Die obige Formel zeigt, daß die Wahrscheinlichkeit einer Ablenkung bestimmten Betrages mit abnehmender Geschwindigkeit des α-Teilchens enorm rasch (proportional v^{-4}) ansteigt; bei hinreichend kleinen Werten von v verliert daher die Geigersche Formel für die Beziehung zwischen Geschwindigkeit und Reichweite ($v^3 = aR$) ihre exakte Gültigkeit, da eine diffuse Zerstreuung des ganzen Bündels eintritt. Die Schwankungen der individuellen Reichweiten stehen offenbar mit diesem Vorgange in Zusammenhang. Eine unmittelbare Veranschaulichung der — in der Regel erst nahe dem Ende der Bahn eintretenden — Ablenkungen um große Winkel geben die bereits erwähnten Wilsonschen[47]) Photographien der Bahnspuren. (vgl. IV, 9).

3. Umladung der α-Teilchen beim Durchgang durch Materie. Wie G. H. Henderson[102]) zuerst zeigte, wird ein Teil der α-Partikeln, welche eine dünne Folie durchsetzen, aus He-Kernen mit einer positiven Ladung von 2 Elementarquanten in einfach ionisierte He-

Literatur zu III. 8 siehe Seite 115.

Atome (Ladung 1 Elementarquantum) umgewandelt; sie nehmen also offenbar auf ihrem Wege ein Elektron auf. Der experimentelle Nachweis erfolgte, indem die magnetische Ablenkung nach einer photographischen Methode untersucht wurde, wobei die absorbierende Folie dicht an der Strahlungsquelle lag.

Versuche von E. Rutherford[108]) mit einer Szintillationsmethode bestätigten und erweiterten diese Ergebnisse; nach Durchsetzen einer bestimmten Schichtdicke besteht ein konstantes Verhältnis zwischen den Zahlen N_1 und N_2 der doppelt, bzw. einfach geladenen Teilchen. Diese Tatsache wird so interpretiert, daß sowohl Aufnahme („capture") eines Elektrons von einem normalen α-Teilchen als auch Wiederabgabe („loss") dieses Elektrons stattfinden kann; ein individuelles α-Teilchen erfährt so auf seinem Wege durch Materie eine oftmalige Umladung. Entsprechend der verschieden großen Wahrscheinlichkeit dieser beiden Vorgänge ergeben sich daraus zwei Längen l_1 und l_2, wobei l_1 die mittlere Weglänge eines zweifach geladenen α-Teilchens bis zur Aufnahme, l_2 die mittlere Weglänge eines einfach geladenen Teilchens bis zur Wiederabgabe angibt. Im stationären Zustand ist dann $\frac{N_2}{N_1} = \frac{l_2}{l_1}$, weil bei Durchsetzen der Schichtdicke dx die Zahl der Umwandlungen $\frac{N_1 dx}{l_1}$ gleich der Zahl der Rückverwandlungen $\frac{N_2 dx}{l_2}$ sein muß. Das Verhältnis $\frac{N_2}{N_1} = \frac{l_2}{l_1}$ ist abhängig von der Geschwindigkeit v der Strahlen. Messungen mit verschieden dicken Glimmerblättchen, die die Austrittsgeschwindigkeit der α-Strahlen $\left(\text{von RaC}' \text{ mit } v = 1{,}9 \cdot 10^9 \frac{\text{cm}}{\text{sec}}\right)$ mehr oder weniger herabsetzten, führten auf folgende Werte (reduziert auf Luft im Normalzustand und in Mikron ausgedrückt):

$10^{-9} \cdot v \left(\frac{\text{cm}}{\text{sec}}\right)$	$l_1 (\mu)$	$l_2 (\mu)$	$\frac{l_1}{l_2}$
1,78	2200	11	200
1,45	520	7,8	67
0,89	37	5,0	7,4.

Hieraus ergibt sich, daß l_1 angenähert zu v^6, dagegen l_2 angenähert zu v proportional ist, und daß die Gesamtzahl der Umladungen längs der ganzen Reichweite einige Hundert beträgt. Bei größerer Schichtdicke des absorbierenden Schirmes, also geringer Austrittsgeschwindigkeit treten auch gänzlich ungeladene Teilchen auf, die noch ein zweites Elektron aufgenommen haben. E. Rutherford schätzt die mittlere

---

Literatur zu III, 8 siehe Seite 115.

Weglänge l_3 eines ungeladenen Teilchens bis zur Wiederabgabe eines Elektrons auf etwa 1,5 μ. Die Entstehung von einfach geladenen α-Teilchen wurde auch von G. Stetter[130]) direkt nachgewiesen. Nach J. C. Jacobsen[133]) ist die Wahrscheinlichkeit des Einfangens eines Elektrons in Luft viel größer als in Wasserstoff. Theoretische Ableitungen der Umladungsgesetze wurden von E. Rüchardt[97, 113]) und R. H. Fowler[111]) gegeben.

4. Theorie der Absorption und Streuung. [Lit. Nr. 6, 31, 33, 42, 43, 52, 65, 67, 69, 72, 81, 86, 90, 95, 97, 101, 106, 107, 111, 112, 119, 120, 124; zusammenfassende Übersichten speziell bei R. Seeliger[81]), W. Bothe[107]) und M. v. Laue[120]).]

Absorption. Da die Absorption der α-Strahlen, wenigstens bis nahe an das Ende der Reichweite, in dem Energieverluste besteht, den die α-Teilchen beim Durchqueren der Atome erleiden, bildet die Grundlage der Theorie die bereits S. 81 besprochene Formel:

$$\Delta E = \frac{2}{m'} \cdot \left(\frac{e e'}{v}\right)^2 \frac{1}{s^2 + p^2}.$$

Sind in einem Medium n gleichartige Atome pro Volumeinheit vorhanden und bezeichnet N die Atomnummer, also zugleich die Zahl der Hüllelektronen, so ergibt sich durch Einsetzen der entsprechenden Werte die Energieabnahme zu

$$-\frac{dE}{dx} = \frac{4\pi (e e')^2 n N}{m' v^2} \int_0^{p_0} \frac{p\,dp}{p^2 + s^2}.$$

p_0 ist dabei eine unscharf definierte obere Grenze, die als Radius einer Art „Wirkungssphäre" des durchquerten Atomes anzusehen ist [J. J. Thomson[6])].

Unter Zugrundelegung des Rutherfordschen Atommodelles führt C. G. Darwin[42]) die Rechnung näher aus und erhält für die Geschwindigkeitsabnahme:

$$-\frac{dv}{dx} = \frac{\pi (e e')^2 n N}{m m' v^3} F\left[\left(\frac{\sigma m' v}{e e'}\right)^2\right],$$

worin σ der Atomradius und F eine komplizierte Funktion ist.

N. Bohr[69]) berücksichtigt, daß die Elektronen des durchquerten Atomes nicht frei, sondern durch quasielastische Kräfte an den Kern gebunden sind; infolge dieser Kräfte kommt einem bestimmten Elektron eine gewisse Eigenfrequenz ν_i zu; N_i sei die Zahl der Elektronen mit gleicher Eigenfrequenz ν_i, so daß $N = \Sigma N_i$. Bohr erhält dann die Formel:

$$-\frac{dv}{dx} = \frac{4\pi n (e e')^2}{m m' v^3} \sum N_i \log \frac{1{,}123 \cdot v^3 \cdot m m'}{\nu_i \cdot e e' (m + m')}.$$

Literatur zu III, 8 siehe Seite 115.

Die Reichweite läßt sich aus der Bohrschen Formel nicht scharf bestimmen, solange nicht eine bestimmte kritische Geschwindigkeit festgelegt ist, unterhalb derer das α-Teilchen seine ionisierende Wirksamkeit verliert.

Eine ähnliche Formel erhält auch G. H. Henderson[95]) (vgl. auch M. v. Laue[120]), indem er von quantentheoretischen Voraussetzungen ausgeht, nämlich:

$$-\frac{dE}{dx} = \frac{a}{v^2}(\log v + b),$$

worin a und b Konstanten sind.

Eine Anzahl theoretischer Arbeiten befaßt sich mit dem Problem, die tatsächlich beobachteten Schwankungen der individuellen Reichweiten (vgl. S. 106) zu erklären. K. Herzfeld[43]) nimmt an, daß die zufälligen Abweichungen in der Zahl der durchquerten Atome und in der Größe der dabei abgegebenen Energie dafür maßgebend seien. T. S. Taylor[52]) weist auf den Einfluß der Streuung hin. Weitere theoretische Berechnungen siehe bei L. Flamm[65, 67]), L. Flamm und R. Schumann[72]), N. Bohr[69]), G. H. Henderson[101]), R. H. Fowler[111, 128]), E. Fermi[119]), E. Q. Adams[124]), E. Condon und L. B. Loeb[129]). E. Rüchardt[97]) behandelt den Einfluß der Umladungen auf die Größe der Reichweite und berechnet den Grenzwert der Geschwindigkeit, oberhalb dessen keine Umladung (Aufnahme eines Elektrons) möglich ist.

Streuung. Eine Theorie, die von E. Rutherford[33]) aufgestellt wurde, unterscheidet zunächst zwischen „Einzelablenkung" (single deflection), die beim Durchqueren eines einzigen Atomes hervorgebracht wird und „zusammengesetzter Ablenkung" (compound deflection), die durch Übereinanderlagerung der Einzelablenkungen entstanden ist.

Wird die Wahrscheinlichkeit berechnet, daß die Summierung zahlreicher kleiner Einzelablenkungen zufällig (bei größtenteils gleichem Vorzeichen der Einzelablenkungen) einen bestimmten größeren Betrag, z. B. 90^0 ergebe, so ist der so gewonnene Wert sehr viel kleiner als die beobachtete relative Häufigkeit der großen Ablenkungen; somit sind diese in der Regel als Einzelablenkungen aufzufassen, die bei besonders günstigen Umständen eintreten. Aus den Annahmen, die dem Rutherfordschen Atommodell (vgl. II, 1) zugrunde liegen, läßt sich die Wahrscheinlichkeit einer Ablenkung bestimmter Größe vorausberechnen. Es bezeichne $+Ne$ die Ladung des positiven Kernes, n die Zahl der Atome des zerstreuenden Mediums in der Volumeinheit, d die Schichtdicke, e' die Ladung des α-Teilchens, m seine Masse und v seine Geschwindigkeit. Je nachdem das α-Teilchen das Atom in kleinerer oder größerer

Literatur zu III, 8 siehe Seite 115.

Distanz vom Kern durchquert, erfährt es durch das starke elektrische Feld zwischen dem Kern und der Elektronenhülle eine stärkere oder geringere Ablenkung; als Wahrscheinlichkeit, daß die Ablenkung zwischen den Werten φ und $(\varphi + d\varphi)$ liege, ergibt sich dann:

$$\omega(\varphi)\,d\varphi = \frac{\pi n\, d N^2 e^2 e'^2}{m^2 v^4} \cdot \frac{\cos(\varphi/2)}{\sin^3(\varphi/2)}\, d\varphi\,.$$

C. G. Darwin[42]) berücksichtigt die Beweglichkeit des ablenkenden Atomkernes (Masse M) und multipliziert die rechte Seite der obigen Rutherfordschen Gleichung mit dem Korrektionsfaktor:

$$\frac{\sin\varphi/2}{\cos^3\varphi/2} \cdot \frac{\operatorname{ctg}\varphi \pm \sqrt{\operatorname{cosec}^2\varphi - \left(\frac{m}{M}\right)^2}}{\sqrt{\operatorname{cosec}^2\varphi - \left(\frac{m}{M}\right)^2}}\,.$$

Eine exaktere Theorie findet sich bei W. Bothe[86]); vgl. ferner J.H. Jeans[106]) und E.S. Bieler[112]), der auch andere Kraftgesetze als das Coulombsche zugrunde legt und schließt, daß tatsächlich bei großer Annäherung an den Kern dieses Gesetz nicht mehr exakt gilt. [Vgl. ferner E. Rutherford und J. Chadwick[121]).] W. Wessel[132]) untersucht theoretisch den Einfluß magnetischer Momente der Kerne auf die Streuung [vgl. auch G. P. Thomson[134]).]

Die Theorie der Mehrfachstreuung (zusammengesetzten Ablenkung) hat für die α-Strahlen relativ geringe Bedeutung.

Literatur zu III, 8:

1) P. Curie, C. R. **130**, 73, 1900; M. Curie, C. R. **130**, 76, 1900.
2) E. Rutherford und H. T. Brooks, Phil. Mag. (6) **4**, 1, 1902.
3) W. H. Bragg, Phil. Mag. (6) **8**, 719, 1904.
4) W. H. Bragg und R. D. Kleeman, Phil. Mag. (6) **8**, 726, 1904; **10**, 318, 1905; **11**, 466, 1906.
5) W. H. Bragg, Phil. Mag. (6) **10**, 600, 1905; **11**, 167, 1906; Jahrb. Rad. u. El. **2**, 4, 1905; Studies in Radioactivity, London 1912.
6) J. J. Thomson, Conduction of electricity through gases, Cambridge 1906; S. 375ff; Proc. Cambr. Soc. **15**, 465, 1910.
7) E. Rutherford, Phil. Mag. (6) **10**, 163; 1905, Phys. Z. **7**, 137, 1906.
8) H. Becquerel, C. R. **141**, 485, 1905; C. R. **142**, 365, 1906; Phys. Z. **7**, 177, 1906.
9) E. Rutherford, Phil. Mag, (6), **12**, 134, 1906.
10) E. Rutherford, Phil. Mag. (6), **12**, 348, 1906.
11) W. H. Bragg, Phil. Mag. (6), **11**, 754, 1906.
12) O. Hahn, Phys. Z. **7**, 412, 456, u. 557, 1906.
13) M. Levin, Phys. Z. **7**, 519, 1906.
14) B. Kučera und B. Mašek, Phys. Z. **7**, 337, 630, 1906.
15) E. Meyer, Phys. Z. **7**, 917, 1906.

16) L. Meitner, Phys. Z. **7**, 558, 1906.
17) St. Meyer und E. v. Schweidler, Wien. Ber. **115**, 713, 1906.
18) E. P. Adams, Phys. Rev. **24**, 108, 1907.
19) L. Meitner, Phys. Z. **8**, 489, 1907.
20) W. H. Bragg, Phil. Mag. (6), **13**, 507, 1907.
21) W. H. Bragg und W. T. Cooke, Phil. Mag. (6), **14**, 425, 1907.
22) E. Regener, Verh. D. Phys. Ges. **10**, 78, 1908.
23) E. Aschkinass, Ann. d. Phys. (4) **27**, 377, 1908.
24) E. Riecke, Ann. d. Phys. (4) **27**, 797, 1908.
25) B. B. Boltwood, Sill. Journ. (4) **25**, 365, 1908.
26) W. Duane, Sill. Journ. (4) **26**, 464, 1908.
27) S. J. Allen, Phys. Rev. **27**, 294, 1908.
28) T. S. Taylor, Sill. Journ. (4) **26**, 169, 1908; Sill. Journ. (4) **28**, 357, 1909; Phil. Mag. (6) **18**, 604, 1909.
29) H. Geiger, Proc. Roy. Soc. (A) **81**, 174, 1908; Proc. Roy. Soc. (A) **83**, 492, 1910.
30) H. Geiger und E. Marsden, Proc. Roy. Soc. (A) **82**, 495, 1909.
31) H. Geiger, Proc. Roy. Soc. (A) **83**, 505, 1910.
32) H. Geiger und E. Rutherford, Phil. Mag. (6) **20**, 691, 1910.
33) E. Rutherford, Phil. Mag. (6) **21**, 669, 1911.
34) A. Foch, Le Rad. **8**, 101, 1911.
35) W. Michl, Wien. Ber. **120**, 663, 1911.
36) H. Geiger und J. M. Nuttall, Phil. Mag. (6) **22**, 613, 1911.
37) M. Reinganum, Phys. Z. **12**, 1076, 1911.
38) F. Friedmann, Wien. Ber. **120**, 1361, 1911.
39) K. Przibram, Wien. Ber. **121**, 221, 1912.
40) H. Geiger und J. M. Nuttall, Phil. Mag. (6) **23**, 439, 1912.
41) H. Geiger, Proc. Roy. Soc. (A) **86**, 235, 1912.
42) C. G. Darwin, Phil. Mag. (6) **23**, 901, 1912.
43) K. F. Herzfeld, Phys. Z. **13**, 547, 1912.
44) H. Geiger und J. M. Nuttall, Phil. Mag. (6) **24**, 647, 1912.
45) H. Geiger und E. Marsden, Wien. Ber. **121**, 2361, 1912; Phil. Mag. (6) **25**, 604, 1913.
46) E. Marsden und H. Richardson, Phil. Mag. (6) **25**, 184, 1913.
47) C. T. R. Wilson, Jahrb. Rad. u. El. **10**, 34, 1913; Le Rad. **10**, 7, 1913.
48) H. N. Mc Coy, Phys. Rev. (2) **1**, 393, 1913.
49) E. v. Schweidler, Phys. Z. **14**, 505, und 728, 1913.
50) F. Friedmann, Wien. Ber. **122**, 1269, 1913.
51) L. Flamm, Phys. Z. **14**, 812, 1913.
52) T. S. Taylor, Phil. Mag. (6) **26**, 402, 1913.
53) F. Mayer, Ann. d. Phys. (4) **41**, 931, 1913.
54) E. Rutherford und J. M. Nuttall, Phil. Mag. (6) **26**, 702, 1913.
55) E. Marsden und T. S. Taylor, Proc. Roy. Soc. (A) **88**, 443, 1913.
56) E. Rutherford und H. Robinson, Wien. Ber. **122**, 1855, 1913.
57) K. Heil und M. Reinganum, Nat. Ges. Freiburg i. B. **20**, 1914.
58) A. F. Kovarik, Phys. Rev. (2) **3**, 148, 1914; Le Rad. **11**, 69, 1914.
59) C. G. Darwin, Phil. Mag. (6) **27**, 499, 1914.
60) H. Mache, Phys. Z. **15**, 288, 1914.
61) B. Bianu, Le Rad. **11**, 65, 1914.
62) W. M. Hicks, Proc. Roy. Soc. (A) **90**, 356, 1914.
63) St. Meyer, V. F. Hess und F. Paneth, Wien. Ber. **123**, 1459, 1914.

64) W. Michl, Wien. Ber. **123**, 1955 und 1965, 1914.
65) L. Flamm, Wien. Ber. **123**, 1393, 1914.
66) H. N. Mc Coy und E. D. Leman, Phys. Rev. (2) **4**, 409, 1914.
67) L. Flamm, Elster- u. Geitel-Festschrift 601, 1915; Wien. Ber. **124**, 597, 1915.
68) R. W. Lawson, Wien. Anz., 1. VII. 1915; Wien. Ber. **124**, 637, 1915.
69) N. Bohr, Phil. Mag. (6) **25**, 10, 1913; **30**, 581, 1915.
70) S. Kinoshita und H. Ikeuti, Proc. Tokyo Math. Phys. Soc. (2) **7**, 360, 1915; Phil. Mag. (6) **29**, 420, 1915; H. Ikeuti, ebendort **32**, 129, 1916.
71) E. Rutherford und A. B. Wood, Phil. Mag. (6) **31**, 379, 1916. E. Rutherford, ebendort **41**, 570, 1921; A. B. Wood, ebendort **575**, 1921.
72) L. Flamm und R. Schumann, Ann. d. Phys. (4) **50**, 655, 1916.
73) V. F. Hess, Mitt. d. k. k. österr. Aëroklubs 1916.
74) J. P. Rothensteiner, Wien. Ber. **125**, 1237, 1916.
75) W. Makower, Phil. Mag. (6) **32**, 222, 1916.
76) R. R. Sahni, Phil. Mag. (6) **29**, 836, 1916; **33**, 290, 1917.
77) H. J. Vennes, Sill. J. **43**, 69, 1917.
78) E. Mühlestein, Arch. sc. phys. et nat. (4) **44**, 63, 1917; **46**, 48, 1917; (5) **4**, 38, 1922.
79) R. W. Lawson und V. F. Hess, Wien. Ber. **127**, 535, 1918.
80) R. W. Lawson, Wien. Ber. **127**, 943, 1918.
81) R. Seeliger, Jahrb. Rad. u. El. **16**, 19, 1919.
82) K. Heil, Ann. d. Phys. (4) **61**, 201, 1920.
83) H. Rausch von Traubenberg, Z. f. Phys. **2**, 268, 1920; Phys. Z. **21**, 588, 1920.
84) L. B. Loeb, Phys. Rev. (2) **15**, 240, 1920.
85) J. Chadwick, Phil. Mag. (6) **40**, 734, 1920.
86) W. Bothe, Z. f. Phys. **4**, 161, 300, 1921; **5**, 63, 1921.
87) H. Rausch von Traubenberg, Z. f. Phys. **5**, 396, 404, 1921; Phys. Z. **22**, 587, 1921.
88) H. Geiger, Z. f. Phys. **8**, 45, 1921.
89) H. Geiger und A. Werner, Z. f. Phys. **8**, 191, 1921.
90) C. G. Darwin, Phil. Mag. (6) **41**, 486, 1921.
91) H. Herszfinkiel und L. Wertenstein, J. de Phys. (6) **1**, 146, 1920.
92) G. H. Henderson, Phil. Mag. (6) **42**, 538, 1921.
93) J. L. Glasson, Phil. Mag. (6) **43**, 477, 1922.
94) D. Bose, Z. f. Phys. **12**, 207, 1922.
95) G. H. Henderson, Phil. Mag. (6) **44**, 680, 1922.
96) P. L. Kapitza, Proc. Roy. Soc. (A) **102**, 48, 1922.
97) E. Rüchardt, Z. f. Phys. **15**, 164, 1923.
98) C. W. van der Merwe, Phil. Mag. (6) **45**, 379, 1923.
99) C. T. R. Wilson, Proc. Cambr. Soc. **21**, 405, 1923.
100) K. Philipp, Z. f. Phys. **17**, 23, 1923.
101) G. H. Henderson, Phil. Mag. (6) **44**, 42, 1922.
102) G. H. Henderson, Proc. Roy. Soc. (A) **102**, 496, 1923; Nature **116**, 35, 1925.
103) R. W. Ryan und W. D. Harkins, Nature **111**, 114, 1923; **112**, 54, 1923; Phys. Rev. (2) **21**, 375, 1923; **23**, 308, 1924.
104) P. M. S. Blackett, Proc. Roy. Soc. (A) **102**, 294, 1922; **103**, 62, 1923.
105) I. Curie, C. R. **176**, 434, 1923.
106) J. H. Jeans, Proc. Roy. Soc. (A) **102**, 437, 1923.
107) W. Bothe, Jahrb. Rad. u. El. **20**, 46, 1923.

108) E. Rutherford, Engineering **115**, 338, 358, 798, 1923; Nature **112**, 305, 1923; Proc. Cambr. Soc. **21**, 504, 1923; Phil. Mag. (6) **47**, 227, 1924.
109) E. Rutherford, Electric. **91**, 60, 120, 144, 1923.
110) P. M. S. Blackett, Proc. Cambr. Soc. **21**, 517, 1923.
111) R. H. Fowler, Proc. Cambr. Soc. **21**, 521, 1923.
112) E. S. Bieler, Proc. Cambr. Soc. **21**, 686, 1923; Proc. Roy. Soc. (A) **105**, 434, 1924.
113) E. Rüchardt, Ann. d. Phys. (4) **73**, 228, 1924.
114) R. H. Fowler, Phil. Mag. (6) **47**, 416, 1924.
115) L. F. Bates und J. S. Rogers, Proc. Roy. Soc. (A) **105**, 97, 360, 1924.
116) K. Philipp, Naturwiss. **12**, 511, 1924; L. Meitner und K. Freitag, ebendort 634, 1924.
117) B. Gudden, Z. f. Phys. **26**, 110, 1924.
118) D. Pettersson, Nature **118**, 642. 1924; Naturwiss. **12**, 389, 1924; Wien. Ber. **133**, 149, 1924.
119) E. Fermi, Z. f. Phys. **29**, 315, 1924.
120) M. v. Laue, Marx, Handb. d. Radiologie, VI, 54, 1924.
121) E. Rutherford und J. Chadwick, Phil. Mag. (6) **48**, 509, 1924; **50**, 889, 1925.
122) H. Pettersson, Wien. Anz. **61**, 193, 199; 1924; **62**, 24, 1925.
123) L. F. Bates, Proc. Roy. Soc. (A) **106**, 622, 1924.
124) E. Q. Adams, Phys. Rev. (2) **25**, 244, 1925.
125) N. Yamada, C. R. **180**, 436, 1591, 1925; **181**, 176, 1925; N. Yamada und I. Curie, C. R. **180**, 1487, 1925. J. de phys. (6) **6**, 376, 1925.
126) I. Curie, C. R. **180**, 831, 1925; Ann. de phys. **3**, 299, 1925; J. de phys. (6) **6**, 84, 1925.
127) R. W. Gurney, Proc. Roy. Soc. (A) **107**, 340, 1925.
128) R. H. Fowler, Proc. Cambr. Soc. **22**, 793, 1925.
129) E. Condon und L. B. Loeb, Phys. Rev. (2) **25**, 718, 1925.
130) G. Stetter, Mitt. Ra-Inst. Nr. 181, Wien. Ber. **135**. 1926.
131) H. Pettersson und G. Kirsch, Atomzertrümmerung, Akad. Verlagsges., Leipzig, 1926.
132) W. Wessel, Ann. d. Phys. (4) **78**, 757, 1925.
133) J. C. Jacobsen, Nature **117**, 858, 1926.
134) G. P. Thomson, Phil. Mag. (7) **1**, 961, 1926.

9. Die Träger der Betastrahlen, ihre magnetische und elektrische Ablenkung und spezifische Ladung. Nachdem zuerst von J. Elster und H. Geitel[1]) angestellte Versuche, eine magnetische Ablenkung der Becquerelstrahlen festzustellen, ergebnislos verlaufen waren, fanden St. Meyer und E. v. Schweidler[2]) einen Einfluß des Magnetfeldes, der aber auch eventuell als Verringerung der Intensität der Emission hätte gedeutet werden können. Durch F. Giesel[3]) wurde dann die magnetische Ablenkung eines Teiles der Strahlen nachgewiesen und durch St. Meyer und E. v. Schweidler[4]) gezeigt, daß der Sinn der Ablenkung derselbe sei, wie bei Kathodenstrahlen. Unabhängig gelangte bald darauf H. Becquerel[5]) zum gleichen Resultate. Auf Grund dieser Ergebnisse, die noch durch P. Curie[6]) erweitert

Literatur zu III, 9 siehe Seite 120.

wurden, erfolgte erst die scharfe Trennung der drei Gruppen: α-, β- und γ-Strahlen.

Als von E. Dorn[7]) und H. Becquerel[9]) auch die Ablenkung durch elektrische Felder konstatiert und gemessen wurde, ergab sich durch Anwendung der in III, 2 besprochenen Methoden die Möglichkeit, die spezifische Ladung $\frac{e}{m}$ und die Geschwindigkeit v der β-Strahlen zu ermitteln. Die numerischen Werte waren zunächst nur eine ungefähre Angabe der Größenordnung, nämlich:

$$\frac{e}{m} = \text{rund } 10^7 \frac{\text{magn. Einh.}}{\text{g}} \quad \text{und} \quad v = \text{rund } 10^{10} \frac{\text{cm}}{\text{sec}},$$

auch zeigten Messungen H. Becquerels[8]), daß die untersuchte Strahlung inhomogen war. Immerhin waren die Resultate hinreichend, um auf Identität der Träger der β-Strahlen mit den Trägern der Kathodenstrahlen, den Elektronen, schließen zu lassen. Die im Vergleich zu den Kathodenstrahlen große Geschwindigkeit der β-Strahlen ließ die Untersuchung der theoretisch geforderten Abhängigkeit der Masse (und somit der spezifischen Ladung) von der Geschwindigkeit als aussichtsvoll erscheinen. Versuche von W. Kaufmann[10]) stellten das Anwachsen der Masse mit der Geschwindigkeit außer Zweifel und zeigten auch, daß die gesamte Masse der Elektronen elektromagnetischer Natur sei; bezüglich der verschiedenen Formen der Funktion $m = f(v)$, die aus den verschiedenen Theorien (vgl. S. 69) folgten, schienen sie am besten mit der Abrahamschen Theorie des starren Elektrons (gewöhnlich „Kugeltheorie" genannt) zu stimmen. Spätere Versuche von A. H. Bucherer[11]) und von G. Neumann und C. Schäfer[13]) ergaben in Übereinstimmung mit Messungen, die sich auf schnelle Kathodenstrahlen bezogen hatten, eine Bestätigung der Lorentz-Einsteinschen Formel:

$$\frac{m}{m_0} = (1 - \beta^2)^{-\frac{1}{2}}.$$

[Vgl. dagegen abweichende Auffassungen[18]) bei T. Lewis und bei U. Doi.]

Auch der Wert der spezifischen Ladung $\frac{e}{m_0}$ für sehr langsame Elektronen, aus Messungen an β-Strahlen für $v = 0$ extrapoliert, stimmt gut überein mit den zuverlässigsten neueren Werten, die an Kathodenstrahlen erhalten wurden, nämlich $\frac{e_m}{m_0} \cdot 10^{-7} = 1{,}763$ nach A. H. Bucherer[11]), 1,767 nach K. Wolz[12]) und 1,765 nach Neumann und Schaefer[13]) [vgl. auch H. Busch[15]), H. D. Babcock[16]) und R. T. Birge[17])].

Literatur zu III, 9 siehe Seite 120.

Setzt man als derzeit besten Mittelwert:

$$\frac{e_m}{m_0} = 1{,}76 \cdot 10^7 \frac{\text{magn. Einh.}}{\text{g}}, \quad \text{bzw.} \quad \frac{e_s}{m_0} = 5{,}295 \cdot 10^{17} \frac{\text{stat. Einh.}}{\text{g}}$$

und $e_s = 4{,}774 \cdot 10^{-10}$ stat. Einh., so wird die

Ruhmasse des Elektrons $m_0 = 9{,}015 \cdot 10^{-28}$ g.

Unter der Annahme, daß die Ladung des Grammäquivalentes 9649,4 magn. Einh. sei, folgt daraus, daß im Maßsystem der Chemie ($O = 16{,}00$, $H = 1{,}0078$) die Masse des Elektrons den Wert $\frac{1}{1830}$ annimmt und $\frac{1}{1845}$ der Masse des H-Atomes beträgt.

Die Auffassung der Ruhmasse als rein elektromagnetischer Masse einer Kugel mit Oberflächenladung führt dann (vgl. III, 2) auf die Beziehung $m_0 = \frac{2}{3}\frac{e_s^2}{a c^2}$ und daraus weiter zu dem Werte $a = 1{,}87 \cdot 10^{-13}$ cm für den Radius des Elektrons. Insofern aber die Masse durch die Gesamtenergie (einschließlich nicht elektromagnetischer Energieformen) bedingt ist, verliert diese Zahl ihre präzise Bedeutung, gibt aber immerhin die Größenordnung der Dimensionen des Elektrons an.

Überlegungen von A. H. Compton[14]) führen zur Annahme, daß das Elektron eine ringförmige Gestalt bei einer Größenordnung des Ringradius von $2 \cdot 10^{-10}$ cm besitze.

Die Energie eines bewegten Elektrons und daraus die Größen $\mathfrak{H}\mathfrak{R}$ und P berechnen sich nach den S. 71/72 gegebenen Formeln mit dem Faktor 1697,8 und sind zusammen mit der äquivalenten Energie $h\nu$ und auf Absorption und Ionisierung bezüglichen Daten in der Tabelle Nr. 5 des Anhanges angeführt [vgl. auch G. Fournier[19]) und F. Wolf[20])].

Literatur zu III, 9:

1) J. Elster und H. Geitel, Ann. d. Phys. **69**, 83, 1899.
2) St. Meyer und E. v. Schweidler, Phys. Z. **1**, 90, 1899.
3) F. Giesel, Ann. d. Phys. **69**, 834, 1899.
4) St. Meyer und E. v. Schweidler, Phys. Z. **1**, 113, 1899; Wien. Ber. **119**, 92, 1900.
5) H. Becquerel, C. R. **129**, 996, u. 1205, 1899; J. d. phys. (3) **9**, 71, 1900.
6) P. Curie, C. R. **130**, 73, 1900.
7) E. Dorn, Abh. Naturf. Ges. Halle, **22**, 47, 1900; Phys. Z. **1**, 337, 1900.
8) H. Becquerel, C. R. **130**, 206 und 372, 1900.
9) H. Becquerel, C. R. **130**, 809, 1900.
10) W. Kaufmann, Gött. Nachr. 1901, 143; Phys. Z. **2**, 602, 1901. Gött. Nachr. 1902, 291, u. 1903, 90; Phys. Z. **4**, 54, 1902; Berlin Ber. **45**, 949, 1905; Ann. d. Phys. (4) **19**, 487, 1906.
11) A. H. Bucherer, Phys. Z. **8**, 430, 1907; **9**, 755, 1908; Ann. d. Phys. (4) **28**, 513, 1909; **29**, 1063, 1909.

12) K. Wolz, Ann. d. Phys. (4) **30**, 273, 1909.

13) C. Schaefer (G. Neumann), Phys. Z. **14**, 1117, 1913; Verh. D. Phys. Ges. **15**, 935, 1913; G. Neumann, Ann. d. Phys. (4) **45**, 529, 1914.

14) A. H. Compton, J. Washington Acad. **8**, 1, 1918; Phys. Rev. (2) **14**, 20, 1919.

15) H. Busch, Phys. Z. **23**, 438, 1922.

16) H. D. Babcock, Astrophys. J. **58**, 149, 1923.

17) R. T. Birge, Nature **111**, 811, 1923.

18) T. Lewis, Proc. Roy. Soc. (A) **107**, 544, 1925; U. Doi, Phil. Mag. (6) **49**, 434, 1925; Scient. Pap. Inst. Japan **3**, 163, 178, 1925.

19) G. Fournier, J. de phys. (6) **6**, 29, 1925.

20) F. Wolf, Die schnellbewegten Elektronen, Samml. Vieweg, Heft 81, 1925.

10. Die Geschwindigkeit und Energie der Betastrahlen. Obwohl erst die Kombination von Messungen der magnetischen und der elektrischen Ablenkung von Korpuskularstrahlen die Werte der spezifischen Ladung und der Geschwindigkeit für sich liefert, läßt sich doch aus der magnetischen Ablenkung allein ein Schluß auf die Geschwindigkeit ziehen, sobald die Gleichartigkeit der Korpuskeln als bereits sichergestellt angenommen wird. In diesem Falle liefert das Produkt $\mathfrak{H}\mathfrak{R}$ zunächst ein relatives Maß der Geschwindigkeit, und die Einsetzung eines bestimmten Wertes für e/m_0 gestattet die Umrechnung in absolute Werte der Geschwindigkeit. Die Herstellung eines sogenannten „magnetischen Spektrums", das durch Einwirkung eines Magnetfeldes auf ein durch einen Spalt hindurchgehendes Bündel von β-Strahlen und photographische Aufnahme der verschieden stark gekrümmten Strahlengruppen erhalten wird, läßt also die Geschwindigkeitsverteilung ermitteln. Für die Analyse der β-Strahlung bestimmter Substanzen ist dabei zu berücksichtigen, daß durch Absorption eine Herabsetzung der ursprünglichen Geschwindigkeit stattfindet (vgl. III, 12), und daß von den häufig die β-Strahlung begleitenden γ-Strahlen sekundäre Strahlen von der Natur der β-Strahlen ausgelöst werden. Anwendung radioaktiver Stoffe in dünner Schichte auf Trägern möglichst geringer Dicke und Strahlengang im Vakuum ist daher eine Bedingung für die Entstehung definierter magnetischer Spektren.

Nachdem schon die ersten Versuche von H. Becquerel[1]) sowie die im vorigen Abschnitte erwähnten Messungen W. Kaufmanns, ferner solche von F. Paschen[2]) über die Beeinflussung des Ladungstransportes durch Magnetfelder (vgl. III, 11) die Inhomogenität der untersuchten Strahlenbündel gezeigt hatten, glaubte man später diese Ergebnisse auf Sekundärstrahlung und komplexe Natur der Strahlen zurückführen zu können. Der Analogieschluß von den α-Strahlen, wo jedem einheit-

Literatur zu III, 10 siehe Seite 124.

lichen Stoffe eine homogene Strahlung bestimmter Anfangsgeschwindigkeit entspricht, und die Tatsache, daß bei mehreren einheitlichen β-Strahlern ein exponentielles Absorptionsgesetz gefunden wurde, führte zur Anschauung, daß auch die β-Strahlung eines einheitlichen Radioelementes homogen und daher durch einen bestimmten Absorptionskoeffizienten charakterisiert sei.

Spätere Versuche ergaben aber (vgl. S. 130), daß bei den β-Strahlen exponentielle Absorption und Homogenität nicht miteinander verknüpft sind. Zur Analyse der von einem bestimmten Radioelement ausgehenden β-Strahlen mußte daher die Untersuchung der magnetischen Spektren angewendet werden.

Darauf bezügliche Messungen liegen vor[3]) von J. A. Gray. O. v. Baeyer und O. Hahn, O. v. Baeyer, O. Hahn und L. Meitner, J. Danysz, J. Danysz und J. Götz, K. Bergwitz, J. Chadwick, E. Rutherford und H. Robinson, denselben und W. F. Rawlinson, A. F. Kovarik und L. W. Mc Keehan, J. Chadwick und C. D. Ellis, C. D. Ellis, demselben und H. W. B. Skinner, W. Pohlmeyer, D. H. Black, D. K. Yovanovitch und J. d'Espine, J. d'Espine.

Sie ergaben für die einzelnen β-Strahler charakteristische Spektren, deren Struktur mit der fortschreitenden Technik der Versuchsanordnung immer komplizierter wurde, und die teils eine größere oder geringere Zahl von Linien oder schmalen Bändern — entsprechend Strahlengruppen von ganz oder fast homogener Natur — von ungleicher Intensität aufwiesen, teils durch das Vorhandensein breiter Bänder eine kontinuierliche Verteilung der Geschwindigkeiten über ein größeres Intervall anzeigten.

Eine Zusammenstellung ist in der Tabelle Nr. 6 des Anhanges gegeben nach A. F. Kovarik und L. W. Mc Keehan[4]) sowie L. Meitner[4]). Die gemessenen Linien erstrecken sich darin von $\beta = 0{,}29$ bis $0{,}986$.

Die experimentellen Ergebnisse von J. Danysz[3]) wurden von E. Rutherford[5]) bezüglich der Energiewerte rechnerisch behandelt. Unter Anwendung der für größere Geschwindigkeiten nicht exakten Formel $E = \frac{m v^2}{2}$ erhielt er das Resultat, daß die Differenz ΔE der Energie zweier β-Teilchen, die verschiedenen Linien angehören, sich mit allgemein befriedigender Genauigkeit darstellen lasse durch:

$$\Delta E = p E_1 + q E_2,$$

wobei E_1 und E_2 bestimmte für das ganze Spektrum von RaC konstant bleibende Energiequanten, p und q ganze Zahlen, die stets kleine Werte (1 bis 4) behielten, sind.

Literatur zu III, 10 siehe Seite 124.

Eine Neuberechnung nach der korrekten Energieformel:

$$E = m_0 c^2 \cdot \{(1 - \beta^2)^{-\frac{1}{2}} - 1)\}$$

lieferte annähernd dasselbe Resultat, nur mit etwas veränderten numerischen Werten von E_1 und E_2.

Eine neue Aufnahme des magnetischen Spektrums der β-Strahlen von RaB und RaC mit verbesserter Methode (Anwendung weiten Spaltes ohne Verbreiterung der Linie) durch E. Rutherford und H. Robinson[6]) lieferte für RaB 16 Linien ($\beta = 0{,}365$ bis $\beta = 0{,}823$) und für RaC 48 Linien ($\beta = 0{,}632$ bis $\beta = 0{,}9858$).

Die analoge Berechnung der Energie in der Form:

$$E_i = \frac{m_0}{e_m} \{(1 - \beta_i^2)^{-\frac{1}{2}} - 1\} e_m c^2,$$

wobei $\frac{e_m}{m_0} = 1{,}77_2 \cdot 10^7$ angenommen und das Elementarquantum unbestimmt gelassen wurde, ergab gegen früher die noch einfachere Beziehung $E_i = nE_0$, d. h. also, daß für eine große Zahl von Linien ($i = 1$ bis $i = 29$) der experimentell gefundene Wert von E_i ein ganzzahliges Vielfaches eines Energiequantums E_0 ist ($n = 59$ bis 24). Für E_0 ergab sich der Wert:

$$E_0 = 0{,}4284 \cdot 10^{13} e_m = 6{,}81 \cdot 10^{-8} \text{ Erg.}$$

Weitere Untersuchungen von E. Rutherford, H. Robinson und W. F. Rawlinson[7]), ferner[8]) von J. A. Gray und von E. Magdwick erweiterten die Kenntnisse von solchen Beziehungen. Sie wurden zunächst von E. Rutherford[9]) auf Grund seines Atommodelles in folgender Weise theoretisch gedeutet: die vom Atomkern mit bestimmten Anfangsgeschwindigkeiten emittierten β-Teilchen erfahren je nach der Stelle, an welcher sie die Elektronenhülle durchqueren, verschieden starke Energieverluste und erzeugen so das kontinuierliche Spektrum. An bestimmten Stellen der Elektronenringe rufen sie Schwingungen hervor, welche die Ursache der γ-Strahlung sind, und die — quantenhaft erfolgende — Absorption dieser γ-Strahlen innerhalb des radioaktiven Atomes selbst liefert wieder jene β-Strahlen, die das Linienspektrum bilden.

Es werden also damit innere Beziehungen zwischen den β- und γ-Strahlen aufgedeckt und mit der allgemeinen Quantentheorie in Verbindung gesetzt. Speziellere Ausführungen über Quantengesetze, die in analoger Weise innerhalb des Kernes gelten, wie nach der Bohrschen Auffassung für die Bewegung der Hüllelektronen um den Kern, finden sich[10]) bei H. Th. Wolff, P. S. Epstein, F. Sanford und A. Smekal.

Literatur zu III. 10 siehe Seite 124.

Nähere Ausführungen über den Zusammenhang mit den γ-Strahlen siehe im Abschnitt III, 14.

Literatur zu III, 10.

1) H. Becquerel, C. R. **130**, 206, 372, 809, 979, 1900.

2) F. Paschen, Ann. d. Phys. (4) **14**, 389, 1904.

3) J. A. Gray, Proc. Roy. Soc. (A) **84**, 136, 1910; O. v. Baeyer und O. Hahn, Phys. Z. **11**, 488, 1910; O. v. Baeyer, O. Hahn und L. Meitner, Phys. Z. **12**, 273, 378, 1099, 1911; **13**, 264, 1912; **14**, 321, 1913; **15**, 649, 1914; **16**, 6, 1915; L. Meitner, Phys. Z. **16**, 272, 1915; O. v. Baeyer, Jahrb. Rad. u. El. **11**, 66, 1914; K. Bergwitz, Phys. Z. **14**, 665, 1913; J. Danysz, C. R. **153**, 339, 1067, 1911; Le Rad. **10**, 4, 1913; Thèses, Univ. Paris 1913; Ann. chim. phys. (8) **30**, 241, 1913; J. de phys. (5) **3**, 949, 1913; Witkowski-Festschrift, II. Teil, 1915; J. Danysz und J. Götz, Le Rad. **9**, 6, 1912; J. Chadwick, Verh. D. Phys. Ges. **16**, 383, 1914; A. F. Kovarik und L. W. Mc Keehan, Phys. Rev. (2) **8**, 574, 1916; J. Chadwick und C. D. Ellis, Proc. Cambr. Soc. **21**, 274, 1922; L. Meitner, Z. f. Phys. **17**, 54, 1923; C. D. Ellis und H. W. B. Skinner, Proc. Roy. Soc. (A) **105**, 60, 165, 1924; W. Pohlmeyer, Z. f. Phys. **28**, 216, 1924; C. D. Ellis, Proc. Cambr. Soc. **22**, 369, 1924; D. H. Black, Proc. Roy. Soc. (A) **106**, 632, 1924; D. K. Yovanovitch und J. d'Espine, C. R. **178**, 1811, 1924; **180**, 202, 1925; J. d'Espine, C. R. **180**, 1403, 1925; O. Hahn und L. Meitner, Z. f. Phys. **34**, 795, 1925; L. F. Curtiss, Phys. Rev. (2) **27**, 257, 1926 (siehe auch Nr. 6).

4) A. F. Kovarik und L. W. Mc Keehan, Radioactivity, Bull. Nat. Res. Counc. Washington, **10**, Nr. 51, 1925; L. Meitner, Handb. d. Physik von Geiger u. Scheel, Bd. **22**, Nr. 43, Berlin, 1926.

5) E. Rutherford, Nature **88**, 605, 1912; Phil. Mag. (6) **24**, 453, 893, 1912.

6) E. Rutherford und H. Robinson, Phil. Mag. (6) **26**, 717, 1913.

7) E. Rutherford, H. Robinson und W. F. Rawlinson, Phil. Mag. (6) **28**, 281, 1914.

8) J. A. Gray, Phys. Rev. (2) **19**, 430, 1922; E. Magdwick, Proc. Univ. of Durham **6**, 136, 1921/22.

9) E. Rutherford, Phil. Mag. (6) **28**, 305, 1914; **34**, 153, 1917.

10) H. Th. Wolff, Phys. Z. **16**, 416, 1915; Ann. d. Phys. (4) **52**, 631, 1917; P. S. Epstein, Phys. Z. **17**, 313, 1916; F. Sanford, Phys. Rev. (2) **15**, 67, 1920; A. Smekal, Wien. Anz. 1922, 79 u. 129; Z. f. Phys. **10**, 275, 1922; siehe ferner Literatur bei III, 14.

11. Der Ladungstransport durch Betastrahlen und die Zahl der emittierten Strahlen. Der Transport negativer Ladungen durch die β-Strahlen wurde zuerst von P. Curie und M. Curie[1]) mittels einer Versuchsanordnung nachgewiesen, bei der das strahlende Präparat (Radium in metallischer Hülle) in ein festes Dielektrikum und dieses wieder in einen leitenden „Empfänger" eingebettet war; bei geringer Schichtdicke des Dielektrikums läßt sich dann sowohl die positive Aufladung des Präparates als die negative Aufladung des Empfängers elektrometrisch leicht konstatieren.

Die Übertragung negativer Ladungen durch ein Vakuum wurde von R. J. Strutt[2]) beobachtet und zur Konstruktion eines Demonstrationsapparates

Literatur zu III, 11 siehe Seite 126.

(„Radiumuhr") verwendet; innerhalb eines leitenden evakuierten Gefäßes befindet sich ein Radium enthaltendes isoliertes Röhrchen, an dem Elektroskopblättchen befestigt sind, die infolge der spontanen positiven Aufladung in regelmäßigen Intervallen an das geerdete Gefäß anschlagen und so entladen werden. Durch Anwendung möglichst hoher Vakua und gut isolierender Träger für die Radiumkapsel konnte H. G. J. Moseley[7]) mittels einer ähnlichen Versuchsanordnung positive Aufladungen bis zu 150000 Volt erzielen.

Bei quantitativer Bestimmung der abgegebenen Ladung läßt sich die Zahl der emittierten β-Teilchen berechnen, falls die Einzelladung (das Elementarquantum) als bekannt vorausgesetzt wird. Als Fehlerquellen solcher Messungen sind zu berücksichtigen:

a) Der Ladungstransport durch Leitung, der durch zwei Beobachtungen bei Anwendung elektrischer Felder entgegengesetzter Richtung eliminiert werden kann (vgl. III, 2);

b) der Ladungstransport durch Sekundärstrahlen korpuskularer Natur, die sowohl im Strahler als im Empfänger durch die β-Strahlung selbst oder durch die eventuell gleichzeitig ausgesandten α- oder γ-Strahlen erregt werden (vgl. III, 18);

c) die teilweise Absorption der emittierten β-Strahlen, falls die strahlende Substanz in nicht sehr dünner Schichte oder (z. B. behufs Abblendung der α-Strahlen) mit einer absorbierenden Platte (Glimmer, Metallfolie) überdeckt angewandt wird;

d) die Zerstreuung der primären β-Strahlung im Träger der radioaktiven Schichte, wodurch eine Anzahl der nach innen emittierten Strahlen wieder aus der Oberfläche austritt.

Versuche von W. Wien[3]) ergaben infolge beträchtlicher Absorption nur die ungefähre Größenordnung der Zahl der emittierten β-Strahlen. Die Resultate F. Paschens[4]), die ursprünglich auch einen Ladungstransport durch die sehr durchdringungsfähigen γ-Strahlen anzudeuten schienen, wurden später auf die Wirkung der Sekundärstrahlen zurückgeführt.

Aus Messungen im Vakuum, bei denen die Leitung in den Gasresten eliminiert wurde, erhielt E. Rutherford[5]) für die Zahl der β-Teilchen, die von 1 g Ra im Gleichgewichte mit seinen kurzlebigen Zerfallsprodukten in der Sekunde ausgesandt werden, den Wert $5{,}3 \cdot 10^{10}$, falls $4{,}7 \cdot 10^{-10}$ stat. Einh. als Elementarquantum gewählt wird. Aus der Bestimmung der von 1 g Ra ausgesandten α-Strahlung (vgl. S. 95) und der Annahme, daß zwei β-Strahler (RaB und RaC) vorhanden sind, würde sich der theoretisch berechnete Wert $2 \times 3{,}72 \cdot 10^{10} = 7{,}44 \cdot 10^{10}$ ergeben. Auch W. Makower[6]) erhielt einen zu kleinen Wert, nämlich $3{,}4$ bis $3{,}7 \cdot 10^{10}$ als unmittelbar beobachteten, $5{,}0 \cdot 10^{10}$ als korrigierten, wenn die Absorption der β-Strahlung in der Hülle des strahlenden Präparates berücksichtigt wird. Zugleich ergab sich aus den Versuchen

Literatur zu III, 11 siehe Seite 126.

W. Makowers, daß absorbierende Schichten den Ladungstransport und somit die Zahl der durchgehenden Teilchen angenähert im selben Verhältnisse herabsetzen wie die durch die Ionisationswirkung gemessene Intensität der Strahlung. H. G. J. Moseley[7]) erhielt bei einer neuerlichen Messung der von 1 g Ra emittierten β-Strahlen eine dem oben angeführten theoretischen Werte sehr naheliegende Zahl, so daß hiernach dem Zerfall je eines Atomes auch die Aussendung von einem einzigen β-Teilchen entsprechen würde.

Im Gegensatze hierzu stehen die Ergebnisse von J. Danysz und W. Duane[8]). Das Verhältnis der von Radiumemanation (im Gleichgewichte mit RaA bis RaC) abgegebenen negativen (durch β-Strahlen) und positiven (durch α-Strahlen) Ladungen wurde experimentell zu $\frac{Q_\alpha}{Q_\beta} = 0{,}63$ bestimmt; die Korrektion wegen der mitbeteiligten Sekundärstrahlen erniedrigte diesen Quotienten auf 0,52, also rund $\frac{1}{2}$. Nimmt man an, daß alle β-Teilchen zur Messung gelangen, so ist die Zahl der emittierten β-Teilchen gleich der Zahl der α-Teilchen, da ja die Einzelladungen im Verhältnis 1:2 stehen. Somit würden die beiden β-Strahler RaB und (RaC + RaC″) (das Vorhandensein von zwei β-Strahlern im komplexen RaC ist wegen des dualen Zerfalles ohne Einfluß auf die Zahl der im Gleichgewichtszustande ausgesandten Strahlen) dieselbe Anzahl (3 Z) von β-Strahlen liefern, wie die 3 α-Strahler RaEm, RaA und RaC. E. Marsden[9]) hält es für wahrscheinlich, daß der Atomkern nur ein β-Teilchen aussende, daß aber daneben sekundär aus der Elektronenhülle noch weitere β-Strahlen ausgelöst werden können.

Methoden zur direkten Zählung wurden von H. Geiger[10]), F. V. Hess und R. W. Lawson[11]) sowie H. Greinacher[15]), ferner von O. v. Baeyer und W. Kutzner[13]) angegeben, aber zur Ermittlung der Gesamtemission bisher nicht angewandt. Dagegen wurden so Untersuchungen über Absorption und „Reflexion" der β-Strahlen von den beiden letztgenannten Autoren und von A. F. Kovarik und L. W. Mc Keehan[12]) ausgeführt. K. G. Emeléus[14]) fand unter Verwendung eines Spitzenzählers bei RaE nahezu 1 β-Teilchen pro Atomzerfall, R. Gurney[16]) für dieselbe Zahl den Wert 1,2 aus dem Ladungstransport.

Literatur zu III, 11:

1) P. Curie und M. Curie, C. R. **130**, 647, 1900.
2) R. J. Strutt, Phil. Mag. (6) **6**, 558, 1903.
3) W. Wien, Phys. Z. **4**, 624, 1903.
4) F. Paschen, Ann. d. Phys. (4) **14**, 389, 1094.
5) E. Rutherford, Phil. Mag. (6) **10**, 193, 1905.
6) W. Makower, Phil. Mag. (6) **17**, 171, 1909.
7) H. G. J. Moseley, Proc. Roy. Soc. (A) **87**, 230, 1912; **88**, 471, 1913.

8a) J. Danysz u. W. Duane, C. R. **155**, 500, 1912; Sill. J. (4) **35**, 295, 1913.
8b) J. Danysz, Thèses, Univ. Paris. 1913.
9) E. Marsden, Jahrb. Rad. u. El. **11**, 262, 1914.
10) H. Geiger, Verh. D. Phys. Ges. **15**, 534, 1913; Phys. Z. **14**, 1129, 1913.
11) V. F. Hess und R. W. Lawson, Wien. Ber. **125**, 661, 1916.
12) A. F. Kovarik und L. W. Mc Keehan, Phys. Z. **15**, 434, 1914; Phys. Rev. (2) **6**, 426, 1915; A. F. Kovarik, Phys. Rev. (2) **9**, 567, 1917; **13**, 272, 1919.
13) O. v. Baeyer und W. Kutzner, Z. f. Phys. **21**, 46, 1924.
14) K. G. Emeléus, Proc. Cambr. Soc. **22**, 400, 1924.
15) H. Greinacher, Z. f. Phys. **23**, 361, 1924.
16) R. Gurney, Proc. Roy. Soc. (A) **109**, 540, 1925.

12. Absorption und Streuung der Betastrahlen. Unter der Voraussetzung, daß die ionisierende Wirkung ein Maß der Strahlenintensität ist, ergab sich aus zahlreichen Versuchen [E. Rutherford[1]); St. Meyer und E. v. Schweidler[2, 8]); R. J. Strutt[3]); T. Godlewski[6]); J. A. Crowther[7]); L. Meitner[9]); H. W. Schmidt[10, 14]); M. Levin[15]); O. Hahn und L. Meitner[17, 20, 46]); L. Kolowrat[31]); A. S. Eve[42]); K. Fajans und W. Makower[45]); A. F. Kovarik[58]); E. Friman[64]); J. S. Lattès und G. Fournier[91])], die sich teils auf Bündel angenähert paralleler β-Strahlen, teils auf die diffuse Strahlung von dünnen oder dicken Schichten bezogen, daß die Absorption der β-Strahlen durch ein einfaches Exponentialgesetz $J(x) = J_0 e^{-\mu x}$ oder durch die Superposition mehrerer solcher Glieder: $J(x) = \Sigma i_k(0) e^{-\mu_k x}$ dargestellt werden könne. Bei einheitlichen Radioelementen als Strahlenquelle reichten zwei bis drei Glieder aus.

In der Regel wurde Aluminium als absorbierendes Medium verwendet und eine Zusammenstellung der für die β-strahlenden Radioelemente gefundenen Werte von μ_{Al} in cm^{-1} gibt folgende Tabelle:

Element	μ_{Al}	μ/ϱ	Element	μ_{Al}	μ/ϱ
UX_1	460 cm^{-1}	170	RdAc(AcB?)	175	64
UX_2	18,2	6,7	AcC(AcC''?)	44,5	16,5
UZ	170—58	62—21,5			
UY	rund 300	rund 110	$MsTh_2$	40—20	15—7,5
Ra	312	114	RdTh	420	150
RaB	890	327	ThB	153	56
	77	28	ThC	14,4	5,3
	13,1	4,8	ThC''	21,6	8,0
RaC(RaC'')	50	18,4			
	13,5	5,0			
RaD	5500	2030	K	30	11
RaE	43	15,8	Rb	900—350	330—128

Literatur zu III, 12 siehe Seite 137.

Nach A. F. Kovarik [58]) gilt für Luft:

	UX_1	UX_2	RaD	RaE	AcB	AcC	ThB	ThC
$\mu/\varrho =$	100	5,4	535; 81	12,7	260	7,6	75	5,7

Der Vergleich der Absorptionskoeffizienten μ verschiedener Medien für die gleiche Strahlenart ergab in erster Annäherung das schon vorher bei Kathodenstrahlung beobachtete Gesetz (P. Lenard), daß μ der Dichte ϱ proportional sei, also $\frac{\mu}{\varrho}$ = const. [E. Rutherford [1]); R. J. Strutt [3]); J. A. Crowther [7])].

Bei Elementen zeigte sich jedoch eine systematische Abweichung im Zusammenhang mit dem Atomgewicht A des absorbierenden Mediums, derart, daß die Funktion $\frac{\mu}{\varrho} = f(A)$ im allgemeinen ansteigt, dabei aber sekundäre Maxima und Minima besitzt, die wie bei vielen anderen physikalischen Konstanten dem periodischen System der Elemente entsprechen (vgl. VI, 1).

Die Werte von $\frac{\mu}{\varrho}$ für die β-Strahlung von UX sind in der folgenden Tabelle (aus Rutherford, Rad. Subst. S. 226) zusammengestellt, in der die Elemente nach steigendem Atomgewicht angeordnet sind:

B	4,65	K	6,53	As	8,2	Te	10,8
C	4,4	Ca	6,47	Se	8,65	J	10,8
Na	4,95	Ti	6,2	Sr	8,5	Ba	8,8
Mg	5,1	Cr	6,25	Zr	8,3	Pt	9,4
Al	5,26	Fe	6,4	Pd	8,0	Au	9,5
Si	5,5	Co	6,48	Ag	8,3	Pb	10,8
P	6,1	Cu	6,8	Sn	9,46	U	10,1
S	6,6	Zn	6,95	Sb	9,8		

Analoge Resultate, obgleich mit etwas abweichenden numerischen Werten, erhielt auch H. W. Schmidt [18]) sowohl für UX als für Ac als Strahlungsquelle.

G. Fournier und J. S. Lattès [91]) stellen die Abhängigkeit von der Atomnummer N durch die Formel dar:

$$\frac{\mu}{\varrho} = a + bN$$

und finden folgende Konstanten:

Harte	β-Strahlen:	a = 3,66;	b = 0,0348
Mittlere	,, ,, :	= 15;	= 0,142
Weiche	,, ,, :	= 65;	= 0,615,

wobei a = 105 b für alle drei Arten.

Literatur zu III, 12 siehe Seite 137.

Für chemische Verbindungen läßt sich der Quotient $\frac{\mu}{\varrho}$ angenähert berechnen, indem man additive Zusammensetzung der von den einzelnen in den Molekeln vorhandenen Atomen hervorgebrachten Absorptionen annimmt; die Übereinstimmung mit den beobachteten Werten ist im allgemeinen eine gute [J. A. Crowther[7]); J. A. Mc Clelland und F. E. Hackett[12]); N. Campbell[23]); H. W. Schmidt[30]); W. A. Borodowsky[34]); J. Gedult v. Jungenfeld[53])]. Die Berechnung erfolgt nach Crowther vermittels der Formel: $\frac{\mu M}{\varrho} = \sum \frac{\mu_i A_i}{\varrho_i}$, worin M das Molekulargewicht und ϱ die Dichte der Verbindung, A_i und ϱ_i die Atomgewichte und Dichten der Komponenten bezeichnen. Eine etwas kompliziertere Formel liegt der Berechnung H. W. Schmidts zugrunde.

Eine Konsequenz des auch für die diffuse Strahlung einer Fläche geltenden exponentiellen Absorptionsgesetzes ist es, daß die β-Strahlung einer radioaktiven Platte von der Dicke h sich darstellen läßt durch:

$$J(h) = J_\infty (1 - e^{-\mu h}).$$

In manchen Fällen wurden auch Abweichungen von einfach exponentieller Absorption beobachtet oder gefunden, daß der Wert von μ mit der Versuchsanordnung (Lage des absorbierenden Schirmes, Dimensionen des Ionisationsgefäßes) sich ändere [H. W. Schmidt[14]); M. Levin[15]); N. Campbell[23]); H. Starke[55])].

Die Gültigkeit des einfachen Exponentialgesetzes für die Absorption wurde zunächst als Anzeichen der Homogenität der untersuchten Strahlung aufgefaßt; denn erstens ist diese Form des Absorptionsgesetzes theoretisch zu erwarten, wenn von einer Geschwindigkeitsänderung der β-Strahlen infolge der Absorption und von Zerstreuung abgesehen wird; zweitens war aus dem Verhalten der α-Strahlung der Analogieschluß zu ziehen, daß einheitliche Radioelemente auch eine homogene β-Strahlung aussenden — ein Schluß, der sich insofern bestätigt zeigte, als ja tatsächlich die als einheitlich vorausgesetzten β-Strahler nur eine oder höchstens wenige Gruppen von Strahlen mit bestimmten Absorptionskoeffizienten aufweisen (vgl. Tabelle auf S. 127); drittens ergaben Versuche über den Ladungstransport, daß die durch absorbierende Schichten hindurchgelassene Ladung, also eine der Zahl der passierenden β-Teilchen proportionale Größe, angenähert durch das gleiche Gesetz dargestellt werde, wie die aus der ionisierenden Wirkung bestimmte Strahlungsintensität [W. Seitz[5]); W. Makower[27])]; daher konnte man annehmen, daß die Absorption in einer Verminderung der Zahl der durchgehenden Teilchen ohne wesentliche Geschwindigkeits-

Literatur zu III, 12 siehe Seite 137.

änderung bestehe. Dieser längere Zeit hindurch üblichen Auffassung widersprechen aber:

1. die Gültigkeit des exponentiellen Absorptionsgesetzes für die nach allen Richtungen gleichmäßig verteilte Strahlung einer radioaktiven Flächenbelegung, wobei die S. 84 behandelte Funktion $\Phi(\mu x)$ an Stelle von $e^{-\mu x}$ treten müßte, falls die Absorption eines Parallelstrahlenbündels nach dem Gesetze $e^{-\mu x}$ erfolgen würde;

2. der Nachweis, daß mit dem Durchgange durch absorbierende Schichten eine starke Zerstreuung sowie eine Geschwindigkeitsabnahme der β-Strahlen verbunden ist;

3. der unmittelbare Nachweis mittels Zerlegung in magnetische Spektren, daß die durch ein einfaches Exponentialgesetz der Absorption charakterisierten Strahlen eine relativ große Zahl von homogenen Gruppen umfassen (vgl. Abschnitt 10 dieses Kapitels).

Das experimentell gefundene Exponentialgesetz schien also zunächst bloß eine praktisch meistens genügende empirische Näherungsformel zu sein, der eine unmittelbare theoretische Bedeutung nicht zukomme, ja deren tatsächliche Gültigkeit vom theoretischen Standpunkt aus nicht völlig aufgeklärt war.

Absorption homogener paralleler Strahlen. Wurde ein Bündel angenähert paralleler β-Strahlen gleicher oder wenigstens fast gleicher Geschwindigkeit dadurch hergestellt, daß eine komplexe β-Strahlung zunächst in ein magnetisches Spektrum zerlegt und dann ein relativ schmaler Teil dieses Spektrums herausgeblendet wird, so ergaben einige Versuche bei Anwendung absorbierender Schichten verschiedener Dicke in der Tat nicht die Gültigkeit des exponentiellen Absorptionsgesetzes [W. Wilson[25, 29, 50]); J. A. Crowther[38]); R. W. Varder[61])].

Nach W. Wilson sinkt die durch die ionisierende Wirkung gemessene Strahlungsintensität linear mit der durchsetzten Schichtdicke ab: $J(x) = J_0 - ax$; dabei ist a um so größer, je kleiner die Geschwindigkeit der β-Strahlen ist.

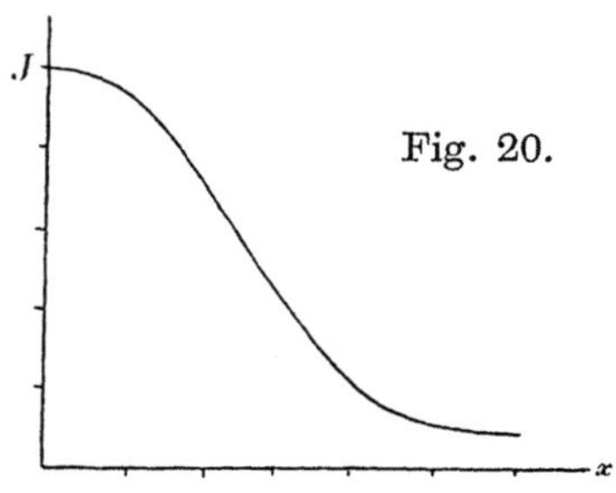

Fig. 20.

Nach Crowther erfolgt die Abnahme der Intensität nach einer Kurve wie sie Figur 20 darstellt, d. h. die Absorption ist bei sehr dünnen Schichtdicken geringfügig, läßt sich für mittlere Dicken angenähert durch eine lineare Formel darstellen und

Literatur zu III, 12 siehe Seite 137.

wird bei dicken Schichten ähnlich wie eine durch ein Exponentialgesetz dargestellte.

Nach Varder ist die die Funktion $J(x)$ darstellende Kurve eine Gerade (wie nach Wilson), wenn die Absorption in Al erfolgt, dagegen z. B. bei Papier gegen die Abszissenachse konkav, bei Sn und bei Pt konvex; auch findet er, daß die „Reichweite" homogener β-Strahlen mit zunehmender Geschwindigkeit ansteigt, und zwar zunächst langsam, dann beschleunigt, zuletzt — von etwa 0,75 der Lichtgeschwindigkeit an — linear. Auch A. F. Kovarik und L. W. Mc Keehan[57]) sowie V. F. Hess und R. W. Lawson[66]) finden kein Exponentialgesetz. Weiterhin wurde auf das Bestehen einer bestimmten Reichweite — wie bei α-Strahlen — geschlossen [G. A. Sutherland und L. H. Clark[72]), J. A. Gray und A. V. Douglas[73]), B. Schonland[78]), C. D. Ellis und M. Bowman-Manifold[92])].

Da — wie aus dem Folgenden hervorgeht — mit der Absorption sowohl Zerstreuung als Geschwindigkeitsabnahme verbunden ist, haben auch die vorstehend genannten Gesetze keine einfache theoretische Bedeutung. Eine sehr eingehende Kritik fanden die bis dahin gewonnenen experimentellen Ergebnisse (gewöhnliche Kathodenstrahlen und β-Strahlen umfassend) durch P. Lenard[68]).

Nach seiner Darstellung ergibt sich folgende Auffassung vom Durchgang der β-Strahlen durch Materie und den charakteristischen Konstanten:

Die eine materielle Schichte durchsetzenden Elektronen durchqueren die getroffenen Atome. Bisweilen werden sie dabei durch ein einziges Atom auf die Geschwindigkeit Null (bzw. von der Größenordnung der thermischen Molekularbewegung) abgebremst (wahre Absorption). In anderen Fällen erleiden sie nur einen relativ geringen Energieverlust, wobei die abgegebene Energie sich hauptsächlich in Sekundärstrahlen wiederfindet und zugleich im allgemeinen eine Ablenkung aus der ursprünglichen Richtung.

Die Verminderung der Teilchenzahl bei wahrer Absorption erfolgt nach einem streng gültigen Exponentialgesetz: $Z = Z_0 e^{-\mu_z x}$. Der (bei Lenard mit α_0, hier im Anschluß an III, 3 mit μ_z bezeichnete) wahre Absorptionskoeffizient ist praktisch nur dann von Bedeutung, wenn ein homogenes Bündel paralleler Strahlen ohne merkliche Streuung eine Schichte von der Dicke $x \leqq x_{\mathrm{I}}$ durchsetzt („Parallelfall"; x_{I} = Parallelfalldicke). Für die empirische Beobachtung liegt meistens der Fall vor („Normalfall"), daß die Strahlung bereits eine Schichtdicke $x > x_{\mathrm{II}}$ (wobei $x_{\mathrm{II}} > x_{\mathrm{I}}$) durchsetzt hat und dadurch

Literatur zu III, 12 siehe Seite 137.

nach allen Richtungen hin gestreut worden ist; x_{II} wird als „Normalfalldicke" bezeichnet. Die Elektronen bewegen sich dann weiterhin auf Zickzackwegen, deren Länge im Mittel als Produkt der Schichtdicke x und des sogenannten „Umwegfaktors" B dargestellt werden kann. Die Verminderung der Teilchenzahl erfolgt daher auch weiterhin nach einem Exponentialgesetze: $Z = Z_0 e^{-\mu_z B x}$. Die Größe $B \cdot \mu_Z$ wird bei Lenard mit α bezeichnet und „praktischer Absorptionskoeffizient" genannt. Er ist wie μ_Z selbst eine Funktion der Geschwindigkeit und von der Natur des absorbierenden Mediums abhängig, wobei angenähert Proportionalität mit der Dichte gilt (vgl. weiter unten). Da mit wachsender Dicke der durchsetzten Schichte ein Energieverlust (Geschwindigkeitsabnahme) stattfindet, ist $\alpha = B\mu_Z$ bei größeren Schichtdicken als — verhältnismäßig langsam — veränderlicher Parameter zu betrachten. Die Streuung führt zugleich zu einer „Rückdiffusion", d. h. ein Teil der auffallenden Elektronen tritt auf der Einfallsseite der absorbierenden Platte wieder aus.

Der Energieverlust wird, je nachdem man die Energie ε eines Einzelteilchens selbst, bzw. die durch $\varepsilon = P \cdot e$ definierte Spannung P, oder die Geschwindigkeit $v = \beta c$ in Betracht zieht, durch $\frac{dP}{dx}$ oder $\frac{d\beta}{dx}$ dargestellt, wobei diese Größen wieder abhängig von β und von der Natur (Dichte, Atomgewicht) des absorbierenden Mediums sind. Eine Folge dieser Geschwindigkeitsabnahme ist es, daß selbst Teilchen, die zufällig der wahren Absorption entgangen sind, nur eine gewisse „Grenzdicke" X durchsetzen können, bevor sie auf molekulare Geschwindigkeit abgebremst sind. Diese Grenzdicke ist somit der „Reichweite" der α-Strahlen analog, aber nach Lenard auch terminologisch von dieser zu unterscheiden, da sie eine ganz andere praktische Bedeutung hat; während nämlich bei α-Strahlen die wahre Absorption gering ist und daher alle Teilchen nahezu dieselbe, empirisch relativ scharf bestimmbare Strecke zurücklegen, ist bei den β-Strahlen die Absorption weitaus überwiegend, so daß nur ein sehr kleiner Bruchteil der Strahlen überhaupt die Grenzdicke erreicht; diese ist infolgedessen auch praktisch nicht hinreichend genau bestimmbar (vgl. hierzu die trotzdem — zeitlich auch nach Lenard — an dem Begriffe der „Reichweite" von β-Strahlen festhaltenden Arbeiten, die S. 131 zitiert sind).

Bezüglich der Abhängigkeit der vorhin eingeführten Konstanten von Strahlgeschwindigkeit und Natur des Mediums leitet Lenard aus einer kritischen Zusammenfassung der bis dahin vorliegenden Messungen zahlreiche Beziehungen ab, die in der zitierten Arbeit in Kurven und Tabellen dargestellt werden.

Literatur zu III, 12 siehe Seite 137.

Der wahre Absorptionskoeffizient μ_Z, bzw. der ihm proportionale „praktische“ $\alpha = B\mu_Z$ sinkt mit steigender Geschwindigkeit auf kleine Werte. Der Umwegfaktor B selbst ist anscheinend unabhängig von der Geschwindigkeit (außer für sehr kleine) und in Al etwa zwischen 1,6 und 2 liegend, für Stoffe mit größerem Atomgewicht größer (etwa 5 für Au). Bezüglich der Abweichungen vom Gesetze $\frac{\alpha}{\varrho} = \text{const.}$ ergibt sich im allgemeinen ein Ansteigen dieser Größe mit dem Atomgewicht, analog wie bei den empirischen Absorptionskoeffizienten μ der Tabelle auf S. 128; Luft und Al führen zu fast gleichen Werten von $\frac{\alpha}{\varrho}$; ihr Gang mit der Geschwindigkeit ist der Tabelle Nr. 5 des Anhanges zu entnehmen. Für große Geschwindigkeiten ($\beta > 0{,}5$) gilt in roher Annäherung $\frac{\mu_Z}{\varrho} \cdot E^{3/2} = \text{const.}$, was für die Abschätzung der Absorption hypothetischer „extremer“ β-Strahlen, deren Geschwindigkeit der Lichtgeschwindigkeit sehr nahe kommt und die für einige kosmisch-physikalische Probleme in Betracht kommen (vgl. VII, 9), von Bedeutung ist.

Für die Frage, ob „Parallelfall“ oder „Normalfall“ vorliegt, also ob „wahrer“ oder „praktischer“ Absorptionskoeffizient zu verwenden ist, wird die Kenntnis der Dicken x_I und x_{II} wichtig. Lenard findet die Größenordnung:

	$\beta = 0{,}35$		$\beta = 0{,}92$	
Luft (1 At)	$x_I = 10^{-2}$ cm	$x_{II} = 10\, x_I$	$x_I = 3$ cm	$x_{II} = 28$ cm
Al	$= 4 \cdot 10^{-6}$		$= 1{,}5 \cdot 10^{-3}$	$= 1{,}3 \cdot 10^{-2}$
Au	$= 10^{-6}$		$= 1{,}3 \cdot 10^{-4}$	—

Geschwindigkeitsabnahme (Energieverlust). Bereits H. W. Schmidt[24]) [vgl. auch A. Baxmann[24])] hatte aus den Resultaten der Absorptionsmessungen geschlossen, daß die β-Strahlen beim Durchdringen materieller Schichten einen wenn auch geringen Energieverlust erfahren. Einen unmittelbaren experimentellen Beweis hierfür erbrachte W. Wilson[33a]) mittels einer Versuchsanordnung, bei der durch ein Magnetfeld ein β-Strahlenbündel bekannter Geschwindigkeit auf eine mit der absorbierenden Schichte überdeckte Blende gelenkt und dann ein zweites von dem ersten unabhängiges Magnetfeld zur Herstellung eines Spektrums verwendet wurde, das die Geschwindigkeitsverteilung in dem durchgelassenen Teile der Strahlen ermitteln ließ; der

Literatur zu III, 12 siehe Seite 137.

Nachweis der β-Strahlen erfolgte dabei aus der Ionisation. Die Anfangsgeschwindigkeit der untersuchten Strahlung betrug $0{,}95\,c$ und konnte bei wachsender Schichtdicke bis auf den Mittelwert $0{,}66\,c$ (bei rund 2 mm Al) herabgedrückt werden. Die Beziehung zwischen der durchsetzten Schichtdicke und der Geschwindigkeits-, bzw. Energie-Abnahme wurde angenähert durch die lineare Formel $E(x) = E_0 - a\,x$ dargestellt; nach E. Rutherford (Rad. Subst., S. 243) ist die aus theoretischen Gründen (vgl. IV, 5) plausible Formel: $E(x)^{3/2} = E_0^{3/2} - a\,x$ ebenfalls mit den beobachteten Werten vereinbar.

Ebenso konnte J. A. Crowther[36]) die Geschwindigkeitsabnahme bei der Absorption nachweisen; dabei erwies sich die durchgelassene Strahlung als noch immer nahezu homogen, wenn Al, dagegen als inhomogen, wenn Pt das absorbierende Medium war.

Mittels photographischer Methoden wurde die Geschwindigkeitsverminderung nachgewiesen von O. v. Baeyer[47]) und von J. Danysz[48,56]); aus seinen Ergebnissen schließt Danysz, daß die Größe der Abnahme nur vom Produkte $\varrho\,x$ aus Dichte und Dicke der Schichte, also nur von der Flächendichte abhänge, dagegen unabhängig von der Natur (dem Atomgewicht) des Mediums sei. Zu einer Prüfung des Gesetzes $v = f(x)$ reicht die Genauigkeit der beobachteten Werte nicht aus. [Vgl. analoge neuere Ergebnisse von J. d'Espine[95]).] Die von J. J. Thomson[40a]) und von N. Bohr[62]) theoretisch begründete Formel: $\beta^4 = \beta_0^4 - C\,x$ oder $\frac{d}{d\,x}(\beta^4) = -C$ wurde von W. F. Rawlinson[63]) und später von H. M. Terril[88]) experimentell bestätigt; nach letzterem ist die Konstante C proportional der Dichte ϱ und es ist $\frac{C}{\varrho} = 6{,}24$.

Die Werte von $\frac{d\beta}{d\,x}$ und $\frac{dP}{d\,x}$ nach P. Lenard sind ebenfalls in die Tabelle Nr. 5 des Anhanges eingetragen; es ergibt sich, daß $\frac{d\beta}{d\,x}$ mit wachsendem β stetig abnimmt, $\frac{dP}{d\,x}$ für $\beta > 0{,}6$ praktisch konstant bleibt. Im mittleren Gebiete gibt die oben erwähnte Formel $\frac{d}{d\,x}(\beta^4) = C$ ebenfalls eine gute Näherung.

Streuung der β-Strahlen. Qualitativ wurde die Zerstreuung der β-Strahlen beim Durchgang durch absorbierende Schichten bereits von H. Becquerel[4]) nachgewiesen; J. A. Mc Clelland[11]) und H. W. Schmidt[13,30]) führten die Zerstreuung auch in die theoretische Ableitung des Gesetzes der scheinbaren Absorption von β-Strahlen ein. Versuche J. A. Crowthers[16]) zeigten, daß bereits relativ dünne

Literatur zu III, 12 siehe Seite 137.

Schichten eine merkliche Zerstreuung bewirken, und daß Metalle mit hohem Atomgewicht wie Au, stärker wirksam sind als solche von kleinem Atomgewicht wie Al. Quantitative Versuche Crowthers[38]) an dünnen Schichten ergaben die theoretisch wichtigen Beziehungen, daß der mittlere Ablenkungswinkel $\overline{\varphi}$ eines β-Teilchens nach Durchsetzen einer Schichtdicke x der Größe $\sqrt{x}$ proportional ist, und daß der für ein Metall charakteristische Wert $\frac{\overline{\varphi}}{\sqrt{x}}$ angenähert seinem Atomgewicht proportional ist; ferner daß für Strahlenbündel verschiedener Geschwindigkeit v die Relation gilt:

$$\frac{mv^2}{e}\frac{1}{\sqrt{d}} = \text{const.},$$

wenn d jene Schichtdicke bezeichnet, welche gerade für die Hälfte der auffallenden Strahlen eine Ablenkung hervorruft, die einen vorgegebenen Wert φ_0 überschreitet.

Endlich ergab sich für die Intensität der durchgelassenen zerstreuten Strahlung, die innerhalb eines Kegels vom halben Öffnungswinkel φ enthalten ist, als Funktion der durchsetzten Schichtdicke x die Formel:

$$J(x) = J_0\left(1 - e^{-\frac{k}{x}}\right).$$

Auf die Zerstreuung der β-Strahlung in dicken Schichten beziehen sich ferner zahlreiche Arbeiten, deren Ergebnisse bei der Behandlung der von β-Strahlen erzeugten Sekundärstrahlen erwähnt sind (vgl. III, 18).

Eine direkte Untersuchung der Streuung mittels der Wilsonschen Methode der sichtbar gemachten Bahnspuren (vgl. IV, 9) wurde vorgenommen von W. Bothe[75]), D. Bose[76]), J. L. Glasson[77]) und C. T. R. Wilson[89]).

Theorie der Absorption und Streuung. Voraussetzung für eine exakte Theorie dieser Erscheinungen ist die Kenntnis der Kraftfelder, welche die β-Teilchen bei der Durchquerung eines Atomes oder bei Vorübergang in geringer Entfernung passieren sowie der Dynamik des Elektrons in gegebenen Feldern. Es wird daher die Fassung einer solchen Theorie bedingt einerseits durch die Annahmen über die Atomstruktur, andererseits durch die angenommenen Gesetze der Dynamik (klassische Elektrodynamik, relativistische Dynamik, Quantentheorie). Auch in den einfachsten Fällen, z. B. Coulombsches Kraftfeld und Anwendung der klassischen Dynamik

---

Literatur zu III, 12 siehe Seite 137.

wird die formal-mathematische Darstellung sehr kompliziert und meistens nur als Annäherung durchführbar. Eine ausführliche Darstellung der zahlreichen theoretischen Arbeiten [J. C. A. Mc Clelland[11]), H. W. Schmidt[13, 18, 24, 30]), J. J. Thomson[40a]), E. Rutherford[40b]); N. Bohr[62]), L. Meitner[60]), E. Friman[64]), A. Becker[67]), G. Wentzel[74]) P. L. Kapitza[80]), C. Davisson[83]), J. H. Jeans[84]), H. A. Wilson[87]), C. D. Ellis und M. Bowman-Manifold[92])] ist hier unmöglich und es sei daher diesbezüglich auf die zusammenfassenden kritischen Darstellungen von P. Lenard[68]), R. Seeliger[69]), W. Bothe[85]) und M. v. Laue[90]) hingewiesen.

Die Grundlage bilden wieder die bereits S. 81 u. 113 besprochenen Formeln für Ablenkung und Energieübertragung bei Vorübergang eines bewegten Teilchens (m, e, v) an einem ruhenden (m', e'):

$$\sin^2 \vartheta = \frac{s^2}{s^2 + p^2}$$

$$\Delta E = 2 \frac{(e e')^2}{m' v^2} \cdot \frac{1}{s^2 + p^2} \cdot$$

Von diesem Ansatze aus sind die Wahrscheinlichkeiten bestimmter Ablenkungen (Streuung) und Energieverluste berechenbar. Komplizierter wird die Rechnung (N. Bohr), wenn die ursprünglich ruhenden ablenkenden Teilchen nicht als frei angenommen werden können (vgl. S. 113). Daß so das teilweise empirisch bestätigte Gesetz $\frac{d}{d x}(\beta^4) = \text{const.}$ gewonnen wurde, ist bereits S. 134 erwähnt.

In bezug auf die Gesetze der Streuung ist es von Wichtigkeit zu prüfen, ob die statistische Verteilung der Einzelstreuungen oder der Endeffekt der Mehrfachstreuung (vgl. S. 114) maßgebend ist. Nach G. Wentzel[74]) ist bei β-Strahlen das letztere der Fall.

Im Gegensatz zu der sonst meistens bevorzugten Anschauung, daß die vollständige Bremsung eines β-Strahles durch einen einzelnen Zusammenstoß ein Grenzfall der oben berechneten Energieübertragung sei, unterscheidet P. Lenard diese Prozesse der wahren Absorption und der Geschwindigkeitsabnahme prinzipiell. Die erstere wird bedingt dadurch, daß das Atom einen „absorbierenden Querschnitt" (vgl. S. 77) besitzt, dessen Größe eine Funktion der Geschwindigkeit der passierenden Strahlen ist und dem wahren Absorptionskoeffizienten μ_Z entspricht. Daß die „praktische" Absorption ebenfalls einem Exponentialgesetze folgt, ergibt sich in strengerer Weise als aus dem Lenardschen Begriffe des Umwegfaktors (S. 132) aus den Rechnungen G. Wentzels[74]).

Literatur zu III, 12 siehe Seite 137.

Literatur zu III, 12:

1) E. Rutherford, Phil. Mag. (5) **47**, 109, 1899.
2) St. Meyer und E. v. Schweidler, Wien. Ber. **109**, 92, 1900; Phys. Z. **1**, 209, 1900.
3) R. J. Strutt, Nature **61**, 539, 1900.
4) H. Becquerel, C. R. **130**, 979, und 1154, 1900.
5) W. Seitz, Phys. Z. **5**, 395, 1904.
6) T. Godlewski, Phil. Mag. (6) **10**, 375, 1905.
7) J. A. Crowther, Phil. Mag. (6) **12**, 379, 1906.
8) St. Meyer und E. v. Schweidler, Wien. Ber. **115**, 697, 1906.
9) L. Meitner, Phys. Z. **7**, 588, 1906.
10) H. W. Schmidt, Phys. Z. **7**, 764, 1906; Ann. d. Phys. (4) **21**, 611, 1906.
11) J. A. Mc Clelland, Dublin Trans. (2) **8**, 169, 1905; **9**, 9, 1906.
12) J. A. Mc Clelland und F. E. Hackett, Dublin Trans. (2) **9**, 37, 1906.
13) H. W. Schmidt, Ann. d. Phys. (4) **23**, 671, 1907.
14) H. W. Schmidt, Phys. Z. **8**, 361 und 737, 1907.
15) M. Levin, Phys. Z. **8**, 585, 1907.
16) J. A. Crowther, Proc. Roy. Soc. (A) **80**, 186, 1908.
17) O. Hahn und L. Meitner, Phys. Z. **9**, 321 und 697, 1908.
18) H. W. Schmidt, Jahrb. Rad. u. El. **5**, 451, 1908.
19) H. W. Schmidt, Phys. Z. **10**, 6, 1909.
20) O. Hahn und L. Meitner, Phys. Z. **10**, 741, 1909.
21) J. A. Crowther, Proc. Cambr. Soc. **15**, 273, 1909.
22) V. E. Pound, Phil. Mag. (6) **17**, 126, 1909.
23) N. R. Campbell, Phil. Mag. (6) **17**, 180, 1909.
24) H. W. Schmidt, Phys. Z. **10**, 929, 1909; A. Baxmann, Dissert. Halle 1911.
25) W. Wilson, Proc. Roy. Soc. (A) **82**, 612, 1909.
26) O. Hahn und L. Meitner, Phys. Z. **10**, 948, 1909.
27) W. Makower, Phil. Mag. (6) **17**, 171, 1909.
28) J. P. V. Madsen, Phil. Mag. (6) **18**, 909, 1909.
29) W. Wilson, Phys. Z. **11**, 101, 1910.
30) H. W. Schmidt, Phys. Z. **11**, 262, 1910.
31) L. Kolowrat, C. R. **151**, 525, 1910.
32) O. Hahn, Verh. D. Phys. Ges. **12**, 468, 1910.
33a) W. Wilson, Proc. Roy. Soc. (A) **84**, 141, 1910.
33b) J. A. Gray und W. Wilson, Phil. Mag. (6) **20**, 870, 1910.
34) W. A. Borodowsky, Phil. Mag. (6) **19**, 605, 1910.
35) W. H. Bragg, Jahrb. Rad. u. El. **7**, 348, 1910; Phil. Mag. (6) **20**, 385, 1910.
36) J. A. Crowther, Proc. Cambr. Soc. **15**, 442, 1910.
37) R. D. Kleeman, Le Rad, **7**, 227, 1910.
38) J. A. Crowther, Proc. Roy. Soc. (A) **84**, 226, 1910.
39) A. F. Kovarik, Phil. Mag. (6) **20**, 849, 1910; Congrès Rad. Bruxelles 1910, I. 392.
40a) J. J. Thomson, Proc. Cambr. Soc. **15**, 465, 1910.
40b) E. Rutherford, Phil. Mag. (6) **21**, 669, 1911.
41) O. v. Baeyer, O. Hahn und L. Meitner, Phys. Z. **12**, 273, 1911.
42) A. S. Eve, Phil. Mag. (6) **22**, 8, 1911.
43) H. Geiger und A. F. Kovarik, Phil. Mag. (6) **22**, 604, 1911.
44) L. V. King, Phil. Mag. (6) **23**, 242, 1912.
45) K. Fajans und W. Makower, Phil. Mag. (6) **23**, 292, 1912.

46) O. Hahn und L. Meitner, Phys. Z. **13**, 390, 1912.
47) O. v. Baeyer, Phys. Z. **13**, 485, 1912.
48) J. Danysz, C. R. **154**, 1502, 1912.
49) J. Stark, Phys. Z. **13**, 793, 1912.
50) W. Wilson, Proc. Roy. Soc. (A) **87**, 100 und 310, 1912.
51) W. B. Huff, Phys. Rev. **35**, 194, 1912.
52) J. A. Gray, Proc. Roy. Soc. (A) **87**, 487, 1912.
53) J. Gedult von Jungenfeld, Phys. Z. **14**, 507, 1913.
54) J. A. Gray, Phil. Mag. (6) **26**, 540, 1913.
55) H. Starke, Phys. Z. **14**, 1037, 1913.
56) J. Danysz, Thèses, Univ. Paris 1913; Ann. chim. phys. (8) **30**, 241, 1913; J. de phys. (5) **3**, 949, 1913.
57) A. F. Kovarik und L. W. Mc Keehan, Phys. Rev. (2) **3**, 149, 1914; **6**, 426, 1915; Phys. Z. **15**, 434, 1914.
58) A. F. Kovarik, Phys. Rev. (2) **3**, 150, 1914; **6**, 419, 1915.
59) J. Gedult von Jungenfeld, Dissert. Göttingen 1914.
60) L. Meitner, Phys. Z. **16**, 272, 1915.
61) R. W. Varder, Phil. Mag. (6) **29**, 725, 1915.
62) N. Bohr, Phil. Mag. (6) **25**, 10, 1913; **30**, 581, 1915.
63) W. F. Rawlinson, Phil. Mag. (6) **30**, 627, 1915.
64) E. Friman, Ann. d. Phys. (4) **49**, 373, 1916.
65) F. Sanford, Science **42**, 130, 1915; Phys. Rev. (2) **5**, 152, 1915.
66) V. F. Hess und R. W. Lawson, Wien. Ber. **125**, 661, 1916.
67) A. Becker, Abh. Heidelberg Ak. 1917, 4. Abh.
68) P. Lenard, ebendort, 1918, 5. Abh.
69) R. Seeliger, Jahrb. Rad. u. El. **16**, 19, 1919.
70) H. Geiger und W. Bothe, Z. f. Phys. **6**, 204, 1912; Phys. Z. **22**, 585, 1921.
71) J. A. Crowther und B. F. J. Schonland, Proc. Roy. Soc. (A) **100**, 526, 1922.
72) G. A. Sutherland und L. H. Clark, Proc. Phys. Soc. London **34**, 51, 1922.
73) J. A. Gray und A. V. Douglas, Phys. Rev. (2) **19**, 432, 1922; A. V. Douglas, Trans. Roy. Soc. Canada **16** (3), 113, 1922; J. A. Gray, ebendort, 125, 1922.
74) G. Wentzel, Ann. d. Phys. (4) **69**, 335, 1922; **70**, 561, 1923; Phys. Z. **23**, 435, 1922.
75) W. Bothe, Phys. Z. **23**, 416, 1922; Z. f. Phys. **12**, 117, 1922.
76) D. Bose, Z. f. Phys. **12**, 207, 1922.
77) J. L. Glasson, Proc. Cambr. Soc. **21**, 7, 1922.
78) B. F. J. Schonland, Proc. Roy. Soc. (A) **101**, 299, 1922.
79) W. Bothe, Z. f. Phys. **13**, 368, 1923.
80) P. L. Kapitza, Proc. Cambr. Soc. **21**, 129, 1922.
81) B. F. J. Schonland, Proc. Roy. Soc. (A) **104**, 235, 1923; **108**, 187, 1925; Nature **111**, 623, 1923; **115**, 194, 1925.
82) J. L. Glasson, Phil. Mag. (6) **43**, 393, 1922.
83) C. Davisson, Phys. Rev. (2) **21**, 637, 1923.
84) J. H. Jeans, Proc. Roy. Soc. (A) **102**, 437, 1923.
85) W. Bothe, Jahrb. Rad. u. El. **20**, 46, 1923.
86) Y. Nishikawa, Strahlentherapie **15**, 545, 1923.
87) H. A. Wilson, Proc. Roy. Soc. (A) **102**, 9, 1922.
88) H. M. Terril, Phys. Rev. (2) **22**, 101, 1923.
89) C. T. R. Wilson, Proc. Roy. Soc. (A) **104**, 1, 192, 1923.
90) M. v. Laue, Marx, Handbuch der Radiologie, Bd. VI, 54, 1924.

91) G. Fournier, C. R. **180**, 284, 1490, 1925; **183**, 37, 200, 1926; J. S. Lattès, C. R. **180**, 1027, 1925; J. S. Lattès und G. Fournier, C. R. **181**, 855, 1135, 1925.
92) C. D. Ellis und M. Bowman-Manifold, Nature **115**, 402, 1925.
93) A. Fernau, Strahlentherap. **19**, 149, 1925.
94) J. Chadwick und P. H. Mercier, Phil. Mag. (6) **50**, 208, 1925.
95) J. d'Espine, C. R. **182**, 458, 1926.

13. Die Deltastrahlen. Die bereits III, 5 besprochenen Versuche über den durch die α-Strahlen vermittelten Ladungstransport [J. J. Thomson[1]); R. J. Strutt[2]); E. Rutherford[3])] ergaben, daß gleichzeitig mit der Aussendung positiver Ladungen in den emittierten α Teilchen eine dünne Schichte α-strahlender Substanz auch negative Ladungen abgebe, so daß der Verlust positiver Ladung dadurch überkompensiert wird. Die Erscheinungen, die bei Anwendung elektrischer oder magnetischer Felder eintraten, zeigten, daß die Abgabe der negativen Ladung in der Emission relativ langsam bewegter Elektronen bestand, also in einer Korpuskularstrahlung, die nur graduell von der β-Strahlung sich unterscheidet und von Thomson als Deltastrahlung bezeichnet wurde.

Die ursprüngliche Auffassung war die, daß die δ-Strahlung ein zugleich mit der α-Strahlung eintretender Effekt des radioaktiven Atomzerfalles sei. Die Versuche E. Rutherfords[3]) und zahlreiche spätere bewiesen aber, daß beim Auftreffen von α-Strahlen auf beliebige Körper eine solche Strahlung ausgelöst wird; auch β-Strahlen bringen in geringerem Maße denselben Effekt hervor. Dies führte dazu, daß später die Bezeichnung „δ-Strahlen" für weiche β-Strahlen überhaupt angewendet wurde. Zweckmäßiger erscheint es aber, diesen Namen im engeren Sinne der ursprünglichen Definition zu gebrauchen.

Mit den jetzigen Anschauungen von den Zerfallsprozessen, speziell mit der „Verschiebungsregel" (vgl. S. 31) ist die Vorstellung unvereinbar, daß die δ-Strahlung aus Kernelektronen bestehe. Nicht unmittelbar zu entscheiden ist aber zunächst die Frage, ob die δ-Strahlen aus der Hülle des jeweils α-strahlenden Atomes stammen (primäre δ-Strahlen) oder gewöhnliche Sekundärstrahlen sind, die in andern, von α-Strahlen getroffenen Atomen entstehen.

Die Tatsache (vgl. III, 17), daß die beim Zerfall eines α-strahlenden Radioelementes entstehenden Restatome sich als positiv geladen erweisen, führte zuerst zu der Annahme, daß gleichzeitig mit dem zwei positive Elementarquanten tragenden α-Teilchen mindestens drei Elektronen in Form primärer δ-Strahlung ausgesandt werden. Spätere Versuche L. Wertensteins[4]) ergaben jedoch, daß beim Zerfall des

Literatur zu III, 13 siehe Seite 140.

RaC′ das entstehende Restatom (RaD) im extremen Vakuum ungeladen erscheint, aber schon in sehr verdünnten Gasen bei seiner Rückstoßbewegung (vgl. S. 160) eine positive Ladung annimmt, offenbar infolge der Abspaltung von Elektronen, die beim Zusammenstoß mit den Gasmolekeln eintritt. Ob dies auch in den anderen Fällen einer α-Umwandlung gilt, ist bisher nicht festgestellt; bei allgemeiner Bestätigung der Wertensteinschen Resultate für beliebige α-Strahler würde die Annahme einer primären δ-Strahlung von je 2 Elektronen sich ergeben.

Insofern sich die Untersuchungen über die Eigenschaften der δ-Strahlen im wesentlichen auf sekundäre Strahlen beziehen, sind sie im Abschnitt 18 dieses Kapitels besprochen, wo auch die ausführlichere Literaturangabe erfolgt.

Literatur zu III, 13:

1) J. J. Thomson, Proc. Cambr. Soc. **13**, I, 49, 1904.
2) R. J. Strutt, Phil. Mag. (6) **8**, 157, 1904.
3) E. Rutherford, Phil. Mag. (6) **10**, 193, 1905.
4) L. Wertenstein, Soc. Franc. Phys. 1913, Nr. 40, p. 5; Ann. de phys. (9) **1**, 347, 393, 1914; C. R. **161**, 696, 1915; C. R. Soc. Sciences Varsovie **8**, 340, 1915.

14. Die Natur der Gammastrahlen. Die Abtrennung der als γ-Strahlen bezeichneten Gruppe von den übrigen Becquerelstrahlen geschah zunächst rein deskriptiv auf Grund der Merkmale: Unablenkbarkeit durch magnetische und elektrische Felder, sehr große Durchdringungsfähigkeit [P. Villard[1]), H. Becquerel[2])]. F. Paschen[3]) glaubte aus seinen Versuchen schließen zu können, daß im Gegensatz zu der allgemeinen Annahme auch durch γ-Strahlen negative Ladungen übertragen würden, doch konnte dies später auf die von den γ-Strahlen erzeugten sekundären β-Strahlen (vgl. III, 18) zurückgeführt werden.

Die Analogie mit den Eigenschaften der Röntgenstrahlen führte schon bald zu der Auffassung, daß die γ-Strahlen mit diesen wesensgleich und nur graduell verschieden seien, also in der Ausbreitung elektromagnetischer Impulse bestünden.

Aus den allgemeinen Gleichungen der Elektrodynamik folgt, daß solche Impulse entstehen, wenn eine elektrische Ladung eine (positive oder negative) Beschleunigung erhält. Während bei der Entstehung der Röntgenstrahlen die Bremsung der auf einen absorbierenden Körper auffallenden Elektronen die Impulse bewirkt, wurde bei den γ-Strahlen zunächst die positive Beschleunigung des β-Teilchens im Momente der Emission als Ursache betrachtet. Damit übereinstimmend war die Tatsache, daß die γ-Strahlen sich nur bei β-strahlenden Radioelementen zeigten, ferner daß im allgemeinen jene β-Strahler, die Elektronen großer Anfangsgeschwin-

Literatur zu III, 14 siehe Seite 146.

digkeit aussenden, auch eine γ-Strahlung von großer Intensität und Durchdringungsfähigkeit besitzen und umgekehrt; doch sind diese Beziehungen keine einfachen und ausnahmslosen, wie z. B. einerseits das RaE zeigt, welches nur eine sehr schwache γ-Strahlung emittiert, obwohl die Anfangsgeschwindigkeiten seiner β-Strahlen bis zu ziemlich hohen Werten hinaufreichen, andererseits die bloß α- und γ-strahlenden Elemente wie Io und Po (A. S. Russell und J. Chadwick[24]).

Nach A. Sommerfeld[6]) [vgl. auch J. Kunz[28])] ergeben sich aus dieser Auffassung folgende quantitative Gesetze:

Ein ursprünglich ruhendes Elektron werde auf der sehr kleinen Strecke $OO' = \frac{1}{2}\beta c\Delta$ während der Zeit Δ gleichförmig beschleunigt, so daß βc seine Endgeschwindigkeit ist. Um die Strecke OO' breitet sich dann eine Feldstörung aus, die von zwei in O und O' zentrierten mit Lichtgeschwindigkeit c sich erweiternden Kugelflächen begrenzt ist. Die „Impulsbreite" λ ist abhängig vom Azimute φ, nämlich:

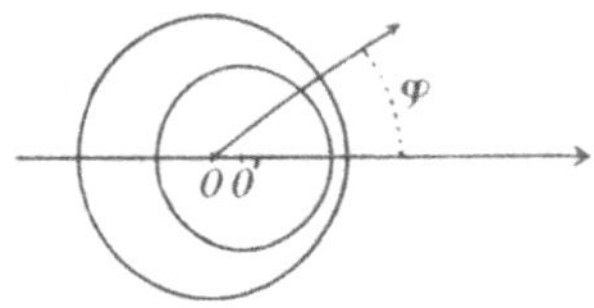

Fig. 21.

$\lambda = c\Delta\,(1 - \frac{\beta}{2}\cos\varphi)$, hat also den Mittelwert $\bar{\lambda} = c\Delta$, das Minimum $\lambda_{min} = c\Delta\left(1 - \frac{\beta}{2}\right)$ für $\varphi = 0$ und das Maximum $\lambda_{max} = c\Delta\left(1 + \frac{\beta}{2}\right)$ für $\varphi = \pi$. Die gesamte ausgestrahlte Energie ist:

$$E = \frac{\beta}{\Delta}\,(1-\beta)^{-2}\,\frac{e_s^2}{24\,c},$$

wenn e_s die Elektronenladung in stat. Einh. bezeichnet.

Die auf die Flächeneinheit der äußeren Kugelfläche (Radius r) entfallende Energiemenge ist gegeben durch:

$$\mathfrak{S}(\varphi) = \frac{\beta}{\Delta}\cdot\frac{e_s^2}{16\pi\,c\,r^2}\cdot\frac{\sin^2\varphi}{\cos\varphi}\,\{(1-\beta\cos\varphi)^{-4} - 1\},$$

ist also Null in der Richtung der Elektronenbeschleunigung und in der entgegengesetzten und erreicht ein Maximum in einem vom Werte β abhängigen Azimute. In Figur 22 ist für die Spezialfälle $\beta = 0{,}9$ und $\beta = 0{,}99$ die Abhängigkeit von φ in relativem Maße (in Bruchteilen der mit β rasch wachsenden Maximalintensität) dargestellt. Die Hauptmenge der Energie wird also in einen Hohlkegel emittiert, der aus der Kugelfläche eine ringförmige Zone herausschneidet. Je größer β ist, um so kleiner wird die Breite und der Öffnungswinkel dieser Zone, also um so größer die Konzentration der Energiestrahlung.

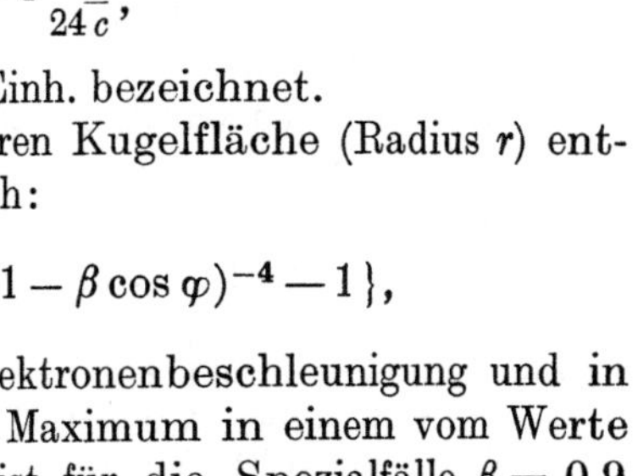

Fig. 22.

Literatur zu III, 14 siehe Seite 146.

Unwesentliche Abänderungen in den angegebenen Formeln werden notwendig, wenn statt der gleichförmigen Beschleunigung des Elektrons eine ungleichförmige (abnehmende) vorausgesetzt wird, entsprechend dem Umstande, daß die Masse eine Funktion der Geschwindigkeit ist. Quantitative Vergleiche mit den empirischen Resultaten werden durch den Mangel an Daten über die Werte von Δ, beziehungsweise λ erschwert; man erhält aber für die emittierte Energie die richtige Größenordnung, wenn die „Beschleunigungsstrecke“ OO' etwa zu 10^{-12} bis 10^{-11} cm gewählt wird, also ungefähr mit den Dimensionen der Atomkerne vergleichbar ist. Auch erscheint ein Zusammenhang des Produktes $E\Delta$ mit dem Planckschen Wirkungsquantum h möglich.

Neben der Zurückführung der primären γ-Strahlung radioaktiver Atome auf die Beschleunigung des emittierten β-Teilchens ist aber auch die Annahme möglich, daß das vom Kerne ausgehende β-Elektron in der Elektronenhülle des Atomes eine Verzögerung erleide. Die früher erwähnten Formeln behalten natürlich für diesen Fall ihre Gültigkeit.

Die bisher besprochene theoretische Auffassung entspricht dem Standpunkt der „klassischen“ Elektrodynamik und demjenigen Teil der γ-Strahlen, die ein Analogon zur sogenannten „Impulsstrahlung“ (auch als „Bremsstrahlung“ oder „polarisierter Anteil“ der Röntgenstrahlung bezeichnet) bildet. Rein formal zunächst läßt sich eine solche Impulsstrahlung, die ursprünglich durch eine „Impulsbreite“ charakterisiert ist, auch auffassen als Übereinanderlagerung von Sinusschwingungen, und zwar im allgemeinen (bei Darstellung durch ein Fouriersches Integral) als eine Strahlung mit kontinuierlichem Spektrum. Dieser mathematisch-formalen Zerlegung entspricht eine physikalisch-reelle, sobald ein der spektralen Zerlegung des Lichtes analoger Prozeß wirksam wird (vgl. unten).

In einer theoretischen Untersuchung zeigt A. Sommerfeld [27]), daß einseitige Impulse (elektrische Feldstärke an einem Punkte beim Darüberziehen eines Impulses stets vom selben Vorzeichen) und zweiseitige Impulse (Zeitintegral der Feldstärke gleich Null) sich in bezug auf die spektrale Energieverteilung unterscheiden, derart, daß im ersten Falle das Maximum im langwelligen Teile liegt, im zweiten Falle die Energie des langwelligen Spektralbereiches verschwindet; da aber bereits eine sehr dünne leitende Schicht genügt, einen hindurchgehenden einseitigen Impuls ohne merkliche Schwächung der Gesamtenergie in einen zweiseitigen umzuwandeln, ist die Annahme ursprünglich einseitiger Impulse — wie sie durch Bremsung oder Beschleunigung entstehen — nicht mit der Erfahrung im Widerspruch.

Hiernach wäre also theoretisch in der γ-Strahlung ein auf Beschleunigungsimpulsen beruhender Anteil zu erwarten, der ein kontinuierliches Spektrum liefert und in dem eine sehr kurzwellige und daher (vgl. III, 16) durchdringende Strahlung überwiegt.

Literatur zu III, 14 siehe Seite 146.

Im Gegensatz zur Impuls- und Wellentheorie wurde für γ- und Röntgenstrahlen seinerzeit eine Korpuskulartheorie aufgestellt [W. H. Bragg, W. H. Bragg und J. P. V. Madsen[4]]; die Korpuskeln wurden als elektrisch neutral und mit einer Masse von der Größenordnung der Elektronenmasse vorausgesetzt, doch ohne daß bestimmte quantitative Angaben über Masse und Geschwindigkeit abgeleitet werden konnten. Der Stützpunkt für diese Auffassung war die Tatsache, daß die beobachteten Wirkungen der Röntgen- und γ-Strahlen bei ihrer Absorption (Gasionisierung, Erzeugung sekundärer Kathoden- oder β-Strahlen) nicht ohne weiteres mit der Energieverteilung in der Impulskugelschale vereinbar sind. Falls nicht — was aus verschiedenen Gründen unwahrscheinlich war — die innere Energie der getroffenen Atome den Hauptanteil der Ionisierungsarbeit oder die kinetische Energie der Sekundärstrahlen deckt, konnten diese Vorgänge nur durch die Konzentration der Strahlungsenergie auf sehr kleine Volumina von atomistischen Dimensionen erklärt werden; denn z. B. die Energie eines sekundär erregten β-Strahles ist von derselben Größenordnung wie die gesamte Energie eines einzelnen γ-Strahles.

Zur gleichen Auffassung bezüglich der räumlichen Verteilung der in γ-Strahlen emittierten Energie führt die zuerst von J. Stark[5]) auf diese Vorgänge übertragene Quantentheorie (vgl. später).

Theoretische Überlegungen über die Vorgänge der Elektronenabspaltung durch elektromagnetische Impulse finden sich auch bei W. F. G. Swann[20]).

Eine experimentelle Entscheidung der Frage, ob die von einem einzelnen γ-strahlenden Atome ausgesandte Energie in einem Kegel von sehr kleinem Öffnungswinkel oder in einem solchen von größerem Öffnungswinkel eingeschlossen bleibt oder isotrop über die ganze Impulsfläche verteilt ist, wäre möglich, wenn sich die Zahl der in eine Blende eindringenden γ-Strahlen bestimmen ließe [E. v. Schweidler[7])]; eine rein theoretische Diskussion, ob in Ermangelung direkter Zählmethoden, wie sie für α-Strahlen anwendbar sind, die Untersuchung der Schwankungen (vgl. II, 4) der von γ-Strahlen hervorgerufenen Ionisation diese Zahl ermitteln lasse, führte zur Erkenntnis, daß die Entscheidung praktisch unmöglich wird, sobald — entsprechend den Anschauungen Braggs (vgl. IV, 5) — die Ionisierung nicht unmittelbar durch die γ-Strahlen, sondern mittelbar durch die von ihnen im Gase und in den Gefäßwänden erzeugte Sekundärstrahlung erfolgt; in diesem Falle übertreffen die zufälligen Schwankungen in der Ionisationswirkung eines einzelnen Strahles weitaus die Schwankungen in der Zahl der wirksamen (die Blende passierenden) γ-Strahlen [N. Campbell[9]); E. v. Schweidler[7])].

Von ähnlichen Voraussetzungen ausgehend hatte inzwischen unabhängig E. Meyer[8]) derartige Schwankungsmessungen wirklich ausgeführt; er interpretierte die Resultate dieser und späterer [E. Meyer [10, 13, 15])] Versuche dahin, daß zwar eine isotrope Energieverteilung um das Zentrum der γ-Emission nicht bestehe, daß aber die Anisotropie nicht jenen Grad erreiche, den die Korpuskular- und die Quantentheorie erfordern. Einen teilweise abweichenden Standpunkt bei der Deutung der Versuchsergebnisse, nämlich daß sie im Sinne der obigen Ausführungen nicht entscheidend seien, nahm N. Campbell[9, 13]) ein. E. Buchwald[17]) zeigte, daß bei Einführung bestimmter Voraussetzungen die Ergebnisse E. Meyers mit der Sommerfeldschen Theorie vereinbar sind. Analoge Versuche von T. H. Laby und P. W. Burbidge[11]) und von P. W. Burbidge[22]) lieferten kein eindeutiges Ergebnis.

Literatur zu III, 14 siehe Seite 146.

Neben der Impulsstrahlung kennt man im Röntgengebiet seit C. G. Barkla die sogenannte „charakteristische Strahlung", auch „Fluoreszenz"- oder „Eigenstrahlung" genannt, die von Kathoden- oder primären Röntgenstrahlen hinreichender Energie in den von ihnen getroffenen Atomen erregt wird und in ihrer Qualität durch die Natur dieser Atome bestimmt ist; sie zeigt keine Polarisation und liefert ein Linienspektrum. Bereits vor der Entdeckung der Interferenzerscheinungen beim Durchgang der Röntgenstrahlen durch Kristalle (M. v. Laue) ordnete Barkla bloß nach der Durchdringungsfähigkeit die Eigenstrahlung der Elemente in „Serien" (K-, L-Serie), denen später die M-Serie usw. angegliedert wurden. Nach der Anwendung der Interferenzmethoden zur Wellenlängenbestimmung ergaben dann die grundlegenden Versuche H. G. J. Moseleys einfache Beziehungen zwischen den Frequenzen der Eigenstrahlung und der Atomnummer ($\sqrt{\nu}$ proport. N). Das ungemein reichhaltige empirische Material der rasch ausgebauten Röntgenspektroskopie fand dann auf Grund der Bohrschen Form der Quantentheorie seine Erklärung. Die Hauptzüge dieser Theorie müssen hier als bekannt vorausgesetzt werden, bzw. sei auf die zusammenfassende Darstellung in A. Sommerfelds „Atombau und Spektrallinien" verwiesen.

Die Grundgedanken der Quantentheorie: daß die Hüllelektronen sich um den Atomkern in diskreten, durch „Quantenzahlen" charakterisierten Bahnen bewegen und sich dabei auf bestimmten „Energieniveaus" befinden; daß beim Übergang („Sprung") eines Elektrons von einer Quantenbahn auf eine andere (innere) von niedrigerem Energieniveau die freiwerdende Energie in Form monochromatischer Strahlung emittiert werde, und daß deren Frequenz bestimmt sei durch die Gleichung:

$$h\nu = E_1 - E_2,$$

wobei h das Plancksche Wirkungsquantum ($h = 6{,}55 \cdot 10^{-27}$ Erg.sec) ist; endlich daß eine analoge Gleichung auch gelte, wenn Strahlung auf Kosten der kinetischen Energie eines gebremsten freien (dem Atomverband nicht angehörenden) Elektrons erzeugt wird oder umgekehrt, wenn durch Absorption einer Wellenstrahlung eine sekundäre Elektronenstrahlung erregt wird — diese Grundgedanken finden auch Anwendung auf die Theorie der γ-Strahlen.

Zunächst ergeben die im nächsten Abschnitt III, 15 besprochenen Wellenlängenmessungen, daß ein Teil der γ-Strahlung nichts anderes ist als die den betreffenden Radioelementen zukommende „Eigen-

---

Literatur zu III, 14 siehe Seite 146.

strahlung", also ihren Ursprung in der Elektronenhülle dieser Atome hat. Ein Teil der untersuchten Strahlen (speziell die kurzwelligen) läßt sich so nicht einordnen und muß daher als Kern-γ-Strahlung aufgefaßt werden [E. Rutherford und E. N. da C. Andrade[23]); E. Rutherford[25, 26]); R. Swinne[30]); W. Kossel[31])]. In Analogie mit der quantentheoretischen Deutung der Röntgenspektren wird angenommen, daß Kernelektronen durch Quantenbedingungen bestimmte Bahnen innerhalb des Kernes beschreiben und auch hier nach der „Bohrschen Frequenzbedingung" $h\nu = E_1 - E_2$ eine monochromatische Strahlung aussenden, wenn sie ihr Energieniveau wechseln [C. D. Ellis[35]); L. Meitner[36]); A. Smekal[37]); S. Rosseland[38])]. Speziell für RaB und RaC gaben C. D. Ellis und H. W. B. Skinner[35]) ein detailliertes Schema der vorhandenen Niveaus und der den Übergängen zwischen ihnen entsprechenden Strahlen.

Die durch die allgemeine Quantentheorie gegebene Beziehung zwischen Korpuskularstrahlen und Lichtquanten (wechselseitige Umsetzung unter Erhaltung der Energie) führt weiterhin tiefer in die Lösung der Frage nach dem Zusammenhang zwischen β- und γ-Strahlung (vgl. S. 123). Von vornherein ist ebensowohl denkbar: a) die Erzeugung von γ-Strahlen auf Kosten der kinetischen Energie E_{β} eines β-Strahles, wobei die Gleichung $h\nu = E_{\beta}$ die Frequenz bzw. Wellenlänge unmittelbarer festlegt als die früher besprochenen Überlegungen der Impulstheorie auf Grundlage der klassischen Elektrodynamik; als auch: b) die Erzeugung von β-Strahlen auf Kosten der Energie absorbierter Lichtquanten, also ein Analogon des „lichtelektrischen Effektes", wobei $E_{\beta} = h\nu - A$ ist (A bezeichnet darin die zur Ablösung des „Photoelektrons" erforderliche Arbeit und hängt ab vom Niveau, aus dem dieses Elektron stammt).

Welcher dieser beiden möglichen Fälle bei den β- und γ-strahlenden Radioelementen vorliegt, darüber sind die Meinungen noch geteilt. Eine bereits von E. Rutherford[25]) angedeutete Theorie weiter ausführend, gelangt C. D. Ellis[35]) zur Annahme, daß die Kern-γ-Strahlung der primäre Vorgang sei; die β-Strahlung ist ein sekundärer Vorgang, teils beruhend auf der Emission von Photoelektronen aus der Hülle, teils auf der Emission eines Kernelektrons, das nach den vorhergegangenen, mit γ-Strahlung verbundenen Sprüngen auf eine instabile Bahn gelangt ist. Die Anfangsgeschwindigkeit dieser Kern-β-Strahlung ist nicht eindeutig bestimmt und führt daher auf die komplizierte Struktur der β-Spektren (vgl. III, 10). Im Gegensatze hierzu nimmt L. Meitner [und O. Hahn[36])] an, daß die Kern-β-Strahlung der primäre Vorgang sei und mit definierter Anfangsgeschwindigkeit erfolge. Sekundäre Ein-

Literatur zu III, 14 siehe Seite 146.

flüsse bringen dann erst das komplizierte β-Linien- und das kontinuierliche β-Spektrum hervor. Die γ-Strahlung ist ein sekundärer Vorgang: nach der ersten Fassung der Meitnerschen Theorie wird sie erzeugt durch bisweilen eintretende Absorption der β-Strahlung innerhalb des Kernes selbst, sofern sie Kern-γ-Strahlung ist, oder sie ist in der Hülle erregte Eigenstrahlung. Nach einer neueren modifizierten Fassung entspricht die Kern-γ-Strahlung einer Neuordnung der Kernbestandteile, die erst nach erfolgter β-Emission vor sich geht. Eine experimentelle Bestätigung dieser Anschauung erfolgte durch E. Rutherford und W. A. Wooster[41]), vgl. auch C. D. Ellis und W. A. Wooster[41]) und L. F. Curtiss[41]), ferner die bereits erwähnten allgemeineren Formulierungen von A. Smekal[37]) und S. Rosseland[38]).

Teilweise von Bedeutung für die Entscheidung zwischen diesen gegensätzlichen Auffassungen sind die Resultate einer Zählung der emittierten β- und γ-Strahlen; bezüglich der β-Strahlen siehe III, 11. Methoden zur Zählung von γ-Strahlen wurden ausgearbeitet von V. F. Hess und R. W. Lawson[29]), von A. F. Kovarik[32, 33, 40]), und H. Greinacher.[40]) Erstere finden für Gleichgewichtsmengen von RaB und RaC gleiche Werte; letzterer für die mit 1 g Ra im Gleichgewicht stehende Menge von (RaB + RaC) den Absolutwert

$$Z = 7{,}28 \cdot 10^{10} = 2 \times 3{,}64 \cdot 10^{10} \frac{\gamma\text{-Str}}{\text{sec}}$$

bei einer Beobachtungsgenauigkeit von etwa 2%.

Die von P. Weiss und A. Piccard[12]) festgestellte Unabhängigkeit der γ-Emission von starken magnetischen Feldern wurde bereits in II, 3 erwähnt.

Literatur zu III, 14:

1) P. Villard, C. R. **130**, 1010 und 1178, 1900.
2) H. Becquerel, C. R. **130**, 1154, 1900.
3) F. Paschen, Ann. d. Phys. (4) **14**, 114 und 389, 1904; Phys. Z. **6**, 97, 1905.
4) W. H. Bragg, Phil. Mag. (6) **14**, 429, 1907; W. H. Bragg und J. P. V. Madsen, Phil. Mag. (6) **15**, 663, 1908; **16**, 918, 1908; **20**, 385, 1910; W. H. Bragg, Nature **77**, 270 und 560, 1908; Jahrb. Rad. u. El. **7**, 348, 1910.
5) J. Stark, Phys. Z. **10**, 579 und 902, 1909; Phys. Z. **11**, 24 und 279, 1910.
6) A. Sommerfeld, Phys. Z. **10**, 969, 1909; München Ber. **41**, 1, 1911.
7) E. v. Schweidler, Phys. Z. **11**, 225 und 614, 1910.
8) E. Meyer, Berlin. Ber. **32**, 647, 1910; Jahrb. Rad. u. El. **7**, 279, 1910.
9) N. R. Campbell, Phys. Z. **11**, 826, 1910.
10) E. Meyer, Phys. Z. **11**, 1022, 1910.
11) T. H. Laby und P. W. Burbidge, Nature **87**, 144, 1911; Proc. Roy. Soc. (A) **86**, 333, 1912.
12) P. Weiss und A. Piccard, Arch. scienc. phys. et nat. (4) **31**, 554, 1911.
13) E. Meyer und N. R. Campbell, Phys. Z. **13**, 73, 1912.
14) J. Stark, Phys. Z. **13**, 161, 1912.

15) E. Meyer, Phys. Z. **13**, 253, 1912; Ann. d. Phys. (4) **37**, 700, 1912.
16) A. S. Russell, Jahrb. Rad. u. E. **9**, 438, 1912.
17) E. Buchwald, Ann. d. Phys. (4) **39**, 41, 1912.
18) E. Rutherford, Phil. Mag. (6) **24**, 453 und 893, 1912.
19) J. A. Gray, Proc. Roy. Soc. (A) **87**, 489, 1912.
20) W. F. G. Swann, Phil. Mag. (6) **25**, 534, 1913.
21) A. N. Shaw, Phil. Mag. (6) **26**, 190, 1913.
22) P. W. Burbidge, Proc. Roy. Soc. (A) **89**, 45, 1913.
23) E. Rutherford und E. N. da C. Andrade, Nature **92**, 267, 1913; Phil. Mag. (6) **27**, 854, 1914; **28**, 263, 1914.
24) A. S. Russell und J. Chadwick, Phil. Mag. (6) **27**, 112, 1914.
25) E. Rutherford, Phil. Mag. (6) **28**, 305, 1914.
26) E. Rutherford, Nature **95**, 494, 1915.
27) A. Sommerfeld, Ann. d. Phys. (4) **46**, 721, 1915.
28) J. Kunz, Phys. Rev. (2) **6**, 413, 1915.
29) V. F. Hess und R. W. Lawson, Wien. Ber. **125**, 285, 585, 1916.
30) R. Swinne, Phys. Z. **17**, 481, 1916.
31) W. Kossel, Phys. Z. **18**, 240, 1917.
32) A. F. Kovarik, Phys. Rev. (2) **13**, 272, 1919.
33) A. F. Kovarik, Phys. Rev. (2) **14**, 179, 1919; Washington Proc. **6**, 105, 1920.
34) O. Treitel, Dissert. Heidelberg 1920.
35) C. D. Ellis, Proc. Roy. Soc. (A) **99**, 261, 1921; **101**, 1, 1922; Proc. Cambr. Soc. **21**, 121, 1922; Z. f. Phys. **10**, 303, 1922; Proc. Cambr. Soc. **22**, 369, 1924; C. D. Ellis und H. W. B. Skinner, Proc. Roy. Soc. (A) **105**, 60, 165, 185, 1924.
36) L. Meitner, Z. f. Phys. **9**, 131, 145, 1922; **11**, 35, 1922; **17**, 54, 1923; Naturwiss. **12**, 1146, 1924; O. Hahn und L. Meitner, Z. f. Phys. **17**, 157, 1923; **26**, 161, 1924. L. Meitner, Z. f. Phys. **34**, 807, 1925.
37) A. Smekal, Wien. Anz. 1922, 79, 129; Z. f. Phys. **10**, 275, 1922; **25**, 265, 1924; **28**, 142, 1924.
38) S. Rosseland, Z. f. Phys. **14**, 173, 1923; Nature **111**, 357, 1923.
39) E. Madgwick, Proc. Univ. of Durham, **6**, 136, 1921/22.
40) A. F. Kovarik, Phys. Rev. (2) **23**, 228, 559, 1924; H. Greinacher, siehe III, 11, Lit. Nr. 15.
41) E. Rutherford und W. A. Wooster, Proc. Cambr. Soc. **22**, 834, 1925; C. D. Ellis und W. A. Wooster, ebendort, 844, 1925; L. F. Curtiss, Phys. Rev. (2) **27**, 257, 1926.

15. Die Wellenlänge der Gammastrahlen. Als Einheit für die Angabe von λ eignet sich bei γ-Strahlen die sogenannte X-Einheit: 1 X.E. $= 10^{-3}$ Å.E. $= 10^{-11}$ cm. Zur Bestimmung der Wellenlänge sind folgende Methoden anwendbar:

1. Direkte Bestimmung aus Interferenzerscheinungen in Kristallen. Speziell Reflexion an Kristallen bekannter Gitterkonstante d liefert für den „Glanzwinkel" ϑ die Formel:

$$\lambda = 2d \sin \vartheta.$$

Für Steinsalz ist $d = 2814$ X.E., für Kalzit $d = 3028$ X.E. Nach dieser Methode hatte zunächst A. N. Shaw[1]) qualitative Resultate er-

Literatur zu III, 15 siehe Seite 148.

halten. E. Rutherford und E. N. da C. Andrade[2]) ermittelten unter Verwendung von Steinsalz das Linienspektrum für die weiche γ-Strahlung von RaB und für die harte γ-Strahlung von (RaB + RaC). Bis zu noch kürzeren Wellenlängen des letztgenannten Spektrums ist A. F. Kovarik[10]) mit Verwendung von Kalzit gelangt.

2. Berechnung aus der Formel $E_\gamma = h\nu = \frac{hc}{\lambda}$. Die Energie E_γ kann wieder zurückgeführt werden auf die Energie E_β von β-Strahlen, die durch Beobachtung der magnetischen Ablenkung aus dem Produkt $\mathfrak{H}\mathfrak{R}$ (vgl. III, 2) ermittelt wird. Hierbei kommt entweder das primäre β-Spektrum des betreffenden Elementes in Betracht, dessen Beziehung zu den γ-Strahlen in der im Abschnitt III, 14 besprochenen Weise gedeutet wird, oder in beliebigen Stoffen durch γ-Strahlen erzeugte sekundäre β-Strahlen (vgl. III, 18), bei denen dann entsprechend der Formel (S. 145):

$$E_\beta = E_\gamma - A$$

die Ablösungsarbeit A zu berücksichtigen ist.

Nach dieser Methode wurden Untersuchungen ausgeführt von C. D. Ellis[7]), demselben und H. W. B. Skinner[13]), L. Meitner[9]), O. Hahn und L. Meitner[11]), M. de Broglie und J. Cabrera[12]), J. Thibaud[14]) und D. H. Black[18]).

3. Berechnung aus Absorption und Streuung. Die im Abschnitte III, 16 näher besprochenen Gesetze betreffend die Abhängigkeit des wahren Absorptionskoeffizienten μ^* und des Streuungskoeffizienten σ von der Wellenlänge können verwendet werden, die „effektive" Wellenlänge eines γ-Strahlenbündels zu berechnen. Schätzungen der Größenordnung oder genauere Berechnungen nach dieser Methode wurden vorgenommen von E. Rutherford[3]), K. W. F. Kohlrausch[4]), H. Prelinger[5]), M. Lang[6]), A. H. Compton[8]), E. A. Owen, N. Fleming und W. E. Fage[15]), N. Ahmad [und E. C. Stoner[16])] und J. A. Gray und H. M. Cave[17]); vgl. auch D. Skobelzyn[17]).

Die Resultate aller nach diesen Methoden erhaltenen Werte, die von 4100 X.E. bis zu 5 X.E. reichen, sind in Tabelle Nr. 8 des Anhanges zusammengetellt.

Literatur zu III, 15:

1) A. N. Shaw, Phil. Mag. (6) **26**, 190, 1913.
2) E. Rutherford und E. N. da C. Andrade, Nature **92**, 267, 1913; Phil. Mag. (6) **27**, 854, 1914; **28**, 263, 1914.
3) E. Rutherford, Phil. Mag. (6) **34**, 153, 1917.
4) K. W. F. Kohlrausch, Phys. Z. **19**, 345, 1918.
5) H. Prelinger, Wien. Ber. **130**, 279, 1921.
6) M. Lang, Ann. d. Phys. (4) **53**, 279, 337, 1921.

7) C. D. Ellis, Proc. Roy. Soc. (A) **99**, 261, 1921; **101**, 1, 1922; Proc. Cambr. Soc. **21**, 121, 1922; Z. f. Phys. **10**, 303, 1922.
8) A. H. Compton, Phys. Rev. (2) **13**, 296, 1919; Phil. Mag. (6) **41**, 749, 770, 1921.
9) L. Meitner, Naturwiss. **10**, 381, 1922; Z. f. Phys. **9**, 131, 145, 1922; **11**, 35, 1922; **17**, 54, 1923; **26**, 169, 1924; **34**, 807, 1925.
10) A. F. Kovarik, Phys. Rev. (2) **19**, 433, 1922.
11) O. Hahn und L. Meitner, Z. f. Phys. **17**, 157, 1923; **26**, 161, 1924.
12) M. de Broglie und J. Cabrera, C. R. **174**, 939, 1922; **176**, 295, 1923.
13) C. D. Ellis und H. W. B. Skinner, Proc. Roy. Soc. (A) **105**, 60, 165, 185, 1924.
14) J. Thibaud, C. R. **178**, 1706, 1924; **179**, 165, 815, 1052, 1322, 1924; **180**, 138, 1925; Bull. Soc. Franc. de Phys. Nr. 209, 8, 1924; Thèses, Serie A, Nr. 1014, Paris 1925.
15) E. A. Owen, N. Fleming und W. E. Fage, Proc. Phys. Soc. London **36**, 355, 1924.
16) N. Ahmad, Proc. Roy. Soc. (A) **105**, 507, 1924; **109**, 206, 1925; N. Ahmad und E. C. Stoner, ebendort **106**, 8, 1924.
17) J. A. Gray, Nature **115**, 13, 86, 1925; H. M. Cave und J. A. Gray, Phys. Rev. (2) **27**, 103, 1926; D. Skobelzyn, Nature **116**, 206, 1925.
18) D. H. Black, Nature **115**, 226, 1925; **116**, 34, 1925.

16. Absorption und Streuung der Gammastrahlen. Die Versuche, die Absorption der γ-Strahlen in ihrer Abhängigkeit von Natur und Schichtdicke des absorbierenden Mediums zu bestimmen, bezogen sich zunächst auf den „scheinbaren Absorptions“- oder „Schwächungs“-koeffizienten (vgl. III, 3). Zahlreiche Messungen verschiedener Autoren lieferten zum Teil ziemlich abweichende Ergebnisse [E. Rutherford[1]); J. A. Mc Clelland[2]); F. Paschen[3]); O. Wigger[4]); T. Godlewski[5]); A. S. Eve[6]); R. D. Kleeman[7]); J. P. V. Madsen[8]); Y. Tuomikoski[9]); F. und W. M. Soddy und A. S. Russell[10, 11, 15]); D. C. H. Florance[12]); V. F. Hess[17]); J. Chadwick[19]); A. Brommer[22]); vgl. auch den zusammenfassenden Bericht von A. S. Russell[21]); K. W. F. Kohlrausch[40])].

Im allgemeinen zeigte sich mit größerer oder geringerer Annäherung ein Exponentialgesetz $J(x) = J_0 e^{-\mu x}$ erfüllt, doch ergaben sich Abweichungen sowohl bezüglich der absoluten Werte der Absorptionskoeffizienten μ als auch im Gange der Absorption mit der Schichtdicke; bald wurde rein exponentielle Absorption gefunden, bald eine kontinuierliche Abnahme des scheinbaren Wertes von μ mit wachsender Schichtdicke, die durch Zusammensetzung der Strahlen aus nur wenigen Gruppen verschiedener Durchdringungsfähigkeit nicht erklärt werden konnte, bald wieder Zusammensetzung aus nur wenigen (2—3) solcher Gruppen. Bei älteren Versuchen ist zum Teil ein Umstand nicht berücksichtigt, auf den besonders von F. Soddy und A. S. Russell[11]) hingewiesen ist, nämlich daß selbst bei Gültigkeit eines einfachen Exponentialgesetzes für die Absorption eines Parallelstrahlenbündels die

Literatur zu III, 16 siehe Seite 156.

Absorption eines Strahlenkegels von größerem Öffnungswinkel durch eine kompliziertere Funktion dargestellt wird (vgl. III, 3). Aber auch abgesehen von diesem Umstande bleiben Abweichungen bestehen, für deren Erklärung im allgemeinen Inhomogenität der Strahlung, Zerstreuung der primären Strahlung und Erzeugung sekundärer γ-Strahlen in Betracht kommen.

Besonders charakteristische Formen dieser Abweichungen sind die folgenden [F. Soddy und A. S. Russell[10, 11 15]); D. C. H. Florance[12]); S. J. Allen[20]); A. S. Russell[21]); A. Brommer[22]); S. Oba[31])]:

a) Der absolute Betrag von μ eines bestimmten Mediums für eine Strahlung, die nach einem einfachen Exponentialgesetz absorbiert wird, ist abhängig von der Versuchsanordnung: speziell die in Fig. 23 angedeuteten Fälle, wo das absorbierende Medium M entweder (I) nahe der Strahlungsquelle S oder (II) unmittelbar vor dem Ionisationsgefäß JG angebracht ist, liefern verschiedene Werte, und zwar ist im allgemeinen $\mu_{\mathrm{I}} < \mu_{\mathrm{II}}$. Diese Erscheinung beruht nach A. Brommer hauptsächlich auf der Wirkung der Sekundärstrahlen, die in der Umgebung erzeugt werden. Je nach der Stellung des Schirmes wird der Betrag der primären Strahlung, der Sekundärstrahlen erzeugt, oder der Betrag der in das Ionisationsgefäß gelangenden Sekundärstrahlen geändert. Bezeichnet J_p die Intensität der primären Strahlung, J_s die der Sekundärstrahlung aus der Umgebung, so ist der gefundene scheinbare Absorptionskoeffizient gegeben durch $\mu = \frac{\Delta J_p + \Delta J_s}{J_p + J_s}$ und nimmt daher verschiedene Werte an, je nach dem Verhältnis von ΔJ_p zu ΔJ_s und von J_p zu J_s. Der Einfluß der Sekundärstrahlung der Umgebung wird eliminiert, wenn das absorbierende Medium als Kugelschale die Strahlungsquelle vollständig umschließt.

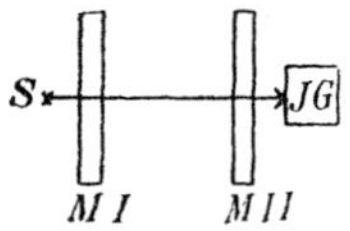

Fig. 23.

b) Auch wenn für größere Schichtdicken einfach exponentielle Absorption gefunden wird, tritt bei kleinen Werten von x eine Anfangsabweichung ein, in dem Sinne, daß μ zunächst abnimmt; das Bestehen und die Größe der Abweichung hängt von der Art der Versuchsanordnung ab; Inhomogenität kann nicht die Ursache sein, da die Anfangsabweichung bei der Versuchsanordnung II des früheren Schemas bestehen bleibt, wenn die von S ausgehende Strahlung zuerst eine in der Nähe befindliche Schicht durchdringen muß, die zur Absorption einer verhältnismäßig wenig durchdringenden Komponente der Gesamtstrahlung genügen würde. Es sind offenbar wieder die Vorgänge der Zerstreuung und der Sekundärstrahlung beteiligt, und zwar nach Brommer wieder hauptsächlich die Sekundärstrahlung der Umgebung, da die Störung verschwindet, wenn das absorbierende Medium den Strahler vollständig umgibt.

c) Eine als „Härtung" der Strahlung bezeichnete Erscheinung tritt auf, wenn die Absorption eines Mediums M in der Versuchsanordnung II untersucht wird und außerdem ein anderes Medium an die Stelle I gebracht wird. Es ergibt sich dann für μ des Mediums II ein kleinerer Wert, als bei Abwesenheit des „härtenden" Schirmes I, auch dann, wenn die Schichtdicke von II so groß ist, daß von einer eventuell inhomogenen Strahlung nur der härteste Teil durchgelassen wird, also eine einfache Filterwirkung von I nicht in Betracht kommt; dieser Effekt ist um so ausgesprochener, je größer das Atomgewicht des härtenden Mediums I im Verhältnis zu dem des untersuchten Mediums II ist.

Literatur zu III, 16 siehe Seite 156.

Somit erscheint der Absorptionskoeffizient μ einer bestimmten Substanz für die γ-Strahlung eines gegebenen Radioelementes als eine nicht eindeutige, sondern von der Versuchsanordnung abhängige Größe. Vergleichende Bestimmungen erfordern daher auch gleichartige Anordnung. Als korrekteste und relativ störungsfreieste erweist sich die vollständige Umhüllung des Strahlers mit einem absorbierenden Schirme, der möglichst genau die Form einer Kugelschale hat [A. Brommer[22]); K. W. F. Kohlrausch[40])].

Über den Beitrag der Sekundärstrahlen zu den störenden Effekten vgl. dieselben Autoren.

Als Zahlenwerte, mit der korrekten Anordnung gemessen, seien angeführt:

nach Brommer, für γ-Strahlung von RaC

$$\mu/\varrho = 0{,}047 \text{ in Pb und in Hg;}$$

nach Kohlrausch für γ-Strahlung von RaC

$$\mu/\varrho = 0{,}047 \text{ und } 0{,}085 \text{ in Al}$$
$$= 0{,}047 \text{ und } 0{,}132 \text{ in Pb;}$$

für γ-Strahlung des RaB

$$\mu/\varrho = 0{,}21 \text{ in Al und } 0{,}41 \text{ in Pb.}$$

Für verschiedene Stoffe bei derselben Strahlung gilt annähernd die Beziehung $\frac{\mu}{\varrho} = \text{const.}$, und zwar selbst bei Dichtenunterschieden, wie sie zwischen Gasen und dichten Metallen bestehen. Bei einem Gase ist daher die Absorption proportional dem Drucke [J. Chadwick[19])], bei einem Metalle (Eisen) mit der Temperatur nur insoferne veränderlich, als die Dichte eine Änderung erfährt [W. Wilson[16])].

Analog wie bei den α- und β-Strahlen gilt aber die Relation $\frac{\mu}{\varrho} = \text{const.}$ nicht exakt, sondern dieser Quotient ist eine Funktion des Atomgewichtes bzw. der Atomnummer [(F. Soddy und A. S. Russell[15]), S. J. Allen[14, 20])]. Nach S. J. Allen[20]) ist bei Elementen $\frac{\mu}{\varrho}$ bis zum Atomgewicht $A = 100$ wenig veränderlich $\left(\text{Mittelwert } \frac{\mu}{\varrho} = 0{,}041 \frac{\text{cm}^2}{\text{g}}\right)$; für $A > 100$ wächst $\frac{\mu}{\varrho}$ rasch an; in diesem Falle und bei Untersuchung „gehärteter" Strahlen tritt jedoch eine starke Variabilität mit der Versuchsanordnung ein. Nach K. W. F. Kohlrausch[40]) ist der Einfluß des Atomgewichtes (oder der Atomnummer) bei harten Strahlen kleiner als

Literatur zu III, 16 siehe Seite 156.

bei weichen (vgl. oben die Werte von μ/ϱ bei Al und Pb). Für Verbindungen gilt wieder der Satz, daß ihre Absorption eine additive Eigenschaft der in ihnen enthaltenen Atome ist.

Eine Analyse der γ-Strahlen der verschiedenen Radioelemente bei gleichbleibender Versuchsanordnung (dünnwandiges Ionisationsgefäß mit stark absorbierendem Gase — Methyljodid — gefüllt, nahezu parallele Strahlen, absorbierende Schichte nahe der Strahlungsquelle, Abblendung der β-Strahlen durch ein Magnetfeld, Absorption der α-Strahlen durch eben hinreichende Schichtdicken) wurden von E. Rutherford und H. Richardson[27]), A. S. Russell und J. Chadwick[29]) und H. Richardson[30]) ausgeführt. Die γ-Strahlen eines einzelnen Elementes setzen sich aus nur wenigen Gruppen zusammen, deren jede nach einem Exponentialgesetz absorbiert wird; nach Rutherford kann man dabei vier Größenordnungen der Durchdringungsfähigkeit unterscheiden, die in der nebenstehenden, durch spätere Messungen ergänzten Tabelle den 4 Kolumnen entsprechen.

μ_{Al} in cm^{-1}

Strahlen	I	II	III	IV
UX_1	—	24	0,7	—
UX_2	—	—	—	0,14
Io	1088	22,7	0,41	—
Ra	354	16,3	0,27	—
RaB	230	40	0,57	—
RaC(RaC″)	—	—	0,23	0,127
RaD	—	45	1,00	—
RaE	—	—	—	0,25
RaF	585	—	—	—
RdAc	—	25	—	0,19
AcB	120	31	0,45	—
AcC″	—	—	—	0,198
$MsTh_2$	—	26	—	0,116
ThB	160	32	0,36	—
ThC″	—	—	—	0,096

Über die Anwendung der verschiedenen Absorption der von Radium und von Mesothor ausgehenden γ-Strahlen zur Bestimmung der Mischungsverhältnisse vgl. VI, 10. Eine Messung der Absorption läßt sich

Literatur zu III, 16 siehe Seite 156.

auch ausführen durch Zählung der „Ionisationsstöße", wie V. F. Hess und R. W. Lawson[38]) sowie A. F. Kovarik[47]) gezeigt haben.

Eine genauere Darstellung der Absorptionsgesetze erfordert die Trennung des beobachteten scheinbaren Absorptionskoeffizienten μ in seine Bestandteile μ^* und σ (vgl. III, 3).

Allgemeine Gesetzmäßigkeiten, großenteils unmittelbar bei Röntgenstrahlen gefunden, aber theoretisch auf γ-Strahlen übertragbar, wurden von zahlreichen Autoren angegeben [Lit. Nr. 34, 36, 37, 39, 40, 41, 44, 45, 49, 50, 51, 52, 53, 54, 55, 56, 57, 58, 60, 61, 65, 66, 68, 69, 70, 72, 73, 74, 75].

Der Absorptionskoeffizient nimmt mit sinkender Wellenlänge im allgemeinen ab, springt aber bei den „Absorptionsbandkanten" der verschiedenen Serien (K-, L-, M-, . . .-Serie) wieder auf höhere Werte. Bei γ-Strahlen kann im allgemeinen angenommen werden, daß die Wellenlänge der K-Grenze bereits unterschritten ist und daher eine kontinuierliche weitere Abnahme stattfindet.

Der wahre Absorptionskoeffizient μ^* genügt dann bei Elementen einer Gleichung von der Form:

$$\frac{\mu^*}{\varrho} = C \cdot N^p \cdot \lambda^k,$$

wobei N die Atomnummer und C eine Konstante ist. Benutzt man den „Atomabsorptionskoeffizienten" (siehe III, 3):

$$\mu^*_{\text{at}} = \frac{\mu^*}{\varrho} \cdot \frac{A}{\text{L}'},$$

wobei A das Atomgewicht, L′ die auf das Grammatom bezogene Loschmidtsche Zahl ($\text{L}' = 6{,}06 \cdot 10^{23}$) ist, und setzt man $\mu^*_{\text{at}} = C' \cdot N^{p'} \cdot \lambda^k$, so wird:

$$\frac{\mu^*}{\varrho} = \frac{\text{L}'}{A} \cdot \mu^*_{\text{at}} = \text{L}' C' \cdot \frac{N^{p'}}{A} \cdot \lambda^k.$$

Da angenähert (besonders bei den Elementen kleiner Atomnummern) $A = 2N$ ist, gilt auch näherungsweise:

$$C = \frac{C'\text{L}'}{2} \quad \text{und} \quad p = p' - 1.$$

Eine Zusammenstellung der Konstanten nach neueren Bestimmungen verschiedener Autoren ergibt (unter der Voraussetzung, daß λ in Å.E. gemessen wird):

Literatur zu III, 16 siehe Seite 156.

k	p	p'	$C\,(C')$	Autor
2,8	2,58	—	0,0195	Glocker [44])
3	2,95	—	0,008	Wing rdh [65])
3	—	4	$\begin{cases} C' = 22{,}4 \cdot 10^{-27} \\ C = 0{,}0068 \end{cases}$	Richtmyer [54])
2,92	2,92	—	0,0078	Allen [68])
3	—	—	0,0073	Duane und Mazumder [55])

Der Zusammenhang mit der Wellenlänge entspricht also jedenfalls mehr oder minder genau einer Proportionalität mit der 3. Potenz von λ bzw. mit ν^{-3}. Da die Energie eines Quants durch $h\nu$ gegeben ist, kann man auch sagen, daß die Zahl der absorbierenden Quanten proportional zu ν^{-4} ist [M. de Broglie[58])].

In bezug auf den Zusammenhang mit der Atomnummer erscheint theoretisch die von μ^*_{at} (oder dem „absorbierenden Querschnitt" eines einzelnen Atomes) ausgehende Darstellung die natürlichere. Die plausible Annahme, daß hierbei p' den runden Wert 4 habe, läßt dann bei der Ungenauigkeit der Gleichung $A = 2N$ die Abweichung des p von einer ganzen Zahl und die Differenzen der Konstanten C bei verschiedenen Autoren begreiflich erscheinen. Aus Richtmyers Formel berechnet man z. B. für Al und Pb:

Al; $\mu^* = 38{,}8$ cm^{-1} bei $\lambda = 1$ Å.E.; $\mu^* = 38{,}8 \cdot 10^{-9}$ bei $\lambda = 1$ X.E.

Pb; $= 34 \cdot 10^3\ \text{cm}^{-1}$ „ „ ; $= 34 \cdot 10^{-6}$ „ „ „

Wie eine einfache Rechnung ergibt, sind also im Bereiche der γ-Strahlen die wahren Absorptionskoeffizienten μ^*, besonders bei Elementen nicht zu hoher Atomnummer, klein gegen die beobachteten Werte von μ; es wird also die scheinbare Absorption (Schwächung) hauptsächlich durch Streuung bewirkt.

Bezüglich der Streuungskoeffizienten σ wurde ursprünglich (Barkla) auf Grund der bei Röntgenstrahlen gefundenen Werte angenommen, daß $\frac{\sigma}{\varrho}$ unabhängig von der Wellenlänge sei und bei Elementen niedriger Atomnummer den Wert $0{,}2\ \frac{\text{cm}^2}{\text{g}}$ besitze. Spätere Versuche ergaben aber ebenfalls eine deutliche Abnahme von σ/ϱ mit sinkender Wellenlänge, bis zu 0,05 herab.

M. Ishino[41]) findet bei den γ-Strahlen von (RaEm + Folgeprodukte) die Werte $\frac{\sigma}{\varrho} = 0{,}045$ in Al; 0,042 in Fe; 0,034 in Pb; analog J. Neukirchen[52]) (in Wasser, Al, Glyzerin und Terpentin) Werte nahe an 0,04.

Literatur zu III, 16 siehe Seite 156.

Theoretisch ergibt sich (aus der Theorie des Comptoneffektes, siehe unten) für die Funktion $\sigma = f(\lambda)$

nach P. Debye[57]):

$$\sigma(\lambda) = \frac{3}{4}\sigma_\infty \left(\frac{\lambda}{\Lambda}\right)^3 \left\{\left[1 + 2\frac{\Lambda}{\lambda} + 2\frac{\Lambda^2}{\lambda^2}\right] \log \text{nat} \left(1 + \frac{\Lambda}{\lambda}\right) - \frac{\Lambda}{\lambda}\left(1 + \frac{3}{2}\cdot\frac{\Lambda}{\lambda}\right)\right\}$$

nach A. H. Compton[60]):

$$\sigma(\lambda) = \sigma_\infty \frac{1}{1 + 2\frac{\Lambda}{\lambda}}.$$

endlich nach W. Bothe[79]):

$$\sigma(\lambda) = \sigma_\infty \frac{1}{1 + \frac{2}{3}\frac{\Lambda}{\lambda} + \frac{2}{3}\left(\frac{\Lambda}{\lambda}\right)^2}$$

σ_∞ ist der Wert für sehr lange Wellen; Λ eine kritische Wellenlänge, definiert durch $\Lambda = \frac{h}{m_0 c}$, oder mit andern Worten diejenige Wellenlänge, für welche das zugehörige Energiequantum $\frac{hc}{\Lambda}$ gleich der Ruhenergie $m_0 c^2$ des Elektrons ist. Zahlenmäßig ergibt sich daraus $\Lambda = 24{,}2$ X. E.

Nach N. Ahmad [und E. C. Stoner[72])] ist σ_{at} bei gegebener Wellenlänge proportional der ersten Potenz der Atomnummer des durchstrahlten Elementes.

Über die Richtungsverteilung der gestreuten Strahlung siehe theoretische Ableitungen bei A. H. Compton[49, 60]), P. Debye[57]) und G. E. M. Jauncey[61]).

Von Wichtigkeit ist die von Compton entdeckte Tatsache („Compton-Effekt"), daß die gestreute Strahlung auch in der Qualität (Wellenlänge) gegenüber der einfallenden primären Strahlung verändert ist, nämlich etwas größere Wellenlänge besitzt. Die neue Wellenlänge λ' ergibt sich aus der Annahme, daß beim „Zusammenstoß" eines Quants von der Energie $h\nu$ mit einem Elektron formal die Gesetze des gewöhnlichen elastischen Stoßes (Erhaltung des Impulses und der Energie) gelten und daher das abgelenkte Quant eine vom Ablenkungswinkel ϑ abhängige Energie- und damit zugleich Frequenzänderung erfahre. Theoretisch ergibt sich:

$$\lambda' = \lambda + 2\Lambda \sin^2\frac{\vartheta}{2},$$

Literatur zu III, 16 siehe Seite 156.

wobei Λ die oben definierte kritische Wellenlänge ist [A. H. Compton[60]; P. Debye[57]; G. E. M. Jauncey[61]; W. Bothe[64]; G. A. Schott[66]; D. Skobelzyn[69]; E. Lorenz und B. Rajewski[71]; M. v. Laue[73]; J. A. Gray[75]].

Literatur zu III, 16:

1) E. Rutherford, Phys. Z. **3**, 517, 1902.
2) J. A. Mc Clelland, Phil. Mag. (6) **8**, 67, 1904.
3) F. Paschen, Ann. d. Phys. (4) **14**, 164, 1904.
4) O. Wigger, Jahrb. Rad. u. El. **2**, 391, 1905.
5) T. Godlewski, Phil. Mag. (6) **10**, 375, 1905.
6) A. S. Eve, Phil. Mag. (6) **11**, 586, 1906; Phys. Z. **8**, 183, 1907.
7) R. D. Kleeman, Phil. Mag. (6) **14**, 618, 1907; Phil. Mag. (6) **15**, 638, 1908.
8) J. P. V. Madsen, Phil. Mag. (6) **17**, 423, 1909.
9) Y. Tuomikoski, Phys. Z. **10**, 372, 1909.
10) F. Soddy und A. S. Russell, Phil. Mag. (6) **18**, 620, 1909; Phys. Z. **10**, 249, 1909.
11) F. Soddy, W. M. Soddy und A. S. Russell, Phil. Mag. (6) **19**, 725, 1910.
12) D. C. H. Florance, Phil. Mag. (6) **20**, 921, 1910.
13) R. D. Kleeman, Le Rad. **7**, 227, 1910.
14) S. J. Allen, Phys. Rev. **32**, 222 und 225, 1911.
15) A. S. Russell und F. Soddy, Phil. Mag. (6) **21**, 130, 1911.
16) W. Wilson, Phil. Mag. (6) **21**, 532, 1911.
17) V. F. Hess, Wien. Ber. **120**, 1205, 1911; Phys. Z. **12**, 998, 1911.
18) H. G. J. Moseley und W. Makower, Phil. Mag. (6) **23**, 302, 1912.
19) J. Chadwick, Le Rad. **9**, 200, 1912; Proc. Phys. Soc. London **24**, 152, 1912.
20) S. J. Allen, Phys. Rev. **34**, 296, 1912.
21) A. S. Russell, Jahrb. Rad. u. El. **9**, 438, 1912.
22) A. Brommer, Phys. Z. **13**, 1037, 1912; Wien. Ber. **121**, 1563, 1912; Wien. Anz. 1913, S. 97.
23) H. A. Erikson, Phys. Rev. **34**, 231, 1912.
24) J. A. Gray, Proc. Roy. Soc. (A) **87**, 489, 1912.
25) A. S. Russell, Proc. Roy. Soc. (A) **88**, 75, 1913.
26) S. J. Allen und E. J. Lorentz, Phys. Rev. (2) **1**, 35, 1913.
27) E. Rutherford und H. Richardson, Phil. Mag. (6) **25**, 722, 1913; Phil. Mag. (6) **26**, 324 und 937, 1913.
28) J. A. Gray, Phil. Mag. (6) **26**, 540 und 611, 1913.
29) A. S. Russell und J. Chadwick, Phil. Mag. (6) **27**, 112, 1914.
30) H. Richardson, Phil. Mag. (6) **27**, 252, 1914.
31) S. Oba, Phil. Mag. (6) **27**, 601, 1914.
32) O. Hahn, Le Rad. **11**, 71, 1914.
33) St. Meyer und V. F. Hess, Wien. Ber. **123**, 1443, 1914.
34) M. Siegbahn, Phys. Z. **15**, 753, 1914.
35) J. Szmidt, Phil. Mag. (6) **28**, 527, 1914.
36) W. Kossel, Verh. D. Phys. Ges. **16**, 898, 953, 1914.
37) P. Debye, Ann. d. Phys. (4) **46**, 809, 1915.
38) V. F. Hess und R. W. Lawson, Wien. Ber. **125**, 285, 585, 1916.
39) A. Müller, Mitt. Phys. Ges. Zürich Nr. 18, 119, 1916.
40) K. W. F. Kohlrausch, Wien. Ber. **126**, 440, 682, 705, 887, 1917; Jahrb. Rad. u. El. **15**, 64, 1918; Phys. Z. **21**, 193, 1920.

41) M. Ishino, Phil. Mag. (6) **33**, 129, 1917.
42) B. Keetman, Ann. d. Phys. (4) **52**, 709, 1917.
43) M. Lang, Ann. d. Phys(4) **53**, 279, 337, 1917.
44) R. Glocker, Phys. Z. **19**, 66, 249, 1918; Fortschr. a. d. Geb. d. Röntgenstr. **25**, 421, 470, 1919.
45) E. Rutherford, Phil. Mag. (6) **34**, 153, 1917.
46) M. Blau, Wien. Ber. **127**, 1253, 1918.
47) A. F. Kovarik, Phys. Rev. (2) **13**, 272, 1919; **23**, 559, 1924.
48) O. H. Gish, Phys. Rev. (2) **13**, 155, 1919.
49) A. H. Compton, Phys. Rev. (2) **13**, 296, 1919; **17**, 38, 1921.
50) J. A. Gray, J. Franklin Inst. **190**, 633, 1920.
51) O. Treitel, Dissert, Heidelberg 1920.
52) J. Neukirchen, Z. f. Phys. **6**, 106, 1921.
53) A. March, Fortschr. a. d. Geb. d. Röntgenstr. **28**, 339, 1921.
54) K. F. Richtmyer, Phys. Rev. (2) **18**, 13, 1921; **21**, 478, 1923; derselbe und F. W. Warburton, ebendort **22**, 539, 1923; **23**, 291, 1924.
55) W. Duane und K. C. Mazumder, Washington Proc. **8**, 45, 1922.
56) W. Statz, Z. f. Phys. **11**, 304, 1922.
57) P. Debye, Phys. Z. **24**, 161, 1923.
58) M. de Broglie und L. de Broglie, C. R. **173**, 527, 1921; **175**, 1139, 1922.
59) E. A. Owen und B. Naylor, Proc. Phys. Soc. London **34**, 92, 1922.
60) A. H. Compton, Phys. Rev. (2) **21**, 483, 1923; **24**, 168, 1924; derselbe und J. C. Hubbard, ebendort **23**, 439, 1924.
61) G. E. M. Jauncey, Phys. Rev. (2) **22**, 233, 1923; **25**, 314, 1925.
62) Y. Nishikawa, Strahlentherapie **15**. 545, 1923.
63) I. Curie und G. Fournier, C. R. **176**, 1301, 1923.
64) W. Bothe, Z. f. Phys. **16**, 319, 1923; **20**, 237, 1923.
65) K. A. Wingårdh, Z. f. Phys. **20**, 315, 1923.
66) G. A. Schott, Proc. Roy. Soc. (A) **104**, 153, 1923.
67) W. Bothe, Z. f. Phys. **24**, 10, 1924.
68) S. J. Allen, Phys. Rev. (2) **23**, 291, 1924.
69) D. Skobelzyn, Z. f. Phys. **24**, 393, 1924; **28**, 278, 1924.
70) M. Blau und K. Altenburger, Z. f. Phys. **25**, 200, 1924.
71) E. Lorenz und B. Rajewski, Z. f. Phys. **27**, 32, 1924.
72) N. Ahmad, Proc. Roy. Soc. (A) **105**, 507, 1924; **109**, 206, 1925; derselbe und E. C. Stoner, ebendort **106**, 8, 1924.
73) M. v. Laue, Marx' Handbuch d. Radiologie, Bd. VI, 494, 1924.
74) E. A. Owen, N. Fleming und W. E. Fage, Proc. Phys. Soc. London **36**, 355, 1924.
75) J. A. Gray, Nature **115**, 13, 86, 1925; Phys. Rev. (2) **25**, 236, 1925; H. M. Cave und J. A. Gray, Phys. Rev. (2) **27**, 103, 1926.
76) A. H. Compton und A. W. Simon, Phys. Rev. (2) **25**, 306, 1925.
77) H. W. B. Skinner, Proc. Cambr. Soc. **22**, 379, 1924,
78) M. de Broglie und J. Thibaud, C. R. **180**, 179, 1925.
79) W. Bothe, Z. f. Phys. **34**, 819, 1925.

17. Der radioaktive Rückstoß und die Bewegung der Restatome. 1. Die Rückstoßstrahlung. Nach den Gesetzen der Mechanik erfährt der zurückbleibende Rest eines radioaktiven Atomes, das eine Korpuskularstrahlung aussendet, einen Rückstoß, derart, daß seine Bewegungsgröße gleich der Bewegungsgröße des emittierten Teilchens ist. Bezeichnen also m und v Masse und Geschwindigkeit des Teilchens (α-Partikel oder Elektron), m' und v' dieselben Größen für das Restatom, so gilt:

$$v' = \frac{m}{m'} v \quad \text{und} \quad \frac{m' v'^2}{2} = \frac{m}{m'} \cdot \frac{m v^2}{2}.$$

Bei α-Strahlung ist hiernach die Geschwindigkeit und die Energie des Restatomes etwa $\frac{1}{50}$ bis $\frac{1}{60}$ von der des α-Teilchens (genaue Werte der Anfangsgeschwindigkeit der Rückstoßstrahlung siehe in Tabelle Nr. 11 des Anhanges) also der absolute Wert der Geschwindigkeit v' etwa 3 bis $4 \cdot 10^7 \frac{\text{cm}}{\text{sec}}$; bei β-Strahlung ist das Verhältnis der Geschwindigkeiten und Energien rund $3 \cdot 10^{-6}$, also der absolute Wert der Geschwindigkeit v' kleiner als $10^5 \frac{\text{cm}}{\text{sec}}$, somit von der Größenordnung der Molekulargeschwindigkeit von Gasen bei normaler Temperatur.

Die Bewegung der Restatome hat also, besonders beim Rückstoß aus α-strahlenden Atomen, selbst den Charakter einer korpuskularen Strahlung, die als Rückstoß-Strahlung, in der französischen Literatur auch häufig als a-Strahlung bezeichnet wird.

a) Rückstoß bei α-strahlenden Atomen. Die Annahme einer solchen Rückstoß-Strahlung wurde zuerst von E. Rutherford[6]) eingeführt zur Erklärung einer von H. T. Brooks[5]) beobachteten Erscheinung (Übertragung induzierter Aktivität auf die Umgebung eines induziert aktiven Körpers), die zunächst als Flüchtigkeit des RaB schon bei Zimmertemperatur gedeutet worden war. Auch die Unterschiede in der Verteilung des aktiven Niederschlages zwischen Anode und Kathode je nach der Größe des Gasdruckes [W. Makower[7]); W. H. Jackson[8]); S. Russ[12]); A. Debierne[15]); W. T. Kennedy[17])] ließen sich dadurch erklären (vgl. S. 162). Wie zuerst O. Hahn[13]), dann O. Hahn und L. Meitner[14]), J. C. Mc Lennan[18]), K. Fajans und W. Makower[25]) und L. Wertenstein[21]) zeigten, kann der radioaktive Rückstoß als Hilfsmittel zur Abtrennung eines Zerfallsproduktes von seiner Muttersubstanz benutzt werden. Nach von E. Dorn[28]) mitgeteilten Versuchen O. Demmlers an Polonium erscheint es möglich, daß bisweilen auch

Literatur zu III, 17 siehe Seite 162.

noch unzerfallene Atome der Muttersubstanz von den Rückstoßatomen mitgerissen werden.

Derartige, als „Aggregatrückstoß" bezeichnete Erscheinungen hat dann R. W. Lawson[43]) genauer untersucht; beachtenswert ist es, daß hierdurch die experimentell bestimmte Zerfallskonstante eines radioaktiven Belages unter Umständen sehr beträchtlich (im Sinne einer Vergrößerung) verfälscht werden kann.

Nachdem zuerst A. Debierne[15]) und S. Russ und W. Makower[16]) für die Rückstoßstrahlung eine bestimmte Reichweite, analog dem Verhalten der α-Strahlen, festgestellt hatten, wurden die Gesetze der Absorption und Zerstreuung besonders von L. Wertenstein[21]), W. Makower[41a]), L. W. Mc Keehan[41b]) W. Kolhörster[44]) und K. T. Compton[49]) untersucht. Es ergab sich:

Strahler	Restatom	Gas	Reichweite
RaA	RaB	Luft H_2	0,14 mm 0,82 „
ThC	ThC″	Luft H_2	0,129 „ 0,553 „
ThC′	ThD	Luft H_2	0,221 „ 0,963 „
AcEm	AcA	Luft	0,092

Das Eindringen der Rückstoßstrahlen in feste Körper wurde von L. Wertenstein[21]), T. Godlewski[40]) und E. Rie[47]) untersucht, wobei sich aus den Resultaten des erst- und des letztgenannten Autors übereinstimmend Eindringungstiefen von 10 bis 20 mμ ergaben (in Ag, Cu, Ni), während Godlewski — wahrscheinlich infolge unbeabsichtigter Aktivierung der untersuchten Folien auch auf der Rückseite — Werte bis zu 800 mμ hinauf berechnete.

Die Absorption erfolgt analog wie bei den α-Strahlen; die Zahl der Rückstoßatome bleibt konstant bis etwa zur Hälfte der Reichweite, und nimmt dann zuerst langsam, dann rasch auf Null ab; hieraus ist — was auch theoretisch vorauszusehen ist — zu schließen, daß die Zerstreuung der Rückstoßatome eine viel stärkere ist als die der α-Teilchen.

Die Gesamtzahl der emittierten Rückstoßatome erwies sich, wenigstens bei glatten Flächen, als übereinstimmend mit der Zahl der ausgesandten α-Partikeln. Über die ionisierende Wirkung und ihre Abhängigkeit von der Geschwindigkeit vgl. IV, 6.

Literatur zu III, 17 siehe Seite 162.

Von A. B. Wood[34]) wurden beim ThC, entsprechend seiner komplexen Natur zwei Rückstoßstrahlungen verschiedener Reichweite konstatiert.

Wie schon aus dem Verhalten im elektrischen Felde (vgl. S. 161) hervorgeht, sind die Restatome positiv geladen; von W. Makower, S. Russ und E. J. Evans[23]) sowie von W. Makower und H. P. Walmsley und von A. B. Wood und W. Makower[39]) wurde diese Tatsache aus der Ablenkung der Rückstoßstrahlen im Vakuum durch magnetische und elektrische Felder bestätigt. Die quantitativen Bestimmungen ergaben, daß das Produkt $\mathfrak{H}\mathfrak{R} = \frac{m'v'}{e'}$ bei den Rückstoßatomen genau doppelt so groß ist als bei den zugehörigen α-Teilchen; somit muß, da die Bewegungsgrößen gleich sind, die Ladung des Restatomes die Hälfte der Ladung eines α-Teilchens, also ein positives Elementarquantum sein. Eine exakte Bestimmung der magnetischen und elektrischen Ablenkung der Rückstoßatome wäre ein Mittel zur Messung ihres Atomgewichtes, und zwar auch bei Zerfallsprodukten, die wegen ihrer geringen Menge sich chemisch nicht untersuchen lassen.

Im Gegensatz zu der Annahme, daß die Rückstoßatome schon ursprünglich eine positive Ladung besitzen, ergeben Versuche von L. Wertenstein[21,37]) an der von RaC ausgehenden Rückstoßstrahlung (RaD-Atome), daß die Ladung im extremen Vakuum Null ist; hiernach wäre also erst eine nachträgliche Abspaltung von Elektronen beim Zusammenstoß mit den Molekeln der Gasreste in einem „Vakuum" die Ursache der positiven Ladung. Über das (verschiedene) Verhalten der ThEm- und der ThX-Atome in einigen Gasen vgl. G. H. Briggs[56]).

Die Wilsonsche Methode (vgl. IV, 9), die Bahnspuren von Korpuskularstrahlen sichtbar zu machen, wurde auf die Rückstoßatome von L. Wertenstein[21]), D. M. Bose und S. K. Ghosh[51]) und M. Akiyama[53]) angewandt. Letzterer fand bei stereophotographischen Aufnahmen das paradoxe Resultat, daß in vielen Fällen (rund 25%) die Bahn des Rückstoßatomes mit der des α-Teilchens einen Winkel von $(180 - \varphi)$ Grad einschließt, wobei φ bis 15^0 ansteigen kann. Er erklärt diese Erscheinung dadurch, daß gleichzeitig mit der α-Emission auch die eines γ-Strahles erfolge, der entsprechend der Quantentheorie einen Impuls $J_\gamma = \frac{h\nu}{c}$ besitze (siehe Figur 24). Für die Wellenlänge dieser (enorm harten) γ-Strahlen berechnet er die Werte $\lambda = 3$ X. E. bei $\varphi = 1^0$ und $\lambda = 0{,}3$ X. E. bei $\varphi = 10^0$.

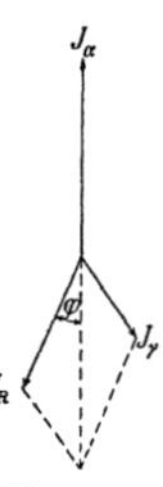

Fig. 24.

Literatur zu III, 17 siehe Seite 162.

Über einen Vorlesungsversuch zur Demonstration der Rückstoßerscheinungen siehe bei E. Marx und L. Wolf[50]). Die chemischen Wirkungen der Rückstoßstrahlen wurden von S. C. Lind und D. C. Bardwell[54]) untersucht.

b) Rückstoß bei β-strahlenden Atomen. Wie bereits erwähnt, ist in diesem Falle die Anfangsgeschwindigkeit und Energie der Rückstoßatome sehr klein; sie sind daher nur qualitativ nachweisbar durch die Ansammlung geringer Mengen der von β-Strahlern abgegebenen Zerfallsprodukte; einen experimentellen Nachweis für das von RaB durch β-Rückstoß emittierte RaC versuchten O. Hahn und L. Meitner[14]) sowie S. Russ und W. Makower[16]); dagegen glaubt R. W. Lawson[43]), daß hierbei hauptsächlich Aggregatrückstoß (siehe oben) beteiligt sei. A. Muszkat[46]) findet, daß im Vakuum bei gasfreier Oberfläche ungefähr 20% der theoretischen Menge durch β-Rückstoß übertragen werden können und daß die Restatome ungeladen sind. J. C. Jacobsen[52]) verwendet den β-Rückstoß aus Ra C (Restatom Ra C′) zur experimentellen Bestimmung der Zerfallskonstante dieses sehr kurzlebigen Elementes und erhält dabei einen beträchtlich kleineren Wert, als aus der Geiger-Nuttall-Formel (vgl. II, 5) berechnet wird. A. W. Barton[57]) beweist, daß durch β-Rückstoß nur sehr kleine Mengen übertragen werden können.

2. Bewegung der Restatome in dichteren Gasen. Aus dem numerischen Werte der Reichweite in Luft von Atmosphärendruck (vgl. S. 159) und der Proportionalität der Reichweite mit der reziproken Gasdichte folgt, daß außer in sehr verdünnten Gasen schon auf relativ kurzen Strecken eine Bremsung der Restatome bis auf Molekulargeschwindigkeiten stattfindet. Infolge ihrer positiven Ladung verhalten sie sich dann analog wie positive Gasionen. Wie diese zeigen sie eine Wanderung im elektrischen Felde, Diffusion im feldfreien Raume, Wiedervereinigung mit negativen Trägern und Adsorption an Kernen.

Die Konzentration der aus Thoremanation entstehenden Restatome an negativ geladenen Körpern zeigte zuerst E. Rutherford[1]); mit wachsender Spannung steigt der an der Kathode erhaltene Betrag in ähnlicher Weise zu einem Sättigungswerte an, wie der Ionisationsstrom in einem Gase [K. Fehrle[2]); F. Henning[3])]; starke künstliche Ionisation des Gases (z. B. durch Röntgenstrahlen) erschwert die Sättigung und verringert daher den Betrag der an der Kathode niedergeschlagenen Menge [E. M. Wellisch und H. L. Bronson[30]); A. F. Kovarik[33])]. Der Einfluß der Wiedervereinigung und des Feldes auf

Literatur zu III, 17 siehe Seite 162.

die Verteilung der Restatome in der freien Atmosphäre wurde von J. L. Salpeter[24]) rechnerisch behandelt (vgl. VII, 5).

Die Erscheinungen bei geringerem Druck des Gases, wobei auch die Trägheitsbewegung der Rückstoßatome in Betracht kommt und bewirkt, daß die Bahnen nicht mehr mit den Kraftlinien des elektrischen Feldes zusammenfallen, daher nicht mehr ausschließlich auf der Kathode enden, wurden von W. Makower[7]), S. Russ[12]) und W. T. Kennedy[17]) untersucht.

Die spezifische Geschwindigkeit (Beweglichkeit) der Restatome wurde von E. Rutherford[4]) gemessen und gleich der der positiven Gasionen gefunden; spätere Messungen von H. Gerdien[10]) H. W. Schmidt[11]), J. Franck[19]), E. M. Wellisch[26]), J. Franck und L. Meitner[27]), S. Ratner[32]) und H. A. Erikson[55]) ergänzten und bestätigten dieses Resultat. Nach Ratner ist bei 1 At Druck $v_+ = 1{,}35 \frac{\text{cm}^2}{\text{Volt}\cdot\text{sec}}$ in Luft und 5,65 in Wasserstoff.

Durch Anlagerung an Kerne entstehen in emanationshaltigen Gasen, speziell in der freien Atmosphäre auch Träger der induzierten Aktivität von geringerer Beweglichkeit [H. Gerdien[10])].

Die Tatsache, daß ein von den Versuchsbedingungen abhängiger Bruchteil der Restatome auch auf die Anode geführt wird, selbst bei größerer Gasdichte, wo die Rückstoßbewegung nicht mehr in Betracht kommt, hat verschiedene Deutungen erfahren; nach G. Eckmann[31]) tritt nicht nur eine Wiedervereinigung mit negativen Gasionen, sondern für einen kleinen Bruchteil (etwa 2%) auch eine Umladung zu Anionen ein, dagegen führt E. M. Wellisch[26, 36]) die Aktivität der Anode nur auf Diffusion und Adsorption zurück, ohne negative Träger unter den Restatomen anzunehmen. Weitere hierhergehörige Ergebnisse siehe bei G. H. Henderson[42a]), S. Ratner[42b]), A. Gabler[45]), W. Mund[48]), G. H. Briggs[56]).

Die Diffusion und die Absorption der Restatome wurde von A. Debierne[15]) nachgewiesen; auf die Anlagerung an verhältnismäßig große Kerne, die dementsprechend langsam $\left(\text{etwa } 10^{-4} \frac{\text{cm}}{\text{sec}}\right)$ sinken, ist wahrscheinlich der von M. Curie[9]) beobachtete Einfluß der Schwere auf die Verteilung des aktiven Niederschlages zurückzuführen.

Eine ausführliche Darstellung der Vorgänge bei der Bewegung der Restatome findet sich bei G. Eckmann[31]) und bei E. M. Wellisch[36]).

Literatur zu III, 17:

1) E. Rutherford, Phil. Mag. (5) **49**, 161, 1900; Phys. Z. **1**, 347, 1900.
2) K. Fehrle, Phys. Z. **3**, 130, 1902.
3) F. Henning, Ann. d. Phys. (4) **7**, 562, 1902.

4) E. Rutherford, Phil. Mag. (6) **5**, 95, 1903.
5) H. T. Brooks, Nature **70**, 270, 1904.
6) E. Rutherford, Radioactivity 2. Aufl. 1905, § 190 und § 227.
7) W. Makower, Phil. Mag. (6) **10**, 526, 1905; Phys. Z. **6**, 915, 1905.
8) W. H. Jackson, Phil. Mag. (6) **10**, 532, 1905.
9) M. Curie, C. R. **145**, 447, 1907; Le Rad. **4**, 381, 1907.
10) H. Gerdien, Untersuchungen über radioaktive Induktionen in der Atmosphäre, Berlin 1907.
11) H. W. Schmidt, Phys. Z. **9**, 184, 1908.
12) S. Russ, Phil. Mag. (6) **15**, 601 und 737, 1908.
13) O. Hahn, Phys. Z. **10**, 81, 1909.
14) O. Hahn und L. Meitner, Verh. D. Phys. Ges. **11**, 55, 1909; Phys. Z. **10**, 697, 1909.
15) A. Debierne, Le Rad. **6**, 97, 1909.
16) S. Russ und W. Makower, Phys. Z. **10**, 361, 1909; Proc. Roy. Soc. (A) **82**, 205, 1909; Nature **82**, 177, 1909; Phil. Mag. (6) **19**, 100, 1910.
17) W. T. Kennedy, Phil. Mag. (6) **18**, 774, 1909.
18) J. C. Mc Lennan, Nature **80**, 490, 1909; Le Rad. **6**, 245, 1909; Phil. Mag. (6) **24**, 370, 1912.
19) J. Franck, Verh. D. Phys. Ges. **11**, 397, 1909.
20) S. Russ, Nature **82**, 388, 1910; Le Rad. **7**, 93, 1910.
21) L. Wertenstein, C. R. **150**, 869, **151**, 469, 1910; C. R. **152**, 1657, 1911; II. Congrès Radiol. Bruxelles 1910, I. 63, 1911; Le Rad. **9**, 6, 1912; C. R. **155**, 450, 1912; Bull. Soc. Franç. d. phys. 1913, Nr. 39 und Nr. 40; Thèses, Paris 1913.
22) O. Hahn, Jahrb. Rad. u. El. **7**, 296, 1910.
23) S. Russ und W. Makower, Phil. Mag. (6) **20**, 875, 1910; W. Makower und E. J. Evans, Phil. Mag. (6) **20**, 882, 1910; W. Makower, S. Russ und E. J. Evans, Nature **83**, 460, 1910; Phys. Z. **11**, 1155, 1910; II. Congrès Radiol. Bruxelles 1910, I. 419 und 426, 1911.
24) J. L. Salpeter, Bull. Acad. Cracovie 1910, S. 23.
25) K. Fajans und W. Makower, Phys. Z. **12**, 378, 1911.
26) E. M. Wellisch, Verh. D. Phys. Ges. **13**, 159, 1911.
27) J. Franck und L. Meitner, Verh. D. Phys. Ges. **13**, 671, 1911.
28) E. Dorn, Mitt. Nat. Ges. Halle, 1912 II.
29) B. Bianu und L. Wertenstein, C. R. **155**, 475, 1912.
30) E. M. Wellisch und H. L. Bronson, Phys. Rev. **34**, 151, 1912; Phil. Mag. (6) **23**, 714, 1912.
31) G. Eckmann, Dissert. Heidelberg 1912; Jahrb. Rad. u. El. **9**, 157, 1912.
32) S. Ratner, C. R. **155**, 453, 1912.
33) A. F. Kovarik, Phil. Mag. (6) **24**, 722, 1912.
34) A. B. Wood, Phil. Mag. (6) **26**, 586, 1913.
35) H. P. Walmsley, Phil. Mag. (6) **26**, 381, 1913; **28**, 417, 539, 1914.
36) E. M. Wellisch, Phil. Mag. (6) **26**, 623, 1913; Sill. J. (4) **36**, 315, 1913 und **38**, 283, 1914.
37) L. Wertenstein, Ann. de phys. (9) **1**, 347, 393, 1914; C. R. **161**, 696, 1915; Witkowski-Festschrift 1915; C. R. Soc. Sciences Varsovie, 8, 340, 1915.
38) A. N. Lucian, Sill. J. **38**, 539, 1914; Phil. Mag. (6) **28**, 271, 1914.
39) W. Makower und H. P. Walmsley, Phil. Mag. (6) **29**, 253, 1915; A. B. Wood und W. Makower, Phil. Mag. (6) **30**, 811, 1915.
40) T. Godlewski, Wien. Ber. **125**, 137, 1916.

41 a) W. Makower, Phil. Mag. (6) **32**, 226, 1916.
41b) L. W. Mc Keehan, Phys. Rev. (2) **10**, 474, 1917.
42a) G. H. Henderson, Trans. Roy. Soc. Canada **10**, 151, 1917.
42b) S. Ratner, Phil. Mag. (6) **34**, 429, 1917; **36**, 397, 1918.
43) R. W. Lawson, Wien. Ber. **128**, 795, 1919; Nature **102**, 465, 1919.
44) W. Kolhörster, Z. f. Phys. **2**, 257, 1920.
45) A. Gabler, Wien. Ber. **129**, 201, 1920.
46) A. Muszkat, Phil. Mag. (6) **39**, 690, 1920; J. de phys. et le Rad. (6) **2**, 93, 1921.
47) E. Rie, Wien. Ber. **130**, 283, 1921.
48) W. Mund, J. d. phys. et le Rad. (6) **2**, 378, 1921.
49) K. T. Compton, Phys. Rev. (2) **19**, 223, 1922.
50) E. Marx und L. Wolf, Phys. Z. **24**, 285, 1923.
51) D. M. Bose und S. K. Ghosh, Phil. Mag. (6) **45**, 1050, 1923.
52) J. C. Jacobsen, Phil. Mag. (6) **47**, 23, 1924.
53) M. Akiyama, Japan. J. of Phys. **2**, 287, 1924.
54) S. C. Lind und D. C. Bardwell, J. Amer. Chem. Soc. **46**, 2003, 1924.
55) H. A. Erikson, Phys. Rev. (2) **25**, 890, 1925; **26**, 229, 1925.
56) G. H. Briggs, Phil. Mag. (6) **41**, 357, 1921; **50**, 600, 1925; Proc. Roy. Soc. New South Wales **57**, 249, 1923; Nature **113**, 104, 1924.
57) A. W. Barton, Phil. Mag. (7) **1**, 835, 1926.

18. Die Sekundärstrahlen. Der Ausdruck „Sekundärstrahlen" wird, wie bereits (S. 68) erwähnt, in zwei Bedeutungen gebraucht; im weiteren Sinne bezeichnet er Strahlen, die im Gegensatz zu den primären nicht von den eben zerfallenden radioaktiven Atomen ausgehen, sondern von Materie, die von primären Strahlen getroffen wird; im engeren Sinne bezeichnet er Strahlen, die als Begleiterscheinung wahrer Absorption der Primärstrahlung auftreten und auf der Umwandlung der absorbierten Energie in die Energie einer neuen, „erregten" Strahlung beruhen, im Gegensatz zu solchen Strahlen, die zwar von absorbierenden Körpern ausgehen, aber ihrem Wesen nach nichts anderes als aus ihrer ursprünglichen Richtung abgelenkte, eventuell in ihrer Qualität (z. B. Geschwindigkeit, Durchdringungsfähigkeit usw.) geänderte zerstreute Primärstrahlen sind.

Der Nachweis, daß eine Sekundärstrahlung im weiteren Sinne nicht bloß zerstreute Primärstrahlung, sondern eigentliche erregte Strahlung sei, ist im allgemeinen nicht mit der gleichen Sicherheit und Unmittelbarkeit zu erbringen, wie der Nachweis, daß ihr Ausgangspunkt in primär bestrahlter inaktiver Materie liegt; daher sind hier die Sekundärstrahlen im weiteren Sinne zusammengefaßt. Auch die eigentlich als „tertiäre" usw. zu bezeichnenden Strahlen, welche aus den sekundären in ähnlicher Weise entstehen, wie diese aus den primären, werden in der Regel in die „Sekundärstrahlen" miteingerechnet.

Literatur zu III, 18 siehe Seite 173.

Je nach der Richtung, in welcher die Sekundärstrahlen aus dem bestrahlten Körper austreten, pflegt man zu unterscheiden zwischen Einfalls- („incidence") und Austritts- („emergence") Strahlung, das sind also die Strahlen, welche von jenem Teile der Oberfläche eines Körpers ausgehen, in welchem die unabgelenkten Primärstrahlen einfallen oder austreten.

Ihrer Natur nach sind die Sekundärstrahlen so wie die primären entweder Korpuskularstrahlen oder elektromagnetische Vorgänge; im folgenden ist durch A, B, C die Natur der erzeugenden Primärstrahlen (α-, β- und γ-Strahlen), durch a, b, c die der Sekundärstrahlen (positive, negative Korpuskeln oder elektromagnetischer Vorgang) gekennzeichnet und der Übersichtlichkeit des Schemas halber sind auch die tatsächlich nicht existierenden Kombinationen mitangeführt.

A. Von α-Strahlen erzeugte Sekundärstrahlen. Aa) Positive Korpuskularstrahlen. Die Erscheinungen, welche auf der Zerstreuung der α-Strahlen beruhen, sind bereits III, 8 besprochen worden.

Falls α-Teilchen auf Atome treffen, deren Masse nicht groß gegen die des α-Teilchens selbst ist, z. B. He- oder H-Atome, so ist theoretisch vorauszusehen, daß aus diesen nach Abspaltung von Elektronen positive Restatome entstehen, die eine bedeutende, mit der der α-Strahlen vergleichbare Geschwindigkeit erhalten, somit selbst ähnliche Wirkungen (Ionisation, Szintillation) ausüben und ähnlichen Absorptions- und Zerstreuungsgesetzen unterliegen wie die α-Strahlen [E. Rutherford[1]; C. G. Darwin[2]].

Aus den Gesetzen des elastischen Stoßes (Erhaltung des Impulses und der Energie) lassen sich zunächst diese beiden Größen für das getroffene Atom berechnen. Für den günstigsten Fall des zentralen Stoßes erhält man hierfür:

$$v_2 = \frac{2m_1}{m_1 + m_2} v_1$$

$$E_2 = \frac{4m_1 m_2}{(m_1 + m_2)^2} \cdot E_1 ,$$

wobei sich der Index 1 auf das stoßende α-Teilchen, der Index 2 auf das getroffene Atom bezieht.

Unter der Annahme, daß α-Teilchen und Atomkern als Punktladungen betrachtet werden können und daß das Coulombsche Kraftgesetz auch in geringer Entfernung streng gelte, läßt sich auch die Wahrscheinlichkeit berechnen, daß Atomstrahlen bestimmter Richtung entstehen. Ferner liefert die Bohrsche Theorie

Literatur zu III, 18 siehe Seite 173.

des Geschwindigkeitsverlustes von α-Strahlen (vgl. III, 8) durch Übertragung auf Teilchen anderer Masse und Ladung einen Wert für die Reichweite des Atomstrahles: angenähert ist R proportional $\frac{m}{e^2} v^3$ [vgl. R. Seeliger[8])].

Versuchsergebnisse von E. Marsden[3]) bestätigten diese theoretischen Resultate, indem in Wasserstoff tatsächlich durch Ra-Emanation Atomstrahlen, nach ihren Trägern „H-Strahlen" genannt, erzeugt werden konnten, die zum Teil eine beträchtlich größere (bis zur 4fachen) Reichweite besitzen als die erzeugenden primären α-Strahlen.

Eine eingehende Untersuchung von E. Rutherford[7]) ergab weiterhin, daß die maximale Reichweite (28 cm) und Geschwindigkeit dieser H-Strahlen tatsächlich der Theorie entspreche; auch konnte durch magnetische und elektrische Ablenkung festgestellt werden, daß die spezifische Ladung mit der eines H-Kernes übereinstimme, ein Resultat, das neuerlich durch G. Stetter[19]) noch genauer bestätigt wurde. Dagegen ist das beobachtete Gesetz der Geschwindigkeitsverteilung (Häufigkeit bestimmter Geschwindigkeiten) nicht mit der einfachen oben erwähnten Theorie vereinbar und zeigt daher eine Struktur oder komplexe Beschaffenheit des α-Teilchens an, die sich bemerkbar macht, wenn es sich einem H-Kern auf Distanzen von der Größenordnung 10^{-13} cm annähert. Spätere Untersuchungen Rutherfords[10]) sowie von J. Chadwick und E. S. Bieler[13]) bestätigten das Resultat, daß H-Strahlen großer Geschwindigkeit viel häufiger auftreten als es der Theorie entspricht. C. G. Darwin[12]) leitete daraus modellmäßige Vorstellungen über die Struktur des α-Teilchens ab, wobei sich eine von Rutherford schon früher gemachte Annahme einer scheibenförmigen Gestalt des α-Teilchens (vgl. S. 100) als brauchbar erwies.

Die Untersuchung der H-Strahlen durch Rutherford erfolgte nach der Szintillationsmethode; die von H-Strahlen erzeugten Szintillationen sind schwächer als die von α-Strahlen; quantitative Messungen wurden später von E. Kara-Michailova und H. Pettersson[18]) angestellt und zeigten, daß das Helligkeitsverhältnis von α- und H-Szintillationen etwa 2,7 bis 3 beträgt. Unter Anwendung einer Ionisationsmethode konnte A. L. Mc Aulay[9]) die Rutherfordschen Resultate bestätigen.

Die photographischen Wirkungen der H-Strahlen wurden von M. Blau[20]) untersucht, Reichweiten von E. Rona[21]), wobei sich ergab, daß die Luftäquivalente verschiedener fester Körper für H-Strahlen und α-Strahlen übereinstimmen.

Außer den in Wasserstoff erzeugten H-Strahlen ließen sich in den Versuchen E. Rutherfords[7]) auch in andern Gasen erzeugte Atomstrahlen nachweisen. Die oben erwähnte Berechnung der Reichweite liefert das Resultat, daß bei Atomgewichten $A \leq 16$ die Reichweite des getroffenen Kernes die der primären α-Strahlung übertrifft und also leicht bestimmt werden kann. Tatsächlich wurden solche Strahlen in Luft, N_2, O_2 und CO_2 erzeugt und beobachtet. Bei schweren Atomen ($A > 16$) ist ebenso wie bei H-Strahlen und Atomstrahlen leichter Kerne ein Nachweis der Bahnspuren nach der Wilsonschen Methode möglich [D. Bose[6]), T. Shimizu[11]); P. Auger und

Literatur zu III, 18 siehe Seite 173.

F. Perrin[14]); C. T. R. Wilson[15]); R. W. Ryan und W. D. Harkins[16]); P. M. S. Blackett[17]); vgl. auch IV, 9].

Bereits Versuche von E. Marsden und W. C. Lantsberry[4]) hatten ergeben, daß auch aus festen, Wasserstoff in chemischer Bindung enthaltenden Stoffen (z. B. Wachs) H-Strahlen großer Reichweite ausgelöst werden können; da aber bisweilen auch anscheinend wasserstofffreie, mit Ra C belegte Medien (z. B. Ni) solche Strahlen lieferten, schlossen sie, daß die H-Strahlen zum Teil primäre Strahlen, d. i. aus dem Kerne der radioaktiven Atome selbst stammende Teilchen seien. Diese Resultate fanden aber zunächst keine Bestätigung durch J. C. Mc Lennan und H. N. Mercer[5]).

Dagegen stellte E. Rutherford[7]) im Verlaufe seiner früher besprochenen Untersuchungen fest, daß in Stickstoff H-Strahlen entstehen, die aus den getroffenen Kernen der N-Atome selbst stammen mußten.

Diese fundamentale Tatsache der Kernzerlegung oder Atomzertrümmerung durch α-Strahlen und die Eigenschaften der H-Strahlen, welche derartig erzeugt werden, sind im Abschnitt IV, 8 ausführlicher dargestellt.

Ab) Negative Korpuskularstrahlung. Bei der Besprechung der δ-Strahlen wurde bereits erwähnt, daß mindestens der größte Teil von ihnen als durch α-Strahlen erregte Sekundärstrahlung aufzufassen ist. Sie entsprechen relativ langsamen Elektronen, deren Energie in „Volt" gemessen (d. h. durch das Produkt der Ladung von einem Elementarquantum mit einer in Volt ausgedrückten Potentialdifferenz) von sehr kleinen Werten bis zu etwa 40 Volt reicht; in geringer Zahl sind aber unter den sekundären β-Strahlen auch solche größerer Geschwindigkeit vorhanden bis zu $v = 3 \cdot 10^9 \frac{\text{cm}}{\text{sec}}$, entsprechend $P = 2600$ Volt [H. A. Bumstead[12]); B. Bianu[15])]; infolgedessen besitzt nur ein Bruchteil merkliche ionisierende Wirkung. Die Zahl der je einem auffallenden α-Teilchen entsprechenden δ-Strahlen hängt von den Versuchsbedingungen ab, die Geschwindigkeit bzw. deren Verteilung ist aber unabhängig von der Natur des Stoffes, der von den α-Strahlen getroffen wird. Das Gesamtresultat der zahlreichen Untersuchungen (vgl. Literatur zu Ab) kann man kurz dahin zusammenfassen, daß die sekundäre δ-Strahlung der Ionisation der getroffenen Atome entspricht, wobei die Zahl und Endgeschwindigkeit der aus dem Körper austretenden und daher der Beobachtung zugänglichen Elektronen von ihrer Absorption und Zerstreuung im Innern des

Literatur zu III, 18 siehe Seite 173.

Körpers beeinflußt ist. Eine Theorie der δ-Strahlung wurde von P. L. Kapitza[17]) näher ausgeführt.

Ac) Elektromagnetische Strahlen. Das Auftreten sehr schwacher γ-Strahlen bei der Absorption der α-Strahlen wurde zuerst von J. Chadwick[1]) nachgewiesen. Weitere Versuche von A. S. Russell und J. Chadwick[2,4]) zeigten, daß mehrere bisher als reine α-Strahler angesehene Radioelemente eine primäre γ-Strahlung aussenden (vgl. Seite 141); bei Polonium war aber neben der primären γ-Strahlung $\left(\text{mit } \frac{\mu_{Al}}{\varrho} = 215 \frac{cm^2}{g}\right)$ auch eine in Kupfer erregte sekundäre γ-Strahlung $\left(\text{mit } \frac{\mu_{Al}}{\varrho} = 1300 \frac{cm^2}{g}\right)$ konstatierbar, während für Pt und Pb eine erregte Strahlung nicht gefunden werden konnte. Analog beobachteten E. Rutherford und H. Richardson[3]) eine von den α-Strahlen des RaC in Nickel erregte Strahlung. Die von den α-Strahlen erzeugten sekundären γ-Strahlen entsprechen der Eigenstrahlung der getroffenen Atome. Eine Theorie dieser Energietransformation findet sich bei S. Rosseland.[5])

B. Von β-Strahlen erzeugte Sekundärstrahlen. Ba) Positive Korpuskularstrahlen, nicht vorhanden.

Bb) Negative Korpuskularstrahlen. Die Existenz sekundärer β-Strahlen wurde zuerst von H. Becquerel[1]) und später von F. Paschen[2]) nachgewiesen. Zahlreiche Untersuchungen über die Natur, Intensität und Durchdringungsfähigkeit in ihrer Abhängigkeit von der Geschwindigkeit und Richtung der erzeugenden primären β-Strahlen ergaben die Resultate:

Die sekundäre β-Strahlung ist inhomogen, die maximale Geschwindigkeit (und damit Durchdringungsfähigkeit) ist von derselben Größenordnung wie bei der primären, aber niemals größer [H. Becquerel[1]); A. S. Eve[3]); J. A. Mc Clelland[6]); S. J. Allen[8]); W. H. Bragg und J. P. V. Madsen[9]); H. W. Schmidt[10]); V. E. Pound[12]); A. F. Kovarik[15])]. Mit steigendem Atomgewicht des getroffenen „Radiators" und mit der Härte der Primärstrahlung nimmt die Härte der sekundären Einfallsstrahlung (hier auch häufig „reflektierte" Strahlung genannt) zu; die Intensität der Einfallsstrahlung steigt mit der Dicke des Radiators bis zu einem Sättigungswert an [A. S. Eve[3]), V. E. Pound[12])], die der Austrittsstrahlung wächst mit der Dicke bis zu einem Maximum an und fällt dann wieder; eine einfache Beziehung zwischen Intensität und Dichte des „Radiator"-Stoffes besteht nicht, dagegen ein deutlicher Zusammenhang mit dem Atomgewicht, derart daß mit wachsendem Atomgewicht die Intensität zunimmt [A. Righi[4]); J. A. Mc Clelland[6]); H. W. Schmidt[10]); S. J. Allen[13, 17]); W. B. Huff[14]); A. F. Kovarik[15])]. Als atomistische Eigenschaft ist die Sekundärstrahlung von Verbindungen durch die Atomgewichte ihrer Komponenten bestimmt [J. A. Mc Clelland und F. E. Hackett[7]); S. J. Allen[13, 17])].

Literatur zu III, 18 siehe Seite 173.

Mit wachsender Geschwindigkeit der Primärstrahlung nimmt die Intensität der Einfallsstrahlung zu [H. W. Schmidt[10]); A. F. Kovarik[15]); A. F. Kovarik und W. Wilson[16])]. Bei senkrechter Inzidenz der Primärstrahlung ist die Einfallsstrahlung nahezu nach dem Kosinusgesetz verteilt; bei geändertem Einfallswinkel der Primärstrahlung ändert sich auch die Intensität und die Härte der Einfallsstrahlung, und zwar nimmt die Härte bei abnehmendem Einfallswinkel um so stärker ab, je kleiner das Atomgewicht des Radiators ist [W. H. Bragg und J. P. V. Madsen[9]); J. A. Mc Clelland[11])].

Der Hauptteil dieser in den besprochenen Untersuchungen behandelten „Sekundärstrahlung" ist gestreute Primärstrahlung (vgl. III, 12). Die eigentliche erregte Sekundärstrahlung hat nach F. Hauser[18]) und N. R. Campbell[19]) den Charakter der sogenannten δ-Strahlung, also geringe Geschwindigkeit. Aus der kritischen Übersicht P. Lenards[20]) geht aber hervor, daß die in Gasen erregte Sekundärstrahlung mit steigender Primärgeschwindigkeit auch beträchtliche Energiewerte annimmt, wie folgende Tabelle zeigt:

Primärgeschw. $\beta = v/c$:	0,4;	0,5;	0,6;	0,7;	0,8;	0,85;	0,9;	0,95;	0,99
Sekundärstr. P in Volt:	4;	7;	10;	17;	31;	46;	73;	160;	1000.

Bc) Elektromagnetische Strahlen. Analog der Entstehung der Röntgenstrahlung bei der Absorption der Kathodenstrahlen ist auch die Erregung von γ-Strahlen bei der Absorption von β-Strahlen a priori zu erwarten. Obgleich die Energie einer β-Korpuskel groß gegen die der gewöhnlichen Kathodenstrahlelektronen ist, bleibt doch die Zahl der β-Strahlen hinter der der Kathodenstrahlen im allgemeinen weit zurück; aus diesem Grunde sowie durch den Umstand, daß in den meisten Fällen die β-Strahlen von primären γ-Strahlen begleitet sind, wird der experimentelle Nachweis der erregten γ-Strahlung erschwert.

Dahin gerichtete Versuche von H. Starke[1]) und C. Davisson[2]) hatten daher zunächst ein negatives oder wenigstens kein sicheres positives Ergebnis. Ein solcher Nachweis der erregten γ-Strahlung wurde von J. A. Gray[3]) erbracht, der die von γ-Strahlen fast freie β-Strahlung des RaE zur Erregung benutzte; die Austrittsstrahlung erwies sich als bedeutend stärker als die Einfallsstrahlung, die Intensität und Durchdringungsfähigkeit stiegen mit der Dicke und dem Atomgewicht des bestrahlten Radiators an. Nach J. Chadwick[4]) ist auch bei RaC neben der primären eine erregte γ-Strahlung nachzuweisen; nach seinen Resultaten nimmt ebenfalls die Intensität der erregten Strahlung mit dem Atomgewicht des Radiators zu, und zwar im Verhältnis 75 : 100 von Al bis U; im letzten Falle beträgt die Gesamtintensität etwa 0,3 % der primären γ-Strahlung; dagegen nimmt die Durchdringungsfähigkeit nach Chadwick mit steigendem Atomgewicht ab.

H. Starke[5]) konstatierte die durch die β-Strahlung des MsTh erregte γ-Strahlung und fand für ihre Intensität die gleiche Größenordnung wie Chadwick. V. F. Hess und R. W. Lawson[8]) fanden eine von der β-Strahlung des RaE erregte γ-Strahlung. Nach H. Richardson[6]) entspricht die von den β-Strahlen eines (RaB + RaC)-Präparates in verschiedenen untersuchten Metallen erregte

Literatur zu III, 18 siehe Seite 173.

sekundäre γ-Strahlung der Eigenstrahlung (und zwar der „L-Serie") der betreffenden Elemente.

Neuere Versuche von J. A. Gray[9]) betreffen den sogenannten „Massentransformationskoeffizienten" λ, definiert durch die Gleichung: $E_2 = \lambda m E_1$, wobei E_1 die Energie der Primärstrahlung, m die Masse pro Flächeneinheit der sekundärstrahlenden Platte und E_2 die Energie der Sekundärstrahlung bezeichnet. Er findet für λ bei Anwendung dünner Schichten Werte zwischen 0,05 (Papier) und 0,30 (Pb), bei dicken Schichten zwischen 0,004 (Papier) und 0,06 (Pb) bzw. allgemein λ proportional $\frac{N^2}{A\,P}$ (N = Atomnummer, A = Atomgewicht, P = Voltgeschwindigkeit der β-Strahlen). Eine Theorie der Umwandlung kinetischer Energie der β-Strahlen in die Energie der γ-Strahlen — analog wie bei Ac), S. 168 — wurde von S. Rosseland[10]) gegeben.

C. Von γ-Strahlen erzeugte Sekundärstrahlen. Ca) Positive Korpuskularstrahlen, nicht aufgefunden.

Aus Bahnspuren der von Röntgenstrahlen erzeugten Sekundärstrahlen glaubte W. Bothe[1]) zunächst — mit Vorbehalt — auf die Auslösung von H-Strahlen auch durch elektromagnetische Strahlung schließen zu können, zeigte aber später, daß es sich nicht um Atomstrahlen, sondern um langsame β-Strahlen handle (siehe unter Cb).

Cb) Negative Korpuskularstrahlen. Die Ergebnisse der zahlreichen Untersuchungen (vgl. Literatur zu Cb) können kurz zusammengefaßt werden [W. H. Bragg[11])]:

Bei der durch γ-Strahlung erregten β-Strahlung ist die Anfangsgeschwindigkeit der Elektronen unabhängig von der Intensität der Primärstrahlung und von der Natur (dem Atomgewicht) des Radiators, dagegen abhängig von der Qualität (Durchdringungsfähigkeit) der Primärstrahlung und im allgemeinen von derselben Größenordnung wie bei den primären β-Strahlen, welche die primäre γ-Strahlung begleiten. Die Intensität (Zahl der ausgelösten Elektronen) ist proportional dem Betrage der absorbierten Primärstrahlung, also proportional deren Intensität und wachsend mit dem Atomgewichte des Radiators.

Die Richtung, in der sich die Primärstrahlen bewegen, ist als Emissionsrichtung der erregten Strahlung bevorzugt, und zwar in um so höherem Grade, je kleiner das Atomgewicht des Radiators ist.

Für dicke Schichten kommen dann die Zerstreuung, Absorption und Geschwindigkeitsabnahme der erregten Strahlung innerhalb des Radiators in Betracht, die nach den gleichen Gesetzen wie bei den primären β-Strahlen erfolgen.

Konsequenzen hiervon sind: Die Austrittsstrahlung nimmt mit der Dicke d des Radiators zu, angenähert nach dem Gesetze: $J' = J_0 \frac{\mu}{\mu' - \mu} \left\{ e^{-\mu d} - e^{-\mu' d} \right\}$, wobei J_0 die Intensität der Primärstrahlen und μ und μ' die Absorptionskoeffizienten für primäre und sekundäre Strahlung bezeichnen; man erhält das Maximum von J' für:

$$d = \frac{1}{\mu' - \mu} \log \operatorname{nat} \frac{\mu'}{\mu}.$$

Literatur zu III, 18 siehe Seite 173.

Aus der Abhängigkeit von μ und μ' von der Natur des absorbierenden Mediums folgt, daß bei dicken Schichten, die angenähert die maximale Intensität liefern, J' mit steigendem Atomgewicht bis zu einem Minimum abnimmt und dann wieder steigt.

Die Einfallsstrahlung ist stets geringer als die Austrittsstrahlung, besonders bei kleinem Atomgewicht des Radiators, ihre Intensität wächst asymptotisch mit der Dicke des Radiators zu einem Grenzwert und steigt stetig mit dem Atomgewicht an.

Die ionisierende Wirkung der γ-Strahlen ist hauptsächlich durch die erregte sekundäre β-Strahlung bedingt (vgl. IV, 5).

K. W. F. Kohlrausch und E. Schrödinger[12]) führten Versuche mit einem wohldefinierten Bündel paralleler γ-Strahlen (RaC als Quelle) aus und fassen ihre Ergebnisse, die zum Teil bereits bekannte Resultate bestätigen, zusammen: Die durch γ-Strahlen erregte sekundäre β-Strahlung läßt sich quantitativ darstellen auf Grund der Annahmen a) es liegt ein Volumeffekt vor; b) die Sekundärstrahlung des Volumelements ist anisotrop verteilt; c) primäre und sekundäre Strahlung werden nach einem einfachen Exponentialgesetze absorbiert. Zur Charakterisierung eignen sich drei Konstanten, die als „Massenstrahlungs"-, „Asymmetrie"- und „Absorptions"-Koeffizient bezeichnet werden. Der Massenstrahlungskoeffizient k bedeutet dabei die in der Masseneinheit erzeugte Sekundärstrahlung; bezüglich der Richtungsverteilung wird das einfache Gesetz $J(\varphi) = k(1 - \beta\cos\varphi)$ angenommen, wobei φ den Winkel zwischen Primärstrahlung und Sekundärstrahlung und β den Asymmetriekoeffizienten darstellt. Der Massenstrahlungskoeffizient eines Stoffes ist abhängig vom Atomgewicht A, und zwar annähernd konstant bis etwa $A = 60$, dann mit A wachsend bis auf etwa das Doppelte bei $A = 200$. Der Asymmetriekoeffizient hat den Wert $+1$ für kleine Atomgewichte, nimmt mit wachsendem A ab, wird Null bei etwa $A = 120$ und negativ für $A > 120$. Dementsprechend ist im allgemeinen die Richtung des Primärstrahles als Emissionsrichtung der sekundären β-Strahlen bevorzugt. Nach Versuchen von H. Prelinger[16]), der entsprechend den zwei Hauptkomponenten der γ-Strahlung des RaC auch zwei Typen der von ihr erzeugten sekundären β-Strahlung unterscheiden konnte, wächst der Asymmetriekoeffizient mit der Härte der Primärstrahlung; die Absorptionskoeffizienten erweisen sich als gleich mit denen der primären β-Strahlen von (RaB + RaC). A. Enderle[20]) bestätigt die eben erwähnte Beziehung zwischen Asymmetriekoeffizient und Härte und zeigt ferner, daß er (nach obiger Definition) mit steigendem Atomgewicht der Grenze Null zustrebt (nicht negativ wird).

Nach E. Rutherford, H. Robinson und W. F. Rawlinson[13]) ergibt eine magnetische Zerlegung der sekundären β-Strahlen ein Bandenspektrum; dabei erweist sich das magnetische Spektrum der in Pb erregten Sekundärstrahlen als gleich mit dem Spektrum der Primärstrahlen von RaB, was mit Rücksicht auf die Isotopie dieser beiden Elemente bemerkenswert ist.

Theoretisch ist die Erzeugung sekundärer β-Strahlen durch γ-Strahlen vollkommen analog der Erzeugung sekundärer Kathoden- durch Röntgenstrahlen und dem lichtelektrischen Effekt. Die gemeinsame Grundlage wird durch die Formel gegeben:

$$E_{\beta} = E_{\gamma} - A = h\nu - A\,,$$

Literatur zu III, 18 siehe Seite 173.

d. h. die Energie eines „Lichtquants“ wird bei der Absorption an ein einziges Elektron abgegeben und teils auf die Abtrennungsarbeit A — die abhängig davon ist, ob das Elektron aus dem K-, L-, ... Niveau stammt — teils auf die kinetische Energie verwendet. Über die hierauf basierende Methode, aus E_β das Quantum $h\nu$, bzw. die Wellenlänge der erregenden γ-Strahlung zu berechnen vgl. III, 15 [H. Prelinger[16]); O. Treitel[17]), C. D. Ellis[18]), M. de Broglie und J. Cabrera[21]); J. Thibaud[25]), D. H. Black[27])]. Neben diesen der Absorption der γ-Strahlen entsprechenden „Photoelektronen“ kommen als sekundäre β-Strahlen noch in Betracht die bei der Streuung der γ-Strahlen beim „Comptoneffekt“ (siehe III, 16) entstehenden Elektronen, deren Energie nur einen Bruchteil des ganzen Quants ist, und zwar ein von der Richtung abhängiger. Mittels der Wilsonschen Bahnspuren (vgl. IV, 9) wurden diese „Comptonelektronen“ nachgewiesen von W. Bothe[22]), D. Skobelzyn[24]) und von A. H. Compton und A. W. Simon[26]). Zur Theorie vgl. auch L. Meitner[23]).

Cc) Elektromagnetische Strahlung. Nach der Analogie mit den Erscheinungen bei Röntgenstrahlen ist zu erwarten, daß mit der Absorption der primären γ-Strahlen einerseits eine Streuung verbunden ist, andererseits eine Erregung eigentlicher Sekundärstrahlung, die der Eigenstrahlung der Atome des absorbierenden Mediums entspricht.

Die experimentellen Ergebnisse zeigen zunächst die Existenz einer sekundären γ-Strahlung im weiteren Sinne [A. S. Eve[1, 3])] und deren Inhomogenität [R. D. Kleeman[2, 5])]. Bezüglich Durchdringungsfähigkeit und Intensität ist die Verteilung eine asymmetrische: die Einfallsstrahlung ist schwächer und weicher als die Austrittsstrahlung [J. P. V. Madsen[4]); D. C. H. Florance[6])]; die Austrittsstrahlung besitzt um so kleinere Intensität und Durchdringungsfähigkeit, je stärker die Ablenkung aus der Richtung der Primärstrahlen ist.[6]) Diese Resultate wurden zunächst gedeutet als Zerstreuung einer inhomogenen Primärstrahlung, derart daß die durchdringenden Bestandteile schwach, die weichen stark zerstreut werden; für das Vorhandensein einer „charakteristischen“ erregten Strahlung ergab sich kein Anzeichen.

Im Gegensatz hierzu führten spätere Versuche von J. A. Gray[7]) und D. C. H. Florance[8]) zu folgender Auffassung:

Mit der Absorption und Zerstreuung der Primärstrahlen ist zugleich eine kontinuierlich fortschreitende Qualitätsänderung (Abnahme der Durchdringungsfähigkeit) verbunden, die von der Dicke (Masse) des durchstrahlten Mediums abhängt, aber nicht in einfacher Beziehung zum Atomgewicht steht. Neben diesen zerstreuten und zugleich qualitativ veränderten Primärstrahlen ist in manchen Fällen (bei Pb, Pt und Hg als absorbierenden Medien) eine „Extrastrahlung“ geringer Intensität und Durchdringungsfähigkeit ($\mu_{Pb} = 40\ cm^{-1}$) nachweisbar, die entweder als charakteristische Strahlung dieser Stoffe oder als

Literatur zu III, 18 siehe Seite 173.

tertiäre Strahlung (bei der Absorption der sekundären erregten β-Strahlen entstehende γ-Strahlung) aufgefaßt werden kann. Versuche von K. W. F. Kohlrausch[11]) zeigten, daß entsprechend den zwei Gruppen harter primärer γ-Strahlung von (RaB + RaC) auch zwei Typen sekundärer γ-Strahlung auftreten, davon die eine (härtere) nur als Austrittsstrahlung.

Eine eingehende Studie von A. H. Compton[13]) führt zum Ergebnis, daß der größte Teil der sekundären γ-Strahlung Eigenstrahlung des getroffenen Mediums ist und nur ein relativ geringer Bruchteil gestreute Primärstrahlung. Daß bei der Streuung — entgegen der älteren Auffassung — auch eine Änderung der Wellenlänge („Comptoneffekt") stattfindet, wurde bereits im Abschnitt III, 16 besprochen. (Vgl. dort auch bezügl. des Einflusses der sekundären Strahlung auf die scheinbare Absorption der primären).

Theoretische Berechnungen über die räumliche Verteilung gestreuter Röntgenstrahlen, die sich unmittelbar auf γ-Strahlen übertragen lassen, finden sich bei R. Glocker[12]).

Literatur zu III, 18:

Zu Aa):

1) E. Rutherford, Phil. Mag. (6) **27**, 488, 1914.
2) C. G. Darwin, Phil. Mag. (6) **27**, 499, 1914.
3) E. Marsden, Phil. Mag. (6) **27**, 824, 1914.
4) E. Marsden und W. C. Lantsberry, Phil. Mag. (6) **30**, 240, 1915.
5) J. C. Mc Lennan und H. N. Mercer, Phil. Mag. (6) **30**, 676, 1915.
6) D. Bose, Phys. Z. **17**, 388, 1916.
7) E. Rutherford, Phil. Mag. (6) **37**, 537, 562, 571, 580, 1919; Nature **103**, 415, 1919; **105**, 500, 1920.
8) R. Seeliger, Jahrb. Rad. u. El. **16**, 292, 1920.
9) A. L. Mc Aulay, Phil. Mag. (6) **40**, 763, 1920.
10) E. Rutherford, Phil. Mag. (6) **41**, 307, 1921.
11) T. Shimizu, Proc. Roy. Soc. (A) **99**, 423, 1921.
12) C. G. Darwin, Phil. Mag. (6) **41**, 486, 1921.
13) J. Chadwick und E. S. Bieler, Phil. Mag. (6) **42**, 923, 1921.
14) P. Auger und F. Perrin, C. R. **175**, 340, 1922.
15) C. T. R. Wilson, Proc. Cambr. Soc. **21**, 405, 1922.
16) R. W. Ryan und W. D. Harkins, Nature **111**, 114, 1923; **112**, 54, 1923; Phys. Rev. (2) **21**, 375, 1923; **23**, 308, 1924; J. Amer. Chem. Soc. **45**, 2095, 1923.
17) P. M. S. Blackett, Proc. Roy. Soc. (A) **102**, 294, 1922; **103**, 62, 1923.
18) E. Kara-Michailova und H. Pettersson, Naturwiss. **12**, 388, 1924; Wien. Ber. **133**, 163, 1924; E. Kara-Michailova, Phys. Z. **25**, 595, 1924.
19) G. Stetter, Z. f. Phys. **34**, 158, 1925; Wien. Ber. **135**, 1926.
20) M. Blau, Wien. Ber. **134**, 427, 1925; Z. f. Phys. **34**, 285, 1925.
21) E. Rona, Mitt. Ra-Inst. 184, Wien. Ber. **135**, 1926.

Weitere Literatur siehe bei IV, 8.

Zu Ab):

1) J. J. Thomson, Proc. Cambr. Soc. **13**, 49, 1904; Nature **71**, 438, 1905.
2) F. Soddy, Nature **71**, 438, 1905.
3) J. M. W. Slater, Phil. Mag. (6) **10**, 460, 1905.
4) P. Ewers, Phys. Z. **7**, 148, 1906.

5) W. H. Logeman, Proc. Roy. Soc. (A) **78**, 212, 1906.
6) M. Moulin, Le Rad. **4**, 352, 1907; C. R. **144**, 1416, 1907.
7) W. Duane, C. R. **146**, 1088, 1908.
8) Ch. Lattès, Le Rad. **5**, 97, 1908.
9) F. Hauser, Phys. Z. **12**, 466, 1911; **13**, 936, 979, 1912; Jahrb. Rad. u. El. **10**, 445, 1913.
10) N. R. Campbell, Phil. Mag. (6) **22**, 276, 1911; **23**, 46, 462, 1912; Phys. Z. **12**, 870, 1911; Jahrb. Rad. u. El. **9**, 419, 1912; Phil. Mag. (6) **24**, 527, 783, 1912; **25**, 803, 1913; **26**, 774, 1913; **27**, 83, 1914.
11) W. T. Kennedy, Trans. Roy. Soc. Canada, **5**, 29, 1911.
12) H. A. Bumstead, Phil. Mag. (6) **22**, 907, 1912; **26**, 233, 1913; Sill. Journ. (4) **36**, 91, 1913; H. A. Bumstead und A. G. Mc Gougan, ebendort **34**, 309, 1912; Phil. Mag. (6) **24**, 462, 1912; H. A. Bumstead, Phys. Rev. (2) **8**, 715, 1916.
13) V. E. Pound, Phil. Mag. (6) **23**, 813, 1912; **24**, 401, 1912.
14) L. Wertenstein, Thèses, Paris 1913.
15) B. Bianu, C. R. **156**, 785, 1913; Le Rad. **11**, 230, 1919.
16) J. C. Mc Lennan und C. G. Found, Phil. Mag. (6) **30**, 491, 1915.
17) P. L. Kapitza, Phil. Mag. (6) **45**, 989, 1923.
18) A. Becker, Ann. d. Phys. (4) **75**, 781, 1924.
19) P. Auger, J. de phys. (6) **7**, 65. 1926.

Zu Ac):

1) J. Chadwick, Phil. Mag. (6) **24**, 594, 1912; **25**, 193, 1913.
2) J. Chadwick und A. S. Russell, Proc. Roy. Soc. (A) **88**, 217, 1913.
3) E. Rutherford und H. Richardson, Phil. Mag. (6) **25**, 722, 1913.
4) A. S. Russell und J. Chadwick, Phil. Mag. (6) **27**, 112, 1914.
5) S. Rosseland, Phil. Mag. (6) **45**, 65, 1923.
6) F. P. Slater, Phil. Mag. (6) **42**, 904, 1921.

Zu Ba): ————

Zu Bb):

1) H. Becquerel, C. R. **128**, 774, 1899; **130**, 981, 1900; **132**, 371, 734 u. 1286, 1901; Phys. Z. **5**, 561, 1904.
2) F. Paschen, Phys. Z. **5**, 502, 1904.
3) A. S. Eve, Phil. Mag. (6) **8**, 669, 1904.
4) A. Righi, Phys. Z. **6**, 815, 1905.
5) B. Kučera, Ann. d. Phys. (4) **18**, 974, 1905.
6) J. A. Mc Clelland, Phil. Mag. (6) **9**, 230, 1905; Dublin Trans. (2) **8**, 169, 1904; Dublin Trans. **9**, I, 1, 1905; Dublin Trans. **9**, II, 9, 1905.
7) J. A. Mc Clelland und F. E. Hackett, Dublin Trans. (2) **9**, III, 27, 1906.
8) S. J. Allen, Phys. Rev. **23**, 65, 1906.
9) W. H. Bragg und J. P. V. Madsen, Trans. Roy. Soc. South Australia 1907, (Oktob.); Phil. Mag. (6) **16**, 692, 1908.
10) H. W. Schmidt, Ann. d. Phys. (4) **23**, 671, 1907; Jahrb. Rad. u. El. **5**, 451, 1908.
11) J. A. Mc Clelland, Proc. Roy. Soc. (A) **80**, 501, 1908.
12) V. E. Pound, Phil. Mag. (6) **17**, 126, 1909.
13) S. J. Allen, Phys. Rev. **29**, 177, 1909; **30**, 276, 1910.
14) W. B. Huff, Phys. Rev. **30**, 482, 1910.

15) A. F. Kovarik, Phil. Mag. (6) **20**, 849, 1910.
16) A. F. Kovarik und W. Wilson, Phil. Mag. (6) **20**, 866, 1910.
17) S. J. Allen, Phys. Rev. **32**, 201, 1911.
18) F. Hauser, Jahrb. Rad. u. El. **10**, 445, 1913.
19) N. R. Campbell, Phil. Mag. (6) **27**, 83, 1914.
20) P. Lenard, Abhandl. Heidelberger Akad. 1918, 5. Abh.

Zu Bc):
1 H. Starke, Le Rad. **5**, 35, 1908.
2) C. Davisson, Phys. Rev. **28**, 469, 1909.
3) J. A. Gray, Proc. Roy. Soc. (A) **85**, 131, 1911; **86**, 513, 1912.
4) J. Chadwick, Phil. Mag. (6) **24**, 549, 1912.
5) H. Starke, Phys. Z. **14**, 1033, 1913.
6) H. Richardson, Proc. Roy. Soc. (A) **90**, 521, 1914.
7) J. Szmidt, Phil. Mag. (6) **30**, 220, 1915.
8) V. F. Hess und R. W. Lawson, Wien. Ber. **125**, 661, 1916.
9) J. A. Gray, Phys. Rev. (2) **19**, 430, 1922; **25**, 237, 1925.
10) S. Rosseland, Phil. Mag. (6) **45**, 65, 1923.

Zu Ca):
1) W. Bothe, Z. f. Phys. **16**, 319, 1923; **20**, 237, 1923.

Zu Cb):
1) H. Becquerel, Sur une nouvelle propriété de la matière, Paris, 1903.
2) F. Paschen, Ann. d. Phys. (4) **14**, 389, 1904.
3) A. S. Eve, Phil. Mag. (6) **8**, 669, 1904.
4) S. J. Allen, Phys. Rev. **22**, 375, 1906; **23**, 65, 1906.
5) A. S. Mackenzie, Phil. Mag. (6) **14**, 176, 1907.
6) W. H. Bragg, Phil. Mag. (6) **15**, 663, 1908.
7) F. E. Hackett, Nature **78**, 287, 1908.
8) W. H. Bragg und J. P. V. Madsen, Phil. Mag. (6) **16**, 918, 1908; **17**, 423, 1909.
9) A. S. Eve, Phil. Mag. (6) **18**, 275, 1909.
10) R. D. Kleeman, Proc. Cambr. Soc. **15**, 169, 1909.
11) W. H. Bragg, Studies in Radioactivity, London 1912, Chapt. XII.
12) K. W. F. Kohlrausch und E. Schrödinger, Wien. Ber. **123**, 1319, 1914.
13) E. Rutherford, H. Robinson und W. F. Rawlinson, Phil. Mag. (6) **28**, 281, 1914.
14) V. F. Hess und R. W. Lawson, Wien. Ber. **125**, 585, 1916.
15) H. F. Biggs, Phil. Mag. (6) **31**, 430, 1916.
16) H. Prelinger, Wien. Ber. **130**, 279, 1921.
17) O. Treitel, Dissert. Heidelberg 1920.
18) C. D. Ellis, Proc. Roy. Soc. (A) **99**, 261, 1921.
19) A. F. Kovarik, Phys. Rev. (2) **18**, 154, 1921.
20) A. Enderle, Wien. Ber. **131**, 589, 1922.
21) M. de Broglie und J. Cabrera, C. R. **174**, 939, 1922; **176**, 295, 1923; Bull. Soc. Franc. de Phys. Nr. 186, 224, 1923.
22) W. Bothe, Z. f. Phys. **20**, 237, 1923; Naturwiss. **11**, 965, 1923.
23) L. Meitner, Z. f. Phys. **22**, 334, 1924. Ergebn. d. exakten Naturwiss. III, 160, 1924.

24) D. Skobelzyn, Z. f. Phys. **24**, 393, 1924; **28**, 278, 1924; Nature **116**, 206, 1925.
25) J. Thibaud, C. R. **178**, 1706, 1924; **179**, 165, 815, 1052, 1322, 1924; Bull. Soc. Franc. de Phys. Nr. 209, 8, 1925.
26) A. H. Compton und A. W. Simon, Phys. Rev. (2) **25**, 306, 1925.
27) D. H. Black, Nature **115**, 226, 1925.

Zu Cc):

1) A. S. Eve, Phil. Mag. (6) **8**, 669, 1904.
2) R. D. Kleeman, Phil. Mag. (6) **15**, 638, 1908.
3) A. S. Eve, Phil. Mag. (6) **16**, 224, 1908.
4) J. P. V. Madsen, Phil. Mag. (6) **17**, 423, 1909; Trans. Roy. Soc. South Australia 1908, (Oktob.).
5) R. D. Kleeman, Proc. Roy. Soc. (A) **83**, 40, 1909; **83**, 195, 1910.
6) D. C. H. Florance, Phil. Mag. (6) **20**, 921, 1910.
7) J. A. Gray, Phil. Mag. (6) **26**, 611, 1913.
8) D. C. H. Florance, Phil. Mag. (6) **27**, 225, 1914; **28**. 363, 1914.
9) D. Thurm, Diss. Halle, 1913.
10) W. Schich, Diss. Halle, 1915.
11) K. W. F. Kohlrausch, Wien. Ber. **126**, 705, 1917; **128**, 853, 1919.
12) R. Glocker, Phys. Z. **19**, 249, 1918.
13) A. H. Compton, Phil. Mag. (6) **41**, 749, 1921.

Viertes Kapitel.

Die Wirkungen der radioaktiven Strahlung.

1. Einleitung. Die beim Zerfall radioaktiver Atome ausgesandten Strahlen sowie die von ihnen erzeugten Sekundärstrahlen rufen trotz ihrer verschiedenen Natur in qualitativ gleichartiger Weise eine Reihe von Wirkungen hervor, die entweder für den Nachweis radioaktiver Strahlung überhaupt sowie für die quantitative Bestimmung ihrer Stärke und für die Untersuchung der Eigenschaften der Strahlen von Bedeutung sind, oder eine Anwendung zum Studien anderer Erscheinungsgebiete oder zu unmittelbar praktischen Zwecken gestatten. Als solche Wirkungen kommen in Betracht: Ionisierung von Gasen und festen oder flüssigen Isolatoren; Zertrümmerung von Atomkernen; Wärmeentwicklung in allen Körpern, in denen die Strahlung absorbiert wird; Erregung von Fluoreszenz und Phosphoreszenz in bestimmten Stoffen; chemische Wirkungen, unter denen die photographischen von besonderer Wichtigkeit sind; endlich physiologische Wirkungen auf lebende Organismen pflanzlicher oder tierischer Natur.

Die ionisierende Wirkung hat die größte Bedeutung für die Untersuchung der radioaktiven Erscheinungen; denn die auf ihr beruhenden Methoden sind erstens quantitative und lassen daher die Gesetze des zeitlichen Verlaufes der Umwandlungsprozesse sowie die Gesetze der Absorption und Zerstreuung der verschiedenen Strahlenarten ermitteln, zweitens von außerordentlicher Empfindlichkeit, so daß sehr geringe Mengen radioaktiver Stoffe, die anderweitig nicht erkennbar wären, mit Sicherheit nachgewiesen werden können (vgl. das unten angeführte Beispiel). Daher werden solche Methoden außer in der radioaktiven Forschung als solcher auch für allgemein chemische Untersuchungen brauchbar bei der Anwendung „radioaktiver Indikatoren".

Die Größenordnung der aus der ionisierenden Wirkung nachweisbaren Strahlungen, beziehungsweise Stoffmengen werde durch folgendes Beispiel gegeben.

Literatur zu IV, 1: keine.

In einem geschlossenen Ionisationsgefäße entstehen durch „natürliche Ionisation“ (herrührend von den radioaktiven Stoffen in der Erde und in der Atmosphäre, von Spuren radioaktiver Beimengungen im Gefäßmaterial usw.) je nach Aufstellungsort und Beschaffenheit des Gefäßes etwa 4 bis 40 Ionen in der Volums- und Zeiteinheit (cm^3, sec), also bei mittleren Verhältnissen ($q = 20$) rund 20000 Ionen in der Sekunde bei einem Gefäß von etwa 1 Liter Inhalt. Der aus einer mehrstündigen Beobachtungszeit abgeleitete Mittelwert zeigt zwar infolge von Beobachtungsfehlern und reellen Änderungen der natürlichen Ionisation Schwankungen, doch bleiben diese sicher unter dem Betrage von 10% des Mittelwertes. Eine Zusatzstrahlung, ausgehend von einem auf Radioaktivität zu prüfenden Körper, wird daher mit Sicherheit konstatierbar und auf etwa 50% ihres Wertes genau bestimmbar sein, falls sie $^1/_5$ der natürlichen Ionisation bewirkt, also im Gefäß 4000 Ionen in der Sekunde erzeugt. Die folgende Tabelle gibt in der 1. Kolumne die Versuchsanordnung (Art des Strahlers und Lage), in der 2. die Zahl der Strahlen, die in der Sekunde ausgesandt werden müssen, damit die vorgeschriebene Anzahl von Ionen erzeugt wird, und in der 3. die Menge von Radium, beziehungsweise die Gleichgewichtsmenge, die hierzu erforderlich ist. Die numerischen Werte ergeben sich aus den in den folgenden Abschnitten behandelten Ionisationswirkungen der verschiedenen Strahlenarten bei Einsetzung von mittleren Werten.

Anordnung	Zahl der Strahlen pro sec.	Radiummenge
α-Strahler in Gefäßmitte	0,025	$7 \cdot 10^{-13}$ g
β- „ „ „	16	$5 \cdot 10^{-10}$ g
γ- „ „ „	700	$2 \cdot 10^{-8}$ g
γ- „ außen in 10 cm Distanz	10000	$3 \cdot 10^{-7}$ g

Die Zertrümmerung der Atomkerne ist nächst der spontanen Umwandlung der Kerne beim radioaktiven Zerfall eine Erscheinung von fundamentalster Bedeutung für die Erkenntnis des Aufbaues der Materie.

Die Wärmeentwicklung liefert gleichfalls quantitative Angaben, und zwar die Energie der absorbierten Strahlung in absoluten Einheiten; allerdings erfordert eine einigermaßen genaue Bestimmung bereits ziemlich bedeutende Mengen der radioaktiven Substanz.

Die Lichtwirkungen sowie die photographischen eignen sich im allgemeinen nicht für quantitative Bestimmungen, sind aber außer

Literatur zu IV, 1: keine.

zu Demonstrationszwecken besonders geeignet für die Untersuchung der Ablenkungserscheinungen in magnetischen und elektrischen Feldern und der Zerstreuungsvorgänge. Die szintillierende Fluoreszenz ist außerdem ein Hilfsmittel zur Zählung der abgegebenen α-Partikeln.

Von den sonstigen chemischen Wirkungen sind die Verfärbungen und ihre Folgeerscheinungen (lichtelektrische Empfindlichkeit, Thermolumineszenz usw.) von Bedeutung für verschiedene Probleme der Mineralogie, Kristallographie und Chemie; besonders die Verfärbung in natürlichen Mineralien (pleochroitische Höfe) ist ein Mittel zur Bestimmung des geologischen Alters und — infolge der Summierung der Wirkung über sehr lange Zeiträume — in diesem speziellen Falle ein noch empfindlicheres Reagens auf die Anwesenheit radioaktiver Stoffe als selbst die Ionisationsmethoden.

Endlich bilden die physiologischen Wirkungen das weitaus wichtigste Gebiet der praktischen Anwendung der Radioaktivität.

2. Die Ionisierung von Gasen. Als Ionen bezeichnet man im allgemeinen Ladungsträger, die einen bestimmten, für sie charakteristischen Wert der spezifischen Ladung $\frac{e}{m}$ besitzen und die in einem elektrischen Felde auch noch einer Kraft im widerstehenden Mittel unterliegen, so daß ihre Wanderungsgeschwindigkeit längs der Kraftlinien der Feldstärke proportional ist; die Geschwindigkeit bei der Feldstärke $\mathfrak{E} = 1$ (gewöhnlich $= 1 \frac{\text{Volt}}{\text{cm}}$ oder auch $= 1$ stat. Einh. $= 300 \frac{\text{Volt}}{\text{cm}}$ gesetzt) wird spezifische Geschwindigkeit oder Beweglichkeit genannt; sie ist ebenfalls eine charakteristische Konstante für eine bestimmte Ionenart, hängt aber außer von der Natur des Ions auch von der Natur, Dichte und Temperatur des Gases ab.

Man pflegt drei, eventuell vier Arten von Ionen zu unterscheiden: 1. Elektronionen, 2. Atom- oder Molekülionen, 3. normale Gasionen, 4. schwere oder Langevin-Ionen.

Negative Elektronionen und positive Atom- oder Molekülionen sind das unmittelbare Produkt der Ionisierung einer Gasmolekel, aber nur in stark verdünnten oder sehr heißen Gasen sind erstere von längerem Bestande, außerdem in einigen Gasen (Edelgase, Stickstoff) bei vollkommener Reinheit, denen man daher geringe „Elektronenaffinität" zuschreibt [J. Franck[18]]. In dichteren Gasen von nicht sehr hoher Temperatur wandeln sie sich im allgemeinen binnen kurzer

Literatur zu IV, 2 siehe Seite 186.

Zeit in die sog. normalen Ionen um, die daher bei der Untersuchung der Ionisation durch Becquerelstrahlen fast ausschließlich in Betracht kommen.

Aus den empirisch gefundenen Beweglichkeitswerten und der Annahme, daß diese durch die mittlere Geschwindigkeit der gleichförmig beschleunigten Bewegung im Felde längs der Strecke einer freien Weglänge bestimmt seien, hat man geschlossen, daß die normalen Ionen Aggregate („clusters") von mehreren (etwa 10 bis 30) Gasmolekeln sind, die sich an die ursprünglichen Elektron- oder Atomionen angelagert haben, daneben wird aber auch die Anschauung vertreten [E. M. Wellisch[11]; W. Sutherland[12]; M. Reinganum[17]], daß sie einfache Molekeln oder Atome seien, deren Beweglichkeit und Diffusion nur wenig von der Masse beeinflußt sei.

Die schweren oder Langevin-Ionen endlich entstehen durch Anlagerung der gewöhnlichen Ionen an Kerne relativ großer Masse.

Beweglichkeit. Die Beweglichkeit der normalen Ionen ist in der Regel für die positiven (u_1) und negativen (u_2) verschieden, und zwar im allgemeinen für die letzteren größer; Wasserdampfgehalt setzt die Beweglichkeit, besonders die der negativen Ionen herab. In manchen Gasen ergeben sich bei sehr großer Reinheit bedeutend erhöhte Werte der Beweglichkeit der negativen Ionen, die dann offenbar als Elektronionen aufzufassen sind. Für die absoluten Beträge ergaben die Messungen verschiedener Autoren Werte, die um einige Prozente voneinander abweichen; für Atmosphärendruck und Zimmertemperatur gibt folgende Tabelle einige Mittelwerte in $\frac{\text{cm/sec}}{\text{Volt/cm}}$ an:

Luft, trocken	$u_1 = 1{,}35$	$u_2 = 1{,}82$
Luft, feucht	1,37	1,51
Kohlensäure	0,80	0,89
Wasserstoff	6,0	7,8
Helium	5,1	6,3 (500 bei Elektronionen)
Äthylalkohol	0,36	0,35
Sauerstoff	1,32	1,81
Stickstoff	1,27	1,84 (120 bei Elektronionen)

Die Beweglichkeit ist der Gasdichte umgekehrt proportional; für positive Ionen gilt dies bis zu Drucken von wenigen mm Hg herab, für negative nur bis zu einem Drucke, der von der Natur (Elektronenaffinität) des Gases abhängt und für Luft etwa 200 mm Hg gesetzt werden kann.

Literatur zu IV, 2 siehe Seite 186.

Für die schweren Ionen (Langevin-Ionen) sind die Beweglichkeiten beträchtlich kleiner und schwanken, je nach der Natur der Kerne, etwa zwischen den Grenzen 0,01 bis 0,0003 $\frac{\text{cm/sec}}{\text{Volt/cm}}$.

Diffusion. Mit der Beweglichkeit im Zusammenhang steht der Diffusionskoeffizient D der Ionen; bei gleicher Definition wie für Gasmolekeln ist: $D = u \frac{p}{\mathrm{L}\, e}$, worin u die Beweglichkeit (in stat. Einh.), p der Gasdruck (in absoluten Einheiten), L die Loschmidtsche Zahl und e die Ionenladung (Elementarquantum) bezeichnet. Bei Normaldruck ist z. B. für normale Ionen

Gas:	Luft	Luft (feucht)	N_2	O_2	H_2	CO_2
$D_1 \left(\frac{\text{cm}^2}{\text{sec}}\right)$:	0,030	0,032	0,029	0,028	0,123	0,024
D_2 „ :	0,043	0,035	0,041	0,042	0,190	0,026

Wiedervereinigung. Eine weitere charakteristische Ionenkonstante ist der Wiedervereinigungskoeffizient α, der durch die Formel definiert ist:

$$\frac{dn}{dt} = -\alpha n_1 n_2 \quad \text{bzw.} \quad = -\alpha n^2, \quad \text{wenn} \quad n_1 = n_2 = n,$$

d. h. die Zahl der Ionenpaare, die durch Wiedervereinigung zu neutralen Aggregaten als Ladungsträger verschwinden, ist in der Volum- und Zeiteinheit dem Produkt der Ionenkonzentrationen proportional. Nach P. Langevin[6]) besteht die Beziehung:

$$\alpha = \eta \cdot 4\pi e (u_1 + u_2);$$

dabei ist η die Wahrscheinlichkeit, daß der Zusammenstoß zweier entgegengesetzt geladener Ionen zu einer Wiedervereinigung führt, also ein echter Bruch, der für Gase von Atmosphärendruck etwa den Wert 0,4 besitzt, in sehr dichten Gasen sich dem Werte 1 nähert.

Die empirischen Bestimmungen ergeben unmittelbar den Quotienten $\frac{\alpha}{e}$ und liefern hierfür in reiner (trockener und staubfreier) Luft Werte zwischen 3200 und 3400, im Mittel 3370 stat. Einh., so daß $\alpha = 1{,}6 \cdot 10^{-6}$ $\text{cm}^3\ \text{sec}^{-1}$ gesetzt werden kann.

Die Gleichung $\frac{dn}{dt} = -\alpha n_1 n_2$ gilt nicht streng, besonders bei Ionisierung durch α-Strahlen ist der scheinbare Wert von α abhängig von der

Literatur zu IV, 2 siehe Seite 186.

Intensität der Ionisierung und von der Versuchsanordnung; besonders bei schwacher Ionisierung steigt α stark an.

Nach H. W. Bragg und R. D. Kleeman[9]) besteht neben dem durch obige Gleichung bestimmten Prozesse der gewöhnlichen Wiedervereinigung noch eine besondere Art der „anfänglichen Wiedervereinigung" („initial recombination"), die sich zwischen den unmittelbar nach der Dissoziation sehr nahe benachbarten Ionen abspielt und nur durch sehr große Feldstärken verhindert wird. P. Langevin führte diese Abweichung darauf zurück, daß im allgemeinen, speziell aber bei der Ionisierung durch α-Strahlen, die Verteilung der erzeugten Ionen keine gleichförmige ist, sondern längs der Bahnen der ionisierenden Teilchen einen viel größeren Werthat als im Durchschnitt („Säulenionisation", ionisation en colonnes, columnar ionisation). Versuche von M. Moulin[10]) ergaben eine befriedigende Übereinstimmung mit dieser Theorie und zeigten speziell, daß die Wiedervereinigung im transversalen Feld (Kraftlinien senkrecht zur Längsrichtung der stark ionisierten Säulen) eine schwächere ist als im longitudinalen Felde. Auch E. Regener[16]), E. M. Wellisch und J. W. Woodrow[11]) bestätigten diese Auffassung. In allerdings geringerem Grade macht sich der Einfluß der säulenförmigen Ionisation auch bei der durch β- und γ-Strahlen bewirkten bemerkbar [G. Jaffé[22])].

Dagegen ist nach F. E. Wheelock[13]), H. Ogden[23]) und G. Rümelin[24]) die Theorie der Säulenionisation allein nicht ausreichend, alle empirischen Resultate zu erklären, so daß im Sinne Braggs auch eine vom Alter der Ionen abhängige Art der Wiedervereinigung angenommen werden müsse.

Sind in einem Gase pro Volumeinheit neben n normalen Ionen noch N Adsorptionskerne vorhanden, so gilt für die Zahl der in der Zeiteinheit verschwindenden normalen Ionen die Gleichung:

$$\frac{dn}{dt} = - \alpha n^2 - \gamma n N = - (\alpha n + \gamma N) n = - \beta' n.$$

Falls n klein, dagegen N groß ist (nicht gereinigte Gase bei schwacher Ionisierung, z. B. bei der „natürlichen" Ionisierung durch die allenthalben [vgl. Kap. VII] verbreiteten radioaktiven Stoffe), so kann im Ausdruck $(\alpha n + \gamma N)$ das erste Glied vernachlässigt werden und β' ist näherungsweise als eine Konstante („Verschwindungskonstante") zu betrachten. [J. A. Mc Clelland und H. Kennedy[21]); E. Schweidler[27]), J. J. Nolan und Mitarbeiter[31]), A. D. Power[32]), W. Schlenck[33])].

Der Strom in ionisierten Gasen. Bezeichnet n die Zahl der in der Volumeinheit enthaltenen Ionenpaare, e die Ionenladung und u_1 und u_2 die Beweglichkeiten der positiven und negativen Ionen, so ist all-

Literatur zu IV, 2 siehe Seite 186.

gemein die spezifische Leitfähigkeit des ionisierten Gases gegeben durch: $\Lambda = ne(u_1 + u_2)$.

Die tatsächliche Ionenkonzentration n ist bestimmt einerseits durch die Ionenerzeugung, die quantitativ durch die sogenannte Ionisierungsstärke q, das ist die Zahl der in der Zeit- und Volumeinheit gebildeten Ionenpaare, angegeben wird, andererseits durch den Verlust an Ionen infolge Wiedervereinigung, Diffusion, Adsorption sowie infolge der Wanderung der Ionen im Felde, die zu ihrer Ausscheidung an den Elektroden führt.

Die Abhängigkeit der Stromstärke von der Spannung ist theoretisch leicht abzuleiten, wenn vereinfachte Voraussetzungen eingeführt werden, nämlich wenn erstens Diffusion und Adsorption und zweitens die durch die Wanderung im Felde bedingte Ungleichförmigkeit der Ionenverteilung vernachlässigt wird. Es bezeichne V das Volumen des Ionisationsraumes, C die Kapazität des durch die Elektroden gebildeten Kondensators, i die Stromstärke, E die Spannung, $G = \frac{i}{E} = 4\pi C \Lambda$ den Leitwert (alle Größen im statischen Maßsystem).

Bei Abwesenheit eines elektrischen Feldes erreicht die Leitfähigkeit ihren Maximalwert Λ_0, der aus der Bedingung: $q = \alpha n_0^2$ zu:

$$\Lambda_0 = e(u_1 + u_2)\sqrt{\frac{q}{\alpha}}$$

bestimmt ist. Bei Vorhandensein eines elektrischen Feldes ergibt die oben erwähnte Beziehung: $\Lambda = ne(u_1 + u_2)$ und die Gleichgewichtsbedingung, daß im stationären Zustand die Ionenerzeugung einerseits, die Wiedervereinigung der Ionen und ihre Ausscheidung an den Elektroden andererseits sich kompensieren, daß also

$$qeV = \alpha n^2 eV + i$$

folgende Relation für die Stromstärke:

$$i = Veq\left(1 - \frac{\alpha}{q} n^2\right) = Veq\left(1 - \frac{\Lambda^2}{\Lambda_0^2}\right) = S\left(1 - \frac{\Lambda^2}{\Lambda_0^2}\right)$$

oder auch:

$$\frac{\Lambda}{\Lambda_0} = \frac{G}{G_0} = \sqrt{1 - i/S}.$$

$S = qeV$ stellt den sogenannten Sättigungsstrom dar, das ist der Maximalwert, den die Stromstärke erreichen kann, wenn alle erzeugten Ionen an die Elektroden geführt werden, ohne daß welche durch Wiedervereinigung verlorengehen.

Literatur zu IV, 2 siehe Seite 186.

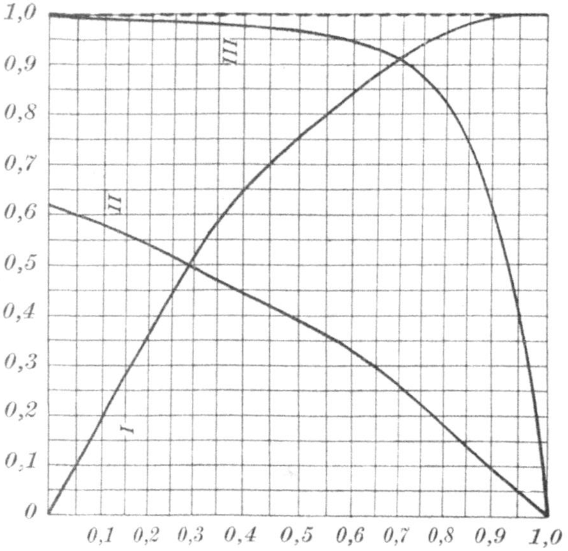

Fig. 25.

Es stellen dar: die Abszissen die Werte von i/S; die Ordinaten bei der Kurve I die Werte von $\frac{G}{G_0} = \frac{\Lambda}{\Lambda_0}$; bei der Kurve II die Werte von $E\frac{G_0}{S}$; bei der Kurve III die Werte von $\frac{1}{10}E\frac{G_0}{S}$, also dasselbe wie Kurve II in zehnfach verkleinertem Maßstabe

Der Leitwert als Funktion der Stromstärke wird also durch eine P a r a b e l dargestellt (vgl. Fig. 25). Aus $E = \frac{i}{G} = \frac{S}{G_0} \cdot \frac{i/S}{\sqrt{1 - i/S}}$ erhält man daher die Beziehung zwischen Stromstärke und Spannung: die Stromstärke steigt zunächst proportional der Spannung an („O h m scher Strom“), bleibt dann hinter der Proportionalität mit der Spannung zurück („u n v o l l s t ä n d i g g e s ä t t i g t e r S t r o m“) und erreicht schließlich asymptotisch den Grenzwert des S ä t t i g u n g s s t r o m e s, der ein Maß der Ionisierungsstärke ist. Die Größe der Spannung E, die erforderlich ist für einen vorgegebenen Wert des Sättigungsgrades i/S, ist hiernach proportional dem Ausdrucke;

$$\frac{S}{G_0} = \frac{\sqrt{qa}}{u_1 + u_2} \cdot \frac{V}{4\pi C},$$

also proportional der Wurzel aus der Ionisierungsstärke, umgekehrt proportional der Ionenbeweglichkeit und abhängig von den Dimensionen des Ionisationsraumes, und zwar proportional dem Quadrat der Lineardimensionen. Diese theoretischen Beziehungen gelten infolge der dabei gemachten Vernachlässigungen nur a n g e n ä h e r t, sind aber geeignet für Überschlagsrechnungen über die zur praktischen Sättigung erforderlichen Spannungen sowie zur Extrapolation des Sättigungsstromes, falls nicht vollständig gesättigter Strom gemessen wurde.

Die Wanderung der Ionen im Felde führt zu einer u n g l e i c h f ö r m i g e n Verteilung und damit zu einer Störung des elektrischen Feldes; in der Umgebung der Anode sind negative, nächst der Kathode positive Ionen im Überschusse vorhanden und dadurch wird die Feldstärke an den Elek-

---

Literatur zu IV, 2 siehe Seite 186.

troden erhöht, in der Mitte erniedrigt. Die theoretische Ableitung der Funktion $i = f(E)$ unter Berücksichtigung dieses Umstandes wird sehr kompliziert [vgl. G. Mie[7]), R. Seeliger[11])]; der Einfluß der Diffusion, der unter Umständen beträchtlich sein kann, wurde von G. Jaffé[22]) rechnerisch behandelt. Weitere Komplikationen treten auf, falls neben der durch das Gesetz $\frac{dn}{dt} = -\alpha n_1 n_2$ dargestellten Wiedervereinigung die bei β- und γ-Ionisation nur schwach merkliche, bei α-Ionisation aber sehr wesentliche Form der „anfänglichen Wiedervereinigung" berücksichtigt werden muß [G. Jaffé[22])]. Empirische Resultate über die Stromspannungskurven bei verschiedenen Versuchsanordnungen wurden gegeben von St. Meyer und V. F. Hess[15]), E. Regener[16]), H. Greinacher[19]), G. Jaffé[22]), H. Fonovits[30]), F. Brössler[30]) und S. Maracineanu[34]) für α-Ionisation, von H. Seemann[20]) und E. Wertheimer für β- und γ-Ionisation; theoretische, speziell für die praktisch meist verwendeten Zylinderkondensatoren, von R. Seeliger[26]). Falls bei geringer Ionisierungsstärke und großem Gehalt des Gases an Adsorptionskernen die S. 182 besprochene „lineare" Wiedervereinigungsformel $\frac{dn}{dt} = q - \beta' n$ praktisch genügend genau gilt, ändert sich auch die Beziehung zwischen Stromstärke und Spannung, bzw. Leitfähigkeit und Stromstärke; man erhält unter analogen vereinfachten Voraussetzungen wie oben:

$$\frac{i}{S} = \frac{E}{E + H} \quad \text{und} \quad \frac{\Lambda}{\Lambda_0} = 1 - \frac{i}{S}.$$

Die Konstante H ist von der Dimension einer Spannung und kann als „Halbierungsspannung" bezeichnet werden, weil für $E = H$; $i = \frac{S}{2}$ und $\Lambda = \frac{\Lambda_0}{2}$ wird. Falls Volumen V und Kapazität C des Kondensators sowie die Beweglichkeit u der Ionen bekannt ist, läßt sie sich berechnen nach der Formel:

$$H = \frac{V\beta'}{4\pi C (u_1 + u_2)}$$

[E. Schweidler[27]), W. Schlenck[33])].

Ist die Ionisierung keine gleichförmige (Volumionisierung), sondern eine auf die unmittelbare Umgebung der einen Elektrode beschränkte Oberflächenionisierung (annähernd realisiert z. B. durch einen aktiven Belag mit einer Strahlung kurzer Reichweite), so wird die Stromspannungskurve von dem Typus, der in der Fig. 26 dargestellt ist; die Stromstärke

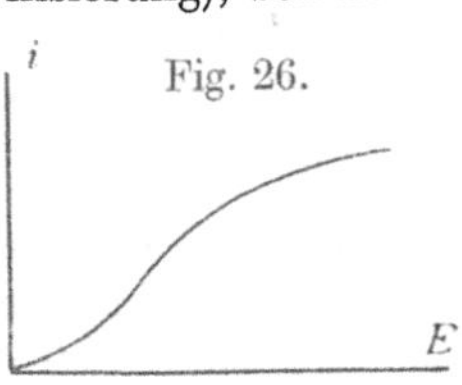

Fig. 26.

Literatur zu IV, 2 siehe Seite 186.

wächst zunächst beschleunigt mit der Spannung an, um sich nach Überschreiten eines Wendepunktes asymptotisch einem Sättigungswerte zu nähern [E. v. Schweidler[2]), E. Rutherford[3]), C. D. Child[4]), H. Fonovits, M. Hornyak, M. Artner[30])].

Endlich tritt bei Volum- oder Oberflächenionisierung die sogenannte Stoßionisierung [J. S. Townsend[5a]), J. Stark[5b])] ein, sobald die Feldstärke hinreichend groß ist; d. h. die primär erzeugten Ionen erlangen auf der freien Weglänge eine solche Geschwindigkeit, daß sie selbst beim Zusammenstoß mit neutralen Gasmolekeln in analoger Weise wie die Korpuskularstrahlen ionisierend wirken. Der Verlauf der Stromspannungskurve ist in der Fig. 27 angedeutet; bei größerem Gasdrucke erfolgt die Stoßionisierung in der Regel erst nach erreichter Sättigung (Kurve I), unter Umständen, besonders bei kleinem Drucke, aber schon bei beträchtlich tieferen Spannungen (Kurve II).

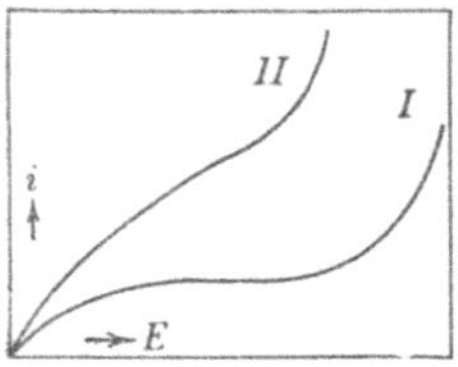

Fig. 27.

Ionenwind. Die Tatsache, daß in einem stark ionisierten Gase die Bewegung der Ionen im elektrischen Felde eine mechanische Mitreißwirkung auf die neutralen Gasmolekeln ausübt — als „elektrischer Wind“ bei Spitzenentladungen lange bekannt und von J. Zeleny (1898) auch bei durch Röntgenstrahlen ionisierten Gasen nachgewiesen —, wurde auch bei durch Becquerelstrahlen ionisierten Gasen zuerst von J. Joly[8]) und dann von S. Ratner[25]) beobachtet und später besonders von V. F. Hess[28]) genauer untersucht und als „Ionenwind“ bezeichnet. Speziell für den Fall der Oberflächenionisation durch α-Strahlen sehr kleiner Reichweite lassen sich quantitative Gesetze aufstellen und zu Messungen (Vergleich α-strahlender Präparate, Zerfallskonstante kurzlebiger Produkte) anwenden; auch für die Verteilung des radioaktiven Niederschlages auf die Elektroden (vgl. S. 162) sind die Erscheinungen des Ionenwindes von Bedeutung [A. Gabler[29])].

Literatur zu IV, 2:

1) J. J. Thomson, Phil. Mag. (5) **47**, 253, 1899; Conduction of Electricity through Gases, Cambridge 1903, (Kap. III).
2) E. v. Schweidler, Wien. Ber. **108**, 899, 1899; **113**, 1120, 1904.
3) E. Rutherford, Phil. Mag. (5) **47**, 109, 1899; Phil. Mag. (6) **2**, 210, 1901.
4) C. D. Child, Phys. Rev. **12**, 65 u. 135, 1901.
5a) J. S. Townsend, Phil. Mag. (6) **1**, 79, 1901; **3**, 557, 1902.
5b) J. Stark, Ann. d. Phys. (4) **7**, 417, 1902.
6) P. Langevin, C. R. **134**, 414 u. 533, 1902; Theses, Paris 1902.
7) G. Mie, Ann. d. Phys. (4) **13**, 857, 1904.

8) J. Joly, Phil. Mag. (6) **7**, 303, 1904.
9) W. H. Bragg und R. D. Kleeman, Phil. Mag. (6) **11**, 466, 1906; W. H. Bragg, Phil. Mag. (6) **11**, 617, 1906.
10) M. Moulin, C. R. **148**, 1757, 1909; Ann. chim. phys. **21**, 550, 1910; **22**, 26, 1911.
11) E. M. Wellisch, Phil. Trans. (A) **209**, 249, 1909; Phil. Mag. (6) **19**, 201, 1910. E. M. Wellisch und J. W. Woodrow, Phil. Mag. (6) **26**, 511, 1913.
12) W. Sutherland, Phil. Mag. (6) **18**, 341, 1909; Phil. Mag. (6) **19**, 817, 1910.
13) F. E. Wheelock, Sill. J. (4) **30**, 233, 1910.
14) R. Seeliger, Ann. d. Phys. (4) **33**, 319, 1910.
15) St. Meyer und V. F. Hess, Wien. Ber. **120**, 1187, 1911.
16) E. Regener, Verh. D. Phys. Ges. **13**, 1065, 1911.
17) M. Reinganum, Phys. Z. **12**, 575 und 666, 1911.
18) J. Franck, Jahrb. Rad. u. El. **9**, 235 u. 475, 1912.
19) H. Greinacher, Ann. d. Phys. (4) **37**, 561, 1912.
20) H. Seemann, Ann. d. Phys. (4) **38**, 781, 1912; E. Wertheimer, Phys. Z. **14**, 711, 1913.
21) J. A. Mc Clelland und H. Kennedy, Proc. Roy. Irish. Acad. **30**, 72, 1912.
22) G. Jaffé, Ann. d. Phys. (4) **42**, 303, 1913.
22 a) G. Jaffé, Ann. d. Phys. (4), **43**, 249, 1914; Phys. Z. **15**, 353, 1914.
23) H. Ogden, Phil. Mag. (7) **26** 991, 1913.
24) G. Rümelin, Ann. d. Phys. (4) **43**, 821, 1914.
25) S. Ratner, C. R. **158**, 565, 1914; Phil. Mag. (6) **32**, 441, 1916; **34**, 429, 1917.
26) R. Seeliger, Phys. Z. **18**, 326, 1917.
27) E. Schweidler, Wien. Ber. **127**, 953, 1918; **128**, 947, 1919; **133**, 23, 1924.
28) V. F. Hess, Wien. Ber. **128**, 1029, 1919; **129**, 565, 1920; Phys. Z. **21**, 510, 1920.
29) A. Gabler, Wien. Ber. **129**, 201, 1920.
30) H. Fonovits, Wien. Ber. **128**, 761, 1919; F. Brössler, ebendort **129**, 47, 1920; M. Hornyak, ebendort **130**, 135, 1921; M. Artner, ebendort **130**, 253, 1921.
31) J. J. Nolan und J. Enright, Proc. Roy. Irish Acad. **36**, 93, 1923; J. J. Nolan, R. K. Boylan und G. P. de Sachy, ebendort **37**, 1, 1925.
32) A. D. Power, J. Franklin Inst. **196**, 327, 1923.
33) W. Schlenck, Wien. Ber. **133**, 28, 1924.
34) S. Maracineanu, C. R. **177**, 682, 1923.
Zusammenfassende Darstellung: R. Seeliger, Graetz, Handb. der Elektr. u. des Magnet., Bd. III, 351, Leipzig 1920, J. A. Barth.

3. Ionisierung durch Alphastrahlen. Aus den im Abschnitt III, 8 besprochenen Absorptionsgesetzen der α-Strahlen folgt, daß die ionisierende Wirkung sich bis zu einer durch die Reichweite gegebenen Distanz von der Strahlungsquelle erstreckt. Die Abhängigkeit der Ionisierungsstärke q eines Parallelstrahlenbündels von dessen Restreichweite (und daher der Teilchengeschwindigkeit) ergibt sich aus Versuchen, die zunächst von W. H. Bragg und R. D. Kleeman[2, 3, 5, 6, 7]) ausgeführt und

Literatur zu IV, 3 siehe Seite 193.

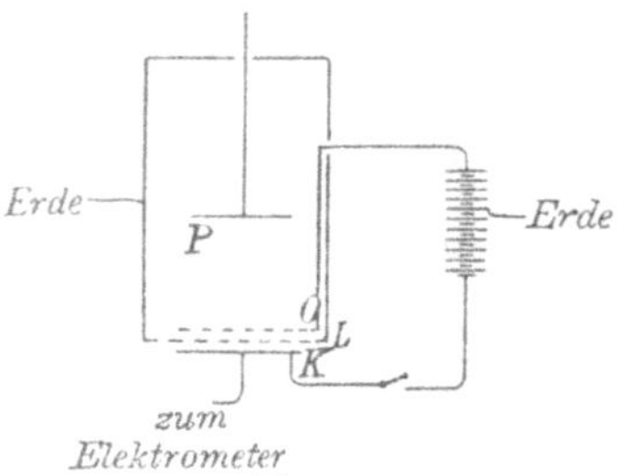

Fig. 28.

später von R. K. Mc Clung[8]), L. Blanquies[16]), H. Geiger[17]), T. S. Taylor[19 27]), B. Bianu[28, 32]) und R. W. Lawson[34]) wiederholt und ergänzt wurden.

Die typische Versuchsanordnung ist durch die Fig. 28 angedeutet. Von den homogenen α-Strahlen einer Quelle P wird durch eine Blende ein Bündel fast paralleler Strahlen in einen aus einem Netz und einer Platte bestehenden Kondensator geringer Dicke geleitet und die Distanz x des Netzes vom Strahler willkürlich geändert. Man erhält so aus dem im Kondensator gemessenen Sättigungsstrom die Funktion $q = f(x)$ und aus $J = \int_0^R q\,dx$ die Gesamtionisierung des Bündels. Die Form der so empirisch erhaltenen Kurve („Bragg-Kurve") gibt die Fig. 29 wieder.

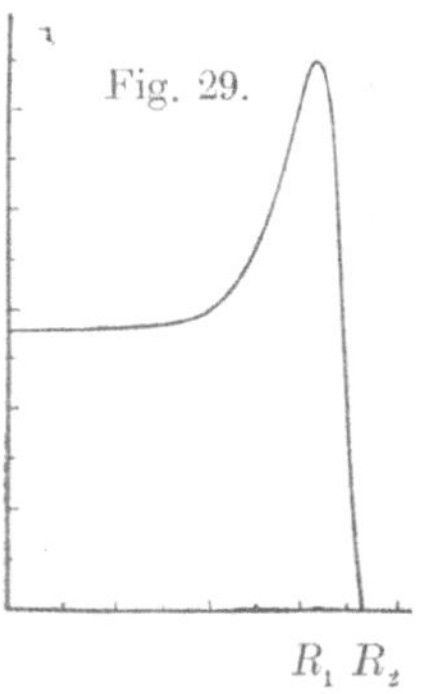

Fig. 29.

Bezeichnet z die Zahl der in der Zeiteinheit ausgesandten α-Teilchen des Bündels, k die Gesamtzahl der Ionenpaare, die 1 α-Teilchen erzeugt, $\mathfrak{k}$ die Zahl der pro Längeneinheit erzeugten Ionenpaare, so ist offenbar $q = z\mathfrak{k}e$ und $J = zke$. Es wird also durch die Braggsche Kurve zugleich der Verlauf der Funktion $\mathfrak{k} = f(x)$ dargestellt. Die Beziehung des Kurvenverlaufes am Ende zur Verschiedenheit der individuellen Reichweiten und die praktische Definition der Reichweite wurde bereits im Abschnitt III, 8 besprochen.

Das Intervall, in dem die Bragg-Kurve auf Null abfällt, wird verbreitert und das Maximum abgeflacht, falls nichtparallele und (z. B. infolge der Absorption in nicht sehr dünnen Schichten der strahlenden Substanz) inhomogene Strahlenbündel untersucht werden, und die Ionisationskurve verläuft kontinuierlich abnehmend, ohne ein Maximum zu zeigen, wenn sehr dicke Schichten strahlender Substanz angewandt werden, so daß in den austretenden Strahlen alle Reichweiten bis zu Null herab vertreten sind. Werden dagegen komplexe Strahlen (z. B. der aktive Niederschlag aus den Emanationen) in dünner Schichte verwendet, so daß mehrere Gruppen homogener Strahlen emittiert werden, so findet eine Über-

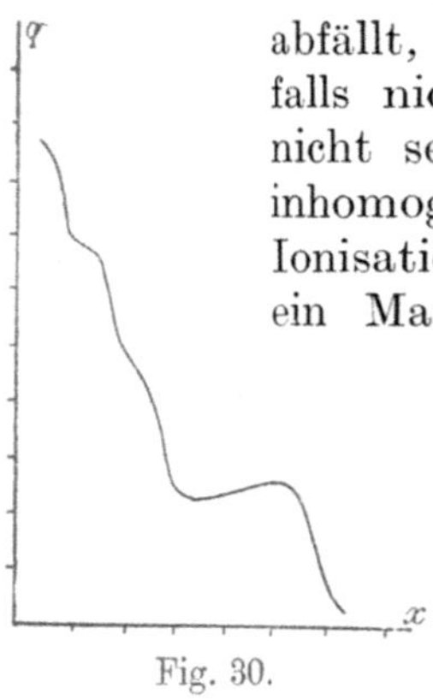

Fig. 30.

Literatur zu IV, 3 siehe Seite 193.

einanderlagerung der einzelnen Ionisationskurven statt (vgl. Fig. 30); umgekehrt kann aus einer derartigen Kurvenform die komplexe Natur der strahlenden Substanz erschlossen werden.

Nach den Ergebnissen W. H. Braggs konnte die Funktion $q = f(x)$ für Luft im Intervall $x = 0$ bis $x = R_1$ dargestellt werden durch:

$$q = \frac{\text{const.}}{\sqrt{(R_1 - x) + 1{,}33}},$$

wenn R_1 und x in cm ausgedrückt werden. Zusammen mit der S. 108 erwähnten, von E. Rutherford aufgestellten Beziehung zwischen Restreichweite und Geschwindigkeit:

$$v = \text{const.} \sqrt{(R - x) + 1{,}25}$$

liefert dies das Resultat: q prop. $\frac{1}{v}$, wenn der geringe Unterschied der additiven Glieder (1,33 und 1,25) vernachlässigt wird.

Wird an Stelle der Rutherfordschen Formel die von H. Geiger (siehe S. 108) herrührende: $v^3 = aR$ gesetzt und der Satz beibehalten, daß die Zahl der pro Längeneinheit erzeugten Ionenpaare der Geschwindigkeit v umgekehrt proportional ist, so erhält man das übersichtliche Formelsystem:

Ionisierung durch ein α-Teilchen von der Reichweite R:

$$k = k_0 R^{2/3} = k_0 a^{-2/3} v^2.$$

Ionisierung durch ein α-Teilchen von der Restreichweite $(R - x)$:

$$k_x = k_0 (R - x)^{2/3} = k_0 a^{-2/3} v_x^2$$

$$\mathfrak{k} = -\frac{dk_x}{dx} = \frac{2}{3} k_0 (R - x)^{-1/3} = \frac{2}{3} k_0 a^{1/3} \cdot \frac{1}{v} \cdot$$

Bezeichnet Z die Zahl der in 1 g Ra pro Sekunde zerfallenden Atome (siehe S. 95), so ist bei α-Strahlern der Ra-Reihe die Größe Zke direkt bestimmbar, wenn einerseits die Menge m des α-strahlenden Stoffes, ausgedrückt durch die Gleichgewichtsmenge von Ra, andererseits der bei vollständiger Ausnützung der (einseitigen) Strahlung erzeugte Sättigungsstrom $i = \frac{1}{2} Zm \cdot ke$ gemessen wird. Derartige Messungen wurden ausgeführt von E. Rutherford[4]), H. Geiger[17, 53]), T. S. Taylor[20]), R. Girard[29]), G. H. Henderson[54]), H. Fonovits-Smereker[55]) und V. Bianu[69]).

Die besten neueren Werte sind (mit $e = 4{,}77_4 \cdot 10^{-10}$ stat. Einh.):

$$Zk = 8{,}176 \cdot 10^{15} \text{ [H. Geiger}^{53)}]$$
$$= 8{,}184 \cdot 10^{15} \text{ [H. Fonovits-Smereker}^{55)}].$$

Literatur zu IV 3 siehe Seite 193.

Hieraus und aus dem Basiswerte $R_0 = 6{,}60_0$ cm für die Reichweite bei RaC′ sowie aus dem Werte $Z = 3{,}72\ [3{,}45_3] \cdot 10^{10}$ (vgl. S. 95) folgt:

$$k_0 = 6{,}253\ [6{,}735] \cdot 10^4.$$

Mit dieser Konstante sind die Tabellen Nr. 3 und 4 des Anhanges für runde v-Werte und für die einzelnen α-Strahler berechnet.

Unter der Annahme — die tatsächlich nur näherungsweise erfüllt ist —, daß alle α-Teilchen eines einheitlichen Radioelementes exakt gleiche Reichweiten und einen entsprechenden Wert der Zahl k besitzen, kann dann auch die von einer dicken Schichte einer α-strahlenden Substanz hervorgebrachte Ionisierung bestimmt werden. Bezeichnet h die Dicke der radioaktiven Schichte, N die Zahl der von der Volumeinheit in der Zeiteinheit überhaupt ausgesandten α-Teilchen, R die Reichweite innerhalb der radioaktiven Schichte und Q die Zahl der auf jeder der beiden Seiten außerhalb pro Flächeneinheit erzeugten Ionenpaare, so gilt [E. v. Schweidler[25])]:

$$\text{für } h \geqq R;\quad Q = \tfrac{3}{20} N k_0 R^{\frac{5}{3}}$$

$$\text{für } h \leqq R;\quad Q = \frac{3}{20} N k_0 R^{\frac{5}{3}} \Bigg\{ 1 - \left(1 - \frac{h}{R}\right)^{\frac{5}{3}} + \frac{5}{3}\frac{h}{R}\left(1 - \frac{h}{R}\right)^{\frac{2}{3}}$$

$$- \frac{5}{9}\frac{h^2}{R^2} \log\text{nat} \frac{1 + \left(1 - \frac{h}{R}\right)^{\frac{1}{3}} + \left(1 - \frac{h^2}{R^2}\right)^{\frac{2}{3}}}{1 - 2\left(1 - \frac{h}{R}\right)^{\frac{1}{3}} + \left(1 - \frac{h^2}{R^2}\right)^{\frac{2}{3}}}$$

$$+ \frac{10}{9}\sqrt{3}\,\frac{h^2}{R^2}\left[\operatorname{arctang} \frac{2\left(1 - \frac{h}{R}\right)^{\frac{1}{3}} + 1}{\sqrt{3}} - \operatorname{arctang}\frac{1}{\sqrt{3}}\right]\Bigg\}.$$

Eine graphische Auswertung des Integrales, das zu dieser Formel führt, gibt nach H. N. Mc Coy[24]):

$h/R =$	0,0	0,1	0,2	0,3	0,4	0,5
$Q/Q(R) =$	0,000	0,284	0,497	0,659	0,780	0,869
$h/R =$	0,6	0,7	0,8	0,9	1,0	
$Q/Q(R) =$	0,930	0,967	0,989	0,998	1,000	

Zugleich wurde von H. N. Mc Coy gezeigt, daß die beobachteten Werte bei variabler Schichtdicke mit den berechneten gut übereinstimmen.

Auf die obige Formel für $Q = f(h)$ läßt sich der Fall zurückführen, daß eine radioaktive Platte I der Dicke h durch eine unmittelbar anliegende

Literatur zu IV, 3 siehe Seite 193.

absorbierende Platte II der Dicke d strahlt; die von der durchgelassenen Strahlung pro Flächeneinheit erzeugten Ionenpaare sind dann gegeben durch:

$$Q' = f(d' + h) - f(d'),$$

wobei d' jene Strecke im radioaktiven Medium I ist, die in bezug auf Absorption der α-Strahlen der wirklichen Dicke d der Platte II äquivalent ist [E. v. Schweidler[25])].

Nach L. Flamm[26]) können die analogen Größen berechnet werden, wenn statt der theoretischen Ionisationskurve [$q = \text{const.}\,(R - x)^{-1/3}$] eine empirisch gefundene abweichende Form die Grundlage bildet. Anwendung finden diese Beziehungen, wenn bei der Messung der Aktivität emanationshaltiger Gase die sogenannte „Randkorrektion" bestimmt werden soll, d. h. wenn ermittelt werden soll, welcher Betrag der Gesamtstrahlung nicht zur Ionisierung ausgenützt wird, weil die α-Strahlen der Randgebiete die Gefäßwand treffen, bevor sie ihre ionisierende Wirkung eingebüßt haben. Empirische Angaben hierüber von W. Duane und A. Laborde[18]) wurden von L. Flamm und H. Mache[23 26]), G. Richter[43]) und L. Siegl[68]) ergänzt und theoretisch begründet (vgl. auch V, 4).

Störungen treten auf bezüglich der α-Strahlen, welche die strahlende Oberfläche unter einem von 90^0 wenig verschiedenen Austrittswinkel verlassen; sie werden von L. Flamm und H. Mache[23]) auf Unebenheiten der Flächen, von R. Girard[29]) auf die Absorption innerhalb der radioaktiven Schichte selbst zurückgeführt. Über weitere darauf bezügliche Untersuchungen [Lit. Nr. 43, 44, 46, 50, 51, 52].

Aus der Formel $k = k_0\, a^{-2/3} v^2$ folgt unmittelbar, daß die Gesamtzahl der erzeugten Ionen der Energie proportional ist. Für die zur Erzeugung je eines Ionenpaares aufgewandte Energie berechnet man aus den Werten der Tabelle Nr. 4 des Anhanges : $5{,}54 \cdot 10^{-11}$ Erg. Dieser Wert übersteigt beträchtlich das Produkt aus Ionisierungsspannung und Elementarquantum, woraus sich ergibt, daß nur ein Bruchteil der verlorenen Energie auf die Ablösung der Elektronen von den durchquerten Atomen verwendet wird. Nach P. L. Kapitza[58]) ist die pro Ionenpaar verbrauchte Energie bei schnellen Strahlen größer als bei langsamen.

Die Frage, ob die Ionisation einer Molekel je nach der chemischen Natur verschiedene Energiebeträge erfordert und ob in verschiedenen Gasen das Verhältnis der absorbierten Energie zu der für die Ionisation verbrauchten ungleich ist, wird entschieden durch Versuche über die relative Ionisation in verschiedenen Gasen. Die älteren Messungen von

Literatur zu IV, 3 siehe Seite 193.

E. Rutherford[1], W. H. Bragg[9], T. H. Laby[10], R. D. Kleeman[11], E. Parr Metcalfe[15] und T. S. Taylor[19, 27] ergeben, daß in den meisten Gasen verhältnismäßig einfacher Zusammensetzung die auf Luft = 1 bezogenen Werte der relativen Gesamtionisation wenig von der Einheit abweichen, dagegen in vielen komplizierter zusammengesetzten und auch in einigen zweiatomigen Gasen beträchtlich höher liegen. Einige Mittelwerte aus den Resultaten der genannten Autoren sind in der folgenden Tabelle zusammengestellt:

Luft	1,00	CH_4	1,17
N_2	0,96	C_2H_2	1,26
O_2	1,08	C_2H_4	1,22
H_2	0,98	C_5H_{12}	1,35
CO	1,01	$C_4H_{10}O$	1,32
CO_2	1,01	C_6H_6	1,29
NH_3	0,95	HBr, HCl, HJ	1,29

Neuere Bestimmungen von V. F. Hess und M. Hornyak[48] zeigen, daß die relative Gesamtionisierung in verschiedenen Gasen von der Reichweite abhängig ist. Bei Po-Strahlen, die durch entsprechende Folien auf verschiedene Restreichweite gebracht wurden, ergab sich für k/k_{Luft}

Restreichweite	N_2	O_2	H_2	CO_2	Leuchtgas
3,8 cm	0,97	1,12	—	1,23	0,88
1,0 „	0,95	1,06	1,13	0,99	1,07
0,3 „	0,96	1,17	1,25	0,92	1,22

F. Hauer[57] untersucht die Ionisierung pro Längeneinheit in verschiedenen Gasen und findet, daß die Zunahme am Ende der Reichweite um so rascher erfolgt, je leichter das Gas ist. R. W. Gurney[67] findet, daß bei Edelgasen die Gesamtionisierung größer ist als in zweiatomigen Gasen und mit der Atomnummer wächst.

Die Frage, ob bei der Ionisierung durch α-Strahlen nur einwertige oder auch zweiwertige Ionen entstehen, wird von R. A. Millikan, V. H. Gottschalk und M. J. Kelly[47] sowie von T. R. Wilkins[49] behandelt. Im allgemeinen entstehen nur einwertige Ionen bzw. die Zahl der zweiwertigen ist so gering, wie es der Wahrscheinlichkeit von zwei rasch einander folgenden Ionisierungen derselben Molekel entspricht. Bei He dagegen entstehen zweiwertige Ionen bis zu einem Betrage von 10%, so daß hier eine wahre zweifache Ionisierung (Abtrennung von 2 Elektronen durch 1 α-Teilchen) eintreten kann.

Literatur zu IV, 3 siehe Seite 193.

Über die Untersuchung der α-Ionisation nach der Wilsonschen Methode vgl. III, 8 und IV, 9.

Einigermaßen vergleichbar dem Ionisierungseffekt in Gasen ist die zerstäubende Wirkung der α-Strahlen bei Metallen; daß eine solche tatsächlich stattfindet und nicht bloß auf Rückstoßerscheinungen beruht, wurde von R. W. Lawson[42]) gezeigt.

Die Theorie der Ionisierungsvorgänge [zusammenfassende Darstellungen bei W. Bothe[61]) und M. v. Laue[66]), ferner E. Fermi[65])] schließt sich unmittelbar an die der Absorption an (vgl. III, 8). Speziell die oben erwähnte zweifache Ionisierung wurde von S. Rosseland[63]) behandelt.

Literatur zu IV, 3:

1) E. Rutherford, Phil. Mag. (5) **47**, 109, 1899.
2) W. H. Bragg, Phil. Mag. (6) **8**, 719, 1904.
3) W. H. Bragg und R. D. Kleeman, Phil. Mag. (6) **8**, 726, 1904; **10**, 318, 1905.
4) E. Rutherford, Phil. Mag. (6) **10**, 193, 1905.
5) W. H. Bragg, Phil. Mag. (6) **10**, 600, 1905.
6) W. H. Bragg, Phil. Mag. (6) **11**, 617, 1906.
7) W. H. Bragg und R. D. Kleeman, Phil. Mag. (6) **11**, 466, 1906.
8) R. K. Mc Clung, Phil. Mag. (6) **11**, 131, 1906.
9) W. H. Bragg, Phil. Mag. (6) **13**, 333, 1907.
10) T. H. Laby, Proc. Roy. Soc. (A) **79**, 206, 1907.
11) R. D. Kleeman, Proc. Roy. Soc. (A) **79**, 220, 1907.
12) S. J. Allen, Phys. Rev. **27**, 294, 1908.
13) E. Riecke, Ann. d. Phys. (4) **27**, 797, 1908.
14) T. S. Taylor, Sill. J. **28**, 357, 1909; Phil. Mag. (6) **18**, 604, 1909.
15) E. Parr Metcalfe, Phil. Mag. (6) **18**, 878, 1909.
16) L. Blanquies, C. R. **148**, 1753, 1909.
17) H. Geiger, Proc. Roy. Soc. (A) **82**, 486, 1909; **83**, 505, 1910.
18) W. Duane und A. Laborde, C. R. **150**, 1421, 1910; Le Rad. **7**, 162, 1910.
19) T. S. Taylor, Sill. J. **31**, 249, 1911; Phys. Rev. **32**, 321, 1911; Phil. Mag. (6) **21**, 571, 1911.
20) T. S. Taylor, Phil. Mag. (6) **23**, 670, 1912.
21) T. S. Taylor, Phil. Mag. (6) **24**, 296, 1913.
22) G. Hoffmann, Phys. Z. **13**, 1029, 1912.
23) L. Flamm und H. Mache, Wien. Ber. **121**, 227, 1912; Wien. Ber. **122**, 535 u. 1539, 1913.
24) H. N. Mc Coy, Phys. Rev. (2) **1**, 393, 1913.
25) E. v. Schweidler, Phys. Z. **14**, 505 u. 728, 1913.
26) L. Flamm, Phys. Z. **14**, 812 u. 1122, 1913.
27) T. S. Taylor, Phil. Mag. (6) **26**, 402, 1913.
28) B. Bianu, Le Rad. **10**, 122, 1913.
29) R. Girard, Le Rad. **10**, 195, 1913.
30) J. C. Mc Lennan und D. A. Keys, Phil. Mag. (6) **26**, 876, 1913.
31) G. Jaffé, Phys. Z. **15**, 353, 1914.
32) B. Bianu, Le Rad. **11**, 65, 1914.

33) A. Liebert, Züricher Viertelj. S. **59**, 117, 1914.
34) R. W. Lawson, Wien. Ber. **124**, 637, 1915.
35) L. Flamm, Elster-Geitel-Festschrift, 601, 1915.
36) H. N. Mc Coy und E. D. Leman, Phys. Rev. (2) **6**, 184, 1915.
37) J. C. Mc Lennan und H. N. Mercer, Phil. Mag. (6) **30**, 676, 1915.
38) L. Flamm und R. Schumann, Ann. d. Phys. (4) **50**, 655, 1916.
39) F. Krüger, Bunsenges. 20/22. XII, 1916; Referat: Phys. Z. **18**, 112, 1917.
40) W. F. G. Swann und S. J. Mauchly, Terr. Magn. **22**, 1, 1917.
41) H. A. Bumstead, Phys. Rev. (2) **8**, 715, 1916.
42) R. W. Lawson, Wien. Ber. **127**, 1315, 1918.
43) G. Richter, Wien. Ber. **128**, 539, 1919.
44) H. Fonovits, Wien. Ber. **128**, 761, 1919.
45) W. Lenz, Naturwiss. **8**, 181, 1920.
46) F. Brössler, Wien. Ber. **129**, 47, 1920.
47) R. A. Millikan, V. H. Gottschalk und M. J. Kelly, Phys. Rev. (2) **15**, 157, 1920.
48) V. F. Hess und M. Hornyak, Wien. Ber. **129**, 661, 1920.
49) T. R. Wilkins, Phys. Rev. (2) **17**, 404, 1921; **19**, 210, 1922.
50) A. Liebert, Dissert. Zürich 1920.
51) M. Hornyak, Wien. Ber. **130**, 135, 1921.
52) M. Artner, Wien. Ber. **130**, 253, 1921.
53) H. Geiger, Z. f. Phys. **8**, 45, 1921.
54) G. H. Henderson, Phil. Mag. (6) **42**, 538, 1921.
55) H. Fonovits-Smereker, Wien. Ber. **131**, 355, 1922.
56) H. Salbach, Z. f. Phys. **11**, 107, 1922.
57) F. Hauer, Wien. Ber. **131**, 583, 1922.
58) P. L. Kapitza, Proc. Roy. Soc. (A) **102**, 48, 1922.
59) C. T. R. Wilson, Proc. Cambr. Soc. **21**, 405, 1923.
60) P. M. S. Blackett, Proc. Roy. Soc. (A) **102**, 294, 1922; **103**, 62, 1923.
61) W. Bothe, Jahrb. Rad. u. El. **20**, 46, 1923.
62) I. Curie, C. R. **176**, 1462, 1923.
63) S. Rosseland, Phil. Mag. (6) **45**, 65, 1923.
64) S. C. Lind und D. C. Bardwell, J. Amer. Chem. Soc. **45**, 258, 1923.
65) E. Fermi, Z. f. Phys. **29**, 315, 1924.
66) M. v. Laue, Marx, Handb. d. Radiologie, Bd. VI, 54, Leipzig 1924.
67) R. W. Gurney, Nature **115**, 212, 1925; Proc. Roy. Soc. (A) **107**, 332, 1925.
68) L. Siegl, Wien. Ber. **134**, 11, 1925.
69) V. Bianu, Bull. Acad. Roumaine **9**, 115, 1925.

4. Die Ionisierung durch Betastrahlen. Beim Durchsetzen eines Gases durchquert ein β-Strahl eine Anzahl von Gasmolekeln, spaltet von einem Bruchteil derselben Elektronen ab und erzeugt so unmittelbar Paare von Ionen (negative Elektron- und positive Atomionen). Die ersteren sind als „sekundäre Kathodenstrahlen" bei hinreichender Anfangsgeschwindigkeit selbst ionisierend wirksam.

Analog wie bei den α-Strahlen (vgl. IV, 3) kann man die Gesamtzahl k der von 1 β-Strahl erzeugten Ionenpaare [bei P. Lenard[21]) „totale

Literatur zu IV, 4 siehe Seite 196.

summarische Sekundärstrahlung"] oder die Zahl $\mathfrak{k}$ der pro Längeneinheit erzeugten („differentielle summarische Sekundärstrahlung") angeben. Ferner läßt sich bei k, bzw. $\mathfrak{k}$ der Bestandteil k_1($\mathfrak{k}_1$) angeben, der der unmittelbaren Wirkung der primären Strahlung entspricht (bei Lenard: „totale reine bzw. differentielle reine Sekundärstrahlung"), während der Rest auf die Wirkung der Sekundär-, eventuell der von ihnen erzeugten Tertiärstrahlen usw. entfällt. Die vorhin genannten Größen sind Funktion der Geschwindigkeit und abhängig vom Medium.

Nach Versuchen an Kathodenstrahlen beginnt die ionisierende Wirkung bei einer Minimalgeschwindigkeit von $\beta = 0{,}0063$, entsprechend $P =$ rund 11 Volt; bei steigendem β nimmt $\mathfrak{k}$ zunächst zu bis zu einem Maximum bei $\beta = 0{,}024$ und sinkt dann ab; k nimmt mit wachsendem β stetig zu. Für $\beta > 0{,}6$ werden auch die sekundären Strahlen merklich ionisierend wirksam.

Eine kritische Zusammenstellung des Ganges von k, $\mathfrak{k}$ und $\mathfrak{k}_1$ in Luft in ihrer Abhängigkeit von β gibt P. Lenard[21]) auf Grund eigener[1,4]) Untersuchungen und solcher von W. Kossel[10]), W. Wilson[9]), S. Bloch[11]) und F. Mayer[18]). Die Resultate sind in die Tabelle Nr. 5 des Anhanges aufgenommen.

Wie W. Wilson zeigte, ist innerhalb des von ihm untersuchten Intervalles das Produkt $\mathfrak{k}v^2$ nahezu konstant; nach E. Rutherford[12]) ist aber mit einer den Beobachtungsfehlern entsprechenden Genauigkeit auch die Beziehung: $\mathfrak{k}E^{1/2} =$ const. ziemlich gut bestätigt.

Theoretische Erklärungen der Gesetze der Ionisierung nehmen ihren Ausgangspunkt von den bereits im Abschnitt III, 12 besprochenen Ansätzen für die von einem bewegten auf ein ruhendes Elektron übertragene Energie. Spezielle Anwendungen auf die Ionisierung durch β-Strahlen siehe bei J. J. Thomson[13]), E. Rutherford[12]), N. Bohr[19]), W. Bothe[24]), S. Rosseland[25]) und M. v. Laue[26]); vgl. auch die theoretischen Anschauungen von C. Ramsauer[14]) und P. Lenard[21]).

Für gewisse Probleme der kosmischen Physik (vgl. VII, 9) von Interesse ist die Frage nach der ionisierenden Wirkung hypothetischer β-Strahlen von sehr großer Geschwindigkeit (β nahe gleich 1). Aus den beobachteten Werten folgt bei Extrapolation, daß $\mathfrak{k}$ sich einem Grenzwert von etwa 40 cm^{-1} nähert. Auch theoretisch wäre nach Lenard zu schließen, daß zwar $\mathfrak{k}_1$ der Grenze Null zustrebt, infolge der wachsenden Wirkung der Sekundärstrahlen aber $\mathfrak{k}$ endlich bleibt. Ebenso führen die Thomson-Bohrschen Ansätze auf einen endlichen Grenzwert [E. Schweidler[22])]. W. F. G. Swann[27]) leitet aber ab, daß zwar im Grenzfalle die vom bewegten Elektron auf das ruhende übertragene Energie endlich bleibt, daß diese aber wegen der großen Beschleunigung des ursprünglich ruhenden Elektrons

Literatur zu IV, 4 siehe Seite 196.

hauptsächlich in Strahlungsenergie, nicht in kinetische umgewandelt werde, so daß extrem schnelle β-Strahlen keine merkliche Ionisierung mehr hervorrufen sollen.

Die Größe $\mathfrak{k}$ ist für ein bestimmtes Gas der Dichte proportional, so lange diese gering bleibt; für Gase verschiedener Natur gilt die Proportionalität mit der Dichte nur angenähert [R. J. Strutt[3]), R. D. Kleeman[5]), S. Bloch[11])]. So ist z. B. für die β-Strahlen des UX in Gasen von 760 mm Druck nach Bloch:

bei: Luft	Kohlensäure	Wasserstoff (unrein)	Leuchtgas
relat. Dichte: 1	1,53	0,075	0,86
$\mathfrak{k}$: 54	86	7	43

Nach C. G. Barkla und A. J. Philpot[15]) ist die relative Ionisation in verschiedenen Gasen unabhängig von der Geschwindigkeit der β-Strahlen.

Von derselben Größenordnung wie die in der Tabelle angegebenen Werte von $\mathfrak{k}$ für homogene Strahlen sind die von H. Geiger und A. F. Kovarik[7]) bestimmten Mittelwerte $\bar{\mathfrak{k}}$, die sich auf die im ersten cm der Weglänge durch die gesamte (inhomogene) β-Strahlung verschiedener Radioelemente erzeugten Ionen beziehen.

Nach A. S. Eve[6]) liefert die mit 1 g Ra im Gleichgewicht stehende Menge von RaC in der Sekunde rund $4 \cdot 10^{14}$ Ionenpaare, so daß $k = 11000$ ist, falls je ein β-Strahl für jedes zerfallene Radiumatom (aus $3{,}72 \cdot 10^{10}$ in der Sekunde zerfallenden Atomen bei 1 g) angenommen wird, bzw. $k = 5500$, falls gleiche Annahmen wie von H. Geiger und A. F. Kovarik eingeführt werden.

Messungen von H. G. J. Moseley und H. Robinson[17]) liefern für die mit 1 g Ra im Gleichgewichte stehenden Mengen von RaC und RaB die Werte: $kZ = 6{,}4 \cdot 10^{14}$ und $3{,}25 \cdot 10^{14}$, also $k = 17000$ und 8700, falls wieder $Z = 3{,}72 \cdot 10^{10}$ angenommen wird.

Literatur zu IV, 4:

1) P. Lenard, Ann. d. Phys. (4) **8**, 149, 1902.
2) J. J. E. Durack, Phil. Mag. (6) **4**, 29, 1902; **5**, 550, 1903.
3) R. J. Strutt, Proc. Roy. Soc. (A) **74**, 208, 1903.
4) P. Lenard, Ann. d. Phys. (4) **15**, 485, 1905.
5) R. D. Kleeman, Proc. Roy. Soc. (A) **79**, 220, 1907.
6) A. S. Eve, Phil. Mag. (6) **22**, 551, 1911.
7) H. Geiger und A. F. Kovarik, Phil. Mag. (6) **22**, 604, 1911.
8) J. L. Glasson, Phil. Mag. (6) **22**, 647, 1911.
9) W. Wilson, Proc. Roy. Soc. (A) **85**, 240, 1911.

10) W. Kossel, Dissert. Heidelberg 1911; Ann. d. Phys. (4) **37**, 393, 1912.
11) S. Bloch, Ann. d. Phys. (4) **38**, 559, 1912.
12) E. Rutherford, Radioactive Substances and their Radiations, 249, 1912.
13) J. J. Thomson, Phil. Mag. (6) **23**, 449, 1912.
14) C. Ramsauer, Jahrb. Rad. u. El. **9**, 515, 1912.
15) C. G. Barkla und A. J. Philpot, Phil. Mag. (6) **25**, 832, 1913.
16) R. D. Kleeman, Proc. Cambr. Soc. **17**, 314, 1914.
17) H. G. J. Moseley und H. Robinson, Phil. Mag. (6) **28**, 327, 1914.
18) F. Mayer, Ann. d. Phys. (4) **45**, 1, 1914.
19) N. Bohr, Phil. Mag. (6) **30**, 606, 1915.
20) R. W. Varder, Phil. Mag. (6) **29**, 725, 1915.
21) P. Lenard, Abhandl. Heidelberger Akad. 1918, 5. Abh.
22) E. Schweidler, Ann. d. Phys. (4) **63**, 726, 1920.
23) H. Salbach, Z. f. Phys. **11**, 107, 1922.
24) W. Bothe, Jahrb. Rad. u. El. **20**, 46, 1923.
25) S. Rosseland, Phil. Mag. (6) **45**, 68, 1923.
26) M. v. Laue, Marx, Handb. d. Radiologie, Bd. VI, 54, 1924.
27) W. F. G. Swann, Phil. Mag. (6) **47**, 306, 1924.

Zusammenfassung: F. Wolf, Die schnellbewegten Elektronen, Sammlung Vieweg Heft 81, Braunschweig, 1925.

5. Die Ionisierung durch Gammastrahlen. Entsprechend ihrer geringen Absorbierbarkeit besitzen die γ-Strahlen eine relativ kleine ionisierende Wirkung. Die Schwierigkeiten, welche die theoretische Erklärung der durch sie hervorgerufenen Ionisation bereitet, insofern entweder Konzentration der Strahlungsenergie auf sehr kleine Volumina (korpuskularer oder quantenhafter Charakter der γ-Strahlung) oder Auslösung innerer, bereits vorher vorhandener Energiebeträge in den ionisierten Molekeln angenommen werden muß, sind bereits S. 143 erwähnt.

Die quantentheoretische Auffassung der γ-Strahlen führt auf die Anschauung: Die bei der wahren Absorption (vgl. S. 77 u. 153) verlorene Energie wird zur Erzeugung sekundärer β-Strahlen („Photoelektronen") verbraucht, deren kinetische Energie praktisch gleich dem Quant $h\nu$ eines einzelnen γ-Strahles ist, da hier die Ablösungsarbeit vernachlässigt werden kann; diese Photoelektronen wirken teils direkt ionisierend, teils erzeugen sie eine tertiäre Strahlung (Eigenstrahlung der getroffenen Atome), die wieder analog der primären indirekt ionisierend wirkt. Außerdem wird bei der Streuung der Primärstrahlen infolge des Comptoneffektes (vgl. S. 155) Energie auf die streuenden Elektronen übertragen, und dadurch werden diese verhältnismäßig langsamen „Comptonelektronen" neben den Photoelektronen ein allerdings relativ schwacher Ionisator. Von der gesamten

Literatur zu IV, 5 siehe Seite 200.

Energie wird nur ein Bruchteil zur Ionisierung verwendet. Ohne Berücksichtigung der Comptonelektronen wurde zunächst aus den Gesetzen der Ionisierung von β-Strahlen geschlossen, daß dieser Bruchteil mit abnehmender Wellenlänge der Primärstrahlen anwachse, da die ionisierende Wirkung der β-Strahlen rascher als ihre Energie wächst (vgl. IV, 4) [H. Holthusen[14])]. Versuche mit Röntgenstrahlen, deren Resultate offenbar auf γ-Strahlen übertragen werden können, von[18]) B. Boos, L. Grebe und L. Kriegesmann ergaben aber experimentell das Gegenteil: der Bruch $r = \frac{J}{E}$ (Gesamtzahl der erzeugten Ionen durch absorbierte Energie) nimmt mit wachsender Wellenlänge zu nach einem Gesetze von der Form $r = A \cdot e^{c\lambda}$, wobei $c = 5{,}2$ (Å.E.)$^{-1}$, bzw. $\frac{1}{c} = 0{,}19$ Å.E. ist. Die Erklärung liegt in dem Umstande, daß bei kurzen Wellen die Energie überwiegend bei der Streuung in die kinetische Energie der relativ wenig wirksamen Comptonelektronen, bei langen Wellen dagegen überwiegend in die Energie der stark wirksamen Photoelektronen verwandelt wird. Dagegen findet neuerdings H. Kulenkampff[19]), daß r unabhängig von λ sei.

Ältere Versuche, zu entscheiden, in welchem Verhältnisse die in der Gefäßwand und die im Gase selbst erzeugten Sekundärstrahlen an der Ionisierung innerhalb eines Gefäßes beteiligt sind, stammen von R. D. Kleeman[2,4]), T. H. Laby und G. W. C. Kaye[3]), W. Wilson[5]), A. S. Eve[1,8]), D. C. H. Florance[9]), wobei entweder die Dicke und das Material der Gefäßwände oder die Dichte und Natur des Gases verändert wurde; die Ergebnisse sind, zum Teil infolge verschiedenartiger theoretischer Deutung, ziemlich abweichende. Neuere Versuche auf verbesserter theoretischer Grundlage siehe bei A. Becker und H. Holthusen[15]).

Eine unmittelbare Anwendung auf praktisch gebrauchte Versuchsanordnungen gestatten die Resultate Eves, wonach die Ionisierung in sehr dünnwandigen Gefäßen aus Stoffen mit kleinem Atomgewicht (Papier, Aluminiumfolie) nicht merklich größer als in der freien Luft ist, dagegen in Zn- oder Fe-Gefäßen von 0,5 mm Wandstärke auf das 1,4fache steigt.

Die relative Ionisation verschiedener Gase, die in unmittelbarem Zusammenhang mit ihrer Absorption steht (vgl. S. 151), wurde von R. D. Kleeman[2]) und J. Szmidt[13]) untersucht. Absolute Messungen der Ionisierungsstärke für die γ-Strahlen von Ra C wurden von A. S. Eve[1,7,11]) ausgeführt. Bezeichnet q die Ionisierungsstärke (Zahl der im cm^3 und in der sec erzeugten Ionenpaare), m die Menge von

Literatur zu IV. 5 siehe Seite 200.

Ra C in einer punktförmigen Strahlungsquelle, gemessen durch die in g ausgedrückte Gleichgewichtsmenge von Ra, r die Entfernung des ionisierten Volumelementes vom Strahler, so ist bei Vernachlässigung der Absorption auf der Strecke r die Ionisierungsstärke $q = K \frac{m}{r^2}$.

Für die Konstante K, jetzt gewöhnlich als „Evesche Zahl" bezeichnet, ergeben die älteren und neueren Messungen Eves bei Reduktion auf den internationalen Radiumstandard und den Wert $e = 4{,}8 \cdot 10^{-10}$ stat. Einh. für das Elementarquantum in ziemlich guter Übereinstimmung:

$$K = 4{,}0 \cdot 10^9.$$

Dabei ist vorausgesetzt, daß bloß der durchdringendere Bestandteil der von einem Radiumpräparat ausgehenden γ-Strahlen wirksam ist, und daß ein sehr dünnwandiges Ionisationsgefäß verwendet wurde, in dem nach obigen Ausführungen q nahezu denselben Wert hat wie in freier Luft.

Analoge Bestimmungen für dickwandige Gefäße (Wulfsche γ-Strahlen-Elektrometer), wie sie bei der Messung der natürlichen durchdringenden Strahlung (vgl. VII, 7) Anwendung finden, wurden von V. F. Hess[10]) ausgeführt und liefern etwas größere Werte ($K = 4{,}9$ bis $5{,}7 \cdot 10^9$). Bezeichnet μ den Absorptionskoeffizienten der Luft für die durchdringenderen γ-Strahlen des RaC (nach J. Chadwick $\mu = 6 \cdot 10^{-5}$ cm^{-1}, nach V. F. Hess $4{,}64 \cdot 10^{-5}$), so ergibt sich aus μ und K die Gesamtzahl der von der Menge $m = 1$ erzeugten Ionenpaare zu: $Q = \frac{4\pi K}{\mu} = 8{,}4 \cdot 10^{14} \frac{\text{Ionenpaare}}{\text{sec}}$, bzw. $10{,}86 \cdot 10^{14}$.

Nach Untersuchungen von H. G. J. Moseley und H. Robinson[12]) ist der Wert von $Q = 11{,}34 \cdot 10^{14}$ für die γ-Strahlung von RaC und $Q = 0{,}84 \cdot 10^{14}$ für die von RaB, falls wieder die mit 1 Gramm Radium im Gleichgewicht stehenden Mengen als Strahlungsquelle vorausgesetzt werden.

Im Mittel wird also für die γ-Strahlung von RaC:

$$Q = 11{,}1 \cdot 10^{14} \frac{\text{Ionenpaare}}{\text{sec}}$$

und daraus folgt für die Zahl der von 1 γ-Strahl erzeugten Ionenpaare $k = \frac{Q}{Z}$, wenn $Z = 3{,}72 \cdot 10^{10}$ gesetzt wird (vgl. S. 95):

$$k = 2{,}96 \cdot 10^4 \frac{\text{Ionenpaare}}{\gamma\text{-Strahl}}.$$

Literatur zu IV, 5 siehe Seite 200.

Theoretische Berechnungen der räumlichen Verteilung der Ionisierung in der Umgebung eines γ-strahlenden Präparates — mit Berücksichtigung der Anwendung zu medizinischen Zwecken — finden sich bei W. Friedrich und O. Glasser[16]) ferner bei R. M. Sievert, V. F. Hess und E. Huth[17]).

Literatur zu IV, 5:

1) A. S. Eve, Phil. Mag. (6) **12**, 189, 1906.
2) R. D. Kleeman, Proc. Roy. Soc. (A) **79**, 220, 1907.
3) T. H. Laby und G. W. C. Kaye, Phil. Mag. (6) **16**, 879, 1908.
4) R. D. Kleeman, Proc. Cambr. Soc. **15**, 169, 1909.
5) W. Wilson, Phil. Mag. (6) **17**, 216, 1909.
6) W. H. Bragg, II. Congr. Radiol. Bruxelles, 1910; I. 468, 1911.
7) A. S. Eve, Phil. Mag. (6) **22**, 551, 1911.
8) A. S. Eve, Phil. Mag. (6) **24**, 432, 1912.
9) D. C. H. Florance, Phil. Mag. (6) **25**, 172, 1913.
10) V. F. Hess, Wien. Ber. **122**, 1053, 1913; Phys. Z. **14**, 1135, 1913.
11) A. S. Eve, Phil. Mag. (6) **27**, 394, 1914.
12) H. G. J. Moseley und H. Robinson, Phil. Mag. (6) **28**, 327, 1914.
13) J. Szmidt, Phil. Mag. (6) **28**, 527, 1914.
14) H. Holthusen, Fortschr. a. d. Geb. d. Röntgenstr. **26**, 211, 1919.
15) A. Becker und H. Holthusen, Strahlentherapie **12**, 331, 1920; Ann. d. Phys. (4) **64**, 625, 1921.
16) W. Friedrich und O. Glasser, Z. f. Phys. **11**, 93, 1922. O. Glasser, Fortschr. a. d. Geb. d. Röntgenstr. **32**, 343, 1924.
17) R. M. Sievert, Acta Radiologica **1**, 89, 1921; Z. f. Phys. **12**, 243, 1922; V. F. Hess, Phys. Rev. (2) **19**, 75, 1922; E. Huth, Strahlentherapie **19**, 358, 1925.
18) B. Boos, Z. f. Phys. **10**, 1, 1922; L. Grebe, ebendort **24**, 264, 1924; L. Grebe und L. Kriegesmann, ebendort **28**, 91, 1924; L. Kriegesmann, Verh. D. Phys. Ges. (3) **5**, 62, 1924. Z. f. Phys. **32**, 542, 1925.
19) H. Kulenkampff, Ann. d. Phys. (4] **79**. 97, 1926.

6. Die Ionisierung durch die Rückstoßatome. Nach den Ausführungen im Abschnitt III, 17 besitzen die radioaktiven Rückstoßatome eine Geschwindigkeit und eine Energie, die auf etwa $\frac{1}{50}$ bis $\frac{1}{60}$ des Wertes für die zugeordneten α-Teilchen angesetzt werden kann und folgen ähnlichen Gesetzen der Absorption und Zerstreuung wie die α-Strahlen. Ihre ionisierende Wirkung wurde von L. Wertenstein[1]) untersucht, und zwar für die beim Zerfall der Atome von RaA, RaC und Po ausgesandten Rückstoßatome. Die Gesamtzahl k der von einem Rückstoßatome (a-Strahl) erzeugten Ionenpaare ist kleiner als es dem Energieverhältnis zu den α-Teilchen entspricht, nämlich $k(a) \leqq \frac{1}{100} k(\alpha)$, während etwa $k(a) = \frac{1}{55} k(\alpha)$ zu erwarten wäre; es ist daraus zu schließen, daß bei der Absorption der Verlust an kinetischer Energie nicht bloß der geleisteten Ionisierungsarbeit sondern zum Teil auch der Steigerung der kinetischen Energie der getroffenen Gasmolekeln entspricht.

Literatur zu IV, 6 siehe Seite 201.

Dagegen ist die Zahl der pro Längeneinheit der Bahn erzeugten Ionenpaare bei den Rückstoßatomen größer (bis zum fünffachen) als bei α-Strahlen; im Gegensatz zu den dort beobachteten Gesetzen (Braggsche Ionisationskurve) nimmt aber bei den Rückstoßatomen die Ionisierung pro Längeneinheit mit der Geschwindigkeit der Teilchen ab.

Literatur zu IV, 6:

1) L. Wertenstein, C. R. **152**, 1657, 1911; Le Rad. **9**, 6, 1912; C. R. **155**, 450, 1912; Thèses, Paris 1913; Ann. d. phys. (9) **1**, 347 und 393, 1914; Witkowski-Festschrift, II. Teil, Krakau 1913 (erschienen 1915).

7. Die Ionisierung flüssiger und fester Dielektrika. 1. Flüssige Dielektrika. Durch alle Arten der Becquerelstrahlen wird eine Ionisierung flüssiger Dielektrika bewirkt, und die darauf beruhenden Erscheinungen entsprechen im Prinzip den gleichen Gesetzen wie in ionisierten Gasen; doch bestehen quantitative Unterschiede infolge des Umstandes, daß sowohl Beweglichkeit als Wiedervereinigung der Ionen in den flüssigen Medien bedeutend verringert ist; eine Folge davon ist auch das Auftreten von Nachwirkungen merklicher Dauer nach Entfernung der ionisierenden Strahlungsquellen.

Die Tatsache, daß flüssige Dielektrika durch die durchdringende (β- und γ-) Strahlung des Radiums eine Erhöhung der natürlichen Leitfähigkeit erfahren, und daß die Stromstärke nicht proportional der Spannung ist, sondern ähnlich wie in Gasen zu einem Sättigungswerte ansteigt, der aber zunächst praktisch nicht erreicht werden konnte, zeigten zuerst die Versuche von P. Curie[1]).

Nach G. Jaffé[5, 6, 9]) läßt sich die Strom-Spannungs-Kurve darstellen durch:

$$i = aE + f(E),$$

wobei $f(E)$ der analogen Kurve in einem ionisierten Gase gleichartig verläuft; es wurde daraus geschlossen, daß in einem flüssigen Dielektrikum zwei Typen von Ionen jedes Vorzeichens enthalten sind: schwerbewegliche, die den ersten, dem Ohmschen Gesetze folgenden, und leichtbewegliche, die den zweiten, durch hinreichend starke Felder bis zur Sättigung gebrachten Bestandteil des Stromes liefern. Zugleich konnte an Hexan gezeigt werden, daß bei sorgfältiger Reinigung die zurückbleibende „Eigenleitfähigkeit" d. i. der ohne Anwendung künstlicher ionisierender Quellen verbleibende Strom, auf die Wirkung der überall vorhandenen natürlichen durchdringenden Strahlung (vgl. VII, 7) zurückgeführt werden kann, ferner daß die aus

Literatur zu IV, 7 siehe Seite 203.

dem Sättigungsstrome berechenbare Ionisierungsstärke q eines γ-Strahlers dem aus Proportionalität von Strahlenabsorption und Dichte des Mediums theoretisch vorauszusehenden Werte entspricht.

Von C. Böhm-Wendt und E. v. Schweidler[11]) wurde zuerst die Größenordnung der Beweglichkeit der leichter beweglichen Ionen bestimmt; exaktere Messungen wurden dann von G. Jaffé[14]), H. J. van der Bijl[23, 24]) und T. Bialobjeski[8, 15, 16, 17]) durchgeführt, die z. B. ergaben:

$$\text{in Hexan: } u_1 = 6 \cdot 10^{-4} \frac{\text{cm/sec}}{\text{Volt/cm}} = 0{,}18 \text{ stat. Einh.}$$

$$u_2 = 4 \cdot 10^{-4} \quad \text{,,} \quad = 0{,}12 \quad \text{,,} \quad \text{,,}$$

$$\text{in flüssigem Paraffin: } (u_1 + u_2) = 1{,}6 \cdot 10^{-4} \quad \text{,,} \quad = 0{,}048 \quad \text{,,} \quad \text{,,}$$

also Werte von derselben Größenordnung wie die Beweglichkeiten der elektrolytischen Ionen; in sehr zähen Flüssigkeiten ergaben sich aber beträchtlich kleinere Werte, z. B. etwa $10^{-7} \frac{\text{cm sec}}{\text{Volt cm}}$ für Vaselinöl. Außerdem wurde dabei festgestellt, daß die theoretische Formel P. Langevins (vgl. S. 181) für den Koeffizienten der Wiedervereinigung: $\alpha = \eta \frac{4\pi e(u_1 + u_2)}{\varepsilon}$, worin ε die Dielektrizitätskonstante des Mediums bezeichnet und $\eta = 1$ gesetzt werden kann wie in sehr dichten Gasen, mit den experimentellen Ergebnissen gut übereinstimmt, also zur Berechnung von α verwendet werden kann [H. J. van der Bijl[23])]; analog lassen sich aus der theoretischen Beziehung (vgl. S. 181) die Diffusionskoeffizienten der Ionen ermitteln.

Für die Ionisierungsstärke der β-Strahlen (oder Zahl der von 1 β-Teilchen bei vollständiger Absorption erzeugten Ionenpaare) ergeben sich zu kleine Werte, etwa von der Größenordnung $\frac{1}{10}$ des Wertes, der aus der Ionisierung von Gasen abgeleitet wird. [G. Jaffé[25]).]

Noch viel kleiner, etwa $\frac{1}{1000}$ von dem in Luft beobachteten Werte, ist die Zahl der Ionen, die bei der Absorption der α-Strahlen in flüssigen Dielektriken erzeugt wird [H. Greinacher[12]); J. C. Mc Lennan[21]); A. Zaroubine[22]); G. Jaffé[25]); J. C. Mc Lennan und D. A. Keys[27])]. Falls die α-strahlende Schichte die Elektroden bedeckt, ist die Ionisierung auf eine sehr dünne, der Reichweite der α-Strahlen in der Flüssigkeit entsprechende Schichte beschränkt, und infolgedessen zeigt die Strom-Spannungs-Kurve den S. 185 u. Fig. 26 erwähnten Verlauf.

Eine vollständige Theorie der Leitung in ionisierten flüssigen Dielektriken unter Berücksichtigung der Ionendiffusion und der Wirkung der „säulenförmigen“ Ionisierung (vgl. S. 182) durch Korpuskularstrahlen

---

Literatur zu IV, 7 siehe Seite 203.

wurde von G. Jaffé[26]) aufgestellt und mit den älteren experimentellen Ergebnissen in guter Übereinstimmung gefunden. Auf die Wirkung der Säulenionisierung ist hiernach das langsame Ansteigen des Stromes bei höheren Spannungen zurückzuführen, das früher (vgl. S. 201) durch Ionen geringer Beweglichkeit erklärt worden war, ferner die oben erwähnte scheinbar schwächere Ionisierungsstärke der β- und α-Strahlen.

2. Feste Dielektrika. Die in festen Dielektriken durch Becquerelstrahlen hervorgerufenen Ionisierungserscheinungen wurden zuerst gleichzeitig und unabhängig von H. Becquerel[2]) und von A. Becker[3]) konstatiert und dann von A. Righi[4]), T. Bialobjeski[7,15,16]), B. Hodgson[10]), W. Dietrich[13]), A. Schaposchnikow[18]), W. C. Röntgen und A. Joffé[28]) sowie von H. Schiller[29]) untersucht. Charakteristisch ist das mit der Zeit relativ langsame Ansteigen und Wiederabnehmen des Stromes nach Beginn, bzw. Aufhören der ionisierenden Wirkung der Strahlen; offenbar sind hier die Beweglichkeiten und die Wiedervereinigung der Ionen noch viel stärker herabgesetzt als in Flüssigkeiten. Tatsächlich findet Bialobjeski für festes Paraffin: $(u_1 + u_2) = 1{,}4 \cdot 10^{-7} \frac{\text{cm sec}}{\text{Volt cm}} = 0{,}000042$ stat. Einh. Bei der β-Strahlung ist dem Ionisierungsvorgang eine Elektrisierung des Mediums durch die absorbierten β-Teilchen überlagert.

Eine ionisierende Wirkung der α-Strahlen konnte nicht mit Sicherheit nachgewiesen werden, scheinbare Effekte dieser Art beruhen nach H. Greinacher[12]) [vgl. auch H. Schiller[29])] auf der Ionisierung gaserfüllter Hohlräume im festen Dielektrikum. Neben der direkten Erhöhung der Leitfähigkeit konnten W. C. Röntgen und A. Joffé u. a.[29]) auch feststellen, daß Vorbestrahlung mit γ- (und Röntgen-)strahlen Kristalle (Kalkspat, Quarz, Steinsalz) „lichtempfindlich" macht, d. h. starke Erhöhung der Leitfähigkeit durch gewöhnliches Licht ermöglicht.

Literatur zu IV, 7:

1) P. Curie, C. R. **134**, 420, 1902.
2) H. Becquerel, C. R. **136**, 1173, 1903.
3) A. Becker, Ann. d. Phys. (4) **12**, 124, 1903.
4) A. Righi, Phys. Z. **6**, 877, 1905.
5) G. Jaffé, J. de phys. (4) **5**, 263, 1906.
6) G. Jaffé, Ann. d. Phys. (4) **25**, 257, 1908.
7) T. Bialobjeski, C. R. **149**, 120, 1909.
8) T. Bialobjeski, C. R. **149**, 279, 1909.
9) G. Jaffé, Ann. d. Phys. (4) **28**, 326, 1909.
10) B. Hodgson, Phil. Mag. (6) **18**, 252, 1909.
11) C. Böhm-Wendt und E. v. Schweidler, Phys. Z. **10**, 379, 1909.
12) H. Greinacher, Phys. Z. **10**, 986, 1909; Le Rad. **6**, 291, 1909.
13) W. Dietrich, Phys. Z. **11**, 187, 1910.

14) G. Jaffé, Ann. d. Phys. (4) **32**, 148, 1910.
15) T. Bialobjeski, Le Rad. **7**, 48 und 76, 1910.
16) T. Bialobjeski, II. Congr. Rad. Bruxelles, 1910; I. 140, 1911.
17) T. Bialobjeski, Le Rad. **8**, 293, 1911.
18) A. Schaposchnikow, J. russ. phys. chem. Ges. Phys. Teil, **43**, 423, 1911. (Referate: Fortschr. 1911, 91 und Beibl. 1912, 620).
19) T. Bialobjeski, Le Rad. **9**, 250, 1912.
20) T. Bialobjeski, Kiewer Univers. Nachr. **52**, Heft 1; Heft 9, 35, 1912. Referat: Beibl. 1913, 785 u. 966.
21) J. C. Mc Lennan, Brit. Assoc. 1912; Referat: Phys. Z. **13**, 1177, 1912.
22) A. Zaroubine, Le Rad. **9**, 385, 1912.
23) H. J. van der Bijl, Dissert. Leipzig, 1912; Ann. d. Phys. (4) **39**, 170, 1912.
24) H. J. van der Bijl, Verh. D. Phys. Ges. **15**, 210, 1913.
25) G. Jaffé, Le Rad. **10**, 126 und 276, 1913.
26) G. Jaffé, Ann. d. Phys. (4) **42**, 303, 1913.
27) J. C. Mc Lennan und D. A. Keys, Phil. Mag. (6) **26**, 876, 1913.
28) W. C. Röntgen (teilweise mit A. Joffé), Ann. d. Phys. (4) **64**, 1, 1921; A. Joffé (teilweise mit W. C. Röntgen) ebendort **72**, 461, 1923; Z. Gyulai, Z. f. Phys. **35**, 411, 1926; A. Arsenjewa, Z. f. Phys. **37**, 701, 1926.
29) H. Schiller, Z. f. techn. Phys. **6**, 588, 1925; C. Roos, Z. f. Phys. **36**, 18, 1926.

8. Zertrümmerung der Materie. Da ein α-Teilchen trotz winziger Dimensionen bei seiner Ausschleuderung aus radioaktiven Atomen eine sehr große Wucht — die höchste bekannte Energiekonzentration — besitzt (bei Ra C' $1{,}22 \cdot 10^{-5}$ Erg, bei Th C' $1{,}40\ 10^{-5}$ Erg), muß ein solches Geschoß beim Auftreffen auf Materie beträchtliche Zerstörungen hervorbringen können. Man hat in diesem Sinne die Szintillationen als Lichterscheinungen beim Aufsplittern des Kristallgefüges von Zn S aufgefaßt, die Sprünge in Glas und Quarz (vgl. S. 235) unter Einwirkung von α-Strahlen als Folgen des α-Trommelfeuers betrachtet und das Isotropwerden von Kristallen (vgl. S. 250; — Zerstörung des Kristallgitters) bei Gadolinit, Orthit u. a. in gleicher Weise gedeutet. Bei diesen Erscheinungen handelt es sich um die Übertragung der Energie des α-Teilchens auf eine große Anzahl von Atomen, wobei es seine lebendige Kraft erst durch die Summation der Bremswirkung in Hunderttausenden von durchflogenen Atomhüllen verliert.

Von viel weitergehendem Interesse ist aber der andersgeartete Vorgang, der sich in den relativ seltenen Fällen ereignet, wenn ein α-Teilchen direkt auf den Kern eines Atomes selbst stößt und mehr oder weniger elastisch zurückprallt. Hierbei erfolgt die Übertragung der ganzen Wucht auf einen einzelnen Atomkern und der Zusammenstoß hat dann den Charakter, der für gewöhnliche Molekularstöße vorhanden wäre, wenn es gelänge, materielle Körper auf eine Temperatur von

Literatur zu IV, 8 siehe Seite 216.

mehreren Milliarden Graden zu erhitzen. Dadurch kommt es zu Zertrümmerungen des getroffenen Atomkernes selbst, und damit ist der Weg zu einer künstlich hervorgerufenen Elementverwandlung eröffnet.

Beim Durchfliegen von Wasserstoff (oder H-haltigen Substanzen) erzeugen schnelle α-Teilchen durch solche Kerntreffer schnellfliegende H-Kerne[9]) (Protonen vgl. Kap. II, 1 und III, 18.) Ihre Beobachtung gelingt durch Szintillationen[1]), durch Ionisationswirkungen[3]) oder durch Photogramme nach der Wilsonschen Methode (vgl. IV. 9). Vollkommen elastischen Stoß vorausgesetzt, kann die maximale Geschwindigkeit dieser „natürlichen" (aus Wasserstoff stammenden) H-Strahlen 1,6 derjenigen des α-Geschoßes, daher ihre maximale Energie das 0,64fache betragen[4]), die Reichweite R_H = rund $4 R_0$ werden [d. h. $R_H = 28$ cm in Luft von 15° bei α-Strahlen aus Ra C′; aus Th C′ $R_H = 34{,}5$ cm], die Gültigkeit der Geiger-Bohrschen Reichweitenbeziehung für H-Teilchen vorausgesetzt. [Auf Grund eingehender Untersuchungen der Winkelstreuung natürlicher H-Strahlen hat man genauere Vorstellungen über Gestalt und Dimensionen des α-Teilchens selbst entwickeln können, (Fig. 31), das wir uns danach als ellipsoidische Kreiselscheibe, Achsen etwa $8 \cdot 10^{-13}$ und $4 \cdot 10^{-13}$, Flug in Richtung der kleinen Achse, vorzustellen haben.[2])] Abweichende Konfigurationen vgl. bei R. Hargreaves[2]).

Aber auch bei Abwesenheit von H, zunächst beim Durchgang durch Stickstoff, fand E. Rutherford[1]) eine Anzahl von H-Strahlen (bei N etwa $^1/_{12}$ gegenüber den „natürlichen"), die sich durch schwache, d. h. viel weniger brilliante Szintillationen als die durch α-Strahlen erzeugten, kenntlich machten, und zwar nicht nur jenseits der Reichweite der erzeugenden α-Strahlen, sondern auch außerhalb der viermal größeren der „normalen" oder „natürlichen" aus Wasserstoff erzeugten H-Strahlen.

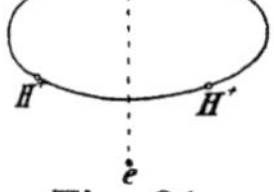

Fig. 31.

E. Rutherford erkannte und erwies diesen Vorgang als eine Zertrümmerung der Stickstoffatome, wobei H-Kerne aus dem Kernverband des N herausgerissen werden, Weiterhin gelang es E. Rutherford und seinen Mitarbeitern in analoger Weise B, F, Na, Al und P zu zerschlagen.

Die Möglichkeit, daß bei den Zertrümmerungen Atomrest-Strahlen, wie O-Strahlen, N-Strahlen auftreten, ebenso wie die Annahme der Existenz eines zweifach positiv geladenen α-Isotopes (X_3) der Masse 3 als Kernbaustein des N wurde diskutiert, jedoch deren Auftreten nicht erwiesen. Vielmehr bestätigten Ablenkungs-

---

Literatur zu IV, 8 siehe Seite 216.

beobachtungen im magnetischen Felde, daß die losgerissenen Teilchen einfach positiv geladene H-Kerne seien[1, 4]). In genauerer Weise hat G. Stetter[21]) durch gleichzeitige Beobachtungen im elektrischen und magnetischen Feld die Natur der Träger natürlicher H-Strahlen und dieser Atomtrümmer aus Al als einfach positiv geladene H-Teilchen sichergestellt. Die H-Kerne fliegen nicht nur in der Richtung der α-Geschosse, sondern auch, nach Angaben E. Rutherfords und J. Chadwicks, nach der entgegengesetzten. In der folgenden Tabelle sind die Vorwärts- und Rückwärts-Reichweiten (cm) angegeben, daneben die Geschwindigkeiten (v) in Einheiten derjenigen des α-Teilchens nach Messungen mit RaC′, dann die Werte für die Bewegungsgrößen MV/v_α der Atomreste der getroffenen Atome und die Energiebilanz*). [4])

Substanz	Zahl pro min. u. pro mg Ra Äquivalent	H-Strahlen in Luft R vorw.	H-Strahlen in Luft R rückw.	$\frac{v}{v_\alpha}$ vorw.	$\frac{v}{v_\alpha}$ rückw.	MV/v_α der Kernreste vorw.	MV/v_α der Kernreste rückw.	Gewinn an Energie in %
B	0,15	58	38	2,02	— 1,75	— 0,54	3,23	42
N	0,7	40	18	1,78	— 1,32	1,41	4,54	— 13
F	0,4	65	48	2,10	— 1,89	— 0,10	3,89	35
Na	0,4	58	36	2,02	— 1,72	1,42	5,16	6
Al	1,1	90	67	2,34	— 2,11	0,78	5,23	42
P	0,7	65	49	2,10	— 1,89	1,14	5,13	15

Dabei fiel auf, daß alle diese Elemente „Reinelemente“ ohne Isotope sind und — bis auf N, das auch eine Ausnahmestellung hat und vom Typus $4n + 2$ ist — ein Atomgewicht $4n + 3$ haben.

Ist die an „natürliche“ H-Kerne übertragene Energie 0,64 derjenigen der α-Teilchen, so würde bei vollständiger Übertragung v^2 von 0,64 auf 1 und R im Verhältnis von v^3, das heißt wie 0,51 : 1 zu vergrößern sein. Da für natürliche H-Strahlen $R_H = 28$ cm angesetzt wird, folgt, daß alle Protonen mit $R > 55$ cm mit Energien ausgeschleudert werden, die größer sind als die der α-Geschosse von RaC′.

Wegen der Schwierigkeit, H-haltige Verunreinigungen auszuschließen, konnten E. Rutherford und J. Chadwick zunächst im allgemeinen keine vorwärts ausfliegenden Protonen mit $R <$ ca. 30 cm beobachten. Li, Be, C, O, Mg, Si, S wurden deshalb anfangs für unzertrümmerbar gehalten. Bei sorgfältiger Vermeidung „natürlicher“ H-Strahlen mittels einer hierzu entwickelten Methodik vermochten dann G. Kirsch und

Literatur zu IV, 8 siehe Seite 216.

*) Nähere Betrachtung der verwendeten Versuchsanordnung läßt es als fraglich erscheinen, ob die als „rückwärts“ gerichtet bezeichneten H-Teilchen nicht großenteils solche waren, die unter viel kleinerem Winkel als 180° (bis herab zu 90°) gegen die Richtung der α-Geschosse zurückflogen, wodurch die auf obige Daten basierten Rechnungen an Sicherheit stark verlieren.[19])

H. Pettersson[5]) nachzuweisen, daß auch aus anderen Elementen, zunächst Be, Mg, Si, Li ?[18]), kernentstammende H-Teilchen mit $R < 30$ cm hinausfliegen, und sie sprachen die Vermutung aus, daß die Zertrümmerbarkeit eine allgemeinere Eigenschaft der Elemente sei. Um Atomtrümmer kleinerer Reichweite als die der α-Geschosse wahrnehmen zu können, haben sie ein Verfahren ersonnen, um die unter 90° gegen die Primärstrahlen ausfliegenden Protonen beobachten zu können.[10]) Die unter gleichem Winkel bei mehr exzentrischen Stößen gegen Atomkerne abgelenkten Primärteilchen sind relativ wenig zahlreich und haben, besonders bei den Leichtelementen (unter Voraussetzung elastischen Stoßes) eine bedeutend herabgesetzte Reichweite (bei Al 4,5; bei C 2,5 statt 7 cm). Da in Wasserstoff unter der gleichen Voraussetzung die unter 90° in Bewegung gesetzten natürlichen H-Teilchen die Reichweite Null haben und das gleiche auch für durch Kerntreffer in reinem He erzeugte sekundäre α-Teilchen gälte, erlaubt die rechtwinklige Methode bei Arbeiten in einem dieser Gase jede Komplikation aus der Gasfüllung zu vermeiden. So wurde zunächst die Abgabe von H-Teilchen aus reinem Kohlenstoff (aus Graphit, Paraffin, Diamantpulver) nachgewiesen ($R =$ ca. 8 cm Luft). Eine analoge Methode wurde unabhängig von E. Rutherford und J. Chadwick[10]) benutzt und ergab mit weiteren 5 Elementen Ne, S, Cl, A, K die Abgabe einer kleinen Zahl Protonen von mehr als 7 cm Reichweite. Einige schwerere Elemente ebenso wie Li, Be, und C wurden mit negativem Ergebnis untersucht. Durch Weiterentwicklung der indirekten Methode haben H. Pettersson sowie G. Kirsch und H. Pettersson die unter noch größeren Winkeln (bis zu 150°) gegen die Primärstrahlen austretenden nahezu „retrograden" H-Teilchen beobachtbar gemacht.[11]) Nach dieser Methode wurden zahlreiche Elemente auf retrograde Protonen bis herab zu $R = 0{,}5$ cm geprüft. Bis März 1926 sind solche H-Teilchen sichergestellt bei: Li, Be, B, C, NO, F, Ne, Na, Mg, Al, Si, P, S, Cl, K, A, Ti, Cr, Fe, Cu, Se, Br, Zr, Sn, Te, J. Es erscheint nicht unmöglich, daß die Emission von H-Teilchen, besonders bei den schwereren Elementen, ein im Kern lokalisierter Vorgang ist, d. h. von der getroffenen Stelle und der Konfiguration des Kernes derart abhängt, daß die Ausschleuderung nach hinten bevorzugt stattfindet.

Der Lichteindruck beim Auftreffen eines H-Teilchens auf den Sidotblendenschirm ist bedeutend schwächer als derjenige von α-Partikeln; E. Kara-Michailova und H. Pettersson[14]) haben dies quantitativ untersucht und ein Verfahren ausgearbeitet, welches gestattet die verschiedenen Korpuskeln zu kennzeichnen. Um das subjektive Element bei

---

Literatur zu IV, 8 siehe Seite 216.

der Unterscheidung von H- und α-Teilchen aus der Lichtstärke und der Form ihrer Szintillationen weiter zu eliminieren, hat H. Pettersson Quellen natürlicher H-Strahlen sowie von α-Teilchen verkürzter genau bekannter Reichweite, zum unmittelbaren Vergleich solcher unbekannter Art, in die Versuchsanordnung eingebaut.

Mittels der retrograden Methode hat H. Pettersson[6]) die von einigen Elementen reflektierten (um 150^0 abgelenkten) α-Teilchen auf ihre Reichweite untersucht, mit Resultaten, die von den nach der elastischen Theorie der Kerntreffer zu erwartenden beträchtlich abweichen. Bei Mg, Al, C war die Zahl der noch bei der kleinsten untersuchten Absorption (0,7 cm Luftäquivalent) beobachtbaren reflektierten α-Teilchen in auffallender Minderheit gegenüber den unter gleichen Winkeln emittierten H-Teilchen, bei Ni und Cu treten solche Partikeln auf, aber mit viel kleinerer Reichweite, als der unter Voraussetzung elastischen Stoßes berechneten. Dasselbe Verfahren von G. Kirsch und H. Pettersson[11]) auf die obenerwähnten zahlreichen Elemente angewendet, ergab damit übereinstimmend ein Defizit an Reichweite gegenüber der nach der elastischen Stoßgleichung zu erwartenden, welches von Element zu Element verschieden groß ausfällt. Schon aus früher ausgeführten Untersuchungen wurde geschlossen, daß der zentrale Kerntreffer eines schnellen α-Teilchens unelastisch erfolgt, und daß bei den leichteren Elementen, bei denen reflektierte α-Teilchen anscheinend fehlen, ein Eindringen und möglicherweise ein Haftenbleiben des α-Teilchens im getroffenen Kern stattfindet. Diese Folgerung erhält eine Stütze erstens durch Aufstellung einer exakten Beziehung zwischen Primär- und Sekundärstrahlenenergie bei Stickstoff [G. Kirsch[22]), vgl. auch A. Smekal, P. Debye und W. Hardmeier, E. Guth[22])] und durch Ergebnisse P. M. S. Blacketts[13]) nach der Wilson-Methode (IV, 9), wonach im Stickstoff α-Teilchen und Kernrest, den ein Proton verlassen hat, wie ein gemeinsamer Körper weiterfliegen.

Die Reichweiten der Protonen aus zertrümmerten Atomkernen sind sehr verschieden bei den verschiedenen Elementen. Versuche von E. Rutherford und J. Chadwick, sowie von G. Kirsch und H. Pettersson lassen erkennen, daß H-Teilchen mit $R > 30$ cm selten sind. Da aber die einer Kernzerschlagung entstammenden Protonen im Gegensatz zu den aus radioaktiven Substanzen spontan emittierten α-Teilchen immer heterogene Geschwindigkeiten besitzen, die durch eine nach oben konkave Absorptionskurve charakterisiert sind, ist die Feststellung einer oberen Grenze der Reichweite bei stetig abnehmender Teilchenzahl sehr schwierig. Bei Beobachtungen nach der retrograden Methode erweist sich der Abfall an Zahl der Protonen bei zunehmender Absorption als besonders rasch, so daß schon bei 8 cm Absorption die Absolutzahlen kleine Bruchteile der bei minimaler Absorption beobachteten Teilchenzahlen ausmachen. Die von E. Rutherford und

---

Literatur zu IV, 8 siehe Seite 215.

J. Chadwick angegebenen sehr hohen Werte der Reichweiten rückwärts gerichteter H-Teilchen beziehen sich wohl (vgl. Fußnote, s. S. 206) auf ein Gemisch von unter 90—180° emittierten Strahlen.

Nach Messungen von G. Kirsch und H. Pettersson bei Ag und Au, sowie von E. A. W. Schmidt[16]) bei Al wächst die Zahl der retrograden H-Teilchen auch bei Untersuchung von dünnen Substanzschichten noch bei den kleinsten untersuchten Absorptionen unter 1 cm Luftäquivalent.

Die Ionisation durch von Po-α-Strahlen erregte natürliche H-Strahlen und Atomtrümmer aus Al haben M. Blau und E. Rona[3]) gemessen.

Eine Abhängigkeit der Reichweite der H-Teilchen von der Geschwindigkeit des α-Geschosses wurde von E. Rutherford und J. Chadwick gefunden und von G. Kirsch und H. Pettersson bestätigt. Die untere Grenze der α-Restreichweite, bei der noch Zertrümmerung erfolgt, wurde von E. Rutherford und J. Chadwick bei Al zu 4,9 cm angegeben, wobei freilich nur Protonen mit $R > 30$ cm berücksichtigt wurden. E. A. W. Schmidt[16]) fand nach der retrograden Methode, daß α-Restreichweiten von ca 1 cm noch ausreichen, um mit Sicherheit H-Teilchen aus Al freizumachen. Er konnte auch die Zertrümmerung von Al durch Poloniumstrahlen nachweisen, wobei er Protonen mit Reichweiten bis ca. 60 cm erhielt. Die Zahl betrug für $R =$ ca. 50 cm etwa $3 : 10^8$ der Primärstrahlen. R. Holoubek[16]) bestätigte diese Versuchsergebnisse mit Polonium durch Beobachtung Wilsonscher Nebelbahnen und erhielt auch die gleiche Ausbeute wie E. A. W. Schmidt.

Über die Zahl der von einer Million α-Geschosse freigemachten Protonen weichen die Angaben untereinander ab. E. Rutherford und J. Chadwick fanden nach der direkten Beobachtungsmethode, daß die Zahl der nach vorn ausfliegenden H-Teilchen aus einer Al-Schicht von 0,5 cm Luftäquivalent 1 pro Million α-Teilchen aus Ra C′ beträgt, was unter Beachtung der Zahl 4,9 cm für die noch wirksame Restreichweite bei voller Ausnutzung des Geschosses rund 4 pro Million entspräche. Bei den anderen Elementen wurden durchwegs kleinere Zahlen gefunden. Anderseits fand H. Pettersson bei Al nach retrograder Methode mit Th C′ als Strahlenquelle einen Minimalwert von 40 H-Teilchen pro Million (mit dicker Substanzschicht) und E. A. W. Schmidt mit dünnen Schichten und RaC′-α-Teilchen ca. 30 pro Million bei 1 cm Luftäquivalent der bestrahlten Schicht, also bei Ausnutzung bis zu 2 cm restlicher Reichweite herab wenigstens 100—150 pro Million der α-Geschosse als Gesamtzahl für die erzeugten H-Strahlen. G. Kirsch und H. Pettersson erhielten für die von ihnen nach der retrograden Methode untersuchten mittelschweren und schweren Elemente Zahlen derselben Größenordnung. Schließlich hat P. M. S. Blackett[13]) nach der Wilson-Methode unter 400000 photographier-

Literatur zu IV, 8 siehe Seite 216.

ten α-Bahnen in reinem Stickstoff 8 emittierte H-Teilchen festgestellt, was einer Mindestausbeute von 20 pro Million entspräche. Man darf zur Zeit annehmen, daß die Ausbeute an H-Teilchen bei der Zertrümmerung der leichteren Elemente von der Größenordnung 10^{-4} bis 10^{-3} ist.

Um entscheiden zu können, ob von einem zertrümmerten Atomkern gleichzeitig nur ein oder mehrere H-Teilchen emittiert werden, hat H. Pettersson nach einer Methode gearbeitet, die erlaubt, bis zu 25% der unter größeren Winkeln gegen die Primärstrahlung austretenden Protonen zusammen zu beobachten. Die von einem Belag von Ra C′ oder Th C′ auf konisch zugespitztem Pt-Draht ausfliegenden α-Teilchen fallen durch eine feine Bohrung im Zentrum des kreisförmigen ZnS-Schirmes auf die Substanz, die in Gestalt eines millimeterbreiten Scheibchens auf einem zwischen Mikroskop und Schirm in 1 bis 2 mm Abstand von letzterem angebrachten Deckglas befestigt ist, so daß die gegen den Schirm zurück hinausgeschleuderten H-Teilchen, bzw. reflektierte α-Teilchen größtenteils auf die mit dem Mikroskop beobachtbare Schirmfläche treffen. Als Strahlenquelle genügen hierzu Bruchteile eines mg-Äquivalentes Ra. Die Zahl der zeitlich untrennbaren Szintillationen (Doppelszintillationen) entsprach dabei durchaus der nach der Wahrscheinlichkeitsrechnung zu erwartenden Zahl von zufällig in der Zeit koinzidierenden Szintillationen; das Ergebnis spricht sonach dafür, daß bei Al die überwiegende Mehrzahl der zertrümmerten Atome nur ein H-Teilchen rückwärts emittiert.

Die Menge von Wasserstoff, die aus Atomzerschlagungen erhalten werden kann, ist zu gering, um chemisch-physikalisch gemessen zu werden. Wenn nach E. Rutherford von 10^6 nur 2 α-Teilchen nahe genug an den Innenkern von Al gelangen, um ein H freizumachen, folgt, daß 1 g Ra $\longrightarrow$ Ra C (das pro Jahr 173,6 mm³ He liefert) mit allen seinen α-Partikeln nur etwa $2 \cdot 10^{-4}$ mm³ H_2 ergäbe; auch wenn nach obigen neueren Versuchen die Zahl eine hundertfach größere sein kann, bleibt dies praktisch viel zu wenig.

Daß bei solchen Zusammenstößen das α-Teilchen (Heliumkern) selbst unversehrt bleibt, ist erklärbar aus der Größe des Energiebetrages, der zu seiner Zerlegung notwendig wäre. Aus den Atomgewichten von H (1,0078) und He (4,000) folgt nämlich, daß beim Aufbau des He-Kernes aus 4 H-Kernen und 2 Elektronen ein Massendefekt von $0{,}031_2$ Einheiten im Maßsystem der Chemie, d. i. $0{,}031_2 \cdot 1{,}65 \cdot 10^{-24} = 5{,}15 \cdot 10^{-26}$ g eintritt; der entsprechende Betrag $\Delta E = c^2 \Delta m = 4{,}63 \cdot 10^{-5}$ Erg ist die bei der Bildung des He-Kernes abgegebene und

Literatur zu IV, 8 siehe Seite 216.

zugleich die zur Zerlegung erforderliche Energie. Demgegenüber ist die gesamte zur Verfügung stehende kinetische Energie des stoßenden Teilchens, wie eingangs erwähnt, nur $1{,}22 \cdot 10^{-5}$ Erg bei Ra C′ und $1{,}40 \cdot 10^{-5}$ Erg bei Th C′. Da bei Kohlenstoff (Atomgewicht $12{,}00 = 3 \cdot 4{,}00$) ein Massendefekt (für den Aufbau aus H-Teilchen) vorliegt, der dem bei Helium proportional ist, wies St. Meyer darauf hin, daß durch die von H. Pettersson festgestellte Zertrümmerbarkeit des Kohlenstoffkernes der Beweis erbracht erscheint, daß derselbe nicht ausschließlich aus Heliumkernen aufgebaut sein kann und der Massendefekt anderweitig auf die in dem C-Kern vorhandenen 12 Protonen verteilt sein dürfte.

Die auffallende Erscheinung, daß ein großer Teil der H-Strahlen nicht nur nach vorne sondern auch unter großen Winkeln gegen die Primärstrahlen emittiert wird, im Zusammenhang damit, daß in Atomen der Typen $4n+1$, $4n+2$, $4n+3$ einzelne H-Kerne als Bausteine zu denken sind, veranlaßten E. Rutherford und J. Chadwick zu der Vorstellung, daß einzelne Protonen als Satelliten nahe dem Kern, aber nicht ganz so fest gebunden wie die Teilchen des Hauptkerninneren, vorhanden sein könnten, die je nach der Stoßrichtung des α-Geschosses nach vorn oder hinten abgeschleudert würden. (Fig. 32.)

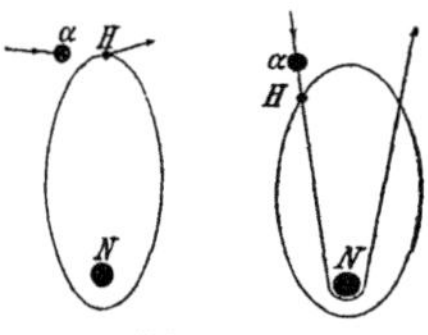

Fig. 32.

Da dann dieses H weniger fest gebunden wäre als z. B. in He, wäre der Massenverlust beim Atomaufbau (Packungseffekt) nicht so groß. Wäre im Grenzfall $\Delta m = 0$, so sollte Stickstoff $3 \cdot 4 + 2 \cdot 1{,}0078 = 14{,}016$ als Atomgewicht haben; sein tatsächliches Atomgewicht ist 14,008, liegt demnach zwischen den Grenzen 14,00 und 14,016.

Grundlegend für die Satellithypothese ist die Annahme, daß bei den in Frage kommenden sehr kleinen Abständen elektrische Ladungen gleichen Vorzeichens einander anziehen statt abstoßen sollen, was einen Zeichenwechsel im Coulombschen Gesetz bedeutet. Ebenso wird die Stabilität der Atomkerne durch Anziehungen zwischen ihren überschüssigen positiven Ladungen erklärt.

Messungen von L. B. Loeb[2]) über die Winkelstreuung von natürlichen H-Strahlen sind durch die Annahme des Versagens des Coulombschen Gesetzes zu erklären versucht worden; anderseits haben aber J. Chadwick und E. S. Bieler ähnliche Ergebnisse auf eine bestimmte geometrische Form des α-Teilchens zurückgeführt unter Beibehaltung des Coulombschen Gesetzes bis zu sehr kleinen Abständen herab, [vgl. III, 7] und theoretische Überlegungen über den Packungseffekt

Literatur zu IV, 8 siehe Seite 216.

ergaben [A. Smekal[2])] die Gültigkeit des Gesetzes mit der Modifikation, daß z. B. bei einem Abstand von $1{,}8 \cdot 10^{-13}$ cm als Entfernungsexponent 2,117 statt 2,0 anzunehmen wäre.

Um diesen Schwierigkeiten zu entgehen, versuchte H. Pettersson[6]) an Stelle der Satellitenhypothese eine allgemeinere Explosionsvorstellung zu setzen, wobei die Störung des Gleichgewichtes im Innern des getroffenen Atomkernes durch Mitwirkung des elektrischen Feldes des herannahenden α-Teilchens gedeutet wird. Dabei soll das Coulombsche Gesetz sein Vorzeichen, wenngleich nicht den numerischen Wert des Exponenten, auch für Kerntrefferabstände behalten. Die Wucht der Explosion (R der Atomtrümmer) muß dann als von der Geschwindigkeit des heranfliegenden α-Teilchens abhängig angesehen werden, um die von E. Rutherford gefundene Abhängigkeit zwischen R_H und R_α zu erklären. Auch im Kerninnern soll das Coulombsche Gesetz mit ungeändertem Vorzeichen gelten; die Stabilität des Atomkernes wird durch die Kittwirkung der Binnenelektronen, die stets in der Mindestzahl von $A/2$ vorhanden sind, gedeutet.

Versuche von E. S. Bieler[15]) u. a.[12]) ergaben ein Defizit an Zahl der von Al und Mg-Kernen unter größeren Winkeln (bis 105°) abgelenkten α-Teilchen gegenüber den aus der Darwinschen Kollisionsgleichung unter Annahme des einfachen Coulombschen Gesetzes berechneten Werten. Daraus schloß er, daß die Kraft zwischen α-Teilchen und Kern bei einem kritischen Abstand von Abstoßung in Anziehung umschlägt, und diese bei weiterer Annäherung umgekehrt der vierten Potenz der Entfernung wächst. Der kritische Abstand, für Al zu $3{,}44 \cdot 10^{-13}$ berechnet, wird von E. S. Bieler gleich dem Halbmesser des Al-Kernes angenommen. Seine Resultate wurden von E. Rutherford und J. Chadwick als Stütze für die Vorstellungen der Satellithypothese herangezogen.

H. Petterssons Versuche[6, 10, 11]) machen es sehr wahrscheinlich, daß die auf Annahme elastischer Stöße beruhende Theorie des Zusammenpralls zwischen α-Teilchen und Atomkernen bei zentralen Stößen unter größeren Winkeln nicht zutrifft, da z. B. bei Al keine oder im Verhältnis zur Zahl der nach gleicher Richtung ausfliegenden Protonen nur sehr wenige reflektierte α-Teilchen beobachtet wurden. Sie weisen vielmehr auf die Möglichkeit eines Eindringens und Haftenbleibens des α-Teilchens im Aluminiumkern hin[17]). H. Pettersson[6]) zeigte auch, daß man auf Grund elektrostatischer Induktionsbetrachtungen den Zeichenwechsel in der Integralkraft zwischen α-Teilchen und Kern unter Beibehaltung des unveränderten Coulombschen Gesetzes für die Teil-

Literatur zu IV, 8 siehe Seite 216.

kräfte zwischen dem α-Teilchen und den Teilladungen beider Vorzeichen im Kerninnern erklären kann. Die auf seiner Annahme fußenden Berechnungen machen die Hypothese einer selektiven Übertragung eines Stoßimpulses vom herankommenden α-Teilchen auf einen H-Satelliten unhaltbar.

Die oben erwähnte, um beinahe zwei Größenordnungen höhere Ausbeute an H-Teilchen von Al gegenüber den ursprünglichen Werten E. Rutherfords ergibt einen wahrscheinlichen Wert des Kerndurchmessers für Al, der um ein Vielfaches höher ist als der oben von E. S. Bieler berechnete. Zu demselben Resultat führen Berechnungen des Kerndurchmessers aus der kleinsten kinetischen Energie eines noch Zertrümmerung bewirkenden α-Teilchens herabgesetzter Reichweite, die nach den obenerwähnten Beobachtungen E. A. W. Schmidts ($R = 1{,}5$ cm) bedeutend kleiner ist als nach den früheren Angaben E. Rutherfords und J. Chadwicks (4,9 cm).

Im Jahre 1925 haben E. Rutherford und J. Chadwick[20]) die Reflexion von α-Teilchen unter 90 und 135° gegen Al, Cu, Ag, Au und U untersucht. Sie finden bei den schwersten Elementen die Zahl der reflektierten α-Teilchen in Übereinstimmung mit der Kollisionstheorie; dagegen waren bei Al beträchtliche Abweichungen vorhanden, die in einer komplizierten Abhängigkeit von der Geschwindigkeit der Teilchen standen. Eine Abweichung an Reichweite der reflektierten Teilchen gegenüber der theoretischen konnte bei diesen Versuchen nicht festgestellt werden. Die auf Grund dieser Ergebnisse berechnete obere Grenze des Kernradius von Uran ergibt nur $4 \cdot 10^{-12}$ cm in auffallendem Widerspruch zu dem aus der Reichweite der Uran-α-Teilchen berechneten Halbmesser von $7 \cdot 10^{-12}$ cm. Die beobachteten Tatsachen des natürlichen (radioaktiven) ebenso wie die des künstlichen Atomzerfalles geben also größere Werte für die Kerndimensionen als die aus Streuungsversuchen herzuleitenden. Um diesen Widerspruch zu beseitigen haben E. Rutherford und J. Chadwick ihre früheren Anschauungen über die Kernstruktur wesentlich modifiziert. Sie nehmen nunmehr an, daß der Atomkern aus einem inneren zentralen Nucleus besteht, der umgeben ist von einem System mehrerer Satelliten (von denen jeder ein „doublet" sein kann). Bei Annäherung eines α-Teilchens an die äußere Begrenzung des Kernes wird die Abstoßung umgekehrt dem Quadrat der Entfernung zunehmen und ebenso wiederum in unmittelbarer Nähe des Innenkernes,

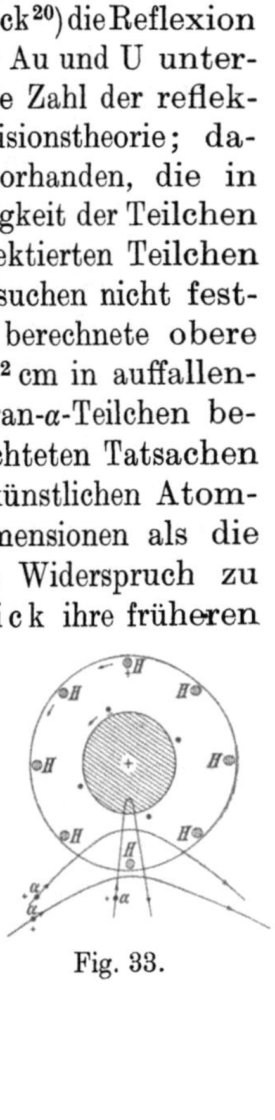

Fig. 33.

Literatur zu IV, 8 siehe Seite 216.

dagegen herrscht innerhalb der Satellitenhülle, wo die Kraft durch die auf den Satelliten vorhandenen Ladungen vermindert ist, ein anderes Kraftgesetz.

Auf Grund theoretischer Überlegungen hatte schon früher G. Kirsch[22]) für die radioaktiven Kerne mehrere Niveaus oder Ringe im Kerninnern angenommen und zu einem ähnlichen Resultate führen auch die Untersuchungen über die γ-Strahlenspektren von A. Smekal, L. Meitner, C. D. Ellis und H. W. B. Skinner u. a. (Vgl. III, 14).

β- und gewöhnliche γ-Strahlen besitzen nicht die nötige Energie, um beobachtbare H-Strahlen auszulösen. Hingegen hat F. P. Slater [7]) gezeigt, daß α-Strahlen beim Durchgang durch Materie harte Strahlen erzeugen können, deren Herkunft aus dem Kerne der getroffenen Atome vermutet werden kann. Danach wäre es möglich, daß α-Teilchen Kern-β-Teilchen frei machen und so eine Atomverwandlung bedingen.

Wir müssen uns noch die Frage vorlegen: Was geschieht mit dem einzelner Bausteine beraubten Restatom? Wird es instabil und radioaktiv? A. G. Shenstone[8]) hat gezeigt, daß auch in sehr kurzer Zeit nach dem Bombardement sich keine (Szintillationen erregende) Aktivität bemerkbar macht; die Lebensdauer derart „induziert" aktiver Substanzen müßte unter $2 \cdot 10^{-5}$ s liegen. W. Lenz hat darauf hingewiesen, daß es unwahrscheinlich ist, daß N unter Verlust zweier schneller H-Teilchen sich in C verwandle, weil der Massenverlust unter Annahme, daß ein Proton rund $^2/_3$ der α-Energie übernehme, dann etwa $\Delta m = 2{,}012$ sein sollte, mehr als die tatsächliche Atomgewichtsdifferenz N (14,008) — C (12,000). Ein Übergang in C ließe sich übrigens mit den Verschiebungsregeln nur vereinbaren, wenn zu der Abgabe zweier positiver Ladungen auch noch die Ausstoßung eines Elektrons aus dem Kern dazukäme. Die oben erwähnten Versuche H. Petterssons sprechen auch bei Al gegen die Abgabe von mehr als einem Proton.

Offenbar gibt es die folgenden Möglichkeiten. Entweder die getroffenen Atome zersplittern in lauter einzelne Bausteine und sterben als Individuen völlig, nachdem ihnen eine Gliedmaße abgeschossen ist. Hierfür fehlen Belege. Oder es fliegen aus dem getroffenen Atomkern das zurückprallende α-Geschoß und ein oder mehrere (p) H-Kerne gleichzeitig hinaus. Für den einfachsten Fall $p = 1$ wäre im Resultat an eine H-Verschiebungsregel analog wie bei radioaktiven Substanzen zu denken; bei Emission von H^+ ergäbe sich z. B. eine Verwandlung von N_{14} in C_{13}; oder Al_{27} in Mg_{26} (C- bzw. Mg-Isotope). Bei der sehr unwahrscheinlichen Ausschleuderung von 2 Protonen, $2H^+$, entstünden Verwandlungen wie N_{14} in B_{12}; Al_{27} in Na_{25}.

Literatur zu IV, 8 siehe Seite 216.

Es könnten aber auch unter gleichzeitigem Verlust eines H^+ und eines Elektrons aus dem Kern isotope „Atomkrüppel" zurückbleiben, wie aus $N_{14} \ldots N_{13}$; aus $Al_{27} \ldots Al_{26}$. Endlich kann das anprallende α-Teilchen am Atomkern haften bleiben, während wieder p Protonen hinausfliegen. Wenn der in solcher Weise synthetisierte Kern stabil ist, so wäre das Endergebnis der „Zertrümmerung" ein Kern vom Typus $A + He - pH$, also für $p = 1$ von der Masse $A + 3$. Wird kein Kernelektron abgegeben, so wäre die Ladung $N + 1$. So entstünde aus N_{14} ein O_{17}; würde hingegen ein Kernelektron mitemittiert, so ergäbe sich das Fluorisotop F_{17}.

Für ein derartiges Haftenbleiben im getroffenen Kern und somit für die Synthese eines sowohl um einige Massen- als Ladungs-Einheiten größeren Systemes, also für einen Atomaufbau, haben sich J. Perrin[17]) (theoretisch) und unabhängig H. Pettersson[17]) (auf Grund seiner Versuche) ausgesprochen. Später hat E. Rutherford[17]) denselben Gedanken geäußert, dabei aber die Annahme hinzugefügt, daß bei der Zertrümmerung zwei Protonen und ein Elektron abgesprengt werden, so daß der synthetisierte Atomkern nach Gewinn der Masse 4 um zwei Masseneinheiten und eine Ladungseinheit von dem zertrümmerten abweicht, also z. B. aus N_{14} ein Atom O_{16} entsteht.

Daß F. W. Aston keine derartigen Isotope in der Natur gefunden hat, beweist nichts dagegen, denn, wenn wir auch nicht anzunehmen haben, daß Atomkrüppel sich zur ursprünglichen Form regenerieren können, so ist doch ihre Zahl so gering, daß sie sich der Beobachtung entziehen. Nehmen wir in der Atmosphäre pro 1 m^3 Luft ca. 10^{-10} Curie (Em + RaA + RaC) an, so ergibt dies rund $3 \cdot 10^8$ α-Strahlen im Jahr. Von 10^4 stoßenden α-Teilchen werde durch Kerntreffer aus Stickstoff nur 1 Proton ausgelöst. Aus den vorhandenen N_{14}-Atomen werden dann pro Jahr im Kubikmeter $3 \cdot 10^4$ Individuen zu Krüppeln (N_{13}) geschossen. Da in 1 m^3 Luft rund $2 \cdot 10^{25}$ Atome Stickstoff vorhanden sind und während der ganzen Lebensdauer unserer Erde, in 10^{10} Jahren, nur $3 \cdot 10^{14}$ Atomkrüppel gebildet werden, so blieben diese gegenüber den normalen N_{14} im Zahlenverhältnis $10^{-11} : 1$.

Daß auch nach intensiver Dauerbestrahlung mit α-Teilchen von RaC in C, Cu, Se, Sn, Sb, Te und Bi keine „induzierte Radioaktivität" (zumindest von mehr als einigen Minuten Halbwertszeit) hervorgerufen wird, ist durch Versuche von H. Müller[23]) festgestellt worden. Ebensowenig ließ sich eine Beschleunigung des radioaktiven Zerfalls von U nach UX, sowie von $MsTh_1$ nach $MsTh_2$ durch sehr intensive Bestrahlung mit α- und β-Teilchen bzw. γ-Strahlen erzielen oder eine Inversion des Zerfalles, Aufbau von Po aus Blei. (Vgl. II, 3).

Literatur zu IV, 8:

1) E. Rutherford, Nature **103**, 415, 1919; **105**, 500, 1920; **107**, 246, 574, 1921; 109, 584, 614, 1922; **110**, 182, 1922; Phil. Mag. (6) **37**, 537, 562, 571, 581, 1919; **41**, 307, 570, 1921; Proc. Roy. Soc. (A) **97**, 374, 1920; J. de phys. (6) **3**, 133, 1922; Proc. Phys. Soc. London **33**, 389, 1921; Engineering **115**, 242, 264, 306, 338, 358, 798, 1923; J. Inst. of Electr. Engineers, **60**, 613, 1922; Electrician **91**, 60, 120, 144, 1923; K. Fajans, Naturwiss. **7**, 729, 1919; R. Seeliger, Jahrb. Rad. u. El. **16**, 19, 1919; **16**, 292, 1920; W. Bothe, Jahrb. Rad. u. El. **20**, 46, 1923; E. Rutherford, Brit. Assoc. Liverpool, 1923; Roy. Inst. of Great Britain, 4. IV. 1924.

2) R. Swinne, Phys. Z. **14**, 145, 1913; W. D. Harkins und E. D. Wilson, Z. anorg. Chem. **95**, 1, 20, 1916; L. B. Loeb, Phil. Mag. (6) **38**, 533, 1919; Phys. Rev. (2) **15**, 240, 1920; W. Lenz, München. Ber. 355, 1918; Naturwiss. **8**, 181, 393, 1920; O. Stern und M. Volmer, Ann. d. Phys. (4) **59**, 225, 1919; J. Chadwick, Phil. Mag. (6) **40**, 734, 1920; A. Smekal, Mitt. Ra-Inst. 129, 136, Wien. Ber. **129**, 455, 1920; **130**, 149, 1921; Naturwiss. **8**, 206, 512, 640, 1920; **9**, 77, 93, 1921; Verh. D. phys. Ges. (3) **1**, 92, 1920; J. Chadwick und E. S. Bieler, Phil. Mag. (6) **42**, 923, 1921; R. Hargreaves, Phil. Mag. (6) **50**, 470, 1925.

3) A. L. Mc Aulay, Phil. Mag. (6) **40**, 763, 1920; **42**, 892, 1921; M. Blau und E. Rona, Mitt. Ra-Inst. 190, Wien. Ber. **35**, 1926.

4) E. Rutherford und J. Chadwick, Nature **107**, 41, 1921; Phil. Mag. (6) **42**, 809, 1921; **44**, 417, 1923.

5) G. Kirsch und H. Pettersson, Mitt. Ra-Inst. 160, Wien. Ber. **132**, 299, 1923; Phil. Mag. (6) **47**, 500, 1924; Nature **112**, 394, 687, 1923; L. F. Bates und J. St. Rogers, Nature **112**, 435, 938, 1923; Proc. Roy. Soc. (A) **105**, 97, 360, 1924; D. Pettersson, Mitt. Ra-Inst. 163, Wien. Ber. **133**, 149, 1924; Nature **113**, 641, 1924; Naturwiss. **12**, 389, 1924; G. Kirsch und H. Pettersson, Naturwiss. **12**, 388, 464, 495, 1924; K. Philipp, Naturwiss. **12**, 11, 1924; E. Rutherford und J. Chadwick, Phil. Mag. (6) **48**, 509, 1924; L. Meitner und K. Freitag, Naturwiss. **12**, 634, 1924; N. Yamada, C. R. **180**, 436, 1925.

6) H. Pettersson, Proc. Phys. Soc. London, **36**, 194, 1924; Mitt. Ra-Inst. 172, 173, Wien. Ber. **133**, 509, 573, 1924; Ark. f. Mat. Astr. och Fys. **19**, Nr. 2, 1925; E. Chalfin, Naturwiss. **13**, 969, 1925.

7) F. P. Slater, Phil. Mag. (6) **42**, 904, 1921; G. Kirsch, Verh. D. phys. Ges. (3) **5**, 22, 1924.

8) A. G. Shenstone, Phil. Mag. (6) **43**, 938, 1922.

9) E. Marsden, Phil. Mag. (6) **27**, 824, 1914; E. Marsden und W. C. Lantsberry, Phil. Mag. (6) **30**, 240, 1915; E. Rutherford, Phil. Mag. (6) **37**, 537, 1919; D. Bose, Phys. Z. **17**, 388, 1916; Z. f. Phys. **12**, 207, 1923.

10) G. Kirsch und H. Pettersson, Verh. D. Phys. Ges. 25. Febr. 1924 (3) **5**, 22, 1924; Mitt. Ra-Inst. 167, Wien. Ber. **133**, 235, 1924; Nature **113**, 603, 1924; Naturwiss. **12**, 388, 1924; E. Rutherford und J. Chadwick, Nature **113**, 457, 1924; H. Pettersson, Mitt. Ra-Inst. 176, Wien. Ber. **134**, 45, 1925; E. Rutherford, Engineering **117**, 458, 1924.

11) H. Pettersson, Mitt. Ra-Inst. 168, Wien. Ber. **133**, 445, 1924; G. Kirsch, Mitt. Ra-Inst. 169, Wien. Ber. **133**, 461, 1924; G. Kirsch und H. Pettersson, Phys. Z. **25**, 588, 1924; E. Rutherford und J. Chadwick, Proc. Phys. Soc. London **36**, 417, 1924; G. Kirsch und H. Pettersson, Mitt. Ra-Inst. 176a, Wien. Anz. **62**, 47, 19. Febr. 1925; Mitt. Ra-Inst. 180, Wien. Ber. **134**, 491, 1925.

12) M. Akiyama, Jap. J. of Physics **2**, 279, 287, 1924.

13) P. M. S. Blackett, Proc. Roy. Soc. (A) **107**, 349, 1925.

14) E. Kara-Michailova und H. Pettersson, Mitt. Ra-Inst. 164, Wien. Ber. **133**, 163, 1924; Naturwiss. **12**, 388, 1924; Nature **113**, 715, 1924; E. Kara-Michailova, Phys. Z. **25**, 595, 1924.

15) E. S. Bieler, Proc. Roy. Soc. (A) **105**, 434, 1924; Proc. Cambr. Soc. **21**, 686, 1923.

16) E. A. W. Schmidt, Mitt. Ra-Inst. 178, Wien. Ber. **134**, 385, 1925; Naturwiss. **14**, 620, 1926; R. Holoubek, Naturwiss. **14**, 621, 1926.

17) J. Perrin, Rap. et Disc. du Conseil de Physique Bruxelles, p. 68, 1923; H. Pettersson, Mitt. Ra-Inst. Wien. 168, Ber. **133**, 445, 1924; E. Rutherford, Nature **115**, 493, 505, 1925; Engineering **119**, 437, 1925.

18) H. Rausch v. Traubenberg, Z. f. Phys. **2**, 268, 1920.

19) G. Kirsch, Phys. Z. **26**, 379, 1925.

20) E. Rutherford, J. Franklin Inst. Sept. 1924; Weekly Meetings Roy. Inst. April 1925; Roy. Soc. Arts. J. **73**, 389, 1925; Engineering **119**, 437, 1925; E. Rutherford und J. Chadwick, Phil. Mag. (6) **50**, 889, 1925; S. Ono, Proc. Phys. Mat. Soc., Japan, (3) **8**, 76, 1926.

21) G. Stetter, Z. f. Phys. **34**, 158, 1925; Mitt. Ra-Inst. 181, Wien. Ber. **135**, 1926; Arkiv f. Mat. Astr. och Fys. **19**, B. No. 10, 1926.

22) G. Kirsch, Phys. Z. **22**, 20, 1921; **26**, 457, 1925; Mitt. Ra-Inst. 169, Wien. Ber. **133**, 461, 1924; A. Smekal, Naturwiss. **13**, 800, 1925; Phys. Z. **27**, 383, 1926; P. Debye und W. Hardmeier, Phys. Z. **27**. 296, 1926; Arch. scienc. phys. et nat. (5) **8**, 142, 1926; E. Guth, Phys. Z. **27**, 507, 1926; W. Hardmeier, Phys. Z. **27**, 574, 1926.

23) H. Müller, Mitt. Ra-Inst. 189, Wien. Ber. **135**, 1926.

Zusammenfassende Darstellung: H. Pettersson und G. Kirsch, Atomzertrümmerung, Leipzig Akad. Verlagsges. 1926.

9. Sichtbarmachung der Bahnspuren nach C. T. R. Wilson.

Es bedeutet einen der schönsten Erfolge, daß es 1911 C. T. R. Wilson[1]) gelungen ist, die Bahnspuren von α-, β- und γ-Strahlen in relativ einfacher Weise direkt sichtbar zu machen. Noch wenige Jahre vorher hätte man es für einen phantastischen Traum ansehen mögen, ein einzelnes Atom (wie es das Helium-α-Teilchen darstellt) in seinem Fluge unmittelbar betrachten zu können, oder gar die Wege eines einzelnen „Elektrons" zu verfolgen; Wilsons Methode zeigt alles dies in anschaulicher Weise.

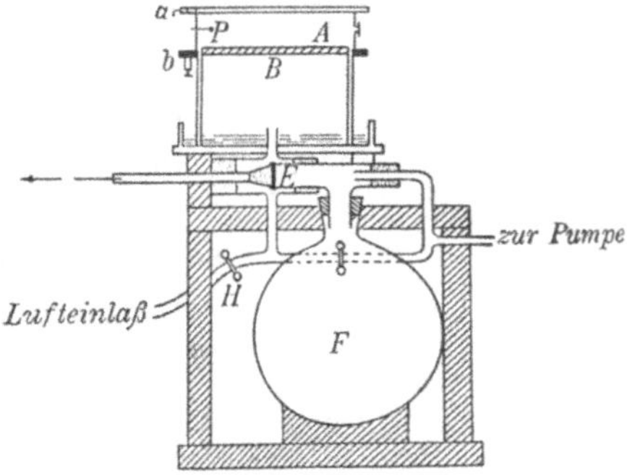

Fig. 34.

Die Apparatur ist durch die Fig. 34 gekennzeichnet. A ist eine zylindrische Nebelkammer (Durchmesser etwa 16 cm), die ihren Wasserdampfgehalt aus der Feuchtigkeit der mit Gelatine*) überzogenen Wände bezieht. Wird durch plötzliches Senken des gut

Literatur zu IV, 9 siehe Seite 221.

*) Mängel der Gelatine sind, daß sie leicht Schimmelpilze ansetzt und beim Austrocknen das Glas zerreißt. Ersterem Übelstand kann man durch Zusatz von Kupfervitriol, Sublimat oder dgl. einigermaßen steuern. C. W. van der Merwe [21]) empfiehlt eine Mischung von 6 Gewichtsteilchen Glyzerin, 1 Gelatine und 1 Zucker.

gleitenden gedeckten Innenzylinders B — Öffnung des Pfropfens bei E gegen die evakuierte Flasche F — das Volumen in A expandiert, so werden Nebeltropfchen sich in A überall dort absetzen, wo „Kerne" (Nuclei) vorhanden sind, und diese letzteren werden jeweils geliefert von den α- oder β-Korpuskeln des in P angebrachten Präparates längs ihrer ganzen Bahn. Um anderweitig vorhandene Ionen zu eliminieren, ist zwischen a und b beständig ein elektrisches Feld von etwa 40 bis 80 Volt angebracht.

Die Einrichtungen eignen sich nicht nur für subjektive Betrachtung, sondern gestatten auch photographische, speziell auch stereoskopische Aufnahmen der Erscheinungen. Veränderungen, Verbesserungen und weitere Ausführungen stammen von C. T. R. Wilson[12]), T. Shimizu[6]), P. M. S. Blackett[14]), D. M. Bose und S. K. Ghosh[16]), C. W. van der Merwe[21]), W. Bothe[8]), L. Meitner und K. Freitag[24]). Wird der Kondensationsversuch bei Temperaturen unter 0° gemacht, so erweisen sich die von den α-Teilchen erzeugten Ionen als Kondensationskerne für Eiskriställchen (E. Meyer[5])).

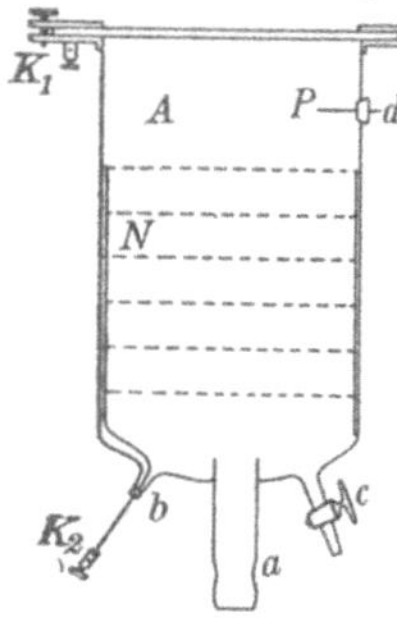

Fig. 35.

Eine vereinfachte Form, die für Demonstrationen besonders tauglich ist, hat H. Mache[2]) angegeben. (Fig. 35).

Die wirbelfreie Expansion des Gases ist hierbei durch Anbringung einiger Drahtnetze (N) erreicht; sie kann leicht mittelst eines größeren Kautschukballons, der bei a angesetzt wird, bewerkstelligt werden. K_1 und K_2 sind Klemmen zur Anlage eines Feldes; A Nebelkammer, unten begrenzt durch das oberste Drahtnetz. Andere Demonstrationsvorrichtungen haben C. Lakeman und R. Sissingh, T. Wulf, H. T. Pye sowie C. T. Knipp und N. E. Sowers angegeben[2]).

Schon aus den ersten vorliegenden Daten und Bildern ließen sich einige deutliche Bestätigungen der Ansichten über die Natur der Korpuskularstrahlen finden. Man sieht die α-Partikel im allgemeinen in gerader Bahn bis zum Ende der Reichweite fliegen, wo die Spur plötzlich verschwindet; zuweilen, wenn auch relativ selten, ist der Nebelstrich am Ende der Flugbahn geknickt, was einem Einzelzusammenprall mit dem Kern einer Gasmolekel am Ende der Flugbahn entspricht (Fig. 36);

Fig. 36.

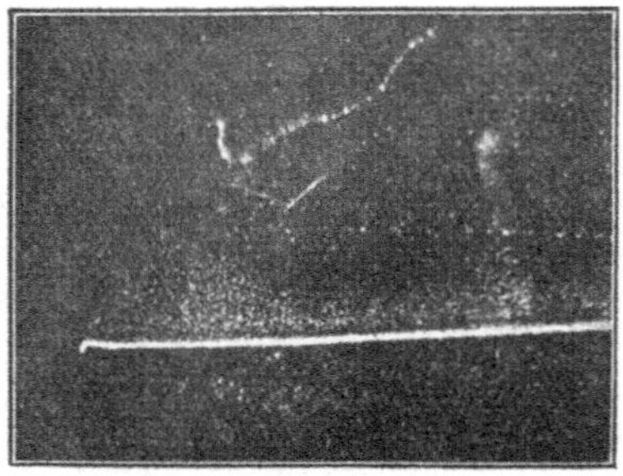
Fig. 37.

Literatur zu IV, 9 siehe Seite 221.

zuweilen ist der ganze Strahl leicht gekrümmt entsprechend „zusammengesetzter Ablenkung“ (vgl. S. 81 u. 110); ja man erkennt eventuell die „Kolumnenionisation“ in den α-Strahl parallel begleitenden schwächeren Elektronenschwärmen (Fig. 37) und sieht in Fig. 38 deutlich gegabelte Bahnen im Falle eines Kerntreffers (von P. M.S. Blackett in zwei Richtungen aufgenommen). Man erkennt die β-Strahlenbahn als meist vielfach aus ihrer Richtung abgelenkt und erhält bei Betrachtung eines „X“-Strahles, den klaren Einblick daß die γ-Wirkung wesentlich durch sekundäre Elektronenstrahlen hervorgebracht ist (Fig. 39). Von H-Strahlen herrührende Nebelstriche sind wesentlich dünner (geringere Ionisation pro Wegzentimeter) als solche aus α-Teilchen stammende.

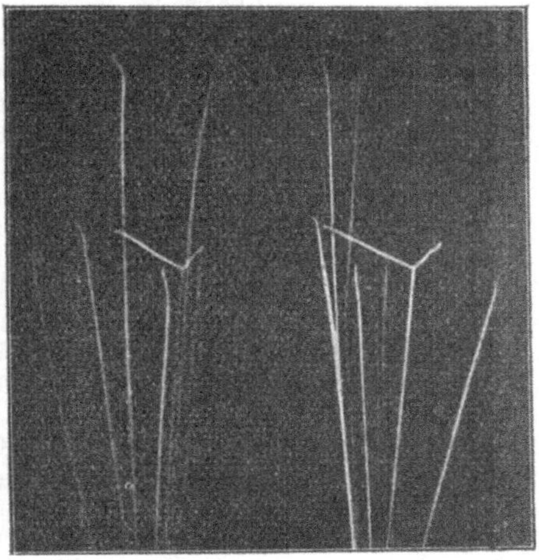

Fig. 38.

Konnte in der ersten Auflage dieses Buches (1916) gesagt werden: „Fragen über das spezielle Verhalten bei Zusammenstößen der Molekeln, über die Auslösung von Sekundärstrahlen und viele andere werden wohl auf diesem Wege weitere Klärung finden“, so hat sich dies weitgehend erfüllt und es läßt sich noch vieles erwarten. Die δ- und andere Sekundär-Strahlen wurden eingehend studiert[4, 7, 23]). α-Strahlbahnen zeigen infolge Auftretens von δ-Elektronen besonders im Anfang ihrer Bahn bis zu 2 cm vor ihrem Ende warzenförmige Ansätze[4, 7, 12]). In der Nachbarschaft der Anfangsstücke finden sich kleine Wölkchen, wahrscheinlich als β-Wirkung aus K-Strahlung oder „Rückstoßelektronen" der durchquerten Atome[12, 17, 22]). Normale Knickungen am Ende der α-Bahn in ihrer Abhängigkeit vom Ablenkungswinkel studierte P. M. S. Blackett[14]). Solche Knicke unter sehr großen Ablenkungswinkeln sind häufiger als nach C. G. Darwins Theorie und nach E. Rutherford zu erwarten wäre, die nur 1 unter 10^5 Zusammenstößen errechnen. Auch T. Shimizu[6]) fand das Verhältnis etwa 1 : 300, und schließt aus seinen Versuchen, daß ein größerer Teil der α-Partikeln andere Bausteine (He-H-Kerne) aus den Elementen herausschlägt. Ähnlich M. Akiyama[26]); vgl. dagegen P. M. S. Blackett[14]). Es darf aber auch darauf hingewiesen werden, daß der Rutherfordsche Ansatz 1 : 10^5 sich auf Beobachtungen außerhalb der Reichweite der Primärstrahlen bezieht ($R_{H} > R_{\alpha}$)

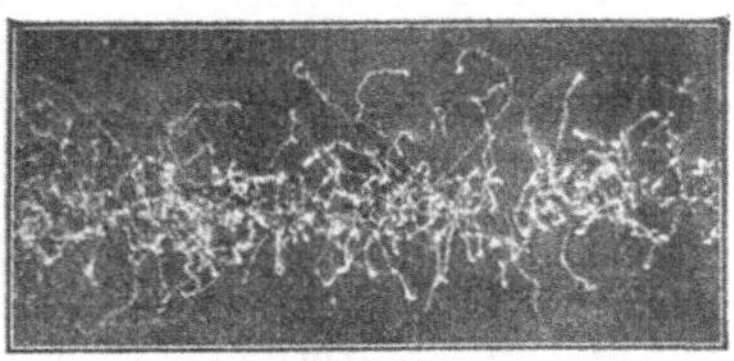

Fig. 39.

Literatur zu IV, 9 siehe Seite 221.

und daß hier eine Abhängigkeit von der durchlaufenen Strecke vorliegen kann. Auffallende Knickungen beim Auftreffen von α-Strahlen auf Glimmer und Glasflächen [D. M. Bose[7])] sind vermutlich durch Feldwirkungen zu erklären. Zuweilen bemerkte α-Bahn-Krümmungen erwecken [J. L. Glasson[9])] den Anschein, als ob dann die α-Teilchen polar wären, — vielleicht durch einfach geladene α-Teilchen und deren asymmetrische Struktur bedingt, — oder magnetische oder elektrische Felder ins Spiel träten. Studien an Krümmungen von α-Bahnen im Magnetfeld stellte P. L. Kapitza[10]) an, der dabei auch das Einfangen und den Verlust einzelner Elektronen nachwies. An den Knickstellen findet man den Wirkungen von Resten der zerschlagenen Atome entsprechende Sporne. Aus solchen Seitenbahnen lassen sich unter günstigen Umständen Masse und Geschwindigkeit erschließen[14]) und die durch Ionisationsmessungen gefundenen Resultate bestätigen[16]). Man findet aber auch öfters ausgebildete Gabeln, die wohl zum größten Teil durch entstehende H-Strahlen zu erklären sind[6, 13, 20]). Besonders geglückte Aufnahmen von α-Bahnen in Helium [D. M. Bose und S. K. Ghosh[16])] zeigen die Bahnen des Kernes und der zwei ausgeschleuderten Elektronen des He gleichzeitig; oder die Bahn des α-Teilchens vor und nach dem Zusammenstoß, die Rückstoßpartikel, sowie 4 Bahnen von Elektronen — wahrscheinlich emittiert bei der Zertrümmerung von N- und Emission eines H-Kernes. W. D. Harkins und R. W. Ryan[20]) erhielten auch Aufspaltungen in 3 Zweige, vermutlich wenn auch noch Elektronen emittiert werden, sowie eine neue Type sekundärer Bahnen mit rückläufiger Bewegung, für die sie den Namen ζ-Strahlen vorschlugen. Rückläufige Bewegung des ursprünglichen α-Teilchens wurde nur in 3 Kern- von 10^{12} Atom-Zusammenstößen beobachtet. H-Strahlen wurden speziell von D. Bose[7]) aufgenommen. W. C. Mc Quarrie[25]) beobachtete die α-Bahnen in Helium und anderen Gasen. M. Akiyama[26]) machte Aufnahmen in Wasserstoff. Er stellte fest, daß die Bahnen vor und nach dem Stoß für die α-Teilchen und die Rückstoßatome nicht immer in der gleichen Ebene liegen, (vgl. S. 160). P. M. S. Blackett[27]) wies nach, daß bei Emission eines Protons aus Stickstoff nach dem Stoß sich eine gemeinsame Bahn für das α-Teilchen und den Atomrest ergibt, d. h. das α-Teilchen im Restatom eingefangen bleibt. R. Holoubek[29]) erwies die Zertrümmerbarkeit von Al durch Poloniumstrahlen.

β-Strahlen verlaufen nach C. T. R. Wilson[12]) oft fast gerade für mehrere cm. Nahe am Ende der Bahn treten plötzliche Richtungsänderungen ein a) infolge Annäherung an Atomkerne, b) infolge großer Annäherung an ein Elektron. Krümmungen treten als Summenwirkungen auf; sie wurden zum Teil auch durch magnetische Feldwirkungen gedeutet[9]), obwohl P. L. Kapitza[10]) zeigte, daß hierzu für die β-Teilchen unwahrscheinlich große magnetische Momente notwendig wären. W. Bothe[8]) wies auch Verzweigungen nach. Von γ- oder X-Strahlen erzeugte β-Strahlen treten vorzugsweise in der Richtung des Erzeugerstrahles auf[13, 18]). H. Ikeuti[28]) studierte die normalen Photoelektronenbahnen neben den langsamen Elektronen, die nach C. T. R. Wilsons Bezeichnung „fish tracks" und „sphere tracks" bilden und aus Rückstößen stammen, O. K. de Foe Asymmetrien von Photoelektronenbahnen. Vgl. auch A. H. Compton und A. W. Simon, P. Auger, J. M. Nuttall und E. J. Williams, G. E. M. Jauncey und O. K. de Foe, D. W. Skobeltzyn[28]).

I. Curie[19]) wendete die Methode dazu an, die den Wahrscheinlichkeitsgesetzen entsprechende Längenverteilung der α-Strahlen des Po und deren Reichweite zu messen. S. Kinoshita[15]) und C. T. R. Wilson[12]) zeigten die rasch aufeinanderfolgende α-Emission bei AcEm, AcA und ThEm, ThA und beschrieben die

Literatur zu IV, 9 siehe Seite 221.

infolge der schnellen Folge auftretenden Störungen der Nebelbahnen wegen Wasserverarmung am Orte der ersten Bahnen. Auch zum Studium der Beweglichkeiten verwendete C. T. R. Wilson seine Anordnung und wies u. a. nach, daß die Beweglichkeit des ThA-Atomes etwa doppelt so groß ist, als die der N- oder O-Ionen, vermutlich wegen geringerer Anlagerung von Wassermolekeln. L. Meitner und K. Freitag[24]) haben sehr schöne Bilder der beiden Reichweiten von ThC (4,8 und 8,6 cm), sowie weitreichender Strahlen aus ThC mit 11,5 und 9,5 cm erhalten.

Literatur zu IV, 9:

1) C. T. R. Wilson, Proc. Roy. Soc. (A) **85**, 285, 1911; **87**, 277, 1912.

2) H. Mache, Phys. Z. **15**, 288, 1914; T. Wulf, Z. f. phys. Unterr. **36**, 245, 1923; H. T. Pye, Phys. Rev. (2) **25**, 107, 1925; J. sc. instr. **2**, 199, 1925; C. T. Knipp und N. E. Sowers, Phys. Rev. (2) **25**, 108, 1925; C. Lakeman und R. Sissingh, Rec. trav. chim. des Pays-Bas **42** (3), 710, 1923.

3) J. C. Mc Lennan und H. N. Mercer, Phil. Mag. (6) **30**, 676, 1915.

4) H. A. Bumstead, Phys. Rev. **8**, 715, 1916; Naturwiss. **5**, 535, 1917.

5) E. Meyer, Mitt. Phys. Ges. Zürich, Nr. 18, 1916.

6) T. Shimizu, Nature **107**, 697, 1921; Proc. Roy. Soc. (A) **99**, 425, 432, 1921.

7) D. Bose, Z. f. Phys. **12**, 207, 1922.

8) W. Bothe, Phys. Z. **23**, 416, 1922; Z. f. Phys. **12**, 117, 1922.

9) J. L. Glasson, Proc. Cambr. Soc. **21**, 7, 1922; Nature **108**, 421, 1921.

10) P. L. Kapitza, Proc. Cambr. Soc. **21**, 129, 1922; **21**, 511, 1923; Proc. Roy. Soc. (A) **106**, 602, 1924.

11) A. G. Shenstone, Phil. Mag. (6) **43**, 938, 1922.

12) C. T. R. Wilson, Nature **110**, 861, 1922; Proc. Cambr. Soc. **21**, 405, 1923; **22**, 534, 1925; Proc. Roy. Soc. (A) **104**, 1, 192, 1923; P. Auger, J. de phys. (6) **7**, 65, 1926.

13) P. Auger und F. Perrin, C. R. **175**, 340, 1922; **180**, 1742, 1925; **183**, 277, 1926; P. Auger, C. R. **177**, 169, 1923; **178**, 929, 1535, 1924; **180**, 65, 1939, 1925; Bull. Soc. Franç. de phys. 211, 1925; J. M. Nuttall und E. J. Williams, Phil. Mag. (7) **1**, 1217, 1926; D. H. Loughridge, Phys. Rev. (2) **26**, 697, 1925.

14) P. M. S. Blackett, Proc. Roy. Soc. (A) **102**, 294, 1922; **103**, 62, 1923; Nature **111**, 381, 519, 1923; Proc. Cambr. Soc. **21**, 517, 1923.

15) S. Kinoshita, H. Ikeuti und M. Akiyama, Phys. Math. Soc. Japan (III) Proc. **3**, 121, 1921; Jap. J. of Physics **1**, (14) 1922; Festsch. für H. Nagaoka, Tokyo, S. 283, 1925.

16) D. M. Bose und S. K. Ghosh, Nature **111**, 463, 1923; Phil. Mag. (6) **45**, 1050, 1923.

17) W. Bothe, Z. f. Phys. **16**, 319, **20**, 237, 1923; Naturwiss. **11**, 965, 1923.

18) F. W. Bubb, Nature **112**, 363, 1923; Phys. Rev. (2) **23**, 137, 1924.

19) I. Curie, I. de phys. (6) **4**, 170, 1923; C. R. **176**, 434, 1923; Ann. de phys. **3**, 299, 1925; Thèses No. 1839, Paris 1925.

20) W. D. Harkins und R. W. Ryan, Nature **111**, 114, 1923; **112**, 54, 1923; Phys. Rev. (2) **21**, 375, 1923; **23**, 308, 1924; J. Am. Chem. Soc. **45**, 2095, 1923.

21) C. W. van der Merwe, Phil. Mag. (6) **45**, 379, 1923.

22) D. Skobelzyn, Z. f. Phys. **24**, 393, 1924; **28**, 278, 1924; D. Skobeltzyn, Nature **116**, 206, 1925.

23) J. A. Bearden, Nature **113**, 857, 1924.

24) L. Meitner und K. Freitag, Naturwiss. **12**, 634, 1924; Z. f. Phys. **37**, 481, 1926; L. Meitner, München. chem. Ges. 16. VII. 1925, bei F. Euler, Stuttgart.
25) W. C. Mc Quarrie, Trans. Roy. Soc. Canada, **17**, 111, 1923.
26) M. Akiyama, Jap. Journ. of. Phys. **2**, 279, 287, 1923; Festschr. f. Nagaoka, Tokyo, S. 301, 1925.
27) P. M. S. Blackett, Proc. Roy. Soc. London (A) **107**, 349, 1925.
28) H. Ikeuti, C. R. **180**, 1257, 1925; O. K. de Foe, Phil. Mag. (6) **49**, 817, 1925; A. H. Compton und A. W. Simon, Phys. Rev. (2) **25**, 306, 1925; P. Auger, J. de phys. (6), **6**, 205, 1925; **7**, 12 S, 1926; C. R. **182**, 773, 1926; J. M. Nuttall und E. J. Williams, Manchester Soc. 13. X. 1925; G. E. M. Jauncey und O. K. de Foe, Phys. Rev. (2) **26**, 281, 1925; D. W. Skobeltzyn, J. Russ. phys. u. chem. Ges. **56**, 120. 1924.
29) R. Holoubek, Naturwiss. **14**, 621, 1926.

10. Wärmewirkungen 1. Theoretische Berechnung. Bei dem explosionsartigen Zerfall der radioaktiven Atome werden α-Partikeln β-Elektronen und γ-Strahlen emittiert, die Restatome werden mit beträchtlicher Geschwindigkeit weggeschleudert. Aus der intraatomistischen Energie wird daher ein großes Quantum in kinetische Energie umgesetzt, und wenn die Strahlen absorbiert werden, das heißt diese kinetische Energie völlig gebremst wird, so muß sie sich als Wärme wiederfinden.

Es bleibt dabei von vornherein eine offene Frage, ob die gesamte Energie des radioaktiven Zerfallsvorganges in dieser Weise zur Geltung kommt. Man könnte sich denken, daß bei der Umlagerung des Atomgefüges beispielsweise noch intraatomistische Schwingungsvorgänge erzeugt, allmählich gedämpft werden und so neuerlich als Wärmequelle vorhanden sein können. In diesem Falle müßte die tatsächlich entwickelte Wärmemenge größer sein als die aus den obigen kinetischen Vorgängen berechnete. Dies schien früher (vgl. I. Aufl. dieses Buches S. 169, 1916) bei Benutzung älterer Daten für die Zahl der emittierten α-Teilchen (Z) und deren Geschwindigkeit (v) zuzutreffen, neuere Messungen sprechen dafür, daß, wenn noch andere Energieumwandlungen neben den Strahlungsvorgängen vorhanden sind, der Betrag neben dem letzteren klein sein müßte [1]).

Betrachten wir den Fall des Radiums inklusive seiner ersten Zerfallsprodukte bis RaC, so wie es für Messungen leicht zugänglich ist. Die kinetische Energie der α-Teilchen berechnet sich aus ihrer Masse und ihrem Anfangsgeschwindigkeitsquadrat zu $\frac{1}{2} m_\alpha v^2$. Setzen wir für die Geschwindigkeiten die Werte der Tabelle 4 des Anhanges ein, so ergibt sich:

Ra	Atomgewicht 226	$v = 1{,}51 \cdot 10^9$ cm/sec	$v^2 = 2{,}29 \cdot 10^{18}$
RaEm	222	1,61	2,61
RaA	218	1,69	2,85
RaC	214	1,922	3,69
RaF	210	1,59	3,20

Literatur zu IV, 10 siehe Seite 230.

Die Zahl der pro Sekunde emittierten α-Teilchen jedes Produktes dieser Zerfallsreihe werde mit $Z = 3{,}72 \cdot 10^{10}$ angenommen. Die Masse des Heliumkernes (α-Partikel) vom Atomgewicht 3,999 ist gleich $6{,}60 \cdot 10^{-24}$ Gramm unter Zugrundelegung der Basiswerte in Tabelle 2 des Anhanges.

Die kinetische Energie der α-Partikeln für Ra bis RaC ist $\frac{1}{2} Zm\Sigma v^2 = \frac{1}{2} \cdot 3{,}72 \cdot 10^{10} \cdot 6{,}6 \cdot 10^{-24} \cdot (2{,}29 + 2{,}61 + 2{,}85 + 3{,}69) \cdot 10^{18} = 1{,}404 \cdot 10^6$ Erg/sec $= 1{,}404 \cdot 10^6/4{,}186 \cdot 10^7 = 0{,}3354$ cal/sec $= 120{,}74$ cal/Stunde.

Die Restatome werden mit einer Geschwindigkeit in entgegengesetzter Richtung wie die α-Partikeln fliegen, die durch die Beziehung $mv = MV$ gegeben ist. Diese Geschwindigkeit ist sonach für das Restatom von Ra $V = 4/222 \cdot v_{Ra}$; für das von RaEm $= 4/218 \cdot v_{Em}$; für das von RaA $= 4/214 \cdot v_{RaA}$; für das von RaC $= 4/210 \cdot v_{RaC}$ und im Mittel dieser einander nahestehenden Brüche gleich $0{,}0185 \cdot v$.

Die kinetische Energie der vier Arten von Restatomen ist demnach, da Z wieder gleich $3{,}72 \cdot 10^{10}$ und $\frac{MV^2}{2} = \frac{m}{2} \frac{m}{M} v^2$,

$$\tfrac{1}{2} \cdot 3{,}72 \cdot 10^{10} \cdot 6{,}6 \cdot 10^{-24} \cdot 0{,}0185 \Sigma v^2 = 2{,}60 \cdot 10^4 \text{ Erg/sec} = 0{,}00062 \text{ cal/sec} = 2{,}24 \text{ cal/Stunde}.$$

Nach E. Rutherford und H. Robinson sowie H. G. J. Moseley und H. Robinson [2]) ist die Energie der total absorbierten β-Strahlen gleich 3,2 % der Gesamtstrahlung, also 3,8 % derjenigen der α-Strahlen; diejenige der total absorbierten γ-Strahlen gleich 4,7 % der Gesamtstrahlung, also 5,2 % derjenigen der α-Strahlen. Nach A. S. Eve [3]) wäre der γ-Beitrag im Verhältnis $^2/_3$ zu verkleinern (die weichen γ- sind den β-Strahlen in der Messung zuzuzählen).

Die entsprechende Wärmemenge bei völliger Absorption der β-Strahlung wäre daher mit $0{,}038 \cdot 120{,}74$ cal/Stunde $= 4{,}59$ cal/Stunde, die der γ-Strahlen mit $0{,}052 \cdot 120{,}74$ cal/Stunde $= 6{,}28$ cal/Stunde einzusetzen.

Nach späteren Angaben von H. G. J. Moseley und H. Robinson [7]) wäre die gesamte β-Wirkung mit 5,06 cal/Stunde, die γ-Wirkung mit 6,4 cal/Stunde einzusetzen, doch haftet auch diesen Angaben noch einige Unsicherheit an. R. W. Gurney [7]) berechnet (1925) für die β-Wirkung von RaB 1,3; von RaC 4,3 zusammen 5,6 cal/h. C. D. Ellis und W. A. Wooster [7]) fanden (1925) für die γ-Wirkung von RaB 0,86; von RaC 7,7, zusammen 8,6 cal/h. Hierzu kommen noch jene des Ra, nach R. W. Lawson [37]) mit 0,95 cal/h.

Die gesamte Wärmewirkung wäre demnach

aus der Bremsung der α-Strahlen	120,74
Rückstoßwirkung	2,24
β-Strahlung	5,6
γ-Strahlung	9,5
insgesamt	138,1 cal/Stunde

Der Wert entspricht in hinreichender Annäherung dem experimentellen Befund (S. 228). Die größte Unsicherheit besteht für die Bewertung der Wirkung der β- und γ-Strahlung. Immerhin ist der beobachtete kalorische Effekt etwas größer als der errechnete und es wäre — Realität des Unterschiedes vorausgesetzt — der Überschuß möglicherweise einer durch die Transformation des Elementes bedingten Änderung der Binnenenergie zuzuschreiben.

Literatur zu IV, 10 siehe Seite 230.

Im Jahre 1924 haben H. Geiger und A. Werner[37]) wieder kleinere Werte für Z gefunden ($Z = 3{,}4 \cdot 10^{10}$ α/sec, bzw. $3{,}48 \cdot 10^{10}$). Wird $Z = 3{,}4 \cdot 10^{10}$ gewählt, dann ergäbe sich aus obigen Rechnungen gegenüber dem experimentellen Ergebnis ein Manko von ca. 9 % an Energie, das der Binnentransformation zuzuweisen wäre. V. F. Hess und R. W. Lawson[37]) haben gegen die Geiger-Wernersche Zahl Bedenken erhoben; (vgl. auch für Zählungen mit Geigerschen Spitzen die Zahlverminderung bei starker Ionisation nach K. G. Emeléus[37])). A. F. Kovarik[37]) fand für die gezählten γ-Impulse von RaB + RaC $Z = 2 \cdot 3{,}57 \cdot 10^{10}$; ein abschließendes Urteil ist daher noch nicht möglich.

Der schwächste Punkt bei der Berechnung der Wärmeentwickelung ist, wie erwähnt, die Einschätzung des Betrages aus der γ-Strahlung nach ihrer Ionisation. L. Meitner[38]) bestimmt denselben aus der Beziehung $h\nu_\gamma = E_\gamma = A + E_\beta$ worin h die Plancksche Konstante, ν_γ die Frequenz der γ-Strahlen, E_γ ihre Energie, A die Ablösungsarbeit eines Elektrons, E_β, die kinetische Energie, die das Elektron bei der Absorption des γ-Strahls erhält, bedeuten.

Setzt man die von Ra → RaC emittierte γ-Energie inkl. des in sekundäre β-Strahlen verwandelten Anteiles gleich $4{,}387 \cdot 10^{-6}$ Erg, so bedeutet dies gegenüber der α-Strahlenenergie von $3{,}78 \cdot 10^{-5}$ Erg, 11,6 % der letzteren. Hierzu kommt noch die Energie der primären β-Strahlen von RaB + RaC, die L. Meitner mit weiteren 7,8 — 9,5 % der α-Energie einschätzt, so daß insgesamt der β-γ-Wirkung 20 — 21 % der α-Wirkung zukämen.

Dann wäre auch mit dem kleineren Wert für Z (H. Geiger) Einklang mit dem experimentellen Befund der Wärmeentwickelung herzustellen, ohne daß anderweitige Binnenenergietransformationen herangezogen zu werden brauchten.

Ähnlich wie L. Meitner berechnet J. Thibaud[38]) die Beiträge der β- und γ-Strahlung und findet die kleineren Werte: zu (α + Rückstoß) 117,7 cal/h, aus β-Wirkung 12 cal/h, aus γ-Strahlen 7,2 cal/h, zusammen 136,9 cal/h.

Zugrunde gelegt sind dabei die Neubestimmungen der Werte e/m und v von E. Rutherford und H. Robinson[4]) 1913. Während die ältere Angabe von $2\,e/m_\alpha = 5{,}07 \cdot 10^3$ magn. Einh. im Zusammenhalt mit den aus elektrochemischen Daten gewonnenen (Atomgewicht des Silbers 107,88; von einem Strom von 1 magn. Einh. sekundlich abgeschiedene Silbermenge 0,011180 g Ag; L' = Zahl der Atome im Gramm-Mol; $L'e = 107{,}88/0{,}011180 = 9649{,}4$ magn. Einh.) aus dem Produkt $2\,L'e.\,m/2\,e = L'm_\alpha$ das Atomgewicht der α-Partikel = 3,8 ergab[5]), liefert der neue Wert von $2\,e/m = 4823$ magn. Einh. in analoger Weise für das Atomgewicht den Wert 4,001 in vorzüglicher Übereinstimmung mit den Atomgewichtsangaben von H. E. Watson 3,998; W. Heuse 4,002; G. P. Baxter und H. W. Starkweather 4,000 für Helium[6]).

Die Werte für e/m bzw. v sind von E. Rutherford und H. Robinson an Ra-Emanation, RaA und RaC gemessen und für die übrigen α-Strahler aus der experimentell gut bestätigten[34]) Geigerschen Beziehung $v^3 = aR$, nach den Resultaten der Reichweiten berechnet.

Der berechnete kalorische Effekt hängt noch gemäß der verwendeten Formel mit der Wahl der Größen Z (Zahl der sekundlich von 1 g Ra oder mit 1 g Ra im Gleichgewicht stehender radioaktiver Substanz emittierten Partikeln) und m, der absoluten Masse der α-Partikel zusammen.

Z kann bestimmt werden:

Literatur zu IV, 10 siehe Seite 230.

1. aus unmittelbarer Zählung der Szintillationen, Stoßionisation usw.,
2. aus der Stromstärke Ze und m/e, welches letztere wieder aus den Ablenkungsbestimmungen im magnetischen und elektrischen Feld mit v zugleich gefunden wird,
3. aus der entstehenden Heliummenge Zm und der Loschmidtschen Zahl.

Alle drei Methoden setzen voraus, daß man genau angeben kann, wieviel Radium zum Versuche verwendet wird, was also einen genauen Standard und die Gewißheit verlangt, daß bei den starken Verdünnungen, die für die Versuche notwendig sind, keine unkontrollierbaren Verluste auftreten (vgl. Kap. V, 2 und 4).

Die dritte Methode verlangt ebenso wie die separate Angabe des Wertes für die Masse m eine genaue Kenntnis der Loschmidtschen Zahl (L).

Wenn aus obigen elektrochemischen Daten das Produkt $L'e = 9649{,}4$ magn. Einh. gilt, so wird für die Wahl des Elementarquantums $e = 4{,}77_4 \cdot 10^{-10}$ stat. Einh. $= 1.59_2 \cdot 10^{-20}$ magn. Einh.

$$L' \text{ pro 1 Gramm-Molekel } 6{,}06_1 \cdot 10^{23}$$

$$L = \frac{L'}{22414} \text{ pro cm}^3 \text{ bei } 0^0 \text{ und } 760 \text{ mm } \quad 2{,}70_4 \cdot 10^{19}.$$

Demgemäß ist, falls für Wasserstoff (H_2) die Dichte $\varrho = 8{,}9873 \cdot 10^{-5}$ angesetzt wird, die Masse m in Grammen:

für $e =$	$4{,}77_4 \cdot 10^{-10}$
m von $H_2 = 2{,}0155$	$3{,}326 \cdot 10^{-24}$
m von $H = 1{,}0078$	$1{,}663 \cdot 10^{-24}$
m von $^1/_{16}\ O = 1{,}000$	$1{,}650 \cdot 10^{-24}$
m von $He = 4{,}000$	$6{,}600 \cdot 10^{-24}$

Der von uns akzeptierte Wert von $Z = 3{,}72 \cdot 10^{10}$ für die sekundlich von 1 g Ra emittierten α-Partikeln basiert auf Messungen von V. F. Hess und R. W. Lawson[31]).

W. Duane[21]) hat nachgewiesen, daß durch Beimengung phosphoreszierender Stoffe zum Radium keine Beeinflussung der Wärmewirkung auftritt. Dies besagt, daß die zur Lumineszenzerregung notwendige Energie sehr klein ist neben der sonstigen, soweit sie nicht auf diesem Umwege auch in Wärme verwandelt und mit dieser mitgemessen wurde.

2. Experimentelle Bestimmungen der Wärmewirkungen.

Zur Messung des Wärmeeffektes dienen die bekannten kalorimetrischen Methoden.

P. Curie und A. Laborde[8]) haben für ihre ersten Angaben ein Radiumpräparat zusammen mit einem Thermometer einfach in ein Dewarsches Gefäß gebracht und konstatiert, daß sich eine konstante Temperaturdifferenz gegenüber einer identischen, aber statt mit Radium mit Barium beschickten Anordnung ergab, was F. Giesel[10]) bestätigte (Fig. 40).

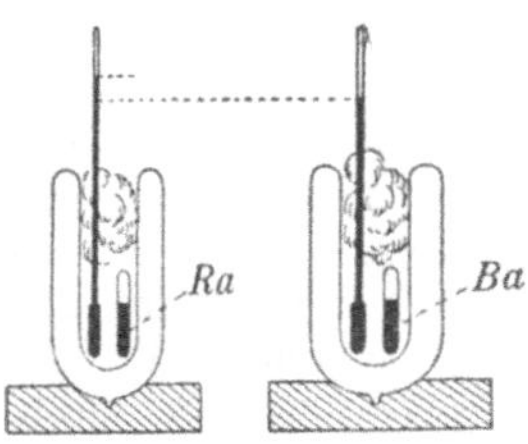

Fig. 40.

Für genauere Messungen wurden dann Kompensationsmethoden gewählt, wie sie prinzipiell aus nachstehen-

Literatur zu IV, 10 siehe Seite 230.

*) R. A. Millikan[30]) gibt an:
$e = (4{,}774 \pm 0{,}005) \cdot 10^{-10}$ stat. Einh.; $L' = (6{,}062 \pm 0{,}006) \cdot 10^{23}$.

der Skizze verständlich sind (Fig. 41), indem durch eine leicht regulierbare elektrisch geheizte Spule jeweils ein Äquivalent zu der vom radioaktiven Produkte erzeugten Wärme eingestellt wird[15, 18, 25, 27, 28, 29, 36]).

Derartige Anordnungen können in den bisher beschriebenen Weisen mit genügender Sicherheit für Mengen bis herab zu etwa 20 mg Ra dienen.

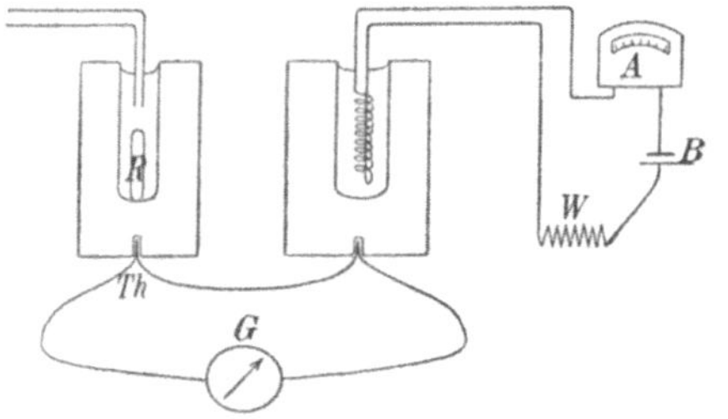

Fig. 41.

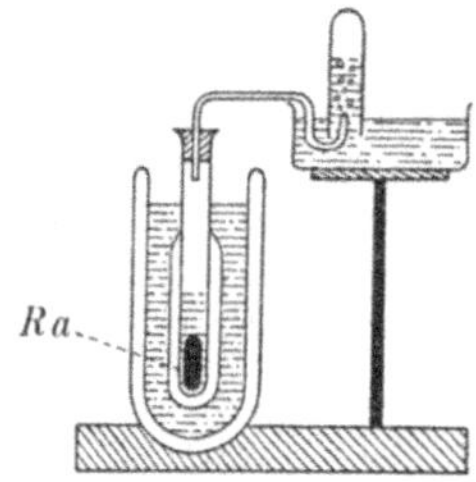

Fig. 42.

Auch Bunsensche Eiskalorimeter geeigneter Form wurden angewendet[8, 17, 24]). Besser als letztere erwies sich noch das Verfahren von P. Curie und J. Dewar[12]), die Verdampfung von flüssigem Sauerstoff oder Wasserstoff oder auch Äthylen oder Stickstoff benutzten, wie dies aus Fig. 42 erhellt.

Für geringe Mengen strahlender Substanzen empfiehlt W. Duane[20]) ein Differentialinstrument mit einer kleinen Luft-Äther-Blase als Indikator (Fig. 43). Die Empfindlichkeit hängt davon ab, wie viel Luft nach Auspumpen oberhalb des Äthers zurückgelassen wird und kann leicht auf genügende Angaben für etwa $2 \cdot 10^{-4}$ cal gebracht werden. Auf verwandte Formen hat F. Neesen[22]) verwiesen. Die Nullpunktseinstellung der Indikatorblase ist wegen der thermischen Störungen beim Einbringen der Präparate einigermaßen heikel. Die Kompensation der Erwärmung durch das Präparat kann durch Peltier-Effekte bewirkt werden.

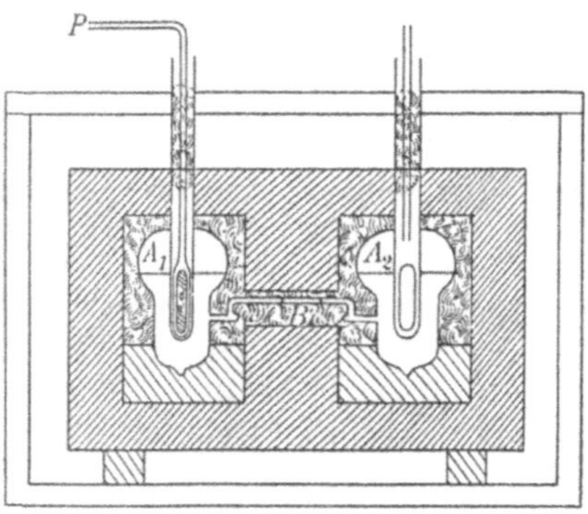

Fig. 43.

Eine andere Form von Differentialmikrokalorimeter gab L. Wertenstein[22]) an.

P. L. Kapitza[33]) hat mittels eines neuartigen Radiomikrometers den Wärmeeffekt einzelner α-Strahlen längs ihrer Bahn in Luft und CO_2 gemessen und im allgemeinen Parallelismus mit dem Ionisationseffekt gefunden; doch geben schnelle α-Teilchen mehr Energie zur Erzeugung eines Ions aus als langsamere. Der Wärmeeffekt der β-Strahlen von RaB + RaC ergab sich nach dieser Methode etwas zu klein, doch waren die Absorptionsverhältnisse nicht gut definiert.

Ergebnisse für das Radium. Die ersten Mitteilungen hierüber leiden darunter, daß einerseits der Reinheitsgrad der untersuchten Sub-

Literatur zu IV, 10 siehe Seite 230.

stanzen nicht hinreichend definiert war, anderseits dadurch, daß der Betrag, den die β- und γ-Strahlen der Zerfallsprodukte RaB, RaC und teilweise auch RaE lieferten, nur mangelhaft eingeschätzt werden konnte.

Es wurde gefunden, daß 1 g Ra im Gleichgewicht mit seinen ersten Zerfallsprodukten bei den speziellen Versuchsbedingungen eine Wärmeentwicklung lieferte:

P. Curie und A. Laborde[8])	1903	ca 100 cal pro Stunde
C. Runge und J. Precht[9])	1903	„ 105 „
P. Curie und J. Dewar[12])	1904	„ 100 „
J. Precht[11])	1904	„ 113 „
E. Rutherford und H. T. Barnes[13])	1904	„ 110 „
K. Ångström[15])	1904/1905	„ 117 „
J. Precht[17])	1906	„ 134 „
E. v. Schweidler und V. F. Hess[18])	1908	„ 118 „

Erst nach Herstellung völlig reiner Radiumpräparate war es möglich, genauere Bestimmungen durchzuführen. An gut definiertem reinstem Radiumchlorid, das Radium im Gleichgewicht mit den Produkten bis inklusive RaC enthielt, aber frei von RaD — RaF war, fanden (1912) St. Meyer und V. F. Hess[27]) bei Absorption aller α- und β-Strahlen und von ca. 18% der γ-Strahlen, die Wärmeentwicklung von 1 g Ra-Element zu 132,3 cal/Stunde = 0,1539 Watt.

V. F. Hess erhielt unter gleichen Versuchsbedingungen an von den Zerfallsprodukten befreitem Radium allein die stündliche Wärmeentwicklung von 25,2 cal beziehungsweise von Ra-Emanation + ··· + RaC ··· 107,1 cal[28]).

Um die Gesamtwirkung zu beurteilen, die bei Absorption aller Strahlen erhalten würde, ist es dann noch erforderlich, den Betrag, den die γ-Strahlen liefern würden, wenn sie auch völlig zur Absorption gebracht werden könnten, möglichst genau einzuschätzen. Nach E. Rutherford wäre diese Wirkung mit ca 4,7 % der Gesamtwirkung nach A. S. Eve mit etwa 3,2 % einzusetzen (vgl. S. 223). Nach den Werten von C. D. Ellis und W. A. Wooster[7]) für RaB + RaC gilt 8,6 cal/h. Fehlende 82 % verlangen also eine Ergänzung um 7,1 cal/h. Von der γ-Wirkung des Ra (0,95 cal/h) schätzt R. W. Lawson[37]), daß ein größerer Teil von V. F. Hess mitgemessen wurde, und berechnet seine Gesamtwirkung auf 25,5 cal/h. Unter letzteren Bedingungen wäre also für die Gesamtwirkung von 1 g Ra samt seinen Zerfallsprodukten statt 132,3 der Wert von ca. 140 cal/Stunde zu nehmen.

E. Rutherford und H. Robinson[29]) haben (1912) die Wärmeentwicklung der Radiumemanation und ihrer Zerfallsprodukte gesondert gemessen (extrapoliert auf vollständige Absorption der γ-Strahlen). Die Übereinstimmung ihrer Angaben mit den obigen ist eine sehr befriedigende.

Literatur zu IV, 10 siehe Seite 230.

Aus ihren und den obigen Resultaten ergibt sich die folgende Tabelle der Wärmewirkung in Grammkalorien pro Stunde für 1 g Ra und die damit im Gleichgewicht stehenden Zerfallsprodukte:

<table>
<tr><th rowspan="2">Substanz</th><th rowspan="2">α-Strahlen u. Rückstoß</th><th rowspan="2">β-Strahlen nach Gurney</th><th rowspan="2">γ-Strahlen nach Ellis-Wooster und Lawson</th><th colspan="3">Gesamtwirkung berechnet aus den Angaben</th></tr>
<tr><th>von Rutherford u. Robinson</th><th>von Hess</th><th>von Meyer u. Hess</th></tr>
<tr><td>Radium</td><td>25,1*)</td><td>—</td><td>0,95</td><td>25,5</td><td>25,5</td><td></td></tr>
<tr><td>Emanation</td><td>28,6</td><td>—</td><td>—</td><td>28,6</td><td rowspan="3">114,2</td><td></td></tr>
<tr><td>Ra A</td><td>30,5</td><td>—</td><td>—</td><td>30,5</td><td></td></tr>
<tr><td>RaB†) + RaC</td><td>39,4</td><td>5,6</td><td>8,6</td><td>53,6</td><td></td></tr>
<tr><td>zusammen:</td><td>123,6</td><td>5,6</td><td>9,5</td><td>138</td><td>140</td><td>140</td></tr>
</table>

Messungen an alten Radiumpräparaten, in denen sich bereits (den Formeln in Kap. VI, 7, S. 456/457 entsprechend) RaD-RaE·RaF ihrem Alter gemäß gebildet hat, haben M. Curie und D. K. Yovanovitch[39]) sowie T. Kautz durchgeführt und gefunden, daß die erhaltenen Werte die Berechnung bestätigen, wenn die Halbierungskonstante von RaD, T = ca. 16 bis 20 Jahre, eingesetzt wird.

Außer am Radium sind noch direkte Beobachtungen am Thorium gemacht worden, und es haben G. B. Pegram und H. Webb[19]) gefunden, daß 1 g Th im Gleichgewicht mit seinen Zerfallsprodukten ca. $2{,}4 \cdot 10^{-5}$ cal/Stunde liefert; ein Wert, der etwas zu klein sein könnte, wenn das untersuchte Thorium noch nicht ganz satt an Mesothor war.

Ferner hat H. H. Poole[24]) Uranerz untersucht und gefunden, daß 1 g Pechblende rund $6{,}5 \cdot 10^{-5}$ cal/Stunde entwickelte. Da das Mineral ca. 64% Uran enthielt, folgt, daß 1 g Uran + ⋯ + RaF + RaG, also im Gleichgewicht mit allen seinen Folgeprodukten 10^{-4} cal pro Stunde erzeugt.

3. Vergleich zwischen den beobachteten und berechneten Werten. Wie aus dem oben (S. 222) Gesagten erhellt, sind die Energiemengen, die man unter Benützung der neuesten Werte für die Geschwindigkeiten der α-Partikeln berechnet, wenn bloß die kinetische

Literatur zu IV, 10 siehe Seite 230.

*) Der Betrag der mitgemessenen γ-Strahlung ist unbekannt; für die Gesamtwirkung von Ra bei den Daten Rutherford-Robinson ist deshalb wie für die von Hess 25,5 eingesetzt.

†) Nach H. Herszfinkiel und L. Wertenstein[32]) beträgt die Wärmeentwicklung von RaB höchstens 2% von der des RaC, während sie nach den Angaben H. G. J. Moseleys und H. Robinsons[7]) fast ein Viertel ausmacht; nach C. D. Ellis und W. A. Wooster betrüge sie rund 9%; nach R. W. Gurney[7]) ca. 23%.

Wirkung der α- und β-Strahlen und der Rückstöße, sowie die aus der relativen Ionisation der γ-Strahlen erschlossenen Beiträge der letzteren beachtet werden, für Radium und seine Produkte fast so groß, als der experimentell gefundene Betrag. Es muß daher nicht angenommen werden, daß noch anderweitige Veränderungen im Atomgefüge von so starken Energieänderungen begleitet sind, daß dies hier zur Geltung kommt.

Für die Berechnung der zu erwartenden Wärmeentwicklung aus anderen radioaktiven Substanzen kann daher eine Berechnungsweise analog der obigen mit hinreichender Annäherung zugrunde gelegt werden.

Für die mit 1 g Ra im Gleichgewicht stehenden Mengen erhält man dann in cal pro Stunde:

Substanz	v	aus α-Strahlen	aus Rückstoß	Summe
UI	$1{,}40 \cdot 10^9$	20,56	0,35	28,9
UII	1,46	22,57	0,39	23,0
Io	1,48	23,17	0,41	23,6
Ra — RaC nach obigen Angaben				140
RaF = Po	1,59	26,60	0,52	27,1
UX_1, UX_2, UY, UZ, RaD, RaE zusammen eingeschätzt mit				27
			Insgesamt	270

Da zu 1 g Ra etwa $3 \cdot 10^6$ g Uran im Gleichgewicht stehen, also praktisch auch ebensoviel U + ⋯ + RaG, so folgt, daß zu 1 g U samt allen seinen Zerfallsprodukten eine stündliche Wärmeproduktion von $270 \cdot 3{,}4 \cdot 10^{-7} = 9{,}2 \cdot 10^{-5}$ cal zu erwarten wäre.

Dabei sind noch die Actiniumprodukte nicht berücksichtigt, die bei einem Abzweigungsverhältnis von 3% gemäß ihren Ionenzahlen einen Beitrag von 2,7% liefern können, so daß sich die gesamte Wärmeentwicklung auf ca. $9{,}5 \cdot 10^{-5}$ cal/Stunde stellen würde. Dies steht — im Hinblick auf die Schwierigkeit der genauen Ermittlung so geringer Effekte — in befriedigender Übereinstimmung mit den oben angeführten Ergebnissen H. H. Pooles (10^{-4} cal/Stunde).

In ähnlicher Weise lassen sich die Betrachtungen für Thorium durchführen. Nimmt man mit E. Rutherford an, daß 1 g Th im Gleichgewicht mit allen seinen Zerfallsprodukten (entsprechend 6 α-Strahlern) pro Sekunde $2{,}7 \cdot 10^4$ α-Partikeln entsendet, deren mittlere Energie $9{,}52 \cdot 10^{-6}$ Erg betrage*), so würde stündlich aus dieser kinetischen Energie eine Wärmeproduktion von $2{,}21 \cdot 10^{-5}$ cal zu erwarten sein.

Literatur zu IV, 10 siehe Seite 230.

*)

Für	Th	Rd Th	Th X	Th Em	Th A	35% Th C	65% Th C'
$10^{-9} v$	1,44	1,60	1,64	1,73	1,80	1,70	2,06

ist $\frac{1}{2} \Sigma m v^2 = 57{,}12 \cdot 10^{-6}$ $\frac{1}{6} \Sigma m \frac{v^2}{2} = 9{,}52 \cdot 10^{-6}$ Erg.

Dies steht in genügender Übereinstimmung mit den oben gemachten Angaben von Pegram und Webb ($2{,}4 \cdot 10^{-5}$ cal/Stunde).

Für Kalium und Rubidium berechnen A. Holmes und R. W. Lawson[40]) für 1 g bei K ·· $1{,}24 \cdot 10^{-4}$; bei Rb ·· $2{,}38 \cdot 10^{-4}$ cal. pro Jahr.

4. Gesamte Wärmeproduktion während der ganzen Lebensdauer. Es ist illustrativ eine Überschlagsrechnung über die während des ganzen Zerfalles z. B. des Radiums frei werdende Wärme zu machen.

1 g Ra allein, ohne alle Zerfallsprodukte, erzeugt stündlich ca. 25 cal und da sein $\tau = 2280$ Jahre ist, insgesamt $5{,}0 \cdot 10^8$ cal.

1 g Ra mit seinen ersten Zerfallsprodukten bis inklusive RaC entwickelt stündlich 140 cal, also während seines ganzen Lebens $140 \cdot 2280 \cdot 8760 = 2{,}8 \cdot 10^9$ cal.

1 g Ra $+ \cdots +$ RaF entwickelt stündlich rund 170 cal, also während des ganzen Zerfalles $3{,}4 \cdot 10^9$ cal.

1 Curie Emanation (d. i. die Menge Emanation, die mit 1 g Ra im Gleichgewicht steht) + RaA + RaC liefert stündlich 115 cal und, da die mittlere Lebensdauer der Emanation 133 Stunden beträgt, insgesamt 15300 cal.

Literatur zu IV, 10:

1) St. Meyer und V. F. Hess, Wien. Ber. **121**, 612, 1912; E. Rutherford und H. Robinson, Wien. Ber. **121**, 1491, 1912; Phil. Mag. (6) **25**, 312, 1913; V. F. Hess und R. W. Lawson, Mitt. Ra-Inst. 105, Wien. Ber. **127**, 405, 1918.

2) E. Rutherford, Radioactive Substances 580, 1913.

3) A. S. Eve, Phil. Mag. (6) **27**, 394, 1914.

4) E. Rutherford und H. Robinson, Wien. Ber. **122**, 1855, 1913; Phil. Mag. (6) **28**, 552, 1914.

5) St. Meyer, Phys. Z. **14**, 124, 1913.

6) H. E. Watson, J. Chem. Soc. **97**, 810, 1910; Proc. Chem. Soc. **26**, 70, 1910; W. Heuse, Ber. D. phys. Ges. **15**, 518, 1913; G. P. Baxter und H. W. Starkweather, Washington Proc. **11**, 231, 1925; **12**, 20, 1926.

7) H. G. J. Moseley und H. Robinson, Phil. Mag. (6) **28**, 327, 1914; Beibl. **39**, 259, 1915; C. D. Ellis und W. A. Wooster, Proc. Cambr. Soc. **22**, 595, 1925; Phil. Mag. (6) **50**, 521, 1925; R. W. Gurney, Proc. Roy. Soc. (A) **109**, 540, 1925.

8) P. Curie und A. Laborde, C. R. **136**, 673, 1903; M. Curie, Radioakt. deutsche Ausg. II 276, 1912; P. Curie, Oeuvres 448, 1908.

9) C. Runge und J. Precht, Berlin. Ber. 783, 1903.

10) F. Giesel, Ber. D. chem. Ges. **36**, 2368, 1903.

11) J. Precht, Verh. D. phys. Ges. **6**, 101, 1904.

12) P. Curie und J. Dewar, Proc. Roy. Inst. 1904; P. Curie, Oeuvres 469, 1908; J. chim. phys. **1**, 409, 1903.

13) E. Rutherford und H. T. Barnes, Phil. Mag. (6) **7**, 202, 1904.

14) F. Paschen, Phys. Z. **5**, 563, 1904; **6**, 97, 1905.

15) K. Ångström, Arkiv Mat. Astr. och Fys. **1**, 523, 1904; **2**, 1, 1905; Phys. Z. **6**, 685, 1905.

16) E. Rutherford und H. T. Barnes, Phil. Mag. (6) 9, 621, 1905.
17) J. Precht, Ann. d. Phys. (4) 21, 595, 1906.
18) E. v. Schweidler und V. F. Hess, Wien. Ber. 117, 879, 1908.
19) G. B. Pegram und H. Webb, Phys. Rev. 27, 18, 1908; Le Rad. 5, 271, 1908.
20) W. Duane, C. R. 148, 1448, 1665, 1909.
21) W. Duane, C. R. 151, 379, 471, 1910; Sill. J. 31, 257, 1911.
22) F. Neesen, Phys. Z. 12, 1073, 1911; L. Wertenstein, Warschau. Ber. 10, 745, 1917.
23) H. L. Callendar, Proc. Phys. Soc. 23, 1, 1910; Nature 84, 194, 1910.
24) H. H. Poole, Phil. Mag. (6) 19, 314, 1910; 21, 58, 1911; 23, 183, 1912.
25) H. Pettersson, Arkiv Mat. Astr. och Fys. 6, 26, 1, 1910.
26) A. S. Eve, Phil. Mag. (6) 22, 560, 1911.
27) St. Meyer und V. F. Hess, Wien. Ber. 121, 603, 1912.
28) V. F. Hess, Wien. Ber. 121, 1419, 1912.
29) E. Rutherford und H. Robinson, Wien. Ber. 121, 1491, 1912; Phil. Mag. (6) 25, 312, 1913.
30) R. A. Millikan, Phys. Rev. (2) 1, 79, 1913; Proc. Am. Phys. Soc. 24/IV 1914; Phys. Rev. (2) 4, 73, 1914; Washington Proc. 3, 231, 1917; Phil. Mag. (6) 34, 1, 1917; H. Fletcher, Phys. Rev. (2) 4, 440, 1914; J. Y. Lee, Phys. Rev. (2) 4, 420, 1914; F. E. Fowle, Astrophys. J. 40, 435, 1914; H. Dember, Sächs. Akad. Wiss. 11. Jan. 1915; vgl. auch W. A. Roth und K. Scheel, Tabellen und Konstanten der Atomphysik bei Springer, Berlin 1923.
31) E. Rutherford, Phil. Mag. (6) 28, 320, 1914; V. F. Hess und R. W. Lawson, Mitt. Ra-Inst. 105, 106, 107, 108, Wien. Ber. 127, 405, 461, 535, 599, 1918.
32) H. Herszfinkiel und L. Wertenstein, J. de phys. (6) 1, 142, 1920.
33) P. L. Kapitza, Proc. Roy. Soc. London (A) 102, 48, 1922.
34) G. Richter, Mitt. Ra-Inst. 116, Wien. Ber. 128, 539, 1919.
35) J. H. Le Bel, C. R. 179, 160, 1924.
36) A. Tian, C. R. 178, 705, 1924; D. K. Yovanovitch, C. R. 179, 163, 1924; derselbe und A. Dorabialska, C. R. 182, 1459, 1926.
37) H. Geiger und A. Werner, Z. f. Phys. 21, 187, 1924; H. Geiger, Verh. D. phys. Ges. (3) 5, 12, 1924; V. F. Hess und R. W. Lawson, Z. f. Phys. 24, 402, 1924; A. F. Kovarik, Phys. Rev. (2) 23, 559, 1924; R. W. Lawson, Nature 116, 897, 1925; K. G. Emeléus, Proc. Cambr. Soc. 23, 85, 1926.
38) L. Meitner, Naturwiss. 12, 1146, 1924; J. Thibaud, C. R. 180, 1166, 1925.
39) M. Curie und D. K. Yovanovitch, J. de phys. (6) 6, 33, 1925; T. Kautz, Mitt. Ra-Inst. 183, Wien. Ber. 135, 93, 1926.
40) A. Holmes und R. W. Lawson, Nature 117, 620, 1926.

11. Chemische Wirkungen. Die radioaktiven Substanzen bewirken eine Reihe von chemischen Reaktionen, welche zum Teil sehr bald nach der Entdeckung der Becquerelstrahlen beobachtet wurden[1]).

So wird Papier allmählich braun und verkohlt, Stanniol wird brüchig; weißer Phosphor wird in roten verwandelt, monokliner Schwefel in rhombischen; auch die Kristallisationsgeschwindigkeit des Schwefels wird beeinflußt; die Kristallisationsfähigkeit unterkühlter Substanzen (wie von Piperin) wird erhöht; rotes amorphes

---

Literatur zu IV, 11 siehe Seite 235.

Selen wird kristallinisch und die Leitfähigkeit wird durch starke β-Bestrahlung ein wenig (in ähnlichem Sinne wie durch Licht) beeinflußt. Anderseits können Kristalle unter der Strahlenwirkung isotrop werden (Vgl. S. 204). Platin wird bei Anwesenheit feuchten Radiumsalzes unter Umständen oberflächlich zu schwarzem Platinoxyd; Wasserzersetzung und Ozonbildung aus Sauerstoff sind festgestellt usw.[2]) Von den speziellen photographischen Wirkungen, den Verfärbungserscheinungen und Lumineszenzwirkungen ist in den folgenden Abschnitten die Rede.

Das Auftreten von Nebeln bei chemischen Reaktionen, hervorgerufen z. B. durch Emanation, ist auf Kondensationskernbildungen zurückzuführen[14]) (vgl. IV, 9).

Alle Becquerelstrahlen wirken ionisierend und durch die hervorgebrachten Dissoziationen werden die meisten so hervorgerufenen Reaktionsverläufe erklärbar. Die Wirkungen ähneln daher vielfach denjenigen, die auch durch ultraviolettes Licht, durch Röntgenstrahlen oder auch Erhitzung u. a. erweckt werden können und zeigen diesbezüglich zumeist nur quantitative Verschiedenheiten.

Qualitativ ganz wesensungleiche Wirkungen, wie die von W. Ramsay angenommene — aber nicht bestätigte — Umwandlung von Elementen (wie Kupfer in Lithium) sind bisher nicht aufgefunden worden.

Es bleibt jedoch zu beachten, daß eine β-Partikel gerade diejenige negative Ladung trägt, die beispielsweise ein einwertiges positives Metallion besitzt, so daß, wenn ein solches Elektron ein positives Ion trifft, dieses entladen werden muß. Die Möglichkeit der „Entladung von Ionen" z. B. in festen Lösungen (vgl. IV, 14) eröffnet aber weite Perspektiven. Auch für die Anschauungen über die Kolloide gewinnt dies Bedeutung[4]); gelingt es doch beispielsweise, positive Kolloide durch β-Bestrahlung (Entladung) auszufällen. Auf die beobachtete Bildung von Ferro-Salzen aus Ferri-Salzen sei hingewiesen[5]).

Bezüglich der Bedeutung der α- und β-Emission für die Valenz der entstehenden Produkte (Verschiebungsregel) vgl. S. 31 und S. 354.

Ohne auf Details hier eingehen zu können, bezüglich welcher auf die Zusammenstellungen Lit. a bis e verwiesen sei, seien unter den durch Becquerelstrahlen hervorgebrachten Reaktionen hervorgehoben:

1) Wasser wird zum Teil zerlegt[6]), entsprechend $2H_2O = H_2 + H_2O_2$.

Nach A. T. Cameron vermag 1 Curie Emanation in Lösung während ihrer ganzen Lebensdauer 0,00277 g H_2O_2 und dementsprechend 1,85 cm³ H_2 zu bilden. Wichtiger ist die in stärkerem Ausmaße erfolgende Bildung von Knallgas. (Von einigen Autoren wurde umgekehrt auch die Bildung von Wasser aus Wasserstoff und Sauerstoff studiert.) (A. T. Cameron und W. Ramsay[3,6]); S. C. Lind[6]).)

Literatur zu IV, 11 siehe Seite 235.

Nach A. Debierne entwickelt 1 g Ra in Lösung pro Tag ca. 13 cm^3 Gas.*) Nach F. L. Usher wird bei Ausnützung der α- und β-Strahlung von 1 Curie Emanation während deren ganzer Lebensdauer 136,7 cm^3 Gas (darunter 134 cm^3 Knallgas) gebildet, wovon der β-Strahlung 6,5 cm^3 zugehören. Nimmt man für 1 Mol H_2O als Bildungswärme $68{,}4 \cdot 10^3$ cal an, so sind 134 cm^3 Knallgas äquivalent etwa 410 cal. Die totale Energie von 1 Curie Ra Em + Ra A + ··· + Ra C ist rund 15000 cal; das heißt von der Energie der Ra Em + ··· + Ra C werden nur rund 3 % zur Wasserzerlegung verbraucht.

Nach W. Duane und O. Scheuer bildet bei voller Ausnutzung 1 Curie Ra Em + Ra A + Ra C pro Stunde 2,9 cm^3 Gas oder 70 cm^3 Gas/Tag. Sie geben an, das entspräche 6,4 % der verfügbaren Energie. In Eis ist die Zersetzung eine viel geringere. Nach weiterer Angabe zersetzt eine Strahlung, die in Luft einen Strom von 1 Ampere unterhält, Wasser derart, daß pro Sekunde 0,1594 $cm^3 H_2$ und 0,0797 $cm^3 O_2$ gebildet werden, d. i. 20,66 Liter Gas/Tag. Da 1 Curie (+ Ra A + Ra C) 2,2 Milliampere, also 1 A. 454,5 Curie (+ ··· Ra C) entspricht, ergäbe dies 45,5 cm^3/Tag.

Bei der H_2O-Zersetzung erscheint H_2 immer im Überschuß, besonders im Anfang der Reaktion; nach E. Wassmer[12]) beträgt dieser 3—5 % oder sogar mehr. Eine chemische Modifikation des Wasserstoffes, erzeugt durch α-Strahlen, beschrieben W. Duane und G. L. Wendt[12]). S. C. Lind und D. C. Bardwell[12]) studierten im Detail die Wirkungen der α-Strahlen und der Rest-Atome (a-Strahlen).

Auf die Knallgasbildung aus feuchten Präparaten ist insbesondere auch bei der Aufbewahrung von Ra-Präparaten in zugeschmolzenen Glasröhren zu achten, da dieselbe Anlaß zu Explosionen geben kann, zumal, wenn nicht durch einen eingeschmolzenen Platindraht für die Ableitung der im Glasinnern sich sammelnden positiven Ladungen vorgesorgt ist.

Explosionen ereigneten sich in mehreren radioaktiven Laboratorien, z. B. 1914 im Wiener Radiuminstitut an einem feucht eingeschlossenen MsTh-Präparat (sicher Knallgasbildung); 1922 an einem 10 Jahre trocken eingeschlossenen Io-Präparat (vermutlich infolge anderweitiger Gasbildung). W. Bothe[12]) hat über einen Fall mit einem Ra-Präparat in Berlin berichtet. Seiner Meinung, man solle die eingeschmolzenen Pt-Drähte, welche das Glas an jener Stelle empfindlicher machen, weglassen, muß man nicht beistimmen.

2) Die Halogen-Wasserstoffe[8]) werden unter der Einwirkung insbesondere der α-Strahlen zersetzt und zum Teil in Chlor- bzw. Brom oder Jod-Sauerstoffverbindungen überführt. Ebenso gelingt teilweise Abspaltung von Jod oder Brom aus Jodwasserstoffsäure und Bromwasserstoffsäure. Anderseits findet auch z. B. eine Vereinigung von Chlorknallgas zu Salzsäure statt.

3) Bildung von Ozon, gemäß $O + O_2 = O_3$ ist sichergestellt und (durch den Geruch an eingeschlossener Luft in der Nähe von Radiumpräparaten) leicht wahrnehmbar. Nach S. C. Lind[7]) vermag 1 g Ra (mit seinen Zerfallsprodukten) per Stunde im Maximum 0,72 g Ozon zu bilden.

Literatur zu IV, 11 siehe Seite 235.

*) Wobei nicht angegeben ist, inwieweit das Ra in der Lösung im Gleichgewicht mit der Emanation usw. stand, was je nach dem Volumverhältnis Flüssigkeit — Gas verschieden sein muß. Nach Beobachtungen im Wiener Ra-Inst., bei einer Anordnung wie Fig. 100 S. 407, ergeben sich mindestens 30 cm^3 im Tag.

Ammoniak wird gemäß $NH_3 = N + 3H$ zerlegt, umgekehrt auch aus diesen Elementen gebildet. Kohlensäure wird in O und CO und weiter bis zu C zerlegt. CO neben H_2 gibt unter dem Einfluß von Radiumemanation zunächst HCHO, das sich weiter in Methan verwandelt; daneben entstehen noch andere Kohlenwasserstoffe [7, 8]).

F. L. Usher [6]) gibt an, daß ein Atom Emanation etwa 154000 Molekeln Wasser zersetzt, und daß die Anzahl der durch ein Atom Emanation zerlegten Ammoniakmolekeln gleich groß gefunden wird. Von H_2S-Gas werden nach E. Wourtzel [7]) 3,3 mal soviel Molekeln zerlegt als in Luft ionisiert. Weiter wurden u. a. von E. Wourtzel studiert die Reaktionen $H_2S = H_2 + S$; $N_2O = N_2 + O$ und daneben $N_2O = NO + N$. F. H. Newman wies nach, daß unter α-Strahlen sich aus N_2 und H_2 Nitride bzw. Hydride bilden [7]). Auch die Synthese von Kohlenstoffverbindungen aus Luft wurde angegeben (F. H. Glew); und S. C. Lind und D. C. Bardwell [7]) haben direkte Synthese höherer Kohlenwasserstoffe aus niederen unter α-Bestrahlung erwiesen.

4) Eine Reihe von Beeinflussungen von chemischen Verbindungen und organischen Substanzen ist festgestellt worden [9]). Es sei nur herausgegriffen, daß Chlorophyll ausblaßt, Blut beeinflußt wird. Hingegen konnten die von F. Gudzent und P. Mesernitzky beschriebenen Zersetzungen von Mononatriumurat, die für die Beeinflussung der Zusammensetzung des Harnes von großer medizinischer Bedeutung wären, an chemisch reinem Material von E. v. Knaffl-Lenz und W. Wiechowski nicht bestätigt werden.

5) Von einer gewissen Wichtigkeit ist die allmähliche Selbstzersetzung der Radiumsalze. Aus Chloriden (Bromiden) wird Cl (Br) abgegeben, und es bilden sich Chlorate (Bromate), und weiterhin Oxyde und Superoxyde. Von offen stehenden derartigen Verbindungen wird Wasser aufgenommen. (Für die Dosierung von Radiumpräparaten hat dies die Folge, daß nur gewichtsmäßige Unterteilungen ohne anderweitige Gehaltsmessungen wegen der auftretenden Veränderungen und Inhomogenitäten der Präparate mit erheblichen Fehlern verbunden sein können.)

6) Für die praktische Handhabung von Präparaten ist zu beachten, daß Hahnfett, Vaselin u. dgl. vermutlich unter der Einwirkung von dissoziiertem O oder Cl oder Br verändert werden, so daß gefettete eingeriebene Glasstopfen sich oft so fest lagern, daß die Wiederöffnung der die radioaktiven Substanzen enthaltenden Gefäße nach einiger Zeit nur mit großen Schwierigkeiten erfolgt. Kautschuk wird relativ schnell hart und brüchig. Ebonit wird angegriffen und die besonders früher beliebte Aufbewahrung von Radium in Ebonitkapseln ist zu widerraten. Es kann angenommen werden, daß sich mit dem aus dem Ebonit stammenden Schwefel unlösliche Sulfate der radioaktiven Substanzen bilden, die dann zum Teil im Ebonit selbst eingelagert werden, so daß die quantitative Wiedergewinnung der radioaktiven Stoffe aus solchen Kapseln sehr mühsam wird.

7) Weiter sei auf die Erscheinung aufmerksam gemacht, daß helles Quarzglas unter dem Einfluß des Radiums allmählich zahllose kleine Spalten und Risse bekommt (wohl auch direkt unter dem Bombardement der α-Teilchen), so daß Quarzgefäße sich nicht zur Aufbewahrung von starken radioaktiven Produkten eignen [10]). Ähnliches haben M. Curie und A. Debierne auch bei starken Polo-

---

Literatur zu IV, 11 siehe Seite 235.

niumpräparaten beobachtet. Analoge Beobachtungen an jahrelang α-Strahlen ausgesetztem Glas hat St. Meyer[11]) beschrieben und auf die Schwierigkeiten aufmerksam gemacht, an solche Glasstücke neue Teile anzuschmelzen.

8) Explosionen, bei denen α-Partikeln durch starke lokale Temperatursteigerungen als Detonatoren wirken können, speziell in Jodstickstoff haben C. G. Henderson und H. H. Poole[13]) beschrieben und diskutiert. Von 10^7 bis 10^8 α-Teilchen wirkt nur etwa eines zündend. Andere explosible Körper scheinen ziemlich ungefährlich, doch sollte trotz der geringen Wahrscheinlichkeit die Möglichkeit von Zündwirkungen nicht übersehen werden.

Literatur zu IV, 11:

Zusammenfassende Berichte:

a) C. Neuberg in P. Lazarus Handbuch der Radium-Biologie 86, 1912.

b) A. Kailan, Radium in Biologie und Heilkunde **2**, 257, 1913.

c) S. C. Lind, The chemical effects of α-Particles and Electrons, The Chem. Catalog Co. New-York 1921.

d) Gmelin's Handbuch der anorg. Chemie 8. Aufl. S. 230 Verlag Chemie, Springer Berlin 1926.

e) International Critical Tables I. S. 366, Mc Graw-Hill Book Cie New York 1926.

1) P. und M. Curie, C. R. **129**, 823, 1899; M. Curie, Radioakt. Deutsche Ausg. II, 251, 1912.

2) P. Curie und A. Debierne, C. R. **132**, 768, 1901; D. Berthelot, C. R. **133**, 659, 1901; H. Becquerel, C. R. **133**, 708, 1901; F. Giesel, Ber. D. chem. Ges. **35**, 3608, 1902; **36**, 347, 1903; W. B. Hardy und E. G. Willcock, Proc. Roy. Soc. **72**, 200, 1903; A. T. Cameron, Radiochemistry S. 84; L. Frischauer, C. R. **148**, 1251, 1909; A. M. Mc Mahon, Phys. Rev. (2) **16**, 558, 1920; J. de phys. (6) **3**, (D) 73, 1922; M. A. Bolschanina und W. D. Kusnezow, J. Russ. phys. u. chem. Ges. **57**, 15, 1925; W. del Regno, Atti Acad. Linc. **3**, 201, 1926.

3) W. Ramsay und A. T. Cameron, J. chem. Soc. **91**, 1593, 1907; **92**, 966, 992, 1908; E. Rutherford und T. Royds, Phil. Mag. (6) **16**, 812, 1908; M. Curie und E. Gleditsch, C. R. **145**, 1148, 1907; **146**, 331, 1908; **147**, 345, 1908; H. N. Mc Coy, Nature **77**, 79, 1907; W. Ramsay, Elements and Electrons, Harper-Brothers London, 1912; A. Piutti, Z. Elektrochem. **28**, 452, 1922.

4) V. Henri und A. Mayer, C. r. d. l. Soc. de Biol. **57**, 33, 1904; C. R. **138**, 521, 1904; W. P. Jorissen und H. W. Woudstra, Kolloid Z. **8**, 8, 1911; **10**, 280, 1912; G. Dreyer und O. Hanssen, C. R. **145**, 234, 1907; A. Fernau und W. Pauli, Biochem. Z. **70**, 426, 1915; Kolloid Z. **20**, 20, 1917; **30**, 6, 1922; A. Fernau, Kolloid Z. **33**, 89, 1923; **34**, 308, 1924.

5) W. H. Ross, J. Am. Chem. Soc. **28**, 786, 1906; A. Kailan, Wien. Ber. **121**, 1353, 1912.

6) F. Giesel, Ber. D. chem. Ges. **35**, 3608, 1902; W. Ramsay u. F. Soddy, Proc. Roy. Soc. **72**, 204, 1903; W. Ramsay, J. Chem. Soc. **91**, 931, 1907; A. Debierne, C. R. **148**, 703, 1909; M. Kernbaum, C. R. **148**, 705, 1909; Le Rad. **6**, 225, 1909; **7**, 242, 1910; K. Bergwitz, Phys. Z. **11**, 275, 1910; F. L. Usher, J. Chem. Soc. **97**, 389, 1910; Jahrb. Rad. u. El. **8**, 323, 1911; H. B. Baker, Chem. Zentrbl. **1**, 531, 1911; W. Duane und O. Scheuer, C. R. **156**, 466, 1913; Le Rad. **10**, 33, 1913; A. Kailan, Mitt. Ra-Inst. 5, 142, 151, Wien. Ber. **120**, 1213, 1911; **130**, 307, 1921; **131**, 569, 1922; Z. phys. Chem. **98**, 474, 1921; H. J. H. Fenton, Proc. Cambr. Soc. **12**, 424, 1904; Kornel v. Körösy, Pflügers Archiv d. Phys. **137**, 123, 1910; M. Bodenstein und H. S. Taylor, J. Am. Chem. Soc. **37**, 24, 1915;

M. Bodenstein, Z. Elektrochem. **22**, 53, 1916; H. S. Taylor, J. Am. Chem. Soc. **38**, 280, 1916; S. C. Lind, J. Am. Chem. Soc. **41**, 531, 1919; M. Centnerszwer und M. Straumanis, Z. phys. Chem. **118**, 240, 1925.

7) P. und M. Curie, C. R. **129**, 823, 1899; S. C. Lind, J. Phys. Chem. **16**, 603, 1912; Mitt. Ra-Inst. 11, Wien. Ber. **120**, 1709, 1911; Trans. Am. Electrochem. Soc. **21**, 177, 1912; **24**, 339, 1913; Am. Chem. J. **47**, 414, 1912; Am. Electrochem. Soc. Sept. 1923; E. Wourtzel, C. R. **157**, 929, 1913; Le Rad. **11**, 342, 1919; J. de phys. (6) **1**, 77, 1920; **2**, 53, 1921; O. Scheuer, C. R. **158**, 1887, 1914; H. Reckleben und G. Lockemann, Z. anorg. Chem. **92**, 145, 1915; R. A. Millikan, V. H. Gottschalk und M. J. Kelly, Phys. Rev. (2) **15**, 157, 1920; F. H. Newman, Phil. Mag. (6) **43**, 455, 1922; F. H. Glew, Nature **109**, 714, 1922; S. C. Lind und D. C. Bardwell, Science **60**, 364, 1924; J. Am. chem. Soc. **47**, 2675, 1925; **48**, 1575, 1926; dieselben und J. H. Perry, ebenda **48**, 1556, 1926; W. Mund und W. Koch, Bull. Soc. chim. Belgique **34**, 119, 1925.

8) A. Kailan, Mitt. Ra-Inst. 7, 40, 151, Wien. Ber. **120**, 1373, 1911; **122**, 787, 1913; **131**, 569, 1922; M. Curie, Radioakt. Deutsche Ausgabe II. 250; W. Ramsay, J. Chem. Soc. **91**, 931, 1907; A. T. Cameron und W. Ramsay, J. Chem. Soc. **91**, 1266, 1593, 1907; **92**, 966, 992, 1908; W. P. Jorissen und W. E. Ringer, Ber. D. chem. Ges. **39**, 2097, 1906; G. Pellini und M. Vaccari, Atti dei Linc. **13**, 269, 1904; S. C. Lind, Le Rad. **8**, 289, 1911; F. Giesel, Ber. D. chem. Ges. **35**, 3608, 1902; **36**, 347, 1903; J. Pinnow, Ber. D. chem. Ges. **34**, 2528, 1901; H. J. M. Creighton und A. S. Mackenzie, Am. Chem. J. **39**, 474, 1908; H. S. Taylor, J. Am. Chem. Soc. **37**, 24, 1915; R. C. Sabot, Arch. scienc. phys. et nat. **42**, 391, 1916; T. Ch. Choudhari, Chem. News **116**, 25, 1917.

9) D. Berthelot, Liebig Ann. **351**, 504, 1907; C. R. **126**, 671, 1898; O. Flaschner, J. Chem. Soc. **95**, 327, 1909; H. Becquerel, C. R. **133**, 709, 1901; A. Kailan, Mitt. Ra-Inst. 20, 21, 22, 41, 57, 60, 101, 119, 131, 144, 170, Wien. Ber. **121**, 1329, 1353, 1385, 1912; **122**, 881, 1913; **123**, 583, 1427, 1914; **126**, 742, 1917; **128**, 831, 1919; **129**, 525, 1920; **130**, 469, 1921; **133**, 477, 1924; Z. phys. Chem. **87**, 333, 1914; **95**, 215, 1920; Liebigs Ann. d. Chem. **433**, 272, 1923; W. B. Hardy und E. G. Willcock, Nature **68**, 432, 1903; W. P. Jorissen und W. E. Ringer, Chem. Zentrbl. **2**, 287, 1907; G. Pellini und M. Vaccari, Atti dei Linc. **13**, 269, 1904; C. Doelter, Das Ra und die Farben, Dresden 1910; W. Caspari und C. Neuberg, Berl. klin. Woch. Nr. 11, 1912; F. Gudzent, Z. f. ärztl. Fortb. 1910; P. Mesernitzky, C. R. **154**, 770, 1912; Le Rad. **9**, 145, 1912; E. v. Knaffl-Lenz und W. Wiechowski, Wien. Ber. **121**, 255, 1912; A. Schulz, Biochem. Zeitschr. **48**, 86, 1912; A. Fernau, Biochem. Zeitschr. **102**, 246, 1920; P. Lemay und L. Jaloustre, C. R. **173**, 916, 1921; **174**, 171, 1922; F. H. Glew, Nature **109**, 714, 1922; K. C. Bailey, Proc. Dublin Soc. **18**, 165, 1926; S. C. Lind und D. C. Bardwell, Science (N. S.) **61**, 344, 1925; **62**, 422, 593, 1925; **63**, 310, 1926; S. C. Lind, Science (N. S.) **64**, 1, 1926; J. Errera und V. Henri, J. de phys. (6) **7**, 225, 1926.

10) St. Meyer und V. F. Hess, Wien. Ber. **121**, 629, 1912; W. Crookes, Proc. Roy. Soc. (A) **86**, 406, 1912; M. Curie und A. Debierne, C. R. **150**, 386, 1910.

11) St. Meyer, Jahrb. Rad. u. El. **17**, 18, 1920.

12) S. C. Lind, c) S. 61; E. Wassmer, Arch. scienc. phys. et nat. **42**, 331, 1916; W. Duane und G. L. Wendt, Phys. Rev. (2) **7**, 689, 1916; T. Ch. Choudhari, Chem. News **116**, 25, 1917; W. Bothe, Z. Elektrochem. **28**, 459, 1922; F. Paneth, Z. Elektrochem. **30**, 504, 1924; S. C. Lind und D. C. Bardwell, J. Amer. Chem, Soc. **46**, 2003, 1924; W. Mund und E. Bogaert, Bull. Soc. Chim. Belg. **34**. 410, 1925.

13) C. G. Henderson, Nature **109**, 749, 1922; H. H. Poole, Nature **110**, **148**, 830, 1922; Proc. Roy. Soc. Dublin **17**, 93, 1922.
14) M. Curie, C. R. **145**, 1145, 1907; **147**, 379, 1908; V. Rothmund, Wien. Ber. **127**, 407, 1918.

12. Photographische Wirkung. Die β- und γ-Strahlen rufen ähnliche Effekte hervor wie die Röntgenstrahlen. Je nach ihrer Durchdringlichkeit können demnach auch Radiogramme erzielt werden, die innerhalb gewisser Grenzen eine Auswahl des darzustellenden Objektes gestatten (weichere Strahlen zeigen beispielsweise die Fleischteile einer Hand, härtere bloß die Knochen). Eine Schwierigkeit bietet meist die Form der Strahlenquelle und die Zerstreuung besonders der weicheren Strahlen. Um scharfe Bilder zu erhalten, sind z. B. γ-Strahlen aus einer größeren emanationshaltigen Flasche zu wählen, doch wirken auch hier die entstehenden leicht zerstreuten Sekundärstrahlen oft ungünstig. Je größer die Durchdringlichkeit, also je geringer die Absorption, desto länger muß die Expositionszeit ceteris paribus gewählt werden.

Ausnützung der photographischen Wirkung für Registrierschreiber mit Ra-Spitzen auf phot. Films empfahl J. H. Powell[11]).

Für die Einschätzung von Expositionsdauern sei angegeben, daß man mit einigen Milligrammen Radium in dünnwandigen Glasröhrchen bei langsamem Darüberstreichen über eine in schwarzes Papier gewickelte Platte das photographische Bild des Schriftzuges erhält. 100 mg Ra in ca 10 cm Distanz von einer solchen Platte geben in ca. 1 Minute genügende Schwärzung. Mit Entfernung des Präparates von der Platte wächst naturgemäß die Expositionsdauer im quadratischen Verhältnisse.

Über Plattensensibilierung für langsame β-Strahlen vgl. G. F. Brett u. K. Cole[13]).

Ausmessungen von Schwärzungen photographischer Platten wurden von Anfang an zur Vergleichung radioaktiver Materialien und ihrer Wirkungen verwendet; später noch z. B. von R. C. Sabot; W. Bothe und H. Geiger[1]).

Während anscheinend die β -und γ-Strahlen in der photographischen Platte, dem Korn entsprechend, kontinuierliche Wirkungen hervorrufen, zeigen die α-Strahlen ein besonderes Verhalten.

Wie dies zuerst O. Mügge*) und sodann S. Kinoshita[2]) zeigen konnten, erhält man von nicht zu zahlreich vorhandenen α-Partikeln diskrete Schwärzungspunkte in der Platte. M. Reinganum[2]) hat sowie O. Mügge an α-Teilchen, die unter sehr flachem Winkel auf die Platte treffen, die Erscheinung be-

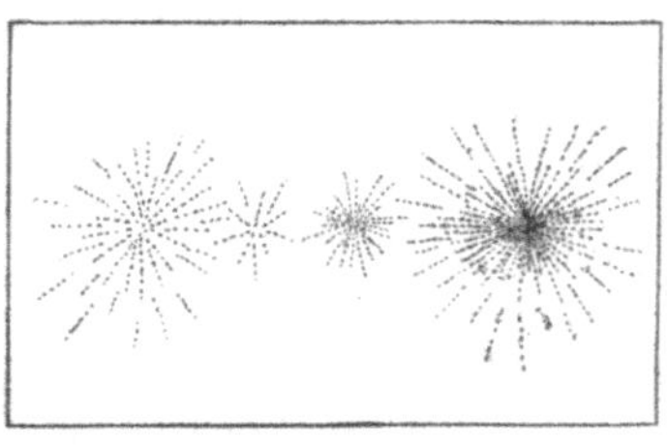

Fig. 44.
Vergrößerte, sternförmige α-Strahlenwirkung von Polonium nach W. Michl.

Literatur zu IV, 12 siehe Seite 240.

*) Mit den Worten: „von diesen (Zirkonbeimengungen) strahlen nämlich (auf phot. Platten) schwarze Punktreihen aus".

merkt, daß zuweilen sich geradlinige Punktfolgen zeigen. In ausführlicher Weise hat dann W. Michl[3]) gezeigt, daß immer bei streifender Inzidenz sich solche Punktfolgen ergeben, deren jede der Reichweite je einer α-Partikel in der Gelatine entspricht. Verkürzungen der Punktfolge treten bei steilerer Inzidenz (zum Teil scheinbar) auf, und die Länge nimmt naturgemäß auch mit der vor dem Auftreffen auf die Gelatineschicht durchlaufenen Luftstrecke ab. Die schon von Reinganum manchmal beobachteten Krümmungen sind nur zum Teil auf Streuungserscheinungen zurückzuführen, in vielen Fällen aber auch durch ein leichtes Sichverziehen der Gelatineschicht beim Trocknen der Platte erklärbar.

Auch W. Makower und H. P. Walmsley[4]) haben später ähnliche Beobachtungen angestellt, desgleichen S. Kinoshita und H. Ikeuti, sowie R. R. Sahni. Mikrophotogramme von S. Kinoshita und H. Ikeuti zeigen in 500—1500 facher Vergrößerung Fo'gen von 10—20 Punkten je nach der Geschwindigkeit der α-Teilchen. R. R. Sahni hat mikroskopische Auszählungen der Schwärzungspunkte vorgenommen und so die Zerstreuung von α-Teilchen in Gasen bestimmt[4]).

Während demnach die Zahl der Lichtblitze (auch bei streifender Inzidenz wegen des simultanen Lichteindruckes) bei der Szintillation ein Maß für die Zahl der auftreffenden α-Partikeln geben kann, ist es, falls streifende Inzidenz vorhanden sein mag, nicht möglich, aus der Anzahl der Schwärzungspunkte einer photographischen Platte einen analogen Schluß zu ziehen, da je einer unter flachem Winkel auffliegenden α-Partikel mehrere (etwa 5—8 bei photomechanischen Platten) affizierte Silberteilchen zugehören. Jede tatsächlich von einem α-Teilchen getroffene Silbersalzpartikel wird dabei photographisch entwickelbar[5, 9]).

Passende Anordnungen gestatten aus den Längen der Punktfolgen für verschiedene α-Strahler relative Reichweitenbestimmungen.

Auf photomechanischen Platten erhielt W. Michl von Polonium, dessen α-Partikeln die Platte streifend trafen, in Distanz d in mm, die Mittelwerte für die Länge der Punktreihen $\bar{l}$ in μ und die mittlere Punktzahl einer Punktreihe $\bar{z}$:

d	$\bar{l}$	$\bar{z}$
4	20,8	7,2
8	18,8	6,0
12	15,3	5,1
16	13,5	4,3
20	11,0	3,8

Die Ordinaten-Werte für $\bar{l}$ und $\bar{z}$ liegen graphisch aufgetragen auf je einer Geraden, die beide die d-Abszisse schneidend den Wert 3,8 cm erreichen, als Wert für die Reichweite der α-Strahlen des Po in Luft bei Zimmertemperatur. E. Mühlestein[5]) hat kleine Korrekturen an W. Michls Beobachtungen angebracht und die Reichweiten in Bromsilbergelatine für RaC zu 50,0 $m\mu$, für Po zu 27,7 $m\mu$ bestimmt.

Literatur zu IV, 12 siehe Seite 240.

Solche Beobachtungen gestatten auch Rückschlüsse auf die Vorgänge in den alleroberstenSchichten der photographischen Platten.

Da die photographische Wirkung der α-Teilchen der Reichweite gemäß nicht tiefer als höchstens 5 Hundertstel mm eindringen kann und die Hauptwirkung die alleroberflächlichste Schicht trifft, muß bei der Entwicklung und sonstigen Behandlung der Platte darauf Bedacht genommen werden, daß gerade diese Schicht erhalten bleibe. Wie wenig diese aber bei richtiger Behandlung beeinflußt wird, folgt aus den Untersuchungen W. Michls[3]). In seiner letzten Arbeit konnte W. Michl diese Methodik auch für Reichweitenbestimmungen in Flüssigkeiten ausarbeiten.

Die photographischen Effekte der α-Teilchen von Radium oder seinen Zerfallsprodukten sind auch noch bei schwachen Präparaten leicht erhältlich. Dies ist sofort verständlich, wenn man in Erwägung zieht, daß von 1 g Ra pro Sekunde $3{,}7 \cdot 10^{10}$ α-Partikeln ausgesendet werden (von Ra im Gleichgewicht mit seinen ersten Zerfallsprodukten bis RaC $14{,}9 \cdot 10^{10}$ α-Partikeln pro Sek.).

Thorium sendet im Gleichgewicht mit seinen Zerfallsprodukten pro 1 g nur viel weniger, nämlich $2{,}7 \cdot 10^4$ α-Partikeln pro Sek. aus. Ähnlich liegen die Verhältnisse für Uran (vgl. VI, 2, S. 373). Nimmt man an, daß zu 1 g U im Gleichgewicht $3{,}4 \cdot 10^{-7}$ g Ra vorhanden sind, so folgt, unter Berücksichtigung obiger für die α-Teilchen gegebener Zahl, daß im Gleichgewichtszustand von 0,1 mg Uran pro Sek. rund nur 1 α-Partikel ausgesendet wird; (da Uran = UI + UII anzusetzen ist, ist diese Zahl auf rund 2 zu erhöhen).

E. Mühlestein[5]) hat gezeigt, daß an den von intensiven α-Strahlen getroffenen Stellen es zur vollständigen Zerlegung der Bromsilbergelatine, Entstehung von nicht entwicklungsfähigen Modifikationen und entsprechenden Umkehreffekten wie bei Solarisation kommen kann und ferner, daß in der Gelatine deutliche, besonders in feuchtem Zustande sehr auffallende Vertiefungen (z. B. Tiefe von 22 μ in der 46 μ dicken Schicht) entstehen. Die Vertiefungen zeigen sich auch bei ausfixierten Platten, bedeuten also Veränderung der Quellbarkeit der Gelatine selbst.

K. Przibram[6]) hat die Verhältnisse quantitativ für α-β-γ-Strahlen untersucht und energetisch mit der Lichtwirkung verglichen. Er findet:

Art der Wirkung	α-Strahlen		β-γ-Strahlen	Licht
	Zahl pro cm²	Energie pro cm² in Erg	Energie pro cm² in Erg	Energie pro cm² in Erg
Schwellenwert .	$0{,}7\cdot10^6-3{,}5\cdot10^6$	$5{,}7-29$	—	0,2
Direkte Schwärzung vor der Entwicklung . . .	$2{,}4\cdot10^{11}$	$2\cdot10^6$	10^{10}	$0{,}7\cdot10^4-2{,}3\cdot10^4$
Vertiefung. . .	$2{,}4\cdot10^{11}$	$2\cdot10^6$	10^{10}	10^9
Beginnende Solarisation . . .	$8\cdot10^{11}$	$6{,}6\cdot10^6$	$3\cdot10^9$	$0{,}6\cdot10^5-0{,}9\cdot10^5$
Vollständige Solarisation . . .	$2{,}6\cdot10^{12}$	$2{,}1\cdot10^7$	—	—
Zweites Negativ	$4{,}7\cdot10^{12}$	$3{,}9\cdot10^7$	10^{10}	$2\cdot10^6$

Literatur zu IV, 12 siehe Seite 240.

Ein Vergleich der Werte zeigt, daß die Wirkungen bei Licht um ein bis zwei Zehnerpotenzen kleiner sind als bei α-Strahlen. Man hat aber zu bedenken, daß nur ein Bruchteil der α-Strahlen in den Bromsilberkörnern, der Rest in der Gelatine absorbiert wird, während das nicht durchgelassene Licht überwiegend vom Bromsilber absorbiert werden dürfte. Aus gleicher Ursache sind die α-Teilchen für die Änderung der Quellbarkeit der Gelatine rund 1000 mal wirksamer als Licht. Der Vergleich zwischen Licht und β-γ-Strahlen führt zu gleicher Größenordnung der Energien, wenn in plausibler Weise angenommen wird, es werde etwa 0,1—1 Promille der durchdringenden Strahlung in der photographischen Schicht absorbiert.

H. Salbach[8]) hat das Schwarzschildsche Schwärzungsgesetz für α- und β-Strahlen geprüft. Für α-Strahlen gilt $S = f(J^q t)$, wobei q = nahe 1 wird. Die Schwärzung ist proportional der Zahl der α-Teilchen. Für β-Strahlen nehmen die q nach ihren Resultaten Werte an, wie für ganz intensives Licht und Momentexpositionen, d. h. bestimmte Schwärzung wird bei geringer Dichte der β-Strahlen schneller erreicht als bei großer Dichte und entsprechend kürzerer Belichtungszeit.

W. Bothe[8]) zeigte hingegen, daß für α-Strahlen die Schwärzung mit dem Kosinus des Einfallswinkels abnimmt. Man kann auch die Eigentümlichkeit beobachten, daß, weil die reduzierten Körner gerichtet sind, die Schwärzung je nach dem Beobachtungspunkt verschieden erscheint. Bei β-Strahlen ist die Schwärzung unabhängig vom Einfallswinkel, die Zahl der von einem Teilchen erzeugten Kerne umgekehrt proportional dem Kosinus des Einfallswinkels. Er meint, daß das Roscoe-Bunsensche Gesetz $S = J \cdot t$ für durchdringende Strahlen allgemein gilt.

T. Svedberg und H. Andersson[9]) wiesen nach, daß im allgemeinen k β-Teilchen nötig sind ($k > 1$) um eine Silbersalzpartikel entwickelbar zu machen, das heißt einen Silbernucleus zu erzeugen, der ausreicht als Reduktionszentrum zu wirken.

R. Wälder[7]) hat Umkehrungserscheinungen bei sukzessiver Wirkung von Radiumstrahlen und Licht auf Bromsilbergelatineplatten beobachtet. Umkehrung (getroffene Stelle nach Entwicklung heller als wenn nur in einer Art bestrahlt) tritt ein bei der Reihenfolge: erst α-β-γ-Strahlung, dann Licht; jedoch nicht in entgegengesetzter Folge. Von bestimmter Lichtintensität an verschwinden die Umkehrungen der β- und γ-Strahlen; die Wirkung der α-Strahlen aber kann auf der photographischen Platte nie mehr ganz getilgt werden. Es handelt sich nicht um der Solarisation ganz wesensgleiche Vorgänge. Sie lassen sich deuten, wenn man annimmt: Bei Strahlungsabsorption erhält das Bromsilber verschiedene Energiemengen; ein Teil wird gespalten, ein anderer Teil aktiviert. Je energiedichter eine Strahlung, desto größer ist der verhältnismäßige Anteil des gespaltenen und desto kleiner der des aktivierten Bromsilbers. Wenn ausgeschiedenes Silber Energie absorbiert, mag es neue Verbindungen eingehen, die nicht oder weniger entwicklungsfähig sind.

M. Blau[12]) hat den Nachweis erbracht, daß natürliche und bei Atomzertrümmerung entstehende H-Strahlen ähnliche photographische Wirkungen hervorbringen, wie α-Strahlen. (Punktfolgen bei streifender Inzidenz.)

Literatur zu IV, 12:

1) E. Wagner, Ann. d. Phys. (4) **46**, 879, 1915; R. C. Sabot, Arch. scienc. phys. et nat. **42**, 242, 1916; W. Bothe und H. Geiger, Z. f. Phys. **6**, 204, 1921; Phys. Z. **22**, 585, 1921; W. Bothe, Z. f. Phys. **8**, 243, 1922.

2) O. Mügge, Zentralbl. f. Mineralogie **71**, 114, 147, 1909; S. Kinoshita, Phys. Z. **10**, 775, 1909; Proc. Roy. Soc. (A) **83**, 432, 1910; M. Reinganum, Phys. Z. **12**, 1076, 1911; F. Mayer, Ann. d. Phys. (4) **41**, 931, 1913; K. Heil und M. Reinganum, Naturf. Ges. Freiburg i. B. 1914.

3) W. Michl, Wien. Ber. **121**, 1431, 1912; **123**, 1955, 1956, 1914.

4) W. Makower und H. P. Walmsley, Nature **93**, 367, 1914; Proc. Roy. Soc. **26**, 261, 1914; S. Kinoshita und H. Ikeuti, Phil. Mag. (6) **29**, 240, 1915; H. Ikeuti, Phil. Mag. (6) **32**, 129, 1916; R. R. Sahni, Phil. Mag. (6) **29**, 836, 1915; **33**, 290, 1917; S. Kinoshita und H. Ikeuti, J. Coll. Sc. Imp. Univ. Tokyo, 20. Nov. 1917; Nature **100**, 491, 1918; W. Makower, Nature **99**, 98, 1917.

5) E. Mühlestein, Verh. Schweiz. Naturf. Ges. **101**, 171, 1921; Arch. scienc. phys. et nat. (5) **3**, 294, 1921; **4**, 38, 1922.

6) K. Przibram, Mitt. Ra-Inst. 139, Wien. Ber. **130**, 271, 1921.

7) R. Wälder, Mitt. Ra-Inst. 148, Wien. Ber. **131**, 495, 1922.

8) H. Salbach, Z. f. Phys. **11**, 107, 1922; W. Bothe, Z. f. Phys. **13**, 106, 1923; R. Glocker und W. Traub, Phys. Z. **22**, 345, 1921; A. Bouwers, Z. f. Phys. **14**, 374, 1923; E. Jönsson, Ark. f. Mat. Astr. och Fys. **18**, 18, 1924; R. Berthold und R. Glocker, Z. f. Phys. **31**, 259, 1925; R. Berthold, Ann. d. Phys. (4) **76**, 409, 1925.

9) T. Svedberg und H. Andersson, Phot. Journ. London, 1. Aug. 1921; W. Meidinger, Z. phys. Chem. **114**, 89, 1924.

10) M. Jacobson, Ann. d. Phys. (4) **73**, 326, 1924.

11) J. H. Powell, J. Sc. Instr. **1**, 205, 1924.

12) M. Blau, Z. f. Phys. **34**, 285, 1925; Mitt. Ra-Inst. 179, Wien. Ber. **134**, 427, 1925.

13) G. F. Brett, Leeds Phil. Lit. Soc. Proc. **1**, 1, 1925; K. Cole, Phys. Rev. (2) **27**, 809, 1926.

13. Lumineszenzwirkungen. 1. Autolumineszenz. Die starken Radiumpräparate sind selbstleuchtend[1]), und zwar in hellblauer bis tiefblauer Farbe. Je konzentrierter und reiner das Salz ist, desto intensiver ist der Effekt. (Ältere Angaben, wonach mit steigender Reinheit die Wirkung abnehmen soll, die nur auf Beimengung von „Verunreinigungen" zurückgeführt wurde, welche unter den Strahlen zum Leuchten gebracht werden, sind unzutreffend.) Am schönsten ist die Erscheinung bei geschmolzenen reinen Ra-Chloriden oder -Bromiden, deren Lumineszenz so stark ist, daß sie nicht nur im Dunkeln sondern auch in vollem Tageslicht stark blau-veilchenblau erscheinen[2]). Da frisch geschmolzene Präparate frei von Emanation — RaC sind, rührt die Wirkung dann vornehmlich von den α-Strahlen her.

Abkühlung auf die Temperatur der flüssigen Luft verringert das Leuchten nicht[3]). Die Wirkung nimmt ab, wenn die Salze Wasser anziehen, und regeneriert beim Trocknen derselben. Doch leuchten auch Lösungen selbst. (Es ist oft schwer zu unterscheiden, ob die Lösungen leuchten oder bloß die Gefäßwände, Glas usw., zur Fluoreszenz anregen. Man kann sich aber bei Lösungen in Platinschalen von der Autolumineszenz überzeugen.) Ähnlich wie Radiumsalze leuchten starke Ionium-, Mesothor- und in geringerem Maße Actiniumpräparate.

Literatur zu IV, 13 siehe Seite 246.

Verflüssigte Radiumemanation ist selbst fast farblos, erregt aber die Gefäßwände zu intensiver Fluoreszenz; unter — 70°, wenn sie fest wird, zeigt sie mit sich erniedrigender Temperatur eine Farbenwandlung von stahlblau allmählich in gelb, orange und rot bei der Temperatur der flüssigen Luft. Bei Wiedererwärmung erfolgt der Farbenwechsel rückläufig[4]).

Angaben über schwache spontane Lumineszenz von Uranylnitrat liegen ebenfalls vor[5]). (Davon zu unterscheiden ist die Erscheinung der Tribolumineszenz, die man, wie seit langer Zeit bekannt, erhält, wenn man z. B. im Dunkeln Uranylnitrat schüttelt oder die Kristalle zerbricht.)

2. Erregung anderer Substanzen zur Fluoreszenz und Phosphoreszenz. Die ersten Beobachtungen rühren von J. Borgmann[6a]) und H. Becquerel an hexagonaler Blende, Bariumplatincyanür, Diamant und vom Ehepaar Curie an Gläsern und zahlreichen Materialien her.

Besonders für α-Strahlen empfindlich sind Diamant und Zinksulfid (Sidotblende), doch reagieren diese Substanzen auch auf β-γ-Strahlen.

Szintillation. Nachdem F. Giesel die besondere Eignung der Sidotblende für die Lichterscheinung bei α-Bestrahlung bekanntgegeben hatte, haben J. Elster und H. Geitel sowie W. Crookes[11]) bemerkt, daß bei Beobachtung durch eine Lupe sich das Leuchten als aus einzelnen distinkten Lichtblitzen zusammengesetzt erweist, welche Erscheinung als Szintillation bezeichnet wird. Ein kleiner Zinksulfidschirm, vor dem ein α-Strahler befestigt und der mit einer Lupe ausgestattet ist, wird nach Crookes als „Spinthariskop" in den Handel gebracht. E. Regener[12]) hat bewiesen, daß jeder auftreffenden α-Partikel ein einzelner Lichtblitz zugehört, was sich für die Zählung von α-Partikeln als sehr nützlich erwies. Er hat auch so wie F. H. Glew[13]) gefunden, daß einzelne [besonders gelbliche*)] Diamanten die Erscheinung der Szintillation zeigen und sich in Dünnschliffen für Beobachtung gut eignen.**)

R. W. Wood[14]) schließt aus seinen Beobachtungen, daß die Dauer eines Lichtblitzes nur etwa $^1/_{40000}$ Sekunde beträgt.***) Während H. Becquerel annahm, daß es sich bei dieser Erscheinung um ein Aufspalten der Kristalle handelt, glaubt R. W. Wood, daß nur „verunreinigte" Kristalle leuchten. In erster Linie ist wohl allgemeiner an Gitterdeformationen zu denken.

Literatur zu IV, 13 siehe Seite 246.

*) Möglicherweise kommt es auf den Si-Gehalt an.

**) E. Regener[12]) hat auch eine schwache Szintillationswirkung von β-Strahlen auf Bariumplatincyanürschirmen beschrieben.

***) Nach J. H. J. Poole[14]) ist zur Erregung der menschlichen Retina ein Blitz der Dauer von $2 \,.\, 10^{-7}$ sec und der Energie $4 \cdot 10^{-7}$ Erg noch ausreichend, ein solcher der Dauer $8 \,.\, 10^{-8}$ sec, der Energie $8 \cdot 10^{-8}$ Erg nicht mehr.

Wenn die Sidotblende sich allmählich verfärbt und in ihrer Wirkung erlahmt, so wird, wie E. Marsden[15]) zeigte, nur die Intensität der Lichtpunkte, nicht ihre Zahl verändert.

Leuchtende Bahnen einzelner α-Teilchen bei streifender Inzidenz haben H. Herszfinkiel und L. Wertenstein in Zinksulfid, H. Geiger und A. Werner in Willemitdünnschliffen beschrieben[24]).

H-Partikeln (Protonen) rufen auf Sidotblende Szintillationen wesentlich geringerer Helligkeit und geringerer Ausdehnung hervor als α-Teilchen. Quantitative Vergleiche (vgl. V, 9, S. 342) führten E. Kara-Michailova und H. Pettersson[32]) zur Ausarbeitung einer Methodik zur Unterscheidung der verschiedenen Korpuskeln.

Wirkung von β- und γ-Strahlen. Als unter β- und γ-Strahlen besonders stark fluoreszierende bzw. phosphoreszierende natürliche Mineralien seien angeführt[6]):

Willemit*) (Orthozinksilikat), in grüner Farbe; Kunzit**) ($LiAlSi_2O_6$), lachsrosa bis orange; Diamant***), blau; Scheelit§) ($CaWO_4$), blau; Fowlerit, bläulich; Milarit ($KHCa_2Al_2Si_{12}O_{30}$); Apatit ($FCa_5P_3O_{12}$), grünlich bis orange; Fluorite (CaF_2), meist blau; Sphalerit (eine Modifikation der Zinkblende aus Mexiko); geglühte helle Zirkone, ähnlich wie Diamant; Pectolith ($HNaCaSi_2O_6$); Wollaston.t ($CaSiO_3$); Sparteit (Manganhaltiger Calcit), orangerot; Doppelspat, rosa; CsCl, schön himmelblau.

Kräftig lumineszieren, wenn auch schwächer als die vorstehenden Substanzen: Rhodonit ($MoSiO_3$); Adular ($KAlSi_3O_8$); Orthoklas von Elba; Cerrussit; Greenockit (CdS); Zinkblende von Kremnitz; Colemanit ($CaHB_3O_6 + 2H_2O$); Schwefel aus der Romagna und aus Girgenti, bläulich; Troostit; Calcit, meist in rosa Farbe; Steinsalz, bläulich; Quarz; Saphire (blau und licht, natürliche und künstliche); andere Edelsteine (H. Michel und G. Riedl)[6]).

Minder hell leuchten:

Prehnit, Orthoklas, Turmalin (besonders der rosa gefärbte aus Elba); Witherit, Strontianit, Aragonit, Brucit, Enhydros, Zinkit, Opal von Elba, Jamesonit, Gyps, Lanarkit, Linarit, Kainit, Baryt, Cölestin, Anhydrit, Thenardit, Anglesit, Leadhylit, Autunit, künstlicher Natronsalpeter, Pyromorphit, Mimetesit, edler Serpentin, Beryllonit, Amblygonit, Montebrasit, Edlingtonit, Serizit, Natrolit, Skolezit, Analzim, Chabasit, Heulandit, Stilbit, Brewsterit, Harmotom, Apophylit, Capholit, Kieselzink, Bertrandit, kunzitähnliche Spodumene (jedoch nicht die gelben oder der grüne Hiddenit), Kalialaun, gelb gefärbter Rubin (jedoch nicht die künstlichen Ceyloner Rubine), gelbbraune Zirkone (jedoch nicht die grünen

---

Literatur zu IV, 13 siehe Seite 246.

*) Auch künstlicher von C. Doelter; je nach dem Mn-Gehalt reagiert er verschieden auf α- und β- γ-Strahlen und ist verschieden nachleuchtend.

**) Die Absorptionsbanden wurden von E. L. Nichols und H. L. Howes studiert[22]).

***) Der Diamant verliert seine Lumineszenzfähigkeit auch nicht durch Erhitzen auf 2000° in Kohle oder auf 1100° in Stickstoff. [Material von C. Doelter[6])].

§) Einzelne Scheelite, so Stücke von Kammegg, stehen vor Willemit und Kunzit in der Intensität des Leuchtens an erster Stelle[25]).

Zirkone), Rauchquarz, Amethyst, auch künstlicher Quarz (dargestellt von Spezia), umgeschmolzener Castor.

Von anderen Materialien seien nur erwähnt:

Die zu Leuchtschirmen verwendeten Salze: Bariumplatincyanür, grün; Magnesiumplatincyanür und ähnliche Doppelsalze; Uranylfluorid-Fluorammonium[35]); die Sidotblende (künstliches Zinksulfid, meist mit Zusatz von etwas Kupfer[23]) oder dergleichen), vielfach unter Beimischung von etwa 10^{-4} — 10^{-5} g Ra (oder äquivalenter Mengen MsTh oder RdTh) auf 1 g zu Leuchtfarben verwendet; Calciumwolframat[26]); wolframsaures Cadmium (leuchtet weiß, nicht nachleuchtend[26]), dann: Salipyrin, blau, das auf α-Strahlen überhaupt nicht anspricht; Salicylamid und die salicylsauren Salze von Ba, Cd, Sr, Zn; ferner die meisten Benzolderivate[8]), besonders die ringreichen; weiters: Chininsalze, auch -Lösungen (besonders Bisulfat); Acridinlösungen, Morin-Lösungen, Schwefelkohlenstoff, Petroläther usw.: endlich: Glas, Glimmer, Papier, Baumwolle, Lacke, menschliche Haut usw.

Eine eigenartige, sei es von auffallenden α-Teilchen, sei es durch weiche β-Strahlung auf Gold erregte Lumineszenz, erwähnt E. Rutherford[30]). Man kann vermuten, daß sie von Sekundärstrahlen herrührt. Sie wurde auch noch an anderen Metallen wie Pt, auch bei leichteren Metallen und sogar bei Al von H. Pettersson und G. Kirsch beobachtet.

Die Lumineszenzfähigkeit nimmt bei denjenigen Substanzen, die sich dabei verfärben, ab und regeneriert, wenn die Verfärbung rückgängig gemacht wird (vgl. IV, 14).

3. Aufleuchten des Auges. Hierher gehört auch die von F. Giesel[9]) gefundene Wirkung auf das Auge, das bei Annäherung stärkerer Präparate im Dunkel und auch bei geschlossenem Augenlid eine Aufhellung wahrnimmt. Sie rührt daher, daß Hornhaut, Linse, Glaskörper und Retina zur Fluoreszenz angeregt werden. Eine Beeinflussung des Sehvermögens ist dadurch nicht zu erzielen. (Vor der öfteren Wiederholung derartiger Experimente ist übrigens zu warnen, da Konjunktivitis, Iritis, Hornhauttrübung und in der Haut der Lider schwer heilende Ulcera die Folge sein können)[10]).

4. Leuchten der umgebenden Gase. Soweit die Reichweite der α-Teilchen sich erstreckt, wird in der Gas-Umgebung starker Radium- oder Poloniumpräparate eine Lumineszenz beobachtet.

Aus den Untersuchungen des Ehepaars W. Huggins, dann von F. Himstedt und G. Meyer, von B. Walter und R. Pohl, W. Marckwald und K. Herrmann[16]), folgt, daß unter dem Anprall der α-Partikeln das umgebende Gas (speziell Stickstoff oder Helium) zum Leuchten angeregt wird und ein Spektrum emittiert, das dem gleicht, das durch elektrische Entladungen hervorgerufen wird. Eingehendere Messungen über die Abhängigkeit der Leuchtintensität, hervorgerufen durch Po innerhalb der Reichweite hat P. Bosch[16]) mitgeteilt.

Literatur zu IV, 13 siehe Seite 246.

5. Phosphoreszenz. Bei vielen der angegebenen Substanzen verschwindet die Wirkung nicht unmittelbar mit der Entfernung der erregenden Strahlungsquelle.

Nach E. Marsdens[17]) Beobachtungen steigt die β- und γ-Wirkung auf Zinksulfid etwa 20 Minuten lang bis zu einem Maximum und die Phosphoreszenz verschwindet, in etwas langsamerem Tempo, nach Entfernung des Präparates. Bei Willemit ist das Maximum sehr schnell erreicht und das Absinken auf einen geringen Betrag ebenfalls. Während unbeeinflußte Stücke von Kunzit, Flußspat u. a. im sichtbaren Lichte Fluoreszenz aber keine dauernde Phosphoreszenz zeigen, tritt letztere bei durch Becquerel- oder Röntgen-Strahlen verfärbten auf [vgl. (7)].

Längeres (oft stundenlanges) Nachleuchten beobachteten St. Meyer und K. Przibram[18]) beispielsweise an Flußspaten (blau), an Kunzit (lachsfarben bis orangegelb) und an Doppelspat, der lange exponiert war. Letzterer ließ ein allmähliches Abklingen der rosafarbenen Phosphoreszenz nach Entfernung vom Präparat während einer ganzen Woche verfolgen.

Daß das Lumineszenzlicht polarisiert ist, konnte z. B. am Kunzit nachgewiesen werden[19]).

6. Thermolumineszenz[20]). Natürliche thermolumineszierende Substanzen verlieren diese Eigenschaft zumeist bei längerem Erhitzen. Durch Bestrahlung mit β- und γ-Strahlen (ebenso wie durch Bestrahlung mit Kathodenstrahlen) wird jedoch diese Fähigkeit wiedererweckt.

Nach Beobachtungen W. Trenkles regenerieren so Marmor und Apatit, H. Becquerel hat dies an Flußspatstücken, G. Kunz und C. Baskerville an Chlorophan gezeigt. St. Meyer und K. Przibram haben darauf aufmerksam gemacht, daß die Thermolumineszenz bei Kunzit, Flußspat, Doppelspat u. a. schon bei wesentlich niedrigerer Temperatur (ca. 40—60°) aber in gleicher Farbe wie bei den natürlichen Mineralien auftritt, wenn diese Substanzen β-Strahlen ausgesetzt waren (wobei diese Körper Farbenänderungen unterliegen, vgl. IV, 14). Analog verhält sich auch Scheelit[25]).

Eine Reihe von Substanzen, die von Natur aus keine merkliche Thermolumineszenz zeigen, erhalten diese durch β-Bestrahlung[21]).

Die Aufspeicherung der durch Erwärmung ausheizbaren Lichtsumme bei der β- γ-Bestrahlung verläuft für Kunzit und Steinsalz der Verfärbung annähernd parallel.

Das braunverfärbte Glas leuchtet grün (wie die von Röntgenstrahlen getroffene Glaswand) und wird dabei violett oder entfärbt sich ganz. Braunviolett gewordener Quarz leuchtet bei Erhitzung am Bunsenbrenner prächtig violett, blau oder grün.

Intensivere Thermolumineszenz zeigen nach längerer β-Bestrahlung geschmolzene Borate:

von Li	Na	K	Rb	Be	Mg
rotorange	grün	blaugrün	grünblau	orangegelb	intensiv rubinrot

von Ca	Sr	Ba	Mn	Cr	Ni	Sn	Zn und Zr
erst gelb dann weiß	erst gelb dann grün	grün	intensiv gelb	gelb	gelbrosa	blau	weißlich

Literatur zu IV, 13 siehe Seite 246.

Interessant ist auch das Verhalten der phosphoreszierenden Stoffe E. Tiedes[29]) nach St. Meyer und K. Przibram. Durch Becquerelstrahlen wird das Leuchtvermögen getilgt, während die Substanzen sich verfärben. Nach Erhitzung eines violett verfärbten Borsäure-Terephtalphosphors (1000 : 1) bei 110° verschwindet die Verfärbung; das Präparat phosphoresziert nach dieser Behandlung stärker als das originale und gegenüber dem ursprünglichen Blau-Violett in mehr grüner Farbe.

7. Radiophotolumineszenz[27]). Manche durch Ra vorbestrahlte Substanzen, wie (vgl. IV, 14) der grünverfärbte Kunzit, Fluorit, Apatit von Auburn, Orthoklas von Elba u. a. erhalten die Eigenschaft, nach Belichtung längere Zeit anhaltend zu lumineszieren, wofür vorstehender Namen von K. Przibram eingeführt wurde.

Bei Anwendung von Bogenlicht ist z. B. bei Kunzit der Effekt nach ganz kurzer Bestrahlung so brilliant, daß er sich vor einem größeren Auditorium zeigen läßt. .Wirksam ist das ganze sichtbare Spektrum und der Effekt kann auch ins Ultraviolett, ja sogar bis ins Gebiet der Röntgen- und γ-Strahlen verfolgt werden; ein mit γ-Strahlen vorbestrahlter Kunzit z. B. leuchtet bei neuerlicher kurzer Röntgen- oder γ-Einwirkung stärker nach als ein nicht vorbestrahlter. Als Spezialfall sei erwähnt, daß Fluorite (von Cumberland und Devonshire) und bestimmte Steinsalzstücke, die im Naturzustand keine oder blaue Fluoreszenz zeigten, nach Ra-Bestrahlung eine schön rote aufwiesen, die bei Unterbrechung der Belichtung sofort verschwindet. Die Erscheinung wurde quantitativ von K. Przibram und E. Kara-Michailova studiert. (Bei Sylvin von F. Urbach, Lit. 23, S. 259.)

Nach B. Gudden und R. Pohl[33]) beruht die Radiophotolumineszenz im Falle des durch Röntgenstrahlen verfärbten Steinsalzes auf Erregung im kurzwelligen und Ausleuchtung im langwelligen Licht. Als Radio-Photolumineszenz erklärt sich das Verhalten gewisser natürlich gefärbter Mineralien: Calcit (P. Headden); Fluorit [E. Meyer].[34])

8. Tribolumineszenz[28]). Bedeutend erhöhte Tribolumineszenz nach der Ra-Bestrahlung wurde an Kunzit und verschiedenen Fluoriten festgestellt.

Über den wahrscheinlichen Zusammenhang dieser Erscheinungen mit der Verfärbung und photoelektrischen Effekten usw. vgl. IV, 14.

Literatur zu IV, 13:

1) M. Curie, Thèses 93, 1903; Soc. de Phys. 3. März 1899; Radioakt. deutsche Ausg. II. 228; F. Giesel, Ann. d. Phys. **59**, 91, 1899; R. J. Strutt, Proc. Roy. Soc. (A.) **83**, 70, 1909; J. A. Rodman, Phys. Rev. (2) **23**, 478, 1924; E. E. Witmer, Phys. Rev. (2) **24**, 639, 1924.

2) O. Hönigschmid, Wien. Ber. **120**, 1617, 1911.

3) St. Meyer und E. v. Schweidler, Wien. Anz. 1. März 1900.

4) W. Ramsay und R. W. Gray, Proc. Chem. Soc. **26**, 82, 1909; E. Rutherford, Radioact. Subst. 485; M. Curie, Radioakt. I. 319.

5) H. Becquerel, C. R. **138**, 184, 1904; J. A. Siemssen, Chem. Ztg. **43**, 267, 1919.

6) St. Meyer in C. Doelters Handbuch der Mineralchemie III, 242, 1912; H. Becquerel, C. R. **129**, 912, 1899; P. Bary, C. R. **103**, 776, 1900: G. Kunz und C. Baskerville, Science **18**, 769, 1903; dieselben und W. Crookes, Sill. J. **16**, 264, 1903; G. Kunz, Sill. J. **17**, 79, 1904; Armbrecht, Nature **69**, 523, 1904; G. T. Beilby, Proc. Roy. Soc. **74**, 506, 511, 1905; F. Giesel, Ber. D. chem. Ges. **37**, 1696, 1904; **38**, 775, 1905; J. Hartmann, Phys. Z. **5**, 570, 1904; **6**, 401, 1905; St. Meyer und K. Przibram, Mitt. Ra-Inst. 147, Wien. Ber. **131**, 429, 1922; H. Michel und G. Riedl, Ann. Naturhist. Museum, Wien **38**, 169, 1925.

6a) J. Borgmann, C. R. **124**, 895, 1897.

7) C. Jensen, Z. wiss. Phot. **5**, 187, 1907; Chem. Zentralbl. **2**, 402, 1907.

8) H. Kauffmann, Ber. D. chem. Ges. **37**, 2946, 1904; A. Jaubert de Beaujeu, J. de phys. (6) **4**, 257, 1923.

9) F. Giesel, Natf. Vers. München 1899; F. Himstedt und W. Nagel, Ann. d. Phys. (4) **4**, 537, 1901; W. B. Hardy und H. K. Anderson, Proc. Roy. Soc. **72**, 393, 1903.

10) Vgl. P. Lazarus, Handbuch der Radiobiologie, Art. v. R. Greeff, 384.

11) J. Elster und H. Geitel, Phys. Z. **4**, 439, 1903; W. Crookes, Proc. Roy. Soc. **71**, 405, 1903.

12) E. Regener, Verh. D. Phys. Ges. **19**, 78, 351, 1908.

13) F. H. Glew, Arch. Röntgen Rays, June 1904; E. Regener, Berlin. Ber. **38**, 948, 1909.

14) R. W. Wood, Phil. Mag. (6) **10**, 427, 1905; J. H. J. Poole, Phil. Mag. (6) **43**, 345, 1922.

15) E. Marsden, Proc. Roy. Soc. (A) **83**, 548, 1910.

16) J. Stark und F. Giesel, Phys. Z. **8**, 580, 1907; W. Huggins und M. L. Huggins, Proc. Roy. Soc. **72**, 196, 409, 1903; **76**, 488, 1905; **77**, 130, 1905; F. Himstedt und G. Meyer, Phys. Z. **6**, 688, 1905; **7**, 762, 1906; B. Walter, Ann. d. Phys. (4) **17**, 367, 1905; **20**, 327, 1906; R. Pohl, Ann. d. Phys. (4) **17**, 375, 1905; Verh. D. Phys. Ges. **7**, 458, 1902; B. Walter und R. Pohl, Ann. d. Phys. (4) **18**, 406, 1905; W. Marckwald und K. Herrmann, Verh. D. Phys. Ges. **7**, 227, 1905; P. Bosch, Arch. Neerland (III A) **8**, 163, 1925.

17) E. Marsden, Proc. Roy. Soc. (A) **83**, 548, 1910; G. Kunz und C. Baskerville, Sill. J. **18**, 769, 1903.

18) St. Meyer und K. Przibram, Mitt. Ra-Inst. 24, 58, Wien. Ber. **121**, 1413, 1913; **123**, 653, 1914; G. Kunz und C. Baskerville, Sill. J. **16**, 264, 1903.

19) St. Meyer, Phys. Z. **10**, 483, 1909; A. Pochettino, Nuovo Cim. (5) **18**, 245, 1909; (6) **1**, 21, 1911.

20) E. Wiedemann, Phys. Z. **2**, 269, 1901; derselbe und G. C. Schmidt, Ann. d. Phys. **54**, 604, **56**, 201, 1895; H. Becquerel, C. R. **129**, 912, 1899; J. de phys. **9**, 69, 1900; W. Trenkle, Nat. Ver. Regensburg 1903/4; St. Meyer, Phys. Z. **10**, 483, 1909; derselbe und K. Przibram, Wien. Ber. **121**, 1413, 1912; **123**, 653, 1914; J. Borgmann, J. de phys. **7**, 671, 1898; G. Kunz und C. Baskerville, Science **18**, 769, 1903; St. Meyer und K. Przibram, Z. phys. Chem. **100**, 334, 1922; Mitt. Ra-Inst. 147, Wien. Ber. **131**, 429, 1922; K. Przibram, Z. f. Phys. **20**, 196, 1923; P. Headden, Sill. J. (5) **5**, 314, 1923; Proc. Colorado Sc. Soc. **11**, 399, 1923; vgl. auch [27]).

21) St. Meyer und K. Przibram, Mitt. Ra.-Inst. 58, Wien. Ber. **123**, 653, 1914.

22) E. L. Nichols und H. L. Howes, Phys. Rev. (2) **4**, 18, 1914.

23) H. v. Dechend und W. Hammer, Jahrb. Rad. u. El. **8**, 41, 1911; H. E. Ives und M. Lukiesh, Astrophys. J. **34**, 173, 1911; B. Walter, D. opt. Wochenschr. 536, 556, 1915/16; J. W. T. Walsh, Proc. Roy. Soc. (A) **93**, 550, 1917; C. C. Paterson, J. W. T. Walsh und W. F. Higgins, Phys. Soc. London, 25. Mai 1917; Nat. Phys. Labor. **15**, 287, 1920; G. Berndt, D. opt. Wochenschr. 804, 1915/16; Techn. Rundsch. Berlin, **23**, 197, 201, 1917; Naturwiss. **8**, 602, 1920; Z. f. techn. Phys. **1**, 102, 1920; Sammlung Vieweg, Tagesfragen Heft 47, 1920; Z. f. Phys. **1**, 42, 1920; W. C. Clinton, Nature **102**, 330, 1918; F. Hauer, Wien. Ber. **127**, 369, 1918; P. Metzner, Verh. D. Phys. Ges. **20**, 183, 1918; E. Bahr, Journ. f. Gasbel. **61**, 604, 1919; Elektrotechn. Z. **40**, 229, 1919; N. E. Dorsey, Rep. 33, Nat. advisory committee for aeronautics, Washington, 1919; A. Dauvillier, C. R. **171**, 627, 1920; B. Gudden und R. Pohl, Z. f. Phys. **1**, 365, 1920; Ann. d. Phys. (4) **68**, 154, 1922; H. Herszfinkiel und L. Wertenstein, J. de phys. (6) **2**, 31, 1921; L. B. Loeb und L. Schmiedekamp, Washington Proc. **7**, 202, 1921; F. Schmidt, Ann. d. Phys. (4) **64**, 713, 1921; R. Tomaschek, Ann. d. Phys. (4) **65**, 189, 1921; E. A. Owen und W. E. Fage, Proc. Phys. Soc. London, **34**, 27, 1921; V. F. Hess, Trans. Illuminating Engineering Soc. März 1922; A. A. Guntz, C. R. **174**, 1356, 1922; Soc. Franc. d. phys. Bull. 167, 51, 1922; Bull. 183, 198, 1923; C. R. **177**, 479, 1923; **179**, 361, 1924; P. Lenard, Ann. d. Phys. (4) **68**, 553, 1922; R. Wilde, Z. f. Phys. **15**, 350, 1923; A. Schleede, Z. f. Phys. **18**, 109, 1923; J. Herweg, Z. f. Phys. **16**, 23, 29, 1923; E. Rupp, Ann. d. Phys. (4) **72**, 81, 1923; **73**, 27, 1924; C. Winther, Fys. Tids. **22**, 150, 1924; K. W. F. Kohlrausch, Lichttechnik **3**, 37, 1926.

24) H. Herszfinkiel und L. Wertenstein, J. de phys. (6) **1**, 145, 1920; H. Geiger und A. Werner, Z. f. Phys. **8**, 191, 1922.

25) H. Hirschi, Schweiz. Min. u. Petr. Mitt. **3**, 1, 1923.

26) R. Roubertie und A. Nemirovsky, C. R. **169**, 233, 1919; E. Tiede und A. Schleede, Z. Elektrochem. **29**, 304, 1923; K. Becker und H. Becker-Rose, Z. f. Phys. **29**, 343, 1924.

27) K. Przibram, Mitt. Ra.-Inst. 138, Wien. Ber. **130**, 265, 1921; K. Przibram und E. Kara-Michailova, Mitt. Ra.-Inst. 149, 159, Wien. Ber. **131**, 511, 1922; **132**, 285, 1923; K. Przibram, Phys. Z. **25**, 640, 1924; Maurice Curie, Thèses 1923; S. C. Lind und R. E. Nyswander, Phys. Rev. (2) **23**, 296, 1924.

28) K. Przibram und E. Kara-Michailova, Mitt. Ra.-Inst. 149, Wien. Ber. **131**, 511, 1922.

29) E. Tiede und F. Richter, Ber. D. chem. Ges. **55**, 69, 1922; E. Tiede und P. Wolff, Ber. D. chem. Ges. **55**, 588, 1922; E. Tiede, Z. Elektrochem. **28**, 20, 1922; St. Meyer und K. Przibram, Mitt. Ra.-Inst. 147, Wien. Ber. **131**, 433, 1922; R. Tomaschek, Ann. d. Phys. (4) **67**, 612, 1922.

30) E. Rutherford, Phil. Mag. (6) **37**, 544, 1919; H. Pettersson und G. Kirsch, Atomzertrümmerung S. 224, 1925.

31) E. Rupp, Ann. d. Phys. (4) **75**, 369, 1924.

32) E. Kara-Michailova und H. Pettersson, Mitt. Ra-Inst. 164, Wien. Ber. **133**, 163, 1924; Naturwiss. **12**, 388, 1924; Nature **113**, 715, 1924; E. Kara-Michailova, Phys. Z. **25**, 595, 1924.

33) B. Gudden und R. Pohl, Z. f. Phys. **31**, 657, 1925.

34) P. Headden, Sill. J. (4) **21**, 301, 1906; (5) **5**, 314, 1923; E. Meyer, Verh. D. phys. Ges. **10**, 643, 1908.

35) W. Steubing, Z. f. Unterr. **38**, 200, 1925.

14. Verfärbungserscheinungen. Eine spezielle Form von Reaktionen bilden die Verfärbungserscheinungen unter Einwirkung der Strahlen. Sie wurden zuerst vom Ehepaar Curie[1]) an den Gläsern und Porzellangefäßen beobachtet, in welchen stärker radioaktive Substanzen aufbewahrt waren.

Gläser werden zumeist braun oder violett, aber auch gelb, blau, grauschwarz und selbst rosa [z. B. Didymglas[2])]. Der Zusammenhang der Färbung mit der Zusammensetzung des Glases ist bisher nicht sicher festgestellt, obwohl ein solcher mit dem Metallgehalt vermutet wird.

J. Elster und H. Geitel, auch F. Cornu sowie H. Siedentopf suchten die Erscheinung vorwiegend durch Eingang der Alkalien und der sonstigen Metalle in feste Lösungsform zu erklären, wobei dem Natrium, Kalium, Eisen und Mangan besondere Rollen zukämen. Mn oder Na wurden für die Violettfärbung, Fe oder K für die Bräunung verantwortlich gemacht[3]). St. Meyer und K. Przibram vertraten die Ansicht, daß es sich um die Farben der durch den Elektroneneintritt zu Atomen neutralisierten Ionen und deren Aggregate handelt[3]).

Die Farben sind auch nach Entfernung der Strahlenquelle im Tageslicht sehr beständig. Bei längerer Erwärmung hellen sich braungewordene Gläser meist schon bei ca 100° auf, violette sind widerstandsfähiger.

Erhitzt man die durch β-Strahlen braun verfärbten Gläser vorsichtig in der Bunsenflamme, so tritt grüne Phosphoreszenz auf von der gleichen Farbe, die Röntgenröhren beim Auftreffen der Strahlen der Antikathode zeigen.*) Dabei verschwindet die Bräunung gleichzeitig mit dieser Lumineszenzerscheinung und das Glas wird oft violett; bei stärkerem Erhitzen verschwindet auch diese Farbe, und das Glas wird wieder wasserhell. Ursprünglich violett verfärbte Gläser verlieren beim Erhitzen ihre Farbe bei etwas höherer Temperatur als die braunen. Sie leuchten dabei zunächst, ebenso wie die braunen, grün auf, diese Phosphoreszenzerscheinung verschwindet aber sehr rasch, so, als ob ein überlagerter feiner Überzug sich verlöre, und die violett bleibenden Stellen lumineszieren ebensowenig wie die violetten Stellen, die aus erhitztem braunverfärbtem Glase stammen. Durch entsprechend vorsichtige Erwärmung gelingt es leicht, braun verfärbte Gläser teilweise braun, teilweise violett und teilweise wasserhell zu erhalten. Es handelt sich offenbar in diesen Fällen um die Überlagerung der Braunverfärbung über die Violettverfärbung, derart, daß die violette Farbe langsamer eintritt und umgekehrt gegen Erhitzung stabiler ist. Quantitative Angaben findet man bei St. Meyer und K. Przibram. M. Belar[21]) hat die Gesetze der Verfärbung und Entfärbung spektrophotometrisch festgelegt. Es sei auch auf das in vieler Hinsicht sehr ähnliche Verhalten bei Steinsalz verwiesen.

Farbenänderungen an Mineralien und anorganischen Stoffen, ebenso an organischen Materialien, wurden weiterhin in großer Zahl konstatiert [vgl. C. Doelter[3])]. In erster Reihe sind für diese Erscheinungen die

---

Literatur zu IV, 14 siehe Seite 257.

*) Röntgenröhren werden bekanntlich in der grünlumineszierenden Halbkugel allmählich violett, in der abgewendeten braun, was volle Analogie zu obigen Phänomenen zeigt; doch spielen in Röntgenröhren die Beläge durch zerstäubtes Elektrodenmaterial auch eine Rolle.

durchdringenden Strahlen maßgebend, was schon daraus entnehmbar ist, daß die Substanzen bei genügend langer Einwirkung durch die ganze Dicke ihrer Masse nahezu homogen oder, solange der Sättigungszustand noch nicht erreicht ist, mit wachsender Schichtdicke kontinuierlich abnehmend, verfärbt werden. Jedoch kommen auch die α-Strahlen in manchen Fällen zur Wirkung.

α-Wirkungen. In diesem Falle entspricht die verfärbte Zone der Reichweite der betreffenden α-Strahlung. So erhielt beispielsweise E. Rutherford[4]) bei Durchschneiden einer mit Ra-Emanation durch längere Zeit gefüllt gewesenen Glaskapillare eine rote Innenschicht von der Dicke 0,039 mm, scharf abgegrenzt. (R von RaC in Glas ca. 0,04 mm.) Der Brechungsexponent des verfärbten Glases erschien ein wenig erhöht.

Es wurde auch mit Erfolg versucht, den Gehalt an radioaktiven Substanzen verschiedener α-Reichweiten in gewissen pleochroitischen Kristallen zur Deutung der Halo-Erscheinungen (konzentrische Kreise verschiedener Färbung) heranzuziehen[5]). J. Joly, O. Mügge u. a. haben direkt bei einigen Gesteinen diese Höfe so erklärt (bei Steinsalz, Turmalin, Cordierit, Karpholit, Glimmer, Chlorit, Staurolith, Biotit, Hornblende, Zirkon, bei Flußspat von Wölsendorf und vom Edelleutstollen bei St. Joachimstal, Spinell, Granat, Ainigmatit, die alle mikroskopisch kleine Einschlüsse radioaktiver Substanzen enthalten) und durch Ra-Bestrahlung nachgebildet.

M. Weber beschrieb die Farbenumkehrung pleochroitischer Höfe, wenn zufällig ein radioaktiver Kern an der Grenze des Aneinanderstoßens von Biotit und Cordierit liegt. Farbenumkehrungen (analog der Überlichtung phot. Platten) haben H. Hirschi, sowie J. Joly und J. H. J. Poole beobachtet. Da alle radioaktiven Verfärbungen bei Erhitzung rückgängig gemacht werden, war bei diesen Höfen und den Schlüssen, die man aus der Intensität ihres Auftretens zog (vgl. VII, 3) von vornherein darauf Bedacht zu nehmen. Späterhin haben dies auch B. Gudden, W. Duane, J. Joly und O. Mügge ausdrücklich betont[5]).

O. Mügge[16]) wies nach, daß α-Strahlen nicht nur Färbungen hervorbringen, sondern auch Änderungen des Brechungsexponenten und der Doppelbrechung sowie der Kohäsion, und daß ursprünglich anisotrope Kristalle unter ihrem Einfluß isotrop werden können (vgl. IV, 11, [7]) und IV, 8). Besonders am Gadolinit, aber auch an Orthit, Mosandrit, Fergusonit, Euxenit, Samarskit, Aeschynit, Zirkon, konnte er dieses Isotropwerden erweisen und durch Zertrümmerung des Kristallgefüges deuten. Erwärmung regeneriert den ursprünglichen Kristallhabitus. Dies wirkt natürlich auch auf die Ausbildung der Höfe ein.

Änderung der Farbe von Ra-Salzen.

Radiumchloridsalze, die nach ihrer Herstellung rein weiß sind, verfärben sich allmählich gelb bis braun. Chlorid und Bromid, das bis zur Rotglut erhitzt war, wird mit der Zeit braun bzw. fast schwarz. Karbonate bleiben nahezu weiß. Durch Erhitzen oder Umkristallisieren können sie alle wieder weiß gemacht werden. Möglicherweise liegen in diesen Fällen allmähliche Zersetzungen vor, die die Verfärbung teilweise mitbedingen können.

Literatur zu IV, 14 siehe Seite 257.

β-γ-Wirkungen. Unter den auffallenden Veränderungen seien hervorgehoben:

Quarz wird gelbbraun bis bräunlichrot[3]).

Auftreten von verschieden gefärbten Streifen und von marmorierter Fleckung an hellen Kristallplatten hat C. Doelter beschrieben.

N. Egoroff hat nach Ra-Bestrahlung das Auftreten dichroitischer Streifen bei Rauchquarz bemerkt.

Geschmolzener Quarz, wie er zu Geräten (als Quarzglas) verwendet wird, wird braunviolett. Da offenbar bei der Art der Herstellung sich verschiedene Schlieren ausbilden, heben sich dabei spiralige oder kometenschweifartige Streifen, die stark verfärbt sind, aus der Umgebung heraus.

Beim Erhitzen mit dem Bunsenbrenner lumineszieren die verfärbten Stellen intensiv violett, blau oder grün und die Verfärbung verschwindet dabei.

Hellerer Amethyst wird dunkler violett.

Rosenquarz, Rauchquarz und Citrin werden braun bis schwarzbraun. Es ist wohl anzunehmen, daß die natürlichen Farben der Quarzvarietäten Rauchquarz und Amethyst oder die von Flußspat usw. mindestens teilweise von radioaktiven Einwirkungen im Erdinnern herrühren. In Kristalldrusen zeigen sich oft die Spitzen verfärbt, wie unter Becquerelstrahlenwirkung (Amethyst: Spitzen violett, unten heller; Flußspat: oben violett, unten grün; Apatit: Spitzen rosa; Doppelspat: gelb usw.). Man könnte annehmen, daß in der Druse Lösung oder Gas an radioaktiven Elementen angereichert war. Auch für die rotbraunen Zirkone u. a. wird radioaktiver Ursprung der Farbe behauptet[13]). Beachtenswert sind in dieser Hinsicht die Angaben J. Koenigsbergers[13]) von der Lichtempfindlichkeit rosaroter Zirkone, sowie die Beobachtung daß in größeren Höhen (größerer Em-Gehalt oder niedrigere Temperatur?) die Quarzvarietäten stärker verfärbt zu sein pflegen.

Topas (Al_{12} Si_6 O_{25} F_{10}) wird orangegelb bis dunkelorange.

Weißer Saphir wird bräunlichgelb.

Blauer Saphir wird meist rasch gelb, doch gibt es unter den dunkelblauen Stücken solche, die sich kaum verändern.

Rubin wird mehr weinrot.

Künstliche Saphire und Rubine verändern ihre Farbe nicht.

Sanidin (Feldspat) wird braun.

Heller Zirkon sowie blauer (Siam) [H. Michel und K. Przibram[13])] werden rasch rotbraun.

Diamant zeigt nur sehr geringe Veränderungen; doch gab W. Crookes[6]) an, daß er zuweilen eine bläuliche Färbung erhalten habe. S. C. Lind und D. C. Bardwell fanden, daß β-γ-Strahlen auf Diamant nicht wirken, α-Strahlen hingegen regelmäßig eine oberflächliche Grünfärbung hervorbringen, die ziemlich lichtbeständig ist, aber bei Erwärmung verschwindet. Auffallend sind tiefer gehende schwarze (C-) Flecken.

Doppelspat wird zitronengelb. Er zeigt starke orangegelbe Thermolumineszenz; ist er durch Erhitzung ausgeleuchtet, so ist er auch wieder farblos geworden. Genau das gleiche Verhalten zeigen die in der Natur vorkommenden gelben Calcitvarietäten (wie z. B. von Nieder-Rabenstein). Nach dem Ausleuchten und der Entfärbung lassen sich Farbe und Thermolumineszenz durch Ra-Bestrahlung rasch wieder herstellen (IV, 13).

Literatur zu IV, 14 siehe Seite 257.

Sehr auffallend ist das Verhalten der Spodumene (Lithiumaugite) ($LiAlSi_2O_6$). Während die grünen Hiddenite und die gelben Varietäten fast unverändert bleiben und auch unter der Strahlenwirkung nicht fluoreszieren, ist der von C. Baskerville und G. Kunz beschriebene Kunzit[7]) aus Kalifornien eines der strahlenempfindlichsten Medien. Von Natur lilafarben bis blaßrosa wird er unter Einwirkung von β- und γ-Strahlen, wie St. Meyer fand, sehr rasch grün. Durch Lichtbestrahlung geht er über eine farblose Phase in die ursprüngliche Farbe zurück. Ebenso erhält er die ursprüngliche Farbe durch Erwärmung auf ca. 200—250° wieder. Man kann leicht durch Bestrahlung grün gemachte Stücke durch Licht-Beeinflussung der Hälfte halb grün, halb lila erhalten. In der Durchsicht erscheinen sie dann blau.

K. Przibram[18]) hat nachgewiesen, daß sich durch Becquerelstrahlung der in natürlichem Zustande nur sehr schwache Pleochroismus des Kunzits ändert, und meist schon ohne Dichroskop deutlich wahrnehmbar ist: blau-gelbgrün für Kunzite aus Pala, braun-bläulichgrün für solche aus Madagaskar; und daß man in der erwähnten farblosen Phase im Dichroskop das eine Feld rosa (natürliche Farbe), das andere grün (radioaktive Verfärbung) sieht, also die scheinbare Farblosigkeit durch Übereinanderlagerung der nahezu komplementären Färbungen zustande kommt. Kunzite aus Madagaskar werden unter Ra-Bestrahlung braun oder mißfarben braun-grün, und man kann sie dadurch nach ihrer Herkunft von den kalifornischen (Pala) unterscheiden. Die braunverfärbten Proben lumineszieren überhaupt, sowie nach Einwirkung von Tageslicht oder Erwärmung wesentlich stärker als die grünen (Pala), die Braunverfärbung verliert sich dabei aber auch viel schneller, schon in einigen Stunden im diffusen Tageslicht, und die Stücke nehmen dann die gleiche grüne Farbe an wie die Pala-Kunzite und verhalten sich auch sonst wie diese. Es handelt sich offenbar wiederum (vgl. Gläser), um eine Überlagerung zweier Verfärbung und Lumineszenz erregender Vorgänge, wobei die Braunverfärbung weniger stabil ist [St. Meyer und K. Przibram[19])].

Farbloser Flußspat wird blau oder blauviolett. Blaugrüner Flußspat wird violettschwarz, grüner wird blauviolett, gelber wird grünlichblau. Entfärbt man diese durch Erhitzen (220°), so werden sie blaugrün, manchmal blauviolett, was nicht die ursprüngliche Farbe sein muß.*)

Wiederholt wurden hier auch gefärbte Streifen beobachtet [vgl. auch H. Steinmetz[24]) sowie die Gitterblocktheorie von A. Smekal[24])]. Das Verhalten bezüglich Thermolumineszenz und Radiophotolumineszenz ist analog dem bei Kunzit. Quantitative Untersuchungen hierüber machten K. Przibram und E. Kara-Michailova; spektrophotometrisch wurden die Vorgänge von M. Belar verfolgt[20]). Nach H. Hirschi[20]) erwirbt milchweißer Fluorit von Sembrancher (Wallis) durch Ra-Bestrahlung langandauernde Phosphoreszenz ohne sich merklich zu verfärben. Nach Beobachtungen im Wiener Ra-Inst. verfärbt sich aber auch dieses Material bei Einwirkung starker Ra-Präparate.

Violetter Apatit wird zeisiggrün[3]).

Bakelit wird unter β-Strahlen aus gelb weinrot. Bei 100° verschwindet die Verfärbung[14]).

Baryte werden blau. Künstliches amorphes Bariumsulfat wird bräunlich-violett.

Literatur zu IV, 14 siehe Seite 257.

*) Der beim Zerreiben von schwärzlichem Flußspat aus Wölsendorf auftretende Geruch kann nach F. Henrich[15]) auch durch radioaktive Einwirkung — Freiwerden von F — erklärt werden.

Bariumplatincyanür (Röntgenschirme) wird aus gelbgrün gelbbraun und sein Fluoreszenzvermögen erlischt dabei. Sonnenbestrahlung regeneriert teilweise, Umkristallisieren vollständig die ursprüngliche Leuchtfähigkeit.

Zinksulfid, als Sidotblende durch seine schönen Szintillationswirkungen besonders bekannt, wird gelblich; danach im ultravioletten Licht graugelb. Kristallisiertes ZnS aus Spanien, von Natur blaßgelb, wird zinnoberrot.

Hemimorphit, Zinksilikat (H_2ZnSiO_4), farblos, wird braungelb.

Willemit (Zn_2SiO_4), der durch seine hervorragende Lumineszenz bekannt ist, verändert sich kaum.

Durch Erhitzen hell gemachte Hyazinthe ($ZrSiO_4$) erhalten durch Radiumbestrahlung die natürliche rote Farbe.

Kristallisierter Schwefel wird grüngelb.

Steinsalz. Natürliches farbloses Steinsalz oder gereinigtes kristallisiertes NaCl wird orangegelb-braun. Dunkelblaues bleibt fast unverändert, violettes wird anfangs zuweilen rosa. Die Farbe erreicht nach entsprechender Bestrahlungsdauer einen Grenzwert, der von der Intensität der Strahlenquelle abhängt. Steigert man nach Erreichen des Sattwertes letztere Intensität, so erfolgt in neuer Stufe abermals ein Anstieg, wie dies M. Belar[21, 27]) zeigte und spektrophotometrisch verfolgte und K. Przibram[25, 27]) diskutierte. Das Maximum der Absorption im verfärbten Steinsalz liegt bei der Wellenlänge 460 $m\mu$ (beim verfärbten Doppelspat im Ultraviolett bei 375 $m\mu$, für Sylvin bei 550 $m\mu$) [K. Przibram[21]), P. L. Bayley[23]), Z. Gyulai[23]), F. Urbach[23])]. Bei denselben Wellenlängen liegt das Maximum der Erregungsverteilung der Radio-Photolumineszenz (B. Gudden und R. Pohl, P. Headden, vgl. IV, 13 S. 246). P. Ludewig und F. Reutter[21]) haben die Farbänderungen mit W. Ostwalds Farbmeßverfahren geprüft. Das gelb verfärbte Steinsalz erscheint im Ultramikroskop optisch leer, bei Erhitzen treten Ultramikronen auf unter gleichzeitigem Farbenumschlag in violett [H. Siedentopf[3])]. Zur Erzielung dieses Farbenumschlags muß aber eine gewisse Strahlendosis bei der Ra-Bestrahlung überschritten werden, sonst tritt bei Erwärmung Entfärbung ohne Farbenumschlag ein. Schwach bestrahlte Stücke entfärben sich auch im Licht vollständig, stark bestrahlte zeigen unter Lichtwirkung zwar Abnahme der Absorption im Blau-Violett, für die übrigen Farben aber sogar Zunahme. Das durch Ra-Bestrahlung und folgende Erwärmung violett gewordene Steinsalz verhält sich genau wie das gleichfarbige natürliche; sie haben die gleiche Entfärbungstemperatur von 200° und beide thermolumineszieren, während das durch Na-Dampf gefärbte sich durch hohe Entfärbungstemperatur (über 600°) und Fehlen der Thermolumineszenz unterscheidet. Im letzteren Fall hat man einen Überschuß von Na, im ersteren nur eine Neutralisierung von Na- und Cl-Ionen vor sich. Die Erklärung für das Vorkommen des natürlichen blauen Steinsalzes auf Grund radioaktiver Einwirkungen ist damit sehr wahrscheinlich geworden. Als Strahlenquelle könnte an stellenweise vorhandenes K gedacht werden[22]).

Die Wirkung kann durch Bestrahlung mit Licht oder Erhitzung meist rückgängig gemacht werden.*) Vielfach verschwindet sie auch allmählich spontan (Dunkelreaktion).

Dadurch wird die praktische Verwertung für künstliche Farbenänderungen von Edelsteinen illusorisch.

Literatur zu IV, 14 siehe Seite 257.

*) Vgl. auch Kap. IV, 13.

Für die Geschwindigkeit, mit der die Farbenänderungen auftreten, läßt sich die folgende Reihenfolge in Typen angeben:

I. Sylvin;
II. Kunzit, heller Zirkon, geschmolzener Borax;
III. Steinsalz, Saphir, Flußspat;
IV. Topas, Hyazinth;
V. Rauchquarz, Rosenquarz, Citrin;
VI. Aquamarin, Diamant.

Auch für die Rückverfärbung durch chemisch wirksames Licht oder Erwärmung gilt genähert die gleiche Folge.

Nach der Schmelze erstarrte Salze (Alkalihaloide usw.) zeigen eine intensivere und haltbarere Farbe (E. Jahoda, K. Przibram).

Die wesentlichsten bisher vorliegenden systematischen Verfärbungsversuche[8]) an einfachen reinen Verbindungen gibt die Tabelle S. 255. Vorangesetzt sind die Farben des natürlichen Dampfes und der Metalle in kolloidem Zustand[9]).

Ganz ähnliche Farben werden durch Röntgenbestrahlung erzielt[23]).

Der Parallelismus, insbesondere der Borate, mit den Kolloidfarben spricht zugunsten der Anschauung, daß die Verfärbung nicht immer von „Verunreinigungen", sondern in erster Linie vom entladenen elementaren Metallatom herrührt. Doch ist auch der metalloide Bestandteil für die Farbengebung von Belang, wie obige Tabelle lehrt und wie sich dies z. B. bei Überschuß von B in Boraten (durch Braunfärbung) usw. kundgibt (vgl. K. Przibram[28]).

Zweifellos wirken Becquerelstrahlungen und Bestrahlung durch Licht oder Erhitzung vielfach in diesen Fällen in entgegengesetztem Sinn.*) Viele Umstände scheinen dafür zu sprechen, daß in dem ersten Falle der Eintritt von Elektronen, im letzteren der Austritt solcher maßgebend ist. Daß in vielen anders gearteten Fällen von Strahlenwirkungen nur die Änderung des elektronischen Zustandes unabhängig von der Richtung (Eintritt oder Austritt) von Bedeutung sein mag, kann das in vielen anderen Fällen analoge Wirken von Becquerelstrahlen und ultraviolettem Licht bzw. Erhitzung verständlich machen.

Die Entfärbung der durch Becquerelstrahlung verfärbten Substanzen erfolgt unter Lichtemission (vgl. auch IV, 13). Die Farbe ist z. B. bei Quarz blau-violett oder bei den Gläsern grün. Die letzteren lassen sich zum Teil weniger leicht entfärben als die Quarze, können aber alle bei hoher Temperatur wieder farblos gemacht werden.

Charakteristisch für den Zusammenhang zwischen Verfärbung und Fluoreszenzvermögen unter β- und γ-Strahlen ist die schon von M. Curie[10]) beobachtete Abnahme des Leuchtens mit

Literatur zu IV, 14 siehe Seite 257.

*) Wiewohl auch durch Lichtbestrahlung z. B. manche Gläser braun oder violett verfärbt werden können.

	Li	Na	K	Rb	Cs	Ca	Sr	Ba
Farbe des Dampfes	—	purpur	blaugrün	grünlichblau	—	—	—	—
Farbe des Sols mit kleineren	braun	purpurviolett	blau	blaugrün	grün	schwarzbraun	schwarzbraun	rotbraun
mit größeren Teilchen	braun	blau	blaugrün	grünlich	—			
Borat	rötlichbraun	violett	blau	grünlichblau	—	gelbbraun	schwärzlichbraun	schwärzlichgrau
Karbonat	weiß	lila-rosa veilchenfarben	heliotrop-grünlichblau	blau	—	—	—	—
Sulfat	blaugrau	blaugrauviolett	grün grünblau	—	—	—	lila-blau	grünblau bräunlich
Sulfit	—	grauviolett	—	—	—	—	—	—
Sulfid	—	grünlichblau	—	—	—	—	—	—
Phosphat	—	rosa violett	—	—	—	—	—	rosa
Silikat	—	topasgelb rötlicher Stich	blau	—	—	—	—	—
Chlorid	(violett) bis braunrotgelb	gelb	purpurveilchenfarben	blaugrün türkisblau	grünlichblau	rosa gelb	—	—
Bromid	gelblich- und bläulichgrau	rosa-lila	himmelblau grünblau	grünlichblau	blau	—	—	—
Jodid	braungelb	gelb	gelblich grünblau	gelblich	gelblich	—	—	—

zunehmender Verfärbung von Gläsern.*) Nach Entfärbung solcher Gläser ist die ursprüngliche Fluoreszenzfähigkeit wiederhergestellt.

Literatur zu IV, 14 siehe Seite 257.

*) Nur ein Bruchteil dieser Abnahme ist auf stärkere Absorption seitens der verfärbten Substanz zurückzuführen, wie Messungen K. Przibrams ergaben.

Man kann dies deutlich zeigen, wenn in einer Flasche, die mit starker Radiumlösung längere Zeit zum Teil gefüllt war, der nur in Luft befindliche Teil des Glases und derjenige verglichen wird, der mit der Lösung in Kontakt steht. Im ersteren (oberen) Teil ist wegen der größeren Konzentration an Emanation und weil die Absorption der Strahlen in Luft viel geringer ist, die Wirkung intensiver, dieser Teil wird stärker verfärbt. Hebert man etwas von der Lösung ab (Stellung *b*), so erscheint der Streifen *ab* dann viel heller leuchtend als die übrige Flasche.

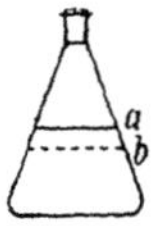

Fig. 45.

Starke Abnahme des Radiolumineszenzvermögens mit steigender Bestrahlungsdauer und spontane Regenerierung desselben nach Unterbrechung der Bestrahlung zeigt Steinsalz. [K. Przibram[25])].

Hallwachseffekt. Bei β-verfärbten Substanzen läßt sich ein photoelektrischer Effekt (Hallwachseffekt) bei Belichtung nachweisen[11]), oder bei Substanzen, die einen solchen auch ohne derartige Vorbehandlung zeigen, die Verstärkung dieser Erscheinung. Es werden also Elektronen emittiert, und dabei entfärbt sich der betroffene Körper (z. B. Kunzit, Flußspat usw.) in seine ursprüngliche Farbe.

W. C. Röntgen sowie B. Gudden und R. Pohl erwiesen, daß bestrahltes Steinsalz lichtelektrische Leitfähigkeit zeigt[26]).

Die einfachste Vorstellung[12]), die man sich von den Verfärbungen im Zusammenhang mit den Lumineszenzphänomenen, dem lichtelektrischen Effekt und den Ermüdungserscheinungen machen kann, ist die Annahme, daß durch Einführung von β-Elektronen positive Ionen in festen Lösungen oder Verbindungen (deren Ladung gerade kompensiert wird), sei es zu Metallatomen, sei es zu niedrigerwertigen Bindungsstufen verwandelt werden und die Farben von den festen Lösungen dieser entladenen Partikeln herrühren*), oder allgemeiner die Elektronenanordnung gestört und in eine metastabile verwandelt werde. Bei dem Eintreten der Elektronen (Bindungsänderung, Gitterdeformationen) treten Fluoreszenzerscheinungen auf.

Besonders beachtenswert ist in dieser Hinsicht z. B. die Übereinstimmung der Farben der geschmolzenen β-verfärbten Borate (wobei das zweite Ion neben dem Metall zur Färbung nicht viel beiträgt) mit den Metallkolloidfarben, die T. Svedberg festgestellt hat (vgl. S. 255).

Die Zahl der primären Elektronen, die in die bestrahlte Substanz eindringen, ist dabei neben der Zahl der vorhandenen Molekeln sehr

Literatur zu IV, 14 siehe Seite 257.

*) Es wäre dann anzunehmen, daß, solange es sich um Atome selbst oder Aggregate unter einer bestimmten Größe handelt, die Farbe unabhängig von der Größe letzterer bleibt.

klein; bei den verschiedenen Versuchen kann man sie mit den Größenordnungen 10^{-6} bis 10^{-10} der Zahl der Atome einschätzen; doch sind bekanntlich die Farbenreaktionen sehr empfindlich. Von wesentlicherer Bedeutung dürften die von den primär in die Substanz eingeschleuderten β-Partikeln und durch die γ-Strahlung ausgelösten sekundären Elektronen sein, wodurch sich der Bruchteil der beeinflußten Molekeln zu steigern vermöchte [A. Dauvillier[12]), K. Przibram[27])].

Durch Einwirkung von Belichtung (besonders ultravioletter) oder Erhitzung wird eine neue Gleichgewichtseinstellung eingeleitet, wobei Elektronen die Substanz verlassen können. Hierbei treten Hallwachseffekte und Lumineszenzerscheinungen auf. Letztere sind also vermutlich Begleiterscheinungen sowohl des Eintretens (Lumineszenz bei Bestrahlung) als Austretens von Elektronen (Phosphoreszenz, Thermolumineszenz), also Änderungen des elektronischen Zustandes überhaupt.

Daß bei der Bestrahlung ein Gleichgewichtszustand angestrebt wird, folgt aus den Ermüdungserscheinungen der Lumineszenz bei steigender Intensität der Verfärbung, die anscheinend einen Grenzwert erreicht.

Literatur zu IV, 14:

1) M. und P. Curie, C. R. **129**, 23, 1899; F. Giesel, Verh. D. Phys. Ges. **2**, 9, 1900; J. Elster und H. Geitel, Phys. Z. **3**, 113, 1902; C. J. Salomonsen und G. Dreyer, C. R. **139**, 533, 1904; D. Berthelot, C. R. **143**, 477, 1906; **145**, 710, 818, 1907.

2) C. Baskerville, Proc. Roy. Soc. (A) **78**, 380, 1907.

3) J. Elster und H. Geitel, Ann. d. Phys. **62**, 599, 1897; N. Egoroff, C. R. **140**, 1027, 1905; A. Miethe, Ann. d. Phys. (4) **19**, 633, 1906; F. Cornu, N. Jahrb. f. Mineral. **1**, 1908; Zentralbl. f. Min. 17, 1907; H. Siedentopf, Phys. Z. **6**, 855, 1905; Verh. D. Phys. Ges. **9**, 621, 1907; J. C. Maxwell-Garnett, Phil. Trans. (A) **205**, 265, 1905; C. Doelter, Das Radium und die Farben, bei Steinkopf 1910; Die Farben der Mineralien, Samml. Vieweg, Heft 27, 1915; Naturwiss. **8**, 21, 1920; Wien. Ber. **129**, 399, 1920; Zentralbl. f. Min. 479, 1921; 161, 1922; 321, 1923; R. Brauns, Zentralbl. f. Min. 721, 1909; Fortschr. d. Min. **1**, 129, 1911; F. Bordas, C. R. **146**, 628, 1908; O. Mügge, Zentralbl. f. Min. 66, 1909; O. Hönigschmid, Mitt. Ra-Inst. 8, Wien. Ber. **120**, 1626, 1911; St. Meyer und K. Przibram, Mitt. Ra-Inst. 24, 58, 147, Wien. Ber. **121**, 1413, 1912; **123**, 653, 1914; **131**, 429, 1922; Z. phys. Chem. **100**, 334, 1922; E. Newbery und H. Lupton, Nature **101**, 198, 1918; Mem. Manch. Phil. Soc. **62**, No. 10, 1918; S. C. Lind, J. Phys. Chemistry, **24**, 437, 1920; C. V. Raman, Nature **108**, 81, 1921; A. Bensaude und G. Costanzo, J. de phys. (6) **3**, 384, 1922; R. E. Liesegang und G. O. Wild, Zentralbl. f. Min. 481, 1922; J. R. Clarke, Nature **108**, 290, 1921; Phil. Mag. (6) **45**, 735, 1923; J. O. Perrine, Phys. Rev. (2) **22**, 48, 1923; C. Doelter, Wien. Anz. **62**, 74, 1925; S. C. Lind und D. C. Bardwell, J. Franklin Inst. **196**, 375, 1923; C. L. Cross, Phys. Rev. (2) **27**, 108, 1926: A. Trapesnikow, Z. f. Phys. **37**, 844, 1926; M. Henglein, Zentralbl. f. Min. (A) Nr. 3, 54, 1926.

4) E. Rutherford, Phil. mag. (6) **19**, 192, 1910; W. A. Douglas Rudge, Roy. Soc. South Africa 18. Okt. 1911; Nature **88**, 167, 1911.

5) J. Joly, Phil. Mag. (6) **13**, 381, 1907; **19**, 327, 1910; und A. L. Fletcher, Phil. Mag. (6) **19**, 630, 1910; J. Joly und E. Rutherford, Phil. Mag. (6) **25**, 644, 1913; O. Mügge, Zentralbl. f. Mineral. 397, 1907; 65, 113, 142, 1909; Götting. Nachr. 78, 1919; 1, 1923; G. Hövermann, N. Jahrb. f. Min. Beil. Bd. **34**, 321, 1912; Diss. Göttingen, 1912; J. Joly und J. H. J. Poole, Nature **104**, 92, 1919; J. Joly, Proc. Roy. Soc. (A) **102**, 682, 1923; M. Weber, Zentralbl. f. Min. 388, 1923; H. Hirschi, Vierteljahrsschr. Nat. Ges. Zürich, **64**, 65, 1919; **65**, 209, 1920; B. Gudden, Diss. Göttingen 1919· Z. f. Kryst. **56**, 422, 1921; Z. f. Phys. **26**, 110, 1924; W. Duane, Proc. Am. Phil. Soc. **61**, 286, 1922; J. Joly, Nature **109**, 517, 1922; **114**, 160, 1924; Naturwiss. **12**, 693, 1924; Halley Lecture, Oxford, Clarendon Press 1924; F. P. Mennell, Nature **82**, 68, 1909; E. Schmidhuber, Mitt. oberrh. geol. Ver. N. F. **5**, 35, 1915; H. Hirschi, Naturwiss. **12**, 939, 1924; B. Gudden, Naturwiss. **12**, 940, 1924.

6) W. Crookes, Proc. Roy. Soc. **74**, 47, 1904; Nature **94**, 300, 1914; S. C. Lind und D. C. Bardwell, J. Franklin Inst. **196**, 521, 1923.

7) C. Baskerville und G. Kunz, Sill. J. **18**, 25, 1904; St. Meyer, Phys. Z. **10**, 483, 1909; K. Przibram, Mitt. Ra-Inst. 138, Wien. Ber. **130**, 265, 1921; Verh. D. Phys. Ges. (3), **3**, 1, 1922; St. Meyer und K. Przibram, Mitt. Ra-Inst. 24, 58, 147, Wien. Ber. **121**, 1413, 1912; **123**, 653, 1914; **131**, 429, 1922; Z. phys. Chem. **100**, 334, 1922. (vgl. auch 20.)

8) E. Goldstein, Ann. d. Phys. **54**, 371, 1895; Berlin. Ber. 222, 1901; Phys. Z. **3**, 149, 1902; J. Elster und H. Geitel, Ann. d. Phys. **59**, 487, 1896; G. T. Beilby, Proc. Roy. Soc. **74**, 506, 1905; W. Ackroyd, Proc. Chem. Soc. **20**, 108, 1904; St. Meyer und K. Przibram, Wien. Ber. **123**, 653, 1914.

9) T. Svedberg, Die Methoden zur Herst. kolloid. Lösungen, 481, 486, Dresden 1909; J. C. Maxwell-Garnett, Phil. Trans. (A) **205**, 265, 1905.

10) M. Curie, Radioaktivität, Deutsche Ausg. II, 226, 1912; C. H. Viol, G. D. Kammer und A. L. Miller, Nature **115**, 801, 1925; Science (N. S.) **61**, 489, 1925.

11) P. Lenard und S. Saeland, Ann. d. Phys. (4) **28**, 488, 1909; St. Meyer und K. Przibram, Wien. Ber. **121**, 1413, 1912.

12) J. C. Maxwell-Garnett wie 9); St. Meyer und K. Przibram wie 8); A. Dauvillier, C. R. **171**, 627, 1920.

13) R. J. Strutt, Proc. Roy. Soc. (A) **89**, 405, 1914; S. C. Lind und D. C. Bardwell, J. Franklin-Inst. **196**, 375, 1923; J. Kœnigsberger, N. Jahrb. f. Min. Beilagebd. **14**, 43, 1901; Bayr. Akad. d. Wiss. math. phys. Kl. **28**, Abh. 12, 1919; R. Brauns, Zentralbl. f. Min. 721, 1909; K. Simon, N. Jahrb. f. Min. Beilagebd. **26**, 249, 1908; H. Michel und K. Przibram, Wien. Anz. **62**, 49, 1925.

14) C. E. S. Philipp, Nature **93**, 295, 1914.

15) F. Henrich, Sitzber. Phys.-Med. Soz. Erlangen **46**, 1, 1914.

16) O. Mügge, Gött. Nachr. 110, 1922.

17) K. Przibram, Z. f. Phys. **20**, 196, 1923; P. Headden, Sill. J. (5) **5**, 314, 1923; **6**, 247, 1923; Proc. Colorado Sc. Soc. **11**, 399, 1923; S. C. Lind und D. C. Bardwell, J. Franklin Inst. **196**, 375, 1923; S. C. Lind und R. E. Nyswander, Phys. Rev. (2) **23**, 296, 1924; S. C. Lind, Science **59**, 238, 1924.

18) K. Przibram, Wien. Anz. **59**, 193, 1922.

19) St. Meyer und K. Przibram, Mitt. Ra.-Inst. 147, Wien. Ber. **131**, 429, 1922; C. Doelter, Zentralbl. f. Min. 321, 1923; S. C. Lind und D. C. Bardwell, J. Franklin Inst. **196**, 375, 1923.

20) K. Przibram, Mitt. Ra-Inst. 138, Wien. Ber. **130**, 265, 1921; K. Przibram und E. Kara-Michailova, Mitt. Ra-Inst. 149, 159; Wien. Ber. **131**, 511,

1922; **132**, 285, 1923; M. Belar, Mitt. Ra-Inst. 154, Wien. Ber. **132**, 45, 1923. H. Hirschi, Schweiz. Min. u. Petr. Mitt. **3**, 253, 1923; C. Doelter und J. Nagler, Zentralbl. f. Min. S. 673. 1924.

21) M. Belar, Mitt. Ra-Inst. 154, Wien. Ber. **132**, 45, 1923; P. Ludewig und F. Reutter, Z. f. Phys. **18**, 183, 1923; **26**, 45, 1924; K. Przibram, Z. f. Phys. **20**, 196, 1923.

22) K. Przibram und M. Belar, Mitt. Ra-Inst. 157, Wien. Ber. **132**, 261, 1923.

23) P. L. Bayley, Phys. Rev. (2) **24**, 495, 1924; Z. Gyulai, Z. f. Phys. **31**, 296, 1925; **35**, 411, 1926; **37**, 889, 1926; F. Urbach, Mitt. Ra-Inst. 185, Wien. Ber. **135**, 149, 1926.

24) H. Steinmetz, Z. f. Kryst. **61**, 380, 1925; A. Smekal, Wien. Anz. **62**, 159, 191, 1925; Phys. Z. **26**, 707, 1925.

25) K. Przibram, Phys. Z. **25**, 640, 1924; Mitt. Ra-Inst. 177, Wien. Ber. **134**, 1925.

26) W. C. Röntgen, Ann. d. Phys. (4) **64**, 1, 1921; B. Gudden und R. Pohl, Z. f. Phys. **31**, 651, 1925.

27) K. Przibram, Wien. Anz. **63**, 28, 1926; Mitt. Ra-Inst. 187, Wien. Ber. **135**, 1926; M. Belar, Mitt. Ra-Inst. 186, Wien. Ber. **135**, 1926.

28) K. Przibram, Mitt. Ra-Inst. 188, Wien. Ber. **135**, 1926.

15. Physiologische Wirkungen. Wirkungen der Becquerelstrahlen auf Organismen sind sichergestellt. Allem Anschein nach ist eine Analogie mit anderweitigen physikalischen Einwirkungen oder Gift wirkungen vorhanden in dem Sinne, daß stärkere Dosen schädigend, sehr geringe Mengen aber stimulierend zu wirken vermögen. So sucht man auch die Wirkungen der sogenannten indifferenten Thermen im speziellen auf ihren Radiumemanationsgehalt zurückzuführen. Es war naheliegend, daß diese Eigenschaft von der Medizin sogleich erfaßt wurde, und daß zahlreiche Experimentatoren trachteten, dieselbe zur Bekämpfung von Krankheiten nutzbar zu machen.

Als Grundsatz kann man die These voranstellen, daß nur diejenigen Strahlen, die vom Körper absorbiert werden, oder in ihm sekundäre Strahlung auslösen, wirksam sein können. Doch ist daran zu denken, daß die biologischen Strahlenwirkungen direkte und indirekte sein mögen. Eine Organwirkung kann auch dann eintreten, wenn das betreffende Organ von den Strahlen selbst nicht erfaßt wird. (Fernwirkung).

Da die α-Strahlen in Substanzen der Dichte 1 (Organismen) bis höchstens 0,1 mm Tiefe eindringen, kann denselben keine besonders tiefgehende direkte Wirkung zukommen. Die Möglichkeit einer Wirkung in Lösungen (Anwendung von Emanation oder injizierten Präparaten), besonders wenn diese in die Blutbahn gelangen, kann jedoch nicht ausgeschlossen werden.

Den Hauptanteil der wirksamen Strahlen dürften aber die relativ leicht absorbierbaren β-Strahlen stellen. Die sehr durchdringlichen γ-Strahlen wirken wahrscheinlich wesentlich durch die von ihnen erzeugten sekundären β-Strahlen. (Der

---

Literatur zu IV, 15 siehe Seite 265.

Nutzen von Bleischirmen als Präventivmaßregel gegen γ-Strahlen erscheint deshalb, weil an diesen weiche Strahlen entstehen müssen, die vom Körper absorbiert werden, als problematisch.)

Filtration der Strahlen durch dicke Filter kann nur den Zweck haben, die mannigfaltige primäre β-Strahlung zu unterdrücken und durch die charakteristische Sekundärstrahlung der Hülle und der getroffenen Teile zu ersetzen. Es gehen dann aber von Pb-, Al-, usw. Filtern verschiedenartige Strahlen aus, je nach der Natur des absorbierenden Metalles. Sehr weiche sekundäre Strahlen können durch Karton, Zelluloid, usw. eliminiert werden.

Angaben, die über die Natur, Härte und Dosis der betreffenden Strahlung, die zur Anwendung kam, nichts Bestimmtes mitteilen, sind nur von untergeordneter Bedeutung.

Botanisch-biologische Studien ergaben: Wachstumshemmungen an Pilzen, Vernichtung der Keimkraft der Samen;[e)] [1]) Hemmung des Wachstums von Wurzeln und Knospen und der ganzen Pflanze, Beschleunigung des Laubfalles usw.

„Atrophie der Blütenteile, Stillstand der Entwicklung des Embryonalsackes, Entartung des Zellkernes, der Antheren und der Keimkraft der Pollenkörner sind die wichtigsten Resultate der Experimente mit starken Dosen von radioaktiven Präparaten“[2]).

Die Wirkung muß aber nicht immer hemmend oder gar tötend sein. Geringe Mengen sind [vgl. die Versuche mit Emanation von H. Molisch[1])] imstande, eine Förderung der Entwicklung hervorzurufen.*)

Dieser Forscher hat weiter die interessante Tatsache gefunden, daß es so gelingt, Pflanzen vorzeitig aus ihrer Ruheperiode zu erwecken. Er vermochte die starke Beeinflussung des Vegetationspunktes zu erweisen und Veränderungen im ganzen Gehaben der Pflanze zu erzielen. In besonders prägnanter Weise konnte er zeigen, daß die Sprosse von Sedum Sieboldii, die normal dreigliedrige Blattquirle bildet, nach Einwirkung von starker Emanation keine dreiblättrigen Wirtel sondern nur mehr diskussiert stehende Blattpaare liefert.

E. Stein[1]) findet Wachstumshemmungen und Störungen bei Löwenmaul, jedoch keine erbliche Beeinflussung.

U. a. zeigten A. Kotzareff und F. Chodat[3]) bei der Einwirkung auf Bierwürze und Hefe, daß 0,25 Millicurie die Hefebildung begünstigt, 2 Millicurie sie hemmen.

Literatur zu IV, 15 siehe Seite 265.

*) Förderungen des Wachstums[3]) sind bei geringen Dosen radioaktiver Substanz von G. Fabre, W. Falta und G. Schwarz, J. Stoklasa und V. Zdobnicky, J. Muñoz del Castillo sowie J. C. Sanderson angenommen worden. Letzterer untersuchte beispielsweise verschiedene Bodenproben, fünf größerer Fruchtbarkeit (A) und acht minderer (B) und fand im Mittel

$$\text{zu A } 7 \cdot 10^{-13} \frac{g \cdot \text{Ra}}{\text{cm}^3} \text{ und } 6 \cdot 10^{-6} \frac{g \cdot \text{Th}}{\text{cm}^3}$$

$$\text{„ B } 2 \cdot 10^{-13} \text{ „ } \quad \text{„ } 3 \cdot 10^{-6} \text{ „ .}$$

Weitgehende Schlüsse für die Anwendung „radioaktiver Dünger“ daraus zu ziehen, wäre wohl noch verfrüht.

Zoologisch-biologische Studien: Tötende Wirkungen auf Mikroorganismen wurden zuerst von E. Aschkinass und W. Caspari, dann R. Pfeiffer und C. Prauswitz, P. Curie und J. Danysz und vielen anderen beobachtet[e]).

Die Bazillen der Cholera, von Typhus, Milzbrand, Streptokokken usw. scheinen unter entsprechender Behandlung vernichtet zu werden. Unsicherer ist der Erfolg bei Tuberkelbazillen. Auch die Abtötung des Tollwut-virus wurde behauptet, doch scheinen die Ergebnisse an befallenen Lebewesen sehr zweifelhaft[4]).

Intensiv werden auch höher organisierte Lebewesen beeinflußt[5]). Besonders stark empfindlich sind junge embryonale Zellen oder Keimzellen, Eier und Samenfäden. Schädigung befruchteter Eier erkennt man bei mikroskopischer Untersuchung in einer Veränderung der Kernteilungsfiguren oder Verlangsamung der Zellteilung. Schädigung tritt gleichartig auf, ob das unbefruchtete Ei oder der Samenfaden vor der Befruchtung affiziert wird, so daß es allem Anschein nach wesentlich auf die Beeinflussung der Kernsubstanzen ankommt.

Einfluß auf den Menschen. Etwas ausführlicher seien die schädigenden Wirkungen beschrieben, welche die Physiker und Chemiker meist unfreiwillig am eigenen Leibe erfahren haben, weil durch diese Hinweise diejenigen, welche mit radioaktiven Substanzen zu tun haben, sich vielleicht einigermaßen vorsehen können.

Fig. 46b.

r = Finger der gesunden rechten Hand; l = linke Hand mit Veränderungen an Daumen, Zeigefinger, Mittelfinger.

Einflüsse auf die Haut wurden sehr bald erkannt[6]). P. Curie hat festgestellt, daß bei Auflegung von radiumhaltigen Kapseln lokale Entzündungen und Erscheinungen auftreten, die an Verbrennungen gemahnen. Es traten beispielsweise bei zehnstündiger Exposition des Armes mit relativ schwachen Präparaten nach einiger Zeit Rötung, später Blasenbildung auf und die Heilung beanspruchte mehrere Monate. Er stellte fest, daß, je kürzer die Einwirkung, desto später die ersten störenden Symptome auftraten, beispielsweise bei Exposition von einer halben Stunde erst nach

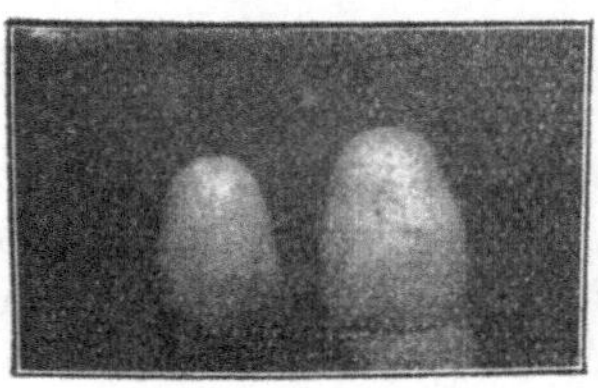

Fig. 46a.

Daumen der unversehrten rechten Hand (r) und atrophischer der linken (l).

Literatur zu IV, 15 siehe Seite 265.

14 Tagen, bei einer solchen von 8 Minuten erst nach 2 Monaten. Von M. Curie u. a. wurden auch Rezidiven beobachtet.

Als typisches Beispiel, wie es sich besonders beim Umfüllen von Emanationssatten Präparaten zeigt, bei welchem zumeist die das Gläschen haltenden Finger, also Daumen, Zeigefinger und Mittelfinger der linken Hand affiziert werden, sei die Erfahrung mitgeteilt, die wir bei der Umleerung starker Präparate machten (an rund 200 bis 1000 mg). Nach etwa einer Woche trat Rötung, Blutaustritt unter der Haut, dann Blasenbildung, wie bei starken Verbrennungen auf. Hemmung des Wachstums der Fingernägel und Verhornung der entfernteren Partien um den Nagel sind Begleiterscheinungen. Der sehr schmerzhafte Verlauf, der auch an die Folgeerscheinungen bei Erfrierungen erinnert, beansprucht einige Wochen bis Monate. Als Behandlung werden bloß Umschläge mit essigsaurer Tonerde und gewiß kein frühzeitiges Aufmachen der Blasen empfohlen. Es verbleiben, da keine gute Regeneration der Haut bei starken Affektionen eintritt, unangenehme Narben, die stellenweise Verhärtungen mit immer wieder punktweise auftretenden Blutungen unter der Haut aufweisen. Sie werden von Zeit zu Zeit, auch noch nach Jahren schmerzhaft. Die Muskulatur wird atrophisch. Rezidiven wurden (z. B. nach etwa 10 Monaten) bemerkt. Einwirkungen auf die Blutzusammensetzung wurden im Wiener Radiuminstitut schon seit 1910 an mit starken Präparaten beschäftigten Forschern festgestellt; die Zahl der roten Blutkörperchen erscheint stark vermehrt (Leukopenie). (Vgl. auch [14]). (Naheliegend: Anwendung gegen Leukämie u. dgl.).

Einmal geschädigte Stellen bleiben für neuerliche Einwirkung besonders empfindlich [24]).

Ob die Lymphe aus affizierten Stellen toxisch wirkt, ist fraglich. Handschuhe und womöglich Anfassen mit Zangen (Distanzieren) beim Öffnen der Gläschen und mehrstündiges Entemanieren vor weiterer Hantierung sind die besten Vorsichtsmaßregeln.

Bei geringerer, trotz aller Vorsicht nicht immer zu vermeidender Einwirkung tritt zumeist glatte Vernarbung ein.

Physiologische Gegenwirkung von ultraroten Strahlen gegen ultraviolette, X- und γ-Strahlen wird behauptet.

C. Kaiserling[e]) faßt die bekannt gewordenen Tatsachen in die folgenden Sätze zusammen:

„Sehr große Strahlendosen vermögen bis zu einer geringen Tiefe alle Gewebe zu nekrotisieren. Der Nekrose geht ein hypertrophisches Stadium voraus. Die Wirkung geht direkt auf die Zellen. Bei mittleren Dosen findet eine gewisse differenzierende Wirkung auf die verschiedenen Zellarten statt. Schwache Dosen bewirken vielfach nur eine Wachstumsanregung und hypertrophische Prozesse. Alle Wirkungen treten nach einer im umgekehrten Verhältnis zur Strahlendosis stehenden Latenzzeit auf. Die Wirkung ist eine nahezu lokale. Zu den unmittelbar ausgelösten regressiven oder progressiven Zellveränderungen kommt eine teils primär, teils sekundär exsudativ entzündliche hinzu seitens

Literatur zu IV, 15 siehe Seite 265.

des gefäßführenden Bindegewebes. Jüngere und zellreichere Gewebe, auch in Regeneration befindliche und entzündlich zellig infiltrierte sind empfindlicher als ausgebildete normale, während hyperämische und ödematöse unempfindlicher sind."

Besonders gefährlich scheint die Aufnahme von Radium selbst in den Körper zu sein, da dieses sich an den Knochen ablagern und im Organismus verbleiben kann. Amerikanische Blätter berichteten (1926) über den Tod von 7 Arbeiterinnen der Luminous Watch-Factory, U. S. Ra-Corporation, Orange, New-Jersey. Diese hatten die Pinsel, mit denen sie radioaktive Leuchtfarben (ZnS + 10^{-4} Ra) aufzumalen hatten, ständig mit den Lippen befeuchtet und auf diesem Wege im Verlauf mehrerer Jahre relativ bedeutende Mengen Ra in sich aufgenommen. Folgen waren: Ausfallen der Zähne, Nekrose der Unterkiefer usw. Der Kieferknochen der Toten erwies sich stark radiumhaltig.

Biologisch wichtig erscheint auch der besonders von A. Fernau und W. Pauli[9]) erbrachte Nachweis einer direkten Einwirkung auf das native Eiweiß. Diese besteht in „irreversibler Zustandsänderung des Proteins, die schließlich in Koagulation übergeht."

Hämolyse durch Ra-Strahlen haben C. J. Salomonsen und G. Dreyer[18]) nachgewiesen. Sie kommt durch β- wie durch γ-Strahlung zustande [W. Hausmann[18])] und geht nach der Art monomolekularer Reaktionen vor sich [G. Dreyer und O. Hanssen[18])].

Nach Angabe zahlreicher Mediziner sind u. a. erfolgreiche Behandlungen mittels „Strahlentherapie" radioaktiver Stoffe zu verzeichnen bei Hautkrankheiten, wie Ekzemen, Herpes, Lupus usw.; bei Tumoren, Karzinomen und Sarkomen; bei Trachom usw.

Die Behandlung mit Emanationsinhalation oder Emanationstrinkkuren scheint erfolgreich bei Gelenksrheumatismus, Gicht, Ischias.

Injektionen, speziell auch mit ThX oder Po in physiologischer Kochsalzlösung, scheinen infolge von Beeinflussung der Leukozyten und Blutzusammensetzungen gegen Leukämie anwendbar.

Jedenfalls wird injiziertes Ra, MsTh, ThX im Körper mit dem Ca, Ba, also in Knochen, Steinen usw. abgelagert werden.

Die Ablagerungsstätten der durch Injektion aufgenommenen radioaktiven Stoffe im Körper lassen sich durch ihre Strahlen leicht feststellen. So hat G. v. Hevesy[25]) mittelst radioaktiver Indikatoren die Absorption und Verlagerung von Pb in Pflanzen studiert. J. S. Lattès und A. Lacassagne[25]) machten photographisch Autodiagramme von Organismen, die Po aufgenommen hatten.

(Da viele zur Verwendung kommende radioaktive Präparate ihrer Darstellung entsprechend Barium enthalten, ist besonders darauf zu achten, daß nicht schädigende Wirkungen durch die Bariumsalze bei Injektionen auftreten können!)

Viel Interesse erwecken auch die Versuche von H. Zwaardemaker[17]) zur Wiedererweckung des Kaltblütlerherzens und weitergehende, mittelst K-Rb-Th-U-Ra-Strahlen, wobei gleiche Dosen von β-Strahlen die äquivalenten Mengen der verschiedenen Stoffe definieren sollen. Physiologische Wirkungen von Rb wurden auch

---

Literatur zu IV, 15 siehe Seite 265.

von A. H. Roffo und J. Landaburu[17]) untersucht. C. Rouppert und H. Jedrzejowski[17]) behaupten, daß Kalium die schädigende Wirkung von Ra Em auf das Protoplasma aufhebe. Die Angaben A. Nodons[22]), lebende Zellen zerfallen wie radioaktive Atome unter analogen Wirkungen, widersprechen den derzeit geltenden Auffassungen.

Anhang zu IV, 15.

Über die Formen der Präparate, die medizinische Verwendung finden.

Für die Strahlentherapie sind eine Reihe von speziellen Anordnungen angegeben worden, auf deren Details hier nicht eingegangen werden soll [vgl. hierzu L. Wickham und P. Degrais[a]), P. Lazarus[e]) sowie A. Fernau [1,8])].

Für β- und γ-Strahlung wird gewöhnlich Einschluß in Röhrchen bestimmter Wandstärke oder in Kapseln mit Glimmerverschluß benutzt. Auch Hohlnadeln, die mit Ra (meist als Sulfat) eingefüllt sind und in erkrankte Stellen eingeführt werden können, sind beliebt. Auf die Dosierung und die Absorptionsverhältnisse muß natürlich größte Sorgfalt verwendet werden[13]). Als Einheit hat V. F. Hess[13]) „1 Eve" d. i. die γ-Ionisation von 1 g Ra in Distanz 1 cm (bzw. „Milli-Eve-Stunden") vorgeschlagen und eine Art Rechenschieber zur Bestimmung der Dosierung angegeben. Die vielfach verwendete Annahme, daß es hierbei nur auf das Produkt: Aktivität mal Bestrahlungsdauer ankomme, ist jedoch gewiß nicht streng gültig.

Gilt es eine bestimmte Oberfläche des Gefäßes tunlichst gleichmäßig mit der strahlenden Substanz zu beschicken, so empfiehlt es sich, die Substanz als feinstpulveriges Karbonat oder Sulfat in Alkohol aufzuschlemmen (besser als in Aceton, Äther, Benzol oder Chloroform), sodann auf die mit einem Rand versehene Fläche aufzugießen und durch gelindes Erwärmen zu trocknen. So gewonnene Schichten haften recht fest an der Unterlage. Man kann sie noch weiter fixieren, indem man beispielsweise einen Tropfen Terpentin auftropft, der die ganze Salzmenge durchdringt und beim Erhitzen verharzt.

Vielfach finden auch Lackscheiben Verwendung. Als Lack ist besonders von F. Dautwitz[7]) eine Mischung von einem Teil harten Kopal, ein Teil Bernstein, drei Teilen kalt gepreßten Leinöls erprobt (St. Joachimstaler Träger). Das Salz wird als Karbonat sorgfältig mit dünnen Glasstäbchen gleichmäßig eingerührt. Der Lack läßt sich auch für Gewebe usw. brauchen. Aus diesen von Glimmer unbedeckten, befriedigend widerstandsfähigen Präparaten tritt noch ein großer Prozentsatz von α-Strahlen aus. Die Emanation bleibt nahezu vollständig okkludiert.

Für Strahlungsexperimente, die bald nach Herstellung von Präparaten vorgenommen werden können, eignet sich auch Anwendung induzierter Aktivität (RaA—RaC) auf Drähten oder Blechen oder durch Abpumpen aus Radiumlösung (und eventuell Ausfrierenlassen) in Röhrchen abgefüllte Emanation[8]), oder Aufspeicherung von Emanation in Kohle (Rademanit), die nach ca. 4 Stunden bereits die β- und γ-Strahlung voll liefert, allerdings danach entsprechend dem Zerfalle der Emanation in ihrer Wirkung abnimmt.

Gilt es die Emanation aus der Kohle wiederzugewinnen, so kann man z. B. für „Sanatorien im Hause" die kleinen Kohlenmengen (etwa 1 Gramm) in Lämpchen, analog den zu Desinfektionszwecken üblichen Formalinlampen, verglühen, — wo-

Literatur zu IV, 15 siehe Seite 265.

bei durch Zusatz sauerstoffabgebender Substanzen für vollkommene Verbrennung (Vermeidung von CO) zu sorgen ist.

Für Emanationsgewinnung aus radioaktiven Lösungen, z. B. für Beschickung von Wässern zu Trink- oder Badezwecken kann die Anordnung Fig. 47 dienen, welche das einfachste Verfahren charakterisiert.

Die Gummiballen werden zwar unter dem Einfluß der Strahlung relativ rasch verbraucht, lassen sich aber immer leicht ersezten. Auch kann man statt ihrer irgendwelche andere Pump- oder Saugverfahren benutzen.

Soll die Emanation in einen Luftraum gebracht werden, so gilt das gleiche Verfahren, indem der große Luftraum des Emanatoriums an Stelle der Flasche B tritt. (Für Benutzung durch längere Zeit oder mehrere Personen muß dann noch für Sauerstoffersatz im Raume gesorgt werden, eventuell auch für Absorption anderer Gase.)

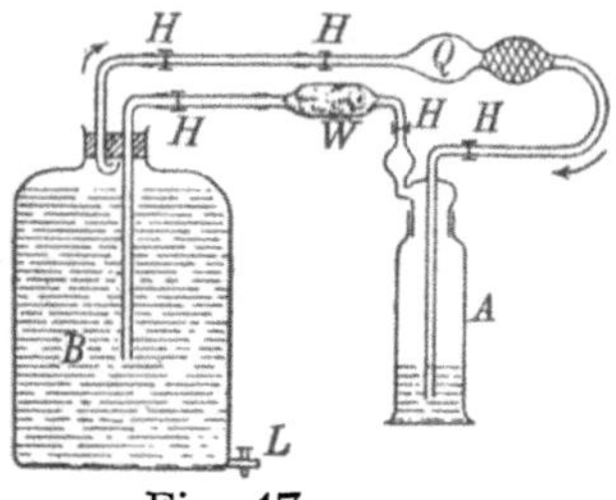

Fig. 47.

A = Flasche mit Ra-Lösung; B = große Flasche mit Wasser, das mit Em beschickt werden soll; Q = Quetschballen; H = Hähne (Quetschhahne); W = Wattevorlage; L = Ablaufhahn.

Sollen natürlich vorkommende emanationshaltige Quellwässer für Emanatorien Verwendung finden, so ist nur dafür zu sorgen, daß das Wasser bis zum Emanatoriumsraum tunlichst ohne Emanationsverlust (ohne Luftdurchmischung) geleitet werde, im betreffenden Raume aber seine Emanation möglichst vollständig abgeben könne. Dies geschieht am besten durch mechanisches Zerstäuben in kleine Tröpfchen, sei es durch Herunterfallen des Wassers über Stiegenkaskaden, sei es durch rotierende Düsen oder andere derartige Einrichtungen.

Literatur zu IV, 15:*)

Zusammenfassende Darstellungen:

a) L. Wickham und P. Degrais, Radiumtherapie, Berlin 1910, J. Springer.

b) E. S. London, Radium in Biologie und Medizin, Leipzig 1911, Akad. Verlagsges.

c) S. Loewenthal, Grundriß der Radiumtherapie, Wiesbaden 1912, J. F. Bergmann.

d) A. Bayet, Das Radium, seine therapeutischen Wirkungen, Wien 1912, Perles.

e) P. Lazarus, Handbuch der Radiumbiologie und Therapie, Wiesbaden 1913, J. F. Bergmann.

f) H. A. Colwell und S. Russ, Radium, X-Rays and the Living Cell. London 1915, G. Bell a. Sons,; II. Aufl. A Biological Study of Radiation, 1924.

g) H. H. Janeway, B. S. Barringer und G. Failla, Radium Therapy in Cancer, New-York 1917, P. B. Hoeber.

h) W. Falta, Die Behandlung innerer Krankheiten mit radioaktiven Substanzen, Berlin 1918, J. Springer.

i) B. Krönig und W. Friedrich, Physikalische und biologische Grundlagen der Strahlentherapie, Berlin-Wien 1918, Urban & Schwarzenberg. (Strahlentherapie, III. Sonderband.)

*) Dieses Verzeichnis soll nur Anhaltspunkte liefern und macht keinen Anspruch auf Vollständigkeit.

j) L. Adler, Radiumbehandlung maligner Tumoren, Berlin-Wien 1919, Urban & Schwarzenberg. (IV. Sonderband.)

k) E. Kutznitzky, Experimentelle Strahlentherapie, Naturwiss. **7**, 233, 1919.

l) F. Gudzent, Grundriß zum Studium der Radiumtherapie 1919.

m) L. Piwussen, Biologische Lichtwirkungen, ihre phys. u. chem. Grundlagen. Ergeb. der Physiol. **19**, 95, 1920.

n) W. Hausmann, Grundzüge der Lichtbiologie und Lichtpathologie, Strahlentherapie, Berlin-Wien 1923, Urban & Schwarzenberg. (VIII. Sonderbd.)

o) G. Schwarz, Über einige strahlenbiologische Phänomene in ihren Beziehungen zur therapeutischen Methodik, Wien. klin. Woch. Nr. 50, 1923; Nr. 4, 1924.

p) H. Meyer, Lehrbuch der Strahlentherapie, Berlin-Wien 1925, Urban & Schwarzenberg.

q) G. H. Niewenglowski, Les rayons *X* et le radium, Paris 1924, Hachette.

r) S. Laborde, La Curiethérapie des Cancers, Paris 1925, Masson et Cie.

s) A. Fernau, Einführung in die Physik und Chemie des Radiums und Mesothors, 2. Aufl. Wien 1926, W. Braumüller.

Einige Zeitschriften:

I) Radium in Biologie und Heilkunde, Leipzig 1912/13, J. A. Barth.

II) Strahlentherapie, Berlin-Wien seit 1912, Urban & Schwarzenberg.

III) Fortschritte auf dem Gebiet der Röntgenstrahlen, begr. von H. Albers-Schönberg, Hamburg, Lukas Gräfe & Sillem.

IV) Zeitschrift für Röntgenologie; Revista de Radiologia, Berlin, Dr. Immelmann.

V) Zentralblatt für die gesamte Radiologie, Berlin, 1926, Springer.

VI) Acta Radiologica, Stockholm, Norstedt & Söhne.

VII) La Radiologia medica, Mailand, Zerboni.

VIII) The Journal of Radiology, Nebraska, Omaha.

IX) Radiology, Chicago, J. Hubeny.

X) The American Journal of Roentgenology and Radium-Therapy, New-York, P. B. Hoeber.

XI) Archives of Radiology and Electrotherapy, London, W. Heinemann.

XII) The Journal of the Roentgen Society, London, J. H. Gardiner.

XIII) American Journal of Therapeutics and Radiology, New-York, W. Benham Snow.

XIV) Bull. et mém. de la Soc. de Radiologie médicale de France, Paris, Masson.

XV) Journal de Radiologie et d'Électrologie, Paris, Masson. et Cie.

XVI) Archives d'Électricité Medicale, Bordeaux.

XVII) Annales de Roentgenologie et Radiologie, Leningrad.

XVIII) Revista Ibero-Americana de Medicina y Terapeutica Fisicas, Madrid.

XIX) Boletin del Instituto de Medicina Experimental, Buenos-Aires.

XX) Journal de Radiologie Belge, Anvers.

XXI) Archivio de Radiologia, Napoli.

1) H. Molisch, Wien. Ber. **120**, 305, 1911; **121**, 121, 1912; **121**, 833, 1912; M. Körnicke, Ber. d. Bot. Ges. **22** und **23**, 1904/1905; F. Dautwitz, Z. f. Heilk. **27**, 87, 1906; J. Stoklasa, Strahlentherapie **4**, 1, 1914; C. R. **155**, 1096, 1912; **156**, 153, 1913; J. Stoklasa und V. Zdobnicky, C. R. **157**, 1082, 1913; E. Stein, Z. f. indukt. Abstammungsl. **29**, 1922; Naturwiss. **11**, 308, 1923; J. P. Aversenq, Delas, L. Jaloustre und E. Maurin, C. R. **178**, 1491, 1924; J. P. Aversenq, L. Jaloustre und E. Maurin, C. R. **182**, 804, 1926; A. H. Blaauw und W. van Heyningen, Amsterdam Proc. **28**, 403, 1925; E. Kayser und H. Delaval, C. R. **181**, 151, 1925; A. Sartory, R. Sartory uud J. Meyer, C. R. **183**, 77, 1926.

2) P. Becquerel in e) S. 127.

3) G. Fabre, C. R. de la Soc. de Biologie **2**, 523, 1910; J. Stoklasa, Österr. Chemikerz. **15**, 301, 1912; W. Falta und G. Schwarz, Berl. klin. Woch. Nr. 14, 1911; J. Muñoz del Castillo, Bol. Inst. Rad. Madrid, **5**, 1913; J. C. Sanderson, Sill. J. **39**, 391, 1915; H. J. Hamburger und D. J. Waard, C. R. **165**, 372, 1917; J. Stoklasa, C. R. **174**, 1075, 1265, 1922; J. Stoklasa und J. Penkava, C. R. **179**, 819, 1924; A. Kotzareff und F. Chodat, Arch. scienc. phys. et nat. (5), **5**, C. R. 36, 1923.

4) Erh. Suess, Z. f. Tuberkulose **12**, 480, 1908; J. Cluzet, A. Rochaix und Kofman, C. R. **172**, 97, 1921; J. A. Marshall, Washington Proc. **8**, 317, 1922; Chem. News **126**, 31, 1923; P. Lemay und J. Jaloustre, C. R. **175**, 1053, 1922; J. P. Aversenq, L. Jaloustre und E. Maurin, C. R. **176**, 193, 1923; A. Maubert, L. Jaloustre und P. Lemay, C. R. **180**, 1205, 1925; A. Maubert, C. R. **182**, 1182, 1926.

5) Vgl. e) Kap. XI von O. Hertwig; derselbe, Berlin Ber. 894, 1914; E. Congdon, Wien. Ber. **120**, 1327, 1911; Harvard College **53**, No. 7, 8, 1912; W. v. Bolton, Z. Elektrochem. **14**, 816, 1908; A. Fernau, Strahlentherapie **15**, 532, 1923; O. Hertwig, Arch. f. mikroskop. Anat. und Entw. Mech. **77**, 1911; P. Hertwig, ebenda **77**, 1911; **87**, 1916; F. Payne, ebenda **86**, 1913: W. Grasnick, ebenda **90**, 1918; O. L. Mohr, ebenda **92**, 1919; G. Hertwig, Strahlentherapie **11**, 1920; F. Alverdes, Arch. f. Entw. Mech. **47**, 1921; W. Alberti und G. Politzer, Arch. f. Entw. Mech. **100**, 1923; **103**, 284, 1924.

6) M. Walkhoff, Phot. Rundschau, 1900; P. Curie und H. Becquerel, C. R. **132**, 1289, 1901; M. Curie, Radioaktivität, Deutsche Ausg. 1912, II, 273; F. Dautwitz, in „Die Schädigungen der Haut durch Beruf und gewerbl. Arbeit" Herausg. von K. Ullmann, Oppenheim und Rille, S. 225 Leipzig 1922, Voss.

7) F. Dautwitz, Wien. klin. Wochenschr. 844, 1912.

8) Vgl. z. B. W. Duane, Phys. Rev. (2) **5**, 311, 1915.

9) A. Fernau und W. Pauli, Biochem. Zeit. **70**, 426, 1915.

10) A. Fernau, Strahlentherapie **7**, 527, 1916.

11) B. Schulze, Landw. Versuchsstationen **87**, 11, 1915.

12) P. Ehrenberg, Naturwiss. **4**, 345, 1916.

13) W. Falta, Wien. klin. Wochenschr. **30**, Nr. 15, 1917; P. Matzdorff, Fortschr. a. d. Geb. d. Röntgenstr. **27**, 297, 1920; R. M. Sievert, Act. Radiol. **1**, 89, 1921; Z. f. Phys. **12**, 243, 1922; H. Broell, Strahlentherapie **14**, 239, 1922; W. Friedrich und P. A. Glasser, Strahlentherapie **14**, 362, 1922; W. Friedrich und O. Glasser, Z. f. Phys. **11**, 93, 1922; R. Glocker, O. Rothacker und W. Schönleber, Strahlentherapie **14**, 389, 1922; K. Przibram und E. Kara-Michailova, Mitt. Ra-Inst. 149, Wien. Ber. **131**, 517, 1922; V. F. Hess, United States Ra-Corp. 1. IX. 1921; Phys. Rev. (2) **19**, 73, 1922; J. of Radiology, März 1923; V. F. Hess und F. A. Sherrer, Pennsylvania Journ. of Roentgenol. Juli 1922; H. H. Poole, Nature **109**, 224, 831, 1922; Proc. Roy. Soc. Dublin **16**, 467, 1922; **17**, 45, 1922; J. S. Lattès, C. R. **176**, 867, 963, 1923; **177**, 798, 1923; **180**, 1023, 1400, 1925; J. S. Lattès und G. Fournier, C. R. **181**, 855, 1135, 1925; A. Fernau, Strahlentherapie **9**, 239, 1919; Y. Nishikawa, Strahlentherapie **15**, 545, 1923; L. Baumeister und R. Glocker, Z. phys. Chem. **97**, 368, 1921; H. Martius, Strahlentherapie **16**, 277, 1923; O. Glasser, Fortschr. auf d. Geb. d. Röntgenstr. **32**, 343, 1924; Strahlentherapie **19**, 712, 1925; E. Huth, Strahlentherapie **19**, 358, 1925; R. Herz, Strahlentherapie **21**, 110, 1925; J. Salomon, Strahlentherapie **20**, 642, 1925; vgl. auch Gmelin's Handb. d. anorg. Chem. 8. Aufl, I, 197, 1926.

14) J.R.Clarke u. J.C.Mottram, Nature **105**, 400, 1920; M.Giraud, G.Giraud und G.Parès, C. R. **173**, 801, 1921; W. Hausmann, Strahlentherapie, **9**, 46, 1919; J.P. Aversenq, Delas, L. Jaloustre und E. Maurin, C. R. **178**, 1321, 1924; H. S. Martland, P. Conlon und J. P. Knef, J. Amer. Med. Ass. **85**, 1769, 1925.

15) C. Benoit und A. Helbronner, C. R. **177**, 786, 1923.

16) M. Levy-Dorn, Naturwiss. **7**, 721, 1919; A. Czepa, Naturw. Wochenschr. N. F. **20**, 657, 1921; S. Russ, H. Chambers u. G. M. Scott, Nature **106**, 778, 1921; Proc. Roy. Soc. London, 27. Jan. 1921; W. E. Pauli u. J. Groben, Phys. Z. **21**, 148, 1920; J. Cluzet u. A. Chevallier, C. R. **176**, 127, 1923; A. Maubert, L. Jaloustre und P. Lemay, C. R. **176**, 1502, 1923; A. Peyron, C. R. **177**, 1341, 1923.

17) H. Zwaardemaker, Versl. Akad. Wet. 25, 517, 1916; Amsterdam Proc. **23**, 838, 1921; **25**, 25. Juni 1922; Ergebn. d. Physiol. **19**, 325, 1921; Skandin. Archiv f. Physiol. **43**, 287, 1923; Biochem. Zts. **132**, 95, 1922; Soc. de Biologie, 75me Aniversaire de fondation, 26. Mai, 1923; H. Zwaardemaker, W. E. Ringer u. E. Smits, Amsterdam Proc. **26**, 575, 1923; H. Zwaardemaker, T. B. Flenstra u. M. E. J. M. Steyns, Amsterdam Proc. **27**, 425, 1924; H. Zwaardemaker, Onderzoekingen Physiol. Labor. Utrecht, V, 1925; VI, 1926; Paris Médical **16**, 117, 1926; A. H. Roffo und J. Landaburu, Bol. Inst. Med. Exper. Buenos-Aires **1**, 935, 1925; C. Rouppert und H. Jedrzejowski, C. R. **182**, 864, 1926.

18) C. J. Salomonsen u. G. Dreyer, C. R. **138**, 1543, 1904; W. Hausmann, Strahlentherapie **9**, 46, 1919; W. Hausmann und W. Kerl, Strahlentherapie **11**, 1027, 1923; G. Dreyer u. O. Hanssen, C. R. **145**, 371, 1907.

19) F. Henrich, Z. angew. Chem. **30**, 57, 65, 78, 1917.

20) A. Laborde und Frau, C. R. **164**, 811, 1917; A. Debierne und Regaud, Nature **99**, 319, 1917.

21) A. Lacassagne u. J. S. Lattès, C. R. **178**, 488, 630, 1924; C. R. Séances de Biol. **90**, 352, 485, 487, 1924; A. Fernau, Schramek u. Zarzycki, Strahlentherapie **3**, 333, 1913.

22) A. Nodon, C. R. **178**, 486, 1101, 1924.

23) E. Coy Bigger, Rep. Irish Ra Committee 1923; ebenda Mai 1925; Dublin Proc. **18**, (N. S.) 127, 1925.

24) St. Meyer und E. v. Schweidler, Radioaktivität, 1. Aufl. S. 201, 1916; J. Bergonié, C. R. **162**, 613, 1916; C. Richet, C. R. **162**, 614, 1916.

25) G. v. Hevesy, Biochem. Journ. **17**, 439, 1923; Biochem. Zeitschr. **173**, 175, 1926; G. v. Hevesy und S. Lomholt, C. R. **178**, 1324, 1924; **179**, 291, 1924; J. S. Lattès und A. Lacassagne, C. R. **178**, 487, 629, 771, 1924; J. de rad. et d'électrol. **9**, 1, 1925.

26) J. C. Mottram, G. M. Scott und S. Russ, Proc. Roy. Soc. London (A) 29. Apr. 1926; J. C. Mottram, Microsc. Soc. London, 19. Mai 1926.

Fünftes Kapitel.

Maße und Meßmethoden.

1. Einleitung. Zur Definition radioaktiver Substanzen und, was damit im Zusammenhange steht, zur Bestimmung des Gehaltes an solchen Stoffen und zur Dosierung bestimmter Mengen kann jede konstante oder in ihrem zeitlichen Verlaufe bekannte Eigenschaft derselben herangezogen werden.

Eine Reihe solcher Wirkungen und die damit zusammenhängenden Meßmethoden sind bereits in den voranstehenden Kap. III und IV besprochen; so chemische Beeinflussungen, die fluoreszenzerregende Wirkung auf geeignete Schirme (Bariumplatincyanür, Sidotblende, Diamant, Salipyrin usw.); die Beeinflussung der photographischen Platte, die Wärmeentwicklung, die Erzeugung von Helium (III, 7) und die Eigenschaft, die Gase zu ionisieren und damit elektrisch leitfähig zu machen.

Insbesondere die letztere Eigenschaft hat zur Ausarbeitung neuer Versuchsanordnungen geführt. Während die Fluoreszenz- und photographischen Effekte im allgemeinen nur zu raschen qualitativen Orientierungen dienen und nur bei der Zählung von α- oder H-Partikeln, Reichweitenbestimmungen und Messungen von Ablenkungserscheinungen im elektrischen und magnetischen Felde zu quantitativen Bestimmungen Anwendung finden, eignen sich für exakte Untersuchungen insbesondere, wie oben (IV, 10) gezeigt, die kalorimetrischen Messungen und ganz besonders die elektrischen.

Über die Herstellung der aktiven Präparate finden sich Angaben in Kap. VI bei den einzelnen Substanzen.

Sehr zu beachten ist die Gefährdung radioaktiver Messungen durch „Verseuchungen", d. i. Anwesenheit geringer unkontrollierbarer Spuren aktiven Materiales. Wo Em frei vorhanden war, gibt es auch den „aktiven Niederschlag", doch sind Em und die kurzlebigen Zerfallsprodukte im allgemeinen minder gefährlich, da sie durch gutes Lüften und Absterbenlassen eliminiert werden können. Bedenklicher ist längerer Kontakt mit RaEm wegen Bildung der langlebigen Ra D — Ra E — Ra F. Am schlimmsten ist aber die Anwesenheit von Spuren

---

Literatur zu V, 1: keine

unlöslicher Substanz, Erz, Erzrückstände oder gar stärkerer Präparate, die beim Verstauben des Pulvers eintreten kann, in Fugen und Ritzen eindringt und durch Schuhe, Kleider, Handtücher usw. und die Hände in die Arbeitsräume verschleppt werden kann. In den Apparaten selbst kann auch die Erscheinung des Aggregatrückstoßes, Mitreißen von aktiven Körnchen durch die α-Strahlen usw. störend wirken. Für feinere Messungen ist die sorgfältige Erhaltung unverseuchter Räume von großer Wichtigkeit.

Bei den speziellen Untersuchungen auf dem Gebiete der Radioaktivität handelt es sich im allgemeinen um die folgenden Aufgaben:

Definition und quantitative Beurteilung der zu untersuchenden Substanz

a) aus der Art ihrer Strahlung,

b) aus der Art ihres Zerfalles,

c) aus ihrem chemischen Verhalten.

Der letzte Punkt wird im Detail in Kap. VI behandelt, und ehe auf die Diskussion der ersteren Punkte eingegangen werden soll, seien einige Worte über die Maßeinheiten vorangestellt.

2. Wahl der Einheiten. Für diejenigen radioaktiven Elemente, die in wägbarer Menge rein erhalten werden können (U, Th, Ra), ist die naturgemäße Einheit die Gewichtsmenge einheitlicher Substanz. Dabei hat man nur bezüglich der Wirkungen darauf zu achten, ob diese Menge des reinen Materiales ohne ihre Zerfallsprodukte, oder im Gleichgewicht mit diesen, oder mit einem definierten Teil derselben zu verstehen ist. Im Falle des Radiums beispielsweise kann man entweder Ra allein, oder dasselbe samt seinen kurzlebigen Zerfallsprodukten, also Ra + RaEm + RaA + RaB + RaC oder samt den weiteren Zerfallsprodukten, also Ra + ⋯ + RaF (Po) heranziehen.

Für die meisten radioaktiven Körper ist es jedoch unmöglich direkt gefundene Gewichtsbeträge anzugeben, teils weil ihre Reindarstellung (trotz langer Lebensdauer der Substanz) bisher nicht gelungen ist, wie bei Io, MsTh, RdTh, Pa, Ac, teils weil diese Mengen wegen der kurzen Lebensdauer überhaupt zu geringfügig sind, als daß sie wägbar erhalten werden könnten. In diesen Fällen muß zur Definition der vorliegenden Menge entweder die Gleichgewichtsbedingung mit einer der obengenannten Stammsubstanzen herangezogen werden: $\lambda_1 N_1 = \lambda_2 N_2 = \lambda_3 N_3 \cdots$ in Mol; (mißt man in Grammen, so tritt an Stelle der N der Quotient N durch Atomgewicht),

Literatur zu V, 2 siehe Seite 277.

was die genaue Kenntnis der Zerfallskonstanten voraussetzt, oder es dient hierzu die Vergleichung der radioaktiven Wirkung gegenüber einer Normalsubstanz. In letzterem Sinne kommen wesentlich das Ionisierungsvermögen und die Wärmeentwicklung in Betracht. Als Bezugs-Substanzen sind derzeit nur Uran, Thor und Radium diskutabel.

Uran-Einheiten. Historisch die erste „Einheit" ist die „Uran-Einheit". H. Becquerel[1]) hatte hierfür metallisches Uran beantragt, und darauf beziehen sich viele ältere (meist schlecht definierte) Angaben. Doch ist gut charakterisiertes reines U-Metall nicht ganz leicht zu beschaffen.

St. Meyer u. E. v. Schweidler [2]) haben dann Normallösungen von Uranylnitrat vorgeschlagen (später auch L. Michiels). Endlich haben H. N. Mc Coy [3]) und seine Mitarbeiter im Uranoxyduloxyd U_3O_8 ein geeignetes Standardmedium zu schaffen gesucht.

Zu beachten ist [14]), daß als gesicherte Oxydformen bloß existieren: UO_3 hellolivengrün; U_3O_8 grauschwarz; UO_2 kastanienbraun. Grauschwarze Oxyde entsprechend U_3O_8 sind unveränderlich bis 1000°; olivengrüne, die unterhalb 800° erhalten werden, enthalten variable Mengen von UO_3 und ändern sich im Kontakt mit feuchter Luft (P. Lebeau). Verschiedenartige beobachtete Schwankungen der Radioaktivität (bis zu 5 % in 6 Monaten, 30 % in 6 Jahren!!) lassen sich durch Hydratationsvorgänge erklären (C. Staehling). Auch Lichteinwirkung ist zu beachten. Bei der Elektrolyse erhält man einen schwarzen Niederschlag, der nach C. L. Pierlé nicht $U_3O_8 \cdot 2\,H_2O$ sondern $U_3O_{10} \cdot 2\,H_2O$ ist.

Man gewinnt Vergleichsproben am besten[4]), wenn man das sorgfältig von allen anderen radioaktiven Beimengungen und auch von UX befreite Uranoxyd als sehr fein verriebenes Pulver in Alkohol aufschlemmt, auf flache Schälchen (Durchmesser etwa 6 cm) aufgießt und den Alkohol sachte verdampft oder das mit Chloroform zu einer Paste verriebene Oxyd auf Blechstücke aufstreicht. Ist der Schalenrand nicht ganz niedrig, so ist wegen der Strahlenabschirmung bei der Messung eine kleine Korrektur anzubringen.

Die Strahlung von 1 cm² α-sattem (genügend dicke Schicht ist für ca 15 bis 20 mg pro 1 cm² erreicht) UX-freiem U_3O_8 einseitig gemessen ist äquivalent einem Strome von $1{,}73 \cdot 10^{-3}$ stat. Einh. ($5{,}78 \cdot 10^{-13}$ Ampere).

Wenn entsprechend den Angaben M. Moulins keine volle Sättigung erzielt wurde, wäre der Wert eventuell um einige Prozent zu erhöhen. Für relative Messungen wird aber immer der gleiche Prozentsatz der Sättigung erreicht, da die „Anfangswiedervereinigung" die gleiche bleibt, und daher ist obiger Wert für Strommessungen unter gleichen Bedingungen zugrundelegbar.

Das Verhältnis der allseitigen Strahlung von 1 g metallischem Uran zu der einseitigen Strahlung von 1 cm² U_3O_8 nennen wir die Mc Coysche Zahl. Bestimmt aus dem Werte für unendlich dünne strahlende

Literatur zu V, 2 siehe Seite 277.

Schichten ergibt sich dieselbe mit einer Genauigkeit von ca. 1% zu 790.

Der gesamte Strom, den sämtliche α-Partikeln von 1 g Uran unterhalten könnten, beträgt also 1,37 stat. Einh. oder $4{,}57 \cdot 10^{-10}$ Ampere.

Gelten für 1 g Ra $i = 2{,}42 \cdot 10^6$ stat. Einh. und die Ionenzahlen k der Tabelle 4 des Anhanges ($k_{Ra} = 1{,}36 \cdot 10^5$; $k_{UI} = 1{,}16 \cdot 10^5$; $k_{UII} = 1{,}27 \cdot 10^5$), so wäre für das Gleichgewichtsverhältnis Ra/U $= 3{,}4 \cdot 10^{-7}$ (bzw. $3{,}3 \cdot 10^{-7}$) bei voller Sättigung der Gesamtstrom für 1 g U $i_U = 1{,}466$ (bzw. 1,423) stat. Einh. zu erwarten.

Die Relationierung auf die „Uran-Einheit" (richtiger Uranoxyd-Einheit) bezieht sich demnach auf die Vergleichung der ionisierenden Wirkung (des unterhaltenen Sättigungsstromes) unter den jeweiligen Versuchsbedingungen mit der ionisierenden Wirkung der α-Strahlung eines Uran-Standards und kann nur von Bedeutung sein für die Vergleichung der vollkommen absorbierten α-Strahlung anderer radioaktiven Substanzen durch den von ihnen unterhaltenen Strom. Bei β- und γ-strahlenden Substanzen ist überdies genau detaillierte Angabe der Form und Art der Meßgefäße erforderlich (wegen der unvollständigen Absorption und wegen der Sekundärstrahlen).

Statt des Umweges, über die Messung des Sättigungsstromes einen Vergleich mit den Uran-Standards zu geben, erscheint es zumeist einfacher und zweckdienlicher unmittelbar die Angabe der Stromwirkung in absoluten Einheiten zu machen.*)

Thorium-Einheit. Auch das Thorium wurde als Standard-Substanz in Vorschlag gebracht, da es relativ leicht zu beschaffen ist. Da dasselbe aber von Ionium chemisch überhaupt untrennbar ist und der Gehalt an seinen sehr langlebigen Zerfallsprodukten (Mesothor und Radiothor) zur betreffenden Zeit immer erst genau festgestellt werden müßte, erscheint diese Wahl nicht als praktisch. Nur für die Thor- (richtiger RdTh-ThX-) Gehaltsbestimmungen aus deren Emanationsentwicklung sind Thor-Normalpräparate sehr hohen Alters, oder sonst bezüglich des Mesothorgehaltes gut definierte, unentbehrlich.

Literatur zu V, 2 siehe Seite 277.

*) Es sei hier daran erinnert, daß für jeden geladenen Leiter die Beziehung gilt: $Q = V \cdot C$ (Q = Ladung, V = Spannung, C = Kapazität). Die Stromstärke (i) ist durch die pro Zeiteinheit transportierte Ladung gegeben, also $i = dQ/dt = C \cdot dV/dt = \frac{V_1 - V_2}{t} \cdot C$.

Die manchmal zu findende Bezeichnung der Aktivität in „Volt" ist unsinnig, da es sich hier nicht um ein Maß in Spannungseinheiten handelt, sondern in Stromeinheiten. Die häufig gebrauchte Angabe in „Volt pro Stunde" oder einer anderen Zeiteinheit, bleibt unverständlich, wenn nicht die spezielle Meßanordnung angegeben wird, da diese Größe nur den einen anzugebenden Faktor enthält und die Bekanntgabe der Kapazität erforderlich ist, um daraus die Stromstärke berechnen zu können.

Radium-Einheiten. Unstreitig am besten definiert ist als Bezugssubstanz derzeit das Radium.

Auf Grund der im September 1910 in Brüssel von der internationalen Radium-Standard-Kommission gefaßten Beschlüsse hat M. Curie im August 1911 ein Radiumstandardpräparat aus reinstem wasserfreien Chlorid hergestellt. Es enthielt 21,99 mg $RaCl_2$ (August 1911), eingeschmolzen in einem dünnen Glasröhrchen von der Wandstärke 0,27 mm, von 1,45 mm Weite und der Länge von 32 mm. Gleichzeitig waren im Institute für Radiumforschung der Akad. d. Wiss. in Wien durch O. Hönigschmid drei Standardpräparate hergestellt worden, die in zugeschmolzenen Glasröhrchen von der Wandstärke 0,27 mm, der Weite von 3,2 mm und Längen von ca. 30 mm, 10,11 bzw. 31,17 und 40,43 mg reinstes wasserfreies $RaCl_2$ enthielten. Zur Vermeidung von Ladungsansammlungen sind Pt-Drähte in das Glas eingeschmolzen. (Die Bedenken W. Bothes[16]), daß dadurch das Glas an den Einschmelzstellen weniger widerstandsfähig werde, werden nicht überall geteilt.)

Da Ra spontan zerfällt, so muß dem Rechnung getragen werden. Gilt die Abnahme von 0,4 Promille im Jahr, so wären nach 15 Jahren obige Etalons mit 21,86; 10,05; 30,98; 40,19 mg $RaCl_2$ zu bewerten.

Alle diese Präparate stammten aus St. Joachimstaler Pechblende und waren daher praktisch frei von Mesothorium[15]). Das Radioblei war in allen Fällen zuletzt im Juni und Juli 1911 entfernt worden. (α-Wirkung des anfangs enthaltenen MsTh-RdTh rund $2 \cdot 10^{-5}$ derjenigen des Ra; γ-Wirkung rund $4 \cdot 10^{-5}$.)

Die genannte Kommission hat im März 1912 beschlossen, das von M. Curie hergestellte Präparat von 21,99 mg $RaCl_2$ zu übernehmen und zum offiziellen internationalen Radiumstandard zu erklären und die Akademie der Wissenschaften in Wien zu ersuchen, eines der Wiener Präparate als offiziellen internationalen Ersatz-Standard in Wien aufzubewahren. Die Akademie der Wissenschaften in Wien ist diesem Wunsche nachgekommen und hat hierzu das Präparat von 31,17 mg $RaCl_2$ bestimmt.

Die Einwendungen gegen die Reinheit der Standardpräparate, die R. Whytlaw-Gray, Sir W. Ramsay und W. Marckwald erhoben haben, sind durch die sorgfältigen Untersuchungen O. Hönigschmids widerlegt worden[7]). (vgl. S. 400.)

Diese Etalons sind demnach definiert durch das Atomgewicht des Radiums = 225,97 (Ag = 107,88; Cl = 35,457; Br = 79,916); durch die Wärmeentwicklung (frei von Polonium, Anfang 1912) von 132,3

Literatur zu V, 2 siehe Seite 277.

Grammkalorien pro Stunde für 1 g Radiummetall bei Absorption aller α- und β-Strahlen und von ca. 18 Prozent der γ-Strahlung, was für Absorption aller Strahlung extrapoliert 140 Grammkalorien liefern würde (St. Meyer und V. F. Hess, E. Rutherford und H. Robinson[8]) (vgl. IV, 10). Die Zunahme der Wärmeentwicklung mit der Zeit wegen Bildung von RaD — RaF ist aus den Daten IV, 10 und VI, 7 zu entnehmen.

Bei der Zusammenkunft der Radium-Standardkommission in Paris, März 1912, wurde beschlossen, jedem Staate, dessen Regierung offiziell darum ansucht, einen „sekundären Radiumetalon" zu beschaffen, der an dem Pariser und dem Wiener Standard geeicht werden sollte. Das Ministerium für öffentliche Arbeiten in Wien hatte für den Bezug des erforderlichen Materials besondere Begünstigungen zugesagt.

Das Wiener Institut für Radiumforschung hat die Herstellung dieser Präparate nach dem Muster der „Wiener Standards" übernommen. Die Eichungen sollten unabhängig in Wien und Paris vorgenommen werden und es war eine Genauigkeit von 0,5 % zu gewährleisten.

Bis Ende 1925 wurde eine Reihe solcher Etalons hergestellt, und zwar zunächst ein Ersatzpräparat für M. Curie für den von ihr hergestellten, in Paris aufbewahrten internationalen Standard, das in der Tabelle als „Frankreich" angeführt ist*), sodann gemäß nachstehender Zusammenstellung für verschiedene Staaten.

(Bei der Packung sind Unterlagen oder Polster von Baumwollwatte zu vermeiden, da diese unter der Strahlenwirkung verbrennt, sich zersetzt und am Glasröhrchen anklebt; man verwende lieber Glaswolle.)

Land	ein-geschmolzen am	Wiener Messung	Pariser Messung	Gewähltes Mittel
		Milligramm $RaCl_2$		
Frankreich	4. Okt. 1912	22,47	22,42	22,45
Deutsches Reich. .	"	19,73	19,74	19,73
England	"	21,10	21,16	21,13
Ver. Staaten Amerika	1. Juli 1913	20,29	20,28	20,28
Schweden.	"	9,74	9,71	9,73
Japan	"	9,80	9,80	9,80
Portugal	"	9,07	9,11	9,09
Dänemark	9. August 1915	9,75	—	—
Belgien	4. Jan. 1924	28,46	28,40	28,43
Čechoslovakei. . .	11. Nov. 1924	33,09	33,03	33,06

Literatur zu V, 2 siehe Seite 277.

*) Die Übernahme des Curieschen Standardpräparates durch die genannte Kommission wurde durch die Munifizenz von Dr. G. T. Beilby und dessen Frau ermöglicht, welche die erforderliche Summe für das Ersatzpräparat zur Verfügung stellten.

Die Standardpräparate dienen wesentlich zur Eichung anderer Radiumpräparate nach der Methode der γ-Strahlenvergleichung. Für γ-strahlende Produkte anderer radioaktiver Familien sind Relationen wegen der Verschiedenheit der Absorptionskoeffizienten nur unter Angabe der Absorptionsverhältnisse tunlich (vgl. V, 3 S. 295).

Will man die α-Strahlung eines (in der Regel schwach aktiven) Präparates auf die α-Strahlung des Radiums beziehen, so ist der Strom, den die α-Partikeln von 1 g Radium-Element zu unterhalten vermögen (ohne alle Zerfallsprodukte), mit $i = 2{,}42 \cdot 10^6$ stat. Einh. oder 0,807 Milliampere einzusetzen (vgl. S. 283).

Verwendung von α- oder γ-Etalons für schwache Präparate aus unbedecktem Ra-Ba-Sulfat oder Carbonat, wie sie früher gelegentlich benutzt wurden und noch zuweilen vorgeschlagen werden[18]), eignen sich aber für genauere Messungen nicht, da auch bei geringer Exhalation von RaEm diesbezüglich Temperatur- und Feuchtigkeitsabhängigkeiten vorhanden sind. P. Ludewig[19]) empfiehlt für die Eichung schwach aktiver Substanzen mit γ-Strahlen „Normal“-Zinkbüchsen gefüllt mit gemahlener Pechblende, eventuell verdünnt mit Quarzsand.

Emanations-Einheiten. Eine Einführung von speziellen Einheiten für die Radium-Emanation wurde als Bedürfnis empfunden. Man könnte auch für dieses Gas die Gewichtsmenge — mit Rücksicht auf den relativ raschen Zerfall unter Angabe der Zeit — wählen. Nimmt man als Zerfallskonstante des Radiums, $\lambda_{Ra} = 1{,}39\ (1{,}29) \cdot 10^{-11}$ sec^{-1}, für die der Ra-Emanation $\lambda_{Em} = 2{,}097 \cdot 10^{-6}$ sec^{-1} an, so stehen mit 1 g Ra-Element $6{,}51\ (6{,}04) \cdot 10^{-6}$ g oder bei 0^0 und Normalbarometerstand 0,66 (0,61) mm^3 Emanation im Gleichgewicht. Diese Angabe ist unsicher im selben Maße wie die Zerfallskonstante des Ra. Rationeller ist es ein „Radiumäquivalent“ von Emanation anzugeben, d. h. diejenige Menge von Radium, die das gedachte Quantum Emanation entgegen ihrem spontanen Zerfall nach sehr langer Zeit anzuhäufen und dauernd zu unterhalten vermag.

Nach einem Beschlusse des internationalen Kongresses für Radiologie (Brüssel 1910) nennt man ein „Curie“ diejenige Emanationsmenge, die mit 1 g Radiumelement im Gleichgewicht steht (analog ein „Milli-Curie“ usw.). 10^{-10} Curie heißen nach einem im Mai 1921 in Freiberg i. S. gefaßten Beschluß ein „Eman“.

Die Ausdehnung der Bezeichnung „Curie“ auf λN, irgendein mit 1 g Ra im Gleichgewicht stehendes Folgeprodukt, [vgl. N. E. Dorsey[17])] hat keine allgemeine Aufnahme gefunden.

Statt diejenige Emanationsmenge als Einheit zu wählen, die mit 1 g Ra im Gleichgewicht steht, könnte man auch jene wählen, die mit 1 g Uran in einem alten Erzstücke im Gleichgewicht ist. Setzt man das

---

Literatur zu V, 2 siehe Seite 277.

Verhältnis Ra : U dann mit $3{,}4 \cdot 10^{-7}$ an, so würde diese Einheit gleich $3{,}4 \cdot 10^{-7}$ „Curie“ [9]). Zu eliminieren sind eventuelle Störungen, hervorgerufen durch Anwesenheit von Th- oder Ac-Produkten.

Will man auf den Absolutwert des Stromes, den eine zu messende Emanationsmenge zu unterhalten vermag, nicht eingehen, so muß man sich in den Besitz von Normallösungen von Radium setzen, um mit der aus diesen entwickelten Emanationsmenge Vergleiche ziehen zu können. Die Beschaffung verläßlicher Normallösungen und deren Konstanterhaltung birgt jedoch Schwierigkeiten (vgl. S. 310).

Man kann aber die Menge der vorhandenen Emanation auch direkt durch den Sättigungsstrom messen, den sie, ohne Zerfallsprodukte, in Luft zu unterhalten vermag und der, in genügend großem Meßgefäß bestimmt, an sich ein absolutes, von Temperatur und Druck unabhängiges Maß der Emanation ist. Dieses Verfahren wurde 1904 eingeführt[10]) und ist seither in Deutschland und Österreich sehr verbreitet.

Speziell nennt man eine „Mache-Einheit“ (M. E.) diejenige Emanationsmenge, die allein (ohne ihre Zerfallsprodukte) bei vollständiger Ausnutzung ihrer Strahlung einen Sättigungsstrom von einem Tausendstel der elektrostatischen Einheit zu unterhalten vermag.

Man sollte diese Einheit aber nur als Konzentrationseinheit gebrauchen, d. h. stets auf ein Liter beziehen und hauptsächlich dort anwenden, wo es sich um einen akzessorischen Emanationsgehalt handelt, wie in Quellwässern oder Quellgasen, in der Luft von Emanatorien u. dgl. Handelt es sich nicht um die Bezeichnung einer Konzentration, sondern um die Angabe einer beliebigen Menge, so ist für den durch sie unterhaltenen Strom neben den allgemeinen Stromeinheiten (elektrostatisch, elektromagnetisch oder praktisch) ein neuer Name überflüssig. So wie beim „Curie“ ist die manchmal zu findende Angabe anderer als RaEm-Aktivitäten in M. E. nicht eingebürgert.

Der große Vorteil des Strommaßes für Emanationsmessungen, welche Einheit man ihm immer zugrundelegen mag, besteht darin, daß es von den heiklen Normallösungen unabhängig ist und alle Angaben, die in diesem Maße gemacht werden, jederzeit mit dem jeweils genauesten Wert für das Stromäquivalent des „Curie“ auf diese internationale Einheit reduziert werden können.

Nach den neuesten Messungen vermag 1 Curie bei praktisch voller Ausnutzung der ionisierenden Wirkung seiner α-Strahlen einen Sätti-

Literatur zu V, 2 siehe Seite 277.

gungsstrom von 2,75 · 10^6 stat. Einh. (0,92 Milliampere) zu unterhalten[11]).

Diejenige Emanationsmenge, z. B. im Liter einer Quelle, die 1 M. E. entspricht, beträgt demnach 3.64 · 10^{-10} Curie.

Ein anderes Radiumäquivalentmaß (das eigentlich durch die Einführung des „Curie" überflüssig geworden ist), welches zuweilen angewendet wurde, ist die „Milligrammsekunde" d. i. die von 1 mg Radium pro Sekunde entwickelte Emanationsmenge (analog Milligramminute usw).

Diese Einheit ist definiert durch die Gleichung $Q = q\tau$. Darin bedeutet q die gesuchte Einheit, wenn Q gleich ein Milli-Curie gesetzt wird und wenn man die mittlere Lebensdauer der RaEm (τ) in Sekunden rechnet. Nimmt man τ mit 476800 sec an und setzt man den Stromwert des Milli-Curie nach obigem gleich 2750 stat. Einh., so ist das Stromäquivalent von einer „Milligrammsekunde" Radiumemanation gleich 5,77 · 10^{-3} stat. Einh. (1,92 · 10^{-12} Ampere).

(Diejenige Emanationsmenge in einem Liter einer Quelle, die einer Milligrammsekunde RaEm entspricht, ist demnach 5,77 M. E.)

Bei Wasser- oder Gasquellen verschiedener Ergiebigkeit sollte neben dem Em-Gehalt stets auch die Sekundenliterzahl angeführt werden.

Die Verwendung der Thor-Emanation für Gehaltsbestimmungen in Strömungsmethoden[12]) wurde bereits S. 272 erwähnt (vgl. auch V, 4 S. 311). Für Actiniumbestimmungen benutzt man in ähnlicher Weise die aus einer bestimmten Menge reinen Uranpecherzes sich entwickelnde AcEm-Menge, nachdem man die Uranpecherzlösung durch Auskochen oder Ausquirlen von Radium-Emanation befreit hat; natürlich soll das Erz tunlichst thorfrei sein, um Störungen aus der Th-Emanation zu vermeiden.

Literatur zu V, 2:

1) H. Becquerel, C. R. **122**, 1087, 1896; Propr. nouv. d. l. mat. 27, 1903.

2) St. Meyer und E. v. Schweidler, Wien. Ber. **113**, 1075, 1904; L. Michiels, Bull. Soc. Chim. **27**, 69, 1913; Z. anorg. Chem. **81**, 49, 1913; Le Rad. **9**, 432, 1912.

3) H. N. Mc Coy, Phys. Rev. **20**, 381, 1905; Phil. Mag. (6) **11**, 177, 1906; derselbe und G. C. Ashman, Sill. J. **26**, 551, 1908; Le Rad. **5**, 362, 1908; derselbe und H. M. Goettsch, J. Am. Chem. Soc. **28**, 1555, 1906; derselbe und W. H. Ross, Phys. Rev. **24**, 124, 1907; J. Am. Chem. Soc. **29**, 1698, 1907.

4) St. Meyer und F. Paneth, Mitt. Ra-Inst. 23, Wien. Ber. **121**, 1403, 1912.

5) M. Moulin, Thèses, Paris 1910; Le Rad. **5**, 136, 1908; vgl. W. H. Bragg, Studies, 70, 1912.

6) O. Hahn, St. Meyer und E. v. Schweidler, Phys. Z. **13**, 524, 1912.

7) R. Whytlaw-Gray und W. Ramsay, Proc. Roy. Soc. (A) **86**, 270, 1912; W. Marckwald, Phys. Z. **13**, 732, 1912; O. Hönigschmid, Wien. Ber. **121**, 1973, 1912; E. Haschek und O. Hönigschmid, Wien. Ber. **121**, 2119, 1912.

8) St. Meyer und V. F. Hess, Wien. Ber. **121**, 603, 1912; E. Rutherford und H. Robinson, Wien. Ber. **121**, 1491, 1912.

9) B. Heimann und W. Marckwald, Phys. Z. **14**, 303, 1913; St. Meyer, Wien. Ber. **122**, 1085, 1913.

10) H. Mache, Wien. Ber. **113**, 1329, 1904; H. Mache und St. Meyer **144**, 355, 545, 1905.

11) L. Flamm und H. Mache, Wien. Ber. **121**, 227, 1912; **122**, 535, 1539, 1913; H. Mache und St. Meyer, Phys. Z. **13**, 320, 1912.

12) H. Mache und M. Bamberger, Wien. Ber. **123**, 325. 1914.

13) J. H. L. Johnstone, Proc. Roy. Soc. Canada, (3) **15**, 101, 1921.

14) P. Lebeau, C. R. **174**, 388, 1921; C. Staehling, C. R. **169**, 1036, 1919; **173**, 1468, 1921; P. Jolibois und R. Bossuet, C. R. **174**, 386, 1921; G. F. Hüttig und E. v. Schroeder, Chem. Zentralbl. **93**, 543, 1922; C. A. Pierlé, Chem. News. **120**, 1, 16, 31, 43, 54, 68, 1920; J. Aloy und E. Rodier, Bull. Soc. chim. de France (4) **27**, 101, C. 1920; Chem. Zentralbl. **93**, 24, 1922; E. Baur, Z. phys. Chem. **100**, 36, 1922.

15) St. Meyer und V. F. Hess, Mitt. Ra-Inst. 17, Wien. Ber. **121**, 626, 1912; St. Meyer, Mitt. Ra-Inst. 88, 121, Wien. Ber. **125**, 191, 1916; **128**, 901, 1919; St. Meyer und C. Ulrich, Mitt. Ra-Inst. 158, Wien. Ber. **132**, 279, 1923; F. Soddy und A. F. R. Hitchins, Phil. Mag. (6) **47**, 1148, 1924.

16) W. Bothe, Z. Elektroch. **28**, 459, 1922.

17) N. E. Dorsey, Nature **108**, 40, 1921.

18) D. K. Yovanovitch und C. Chamié, C. R. **175**, 266, 1922.

19) P. Ludewig, Z. f. Phys. **20**, 394, 1924.

Vgl. auch den Bericht: St. Meyer, Jahrb. Rad. u. El. **9**, 436, 1914.

3. Messungen der Ionisation. Als Maß der Intensität der Strahlung radioaktiver Substanzen wird in erster Linie die durch sie bewirkte Ionisierung der Luft herangezogen. Dabei handelt es sich praktisch stets um die Messung eines schwachen elektrischen Stromes und demgemäß können sich hierfür zweckmäßig, je nach der Stromstärke desselben, galvanometrische oder elektrometrische Methoden zur Verwendung eignen.

Die Ionisierung kann dabei ausgehen von einer strahlenden Oberfläche, oder es kann die Strahlung auch aus größeren Tiefen einer Substanzmenge durch die Oberfläche austreten — wie bei festen oder flüssigen radioaktiven Substanzen — oder sie kann von einer im Gesamtvolumen des Meßraumes befindlichen, oder in einem diesen Raum umgebenden Volumen vorhandenen, gasartigen strahlenden Substanz (Emanationen) herrühren.

In allen Fällen ist der sogenannten natürlichen Zerstreuung Rechnung zu tragen. Neben den zu messenden Präparaten wirken ja stets

Literatur zu V, 3 siehe Seite 299.

noch allenthalben verbreitete Radiatoren ionisierend. Der hierdurch erzeugte Strom ist sonach überall additiv vorhanden. Seine Stärke muß für sich, nach Entfernung der zu messenden Substanz in so große Entfernung, daß sie selbst keine Wirkung mehr ausüben kann, bestimmt werden.

Da bei schwach wirksamen Präparaten diese natürliche Zerstreuung schon merklich ins Gewicht fällt, sie selbst aber meist kleinen zeitlichen Veränderungen unterliegt, empfiehlt sich in diesen Fällen die Einschaltung der Messung zwischen zwei Blindversuchen.

Feste Körper.

I. Galvanometrische Methoden. A. Messung von α-Strahlen. Die Anordnungen lassen sich im Prinzip [1]) z. B. nach der Skizze Fig. 48 (Stellg. 1) treffen. G ist ein hochempfindliches Spiegel-Galvanometer (z. B. von Siemens und Halske, bei dem etwa in Skalendistanz von 2—3 m einem Skalenteil (mm) rund 1 stat. Einh. $= 3{,}3 \cdot 10^{-10}$ Ampere entspricht). Ist die Wirkung stark genug, so wird der durch den Strom erzeugte Ausschlag direkt abgelesen. Der Meßbereich hängt davon ab, wie weit Sättigungsstrom erzielt werden kann. Dies ist wiederum abhängig von den zur Verfügung stehenden Spannungen und einigermaßen auch von der Form der Meßgefäße.

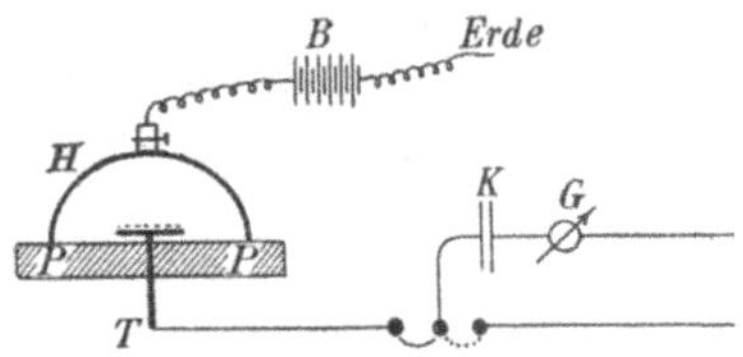

Fig. 48.

H = Halbkugel aus Kupferblech, T = durch den Paraffinblock PP geführter Tellerträger für die Präparate (die Führung durch P hindurch von geerdetem Schutzring umgeben), B = Hochspannungsbatterie (zwischen H und Erde befindet sich eine Meßanordnung zur Bestimmung der Spannung), K = Kondensator, G = Galvanometer.

Als Gefäßform empfiehlt sich die Halbkugel oder ein großer Plattenkondensator wegen der Möglichkeit, Korrekturrechnungen exakt auszuführen; Zwischenformen, wie die Zylindertopfform genügen aber auch in den meisten Fällen [2]). Alle Dimensionen sind tunlichst so zu wählen, daß im Meßraum die Distanz Präparat-Gefäßwand immer größer bleibt als die Reichweite der α-Strahlen.

Sind die Ströme zu stark, als daß Sättigung erreicht werden könnte, so kann in den Fällen, in denen man von der Sättigung nicht zu weit entfernt ist, eine Extrapolation auf den Sattwert versucht werden. Hierzu eignet sich die Verwendung des Kurvenzuges, der sich aus der Eintragung der Stromstärke und des Quotienten Stromstärke durch Spannung gewinnen läßt (vgl. S. 184 und Fig. 49b). Tabellarische Angaben für die Prozente der erreichten Sättigung im Halbkugelkondensator oder

Literatur zu V, 3 siehe Seite 299.

in der Topfanordnung finden sich bei St. Meyer und V. F. Hess[1]). Für den Plattenkondensator kann man bei verschiedener Plattendistanz

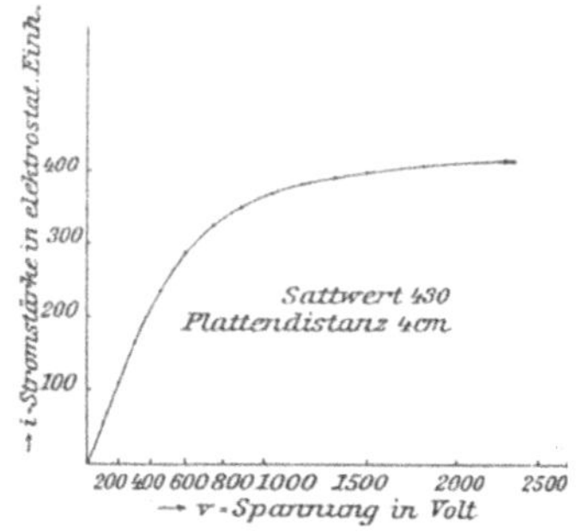

Fig. 49a.

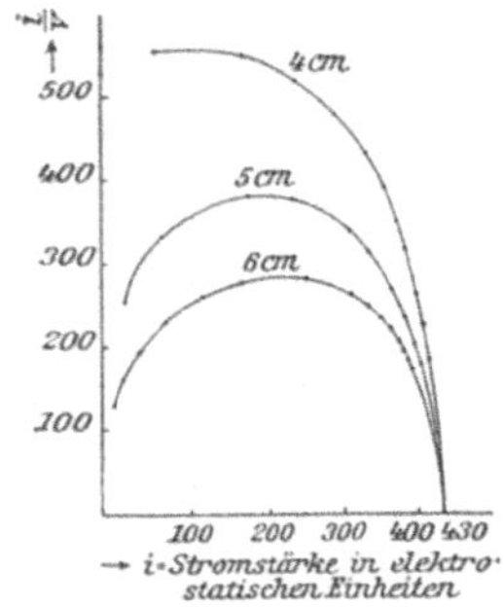

Fig. 49b.

mehrere Kurvenzüge für das gleiche Präparat erhalten, die die Abszissenachse an der Sättigungsstromstelle schneiden.

Für Po und die Plattendistanz 4 cm gelten die nachstehenden Prozentsätze. [Ausführliche Tabellen bei H. Fonovits[12])]. $J =$ Sattwert in stat. Einh.

Prozente der Sättigung	$J = 2400$	$J = 2000$	$J = 1000$	$J = 600$	$J = 300$	$J = 100$	$J = 50$	$J = 10$	$J = 1$
	zugehörige Spannung in Volt								
100	—	—	—	—	—	—	—	—	—
95	—	—	—	—	1608	925	717	418	197,5
90	—	2430	1825	1482	1096	632	485	282	112,5
85	—	1960	1435	1160	852	512	380	205	77
80	1956	1660	1210	978	725	423	314	160	59
70	1435	1245	933	745	547	320	234	113	43
60	1095	980	732	580	426	248	179	86	34
50	845	772	580	463	340	197	142	67,5	25
40	655	596	445	360	265	152	110	50	20
30	490	445	328	270	198	110	77	37	15
20	326	302	235	190	130	72	48	23	8
10	175	162	128	100	68	30	24	12,5	5

Für den Plattenkondensator ist die Form der Sättigungskurve bei bestimmter Plattendistanz von der Präparatstärke unabhängig; reduziert man Sättigungskurven verschieden starker Präparate kleiner Dimensionen, die in der Mitte der Grundplatte eines großen Kondensators angebracht sind, auf gleichen Sättigungsgrad durch Zuordnung zweier

Literatur zu V, 3 siehe Seite 299.

Maßeinheiten für Strom und Spannung J_K, V_K zum Sattwert K, so gilt die Beziehung $J_K = V_K^{2,14}$.

Tabellen für Strom-Spannungskurven unter Angabe der Prozente an Sättigung für RaEm ⟶ RaC im Zylinderkondensator hat F. Brössler[13]) angegeben.

Die Erreichung des Sattwertes ist besonders bei Anwesenheit von Langevin-Ionen (Staub usw.) sowie bei den α-Strahlen durch die anfängliche Wiedervereinigung der Ionen infolge der säulenförmigen Ionisation erschwert und aus letzterem Grunde auch abhängig von der Richtung des elektrischen Feldes zur Flugbahn der Korpuskeln[1,2,3]). Neben der obigen „relativen Sättigung" ist also noch die Korrektur wegen der Kolumnenionisation anzubringen.

Da die Korrektur für die mangelnde Sättigung infolge der Kolumnenionisation der α-Bahnen in erster Annäherung unabhängig ist von der Stromstärke, kann hierfür die nachstehende Tabelle herangezogen werden, die aus den Angaben

Volt/cm	i/i_∞ ∥ dem Feld	i/i_∞ ⊥ dem Feld	Volt/cm	i/i_∞ ∥ dem Feld	i/i_∞ ⊥ dem Feld
5	$0{,}66_5$	$0{,}72_5$	200	0,93	$0{,}99_5$
10	$0{,}72_5$	0,83	300	0,95	$0{,}99_7$
15	$0{,}75_5$	$0{,}87_5$	400	$0{,}96_5$	$0{,}99_8$
20	$0{,}77_5$	0,91	500	0,97	$0{,}99_9$
30	$0{,}80_5$	0,94	750	0.98	1,00
40	$0{,}82_5$	$0{,}95_5$	1000	$0{,}98_5$	
50	0,84	0,96	1500	0,99	
75	0,86	0,97	2000	$0{,}99_5$	
100	0,88	0,98	3000	1,00	
150	0,91	0,99			

M. Moulins gewonnen wurde. In der ersten Kolumne steht das elektrische Gefälle in Volt pro cm; die zwei folgenden kennzeichnen den Grad der Sättigung für die Fälle, daß die α-Bahnen parallel oder senkrecht zum elektrischen Feld liegen.

Gute Werte bei parallelem Verlauf von Feld und Strahlenrichtung liefern Formeln von G. Jaffé[3]).

Wenn die Sättigung bei zu starken α-strahlenden Präparaten auch nicht annähernd erreichbar ist, besteht natürlich eine Möglichkeit der Messung durch Unterteilung, Beobachtung durch Löcher oder Spalten bestimmter Dimensionen oder teilweise Abschirmung mit Aluminiumfolie und dgl. [M. Curie, I. Curie[14])]. Besser als einfache aliquote Abdeckung durch Schirme empfiehlt sich Verwendung einer rotierenden Sektorenscheibe wegen Ausgleichung von Inhomogenitäten des aktiven Belages.

Literatur zu V, 3 siehe Seite 299.

S. Maracineanu[15]) will für Po den Ohmschen Teil der Kurve bei Platten-Abstand vom Präparat oberhalb 3,37 cm heranziehen. Bedenken ergeben sich gegen eine allgemeinere Anwendung dieser Methode wegen der Form der Charakteristik bei Oberflächenstrahlung[12, 16]) vgl. S. 185.

Verläßlicher wären in solchen Fällen Eichungen nach Methoden der Mikrokalorimetrie oder der quantitativen Auswertung der positiven Aufladung. Die Erscheinungen des Ionenwindes (vgl. S. 186) gehen parallel der Sättigungskurve und geben daher keine besseren Resultate.

Für schwächer aktive Substanzen bedient man sich einer ballistischen Methode. Hierzu ist ein Glimmerkondensator K (etwa ein Mikrofarad) durch eine bestimmte Zeit (z. B. 1 Minute) aufzuladen und dann durch Umstellung auf die Schlüsselstellung 2 (Fig. 48) die aufgesammelte Ladung zur Erde abströmen zu lassen. Der ballistisch gemessene Stromstoß ist mit großer Annäherung direkt proportional der Ladezeit bis hinauf zu etwa einer halben Stunde [vgl. E. v. Schweidler[1])].

Die Relation zwischen den ballistisch gemessenen Ausschlägen und den (in entgegengesetzter Richtung verlaufenden) Dauerausschlägen muß ausgewertet werden, da sie von dem jeweilig benutzten Instrument abhängt. Bei den oben erwähnten Galvanometern von Siemens u. Halske entspricht einem Skalenteil des Dauerausschlages bei einer Aufladezeit von 1 Minute ein ballistischer Ausschlag von etwa 25 Skalenteilen, d. h. ein Skalenteil des ballistischen Ausschlages der Größenordnung nach 0,04 stat. Einh. ($0{,}013 \cdot 10^{-9}$ Ampere).

Zur galvanometrischen Messung schwacher Ströme wurde von J. C. M. Brentano Anwendung von Verstärkerröhren empfohlen und H. Greinacher und H. Hirschi machten gleichfalls Aktivitätsmessungen an Gesteinen (Größenordnung des Stromes 10^{-13} Ampere) unter Benutzung von Gitter-Elektronenröhren. V. F. Hess empfahl für β-γ-Strahlenmessungen eine Art Wheatstonescher Brückenanordnung mit Audion-Verstärkerröhren[17]).

Bei den Messungen der α-Strahlen fester Substanzen hat man die beiden typischen Fälle zu unterscheiden, daß man das Material in außerordentlich dünner Schicht vor sich hat, wie dies z. B. bei allen radioaktiven Niederschlägen der Zerfallsprodukte oder bei Po, die in unwägbar geringen Mengen vorhanden sind, zutrifft, oder daß das Material in wägbarer oder dicker Schicht zur Messung gelangt.

Im ersteren Fall ist die Strahlung proportional der Oberfläche und damit zugleich der vorhandenen Menge der Substanz. Hierbei ist nur noch zu beachten, daß wegen der sehr großen Absorbierbarkeit der Strahlen dünne Oxydschichten, Wasserhaut u. s. w. sowie auch kleine Unebenheiten, letztere insbesondere bei den nahezu streifend austreten-

---

Literatur zu V, 3 siehe Seite 299.

den Strahlen, Störungen bedingen können. Auch das Eindringen von Po (eventuell PoH_2) und analog anderer Produkte in die Unterlage mit der Zeit muß berücksichtigt werden, und es sind die Erscheinungen des Aggregatrückstoßes[18]) zu beachten. Als Material, auf dem induzierte Aktivität oder Po abgeschieden wird, empfiehlt sich deshalb poliertes Pt oder Au, eventuell auch Glas oder Quarz[4]).

Im zweiten Fall wird man zunächst die Anordnung so zu wählen trachten, daß die Schichtdicke so groß ist, daß die vom Grunde heraufkommenden α-Strahlen schon völlig absorbiert werden, so daß eine weitere Verdickung der Schicht keinen Beitrag mehr zur α-Wirkung leistet. Dann ist die Strahlung proportional der Oberfläche (und nicht dem Gewicht). Mit Rücksicht auf die leichte Absorbierbarkeit der α-Strahlen ist diese „unendlich dicke" Schicht schon bei der Größenordnung von 0,1 mm erreicht.

Will man die Strahlung eines Salzes in unendlich dünner Schicht bestimmen, so kann man in der Weise vorgehen, daß man auf gleiche Oberfläche sukzessive immer größere Gewichtsmengen aufträgt (vgl. auch V, 2). Die zugehörigen Stromwerte gehorchen mit einer meist genügenden Annäherung einer Gleichung $J = J_\infty\,(1 - e^{-kg})$, worin k eine von der Natur des Salzes abhängige Konstante ist und g das Gewicht bedeutet. Die Tangente $\left(\frac{dJ}{dg}\right)$ für $g = 0$ liefert dann den gewünschten Wert[5]) [vgl. hierzu S. 86 und 190 sowie K. W. F. Kohlrausch und E. Schrödinger[32])].

Solange die Reichweite immer ganz innerhalb des Meßraumes liegt, ist der Sättigungsstrom unabhängig von Druck und Temperatur der Luft. Die Erreichung des Sättigungszustandes erfordert aber bei größeren Drucken höhere Feldstärken.

Zu Vergleichungen werden oft Uran oder Radium bezüglich ihrer α-Wirkung herangezogen (vgl. V, 2).

Wird für die Relationierung auf die α-Strahlung des Ra angesetzt, daß 1 g Ra-Metall pro Sekunde $Z = 3{,}72 \cdot 10^{10}$ ($3{,}45 \cdot 10^{10}$) α-Partikeln emittiert, 1 Partikel des Ra auf ihrer Bahn $k = 136\,000$ (147000) Ionen erzeugt und daß jedes Ion das Elementarquantum von $4{,}77 \cdot 10^{-10}$ stat. Einh. trägt, dann ist der gesamte Strom, den die α-Partikeln von 1 g Ra unterhalten:

$$i = Zke = 2{,}42 \cdot 10^6 \text{ stat. Einh.}$$

Wenn, wie dies bei fast allen Anordnungen der Fall ist, nur die einseitig gerichtete Strahlung in Betracht kommt, wird also

$$i = 1{,}21 \cdot 10^6 \text{ stat. Einh.}$$

Literatur zu V, 3 siehe Seite 299.

Um experimentell Vergleiche machen zu können, müßten „unendlich dünne" Schichten von Ra-Salzen hergestellt werden. Einigermaßen wird dies erreicht, wenn man Tropfen sehr verdünnter Radiumlösungen auf einem kleinen Blechstück eindampft. Abgesehen davon, daß beim Eindampfen durch die dickeren Tropfenränder kleine Störungen auftreten können, ergeben sich hierbei für genaue Bestimmungen auch noch daraus Schwierigkeiten, daß eine genaue Definition der nach etwa drei Stunden (der geeigneten Meßzeit nach dem Eindampfen) vorhandenen Zerfallsprodukte des Ra und ihres Beitrages, den sie dann zum Strome liefern, nicht leicht ausführbar ist[6]). Die Hauptunsicherheit liegt darin, daß die von dem Präparat okkludierte Menge von Ra-Emanation von Schichtdicke und Salzart stark abhängig erscheint. Für eine Okklusion von 65 % Emanation (im Sattzustand), wie sie an dünnen Chlorid-Schichten beobachtet wurde, ist annähernd der Beitrag, den die Ra-Emanation + Ra A + Ra C nach 3 Stunden liefert, $0{,}66 \cdot 10^5$ stat. Einh., nach 4 Stunden $0{,}94 \cdot 10^5$ stat. Einh., so daß nach 3 Stunden $i = 1{,}21 \cdot 10^6 + 0{,}66 \cdot 10^5 = 1{,}28 \cdot 10^6$ stat. Einh. und analog nach 4 Stunden $i = 1{,}30 \cdot 10^6$ stat. Einh. anzusetzen wäre.

Sicherer als die Relationierung auf derartige Uran- oder Radiumpräparate ist die unmittelbare Angabe des erzielten Sättigungsstromes.

B. Messung von β-Strahlen. Diese kann an α-freien Produkten direkt, an solchen, die auch α-Partikeln aussenden, nach Abschirmung der letzteren durch entsprechend dick gewählte Folien in ähnlicher Weise erfolgen, außer wenn sie selbst von so geringer Härte sind, daß sie mit der Abschirmung der α-Strahlen auch praktisch unterdrückt würden.

Weil aber wegen der im allgemeinen größeren Durchdringungsfähigkeit der β-Strahlen diese in den üblichen Meßräumen nicht vollständig zur Absorption gelangen, wird der erhaltene Strom wesentlich von den Dimensionen des Meßgefäßes abhängen. In erster Annäherung ist die Wirkung proportional der Größe des Luftvolumens im Meßraum anzusetzen. Da aber β-Strahlen verschiedener Härte gleichzeitig anwesend zu sein pflegen, die weicheren Strahlen jedoch stärker absorbiert werden, und da endlich sekundäre Strahlen an den Gefäßwänden auftreten, liegen die Verhältnisse im allgemeinen so kompliziert, daß man sich mit Relativmessungen unter Angabe des Materiales und der Dimensionen der Apparatur begnügen muß.

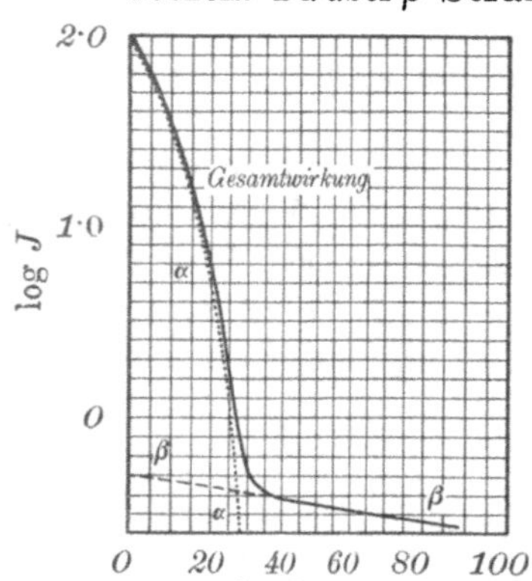

Fig. 50.

Bei dem Versuche der Bestimmung der von einem α- und β-strahlenden Präparate ausgehenden β-Strahlung wird man die Substanz sukzessive durch abschirmende Folien zudecken und aus dem Kurvenzug auf die absorbierende Schichtdicke = 0 zu extrapolieren trachten (vgl. z. B. Fig. 50).

Literatur zu V, 3 siehe Seite 299.

In exakter Weise ist dies durchführbar, wenn die β-Strahlung einem logarithmischen Gesetz für ihre Absorption folgt. Aus der linearen Beziehung zwischen log J und der absorbierenden Schicht x läßt sich die Extrapolation ziemlich genau durchführen.

Sättigungsstrom für β-Strahlen ist bei viel geringerer Spannung erreicht als für α-Strahlen [(vgl. auch E. Wertheimer[36])].

Die Zahl der stromführenden Ionen hängt ab von der Natur und von der Dichte des Gases. Es ist für gleiches Gas die Absorption der Dichte proportional, also der gemessene Strom abhängig von Druck und Temperatur, nämlich

$J = J_0 \frac{p}{760}\left(1 - \frac{t}{273}\right)$, wenn der Druck in mm Hg und die Temperatur in Celsiusgraden gemessen wird. Man reduziert dementsprechend gewöhnlich die Angaben auf Normaldruck und auf 0^0 oder 20^0.

C. Messung der γ-Strahlung. Unter den Anordnungen lassen sich zwei Typen unterscheiden: solche, bei denen das strahlende Präparat vom Meßraume eingeschlossen ist und solche, bei welchen das Präparat sich außerhalb des Meßraumes befindet.

Zu den Messungen der ersten Art dienen die Zylinder- oder Kugel-Anordnungen nachstehender Skizzen[6 7]) (Fig. 51a und 51b).

Die Zylinder sind minder geeignet wegen der Störungen durch die Bodenfläche und die Ecken, weil dort die Strahlen die Wand unter verschiedenen Winkeln durchsetzen und daher verschiedenartig absorbiert werden, wenn das Präparat in A näher oder entfernter vom Boden ist.

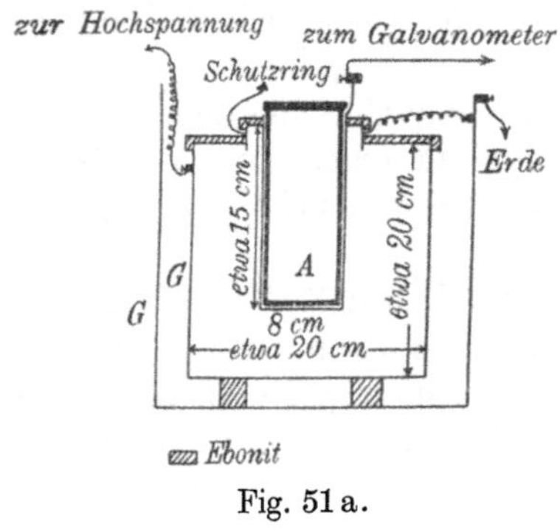

Fig. 51a.

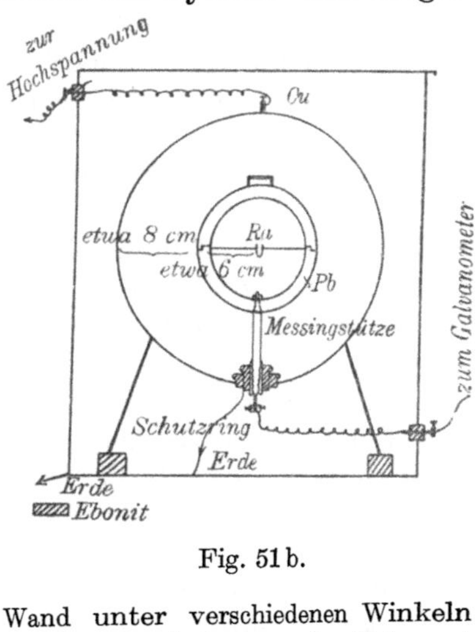

Fig. 51b.

Als Anordnungen der zweiten Art lassen sich — genügend starke Präparate vorausgesetzt — auch die im folgenden bei den „elektrometri-

Literatur zu V, 3 siehe Seite 299.

schen Meßmethoden" beschriebenen Apparaturen verwenden (mutatis mutandis).

Auch hier kann es sich aus denselben Gründen wie bei der Messung der β-Strahlung nur um Relativmessungen handeln. Für die Abhängigkeit von Druck und Temperatur gilt die dort angeführte Formel

$$J_0 = J_{p,t} \cdot \frac{760}{p}\left(1 + \frac{t}{273}\right).$$

Dazu kommt noch, daß neben der Primärstrahlung die sekundäre Strahlung der Meßkammer und der Umgebung eine vorherrschende Rolle spielt.

Die von den γ-Strahlen vor Eintreffen in den Meßraum zu durchsetzende Schichtdicke muß so groß gewählt werden, daß praktisch alle primäre β-Strahlung abgehalten wird. Dies ist erreicht bei 2—3 mm Blei oder äquivalenten Dicken anderer Materialien (vgl. die Tabelle S. 127).

Da aber die γ-strahlenden Produkte selbst zumeist in Gefäßen eingeschlossen sind und die Gefäßwände auch absorbierend wirken, muß überall dort, wo nicht identische Einschlußgefäße und identische Mengen an Salz zur Messung gelangen, darauf Bedacht genommen werden. Verstärkung der absorbierenden Metallschicht vermag die Korrektur für die Absorption in den Einschlußgefäßen nicht zu eliminieren.

Für das Material des Einschlußgefäßes ist betreffs der Absorption eine Korrektur entsprechend der Formel $J = J_0 e^{-\mu x}$ durchzuführen [31]) (vgl. die Zahlenwerte in Tabelle 9 und 10 des Anhanges). Für Pt- und Ag-Röhrchen liegen Korrekturtabellen von E. A. Owen und B. Naylor vor [33]).

Wenn kein „Härtungseffekt" vorhanden ist (vgl. S. 150 und 319), so ist μ unabhängig von der Bleidicke und sonach unabhängig von dieser stets der gleiche Prozentsatz zu korrigieren. Beispielsweise macht 1 mm Glas ca. 1% aus.

Für die Absorption in der Eigenschicht [8]) haben H. Thirring und E. v. Schweidler Rechnungen durchgeführt, die sich auf die Absorption in Kugeln γ-strahlenden Materiales beziehen. Ist μ der Absorptionskoeffizient des Materials (wobei z. B. bei festen Salzen die scheinbare Dichte desselben einzusetzen ist, bei $RaCl_2$ in gewöhnlicher lockerer Salzfüllung [6]) etwa $\varrho = 1{,}3$; $\mu = 0{,}044\ \mathrm{cm}^{-1}$; oder für wässerige Lösung $\mu = 0{,}03\ \mathrm{cm}^{-1}$) und R der Radius der strahlenden Kugel, so gilt nach E. v. Schweidler

$$J = J_0[1 - 3/4(\mu R) + 4/10(\mu R)^2 - 1/6(\mu R)^3 + 2/35(\mu R)^4 - 1/60(\mu R)^5 + \cdots].$$

Literatur zu V, 3 siehe Seite 299.

Es ist dann

$$J/J_0 = 0{,}9370 \text{ für } R = 2 \text{ cm und } \mu = 0{,}044$$
$$J/J_0 = 0{,}9678 \text{ ,, } R = 1 \text{ cm ,, } \mu = 0{,}044$$
$$J/J_0 = 0{,}9837 \text{ ,, } R = 0{,}5 \text{ cm ,, } \mu = 0{,}044$$
$$J/J_0 = 0{,}9967 \text{ ,, } R = 0{,}1 \text{ cm ,, } \mu = 0{,}044$$

Schätzungen für die Eigenabsorption im Salz geben auch E. A. Owen und W. E. Fage [8]).

Sättigungsstrom ist so wie für β- auch für γ-Strahlen bei weit geringeren Spannungen erreicht als bei α-Strahlen [bei ca. 100 Volt/cm für Ströme bis ca. 30 stat. Einh. (10^{-8} Ampere); bei ca. 200 Volt/cm bis ca. 80 stat. Einh. ($2{,}7 \cdot 10^{-8}$ Ampere)] [vgl. auch E. Wertheimer [36])].

Die genannten galvanometrischen Methoden (Fig. 51) eignen sich besonders für die Messung relativ starker Ströme, von etwa 1 bis 200 stat. Einh., können aber bei Anwendung des ballistischen Verfahrens bis herab zu ca. 0,005 stat. Einh. ausgedehnt werden.

(Für die γ-Messung von Radiumsalzen bedeutet dies die Meßmöglichkeit von ca. 2 Gramm bis herab zu 0,05 Milligramm Ra).

Verschiedene Präparate werden zweckmäßig durch ihre γ-Äquivalente in Radium-Metall ausgedrückt gekennzeichnet.*)

Sonach

1 g $RaCl_2$	$\sim$ 0,7612 g Ra	1 g Ra $\sim$ 1,3138 g $RaCl_2$
1 g $RaBr_2$	$\sim$ 0,5857 g Ra	1 g Ra $\sim$ 1,7073 g $RaBr_2$
1 g ($RaBr_2 + 2 H_2O$)	$\sim$ 0,5357 g Ra	1 g Ra $\sim$ 1,8666 g ($RaBr_2 + 2 H_2O$)

Die Vorzüge der galvanometrischen Methoden liegen darin, daß der Strom unmittelbar gefunden wird, während bei den elektrometrischen Methoden zu seiner Berechnung die nicht immer mit der gewünschten Präzision durchführbare Bestimmung der Kapazität**) erforderlich ist. Da die Empfindlichkeit der Galvanometer ein klein wenig zu variieren pflegt, empfiehlt es sich für Präzisionsmessungen stets mittels eines Normalelementes nachzueichen.

Für schwächere Wirkungen eignen sich besser die elektrometrischen Methoden. Da das Meßgebiet für die galvanometrischen Anordnungen nach unten (bis $i = 0{,}01$ stat. Einh.) mit dem der elektrometrischen nach der Seite der stärkeren Ströme (bis 0,1 stat. Einh.) sich überdeckt, so ist eine wechselseitige Kontrolle gut durchführbar. Derart ist auch aus dem

Literatur zu V, 3 siehe Seite 299.

*) Unter Zugrundelegung der Atomgewichte für

Ra = 226,0   Cl = 35,457   Br = 79,916

**) Neuere Methoden vgl. z. B. bei M. Moulin, G. Hoffmann, H. Mache, W. C. Baker, A. T. Mukerjee; A. Karolus und Prinz Reuß; J. Tagger [11]).

direkten Stromwert bei Übertragung des gleichen Präparates in eine elektrometrische Anordnung indirekt die Kapazität derselben recht genau bestimmbar.

II. Elektrometrische Methoden. Bezüglich der allgemeinen Bemerkungen über Wahl der Dimensionen für α-Strahlen entsprechend ihrer Reichweite, der bloß relativen Meßbarkeit für β- und γ-Strahlen und der erforderlichen Korrekturen für Druck und Temperatur, sowie über die Erreichung des Sättigungsstromes sei auf das Vorstehende verwiesen; ebenso auf die Berücksichtigung der „natürlichen Zerstreuung".

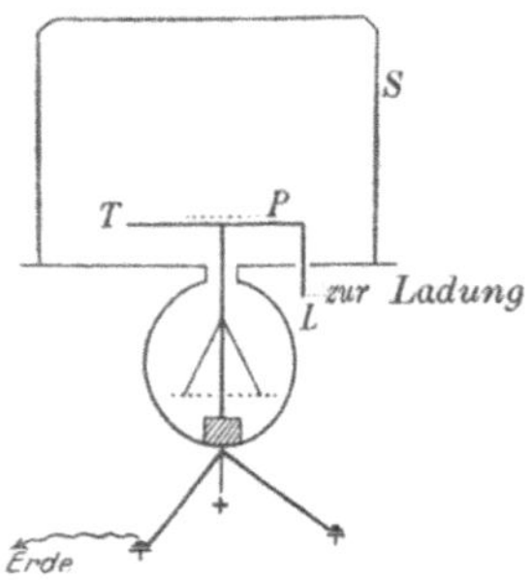

Fig. 52.
T = Tischchen als Präparatträger; L = zur Ladung herausragender Stilt; S = abhebbarer Sturz.

Bei allen bezüglichen Anordnungen wird die Ionisation in einem abgegrenzten Raum durch den elektrischen Strom gemessen, der durch die Ionen von einem geladenen Körper (T oder P der Fig. 52, 53) zur Erde getragen wird oder umgekehrt die Aufladung eines isolierten Körpers (z. B. Fig. 53), wenn der Umhüllungskörper oder die Gegenplatte usw. dauernd durch Verbindung mit einer Stromquelle auf konstantem Potential gehalten wird. Die allmähliche Änderung der Potentialdifferenz darf natürlich speziell hinsichtlich des Sättigungsgrades nur für ganz kleine Intervalle unberücksichtigt bleiben.

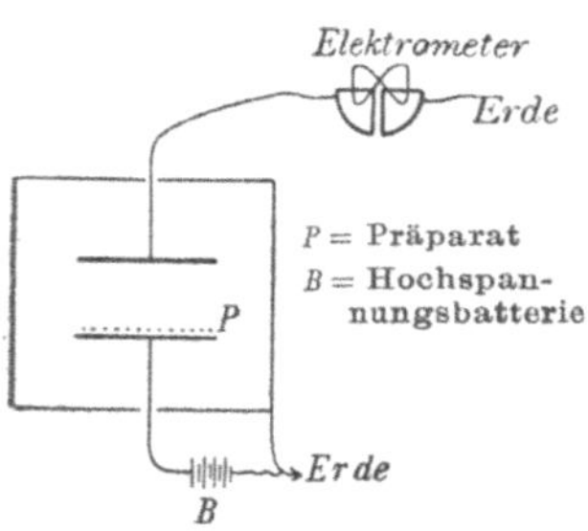

Fig. 53.

Immer ist $Q = V \cdot C$, worin Q die Ladung, V die Spannung, C die Kapazität der Anordnung bedeutet;

$$i = \frac{dQ}{dt} = C \cdot \frac{dV}{dt} = C \cdot \frac{V_1 - V_2}{t}.$$

Wird V in Volt, C in cm, t in Sekunden gemessen, so ist

$$i = \frac{1}{300} \cdot \frac{C(V_1 - V_2)}{t} \text{ stat.Einh.}$$

$$= 1{,}1\dot{1} \cdot 10^{-12} \frac{C(V_1 - V_2)}{t} \text{ Ampere.}$$

Als Elektrometer kommen zumeist in Verwendung:[9])

1. Quadranten- oder Binanten-Elektrometer (über deren Schaltweise vgl. z. B. F. Kohlrausch, Lehrb. d. Prakt. Phys. 11. Aufl. 590, 1910; 14. Aufl. 583, 1923).

Diese Instrumente haben sowohl selbst, wie auch wegen der nötigen Zuleitungen der Anordnungen relativ große Kapazitäten, was einigermaßen ihre hohe Empfindlichkeit kompensiert.

Über Wartezeit bei Aufladungsmessungen an Elektrometern vgl. G. Richter[10]).

Literatur zu V, 3 siehe Seite 299.

Hierher gehört auch das Doseninstrument B. Szilards mit nur einem Quadranten, mit einer Kapazität von 6 cm und in seinen verschiedenen Typen Skalenbereichen von 100—300, 200—500, 300—1000 Volt usw. Konstruktionen von 1925 gestatten Strommessungen bis herab zu 10^{-5} stat. Einh.

2. Blatt- oder Faden-(Saiten-) Elektrometer: Von solchen seien genannt:

Das Aluminium- oder Goldblatt-Elektroskop nach F. Exner in der modifizierten Form von J. Elster und H. Geitel mit Spiegelskala. $C = 6$ cm; mit Topfanordnung (Fig. 52) $C = 13$ cm, aufladbar bis ca. 300 Volt; ein einseitiger Skalenteil entsprechend 8—10 Volt (günstiger Meßbereich daher für $i = 0{,}005$ bis 0,1 stat. Einh.) [vgl. auch S. C. Lind; H. Clark].

Das Zweifadeninstrument von T. Wulf mit gespannten leitendgemachten Quarzfäden. $C =$ ca 3 cm; (mit Topfanordnung ca 8 cm); Meßbereich zwischen 40 und 300 Volt bei symmetrischer Stellung, bis ca 450 Volt bei asymmetrischer Nullpunktsstellung: 1 Skalenteil entsprechend etwa 2—3 Volt.

Desgleichen das „γ-Instrument" (vertikaler Zylinder); $C = 1$ cm. Das Einfadenelektrometer nach J. Elster und H. Geitel, mit freihängendem Faden; regulierbare Empfindlichkeit; $C = 2$ cm; 1 Skalenteil etwa 0,005 Volt.

Das Einfadenelektrometer nach T. Wulf mit gespanntem Faden. $C = 2$ cm.

Weiters das Saitenelektrometer nach C. W. Lutz und M. Edelmann. $C = 2$—3 cm; 1 Skalenteil etwa 0,01 Volt.

Neuere Konstruktion von W. Kolhörster, Empfindlichkeit 1 Skalenteil $\sim$ 0,5 bis 2,6 Volt, bei Anlegen von Hilfsspannungen bis 1 Skalenteil $\sim$ 0,01.

Das durch seitliche Neigung in seiner Empfindlichkeit regulierbare Instrument von C. T. R. Wilson. $C =$ etwa 5 cm; 1 Skalenteil etwa 0,02 Volt.

Weiters das Elektrometer von E. Wiechert.

Endlich: Das hochempfindliche Duantenelektrometer von G. Hoffmann $C = 4{,}8$ cm; $1\,V \sim$ ca 3000 mm.

Das Instrument von H. J. Folmer; das Quadrantenelektrometer von C. Mülly. Das Torsionselektroskop von M. La Rosa; $C = 0{,}78$ cm oder von L. Wertenstein.

Das Oszillationselektroskop von J. Zeleny; das Elektrometer von F. A. und A. F. Lindemann und T. C. Keeley mit einer Empfindlichkeit gleich der der Dolezalekschen Binantenelektrometer, bei kleiner Kapazität und Periode, u. a. wie von L. Grebe; T. H. Laby; C. Barus; E. Morrison; I. Curie; L. Boucher; T. Shimizu; H. M. Elsey; H. Hirschi; W. F. G. Swann; A. Nodon; das Kompensationselektroskop der Firma „Radium Belge"[45]) usf.

Eine Diskussion über verschiedene Elektrometer findet man bei G. Berndt; Anweisungen für besonders hoch gesteigerte Empfindlichkeit und weitgehende Meßverfeinerungen bei G. Hoffmann. Vgl. auch das Buch von G. Ising.

Unter der Bezeichnung: „α-Elektroskop" beziehungsweise „β-Elektroskop" findet man Anordnungen beistehender Skizzen (Fig. 54):

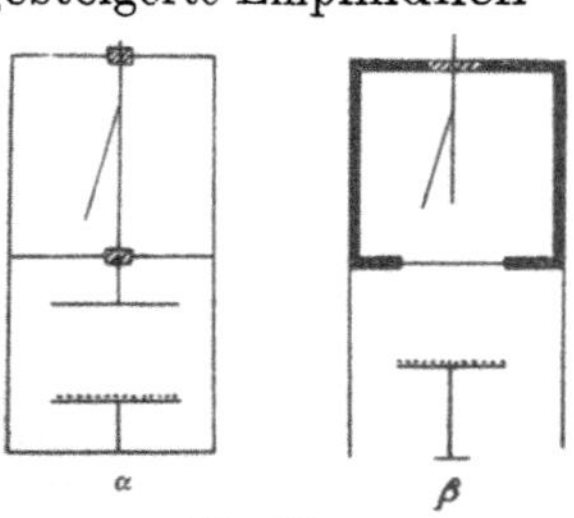

Fig. 54.

Spezielle Anordnungen seien nebst den schon für die galvanometrischen Strommessungen angeführten Apparaturen, die natürlich auch

Literatur zu V, 3 siehe Seite 299.

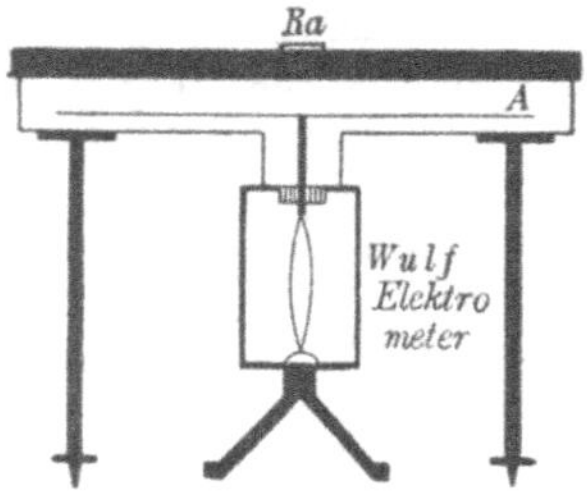

Fig. 55.

hier Verwendung finden können, noch für die γ-Strahlenbestimmung angeführt.

1. Der große Plattenkondensator. Dieser ist beschrieben bei M. Curie[7]) und St. Meyer[19]). Sehr bequem ist die Anordnung mit dem Wulf-Elektrometer (Fig. 55).

Bei diesem empfiehlt es sich, den Nullpunkt einseitig z. B. auf — 50 Skalenteile = 150 Volt zu verlegen und nur einen Faden abzulesen. Man kann dann bis etwa 450 Volt aufladen, wodurch auch noch für relativ starke Ströme Sättigung verbürgt wird. Immerhin ist Achtung in dieser Hinsicht geboten. Zur Vermeidung der manchmal störenden „Eigenstrahlung" des Bleis schiebt man unter die dicken Pb-Deckplatten zweckmäßig eine dünne Zinkplatte ein.

Diese Methode des großen Plattenkondensators eignet sich hauptsächlich für Vergleichung nahe identischer, gleichartig eingeschlossener Präparate. Seitliche Verschiebungen stören kaum, da, wenn das Präparat unmittelbar aufliegt, wegen der schrägen Durchstrahlung durch die Bleiplatten für den nicht zentralen Raum, nur der mittlere Teil des Meßraumes in Betracht kommt. Wohl aber ist die Wirkung stark davon abhängig, ob vertikale Verschiebungen vorkommen (verkehrt prop. dem Quadrat der Entfernung!) und daher auch nicht gut anwendbar für verschieden dimensionierte Einschlußgefäße; für solche eignen sich der Kugelkondensator oder eine der im folgenden beschriebenen Methoden besser, und letztere sind daher für die Gehaltsbestimmung an in Fläschchen usw. befindlichen Präparaten heranzuziehen.*) Hingegen vermag der Kugelkondensator für die bei medizinischen Präparaten beliebten Kapselformen mit starker Rückwand (oft Blei) und dünnem Glimmerblattverschluß vor dem Präparat keine präzisen Messungen zu erlauben, da eben nach der Richtung der Rückwand einseitig mehr Strahlung absorbiert wird. Solche Kapseln (natürlich emanationsdicht verschlossen!) können hingegen ziemlich genau am Plattenkondensator geprüft werden. Die sekundäre Strahlung der Rückwand vergrößert den erzielten Effekt ein wenig, aber bei dicker Kondensatorbleiplatte und kleinen Präparaten nicht stark.

Über Berücksichtigung der Formen der Ra-Präparate bei Eichungen vgl. auch J. Backhurst[42]). Undichte von Ra-Behältern stellt man durch das Auftreten von Em in der Umgebung fest. Man kann hierzu auch nach G. Barlow und H. B. Keene[44]) das Präparat mit Kohle umgeben und diese, welche die etwa vorhandene Em stark okkludiert, prüfen.

2. Eine elegante Methode der γ-Strahlenvergleichung haben E. Rutherford und J. Chadwick[21]) angegeben.

Literatur zu V, 3 siehe Seite 299.

*) Eine Zylinderanordnung für Messung schwacher γ-strahlender Präparate (im Prinzipe nicht wesentlich verschieden von der Seite 285, Fig. 51a, beschriebenen) hat W. Bothe[20]) angegeben. Eine Kugelanordnung wäre auch hierbei anwendbar und wegen der leichter anbringbaren Korrekturen vermutlich vorzuziehen. Verbesserungen zum Botheschen Apparat hat N. E. Dorsey[20]) vorgeschlagen.

Hierbei wird der in der Kammer durch die γ-Strahlen bewirkte Strom in einem zweiten Ionisationsraum durch einen entgegengesetzt gerichteten Strom eines nach Mc Coy hergestellten α-strahlenden U_3O_8-Präparates kompensiert. Die Kompensation wird durch Verschiebung des γ-Strahlers längs einer geeichten

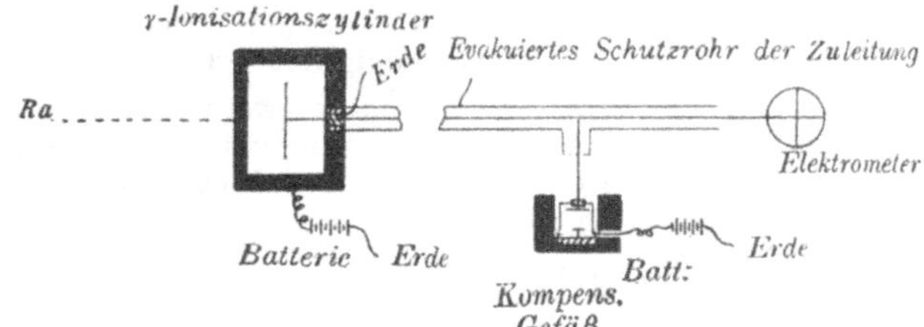

Fig. 56.

Schiene erzielt. Diese Methode hat alle Vorteile der Kompensationsverfahren. Sie setzt aber die genaue Kenntnis der Absorption in Luft, die richtige Abmessung der Distanz der Kammer (die quadratisch eingeht, oder richtiger gemäß $\frac{1}{r(r+a)}$, a = Kammerbreite) und schließlich günstige Raumverteilung voraus, so daß die Verschiedenheiten der äußeren sekundären Strahlungen in den verschiedenen Stellungen des Präparates einflußlos bleiben können (vgl. S. 294).

Zwei Präparate P_1 und P_2, jedes in der Stellung, in der Kompensation ihrer γ-Strahlen durch die Uranstrahlen-Ionisation erfolgt, in den Entfernungen r_1 und r_2 von der Kammer der Breite a, verhalten sich dann wie

$$\frac{P_1}{P_2} = \frac{r_2(r_2+a)}{r_1(r_1+a)} \cdot e^{-\mu(r_1-r_2)}.$$

Für μ, den Absorptionskoeffizienten in Luft, setzen diese Autoren nach J. Chadwick[22]) ein: $\mu_{760,15^\circ} = 6{,}0 \cdot 10^{-5}\,\mathrm{cm}^{-1}$.

Nach den Messungen von V. F. Hess[22]) (in freiem Raum bis zu Distanzen von 90 m) ist der Absorptionskoeffizient $\mu_{760,15^\circ} = 4{,}64 \cdot 10^{-5}\,\mathrm{cm}^{-1}$.

Möglicherweise erscheint der Absorptionskoeffizient bei den Messungen in engeren Räumen dadurch beeinflußt, daß auch sekundäre Strahlen mit ins Spiel kamen.

Eine andere elektroskopische Kompensationsmethode zur Messung kleiner Mengen radioaktiver Stoffe mittelst γ-Strahlen (Bereich $0{,}1 - 10^{-10}$g Ra) hat L. Myssowsky[40]) angekündigt. Für γ-Eichungen schwach aktiver Substanzen wurde auch von W. Chlopin, W. Baranov und W. Sokolov ein Verfahren angezeigt[41]). Vgl. auch das Kompensationselektrometer der Firma „Radium Belge"[45]).

3. Methoden der Kompensation mittels piezoeletrischer Ladungen[23]).

Das Verfahren ist von P. und J. Curie ausgearbeitet worden und besonders in Frankreich beliebt. Wird eine Quarzlamelle nach Fig. 57 der Länge l und Dicke d (in cm) aus einem natürlichen Kristall herausgeschnitten, und durch metallische Belegung der Seitenflächen zu einem Kondensator gestaltet, so

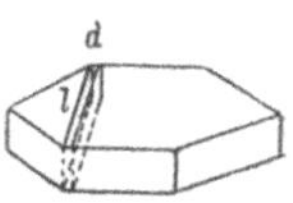

Fig. 57.

Literatur zu V, 3 siehe Seite 299.

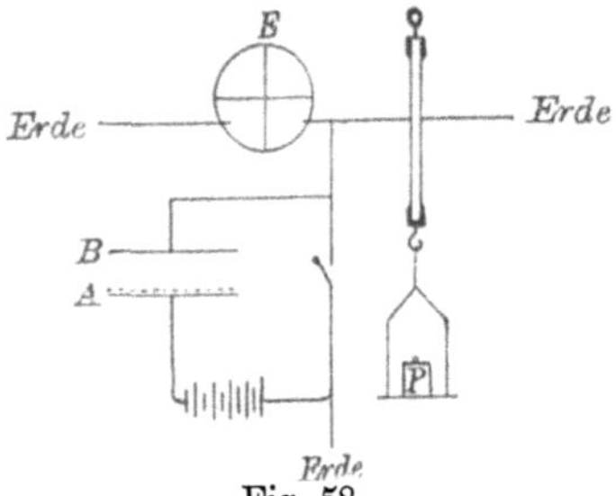

Fig. 58.

erhält man durch Zug in der Richtung l mittels eines Gewichtes von P Kilogramm auf jeder Belegung eine Elektrizitätsmenge $Q = K \frac{l}{d} P$; die Konstante K ist nach J. Curie gleich 0,0677 stat. Einh.; nach W. C. Röntgen[23a]) gleich 0,0681. (Über die geringe Temperaturabhängigkeit vgl. A. Beckmann[23a]).)

Diese jeweils frei werdende Elektrizitätsmenge wird benutzt, um die vom Kondensator A-B vermittelte Aufladung des Elektrometers auszugleichen (Fig. 58).

Der Kompensationsstrom ist dann $i = K \frac{l}{d} \frac{P}{t}$, und man bestimmt die Zeit t. Das langsame regulierende Auflegen oder Wegnehmen eines Gewichtsstückes zur Erhaltung des Kompensationszuges, der die Nullage des Elektrometers bedingt, erfordert manuelle Geschicklichkeit und Übung.

Der Meßbereich liegt zwischen rund 3 und $3 \cdot 10^{-4}$ stat. Einh. (10^{-9} bis 10^{-13} Ampere).

4. Methoden „konstanter Ablenkung“.

Das Prinzip derartiger Anordnungen ist von H. L. Bronson angegeben[24]) und nach beistehendem Schema verständlich (Fig. 59).

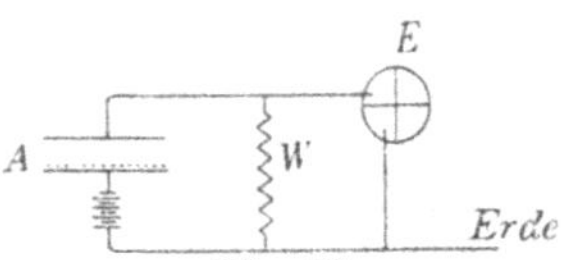

Fig. 59.

Im Nebenschluß zum Elektrometer ist ein großer Widerstand W eingeschaltet; die Ladung des Elektrometers und also der zugehörige Nadelausschlag werden solange wachsen, bis ebensoviel Strom durch den Ionisationsraum A, wie durch W fließt. Unter der Voraussetzung, daß der Widerstand dem Ohmschen Gesetz gehorcht, sind Strom und Ausschlag proportional. Als solchen Widerstand empfahl H. L. Bronson durch eine radioaktive Substanz ionisierte Luft. Die Ionisation muß so bemessen sein, daß die angewendete Spannung wirklich noch „Ohmschen Strom“ liefert. Nach N. Campbell[25]) eignen sich sehr gut Flüssigkeitswiderstände aus einer Mischung von ca. 10 Volumteilen Xylol + 1 Volumteil absoluten Alkoholes. G. K. Rollefson[25]) empfiehlt für große Widerstände 2—10 % J in gereinigtem Benzin.

Fig. 60.

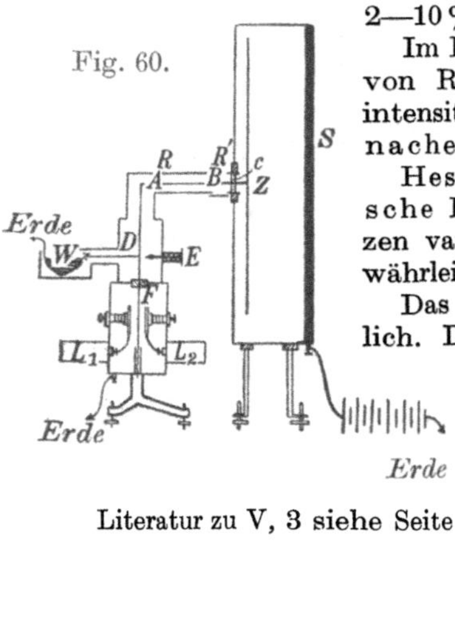

Im Detail sind derartige Anordnungen für die Eichung von Radiumpräparaten oder auch andere Strahlungsintensitätsmessungen von V. F. Hess[26]) und H. Greinacher[27]) beschrieben worden.

Hess benutzte als Elektrometer das Elster-Geitelsche Einfadenelektrometer, dessen in weiten Grenzen variable Empfindlichkeit vielseitige Anwendung gewährleistet.

Das Prinzip ist aus der schematischen Fig. 60 ersichtlich. Das Fadensystem ist mittels eines rechtwinklig abgebogenen Stabes, der innerhalb der geerdeten Röhre R liegt, mit dem Ionisationsraum Z in Verbindung gebracht. Durch Wegschieben der Hülse R' läßt sich bei B leicht das Ionisationsgefäß an-

Literatur zu V, 3 siehe Seite 299.

oder abschalten. Das Gehäuse des Ionisationsraumes ist auf 300 Volt geladen. Hier ist der Ionisationsraum speziell für γ-Strahlenmessungen adaptiert; er besteht aus einem großen, flachen, zylindrischen Gefäß mit horizontaler Achse (20 cm Radius), dessen Stirnwand S aus 5 mm dickem Zinkblech gefertigt ist, so daß nur γ-Strahlen eindringen können. Die Elektrode Z ist eine Kreisplatte von 15 cm Radius. Die Bernsteinisolation c ist mit einem Schutzring umgeben, der durch direktes Anstecken des Rohres R' geerdet ist.

Die Methode kann unter Benutzung geeigneter anderer Ionisationsgefäße auch für jede andere radioaktive Messung, z. B. α-Strahlen-, β-Strahlen- oder auch für Emanationsmessungen verwendet werden.

Bei D ist das Fadensystem nach dem Bronsonschen Prinzip mit einem sehr hohen Xylol-Alkohol-Widerstand (Größenordnung 10^{10} — 10^{12} Ohm) verbunden.

Wenn man über geeichte Radiumstandardpräparate verfügt, kann man es durch Variieren der Entfernung des Präparates sehr leicht erreichen, daß der Ausschlag in Skalenteilen direkt der Anzahl der Milligramme Radium oder ganzen Vielfachen oder Bruchteilen davon entspricht.

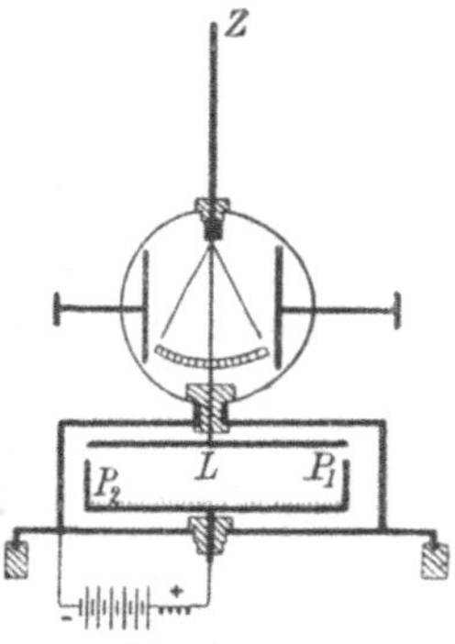

Fig. 61.

H. Greinachers „Ionometer"-Konstruktion zeigt Fig. 61.

Als Elektrometer dient ein Elster-Geitelsches Aluminiumblättchen-Instrument. Z ist ein Zerstreuungsstift, der in den vom zu messenden radioaktiven Präparat ionisierten Meßraum ragt und natürlich auch durch andere Formen, wie z. B. die der Fig. 60, ersetzt werden kann. Die Platte P_2 ist mit konstant radioaktiver Substanz (Mc Coyscher U_3O_8-Schicht vgl. S. 271) bedeckt, so daß L einen Bronsonschen Luftwiderstand bildet.

Ein Hauptvorteil der oben beschriebenen Anordnungen, nämlich Proportionalität zwischen Ionisation und Ausschlag geht bei dieser Apparatur zwar verloren, doch bietet die Eichung des Elektroskopes keine Schwierigkeiten. Dem Strom 0 entspricht die größte Blättchendivergenz, je stärker das zu messende Präparat, desto kleiner ist der Ausschlag. Durch Anbringung einer Irisblende über P_2, wie in der Anordnung von E. Rutherford und J. Chadwick (S. 291), ließe sich die Empfindlichkeit bequem regulieren.*)

H. Greinacher[27]) hat selbst eine Reihe von Neukonstruktionen (1919, 1922) angegeben; M. Salomon[27]) beschrieb ein Ionometer mit veränderlicher Kapazität. Eine „Radiumwage", eine Art Ionometer, wobei α- gegen γ-Wirkung kompensiert wird, stammt von L. H. Clark[27]).

5. Eichung von Apparaten auf Radiumäquivalente. Die γ-Eichung von Radiummengen mittels Standardpräparaten setzt den Besitz solcher Normalpräparate voraus, der nur wenigen möglich ist; es war daher ein Wunsch, leicht reproduzierbare Apparaturen zu beschaffen,

Literatur zu V, 3 siehe Seite 299.

*) Vgl. auch das „Universal-Ionometer" (Einführung in die Röntgentechnik, verfaßt für die Teilnehmer der Röntgenkurse der Siemens-Halske A. G. 2. Aufl. 1913 von G. Großmann Seite 86).

die derart geeicht werden können, daß direkt, ohne neuerlichen Vergleich mit einem Etalon, aus dem abgelesenen Strom ein Rückschluß auf die einwirkende Radiummenge gestattet ist[28]).

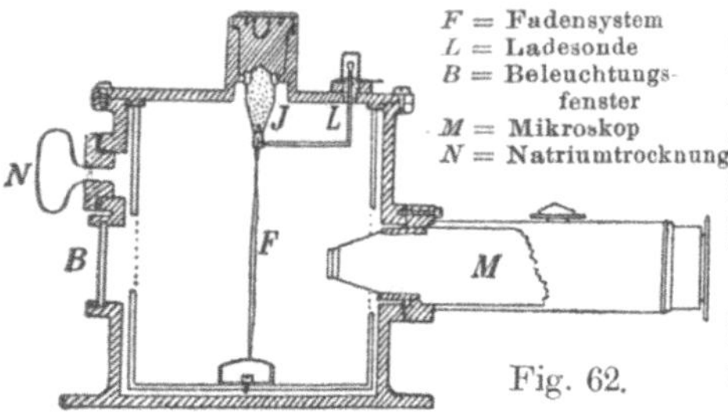

Fig. 62.

Hierzu kann prinzipiell jedes Instrument konstanten Volumens und konstanter Stromempfindlichkeit dienen, z. B. ein geschlossenes Elektroskop der Elster-Geitelschen Form und dergleichen.

Liegende Zylinder sind wegen mangelhafter Sättigung in den Ecken minder vorteilhaft.

Speziell durchgearbeitet ist der Wulfsche Zweifadenapparat mit vertikal stehendem Zylinder[26]). Eine Neukonstruktion des Wulfschen Strahlungsapparates stammt von W. Kolhörster[26]).

Solange sowohl Präparat als Apparat von den Zimmerwänden überall mindestens 2 m abstehen, ist die γ-Wirkung in verschieden großen Zimmern mit verschiedenem Wandmaterial praktisch immer die gleiche.

Für das Volumen 968 cm³, Wandstärke 3 mm Messing, wenn Präparat und Apparat frei auf kleinen Stativen ca. 1 m über dem Fußboden in der Mitte eines Zimmers stehen, gibt nachstehende Tabelle eine Übersicht.

Distanz zwischen Mitte des Apparates und Präparates	geeignet für Präparate	Sättigungsstrom, erzeugt von je 100 mg Radiumelement
50 cm	bis etwa 7 mg	$108,6 \cdot 10^{-3}$ stat. Einh.
100 „	„ „ 30 „	26,78
200 „	„ „ 150 „	6,66
400 „	„ „ 600 „	1,77

Für die Aufstellung ist zu beachten, daß Annäherung an die Wände wegen der an diesen erzeugten sekundären γ-Strahlen von Einfluß ist. So ergibt sich z. B., wenn Präparat und Apparat stets in Distanz von 1 m gehalten werden, bei Verschiebung in der Längsachse eines Zimmers von 8,5 m Länge, 5,8 m Breite, 4 m Höhe einerseits und anderseits bei Verschiebung der senkrecht zur Längsrichtung aufgestellten, wieder in 1 m Distanz gehaltenen Anordnung Präparat — Apparat:

Stellung bei Verschiebung in der Längsrichtung	Relative Stromstärke	Stellung bei Verschiebung in der Richtung senkrecht zur Längsrichtung	Relative Stromstärke
Mitte des Zimmers	1,00	Mitte des Zimmers	1,00
Präp. 2 m von der Wand	1,00	Präp. u. App. je 1 m von der Wand	1,01
1 m „ „ „	1,01		
50 cm „ „ „	1,02	50 cm „ „ „	1,05
25 cm „ „ „	1,06		
2 cm „ „ „	1,17	25 cm „ „ „	1,10

Literatur zu V, 3 siehe Seite 299.

Diese Sekundärstrahlenwirkung tritt auch auf, wenn das Präparat allseitig von dickem Pb (z. B. 5 mm) umschlossen ist.

Auch die Wirkung von Tischplatten, Laufschienen usw. ist zu beachten.

Wenn man Apparat und Präparat in Distanz von 1 m auf einem Tisch mit Holzplatte von 2 × 1 m direkt aufstellt, so ist die γ-Strahlung um etwa 7 Prozent höher, als wenn beide in sonst gleicher Stellung getrennt auf kleinen Stativtischchen 1 m über dem Boden stehen; und ähnlich wirken andere „Reflektoren". (Fig. 63.)

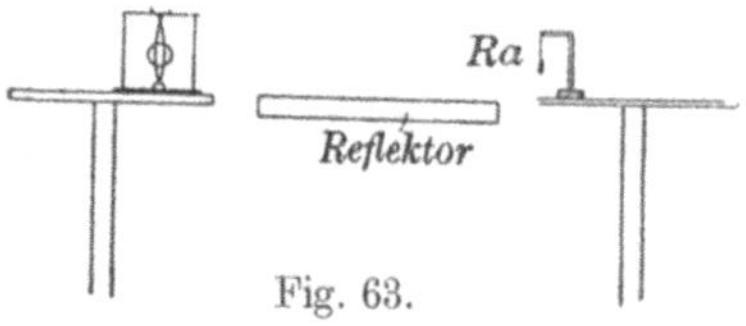

Fig. 63.

6. Relationierung verschiedenartiger γ-Strahler. Die Aufgabe der Vergleichung von γ-Strahlen verschiedener Provenienz tritt insbesondere z. B. für die Angabe des „γ-Äquivalentes" von „Mesothor" in Beziehung zu Radium (RaC) heran. Da es sich hierbei um γ-Strahlen ungleichen Durchdringungsvermögens handelt, hängt das Resultat erstens ab von dem relativen Betrag, den die zwei γ-Typen des Mesothor 2 und des Thor C'' liefern — also von dem Alter des „Mesothor" (vgl. die Tabelle S. 502/503) — zweitens auch von der Art, in der die Strahlen zur Absorption gelangen.

In letzterer Hinsicht können zwei Hauptfälle unterschieden werden:

A. Das Präparat ist von dem absorbierenden Material allseitig gleichartig umschlossen (z. B. im Zentrum einer Hohlkugel; mit einiger Annäherung auch im Zentrum eines Zylinders).

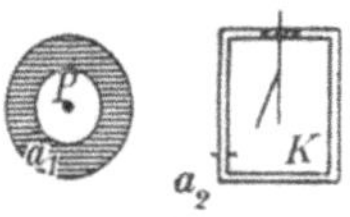

Fig. 64.

In diesem Falle treten in die Ionisationskammer von jeder Strahlenart gemäß ihrer verschiedenen Absorption in a_1 und a_2 bestimmte Prozentsätze ein, also von härterer mehr als von weicher; diese Verhältnisse lassen sich leicht berechnen, wenn die Absorptionskoeffizienten bekannt sind, indem die in die Kammer gelangende Strahlung jeweils $e^{-\mu x}$ proportional ist, wenn nicht in der Umgebung (Wände, Tischplatten usw.) erzeugte sekundäre γ-Strahlung störend ins Spiel tritt.

Die Wirkung innerhalb der Ionisationskammer selbst hängt von der in ihr hervorgebrachten Ionisation ab und diese sowohl von dem Material der Gefäßwände als von dem enthaltenen Gase.

Es läge nahe anzunehmen, daß im Gasraum die weicheren vom Präparate stammenden Strahlen, die darin proportional ihrem μ stärker absorbiert werden, auch eine entsprechend stärkere Ionisation hervorrufen sollten, da für alle derartigen γ-Strahlen die Dimensionen des Gefäßes klein sind gegenüber der mittleren Reichweite $\frac{1}{\mu}$ in Luft. Das

Literatur zu V, 3 siehe Seite 299

Experiment bestätigt diese Annahme nicht; vielmehr scheint es wesentlich auf die Intensität der eintretenden γ-Strahlen anzukommen und man müßte danach annehmen, daß ausschlaggebend für die Ionisation im Meßraum die an den Gefäßwänden erzeugten sekundären Strahlen sind, deren Wirkung eher unabhängig von der Härte der Primärstrahlen anzusehen wäre.

Nach K. W. F. Kohlrausch wäre anzunehmen: weiche γ-Strahlen liefern stark ionisierende Wandstrahlen, die aber nur aus dünner Wandschichte stammen und daher in geringerer Anzahl sind; harte γ-Strahlen liefern schwach ionisierende β-Wandstrahlen, die aus dicker Wandschichte stammen und daher in größerer Anzahl vorhanden sind.

O. Hahn[29]) gibt auf Grund experimenteller Befunde die folgende Tabelle, wobei die Wandstärke der Ionisationskammer ($a_2 = 3{,}3$ mm Pb) der absorbierenden Schicht (a_1 = Wandstärke eines einschließenden Zylinders) zugezählt ist.*)

$a_1 + a_2$ in mm Blei	Ra	Mesothor „neu"	Mesothor 2 Jahre alt	neues radiumfreies Mesothor	Radiothor
5	100	100	100	100	100
10	68,1	70,0	70,3	69,7	72,7
15	49,7	50,7	52,2	49,4	54,2
20	37,3	37,0	38,8	36,1	42,3
25	28,7	27,3	29,5	26,1	33,5
30	22,0	20,4	22,7	19,1	26,8
35	16,9	15,5	17,7	14,0	21,7
40	13,4	11,4	13,8	10,5	17,6
45	10,6	8,65	10,7	7,8	14,3

Diese Meßresultate ergeben aber weder für Ra (RaC) noch für Radiothor (ThC″) einheitliche Absorptionskoeffizienten; für ersteres ist μ anfangs $= 0{,}61$, später $= 0{,}49$; für letzteres im Anfange 0,58, später 0,43. Daraus darf geschlossen werden, daß auch bei dieser Anordnung sekundäre Strahlen eine Rolle spielen, abgesehen davon, daß auch die Zylinderform statt der Kugelumhüllungen kleine Korrekturen bedingt.

Zur Unterscheidung von Ra, MsTh und RdTh durch γ-Absorptionsmessungen hat für eine spezielle Versuchsanordnung W. Bothe[34]) empirische Kurven angegeben.

Da MsTh weniger Wärme entwickelt als Ra, so lassen sich auch γ-Strahlung und Wärmeentwicklung zusammen als Analysenmethode für MsTh-Ra-Gemische verwenden [M Curie][39]).

Literatur zu V, 3 siehe Seite 299.

*) Über den Radiumgehalt der Mesothorpräparate fehlen Angaben.

Für schwache Präparate, z. B. Erze, empfiehlt V. F. Hess[35]) umgekehrt die Verwendung eines Elektrometers, rings umgeben von größeren Mengen der strahlenden Substanz. Als Einheit für die γ-Strahlenintensität schlug er „ein Eve“ vor[37]), das ist die Ionisationswirkung von γ-Strahlen aus punktförmigem RaC im Gleichgewicht mit 1 g Ra in Distanz 1 cm.

L. Bogojavlensky[35]) machte Aktivitätsmessungen von Gesteinsmassiven im Freien durch γ-Strahlen aus verschiedenen Richtungen.

B. Das Präparat liegt einseitig abgeschirmt vor einer großen Platte, wie z. B. in der Anordnung Fig. 55, S. 290.

Befindet sich die strahlende Substanz unmittelbar an der schirmenden Wand, so kann von sekundären Strahlen in der weiteren Umgebung abgesehen werden. In diesem Falle erfolgt die relative Absorption der einzelnen γ-Typen nicht gemäß dem einfachen Exponentialgesetz, sondern es muß etwa die Formel L. V. Kings[30]) herangezogen werden (wobei sich hier J_0 auf die einseitige Strahlung bezieht), und zwar nach M. Blau[38]):

$$J_d = J_0[\Phi(\mu d) - \cos\vartheta\,\Phi(\mu d \sec\vartheta)].$$

Darin ist

$$\Phi(x) = e^{-x} + x\int_{\infty}^{x}\frac{e^{-x}}{x}dx.$$

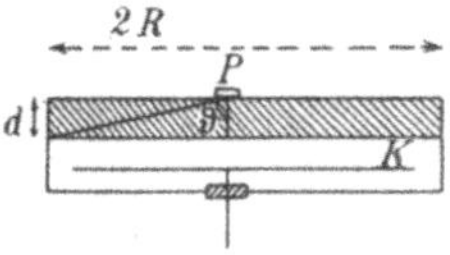

Fig. 65.

(Vgl. III, 3. Seite 84 und Tabelle 1 des Anhanges.)

J_d ist die Stromstärke nach Passieren der Schichtdicke d der absorbierenden Wand, ϑ der Winkel aus Fig. 65 ($R = 15$ cm).

In der folgenden Tabelle sind die danach berechneten Werte für die in die Kammer eintretende Strahlung angeführt[31]).

k ist das Verhältnis der $\Phi(\mu d)$ für ThC″ und Mesothor 2. Zur Relationierung auf die γ-Strahlung des Radiums (RaC) ist der Stromwert $J = (\lambda N)_{\mathrm{MsTh}} + k(\lambda N)_{\mathrm{RdTh}}$ in welchem die für die Wirkungen von Mesothor 2 und ThC″ maßgebenden Mengen und Zerfallskonstanten von Mesothor 1 und Radiothor, mit denen die ersteren praktisch stets im Gleichgewicht anzusehen sind, enthalten sind, mit k', dem Verhältnis der Werte von $\Phi(\mu d)$ von Mesothor 2 und RaC, zu multiplizieren.

Für die Verhältnisse k und k' ergibt sich nach St. Meyer und V. F. Hess[31]) bei Bleiplatten der Dicke d:

d = 0	0,5	1,0	1,5	2,0	2,5	3,0	4,0	5,0 cm
k = 1,00	1,17	$1{,}32_5$	1,46	1,62	1,79	1,96	$2{,}33_5$	2,70
k' = 1,00	0,91	$0{,}84_3$	$0{,}79_5$	0,74	0,69	$0{,}65_1$	$0{,}57_9$	0.52_5

Die Annahme, daß für $d = 0$ die Wirkung der einzelnen γ-Strahler einander gleichgesetzt, d. h. $k = k' = 1$ gewählt wird, entbehrt jedoch der Begründung.

Literatur zu V, 3 siehe Seite 299.

γ-Bewertung von radiumfreien Mesothorpräparaten verschiedenen Alters bei Absorption in Bleiplatten verschiedener Dicke in Relation zu Radium, wenn $k_1 = k \cdot \mu_{MsTh}/\mu_{ThC''}$ und $k'_1 = k' \mu_{RaC}/\mu_{MsTh}$.

Alter in Jahren	0	0,5	1,0	2,0	3,0	4,0	5,0	6,0	8,0	10,0
					γ-Strahlenwirkung					
$J = (\lambda N)_{MsTh} + k_1 (\lambda N)_{RdTh}$	1,000 + 0,000	0,950 + 0,162 k_1	0,902 + 0,290 k_1	0,814 + 0,462 k_1	0,734 + 0,557 k_1	0,662 + 0,599 k_1	0,598 + 0,608 k_1	0,539 + 0,595 k_1	0,439 + 0,536 k_1	0,357 + 0,461 k_1
d cm Pb					$k'_1 J$					
0	0,853	0,989	1,090	1,204	1,241	1,226	1,181	1,116	0,966	0,813
0,5	0,777	0,928	1,041	1,175	1,225	1,218	1,179	1,117	0,971	0,818
1,0	0,719	0,883	1,006	1,154	1,214	1,214	1,180	1,121	0,976	0,825
1,5	0,673	0,847	0,978	1,139	1,207	1,212	1,180	1,124	0,981	0,830
2,0	0,631	0,813	0,953	1,124	1,200	1,210	1,181	1,127	0,986	0,835
2,5	0,589	0,781	0,927	1,110	1,193	1,208	1,183	1,130	0,991	0,840
3,0	0,556	0,756	0,909	1,103	1,192	1,211	1,188	1,137	0,998	0,847
4,0	0,494	0,711	0,879	1,091	1,194	1,220	1,203	1,154	1,016	0,864
5,0	0,448	0,697	0,857	1,087	1,200	1,233	1,219	1,172	1,035	0,881

Allem Anscheine nach ist der Ansatz berechtigter, die Wirkungen der einzelnen γ-Strahler proportional $1/\mu$ anzunehmen, was sich deuten ließe, wenn es wesentlich auf die Wirkung weicher Sekundärstrahlen ankommt. Man erhält dann statt der Werte k und k' die Größen

$$k_1 = k\mu_{MsTh}/\mu_{ThC''} = \frac{0,75}{0,58}k \quad k'_1 = k'\mu_{RaC}/\mu_{MsTh} = \frac{0,64}{0,75}k',$$

und zwar für

d =	0	0,5	1,0	1,5	2,0	2,5	3,0	4,0	5,0
k_1 =	1,293	1,513	1,713	1,901	2,095	2,321	2,534	3,019	3,491
k'_1 =	0,853	0,776	0,719	0,673	0,631	0,589	0,556	0,494	0,448.

Aus der Tabelle S. 298 ergibt sich, daß bei jungen Präparaten das Mesothor gegenüber von Radiumpräparaten, insbesondere bei Verwendung größerer Plattendicken, unterschätzt, dann mit steigendem Alter überschätzt, später wieder unterschätzt wird. Man sieht weiter, wie die anfangs sehr große Abhängigkeit von der Plattendicke mit steigendem Alter abnimmt und schließlich ihr Vorzeichen wechselt.

Radiumgehalt der Mesothorpräparate verflacht natürlich den Gang; würde beispielsweise der Anteil der γ-Strahlung, der dem Ra zuzuschreiben ist, 25% betragen, so wären nur $^3/_4$ der Abweichungen von der Einheit in obiger Tabelle zu erwarten.

Einige experimentell bestimmte Kurven für den Verlauf der Wirkung MsTh-RdTh bei Absorption durch 3,3 mm Pb innerhalb 6 Jahren gaben O. Hahn und L. Meitner[43]) an.

Die Tabelle auf S. 298 soll nur den Gang anzeigen, nicht Absolutwerte geben, da die Wahl von k_1 und k'_1 sehr unsicher ist; doch zeigt sich jedenfalls in dieser Art ein gangbarer Weg für durch die Radiumstandards definierte Mesothoreichungen.

Literatur zu V, 3:

1) E. v. Schweidler, Wien. Ber. **116**, 1055, 1907; St. Meyer und V. F. Hess, Wien. Ber. **120**, 1187, 1911.

2) H. Greinacher, Phys. Z. **12**, 209, 1911; E. Regener, Verh. D. Phys. Ges. **13**, 1065, 1911; L. Flamm und H. Mache, Wien. Ber. **121**, 227, 1912; **122**, 535, 1913; **122**, 1539, 1913; A. Liebert, Vierteljber. d. natf. Ges. Zürich **59**, 117, 1914; (Beibl. **39**, 120, 1915).

3) W. H. Bragg und R. D. Kleeman, Phil. Mag. (6) **11**, 466, 1906; W. H. Bragg, Studies in Radioactivity 70, 1912; M. Moulin, Thèses, Paris 1910; Le Rad. **5**, 136, 1908; C. R. **148**, 1757, 1909; Ann. chim. et phys. **21**, 550, 1910; **22**, 26, 1911; F. E. Wheelock, Sill. J. **30**, 233, 1910; G. Jaffé, Ann. d. Phys. (4) **42**, 303, 1913; **43**, 249, 1914; Le Rad. **10**, 126, 1913; Phys. Z. **15**, 353, 1914; H. Ogden, Phil. Mag. (6) **26**, 991, 1913.

4) R. Girard, Le Rad. **10**, 195, 1913; L. Flamm und H. Mache, Wien. Ber. **122**, 1539, 1913; S. Maracineanu, C. R. **176**, 1879, 1923; Thèses 1793, Paris 1924.

5) H. N. Mc Coy und G. C. Ashman, Sill. J. **26**, 521, 1908; St. Meyer und F. Paneth, Wien. Ber. **121**, 403, 1912.

6) St. Meyer und V. F. Hess, Wien. Ber. **121**, 603, 1912.

7) M. Curie, J. de phys. (5) **2**, 795, 1912.

8) H. Thirring, Phys. Z. **13**, 266, 1912; E. v. Schweidler, Phys. Z. **13**, 453, 1912; E. A. Owen und W. E. Fage, Chem. Trade Journ. **69**, 791, 1921; Proc. Phys. Soc. London **34**, 27, 1921.

9) F. Dolezalek, Ann. d. Phys. (4) **26**, 312, 1908; A. L. Parson, Phys. Rev. (2) **6**, 390, 1915; C. Mülly, Phys. Z. **14**, 237, 1913; B. Szilard, C. R. **156**, 779, 1913; **157**, 768, 1913; Phys. Z. **15**, 209, 1914; J. de phys. (5) **4**, 222, 1914; C. R. **174**, 1695, 1922; **178**, 1887, 1924; **180**, 576, 1925; Soc. Franc. de phys. Bull. 190, 1923; J. Elster und H. Geitel, Phys. Z. **1**, 11, 1899; Ann. d. Phys. (4) **2**, 425, 1900; T. Wulf, Phys. Z. **8**, 246, 527, 780, 1907; B. Walter, Phys. Z. **17**, 21, 37, 75, 1916; V. F. Hess, Phys. Z. **17**, 72, 1916; V. F. Hess, Phys. Z. **14**, 1135, 1913; J. Elster und H. Geitel, Phys. Z. **10**, 664, 1909; T. Wulf, Phys. Z. **15**, 250, 1914; **26**, 352, 1925; Z. phys. u. chem. Unterr. **38**, 217, 1925; C. W. Lutz und M. Edelmann, Phys. Z. **9**, 100, 642, 1908; **13**, 954, 1912; C. W. Lutz, Phys. Z. **17**, 619, 1916; **24**, 166, 1923; C. T. R. Wilson, Proc. Cambr. Soc. **12**, 135, 1903; G. W. C. Kaye, Proc. Phys. Soc. London **23**, 209, 1911; H. W. Farwell, Sill. J. **37**, 319, 1914; E. Wiechert, vgl. Spindler und Hoyer in Göttingen, Preisliste XXVI; G. Hoffmann, Phys. Z. **13**, 480, 1912; Ann. d. Phys. (4) **42**, 1196, 1913; Elster-Geitel-Festschrift 435, 1915; Ann. d. Phys. (4) **52**, 665, 1917; Phys. Z. **25**, 6, 177, 1924; **26**, 913, 1925; H. J. Folmer, Amsterdam Proc. **17**, 659, 1914; **20**, 684, 1917; M. La Rosa, Nuov. Cim. (6) **5**, 50, 1913; S. C. Lind, J. of Ind. and Eng. Chem. **7**, 406, 1915; T. H. Laby (vgl. H. Geiger und E. Rutherford), Phil. Mag. (6) **24**, 618, 1912; L. Wertenstein, Warschau. Sitzber. **7**, 558, 1914; L. Grebe, Z. f. Phys. **3**, 329, 1920; C. Barus, Washington Proc. **7**, 242, 1921; G. Berndt, Helios **26**, 429, 437, 449, 464, 1920; G. Kirsch, Phys. Z. **22**, 75, 1921; E. Morrison, Proc. Indiana Acad., p. 491, 1914; Phys. Ber. **2**, 1314, 1921; I. Curie, Ann. Sc. agronom. Franc. p. 257, 1922; L. Boucher, C. R. **175**, 950, 1922; **176**, 377, 1923; T. Shimizu, Jap. J. of Phys. **1**, 107, 1923; Festschr. f. H. Nagaoka, Tokyo, S. 17, 1925: J. Zeleny, Phys. Rev. (2) **32**, 581, 1911 (vgl. V. F. Hess, Z. phys. u. chem. Unterr. **37**, 240, 1924); W. Kolhörster, Z. f. Instrkde **44**, 494, 1924; Phys. Z. **26**, 654, 1925; H. M. Elsey, J. Opt. Soc. Amer. **7**, 385, 1923; F. A. und A. F. Lindemann und T. C. Keeley, Phil. Mag. (6) **47**, 577, 1924; H. Clark, J. Opt. Soc. Amer. **9**, 179, 1924; H. Hirschi, Schweiz. Min. u. Petr. Mitt. **5**, 3, 1925; W. F. G. Swann, J. Opt. Soc. Amer. and Rev. Sci. Instr. **11**, 375, 1925; A. Nodon, C. R. **182**, 457, 1926; G. Ising, Undersökningar rörande Elektrometar, Gleerupska Univ. Bokrandeln, Lund 1917 u. 1919.

10) G. Richter, Mitt. Ra-Inst. 116, Wien. Ber. **128**, 539, 1919.

11) M. Moulin, Ann. chim. et phys. (8) **21**, 250, 1910; G. Hoffmann, Phys. Z. **15**, 360, 1914; H. Mache, Elster-Geitel-Festschrift 111, 1915; W. C. Baker, Phys. Rev. (2) **7**, 112, 1916; A. T. Mukerjee, Phil. Mag. (6) **38**, 245, 1919; A. Karolus und Prinz Reuss, Phys. Z. **22**, 362, 1921; W. Schriever, Phys. Rev. (2) **27**, 251, 1926; J. Tagger, Phys. Z. **27**, 569, 1926.

12) H. Fonovits, Mitt. Ra-Inst. 117, Wien. Ber. **128**, 761, 1919.

13) F. Brössler, Mitt. Ra-Inst. 125, Wien. Ber. **129**, 47, 1920.

14) I. Curie, C. R. **176**, 1462, 1923: M. Curie, J. chim. phys. **22**, 142, 1925.

15) S. Maracineanu, C. R. **177**, 682, 1923; Thèses Nr. 1793, Paris 1924.

16) M. Hornyak, Mitt. Ra-Inst. 135, Wien. Ber. **130**, 135, 1921; M. Artner, Mitt. Ra-Inst. 137, Wien. Ber. **130**, 253, 1921.

17) J. C. M. Brentano, Nature **108**, 532, 1921; H. Greinacher und H. Hirschi, Schweiz. Min. u. Petrogr. Mitt. **3**, 153, 1923; V. F. Hess, Radiology, **2**, 100, 1924.

18) R. W. Lawson, Mitt. Ra-Inst. 80, 118, Wien. Ber. **124**, 509, 1915; **128**, 795, 1919; Nature **102**, 464, 1919; F. Paneth, Mitt. Ra-Inst. 114, Wien. Ber. **127**, 1729, 1918; S. Maracineanu, C. R. **177**, 1215, 1923.

19) St. Meyer, Strahlentherapie **2**, 536, 1912.

20) W. Bothe, Phys. Z. **16**, 33, 1915; N. E. Dorsey, J. Opt. Soc. Amer. **6**, 633, 1922.
21) E. Rutherford und J. Chadwick, Proc. Phys. Soc. London **24**, 141, 1912; Le Rad. **9**, 195, 1912.
22) J. Chadwick, Proc. Phys. Soc. London **24**, 152, 1912; V. F. Hess, Wien. Ber. **120**, 1205, 1911.
23) P. Curie, Oeuvres 224; M. Curie, Die Radioaktivität I, 94, 1912.
23a) W. C. Röntgen, Ann. d. Phys. (4) **41**, 490, 1913; A. Beckmann, Kamerlingh Onnes Festschr. 454, 1922.
24) H. L. Bronson, Phil. Mag. (6) **11**, 143, 1906; Sill. J. **19**, 185, 1905.
25) N. Campbell, Phil. Mag. (6) **21**, 301, 1911; **23**, 668, 1912; G. K. Rollefson, Science (NS) **60**, 226, 1924.
26) V. F. Hess, Phys. Z. **14**, 1135, 1913; Verh. D. Phys. Ges. **15**, 921, 1913; W. Kolhörster, Z. f. Phys. **5**, 107, 1921; Phys. Z. **26**, 654, 1925; **27**, 62, 1926; S. C. Lind, J. of Ind. and Eng. Chem. **12**, 469, 1920; F. Holweck, Nature **109**, 252, 1922.
27) H. Greinacher, Radium in Biol. und Heilk. **2**, 137, 1913; Phys. Z. **15**, 410, 1914; H. Greinacher, Phys. Ges. Zürich, Nr. 19, p. 36, 1919; Schweiz. Elektrot. Ver. Bull. **13**, 356, 1922; M. Salomon, C. R. **173**, 34, 1921; L. H. Clark, Journ. Sc. Instr. **1**, 37, 1924; Sc. Abstr. **27**, 415, 1924.
28) St. Meyer und V. F. Hess, Wien. Ber. **121**, 621, 1912.
29) O. Hahn, Strahlentherapie **4**, 154, 1914; Le Rad. **11**, 71, 1914.
30) L. V. King, Phil. Mag. (6) **23**, 245, 1912.
31) St. Meyer und V. F. Hess, Mitt. Ra-Inst. 67; Wien. Ber. **123**, 1443, 1914.
32) K. W. F. Kohlrausch und E. Schrödinger, Wien. Ber. **123**, 1352, 1914.
33) E. A. Owen und B. Naylor, Proc. Phys. Soc. London **34**, 92, 1922.
34) W. Bothe, Z. f. Phys. **24**, 10, 1924.
35) V. F. Hess, Gen. Meeting of the Amer. Electrot. Soc. Baltimore, Nr. 19; Trans. **41**, 287, 301, 1922; V. F. Hess und E. Damon, Phys. Rev. (2) **19**, 530, 1922; **20**, 59, 1922; L. Bogojavlensky, Bull. Inst. Geophys. Leningrad, **1**, 57, 69, 1925.
36) E. Wertheimer, Phys. Z. **14**, 711, 1913.
37) V. F. Hess, Phys. Rev. (2) **19**, 75, 1922.
38) M. Blau, Mitt. Ra-Inst. 110, Wien. Ber. **127**, 1253, 1918.
39) M. Curie, C. R. **172**, 1022, 1921.
40) L. Myssowsky, J. Russ. phys. u. chem. Ges. **57**, 1, 1925.
41) W. Chlopin, W. Baranov und W. Sokolov, C. r. de l'Acad. d. Sc. de Russie, S. 77, 1925.
42) J. Backhurst, Proc. Phys. Soc. London, **38**, 277, 1926.
43) O. Hahn u. L. Meitner, in H. Meyer's Lehrb. d. Strahlentherapie I, 459, 1925.
44) G. Barlow und H. B. Keene, Brit. J. of Radiology, **21**, 29, 1925.
45) Radium Belge, Electromètre à compensation, Bruxelles 1926, Casterman Tournai.

4. Emanationsmessungen. Wegen der vielseitigen Anwendungen und der speziellen Natur der Emanation wurde von Anfang an der Radium-Emanationsmessung besondere Aufmerksamkeit gewidmet.

Literatur zu V, 4 siehe Seite 312.

Es handelt sich hierbei zunächst darum, die gasförmige Emanation quantitativ oder einen definierten Bruchteil derselben in ein gasdichtes Gefäß zu bringen, das am besten etwa die Form eines Rutherfordschen Zylinderkondensators (Fig. 66a) oder eines Plattenkondensators besitzt, wenn es sich darum handelt, kleine Emanationsmengen mittels ihrer α-Strahlung zu messen; oder in kleine dünnwandige Glasröhrchen, für den Fall, daß durch die γ-Strahlung größere Emanationsquanten gemessen werden sollen.

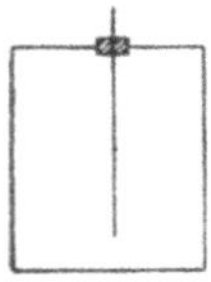

Fig. 66a.

A. Messung kleiner Emanationsmengen durch ihre α-Strahlung. Es kann hierbei entweder nach der Entladungsmethode oder nach einem Aufladeverfahren gearbeitet werden. Die Verfahren, um die Emanation aus Flüssigkeiten in das Meßgefäß zu überführen, kann man als das Quirlverfahren, das Schüttelverfahren, das Auspumpverfahren, das Auskochen und die Überführung nach Schmelzung von Salzen unterscheiden.

Das Quirlverfahren. A. Sella und A. Pochettino, J. J. Thomson, E. P. Adams und F. Himstedt hatten gezeigt[1]), daß aus Wasser Emanation mittels Durchperlens von Luftblasen entnommen werden kann. J. Elster und H. Geitel, H. Mache u. a.[2]) haben dies zu einer Zirkulationsmethode ausgearbeitet, deren Prinzip durch die Fig. 66b charakterisiert wird.*)

Mittels eines Handgebläses, das natürlich auch motorisch betrieben werden kann, wird etwa eine Viertelstunde lang Luft durch die zu entemanierende Lösung oder die emanationshaltige Wasserprobe (oder wenn ein Gas zu überführen ist, nur wenige Minuten) im Kreisstrom durch das Vorratsgefäß und das Meßgefäß getrieben, wobei sich Gleichgewicht der Gasverteilung zwischen gaserfülltem und von der Flüssigkeit eingenommenem Raume einstellt. Die im Meßraum zur Stromführung verwendete Emanationsmenge ist durch das Verhältnis der Volumina des Meßgefäßes zu dem Gesamtvolumen M + Volumen von Vorratsflasche + Gebläse + Verbindungsstücken gegeben, worin bei Zimmertemperatur das von Wasser erfüllte Volumen in F mit $^1/_4$ desjenigen ein-

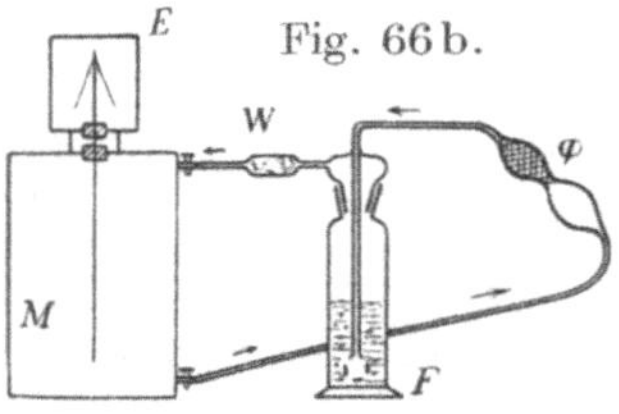

Fig. 66b.

Literatur zu V, 4 siehe Seite 312.

*) Bei den älteren Anordnungen befand sich das Elektroskop E innerhalb von M, was eine Bernsteinisolation spart; doch hat dies Mängel erstens wegen der dadurch bedingten Inhomogenität des elektrischen Feldes, und infolgedessen starken örtlichen Variation des Sättigungsgrades, — ein Übelstand, dem E. v. Schweidler durch Anbringung von in den Raum zwischen Elektroskopgehäuse und Gefäßwand hineinragenden mit dem Zerstreuungskörper verbundenen Stiften entgegenarbeitete (vgl. H. Mache und E. v. Schweidler „Die atmosphär. Elektrizität", Sammlung „Die Wissenschaft" Heft 30, S. 132, Braunschweig 1909, F. Vieweg u. Sohn) —, zweitens wegen der allmählichen „Verseuchung" des Elektroskopes durch radioaktive Substanzen. Zur Vermeidung von Übertragung zerstäubter Lösung empfiehlt sich Einschaltung eines Wattefilters. H_2SO_4-Vorlagen sind bei radiumhaltigen Lösungen nicht ratsam wegen der Gefahr spurenweiser Sulfatfällung.

zusetzen ist, das Luft an seiner Stelle einnähme (vgl. S. 411). Zur tunlichst vollen Ausnutzung der α-Strahlenwirkung, sowie auch um die Korrektur betreffs des Volumens der nicht zur Messung gelangenden Em-Menge außerhalb M nicht zu groß werden zu lassen, empfiehlt es sich, M groß zu wählen (etwa $d = 25$ cm, $h = 30$ cm). Um einen definierten Anfangs- und Endzustand des Gebläses zu haben und auch um das tote Volumen zu verringern, ist es gut, vor Schluß der Verbindung und bei Beendigung des Quirlens den Gebläseballen ganz zusammenzudrücken.

Die Absorption durch den Kautschuk (Gebläse und Verbindungsschläuche) ist im allgemeinen so gering, daß dadurch keine merklichen Störungen hervorgerufen werden. Man kann aber das Kautschukgebläse ganz vermeiden, indem man das Meßgefäß auspumpt und dann aus der Flasche mit der Lösung durch langsames die Flüssigkeit durchperlendes Einströmenlassen von Luft die Emanation einbringt (Auspumpverfahren). Das Quirlverfahren oder das Auspumpverfahren genügen zur praktisch vollkommenen Entemanierung der Lösungen, wenn in denselben keine Gele oder unlösliche, die Emanation stark okkludierende Substanzen vorhanden sind (vgl. S. 413).

Um die Emanation aus klaren Lösungen frei zu machen, genügt es auch oft, die Flüssigkeit gut mit Luft durchzuschütteln [C. Englers „Schüttelverfahren"][3]). Hierbei ist aber der anfänglich auftretende und nicht momentan verschwindende „Lenard-Effekt" („Wasserfall-Ionen") zu berücksichtigen und falls die emanationshaltige Flüssigkeit im Meßraum selbst geschüttelt wird, ist die Wasserhaut an den Gefäßwänden wegen ihrer Veränderlichkeit und der dadurch bedingten Unsicherheit betreffs der Lagerung der „induzierten Aktivität" ein wenig störend. Auch dürfen in den Meßraum selbst keine Lösungen gebracht werden, die außer der Emanation auch noch gelöste radioaktive Substanz (Ra, Th, Io, Radioblei, Po usw.) enthalten, da dieselben an den Gefäßwänden teilweise ausfallen können und dadurch die „natürliche Zerstreuung" dauernd beeinflußt werden kann.

Will man die Emanation anstatt durch eines der obigen Verfahren durch Kochen aus der Lösung befreien — was wegen der dabei aufsteigenden Bläschen eigentlich auch als „Quirlverfahren" bei höherer Temperatur gekennzeichnet werden darf — so gelingt dies gut. (Vgl. Löslichkeit bei verschiedenen Temperaturen S. 411.) Es bleibt aber hier wiederum zu beachten, ob die Lösungen sich nicht beim Kochen verändern (besonders bei Lösungen aufgeschlossener Gesteine sich keine Gele bilden oder Salze ausfallen) derart, daß Stoffe mit starkem Okklusionsvermögen entstehen. Besonders zu vermeiden ist das Verspritzen und Eintrocknen kleiner salzhaltiger Tröpfchen an der Glaswand der Lösungsflasche aus dem gleichen Grunde.

Durch Schmelzen wird auch aus festen Salzen die Emanation quantitativ ausgetrieben, doch sind naturgemäß derartige Verfahren umständlicher [J. Joly[4])].

A. Karl und S. Lombard[17]) empfahlen für Titano-Niobate unmittelbar Em-Ausquirlung aus der Schmelze. Für Tantalate, Niobate und Titanate hat M. Curie[17]) übrigens spezielle Aufschlußverfahren angegeben.

Erhitzen allein genügt jedoch nicht zur Entemanierung (L. Kolowrat, vgl. VI, 5, S. 415).

Nach Ergebnissen des Wiener Ra-Institutes behält normales $RaCl_2$ bei 150° längere Zeit erwärmt etwa 50% okkludiert zurück: vorher stark erhitztes gibt später überhaupt nur sehr wenig frei.

Eine Diksussion über die Vorteile der einzelnen Verfahren gibt H. Mache[15]).

Literatur zu V, 4 siehe Seite 312.

Im emanationserfüllten Raume beginnen sich alsbald die radioaktiven Niederschläge auszubilden, RaA sehr schnell, dem folgend RaB-RaC. Um definierte Versuchsbedingungen zu erhalten, ist es notwendig, die Ablagerung dieser Produkte in stets reproduzierbarer Weise zu gestalten, was am einfachsten erzielt wird, wenn beispielsweise der Mittelstift des Zylindergefäßes Fig. 66 (oder die eine der Flächen eines Plattenkondensators) beständig positiv auf einige hundert Volt aufgeladen wird. Da RaA selbst positiv geladen ist, wird es sich dann auf der Innenwand des Zylinders (bzw. auf der Gegenplatte des Plattenkondensators) absetzen und dort sich auch RaB-RaC entwickeln. Verabsäumt man dies, so werden während der Messung räumliche Umlagerungen der aktiven Stoffe vor sich gehen und wegen der verschiedenen Ausnutzung der diversen α-Strahlen ergeben sich dann Differenzen der gemessenen Ströme.*)

Weiter empfiehlt es sich, den Gleichgewichtszustand zwischen der Emanation und den Zerfallsprodukten bis RaC abzuwarten, was ca. 3—4 Stunden nach Einbringung der Emanation der Fall ist (vgl. VI, 6) da andernfalls der Anteil, den die Emanation und den die Produkte RaA—RaC zum Strom beitragen, schwer genau bestimmbar ist. Von der Emanation selbst sind nach drei Stunden bereits 2,2%, nach vier Stunden 3% zerfallen, was natürlich in Rechnung zu ziehen ist.

Es muß ferner beachtet werden, daß je nach der Form der Gefäße die Wirkung der verschiedenen α-Partikeln gemäß ihrer Reichweite nicht vollkommen zur Ausnutzung gelangt (indem beispielsweise diejenigen, welche von dem an der Wand abgelagerten RaA oder RaC herrühren, bestenfalls zur Hälfte in den Meßraum hineinwirken, zur Hälfte gegen die Wand zufliegen und in ihr absorbiert werden, und daß in der Nähe der Gefäßkanten ein noch viel geringerer Bruchteil zur Geltung kommt).

Für zylindrische Gefäße haben W. Duane und A. Laborde[5]) eine empirische Korrekturformel angegeben, welche für Zylinder mit ungefähr gleichem Durchmesser und gleicher Höhe angenähert gilt. Genau kann diese Formel schon deswegen nicht sein, weil die Korrektur von Luftdruck bzw. Temperatur abhängig sein muß, für J' (Wirkung der Emanation samt den Zerfallsprodukten) auch noch von der Feldrichtung wegen räumlich verschiedener Verteilung von RaA und RaC.

Literatur zu V, 4 siehe Seite 312.

*) Wie J. Patkowski[28]) zeigen konnte, spielt, wenn kein Feld angelegt ist, auch die verschiedene chemische Affinität der Stoffe des aktiven Niederschlages zu verschiedenen Metallen für die Art der Ablagerung eine Rolle, was hier zur Geltung käme, wenn Mittelstift und Gefäßwand aus verschiedenem Material bestehen.

Bezeichnet man mit O die Oberfläche (cm^2), mit V das Volumen des Gefäßes (cm^3), so ist der gemessene Strom für RaEm + RaA + RaC

$$J' = C' (1 - 0{,}572\ O/V);$$

für die Emanation ohne die Zerfallsprodukte $J = C\ (1 - 0{,}517\ O/V)$; worin C' und C die Mengen der Emanation mit und ohne Zerfallsprodukte durch ihr Stromäquivalent darstellen.

Für 1 „Curie" Emanation ist nach den derzeit besten Daten[6])

$$C' = 6{,}2 \cdot 10^6 \text{ stat. Einh.}; \quad C = 2{,}75 \cdot 10^6 \text{ stat. Einh.}$$

einzusetzen.

Als allgemein verwendbare Angabe ist diejenige für die Wirkung der Emanation allein, ohne ihre Zerfallsprodukte zu fordern, da der Beitrag der „induzierten Aktivität" in jedem anders geformten Raume verschieden sein muß.

Bei den Messungen mit solchen Zylindergefäßen sind also zusammenfassend die folgenden Korrekturen zu beachten:

1. Berücksichtigung des zeitlichen Zerfalles der Radiumemanation nach VI, 5, S. 419 für die Zeit vom Augenblicke der Entnahme der Probe (z. B. einer Quelle usw.) bis zum Moment der Messung.*)

2. Korrektur für die Verteilung der Emanation im Meßgefäß im Verhältnis zum Gesamtvolumen (also plus der Vorratsflasche, der Schlauchverbindungen, des Gebläses u. dgl., wobei das Volumen der Lösung mit der „Löslichkeit" α' (vgl. S. 410) zu multiplizieren ist; für Wasser bei Zimmertemperatur ist α' rund 1/4).

3. Korrektur wegen der Dimensionen des Gefäßes nach obiger Formel von Duane-Laborde.

4. Reduktion des Gesamtwertes auf den Betrag, den die Emanation allein liefern würde.

Endlich müßte für die Angabe von Absolutwerten die Korrektur für mangelhaft erreichte Sättigung (vgl. S. 281) berücksichtigt werden.

Hat man es mit Lösungen zu tun, die einen akzessorischen Gehalt an Emanation besitzen, wie Quellwasser usw. oder im Falle, daß es sich wesentlich um die Konzentration der Emanation handelt, so gibt man den Gehalt pro Liter in „Mache-Einheiten" (M. E.) an. Hierzu ist der

---

Literatur zu V, 4 siehe Seite 312.

*) Enthält die Lösung außer Ra-Emanation auch noch Spuren von Ra selbst, das beständig RaEm nachbildet, so muß dies natürlich berücksichtigt werden; die letztere Menge bestimmt man, indem man die entemanierte Probe geschlossen eine Zeitlang (z. B. vier Tage) stehen läßt und die bei neuerlich eingeleitetem Meßverfahren erhaltene Emanationsmenge in Rechnung stellt.

in elektrostatischen Einheiten gemessene Strom noch mit 1000 zu multiplizieren (1 M. E. $\sim$ 3,64 · 10^{-10} Curie/Liter).

Genau so geht man vor, wenn man den Emanationsgehalt eines Gases zu bestimmen hat. Die Übertragung des emanationshaltigen Gases aus einer Vorratsflasche in den Meßraum kann durch ein Gebläse im Kreisstrom wie in Fig. 66b durchgeführt werden, oder durch Ansaugen in die ausgepumpten Meßzylinder erfolgen. Da es sich hierbei wieder zumeist um die Bemessung der Emanationskonzentration handelt, z. B. wenn es gilt, den Emanationsgehalt eines „Emanatoriums" einzuschätzen u. dgl., erfolgt sinngemäß die Angabe wieder in M. E. Handelt es sich jedoch um die Bestimmung einer gesamten Emanationsmenge, so soll diese in „Curie" angegeben werden.

Besteht die Aufgabe, den Emanationsgehalt von Radiumsalzlösungen zu bestimmen, so wird man die Lösung zu einer bestimmten Zeit entemanieren (durch Quirlen oder dgl.) und dann durch eine gemessene Zeit die Emanation sich nachbilden lassen. Da nach 1 Tag 16,6%, nach 2 Tagen 30,4%, nach 3 Tagen 41,9%, nach 4 Tagen 51,6% nacherzeugt sind (vgl. S. 419), so läßt sich, auch wenn man den Gleichgewichtszustand nicht abwarten will, die Extrapolation auf den Sattzustand unschwer durchführen.

Kennt man den Stromwert, der 1 Curie entspricht (derzeit anzusetzen mit 2,75 · 10^6 stat. Einh.), so ist dieses Verfahren auch geeignet, die Radiummenge selbst zu bestimmen, welcher der gefundene Strom entspricht. Dieses Verfahren eignet sich insbesondere für die Bestimmung sehr kleiner Radiummengen, worauf zuerst (1905) H. Mache, St. Meyer und E. v. Schweidler[18]) hingewiesen haben.

Verbindet man den Meßzylinder mit Mittelstift in einer der Fig. 48 entsprechenden Weise mit einer galvanometrischen Meßanordnung, so lassen sich noch Emanationsmengen bis hinauf zu etwa 100 Mikrocurie (10^{-4} Curie) äquivalent 10^{-4} g Ra gut messen; mit einfachen elektrometrischen Anordnungen ist es möglich, noch etwa 10^{-12} Curie, nach dem Mache-Halledauerschen[25]) Verfahren (vgl. S. 308) sogar noch weniger als 10^{-14} Curie mit Sicherheit zu messen; der gesamte Meßbereich ist also ein sehr ausgedehnter. Zur Beurteilung des erreichten Sättigungsgrades bei verschiedenen Intensitäten können die Tabellen von F. Brössler[19]) Verwendung finden. Größere Mengen mißt man durch ihre γ-Strahlung.

Während es sich bei der Anwendung zylindrischer Gefäße um Messungen handelt, die noch empirisch aufgefundener Korrektionen (Duane-Laborde) bedürfen, die schon deshalb ungenau sein müssen,

---

Literatur zu V, 4 siehe Seite 312.

weil sie die Gasdichte nicht berücksichtigen, ist für unendlich ausgedehnte Plattenkondensatoren (Schutzringkondensatoren) von L. Flamm und H. Mache eine exakte Berechnung ausgeführt und von G. Richter und L. Siegl ergänzt worden[7]).

Es sei in $f(x) = \mathfrak{k}e$ die Zahl der Ionenpaare ($\mathfrak{k}$), welche in der Distanz x vom α-Strahler pro Längeneinheit von einer α-Partikel im Mittel erzeugt werden, multipliziert mit dem Elementarquantum (e), so daß $f(x)$ die Braggsche Ionisationskurve darstellt. Ferner sei z die Zahl der α-Partikeln, welche aus einer Säule von 1 cm² Querschnitt zwischen den Platten des Kondensators von jeder der im Gleichgewicht befindlichen Substanzen pro Sekunde emittiert werden. Ist also Z die Zahl der α-Partikeln, die von einem „Curie" Emanation ausgesendet werden, so ist $Z \int_0^R f(x)\,dx$ das Stromäquivalent des „Curie", wobei unter R die Reichweite der RaEm-α-Teilchen verstanden ist.

Der Sättigungsstrom pro cm² ergibt sich für die Emanation bei der Plattendistanz d zu

$$j = z\left\{\int_0^d f(x)\,dx - \frac{1}{2d}\int_0^d x f(x)\,dx + \frac{d}{2}\int_d^R \frac{f(x)}{x}\,dx\right\}.$$

Für $d \geqq R$ vereinfacht sich der Ausdruck zu

$$j = z\left\{\int_0^R f(x)\,dx - \frac{1}{2d}\int_0^R x f(x)\,dx\right\}$$

Für den „aktiven Belag" ergibt sich die Stromdichte, wenn man jetzt unter R die jeweiligen Reichweiten dieser Substanzen (RaA, RaC) versteht:

$$i = \frac{z}{2}\left\{\int_0^d f(x)\,dx + d\int_d^R \frac{f(x)}{x}\,dx\right\}$$

und für $d > R$

$$i = \frac{z}{2}\int_0^R f(x)\,dx.$$

Die Integrale sind durch mechanische Quadratur direkt aus der empirischen Ionisationskurve zu bilden. Sie lassen sich für die Geigersche Formel $f(x) = \frac{\text{const.}}{(R-x)^{1/3}}$, die durch G. Richter[7]) experimentell genau bestätigt wurde, auch geschlossen integrieren.

Literatur zu V, 4 siehe Seite 312.

Diese Anordnung des Plattenkondensators ist berufen, Präzisionsmessungen für die Stromwirkung von 1 „Curie" und auch für andere Grundzahlen zu ermöglichen, wenn es gelingt, bezüglich ihres Radiumgehaltes genügend gut definierte Lösungen herzustellen.

Die derzeit beste von L. Flamm und H. Mache gefundene Zahl ergibt für

1 Curie das Stromäquivalent $2{,}75 \cdot 10^6$ stat. Einh.

Setzt man die in der Tabelle 4 im Anhange des Buches angegebenen Ionenzahlen der einzelnen α-Strahler ein, so wird, wenn die Zahl der sekundlich von einem Gramm Radium oder einem damit im Gleichgewicht stehenden Folgeprodukte ausgesendeten α-Teilchen mit $3{,}72 \cdot 10^{10}$ (bzw. $3{,}45 \cdot 10^{10}$) gewählt wird, berechnet, daß (vgl. S. 305 und 420)

für 1 Curie ohne Zerfallsprodukte

$$C = 1{,}55 \cdot 10^5 \cdot 4{,}77 \cdot 10^{-10} \cdot 3{,}72 \cdot 10^{10} = 2{,}75 \cdot 10^6 \text{ stat. Einh.}$$

für 1 Curie Em + RaA + RaC

$$C' = [1{,}55 \cdot 10^5 + \tfrac{1}{2}(1{,}70 + 2{,}20) \cdot 10^5] \cdot 4{,}77 \cdot 10^{-10} \cdot 3{,}72 \cdot 10^{10}$$
$$= 6{,}21 \cdot 10^6 \text{ stat. Einh.}$$

An diesen Werten ändert sich nichts, wenn etwa $Z = 3{,}45 \cdot 10^{10}$ und dementsprechend die aus dem Produkt Zk gewonnenen Ionenzahlen k höher gewählt werden müssen.

Für besonders schwache Wirkungen haben H. Mache und G. Halledauer[25]) ein Spezialverfahren ausgearbeitet. Bei der Messung kleinster Mengen von RaEm nach der Auflademethode treten wegen der langen Auflade- und Wartezeit Fehlerquellen auf, die eine Anwendung dieser Methode bei Mengen kleiner als 10^{-12} Curie illusorisch machen; die wichtigsten sind: Nullpunktsverschiebungen im Elektrometer, Änderung in der Spannung der Aufladebatterie, Änderung der natürlichen Zerstreuung in der Ionisationskammer und der Ohmschen Zerstreuung in Zuleitung und Instrument während der ca. 4 Stunden zwischen ihrer Bestimmung und der Meßzeit für radioaktives Gleichgewicht. Dem läßt sich nach H. Mache abhelfen, wenn man die Ionisationskammer während der Aufladungszeit vom Elektrometer ganz trennt und nur zum Schluß zwecks Messung des auf der Elektrode erzielten Potentials mit ihm ganz kurz in Verbindung bringt und außerdem in einer zweiten in jeder Hinsicht gleichen und von derselben Batterie aufgeladenen Ionisationskammer gleichzeitig die Zerstreuung mißt. Eine Em-Menge von 10^{-14} Curie läßt sich so noch mit Sicherheit feststellen.

Literatur zu V, 4 siehe Seite 312.

B. Fontaktometermessungen. Für relative oder minder genaue, mehr orientierende Messungen, wie sie zumeist für die Emanationsbestimmungen an Quellen, Emanatorien u. dgl. genügen, dienen die verschiedenen Formen der sogenannten „Fontaktoskope" oder „Fontaktometer", von denen übrigens einige auch für Präzisionsmessungen verwendet werden können.

Als solche sind am meisten in Verwendung:

1. Das Fontaktoskop von C. Engler und H. Sieveking[8]).
2. Das Instrument von H. W. Schmidt[9]).
3. Das Fontaktometer von H. Mache und St. Meyer[10]).
4. Der Apparat von J. v. Weszelsky[11]).
5. Das Emanometer von A. Becker[12]).
6. Das Instrument von W. Hammer[13]).
7. Der Apparat von C. Chéneveau und A. Laborde[14]) und mehrere andere.

Alle diese Instrumente haben ein zylindrisches Meßgefäß; die großen Gefäße (etwa 15 Liter) verdienen dabei den Vorzug, weil die Korrekturen (vgl. S. 305), die hier anzubringen sind, dann kleiner werden. Für bloß relative Messungen, bei denen immer ganz gleichartig vorgegangen wird, fällt aber auch dies außer Betracht.

Der Meßbereich dieser Apparate liegt so, daß etwa 10^{-10} bis 10^{-7} Curie untersucht werden können.

Bei den Messungen wird zuweilen die emanationshaltige Flüssigkeit (etwa 1 Liter) direkt in die Meßkanne (von ca. 15 l) eingefüllt und die Emanation durch kräftiges Schütteln in die Gleichgewichtsverteilung zwischen Wasser und Luft gebracht, was innerhalb 1—2 Minuten hinreichend genau erfolgt. Vielfach wird unmittelbar darauf gemessen, noch ehe sich die induzierten Aktivitäten stark ausbilden können und der Beitrag des bishin entstandenen aktiven Niederschlages zum Strome in der Weise in Abzug gebracht, daß die Emanation ausgeblasen und das Abklingen der übrigbleibenden induzierten Aktivität zeitlich verfolgt wird; aus dem Kurvenzug wird auf den Wert im Augenblicke des Ausblasens der Emanation zurückextrapoliert. Dieser Extrapolation haftet einige Unsicherheit an wegen der kurzen Lebensdauer des RaA.

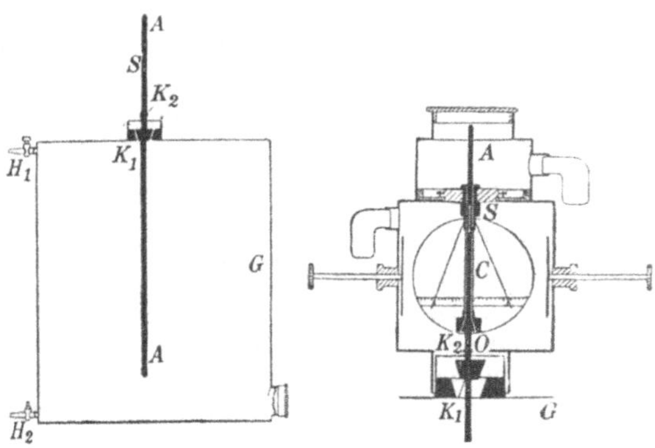

Fig. 67a. Fig. 67b.

Fontaktometer nach H. Mache und St. Meyer[10]). Die Konusse K_1 und K_2 schließen je nach Stellung das Gefäß G und das Elektroskop ab; der mit einem Schlitz versehene Stift S hält federnd in dem durchbohrten Blattchenträger.

Das Verfahren ist insbesondere für relative Messungen brauchbar, jedoch sind diejenigen Formen abzulehnen, bei denen die Emanation der Meßkanne mit der Außenluft

Literatur zu V, 4 siehe Seite 312.

kommunizieren kann (erste Form Engler-Sieveking), weil durch Diffusion, insbesondere wenn, wie dies bei Quellwässern häufig der Fall ist, Temperaturdifferenzen auftreten, unkontrollierbare Mengen abgehen können.

Da auch die Wasserhaut (vgl. S. 304) Störungen bedingen kann, ist es ratsamer, etwa in eine Form der Art 3 (Fig. 67) aus einer außerhalb befindlichen Vorratsflasche die Emanation entsprechend Fig. 66b einzuführen, den Mittelstift zu laden und nach 3 bis 4 Stunden zu messen. Bei Beobachtung aller oben genannten Korrekturen hat man dann beispielsweise für die Fontaktometer nach der Art 3 ($V = 14$ Liter) nach $3^1/_2$ Stunden vom gemessenen Strom 49% zu nehmen, um die Wirkung der Emanation allein zur Zeit t_0 im Strommaß zu erhalten.

Ein „Tropf-Emanoskop" (Abgabe der Em beim Zerstäuben) hat P. Ludewig [20]) angegeben.

Über Korrekturen für Ablesungen an Emanationselektroskopen bei Druck- und Temperaturschwankungen vgl. auch O. C. Lester [29]).

C. Verwendung von Normallösungen. Hat man eine bekannte Menge von Radiumsalz in Lösung zur Verfügung, so kann man die diversen Apparaturen in der Weise eichen, daß man die Emanationsmenge, die zu dem gegebenen Radiumquantum gehört oder in bestimmter Zeit erzeugt wird, einführt, den Strom mißt und auf die so gewonnenen Daten die weiterhin zu messenden Präparate relationiert.

Solche „Normallösungen" kann man sich in relativ einfacher Weise herstellen, wenn man z. B. ein Stück alter gesunder Pechblende bekannten Urangehaltes quantitativ aufschließt. Dieses Verfahren wurde u. a. von B. B. Boltwood, E. Rutherford, F. Soddy, B. Heimann und W. Marckwald eingeschlagen. Nach den letzten Angaben gehört zu 1 g U dabei $3{,}4 \cdot 10^{-7}$ g Ra.

Es wurden auch von verschiedenen Seiten Radiumnormallösungen ausgegeben, die aus (z. B. nach γ-Strahlenmethoden) geeichten Radiumsalzen hergestellt sind und etwa 10^{-7} bis 10^{-10} g Ra enthalten. Von der P. T. R. Charlottenburg werden seit 1921 (Beschluß der Tagung in Freiberg i. S., Mai 1921) Proben mit $3{,}33 \cdot 10^{-9}$ g Ra verabfolgt[21]). Über erfolgreiche Verwendung von Normallösungen aus Ra oder U-Erzen berichteten J. Moran, P. Ludewig und E. Lorenser, A. Becker, W. Bothe[22]).

Mißlich ist es jedoch bei allen „Normallösungen", daß man ihrer Konstanz insofern nicht sicher ist, als sich das Ra spurenweise in unlöslicher Form (wenig emanierend) an den Wänden oder sonstwie ausfallend abscheiden kann. Man trachtet dies zu vermeiden, indem man als Aufbewahrungsflaschen gut ausgedämpfte, mit Bariumsalzlösungen ausgekochte Hartglasgefäße wählt, die Ra-Lösungen mit viel Barium versetzt und für einen Säureüberschuß sorgt. Trotz aller Vorsichtsmaßregeln scheinen sich bei längerer Aufbewahrung (durch spurenweise Ausfällungen, Lösung des Glases, Einwirkung auf Hahnfett oder dergleichen) immer wieder Unregelmäßigkeiten einzustellen, so daß die Exaktheit der Lösung nur dadurch geprüft werden kann, daß pro 1 Curie der beobachtete und der theoretische

---

Literatur zu V, 4 siehe Seite 312.

Wert übereinstimmen. Demnach scheint es aber einfacher, für genaue Messungen, statt den Umweg über die Normallösungen zu gehen, deren Richtigkeit selbst erst aus dem von ihnen unterhaltenen Stromwert erwiesen wird, direkt den jeweiligen Emanationsgehalt durch den äquivalenten Stromwert darzustellen.

Streng ist bei allen Emanationsmessungen darauf zu achten, daß nicht Staub, Ruß (der besonders viel Emanation okkludiert, vgl. S. 414), Glassplitter (frisch abgebrochene Spitzen vorher zugeschmolzener Röhrchen) usw. in die Lösung gelangen können, weil alle diese Verunreinigungen teils Radium ausfällen, teils Emanation zurückhalten; weiter, daß nach Ausquirlen, Kochen usw., besonders wenn die Lösung wiederholt benützt werden soll, nicht Tröpfchen der Lösung an die Wand spritzen und dort austrocknen können, weshalb auch die Wahl zu kleiner Gefäße für die Lösungen nicht ratsam erscheint [16]).

D. Messung großer Emanationsmengen. Hierzu trachtet man die Emanation in möglichst konzentrierter Form in kleine dünnwandige Röhrchen einzubringen*) und mißt die γ-Strahlen des aus der Emanation entstehenden und nach ca. vier Stunden bereits im Gleichgewicht vorhandenen RaC nach einer der γ-Strahlenmethoden (V, 3). Es empfiehlt sich die Wahl enger Röhrchen schon aus dem Grunde, weil das sich ablagernde RaC an der Innenwand abgesetzt ist und daher räumliche Umlagerungen desselben sonst Unbestimmtheiten in die Messung bringen könnten. Naturgemäß muß dem zeitlichen Zerfall der Emanation Rechnung getragen werden und für Präzisionsmessungen ist auch zu berücksichtigen, daß es sich hier nicht um dauerndes, sondern um laufendes Gleichgewicht handelt, so daß das RaC gegenüber der Emanation um 0,9 Prozent im Überschuß vorhanden ist (vgl. S. 62), also für die Beurteilung der Emanationsmenge um diesen Betrag zu hohe Werte liefert. Unmittelbare Beobachtungen für den Anstieg der γ-Aktivität aus RaEm hat F. P. Slater [24]) veröffentlicht.

E. Gehaltsbestimmung der Thorium- bzw. Actinium-Emanation. Für die kurzlebigen Emanationen des Thors ($T = 54{,}5$ sec) und Actiniums ($T = 3{,}9$ sec) sind wegen ihres raschen Zerfalles analoge Methoden wie für die Radiumemanation nicht anwendbar. Man hat jedoch die Möglichkeit, relative Messungen mittels der sogenannten „Strömungsmethoden" auszuführen [vgl. H. Mache [15])]. Hierzu wird in tunlichst identischer Weise nacheinander die Lösung eines Normalpräparates und die zu messende Flüssigkeit, etwa nach Skizze Fig. 68 eingebracht und ein konstanter Strom von Luft oder eines anderen Gases durchgesaugt. Die pro Zeiteinheit entstehende Emanationsmenge, soweit sie nicht schon auf dem Wege bis zum mit dem Elektrometer verbundenen Mitteldraht (C) des Zylinderkondensators zerfallen ist,

Literatur zu V, 4 siehe Seite 312.

*) Methoden zur Abschmelzung von RaEm-Röhrchen vgl. z.B. bei F. E. E. Germann oder H. H. Poole [23]).

gelangt zur Messung. Variation der Distanz $F - C$ oder der Strömungsgeschwindigkeit gestattet Kontrollen.

Für die Messung der Thoremanation ist dazu als Bezugs-Substanz der Besitz eines sehr (mehrere Jahrzehnte) alten Thorpräparates, oder zumindest eines solchen erforderlich, dessen letzte quantitative Mesothorabtrennung zeitlich genügend genau bekannt ist, damit eine gute Definition desselben betreffs des Gleichgewichtes mit allen Thorzerfallsprodukten gegeben werden kann.

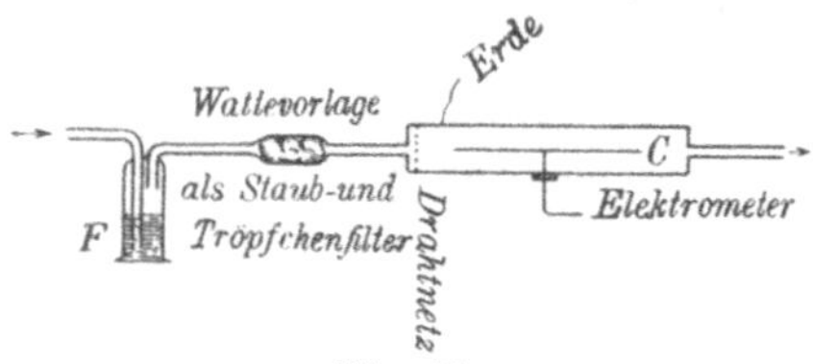

Fig. 68.

Für die Actiniumpräparate kann man sich der Aufschließung von Proben tunlichst thoriumfreier Uranerze bedienen, in denen man die Relation U : Ra : Ac als gesichert ansehen darf, und deren Radiumemanation durch anhaltendes Entemanieren entfernen. Da die letztere nur mit T = 3,825 Tagen, AcEm aber fast momentan nacherzeugt wird, stört dann die Anwesenheit von Radium in der Probe nicht merklich.

Die so gemessenen Mengen an Thor- oder Ac-Emanation gestatten natürlich einen entsprechenden Rückschluß auf die Menge der vorhandenen Muttersubstanz dieser Emanationen.

Bei gleichzeitiger Anwesenheit von Ra, Th, Ac im zu untersuchenden Material ist es rationeller statt der Emanationen „induzierte Aktivitäten" zu messen, die auf geeigneten Metallstreifen aus einem konstant vorbeistreichendem Emanationsstrom niedergeschlagen werden. Im Hinblick auf die große Verschiedenheit der Halbierungszeiten von AcB (36,0 m) und ThB (10,6 h) sowie von AcEm (3,9 s), ThEm (54,5 s), RaEm (3,825 d) läßt sich bei passender Wahl von Strömungs- (Anhäu ungs-) Zeit und Strömungsgeschwindigkeit z. B. die Ac-Wirkung gegenüber der Th- und Ra-Wirkung in geeigneter Weise bevorzugen. [St. Meyer und V. F. Hess[27])].

Literatur zu V, 4:

1) A. Sella und A. Pochettino, Rend. Linc. (5) **11**, 527, 1902; J. J. Thomson, Phil. Mag. (6) **4**, 352, 1902; E. P. Adams, Phil. Mag. (6) **6**, 563, 1903; F. Himstedt, Ann. d. Phys. (4) **13**, 573, 1904.

2) J. Elster und H. Geitel, Phys. Z. **5**, 11, 321, 1904; H. Mache, Wien. Ber. **113**, 1329, 1904; H. Mache und St. Meyer, Wien. Ber. **114**, 355, 545, 1905; G. Berndt, Ann. d. Phys. (4) **38**, 958, 1912; J. Moran, Trans. Roy. Soc. Canada, **10**, 57, 77, 1916.

3) C. Engler, Bunsen-Ges. Juni 1905.

4) J. Joly, Phil. Mag. (6) **22**, 134, 1912; E. Ebler, Z. Elektrochem. **18**, 532, 1912; H. Holthusen, Heidelberg. Ber. (A) 1912, 16. Abh.; C. Ramsauer, Heidelberg. Ber. (A) 3. Abh. 14/II. 1914; Le Rad. **11**, 100, 1914.

5) W. Duane und A. Laborde, C. R. **150**, 1421, 1910; T. H. Leaming, H. Schlundt und J. E. Underwood, Trans. Amer. Electrochem. Soc. **30**, 365, 1916.

6) H. Mache und St. Meyer, Phys. Z. **13**, 320, 1912; H. Mache und L. Flamm, Wien. Ber. **122**, 535, 1913.

7) L. Flamm und H. Mache, Wien. Ber. **121**, 227, 1912; **122**, 535, 1539, 1913; L. Flamm, Phys. Z. **14**, 1122, 1913; E. v. Schweidler, Phys. Z. **14**, 505, 1913; G. Richter, Mitt. Ra-Inst. 116, Wien. Ber. **128**, 539, 1919; L. Siegl, Mitt. Ra-Inst. 174, Wien. Ber. **134**, 11, 1925.

8) C. Engler und H. Sieveking, Z. Elektrochem. **11**, 714, 1905; Phys. Z. **6**, 700, 1905; Z. anorg. Chem. **53**, 1, 1907; Chem. Z. 1914, S. 449; dieselben und A. Koenig, Phys. Z. **15**, 441, 1914; C. Engler und A. Koenig, Phys. Z. **17**, 73, 1916.

9) H. W. Schmidt, Phys. Z. **6**, 561, 1905.

10) H. Mache und St. Meyer, Z. Instrkde **29**, 65, 1909; Phys. Z. **10**, 860, 1909; Verh. D. Phys. Ges. **11**, 519, 1909; Ra in Biol. u. Heilk. **1**, 350, **2**, 96, 1912.

11) J. v. Weszelsky, II. Congr. Int. Rad. Brüssel (1910), S. 684, 1911.

12) A. Becker, II. Congr. Int. Rad. Brüssel (1910), S. 536, 1911; Z. Instrkde **30**, 301, 1910; Heidelberg. Ber. A. 25. Abh. 1914; Strahlentherapie **15**, 365, 1913; Z. f. Phys. **21**, 304, 1924.

13) W. Hammer, Phys. Z. **13**, 943, 1912; derselbe und F. Vohsen, Phys. Z. **14**, 451, 1913.

14) A. Laborde, Méthodes de mesures (Gauthier-Villars) S. 157, 1910.

15) H. Mache und M. Bamberger, Wien. Ber. **123**, 325, 1914; E. H. Büchner, Jahrb. Rad. u. El. **10**, 516, 1913.

16) St. Meyer, Jahrb. Rad. u. El. **11**, 447, 1915; J. Moran, Phil. Mag. (6) **30**, 660, 1915.

17) A. Karl und S. Lombard, C. R. **177**, 1036, 1923; M. Curie, C. R. **180**, 208, 1925.

18) H. Mache, St. Meyer und E. v. Schweidler, Wien. Anz. 16. Febr. 1905; S. C. Lind, J. of Ind. and Engin. Chem. **12**, 469, 1920; C. B. IV. 161, 1920; F. Holweck, Nature **109**, 252, 1922.

19) F. Brossler, Mitt. Ra-Inst. 125, Wien. Ber. **129**, 47, 1920.

20) P. Ludewig, Phys. Z. **22**, 298, 1921.

21) Phys. Techn. Reichsanst. Phys. Z. **24**, 286, 1923.

22) J. Moran, Trans. Roy. Soc. Canada, **10**, 57, 77, 1916; P. Ludewig, Strahlentherapie **15**, 384, 1923; P. Ludewig und E. Lorenser, Z. f. Phys. **13**, 284, 1923; **21**, 258, 1924; A. Becker, Z. anorg. Chem. **124**, 149, 1922; Strahlentherapie **14**, 707, 1922; Z. f. Phys. **21**, 304, 1924; W. Bothe, Z. f. Phys. **16**, 266, 1923.

23) F. E. E. Germann, Science (N. S.) **59**, 340, 1924; H. H. Poole, Dublin Proc. **17**, 337, 1924.

24) F. P. Slater, Phil. Mag. (6) **44**, 300, 1922.

25) G. Halledauer, Mitt. Ra-Inst. 175, Wien. Ber. **134**, 39, 1925.

26) H. Greinacher, Phys. Z. **21**, 270, 1920; O. Nürnberger, Phys. Z. **21**, 198, 241, 1920; P. Loisel, C. R. **172**, 1484, 1921; A. Lepape, C. R. **176**, 1613, 1923.

27) St. Meyer, Mitt. Ra-Inst. 121, Wien. Ber. **128**, 897, 1919; St. Meyer und V. F. Hess, Mitt. Ra-Inst. 122, Wien. Ber. **128**, 909, 1919.

28) J. Patkowski, Mitt. Ra-Inst. 91, Wien. Ber. **125**, 363, 1916.

29) O. C. Lester, J. Opt. Soc. Amer. and Rev. Sci. Ind. **11**, 637, 1925.

5. Messungen des zeitlichen Zerfalles. Bei diesen Messungen hat man in erster Linie zu unterscheiden, ob der Zerfall der radioaktiven Substanz oder Substanzengruppe in solchen Zeiten verläuft, daß er direkt beobachtet werden kann, also mit Halbierungszeiten von der Größenordnung einiger Monate bis zu Sekunden herab, oder aber ob es sich um extrem lang- oder kurzlebige Stoffe handelt, bei denen dies untunlich wird.

Im ersteren Falle erfolgt die Bestimmung der Zerfallskonstanten für einheitliche Substanzen (z. B. Polonium) durch unmittelbare zeitliche Beobachtung ihrer Stromwirkung nach einer der vorstehend beschriebenen Methoden, sei es durch Verfolgung des Abklingens der radioaktiven Wirkung des von den Stammsubstanzen abgetrennten Körpers, sei es durch Messung der allmählichen Bildung aus der Muttersubstanz. Hierbei ist nur darauf zu achten, daß im Anfang und zu Ende der Messungsreihen meist in der Intensität stark verschiedene Wirkungen zur Beobachtung kommen, und daher dafür zu sorgen, daß in allen Fällen der gleiche Grad an Sättigung des Stromes besteht. Sonst werden leicht die Werte größerer Intensität (wegen teilweise mangelnder Sättigung) unterschätzt, und es wird ein verflachter Kurvenverlauf vorgetäuscht (das heißt etwas zu große T, zu kleine λ gefunden). Ist das Zeitintervall bei einer Einzelbeobachtung nicht verschwindend klein neben der mittleren Lebensdauer, so darf nicht unmittelbar die linear-mittlere Zeit der Messung zugeordnet werden, sondern es muß wegen des exponentiellen Verlaufes korrigiert werden. Scheinbare Änderungen der Zerfallsgeschwindigkeit können auch durch Aggregatrückstoßerscheinungen, Eindringen in die Unterlage usw., vorgetäuscht werden (vgl. S. 159 und 454).

Handelt es sich um einen Komplex von Strahlern, unter denen nur ein β-Strahler sich findet (z. B. RaE — RaF), so wird man die α-Strahlung, etwa durch Einhüllen des Präparates in mehrfach Stanniol abschirmen und den Fall auf den vorhergehenden zurückführen.

Gilt es die Zerfallskonstanten der einzelnen radioaktiven Stoffe einer Gruppe (z. B. „induzierte Aktivität") zu bestimmen, so hat man nach den Formeln S. 57 zu berücksichtigen, daß nach genügend langer Zeit das längstlebende Produkt allein für den Zerfall maßgebend ist;

Literatur zu V, 5 siehe Seite 317.

dessen Halbierungszeit kann demnach nach Abwarten entsprechend langer Zeit immer wie oben gefunden werden.

Hat man dann z. B. bloß zwei Strahler (oder in dem Komplex zwei besonders langlebige, wie $MsTh_1$ und RdTh in $MsTh_1$ bis ThC" oder RdAc und AcX in der Gruppe von RdAc bis AcC"), so kann die Zerfallskonstante der minder langlebigen, wenn die der längerlebigen bereits bekannt ist, leicht aus der Lage des Maximums berechnet werden (vgl. S. 55), indem für die zwei Substanzen S_1 und S_2 die Strahlung $J = \lambda_1 S_1 + k\lambda_2 S_2$ ist und ihr Maximum aus

$$t_{\max} = \frac{1}{\lambda_1 - \lambda_2} \log \mathrm{nat} \left[\frac{\lambda_1}{\lambda_2} \left(1 + \frac{\lambda_2 - \lambda_1}{k\lambda_2}\right)\right]$$

bestimmt wird. Dabei ist der Wert von k, welcher auch die Lage des Maximums beeinflußt, gemäß der relativen Ionisation der beiden fraglichen Substanzen zu bewerten; für zwei α-Strahler ist diese Größe dem Verhältnisse der totalen Ionisationen durch eine α-Partikel der beiden Arten gleich zu setzen. (Handelt es sich, wie z. B. im Falle des AcX um ein langlebiges Präparat, das zusammen mit den nachfolgenden kurzlebigen für die Messung eine Einheit bildet, so ist natürlich die Summe der ionisierenden Wirkung aller der α-Partikeln von AcX, AcEm, AcA, AcC, einzusetzen.) Für β- oder γ-Strahlen hängt die Größe der Konstante k von der jeweiligen Versuchsanordnung ab (vgl. V, 3, S. 295).

Anwesenheit zweier Produkte sehr ähnlicher Zerfallskonstanten kann bei verschiedenem k aus den Absolutwerten des Kurvenzuges erschlossen werden [vgl. St. Meyer und F. Paneth[8])].

Im übrigen sei auf die allgemeine Aufgabe der Analyse der Kurven, die den radioaktiven Zerfall charakterisieren, verwiesen (II, 6). Eine spezielle Methode zur Analyse solcher Kurven haben F. Aigner und L. Flamm angegeben; später auch J. W. T. Walsh und H. Levy[6]).

Für Präzisionsmessungen eignen sich naturgemäß wieder besonders die Kompensationsmethoden. So hat E. Rutherford[1]) nach einer solchen die Zerfallskonstante der Radiumemanation bis auf die dritte Dezimale genau festgelegt.

Derartige Anordnungen gestatten auch noch z. B. die direkte Bestimmung des Zerfalles so langlebiger Substanzen wie RaD, wenn die Empfindlichkeit hoch genug gesteigert wird. [R. Thaller[2])].

Für genaue Messungen aus der Analyse von Zerfallskurven ist endlich auch zu bedenken, daß die Entstehungsgeschichte der Präparate eine Rolle spielen kann, wenn etwa einmal dauerndes, einmal laufendes Gleichgewicht vorhanden war.

Literatur zu V, 5 siehe Seite 317.

Hat man beispielsweise „induzierte Thorium-Aktivität" einmal aus Mesothor oder Radiothor gewonnen (dauerndes Gleichgewicht), das andere Mal aus ThX (laufendes Gleichgewicht), so erfolgt das Abklingen zweier anfangs gleich intensiver Präparate wegen des relativen Überschusses von ThC im zweiten Fall gegenüber dem ersten nicht in identischer Weise. Drei bis vier Stunden nach der Entnahme des aktiven Niederschlages von der Muttersubstanz beträgt der Unterschied nahe 1 Prozent, dann verschwindet er allmählich [vgl. auch bzgl. RdAc bei H. N. Mc Coy und E. D. Leman[7])].

Messungen kurzlebiger Präparate. Die Zerfallskonstanten der radioaktiven Gase, speziell Thoremanation und Actiniumemanation, können am besten nach einer „Strömungsmethode"[3]) gefunden werden, wie sie im Prinzip schon auf S. 312 angegeben ist. Hier beobachtet man den Unterschied der Wirkung an zwei oder mehreren gleichartigen Kondensatoren in bestimmter Distanz, die einzeln mit Elektrometern verbunden werden können, wobei aus der Strömungsgeschwindigkeit des Gases dann unmittelbar auf die Zerfallsgeschwindigkeit geschlossen werden kann.

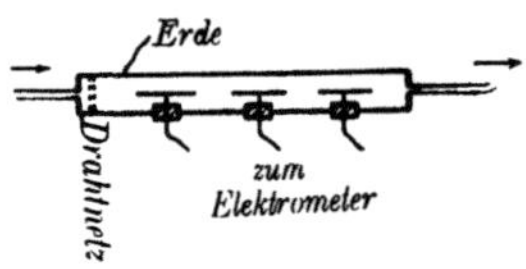

Fig. 69.

Voraussetzung ist dabei, daß die sich allmählich ausbildenden induzierten Aktivitäten auf den Kondensatoren jeweils der vorhandenen Emanationsmenge proportional sind und nicht konvektiv von einer Stelle zur anderen gelangen können.

M. S. Leslie[9]), P. B. Perkins[9]) und R. Schmid[10]) ließen ThEm oder AcEm rasch in ein vorevakuiertes mit einem Elektrometer verbundenes Gefäß einströmen und maßen dann nach der Methode konstanter Ablenkung (vgl. S. 292).

Ein anderes Verfahren hat H. Mache angegeben [vgl. R. Schmid[10])]. Für ein strömendes emanationshaltiges Gas gilt $\frac{dn}{dt} = \frac{qA}{v} e^{-\lambda t} - a n^2$ (n = Zahl der Ionen, A = Menge der Em an der Quelle, q = Querschnitt des Rohres, v = Geschwindigkeit des strömenden Gases, λ = Zerfallskonstante, $t = x/v$ = Zeit, die die Em-haltige Luft zur Zurücklegung des Weges x von der Em-Quelle aus benötigt, a = Wiedervereinigungskoeffizient). Man variiert zunächst v. Für eine bestimmte Geschwindigkeit v_m wird $\frac{dn}{dt} = 0$; $a n^2 = \frac{qA}{v_m} e^{-\lambda t}$; $i^2 = \frac{qA}{a v_m} p^2 e^{-\lambda t}$, da der Strom proportional n ist ($i = p n$); wird $B = \frac{q p^2 A}{a}$ gesetzt, so gilt $i^2 = \frac{B}{v_m} e^{-\frac{\lambda x}{v_m}}$. Für verschiedene Entfernungen x ergeben sich verschiedengelegene Maxima. Bildet man für die Maxima der Kurvenschar $\frac{di}{dv_m} = 0$, so erhält man aus $\lambda = \frac{v_m}{x}$ eine exakte Bestimmungsmöglichkeit für λ.

Literatur zu V, 5 siehe Seite 317.

Noch kürzerlebige Substanzen als die beiden genannten Emanationen zu entdecken und ihre Lebensdauer einzuschätzen ist H. Geiger, sowie H. G. J. Moseley und K. Fajans geglückt. Es sind dies das ThA und AcA, mit Halbierungszeiten von nur Bruchteilen einer Sekunde[4]).

Hierzu wurde eine Vorrichtung verwendet, die von A. Schuster und G. Hemsalech[5]) für Zwecke der Funkenphotographie konstruiert worden war. Eine rasch rotierende Scheibe regulierbarer Rotationsgeschwindigkeit wird mit einem Segment durch einen Schlitz in einer Th- bzw. Ac-Emanationshaltigen Kammer gezogen und das auf ihr abgelagerte Produkt in seinem Abfall dadurch bestimmt, daß die aus der Kammer austretenden Scheibensegmente mittels zweier in der Rotationsrichtung hintereinander aufgestellten Ionisationskammern in ihrer Strahlenwirkung gemessen werden. Da die Produkte ThA und AcA selbst positiv geladen sind, wird die Scheibe zur Ansammlung derselben negativ geladen gehalten.

Die Lebensdauer extrem lang- bzw. kurzlebiger Stoffe kann nur rechnerisch erschlossen werden. Über die Methoden für langlebige Substanzen vgl. II, 8.

Für extrem kurzlebige Produkte bietet zur Zeit nur bei α-Strahlern die Beziehung zwischen Reichweite und Zerfallskonstante (vgl. II, 5) einen Anhaltspunkt.

Literatur zu V, 5:

1) E. Rutherford, Wien. Ber. **120**, 303, 1911.
2) R. Thaller, Wien. Ber. **123**, 157, 1914.
3) (Vgl. VI, 9 Lit. 31) und VI, 10 Lit. 27, 34); G. v. Hevesy, Phys. Z. **12**, 1214, 1911; J. Phys. Chem. **16**, 429, 1912.
4) Vgl. VI, 9 Lit. 35) und VI, 10 Lit. 36).
5) A. Schuster und G. Hemsalech, Phil. Trans. (A) **193**, 189, 1899.
6) F. Aigner und L. Flamm, Wien. Ber. **121**, 2033, 1912; Phys. Z. **13**, 1151, 1912; J. W. T. Walsh, Proc. Phys. Soc. London, **32**, 26, 1919; H. Levy, Phys. Soc. London. **34**, 108, 1922.
7) H. N. Mc Coy und E. D. Leman, Phys. Rev. (2) **4**, 409, 1914.
8) St. Meyer und F. Paneth, Mitt. Ra-Inst. 104, Wien. Ber. **127**, 186, 1918.
9) M. S. Leslie, Phil. Mag. (6) **24**, 637, 1912; P. B. Perkins, Phil. Mag. (6) **27**, 720, 1914.
10) R. Schmid, Mitt. Ra-Inst. 103, Wien. Ber. **126**, 1065, 1917.

6. Absorption von Beta- und Gammastrahlen. A. Absorption von β-Strahlen. Die Grundlagen für die Messungen der Härte der β-Strahlen wurden bereits in Kap. III, 12 auseinandergesetzt.

Für die Beobachtungen können danach entweder Parallelstrahlenbündel herangezogen werden, die durch folienverdeckte Fenster in eine Ionisationskammer eintreten, wobei durch Veränderung der Folien-

Literatur zu V, 6 siehe Seite 324.

Zahl oder -Dicke die Einzelwerte erhalten werden; oder es kann das Präparat selbst durch unmittelbar anliegende Überdeckung von absorbierenden Schichten abgeschirmt werden, was im Prinzip einer Anordnung der Fig. 9 (S. 83) gleicht und nach den dort gegebenen Formeln zu berechnen wäre. Auch die Wärmewirkung kann herangezogen werden.

In der Praxis zeigt es sich, daß es nicht gelingt, ein ursprünglich paralleles Strahlenbündel durch absorbierende Schichten parallel hindurchzuführen, indem die Zerstreuung gerade bei β-Strahlen eine sehr große ist, so daß die erstgenannte Anordnung in die zweite mehr oder minder vollständig übergeht. Man findet weiter, daß trotz der theoretischen Bedenken die Absorption mit großer Annäherung gemäß einem einfachen Exponentialgesetz oder der Superposition mehrerer solcher stattfindet, also allgemein

$$J = A_1 e^{-\mu_1 x} + A_2 e^{-\mu_2 x} + \cdots$$

Daraus ergibt sich weiter, daß, wenn die Erscheinung nicht noch durch während der Absorption hinzutretende Sekundärstrahlen kompliziert wird, bei genügend großem x die Strahlung mit dem kleinsten μ allein maßgebend wird. Die Analyse der Kurven hat dann in voller Analogie mit derjenigen der zeitlichen Zerfallskurven zu erfolgen, indem „Absorptionskoeffizient" und durchstrahlte Schichtdicke x formal an die Stellen der Zerfallskonstante und der Zeit rücken.

Die Ergebnisse der Messungen an den einzelnen β-Strahlern sind in Kap. III, 12, S. 127 sowie bei den einzelnen radioaktiven Familien angeführt (siehe S. 467, 489, 527).

Sehr weiche β-Strahlen, von ähnlicher Absorbierbarkeit wie α-Strahlen, sind durch Absorptionsversuche neben α-Strahlungen nicht leicht festzustellen — etwa aus der Differenz der Wirkung bei entsprechender Einschaltung eines die β-Strahlen ausblendenden Magnetfeldes —, da der Prozentsatz, den sie zur Ionisation beitragen, neben der α-Wirkung klein ist. Ihre Existenz ist durch die „magnetischen Spektra" sicherstellbar und ihre Natur durch die zugehörigen Werte der Geschwindigkeiten definiert (vgl. III, 12 und V, 8).

B. Absorptionsmessungen an γ-Strahlen. Für „homogene" γ-Strahlen wäre zu erwarten, daß die Absorption nach einem Exponentialgesetz verläuft, also der gemessene Strom $J = J_0 e^{-\mu x}$ zu setzen ist; dies trifft auch zuweilen zu. Im allgemeinen aber führten die Messungen des γ-Absorptionskoeffizienten zu zunächst unerwarteten Schwierigkeiten. Es zeigt sich nämlich starke Abhängigkeit von der Versuchsanordnung (vgl. III, 16), und man ist zu der Vorstellung gezwungen,

Literatur zu V, 6 siehe Seite 324.

daß die Ionisationswirkung nicht oder nur zum Teil von der primären γ-Strahlung ausgeht, und die sekundären γ- und Elektronenstrahlungen der Gefäßwände und der Umgebung eine vorwiegende Rolle spielen. Diese Annahme, die durch die Versuche von D. C. H. Florance, A. Brommer, K. W. F. Kohlrausch und E. Schrödinger u. a.[1]) gestützt wird, führt dazu, daß die Wirkung, die von einem γ-Strahler ausgeht und von einer Ionisationskammer aufgenommen wird, (mutatis mutandis) ähnlich betrachtet werden kann dem Falle, daß eine Lichtquelle in einem mehr oder minder spiegelnden Raume sich befindet und die Intensität an einer bestimmten Stelle des Raumes in einer kleinen Kammer halbdurchlässiger halbspiegelnder Wände bestimmt werden soll.

Tatsächlich entsenden die Tische, auf denen Präparat und Ionisationskammer mit Elektrometer stehen, Boden, Wände und Decke des Zimmers und alle darin befindlichen Gegenstände und insbesondere die Wände der Ionisationskammer selbst sekundäre Strahlen (vgl. V, 3 Seite 295), und um vergleichbare Zustände hervorzurufen, muß all diesen Umständen Rechnung getragen werden.

Man ersieht daraus sofort, daß einseitige Abschirmung z. B. durch irgendwo zwischen Präparat und Ionisationsgefäß eingeschobene Platten nicht günstig ist, indem je nach deren Stellung die nach verschiedenen Seiten ausgehende Strahlung nicht gleichartig geschwächt wird und indirekt durch sekundäre Strahlung der Umgebung in verschiedener Weise zur Geltung kommen kann.

Für die strahlungsempfangende Ionisationskammer steht man vor der Alternative sie dünnwandig zu wählen: dann werden an ihren Wänden wenig Sekundärstrahlen erzeugt, aber es wird viel weiche sekundäre Strahlung neben der primären harten eingelassen; oder dickwandig: dann wird weniger weiche sekundäre Außenstrahlung eintreten können und an den eigenen Wänden viel Elektronenstrahlung hervorgerufen. Für die Auswahl bleibt fallweise die betreffende zu lösende Aufgabe maßgebend.

Wie wenig übereinstimmende Resultate aus mangelhaft definierten Anordnungen gewonnen wurden, zeige die auf Seite 320 folgende ältere Tabelle für den Absorptionskoeffizienten der RaC-γ-Strahlung in Blei. [A S. Russell[2])].

Man hat aus derartigen Versuchen auf einen „Härtungseffekt" der durchstrahlten Schicht — Abnahme von μ mit steigender Schichtdicke des Absorbers — geschlossen; jedoch vermögen sekundäre Strahlen leicht solche Effekte vorzutäuschen und, da die besten jetzt vorliegenden Messungen gerade für RaC trotz des komplizierten γ-Spek-

Literatur zu V, 6 siehe Seite 324.

Untersuchter Bereich der Schichtdicke in cm Blei	Absorptions-koeffizient μ in cm^{-1}	Beobachter
0,4 — 1,0	0,70	Y. Tuomikoski
0,64— 1,21	0,57	A. S. Eve
1,0 — 2,2	0,58	Y. Tuomikoski
1,21— 1,79	0,56	A. S. Eve
1,79— 2,36	0,46	A. S. Eve
2,2 — 5,4	0,52	Y. Tuomikoski
5,4 —12,0	0,50	Y. Tuomikoski
1,0 — 8,9	0,50	F. und W. M Soddy und A. S. Russell
2,0 —22,0	0,50	F. und W. M. Soddy und A. S. Russell
12,0 —15,8	0,39	Y. Tuomikoski
15,8 —18,0	0,25	Y. Tuomikoski

trums praktisch nur zwei distinkte Werte von μ ergaben, liegt zur Zeit kein sicherer Grund vor, neben normaler Abfilterung der Strahlung von RaB und der weicheren von RaC an der Realität dieser mehrmals beschriebenen systematischen „Härtungserscheinungen" festzuhalten.

Um die γ-Strahlen — besonders bei Absorption durch relativ dünne Schichten — gesondert von den primären β-Strahlen, die dabei stören, zu studieren, wird oft ein Magnetfeld angewendet, das die β-Strahlen ablenkt. Unabhängigkeit des dann in einer Ionisationskammer erzielten Effektes von Feldstärke und Feldrichtung besagt, daß man nur mehr unablenkbare γ-Strahlen einwirken läßt. Man wird sich aber überzeugen können, wie schwer dies zu realisieren ist, indem die abgelenkten β-Strahlen, wo immer sie auf Teile des Magneten usw. auftreffen, sekundäre Strahlen erzeugen. Zur Herabminderung dieser Wirkungen wird Bekleidung der Metallbestandteile mit Karton und dergleichen empfohlen [E. Rutherford und H. Richardson[3])].

Am ehesten darf nach dem Gesagten gehofft werden, zu unzweideutigen Resultaten zu gelangen, wenn das Präparat selbst allseitig gleichmäßig vom absorbierenden Medium in Kugelform umschlossen ist und sowohl Präparat als Ionisationskammer tunlichst freistehend, entfernt von Zimmerwänden und Boden, ohne zwischenliegende Tischplatten u. dgl. gebraucht werden kann. (Type I.)

Da die Herstellung homogener konzentrischer Kugelschalen nicht immer technisch für die diversen Materialien durchführbar erscheint, insbesondere auch kleine

Literatur zu V, 6 siehe Seite 324.

Hohlräume in Gußformen sehr störend wirken können, kann man auch in erster Annäherung statt der Kugeln Zylinder verwenden; bei nicht sehr großer Distanz Präparat-Ionisationsraum, also insbesondere bei Anwendung dickerer absorbierender Schichten, sollte dann aber korrekter das Integral über die verschieden langen Wegstrecken im Absorber genommen werden, das sich aus dem Schnitt des die Ionisationskammer treffenden Kegels mit dem Zylindermantel ergibt.

Oder man absorbiert durch eine große das Präparat umgebende Kugel (z. B. mit Hg gefüllte Eisenkugel) die Strahlung praktisch vollständig und läßt nur einen definierten Strahl aus einem in der Kugel angebrachten Kanal austreten. (K. W. F. Kohlrausch und E. Schrödinger, K. W. F. Kohlrausch, H. Prelinger, A. Enderle[1]) Type II.)

Eine weitere Anordnung, die anscheinend brauchbare Resultate bringt, ist die, daß unmittelbar anliegend an sehr ausgedehnte Platten, die selbst eine Wand der Ionisationskammer bilden, der γ-Strahler angebracht wird. Auch hier hat man natürlich zu trachten, möglichst weit von Sekundärstrahlen aussendenden Wänden usw. zu bleiben. (Type III.)

Die tatsächlich angewendeten Methoden entsprechen den angeführten Forderungen zum Teil nur einigermaßen. Es seien speziell erwähnt:

1. Die Methode von F. Soddy, W. M. Soddy und A. S. Russell[4]); hier befindet sich das Präparat im Zentrum einer bedeckten Halbkugel, über welcher in bestimmter Distanz die Ionisationskammer mit dem Elektrometer angebracht ist. (Soweit nicht von der Tischplatte und Unterseite Störungen möglich waren, entspricht dies Type I.)

2. Die Anordnung A. Brommers[1]). Sie entspricht genau der obigen Type I. Zur Verwendung gelangten Hohlkugeln und Zylinder. Anfänglich zwischen Strahlen und Ionisationsgefäß angebrachte Meßschienen für die Distanzeinstellungen wurden im Hinblick auf die Störungen durch Tischplatten (vgl. S. 294) später weggelassen. Die Messungen erfolgten hauptsächlich an Quecksilber und Wasser.

3. Die Methode von E. Rutherford und H. Richardson.[3])

Das flächenförmige Präparat befindet sich vor einem absorbierenden Schirm. Alle Flächen des Raumes A sind mit dickem Karton bedeckt, um sekundäre γ-Strahlung aus der durch ein Magnetfeld abgelenkten β-Strahlung herabzumindern; das Elektrometer-Ionisationsgefäß hat mit Aluminiumfolie bedeckte Glimmerwände und ist statt mit Luft mit Methyljodiddampf gefüllt, um die Ionisation zu verstärken.

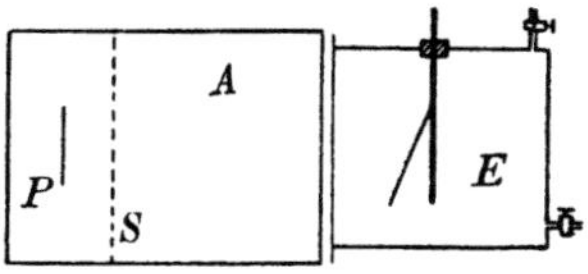

Fig. 70.

In dieser Weise wurden gleichartig sämtliche γ-Strahler bezüglich ihrer Absorption in Aluminium untersucht.

4a) Der große Plattenkondensator, entsprechend Type III. Hierbei gelten die (vgl. S. 297) angegebenen Formeln. Ist der Plattenkondensator groß, z. B. Durchmesser ca. 30 cm, aber flach, z. B. 3 cm hoch, so gelangen fast ausschließlich die

Literatur zu V, 6 siehe Seite 324.

weichen Sekundärstrahlen zur Messung, die als den eintretenden primären γ-Strahlen proportional wirksam angenommen werden.

Nach dieser Methode haben St. Meyer und V. F. Hess[5]) einige Absorptionskoeffizienten bestimmt. Für divergente γ-Strahlung gilt aber das Kingsche Gesetz nicht. Bezügliche Messungen hat M. Blau[10]) durchgeführt.

4b) A. S. Russell[6]) hat ein unter Quecksilber in großem zylindrischen Gefäß versenktes Präparat gemessen, für welche Anordnung die Hg-Oberfläche den Abschluß der Ionisationskammer bildet. Hierfür gelten die gleichen Formeln, jedoch kommt hier die Wirkung der sekundären Strahlen, die von der Seite unterhalb des Präparates (Hg, Gefäßmaterial usw.) stammen, noch hinzu, was die Messung etwas unsicher macht.

Überdeckt man in der Plattenanordnung (4a) das Präparat, so wird die Stromwirkung verstärkt, auch wenn die Unter-Platte sehr dick ist, indem sekundäre γ-Strahlung des oberen Schirmes hinzutritt.

5. Die Methode von K. W. F. Kohlrausch und E. Schrödinger[1]) zur Herstellung eines engen wohldefinierten Strahlenbündels ist aus den Fig. 71 und 72 verständlich.

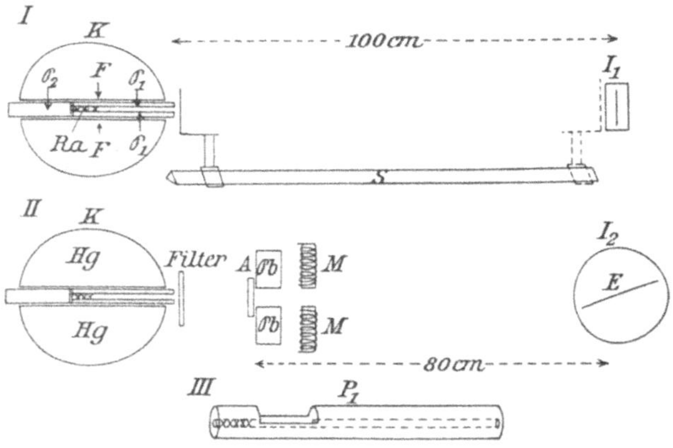

Fig. 71.

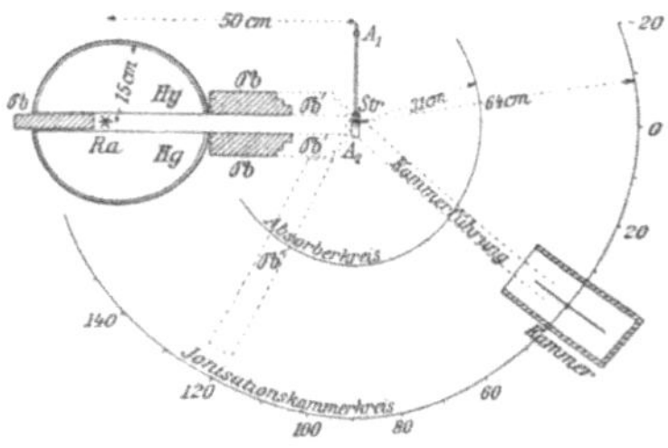

(K = mit Hg gefüllte Eisenkugel, P_1 = Bleipatrone mit Präparat zentral im Rohr F; P_2 = Abschlußpfropfen aus Pb; I = Ionisationsgefäß).

$J = J_0 (e^{-\mu_1 x} + 0{,}75\, e^{-\mu_2 x})$.

Fig. 72.

Für orientierende Messungen können Angaben von J. S. Lattès[11]) Verwendung finden. (Nachstehende Tabelle.)

Literatur zu V, 6 siehe Seite 324.

Natur der Strahlen	Bezeichnung der Gruppe	für Platin μ/ϱ	für Platin Halbierungsdicke D mm	Prozentuelle Zusammensetzung der Strahlen nach Durchsetzung von Platin der Dicke: 0 mm	0,15 mm	0,30 mm	0,50 mm	1,0 mm	1,5 mm
Primäre γ-Strahlen	I	0,063	5,14	13	56,4	67,9	73,9	80,3	82,9
	II	0,869	0,37	3 } 17	10,1 } 68,3	9,2 } 78,2	7,3 } 81,2	3,5 } 83,8	1,6 } 84,5
	III	2,95	0,11	1	1,8	1,1	—	—	—
Primäre β-Strahlen	IV	8,04	0,04	24	9,7	1,1	—	—	—
	V	26,1	0,012	13	—	—	—	—	—
	VI	55,5	0,006	28 } 83	— } 9,7	— } 1,1	—	—	—
	VII	218	0.0015	18	—	—	—	—	—
Sekundäre β-Strahlen erregt in Pt.	VIII	13,9	0,023	0	9,7	12,0	13,3	14,1	14,7
	IX	85,0	0,0038	0	6,6 } 22,0	6,0 } 20,7	4,9 } 18,8	2,1 } 16,2	0,8 } 15,5
	X	151	0,0022	0	5,7	2,7	0,6	—	—

Zuweilen wurden die absorbierenden Materialien in 3 Klassen geteilt, für welche in erster Annäherung jeweils μ/ϱ konstant sein sollte.

Die Klasse I enthielt Pb, Hg

„ „ II „ Cu, Fe, Sn, Al, Zn, dann Schiefer, Messing, Glas, Magnesia usw.

Die Klasse III enthielt S, Paraffin, auch Glas.

Aus den Beobachtungen von K. W. F. Kohlrausch[1]) folgt jedoch, daß eine solche Klasseneinteilung nicht am Platze ist. Für die zwei Absorptionskoeffizienten μ_1 und μ_2, welche die Strahlung von RaC charakterisieren, bleibt μ_1/ϱ für alle Elemente nahe konstant, während die Werte von μ_2/ϱ mit der Atomnummer ansteigen und dazu periodisch analog den anderen Eigenschaften der Elemente sich ändern (vgl. die Tabelle 10 im Anhange des Buches).

Aus den Resultaten der Absorptionsmessungen in Aluminium haben E. Rutherford und H. Richardson einige allgemeinere Schlüsse gezogen, die speziell im Hinblick auf die seither erfolgte Erkenntnis der Wellennatur der γ-Strahlen und der Bestimmung ihrer Wellenlänge [E. Rutherford und E. N. da C. Andrade[7])] von Interesse sind.

Es gibt danach: (vgl. Tabelle S. 152)

a) sehr weiche Strahlen $\mu = 120$—230 der „B“-Produkte

b) härtere Strahlen $\mu = 26$—45, entsprechend der „L“-Serie Barklas

c) harte Strahlen $\mu = 0{,}36$—$0{,}51$ der „B“-Produkte

d) sehr harte Strahlen $\mu = 0{,}115$—$0{,}198$, analog der „K“-Serie Barklas.

a) und b) sind im allgemeinen weicher als mittlere Röntgen-Strahlen; Type b ist von Platinantikathoden erzielbar.

c) ist harten Röntgen-Strahlen ähnlich.

d) ist wesentlich härter als zur Zeit erhältliche Röntgen-Strahlen.

Literatur zu V, 6 siehe Seite 324.

Messungen der γ-Absorption in Flüssigkeiten und Gasen sind bisher noch nicht sehr oft gemacht worden und die Resultate differieren einigermaßen (zum Teil schon wegen unscharfer Definition des Absorptionskoeffizienten vgl. III 16).

V. F. Hess hat in freiem Raume in Distanzen bis zu 90 Meter die Absorption der RaC-Strahlen in Luft gemessen und erhielt $\mu_{7\ 0,15^0} = 4,64 \cdot 10^{-5}$ cm $^{-1}$, entsprechend $\mu/\varrho = 3,78 \cdot 10^{-2}$.

J. Chadwick arbeitete mit relativ engbegrenztem Volumen (in Röhren) und erhielt a) wenn die Strahlen vorher 3 mm; b) wenn sie vorher 10 mm Blei passierten, für μ/ϱ in

	a)	b)
Wasserstoff	$4,7 \cdot 10^{-2}$	—
Luft	$4,8 \cdot 10^{-2}$	—
flüssiger Luft	$4,84 \cdot 10^{-2}$	$4,60 \cdot 10^{-2}$
Kohlensäure	$5,1 \cdot 10^{-2}$	$4,7 \cdot 10^{-2}$
Wasser	$5,58 \cdot 10^{-2}$	$4,72 \cdot 10^{-2}$.

Es ist anzunehmen, daß hierbei je nach der Anordnung verschiedene sekundäre Strahlungswirkungen wesentlich ins Spiel kommen mußten.

Für die Absorption von RaC-γ-Strahlen in Flüssigkeiten diene nachstehende Tabelle von K. W. F. Kohlrausch[1]).

Substanz	ϱ	μ_1	μ_2	μ_1/ϱ	μ_2/ϱ
Äther	0,710	0,0406	0,0595	0,0572	0,0837
Terpentin	0,784	0,0406	0,0874	0,0518	0,1114
Wasser	1,000	0,0549	0,0998	0,0549	0,0999
Glyzerin	1,246	0,0672	0,1174	0,0540	0,0950
Chloroform	1,480	0,0630	0,1505	0,0426	0,1017
Bromoform	2,836	0,1179	0,2612	0,0416	0,0920

Es ist bemerkenswert, daß die Unterschiede der Werte von μ_1/ϱ in dem weiten Bereich zwischen Gasen bis zu den Schwermetallen nicht groß sind.

Über die Meßresultate vgl. III, 16 und Tabelle 9 und 10 im Anhang des Buches.

Literatur zu V, 6:

1) D. C. H. Florance, Phil. Mag. (6), **20**, 921, 1910; A. Brommer, Wien. Ber. **121**, 1563, 1912; Wien. Anz. 13. März, 1913; Phys. Z. **13**, 1037, 1912; K. W. F. Kohlrausch und E. Schrödinger, Wien. Ber. **123**, 1319, 1914; K. W. F. Kohlrausch, Mitt. Ra-Inst. 97, 98, 99, 102, 120, Wien. Ber. **126**, 441, 683, 705, 887, 1917; **128**, 853, 1919; Jahrb. Rad. u. El. **15**, 64, 1918; Phys. Z. **19**, 345, 1918; **21**, 193, 1921; H. Prelinger, Mitt. Ra-Inst. 140, Wien. Ber. **130**, 279, 1921; A. Enderle, Mitt. Ra-Inst. 153, Wien. Ber. **131**, 589, 1922; O. Treitel, Heidelberg. Diss. 1920.

2) A. S. Russell, Jahrb. Rad. u. El. **9**, 438, 1912; S. Oba, Phil. Mag. (6) **27**, 601, 1914.

3) E. Rutherford und H. Richardson, Phil. Mag. (6) **25**, 722; **26**, 324, 937, 1913; **27**, 252, 1914.

4) F. Soddy und A. S. Russell, Phil. Mag. (6) **18**, 620, 1909; F. Soddy, W. M. Soddy und A. S. Russell, Phil. Mag. (6) **19**, 725, 1910.
5) St. Meyer und V. F. Hess, Wien. Ber. **123**, 1443, 1914.
6) A. S. Russell, Proc. Roy. Soc. (A) **88**, 75, 1913.
7) E. Rutherford und E. N. da C. Andrade, Phil. Mag. (6) **27**, 854, 1914; **28**, 263, 1914.
8) H. Richardson, Phil. Mag. (6) **27**, 252, 1914.
9) H. Richardson, Proc. Roy. Soc. (A) **90**, 521, 1914.
10) M. Blau, Mitt. Ra-Inst. 110, Wien. Ber. **127**, 1253, 1918.
11) J. S. Lattès, C. R. **180**, 1023, 1400, 1925.

7. Bestimmung von Reichweiten. P. und M. Curie[1]) haben zuerst die Beobachtung mitgeteilt, daß die Wirkung der α-Strahlen in bestimmter Distanz (für Po in ca. 4 cm Luft) plötzlich aufhöre. Diese Entfernung, in der sich, wie sich seither herausstellte, alle Wirkungen der Strahlen gleichzeitig verlieren, ist dadurch gekennzeichnet, daß in ihr die Geschwindigkeit der Partikel bis auf einen unteren Grenzwert herab gebremst ist und sie nunmehr weder ionisierend noch photographisch noch fluoreszenzerregend wirkt, ihre elektrische Ladung neutralisiert ist und sie sich in nichts mehr von einem ungeladenen Heliumatom unterscheidet.

Man bezeichnet diese Distanz als die „Reichweite“ (range). Sie ist eine für jede einzelne radioaktive α-strahlende Substanz charakteristische Konstante.*)

Unter den Bestimmungsmethoden sind zunächst diejenigen zu unterscheiden, welche unmittelbare Messungen in Luft ermöglichen, und solche, welche aus der Absorption in anderen Materialien bei Voraussetzung eines bestimmten Äquivalentes zwischen den Dicken der absorbierenden Schicht mit einer berechenbaren Luftstrecke eine Reduktion auf Luft gestatten.

Die Messung der Reichweite in Gasen ergibt sich am sichersten aus der Aufnahme der gesamten Braggschen Ionisationskurve (vgl. III, 8 und IV, 3). Wegen der Streuung nahe der Enddistanz ist jedoch R dabei unscharf definiert, und man hat zwischen verschiedenen Definitionen der Reichweite, wie sie sich für verschiedene Meßanordnungen ergeben, zu unterscheiden. In der Fig. 73, in welcher der Abfall der Deutlichkeit halber übertrieben gedehnt gezeichnet ist, bedeutet R_1 die dem ersten Wendepunkt der Braggschen Ionisationskurve zugeordnete Größe; R_f den Gipfelwert; $\bar{R}$ ist die „mittlere“ Reichweite; R_g die aus der Extrapolation des linearen Teiles der Kurve gewonnene Größe, die H. Geiger und G. H. Henderson[5a]) zugrunde legen; R_m der Maximalwert, der gemäß der

Literatur zu V, 7 siehe Seite 331.

*) A. S. Eve und M. Reinganum sowie W. Hammer und H. Pychlau ist es gelungen zu zeigen, daß sehr hohe Spannungen die Reichweite ein wenig verändern (vgl. S. 92/93). Bei den hier in Betracht kommenden Messungen wäre der Einfluß jedoch nicht merklich.

Endstreuung nicht scharf erfaßt werden kann. R_g ist zunächst ein konventioneller Wert, jedoch mit dem Vorteil, daß er experimentell gut definierbar ist.

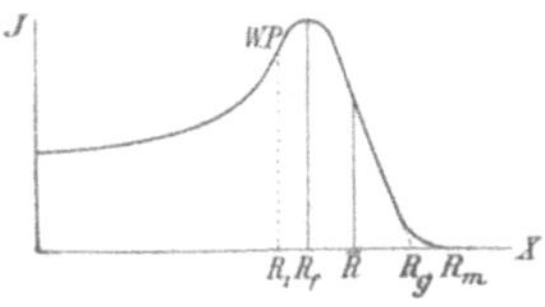

Fig. 73.

Er ist aber von der Versuchsanordnung abhängig und I. Curie[21]) erhielt z. B. für sehr schmale Strahlenbündel bei Aufnahme einer Braggschen Kurve mit Polonium die Reichweite als Tangente des Abfalls $R_{15} = 3{,}87$ cm gegenüber H. Geigers Wert $R_{15} = 3{,}925$ cm; der von ihr beobachtete Gipfelwert lag 4,5 mm vor dem des R_g. J. Consigny[21]) findet einen Einfluß verschiedener absorbierender Metallfolien auf die Form des Endes der Braggschen Kurve. Der theoretisch aus der Geigerschen Beziehung berechnete Spitzenwert stützt sich auf die experimentellen Bestimmungen von R_g zusammen mit dem Basiswert der Anfangsgeschwindigkeit v des RaC entsprechend $v^3 = aR$.

Legt man Szintillationsbeobachtungen zugrunde, so nimmt die Zahl Z (Fig. 74) von einem bestimmten Abstand vom Szintillationsschirm an ab. (In der Figur ist das Endstück wieder übermäßig gedehnt eingezeichnet.) R_1 entspricht der „minimalen" Reichweite und ist dem ersten Wendpunkt in Fig. 73 zuzuordnen.

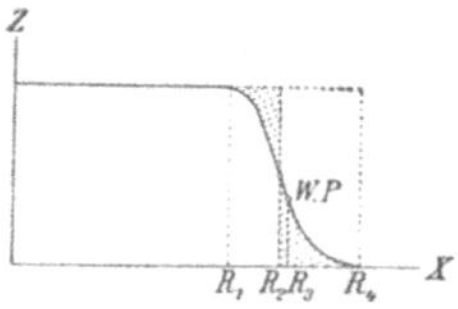

Fig. 74.

R_2 ist die „mittlere" Reichweite, bei der die schraffierten Flächenstücke gleich groß werden; R_3 ist die „häufigste" Reichweite, beim Wendepunkt der Kurve, für die $Z' = -dZ/dx$ den größten Wert erreicht; R_4 entsprechend dem R_m der Fig. 73 bedeutet die unscharf definierte „maximale" Reichweite.

Auch die Abhängigkeit der Kurvenform von der Natur des durchsetzten Gases und von dem allmählichen Eindringen des aktiven Belages in die Unterlage[11]) oder die Veränderungen wegen Bildung von Wasserstoffverbindungen, Legierungen und dgl. müssen berücksichtigt werden.

Theoretischen Erwägungen wird meist $\bar{R}$ oder R_g zugrunde gelegt.

A. Unmittelbare Messungen in Luft.

Vorbemerkung. Die Reichweite ist direkt proportional der absoluten Temperatur, verkehrt proportional dem Drucke.

$R_{t,p} = R_{0,760}\,(1 + 0{,}00366\,t)/\,0{,}001315\,p$ (t in Celsiusgraden, p in mm Quecksilbersäule). Werte von R ohne Angabe von Temperatur und Druck machen keinen Anspruch auf Genauigkeit. [$R_{15} = 1{,}055\ R_0$; $R_{18} = 1{,}066\ R_0$; $R_{20} = 1{,}073\ R_0$.]

1. Variation der Distanz. Methode von W. H. Bragg und R. D. Kleeman[2]).

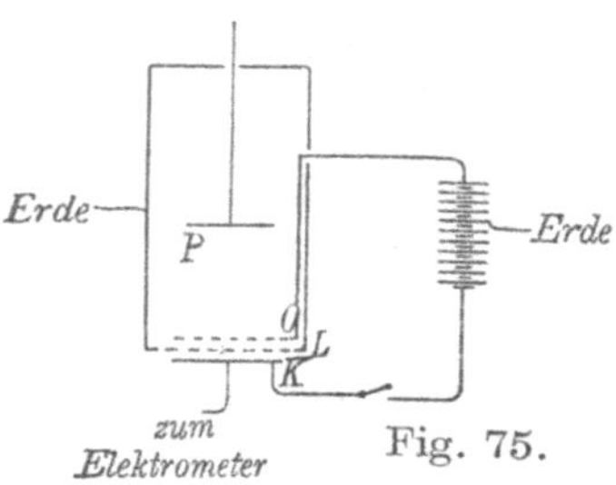

Fig. 75.

Das Verfahren ist aus beistehender Anordnungsskizze (Fig. 75) zu entnehmen. Der ionisierte Meßraum befindet sich zwischen der Platte K und dem Netz L. Zwischen den Netzen O und L befindet sich ein entgegengerichtetes elektrisches Feld, zum Abfangen der außerhalb L — K erzeugten und in diesen Raum hinein diffundierenden Ionen. Die Distanz P — L ist mikrometrisch variabel. Die Reichweite ist bei derjenigen Distanz erzielt, für welche die Ionisierung zwischen L und K verschwindet bzw. von geringerer Größenordnung (wenn β- und γ-Strahlen vorhanden sind) wird.

Literatur zu V, 7 siehe Seite 331.

Dieser Anordnung haben sich mit verschiedenen Abänderungen außer den genannten Autoren insbesondere B. Kučera und B. Mašek für Polonium, desgleichen M. Levin, ferner B. B. Boltwood für Ionium, O. Hahn für die Thoriumprodukte bedient[3]). Unter Verfeinerung des Verfahrens haben derart speziell H. Geiger und G. H. Henderson[5a]) die R_g gewonnen.

Um bei emanierenden Substanzen Störungen durch das Eindringen von Emanation in den Meßraum zu vermeiden, hat O. Hahn die Präparate auf einem Trichter angebracht und die Emanation beständig abgesaugt. Solche Präparate kann man auch durch Glimmer oder eine andere undurchlässige Membran abschließen, wenn man für die deckende Schicht das Luftäquivalent anzugeben vermag. Das Wegblasen von Emanation oder auch der Ionen aus dem Vorraum ($P — L$), das ebenso wie das Absaugen in Betracht kommen könnte, hat so wie letzteres wegen der dadurch bedingten Unsicherheiten für die Angabe von Druck und Temperatur (vgl. die Vorbemerkung) gewisse Mängel.

2. Variation des Druckes. Methode von A. Foch[4]). Statt zur Messung von R die Entfernung des Präparates von dem Meßraum zu variieren, kann man bei fixer Anordnung den Druck verändern.

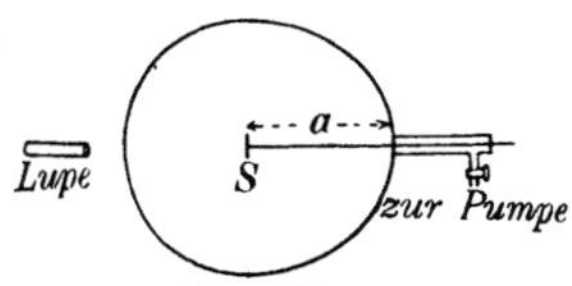

Fig. 76.

Bringt man gut zentriert in die Mitte einer Kugel, deren Innenfläche mit dem α-strahlenden Material in sehr dünner Schicht belegt ist, ein Stück Sidotblende (S) und reguliert den Druck in der Kugel, so läßt sich beispielsweise die Zahl der Szintillationen pro Zeiteinheit als Funktion des Druckes darstellen und derjenige Druck berechnen, für den diese Szintillationen verschwinden.

3. Methode von H. Geiger und J. M. Nuttall[5]). Das Prinzip ist ein ähnliches wie in 2. Im Zentrum einer leitenden, auf hohes Potential aufgeladenen großen Kugel ($a > R$) befindet sich, isoliert eingeführt, das Präparat, das mit einem Elektrometer verbunden ist (Fig. 77).

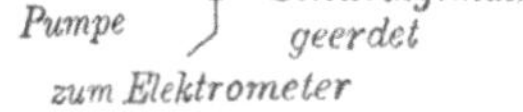

Fig. 77.

Die Kugel wird evakuiert und der Sättigungsstrom bei variiertem Druck gemessen.

Der Strom wächst angenähert dem Druck proportional — genauer, weil in den ersten cm der Flugbahn von einer α-Partikel weniger Ionen erzeugt werden als in den letzten, anfangs konkav ansteigend — bis bei Erreichung von R eine jähe Knickung eintritt. Bei höheren Drucken bleibt der Strom angenähert konstant — genauer betrachtet nimmt er etwas ab, weil bei höherer Gasdichte der Sättigungsgrad geringer wird (Fig. 78)[10]).

Dickere Schichten des Präparates ergeben minder scharfe Knickungen. Der Anstieg der Kurve erfolgt dann eher linear, weil zahlreiche Endpunkte der α-Bahnen auch schon vor Erreichung des Knickpunktes innerhalb der Kugel liegen und dadurch die Anfangskrümmung kompensiert wird.

Wegen Übereinstimmung von Strahl- und Feldrichtung ist hier Sättigung bei den zumeist verwendeten Feldstärken (etwa 100 Volt/cm) noch lange nicht er-

Literatur zu V. 7 siehe Seite 331.

reicht. Infolge der großen Abhängigkeit vom Spannungsgefälle empfehlen sich daher Aufladeanordnungen, wobei der Elektrometerausschlag so klein zu wählen ist, daß eine merkliche Änderung des Gefälles nicht auftritt. In solchen Fällen ist es angezeigt, ein Blättchen-Elektrometer (z. B. Elster-Geitel-Type) als „Ventil" parallel zu schalten, indem bei Erreichung gewisser Spannungen Erdung durch Blättchenanschlag am Gehäuse eintritt, so daß auch bei Unterlassung der Ausschaltung das Hauptelektrometer nicht übermäßigen Ausschlägen und Dejustierungen ausgesetzt werden kann.

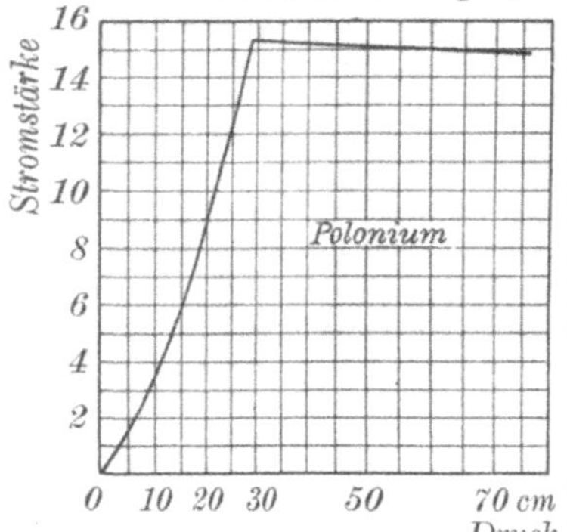

Fig. 78.

4. Messung an Photogrammen.

Bringt man über einem punktförmigen α-strahlenden Präparat (in verschiedenen Distanzen) eine photographische Platte an, so schneidet diese aus der Kugel mit dem Radius R eine Kalotte ab und es bildet sich ein kreisrunder Schwärzungsfleck vom Radius a auf der entwickelten Platte. Das Bild ist meist nicht ganz scharf begrenzt, immerhin lassen sich so Werte von R mit einiger Genauigkeit gewinnen. Die Expositionsdauer ist beispielsweise für ein Korn von Io bei einer Plattendistanz von 1 cm passend mit mehreren (etwa 4—6) Tagen zu bemessen (in doppelter Distanz entsprechend viermal so lang).

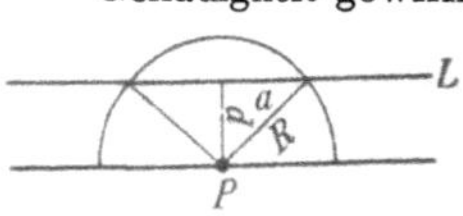

Fig. 79.

Auch bei gegen das Präparat unter gegebenen Winkeln geneigten Platten kann man Schwärzungsgrenzen erzielen, die Rückschlüsse auf die Reichweiten gestatten.

5. Messung an Fluoreszenzflecken.

Statt der Photogramme kann man in ähnlicher Weise die Radien von Fluoreszenzflecken in bestimmter Distanz vom Präparate ausmessen.

B. Szilard[6]) hat die Methoden kombiniert, indem er die zugewendete Glasseite der photographischen Platten mit Sidotblende bestreut und die von α-Strahlen an der Sidotblende erregte Lumineszenz zur photographischen Einwirkung verwendet. Gegenüber den rein photographischen Methoden hat dies den Vorteil, daß man mit kurzen Expositionszeiten arbeiten kann.

So wie bei (4) lassen sich auf schief gestellten Sidotblendenschirmen hier auch Trennungslinien hell-dunkel erzielen[12]).

6. Messung an den diskreten Schwärzungspunkten einer photographischen Platte. Methode von W. Michl[7]). (vgl. IV, 12, S. 238).

Die Länge der Punktreihen, die man von einem α-Teilchen als Schwärzungspunkte am besten an photomechanischen Platten (R. Jahr-Dresden) bei streifender Inzidenz erhält, sowie die Punktezahl einer solchen Reihe variieren in regelmäßiger Weise mit der Distanz von einem punktförmigen Präparat. Stellt man die statistisch gewonnene mittlere Länge und mittlere Punktezahl aus einer affizierten Platte für verschiedene Distanzen d zusammen und trägt sie graphisch als Funktion von d auf, so erhält man gerade Linien, die die d-Achse bei einem

Literatur zu V, 7 siehe Seite 331.

gemeinschaftlichen Punkte schneiden. Dieser entspricht der Reichweite, die sonach sowohl aus der Länge der Punktreihen, als aus den Punktezahlen dieser Längen mit guter Sicherheit erhalten werden kann.

Die Reichweite in Bromsilbergelatine beträgt für Po nach W. Michl 23 μ; nach E. Mühlestein korrigiert 27,7 μ; für RaC 50 μ[13]).

7. Sichtbarmachung der Reichweite in nebelerfülltem Raum. Methode von K. Przibram[8]).

Vor die schmale Seite eines Luftkondensators (bestehend etwa aus zwei Metallplatten 4 × 7 cm, Distanz ca. 0,5 cm, Seitenwände aus Glas, rechte Schmalseite offen, linke für Gaszufuhr eingerichtet) wird ein α-Strahler (z. B. Po) isoliert von den Metallplatten aufgestellt. Durch das Gaszuführungsrohr wird Salmiaknebel in einem gegen das Präparat gerichteten Luftstrom eingeführt. Legt man nach Füllung des Kondensators eine Spannung an (ca. 200 Volt), so lichtet sich der Nebel, soweit die Wirkung der α-Strahlen reicht und man bekommt eine ziemlich scharfe Grenze, welche die Reichweite angibt, indem durch das elektrische Feld die ionisierten Nebelteilchen angezogen und aus dem Raume entfernt werden. Bei Anwendung höherer Spannungen (ca. 5000 Volt) bildet sich die Grenze momentan aus.

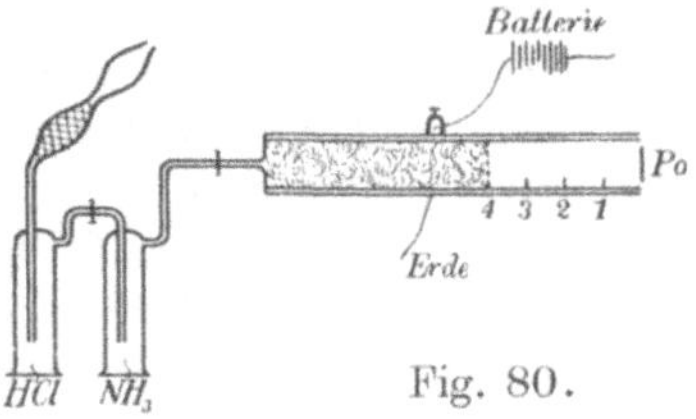

Fig. 80.

Diese sehr elegante Methode eignet sich vorzüglich auch für Demonstrationen, da sich das Schattenbild des Nebels bzw. nebelfreien Teiles gut projizieren läßt.

Eine Anordnung E. Regeners[8]) zur Zählung von α-Teilchen beruht auf ähnlichem Prinzip.

Die Methode von C. T. R. Wilson (vgl. S. 217) läßt sich auch für genaue Messungen von R verwerten. (vgl. I. Curie, L. Meitner u. A.[14])).

B. Messungen durch Absorption in Metallfolien oder anderem Material. Es wurde bereits früher darauf hingewiesen, daß die Braggsche Ionisationskurve nur eine Verkürzung erfahre, wenn das α-strahlende Präparat durch eine Metallfolie abgeschirmt wird, derart, daß das Anfangsstück der Kurve um einen der Dicke der Folie entsprechenden Betrag abgeschnitten erscheint. Dieser Verkürzung gemäß pflegt man die Luftlänge, welche einer Dicke von 1 μ (10^{-4} cm) gleichwertig ist, als das Luftäquivalent des betreffenden Metalls zu bezeichnen.

T. S. Taylor, W. Michl, sowie E. Marsden und H. Richardson (vgl. III, 8, S. 105) haben aber gezeigt, daß diese Äquivalente von der Art der Strahlung abhängig sind.

Die Luftäquivalente von Metallschichten wachsen mit zunehmender Geschwindigkeit der eindringenden α-Teilchen. Die Änderung der Äquivalenz ist für leichtere Metalle prozentuell geringer als für schwerere. Man muß daher mittlere Luftäquivalente wählen.

Literatur zu V, 7 siehe Seite 331.

W. Michl gibt als solche an:

mittleres Luftäquivalent in cm bei 20° und 760 mm von 1 μ	Aluminium	Silber	Zinn
für Poloniumstrahlen	0,171	0,375	0,220
für Ioniumstrahlen	0,169	0,364	0,206

Experimentelle Eichung von Folien, Glimmerblättern u. dgl. durch unendlich dünne Präparate bekannter Reichweite (z. B. Polonium) ist für die Bestimmungen im allgemeinen ratsamer. Für Glimmer der Dichte 2,87 fand R. W. Lawson[15]) bei Po-Strahlen 1,50 mg/cm^2 äquivalent 1 cm Luft (15° C und 760 mm).

Mit ziemlicher Annäherung läßt sich demnach die Reichweite in Luft aus Messungen der Absorption in Metallen oder anderer Materialien, deren mittlere Luftäquivalente bestimmt sind, auch berechnen[9]).

Betreffs des „Bremsvermögens" der verschiedenen Stoffe vgl. Kap. III, 8.

Direkte Messungen in festen Körpern unternahm H. Rausch v. Traubenberg[16]) unter Verwendung von spitzwinkeligen Keilen der absorbierenden Substanz und Feststellung der Keildicke hinter welcher die Szintillationen auf Sidotblende verschwinden. (Tabelle vgl. S. 103).

Hierher gehören auch die Ausmessungen der Radien pleochroitischer Höfe. (vgl. IV, 14 Lit. 5), [speziell für UI und UII vgl. B. Gudden[17])].

Für in sehr dünnwandige Glaskügelchen eingeschlossene RaEm – RaC werden oft die Auswertungen der Restreichweiten der austretenden α-Strahlen erforderlich. Hierfür haben genaue Berechnungsweisen S. C. Lind und D. C. Bardwell sowie D. C. Bardwell und H. A. Doerner angegeben[18]).

Direkte Messungen in Flüssigkeiten hat nach der photographischen Methode W. Michl[7]) durchgeführt.

Es ergaben sich in Mikron die Polonium-Reichweiten in

	Glyzerin	Wasser	Anilin	Cloroform	Benzol
zu	27,9	32,0	33,0	34,3	36,3

	Schwefelkohlenstoff	Alkohol	Äther
zu	36,7	37,1	43,0.

Ein anderes Verfahren haben H. Rausch v. Traubenberg und K. Philipp[19]) eingeschlagen. Die Strahlenquelle wurde überdeckt mit kleiner in der Dicke mikrometrisch veränderlicher Flüssigkeitsschicht und beobachtet wurde mit Lupe an einem Sidotblendenschirm, der durch eine schmale (in der Korrektur zu berücksichtigende) Luft-

---

Literatur zu V, 7 siehe Seite 331.

schicht von der Oberfläche getrennt ist, und die Distanz Strahlenquelle -Flüssigkeitsoberfläche wurde mikroskopisch aus der Entfernung von dem durch Totalreflexion entstehenden Spiegelbild gemessen. (Vgl. die Tabelle S. 102.)

Restatomstrahlen[20]) (a-Strahlen) wurden bezüglich ihrer Reichweite von L. Wertenstein derart untersucht, daß die dicksten Metallschichten (Ag), durch welche ein beim Zerfall z. B. aus RaA entstehendes RaB-Atom noch durchdringen kann, aufgesucht wurden. T. Godlewski maß einseitig aktivierte dünne Folien auf beiden Seiten mit gleichen absorbierenden Filmen bedeckt, und aus der ungleichen Absorption nach beiden Seiten wurde auf die mittlere Tiefenlage der eingedrungenen Partikeln geschlossen. W. Kolhörster verwendete Geiger-Spitzen (vgl. V, 9) im evakuierten Raum zu entsprechenden Zählungen. E. Rie beschlug Pt-Blech elektrolytisch mit dünnen Cu- oder Ni-Schichten, aktivierte sodann und löste danach die dünnen Schichten durch verdünnte HNO_3 ab. Ist die Schicht hinreichend dünn, so dringen die Restatome in die Pt-Unterlage ein und es wird die Grenzdicke hierfür bestimmt.

Messungen der Reichweiten von H-Strahlen oder Atomfragmenten nach Zertrümmerungen erfolgen entweder nach der C. T. R. Wilsonschen Nebelmethode (IV, 9) oder durch Szintillationsbeobachtungen (vgl. V, 9). Die Luftäquivalente für H-Strahlen sind nach E. Rona[22]) die gleichen wie für α-Teilchen.

Die Meßergebnisse über die Reichweiten sind auf S. 102f. und in Tabelle 4 des Anhanges zusammengestellt.

Literatur zu V, 7:

1) P. Curie, C. R. **130**, 73, 1899; M. Curie, C. R. **130**, 76, 1900.

2) W. H. Bragg und R. D. Kleeman, Phil. Mag. (6) **8**, 719, 726, 1904; **10**, 318, 1905; W. H. Bragg, Phil. Mag. (6), **11**, 754, 1906; W. H. Bragg, Studies 1912, S. 14.

3) B. Kučera und B. Mašek, Phys. Z. **7**, 337, 630, 650, 1906; M. Levin, Phys. Z. **7**, 519, 1906; B. B. Boltwood, Sill. J. **25**, 365, 1908; O. Hahn, Phys. Z. **7**, 412, 456, 557, 1906.

4) A. Foch, Le Rad. **8**, 101, 1911.

5) H. Geiger und J. M. Nuttall, Phil. Mag. (6) **22**, 613, 1911; **23**, 445, 1912; **24**, 653, 1912.

5a) L. Flamm, Elster-Geitel-Festschrift, p. 601, 1915; H. Geiger, Z. f. Phys. **8**, 45, 1921; G. H. Henderson, Phil. Mag. (6) **42**, 538, 1921.

6) B. Szilard, C. R. **149**, 271, 1909.

7) W. Michl, Wien. Ber. **121**, 1431, 1912.

8) K. Przibram, Mitt. Ra-Inst. 12; Wien. Ber. **121**, 221, 1912; E. Regener, Verh. D. Phys. Ges. **14**, 400, 1912.

9) St. Meyer und E. v. Schweidler, Wien. Ber. **115**, 713, 1906.

10) W. H. Bragg und R. D. Kleeman, Phil. Mag. (6) **10**, 318, 1905; **11**, 466, 1906; W. H. Bragg, Phil. Mag. (6) **11**, 617, 1906; T. S. Taylor, Phil. Mag. (6) **18**, 604, 1909; L. Blanquies, C. R. **148**, 1753, 1909; H. Geiger, Proc. Roy. Soc. (A) **83**, 505, 1910; T. S. Taylor, Phil. Mag. (6) **21**, 571, 1911; Sill. J. **31**, 249, 1911; Phys. Rev. **32**, 321, 1911; Phil. Mag. (6) **26**, 402, 1913; R. W. Lawson, Mitt. Ra-Inst. 79, 80, Wien. Ber. **124**, 509, 637, 1915; V. F. Hess und M. Hornyak, Mitt. Ra-Inst. 134, Wien. Ber. **129**, 661, 1920; F. Hauer, Mitt. Ra-Inst. 152, Wien. Ber. **131**, 583, 1922; I. Curie und N. Yamada, C. R. **179**, 761, 1924.

11) R. W. Lawson, Mitt. Ra-Inst. 79, 80, Wien. Ber. **124**, 509, 637, 1915; J. Consigny, Fac. des Sciences Univ. Paris Nr. 244, 1924.

12) H. Rausch v. Traubenberg und K. Philipp, Z. f. Phys. **2**, 268, 1920.

13) W. Michl, Mitt. Ra-Inst. 48, Wien. Ber. **123**, 1955, 1914; E. Mühlestein, Arch. scienc. phys. et nat. (5) **4**, 38, 1922.

14) I. Curie, J. de phys. (6) **4**, 170, 1923; C. R. **176**, 434, 1923; L. Meitner und K. Freitag, Z. f. Phys. **37**, 481, 1926.

15) R. W. Lawson, Mitt. Ra-Inst. 109, Wien. Ber. **127**, 943, 1918.

16) H. Rausch v. Traubenberg, Z. f. Phys. **2**, 268, 1920; Phys. Z. **21**, 588, 1920.

17) B. Gudden, Z. f. Phys. **26**, 110, 1924.

18) S. C. Lind und D. C. Bardwell, J. Amer. Chem. Soc. **45**, 2585, 1923; D. C. Bardwell und H. A. Doerner, J. Amer. Chem. Soc. **45**, 2593, 1923.

19) H. Rausch v. Traubenberg und K. Philipp, Z. f. Phys. **5**, 404, 1921; K. Philipp, Z. f. Phys. **17**, 23, 1923.

20) L. Wertenstein, Thèses, Paris, 1913; T. Godlewski, Mitt. Ra-Inst. 85, Wien. Ber. **125**, 137, 1916; W. Kolhörster, Z. f. Phys. **2**, 257, 1920; E. Rie, Mitt. Ra-Inst. 141, Wien. Ber. **130**, 283, 1921; J. C. Jacobsen, Phil. Mag. (6) **47**, 23, 1924.

21) I. Curie, Soc. Franç. de phys. Bull. 212, — 32 S. — 1925; I. Curie und F. B hounek, J. de phys. (6) **7**, 125, 1926; J. Consigny, C. R. **182**, 1614 1926; **183**, 127, 1926.

22) E. Rona, Mitt. Ra-Inst. 184, Wien. Ber. **135**, 1926.

8. Ablenkungsmessungen. A. Ablenkungen der Strahlen im magnetischen Feld. Die Ablenkung der Becquerelstrahlen im magnetischen Felde wurde nahezu gleichzeitig und unabhängig von St. Meyer und E. v. Schweidler, von F. Giesel und von H. Becquerel entdeckt (vgl. S. 118). Sie gab den Anstoß zur genaueren Erkenntnis der Natur der verschiedenen Strahlenarten.

Ablenkung der β-Strahlen. Die Erscheinung ließ sich entweder durch die Wirkungen auf den Fluoreszenzschirm oder durch photographische Beobachtungen oder auch mittels Sonden auf elektrometrischem Wege studieren.

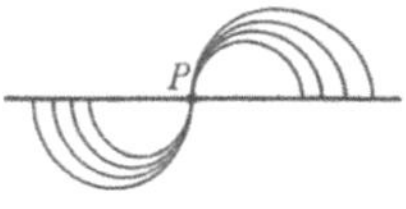

Fig. 81.
Magnetfeld von vorne nach rückwärts gerichtet.

Die ersten angewendeten Methoden zur Demonstration sind durch die Fig. 81 (Meyer und Schweidler) u. Fig. 82 (H. Becquerel) charakterisiert. Im ersten Falle wird auf einem horizontalen Leuchtschirm oder einer photographischen Platte die unmittelbare Einwirkung gezeigt und man kann die Richtung der Strahlung durch Abschirmen des Präparates nach oben oder unten erkennen.

Literatur zu V, 8 siehe Seite 338.

Die Fig. 82 gibt eine Anordnung, die bereits gestattet, quantitativ die Ablenkung zu bestimmen, indem durch geeignete Verdrehung der im Querschnitt gezeichneten Schlitze zweier Zylinder die Bahnform der einzelnen Strahlen festgelegt werden kann. (Der äußere Zylinder ist gegen den inneren verdrehbar.)

Fig. 82.

Die präziseste Ausarbeitung der bezüglichen Meßmethodik haben O. v. Baeyer, O. Hahn und L. Meitner[1,2]), J. Danysz[3]), E. Rutherford und H. Robinson[4]) (Fig. 83 und 84) gebracht.

E. Rutherford und H. Robinson[4]) haben gezeigt, daß man auch relativ weite Spalten verwenden kann, wenn Spalt und photographische Schicht in derselben Ebene liegen. Dann schneiden sich Kreise vom gleichen Krümmungsradius auch bei weitem Spalte nahezu an derselben Stelle der Schicht. Dies hat den wesentlichen Vorteil, daß man mit viel größeren Intensitäten arbeiten kann (vgl. die Fig. 85 zu J. Chadwick S. 334). Korrekturrechnungen für Bahnen im nichthomogenen Magnetfeld sind von D. R. Hartree[14]) angegeben.

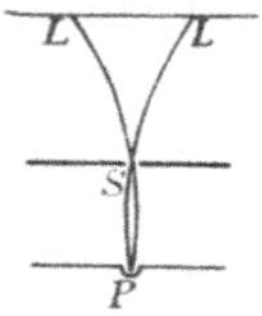

Fig. 83.

Das linienförmige Präparat (P) befindet sich in einer Rille. Die vom Magnetfeld abgelenkten Strahlen, welche durch den engen Spalt (S) treten, treffen bei L auf eine quergestellte photographische Platte und ergeben dem Spalt entsprechend „Linienspektren". Durch Kommutation des Feldes wird das symmetrische Bild gewonnen. Die Abmessungen Praparat – Spalt – Platte und der Abstand der Linien LL ermöglichen die Berechnung des Krümmungsradius.

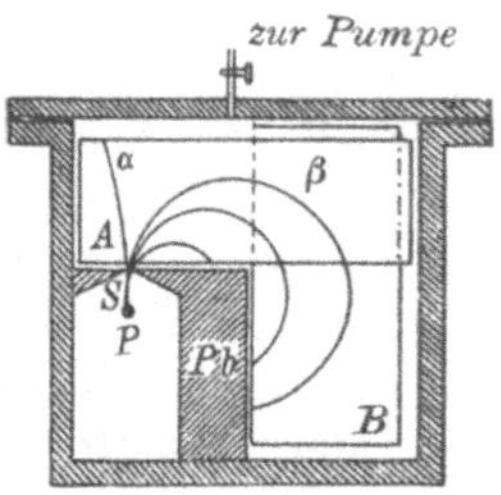

Fig. 84.

J. Danysz hat die photographischen Platten (A oder B) in der Strahlebene selbst aufgestellt, so daß die ganze die Platte streifende Kreisbahn zur Abbildung gelangt.

R. A. R. Tricker[15]) hat eine „Schraubenmethode" angewandt, um mittels Solenoids, in dessen Inneren sich die Strahlenquelle befindet, statt eines Magneten die β-Strahlen zu fokussieren, wobei als Vorteile: Symmetrie, große Dispersion, große Intensität, gute Unterscheidung von γ- und sekundären β-Strahlen, Homogenität, Konstanz und verläßliche Reproduzierbarkeit des magnetischen Feldes hervorgehoben werden.

Es ist hierzu notwendig in möglichst gutem Vakuum zu arbeiten, um Streuung hintanzuhalten. Als photographische Platten werden von v. Baeyer und Hahn Schleußnersche empfohlen. Die Expositionsdauer, die für α-Strahlen kurz ist, wird für β-Strahlen eventuell stundenlang zu wählen sein.

Den Angaben liegt für die Berechnung der Geschwindigkeit v aus dem Krümmungsradius $\mathfrak{R}$ der Bahn die Gleichung

Literatur zu V, 8 siehe Seite 338.

$$\mathfrak{H} \cdot \mathfrak{R} = \frac{mc}{e} \frac{v}{\sqrt{c^2 - v^2}}; \quad \beta = \frac{v}{c} = \sqrt{\frac{1}{\left(\frac{mc}{\mathfrak{H}\mathfrak{R}e}\right)^2 + 1}}$$

mit $\frac{e}{m_0} = 1{,}776 \cdot 10^7$ magn. Einh. $= 5{,}295 \cdot 10^{17}$ stat. Einh. zugrunde.

c = Lichtgeschwindigkeit $= 2{,}9985 \cdot 10^{10} \frac{\text{cm}}{\text{sec}}$.

Die Ergebnisse sind in den Tabellen 5 und 6 des Anhanges zusammengestellt.

J. Chadwick[31]) hat die magnetischen Linienspektra der β-Strahlen von RaB und RaC durch Zählung der β-Teilchen nach der Methode von H. Geiger[30]) sowie auch durch die Messung der Ionisation untersucht (Fig. 85). Er konnte in gewissem Gegensatz zu obigem Resultat zeigen, daß die β-Strahlung ein kontinuierliches Spektrum gibt — also RaE hier keine Ausnahmestellung einnimmt —; diesem Spektrum übergelagert findet sich ein Linienspektrum relativ sehr mäßiger Intensität. Daß von den anderen Forschern nur dieses Linienspektrum beobachtet wurde, rührt daher, daß bei den photographischen Aufnahmen die außerordentliche Empfindlichkeit der photographischen Platte für geringe Intensitätsunterschiede es bewirkt, daß bei entsprechender Entwicklung der Platte fast ausschließlich das übergelagerte Linienspektrum sichtbar gemacht wird (vgl. S. 122).

Über die Absorption von β-Strahlen vgl. auch III, 12 und V, 6.

Einheitliche Absorptionskurven der Type $J = J_0 e^{-\mu x}$ mit konstantem μ wären nur zu erwarten, wenn die β-Partikeln mit konstanter Geschwindigkeit fliegen und die betreffende radioaktive Substanz nur eine bestimmte Sorte emittiert.

Eine Zeitlang schien es, nach den Untersuchungen von O. Hahn, L. Meitner und O. v. Baeyer, als ob homogene Substanzen tatsächlich nur je eine β-Art entsenden. Seither aber ist es gerade durch die Arbeiten der genannten Forscher, sowie von J. Danysz, E. Rutherford, H. Robinson und J. Chadwick und anderen sichergestellt, daß die Ablenkungen im Magnetfeld fast für jeden β-Strahler mehrere distinkte Geschwindigkeiten ergeben.

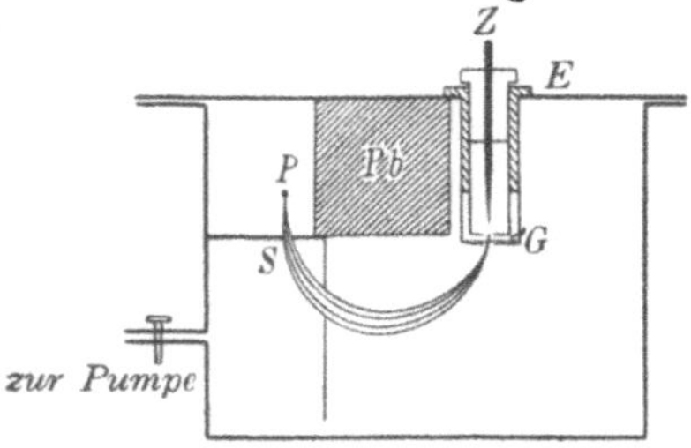

Fig. 85.
P = Präparat; S = relativ weiter Spalt; Z = Geigerscher β-Partikeln-Zähler (isoliert durch Ebonit E und ein dünnes Glimmerblatt G vom Messinggehäuse).

Weiter haben diese Forscher gezeigt, daß langsamere β-Strahlen (unter 70 bis 80 Prozent der Lichtgeschwindigkeit) „homogen" sind, sowie daß sie bei dem Durchgang durch Materie

Literatur zu V, 8 siehe Seite 338.

einen Geschwindigkeitsverlust erleiden, ohne dabei „inhomogen“ zu werden. Schnellere „homogene“ β-Strahlen erleiden bei dem Durchgang durch Materie einen sehr geringen Geschwindigkeitsverlust, sie werden aber durch sekundäre Einflüsse „inhomogen“.

Diese Tatsachen erscheinen nicht recht vereinbar mit der Erfahrung, daß für die Mehrzahl der β-Strahler das einfache Absorptionsgesetz praktisch in Geltung steht. Jedenfalls kann das erfüllte Exponentialgesetz kein Kriterium für die „Homogenität“ der Strahlen sein. Wie diese Forscher betonen, beweist es nur, daß die β-Strahlen beim Durchdringen z. B. von Al ihr „Durchdringungsvermögen“ nicht ändern, was wiederum nach dem Obigen nur möglich ist, wenn durch den kombinierten Vorgang der Absorption und anderer sekundärer Vorgänge die Form der Intensitätsverteilung nur unmerklich geändert wird.

Da dies der Fall zumeist zu sein scheint, behalten die Angaben der Absorptionskoeffizienten oder der Halbierungsdicken D zumindest als analytische Hilfsmittel ihre Bedeutung.

B. Ablenkung im elektrischen Feld. Sehr bald nach der Entdeckung der magnetischen Ablenkbarkeit der β-Strahlen erfolgte (1900) die Ergänzung durch den Nachweis der Ablenkbarkeit im elektrischen Felde, der durch E. Dorn und H. Becquerel erbracht wurde.

W. Kaufmann hat dann auf Grund der Abrahamschen Berechnungen die ersten präzisen Werte für $\frac{e}{m_0}$ geliefert (vgl. III, 9).

Die Werte sind im Handbuch der Radiologie, herausgegeben von E. Marx, Bd. V, S. 19 und 79 oder den „Konstanten der Atomphysik“, herausgegeben von W. A. Roth und K. Scheel (1923), sowie im Handbuch der Physik vou H. Geiger und K. Scheel, Bd. XXII S. 59 und 81, (1926) zusammengestellt. Neuere Bestimmungen noch bei H. Busch, H. D. Babcock, R. T. Birge[16]).

Derzeit wird als bester Wert

$$1{,}766 \cdot 10^7 \text{ magn. Einh.} = 5{,}295 \cdot 10^{17} \text{ stat. Einh. angenommen.}$$

Ist dieser Wert einmal mit hinreichender Sicherheit festgelegt, so genügen die Bestimmungen der Ablenkung im magnetischen Felde zur Gewinnung der anderen Daten.

Für die Abhängigkeit der Masse von der Geschwindigkeit

$$m = m_0(1 - \beta^2)^{-\frac{1}{2}}$$

diene die Tabelle 5 des Anhanges.

Literatur zu V, 8 siehe Seite 338.

C. Ablenkung der α-Strahlen. Der Nachweis, daß die α-Partikeln positiv geladene Korpuskeln sind, wurde durch E. Rutherford[18]) erbracht, indem er die Ablenkbarkeit im magnetischen Felde zeigen konnte. (Schon vorher hatten M. Curie[19]) aus Absorptionsversuchen, R. J. Strutt[20]) aus der Analogie zu den Kanalstrahlen und ähnlich W. Crookes[21]) den Charakter dieser Strahlen richtig vermutet [vgl. Kap. III, 4]).

Es folgten Messungen nach photographischen Methoden von Th. Des Coudres[22]) und von H. Becquerel[23]).

A. S. Mackenzie[24]) steigerte die Empfindlichkeit der Methode, indem er auf die dem Präparat zugewendete Seite der photographischen Platte Sidotblende streute und die erregte Lichtwirkung zur Abbildung benutzte. In ähnlicher Weise verfuhr W. B. Huff[25]).

Die genauesten Bestimmungen rühren von E. Rutherford her, sowie von E. Rutherford und O. Hahn und von E. Rutherford und H. Robinson[26]) sowohl für die Ablenkung im magnetischen wie für die im elektrischen Felde (vgl. S. 91).

Die verläßlichsten Werte ergaben für RaC, RaA und RaEm:

$$\frac{2e}{m} = 4823 \frac{\text{magn. Einh.}}{g} = 14{,}469 \cdot 10^{13} \frac{\text{stat. Einh.}}{g}$$

Da sowohl $2e$ als m = Masse der α-Partikel für alle bisher bekannten Strahler identische Größen sind, ist obiger Wert für $2e/m$ eine für diese universelle Konstante.

Die daraus berechneten Werte der Anfangsgeschwindigkeiten siehe in Tabelle 4 im Anhang des Buches.

Direkte Bestimmungen der Anfangsgeschwindigkeit haben außer E. Rutherford und H. Robinson, deren Basiswert für RaC' $v = 1{,}922 \cdot 10^9$ cm/sec angenommen wurde, noch N. Tunstall und W. Makower für RaA ($v = 1{,}690 \cdot 10^9$), A. B. Wood für ThC ($v = 1{,}714 \cdot 10^9$), ThC' ($v = 2{,}060 \cdot 10^9$) und I. Curie für Po ($v = 1{,}593 \cdot 10^9$) gemacht[17]). Die relative Geschwindigkeit der α-Teilchen von ThC und ThC' bestimmte S. Rosenblum[17]) direkt zu 1,209. Das Verhältnis der dritten Wurzeln aus den Reichweitenbestimmungen von H. Geiger und G. Henderson ergibt hierzu 1,217 in Übereinstimmung auf 0,6%.

S. Rosenblum[17]) stellte (1926) die Verlangsamung der α-Teilchen durch absorbierende Materie mittelst photographischer Messungen im Magnetfeld quantitativ fest.

D. Wirkung elektrischer und magnetischer Felder auf die Rückstoßatome. Die bei der Ausstoßung einer α-Partikel aus dem Atomverband in entgegengesetzter Richtung weggeschleuderten Reste

---

Literatur zu V, 8 siehe Seite 338.

des Atoms, die das nächstfolgende Glied der Atomzerfallsreihe sind, erweisen sich als geladen. Dementsprechend werden sie wie geladene Korpuskeln von elektrischen und magnetischen Feldern beeinflußt (abgelenkt).

Entsprechend der Erhaltung der Bewegungsgröße gilt die Beziehung, daß das Produkt aus Masse und Geschwindigkeit der α-Partikel gleich sein muß demselben Produkte für das Restatom

$$m_\alpha v_\alpha = MV,$$

woraus unmittelbar V berechenbar ist.

Da die Ablenkung im Magnetfelde die Größe $\frac{mv}{e}$ bzw. $\frac{MV}{e'}$ liefert, so blieb zunächst nur zu entscheiden, wie groß die Ladung des Restatomes ist. Die Versuche von S. Russ und W. Makower[27]) sowie W. Makower und E. J. Evans[28]) haben gezeigt, daß für RaB aus RaA die Ladung nur ein positives Elementarquantum beträgt. Es ist sonach die magnetische Ablenkung für das Restatom nur halb so groß (der Krümmungsradius $\mathfrak{R}$ doppelt so groß) als für die α-Partikel seines Mutteratoms (vgl. S. 160).

Für die α-Partikel von RaA ist $\frac{MV}{2e} = 3{,}3 \cdot 10^5$ magn. Einh.

W. Makower und E. J. Evans fanden für das Restatom aus RaA, also RaB, für $\frac{MV}{e}$ den Wert $7{,}26 \cdot 10^5$ bzw. $6{,}52 \cdot 10^5$ magn. Einh. Im Hinblick auf die großen experimentellen Schwierigkeiten präziser Bestimmung steht dies in genügendem Einklang mit $2 \times 3{,}3 \cdot 10^5$ magn. Einh. $= 6{,}6 \cdot 10^5$ magn. Einh.

Unter Heranziehung des von S. Russ und W. Makower angegebenen Wertes der elektrostatischen Ablenkung für RaB, nämlich $\frac{MV^2}{e} = 2{,}1 \cdot 10^{13}$ magn. Einh., ergibt sich experimentell

$$V = 3{,}23 \cdot 10^7 \text{ cm/sec und } \frac{e}{M} = 49{,}7 \text{ magn. Einh.}$$

Die Berechnung unter Zugrundelegung des Wertes für $m_\alpha = 4{,}0$, $v_{RaA} = 1{,}69 \cdot 10^9$ und des Atomgewichtes von 214 für RaB, liefert $V = 3{,}16 \cdot 10^7$ cm/sec und $\frac{e}{M} = 1{,}59 \cdot 10^{-20}/214 \times 16{,}5 \cdot 10^{-25} = 45{,}0$ magn. Einh. Die Übereinstimmung mit den obigen Werten ist eine genügende. Spätere Bestimmungen[32]) von W. Makower und H. P. Walmsley für den Rückstoß des RaB und von W. Makower und A. B. Wood für den Rückstoß des RaD sicherten den experimentellen Beweis noch viel besser.

Die Anfangsgeschwindigkeiten, mit denen die Restatome ausgeschleudert werden, sind in Tabelle 11 des Anhanges zusammengestellt.

Literatur zu V, 8 siehe Seite 338.

Umgekehrt ließen sich aus genauen Bestimmungen der Geschwindigkeiten der Restatome Rückschlüsse auf die Atomgewichte ziehen. Derartiges wäre besonders reizvoll für die Actiniumprodukte, nachdem für die Atomgewichte dieser Familie bisher Anhaltspunkte fehlen.

Die Emission der Restatome ist von der Aussendung von sehr leicht absorbierbaren und demnach ebenso leicht ablenkbaren δ-Strahlen begleitet. [L. Wertenstein, B. Bianu und L. Wertenstein[29]).]

Literatur zu V, 8:

Vgl. auch Kap. III Seite 93, 120, 124, 162.

1) O. v. Baeyer, O. Hahn und L. Meitner, Phys. Z. **11**, 488, 1910; **12**, 273, 378, 1099, 1911; **13**, 264, 390, 485, 1912; **14**, 321, 1913.

2) O. Hahn und L. Meitner, Phys. Z. **9**, 321, 697, 1908; L. Meitner, Phys. Z. **16**, 272, 1915.

3) J. Danysz, C. R. **153**, 339, 1911; **154**, 1502, 1912; Le Rad. **9**, 1, 1912; J. Danysz und J. Götz, Le Rad. **9**, 6, 1912; J. Danysz, Le Rad. **10**, 4, 1913; Ann. chim. phys. **30**, 241, 1913.

4) E. Rutherford und H. Robinson, Phil. Mag. (6) **26**, 717, 1913.

5) O. v. Baeyer, Bericht, Jahrb. Rad. u. El. **11**, 66, 1914; O. v. Baeyer, O. Hahn und L. Meitner, Phys. Z. **16**, 6, 1915.

6) H. W. Schmidt, Phys. Z. **10**, 6, 1909.

7) K. Fajans und O. Göhring, Phys. Z. **14**, 877, 1913.

8) O. Hahn und L. Meitner, Phys. Z. **15**, 236, 1914.

9) L. Kolowrat, Le Rad. **7**, 269, 1910.

10) St. Meyer und E. v. Schweidler, Wien. Ber. **115**, 697, 1906.

11) T. Godlewski, Phil. Mag. (6) **10**, 375, 1905.

12) W. Kaufmann, Ann. d. Phys. (4) **19**, 487, 1906.

13) A. F. Kovarik und L. W. Mc Keehan, Phys. Rev. (2) **8**, 574, 1916.

14) D. R. Hartree, Cambr. Proc. **21**, 746, 1923.

15) R. A. R. Tricker, Cambr. Proc. **22**, 454, 1924.

16) H. Busch, Phys. Z. **23**, 438, 1922; H. D. Babcock, Astrophys. J. **58**, 149, 1923; R. T. Birge, Nature, **111**, 811, 1923.

17) E. Rutherford und H. Robinson, Wien. Ber. **122**, 1855, 1913; Phil. Mag. (6) **28**, 552, 1914; N. Tunstall und W. Makower, Phil. Mag. (6) **29**, 259, 1915; A. B. Wood, Phil. Mag. (6) **30**, 702, 1915; I. Curie, C. R. **175**, 220, 1922; S. Rosenblum, C. R. **180**, 1332, 1925; **183**, 198, 1926.

18) E. Rutherford, Phys. Z. **4**, 235, 1903.

19) M. Curie, C. R. **130**, 76, 1900.

20) R. J. Strutt, Phil. Mag. (A) **196**, 507, 1901.

21) W. Crookes, Proc. Roy. Soc. **69**, 413, 1902.

22) Th. Des Coudres, Phys. Z. **4**, 483, 1903.

23) H. Becquerel, C. R. **136**, 199, 1903.

24) A. S. Mackenzie, Phil. Mag. (6) **10**, 538, 1905.

25) W. B. Huff, Proc. Roy. Soc. (A) **78**, 76, 1906.

26) E. Rutherford, Phil. Mag. (6) **12**, 348, 1906; E. Rutherford und O. Hahn, Phil. Mag. (6) **12**, 372, 1906; E. Rutherford und H. Robinson, Wien. Ber. **122**, 1855, 1913; Phil. Mag. (6) **28**, 552, 1914.

27) S. Russ und W. Makower, Phil. Mag. (6) **19**, 115, 1910; **20**, 875, 1910.

28) W. Makower und E. J. Evans, Phil. Mag. (6) **20**, 882, 1910.
29) L. Wertenstein, Le Rad. **9**, 6, 1912; Thèses, Paris 1913; B. Bianu und L. Wertenstein, Le Rad. **9**, 347, 1912.
30) H. Geiger, Verh. D. Phys. Ges. **15**, 534, 1913.
31) J. Chadwick, Verh. D. Phys. Ges. **16**, 384, 1914.
32) W. Makower und H. P. Walmsley, Phil. Mag. (6) **29**, 253, 1915; W. Makower und A. B. Wood, Phil. Mag. (6) **30**, 811, 1915.

9. Methoden zur Zählung der emittierten Korpuskeln.

A. Ionisationswirkung. Durch die in IV, 2 besprochene Erscheinung der „Stoßionisation" kann der Ionisationseffekt einer einzelnen Korpuskel bedeutend verstärkt werden. Bezeichnet k die Anzahl der Ionenpaare, die eine Korpuskel auf ihrer Bahn in einem gaserfüllten Raume erzeugt und n die mittlere Zahl der Ionenpaare, die ein durch ein starkes elektrisches Feld hinreichend beschleunigtes Ion durch Stoß erzeugt, so wird die beobachtete Ladungsabnahme:

$$Q = 2kne \quad [\text{eigentlich } k(2n+1)e].$$

Die Verstärkung des einfachen Ionisationseffektes hängt natürlich von Druck und Natur des Gases, von den Dimensionen des Meßraumes und von der angewendeten Feldstärke ab. Am leichtesten sind die Bedingungen für Stoßionisation in verdünnten Gasen herzustellen.

Daher wendeten zuerst E. Rutherford und H. Geiger[1]) zylindrische Ionisationsgefäße an, von rund 20 cm Länge und 2 cm Durchmesser mit einer stabförmigen Elektrode in der Zylinderachse; später mit spitzen Nadeln. Bei einem Druck von etwa 20 bis 50 mm Hg der eingeschlossenen Luft genügte eine Potentialdifferenz von rund 1300 Volt, um als Effekt eines einzelnen α-Teilchens an dem mit der Elektrode verbundenen Quadrantelektrometer einen Ausschlag von 10 Teilstrichen hervorzurufen; bei höherer Spannung konnte der Einzeleffekt auf 50 bis 100 Teilstriche erhöht werden. Diese Versuchsanordnung wurde zur Zählung der von dünnen α-strahlenden Schichten emittierten Partikeln angewendet. Dabei findet sich das strahlende Präparat in einem evakuierten Rohre, das sich an das Ionisationsgefäß anschließt, und die Grenze beider wird von einer Blende gebildet, deren Öffnung mit einem dünnen Glimmerblättchen (Luftäquivalent etwa 0,5 cm) bedeckt wird. Ist Z die Zahl der vom Präparat in der Zeiteinheit emittierten α-Strahlen, f die Fläche der Blendenöffnung und r die Distanz Präparat-Blende, so ist $Z' = Z\frac{f}{4\pi r^2}$ die Zahl der in das Ionisationsgefäß eintretenden α-Teilchen.

Literatur zu V, 9 siehe Seite 345.

Ähnliche Versuchsanordnungen wurden von W. Duane[2]), M. Curie[3]) und E. Rutherford und H. Geiger[4]) mit einer photographischen Registrierung der Elektrometerausschläge verbunden. Vorteilhaft — wegen der geringen Trägheit — sind dabei Fadenelektrometer, Füllung mit Helium und Ableitung des Elektrometers durch einen sehr großen Widerstand (z. B. Campbells Xylol-Alkoholwiderstand), um langsame Aufladungen auszugleichen; hierbei ist auch schon eine geringere Spannung (rund 400 Volt) zur Erzielung photographisch aufgenommener Ausschläge ausreichend [E. Rutherford und H. Geiger[4])]. Andere Registrierungen, wobei ein empfindliches Relais verwendet wird, um einen Schreibapparat in Tätigkeit zu setzen, gab A. F. Kovarik[11,12]) an, der auch ein Audion zur Hörbarmachung empfahl, was dann H. Greinacher[18]) speziell ausführte. Photographische Registrierungen verwendeten auch V. F. Hess und R. W. Lawson[21]), sie gaben aber der subjektiven Zählung den Vorzug.

Ein Gefäß, das mit Luft von Atmosphärendruck gefüllt ist und in dem durch hohe Spannungen eine Spitzenentladung eingeleitet wird, gibt in Verbindung mit einem Saitenelektrometer und Widerstand wie oben eine derartige Verstärkung des Ionisationseffektes, daß nicht nur α-, sondern auch β-Strahlen einzeln wahrgenommen, bzw. gezählt werden können [H. Geiger[5])].

Weiterhin sind nebst β-Teilchen auch γ-Impulse gezählt worden [V. F. Hess und R. W. Lawson[21]), A. F. Kovarik und L. W. Mc Keehan[11]), H. Greinacher[18]), K. G. Emeléus[16]), H. Behnken, G. Jaekel und W. Kutzner[15])], sodann Rückstoßatome [W. Kolhörster[13])] und H-Teilchen [H. Rausch v. Traubenberg[14])] u. a.

K. G. Emeléus[20]) stellte unter anderem eine Zahlverminderung bei starker Ionisation fest, was für Absolutangaben von Zahlen sehr wesentlich ist (vgl. IV. 10 S. 224).

Das Studium an und mit „Geigerschen Spitzen" ist dabei von zahlreichen Forschern verfeinert und ausgearbeitet worden und die Vorgänge an der Spitze sind besonderen Betrachtungen unterzogen worden[17, 20]). Empfohlen werden feinzugespitzte Stahlnadeln, die dann in der Flamme vorsichtig abgestumpft werden[11]), oder solche von Platin[17, 20]). Nach W. Kutzner[20]) hat eine der letzten Art sich durch 2 Jahre gut bewährt. Th. Wulf[20]) hat weitere Einzelheiten angegeben und empfiehlt Stahlspitzen von Grammophonnadeln.

Da die Spitzen sich oft rasch abnutzen oder infolge Anlagerung von Staubteilchen selbständige Entladungen zulassen und dann an Wirksamkeit einbüßen, haben V. F. Hess und R. W. Lawson statt dieser einen Kugelkondensator[21]) empfohlen, ähnlich wie ihn auch E. Rutherford und H. Geiger verwendet hatten.

Literatur zu V, 9 siehe Seite 345.

Die Figur 86 stellt die Ausführung für α-Zählungen dar; für β-γ-Zählungen ist die vordere Halbkugel geschlossen.

Über Anwendungen der Zählungsmethoden vgl. III, 6, S. 94.

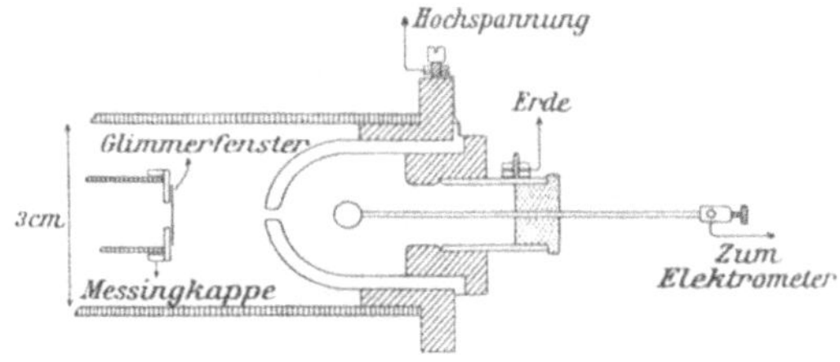

Fig. 86.

Da der Ionisationseffekt von einem α-Teilchen einem Zeitintegral des Sättigungsstromes von rund 10^{-4} stat. Einh. der Ladung entspricht, kann mit sehr ladungsempfindlichen Elektrometern auch ohne Verstärkung durch Stoßionisation ein einzelnes α-Teilchen konstatiert werden [K. W. F. Kohlrausch und E. v. Schweidler[6]), G. Hoffmann[7])]. L. Myssowsky und K. Nesturch[8]) zweifelten an der Exaktheit der elektrischen Methode wegen der „natürlichen Störungen", doch wurden die vorgebrachten Einwände von H. Geiger[9]) und J. E. Shrader[10]) entkräftet.

B. Szintillationen. Die im Abschnitte IV, 13 besprochene Erscheinung der szintillierenden Fluoreszenz beim Auftreffen von α-Teilchen auf geeignete Substanzen liefert eine unmittelbare Methode, zunächst die auf ein bestimmtes Flächenstück, das Beobachtungsfeld des fluoreszierenden Schirmes, auffallenden Teilchen zu zählen; die Berechnung der Gesamtzahl der von einer praktisch punktförmigen Quelle ausgesendeten Teilchen erfordert dann noch die Berechnung des Raumwinkels des wirksamen Strahlenkegels. Als geeignete fluoreszierende Körper erscheinen neben den häufig angewendeten Zinksulfidschirmen insbesondere Diamantdünnschliffe [E. Regener[1])], die wegen ihrer Struktur auf alle auftreffenden Strahlen mit Szintillation reagieren, während bei Zinksulfid nach E. Marsden (zusammenfassender Bericht, s. Ende des Literaturverzeichnisses) im Durchschnitt nur etwa 90% der Teilchen wirksam sind. Zur Beobachtung dienen in der Regel Mikroskope mäßiger Vergrößerung.

Die ersten Anwendungen der Szintillationsmethode finden sich bei E. Regener[1]), H. Geiger und E. Marsden[2]), H. Geiger und E. Rutherford[3]), T. Svedberg[4]), E. Marsden und T. Barratt[5]), J. Satterly[6]) und R. Girard[7]).

Besondere Bedeutung haben die Szintillationszählungen zum Studium der H-Strahlen und der bei der Atomzertrümmerung entstehenden Atomfragmente gefunden (E. Rutherford und seine Schule; G. Kirsch und H. Pettersson u. a., vgl. IV, 8). H-Strahlen-Wirkungen unterscheiden sich von α-Szintillationen sowohl durch die wesentlich geringere Intensität als geringere Flächenausdehnung der Lichterscheinung und

Literatur zu V, 9 siehe Seite 345.

sind daher meist schon visuell gesondert von α-Wirkungen zu erkennen. Durch Einführung von Graugläsern haben es E. Kara-Michailova und H. Pettersson[8]) verstanden, die Helligkeit der H-Strahlen fallweise gerade so weit zu unterdrücken, daß bei gleichzeitigem Auftreten von α- und H-Teilchen die Wirkungen getrennt gezählt werden können.

Der Helligkeitsunterschied der α- gegen die H-Teilchen verhält sich für schnelle Teilchen rund wie 3 : 1. Für α-Teilchen ergibt sich konstante Helligkeit bis etwa 1,8 cm Restreichweite, dann Abfall an Helligkeit und Größe der Lichtblitze, der in den letzten 5 mm ein rapider wird. Die Helligkeit schneller H-Teilchen ist gleichfalls praktisch konstant, die Abnahme mit Verlangsamung scheint aber schon in größerem Abstand vom Ende ihrer Reichweite einzusetzen. (Fig.87).

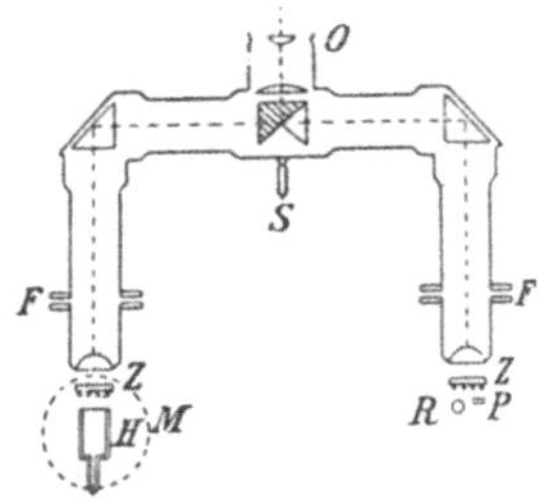

Fig. 87.
Helligkeitsvergleichung von H- und α-Teilchen

Nicht alle Beobachter eignen sich zu Szintillationszählungen; eine gewisse Subjektivität ist nicht zu vermeiden. Man ermüdet ziemlich rasch, zuweilen treten auch (besonders bei ganz lichtschwachen Szintillationen), subjektive Erscheinungen, Halluzinationen, störend auf. Normale Augen, gute Dunkeladaption, ausgeruhter Zustand sind erforderlich; Nikotin, Alkohol, „Kater“ und dgl. sind schädlich. Einwirkung von γ-Strahlen auf die Augen setzt die Empfindlichkeit herab, und es muß das Auge jedenfalls gegen solche Einwirkungen geschützt werden (Ablesungen ums Eck mittels totalreflektierenden Prismas, Abschirmung der γ-Strahlen mit Blei). Es sollen zahlreiche Beobachter in kurzen Intervallen ($^1/_2$ bis höchstens 1 Minute) abwechseln und nicht länger als 1—2 Stunden pro Woche zählen. Subjektive Schwankungen kann man durch Simultanzählungen zweier Beobachter zu eliminieren trachten.

Für gute Ergebnisse, besonders an lichtschwachen Szintillationen, von sehr großer Bedeutung ist die Wahl einer geeigneten Optik, wobei die Frage, ob größeres Gesichtsfeld oder größere Helligkeit vorzuziehen sind, fallweise entschieden werden muß [vgl. E. Rutherford und J. Chadwick, G. Kirsch und H. Pettersson, D. Pettersson, H. Pettersson; R. L. Hasche[12])]. Für Absolutwerte muß auch der Wirkungskoeffizient des Leuchtschirmes genau festgestellt werden, am besten durch Eichung mit Poloniumpräparaten von genau bestimmter Stärke.

Werden bei Szintillationszählungen von der Strahlenquelle auch β- und γ-Strahlen ausgesendet, so wird dadurch ein diffuses Leuchten des Zinksulfidschirmes hervorgerufen, das die Sichtbarkeit, besonders von

Literatur zu V, 9 siehe Seite 345.

schwachen Blitzen herabsetzt oder sogar unterdrücken kann. Um dies abzuschwächen, werden die β-Strahlen durch ein Magnetfeld abgelenkt, die γ-Strahlen trachtet man abzuschirmen. Bei vollkommener Abwesenheit jedes Hintergrundleuchtens kann entweder zwecks leichterer Zentrierung des Auges das Gesichtsfeld selbst durch schwache Beleuchtung erhellt werden (E. Rutherford) oder dessen Umrisse durch einen schwach leuchtenden Ring um die Okularblende sichtbar gemacht werden. (H. Herszfinkiel und L. Wertenstein, D. Pettersson[10]).

Genaue Zählungen gelingen am besten bei Teilchenzahlen von 20—40 pro Minute. Bei größerer Zahl kann man sich durch Verwendung einer rotierenden Sektorenscheibe im Gang der Lichtstrahlen im Mikroskop helfen und dadurch die Maximalzahl zählbarer Teilchen auf große Werte erhöhen [J. Chadwick[11])]. Für die Schirme muß große Helligkeit und hoher Nutzkoeffizient der Szintillationen verlangt werden, was von der Qualität der Sidotblende, Erregbarkeit des einzelnen Kornes, Korngröße usw. abhängt. Für gute Sichtbarkeit der Blitze ist die Art der Herstellung des Szintillationsschirmes von größter Wichtigkeit: möglichst durchsichtige Schirme, dünne gleichförmige Schicht bei gleichzeitiger hoher Deckung (maximaler Wirkungskoeffizient) sind Hauptbedingungen. Auftragen der Substanz mit Bindemitteln ist wegen Herabminderung des Wirkungsgrades einerseits, wegen Triboluminineszenzerscheinungen anderseits bedenklich; Rizinus- oder Terpentinöl in starker Verdünnung sollen einwandfreie Bindung geben. [H. Geiger und A. Werner[9])]. Bei der gewöhnlichen Beobachtung von der Glasseite des Schirmes aus tritt Abschwächung des Lichtes der Szintillationen durch Absorption in der ZnS-Substanz sowie Reflexion an der Glasoberfläche ein. Beobachtung von der Seite der einfallenden Strahlung selbst (bei undurchsichtigem Schirm) gibt die günstigste Lichtstärke.

Um bei Untersuchungen der Atomfragmente von mittels α-Strahlen zertrümmerten Atomen die Störungen von den viele tausendmal zahlreicheren primären α-Teilchen möglichst zu vermeiden, haben zuerst G. Kirsch und H. Pettersson, sodann E. Rutherford und J. Chadwick eine indirekte Methode[13]) benützt, wobei die unter 90^0 gegen die Primärstrahlung ausgeschleuderten Partikeln zur Beobachtung gelangen. Um die wenigen dabei noch auftretenden gestreuten primären α-Teilchen noch mehr an Zahl und Reichweite herabzusetzen, hat H. Pettersson[14]) die Methode weiter entwickelt zur Beobachtung der nahezu nach rückwärts ausfliegenden (retrograden) Atomfragmente. Durch Arbeiten in reinem Helium (G. Kirsch und H. Pettersson) oder im Vakuum (E. Rutherford und J. Chadwick) sucht man Störungen durch solche

Literatur zu V, 9 siehe Seite 346.

Teilchen, welche der Gasfüllung in der Apparatur entstammen oder durch diese gestreut sind, zu entgehen.

Die Hauptschwierigkeit bei genauen Zählungen liegt in der Ausschaltung von aus etwaiger radioaktiver „Verseuchung" herrührenden Szintillationen. Zu deren Vermeidung werden RaC-Präparate sorgfältig von Emanation befreit (Erhitzung auf beginnende Rotglut bei tiefem Druck). Gegen Verseuchung durch Rückstoßaggregate schützt man sich entweder durch Trennung der Strahlungsquelle von der zu bestrahlenden Substanz mittelst eines dünnen Zelluloidhäutchens [E. S. Bieler[15]); E. Rutherford und J. Chadwick [13])] oder einfacher durch Überziehen der Strahlungsquelle selbst mit einem solchen Häutchen. (G. Kirsch und H. Pettersson).

C_1. Photographische Wirkung. Die bereits im Abschnitt IV, 12 besprochenen Untersuchungen von S. Kinoshita[1]), M. Reinganum[2]), W. Michl[3]) u. a. gestatten ebenfalls, aus der Zahl der bei der nachträglichen Entwicklung der Platte gefundenen Schwärzungspunkte bzw. Punktreihen, in analoger Weise wie bei den Szintillationen die Zahl der emittierten α-Teilchen abzuleiten.

C_2. Zählung nach Wilsons Nebelmethode hat I. Curie[4]) für Po-Strahlen durchgeführt (vgl. IV. 9) und dabei das Verteilungsgesetz studiert. W. Kutzner zweifelte an der genauen Erfüllung des theoretischen Wahrscheinlichkeitsgesetzes bei der α-Emission starker Po-Präparate, doch beachtete er hierbei, worauf R. W. Lawson hinwies, nicht hinreichend die Erscheinungen des Aggregatrückstoßes.

C_3. O. v. Baeyer und W. Kutzner[5]) berichteten über Versuche mit der sogenannten „Mikrophonglimmlampe" als Zählkammer bei Spannungen von 150—200 Volt, die wegen der geringen Spannung Vorteile zu bieten schien, doch fehlen vorläufig quantitative Ergebnisse.

C_4. H. Greinacher[6]) hat eine Methode zur Messung von Elementarstrahlen beschrieben, bei der Verstärker-Elektronenröhren verwendet werden. Der Primärionisierungseffekt wird dabei so verstärkt, daß man ihn galvanometrisch und akustisch beobachten kann. Das Verfahren gestattet sichere Unterscheidung von α- und β-Wirkungen und dergl. (verschiedene Größenordnung der Wirkungen) und es erscheinen alle Störungen vermieden, die bei Stoßionisationen als Folge selbständiger Entladungen auftreten können.

Erwähnt sei auch ein Verfahren von E. W. B. Gill und R. H. Donaldson[7]) um leuchtende Entladung in Gasen bei sehr geringem Druck zu erhalten.

D. Indirekte Methoden. Als solche kommen in Betracht: 1. Messung der Ionisierung bei vollständiger oder teilweiser Ausnützung der Strahlenenergie, falls der bei der gewählten Versuchsanordnung vor-

Literatur zu V, 9 siehe Seite 346.

handene Ionisierungseffekt eines einzelnen Korpuskularstrahles bereits bekannt ist (vgl. IV, 3 und 4); 2. die Messung des Ladungstransportes durch α- oder β-Strahlen (vgl. III, 5 und 11), falls die Ladung des einzelnen Teilchens als bekannt vorausgesetzt wird und von δ-Strahlen, Sekundärstrahlen und Ionenleitung übergelagerte Ladungstransporte eliminiert werden können; 3. Berechnung aus der Formel $\frac{dN}{dt} = -\lambda N$, wenn die Zerfallskonstante gegeben ist und N, die Zahl der vorhandenen Atome aus dem Gewichte und aus dem in absoluten Einheiten (mittels der Loschmidtschen Zahl) ausgedrückten Atomgewichte berechnet wird; 4. aus den Schwankungen des radioaktiven Zerfalles, entsprechend der Formel $\varepsilon = \frac{1}{\sqrt{Z}}$ für die mittlere relative Zerfallsschwankung (vgl. II, 4). Zugleich zeigt diese Formel, daß bei den direkten Zählmethoden der mittlere Fehler ε bei der einmaligen Abzählung von Z Teilchen (Stöße, Szintillationen, Schwärzungspunkte) nur mit $\sqrt{Z}$ abnimmt, daß also eine genaue Zählung sich auf hinreichend viele Einzelteilchen erstrecken muß.

Literatur zu V, 9:

Zu A:

1) E. Rutherford und H. Geiger, Proc. Roy. Soc. (A) **81**, 141, 1908; Phys. Z. **10**, 1, 1909; E. Rutherford, Phil. Mag. (6) **10**, 193, 1905.

2) W. Duane, C. R. **151**, 228, 1910; Le Rad. **7**, 196, 1910.

3) M. Curie, Le Rad. **8**, 354. 1911.

4) H. Geiger und E. Rutherford, Phil. Mag. (6), **24**, 618, 1912.

5) H. Geiger, Verh. D. Phys. Ges. **15**, 534, 1913; Phys. Z. **14**, 1129, 1913.

6) K. W. F. Kohlrausch und E. v. Schweidler, Phys. Z. **13**, 11, 1912.

7) G. Hoffmann, Phys. Z. **13**, 480 und 1029, 1912; Elster-Geitel-Festschrift, 434, 1915; Z. f. Phys. **25**, 177, 1924.

8) L. Myssowsky und K. Nesturch, J. russ. phys.-chem. Ges. **45**, 149, 1913; Ann. d. Phys. (4), **43**, 461, 1914.

9) H. Geiger, Ann. d. Phys. (4) **44**, 813, 1914.

10) J. E. Shrader, Phys. Rev. (2) **6**. 292, 1915.

11) A. F. Kovarik und L. W. Mc Keehan, Phys. Rev. (2) **6**, 426, 1914; **8**, 574, 1916; A. F. Kovarik, Phys. Rev. (2) **13**, 272, 1919.

12) A. F Kovarik, Phys. Rev. (2) **9**, 567, 1917; Washington Proc. **6**, 105, 1920.

13) W. Kolhörster, Z. f. Phys. **2**, 257, 1920.

14) H. Rausch v. Traubenberg, Verh. D. Phys. Ges. (3) **2**, 57, 1921.

15) H. Behnken, G. Jaekel und W. Kutzner, Z. f. Phys. **20**, 188, 1923.

16) K. G. Emeléus, Cambr. Proc. **22**, 400, 1924; E. V. Appleton, K. G. Emeléus und M. Barnett, Cambr. Proc. **22**, 434, 1924.

17) H. Geiger, Z. f. Phys. **27**, 7, 1924; Verh. D. Phys. Ges. (3) **5**, 12, 1924; W. Bothe und H. Geiger, Naturwiss. **13**, 440, 1925.

18) H. Greinacher, Z. f. Phys. **23**, 361, 1924; Neujahrsblatt d. Naturf. Ges. Zürich, Nr. 126, 1924.

19) A. F. Kovarik, Phys. Rev. (2) **23**, 559, 1924.

20) W. Kutzner, Z. f. Phys. **20**, 188, 1923; **23**, 117, 1924; Th. Wulf, Phys. Z. **26**. 382, 733, 1925; Z. phys. und chem. Unterr. **38**, 222, 1925; W. Kolhörster,

Phys. Z. **26**, 732, 1925; K. G. Emeléus, Cambr. Proc. **22**, 676, 1925; **23**, 85, 1926; C.W. Hewlett, Phys. Rev. (2) **27**, 111, 1926; A. Jönsson, Z. f. Phys. **36**, 426, 1926.

21) E. Rutherford und H. Geiger, Phil. Mag. (6) **24**, 618, 1912; V. F. Hess und R. W. Lawson, Mitt. Ra-Inst. 90, 92, 93, 105, 106, 107, 108, Wien. Ber. **125**, 285, 585, 661, 1916; **127**, 405, 461, 535, 599, 1918; V. F. Hess, Verh. D. Phys. Ges. (3) **1**, 76, 1920.

Zu B:

1) E. Regener, Verh. D. Phys. Ges. **10**, 78, 1908; Berlin. Ber. **38**, 948, 1909.

2) H. Geiger und E. Marsden, Phys. Z. **11**, 7, 1910.

3) H. Geiger und E. Rutherford, Phil. Mag. (6) **20**, 691 und 698, 1910.

4) T. Svedberg, Z. phys. Chem. **74**, 738, 1911; „Die Existenz der Moleküle", Leipzig 1912.

5) E. Marsden und T. Barratt, Proc. Phys. Soc. London **23**, 367, 1911; Proc. Phys. Soc. London **24**, 50, 1911; Phys. Z. **13**, 193, 1912.

6) J. Satterly, Proc. Cambr. Soc. **16**, 667, 1912.

7) R. Girard, Le Rad. **10**, 195, 1913.

8) E. Kara-Michailova und H. Pettersson, Mitt. Ra-Inst. 164, Wien. Ber. **133**, 163, 1924; Naturwiss. **12**, 388, 1924; Nature, **113**, 715, 1924; E. Kara-Michailova, Phys. Z. **25**, 595, 1924.

9) H. Geiger und A. Werner, Z. f. Phys. **21**, 187, 1924.

10) H. Herszfinkiel und L. Wertenstein, J. de phys. (6) **2**, 31, 1921; D. Pettersson, Mitt. Ra-Inst. 163, Wien. Ber. **133**, 153, 1924.

11) J. Chadwick, Phil. Mag. (6) **40**, 734, 1920.

12) E. Rutherford, Phil. Mag. (6) **37**, 541, 1919; E. Rutherford und J. Chadwick, Phil. Mag. (6) **42**, 810, 1921; **44**, 418, 1922; Proc. Phys. Soc. London **36**, 417, 1924; G. Kirsch und H. Pettersson, Mitt. Ra-Inst. 160, Wien. Ber. **132**, 299, 1923; Phil. Mag. (6) **47**, 500, 1924; D. Pettersson, Mitt. Ra-Inst. 163, Wien. Ber. **132**, 153, 1924; H. Pettersson, Mitt. Ra-Inst. 176, Wien. Ber. **134**, 45, 1925; G. Kirsch und H. Pettersson, Mitt. Ra-Inst. 180, Wien. Ber. **134**, 491, 1925; R. L. Hasche, Mitt. Ra-Inst. 191, Wien. Ber. **135**, 1926.

13) G. Kirsch und H. Pettersson, Verh. D. phys. Ges. Gauver. Wien. 25. Febr. 1924; Naturwiss. **12**, 388, 1924; Nature **113**, 603, 1924; Mitt. Ra-Inst. 167, Wien. Ber. **133**, 235, 1924; E. Rutherford und J. Chadwick, Nature **113**, 457, 1924; Proc. Phys. Soc. London **36**, 417, 1924.

14) H. Pettersson, Mitt. Ra-Inst. 176, Wien. Ber. **134**, 45, 1925.

15) E. S. Bieler, Proc. Roy. Soc. London (A) **105**, 434, 1924; F. Holweck, Ann. de phys. **17**, 20, 1922.

Zu C:

1) S. Kinoshita, Proc. Roy. Soc. (A) **83**, 432, 1910.

2) M. Reinganum, Phys. Z. **12**, 1076, 1911.

3) W. Michl, Wien. Ber. **121**, 1431, 1912; **123**, 1955, 1914.

4) I. Curie, J. de phys. (6) 4, 170, 1923; C. R. **176**, 434, 1923; W. Kutzner, Z. f. Phys. **21**, 281, 1924; R. W. Lawson, Nature **114**, 121, 1924.

5) O. v. Baeyer und W. Kutzner, Z. f. Phys. **21**, 46, 1924.

6) H. Greinacher, Z. f. Phys. **36**, 364, 1926.

7) E. W. B. Gill und R. H. Donaldson, Phil. Mag. (7) **2**, 129, 742, 1926; F. Kirchner, Ann. d. Phys. (4) **77**, 287, 1925; Phil. Mag. (7) **2**, 741, 1926.

Zusammenfassende Berichte:

E. Marsden, Jahrb. Rad. u. El. **11**, 262, 1914; G. Weichardt, Journ. d. Russ. phys. chem. Ges. 42, phys. Teil, Anhang 87, 1910; vgl. auch H. Pettersson und G. Kirsch, Atomzertrümmerung, Kap. VIII. Akad. Verlagsges. Leipzig 1925.

Sechstes Kapitel.

Die radioaktiven Substanzen.

1. Einleitung. Man kennt jetzt drei radioaktive Familien, die Uran-Radiumfamilie, die Actinium- und die Thoriumfamilie, und es wird meist angenommen, daß auch die beiden ersten noch in genetischem Zusammenhang stehen.

In der Folge des Zerfalles ergibt dies die nachstehenden Reihen mit etwa 40 Stoffen, von denen vor der Entdeckung der Radioaktivität nur zwei, U und Th, bekannt waren.

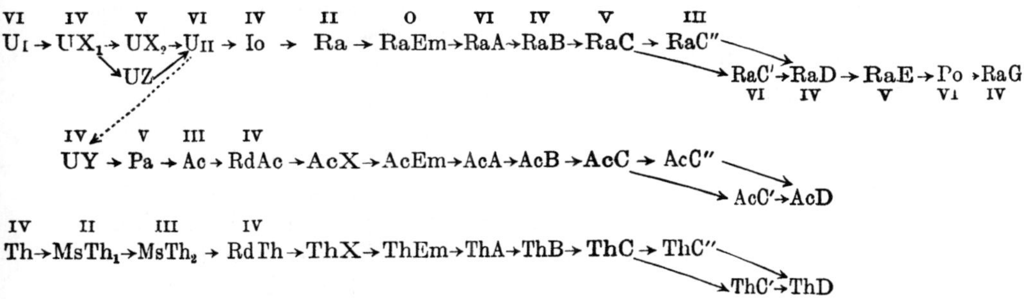

(Vgl. auch I, S. 16 u. 17).

Ehe im folgenden auf die spezielle Diskussion der einzelnen radioaktiven Elemente eingegangen werde, möge auf einige allgemeine Erscheinungen an den Grundstoffen und auf die Möglichkeit systematischer zusammenfassender Betrachtungen aufmerksam gemacht werden. Weitere allgemeine Bemerkungen finden sich dann noch in VI, 12.

Bekanntlich haben D. Mendelejeff und L. Meyer es verstanden, eine Anordnung der Elemente in ein „periodisches System" zu ersinnen, indem sie die Atomgewichte als fundamentale Kennzeichen heranzogen, und Modifikationen dieser Anordnungen sind in den mannigfaltigsten Weisen versucht worden[1]).

Eine derartige Aufstellung ergibt das Schema S. 349,

In ihm bedeuten die römischen Ziffern die Valenzgruppe: unter den Symbolen steht das Atomgewicht, darunter die „Atomnummer" (vgl. S. 348). Die Horizontalreihen 2 und 3 sowie 4 und 5 sind vollkommen gleichartig gebaut, erstere mit 8, letztere mit 18 Atomnummern; die nächste Horizontalreihe enthält 32 Elemente, ist aber großenteils noch immer den vorstehenden Reihen konform. — Um den Zusammenhang mit dem Atomvolumen anzudeuten, sind die Plätze gegen die Mitte zu verengt gezeichnet. — Unbekannt waren bis 1925 die Elemente der Atomnummern 43, 75 (die Homologen zum Mn), 61 unter den

Literatur zu VI, 1 siehe Seite 363.

seltenen Erden und 85 und 87 unter den radioaktiven Stoffen. Nr. 43 und 75 wurden 1925 von W. Noddack, I. Tacke und O. Berg aufgefunden und Masurium (Ma) und Rhenium (Re) benannt[36]. Nr. 61 wurde 1926 von J. A. Harris, L. F. Yntema und B. S. Hopkins entdeckt und Illinium getauft[36].

Es ist auffallend, daß — worauf immer wieder hingewiesen wurde — die Atomgewichte sehr häufig ganze Zahlen liefern und daß für die geradewertigen Elemente dieselben sich durch $4n$ (worin n die Folge der ganzen Zahlen von 1 angefangen bedeutet) für die ungeradewertigen durch $4n-1$ oder $4n+3$ mit großer Annäherung wiedergeben lassen; dies erscheint um so bedeutungsvoller, als die radioaktiven Erscheinungen lehren, daß gewiß dem Grundstoff He = 4 (der α-Partikel) eine wesentliche Rolle beim Aufbau bzw. Zerfall der Elemente zukommt und auch der Wasserstoff H = 1 eine besondere Bedeutung hat.

Anderseits ist es zweifellos, daß reelle Abweichungen von der Ganzzahligkeit der Atomgewichte vorkommen, und es ergeben sich sogar gewisse Gesetzmäßigkeiten unter diesen Abweichungen, so daß die Frage nahegelegt war, ob es zweckmäßig sei, die Atomgewichte zugrundezulegen oder vielmehr besser die nach obiger oder anderen Regeln gewonnenen Ordnungszahlen[2]) den Elementen zuzuordnen und aus den Abweichungen Hinweise für die Aufhellung der Konstitutionsfragen zu erhoffen.

Es ist durch die Konstruktion einfacher Atommodelle, insbesondere E. Rutherford, sowie N. Bohr u. a. gelungen, aus den Vorstellungen, daß jedes Atom aus einem elektrisch positiven Kern und um ihn kreisenden Elektronen gebildet sei, entsprechend den Kernladungen (in Elementarquanten) zu „Atomnummern"[7]) zu gelangen, die an Stelle obiger Ordnungszahlen von Nutzen sind. — Besonders sei hervorgehoben, daß für die in der Tabelle S. 349 angegebenen Atomnummern (Kernladungen) sich nach H. G. J. Moseley eine „lineare Anordnung" der Elemente ergibt, wenn diese als Abszissen und die Wurzeln aus den Schwingungszahlen der charakteristischen in den betreffenden Elementen durch Röntgenstrahlen ausgelösten Strahlen als Ordinaten gewählt werden. Dies gilt wenigstens sehr angenähert für die K-Serie Barklas; für die L-M-N-O-Serien zeigen sich in steigendem Maße Abweichungen von der Linearität, die ihrerseits für die Zuordnung der Elektronen in bestimmte Bahnen von größter Wichtigkeit sind[7a]).

Die ersten Vorstellungen von „Ringatomen" (Kreisbahnen mit 1 bis 7 Elektronen um den Kern) erwiesen sich als unhaltbar; der Versuch von M. Born und A. Landé[7b]) Elektronenbewegungen polyedrischer Symmetrie zu finden, um den Aufbau von Kristallen aus Atomen verständlich zu machen, führte nicht sehr weit. Erst N. Bohrs „Aufbauprinzip", ein Verfahren das sukzessive Einfangen der Elektronen durch die Atome bei wachsender Kernladung für das ganze periodische System zu verfolgen, brachte anschauliche Annahmen.

Literatur zu VI, 1 siehe Seite 363.

Periodisches System der Elemente.

Wertigkeit bez. Gruppennummer
Symbol
Atomgewicht
Ordnungszahl (Kernladung)

	I	II	III	IV	V	VI	VII	0
1	H 1.008 1							He 4.00 2
2	Li 6.94 3	Be 9.0 4	B 10.8 5	C 12.0 6	N 14.0 7	O 16 0 8	F 19.0 9	Ne 20.2 10
3	Na 23.0 11	Mg 24.3 12	Al 27.0 13	Si 28.1 14	P 31.0 15	S 32.1 16	Cl 35.5 17	Ar 39.9 18

Die Atomvolumina und zahlreiche phys. chem. Eigenschaften ändern sich periodisch in dem durch die Spaltbreite angedeuteten oder reziproken Sinn.

	I	II	III	IV	V	VI	VII	VIII			I	II	III	IV	V	VI	VII	0
4	K 39.1 19	Ca 40.1 20	Sc 45.1 21	Ti 48.1 22	V 51.0 23	Cr 52 0 24	Mn 54.9 25	Fe 55.8 26	Co 59.0 27	Ni 58.7 28	Cu 63.6 29	Zn 65.4 30	Ga 697 31	Ge 72.6 32	As 75.0 33	Se 79.2 34	Br 79.9 35	Kr 82.9 36
5	Rb 85.5 37	Sr 876 38	Y 89.0 39	Zr 91.2 40	Nb 93.5 41	Mo 96.0 42	Ma ? 43	Ru 101.7 44	Rh 102.9 45	Pd 106.7 46	Ag 107.9 47	Cd 112.4 48	Jn 114.8 49	Sn 118.7 50	Sb 121.8 51	Te 127.5 52	J 126.9 53	X 130.2 54

6	Cs 132.8 55	Ba 137 4 56	La 138.9 57	Ce 140.2 58	Pr 140.9 59	Nd 144.3 60	Il ? 61	Sm 150.4 62	Eu 152 0 63	Gd 157 3 64	Tb 159.2 65	Dy 162.5 66	Ho 163.5 67	Er 167 7 68	Tu 169 4 69	Yb 173.5 70

6	Cp 175.0 71	Hf 178.6 72	Ta 181.5 73	W 184.0 74	Re ? 75	Os 190.9 76	Jr 193.1 77	Pt 195 2 78	Au 197.2 79	Hg 200.6 80	Tl 204.4 81	Pb 207 2 82	Bi 209.0 83	Po 210 84	— ? 85	Em 222 86

7	— ? 87	Ra 226.0 88	Ac (230) 89	Th 232 1 90	Pa (234) 91	U 238.2 92

Fig. 88

Nach der Quantentheorie des Atombaues befinden sich unter den denkbaren Bewegungszuständen eine begrenzte Anzahl **stationärer**. Jede bleibende Veränderung des Systemes besteht in einem vollständigen Übergang von einem stationären Zustand in einen anderen, wobei $h\nu = E' - E''$ (h = Plancksche Konstante $= 655 \cdot 10^{-29}$ Erg. sec; E' und E'' Atomenergie in den zwei Zuständen; ν = Frequenz der Schwingungen). Das Wasserstoffspektrum nach Balmers Formel

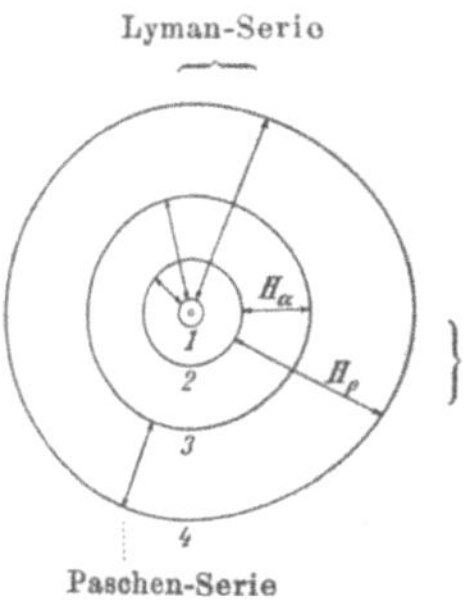

Fig. 89.
Schematische Elektronenbahnen des Wasserstoffatomes.

$$\nu = K\left(\frac{1}{n''^2} - \frac{1}{n'^2}\right);\ (n'' \text{ und } n' \text{ ganze Zahlen})$$

ergibt für die Konstante $K = \frac{2\pi^2 e^4 m}{h^3}$ (e und m Ladung und Masse des Elektrons). Für andere Elemente ist

$$\nu = N^2 K \left(\frac{1}{n''^2} - \frac{1}{n'^2}\right)\ (N = \text{Kernladung} = \text{Ordnungszahl}).$$

Die Elektronenbahnen brauchen aber nicht einfache Kreise zu sein; Einführung einer weiteren Quantenzahl gestattet das Vorkommen bestimmter Kepler-Bahnen (Ellipsen bestimmter Exzentrizität) (Fig. 90), und daraus ergibt sich die Möglichkeit der Aufklärung der Feinstruktur

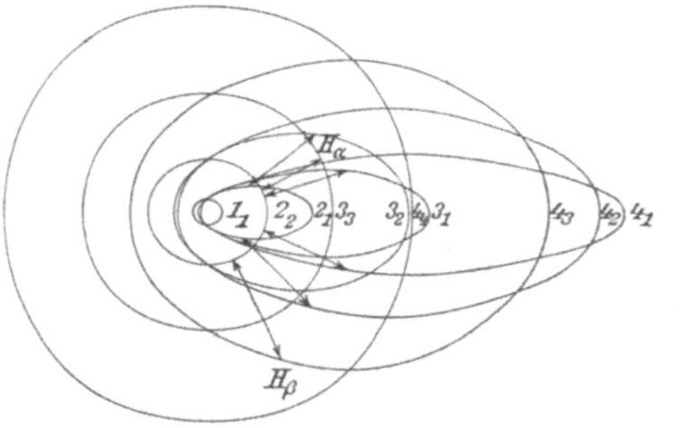

Fig. 90.

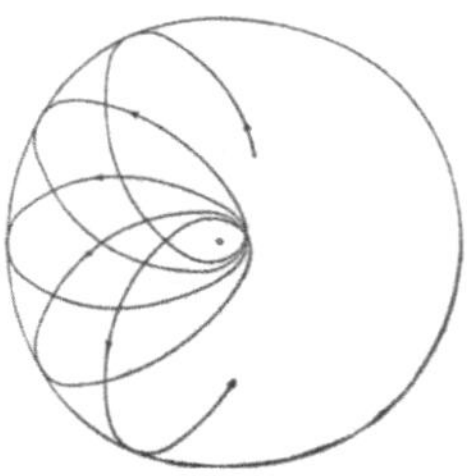

Fig. 91.

Kepler-Bahnen der Elektronen des Wasserstoffatomes

der Spektren. Weiters muß auch die Veränderlichkeit der Elektronenmasse in ihrer Abhängigkeit von der Geschwindigkeit berücksichtigt und angenommen werden, daß die Elektronenbahn eine (relativ langsame) Perihelbewegung in ihrer Bahnebene zeigt (Fig. 91).

In Durchführung dieser Gedankengänge gelangt man zu Vorstellungen für die sämtlichen Elemente und es seien als Muster für die Haupt-

Literatur zu VI, 1 siehe Seite 363.

züge des Atombaues die Bilder für He, Li, Ne, Na und Ra wiedergegeben, wie sie H. A. Kramers[7c)] (nach H. Holst und H. A. Kramers, Bohrs Atomteori, Gyldendals Forlag, Köbenhavn 1922) veröffentlichte. Daß es sich dabei nur um vorläufige Illustrationen der räumlich zu denkenden

Helium (2).
Fig. 92.

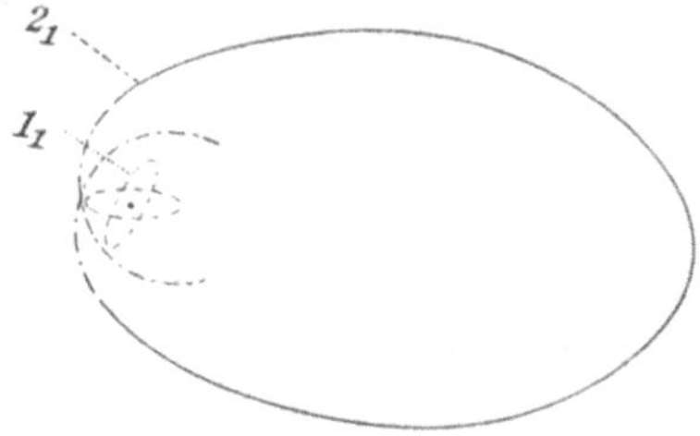

Lithium (3).
Fig. 93.

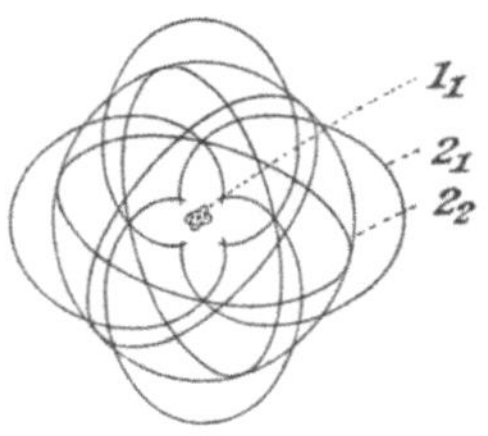

Neon (10).
Fig. 94.

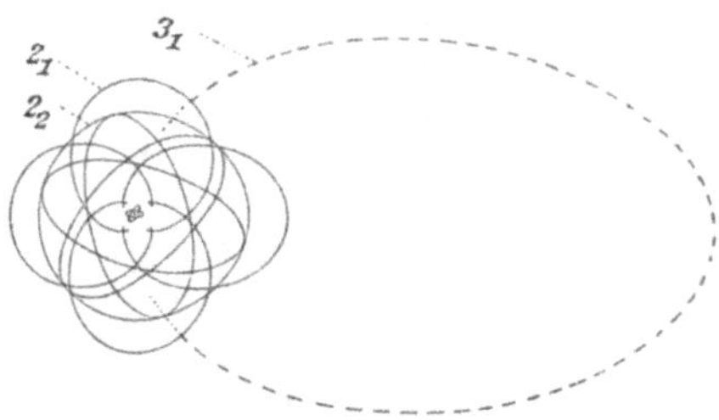

Natrium (11).
Fig. 95.

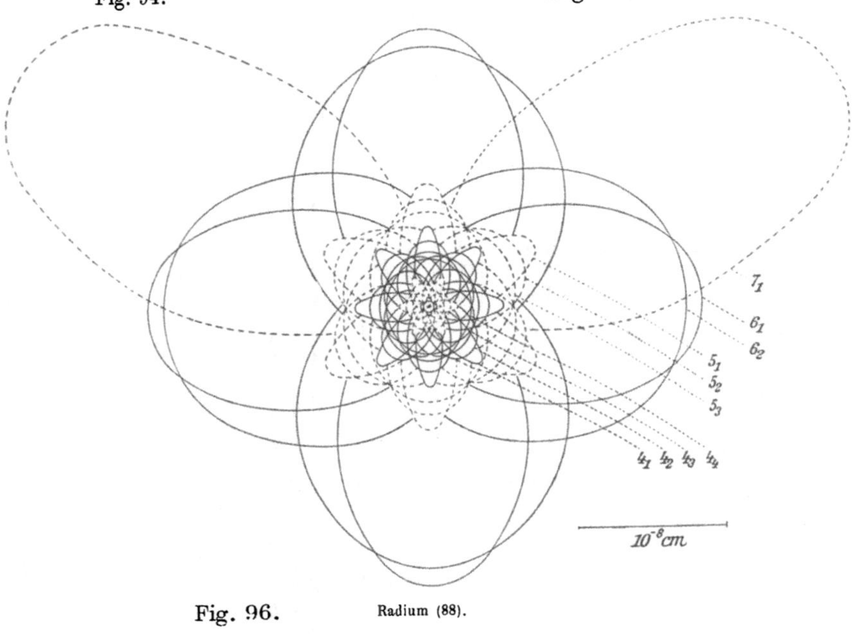

Fig. 96. Radium (88).

Elektronenbahntypen der Elemente.

	K	L	M	N	O	P	Q
n_k ...	1_1	2_1 2_2	3_1 3_2 3_3	4_1 4_2 4_3 4_4	5_1 5_2 5_3 5_4 5_5	6_1 6_2 6_3 6_4 6_5 6_6	7_1 7_2
1 H	1						
2 He	2						
3 Li	2	1					
4 Be	2	2					
5 B	2	2 (1)					
10 Ne	2	4 4					
11 Na	2	4 4	1				
12 Mg	2	4 4	2				
13 Al	2	4 4	2 1				
18 Ar	2	4 4	4 4				
19 K	2	4 4	4 4	1			
20 Ca	2	4 4	4 4	2			
21 Se	2	4 4	4 4 1	(2)			
22 Ti	2	4 4	4 4 2	(2)			
29 Cu	2	4 4	6 6 6	1			
30 Zn	2	4 4	6 6 6	2			
31 Ga	2	4 4	6 6 6	2 1			
36 Kr	2	4 4	6 6 6	4 4			
37 Rb	2	4 4	6 6 6	4 4	1		
38 Sr	2	4 4	6 6 6	4 4	2		
39 Y	2	4 4	6 6 6	4 4 1	(2)		
40 Zr	2	4 4	6 6 6	4 4 2	(2)		
47 Ag	2	4 4	6 6 6	6 6 6	1		
48 Cd	2	4 4	6 6 6	6 6 6	2		
49 In	2	4 4	6 6 6	6 6 6	2 1		
54 X	2	4 4	6 6 6	6 6 6	4 4		
55 Cs	2	4 4	6 6 6	6 6 6	4 4	1	
56 Ba	2	4 4	6 6 6	6 6 6	4 4	2	
57 La	2	4 4	6 6 6	6 6 6	4 4 1	(2)	
58 Ce	2	4 4	6 6 6	6 6 6 1	4 4 1	(2)	
59 Pr	2	4 4	6 6 6	6 6 6 2	4 4 1	(2)	
71 Cp	2	4 4	6 6 6	8 8 8 8	4 4 1	(2)	
72 Hf	2	4 4	6 6 6	8 8 8 8	4 4 2	(2)	
79 Au	2	4 4	6 6 6	8 8 8 8	6 6 6	1	
80 Hg	2	4 4	6 6 6	8 8 8 8	6 6 6	2	
81 Tl	2	4 4	6 6 6	8 8 8 8	6 6 6	2 1	
86 Em	2	4 4	6 6 6	8 8 8 8	6 6 6	4 4	
87 —	2	4 4	6 6 6	8 8 8 8	6 6 6	4 4	1
88 Ra	2	4 4	6 6 6	8 8 8 8	6 6 6	4 4	2
89 Ac	2	4 4	6 6 6	8 8 8 8	6 6 6	4 4 1	(2)
90 Th	2	4 4	6 6 6	8 8 8 8	6 6 6	4 4 2	(2)
91 Pa	2	4 4	6 6 6	8 8 8 8	6 6 6	4 4 2	(3)
92 U	2	4 4	6 6 6	8 8 8 8	6 6 6	4 4 2	(4)

Bahnen und nicht um Wiedergabe gesicherter tatsächlicher Verhältnisse handelt, bedarf keiner Betonung.

Daraus ergibt sich für die einzelnen Elemente die auf S. 352 gegebene Anordnung der Elektronen in die K, L, M, N, O, P, Q-„Schalen". In der Bezeichnung n_k bedeutet n die Hauptquantenzahl, k die (die Exzentrizität bestimmende) Nebenquantenzahl. Für die Valenz kommt im allgemeinen die äußerste „Schale" in Frage; doch können (bei gestreckten Ellipsenbahnen) auch eventuell Elektronen der nächstinneren Schalen mitspielen. Für Magnetismus und Farbe scheinen weiter innen gelegene Schalen maßgeblich. [St. Meyer, R. Ladenburg[34]).]

A. Dauvillier[7d]) begründet im Einklang mit L. de Broglie eine etwas modifizierte Elektronenanordnung, die in der Reihung des Aufbaues an dem Beispiel für Nr. 86 (Em) ohne weiteres verständlich ist:

K	L_3	L_2	L_1	M_6	M_5	M_4	M_3	M_2	M_1	N_{10}	N_9	N_8	N_7	N_6	N_5	N_4	N_3	N_2	N_1
2	2	2	4	2	2	4	2	4	4	2	2	4	2	4	4	2	4	4	4

O_6	O_5	O_4	O_3	O_2	O_1	P_3	P_2	P_1
2	2	4	2	4	4	2	2	4

E. C. Stoner und W. Pauli jr. befürworten eine Anordnung für Em (Nr. 86) bei Einführung von Untergruppen $(n_{k_1 k_2})$:

1_1	2_1	2_2 (1+2)	3_1	3_2 (1+2)	3_3 (2+3)	4_1	4_2 (1+2)	4_3 (2+3)	4_4 (3+4)	5_1	5_2 (1+2)	5_3 (2+3)	6_1	6_2 (1+2)
2	2	2 + 4	2	2 + 4	4 + 6	2	2 + 4	4 + 6	6 + 8	2	2 + 4	4 + 6	2	2 + 4

Vgl. auch A. Landé, A. Sommerfeld, u. A. 7[d]).

Da hier auf Details nicht speziell radioaktiven Inhaltes verzichtet werden muß, sei auf A. Sommerfeld, Atombau und Spektrallinien, bei F. Vieweg, Sohn, Braunschweig 1924, 4. Aufl. hingewiesen.

Es wurde der Versuch gemacht ein Bild über die Stabilitätsverhältnisse der Atome zu erhalten, indem die Atomgewichts-Atomvolumenkurve herangezogen wurde, die in modernerer Form in Fig. 97 S. 354 wiedergegeben sei*).

Daß nicht nur der „Kern", sondern auch, eventuell indirekt, das Atomvolumen bei der Verwandlung der radioaktiven Stoffe zur Charakteristik der Vorgänge herangezogen werden könnte, geht schon aus der Anschauung hervor, daß, wenn aus dem Atomkern eine α-Partikel mit positiver Ladung emittiert wird, die zentralen Anziehungskräfte nachlassen, die Elektronenringe expandieren und das

---

Literatur zu VI, 1 siehe Seite 363.

*) Die neueren Anschauungen legen es nahe, statt des Atomgewichtes auch hier die Atomnummern einzuführen. Die genannte Kurve zeigt keinen glatten Verlauf, sondern sprunghafte Verschiebungen, die überall dort anzunehmen sind, wo durch Auftreten eines weiteren Elektronenringes besondere Änderungen des Volumens erscheinen; speziell bei N—O; P—S usf.[14]).

„Atomvolumen" daher wachsen sollte; bei Emission einer Kern-β-Partikel wäre umgekehrt Kontraktion zu erwarten (vgl. hierzu die Bemerkungen VI, 12, S. 538).

Doch sei erwähnt, daß der Begriff des „Atomvolumens" als Quotient von Atomgewicht durch Dichte (ebenso wie der analoge, Kernladung durch Dichte)

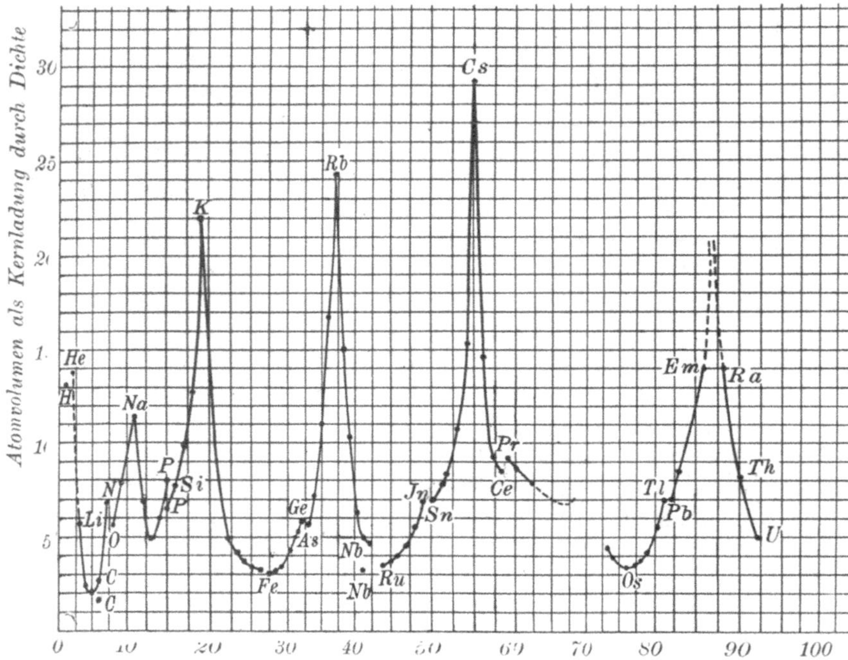

Fig. 97.

ein recht mangelhafter ist. Immerhin mag es illustrativ sein zu beachten, daß aller Wahrscheinlichkeit nach die Elemente im Minimum der Atomvolumenkurve größere Stabilität besitzen als die anderen, und der Verlauf radioaktiven Zerfalles — in der Kurve (Fig. 97) von rechts nach links — zeigt tatsächlich nirgends das Überschreiten eines solchen Minimums zu wieder ansteigendem Atomvolumen (vgl. auch VI, 12).

Schwierigkeiten bot anfangs die Einordnung der zahlreichen neuentdeckten Radioelemente in das alte System[3]).

Nach einleitenden, zum Teil schon sehr weitgehenden Ansätzen F. Soddys[4]), dann A. S. Russells und G. v. Hevesys ist es insbesondere K. Fajans sowie F. Soddy und auch A. Fleck geglückt, zu beweisen, daß jedes α-strahlende Element gleichzeitig mit dem Verlust zweier positiver Kernladungen seinen Platz im periodischen System um zwei Stellen nach links verschiebt und daß jedes β-strahlende

Literatur zu VI, 1 siehe Seite 363.

Produkt mit dem Verlust von einem aus dem Kern selbst stammenden Elektron, also einer negativen Kernladung ein Folgeprodukt zeugt, das um eine Valenznummer höher steht.

(Von sogenannten „strahlenlosen“ Elementen dieser Familien ist anzunehmen, daß auch sie solche β-Teilchen verlieren, deren Wirkung nach außen aber so geringfügig ist, daß sie bisher nicht aufgefunden wurde; vielleicht auch, daß das den Kern verlassende Elektron gar nicht die äußere Atomsphäre verläßt.)

Diese grundlegenden Ergebnisse brachten weitgehende Ordnung und führten zur Aufstellung des Schemas Fig. 98, das sich ungezwungen mit dem bisherigen System vereinigen läßt.

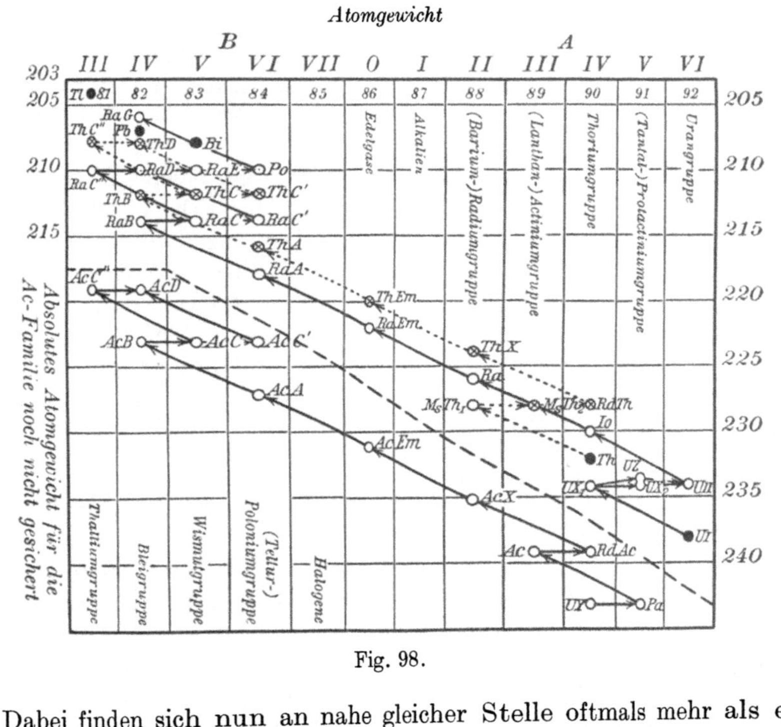

Fig. 98.

Dabei finden sich nun an nahe gleicher Stelle oftmals mehr als ein Radioelement und solche Gruppen, die in ihrer Gesamtheit eine einzelne Position im periodischen System besetzen, bezeichnet K. Fajans als „Plejaden“; F. Soddy nennt derartige Stoffe, welche die gleiche Stelle im System innehaben, „isotop“.

Literatur zu VI, 1 siehe Seite 363.

Isotop, also im chemischen Sinn des Wortes ein und dasselbe Element sind daher:

U_I, U_{II}	enth. als Dominante das bek. Element Uran
Th, RdTh, Io, UX_1, UY, RdAc	„ „ „ „ „ „ Thorium
Bi, RaE, RaC, ThC, AcC	„ „ „ „ „ „ Wismut
Pb, RaG, RaD, ThD, AcD, RaB, ThB, AcB	„ „ „ „ „ „ Blei
Tl, RaC″, ThC″, AcC″	„ „ „ „ „ „ Thallium
Po = RaF, RaA, ThA, AcA, RaC′, ThC′, AcC′	enthalten kein bisher bekanntes Element, stehen dem Tellur als nächsthomologem nahe (Nr. 84).
RaEm, ThEm, AcEm	enthalten kein bisher bekanntes Element, stehen dem Xenon nahe (Nr. 86).
Ra, $MsTh_1$, ThX, AcX	enthalten kein bisher bekanntes Element, stehen dem Barium als nächsthomologem nahe (Nr. 88).
Ac und $MsTh_2$	enthalten kein bisher bekanntes Element, stehen dem Lanthan als nächsthomologem nahe (Nr. 89).
Pa, UX_2, UZ	Vertreter der bisher unbesetzten Stelle (Nr. 91) des Systems; stehen dem Tantal als homologem am nächsten.

Die Isotopie ist keine auf radioaktive Stoffe beschränkte Eigenschaft. F. W. Aston u. a.[18]) haben auch für viele „stabile“ Elemente die Existenz von Isotopen nachgewiesen und damit die Wiederaufnahme der Proutschen Hypothese (H als Ur-Baustein) ermöglicht. Man bezeichnet derzeit, nach dem Vorschlage F. Paneths, die durch eine Ordnungszahl charakterisierten Stoffe als ein Element und unterscheidet in „Reinelemente“ und „Mischelemente“ (Isotopengemische)[19]).

Bis Juli 1926 erwiesen sich (nach Atomnummern geordnet) als Reinelemente: H (1), He (2), Be (4), C (6), N (7), O (8), F (9), Na (11), Al (13), P (15), Sc (21), Ti (22), V (23), Cr (24), Mn (25), Co (27), As (33), Y (39), In (49), J (53), Cs (55), La (57), Pr (59), Bi (83).

Nebst den oben angeführten Atomnummern 81—92 finden sich (bis Juli 1926) Isotope in den Mischelementen der Tabelle S. 357.

Der maximale Unterschied im Atomgewicht scheint, wie bei den radioaktiven Isotopen für die verschiedenen Arten eines Elementes 8 Einheiten nicht zu überschreiten.

Ein wesentlicher Unterschied bei den „stabilen“ Mischelementen gegenüber den radioaktiven liegt darin, daß ihr Mischungsverhältnis (Verbindungsgewicht) unabhängig von Alter und Herkunft stets das gleiche zu sein scheint — (wodurch überhaupt erst Atomgewichtsbestimmungen möglich werden) —, während z. B. Blei und seine Isotope in der Natur alle Verbindungsgewichte zwischen 206 und 208 haben können [20]).

Literatur zu VI, 1 siehe Seite 363.

	Nr.	Verbindungs-gewicht (V. G.)	Atomgewicht der Isotope (A. G.)
Li	3	6,94	7, 6
B	5	10,82	11, 10
Ne	10	20,2	20, 22
Mg	12	24,32	24, 25, 26
Si	14	28,06	28, 29, 30
S	16	32,07	32, 34, 33
Cl	17	35,46	35, 37
Ar	18	39,88	40, 36
K	19	39,10	39, 41
Ca	20	40,07	40, 44
Fe	26	55,84	56, 54
Ni	28	58,68	58, 60
Cu	29	63,57	63, 65
Zn	30	65,37	64, 66, 68, 70
Ga	31	69,72	69, 71
Ge	32	72,60	74, 72, 70
Se	34	79,2	80, 78, 76, 82, 77, 74
Br	35	79,92	79, 81
Kr	36	82,9	84, 86, 82, 83, 80, 78
Rb	37	85,5	85, 87
Sr	38	87,6	88, 86
Zr	40	90,6	90, 94, 92 (96?)
Ag	47	107,88	107, 109
Cd	48	112,4	114, 112, 110, 113, 111, 116
Sn	50	118,7	120, 118, 116, 124, 119, 117, 122, (121)
Sb	51	121,8	121, 123
Te	52	127,5	128, 130, 126
X	54	130,2	129, 132, 131, 134, 136, 128 130, (126?, 124?)
Ba	56	137,4	138, (136?)
Ce	58	140,2	140, 142
Nd	60	144,3	142, 144, 146, (145?)
Er	68	167,7	164—176 Band
Hg	80	200,6	202, 200, 199, 198, 201, 204

Die allgemeinen chemischen und physikalischen Eigenschaften aller miteinander isotopen Stoffe sind, soweit sie durch die Elektronenhülle allein oder vorwiegend bestimmt werden, innerhalb der gegenwärtig

Literatur zu VI, 1 siehe Seite 363.

erreichten Beobachtungsgenauigkeit bis ins kleinste Detail völlig identisch[4, 11]), wie dies betreffs der Atomvolumina[21]), Schmelzpunkte[22]), Normalpotentiale[10]), Diffusionskonstante in Lösungen[11]), elektr. Widerstand und Supraleitfähigkeit[23]), spez. Widerstand, Druck- und Temperaturkoeffizient, Kompressibilität und thermische Ausdehnung[24]), magnetische Suszeptibilität[12]), gewöhnliches Spektrum[8]) und Röntgenspektrum[25]), Refraktionskonstanten und Löslichkeit[26]) vielfach bestätigt wurde. Sie unterscheiden sich, abgesehen von den kleinen Atomgewichtsdifferenzen und aus der Mitwirkung der Kernmasse ableitbaren Erscheinungen[16]), lediglich nach Provenienz und radioaktivem Gehaben. Es ist daher im allgemeinen nicht möglich, solche Stoffe voneinander abzuscheiden, wenn sie einmal beisammen sind[4, 11, 27]). In den Formeln der Chemie und Elektrochemie (Massenwirkungsgesetz, Nernstsche Formel u. dgl. kann als Ionenkonzentration einfach die Summe der isotopen Ionen betrachtet werden[11]). Auch bei elektrostenolytischer Abscheidung verhalten sie sich völlig gleich[11a]). Negativ blieb gleichfalls der Versuch elektrolytischer Trennung bei Diffusion in Agar-Agar[11b]).

Bei Eigenschaften, wo die Kernmasse eine Rolle spielt, also z. B. bei der Feinstruktur der Spektren oder gewissen Diffusionskonstanten müssen sich aber kleine Unterschiede ergeben und es wurden verschiedene Trennungsmöglichkeiten diskutiert[28]). Angegebene kleine Differenzen im Flammenspektrum von Pb-Isotopen weichen untereinander (sogar im Vorzeichen) ab und können nicht als gesichert gelten[29])*). Wohl haben jedoch L. Grebe und H. Konen[29]) im Bandenspektrum bei reinem RaG und Pb kleine Verschiedenheiten wahrscheinlich gemacht und in der Feinstruktur der Rotationsspektren scheinen solche erwiesen. (A. Kratzer, F. W. Loomis, A. E. Haas)[29]).

Gelungen sind — wenigstens teilweise — Trennungen zuerst J. N. Brönsted und G. v. Hevesy[30]) durch ein besonderes Destillierverfahren im Vakuum, verbunden mit sofortigem Abfangen der schnellsten Partikeln an mit flüssiger Luft gekühlten Flächen bei Hg, Cl, Pb, u. a. und ähnliche Methoden. Erfolge wurden sodann von W. D. Harkins u. a. auch noch für anderes Material beschrieben[30]). Immerhin haben diese, wenn auch gelungenen Trennungsversuche, bisher mehr theoretische als praktische Bedeutung. Manche anderweitig angegebenen Trennungen mögen wohl vorgetäuscht sein[31]).

Literatur zu VI, 1 siehe Seite 363.

*) Umsoweniger, wenn z. B. (W. D. Harkins und L. Aronberg) ein Radioblei „RaG“ 206,34 mit Pb 207,18 verglichen wurde, also das „RaG“ fast 30% Pb enthielt, was die Unterschiede verwischen könnte.

Die Existenz von unterscheidbaren Isotopen mit gleichem Atomgewicht also „Isotopen höherer Ordnung" (die nur mehr eventuell durch verschiedene Stabilität erkannt werden könnten) oder von „elektronenisomeren" Elementen, ist bisher nicht erwiesen. (St. Meyer, R. Swinne[32]).

Auf Versuche, das ganze periodische System aus Mischelementen der vier Reihen $4n$, $4n+1$, $4n+2$, $4n+3$ aufzubauen und weitergehende theoretische Spekulationen kann nur hingewiesen werden[33]).*)

Die mit Tl, Pb, Bi, Th, U isotopen Stoffe sind sonach durch das bereits bekannte Verhalten dieser Elemente ausreichend chemisch charakterisiert.**)

Zu beachten bleibt für die Beurteilung chemischer Reaktionen isotoper radioaktiver Stoffe jedoch immer, daß durch die Strahlungen die umgebenden Medien beeinflußt (ionisiert) werden und dadurch der Charakter und Verlauf der Reaktionen verändert werden kann.

Neue Elemente sind diejenigen, als deren längstlebige Hauptvertreter das Polonium, die Radiumemanation, das Radium, Actinium und Protactinium gelten. Ihr chemisches Verhalten ist nicht identisch, ähnelt aber dem der nächstverwandten Elemente Tellur, Xenon (Edelgase), Barium, Lanthan und Tantal und sie sind am vollständigsten mit diesen abzuscheiden; doch sind sie im Gegensatz zu den obigen isotopen Radioelementen von den genannten, nur nahestehenden, trennbar. Diese fünf auch in chemischer Hinsicht neuen Elemente beanspruchen also auch das intensivste physikalisch-chemische Interesse, da aus ihnen neue Erkenntnisse zu schöpfen sind. Anderseits gestattet das Zusetzen von radioaktiven Stoffen zu ihren nicht radioaktiven Isotopen ihre Verwendung als „Indikatoren" in „unendlicher Verdünnung" und die Verfeinerung des Studiums physikalisch-chemischer Reaktionen in mannigfacher bishin ungeahnter Weise[5]).

Insbesondere haben G. v. Hevesy und F. Paneth diese Methode zur Bestimmung der Löslichkeit sehr schwer löslicher Salze verwendet; zur Erforschung elektrolytischer und metallischer Stromleitung in festen und geschmolzenen Verbindungen; der Diffusion in festen Stoffen und Selbstdiffusion von Pb (G. v. Hevesy); zur Untersuchung der Platzwechselgeschwindigkeit der Ionen im Kristall und gleichartiger Atome; zu Studien der elektrolytischen Dissoziation und der Kolloidbildung; des Zurückbleibens von Stoffspuren in Filtern usw. Sie führte zur Entdeckung des BiH_3, PoH_2 und anderer Hydride

Literatur zu VI, 1 siehe Seite 363.

*) Zusammenfassende Berichte über Isotopie vgl.[35]).

**) Vgl. die Fußnote zu ThB, ThC VI, 10 Seite 510.

(F. Paneth) (vgl. S. 451); sie diente zum Studium der Oberfläche feinverteilter Niederschläge und Pulver (auch O. Hahn) und sonstiger Adsorptionserscheinungen (K. Fajans und K. Beckerath; K. Horovitz, Untersuchung der Kristallstruktur). Sie fand Platz in der Technologie bei der Prüfung gummierter Stoffe auf Gasdurchlässigkeit (Gasmasken) (F. Paneth) unter Verwendung von RaEm und auch bereits in der Biologie bei Untersuchung der Absorption und Translokation von Pb in Pflanzen (G. v. Hevesy) und der Zirkulation von Bi im Organismus [(I. A. Christiansen,[5]) G. v. Hevesy und S. Lomholt[5])].

Für die chemischen Reaktionen der Radioelemente lassen sich auf Grund des Gesagten und weiterer Untersuchungen, die unten noch näher besprochen werden, folgende Regeln aufstellen, wobei wir einer von F. Paneth[6]) gegebenen Gruppierung folgen:

1. Das reine Radioelement ist in wägbarer Menge vorhanden:

Die Reagenzien, mit denen es einen Niederschlag bildet, sind nach den gewöhnlichen Methoden der Chemie feststellbar.

Beispiel: Thorium wird durch Oxalsäure, Radium durch Schwefelsäure gefällt.

2. Das Radioelement ist nur in unwägbarer, ein mit ihm isotopes in wägbarer Menge vorhanden:

Die beiden Stoffe sind auf chemischem Wege absolut untrennbar und bei allen Fällungen verteilt sich das Radioelement in gleichem Verhältnis zwischen Niederschlag und Lösung, wie das mit ihm isotope.

Beispiel: RaD und Pb werden durch H_2S vollständig, durch HCl unvollständig gefällt.

3. Weder das Radioelement noch ein mit ihm isotopes ist in wägbarer Menge vorhanden:

In diesem Falle gilt der Satz, daß das Radioelement dann mit einem Niederschlag ausfällt, wenn der elektronegative Bestandteil des Niederschlages mit wägbaren Mengen des Radioelementes eine in dem betreffenden Lösungsmittel schwer lösliche Verbindung gäbe.

Beispiel: RaE wird von Pb mitgerissen, wenn dieses mit H_2S gefällt wird (Wismutsulfid ist unlöslich), nicht aber, wenn es mit H_2SO_4 gefällt wird (Wismutsulfat ist löslich).

Die erste dieser Fällungsregeln braucht keine Erläuterung, wenn man sich vergegenwärtigt, daß die chemischen Reaktionen eines Radioelementes immer die Reaktionen der augenblicklich stabilen Atome sind. Die zweite Regel läßt sich unter Zugrundelegung der Ruther-

Literatur zu VI, 1 siehe Seite 363.

ford-Bohrschen Atomtheorie deuten, welche die Verschiedenheiten isotoper Atome in den Kern verlegt, die äußeren Elektronenringe aber, von denen die chemischen Eigenschaften abhängen, bei ihnen als gleich annimmt. Die dritte der Fällungsregeln bedurfte zu ihrer Erklärung spezieller physikalisch-chemischer Untersuchungen, durch die sie heute wohl als im wesentlichen sichergestellt angesehen werden kann.

Zu diesem Zwecke angestellte Adsorptionsversuche führten K. Horovitz und F. Paneth[9]) zur Auffindung der Gesetzmäßigkeit, daß Salze jene Radioelemente gut adsorbieren, deren Verbindung mit dem elektronegativen Bestandteil des Adsorbens in dem betreffenden Lösungsmittel schwer löslich ist. F. Paneth zeigte, daß sich diese Gesetzmäßigkeit dann verstehen läßt, wenn man annimmt, daß dem Anion und Kation auch im festen Salz gesonderte Valenzen zukommen und die Schwerlöslichkeit eines Niederschlages auf das feste Zusammenhalten dieser Valenzen zurückzuführen ist, eine Annahme, die durch die Kristalluntersuchungen W. L. Braggs sehr gut gestützt wird. Nicht die Ionen im Lösungsmittel, sondern die Valenzbetätigung des Anions im festen Salz wird also nach dieser Theorie für die Adsorbierung verantwortlich gemacht und der Schluß gezogen, daß das Ausfallen unwägbarer Mengen von Radioelementen — ihr auffallend wohldefiniertes Verhalten unterhalb des Löslichkeitsproduktes — auf dieselben Kräfte zurückzuführen sei.

K. Fajans und F. Richter[15]) haben diese Ansicht durch zwei Versuche bestätigt und schließen sich ihr vollständig an. Sie änderten dementsprechend die zuerst von K. Fajans und P. Beer[6]) aufgestellte 3. Regel, um auszudrücken, daß es tatsächlich auf das Anion im Niederschlag, nicht auf die größere Annäherung an das Löslichkeitsprodukt ankommt: Ein Radioelement wird in um so höherem Grade von einem schwer löslichen Niederschlag mitgefällt, je weniger löslich seine Verbindung mit dem negativen Bestandteil des Niederschlages ist. Die quantitative Beziehung ist bisher jedoch nur im Fall sehr schwer und sehr leicht löslicher Salze bestätigt worden und es wurde deshalb die 3. Fällungsregel oben in etwas einfacherer Form gegeben.

Nach O. Hahn und L. Meitner[15]) behält die obige Fällungsregel nur ihre Gültigkeit, wenn die miteinander gefällten Substanzen ähnliche Kristallgitter haben.

K. Horovitz[5]) zeigte, daß an Kristallflächen vorwiegend jene Atome adsorbiert werden, deren Verbindung mit dem elektronegativen

Literatur zu VI, 1 siehe Seite 363.

Bestandteil des Kristallgitters schwer flüchtig ist. So adsorbiert Baryt und Bariumchromat sowie stark bleihaltige Zinkblende aus ThB—ThC-Dampf mehr ThB als ThC, da die entsprechenden Pb-Salze schwerer flüchtig sind als die Bi-Salze; und umgekehrt verhalten sich Magnetit, Nickeloxyd, Cadmiumoxyd, Quarz, da die entsprechenden Pb-Verbindungen zersetzlicher sind als die Bi-Verbindungen. Es ergibt sich auch eine Abhängigkeit von der Orientierung der Kristallflächen.

Wenngleich zu einer quantitativen Abscheidung eines Radioelementes Zufügung eines isotopen sich am besten eignet, wird man in vielen Fällen trachten, wenn letzteres selbst aktiv ist, diesen Zusatz zu vermeiden, um den Körper als „radioaktiv rein" zu gewinnen. Dann wählt man zweckmäßig bloß nahestehende, aber inaktive Elemente, auch wenn die Reaktionen damit nicht ganz so vollständig gelingen sollten. Solche nahestehende Elemente sind oben für die „neuen" Plejaden schon angeführt. Von den anderen Elementen kann Pb bei Sulfidfällung zweckmäßig z. B. durch Hg ersetzt werden, Thoriumelemente können mit Zr oder Cerisalzen abgeschieden werden usf. Diese sogenannten „Mitreißwirkungen", die sowohl Fällungen wie Adsorptionen sein können, lassen sich auf Grund der oben angeführten Theorie aus den bekannten chemischen Eigenschaften der Stoffe voraussagen: Oxyde werden jene Radioelemente stark mitreißen, deren Oxyde schwer löslich sind, Sulfate jene Radioelemente, von deren Sulfaten dasselbe gilt usw.; es kommt stets darauf an, daß die Valenzen des Anions im mitreißenden Stoff Neigung haben, das Radioelement an sich zu ketten, mit anderen Worten eine in dem betreffenden Lösungsmittel schwer lösliche Verbindung zu bilden. Ob der mitreißende Stoff erst in der Lösung gefällt oder auswärts hergestellt und nur in der Lösung geschüttelt wird, ist gleichgültig, da es nach der erwähnten Anschauung ja auf eine Valenzbetätigung des festen Salzes ankommt.

Unter geeigneten Bedingungen können Radioelemente auch kolloid werden; sie zeigen dann alle für Kolloide charakteristischen Erscheinungen: Unfähigkeit durch Pergament zu dialysieren, verlangsamte Diffusion, Änderung des Vorzeichens ihrer elektrischen Ladung bei Zusatz von Säuren, Basen, mehrwertigen Salzen oder Hydrosolen. Diese Eigenschaften wurden insbesondere von T. Godlewski und von F. Paneth studiert und können zu besonderen Abscheidungsverfahren führen[13]. Nach Versuchen von H. Leng,[13] ist es aber schwer zu entscheiden, ob statt der Kolloidbildung nicht oft spezifische Adsorptionserscheinungen hierbei maßgeblich sind.

Literatur zu VI, 1 siehe Seite 363.

Literatur zu VI, 1:

1) z. B. G. Rudorf, „Das periodische System" bei L. Voß (Hamburg-Leipzig) 1904; F. Soddy, The Chemistry of the Radioelements II, 10, 1914; W. D. Harkins und R. E. Hall, J. Am. chem. Soc. **38**, 169, 1916; W. D. Harkins, Washington Proc. **2**, 216, 1916; St. Meyer, Phys. Z. **19**, 178, 1918; N. Bohr, Drei Aufsätze über Spektren, Vieweg Braunschweig, S. 70, 1922; N. Bohr und D. Coster, Z. f. Phys. **12**, 342, 1923; F. Paneth, Z. f. angew. Chem. **36**, 407. 1923; Ergebn. d. exakt. Naturwiss. I. 362, 1922.

2) z. B. St. Meyer, Vierteljahrsber. d. Wien. Ver. z. Förd. d. phys.-chem. Unterr. **12**, 1, 1906; Ion. **1**, 249, 1909.

3) St. Meyer und E. v. Schweidler, Wien. Ber. **115**, 83, 1906; F. P. Venable, Science, **41**, 589, 1915.

4) D. Strömholm und T. Svedberg, Z. anorg. Chem. **61**, 338, **63**, 197, 1909; F. Soddy, The Chemistry of the Radioelements I, 1911; II, 1914; deutsche Ausgabe bei J. A. Barth, 1912; 1914; A. S. Russell, Chem. News **107**, 49, 1913; F. Soddy, Trans. Chem. Soc. **99**, 72, 1911; G. v. Hevesy, Z. Elektroch. **19**, 291, 1913; Phys. Z. **14**, 49, 1913; K. Fajans, Phys. Z. **14**, 134, 136, 1913; Ber. D. chem. Ges. **46**, 422, 1913; Le Rad. **10**, 57, 61, 171, 1913; A. Fleck, Trans. Chem. Soc. **103**, 381, 1052, 1913; Chem. Soc. London 23/I, 15/V, 1913; Chem. News **107**, 68, 95, 273, 1913; **108**, 175, 1913; F. Soddy, Jahrb. Rad. u. El. **10**, 188, 1913; Le Rad. **11**, 6, 1914; F. Paneth und G. v. Hevesy, Wien. Ber. **122**, 1037, 1913; P. Beer, Le Rad. **11**, 124, 1914; R. K. Strong, J. Amer. Chem. Soc. **43**, 440, 1921; A. Stolfi, Rend. Acad. Linc. (6) **2**, 195, 1925.

5) G. v. Hevesy, Z. Elektrochem. **18**, 546, 1912; **20**, 92, 1914; G. v. Hevesy und F. Paneth, Wien. Ber. **122**, 1001, 1913; Z. anorg. Chem. **82**, 323, 1913; G. v. Hevesy, Wien. Ber. **124**, 131, 1915; Phys. Z. **16**, 52, 1915; G. v. Hevesy und E. Róna, Z. phys. Chem. **89**, 294, 1915; G. v. Hevesy, Mitt. Ra-Inst. **115**, 132, Wien. Ber. **127**, 1787, 1918; **129**, 549, 1920; Z. Elektrochem. **26**, 363, 1920; Z. f. Phys. **2**, 148, 1920; kgl. Danske Videnskab. Selskab. Mat. fys. Medd. III. 12, 1921; Biochem. Journ. **17**, 439, 1923; Biochem. Ztsch. **173**, 175, 1926; G. v. Hevesy und J. Gróh, Ann. d. Phys. (4) **63**, 85, 1920; **65**, 216, 1921; G. v. Hevesy und L. Zechmeister, Ber. D. Chem. Ges. **53**, 410, 1920; F. Paneth, Z. Elektrochem. **28**, 113, 1922; Z. angew. Chem. **35**, 549, 1922; F. Paneth und W. Vorwerk, Z. phys. Chem. **101**, 445, 1922; K. Fajans und K. v. Beckerath, Z. phys. Chem. **97**, 478, 1921; O. Hahn, Z. Elektrochem. **29**, 189, 1923; Naturwiss. **12**, 1141, 1924; Ann. d. Chem. **440**, 121, 1924; K. Horovitz, Wien. Anz. **60**, 113, 1923; Wien. Ber. **132**, 375, 1923; I. A. Christiansen, G. v. Hevesy und S. Lomholt, C. R. **178**, 1324, 1924; **179**, 291, 1924; F. Paneth und W. Thimann, Ber. D. Chem. Ges. **57**, 1215, 1924; F. Paneth und A. Radu, Ber. D. Chem. Ges. **57**, 1221, 1924; G. v. Hevesy und A. Obrutsheva, Nature **115**, 674, 1924.

6) F. Paneth, Jahrb. Rad. u. El. **11**, 451, 1914; K. Fajans und P. Beer, Ber. D. Chem. Ges. **46**, 3486, 1913.

7) A. van den Broek, Phys. Z. **14**, 32, 1913; H. G. J. Moseley, Phil. Mag. (6) **27**, 703, 1914; I. Malmer, Phil. Mag. (6) **28**, 787, 1914; M. Siegbahn, Verh. D. Phys. Ges. **18**, 39, 1916; M. Siegbahn und E. Friman, Phys. Z. **17**, 17, 1916. M. Siegbahn und W. Stenström, Phys. Z. **17**, 48, 1916; M. Siegbahn, Verh. D. Phys. Ges. **18**, 150, 278, 1916; M. Siegbahn und E. Friman, Phys. Z. **17**, **61**, 176, 1916; Ann. d. Phys. (4) **49**, 611, 1916; H. Seemann, Ann. d. Phys. (4) **49**, 470, 1916; W. S. Gorton, Phys. Rev. (2) **7**, 203, 1916.

7a) Vgl. N. Bohr, Naturwiss. **11**, 623, 1923; D. Coster, Naturwiss. **11**, 575, 1923;

7b) M. Born und A. Landé, Naturwiss. **6**, 496, 1918; M. Born, Verh. D. phys. Ges. **21**, 13, 1919; A. Landé, Berlin Sitzber. 101, 1919.

7c) H. A. Kramers, Naturwiss. **11**, 550, 1923;.

7d) A. Dauvillier, C. R. **178**, 476, 1924; L. de Broglie und A. Dauvillier J. de phys. (6) **5**, 1, 1924; E. C. Stoner, Phil. Mag. (6) **48**, 719, 1924; W. Pauli jr., Z. f. Phys. **31**, 765, 1925; A. Landé, Naturwiss. **13**, 604, 1925; A. Sommerfeld, Atombau und Spektrallinien 4. Aufl. 1924; Scientia **39**, 9, 1926; J. D. Main Smith, Phil. Mag. (6) **50**, 878, 1925: R. Swinne, Wiss. Veröff. Siemens-Konzern V, 80, 1926; Z. f. techn. Phys. **7**, 166, 205, 1926.

8) O. Hönigschmid und St. Horovitz, (E. Haschek), Wien. Ber. **123**, 2428, 1914; F. Exner und E. Haschek, Wien. Ber. **121**, 1075, 1912; A. S. Russell und R. Rossi, Proc. Roy. Soc. (A) **87**, 478, 1912; T. W. Richards und M. E. Lembert, Z. anorg. Chem. **88**, 429, 1924; F. Soddy und H. Hyman, J. Chem. Soc. **15**, 1402, 1914; O. Hönigschmid, Z. Elektrochem. **22**, 18, 1916; derselbe und St. Horovitz, Mitt. Ra-Inst. 87, Wien. Ber. **125**, 179, 1916. (Vgl. auch R. Grassmann, Das Weltbild oder die Metaphysik, 1881, Stettin, zitiert bei E. O. v. Lippmann, Z. phys. Chem. **119**, 275, 1926.)

9) F. Paneth, Jahrb. Rad. u. El. **11**, 451, 1914; K. Horovitz und F. Paneth, Wien. Ber. **123**, 1819, 1914; Z. phys. Chem. **89**, 513, 1915; F. Paneth, Wien. Ber. **123**, 2349, 1914; Phys. Z. **15**, 924, 1914; H. Freundlich, W. Neumann und H. Kaempfer, Phys. Z. **15**, 537, 1914; J. St. Woytaszewski, Diss. Freiburg (Schweiz) 1913; H. Freundlich und H. Kaempfer, Elster-Geitel-Festschrift, 16, 1915; Z. phys. Chem. **90**, 681, 1915.

10) Z. Klemensiewicz, C. R. **158**, 1889, 1914; G. v. Hevesy und F. Paneth, Wien. Ber. **123**, 1909, 1914; G. v. Hevesy und F. Paneth, Wien. Ber. **124**, 381, 1915.

11) G. v. Hevesy und F. Paneth, Wien. Ber. **123**, 1909, 1914; Phys. Z. **15**, 797, 1914; **16**, 45, 1915; Wien. Ber. **124**, 381, 1915; K. Fajans, Phys. Z. **15**, 935, 1914; **17**, 1, 1916; G. v. Hevesy und F. Paneth, Phys. Z. **17**, 4, 1916; H. Lachs, M. Nadratowska und L. Wertenstein, Warschau Ber. **9**, 625, 1916.

11a) A. Eilert, O. Hönigschmid, Verh. D. phys. Ges. (3) **5**, 11, 1924.

11b) J. E. G. Pilley, Phil. Mag. (6) **49**, 889, 1925; J. Kendall und J. F. White, Chem. News **130**, 21, 1925.

12) St. Meyer, Wien. Ber. **124**, 187, 1915; Elster-Geitel-Festschr. 146, 1915.

13) F. Paneth, Wien. Ber. **121**, 2193, 1912; **122**, 1079, 1637, 1913; Kolloid Z. **13**, 1, 297, 1913; T. Godlewski, Phil. Mag. (6) **27**, 618, 1914; Le Rad. **10**, 250, 1913; Kolloid Z. **14**, 229, 1914; Bull. Acad. Cracovie Juni 1913, Jänner 1914; Wien. Anz. 14. Oktober 1915; H. Leng, Diss. Wien 1926.

14) St. Meyer, Wien. Ber. **124**, 249, 1915; Elster-Geitel-Festschr. 150, 1915.

15) K. Fajans und F. Richter, Ber. D. Chem. Ges. **48**, 700, 1915; O. Hahn u. L. Meitner, Naturw. **13**, 1064, 1925.

16) F. A. Lindemann, Nature **95**, 7, 1915; K. Fajans, Elster-Geitel-Festschr. 623, 1915.

17) K. Fajans, Phys. Z. **16**, 456, 1915; F. Paneth, Z. phys. Chem. **91**, 171, 1916.

18) F. W. Aston, Phil. Mag. (6) **38**, 707, 1919; **39**, 449, 1920; **40**, 628, 1920; **42**, 140, 436, 1921; **43**, 514, 1922; **45**, 934, 1923; **47**, 385, 1924; **49**, 1191, 1925; Proc. Roy. Soc. (A) **103**, 462, 1923; Nature **113**, 192, 856, 1924; **114**, 273, 717, 1924; **116**, 208, 902, 1925; **117**, 893, 1926; Isotopes, bei Edw. Arnold u. Cie., London 1922 2. Aufl. 1925; deutsch von E. Norst-Rubinowicz, bei S. Hirzel, Leipzig, 1923;

F. W. Aston und G. P. Thomson, Nature **106**, 827, 1921; G. P. Thomson, Nature **107**, 395, 1921; Phil. Mag. (6) **42**, 857, 1921; A. J. Dempster, Phys. Rev. (2) **11**, 316, 1918; **17**, 427, 1921; **18**, 415, 1921; **19**, 271, 431, 1922; **20**, 631, 1922; **21**, 209, 1923; Washington Proc. **7**, 45, 1921; J. C. Mc Lennan und D. S. Ainslie, Nature **109**, 699, 1922; A. van den Broek, Phys. Z. **21**, 337, 1920; R. Mecke, Naturwiss. **11**, 888, 1923; J. W. Nicholson, Sc. Abstr. **25**, 879, 1922; J. C. Mc Lennan, D. S. Ainslie und F. M. Cale, Proc. Roy. Soc. (A) **101**, 304; **102**, 33, 1922; A. L. Narayan, Nature **112**, 651, 1923; G. P. Baxter, P. F. Weatherill und E. W. Scripture jr., Proc. Am. Ac. Arts and Science **58**, 243, 1923; J. L. Costa, C. R. **180**. 1661, 1925; **181**, 513, 1925; M. Morand, C. R. **182**. 460, 1926.

19) F. Paneth, Z. phys. Chem. **91**, 171, 1916; **92**, 677, 1917; **93**, 86, 1918; Naturwiss. **6**, 646, 1918; **8**, 839, 1920; K. Fajans, Jahrb. Rad. u. El. **14**, 314, 1917; **15**, 101, 1918; Naturwiss. **6**, 751, 1918; Radioaktivität, Sammlung Vieweg Heft 45, IV Aufl. S. VII, 1922; O. Stern, Z. Elektrochem. **24**, 377, 1918; H. Remy, Naturwiss. **6**, 525, 1918; R. Wegscheider, Z. phys. Chem. **92**, 741, 1918; **93**, 380, 1919.

20) I. Curie, C. R. **172**, 1025, 1921; E. Gleditsch und B. Samsdahl, C. R. **174**, 746, 1922; Archiv f. Math. og Naturvidensk. **38**, Nr. 7, 1923; M. Dorenfeldt, J. Am. chem. Soc. **45**, 1577, 1923; J. N. Brönsted und G. v. Hevesy, Nature **109**, 780, 1922; Z. anorg. Chem. **124**, 22, 1922; F. M. Jaeger und D. W. Dijkstra, Amsterdam Proc. **27**, 393, 1924; Z. anorg. Chem. **143**, 233, 1925; W. D. Harkins und S. B. Stone, Nature **116**, 426, 1925; Washington Proc. **11**, 643, 1925; Phys. Rev. (2) **27**, 117, 1926; W. C. Alan, Nature **116**, 643, 1925; H. V. A. Briscoe und P. L. Robinson, Nature **117**, 377, 1926.

21) F. Soddy, Nature **94**, 615, 1915; **107**, 41, 1921.

22) F. A. Lindemann, Nature **95**, 7, 1915; K. Fajans, Elster-Geitel-Festschrift 623, 1915; T. W. Richards und N. F. Hall, Science **47**, 1, 1919; M. Lembert, Z. Elektrochem. **26**, 59, 1920.

23) H. Kamerlingh Onnes, Leiden Comm. Suppl. **44**, 35, 1921; Comm. **160**, 11, 1923; Amsterdam Proc. **25**, 451, 1923.

24) P. W. Bridgman, Washington Proc. **5**, 351, 1919; W. Jaeger und H. v. Steinwehr, Z. f. Phys. **7**, 111, 1920.

25) E. Rutherford und E. N. da C. Andrade, Phil. Mag. (6) **27**, 854, 1914; M. Siegbahn, Naturwiss. **5**, 532, 1917; M. Siegbahn und W. Stenström, Phys. Z. **18**, 547, 1917; W. Duane und T. Shimizu, Washington Proc. **5**, 198, 1919; C. D. Cooksey und D. Cooksey, Phys. Rev. (2) **16**, 327, 1920; Naturwiss. **9**, 514, 1921.

26) T. W. Richards und W. C. Schumb, J. Amer. chem. Soc. **40**, 1403, 1918.

27) T. W. Richards und N. F. Hall, Washington Proc. **3**, 339, 1917; Nature **99**, 400, 1917; Chem. News **115**, 28, 294, 1917; F. Soddy, J. Amer. Chem. Soc. **39**, 1614, 1917; H. Lachs und M. Nadratowska, Warschau Ber. **9**, 670, 1917; C. Staehling, C. R. **169**, 1036, 1919; J. Joly und J. H. J. Poole, Phil. Mag. (6) **39**, 372, 1920; G. v. Hevesy, Verh. D. phys. Ges. **1**, 47, 1920; H. Hartley, A. O. Ponder, E. J. Bowen und T. R. Merton, Phil. Mag. (6) **43**, 430, 1922; E. B. Ludlam, Cambridge Proc. **21**, 45, 1922; R. S. Mulliken, J. Amer. Chem. Soc. **44**, 1033, 1922; J. Kendall und J. F. White, Washington Proc. **10**, 458, 1924; H. Brennen, C. R. **180**, 282, 1925: Thèses 1857 Paris 1925.

28) F. A. Lindemann, Nature **95**, 7, 1915; Phil. Mag. (6) **38**, 173, 1919; F. A. Lindemann und F. W. Aston, Phil. Mag. (6) **37**, 523, 1919; S. Chapman,

Phil. Mag. (6) **38**, 182, 1919; R. Brunetti, N. Cimento **1**, 185, 1924; E. Schrödinger, Z. f. Phys. **5**, 163, 1921; T. R. Merton und H. Hartley, Nature **105**, 104, 1920; F. Soddy, Nature **105**, 516, 643, 1920; A. Fleck, Nature **104**, 565, 1920; J. W. Nicholson, Nature, **110**, 37, 1922; P. Ehrenfest und N. Bohr, Nature **109**, 745, 1922; J. Kendall und E. D. Crittenden, Washington Proc. **9**, 75, 1923.

29) W. D. Harkins und L. Aronberg, Washington Proc. **3**, 710, 1917; J. Amer. Chem. Soc. **42**, 1328, 1920; L. Aronberg, Astrophys. J. **47**, 96, 1918; T. R. Merton, Nature **104**, 93, 406, 1919; **108**, 356, 1921; Proc. Roy. Soc. (A) **96**, 388, 1920; **100**, 84, 1921; L. Grebe und H. Konen, Phys. Z. **22**, 546, 1921; E. S. Imes, Astrophys. J. **50**, 251, 1919; A. Kratzer, Z. f. Phys. **3**, 460, 1920; **4**, 476, 1921; F. W. Loomis, Astrophys. J. **52**, 248, 1920; Phys. Rev. (2) **17**, 436, 1921; A. E. Haas, Z. f. Phys. **4**, 68, 1921; A. L. Narayan, Nature **112**, 651, 1923; P. Das, Calcutta Mat. Soc. Bull. **13**, 183, 1923; R. S. Mulliken, Nature **113**, 423, 489, 820, 1924; Phys. Rev. (2) **25**, 119, 259, 1925; **26**, 1, 1925; H. Nagaoka, Y. Sugiura und T. Michima, Nature **113**, 459, 532, 567, 1924; C. Runge, Nature, **113**, 781, 1924; H. Nagaoka, Nature **114**, 245, 1924; B. Perrette, C. R. **180**, 1589, 1925; E. S. Bieler, Nature **115**, 980, 1925. G, Joos, Phys. Z. **26**. 357, 1925; W. Jevons, Proc. Roy. Soc. (A) **110**, 365, 1926; F. A. Jenkins, Nature **117**, 893, 1926.

30) J. N. Brönsted und G. v. Hevesy, Nature **106**, 144, 1920; **107**, 619, 1921; **109**, 780, 1922; Z. phys. Chem. **99**, 189, 1921; Phil.. Mag. (6) **43**, 31, 1922; J. Perrin und G. Urbain, Inst. Solvay 1922, bei Gauther-Villars, Paris, 1925; W. D. Harkins, Nature **108**, 209, 1921; Science (N. S.) **54**, 359, 1921; W. D. Harkins und A. Hayes, J. Amer. Chem. Soc. **43**, 1803, 1921; Phys. Rev. (2) **19**, 403, 1922; W. D. Harkins und R. S. Mulliken, Phys. Rev. (2) **17**, 386, 1921; **19**, 444, 1922; J. Amer. Chem. Soc. **44**, 37, 1922; **45**, 1592, 1923; W. D. Harkins und S. L. Madorsky, Nature **111**, 148, 1923; J. Amer. Chem. Soc. **45**, 591, 1923; Phys. Rev. (2) **21**, 385, 1923; D. L. Chapman, Nature **105**, 487, 611, 1920; **106**, 9, 1920; A. F. Core, Nature **105**, 582, 1920; M. Ishino, Nature **110**, 647, 1922; A. C. Egerton, Nature **110**, 773, 1922; Proc. Roy. Soc. (A) **103**, 469, 1923; A. C. Egerton und W. B. Lee, Proc. Roy. Soc. (A) **103**, 499, 1923; R. S. Mulliken, Phys. Rev. (2) **21**, 386, 1923; O. Hönigschmid und L. Birkenbach, Ber. D. Chem. Ges. **56**, 1212, 1219, 1923; W. D. Harkins und T. H. Liggitt, J. phys. chem. **28**, 74, 1924; W. D. Harkins, Washington Proc. **11**, 624, 1925; W. D. Harkins und F. A. Jenkins, J. Am. chem. Soc. Jänner 1926.

31) E. Kohlweiler, Z. phys. Chem. **95**, 95, 1920; **101**, 218, 1922; T. Dillon, R. Clarke und V. M. Hinchy, Nature **110**, 162, 430, 1922; Dublin Proc. **17**, 53, 1922; T. H. Laby und W. Mepham, Nature **109**, 206, 1922; A. Eilert, Verh. D. Phys. Ges. (3) **4**, 5, 1923; **5**, 11, 1924; B. L. Vanzetti, Gazz. chim. ital. **54**, 89, 1913; R. H. Atkinson, Nature **113**, 495, 1924; J. Sameshima, K. Aihara und T. Shirai, Sc. Rep. Tohoku Imp. Univ. **12**, 149, 1923.

32) St. Meyer, Mitt. Ra-Inst. 111, Wien. Ber. **127**, 1283, 1918; Z. phys. Chem. **95**, 407, 1920; Phys. Z. **26**, 51, 1925; R. Swinne, Z. Elektrochem. **31**, 417, 1925.

33) J. H. Vincent, Proc. Roy. Soc. London, **32**, 271, 1919; G. Kirsch, Phys. Z. **21**, 455, 1920; **22**, 20, 1921; A. van den Broek, Phys. Z. **22**, 165, 1921; M. C. Neuburger, Z. phys. Chem. **99**, 1, 161, 168, 321, 327, 454, 1921; Nature **108**, 180, 1921; Phys. Z. **23**, 133, 145, 1922; Ann. d. Phys. (4) **70**, 139, 1923; F. E. Woloschin, Zvlastni otisk z Časopisu pro p stováni mat. a. fys. **52**, 1923; J. W. Nicholson, Phil. Mag. (6) **45**, 801, 1923; A. S. Russell, Nature **112**,

588, 619, 1923; H. Collins, Chem. News **127**, 52, 1923; W. D. Harkins, J. Amer. Chem. Soc. **39**, 856, 1917; **42**, 1956, 1920; **43**, 1038, 1921; **45**,1426, 1923; Phys. Rev. (2) **15**, 73, 141, 1920; **21**, 711, 1923; W. D. Harkins und S. L. Madorsky, Phys. Rev. (2) **19**, 135, 1922; R. v. Mises, Phys. Z. **19**, 490, 1918; O. Stern und M. Volmer, Ann. d. Phys. (4) **59**, 225, 1919; S. H. C. Briggs, Phil. Mag. (6) **42**, 448, 1921; F. Urbach, Phys. Z. **22**, 114, 1921; A. S. Russell und W. P. Widdowson, Phil. Mag. (6) **48**, 293, 1924; A. S. Russell, Phil. Mag. (6) **48**, 365, 1924.

34) St. Meyer, Mitt. Ra-Inst. 77, Wien. Ber. **124**, 187, 1915; Elster-Geitel-Festschrift S. 146, 1915; Naturwiss. 8, 284, 1920; Mitt. Ra-Inst. 171, Wien. Ber. **133**, 491, 1924; Phys. Z. **26**, 51, 478, 1925; R. Ladenburg, Naturwiss. **8**, 5, 1920; Z. Elektrochem. **26**, 262, 1920; Naturwiss. **12**, 248, 1924.

35) F. Soddy, Nature **99**, 414, 433, 1917; **112**, 208, 1923; Chem. Soc. London **115**, 19. XII. 1918; Inst. Solvay 1922, bei Gauthin-Villars 1925; R. Brunetti, Nuov. Cim. (6) **22**, 5, 216, 1921; Maur. Curie, Rev. gén. des Sciences, **34**, 576, 1923; M. Curie, J. de phys. (6) **4**, 381, 1924; A. Damiens, Les isotopes, Paris bei Gauthier-Villars 1923; E. Gleditsch, Skrift. Norske Vidensk. Akad. (I) Nr. 23, 1925; M. Curie, L'Isotopie et les éléments isotopes, Paris, 1924, Blanchard; F. Paneth, Handb. d. Phys. XXII. Kap. 6, Berlin, 1926, J. Springer.

36) W. Noddack und I. Tacke; O. Berg und I. Tacke, Naturwiss. **13**, 567, 1925; O. Berg, Z. techn. Phys. **6**, 11, 1925; J. A. Harris, L. F. Yntema und B. S. Hopkins, Nature **117**, 792, 1926.

Zusammenfassender Bericht: E. Rutherford, Naturwiss. **12**, 1, 1924.

2. Uran. 1. Entdeckung. Uran wurde im Jahre 1799 zuerst von W. H. Klaproth (als Oxydul) aus Pecherz und Uranglimmer isoliert und erhielt seinen Namen nach dem Planeten Uranus. Im Jahre 1840 wurde von E. M. Péligot erkannt, daß das bis dahin für das Metall gehaltene Produkt Sauerstoff enthalte, und reines Uran dargestellt (angenommenes Atomgewicht = 120 für die vermutete Zusammensetzung UO). Im Jahre 1872 hat D. Mendelejeff das Atomgewicht mit 240 festgesetzt.

Bis 1913 waren die verläßlichsten Atomgewichtsbestimmungen diejenigen von T. W. Richards und B. S. Merigold mit 238,4*) und von P. Lebeau[1]) zu 238,5.

In den Jahren 1913/1914 hat dann O. Hönigschmid[2]) in besonders sorgfältiger Durchführung durch Präzisionsbestimmungen an UBr_4 erweisen können, daß das Atomgewicht nicht kleiner als 238,08 und nicht größer als 238,18 sein kann, wobei er letzteren Wert als den wahrscheinlicheren angibt. Im Jahre 1915 hat er weiter gemeinsam mit St. Horovitz[2a]) gezeigt, daß kein Unterschied in dem angegebenen Atomgewicht zu finden ist, wenn statt der St. Joachimstaler

Literatur zu VI, 2 siehe Seite 382.

*) Von diesen Autoren mit 238,53 angegeben, was sich unter Zugrundelegung der neueren Werte für Ag = 107,88 und Br = 79,916 auf 238,44 reduziert.

Pechblende kristallisiertes Erz aus Morogoro, das rund $4 \cdot 10^8$ Jahre älter ist als ersteres, als Ausgangsmaterial genommen wurde.

Metallisches Uran erhält man als grauschwarzes Pulver oder geschmolzen als silberglänzende, nahezu stahlharte Masse. Spezifisches Gewicht (bei 24° C) = 18,685.

2. Vorkommen[3]). Im folgenden ist ein Verzeichnis der uranreichen Mineralien gegeben. Es sei dabei betont, daß auch die Thoriumminerallien zumeist Uran enthalten und auf den Abschnitt VI, 10, S. 493 zur Ergänzung hingewiesen.

Oxyde: teils sich der Oxydform UO_2 (Ulrichit) nähernd, z. B. kristallisiertes Vorkommen als Morogoroerz[3a]), Bröggerit, zum Teil Cleveit und Nivenit; meist nicht kristallisierend als spaltenfüllend im Gestein, zuweilen nierenförmiger Struktur, angenähert U_2O_5 oder U_3O_8: Uranin, Uranpecherz ode rPechblende, Nasturan, Uraninit (50—80% U, 0—10% Th, neben U_3O_8 enthaltend: SiO_2, Fe, Ca, Mg, Sb, As, V, Cu, Tl, Pb, Bi, seltene Erden); verwandt: Thoruranit, Corazit, Uranospinit, Pittinit.

Hydratische Zersetzungsprodukte:
Gummit, Eliasit, Uranosphärit [$(BiO)_2\ U_2O_7 + 3H_2O$], Pilbarit (31,3 ThO_2; 29 UO_3;13 SiO_2; 17 PbO, 8% H_2O); Becquerelit ($UO_3 \cdot 2\,H_2O$); Bleiuranate vom Belgisch-Kongo; Curit, ($2\,PbO \cdot 5UO_3 \cdot 4\,H_2O$); Kasolit.

Sulfate: Johannit, Uranvitrol, Uraconit, Zipperit, Medjidit, Uranochalcit, Uranophylit, Voglianit.

Phosphate: Uranit, Kalkuranglimmer, Autunit [$Ca(UO_2)_2P_2O_8 + 8H_2O$], Uranocircit (46% U) [$Ba(UO_2)_2P_2O_8 + 8H_2O$]; Fritzscheit = Manganuranit [$Mn(UO_2)_2P_2O_8 + 8H_2O$]; Cuprouranit, Torbernit und Chalkolith (ca. 50% U) [$Cu(UO_2)_2P_2O_8 + 11{,}5H_2O$]; Phosphoruranylit = Uranylphosphat (ca. 60% U) Xenotim, Castelnaudit, Stasit, Dewindtit, Dumontit (Belgisch-Kongo) nach A. Schoep $2PbO \cdot 3UO_3 \cdot P_2O_5 \cdot 5H_2O$; Parsonsit. Spanisches Uranphosphat nach F. Diaz de Rada $(PO_4)(UO_2)_2\,Cu \cdot 10H_2O$.

Arsenate: Trögerit, Walpurgin [$Bi_{10}(UO_2)_3(OH)_{24}(AsO_4)_4$]; Uranospinit (49% U) [$Ca(UO_2)_2As_2O_8 + 8H_2O$]; Zeunerit (ca. 50% U) [$Cu(UO_2)_2As_2O_8 + 8H_2O$].

Vanadate: Carnotit (ca. 50%) [$K_2O.\ 2(U_2O_3)\ V_2O_5 + 3H_2O$]; Ferghanit (77% UO_3; 18% V_2O_5), Tuyamunit, (60% $UO_3 \cdot 26$% V_2O_5).

Niobate, Tantalate und Titanate: Pyrochlor, Plumboniobit (Yttriumuranoniobat), Blomstrandin, Priorit, Hatchettolith, Samarskit, Annerodit, Nohlit, Fergusonit (Rutherfordit), Yttrotantalit, Hjelmit, Kochelit, Polykras, Mikrolith, Yttrocasit, Ampangabeit, Euxenit, Koppit, Blomstrandit, Betafit, Katafit, Samiresit aus Madagaskar, Mendelejevit aus Transbaikalien, Wijkit und Loranskit.

Urancalciumcarbonate: Uranothallit [$U(CO_3)_2 + 2CaCO_3 + 10H_2O$]; Liebigit [$CaCO_3(UO_2)CO_3 + 20H_2O$]; Voglit, Rutherfordin[3a]), Randit.

Uransilicate: Uranophan [$CaU_2Si_2O_{11} + 6H_2O$] = Uranotil, Gadolinit, Rowlandit, Pillinit [$(Pb,Ca,Ba)\ U_3SiO_{12} + 6H_2O$], Naegit, Sklodowskit ($MgO \cdot 2UO_3 \cdot 2SiO_2 \cdot 7H_2O$); Soddit ($12UO_3 \cdot 5SiO_2 \cdot 14H_2O$); Lambertit [$CaO(UO_3)_2(SiO_2) \cdot 6H_2O$].

Uranführende Kohle: Kolm (ca. 1,8% U).

Literatur zu VI, 2 siehe Seite 382.

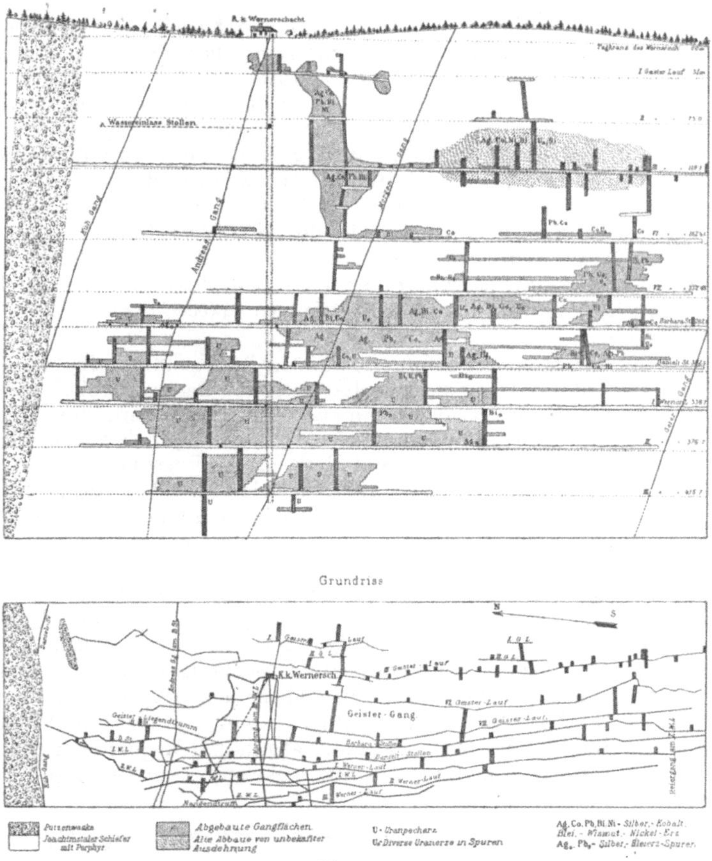

Fig. 99.

Die Gruben von St. Joachimstal nach der Skizze von F. Becke und J Stěp

Die im Handel erhältlichen Uranfarben haben nach Angabe der Hütte in St. Joachimstal:

Uranlicht I.	80—82% U_3O_8 oder	68—69,6% U
Uranlicht II.	71—73	60,3—62
Orange	79—81	67—68,8
Uranoxydnatron (Hochorange)	84—85	71,3—72,2
Uranoxydkali	82—83	69,6—70,5
Uranoxydammonhydrat	83—84	70,5—71,3
Uranprotoxyd (Schwarz)	100—101	84,9—85,8
Uranylnitrat	56	47,5

Das ausgiebigste europäische Vorkommen ist dasjenige von St. Joachimstal in Böhmen[4]), wo das Uran in Form des Uranpecherzes, auch Pecherz*) schlechthin,

Literatur zu VI, 2 siehe Seite 382.

*) Analysen vergl. z. B. bei A. Becker und P. Jannasch sowie C. Ulrich[50]).

Pechblende, Schwarzuranerz, Uraninit, genannt, vorkommt. Im Gegensatz zu anderen Fundorten (z. B. Schweden, Afrika), hat man es in St. Joachimstal noch niemals in kristallisierter Form angetroffen. Das dort vorherrschende Gestein ist der Glimmerschiefer. Derselbe wird durch zahlreiche Porphyrgänge, Basaltkuppen und Basaltgänge, ferner durch Kalkeinlagerung unterbrochen. Charakteristisch ist es nach F. Becke und J. Stèp[4]), daß man das Uranpecherz nur in solchen Gangpartien antrifft, die im Schiefer oder am Kontakt des Schiefers mit dem Porphyr streichen, und zwar immer in Gesellschaft von Quarz und einem braunroten Dolomit, in der Altersfolge: Quarz, Uranpecherz, Dolomit. Das Uranpecherz bricht meistens nur in dünnen Schnüren oder in einzelnen linsenförmigen, nierenförmigen oder unregelmäßigen, selten über ein Dezimeter mächtigen Nestern ein. Doch kommen zuweilen auch derbere Stücke bis zu 50 kg vor.

Es mag hier darauf verwiesen werden, daß der Bergbau in St. Joachimstal (im Anfang des XVI. Jahrh.) als Silberbergbau begann. Das sehr reiche Silbervorkommen ist durch die silbernen Joachimstaler Guldengroschen, die „Joachimstaler", später kurzweg „Taler", bekannt, ein Wort, das auch in den amerikanischen „Dollar" überging, ohne daß man gewöhnlich an den kleinen böhmischen Ort des Erzgebirges denkt, aus dem es entstammt. Nachdem das Silber größtenteils abgebaut war, wendete man sich (1. Hälfte des XIX. Jahrh.) der Bleigewinnung zu. Als auch dieses zu Ende ging, begannen 1853 die systematischen Gewinnungen von Uranerzen (A. Patera). Die Reihenfolge des Vorkommens gegen die Tiefe ist offenbar keine zufällige. Wir halten derzeit einen genetischen Zusammenhang zwischen Uran und gewissen Bleisorten für sichergestellt. Daß aber das — nicht nur hier, sondern in allen Silberbergwerken bekannte — vergesellschaftete Vorkommen von gewöhnlichem Blei und Silber und den sonstigen noch vorkommenden Elementen auf einen genetischen Zusammenhang auch dieser Stoffe hinweise, erscheint unwahrscheinlich; vielmehr dürfte dieses gemeinsame Vorkommen durch gesetzmäßige Ausscheidung aus einem allgemeinen Magma (bei den gesetzmäßig sich ändernden Temperatur- und Druckverhältnissen während der Abscheidung) verständlich zu machen sein.

3. Die Frage der Einheitlichkeit des Urans. Das Uran nimmt unter allen Elementen eine besondere Stellung ein, erstens dadurch, daß ihm das höchste bisher bekannte Atomgewicht zukommt, zweitens durch die ungewöhnlich große Anzahl von Linien seines Spektrums. Nach F. Exner und E. Haschek sind im Bogenspektrum 4940, im Funkenspektrum 5655 Linien gemessen worden[5]). (Das Element mit der nächstgrößten Linienzahl, W, hat nur mehr 3254 Linien im Bogenspektrum, 3912 im Funkenspektrum.)

Die Vermutung, daß Uran kein einheitliches Element sei, sondern — entsprechend seiner enormen Linienzahl — sich noch in Bestandteile werde zerlegen lassen, schien zunächst in seinem radioaktiven Verhalten eine Stütze zu finden (vgl. aber S. 355, 371, 373).

Im Jahre 1900 gelang es W. Crookes[6]) den „radioaktiven" d. h. richtiger den β-strahlenden (durch Papier usw. hindurch photogra-

---

Literatur zu VI, 2 siehe Seite 382.

phisch wirksamen) Teil des Urans abzutrennen. Der an minimalen Spuren uranfreier Substanz haftende hochaktive Bestandteil erhielt von ihm den Namen UX.

Die Lebensdauer des UX ist aber relativ kurz ($T = 23{,}8$ Tage) gegenüber der des „Urans" selbst, so daß, wie aus den folgenden Daten sich berechnen läßt, die zu der Gewichtseinheit des „Urans" im Gleichgewicht befindliche Menge des UX nur von der Größenordnung $1{,}5 \cdot 10^{-11}$ ist; es kann also weder im Atomgewicht noch im Spektrum sich merklich machen.

4. Strahlung des „Urans". Das von UX befreite Uran sendet bloß α-Strahlen aus.

Nach den Messungen H. N. Mc Coys[7]) und seiner Mitarbeiter unterhält die α-Strahlung einer α-satten*) Schicht von reinem U_3O_8 einseitig gerichtet pro 1 cm^2 einen Strom von $1{,}74 \,.\, 10^{-3}$ stat. Einh. ($5{,}79 \cdot 10^{-13}$ Ampere). Spätere Messungen ergaben nahezu identisch $1{,}73 \cdot 10^{-3}$ stat. Einh. ($5{,}78 \cdot 10^{-13}$ Ampere).[8])

Für dünnere Schichten gilt mit Annäherung die Beziehung $J = J_\alpha (1 - e^{-kg})$, worin J_α den Stromwert α-satter Schicht, g das Gewicht, k eine Konstante bedeuten. Den Strom, den die betreffende Substanz in unendlich dünner Schicht einseitig gerichtet durch seine α-Strahlung unterhalten könnte, findet man daraus, indem man die Tangente obiger Kurve für $g = 0$ bestimmt.

Die Gesamt-α-Strahlung von 1 g Uran unterhält in unendlich dünner Schicht (allseitig ausgenützt) einen Strom von 1,37 stat. Einh. ($4{,}57 \cdot 10^{-10}$ Ampere) (vgl. S. 271 und 373).

Es sei bemerkt, daß diese Stromwerte nur für „praktische Sättigung" gelten, wie sie bei normalen Drucken und bei Feldstärken, die gewöhnlich zwischen 10 und 100 Volt/cm liegen, erreicht wird. Nach den Angaben M. Moulins[9]) ist man hierbei von der absoluten Sättigung noch um mehrere Prozent entfernt, und wie S. 272 auseinandergesetzt ist, läßt sich für den Gesamtstrom, wenn $Ra/U = 3{,}4 \,.\, 10^{-7}$ gilt, $i = 1{,}47$ stat. Einh. (für $Ra/U = 3{,}3 \,.\, 10^{-7}$, $i = 1{,}42$ stat. Einh.) berechnen.

Die α-Strahlenabsorption läßt sich durch die Reichweite R oder den extrapolierten Wert des Absorptionskoeffizienten für die Schichtdicke $x = 0$ definieren.[10]) Für den letzteren Wert wurde $\mu_0 = 3100\ cm^{-1}$ Aluminium angegeben, was in Luft etwa $R = 1{,}6$ bis 1,8 cm entspricht.

W. H. Bragg gab $R = 3{,}23$ cm Luft an; H. N. Mc Coy und W. H. Ross fanden 3,4 cm; T. H. Laby fand weniger als 3 cm, L. Bloch 3,5 cm; E. Rutherford und H. Geiger erhielten nach der Szintillationsmethode 2,7 cm; A. Foch fand ebenso bei variierendem Druck, extrapoliert auf Normaldruck 2,68 cm; (seine Kurve zeigt eine auffallende Knickung, die sich aus der Superposition einer Strahlung mit der Reichweite 2,7 cm und einer solchen von $R = 1{,}7$ cm deuten ließe). F. Friedmann gibt die beiden Reichweiten 1,6 cm und

Literatur zu VI, 2 siehe Seite 382.

*) (d. h. so dicken Schicht, daß aus größerer Tiefe kommende α-Partikeln völlig in der Schicht selbst absorbiert werden und nichts weiter zum Strom beitragen, was für Uranoyxd bei einer Schicht von etwa 0,02 g pro cm^2 erreicht ist).

2,7 cm bei Zimmertemperatur an; endlich haben H. Geiger und J. M. Nuttall die beiden Reichweiten 2,5 cm und 2,9 cm bei 15° C bestimmt, konnten jedoch keine Anzeichen für die Existenz der kleinen Reichweite von 1,6 cm entdecken. Da zu kleine Reichweiten bei verschiedenen Meßmethoden leicht durch nicht „unendlich dünne" Schichten der Substanz vorgetäuscht werden können, muß die kleine Reichweite als ungesichert betrachtet werden.*)

5. Uran I und Uran II. H. N. Mc Coy und W. H. Ross, sowie B. B. Boltwood[11]) haben zuerst die Vermutung ausgesprochen, daß Uran zwei α-Partikeln emittiere, während die Radiumzerfallsprodukte im Gleichgewicht nur je eine aussenden, und letzterer hat diese Annahme insbesondere durch die von ihm bestimmten relativen Aktivitäten in Uranmineralien gestützt**). H. Geiger und E. Rutherford[12]) konnten dies auf Grund von Szintillationsbeobachtungen bestätigen. Dabei war es entweder möglich, daß dies seine Ursache in der Existenz zweier Folgeprodukte habe, oder daß jedes zerfallende Uranatom immer gleichzeitig 2 α-Partikeln verliere. E. Marsden und T. Barratt[13]) konnten aber in ihren Szintillationsbeobachtungen für die letztere Annahme keine Stütze finden. Es verblieb demnach als wahrscheinlicher, daß zwei sukzessive Produkte, beide von langer Lebensdauer, als Komponenten des Urans existieren.

Anhaltspunkte für die Ermittelung dieser Lebensdauern bringen die Untersuchungen von H. Geiger und J. M. Nuttall[14]). Während nämlich z. B. Polonium und Ionium vollständig konform verlaufende Ionisationskurven liefern, zeigt die Gestalt der entsprechenden Kurve für das Uran einen verflachten Verlauf. Dieser läßt sich nun genau auf die den anderen Substanzen gemeinsame Form bringen, wenn man die Superposition zweier α-Strahler annimmt: U_I und U_{II}, denen in Luft bei Atmosphärendruck und 0° Reichweiten von $2{,}5_3$ und $2{,}9_1$ cm zugehören. Aus den von Geiger und Nuttall[15]) (und auch von

---

Literatur zu VI, 2 siehe Seite 382.

*) Aus der Proportionalität zwischen R und v_0^3 würde einer Reichweite von 1,6 cm eine Geschwindigkeit v_0 von rund $1{,}2 \cdot 10^9$ cm/sec zuzuordnen sein, was an sich nicht unterhalb der möglichen Grenze liegt, jedoch wäre dann das zugehörige λ aus der Geiger-Nuttall-Beziehung von der Größenordnung 10^{-24} sec^{-1}; infolgedessen müßten für gleiche Aktivitäten millionenmal so viel Material als Uran ($\lambda = 10^{-18}$ sec^{-1}) angenommen werden. Solch eine Substanz wäre praktisch inaktiv.

**) Er fand nämlich die relativen Aktivitäten in Uranmineralien:
U = 100, Io = 34, Ra = 45, RaEm = 62, RaA = 54, RaB = 4, RaC = 91, Po = 46 und die Actiniumprodukte zusammen = 28. Diese Zahlen decken sich nicht mit den aus den Ionisationskurven berechenbaren und würden, da die Reichweiten von den U-Produkten kleiner sind als die des Ra, sogar mehr als 2 α-Strahlen im Uran verlangen. Jedoch haben spätere Untersuchungen für das Verhältnis U : Ra das kleinere Verhältnis 100 : 56 ergeben.[8]) (vgl. S. 472.

Swinne) aufgestellten Beziehungen zwischen Reichweite und Lebensdauer berechnet man dann die beiden Werte von T zu ca. $4{,}5 \cdot 10^9$ und ca 10^6 Jahren; die zugehörigen Anfangsgeschwindigkeiten[16]) werden $1{,}40 \cdot 10^9$ und $1{,}46 \cdot 10^9$ cm/sec. Wenn keine anderen langlebigen Stoffe im Uran selbst vorhanden sind*) und den obigen Zahlen hinreichende Sicherheit beigemessen wird, folgt daraus, daß von dem U_{II} nur etwa 0,25 Promille im Gleichgewicht mit U_I vorhanden sein kann und daß, da es im Atomgewicht nur um 4 Einheiten (ein α-Teilchen) kleiner sein muß, als U_I, dadurch die Zahl für das Atomgewicht des Uran nicht merklich alteriert werden kann. Im Spektrum ist kein Unterschied zu erwarten. B. Gudden[25]) erhielt bei Ausmessung pleochroitischer Höfe die Reichweiten für U_I zu 2,68 statt 2,91 cm, U_{II} zu 2,76 statt 2,53 cm. Er berechnet dazu für U_{II} $T \doteq 10^8$ statt 10^6 a.**)

6. Zahl der emittierten α-Partikeln. H. Geiger und E. Rutherford[12]) haben unmittelbar durch Zählungen der Szintillationen die Zahl der pro Sekunde von 1 g Uran ($U_I + U_{II}$) ausgeschleuderten α-Partikeln bestimmt und mit $2{,}37 \cdot 10^4$ angegeben. (J. N. Brown fand bei Messungen an Pechblende für U nur etwa $^3/_4$ dieser Zahl.)

Aus dem oben angegebenen, experimentell gefundenen Stromwert berechnet sich nahe die gleiche Zahl (Z), wenn man zu den Reichweiten R_0 von 2,53 und 2,91 cm die Ionenzahlen $k = 1{,}16 \cdot 10^5$ und $1{,}27 \cdot 10^5$ (H. Fonovits-Smereker[34]) wählt und $e = 4{,}77 \cdot 10^{-10}$ einsetzt:

$$i = 1{,}37 \text{ stat. Einh.} = Z\,(1{,}16 + 1{,}27) \cdot 10^5 \cdot e$$

Dann wird $Z = 1{,}18 \cdot 10^4$ für jedes U-Produkt; $U_I + U_{II}$ entsenden demnach $2{,}36 \cdot 10^4$ α-Teilchen pro Gramm in der Sekunde[8]). Der Wert von Geiger-Rutherford kann etwas zu klein sein, wenn die Schicht nicht hinreichend dünn war und ihnen Szintillationen entgingen; der Meyer-Panethsche Wert[8]) ist gewiß ein wenig zu klein, weil keine völlige Sättigung des Stromwertes erzielt werden konnte.[17])

Die Zahl Z für U läßt sich auch berechnen, wenn Z für Ra und das Gleichgewichtsverhältnis Ra/U bekannt sind. $Z_U = Z_{(U_I + U_{II})} = 2 Z_{Ra} \cdot Ra/U$.

Für $Z_{Ra} = 3{,}72 \cdot 10^{10}$ und Ra/U =		3,5	3,4	3,33	3,3	$3{,}2 \cdot 10^{-7}$
wird	$Z_U =$	2,60	2,53	2,48	2,46	$2{,}38 \cdot 10^4$ α/sec,
(für $Z_{Ra} = 3{,}40 \cdot 10^{10}$ würde	$Z_U =$	2,38	2,31	2,26	2,24	$2{,}18 \cdot 10^4$ α/sec.)

Literatur zu VI, 2 siehe Seite 382.

*) J. Joly[33]) schließt aus pleochroitischen Höfen auf eine ausgestorbene U-Art kürzerer Lebensdauer (vgl. Thor-Uran und Ac-U S. 524 und 473).

**) Die Genauigkeit solcher Ausmessungen könnte beeinträchtigt sein durch den Dichtenunterschied des eingebetteten Kernes und durch Temperaturbeeinflussung der Höfe.

Spaltet UI oder UII dual auf (vgl. S. 473) mit 97% nach der Ra-Reihe, 3% nach der Ac-Familie, so steht Z_{Ra} in Relation zu 97% Z_U, das heißt, obige Werte wären für das Gesamt-Uran um 3% zu erhöhen; und ähnlich, wenn ein isotopes AcU oder AcUI und AcUII dem Stammvater der Radiumreihe beigemengt wäre.

7. Photographische Wirkung der α-Strahlen von Uran. Es war weder H. Becquerel noch F. Soddy gelungen, photographische Wirkungen der α-Strahlen des U zu erzielen. Dies wird verständlich, wenn man bedenkt, daß 0,1 mg U einseitig pro Sekunde nur 1 α-Partikel emittiert. Zudem wird bei photographischen Expositionen zumeist bloß die unter kleinem Raumwinkel auf die Platte auftreffende Strahlung ausgenützt und zur Schwärzung der Platte sind sehr viele Schwärzungspunkte erforderlich. Man braucht sehr lange Expositionszeiten und dann verschleiern die vorhandenen oder allmählich mit dem UX nacherzeugten β- und γ-Strahlen den Effekt.

Man erhält jedoch sehr leicht die bei mikroskopischer Betrachtung charakteristischen Punktfolgen (vgl. Kap. IV, 12) der streifenden α-Partikelbahnen, wenn man z. B. Spuren von Uranoxydpulver auf eine photographische Platte aufträgt und einige Tage exponiert.[18])

8. Lebensdauer von UI und UII. Die Zerfallskonstante des Urans läßt sich zur Zeit nach zwei Methoden berechnen: aus der Zahl der emittierten α-Partikeln und aus der Zerfallskonstante des Radiums.[51])

a) Kennt man die Zahl der sekundlich ausgeschleuderten α-Partikeln und somit auch die der zerfallenden Atome und weiß man, aus wie vielen α-Strahlern das „Uran" zusammengesetzt ist, so ist die Berechnung in der folgenden Weise gegeben.

Der α-strahlende Teil des Urans besteht aus UI und UII. Die Existenz eines dritten α-Strahlers im Gleichgewicht in diesem Komplex ist nicht anzunehmen, vgl. S. 372 (Fußnote). Wohl aber könnten 3% AcU (oder AcUI und AcUII) mitspielen. Die Anzahl der dabei vorhandenen UII-Atome ist neben der Zahl der UI-Atome sehr gering (etwa 0,25 pro Mille).

Setzen wir ein:

Von 1 g Uran = UI + UII pro Sek. emittierte

α-Partikeln	$2Z =$	2,1	2,2	2,3	2,4	2,5	$2{,}6 \cdot 10^4$
1 g UI pro Sekunde	$Z =$	1,05	1,1	1,15	1,2	1,25	$1{,}3 \cdot 10^4$
1 g UI pro Jahr	$Z_a =$	3,31	3,47	3,62	3,79	3,95	$4{,}1 \cdot 10^{11}$

Setzt man die Loschmidtsche Zahl pro 1 Mol = $6{,}06 \cdot 10^{23}$, so enthält 1 g UI = (nahezu 1 g Uran, da UII vernachlässigbar) $2{,}54 \cdot 10^{21}$ Atome (N).

Demnach wird die Zerfallskonstante, das ist der Quotient aus Z_a in Jahren und N bei Einsetzen obiger Werte:

$Z_a/N = \lambda =$	1,30	1,37	1,43	1,49	1,56	$1{,}62 \cdot 10^{-10} a^{-1}$
$\tau =$	7,67	7,32	7,02	6,70	6,43	$6{,}19 \cdot 10^9 a$
$T =$	5,32	5,07	4,87	4,66	4,46	$4{,}29 \cdot 10^9 a$.

Literatur zu VI, 2 siehe Seite 382.

b) Der zweite Weg, die Lebensdauer des Urans zu bestimmen ist durch die Gleichung gegeben

$$\lambda_{U_I} \cdot N_{U_I} = \lambda_{Ra} \cdot N_{Ra},$$

worin N_{Ra} und N_{U_I} die Atomzahlen bedeuten. Im Gewichtsmaß ist daher, wenn $U_I = 1$ g

$$\lambda_{U_I} = \lambda_{Ra} \cdot \tfrac{238}{226} \cdot Ra.$$

Hierzu müssen die Zahlen für das Verhältnis von Radium und Uran im Gleichgewicht des Zerfalles und die Zerfallskonstante des Radiums bekannt sein.*)

Wählen wir für		so folgt für U_I		
Ra	Ra/U	λ	τ	T
$\lambda = 4{,}4 \cdot 10^{-4} a^{-1}$	$3{,}5 \cdot 10^{-7}$	$1{,}62 \cdot 10^{-10} a^{-1}$	$6{,}16 \cdot 10^{9}$ a	$4{,}37 \cdot 10^{9}$ a
$\tau = 2280$ a	$3{,}4 \cdot 10^{-7}$	1,58	6,34	4,39
$T = 1580$ a	$3{,}33 \cdot 10^{-7}$	1,54	6,48	4,49
	$3{,}3 \cdot 10^{-7}$	1,53	6,54	4,53

in guter Übereinstimmung mit den nach der ersten Methode berechneten Daten (vgl. die Bemerkung S. 374 und 403).

Als wahrscheinlichster Wert für die Halbierungszeit von U_I kann derzeit $T = 4{,}5 \cdot 10^9$ a gelten.

Die Lebensdauer von U_{II} kann dermalen nur aus der Geiger-Nuttallschen (oder Swinneschen) Beziehung zwischen Lebensdauer und Reichweite erschlossen werden (vgl. Kap. II, 5, S. 50/51).

Man erhält so für die mittlere Lebensdauer den Wert von etwa $1{,}5 \cdot 10^6$ Jahre, $T_{U_{II}} =$ ca 10^6 Jahre und $\lambda_{U_{II}} = 2 \cdot 10^{-14}$ sec^{-1} $(6 \cdot 10^{-7} a^{-1})$.

9. Trennungsmethoden für U und UX. UX (oder richtiger UX_1, vgl. das folgende; doch spielt das kurzlebige UX_2 daneben keine wesentliche Rolle) ist „isotop" mit Thorium.[19]) Alle Reaktionen, die Thorium vom Uran zu trennen gestatten, eignen sich daher auch für die UX-Abscheidung. Zusatz kleiner Mengen von Thorium oder von Substanzen, die den Thor-Reaktionen gehorchen, vervollständigen die Trennung. (Umgekehrt müssen für UX-Trennungen als brauchbar erkannte Methoden auch für die Abscheidung kleiner Mengen von Th anwendbar sein.)

Im speziellen sei angeführt:

Löst man Uranylnitrat in Wasser, so erweist sich UX als löslicher wie Uran, d. h. bei fraktionierter Kristallisation reichert sich UX in den Mutterlaugen an[20]).

Literatur zu VI, 2 siehe Seite 382.

*) Das Verhältnis Ra : U ließe sich umgekehrt theoretisch berechnen, wenn die Zahl der sekundlich emittierten α-Partikeln von 1 g U_I und 1 g Ra, also auch die Zahl der zerfallenden Atome genau gegeben wäre und die Abspaltung einer Seitenkette zwischen U und Ra berücksichtigt wird. vgl. S. 402/403.

Als noch geeigneter zeigen sich Methyl- oder Äthyläther, Aceton, Äthylalkohol, Äthylacetat, Methylalkohol, Methylacetat, Amylalkohol. Quantitativ die besten Resultate wurden mit Aceton und Methylacetat erzielt[21]). (Das UX bleibt in der wässerigen Schicht, die sich aus dem Kristallwasser bildet.)

Fällt man aus einer Uransalzlösung einen Barium- oder Calciumzusatz durch Sulfatfällung, so wird das UX mitgerissen. Man erhält es dann aber beschwert durch entsprechende Mengen von Barium- oder Calciumsulfat[22]). Bei Fällung von Uranylnitrat mit Soda ist der erste Niederschlag an UX angereichert[22a]).

Benützt wird auch die Trennung durch überschüssiges Ammoniumcarbonat[23]). Dabei werden die Verunreinigungen des U (Fe, Al usw.) gefällt und reißen das UX mit. Bei sehr reinem Uran muß vorher irgend eine durch Ammoniumcarbonat fällbare Substanz (z. B. ein Ferrisalz) zugesetzt werden, damit ein Niederschlag entsteht, dessen Anionen dann UX mitreißen (vgl. VI, 1. S. 360). Hierzu wird auch basisches Eisenacetat empfohlen.

Kocht man Uransalzlösungen mit Tierkohle[24]), so wird das UX von der Kohle adsorbiert. Zusatz von Spuren von Thorium zur Lösung verhindern jedoch diese Adsorption, indem dann das UX sich dem isotopen Th anschließt, so daß von der Kohle nur im Verhältnis der vorhandenen UX- und Th-Atome, also praktisch verschwindend wenig, adsorbiert wird[24]).

Selbstverständlich wird UX vollständig durch eine quantitative Fällung des isotopen Thoriums niedergeschlagen; dazu kann Fluorwasserstoffsäure verwendet werden [B. Keetman[19])] oder die Oxalat-Jodat- oder Natriumsubphosphatmethode (vgl. R. J. Meyer und O. Hauser, Die Analyse der seltenen Erden, bei F. Enke, 1912).

Mittels kombinierter Methoden wurden so schon sehr aktive Präparate (etwa 5000mal so aktiv als das Ausgangsmaterial) erhalten.

Die chemische Reinigung von Uran ist von P. Lebeau, sowie O. Hönigschmid gründlich behandelt worden[26]). Zur Entfernung von Spuren anderer radioaktiver Substanzen aus käuflichem (in der Regel ziemlich reinem) Uranylnitrat empfiehlt es sich wiederholt etwas Thornitrat zuzusetzen und dieses in stark salpetersaurer Lösung mit Oxalsäure wieder auszufällen. Die Lösung kann dann zur Trockene eingedampft, die Oxalsäure durch Glühen zerstört, das entstandene Uranoxyd in Salpetersäure gelöst, sodann Bleinitrat und kristallisiertes Wismutnitrat zugegeben und mit Schwefelwasserstoff wieder vollständig entfernt werden; schließlich soll das Filtrat noch durch mehrmalige Bariumsulfatfällung endgültig gereinigt werden. Mit dem Th muß das Radiothor, Ionium, Actinium, Radioactinium und UX entfernt worden sein, mit Pb und Bi das Radioblei und Polonium, mit dem Ba das Radium, Mesothor, ThX, AcX und nachgebildetes UX[27]).

10. Uran X. Strahlung. Uran X sendet β- und γ-Strahlen aus[28]).

H. W. Schmidt hat für die Absorption der β-Strahlen in Aluminium gezeigt, daß die Ergebnisse sich unter der Annahme zweier β-

Literatur zu VI, 2 siehe Seite 382.

Typen von den Absorptionskoeffizienten $\mu = 14{,}4\ cm^{-1}$ und $510\ cm^{-1}$ erklären lassen.

H. Richardson hat für die γ-Strahlenabsorption in Aluminium die Werte $\mu = 24\ cm^{-1}$; $0{,}70\ cm^{-1}$ und $0{,}140\ cm^{-1}$ erhalten.[29]) (vgl. unter UX_1 und UX_2.)

11. Lebensdauer des UX[30]).

E. Rutherford und F. Soddy haben (1903) die Halbierungskonstante $T = 22$ Tage gefunden,

St. Meyer und E. v. Schweidler (1904) den gleichen Wert.

V. F. Hess erhielt (1907) den kleineren Betrag $T = 20{,}7$ Tage.

F. Soddy und A. S. Russell fanden (1910) $T = 24{,}6$ Tage.

G. N. Antonoff erhielt aus Beobachtungen des Anstieges und Abfalles (1911) $T = 23{,}5$ Tage.

G. Kirsch gibt (1920) an $T = 23{,}8\ 2 + 0{,}75$ Tage;

A. Piccard und E. Stahel, (1921) $T = 24{,}52 + 0{,}05$; O. Hahn (1922) $T = 24{,}5$ Tage.

Die starken Abweichungen der einzelnen Angaben sind einigermaßen überraschend. Ist für die Präparate, solange ihre Strahlung intensiver war, kein vollkommener Sättigungsstrom vorhanden, so verflacht scheinbar der Abfall und die T-Werte werden zu groß gefunden. Wäre anderseits eine geringe Menge kürzerlebiger Substanz anfangs dabei (z. B. UY, vgl. Seite 379, im Überschuß), so erschiene anfangs der Abfall rascher. Auch Spuren von Ionium wirken verflachend.

12. UX_1 und UX_2. Die Existenz zweier in ihrer Härte sehr verschiedener β-Strahlen des Uran X hat schon frühzeitig die Annahme gebracht, daß UX eigentlich als aus zwei Elementen bestehend anzusehen sei; obwohl dieses Argument derzeit nicht mehr stichhaltig ist, verlangte dann auch die Aufstellung der Verwandlungsregeln bei α- und β-Transformationen, die in der Anordnung (VI, 1 Seite 355) ausgedrückt ist, das Vorhandensein zweier sukzessiver β-strahlender Elemente, um von der IV. Gruppe (UX) wieder zur VI. Gruppe (U_{II}) zu gelangen.

Nachdem schon A. S. Russell ziemlich genau Stellung im periodischen System und Art des UX_2 vorausgesagt hatte, haben dann K. Fajans und O. Göhring zeigen können, daß sich tatsächlich ein UX_2 von UX_1 auch chemisch abtrennen läßt[31]).

Das UX_2 scheidet sich aus einer schwach sauren Lösung des UX auf Blei im Überschuß ab. Sie fanden die Halbwertszeit $T = 1{,}1$ bzw. $1{,}15$ Minuten. UX_2 emittiert nur harte β-Strahlen ($\mu = 15\ cm^{-1}$ Al), während die weichen β-Strahlen $\mu = 500\ cm^{-1}$ Al dem UX_1 ($T = 24$ d) zukommen. H. Richardson ordnet auch die harten γ-Strahlen ($\mu = 0{,}14\ cm^{-1}$ Al) dem UX_2 und die weicheren ($\mu = 24$ und $\mu = 0{,}70\ cm^{-1}$ Al) dem UX_1 zu[29]).

Literatur zu VI, 2 siehe Seite 382.

O. Hahn und R. Rothenbach verbesserten (1919) einen älteren Wert (1908) von O. Hahn und L. Meitner, Halbierungsdicke der β-Strahlen von UX $= 0{,}434$ mm Al in D_β von UX_2 gleich 0,38 mm Al[29]).

Die Ergebnisse wurden von O. Hahn und L. Meitner[32]) sowie A. Fleck[32]) bestätigt und ergänzt. Die ersteren geben für T den Wert 1,17 Minuten an. W. G. Guy und A. S. Russell gaben (1923) $T = 1{,}175$ m an. Die Zuordnung der einzelnen β- und γ-Strahlen zu UX_1 und UX_2 ist L. Meitner und O. Hahn und L. Meitner[52]) gelungen. UX_1 hat ein schwaches β-Bandenspektrum, 0,598—0,566 c, mittlerer Geschwindigkeit 0,581 c. Diese Strahlung entstammt dem Kern; sie löst nach L. Meitner drei weitere scharfe β-Strahl-Linien aus, mit 0,48, 0,52, 0,529 c (letztere schwach), die aus den L, M, N-Niveaus stammen und ihren Ursprung einer K_α-Emission verdanken, deren Entstehung den erstgenannten primären Kern-β-Strahlen zuzuschreiben ist. Die γ-Strahlung ist durch nachfolgende Aufstellung gegeben, wonach das UX_1 keine Kern-γ-Strahlung sondern nur die charakteristische K- und L-Strahlung besitzen soll.

γ-Strahlen von	Ursprung	Halbierungsdicke D in cm		μ/ϱ	
		Al	Pb	Al	Pb
UX_1	K-Niveau	0,99	0,036	0,26	1,70
UX_1	L-Niveau	0,029	—	8,9	—
UX_2	Kern	—	0,96	—	0,06
UX_2	Kern	4,9	0,30	0,052	0,2

C. D. Ellis und H. W. B. Skinner[52]) ordneten hingegen zunächst die genannten β-Strahlen von UX_1 primären Kern-γ-Strahlen zu, schlossen sich aber später der Auffassung L. Meitner's an (vgl. Kap. III, 14, S. 145).

UX_2 ist elektrochemisch edler als UX_1 und sein nächstes chemisches Analogon ist Tantal (V. Gruppe des periodischen Systems). Die ursprünglich für ein radioaktives Element an dieser Stelle von F. Soddy gewählte Bezeichnung als „Ekatantal" wurde zeitweilig durch den von K. Fajans[35]) vorgeschlagenen Namen „Brevium" (Bv) ersetzt, den auch F. Soddy[35]) akzeptierte*) (vgl. Protactinium S. 468).

Es wäre demnach am nächsten liegend UX_2 zu erhalten, indem man UX-haltigen Lösungen Tantal zusetzt und mit diesem dann das UX_2 abtrennt (tatsächlich verwendeten K. Fajans und O. Göhring auch Tantalsäure).

Die von G. v. Hevesy[36]) und A. S. Russell zuerst angeregte Einschiebung der UX-Produkte zwischen U_I und U_{II} ist durch das Verhalten im periodischen System sichergestellt, so daß die Reihe zu schreiben ist:

$$\underset{T = \text{ca. } 4{,}5 \cdot 10\ a}{U_I} \xrightarrow{\alpha} \underset{24\,d}{UX_1} \xrightarrow{\beta} \underset{1{,}17\ \text{min}}{UX_2} \xrightarrow{\beta} \underset{\text{ca. } \cdot 10^{6}\,a}{U_{II}} \xrightarrow{\alpha}$$

Literatur zu VI, 2 siehe Seite 382.

*) Daß hier ein eigener Name überhaupt eingeführt wurde, war damit motiviert, daß es sich um das erste Element der betreffenden „Plejade" handelte.

Die Diffusionskonstante des UX_1-Ions ist durch G. v. Hevesy[48]) mit 0,40 cm^2 Tag^{-1} bestimmt worden und paßt auf ein vierwertiges Ion.

13. Uran Y. St. Meyer und E. v. Schweidler[37]) hatten gelegentlich von UX-Abscheidungen ein Produkt erhalten, das mit einer Halbierungskonstante von beiläufig 2 Tagen zerfiel, sie vermochten die Darstellung aber nicht zu reproduzieren. H. Becquerel[38]) hatte einmal bei Adsorptionsversuchen mit Kohle aus Uran einen Stoff abgeschieden, der auf die Existenz eines relativ kurzlebigen Elementes hinwies; in den Arbeiten F. Soddys[39]) findet sich die Bemerkung, daß einige UX-Präparate in den ersten Tagen eine raschere Abklingung zeigten, als später.

Erst G. N. Antonoff[40]) ist es aber gelungen zu zeigen, daß, wenn man gereinigten — also auch vor kurzem von UX befreiten — Uransalzlösungen ein Eisensalz zufügt, man eine Begleitsubstanz des UX findet, die durch eine weiche β-Strahlung (μ = ca. 300 cm^{-1} Al) charakterisiert ist und mit einer Halbwertszeit von ca. $1^1/_2$ Tagen zerfällt.

Aus der Form der Anstiegskurve für UX folgt, daß dieses als UY benannte Produkt nicht zwischen U und UX eingereiht werden kann. Wäre hingegen UY ein Folgeprodukt des UX, so wäre zu erwarten, daß es sich in alten Präparaten in größerer Menge finden sollte, als im frisch abgeschiedenen UX. Dies ist nicht der Fall. Daraus wird geschlossen, daß es sich hier um eine Seitenkette des Zerfalles handelt.

G. N. Antonoff glaubte neben der β-Strahlung einen geringen Prozentsatz von α-Strahlung zu bemerken.

A. Fleck[41]) vermochte die Angaben Antonoffs nicht zu bestätigen und vermutete, daß geringe Beimengungen von Thor im Uran, die quantitativ zu entfernen sehr mühsam sind, durch eines seiner Zerfallsprodukte die dem UY zugeschriebenen Erscheinungen vorgetäuscht haben könnten. Jedoch sind die Zerfallskonstanten der in Betracht kommenden Thoriumprodukte von einer Halbierungszeit T = ca. $1^1/_2$ Tage so weit verschieden (ThX 3,65d; ThB 10,6h), daß dadurch die Frage nicht geklärt erschiene.

G. N. Antonoff[42]) hat auch später am gleichen von F. Soddy stammenden reinen Material, mit dem A. Fleck gearbeitet hatte, seine Experimente wiederholen können und gab an, daß die Aktivität des UY ca. 2% derjenigen des UX, gemessen an der durchdringendsten Strahlung, betrage. Die Halbierungskonstante wurde zu $T = 1{,}2d$ gefunden.

F. Soddy[43]) und desgleichen O. Hahn und L. Meitner, sowie E. Róna konnten dann (1914) die Resultate Antonoffs bestätigen und die Schwierigkeiten aufklären durch die Annahme, daß UY isotop sei mit UX_1[43]). Da UY kürzerlebig ist als UX_1, erhält man es aus von UX be-

Literatur zu VI, 2 siehe Seite 382.

freitem Material nach kurzer Zeit im Überschuß gegenüber UX_1, von dem in der Zwischenzeit weniger nacherzeugt wurde als von UY. Im übrigen aber ist es untrennbar von UX_1. Es ist bloß β-strahlend, nicht α-strahlend ($T = 25{,}5\,h$). G. Kirsch (1920) fand $T = 24{,}64\,h$; W. G. Guy und A. S. Russell erhielten (1923) $T = 27{,}8\,h$*). Seine Aktivität kann mit 3% der zerfallenden U-Atome in Einklang gebracht werden (vgl. auch Genesis der Ac-Familie S. 472). Wie G. Kirsch[43]) an Material sehr verschiedener Herkunft zeigte, ist das Verhältnis UX : UY in natürlichen Mineralien konstant.

Es besteht damit die Möglichkeit, daß UY als Stammsubstanz der Actiniumfamilie gelten kann, und dies wird gestützt durch die älteren Beobachtungen F. Soddys über eine Zunahme der Actiniumaktivitäten aus seinen UX (also auch UY)-Abscheidungen[44]).

Der langsamen Zunahme entsprechend mußte aber der unmittelbare Vorfahre des Ac (seither als Pa isotop mit UX_2 erkannt) viel längerlebig sein als der Vorvorfahre UY.

Es ist dies der bisher einzige bekannte Fall, bei dem eine duale Abspaltung unter zweifacher Aussendung von α-Partikeln stattfände, wenn die Seitenkette bei U_I oder U_{II} beginnt. (Für letztere Zuordnung sprechen z. B. die Reichweitenbeziehungen vgl. S. 50). Man kann aber auch an die Existenzmöglichkeit eines Uranisotops AcU denken (vgl. S. 473), das praktisch in konstantem Verhältnis dem $U_I + U_{II}$ beigemischt wäre.

14. Uran Z. Als Isotop zu Pa und UX_2 fand O. Hahn in geringen Mengen ein kurzlebiges β-strahlendes Produkt auf, das er UZ nannte[53]). Es läßt sich rasch mittelst Adsorption an Tantal abscheiden. Seine Halbierungskonstante ist $T = 6{,}7^h$ und sein Absorptionskoeffizient in Al $\mu = 170$ bis $58\,cm^{-1}$. Als mögliche Einordnungen in das allgemeine Schema kamen zunächst in Frage:

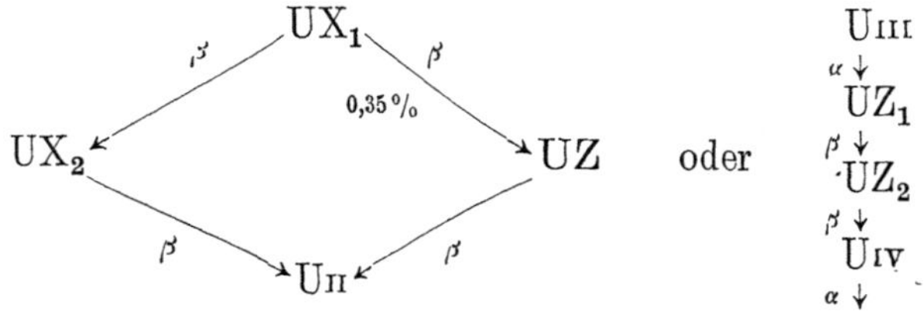

wobei U_{III} und U_{IV} neue Uran-Isotope wären.

Tatsächlich gehört es nicht als ein von UX_1 unabhängiges UX_2-Isotop in die UY-Pa-Ac-Reihe, sondern stammt, da sich in sehr verschieden

Literatur zu IV, II siehe Seite 382.

*) Da anwesende kleine Mengen von UX_1 die Halbierungszeit scheinbar vergrößern, ist der kleinste bisher erhaltene Wert der wahrscheinlichste.

Radioaktive Konstanten des „Urans“.

Substanz	Symbol, Atomgewicht, Ordnungszahl	T	λ	τ	Strahlen	v in cm/sec	R_0 in cm Luft	$k \cdot 10^{-5}$	μ in cm^{-1} Al	D in cm Al	Im Gleichgewicht vorhandene Gewichtsmenge
Uran I	UI 238,18 92	$4{,}5 \cdot 10^9 a$ $1{,}4 \; 10^{17} s$	$1{,}5 \cdot 10^{-10} a^{-1}$ $4{,}8 \cdot 10^{-18} s^{-1}$	$6{,}5 \; 10^9 a$ $2 \; 10^{17} s$	α — —	$1{,}40 \cdot 10^9$ — —	2,53 — —	1,16 (1,25) — —	— — —	— — —	1,00
Uran X_1	UX_1 234 90	$23{,}8 d$ $2{,}06 \cdot 10^6 s$	$2{,}90 \cdot 10^{-2} d^{-1}$ $3{,}37 \cdot 10^{-7} s^{-1}$	$34{,}4 d$ $2{,}97 \cdot 10^6 s$	— β γ	— $1{,}44$—$1{,}77 \cdot 10^{10}$ —	— — —	— — —	— 460 24; 0,7	— $1{,}5 \cdot 10^{-3}$ $2{,}9 \cdot 10^{-2}$; 0,99	$1{,}5 \cdot 10^{-11}$
Uran X_2 (Brevium) ca. 99,65 %	UX_2 234 91	$1{,}17 m$ $70 s$	$0{,}59 m^{-1}$ $9{,}9 \cdot 10^{-3} s^{-1}$	$1{,}69 m$ $101 s$	— β γ	— $2{,}46$—$2{,}88 \; 10^{10}$ —	— — —	— — —	— 18 0,14	— $3{,}8 \cdot 10^{-2}$ 4,95	$5 \cdot 10^{-16}$
Uran Z (ca. 3,5 ‰)	UZ 234 91	$6{,}7 h$ $2{,}4 \cdot 10^4 s$	$0{,}103 h^{-1}$ $2{,}87 \cdot 10^{-5} s^{-1}$	$9{,}7 h$ $3{,}5 \cdot 10^4 s$	— β —	— ? —	— — —	— — —	— 170—58 —	— $4 \cdot 10^{-3}$—$1{,}2 \cdot 10^{-2}$ —	ca. $6 \cdot 10^{-16}$
Uran II	UII 234 92	ca. $10^6 a$ „ $3{,}5 \cdot 10^{13} s$	ca. $6 \cdot 10^{-7} a^{-1}$ „ $2 \cdot 10^{-14} s^{-1}$	ca. $1{,}5 \cdot 10^6 a$ „ $5 \; 10^{13} s$	α — —	$1{,}46 \cdot 10^9$ — —	2,91 — —	1,27 (1,37) — —	— — —	— — —	ca. $2{,}5 \cdot 10^{-4}$
Uran Y (ca 3 %)	UY 230 90	$24{,}6 h$ $8{,}86 \cdot 10^5 s$	$2{,}82 \cdot 10^{-2} h^{-1}$ $7{,}81 \cdot 10^{-6} s^{-1}$	$35{,}5 h$ $1{,}28 \cdot 10^5 s$	— β —	— — —	— — —	— — —	— ca. 300 —	— ca. $2{,}3 \cdot 10^{-3}$ —	ca $2 \cdot 10^{-14}$

alten UX-Präparaten das Verhältnis UZ : UX_1 als konstant erweist, unmittelbar von UX_1 ab. (Wenn nicht, was als wenig wahrscheinlich zu gelten hätte, ein supponierter Stammvater des UZ nicht nur mit UX_1 isotop wäre, sondern auch praktisch dieselbe Zerfallskonstante hätte; vgl. auch Pa). Unter Berücksichtigung der verschiedenen Absorbierbarkeit der β-Strahlen ist das Abzweigungsverhältnis 0,35%. A. S. Russell weist darauf hin, daß dies ungefähr proportional den Zerfallskonstanten sei. W. G. Guy und A. S. Russell finden das Abzweigungsverhältnis 3.3‰ und $T = 6{,}69\,h$ [53]).

15. Andere Uranprodukte.

J. Danne[45]) hat ein Zwischenprodukt zwischen U und UX abzuscheiden vermeint, das er Radiouran nannte; doch wurden seine Angaben nicht bestätigt.

Ein Zerfallsprodukt kurzer Lebensdauer aus dem UX hatte F. Soddy signalisiert, doch selbst nicht bestätigt[46]).

Die Existenz eines von A. Piccard und E. Stahel vermuteten Isotops zu UX_1 mit $T = 48\,d$, UV genannt, wurde von O. Hahn unwahrscheinlich befunden[30]).

Wahrscheinlich sind solche Ergebnisse durch UY einerseits, anderseits durch Verunreinigungen mit Radioelementen der gleichen Plejade (Th, RdTh, Io, RdAc) vorgetäuscht worden.

16. Unregelmäßigkeiten im radioaktiven Verhalten.

Bei frisch auskristallisierten Uranylnitratpräparaten fanden St. Meyer und E. v. Schweidler auffallende zeitliche Variationen der Aktivität[47]). Man findet ein Absinken bis zu einem Minimum, das in etwa 4 Tagen erreicht ist, und dann ein allmähliches Ansteigen, das sich mit der Halbierungszeit des UX_1 in Einklang bringen läßt. T. Godlewski hat versucht, diese Erscheinungen durch Diffusion des UX im Salze zu deuten. UX ist in Wasser löslicher als U und bei allmählicher Auskristallisation findet dadurch eine Trennung statt. Schreitet z. B. die Kristallisation von oben nach unten fort, so reichert sich UX zunächst weiter unten in der Mutterlauge an; ist alles auskristallisiert, so wird oben UX nacherzeugt und wandert auch durch Diffusion nach oben. Indem wir aber heute UX_1 mit Th als isotop ansehen, erscheint eine so rasche Diffusion nicht leicht verständlich. Da UY als isotop zu UX_1 hier nicht im Überschuß gegen UX_1 auftreten kann, so könnte auch diesem Produkte bei den genannten Erscheinungen keine Rolle zukommen. M. La Rosa[49]) glaubt den ganzen Effekt auf wechselnde Hygroskopie und auf Löslichkeit spurenweise als Verunreinigung vorhandener Radiumemanation zurückführen zu sollen. J. Korczyn[49]) zeigte, daß es sich tatsächlich um einen diffusionsartigen Vorgang des an UX reicheren Kristallwassers handelt.

E. Mühlestein[49]) findet bei frischen Uranylnitratkristallen die radioaktiven Atome nach den drei Kristallrichtungen orientiert; die Zahl der emittierten α-Teilchen nach Basis-Prismen-Pinakoidenflächen steht im Verhältnis 1 : 1,09 : 0,68; die Ionisation 1 : 1,05 : 0,85.

Literatur zu IV, 2:

1) T. W. Richards und B. S. Merigold, Z. anorg. Chem. **31**, 235—270, 1902; Proc. Am. Acad. Arts and Science, 1902; P. Lebeau, C. R. **155**, 163, 1912; W. F. Oechsner de Coninck, C. R. **155**, 1511, 1912.

2) O. Hönigschmid, Wien. Anz. 22. I. 1914; Wien. Ber. **123**, 1635, 1914.

2a) O. Hönigschmid und St. Horovitz, Wien. Ber. **124**, 1089, 1915.

3) Vgl. G. v. d. Borne, Jahrb. Rad. u. El. **2**, 88, 1905; B. Szilard, Le Rad. **6**, 233, 1909; W. Marckwald und A. S. Russell, Jahrb. Rad. u. El. **8**, 457, 1911; B. Heimann und W. Marckwald, Phys. Z. **14**, 303, 1913; V. Achtner, Untersuchungen, Karlsbad, 1915; Chem. Zentralbl. **2**, 567, 1905; P. Krusch, Ra in Biol. u. Heilk. **1**, 245, 1912; M. Curie, Radioaktivität, Deutsche Ausg. II. 466, 1912; O. Dammer, Handb. anorg. Chem. III. 679, 1893; K. A. Hofmann und F. Zerban, Ber. D. chem. Ges. **36**, 3094, 1903; A. Piutti, Soc. R. Napoli **16**, 33 (Tables ann. de Const. I. 267, 1912); R. B. Moore und K. L. Kithil, Bureau of Mines Washington, Bull. 70, 1913; C. Doelter, Handb. d. Mineralchemie, Dresden bei Steinkopf 1914; V. M. Goldschmidt, Z. f. Krist. **44**, 545, 1908; **45**, 490, 1908; T. Wada, Minerals of Japan, Tokio, 1904, S. 49; W. R. Dunstan, und G. S. Blake, Proc. Roy. Soc. (A) **76**, 253, 1905; W. E. Hidden und C. H. Warren, Am. J. of Science, **22**, 515, 1906; Zambonini, Z. f. Krist. **45**, 79, 1908; W. Crookes, Z. anorg. Chem. **61**, 349, 1909; E. T. Werry, Z. f. Krist. **46**, 391, 1909; W. E. Hidden, Am. J. of Science, **19**, 425, 1905; J. Hoffmann, Z. f. prakt. Geologie, **12**, 123, 1904; F. Pisani, Bull. Soc. Franc. de min. **27**, 58, 1904; G. Bardet, Bull. Soc. Franc. de min. **27**, 63, 1904; R. J. Strutt, Proc. Roy. Soc. (A) **76**, 88, 312, 1905; **80**, 572, 1908; W. C. Brögger, Z. f. Krist. **43**, 87, 1907; P. Gaubert, Bull. Soc. Franc. de min. **29**, 56, 1906; A. Piutti, Gazz. chim. ital. **40**, I. 435, 1910; Le Rad. **7**, 142, 1910; G. Hövermann, Diss. Göttingen 1912; Neues Jahrb. f. Min. Beil. Bd. **34**, 321, 1912; C. Schiffner, Uranmineralien in Sachsen, bei H. Köhler, Freiberg/S. 1911; F. Henrich, J. f. prakt. Chem. **96**, 73, 1917; Larson, Svendsk. Kem. Tidskr. **31**, 63, 1919; P. R. Alsdorf, Economic Geology **11**, 266, 1916; S. C. Lind und C. W. Davis, Science **49**, 441, 1919; L. Francesconi, L. Granata, A. Nieddu und G. Angelino, Gazz. chim. ital. **48**, 112, 1918; M. Blaschke, Edelerden und Erze **2**, 15, 1920; A. S. Russell, Min. Soc. London, 10. Jan. 1922; Nature **109**, 126, 1922; A. Lacroix, C. R. **154**, 1040, 1912; Mineralogie de Madagaskar, T. **1**, 1922, S. 384; A. Muguet, C. R. **174**, 172, 1922; W. J. Vernadsky, C. R. **176**, 993, 1923; A. Schoep, C. R. **173**, 1186, 1476, 1921; **174**, 623, 875, 1066, 1240, 1922; **176**, 171, 1923; **179**, 413, 693, 1924; L. Duparc, Arch. scienc. phys. et nat. (5) **5**, Suppl. S. 79, 1923; F. Diaz de Rada, Bol. del Inst. de Radiactividad, Madrid, (2) **5**, 77, 1923; H. Hirschi, Schweiz. Min. u. Petrogr. Mitt. **4**, 64, 1924; **4**, 18. Nov. 1924; W. Vernadsky und C. Chamié, C. R. **178**, 1726, 1924; W. Chlopin, C. r. Acad. Scienc. Russie S. 73, 1925; Nature **116**, 27, 1925; Y. Brière, C. R. **182**, 641, 1926.

3a) W. Marckwald, Zentralbl. f. Min. 761, 1906; Landwirtsch. Jahrb. Berlin **38**, Ergbd. **5**, 423, 1909.

4) St. Joachimstal, Brochure, herausgegeben vom k. k. Minist. f. öff. Arbeiten, Wien, 1911; F. Becke und J. Štěp, Wien. Ber. **113**, (Abt. 1). 585, 1904; M. Kraus, Das staatliche Uranpecherzbergbaurevier bei St. Joachimstal, in Böhmen. „Bergbau und Hütte" Heft 1—10, Sonderausgabe Wien 1916, Hof- und Staatsdruckerei.

5) F. Exner und E. Haschek, Die Spektren der Elemente, Wien, bei F. Deuticke, 1911.

6) W. Crookes, Proc. Roy. Soc. **66**, 409, 1900.

7) H. N. Mc Coy, Phys. Rev. **20**, 381, 1905; Phil. Mag. (6) **11**, 177, 1906; derselbe und H. M. Goettsch, Proc. Am. Chem. Soc. **28**, 1555, 1906; derselbe und W. H. Ross, Phys. Rev. **24**, 124, 1907; Proc. Am. Chem. Soc. **29**. 1698,

1907; derselbe und G. C. Ashman, Sill. J. **26**, 521, 1908; Le Rad. **5**, 361, 1908; Phys. Z. **10**, 41, 1909.

8) St. Meyer und F. Paneth, Wien. Ber. **121**, 1403, 1912.

9) Zitiert aus W. H. Bragg, Studies in Radioactivity, Macmillan Co. London, 1912, Seite 70.

10) St. Meyer und E. v. Schweidler, Wien. Ber. **115**, 713, 1906; W. H. Bragg, Phil. Mag. (6) **11**, 754, 1906; H. N. Mc Coy und W. H. Ross, Phys. Rev **24**, 124, 1907; T. H. Laby, Le Rad. **4**, 253, 1907; L. Bloch, Le Rad. **4**, 133, 1907; E. Rutherford und H. Geiger, Phil. Mag. (6) **20**, 691, 1910; Le Rad. **7**, 225, 1910; A. Foch, Le Rad. **8**, 101, 1911; F. Friedmann, Wien. Ber. **120**, 1361, 1911; H. Geiger und J. M. Nuttall, Phil. Mag. (6) **23**, 445, 1912.

11) H. N. Mc Coy und W. H. Ross, Am. Phys. Soc. 1. Dez. 1906; B. B. Boltwood, Nature 17. Dez. 1906; Sill. J. **25**, 269, 1908.

12) H. Geiger und E. Rutherford, Phil. Mag. (6) **20**, 691, 1910; J. N. Brown, Proc. Roy. Soc. (A) **84**, 151, 1910.

13) E. Marsden und T. Barratt, Proc. Phys. Soc. **23**, 367, 1911.

14) H. Geiger und J. M. Nuttall, Phil. Mag. (6) **23**, 439, 1912.

15) H. Geiger und J. M. Nuttall, Phil. Mag. (6) **22**, 613, 1911; **24**, 653, 1912; R. Swinne, Phys. Z. **13**, 14, 1912; **14**, 142, 1913.

16) E. Rutherford und H. Robinson, Wien. Ber. **122**, 1855, 1913; Phil. Mag. (6) **28**, 552, 1914.

17) St. Meyer, Wien. Ber. **122**, 1085, 1913.

18) H. Becquerel, C. R. **134**, 208, 1902; F. Soddy, Trans. Chem. Soc. **81**, 860, 1902; Proc. Chem. Soc. **18**, 121, 1902; Chem. News **85**, 199, 1902; St. Meyer und F. Paneth, Wien. Ber. **121**, 1412, 1912.

19) Vgl. auch die Angaben über die chemische Natur bei: B. Keetman, Jahrb. Rad. u. El., **6**, 265, 1909; S. J. Lloyd, J. Phys. Chem. **14**, 509, 1910; P. Rossi, Nuov. Cim. (6) **5**, 1913; F. Soddy, Radiochemistry II. 1914; R. De, Sci. Assoc. Maharajah's Coll. Vizianagaram J. **2**, 43, 1925; J. chim. phys. **23**, 197, 1926.

20) T. Godlewski, Phil. Mag. (6) **10**, 45, 1905; M. Levin, Phys. Z. **7**, 692, 1906.

21) W. Crookes, Proc. Roy. Soc. **66**, 409, 1900; Chem. News **81**, 253, 1900; St. Meyer und E. v. Schweidler, Wien. Ber. **113**, 1057, 1904; R. B. Moore und H. Schlundt, Phil. Mag. (6) **12**, 393, 1906; V. F. Hess, Wien. Ber. **116**, 109, 1907.

22) H. Becquerel, C. R. **130**, 1583, 1900; **131**, 137, 1900; **133**, 977, 1901; M. Levin, Phys. Z. **7**, 682, 1906; P. Jolibois und R. Bossuet, C. R. **174**, 1625, 1922.

23) H. Schlundt und R. B. Moore, Phys. Z. **9**, 321, 1908; F. Soddy und A. S. Russell, Phil. Mag. (6) **18**, 620, 1909; O. Hahn und L. Meitner, Phys. Z. **14**, 758, 1913; A. C. Brown, J. chem. Soc. London, **121**, 1736, 1922.

24) H. Becquerel, C. R. **141**, 87, 1905; M. Levin, Phys. Z. **7**, 692, 1906; V. F. Hess, Wien. Ber. **116**, 109, 1907; A. Ritzel, Z. phys. Chem. **67**, 725, 1909; Le Rad. **6**, 342, 1909; H. Freundlich und M. Wreschner, Z. phys. Chem. **106**, 366, 1923.

25) B. Gudden, Z. f. Phys. **26**, 110, 1924.

26) O. Hönigschmid, Wien. Ber. **123**, 1635, 1914.

27) F. Soddy und T. D. Mackenzie, Phil. Mag. (6) **14**, 272, 1907; G. N. Antonoff, Phil. Mag. (6) **22**, 431, 1911; St. Meyer und F. Paneth, Wien. Ber. **121**, 1403, 1912.

28) Vgl. die Referate H. W. Schmidt, Jahrb. Rad. u. El. 5, 451, 1908; St. Meyer, Jahrb. Rad. u. El. 6, 381, 1909.

29) H. Richardson, Phil. Mag. (6) 27, 252, 1914; O. Hahn und M. Rothenbach, Phys. Z. 20, 194, 1919; O. Hahn und L. Meitner, Phys. Z. 9, 321, 1908.

30) E. Rutherford und F. Soddy, Phil. Mag. (6) 5, 441, 1903; St. Meyer und E. v. Schweidler, Wien. Ber. 113, 1057, 1904; V. F. Hess, Wien. Ber. 116. 109, 1907; F. Soddy und A. S. Russell, Phil. Mag. (6) 19, 847, 1910; G. N. Antonoff, Phil. Mag. (6) 22, 422, 1911; G. Kirsch, Mitt. Ra-Inst. 127, Wien. Ber. 129, 309, 1920; A. Piccard und E. Stahel, Arch. scienc. phys. et nat. (5), 3, 541, 1921; Phys. Z. 23, 1, 1922; 24, 80, 1923; O. Hahn, Phys. Z. 23, 146, 1922.

31) A. S. Russell, Chem. News 107, 49, 31/I., 1913; K. Fajans und O. Göhring, Naturwiss. 1, 339, 1913; Phys. Z. 14, 877, 1913.

32) O. Hahn und L. Meitner, Phys. Z. 14, 758, 1913; A. Fleck, Phil. Mag. (6) 26, 529, 1913; W. G. Guy und A. S. Russell, J. chem. Soc. 123, 2618, 1923.

33) J. Joly, Proc. Roy. Soc. London (A) 102, 682, 1923.

34) H. Fonovits-Smereker, Mitt. Ra-Inst. 146, Wien. Ber. 131, 355, 1922.

35) K. Fajans, Ber. D. chem. Ges. 46, 3492, 1913; F. Soddy, Chemistry of the Radioelements II. (Longmans Green u. Co. London) 10, 1914.

36) G. v. Hevesy und L. v. Putnoky, Phys. Z. 14, 63, 1913; A. S. Russell wie 31).

37) St. Meyer und E. v. Schweidler, Wien. Ber. 113, 1057, 1904.

38) H. Becquerel, C. R. 141, 87, 1905.

39) F. Soddy, Phil. Mag. (6) 19, 847, 1910.

40) G. N. Antonoff, Phil. Mag. (6) 22, 419, 1911.

41) A. Fleck, Phil. Mag. (6) 25, 790, 1913.

42) G. N. Antonoff, Phil. Mag. (6) 26, 1058, 1913; Le Rad. 10, 406, 1913.

43) F. Soddy, Phil. Mag. (6) 27, 215, 1914; O. Hahn und L. Meitner, Phys. Z. 15, 236, 1914; E. Róna, Ber. d. ungar. Akad. 32, 350, 1914; G. Kirsch, Mitt. Ra-Inst. 127, Wien. Ber. 129, 309, 1920; W. G. Guy und A. S. Russell, J. chem. Soc. 123, 2618, 1923.

44) F. Soddy, Phil. Mag. (6) 20, 342, 1910; Jahrb. Rad. u. El. 10, 195, 1913.

45) J. Danne, C. R. 158, 337, 1909; Le Rad. 6, 42, 1909; F. Soddy und A. S. Russell, Phil. Mag. (6) 19, 851, 1910; H. Sirk, Wien. Ber. 120, 1569, 1911.

46) F. Soddy, Nature 79, 206, 1909; Le Rad. 6, 53, 1909; Nature 80, 308, 1909; Phys. Z. 10, 396, 1909; Phil. Mag. (6) 18, 742, 1909; derselbe und A. S. Russell, ebendort 19, 850, 1910.

47) St. Meyer und E. v. Schweidler, Wien. Ber. 113, 1057, 1904; T. Godlewski, Phil. Mag .(6) 10, 45, 1905; M. Levin, Phys. Z. 7, 692, 1906; 8, 129, 1907.

48) G. v. Hevesy, Phys. Z. 14, 49, 1202, 1913.

49) M. La Rosa, Nuov. Cim. (6) 5, 73 1913; J. Korczyn, Mitt. Ra-Inst. 165; Wien. Ber. 133, 225, 1924; E. Mühlestein, Arch. scienc. phys. et nat. (5) 2, 240, 1920.

50) A. Becker und P. Jannasch, Jahrb. Rad. u. El. 12, 14, 1915; C. Ulrich, zit. bei St. Meyer. Handb. d. Phys. XXII, 237, 1926.

51) E. Rutherford, Radioact. Subst. and their Radiations, Cambridge, 1913, S. 450; M. Curie, Radioaktivität, Deutsche Ausgabe, 1912, II. 453; St. Meyer, Wien. Ber. **122**, 1085, 1913; H. N. Mc Coy, Phys. Rev. (2) **1**, 401, 1913.

52) L. Meitner, Z. f. Phys. **17**, 54; **18**, 238, 1923; O. Hahn und L. Meitner, Z. f. Phys. **17**, 157, 1923; C. D. Ellis und H. W. B. Skinner, Proc. Roy. Soc. London (A) **105**, 185, 1924.

53) O. Hahn, Naturwiss. **9**, 84, 236, 1921; Ber. D. chem. Ges. **54**, 1131, 1921; Festschr. Kaiser-Wilhelm-Inst. S. 102, 1921; Phys. Z. **23**, 146, 1922; Z. phys. Chem. **103**, 461, 1923; A. S. Russell, Nature **111**, 703, 1923; Phil. Mag. (6) **46**, 642, 1923; W. G. Guy und A. S. Russell, J. Chem. Soc. **123**, 2618, 1923; M. C. Neuburger, Naturwiss. **9**, 235, 1921.

54) O. Hahn, Z. anorg. Chem. **147**, 16, 1925.

3. Ionium. Der genetische Zusammenhang zwischen Radium und Uran war schon frühzeitig als sehr wahrscheinlich angesehen worden. Wäre nun Uran (nach jetziger Kenntnis heißt das U_{II}) der unmittelbare Vorfahre des Ra, so müßten aus der Beziehung $Q = q\tau$ und den Daten für die zu 1 g U im Gleichgewicht stehende Ra-Menge, $Q = 3{,}4 \cdot 10^{-7}$ g, sowie der mittleren Lebensdauer des Ra, $\tau = 2280$ Jahre, für die Jahresproduktion q der Wert von $1{,}5 \cdot 10^{-10}$ g Ra angesetzt werden.

Die Messungen von F. Soddy, B. B. Boltwood, R. J. Strutt,[1]) haben aber sichergestellt, daß die von reinem Uran erzeugte Radiummenge nicht einmal den tausendsten Teil dieses Betrages erreichen kann*). Es war also ein Zwischenprodukt anzunehmen.

Nach einigen irrigen Annahmen, wobei das Actinium als Muttersubstanz des Ra angesehen worden war, gelang es B. B. Boltwood und bald darauf O. Hahn, dann auch W. Marckwald und B. Keetman[2]) zu zeigen, daß ein Element, das den chemischen Reaktionen des Thors folgt, als Muttersubstanz des Radiums anzusprechen sei**). B. B. Boltwood hat ihm den Namen „Ionium" gegeben und dieses Produkt als erster in relativ größeren Mengen mit dem Thor aus Uranmineralien abgetrennt. Ionium folgt genau den chemischen Reaktionen des Thors, so daß es trotz der mannigfachsten Trennnungsversuche in keiner Weise gelang, es relativ zu vorhandenem Th anzureichern[3]).

Es findet sich in allen Uranmineralien. Bei der Aufarbeitung der Pechblende nach dem Verfahren von M. Curie und von St. Joachimstal ist es in den Frak-

---

Literatur zu VI, zu 3 siehe Seite 390.

*) Die über zwei Dezennien fortgeführten Untersuchungen F. Soddys [74]) haben eine mit der Zeit ansteigende Radiumproduktion ergeben, die für 1 g U nach etwa $^1/_4$ Jahr $1{,}3 \cdot 10^{-14}$ g Ra, nach 6 Jahren $4 \cdot 10^{-14}$ g Ra betrug.

**) Nach dem Abtrennungsverfahren darf angenommen werden, daß A. Debierne bei seiner Abscheidung des „Actiniums" zuerst wesentlich das später Ionium genannte Element in der Hand gehabt hat.

tionen, welche die seltenen Erden enthalten*), ferner in dem „Hydrat"**), sowie sehr verdünnt in den Rückständen der Verarbeitung mit Ätznatron, Salzsäure und Soda***), in den „Sodaniederschlägen" (vgl. Ra Prozess II S. 393) und den Uranprodukten (Farben, Nitrat usw.) vorhanden.

Es emittiert bloß α-Strahlen, β-Strahlung wurde nicht aufgefunden[4]). Nach E. Rutherfords Anschauungen ist aber zu jeder α-Strahlung eine γ-Strahlung anzunehmen und tatsächlich haben J. Chadwick und A. S. Russell[5]) sogar drei γ-Strahlentypen für Io angegeben, mit den Massenabsorptionskoeffizienten μ/ϱ (Al) = 400; 8,35; 0,15.

Daß aus Ionium Radium entsteht, wurde dann durch die Beobachtung der sich entwickelnden Radiumemanation mehrfach gezeigt und die Radiumentwicklung quantitativ gemessen[6]). Man kann daraus (vgl. Kap. VI, 4) die mittlere Lebensdauer des Radiums berechnen.

Schätzungen der mittleren Lebensdauer des Ioniums.

Unter der Voraussetzung, daß zwischen Uran (das heißt U_{II}) und Radium nur ein langlebiges Zwischenprodukt falle, hat E. Rutherford[7]) die Beziehung abgeleitet, daß die Entwicklung von Radium mit der Zeit der Gleichung Ra $= \frac{1}{2}\lambda_{Io}\lambda_{Ra}t^2 Ra_0$ folgen müsse (vgl. II, 6 S. 59).

Setzt man für U = 1 g, $Ra_0 = 3{,}4 \cdot 10^{-7}$ g und $\lambda_{Ra} = 4{,}4 \cdot 10^{-4}\, a^{-1}$, so wird $Ra \cdot \lambda_{Ra} = 15 \cdot 10^{-11}$ und obige Gleichung:

$$Ra = 7{,}5 \cdot 10^{-11} t^2 \lambda_{Io}\,.$$

Demnach wäre, wenn Ionium eine nicht allzugroße Lebensdauer besäße, eine allmähliche Aufwärtskrümmung der Anstiegskurve zu erwarten. F. Soddy[7a]) konnte tatsächlich an seinen durch mehr als 18 Jahre fortgesetzten Versuchen eine solche Abweichung vom geradlinigen Anstieg erkennen und schätzt aus dem Verlauf seiner Kurven, daß Io eine mittlere Lebensdauer von etwa 108000 Jahren haben müsse. (Er hatte früher auch vergeblich versucht aus konzentriertem UX die Erzeugung von Io zu erhalten; da aber zwischen UX und Io noch das sehr langlebige U_{II} steht, mußten diese Resultate ergebnislos bleiben.)

Eine obere Grenze der Lebensdauer läßt sich angeben, wenn man die Menge des Thoriums eruiert, die in dem Ausgangsmaterial vorhanden ist, aus dem das Radium gewonnen wird. Für die St. Joachimstaler Pechblenderückstände läßt sich das einigermaßen durchführen. St. Meyer und V. F. Hess[8]) setzten diese Grenze so an, daß aus den Rückständen zu $11{,}5 \cdot 10^6$ g Uran etwa 500 g chemisches Thor (also alle Thor-Isotope) erhalten werden könnten. Wären diese ganzen 500 g als Io anzusprechen, so wäre mit den zu obigen Uranmengen im Gleichgewicht stehenden 3,8 g Ra etwa 130mal soviel Io vorhanden. Da das Produkt aber sicher teilweise (zu 50—70%) aus gewöhnlichem Thor besteht, so ist nur ein Bruchteil davon zu nehmen. Die mittlere Lebensdauer wäre also im Maximum 0,3 bis 0,5 × 130mal so groß als die des Ra, was als obere Grenze 90000 bis

Literatur zu VI, 3 siehe Seite 390.

*) bei L. Haitinger und C. Ulrich, Wien. Ber. **117**, (IIa). 629, 1908, mit *K*, *N*, *O*, *P*, bezeichnet.

**) ebenda als *E* bezeichnet; aus diesem hat C. Auer v. Welsbach[3]) das Io abgeschieden.

***) ebenda als *C* bezeichnet.

150000 Jahre liefert. Jedoch liegt eine erhebliche Unsicherheit darin, daß in den $11{,}5 \cdot 10^6$ g Uran, die aus dem Ausgangsmaterial zu gewinnen waren, noch unbestimmte Mengen von Ionium-Thorium enthalten gewesen sein dürften[9]). B. B. Boltwood[10]) hat bei seinen Thorextraktionen statt der Zahl 130 das Verhältnis 230 gefunden, was nur darauf hinweist, daß in seinem Ausgangsmaterial das Verhältnis Th/U und daher auch Th/Io größer war.

St. Meyer und E. v. Schweidler[11]) haben aus den aus der Darstellung L. Haitingers und C. Ulrichs stammenden, von C. Auer v. Welsbach weiter verarbeiteten Produkten, die sie als Io-Th identifiziert hatten, in erster Annäherung Angaben über die Aktivität machen können. Aus dem Vergleich der Stromäquivalente von Ra und des damals vorliegenden (mangelhaft definierten) Präparates in dünner Schicht unter Berücksichtigung der verschiedenen Ionisationswirkung von Ra und Io (15 : 14) folgte, daß 1 g dieses Io-Th $2{,}9 \cdot 10^{-5}$ g Ra entsprochen hätte. Neuere Daten vgl. S. 389.

Ein empirisches Argument für die lange Lebensdauer bringen die Beziehungen zwischen Reichweiten und Zerfallskonstanten. H. Geiger und J. M. Nuttall berechneten so für $\tau = 200000$ Jahre; R. Swinne fand aus der von ihm aufgestellten Beziehung 330000 Jahre[13]). Aus den Tabellen II, 5 S. 51 folgt $\tau = 110000$ Jahre.

Diese letzteren Berechnungen setzen die genaue Kenntnis der Reichweite voraus[14]). — Die erste Angabe über die Reichweite stammt von B. B. Boltwood, der aus Szintillationsbeobachtungen bei Zimmertemperatur weniger als 3 cm fand; L. P. Wheeler und T. S. Taylor erhielten 2,8 cm; St. Meyer und E. v. Schweidler 2,4 bis 2,9 cm durch photographische Messungen und Absorptionsversuche (μ_0 in Al 2100 cm^{-1}); B. Keetman gibt 2,6 cm an.

Spätere Versuche stammen von H. Geiger und J. M. Nuttall. Aus Ionisationsbestimmungen mit variiertem Druck erhielten sie

$$R = 3{,}00 \text{ bei } 15^0 \text{ C und } R_0 = 2{,}84 \text{ cm bei } 0^0 \text{ C und } 760 \text{ mm Druck.}$$

Weiters haben St. Meyer, V. F. Hess und F. Paneth nach ähnlicher Methode $R_0 = 2{,}95$; $R_{15} = 3{,}11$ cm bestimmt[14]). 1921 erhielt H. Geiger $R_0 = 3{,}028$, wozu sich $v_0 = 1{,}482 \,.\, 10^9$ cm/sec und die Ionenzahl $k = 1{,}31 \,.\, 10^5$ berechnen läßt.

(Man beachte hierbei die verschiedenen Definitionen von R, die für die Kugelanordnung — vgl. S. 327 — einen kleineren Wert $\overline{R}$ gibt, als für das R_g der Messungen H. Geigers oder G. H. Hendersons) (vgl. S. 325.)

Jährlich emittieren 1 g U_I und U_{II} je ca $4 \cdot 10^{11}$ α-Partikeln, jährlich sollen daher $4 \cdot 10^{11}$ Atome Ionium gebildet werden. Für eine mittlere Lebensdauer von $1{,}1 \cdot 10^5$ Jahren folgt, daß die Menge Ionium, die in 1 Jahr gebildet wird, ca $3{,}6 \cdot 10^6$ α-Partikeln pro Jahr aussendet. 1 kg Uran würde demnach aus dem von ihm in einem Jahre gebildeten Ionium ca 100 α-Partikeln pro Sekunde ausschleudern[15]). Gelänge es z. B. mit Zirkon, Cer oder anderen thorähnlichen aber α-strahlenfreien Stoffen das Io aus größeren Mengen Th-freien Urans abzu-

Literatur zu VI, 3 siehe Seite 390.

scheiden, das sich innerhalb eines oder mehrerer Jahre gebildet hat, so wäre die Möglichkeit gegeben aus der Szintillationszählung die mittlere Lebensdauer des Io zu erhalten.

Auch der Weg, die Zerfallsprodukte, speziell Mesothor, aus Io-haltigem Thor abzuscheiden und die erhaltene Menge mit der aus Io-freiem, gleich altem (d. h. zu gleicher Zeit zuletzt von Mesothor befreitem) Th gewonnenen zu vergleichen, ist nicht aussichtslos. Ein Io-Th-Produkt mit mehreren Prozenten Io würde in gleicher Zeit entsprechend weniger Mesothor liefern, als reines Thor und daraus könnte in obiger Weise die Zerfallskonstante erschlossen werden*).

Da man annehmen kann, daß die Abscheidungen des Io absolut parallel mit dem Th gehen, so müßte der Io-Gehalt aller Produkte aus gleichem Ausgangsmaterial mit gleichem Th-Gehalt derselbe sein.

Eine Entscheidung über den Prozentsatz durch Atomgewichtsbestimmungen bringen zu wollen, erschien wegen der großen Ähnlichkeit der Atomgewichte des Io (230) und des Th (232,1) sehr schwierig und hatte nur Aussicht durch besondere Präzisionsbestimmungen.

Solche sind im Jahre 1916 O. Hönigschmid und St. Horovitz[16]) gelungen. Neben der genauen Feststellung des Atomgewichtes des gewöhnlichen Thoriums mit 232,12 haben sie gezeigt, daß dem aus der St. Joachimstaler Pechblende stammenden Io-Th-Gemisch das Verbindungsgewicht 231,51 zukommt. Da reines Ionium seiner Stellung zwischen Uran und Radium entsprechend nahe genau ein Atomgewicht von 230,0 hat, läßt sich für obiges Gemisch berechnen, daß neben rund 70% Thor 30% Ionium darin vorhanden sein müssen. St. Meyer[17]) hat weiter im Zusammenhalt mit Strahlungsbestimmungen — indem 1 g dieses Gemisches in sehr dünner Schicht einseitig durch seine α-Strahlen einen Strom von $6{,}13 \cdot 10^3$ stat. Einh. zu unterhalten vermag (gegenüber von $1{,}21 \cdot 10^6$ stat. Einh. durch 1 g Ra) — gezeigt, daß daraus eine mittlere Lebensdauer von $\tau_{Io} = 130000$ Jahren folgt, wenn $\tau_{Ra} = 2280\,a$ gesetzt wird.**) Dies ist als obere Grenze***) anzusehen, die aber von der Wirklichkeit nicht weit entfernt

Literatur zu VI, 3 siehe Seite 390.

*) Dieser Gedanke wurde unseres Wissens zuerst (1914) gesprächsweise von K. Fajans geäußert.

**) Aus diesen Daten läßt sich dann umgekehrt rückschließend berechnen, daß in der St. Joachimstaler Pechblende zu 1 g Ra 200 g Thorisotope (chemisch Th) vorhanden sind; zu 1 g U etwa $7 \cdot 10^{-5}$ g Io-Th.

***) Die vorwiegend möglichen Fehlerquellen: 1) spurenweises, wenn auch spektroskopisch nicht mehr nachweisbares Vorhandensein anderer seltener Erden im Io-Th-Präparate, 2) eventuelle Unterschätzung des Stromäquivalentes, würden den gefundenen Wert zu groß erhalten lassen.

sein kann. Da F. Soddys Angabe für $\tau_{\text{Io}} = 108000\,a$ ein Minimalwert ist, kann jetzt diese Konstante als in einander nahe gerückte Grenzen eingeengt gelten.

Anderseits kommen auch in gleicher Fundstelle, nämlich St. Joachimstal, wie St. Meyer und C. Ulrich[18]) zeigen konnten, Io-Th-Gemische vor, die bis 50% Io-Gehalt aufweisen, was darauf hindeutet, daß in der Pechblende das Th akzessorisch in verschiedenem Betrage auftritt. Auch F. Soddy und A. F. R. Hitchins[18]) fanden an Material gleicher Provenienz Io : Th = 1 : 0,9; sie nehmen an, daß in dem obenerwähnten Material (30% Io + 70% Th) eine Verunreinigung mit Th stattgefunden habe, was sich aber nicht begründen läßt. Man kann bloß feststellen, daß das ältere und neuere Material aus räumlich von einander getrennten Stellen stammte.

Sehr auffallend war seinerzeit die Tatsache, daß es weder F. Exner und E. Haschek noch A. S. Russell und R. Rossi[12]), noch endlich O. Hönigschmid und E. Haschek[16]) gelang, an solchen Io-Präparaten irgend eine neue Linie im Spektrum aufzufinden, was, wenn das Io, wie nach seinem Atomgewicht zu erwarten wäre, mehr Linien hätte als Ra, gegen die Annahme so hoher Konzentrationen spräche, wie sie oben gefunden wurden. F. Soddy deutete dies schon 1911 dahin, daß Io, als mit Th isotop, auch physikalisch praktisch identisch mit Th anzusehen wäre und ebendeshalb auch genau das gleiche Spektrum hätte (vgl. VI, 1, S. 357f. und VI, 8, S. 463, RaG und Pb).

Literatur zu VI, 3:

1) F. Soddy, Nature **70**, 30, 1904; **71**, 294, 1905; Phil. Mag. (6) **9**, 768, 1905; Roy. Inst. of Gr. Brit. 25. März 1912; B. B. Boltwood, Phil. Mag. (6) **9**, 599, 1905; Sill. J. **20**, 239, 1905; R. J. Strutt, Nature **72**, 365, 1905; F. Soddy und T. D. Mackenzie, Phil. Mag. (6) **14**, 272, 1907.

2) B. B. Boltwood, Sill. J. **22**, 537, 1906; Nature **75**, 54, 1906; Phys. Z. **7**, 915, 1906; Sill. J. **24**, 370, 1907; Phys. Z. **8**, 884, 1907; Nature **76**, 293, 544, 579, 1907; Sill. J. **25**, 269, 365, 493, 1908; O. Hahn, Nature **77**, 30, 1907; Ber. D. chem. Ges. **40**, 4415, 1908; W. Marckwald und B. Keetman, Ber. D. chem. Ges. **41**, 49, 1908.

3) C. Auer v. Welsbach, Wien. Ber. **119**, 1, 1910; B. Keetman, Jahrb. Rad. u. El. **6**, 265, 1909.

4) St. Meyer und E. v. Schweidler, Wien. Anz. 11. Juni, 1909.

5) J. Chadwick und A. S. Russell, Proc. Roy. Soc. (A) **88**, 217, 1913; Nature **90**, 690, 1913; Chem. News **107**, 103, 1913.

6) E. Rutherford, Nature **75**, 270, 1907; **76**, 661, 1907; Phil. Mag. (6) **14**, 733, 1907; B. B. Boltwood, Sill. J. **24**, 370, 1907; **25**, 365, 1908; B. Keetman, Jahrb. Rad. u. El. **6**, 265, 1909; St. Meyer und E. v. Schweidler, Wien. Ber. **122**, 1091, 1913.

7) E. Rutherford, Jahrb. Rad. u. El. **5**, 152, 1908.

7a) F. Soddy, Phil. Mag. (6) **16**, 632, 1908; **18**, 846, 1909; **20**, 340, 1910; F. Soddy und A. F. R. Hitchins, Phil. Mag. (6) **30**, 209, 1915; F. Soddy, Phil. Mag. (6) **38**, 483, 1919.

8) St. Meyer und V. F. Hess, Wien. Ber. **121**, 626, 1912.

9) B. Keetman, Jahrb. Rad. u. El. **6**, 273, 1909; St. Meyer, Wien. Ber. **122**, 1085, 1913.

10) B. B. Boltwood, Proc. Roy. Soc. (A) **85**, 77, 1911.

11) St. Meyer und E. v. Schweidler, Wien. Anz. 11. Juni 1909; L. Haitinger und C. Ulrich, Wien. Ber. **117**, 621, 1908.

12) F. Exner und E. Haschek, Wien. Ber. **121**, 1075, 1912; A. S. Russell und R. Rossi, Proc. Roy. Soc. (A) **87**, 478, 1912.

13) H. Geiger und J. M. Nuttall, Phil. Mag. (6) **22**, 618, 1911; **23**, 439, 1912; **24**, 653, 1912; R. Swinne, Phys. Z. **13**, 14, 1912.

14) B. B. Boltwood, Sill. J. **25**, 365, 1908; L. P. Wheeler und T. S. Taylor, Sill. J. **25**, 377, 1908; St. Meyer und E. v. Schweidler, Wien. Anz. **11**. Juni, 1909; B. Keetman, Jahrb. Rad. u. El. **6**, 273, 1909; H. Geiger und J. M. Nuttall, Phil. Mag. (6) **22**, 201, 618, 1911; **23**, 439, 1912; **24**, 653, 1912; St. Meyer, V. F. Hess und F. Paneth, Wien. Ber. **123**, 1472, 1914; H. Geiger, Z. f. Phys. **8**, 45, 1921.

15) E. Rutherford, Radioactive Substances, Cambridge 1913, Seite 458.

16) O. Hönigschmid, Z. Elektrochem. **22**, 21, 1916; derselbe und St. Horovitz, Mitt. Ra-Inst. 87, Wien. Ber. **125**, 179, 1916.

17) St. Meyer, Mitt. Ra-Inst. 88, Wien. Ber. **125**, 191, 1916; Mitt. Ra-Inst. 121, Wien. Ber. **128**, 897, 1919.

18) St. Meyer und C. Ulrich, Mitt. Ra. Inst. 158, Wien. Ber. **132**, 279, 1923; F. Soddy und A. F. R. Hitchins, Phil. Mag. (6) **47**, 1148, 1924.

4. Radium. Im Jahre 1898 hat das Ehepaar Curie unter Mitarbeit von G. Bémont[1]) das Element entdeckt, das für alle weiteren Untersuchungen vorherrschend wurde, das „Radium", das sich aus den Uranmineralien mit dem Barium abtrennen ließ. Seine besondere Stellung unter den vielen seither aufgefundenen Radioelementen verdankt es dem Umstande, daß es praktisch das einzige neue Radioelement ist, das frei von anderen Elementen in so großen Mengen dargestellt werden kann, daß es möglich war, seine Eigenschaften auch in der bisher in der Chemie üblichen Weise zu studieren.

Literatur zu VI, 4 siehe Seite 404.

1. Darstellung.

Wenngleich das ursprüngliche in Paris ausgearbeitete Verfahren in den verschiedenen Fabriken etwas abgeändert wurde, so ist der prinzipielle Gang noch zumeist derselbe geblieben, wie er durch die Uranabscheidungen im großen und daran anschließend bei der Radiumgewinnung von dem Ehepaare Curie und A. Debierne, von L. Haitinger und C. Ulrich und in St. Joachimstal anfänglich eingeschlagen wurde[2]).

Es sei daher schematisch dieses Verfahren skizziert:

I. Zugutebringung der Uranerze.

Uran-Roherz U_3O_8 (bis ca. 14%).

Aus der Grube zur Handscheidung.

65—70% U_3O_8 ← Scheiderz

↓ Pochgang

Fein zerteiltes oder eingesprengtes Vorkommen auf Streusandgröße zerkleinert; maschinelle Trennung mittels Wasser und der Verschiedenheiten des spez. Gewichtes.

→ Taube Berge

← Uranerzschlich

Pechblende ϱ = 8—9,7
Wismutblende 9,6—9,8
Bleiglanz 7,4—7,6
Cu-haltiger Eisenkies 4,9—5,2.

→ Abfall tauber Begleitgesteine. (Dolomit, Calcit, Schiefer, Wacke) spez. Gew. unter 3,1.

(Scheiderz und Uranerzschlich) →

Einlösungsprodukt in der Uranfarbenfabrik

zerkleinert und zu Staub zermahlen: Mahlgut gelangt zur Röstung, die zuerst etwa 10 Stunden ohne Zusatz, dann unter Zusatz von ca 15% Soda und 2% Natronsalpeter unter Steigerung der Temperatur bis 800° erfolgt. Oxydation und Schwefelvertreibung; Bildung der Natronsalze des U, Sb, W, Mo, V.

↓

Röstgut.

Literatur zu VI, 4 siehe Seite 404.

II. Röstgut
zermahlen, mit Wasser gewaschen.

→ Gewaschenes Röstgut H_2SO_4 konz. zugesetzt, dann etwas HNO_3; wiederholt mit Waschwasser ausgelaugt.

→ Sodahaltiges Waschwasser

Gewaschenes Röstgut →

- Uranylsulfatlauge; zugesetzt: Sodahaltiges Wasser und frische Soda
- Uranlaugrückstände Ausgangspunkt für die Darstellung der radioaktiven Produkte. Mit heißem Wasser gewaschen

Uranylsulfatlauge →

- Uranylnatroncarbonatlauge. Aufgekocht, geklärte Lauge abgezogen, mit Schwefelsäure neutralisiert.
  - → Urangelb-licht I. → Uranfarben Uranylnitrat
  - → Abfallauge.
- Sodaniederschlag mit frischer Sodalösung mehrmals ausgekocht
  - → Reiner Soda-Niederschlag
  - → Stark sodahaltiges Waschwasser (→ zurück zu Sodahaltiges Waschwasser)

Uranlaugrückstände →

- Gewaschene Uranlaugrückstände
- Waschwasser → (zurück zu Sodahaltiges Waschwasser)

III. Uranlaugrückstände.
zur Verarbeitung auf Radium, zuerst mit NaOH gekocht

→ Abfallauge (sehr arm an Radium)

→ Rückstand wird gewaschen
↓
Gewaschener Rückstand wird mit roher verdünnter HCl(1 : 1) behandelt; gelatinöser Brei; mehrere Tage digeriert; Wasser aufgegossen und Lauge abgezogen;

→ Rohsalzsäureauszug mit Ammoniak gefällt („Hydrat") enthält die Hauptmenge von Po, Th, Io, Ac

→ Gewaschener, abgenutschter Rückstand wird mit Na_2CO_3 gekocht
↓
Gallertartiger Rückstand wird sorgfältig ausgewaschen, bis kein Na_2SO_4 mehr nachweisbar
↓

Literatur zu VI, 4 siehe Seite 404.

↓

Gewaschener mit Na_2CO_3 behandelter Rückstand wird mit chemisch reiner HCl(1 : 1) behandelt, dann mit angesäuertem, zuletzt mit destilliertem Wasser gewaschen

↓ Rückstand nach 1. guter Lauge wird neuerdings mit Na_2CO_3 gekocht, dekantiert, mit H_2O gewaschen, mit HCl digeriert und abgenutscht

→ 1. gute Lauge, enthält einen Teil des Ra, daneben noch Fe, Al, Ca, Sr, Ba, Pb.

↓ Rückstand nach 2. guter Lauge; damit werden die Operationen wiederholt

→ 2. gute Lauge, Ra enthaltend

↓ Rück-Rückstand enthält noch etwas Ra (bei der Darstellung von L. Haitinger und C. Ulrich noch etwa 120 mg Ra in 4500 kg).

→ 3. gute Lauge, enthält noch ziemlich viel Ra.

IV. Behandlung der guten Laugen 1 + 2 + 3
wird stehen gelassen und filtriert

← Gute Laugе

→ $PbCl_2$ fällt aus (Radioblei)

wird mit verdünnter Schwefelsäure versetzt

↓ Abgezogene Lauge

→ Niederschlag: Rohsulfat enthält wesentlich Ra, Ba, Sr, Ca, Pb. Es wird nun wiederholt gute Lauge zugegeben bei Gegenwart freier H_2SO_4

← Abgezogene Lauge → Weiteres Rohsulfat

← Abgezogene Lauge → Rohsulfat

Aus den Abfallaugen setzen sich allmählich noch kleine Mengen Sulfate ab. Sie enthalten auch etwas Polonium, Actinium, Thorium, Ionium.

Literatur zu VI, 4 siehe Seite 404.

V. Behandlung des Rohsulfates.

Es wird mit konz. Na_2CO_3 einige Stunden gekocht, noch heiß abgehebert;

→ Rückstand: Gemisch von Carbonaten und noch unzersetzten Sulfaten mit siedendem Wasser dekantiert; dann mit destilliertem Wasser ausgewaschen, eingetragen in verdünnte reine HCl;

→ Abfallauge

Aus dem Rückstand:

- Lösung von Chloriden (Ra, Ba, Sr, Ca, Pb)
- Rückstand: $PbCl_2$ und Ra-Sulfat wird mit heißem Wasser behandelt.
  - Rückstand wird, wie oben mit Na_2CO_3 dann HCl behandelt; der Prozeß mehrmals wiederholt
    - Lösung von Chloriden
    - Rückstand: $PbCl_2$ und unzersetzte Sulfate
      - Rückstand
      - Lösung von $PbCl_2$ (Radioblei)
  - Lösung von $PbCl_2$ (Radioblei)

Die Lösungen von Chloriden (vereinigt): wird mit H_2S behandelt

- Lösung von Chloriden wird eingedampft und mit konz. HCl digeriert
  - Lösung von $CaCl_2$ und $SrCl_2$ mit wenig Radium
  - Minder löslicher Rückstand $RaCl_2$ und $BaCl_2$ „Rohchlorid“
- Niederschlag von PbS und von Spuren anderer Schwermetalle

Zu beachten ist, daß die Löslichkeit von $RaSO_4$ in H_2SO_4 mit steigender Temperatur zunimmt (S. C. Lind, J. E. Underwood und C. F. Whittemore), so-

Literatur zu VI, 4 siehe Seite 404.

wie die Absorption und Löslichkeit von Ra in $BaSO_4$ (C. Ulrich, F. E. E. Germann) und in Urannitratlösungen[26]).

H. A. Doerner und W. M. Hoskins[31]) gaben für die Fällung von Radiumsulfat für die Reaktionsgleichung: $BaSO_4 + RaCl_2 \rightleftarrows BaCl_2 + RaSO_4$ an, daß Ra^{++} (zu Ende) $\times$ Ba^{++} (zu Beginn) $= k \times Ra^{++}$ (zu Beginn) $\times$ Ba^{++} (zu Ende) sei, worin $k = 1{,}8$ gesetzt werden kann.

Das „Rohchlorid" wird entweder als Chlorid oder als Bromid[3]) fraktioniert umkristallisiert und dabei das minderlösliche Radiumsalz allmählich vom Bariumsalz getrennt.

W. Chlopin[3]) empfiehlt statt fraktionierter Kristallisation fraktionierte Fällung der betreffenden Chlorid-Bromid-Nitratlösung durch Vergrößerung der Konzentration des Anions.

M. G. Denies[3]) hat mikrochemische Verschiedenheiten von Ba- bzw. Ra-Jodid beschrieben.

Zur letzten Reinigung kann das Salz auch noch wiederholt durch Alkohol ausgefällt werden.

Kristallisationsschema

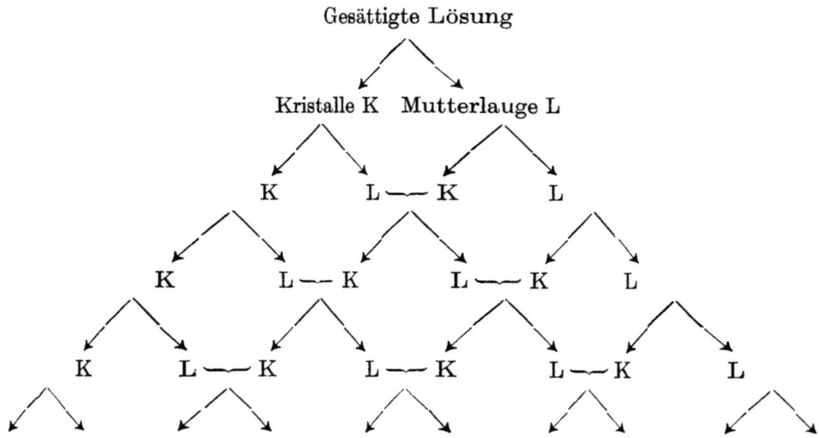

Ein etwas modifiziertes Verfahren zur Radiumgewinnung ist dasjenige von R. Sommer und F. Ulzer[4]) (Radiumwerk von Neulengbach in Nied.-Österreich). Es wurde für minder uranreiche Erze bzw. Rückstände nach der Uranextraktion angewendet. Rückstände werden mit konzentrierter Schwefelsäure einige Stunden gekocht oder mehrere Wochen bei gewöhnlicher Temperatur damit stehen gelassen, oder mit sauren schwefelsauren Salzen geschmolzen, dann mit Wasser ausgewaschen und filtriert. Der Filterrückstand wird mit Alkalien oder Alkalikarbonaten oder Mischungen derselben geschmolzen oder gekocht.

Der nach dem mehrmaligen Auswaschen und Filtrieren verbleibende Rückstand wird mit verdünnter Schwefelsäure gekocht. Bei diesem Verfahren wird durch die Behandlung mit den sauren Agentien rund die Hälfte der Beimischungen, durch die alkalischen Körper der größte Teil der übrigen Verbindungen entfernt, so daß ein Rückstand von nur ca $^1/_2$% verbleibt, in welchem sich fast das ganze Radium in Form von Sulfat befindet.

Literatur zu VI, 4 siehe Seite 404.

Die Rohsulfate werden in Rohchloride übergeführt, indem man sie mit Alkalicarbonaten oder Mischungen derselben schmilzt, die Schmelze gründlich auslaugt, filtriert und den Rückstand in chemisch reiner Salzsäure löst.

E. Ebler und W. Bender[5]) schlagen vor, „Rohsulfate" oder radiumärmere sulfathaltige Erzrückstände mittels Calciumhydrid in Sulfide zu verwandeln, um dadurch das Verfahren mit Soda (vgl. S. 395 Prozeß V) zu eliminieren. Auch Versuche zur Reduktion sulfathaltiger Zwischenprodukte mit Kohle wurden angestellt. Über die Nützlichkeit dieser Methode in der Praxis der Radiumdarstellungen speziell bei der Verarbeitung von Carnotit*) liegen Berichte von C. L. Parsons, R. B. Moore, S. C. Lind und O. C. Schaefer sowie H. H. Barker und H. Schlundt vor[26]). — Eine Diskussion über die verschiedenen Verfahren zur Radiumgewinnung aus verschiedenen Mineralien geben E. Ebler und W. Bender. Darstellung und Kritik der einzelnen Verfahren gab C. Ulrich[5]).

F. Tödt[29]) zeigte, daß man Ra (bzw. MsTh, ThX, AcX) von Ca durch Fällung als Chromat trennen könne, wenn der in HCl gelöste Chromatniederschlag unter Einleiten von CO_2 elektrolysiert wird, wobei Ra kathodisch abgeschieden wird.

Bisher wurden außer den Pechblenden in St. Joachimstal, in Frankreich größere Mengen von Autuniten und verwandte Erze aus Portugal, in den Vereinigten Staaten von Nordamerika in Orange, Pittsburgh und in Denver (Colorado) Carnotitgesteine, in Sidney (Australien) ähnliche Mineralien, weiters in geringen Mengen in Rußland Vanadate aus Ferghana (Tuya-Muyun, Turkestan) zu Radium verarbeitet[2]). Außer den Pechblenden sind alle diese Mineralien relativ arm an U bzw. Ra.

Seit 1922 ist in Oolen (Belgien) in großem Maßstab die Verarbeitung von Uranerzen aus Katanga (belgisch Kongo) im Gange[2]). Der Thorgehalt ist für 1 g U in St. Joachimstal und im Katangaerz rund $2 \cdot 10^{-5}$ g Th, in Carnotiten etwa zwanzig mal so groß, in kristallisierter Pechblende aus Morogoro rund $5 \cdot 10^{-3}$ g Th, der MsTh-Gehalt daher in allen Radiumpräparaten dieser Herkunft nicht von Belang[28]).

Genaue Angaben über den Thoriumgehalt wären wegen der eventuellen Beimengung von Mesothor auch für die anderen Erze erwünscht. Die Verarbeitung des Kolm[6]) (vgl. S. 368) hat sich nicht gelohnt.

W. Petraschek[25]) setzte im Jahre 1915 die gesamte Menge bauwürdigen Radiumerzes aus den damals bekannten Radiumlagerstätten so an, daß in Summa 425 g Radium gewonnen werden könnten. Da seither neue Fundstätten erschlossen wurden, ist diese Angabe wohl um ein mehrfaches zu niedrig.

Die Aufbewahrung von Ra-Salzen erfolgt am besten in zugeschmolzenen Glasröhrchen (vgl. IV, 11 S. 233). Bei der Wiederöffnung muß auf einen eventuellen Überdruck geachtet werden. P. L. Mercanton[30]) empfahl hierzu eine langsam angewärmte Heizspirale, die bei Überdruck ein Selbstaufblasen des Röhrchens erzielt.

2. Theoretisch mögliche Ausbeute. Verhältnis Ra : U.

Nimmt man einen genetischen Zusammenhang zwischen Radium und

Literatur zu VI, 4 siehe Seite 404.

*) Das Erz wird dort unmittelbar in heißer Salpetersäure unter Zusatz von etwas HCl gelöst und daraus das Ra-Ba-Sulfat gefällt. Die Sulfate werden mit Holzkohle gemischt und durch Erhitzen auf 800° in Sulfide verwandelt, sodann in HCl gelöst, das Pb durch SH_2 in ammoniakalischer Lösung entfernt, Ba + Ra als Carbonat gefällt und in Bromwasserstoffsäure wieder gelöst, wonach die fraktionierte Kristallisation der Bromide einsetzt.

Uran an, so muß daraus geschlossen werden, daß in sehr alten Produkten, wie sie in den primären kompakten und nicht verwitterten Mineralien vorkommen, ein Gleichgewichtszustand zwischen diesen beiden Elementen besteht. In geologisch jungen Bildungen, wie Autuniten, ist dieser Gleichgewichtszustand nicht vorhanden und in sekundären Mineralien kann auch Ra ausgelaugt sein; die Ausbeute ist dann natürlich entsprechend geringer (vgl. W. Marckwald und A. S. Russell, A. Muguet und J. Seroin, F. Henrich[7]).

Durch zahlreiche Messungen, insbesondere von B. B. Boltwood und von R. J. Strutt sowie H. N. Mc Coy wurde gezeigt, daß wirklich das Verhältnis Ra : U in alten Gesteinen ein nahe konstantes ist[7]). Die ersten Angaben leiden darunter, daß für die Radiumbestimmungen kein verläßliches Standardpräparat vorlag und es konnte daher die ältere Angabe, daß zu 1 g Uran $3{,}4 \cdot 10^{-7}$ g Radium gehören, unsicher sein. F. Soddy und R. Pirret erhielten in neuerer Zeit für Pechblende den Wert $3{,}15 \cdot 10^{-7}$, E. Gleditsch bekam als besten Wert $3{,}22 \cdot 10^{-7}$, sie fand aber auch höhere Zahlen. W. Marckwald und A. S. Russell haben große Konstanz der Werte an diversen Pechblenden und analogen Mineralien festgestellt und insbesondere B. Heimann und W. Marckwald an Mineralien, deren Gehalt zwischen 9 und 71% U schwankte, die Werte zwischen 3,32 und $3{,}34 \cdot 10^{-7}$ gefunden. A. Becker und P. Jannasch[22]) geben für Pechblende aus St. Joachimstal 3,383 bzw. $3{,}415 \cdot 10^{-7}$ an. Auf Schwankungen bei kleinen Proben haben S. C. Lind und C. F. Whittemore aufmerksam gemacht[23]). S. C. Lind und L. D. Roberts gaben den Wert $(3{,}40 \pm 0{,}03) \cdot 10^{-7}$ an; E. Gleditsch[23]) erhielt an Bröggeritproben Ra/U = 3,33; 3,30; 3,29; $3{,}31 \cdot 10^{-7}$. Zumeist wird derzeit für Ra : U der Wert $3{,}4 \cdot 10^{-7}$ eingesetzt.

Da der Urangehalt von $U_3O_8 = 0{,}8482$ ist, so könnten bei restloser Ausbeutung aus Erzen mit 50% U_3O_8 pro 1 g Erz $1{,}4 \cdot 10^{-7}$ g Ra erhalten werden, oder 1 g Ra aus rund 7000 kg Erz. In der Praxis hat man mit einem Verlust von 10—20% zu rechnen, da Ra in großen Verdünnungen in die Abfallprodukte eingeht[8]).

3. Chemische Eigenschaften. Radium verhält sich chemisch als höheres Homologes zu Barium. Seine Zweiwertigkeit in Lösungen wurde noch speziell von G. v. Hevesy durch Diffusionsversuche und von H. Freundlich und G. v. Elissafoff durch Elektroendosmose nachgewiesen[24]). Entsprechend der Folge in den Änderungen der Löslichkeit und anderer Eigenschaften von Ca, Sr, Ba, Ra läßt es sich aber von Ba trennen, indem es z. B. die minder löslichen Halogenverbindungen liefert. Von seinen Salzen werden zumeist das Chlorid, Bromid, Carbonat und Sulfat hergestellt. Sie sind — unzersetzt — zunächst alle weiß.

Literatur zu VI, 4 siehe Seite 404.

Mit steigendem Emanationsgehalt und steigender Selbstzersetzung (vgl. S. 250), und unmittelbar unter Wirkung der eigenen Strahlung, verfärben sich die Chloride allmählich braun, die Bromide braun bis schwarz.

Die Präparate sind von einem gewissen Reinheitsgrad an selbstleuchtend (vgl. S. 241). Die allmählich verfärbten Salze werden durch Erhitzung oder durch Umkristallisation wieder rein weiß und erhalten dabei ihre ursprüngliche Leuchtkraft.

Metallisches Radium[9]) wurde von M. Curie und A. Debierne durch Elektrolyse mit Hg-Kathode als Amalgam erhalten, das in Wasserstoffatmosphäre bei Temperaturen zwischen 400 und 700° vom Quecksilber befreit wurde. Es ähnelt dem Barium, schmilzt bei ca. 700°, ist viel flüchtiger als Barium und an der Luft außerordentlich unbeständig. Die Dichte kann, extrapoliert aus der Beziehung zwischen Dichte und Atomgewicht von Ca, Sr, Ba mit $\varrho = 6{,}0$ angenommen werden.

4. Spektrum. F. Giesel hat zuerst beobachtet, daß Radiumsalz die nichtleuchtende Bunsenflamme schön karminrot färbt[10]). C. Runge und J. Precht haben die folgenden Absorptionslinien bzw. Banden gemessen:

4826, 6130—6330, 6329, 6530—6700, 6653 Å. E.

Bogen- und Funkenspektren[11]) wurden von E. Demarçay, W. Crookes, F. Exner und E. Haschek, C. Runge und J. Precht gemessen. Es seien die zuletzt von F. Exner und E. Haschek erhaltenen Werte angeführt, die mit einem Präparat von 70% Radium gewonnen sind. Die stärksten Linien mit Wellenlängen von 3814,61 und 4682,41 Å. E. sind noch sehr deutlich auch mit einem Präparat von nur 0,001% Ra-Gehalt aufgenommen worden.

Bogenspektrum.

Wellenlänge λ in ÅE.	Intensität i	λ	i	λ	i	λ	i	λ	i
2709,04	2	4340,81	20	4740,40	1	5206,47	1	5661,06	5
2813,85	2	4366,50	1	4826,10	50	5264,5	1	5813,96	3
3649,75	3	4426,45	1	4856,32	5	5283,49	1	5957,9	1
3814,61	50	4436,50	5	4903,46	3	5320,50	1	6167,30	1
3907,53	1	4444,70	1	4971,98	2	5400,46	2	6200,55	5
3916,7	1	4533,53	10	4982,20	2	5407,03	2	6337,17	1
4010,50	2	4641,48	5	5041,74	2	5502,22	1	6446,47	5
4054,2	1	4682,41	100	5081,26	2	5553,9	1	6487,60	3
4265,27	1	4699,47	5	5097,76	3	5556,10	3	6641,38	1
4305,25	3	4702,13	1	5206,17	1	5616,90	1	6642,73	1

Literatur zu VI, 4 siehe Seite 404.

Funkenspektrum.

λ	i	λ	i	λ	i	λ	i	λ	i
2709,05	3	3649,72	3	4340,83	5	4536,50	1	4699,5	1
2813,85	3	3814,61	50	4533,35	3	4682,41	50	4826.10	10

5. Die Magnetisierungszahl. Nach den Messungen von P. Curie und C. Chéneveau[12]) ist die Suszeptibilität $\varkappa = 1{,}05 \cdot 10^{-6}$, Radium also schwach paramagnetisch, während Ba sich als diamagnetisch erweist. Ältere Angaben sind bedeutungslos, da es sich dabei um Ra-Ba-Salze mit sicher sehr wenig Radium handelte.

6. Atomgewicht[13]). Für die Charakteristik des Elementes sowie für alle Betrachtungen, die auf der Zerfallstheorie basieren, ist eine exakte Bestimmung dieser Zahl eine Hauptforderung. M. Curie hat sich denn auch wiederholt bemüht, im Verlaufe ihrer Darstellungen von Radium den größten Reinheitsgrad zu erzielen und Atomgewichtsbestimmungen dieser Produkte zu machen. Während ältere Messungen (1899) noch Werte von 225 für das Atomgewicht ergaben, zeigten die letzten Bestimmungen (1907) den höheren Wert von 226,34 (berechnet für Ag = 107,88 und Cl = 35,457). Die Differenz der drei von ihr angegebenen Einzelwerte beträgt im Maximum 0,3.

Aus dem Jahre 1908 liegen Bestimmungen von T. E. Thorpe vor, die für die angenäherte Richtigkeit obiger Zahl zwar sprechen, jedoch als Präzisionsangaben nicht ebensoviel Wert besitzen, da die geringe Menge des verwendeten Materials (90 mg $RaCl_2$) bei seiner Methode keine genauen Werte liefern konnte. Er gibt als Mittelwert dreier Analysen, die untereinander um mehr als zwei Einheiten abweichen, 226,65 an.

Präzisionsbestimmungen hat dann (1911/12) O. Hönigschmid an Radiumchlorid und an Radiumbromid durchgeführt. Auf Grund zahlreicher Analysen hat er das Atomgewicht des Ra mit großer Sicherheit als:

$$225{,}97 \pm 0{,}012$$

festgestellt. Dabei sind für Ag 107,88, für Cl 35,457, für Br 79,916 als Atomgewichte zugrundegelegt. Für alle weiteren Betrachtungen kann sonach mit ausreichend verbürgter Genauigkeit der Wert **226,0** gelten.

Während die Untersuchungen Hönigschmids im Gange waren, haben R. Wythlaw-Gray und W. Ramsay mit 2 bis 3 mg mittels einer sehr eleganten Mikrowagenmethode Bestimmungen ausgeführt und einen Wert von 226,36 angegeben. Hönigschmid hat aber nachge-

---

Literatur zu VI, 4 siehe Seite 404.

wiesen, daß bei ihrer Berechnung kleine Fehler unterlaufen sind, und daß der Mittelwert ihrer 5 Analysen 226,26 $\pm$ 0,21 wäre.

Hatte schon M. Curie an ihren Präparaten durch spektroskopische[14]) Untersuchungen sicherstellen können, daß ihre reinsten Radiumsalze nicht mehr als höchstens 0,06% $BaCl_2$ enthielten, so vermochten E. Haschek und O. Hönigschmid an dem von letzterem zu seinen Atomgewichtsbestimmungen verwendeten Material zu beweisen, daß es nicht mehr als 0,002% Ba enthalten kann.

Aus dem reinsten Präparat M. Curies und aus den reinsten Salzen O. Hönigschmids sind der internationale Standard in Paris und das entsprechende in Wien aufbewahrte Normalpräparat hergestellt. Nach aktinometrischen Methoden von der internationalen Radium-Standard-Kommission im Jahre 1912 in Paris verglichen, erwiesen sie sich als gleichwertig (vgl. V, 2, S. 274).

7. Strahlen. Unter „Radium" schlechthin versteht man gewöhnlich das Ra samt seinen ersten Zerfallsprodukten bis inklusive Radium C. In diesem Sinne spricht man dann auch von γ-Strahlen des „Radiums", die aber wesentlich dem RaC zugehören.

Das Radium, befreit von seinen Zerfallsprodukten, sendet vorwiegend α-Strahlen aus, aber auch, wie O. Hahn und L. Meitner, sowie L. Kolowrat zeigten, eine weiche β-Strahlung.

Die α-Strahlung ist charakterisiert durch die Reichweite 3,39 cm Luft bei 15° und 760 mm Druck; $v_0 = 1{,}51 \cdot 10^9$ cm/sec.

Die Zahl der sekundlich emittierten α-Partikeln ist von E. Rutherford und H. Geiger zuerst für 1 g Ra gleich $3{,}4 \cdot 10^{10}$ angegeben, später von R. W. Lawson und V. F. Hess zu $3.72 \cdot 10^{10}$ bestimmt worden[15]). Im Jahre 1924 haben H. Geiger und A. Werner wiederum $3{,}40 \cdot 10^{10}$ bzw. $3{,}48 \cdot 10^{10}$ gefunden, doch wurden dagegen Einwände vorgebracht und dieser Wert müßte erst noch bekräftigt werden, ehe $Z = 3{,}72 \cdot 10^{10}$ aufgegeben werden dürfte (vgl. S. 95 und 223/224). Über den Strom, den 1 g Ra durch seine α-Strahlung in unendlich dünner Schicht zu unterhalten vermag (einseitig gemessen $i = 1{,}2 \cdot 10^6$ stat. Einh.) vgl. V, 3, S. 283.

Die β-Strahlung hat einen Absorptionskoeffizienten in Aluminium von $\mu = 312$ cm^{-1} nach O. Hahn und L. Meitner, während L. Kolowrat $\mu = 200$ cm^{-1} angibt. Das von O. v. Baeyer, O. Hahn und L. Meitner aufgenommene „magnetische Linienspektrum" liefert für die Anfangsgeschwindigkeiten $1{,}56 \cdot 10^{10}$ und $1{,}95 \cdot 10^{10}$ cm/sec (in Einheiten der Lichtgeschwindigkeit 0,52 und 0,65) (vgl. Tabelle 6 im Anhang des Buches).

Literatur zu VI, 4 siehe Seite 404.

Schwache, dem Ra selbst zugehörige γ-Strahlen fanden A. S. Russell und J. Chadwick mit $\frac{\mu}{\varrho}$ (in Al) = 130; 6; 0,1; die Intensität ist etwa 1—1½% der γ-Wirkung von Ra→RaC[21]).

8. Wärmeentwicklung. Die Wärmeentwicklung wurde durch V. F. Hess[16]) an dem von O. Hönigschmid zur Atomgewichtsbestimmung verwendeten, von seinen Zerfallsprodukten völlig befreiten Radium gemessen und gefunden, daß 1 g Radium allein (ohne seine Zerfallsprodukte) eine Wärmemenge von 25,5 Kalorien pro Stunde $= 2{,}235 \cdot 10^5$ cal/Jahr entwickelt (vgl. S. 228).

Die totale Energie, für $\tau = 2280$ Jahre, ist dementsprechend $5{,}1 \cdot 10^8$ cal oder $2{,}1 \cdot 10^{16}$ Erg.

9. Mittlere Lebensdauer. a) Bestimmung aus der Beziehung $Z = \lambda N$. Nimmt man an, 1 g Radium entsende pro Sekunde $3{,}72 \cdot 10^{10}$ ($3{,}4 \cdot 10^{10}$) α-Partikeln, so daß ebensoviele Atome in der Sekunde zerfallen, so entsendet es pro Jahr $11{,}74 \cdot 10^{17}$ ($10{,}73 \cdot 10^{17}$) α-Partikeln (also zerfallen pro Jahr $11{,}74 \cdot 10^{17}$ ($10{,}73 \cdot 10^{17}$) Atome).

Setzt man mit Millikan das Elementarquantum $e = 4{,}77 \cdot 10^{-10}$ stat. Einh., also die Loschmidtsche Zahl pro 1 Mol $6{,}06 \cdot 10^{23}$, so entspricht 1 g Radium $6{,}06 \cdot 10^{23}/226 = 2{,}68 \cdot 10^{21}$ Atomen.

Demnach wird

$$\lambda = 11{,}74 \cdot 10^{17}/2{,}68 \cdot 10^{21} = 4{,}38 \cdot 10^{-4} a^{-1} = 1{,}39 \cdot 10^{-11}\ \mathrm{sec}^{-1},$$

$$(\lambda = 10{,}73 \cdot 10^{17}/2{,}68 \cdot 10^{21} = 4{,}0 \cdot 10^{-4} a^{-1} = 1{,}26 \cdot 10^{-11}\ \mathrm{sec}^{-1}),$$

$$\tau = 2280\ (2500)\ \text{Jahre},$$

$$T = 1580\ (1730)\ \text{Jahre}.$$

Diese Berechnung setzt die Kenntnis der sekundlich emittierten α-Partikeln und die der Loschmidtschen Zahl voraus. Wäre erstere Zahl zu klein, so würde die mittlere Lebensdauer kleiner zu erwarten sein; wäre die Loschmidtsche Zahl oben zu klein eingesetzt, so ergäbe sich eine größere Lebensdauer.

b) Einen zweiten Weg zur Berechnung dieser Konstanten bietet die Beobachtung der Radiumentwicklung aus Ionium[17]).

Die Gleichgewichtsmenge von Ionium zu Radium würde durch ihre α-Strahlung einen Strom unterhalten, der im Verhältnisse der Ionisierungen einer α-Partikel von Ionium zu der einer α-Partikel von Radium, das ist $1{,}31 \cdot 10^5 : 1{,}36 \cdot 10^5$ steht.

Bestimmt man unter Berücksichtigung dieser Relation aus der α-Strahlung eines Ioniumpräparates und der bekannten α-Strahlung eines

---

Literatur zu VI, 4 siehe Seite 404.

Gramms Radium (einseitig gemessen 1,21 · 10^6 stat. Einh. Stromwert), das Radiumäquivalent Q des betreffenden Ioniumpräparates, so gilt für die Entwicklung des Radiums aus Ionium die Beziehung $Q = q\tau$, worin τ die mittlere Lebensdauer des Ra bedeutet und q die in der Zeiteinheit entwickelte Radiummenge. Da die Lebensdauer nach Tausenden von Jahren zählt, so kann als Zeiteinheit ohne merklichen Fehler das Jahr verwendet werden. Statt Q und q durch Radiummengen selbst zu messen kann man die mit diesen im Gleichgewicht befindlichen Emanationsmengen heranziehen.

B. B. Boltwood hat aus Erzproben das Radium und das dazu im Gleichgewicht stehende Ionium extrahiert und die allmähliche Entwicklung von Ra aus dem so gewonnenen Io mittels der entstehenden Emanation gemessen und fand entsprechend obiger Gleichung für $T = 2000$ Jahre; $\tau = 2800$ Jahre. Gleichartige Versuche von E. Gleditsch (1916) ergaben Werte von T zwischen 1640 und 1836 Jahren. — B. Keetman findet aus einem Ioniumpräparat, dessen α-Strahlung ausgewertet wurde, $T = 1800$ Jahre.

St. Meyer und E. v. Schweidler erhielten auf Grund einer durch vier Jahre fortgesetzten Versuchsreihe $T = 1730$ Jahre; $\tau = 2500$ Jahre; $\lambda = 4{,}0 \cdot 10^{-4}\ a^{-1}$.

E. Gleditsch bekam (1919) die Werte $T = 1642, 1698, 1674, 1686$ a. R. W. Lawson und St. Meyer[27]) bestimmten mittels γ-Strahlung (Methode der Stossionisationszählung) das aus Ionium in 7,4 Jahren entstandene Ra und fanden $\tau = 2500\,a$.

c) Der dritte Weg ergibt sich aus der Beziehung $\lambda_1 N_1 = \lambda_2 N_2 \ldots$, wenn es gelingt, eine im Gleichgewicht befindliche Substanz der Vorfahren oder Nachkommen des Radiums betreffs Zerfallskonstante und Gewichtsmenge in genügend guter Weise zu definieren, wobei noch weiter vorauszusetzen ist, daß keine Seitenketten zwischen dem Ra und dieser Substanz liegen, die einen merklichen Prozentsatz der Atome nach anderer Richtung abgeleitet hätten.

In Frage kommen hierfür derzeit nur Uran und die Radiumemanation. Für das erstere muß sowohl die Lebensdauer als das Verhältnis Ra : U exakt bestimmt sein (vgl. S. 373 und 398). Nimmt man für die Zahl $T_U = 5 \cdot 10^9$ Jahre an und für das Verhältnis Ra : U $= 3{,}33 \cdot 10^{-7}$ ($3{,}4 \cdot 10^{-7}$), so wird daraus die mittlere Lebensdauer des Ra, $\tau = 2280$ (2330) Jahre und $T = 1580$ (1610) Jahre. Es muß dabei betont werden, daß, wenn mit UY beginnend aus U eine Seitenkette mit mehreren Prozenten der Atome abgespalten wird, dem Rechnung zu tragen ist und dies in der Annahme für T_U zum Ausdruck kommen muß.

Was die Radiumemanation anbelangt, so ist die genaue gewichtsmäßige Bestimmung von 1 Curie Emanation (der Gewichtsmenge, die mit 1 g Ra im Gleichgewicht steht) eine sehr heikle Aufgabe. Setzen wir für $\lambda_R = 1{,}39 \cdot 10^{-11}$ und für $\lambda_{Em} = 2{,}097 \cdot 10^{-6}$ sec^{-2}, so ergibt sich das Gewicht von 1 Curie Emanation zu $6{,}51 \cdot 10^{-6}$ Gramm und das ent-

Literatur zu VI, 4 siehe Seite 404.

sprechende Volumen zu 0,66 mm³ in ungefährer Übereinstimmung mit den experimentellen Ergebnissen[18]) 0,6 mm³, doch kann dieser Befund keinen Anspruch darauf erheben, auf Prozente genau zu sein, sondern nur im allgemeinen die nahe Richtigkeit obiger Angaben zu stützen.

10. Dualer Zerfall? Radium sendet α- und β-Strahlen aus. Wie aus dem Schema S. 355 ersichtlich wird, ist dies sonst dort der Fall, wo ein dualer Zerfall und Abspaltung einer Seitenkette auftritt. Wenn — was hier nicht bewiesen erscheint — die β-Partikel aus dem Kern des Atoms stammte, sollte entsprechend der Regel über den Zusammenhang zwischen Ladungsabgabe durch α- bzw. β-Partikeln und Valenz durch die α-Umwandlung aus dem Radium ein null-wertiges Element (die Radiumemanation), durch die β-Umwandlung ein dreiwertiges Element entstehen.

Als solches dreiwertiges Element wäre das Actinium zu denken. Es ist aber weder F. Soddy noch auch F. Paneth und K. Fajans gelungen, eine Genesis von Ac aus mehrjährigem Ra zu finden [19]).

Hingegen haben O. Hahn und L. Meitner zeitweise geglaubt, einen Zwischenkörper „RaX" finden zu können, später aber gezeigt, daß kein Stoff aus β-Umwandlung des Ra nachweisbar ist; auch F. v. Lerch[20]) hat aus langsamen Veränderungen (Steigen oder Fallen) der β-Strahlung radiumhaltiger Präparate, die nach verschiedenen chemischen Reaktionen den Gleichgewichtsgehalt der Emanation erreicht haben sollten, zuerst Andeutungen für die Existenz eines solchen Stoffes erhalten zu haben geglaubt, dann aber erkannt, daß räumliche Verlagerungen des RaB-RaC in seinen Röhrchen die Effekte vortäuschten.

Die β-Strahlung des Ra dürfte demnach nicht dem Kern entstammen, sondern vielmehr durch α-γ-Strahlung aus der Elektronenhülle ausgelöst werden.

Literatur zu VI, 4:

1) P. und M. Curie und G. Bémont, C. R. **127**, 1215, 1898.

2) M. Curie, Radioaktivität, Deutsche Ausgabe I, 152, 1912; A. Debierne, Chem. News **88**, 136, 1903; L. Haitinger und C. Ulrich, Wien. Ber. **117**, 619, 1908; H. Paweck, Z. Elektrochem. **14**, 619, 1908; Le Radium, 25 anniversaire, Presses Universitaires de France 1923; W. Chlopin, Russ. Akad. d. Wiss. Heft 1, 1924; C. Matignon, Rev. Scient. **63**, 524, 1925; F. Jacobs, Paris Médical **16**, Nr. 6, 1926.

3) F. Giesel, Phys. Z. **3**, 578, 1902; Ber. D. chem. Ges. **35**, 3608, 1902; L. Haitinger und C. Ulrich wie [2]); O. Hönigschmid, Wien. Ber. **120**, 1617, 1911; **121**, 1973, 1912; C. L. Parsons, R. B. Moore, S. C. Lind und O. C. Schaefer, Bureau of Mines Washington, Bull. **104**, 1915; J. L. Nierman, J. Am. chem. Soc. **40**, 1316, 1918; J. phys. Chem. **24**, 192, 1920; W. B. Pietenpol, Phys. Rev. (2) **20**, 199, 1920; M. G. Denies, C. R. **171**, 633, 1920; F. Paneth und C. Ulrich, C. Doelters Handbuch d. Mineralchem. III. 2, S. 306, 122; C. Ulrich, Z. f. angew. Chem. **36**, 49, 1923; R. K. Strong, J. Am. chem. Soc. **43**, 440, 1921; C. E. Scholl, J. Am. chem. Soc. **42**, 889, 1920; W. Chlopin, Z. anorg. Chem. **143**, 97, 1925.

4) F. Ulzer und R. Sommer, D.R.P.-Anmeldung Klasse 12 m Nr. U 34895 vom 30. IX. 1908; vgl. auch S. Radcliff, D.R.P.-Anmeldung R. 32950, Kl. 12 m vom 11. IV. 1911; Proc. Roy. Soc. N. S. Wales **47**, 145, 1913.

5) E. Ebler und W. Bender, Heidelb. Ber. 7. Juli 1913; Ber. D. chem. Ges. **46**, 1571, 1913; E. Ebler und K. Herrdegen, Ber. D. chem. Ges. **46**, 2264, 1913; E. Ebler und W. Bender, Z. angew. Chem. **28**, 25, 41, 1915; E. Ebler, Z. Elektrochem. **23**, 57, 1917; O. Kausch, Edelerden und Erze **1**, 37, 53, 66, 1919; B. B. Booltwod, Nature **100**, 425, 1918; E. Ebler und A. J. van Rhyn, Z. angew. Chem. **34**, 477, 1921; Ber. D. chem. Ges. **54**, 2896, 1921; E. Ebler und M. Fellner, Ber. D. chem. Ges. **54**, 2332, 1921; M. Demenitroux, Nature **104**, 419, 1920; B. Simmersbach, Edelerden und Erze **2**, 137, 146, 1921; A. G. Francis, Edelerden und Erze **3**, 110, 1922; W. A. Schlesinger, Edelerden und Erze **4**, 51, 1923; C. Ulrich, Z. f. angew. Chem. **36**, 41, 49, 54, 1923.

6) H. Sjögren, Ark. f. Kem. **2**, 1, 1905.

7) B. B. Boltwood, Nature **70**, 80, 1904; Phil. Mag. (6) **9**, 599, 1905; Sill. J. **25**, 296, 1908; H. N. Mc Coy, Ber. D. chem. Ges. **37**, 2641, 1904; J. Am. Chem. Soc. **29**, 1698, 1907; R. J. Strutt, Nature **69**, 473, 1904; **70**, 222, 1904; Proc. Roy. Soc. **76**, 88, 312, 1905; E. Rutherford und B. B. Boltwood, Sill. J. **22**, 1, 1906; F. Soddy und R. Pirret, Phil. Mag. (6) **20**, 345, 1910; **21**, 652, 1911; E. Gleditsch, C. R. **148**, 1451, 1909; **149**, 267, 1909; Le Rad. **8**, 256, 1911; W. Marckwald und A. S. Russell, Jahrb. Rad. u. El. **8**, 457, 1911; B. Heimann und W. Marckwald, Phys. Z. **14**, 303, 1913; St. Meyer, Wien. Ber. **120**, 1089, 1913; A. Muguet und J. Seroin, C. R. **171**, 1005, 1920; F. Henrich, chem. Zentralbl. **93**, 121, 1922.

8) L. Haitinger und C. Ulrich, Wien. Ber. **117**, 619, 1908; H. Souczek, Wien. Ber. **119**, 371, 1910; St. Meyer und V. F. Hess, Wien. Ber. **121**, 619, 1912.

9) M. Curie und A. Debierne, C. R. **151**, 523, 1910; Le Rad. **7**, 309, 1910; E. Ebler, Ber. D. chem. Ges. **43**, 2613, 1910; H. Herchfinkel, Le Rad. **8**, 299, 1911.

10) F. Giesel, Phys. Z. **3**, 578, 1912; C. Runge und J. Precht, Ann. d. Phys. (4) **10**, 655, 1903.

11) E. Demarçay, C. R. **127**, 1218, 1898; **129**, 716, 1899; **131**, 258, 1900; W. Crookes, Proc. Roy. Soc. **72**, 295, 1904; F. Exner und E. Haschek, Wien. Ber. **110**, 964, 1901; **120**, 967, 1911; Wellenlängentabellen II, 1904; C. Runge und J. Precht, Ann. d. Phys. (4) **2**, 742, 1900; **12**, 407, 1903; **14**, 418, 1904.

12) P. Curie und C. Chéneveau, Soc. Franc. d. phys. Nr. 195, 1, 1903; St. Meyer und E. v. Schweidler, Wien. Anz. 3. Nov. 1899; Phys. Z. **1**, 90, 1899.

13) M. Curie, C. R. **129**, 760, 1899; **131**, 382, 1900; **135**, 161, 1902; **145**, 422, 1907; Le Rad. **4**, 349, 1907; Radioaktivität, Deutsche Ausg. I, 160, 1912; T. E. Thorpe, Z. anorg. Chem. **58**, 443, 1908; O. Hönigschmid, Wien. Ber. **120**, 1617, 1911; **121**, 1973, 1912; R. Whytlaw-Gray und W. Ramsay, Proc. Roy. Soc. (A) **86**, 270, 1912; Z. phys. Chem. **80**, 257, 1912; Jahrb. Rad. u. El. **9**, 488, 1912.

14) M. Curie, Le Rad. **4**, 349, 1907; E. Haschek und O. Hönigschmid, Wien. Ber. **121**, 2119, 1912.

15) E. Rutherford, Radioactive Substances, Cambridge, 132, 1913; St. Meyer, Wien. Ber. **122**, 1093, 1913; V. F. Hess und R. W. Lawson, Mitt. Ra-Inst. 105, 106, 107, 108, Wien. Ber. **127**, 405, 462, 536, 599, 1918; Z. f. Phys. **24**, 402, 1924; Phil. Mag. (6) **48**, 200, 1924; H. Geiger und A. Werner, Z. f. Phys. **21**, 187, 1924; H. Geiger, Verh. D. phys. Ges. (3) **5**, 12, 1924; A. F. Kovarik, Phys. Rev. (2) **23**, 559, 1924; R. W. Lawson, Nature **116**, 897, 1925.

16) V. F. Hess, Wien. Ber. **121**, 1419, 1912.

17) B. B. Boltwood, Sill. J. **25**, 493, 1908; B. Keetman, Jahrb. Rad. u. El. **6**, 271, 1909; St. Meyer und E. v. Schweidler, Wien. Ber. **122**, 1091, 1913; B. B. Boltwood, Science **42**, 851, 1915; E. Gleditsch, Sill. J. **41**, 111, 1916; Archiv f. Mat. og Nat. B. **36**, 1, 1919.

18) E. Rutherford, Radioactive Substances, Cambridge, 480, 1913.

19) F. Soddy, Nature **91**, 634, 1913; F. Paneth und K. Fajans, Wien. Ber. **123**, 1627, 1914.

20) O. Hahn und L. Meitner, Phys. Z. **10**, 741, 1909; **11**, 493, 1910; Z. f. Phys. **2**, 60, 1920; F. v. Lerch, Wien. Ber. **121**, 875, 1912; **123**, 2117, 1914; **128**, 635, 1919.

21) A. S. Russell und J. Chadwick, Phil. Mag. (6) **27**, 112, 1914.

22) A. Becker und P. Jannasch, Jahrb. Rad. u. El. **12**, 31, 1915.

23) S. C. Lind und C. F. Whittemore, J. Am. Chem. Soc. **36**, 2066, 1914; F. Soddy, Phil. Mag. (6) **38**, 483, 1919; S. C. Lind und L. D. Roberts, J. Amer. chem. Soc. **42**, 1170, 1920; J. H. L. Johnstone und B. B. Boltwood, Phil. Mag. (6) **40**, 50, 1920; E. Gleditsch, Archiv f. Mat. og Nat. B. **36**, 18, 1919.

24) G. v. Hevesy, Phys. Z. **14**, 49, 1202, 1913; H. Freundlich und G. v. Elissafoff, Phys. Z. **14**, 1052, 1913.

25) W. Petraschek, Verh. d. k. k. geolog. Reichsanst. Wien Nr. 2, 45, 1915.

26) C. L. Parsons, R. B. Moore, S. C. Lind und O. C. Schaefer, Bureau of Mines, Washington, Bulletin 104, 1915; H. Schlundt, J. phys. chem. **20**, 485, 1916; R. Cable und H. Schlundt, Chem. Metallurg. Ing. **18**, 1, 1918; S. C. Lind, J. E. Underwood und C. F. Whittemore, J. Amer. chem. Soc. **40**, 465, 1918; S. C. Lind und R. B. Moore, Chem. News **123**, 7, 1921; F. Paneth und C. Ulrich, Handb. d. Mineralchem. von C. Doelter, III, 2, S. 306, 1922; C. Ulrich, Z. f. angew. Chem. **36**, 49, 1923; F. E. E. Germann, J. Amer. chem. Soc. **43**, 1615, 1921; A. G. Loomis und H. Schlundt, J. Ind. Eng. Chem. **8**, 990, 1916; H. H. Barker und H. Schlundt, Met. and. Chem. Eng. **14**, 18, 1916; The Univ. of Missouri Bull. **24**, Nr. 26, 1923; H. M. Plum, J. Am. chem. Soc. **37**, 1797, 1915.

27) R. W. Lawson und St. Meyer, Mitt. Ra-Inst. 94, Wien. Ber. **125**, 723, 1916.

28) St. Meyer, Messungen im Ra-Inst. Wien. 1923; F. Soddy und A. F. R. Hitchins, Phil. Mag. (6) **47**, 1148, 1924.

29) F. Tödt, Z. phys. Chem. **113**, 329, 1924.

30) P. L. Mercanton, Phys. Z. **7**, 372, 1906.

31) H. A. Doerner und W. M. Hoskins, J. Am. Chem. Soc. **47**, 662, 1925.

5. Radiumemanation. 1. Entdeckung und Vorkommen. Die Radiumemanation wurde von E. Dorn, im Anschluß an die Entdeckung der Thoriumemanation durch R. B. Owens und E. Rutherford, im Jahre 1900 aufgefunden[1]). Sie ist ein inertes Gas, das sich im Gehaben, abgesehen von den radioaktiven Eigenschaften, den Edelgasen He, Ne, Ar, Kr, X anschließt.

Sie entsteht beständig aus vorhandenem Radium gemäß der Gleichung $Em = Em_\infty (1 - e^{-\lambda t})$, worin Em_∞ den Gleichgewichtswert zu dem vorhandenen Radium bedeutet.

Literatur zu VI, 5 siehe Seite 420.

Man findet die Radiumemanation aber auch getrennt von ihrer Muttersubstanz in Quellwässern und in der atmosphärischen Luft, wohin sie konvektiv von ihrem Entstehungsort mitgeführt wird und wo sie sich vermöge ihrer nicht ganz kurzen Lebensdauer entsprechend einem Gleichgewicht aus Zuführung und Zerfall erhalten kann.

Beispielsweise enthält ein Liter Gasteiner Wasser (Grabenbäcker) soviel Emanation als von ca. $6 \cdot 10^{-10}$ g Ra erzeugt wird; 1 m^3 Luft im Durchschnitt das Äquivalent zu 10^{-10} g Ra (10^{-10} Curie) (vgl. VII, 4 und 5).

Würde z. B. pro Sekunde die Emanation von je 1 Liter Luft, durch Absorption in flüssiger Luft oder dergleichen, dauernd gesammelt, so könnten im ganzen, gemäß $Q = q\tau$, worin q die pro Sekunde aufgenommene Emanation, τ die mittlere Lebensdauer der Emanation bedeuten, $Q = 10^{-13} \cdot 4{,}8 \cdot 10^5 = 4{,}8 \cdot 10^{-8}$ Curie aus der Luft gewonnen werden.

2. Technische Darstellung. Aus emanationshaltigen festen Radiumpräparaten entnimmt man die Emanation entweder durch Erhitzung oder noch besser Schmelzung, wobei die Emanation ausgetrieben und entsprechend aufgefangen werden kann, oder in einfacher Weise, wenn man das Radiumpräparat in Lösung bringt. Aus einer Lösung kann die Emanation durch Schütteln, Durchquirlen oder Kochen oder durch Abpumpen entsprechend den Löslichkeitsverhältnissen [vgl. S. 302f. und S. 410 (5)] befreit werden.

Fig. 100.

In den meisten Laboratorien, in denen für regelmäßige Emanationsentnahmen vorgesorgt ist, findet sich eine Anordnung etwa nebenstehender Skizze*) (Fig. 100).

Besondere Beachtung muß dabei dem Umstande geschenkt werden, daß unter der Wirkung der Strahlen das Lösungsmittel zersetzt und hauptsächlich Knallgas entwickelt wird. Die Menge des entwickelten Gases hängt von der Menge des Ra und der gelösten Emanation ab, — sonach auch von der Zeit nach dem letzten Auspumpen, — zweitens von dem Verhältnisse der Volumina der Lösung und des darüber befindlichen Luftraumes bis zum ersten Hahn.

Das abgepumpte Gas enthält außer der Emanation wesentlich Knallgas, dann noch im Überschuß Wasserstoff, ferner kleinere Mengen von Kohlensäure, eventuell ein wenig Chlor oder Brom. Das Knallgas wird zuerst in geeigneter Weise durch Funkenentladung beseitigt, die weitere Reinigung[2]) kann z. B. nach den Angaben von M. Curie und W. Duane, sowie S. C. Lind derart vorgenommen werden, daß der Reihe nach in einem Rohr, durch welches das Gas streicht,

---

Literatur zu VI, 5 siehe Seite 420.

*) Betreffs Spezialvorrichtungen zur Behandlung und Überführung von Gasen aus und in verschiedene Gefäße vgl. M. W. Travers, Experimentelle Untersuchungen von Gasen, deutsche Ausgabe bei Vieweg & Sohn, Braunschweig 1905.

$PbCr_2O_7$ (von außen angeheizt) angebracht wird, um die Zersetzungsprodukte des Hahnfettes zu verbrennen; danach Natronkalk, um CO_2 zu absorbieren (eventuell dahinter nochmals $PbCr_2O_7$ und daran schließend Natronkalk); dann sorgfältig reduzierte Kupferdrahtrollen und etwas ausgeglühtes Kupferoxyd (von außen angeheizt), um H_2 und O_2 zu entfernen; dahinter eine P_2O_5-Vorlage zum Trocknen. N_2 kann durch gelinde erhitztes Li entfernt werden. Dahinter wird ein Seitenrohr angebracht, in das ein blanker Kupferdraht eingebracht sein kann, in welchem die Emanation mittels flüssiger Luft kondensiert und das Abpumpen etwa noch vorhandener fremder Gase ermöglicht wird [2]).

Einfacher ist nach Entfernung von H_2O und CO_2 wiederholtes Ausfrieren in flüssiger Luft bei Abpumpen der übrigen Gasreste. H. Pettersson [2]) hat eine sehr nützliche Methode zu lokalem Ausfrieren der Em beschrieben, welche auch die Herstellung sehr starker Ra-C-Präparate gestattet. Eine einfache Apparatur zum Abpumpen und Reinigen von RaEm aus kleineren Ra-Mengen hat V. F. Hess [2]) angegeben.

Zuweilen ist es erwünscht, die Emanation in so dünnwandige Glaskapillaren oder Kügelchen [3]) zu bringen, daß die Wand noch für α-Strahlen durchlässig ist. E. Rutherford und T. Royds haben es anläßlich ihrer fundamentalen Arbeit über die Entstehung des Heliums aus den α-Partikeln zustande gebracht, derartige Kapillaren zu ziehen. W. Duane und S. C. Lind geben im Detail an, wie es gelingt, so außerordentlich dünne Glaskügelchen (Wandstärke etwa 0,005 mm) zu erhalten.

Man zieht hierzu ein weiches Glasrohr in eine Kapillare von ca. 1 mm Durchmesser und 0,01 mm Wandstärke. Dann konstruiert man einen einfachen Ofen aus einem weiteren Jena-Glasrohr, das mit Asbestdeckel versehen wird und an beiden Enden offen bleibt. Innerhalb dieses Ofens zieht man erst die Kapillare weiter aus auf einen Durchmesser von ca. 0,1—0,2 mm, bricht sie an der engsten Stelle ab, schmilzt mit kleiner Flamme zu und bläst nun innerhalb des Glasofens unter Verwendung des stärksten Druckes eines Fußgebläses zu einem Kügelchen auf.

Die Glasdicke kann durch die Herabsetzung der Reichweite der α-Strahlen (Luftäquivalent des Glases) bestimmt werden. H. Pettersson und G. Kirsch [3]) haben analog sehr dünne Quarzröhrchen verwendet.

3. **Spektrum.** Das Spektrum [4]) der Radiumemanation wurde zuerst (1904) von W. Ramsay und J. N. Collie gesehen und dann genauer von E. Rutherford und T. Royds, weiters von H. E. Watson, sowie von S. C. Lind, R. B. Moore und R. E. Nyswander bestimmt. Die folgende Tabelle gibt die Wellenlängen in Å. E. und die Intensitäten in relativen Einheiten. Für den ultravioletten Bereich wurde sie (1926) durch S. Wolf [4]) ergänzt, der zwischen 3600 und 2400 Å. E. noch nahezu 100 Linien angab.

Die Intensitätsangaben (i) schwanken in den Angaben der einzelnen Autoren oft sehr erheblich, manche Linien sind nur bei dem einen oder anderen Beobachter vorhanden. Es ist möglich, daß hierfür die Emanationsmenge und damit die Intensität der Ionisierung verantwortlich ist.

Literatur zu VI, 5 siehe Seite 420.

λ	i	λ	i	λ	i	λ	i	λ	i
⊙ 3005,8	1	4045,2	4	* 4463,3	1	4659,3	1	† 5386,3	2
⊙ 30~9,2	0	4051,1	2	* 4467,1	1	4671,8	1	5392,4	0
⊙ 3100,3	1	† 4055,7	1	* 4470,8	1	4681,1	10	† 5394,4	3
⊙ 3122,0	0	4073,9	1	* 4473,6	1	4701,7	2	† 5546,6	0
3612,2	6	4088,4	2	* 4482,4	1	4721,5	5	5582,2	8
3615,4	1	† 4094,4	2	* 4485,2	1	† 4732,2	1	† 5608,4	0
3626,6	2	4114,9	7	* 4487,8	1	† 4752,4	1	† 5683,0	0
3650,0	0	* 4165,5	1	* 4489,8	1	4767,9	3	† 5716,1	6
3664,6	10	4166,6	20	* 4492,7	1	† 4785,8	0	† 5765,2	1
3679,2	1	† 4170,1	3	* 4497,8	1	† 4793,2	2	† 5838,8	0
3690,4	2	4188,2	5	4504,0	2	4796,7	1	* 5888,6	6
3739,9	7	† 4193,1	2	4509,0	9	4817,2	4	* 5894,4	4
3748,6	1	4203,7	10	* 4510,2	2	4827,8	1	† 5944,9	2
3753,6	10	† 4207,4	0	† 4513,4	1	† 4856,4	4	† 5977,4	3
3811,2	0	4225,8	2	† 4527,9	2	4889,5	0—4 †	† 6079,3	0
3818,0	2	† 4236,4	0	† 4547,0	4	4914,6	00—4 †	† 6204	0
3867,6	4	† 4280,5	1	4549,9	1	4949,4	00—4 †	† 6224	2
3905,7	2	† 4296,7	1	* 4567,4	1	† 4958,0	2	† 6309	5
3927,7	1	4308,3	10	* 4572,5	1	4979,0	4—10 †	† 6361	1
† 3930,9	0	* 4336,1	2	4578,7	7	† 4991,7	0	† 6605	0
3952,7	3	4350,3	15	† 4586,2	1	† 5038,3	1	† 6627	0
3957,5	7	4372,1	4	4604,7	4	† 5045,0	4	† 6749	0
† 3965,0	2	4384,0	3	4609,9	7	5084,5	4	* 7054,0	3
3971,9	9	† 4392,6	1	* 4617,8	1	† 5194,9	0	* 7269,6	1
3982,0	12	† 4402,9	1	4625,9	8	† 5238,0	0	* 7449,5	1
4018,0	10	4435,7	8	† 4628,1	1	† 5255,0	1		
† 4033,9	0	4440,6	2	* 4631,4	1	† 5363,0	2		
4040,2	1	4460,6	10	4644,7	10	† 5371,5	2		

Die Angaben von E. Rutherford und T. Royds sind in der Tabelle ergänzt durch diejenigen von H. E. Watson †, T. Royds ⊙ und S. C. Lind, R. B. Moore und R. E. Nyswander *

Die Anregungsspannung (Ionisierungspotential) für Em ist nach L. A. Turner[34]) 27,5 Volt; nach F. Struwe und G. Glockler[34]) ist dieser Wert zu hoch; sie beträgt schätzungsweise 8 bis 9,5 Volt.

4. Atomgewicht. Die unmittelbare Wägung und Dichtebestimmung reiner Radiumemanation stößt deshalb auf große Schwierigkeiten, weil die zur Verfügung stehenden Mengen ausnehmend kleine sind und weil am Glas besondere Adsorptionsphänomene auftreten. Auftretende Volumkontraktionen bei Einführung in Kapillaren wurden von W. Ramsay und A. T. Cameron, N. V. Sidgwick und H. T. Tizard, E. Rutherford, A. Debierne, S. Wolf beobachtet und zeitweise nicht auf Adsorption sondern auf Bildung von Molekelaggregaten zurückgeführt [33]). Nach den Angaben S. 403 sowie den Messungen von W. Ramsay und F. Soddy, A. T. Cameron und W. Ramsay, E. Rutherford, A. Debierne, sowie R. Whytlaw-Gray und W. Ramsay darf angenommen werden, daß „ein Curie“ Radiumemanation, das ist die Menge, die mit 1 g Ra im Gleichgewicht steht, 0,66 mm^3 bei 0^0 und 760 mm Druck erfüllt[5]) (das entspricht einem Gewicht von rund $6{,}5 \cdot 10^{-6}$ g für ein einatomiges Gas vom Atomgewicht 222).

R. Whytlaw-Gray und W. Ramsay[6]) haben mittels einer Mikrowage, die 10^{-9} g abzulesen gestattete, tatsächlich winzig kleine Mengen von Emanation, die aus gegebenem Radiumquantum stammten, abwägen können und Werte von 218 bis 227 unter der Annahme eines einatomigen Gases aus der direkt gefundenen Dichte angegeben.

Da das Atomgewicht des Radiums selbst mit 226,0 gesichert erscheint, ist, indem von Ra bis zur Emanation nur eine α-Partikel verloren geht, das Atomgewicht 222,0 zu erwarten, oder vielleicht infolge des eintretenden Binnen-Energieverlustes eine Spur weniger (vgl. auch Diffusion S. 416).

5. Löslichkeit in Flüssigkeiten. Verteilung der Emanation zwischen Wasser und Luft. P. Curie und A. Debierne haben zuerst gefunden, daß RaEm im Wasser absorbiert wird; F. Himstedt hat dies weiter verfolgt und H. Rausch v. Traubenberg sowie H. Mache haben dann zuerst die Verhältnisse klargelegt und insbesondere gezeigt, daß die RaEm gleich allen anderen Gasen das Henrysche Gesetz befolgt[7]).

Unter der Löslichkeit der Radiumemanation in Wasser versteht man das Konzentrationsverhältnis der RaEm in Wasser und Luft

$$\alpha' = \frac{Em_W \cdot v_L}{Em_L \cdot v_W}$$

Literatur zu VI, 5 siehe Seite 420.

(v_W = Volumen des Wassers; v_L = Volumen der Luft; Em_W = Emanationsmenge im Wasser, Em_L = Emanationsmenge in der Luft).

Sie ist abhängig von der Temperatur, und die Messungen von H. Rausch v. Traubenberg, H. Mache, R. Hofmann, E. Ramstedt, R. W. Boyle und M. Kofler gestatten die Aufstellung der folgenden Tabelle.[8]) Es ist beachtenswert, daß auch bei 100° noch ca. 10% der Emanation im Wasser okkludiert bleiben, was für Fragen der Entemanierung und dergleichen von Wichtigkeit erscheint.

ϑ = Temperatur in Celsiusgraden	α' aus den Meßresultaten	α' berechnet nach $\alpha' = 0{,}105 + 0{,}405\, e^{-0{,}0502\,\vartheta}$
0	$0{,}51_0$	0 510
5	$0{,}42_0$	0,420
10	$0{,}35_0$	0,351
20	$0{,}25_5$	0,254
30	$0{,}20_0$	0,195
40	$0{,}16_0$	0,159
50	$0{,}14_0$	0,138
60	$0{,}12_7$	0,125
70	$0{,}11_8$	0,117
80	$0{,}11_2$	0,112
90	$0{,}10_9$	0,110
100	$0{,}10_7$	0,108

In die letzte Kolumne ist der nach einer empirischen Formel berechnete Wert eingetragen; die Übereinstimmung ist eine befriedigende. [St. Meyer[9])].

Die Brauchbarkeit einer Formel der Type $\alpha' = A + B \cdot e^{-\nu\vartheta}$ besagt, daß die Abgabe von Gas (Emanation) mit steigender Temperatur proportional ist dem jeweiligen Überschuß gegenüber dem Gehalt (A) (angenähert beim Siedepunkt). Für viele Gase (H_2, NO, Ar, O_2, CO, N_2 usw.) ist hierbei das ν eine gemeinsame Konstante und die Radiumemanation schließt sich dem völlig an. Es ist dies nur insoweit auffallend, als gerade die Edelgase im allgemeinen keine beständige Abnahme von α' mit der Temperatur zeigen, vielmehr für diese Elemente bei bestimmter Temperatur ein Minimum auftritt. Die Existenz der Minima im zugänglichen Meßbereich bei normalem Druck für He und die anderen Edelgase wird übrigens verschiedentlich angezweifelt[11]).

G. Jäger[27]) hat allgemein für Löslichkeiten die Formel $\alpha' = e^{-\frac{W}{R\Theta}}$ abgeleitet, worin W die Arbeit bedeutet, welche die Oberflächenkräfte leisten, wenn 1 Mol bei der absoluten Temperatur Θ aus der Flüssigkeit in den Dampf übergeführt wird (R = Gaskonstante). Für RaEm liefert die Formel aus obigen experimentellen Daten die Gleichung:

$-\Theta \lg \alpha' = W_0[1 + a\,t\,(1 - \beta\,t)^2]$, worin $W_0 = 79{,}8$; $a = 0{,}06514$; $\beta = 0{,}002632$

Dies würde ein Minimum der Löslichkeit zwischen 90 und 100° erwarten lassen.

Literatur zu VI, 5 siehe Seite 420.

M. Szeparowicz hat auch experimentell die Existenz eines solchen Minimums bei etwa 93° wahrscheinlich gemacht.

Auch für andere Lösungsmittel lassen sich die Resultate, die E. Ramstedt, R. Hofmann, A. Lurié[10]) erhalten haben, durch eine analoge Formel $\alpha' = A + Be^{-\nu\vartheta}$ ausdrücken, wenn man die Temperatur ϑ in „korrespondierenden Zentrigraden", d. h. Hundertsteln des Intervalles Schmelzpunkt-Siedepunkt mißt. $A + B$ bedeutet dann die Löslichkeit beim Schmelzpunkt.

Man erhält so:

Substanz des Lösungsmittels	Schmelzpunkt	Siedepunkt	A	B	ν
Schwefelkohlenstoff CS_2	— 110° C	+ 46,3° C	13	900	0,054
Äthyläther $C_4H_{10}O$	— 117,6	+ 34,6	10	700	0,055
Toluol C_7H_8	— 92,4	+ 110,7	2	125	0,045
Chloroform $CHCl_3$	— 63,2	+ 61,2	9,5	90	0,043
Äthylalkohol C_2H_6O	— 117,6	+ 78,4	2,5	86	0,046
Aceton C_3H_6O	— 94,6	+ 56,1	4	68	0,046
Äthylacetat $C_4H_8O_2$	— 83,8	+ 77	4	66	0,048
Xylol C_8H_{10}	— 55	+ 139	1	68	0,045

Bei Zimmertemperatur (ca. 18—20°) ergibt sich die folgende Zusammenstellung für verschiedene Flüssigkeiten[10]).

	α'		α'
Olivenöl und ähnliche Öle ..	28	Vaselinöl, Petroleum	10
Schwefelkohlenstoff.......	23	Paraffinöl	9
Cyclohexan	18	Äthylacetat	7,4
Hexan	17	Aceton	6,3
Terpentin, Äthyläther, Chloroform, Amylacetat	15	Äthylalkohol	6,2
		Anilin	3,8
Toluol, Xylol, Benzol	13	Glyzerin	1,7*)

An den homologen Alkoholen und Fettsäuren hat G. Hofbauer[10]) Messungen durchgeführt und gezeigt, daß einer Zunahme um die Gruppe CH_2 eine Zunahme der Löslichkeit entspricht. Dieses Anwachsen ist jedoch für höhere Glieder geringer als für niedrigere, so daß die α' für höhere Alkohole und Fettsäuren einem Grenzwert zustreben. Eine Diskussion der Angaben über die Löslichkeit der RaEm in organischen Flüssigkeiten bei verschiedenen Temperaturen findet sich bei A. Schulze[10]), der bemerkt, daß die Dolezaleksche Gaslöslichkeitstheorie einigermaßen auf die RaEm anwendbar sei.

Literatur zu VI, 5 siehe Seite 420.

*) E. Ramstedt findet hier nur 0,21 während A. Lurié den höheren Wert angibt. Ein niedrigerer Wert würde erhalten, wenn das Glyzerin relativ viel Wasser enthielte.

Aus obigen Angaben folgt auch, daß „Dichtungen" von Hähnen, Stoppeln usw. bei emanationshaltigen Gefäßen von problematischem Wert sind, wenn Öle, Vaselin, Paraffin usw. als Schmiermittel angewendet werden; sie sind nur insofern dienlich, als sie bei Druck- und Temperaturschwankungen das Ein- und Ausströmen verhindern, können aber die Diffusion eher fördern.

M. Kofler[10]) hat die Abhängigkeit der Löslichkeit von Zusätzen zum Wasser studiert. Der Absorptionskoeffizient nimmt bei Salzlösungen mit der Menge des gelösten Salzes ab und zwar in erster Annäherung proportional der Zahl der gelösten Mole. So wird z. B. für Zusatz von 1 Mol pro Liter bei 18° α' für Lösungen von NaCl, KCl, $CuSO_4$ im Mittel gleich 0,161. — Indem er auch noch den Temperatureinfluß berücksichtigte, kommt er zu den folgenden Schlüssen: Sowohl Temperatursteigerung als Salzzusatz wirken auf die Emanationslöslichkeit erniedrigend. Mit wachsender Salzkonzentration nimmt der Temperatureinfluß ab und ist bei hohen Konzentrationen kaum merklich, der Einfluß des Salzzusatzes überwiegt jenen der Temperatur. Beide Einflußfaktoren (Temperatur und Salzzusatz) zeigen im Gebiete größter Gaslöslichkeit (tiefe Temperatur, geringe Konzentration) die stärkste Wirkung. Betreffs ihrer Wirkung lassen sich die Salze in eine Reihe ordnen, die nach der Größe der Molekulargewichte fortschreitet, nur für Ammoniumnitrat und Harnstoff ergaben sich etwas zu große Löslichkeiten.

Meerwasser aus der Adria (spez. Gew. 1,028) ergab bei 18° die Löslichkeit $\alpha' = 0{,}165$; einen ganz ähnlichen Wert erhielt R. W. Boyle an Meerwasser von Wales. Dieses Ergebnis ist von Belang für die Verteilung der Emanation in der Atmosphäre über den Meeren.

Den Einfluß von Säuren und Salzen auf die Löslichkeit von RaEm in H_2O studierten auch A. S. Eve und D. Mc Intosh[10]).

Von speziell medizinischem Interesse ist der Verteilungskoeffizient für Blut. Für diesen Fall haben in ausführlicher Weise H. Mache und Erh. Suess sowie C. Ramsauer und H. Holthusen Messungen durchgeführt[12]). Nach Trinken von emanationshaltigem Wasser sowohl, wie beim Einatmen emanationshaltiger Luft wird Radiumemanation in die Blutbahn aufgenommen und zwar individuell verschieden rasch, doch so, daß man annehmen darf, daß innerhalb einer Viertel- bis ganzen Stunde das Maximum erreicht wird. Der Emanationsgehalt des Blutes nimmt nach dem Verlassen des „Emanatoriums" etwa in 40 Minuten auf die Hälfte ab.

Für die Löslichkeit der Emanation in Blut fanden H. Mache und Erh. Suess $\alpha' = 0{,}42$, wenn angenommen wird, daß alle Emanation durch Schütteln aus dem Blut entfernt werden kann, und C. Ramsauer und H. Holthusen 0,31 bei Körpertemperatur (37°). Die Löslichkeit in Blut ist demnach größer als in Wasser, übersteigt sie aber anderseits nicht so stark, wie dies zuweilen angenommen wurde.

Bei Ausfällung aus einer emanationshaltigen Metallsalzlösung wird ein Teil der Em mit dem Niederschlag mitgerissen und zwar der Reihe nach abnehmend für gelatinöse, flockige oder kompakte Niederschläge (M. Szeparowicz[27]).

6. Okklusion in festen Körpern. Sehr viele feste Körper, wie Kautschuk, Zelluloid, Wachs, Paraffin, Meerschaum, Platinmohr, Tone usw. nehmen Emanation in beträchtlichem Maße auf, in geringerem Maße auch Metalle, insbesondere solche wie Pt und Pd, welche überhaupt

---

Literatur zu VI, 5 siehe Seite 420.

stark Gase okkludieren[13]). Glas absorbiert dagegen verschwindend wenig (W. Bothe) [13]).

Besondere Beachtung verdient dabei das Verhalten von Kohle. Das enorme Aufnahmsvermögen dieses Stoffes für Radiumemanation wurde zuerst von L. Bunzl beschrieben, dann ausführlich von E. Rutherford studiert. [14]) Kokosnußkohle absorbiert bei niedriger Temperatur die Emanation quantitativ, aber auch schon bei Zimmertemperatur nahe vollständig. Ähnlich verhalten sich alle Pflanzenkohlen, doch hängt das Absorptionsvermögen auch von der Feinheit des Pulvers und der Trockenheit ab. Feuchtigkeit setzt das Absorptionsvermögen herab. Tierknochenkohlen wirken nicht so gut. [15])

Es liegt nahe, diese Eigenschaft dazu zu verwenden, um verdünnte Emanation in kleinerem Raume anzureichern. H. Mache und T. Rimmer haben nach aussichtsvollen Versuchen, den Emanationsgehalt der Atmosphäre durch Anreicherung in gekühltem Toluol zu messen, hierfür zuerst auch die Anwendung von Kohle vorgeschlagen, A. S. Eve und J. Satterly haben dann derartige Versuche durchgeführt [16]). Es ist zu beachten, daß erst durch Verbrennung der Kohle die Emanation wieder quantitativ von ihr befreit werden kann.

Auch dort, wo es sich um regelmäßige Abgabe radioaktiver Substanzen, z. B. für medizinische Zwecke handelt, sei es für Bestrahlungszwecke, sei es für Emanatorien usw., kann die Anreicherung von Emanation derart durchgeführt werden und man behält dabei das die Emanation stets nachliefernde Radium intakt zurück.

Sehr starkes Absorptionsvermögen besitzen auch Kolloide [17]), wie dies besonders von E. Ebler und M. Fellner nachgewiesen wurde. Speziell die Gele der Kieselsäure*), des Arsentrisulfides und organische Kolloide halten die Emanation sehr fest. Es liegt daher nahe, auch solche Stoffe analog der Kohle zu verwenden.

Dieses Verhalten der Kolloide ist vielleicht auch mitbestimmend für die Löslichkeit der Emanation im Blute. [Möglicherweise läßt sich daher auch nur durch vollständige Verbrennung des Blutes die Emanation aus ihm quantitativ vertreiben [12])].

7. Okklusion im Radiumsalz; Emanierungsvermögen. Die Abgabe der Emanation aus einem Radiumsalz hängt sowohl von der Natur des Salzes, als von seiner physikalischen Beschaffenheit (massive Stücke, gröberes oder feineres Pulver oder größere oder kleinere Kristalle, Dicke der Schicht und Feuchtigkeit) und speziell von der Temperatur ab.

Literatur zu VI, 5 siehe Seite 420.

*) Nach E. Ebler und M. Fellner [17]) sollte SiO_2 auch Ra selektiv absorbieren; doch konnte dies nicht bestätigt werden und ist auch nach der Adsorptionsregel (vgl. S. 360) unwahrscheinlich (K. Horovitz und F. Paneth [17a]).

Oxyde, Hydroxyde, Chloride, Bromide emanieren, besonders wenn sie feucht sind, viel stärker, als Carbonate oder Sulfate. Geschmolzene und sorgfältig getrocknete Salze sowie mehrfach ausgeglühte halten mehr Emanation zurück.

So okkludieren feste Salze zwischen 99 und 65% nach diversen Angaben[18]) von M. Curie und A. Debierne, E. Rutherford, B. B. Boltwood, St. Meyer und V. F. Hess, H. Holthusen; dünne Schichten geben relativ mehr ab als dickere, wobei auch noch die Rückstoßbewegung und die dadurch bedingte Auflockerung des Präparates eine Rolle spielen kann.

Nach Erfahrungen im Wiener Radiuminstitut gibt reines $RaCl_2$, mehrere Stunden bei ca. 150—180° erwärmt, etwa 50% der Em ab; vorher stark (über 300°) erhitztes bei 150° in 48 h kaum mehr als 1%.

L. Kolowrat[19]) fand, daß die Emanationsabgabe aus Radiumsalzen bei Temperatursteigerung erst von 300° an stark zunimmt und bei ca. 1000° ihren höchsten Wert erreicht. Ein dazwischen bei ca. 830° liegendes sekundäres Maximum mit folgender Abnahme ist wohl auf eine Änderung der Konstitution des Salzes bei dieser Temperatur zurückzuführen.

Soll die Emanation aus einem Präparat quantitativ entfernt werden, so empfiehlt es sich, es quantitativ in Lösung zu bringen. Durch Schütteln, Quirlen, Kochen (vgl. V, 4, S. 302f.) kann man dann entsprechend den angeführten Löslichkeitskoeffizienten (S. 410f.) die Emanation völlig oder in berechenbarem Bruchteil erhalten.

Für ThEm hat O. Hahn[19]) das Emanierungsvermögen verschiedener Hydroxyde und Oxyde genauer festgestellt; die Resultate sind wegen der Isotopie im allgemeinen auch auf RaEm übertragbar. Stark geglühte Oxyde emanieren praktisch nicht, besser tun dies schwach geglühte, aber noch schwach gegen nicht erhitzte, bei Zimmertemperatur getrocknete. Von den Hydroxyden altert (verliert an Emanierungsvermögen) am wenigsten das Eisen.

Hydroxyde bzw. Oxyde von	Be	Al	Ti	Fe	Co	Ni	Zr	Ce	Th
stark geglüht	0,9	3,2	2,7	3,0	2,5	2,0	3,0	?,4	2,9 %
Bei Zimmertemperatur getrocknet									
0°	58,7	71,6	63,1	74,1	46,0	38,4	66,0	32,8	26,7%
40°	64,0	75,4	70,1	77,4	55,3	57,2	73,8	41,7	44,3%
80°	70,1	76,7	73,0	80,3	62,2	73,7	79,6	47,0	52,3%
90°	77,8	77,7	77,0	81,9	66,5	77,8	80,5	49,6	54,0%

Weiterhin ist es ihm gelungen,[19]) feste Radiumpräparate unter Zusatz von $FeCl_3$ und Ammoniumcarbonat herzustellen, die sogar 98—99%

Literatur zu VI, 5 siehe Seite 420.

emanieren, was für die Technik der Emanationsgewinnung von großer Bedeutung ist.

8. Diffusion der Radiumemanation.

F. Wallstabe[20]) ließ die Emanation in Wasser und in Toluol diffundieren und maß nach Einstellung stationärer Zustände den Gehalt verschiedener Schichten. Er fand so für den Diffusionskoeffizienten bei Zimmertemperatur die wohl zu niedrigen Werte

für Wasser $D = 0{,}066$ cm^2 Tag^{-1}; für Toluol 0,168 cm^2 Tag^{-1}.

Später erhielt E. Róna für D_{18^0} in Wasser 0,99 cm^2 Tag^{-1}; in Äthylalkohol 2,32; in Benzol 2,04; in Toluol 2,31. E. Ramstedt fand für Wasser $D_{14^0} = 0{,}820$; $D_{18^0} = 0{,}918$ cm^2 Tag^{-1}; A. Jahn in 10% Gelatine $D_{16^0} = 0{,}199$; in 2,5% Gelatine 0,401. (vgl. auch L. W. Mc Keehans Resultat an AcEm $D = 0{,}109$ S. 480 und ThEm S. 506).

Die Diffusion in Luft[21]) wurde von E. Rutherford und H. T. Brooks, dann von P. Curie und J. Danne, sowie von L. Chaumont untersucht. Sie fanden ca. $D = 0{,}1$ cm^2 sec^{-1}; wie G. v. Hevesy auseinandersetzte, dürften aber diese Werte wegen der teilweisen Mitführung induzierter Aktivitäten etwas zu hoch sein und letzterer nimmt daher an, daß $D < 0{,}07$ cm^2 sec^{-1} (bei Zimmertemperatur).

Die Diffusionskonstanten[22]), die anfangs gefunden waren, hätten auch offenkundig zu niedrige Werte für das Atomgewicht ergeben. In dieser Hinsicht lieferten die Untersuchungen W. Makowers, welche die Ermittlung der Geschwindigkeit zum Gegenstand hatten, mit der Emanation durch enge Öffnungen strömt, verglichen mit der von H_2, O_2, CO_2 SO_2, und diejenigen von P. B. Perkins, der bei 250° die Ausströmungsgeschwindigkeit mit der von Hg-Dampf verglich, bessere Resultate. Nimmt man an, daß die Ausströmungsgeschwindigkeiten sich verkehrt verhalten wie die Quadratwurzeln der Molekulargewichte (Graham), so erhielte man aus den so gefundenen Daten das Atomgewicht 234. In ähnlicher Weise hat auch A. Debierne den Wert 220 erhalten [22]). Es ist nicht zu erwarten, daß auf diesem Wege Präzisionsangaben für das Atomgewicht erzielt werden könnten, doch stützten die Ergebnisse den (vgl. S. 410) anderwärts erschlossenen Wert 222.

9. Siedepunkt. Erstarrungspunkt. Man verdankt E. Rutherford und F. Soddy[23]) die Erkenntnis, daß sich die Emanationen gleich anderen Gasen bei tiefer Temperatur kondensieren lassen. Bei Anwendung sehr geringer Emanationsmengen erhielten sie als Temperatur, bei der die Emanation noch einen merklichen Dampfdruck zeigte — 155°. Bei so geringen Mengen aber, bei denen es sich nicht mehr um Ebenen als Flüssigkeitsoberflächen handelt, hängt der Dampfdruck auch von der Dimension der Flüssigkeitsphase ab. Mit größeren Quantitäten[24]) haben denn auch E. Rutherford, R. W. Boyle, sowie R. Whytlaw-Gray und W. Ramsay wesentlich höhere Werte für den Siedepunkt erhalten,

---

Literatur zu VI, 5 siehe Seite 420.

und zwar berechnet für den Druck von 76 cm — 65° bzw. — 62°.*) Bei — 71° gefriert die Emanation. F. Paneth und E. Rabinowitsch[24]) schätzen den Schmelzpunkt tiefer, bei — 113° C, ein. Man erkennt den Gefrierpunkt durch die plötzliche Farbenänderung.

Die Verdampfungswärme[32]) berechnete G. Rudorf zu 19,75 bzw. 17,83 cal; R. de Forcrand zu 19,19 cal.

Flüssige Emanation ist an sich farblos, erregt aber das Glas zu lebhafter grüner Fluoreszenz. Feste Emanation wird rötlich-orange.

Aus der Analogie mit den Dichten der anderen Edelgase und dem beobachteten Volumen läßt sich für die flüssige Emanation eine Dichte von etwa 6,6 erschließen. Für feste RaEm bei — 273° gibt W. Herz[24]) die Dichte 8,04 an. Das Nullpunktsatomvolumen ist 27,61. Aus den Gray-Ramsayschen Daten über die Kondensation der Emanation bei verschiedenen Drucken zwischen 50 und 4745 cm läßt sich für die kritische Temperatur + 104,5°, für den kritischen Druck 62,4 Atm. berechnen.

Brechungsindex. Nach A. W. Porter und C. Cuthbertson[31]) ist $n \geqq 1{,}00092$; die Dielektrizitätskonstante $\varepsilon = 1{,}00184$.

10. Lebensdauer. P. Curie hat zuerst (1902) zahlenmäßige Angaben über den Zerfall der Radiumemanation[25]) gemacht, und zwar fand er $T = 3{,}99$ Tage;

E. Rutherford und F. Soddy erhielten (1903) den Wert $T = 3{,}71$ Tage.
H. A. Bumstead und L. P. Wheeler (1904) $T = 3{,}88$ Tage.
H. Mache und St. Meyer (1904/5) $T = 3{,}89$ Tage.
O. Sackur (1905) $T = 3{,}86$ Tage.
M. Levin (1907) $T = 3{,}73$ Tage.
G. Rümelin (1907) $T = 3{,}75$ Tage.
M. Curie (1910) $T = 3{,}85$ Tage.
E. Rutherford (1911) $T = 3{,}846$ Tage.
E. Rutherford und H. Geiger (1911) $T = 3{,}86$ Tage.
W. Kolhörster (1912) $T = 3{,}80$ Tage.
A. Debierne (1915) $T = 3{,}81$ Tage.
W. Bothe und G. Lechner (1921) $T = 3{,}811$ Tage.
W. Bothe (1923) $T = 3{,}825 \pm 0{,}003$ Tage.
I. Curie und C. Chamié (1924) $T = 3{,}823 \pm 0.002$ Tage.
L. Bastings (1924) $T = 3{,}833$ Tage.

Die Methoden der Messung bestehen entweder darin, die α-Strahlung der Emanation und ihrer Zerfallsprodukte elektrometrisch zeitlich zu verfolgen, wenn Emanation in einen geschlossenen Raum eingebracht wird — bei längeren Zeiten

Literatur zu VI, 5 siehe Seite 420.

*) Neuere Angaben über den Prozentsatz der bei verschiedenen Temperaturen kondensierten Emanation liegen noch von S. Loria und A. Fleck vor[28]). Nach Loria beginnt die Verflüchtigung bei — 165°, bei — 158° sind etwa 50%, bei — 155° bereits 90% verdampft und bei — 145° findet sich praktisch keine Kondensation mehr (vgl. auch ThEm S. 506).

empfiehlt sich dabei die sukzessive Einbringung unterteilter Emanationsmengen, z. B. nach ca. je 4 Tagen das doppelte Quantum wie vorher, um die Intensität des Stromes in gut vergleichbaren Grenzen zu erhalten—, oder die γ-Strahlung der in Röhrchen eingeschmolzenen Emanation zu beobachten. Im ersteren Falle genügen sehr kleine Mengen der Emanation zur Bestimmung, während die letztere Methode die Gleichgewichtsmenge zu mindestens einigen Milligrammen Radium erfordert; hingegen hat die erstere Methode den Nachteil, daß es einigermaßen auf die verwendeten elektrischen Feldstärken, wegen der Erzielung vergleichbarer Sättigungsströme, und auf die geometrische Form der Gefäße und die dadurch bedingte Anlagerung der Zerfallsprodukte ankommt, die sich überdies durch Anlegung von elektrischen Feldern, durch Temperaturänderungen usw. ändert (vgl. V, 4). Mit den letzten Werten T in vollster Übereinstimmung steht auch beispielsweise der von V. F. Hess beobachtete Anstieg der Wärmeentwicklung von ursprünglich emanationsfreiem Radium.

Auf Grund der letzten Daten kann mit großer Sicherheit der Wert $T = 3{,}825$ Tage zugrunde gelegt werden. Dem entsprechen die Konstanten: (d = Tage, h = Stunden, m = Minuten, s = Sekunden).

$T = 3{,}825\ d$	$= 0{,}918 \cdot 10^2\ h$	$= 5{,}508 \cdot 10^3\ m$	$= 3{,}305 \cdot 10^5\ s$
$\tau = 5{,}518\ d$	$= 1{,}324 \cdot 10^2\ h$	$= 7{,}946 \cdot 10^3\ m$	$= 4{,}768 \cdot 10^5\ s$
$\lambda = 0{,}18122\ d^{-1}$	$= 7{,}551 \cdot 10^{-3}\ h^{-1}$	$= 1{,}258 \cdot 10^{-4}\ m^{-1}$	$= 2{,}097 \cdot 10^{-6}\ s^{-1}$

Den Zerfall, der gemäß diesen Angaben allmählich eintritt, zeigt die Tabelle Seite 419.

11. Reichweite. Nach den Bestimmungen von H. Geiger beträgt bei 15° die Reichweite der RaEm-α-Strahlen 4,12 cm. Die dazu berechnete Anfangsgeschwindigkeit ist $v_0 = 1{,}61 \cdot 10^9$ cm/sec.

12. Die Einheit „Curie". Nach dem Beschlusse des II. Internationalen Kongresses in Brüssel (1910) heißt die Emanationsmenge, die mit 1 g Radiumelement im Gleichgewicht steht, ein „Curie". Die Unterteilungen werden entsprechend als „Millicurie", „Mikrocurie" usw. bezeichnet.

1 Curie erfüllt bei 0° und 76 cm Hg-Druck ein Volumen von nahe 0,6 mm³ und wiegt demnach, da 1 g Radiumemanation vom Atomgewicht 222 ein Volumen von 101 cm³ hat, nahe $6{,}5 \cdot 10^{-6}$ g. Die Zahl der Atome in 1 Curie beträgt

$$\frac{6{,}5 \cdot 10^{-6}}{222 \cdot 1{,}6 \cdot 10^{-24}} = 1{,}83 \,.\, 10^{16}.$$

Die von 1 Curie Emanation ohne ihre Zerfallsprodukte entwickelte Wärme beträgt nach den experimentellen Befunden etwa 29 cal pro

Literatur zu VI, 5 siehe Seite 420.

Stunde. Der gesamte Energiegehalt, der einer mittleren Lebensdauer von 132,4 Stunden entspricht, wäre danach ca. 3800 cal (vgl. IV, 10, S. 230).

Zerfall der Ra-Emanation
(für $\lambda = 0{,}1812_2\, d^{-1}$, $T = 3{,}82_5\, d$).

t	$e^{-\lambda t}$	t	$e^{-\lambda t}$	t	$e^{-\lambda t}$	t	$e^{-\lambda t}$
0	1,0000	37^h	0,7560	$4d + 12^h$	0,4424	12,5d	0,1038
$0{,}5^h$	0,9962	38	0,7504	+ 16	0,4293	13	$9{,}481 \cdot 10^{-2}$
1	0,9925	39	0,7448	20	0,4165	13,5	$8{,}660 \cdot 10^{-2}$
2	0,9850	40	0,7391	5d	0,4041	14	$7{,}910 \cdot 10^{-2}$
3	0,9786	41	0,7336	+ 4	0,3921	14,5	$7{,}225 \cdot 10^{-2}$
4	0,9703	42	0,7282	8	0,3804	15	$6{,}599 \cdot 10^{-2}$
5	0,9629	43	0,7225	12	0,3691	15,5	$6{,}027 \cdot 10^{-2}$
6	0,9557	44	0,7171	16	0,3581	16	$5{,}505 \cdot 10^{-2}$
7	0,9485	45	0,7117	20	0,3475	16,5	$5{,}028 \cdot 10^{-2}$
8	0,9413	46	0,7064	6d	0,3371	17	$4{,}592 \cdot 10^{-2}$
9	0,9343	47	0,7010	+ 4	0,3271	17,5	$4{,}195 \cdot 10^{-2}$
10	0,9272	2d = 48	0,6960	8	0,3174	18	$3{,}831 \cdot 10^{-2}$
11	0,9203	2d + 2	0,6865	12	0,3079	18,5	$3{,}499 \cdot 10^{-2}$
$0{,}5^d$=12	0,9134	4	0,6750	16	0,2988	19	$3{,}196 \cdot 10^{-2}$
13	0,9064	6	0,6651	20	0,2899	19,5	$2{,}919 \cdot 10^{-2}$
14	0,8996	8	0,6561	7d	0,2812	20	$2{,}667 \cdot 10^{-2}$
15	0,8929	10	0,6451	+ 4	0,2729	20,5	$2{,}436 \cdot 10^{-2}$
16	0,8861	12	0,6357	8	0,2648	21	$2{,}225 \cdot 10^{-2}$
17	0,8795	14	0,6272	12	0,2569	21,5	$2{,}032 \cdot 10^{-2}$
18	0,8729	16	0,6165	16	0,2492	22	$1{,}856 \cdot 10^{-2}$
19	0,8662	18	0,6075	20	0,2418	22,5	$1{,}695 \cdot 10^{-2}$
20	0,8597	20	0,5994	8d	0,2346	23	$1{,}548 \cdot 10^{-2}$
21	0,8533	22	0,5892	+ 6	0,2242	23,5	$1{,}414 \cdot 10^{-2}$
22	0,8468	3d	0,5806	12	0,2143	24	$1{,}292 \cdot 10^{-2}$
23	0,8405	+ 2	0,5729	18	0,2048	25	$1{,}078 \cdot 10^{-2}$
1d = 24	0,8343	4	0,5631	9d	0,1957	26	$8{,}989 \cdot 10^{-3}$
25	0,8278	6	0,5549	+ 6	0,1871	27	$7{,}499 \cdot 10^{-3}$
26	0,8216	8	0,5476	12	0,1788	28	$6{,}256 \cdot 10^{-3}$
27	0,8155	10	0,5381	18	0,1709	29	$5{,}219 \cdot 10^{-3}$
28	0,8093	12	0,5303	10d	0,1633	30	$4{,}354 \cdot 10^{-3}$
29	0,8032	14	0,5234	+ 6	0,1561	35	$1{,}760 \cdot 10^{-3}$
30	0,7973	16	0,5142	12	0,1491	40	$7{,}111 \cdot 10^{-4}$
31	0,7911	18	0,5068	18	0,1425	45	$2{,}873 \cdot 10^{-4}$
32	0,7852	20	0,5002	11d	0,1362	50	$1{,}161 \cdot 10^{-4}$
33	0,7793	22	0,4914	+ 6	0,1302	60	$1{,}896 \cdot 10^{-5}$
34	0,7734	4d	0,4844	12	0,1244	70	$3{,}096 \cdot 10^{-6}$
35	0,7676	+ 4	0,4696	18	0,1189	80	$5{,}056 \cdot 10^{-7}$
1,5d=36	0,7620	8	0,4557	12d	0,1136	90	$8{,}255 \cdot 10^{-8}$

Der Strom, den 1 Curie zu unterhalten vermag, läßt sich berechnen, wenn derjenige zugrundegelegt wird, den 1 g Radiumelement ohne Zerfallsprodukte durch seine α-Partikeln unterhält, und die relative Ionisierung der α-Partikeln des Ra und der RaEm berücksichtigt wird. Setzt man den Strom für Ra (vgl. S. 283) mit $2{,}41 \cdot 10^6$ stat. Einh. ein und die Relation der Ionisierung der einzelnen α-Partikeln mit $1{,}55 \cdot 10^5$ für die Emanation zu $1{,}36 \cdot 10^5$ für Radium, so wird der von den α-Partikeln der Emanation erhältliche Strom gleich $2{,}41 \cdot 10^6 \cdot 1{,}55/1{,}36 = 2{,}75 \cdot 10^6$ stat. Einh. $= 9{,}17 \cdot 10^{-4}$ Ampere oder gleichfalls für $i = Z \cdot e \cdot k = 3{,}72 \cdot 10^{10} \cdot 4{,}77 \cdot 10^{-10} \cdot 1{,}55 \cdot 10^5 = 2{,}75 \cdot 10^6$ stat. Einh. $= 9{,}17 \cdot 10^{-4}$ Ampere. Die experimentellen Ergebnisse[26]) decken sich mit diesen Werten.

Nach einem 1921 in Freiberg i. S. gefaßten Beschluß wurde für 10^{-10} Curie der Name „ein Eman" eingeführt.

Die Konzentrationseinheit der Emanation ist die Macheeinheit (vgl. S. 276 und V, 4); nach obigen Zahlen wäre für 1 M. E. der Umrechnungsfaktor $\frac{1}{2{,}75 \cdot 10^9} = 3{,}64 \cdot 10^{-10}$ Curie pro Liter $= 3{,}64$ Eman/Liter.

13. Benennung der Radiumemanation. Die Bezeichnung „Emanation" für das radioaktive Gas, das sich aus dem Radium entwickelt, war bis 1923 ebenso wie für die aus dem Thorium und Actinium abgegebenen Gase allgemein üblich. Das gemeinsame Symbol für die isotopen Edelgase „Em" ist eingebürgert. W. Ramsay hat speziell für die Radiumemanation das Wort „Niton" vorgeschlagen, das auf das große Fluoreszenzvermögen in festem Zustand hinweisen sollte, doch hat sich dieser unzweckmäßige Name nicht durchzusetzen vermocht. 1918 hat C. Schmidt[30]) im Anklang an die Namen der anderen Edelgase statt Radiumemanation die Bezeichnung „Radon" vorgeschlagen (analog Thoron, Actinon) und in den „Tables internationales des isotopes et des éléments radioactifs", Paris, 1923 ist dieser Name mit dem Symbol Rn aufgenommen.

Literatur zu VI, 5:

1) G. v. Hevesy, Bericht. Jahrb. Rad. u. El. **10**, 198, 1913; E. Dorn, Abh. Natforsch. Ges. Halle/S. **22**, 155, 1900.

2) A. T. Cameron, Radiochemistry 1910, 60f.; M. Curie, Radioaktivität, Deutsche Ausg. I, 307f.; E. Rutherford, Radioactive Substances 1913, 478; W. Ramsay und F. Soddy, Proc. Roy. Soc. **73**, 346, 1904; Z. phys. Chem. **48**, 682, 1904; Phys. Z. **5**, 349, 1904; E. Rutherford, Wien. Ber. **117**, 925, 1908; Phil. Mag. (6) **16**, 300, 1908; A. Debierne, C. R. **148**, 1764, 1909; Ann. de phys. (9) **3**. 18, 1915; S. C. Lind, Wien. Ber. **120**, 1709, 1911; W. Duane, Phys. Rev. (2) **5**, 311, 1915; H. Pettersson, Mitt. Ra-Inst. 155, Wien. Ber. **132**, 55, 1923;

G. Kirsch und H. Pettersson, Mitt. Ra-Inst. 160, Wien. Ber. **132**, 299, 1923; V. F. Hess, Phil. Mag. (6) **47**, 713, 1924; G. Ortner und H. Pettersson, Mitt. Ra-Inst. 166, Wien. Ber. **133**, 229, 1924; vgl. auch Gmelins Handb. d. anorg. Chem. 8. Aufl. I, 195, 1926.

3) E. Rutherford und T. Royds, Phil. Mag. (6) **17**, 281, 1909; S. C. Lind, l. c. [2]) G. Kirsch und H. Pettersson, l. c. [2]); Phil. Mag. (6) **47**, 500, 1924; W. Duane, C. R. **153**, 336, 1911; J. Danysz und W. Duane, Le Rad. **9**, 417, 1912; Sill. J. (4) **35**, 295, 1913.

4) W. Ramsay und J. N. Collie, Proc. Roy. Soc. **73**, 470, 1904; W. Ramsay und A. T. Cameron, Proc. Roy. Soc. (A) **81**, 210, 1908; E. Rutherford und T. Royds, Phil. Mag. (6) **16**, 313, 1908; Proc. Roy. Soc. (A) **82**, 22, 1909; T. Royds, Phil. Mag. (6) **17**, 202, 1909; H. E. Watson, Proc. Roy. Soc. (A) **83**, 50, 1909; S. C. Lind, R. B. Moore, und R. E. Nyswander, Phys. Rev. (2) **15**, 139, 1920; Astrophys. J. **54**, 285, 1921; Chem. News **123**, 7, 1921; S. Wolf, Diss. Wien 1926.

5) W. Ramsay und F. Soddy, Proc. Roy. Soc. **73**, 346, 1904; A. T. Cameron und W. Ramsay, Trans. Chem. Soc. **91**, 1266, 1907; E. Rutherford, Phil. Mag. (6) **16**, 300, 1908; E. Rutherford und H. Geiger, Proc. Roy Soc. (A) **81**, 162, 1908; A. Debierne, C. R. **148**, 1264, 1909; R. Whytlaw-Gray und W. Ramsay, Trans. Chem. Soc. **95**, 1073, 1909; J. Danysz und W. Duane, Le Rad. **9**, 417, 1912; C. R. **155**, 500, 1912; Sill. J. (4) **35**, 295, 1913.

6) R. Whytlaw-Gray und W. Ramsay, Proc. Roy. Soc. (A) **84**, 536, 1911; S. C. Lind, Science **43**, 464, 1916.

7) P. Curie und A. Debierne, C. R. **132**, 770, 1901; A. Sella und A. Pochettino, Rend. R. Acc. Linc. **11**, 527, 1902; J. J. Thomson, Phil. Mag. (6) **4**, 352, 1902; Nature **68**, 90, 1903; F. Himstedt, Phys. Z. **5**, 210, 1904; H. Rausch v. Traubenberg, Phys. Z. **5**, 130, 1904; H. Mache, Wien. Ber. **113**, 1329, 1904; H. Mache und St. Meyer, Wien. Ber. **114**, 355, 545, 1905; Phys. Z. **6**, 692, 1905; R. W. Boyle, Phil. Mag. (6) **22**, 840, 1911.

8) H. Rausch v. Traubenberg, Phys. Z. **5**, 130, 1904; H. Mache, Wien. Ber. **113**, 1329, 1904; R. Hofmann, Phys. Z. **6**, 337, 695, 1905; E. Ramstedt, Le Rad. 8, 253, 1911; R. W. Boyle, Phil. Mag. (6) **22**, 840, 1911; M. Kofler, Wien. Ber. **121**, 2169, 1912.

9) St. Meyer, Wien. Ber. **122**, 1281, 1913.

10) R. Hofmann, Phys. Z. **6**, 340, 1905; A. Lurié, Grenoble 1910 (Tables de Const. Ann. II. 401, 1911); E. Ramstedt, Le Rad. **8**, 253, 1911; M. Kofler, Phys. Z. **9**, 6, 1908; Wien. Ber. **122**, 1473, 1913; G. Hofbauer, Wien. Ber. **123**, 2001, 1914; A. S. Eve und D. Mc Intosh, Proc. Trans. Soc. Canada (3) **4**, 66, 1910; A. Schulze, Z. phys. Chem. **95**, 257, 1920; F. Běhounek, J. de phys. (6) **6**, 397, 1925.

11) A. Antropoff, Z. Elektrochem. **25**, 269, 1919; H. P. Cady, H. M. Elsey und E. V. Berger, J. Amer. chem. Soc. **44**, 1456, 1922; S. Valentiner, Phys. Ber. **7**, 529, 1926.

12) H. Mache und Erh. Suess, Wien. Ber. **121**, 171, 1912; C. Ramsauer und H. Holthusen, Heidelberg. Ber. Nr. 2, 1913; F. Gudzent, Ra in Biologie und Heilk. **1**, 79, 1912; vgl. insbesondere auch die Diskussion in der Berl. med. Ges. 6. März 1912 und P. Lazarus, Handb. d. Radiumbiologie, Wiesbaden 1913.

13) P. Curie und J. Danne, C. R. **136**, 364, 1903; A. Laborde, C. R. **148**, 1592, 1909; J. Elster und H. Geitel, Phys. Z. **5**, 321, 1904; **6**, 67, 1905; R. Ditmar, Gummizeitung **19**, 3, 1907; W. Bothe, Phys. Z. **16**, 266, 1923.

14) L. Bunzl, Wien. Ber. **115**, 21, 1906; E. Rutherford, Nature **74**, 634, 1906; Manch. Proc. **53**, 38, 1908; Chem. News **99**, 76, 1909; R. W. Boyle, Phil. Mag. (6) **17**, 389, 1909; R. Wachsmuth und M. Seddig, Elster-Geitel-Festschrift 479, 1915; W. Mohr, Ann. d. Phys. (4) **51**, 549, 1916.

15) Vgl. G. v. Hevesy, Bericht. Jahrb. Rad. u. El. **10**, 207, 1913; A. G. Bermejo, Bol. del Inst. d. Radioactividad, Madrid, (2) **5**, 79, 1923.

16) H. Mache und T. Rimmer, Phys. Z. **7**, 209, 1906; A. S. Eve, Phil. Mag. (6) **16**, 622, 1908; J. Satterly, Phil. Mag. (6) **16**, 584, 1908; **20**, 778, 1910.

17) E. Ebler und M. Fellner, Ber. D. Chem. Ges. **44**, 2332, 1911; Z. anorg. Chem. **72**, 272, 1911; **73**, 1, 1911; E. Ebler, Z. f. Balneologie **4**, 387, 1911; A. Klug, Z. f. Balneologie **5**, 420, 1912.

17a) K. Horovitz und F. Paneth, Wien. Ber. **123**, 1837, 1914.

18) M. Curie, Radioaktivität 1912, Deutsche Ausgabe I, 289f.; E. Rutherford, Rad. Subst. 1913, 361; H. Mache und St. Meyer, Phys. Z. **6**, 8, 1905; B. B. Boltwood, Phys. Z. **7**, 489, 1908; St. Meyer und V. F. Hess, Wien. Ber. **121**, 618, 1912; H. Holthusen, Heidelberg. Ber. 20. Juli 1912; G. v. Hevesy, Jahrb. Rad u. El. **10**, 209, 1913.

19) L. Kolowrat, Le Rad. **4**, 317, 1907; **6**, 321, 1909; **7**, 266, 1910; H. Herchfinkel, C. R. **149**, 275, 1909; O. Hahn, Z. Elektrochem. **29**, 189, 1923; Naturwiss. **12**, 1141, 1924; Liebigs Ann. **440**, 121. 1924; Berlin. Ber. 276, 1925; O. Hahn und J. Heidenhain, Ber. D. Chem. Ges. **59**. 284, 1926.

20) F. Wallstabe, Phys. Z. **4**, 721, 1903; A. Jahn, Diss. Halle, 1914; E. Róna, Z. phys. Chem. **92**, 213, 1917; E. Ramstedt, Medd. fr. k. Vetenskapakad. Nobelinst. **5**, No. 5, 1919.

21) E. Rutherford, Nature **64**, 157, 1901; H. T. Brooks, Trans. Roy. Soc. Canada (2) **7**, 21, 1901; Chem. News **85**, 196, 1902; P. Curie und J. Danne, C. R. **136**, 1314, 1903; L. Chaumont, Le Rad. **6**, 284, 1909; G. v. Hevesy, Jahrb. Rad. u. El. **10**, 213, 1912; J. C. Mc Lennan, Phil. Mag. (6) **24**, 378, 1912.

22) W. Makower, Phil. Mag. (6) **9**, 56, 1905; H. A. Bumstead und L. P. Wheeler, Sill. J. (4) **17**, 97, 1904; P. B. Perkins, Sill. J. **25**, 461, 1908; A. Debierne, C. R. **150**, 1740, 1910; Ann. de phys. **3**, 91, 1915.

23) E. Rutherford und F. Soddy, Phil. Mag. (6) **5**, 561, 1903.

24) R. W. Boyle, Phil. Mag. (6) **20**, 955, 1910; A. Laborde, Le Rad. **6**, 289, 1909; **7**, 294, 1910; E. Rutherford, Nature **79**, 457, 1909; Phil. Mag. (6) **17**, 723, 1909; R. Whytlaw-Gray und W. Ramsay, Trans. Chem. Soc. **95**, 1073, 1909; Proc. Chem. Soc. **26**, 82, 1909; Z. phys. Chem. **70**, 116, 1909; W. Herz, Z. anorg. Chem. **105**, 171, 1919; F. Paneth und E. Rabinowitsch, Ber. D. Chem. Ges. **58**, 1148, 1925.

25) P. Curie, C. R. **135**, 857, 1902; E. Rutherford und F. Soddy, Phil. Mag. (6) **5**, 445, 1903; H. A. Bumstead und L. P. Wheeler, Sill. J. **17**, 97, 1904; O. Sackur, Ber. D. chem. Ges. **38**, 1753, 1905; H. Mache und St. Meyer, Phys. Z. **6**, 696, 1905; G. Rümelin, Phil. Mag. (6) **14**, 550, 1907; Phys. Z. **8**, 803, 1907; M. Levin, Phys. Z. **8**, 802, 1907; M. Curie, Le Rad. **7**, 33, 1910; E. Rutherford, Wien. Ber. **120**, 303, 1911; E. Rutherford und H. Geiger, Phil. Mag. (6) **22**, 621, 1911; W. Kolhörster, Verh. D. phys. Ges. **14**, 356, 1912; A. Debierne, Ann. de phys. (9) **3**, 51, 1915; W. Bothe und G. Lechner, Z. f. Phys. **5**, 335, 1921; W. Bothe, Z. f. Phys. **16**, 226, 1923; I. Curie und C. Chamié, C. R. **178**, 1808, 1924; J. de phys. (6) **5**, 238, 1924; L. Bastings, Cambr. Proc. **22**, 651, 1924.

26) W. Duane und A. Laborde, C. R. **150**, 1421, 1910; L. Flamm und H. Mache, Wien. Ber. **121**, 227, 1912; **122**, 535, 1913; H. Mache und St. Meyer, Phys. Z. **13**, 320, 1912; St. Meyer und V. F. Hess, Wien. Ber. **121**, 626, 1912.
27) G. Jäger, Wien. Ber. **124**, 287, 1915; M. Szeparowicz, Mitt. Ra-Inst. 128, Wien. Ber. **129**, 437, 1920.
28) A. Fleck, Phil. Mag. (6) **29**, 337, 1915; S. Loria, Wien. Ber. **124**, 829, 1915.
29) A. Debierne, Ann. de phys. **3**, 18, 62, 1915 (nach Jahrb. Rad. u. El. **12**, 347, 1915).
30) C. Schmidt, Z. anorg. Chem. **103**, 79, 1918.
31) A. W. Porter und C. Cuthbertson, Nature **82**, 7, 1909.
32) G. Rudorf, Z. Elektrochem. **15**, 748, 1909; Ann. d. Phys. (4) **31**, 416, 1909; R. de Forcrand, C. R. **156**, 1439, 1809. 1913.
33) W. Ramsay und A. T. Cameron, J. Chem. Soc. **91**, 1266, 1907; Proc. Chem. Soc. **23**, 178, 1907; N. V. Sidgwick und H. T. Tizard, Proc. Chem. Soc. **24**, 64, 1908; E. Rutherford, Wien. Ber. **117**, 925, 1908; A. Debierne, C. R. **148**, 1264, 1909; S. Wolf, Diss. Wien 1926.
34) L. A. Turner, Phil. Mag. (6) **48**, 1010, 1924; G. Glockler, Phil. Mag. (6) **50**, 997, 1925; F. Struwe, Z. f. Phys. **36**, 410; **37**, 859, 1926.

6. RaA, RaB, RaC. 1. Aus der Radiumemanation entwickelt sich die „induzierte Aktivität" oder, wie man jetzt lieber sagt, der „aktive Niederschlag". Er wurde von P. und M. Curie 1899 entdeckt[1]) und Messungen von diesen sowie E. Rutherford und H. T. Brooks und insbesondere von P. Curie und J. Danne[2]) haben den zeitlichen Verlauf des relativ raschen Abklingens frühzeitig sichergestellt. E. Rutherford gelang dann (1905) die Deutung[3]) des ziemlich komplizierten Verlaufes der Erscheinungen unter der Annahme dreier sukzessiver Verwandlungsprodukte, denen er die Namen RaA, RaB, RaC zuteilte und welchen Halbierungskonstanten von 3 bzw. 21 und 28 Minuten zugehören sollten. RaA galt als α-strahlend; RaB als strahlenlos; RaC als α-β-γstrahlend. Eine Entscheidung, ob dabei dem RaB oder dem RaC die längere Halbierungszeit zukomme, läßt sich aus dem Kurvenverlauf nicht erbringen (vgl. II. 6) und tatsächlich haben spätere Untersuchungen die Umstellung erforderlich gemacht, d. h. dem RaC die kürzere Lebensdauer zugeordnet als dem RaB. Wie H. W. Schmidt[4]) zuerst zeigte, ist RaB nicht wirklich strahlenlos, sondern hat auch β-Strahlen, wenngleich sehr leicht absorbierbare; spätere Beobachtungen ließen auch γ-Strahlen dieses Stoffes erkennen.

RaA, RaB, RaC sind gewichtsmäßig neben Ra selbst zwar nur in der Größenordnung 10^{-8} vorhanden, aber trotz dieser minimalen Mengen konnte doch gezeigt werden, daß sich alle drei wie feste Körper

Literatur zu VI, 6 siehe Seite 440.

verhalten, bei bestimmten Temperaturen verdampfen, sowie daß anzunehmen ist, daß sie chemische Verbindungen eingehen und sich der Reihe nach so verhalten, als ob RaA in die Gruppe des Tellur, RaB in die des Blei, RaC in die des Wismut gehöre (vgl. S. 356). Für das Verhalten des RaB haben zuerst E. Rutherford und E. N. da C. Andrade auch den Beweis erbracht, daß seine weiche γ-Strahlung genau der „charakteristischen" Strahlung des Pb entspricht[20]).

2. Trennung der Substanzen RaA, RaB, RaC. P. Curie und J. Danne hatten zuerst darauf aufmerksam gemacht, daß induzierte Körper schneller abklingen, wenn sie geglüht wurden, als nicht erhitzte[5]). H. L. Bronson hat dies weiter verfolgt und gezeigt, daß die Erscheinungen befriedigend aufgeklärt werden, wenn man annimmt, daß RaB leichter verdampft als RaC und dem RaB die Halbierungszeit 26 Minuten, dem RaC eine solche von 19 Minuten zukommt.

Nach den folgenden Untersuchungen von P. Curie, W. Duane und W. Makower wurden als Verflüchtigungspunkte[5, 6]) angegeben: für RaA 900°; für RaB 600°; für RaC 1100°. Diese Angaben sind aber insofern unsicher, als aus den Versuchen nicht ganz klar hervorgeht, ob es sich dabei um die Verdampfung der Elemente oder von Verbindungen handelt. A. S. Russell hat nachgewiesen, daß in Gegenwart von Sauerstoff RaA, RaB und RaC unter 700° nicht flüchtig sind (von einer Quarzfläche) und daß dann RaC bei höherer Temperatur als 1200° verdampft; in Gegenwart von Wasserstoff hingegen wird RaA, RaB und RaC vollkommen unter 650° verflüchtigt, die Verdampfungstemperatur von RaC wird dabei mit etwa 360° angegeben. H. Schrader hat dieselben Unterschiede bei der Kondensation beobachtet und dieses Verhalten erfolgreich durch Bildung verschiedener chemischer Verbindungen erklärt[7]). Dann hat S. Loria[26]) die Verdampfung von RaB, RaC studiert. Das Verhältnis für die durch Induktion auf Platin erhaltenen Produkte ist identisch mit dem der isotopen ThB, ThC (vgl. die Zahlenangaben S. 508/509); für elektrolytisch auf Pt niedergeschlagenes RaC erfolgt die Verdampfung bei höherer Temperatur, als bei in obiger Weise aus RaA-RaB gewonnenem, geradeso wie für ThC (vgl. die Fußnote S. 510). Aus Lösungen eingedampftes RaB-freies RaC verhält sich so, wie elektrisch niedergeschlagenes; die Entstehung aus RaA-RaB bedingt also wahrscheinlich durch das Hineinhämmern unter Wirkung des Rückstoßes begünstigte Legierungsbildung mit der Unterlage und als Folge davon Erniedrigung der Verflüchtigungstemperatur.

A. W. Barton[7]) beobachtete, daß RaC bei 400° C im Vakuum flüchtiger ist als RaB, daß dagegen bei Atmosphärendruck RaB bei 600° nahezu völlig destilliert, während RaC noch fast gar nicht verdampft. Dies hängt wohl mit der Verbindungsform zusammen.

F. v. Lerch[8]) ist es gelungen, elektrolytisch die Substanzen C und B zu trennen. RaC ist elektrochemisch edler als RaB; es läßt sich durch Cu und Ni, sowie durch Elektrolyse mit geringer Stromdichte an einer blanken Pt-Kathode vom RaB trennen.

Literatur zu VI, 6 siehe Seite 440.

Setzt man einer Induktionslösung, die z. B. durch Ablösen des RaA, RaB, RaC mittels HCl von einem Pt-Blech gewonnen wurde, Bariumsalz zu und fällt es als Sulfat aus, so bleibt das RaC im Filtrat, während das RaB mit dem Barium mitgerissen wird (vgl. Regel 3, Seite 360). Cu mit Kalilauge gefällt, reißt hingegen vorwiegend das RaC mit, während das RaB im Filtrat verbleibt. Diese von F. v. Lerch schon im Jahre 1906 gemachten Beobachtungen sind heute nach Entdeckung der Isotopie des RaB mit Pb, des RaC mit Bi auf Grund der VI, 1, S. 360 entwickelten Theorie verständlich. Über BiH_3 (F. Paneth, 1918) vgl. S. 451.

T. Godlewski[27]) zeigte, daß man die C- von den B-Produkten aus neutralen oder nur schwach sauren Lösungen schon durch einfaches Filtrieren trennen kann, was auf das Kolloidwerden der Bi-Isotope zurückführbar ist (vgl. Po, S. 449 u. 453). Die Verhältnisse sind aber noch durch spezifische Adsorptionsfaktoren der Filter etc. kompliziert (K. Horovitz, H. Leng).

Wie H. Lachs[27]) nachwies, treten RaA, RaB, RaC in Dämpfen als Gasionen auf, in Lösungen vielfach als Kolloide. In Wasser und Äthyläther geht dann bei der Elektrolyse RaA zur Anode, RaB zur Kathode, RaC in H_2O teils zur Anode, teils zur Kathode, in $C_4H_{10}O$ zur Kathode. In Äthylalkohol ist RaA positiv, RaB und RaC negativ; in Benzol und Terpentinöl ist RaA ungeladen, RaB und RaC sind negativ. H. Lachs und H. Herschfinkel sowie H. Lachs und M. Wertenstein[27]) zeigten, daß in neutralen oder alkalischen A—B—C—Po—hältigen Lösungen nach mehreren Stunden die untere Schicht aktiver ist als die obere; in sauren Lösungen bleibt die Verteilung homogen. Sie deuten dies für RaA—RaC und Po nicht so sehr durch Kolloidbildungen als durch Anlagerung an der Schwere unterworfene kleine Fremdkörperspuren.

Eine sehr elegante Trennungsmethode ist die Ausnützung der Rückstoßerscheinungen[9]). So haben O. Hahn und L. Meitner sowie W. Makower und S. Russ und L. Wertenstein leicht aus RaA das RaB erhalten, das mit der Geschwindigkeit von 4/218 der Anfangsgeschwindigkeit der α-Partikel des RaA von letzterem abgeschleudert wird; ebenso geben diese Forscher und A. Muszkat an, es sei gelungen, RaC aus RaB zu gewinnen, was um so bemerkenswerter ist, als ja RaB keine α-Strahlen emittiert und sonach auch der Rückstoß nach einer β-Strahlung hinreichen müßte um das Restatom abzuschleudern. R. W. Lawson ebenso wie S. Ratner betrachteten es als hoffnungslos, durch β-Strahlen-Rückstoß aus RaB reines RaC zu gewinnen, da Verflüchtigungserscheinungen und Aggregatrückstöße den Effekt verdecken[21]). In hohem Vakuum von weniger als 10^{-3} mm Hg erhielten aber J. C. Jacobsen und A. W. Barton positive Ergebnisse, trotzdem die Reichweite der Rückstoßatome nur 10^{-6} bis 10^{-8} cm Luft betragen kann[9]).

Wie aus Ablenkungsversuchen des Rückstoß-RaB-Atomes folgt, besitzt dieses die positive Ladung eines Elementarquantums[10]). Damit begründet sich die experimentell gefundene Tatsache, daß die Ausbeute an Rückstoß-RaB verbessert wird, wenn man das auffangende

Literatur zu VI, 6 siehe Seite 440.

Gegenblech negativ auflädt. Da wegen seiner Größe und der gegenüber den α-Partikeln kleineren Geschwindigkeit das fliegende Teilchen relativ rasch zum Stillstand abgebremst wird und auch ziemlich starke Streuung stattfindet, ist es natürlich empfehlenswert, die Versuche in bestem Vakuum durchzuführen.

3. Ladung der „induzierten Aktivität". J. Elster und H. Geitel[11]) u. a. haben beobachtet, daß der aktive Niederschlag sich an negativ geladenen Körpern stärker ablagert als an ungeladenen. Daraus wurde geschlossen, daß die Partikeln dieses Niederschlages selbst positiv geladen sind, das heißt, da ja das RaA aus der α-strahlenden Emanation entsteht, daß mehr δ-Strahlen als α-Strahlen von diesen Körpern emittiert werden. Da RaB und RaC erst sukzessive aus RaA entstehen, gilt dieser Schluß in erster Linie für RaA.

G. Eckmann[12]) hat nachgewiesen, daß die RaA-Atome tatsächlich unmittelbar nach ihrem Entstehen + geladen sind und ihre Ladung nicht, wie E. M. Wellisch meinte, erst durch positive Gasträger erhalten; sie werden vielmehr durch negative neutralisiert und zwar um so schneller, je mehr Träger vorhanden sind. Nach E. M. Wellisch[12]) sind in Luft 88,2; in H_2 88,2; in CO_2 78,9 Prozent der vorhandenen Partikeln positiv geladen; in Äthyläther sind praktisch alle neutral. Die Ladung entstammt dem Rückstoßvorgang. G. H. Briggs[12]) zeigte, daß ein bestimmter Prozentsatz des RaA und ebenso RaB von vorneherein positiv geladen, ein Teil neutral ist (der gleiche Prozentsatz gilt für ThA, ThB sowie AcA, AcB). Ein Zusammenhang dieses Prozentsatzes mit der Temperatur, bei welcher ein Gas sich merklich zu dissoziieren beginnt, wurde gefunden und die Ladung auf die Zertrümmerung der Gasmolekeln zurückgeführt. Nach Versuchen von J. Danysz, mitgeteilt von L. Wertenstein[12]), beträgt die Ladung der β-Strahlen von RaC 0,52 der α-Ladung von RaC, die der β-Strahlen von RaB ist 1,3 mal so groß als von RaC, offenbar infolge Mitwirkung von Sekundärstrahlen.

In frischer Emanationsatmosphäre ist der Diffusionskoeffzient von RaA nahe gleich dem von RaEm; in älterer bilden sich Aggregate und der Diffusionskoeffizient wird viel kleiner, etwa $^1/_{140}$ desjenigen der RaEm (nach A. Debierne). E. M. Wellisch[12]) bestimmte den Diffusionskoeffizienten von RaA—RaC in trockener Luft bei 1 Atmosphäre und ca. 20° C, wenn weder Aggregate gebildet wurden noch Ladungen durch Gasionen stattfanden, zu etwa 0,045 $cm^2\,sec^{-1}$.

Die RaA-Atome schweben als Aggregate in der Luft (am Staub), natürlich auch die daraus entstehenden RaB, RaC. Dies erklärt auch den von M. Curie beobachteten Effekt der Gravitation[13]), indem mit den schwereren Aggregaten die induzierte Aktivität langsam zu Boden sinkt.

Beispielsweise fand G. Eckmann, daß in einem „Emanometer", in dem pro 1 cm^3 rund $2 \cdot 10^7$ Emanationsatome waren, also pro Sekunde $\left(\text{gemäß } Q = 2 \cdot 10^7,\ \tau = 0{,}48 \cdot 10^6 \text{ sec},\ q = \frac{Q}{\tau}\right)$ rund 40 RaA-Atome entstehen, im Gleichgewichtszustande 1400 RaA-Atome schweben. Es ist dies wichtig für den Vorgang der

Literatur zu VI, 6 siehe Seite 440.

Stromführung, z. B. bei Messungen des Emanationsgehaltes und aktiven Niederschlages in „Fontaktometern" u. dgl. Unter anderen hat H. P. Walmsley[22]) gezeigt, daß der anodische Belag aus zwei Teilen besteht, einem neutralisierten und einem konstanten Betrag, der unabhängig vom Feld aber abhängig von den Dimensionen des Apparates ist.

H. A. Erikson[29]) findet beim aktiven Niederschlag von Ra, sowie von Th und Ac verschieden bewegliche positive Träger und führt dies auf einfache und doppelte Ladung zurück. G. H. Briggs[29]) untersuchte die Verteilung des aktiven Niederschlages in elektrischen Feldern, speziell auch in He und Ar.

Die Ausbeute an aktivem Niederschlag des Ra im elektrischen Felde hat insbesondere A. Gabler[29 a]) studiert, speziell für verschieden große Gefäße (isolierter Metallstift in einem Metallzylinder) und für große Emanationsmengen. Bei konstanter Potentialdifferenz ist die Stiftausbeute in % der Gesamtausbeute (Stift + Gefäß) bei kleinen Em-Mengen relativ groß; bei großen Em-Mengen wird der Ionenwind[30]) von ausschlaggebender Bedeutung und das Anlegen eines elektrischen Feldes von geringem Belang. Anomalien im Abfall von RaEm + . . RaC in Abhängigkeit von Druck, Dimensionen und angelgtem Feld, wie sie F. Běhounek[31]) beschreibt, lassen sich zwangslos durch räumliche Verlagerungen von RaA-RaC und Ionenwind erklären.

Für die Herstellung linearer RaC-Quellen empfiehlt G. H. Henderson[35]) negativ geladene Stifte innerhalb enger Zylinder aus Ni oder Fe. H. Pettersson[35]) kondensiert zwecks Erzielung starker Präparate RaEm mittelst Abkühlung durch flüssige Luft auf geeignet geformten Trägern. Das entstehende RaA ist dann durch Rückstoß aus RaEm in die Unterlage eingehämmert; RaB-C durch weiteren Rückstoß aus RaA.

H. Jedrzejowski[35]) gewinnt starke Prägarate durch Einbringen reiner RaEm in Kapillaren und Wiederentfernen nach 3—4 Stunden. Aus den abgesprengten Kapillaren wird RaB—RaC mit HCl abgelöst. RaB ist löslicher als RaC; das Eindringen in das Glas durch Rückstoß stört die Ablösung durch Säure angeblich kaum.

4. Das chemische Verhalten der „induzierten Aktivität" ist dadurch definiert, daß RaA isotop mit Polonium, also nahe verwandt dem Tellur, RaB isotop mit Blei und RaC isotop mit Wismut ist. Speziell die Löslichkeit hat E. Ramstedt[25]) untersucht (vgl. auch die Verhältnisse bei den analogen Th-Produkten) und gezeigt, daß die Auflösungsgeschwindigkeit von der Natur und Oberflächenbeschaffenheit der Unterlage abhängt, auf welcher der aktive Niederschlag gesammelt ist. Hat sich die induzierte Aktivität auf reinem poliertem Glas als RaA abgelagert, so kann sich nur die Hälfte des RaB und RaC auflösen (die andere Hälfte ist offenbar durch Rückstoß ins Glasinnere hineingehämmert). Bei Anwendung von Au oder Pt gehen dagegen 60 bis 70 Proz. in Lösung (vgl. die Vermutungen über Legierungsbildungen bei Po und den Th-Produkten). Es empfiehlt sich Pt-Kathoden vor Ansetzen zur Induktion mit H (z. B. elektrolytisch) zu beladen, da dann die Ablösung von RaB—RaC mittels HCl

Literatur zu VI, 6 siehe Seite 440.

leichter und vollkommener gelingt. Die übrigen Angaben decken sich im allgemeinen mit den Erwartungen, die entsprechend der Isotopie mit den oben genannten Elementen zu stellen sind. Immerhin dürfte sowohl für die Ablösbarkeit von einer Unterlage, ebenso wie für die Verdampfbarkeit (vgl. S. 424f.) — abgesehen davon, daß unter dem Einfluß der eigenen Strahlung und der dadurch bedingten Ionisation des umgebenden Gases die Bildung von Verbindungen begünstigt erscheint, wodurch (z. B. bei Oxydbildungen) die Verhältnisse Änderungen unterliegen —, der Umstand zu berücksichtigen sein, daß es sich hier um molekular-dünne Schichten handelt.*) Auch ist zu beachten, daß gemäß der Entstehungsart die Atome mehr oder minder in die Unterlage durch Rückstoß aus den Vorprodukten hineingeschlagen werden. Andererseits können auch durch Rückstoß aus den Folgeprodukten Auflockerungen der Oberflächen hervorgebracht werden.

J. Patkowski[28]) konnte nachweisen, daß die aus RaEm entstehenden neutralen RaA-Atome sich auf den einzelnen Metallen in verschiedener Menge, annähernd entsprechend der Voltaschen Spannungsreihe, ablagern; beispielsweise auf Ag um 14% mehr als auf Al.

Über eine Trennbarkeit von Isotopen, die aber nur durch ihre verschiedene Zerfallgeschwindigkeit bedingt ist, haben J. A. Cranston und R. Hutton[31]) berichtet. Bei gegebenem Säuregrad ist das Verhältnis des an kolloidem Eisenhydroxyd absorbierten ThB : ThC größer als das von RaB : RaC. Ohne dem Grundgedanken der Isotopie zu widersprechen, läßt sich dies so deuten, daß ein Teil des B-Gliedes sich in der Lösung in kolloidem, leicht adsorbierbarem Zustand befindet; dann wird für das rascher zerfallende RaB ein größerer Prozentsatz des C-Körpers kolloid sein, als für das langsamer absterbende ThB. Je älter die Lösung, desto größer ist dementsprechend das Übergewicht von RaC gegen ThC. (vgl. Fußnote S. 510.)

5. Lebensdauer. Strahlung. Die Zerfallskonstanten der Produkte des aktiven Niederschlages können entweder aus der Analyse der gemeinsamen Zerfallskurve berechnet werden (vgl. Kap. II, 6) oder aber auch nach Abtrennung der einzelnen Substanzen voneinander gesondert oder in vereinfachter Zusammensetzung studiert werden.

Radium A.

Für die Halbierungskonstante[14]) gaben an:

P. Curie	2,9 Minuten
H. L. Bronson	3,0 „
H. W. Schmidt	3,0 „

Literatur zu VI, 6 siehe Seite 440.

*) 1 g Ra enthält $2{,}7 \cdot 10^{21}$ Atome; dazu sind im Gleichgewicht $3{,}5 \cdot 10^{-9}$ g oder ca 10^{13} Atome von RaA, von RaB, RaC ca 10^{14} vorhanden. 1 cm² verlangt in kontinuierlicher einatomiger Schichtdicke beim Atomdurchmesser ca 10^{-8} cm rund 10^{16} Atome. Es ist dann also nur ca 1/1000 bzw. 1/100 der Fläche bedeckt, der Belag bildet eine löcherige Haut bzw. Einzelklümpchen.

E. Rutherford und H. Robinson geben an, daß die Wärmewirkung des RaA mit einer Halbierungskonstante von 3,05 Min. abfällt (1912); diesen Wert hat M. Blau (1924) durch direkte Messungen [$T = 3{,}05 \pm 0{,}009$ m] bestätigt.

Die Strahlung des RaA ist eine α-Strahlung mit der Reichweite $R_0 = 4{,}48$ cm, der eine Anfangsgeschwindigkeit $v_0 = 1{,}69 \cdot 10^9$ cm/sec zugeordnet wird.

β-Strahlen hat RaA nicht[14a]).

Radium B.

Nachdem (bereits unter richtiger Zuordnung) anfangs für die Halbierungszeit[15]) $T = 28$ Minuten gegolten hatte, fand H. L. Bronson $T = 26$ Minuten (1905); F. v. Lerch an chemisch abgetrenntem Material $T = 26{,}7$ Minuten (1906). M. Curie sowie E. Rutherford berechnen aus den zahlreichen untersuchten Zerfallskurven den sehr nahestehenden Wert von $T = 26{,}8$ Minuten; P. Bracelin[15]) fand (1926) 26,7 bis 26,8 Minuten.

Wie bereits erwähnt, hat H. W. Schmidt[4]) zuerst gezeigt, daß RaB, das ursprünglich als „strahlenlos" angesehen worden war, β-Strahlen emittiert. Er gab als Absorptionskoeffizienten in Aluminium an: $\mu = 890; 80; 13{,}1$ cm^{-1} (über das magnetische Spektrum vgl. Tabelle 6 des Anhanges).

Daß RaB auch γ-Strahlen aussendet, wurde von H. G. J. Moseley und W. Makower festgestellt und E. Rutherford und H. Richardson haben als die zugehörigen Absorptionskoeffizienten in Aluminium 3 Werte $\mu = 230; 40; 0{,}57$ cm^{-1} gefunden (vgl. III, 16 S. 152).

Nach H. G. J. Moseley und H. Robinson[4a]) erzeugen die β-Strahlen von RaB im Gleichgewicht zu 1 g Ra $0{,}325 \cdot 10^{15}$ Ionenpaare, entsprechend einer Wärmeentwicklung von 1,71 cal/Stunde; die γ-Strahlen $0{,}084 \cdot 10^{15}$ Ionenpaare bzw. 0,44 cal/Stunde. (Neuere Angaben vgl. IV, 10, S. 223).

Radium C.

Die Halbierungszeit war zuerst (anfänglich dem RaB zugeordnet) mit $T = 21$ Minuten angenommen worden; H. L. Bronson gab (1905) 19 Minuten an; F. v. Lerch bestimmte (1906) $T = 19{,}5$ Minuten; P. Bracelin (1926) $T = 19{,}72 \pm 0{,}04$ Minuten[15]).

Die Strahlung des RaC ist eine ziemlich komplizierte; es sendet α-, β- und γ-Strahlen aus. Als Reichweite der ersteren gilt nach H. Geiger (1921) $R_0 = 6{,}608$, nach G. H. Henderson (1921) $R_0 = 6{,}592$ cm[15a]), $v_0 = 1{,}922 \cdot 10^9$ cm/sec. — T. S. Taylor[15a]) fand R_{15} in Luft $= 6{,}93$; in $O_2 = 6{,}26$; in $H_2 = 30{,}93$ und in He $= 32{,}54$.

Für die β-Strahlen hat H. W. Schmidt die Werte von $\mu = 13$ und 53 cm^{-1} Aluminium angegeben; die magnetischen Linienspektra haben hier eine sehr große Anzahl von distinkten Geschwindigkeiten der β-Partikeln erkennen lassen (vgl. Tabelle 6 des Anhanges).

Die γ-Strahlen zeigen einen Absorptionskoeffizienten $\mu = 0{,}115$ cm^{-1} Al oder 0,5 cm^{-1} Pb (vgl. Tabelle 9 und 10 des Anhanges). Daneben hat H. Richardson[24]) auch eine weiche Strahlung mit $\mu = 40$ cm^{-1} Al gefunden. Außer der Eigenstrahlung kommt zumeist die charakteristische Strahlung der Platte, auf welcher RaC niedergeschlagen wurde, zur Messung.

Nach der Stoßzählungsmethode haben V. F. Hess und R. W. Lawson[36]) analoge Absorptionskoeffizienten gefunden wie bei Ionisationsmessungen. A. F. Ko-

---

Literatur zu VI. 6 siehe Seite 440.

varik[36]) gibt als Resultate der Zählmethode an: (μ_1 für γ-Strahlen; μ_2 für sekundäre β- aus γ-Strahlen)

harte γ-Strahlen aus Ra-C	absorbiert in	Pb	Pt	Sn	Cu	Al
	$\mu_1 =$	0,47	0,81	0,29	0,32	0,11 cm^{-1}
	$\mu_2 =$	104,3	215,5	52,3	58,1	16,2
heterogene γ-Strahlen aus RaB + RaC	$\mu_1 =$	0,78	1,40	0,36	0,38	0,121
	$\mu_2 =$	200	374	84,3	160	38,6

Die ausführlichen Resultate K. W. F. Kohlrauschs vgl. in der Tabelle 10 des Anhanges.

Nach J. Szmidt[23]) verhalten sich im Gleichgewicht betreffs ihrer Energie die weichen γ-Strahlen zu den harten von RaB und zu den Strahlen von RaC wie 1 : 45 : 639.

Nach H. G. J. Moseley und H. Robinson[4a]) erzeugen die β-Strahlen von RaC im Gleichgewicht zu 1 g Ra $0{,}64 \cdot 10^{15}$ Ionenpaare (3,35 cal/Stunde); die γ-Strahlen $1{,}134 \cdot 10^{15}$ Ionenpaare (5,96 cal/Stunde) (vgl. IV, 10 S. 223).

Die Absorption in Al, Cu, Pb wurde von D. K. Yovanovitch und A. Dorabialska[38]) auch kalorimetrisch untersucht.

Über den Zusammenhang der β- und γ-Strahlung von RaB und RaC vgl. die Untersuchungen von L. Meitner, C. D. Ellis und H. W. B. Skinner u. a. Kap. III, 14. Über die Anwendung der Theorie des Compton-Effektes auf die β-γ-Strahlung der radioaktiven Substanzen vgl. M. Curie[37]).

Nach V. F. Hess und R. W. Lawson[36]) sind die Zahlen der von RaB und RaC im Gleichgewicht emittierten γ-Impulse untereinander gleich groß und entsprechen der Zahl der ausgesandten α-Teilchen. A. F. Kovarik[36]) bestätigte dies und fand für RaB + RaC als Absolutwert pro sec $2 \cdot 3{,}57 \cdot 10^{10}$ für das Äquivalent zu 1 g Ra.

6. Dualer Zerfall des RaC. Schon frühzeitig war die Vermutung ausgesprochen worden, daß RaC kein einheitlicher Körper sei, da einige Umstände das Gegenteil vermuten ließen[16]); hierzu gehörten das Verhalten der β-Strahlen, die Diskrepanz der Berechnung der Lebensdauer von RaD, wenn einmal die α-Strahlung, das andere Mal die β-Strahlung von RaC zugrundegelegt wurde, endlich das Versagen der Beziehung zwischen Reichweite und Zerfallskonstante (vgl. S. 49).

Nach der letzteren Beziehung würde aus obiger Reichweite eine mittlere Lebensdauer $2 \cdot 10^{-8}$ sec folgen und ein Produkt so extremer Kurzlebigkeit würde sich freilich jeglicher direkten Beobachtung entziehen.*)

Literatur zu VI, 6 siehe Seite 440.

*) Zum Vergleiche sei angegeben: Die Leuchtdauer der Atome ist von der Größenordnung 10^{-8} sec., die Zeitdauer eines elementaren Strahlungsvorganges nach A. J. Dempster kleiner als $3 \cdot 10^{-10}$ sec[33]). Eine so kurze Lebensdauer wie die des RaC′ oder gar des ThC′ erscheint daneben sehr auffallend.

J. C. Jacobsen[32]) bestimmte experimentell $\lambda = 8{,}4 \cdot 10^5\,\mathrm{sec}^{-1}$, also $T = 8{,}3 \cdot 10^{-7}$ sec und $\tau = 1{,}2 \cdot 10^{-6}$ sec aus der Geschwindigkeit der Rückstoßatome.

Im Jahre 1909 ist es O. Hahn und L. Meitner gelungen, nach der Rückstoßmethode aus dem RaC einen Körper abzuscheiden, der mit einer Halbierungszeit von etwa 1—2,5 Minuten zerfiel. K. Fajans glückte die weitere Aufklärung.[17])

Aus nach dem Verfahren von F. v. Lerch auf Ni abgeschiedenem RaC wurde durch Rückstoß bei Atmosphärendruck — man erhält auch im Vakuum keine bessere Ausbeute — eine Substanz (RaC'') abgeschieden, (früher $\mathrm{RaC_2}$ genannt) deren Halbierungszeit sich zu $T =$ 1,38 Minuten ergab; E. Albrecht fand $T = 1{,}32$ m.

RaC'' ist β-strahlend und es entsprechen die Absorptionsverhältnisse seiner Strahlen ganz denen, die für RaC bis dahin beobachtet waren; α-Strahlen besitzt es nicht.

Die β-Strahlung des durch Rückstoß erhältlichen RaC'' ist jedoch außerordentlich gering gegenüber derjenigen des als Quelle dienenden RaC, während man andererseits aus RaC durch Rückstoß eine Menge von RaD erhalten kann, die sich der gesamten Gleichgewichtsmenge nähert.

Es ist daher eine Verzweigung des Zerfalles bei RaC anzunehmen, und da gemäß seiner Reichweite auch noch ein Zwischenprodukt allerkürzester Lebensdauer angenommen werden darf, ist die wahrscheinlichste Form:

$$
\begin{array}{lll}
 & (\lambda_x) & \xrightarrow[99{,}97\,\%]{\beta,\gamma} \mathrm{Ra\,C'} \xrightarrow[R_{15} = 6{,}94]{\alpha} \mathrm{Ra\,D} \\
\mathrm{Ra\,B} \longrightarrow \mathrm{Ra\,C} & \Bigg\{ & \qquad \lambda_{C'} = 10^6 \qquad\qquad \lambda_D = 1{,}37 \cdot 10^{-9} \\
\lambda_B = 4{,}33 \cdot 10^{-4} \quad \lambda_C = 5{,}93 \cdot 10^{-4} & & \xrightarrow[0{,}03\,\%]{\alpha,\,(R = 3{,}8)} \mathrm{Ra\,C''} \xrightarrow[\beta,\gamma]{} \;? \\
 & (\lambda_y) & \qquad \lambda_{C''} = 8{,}4 \cdot 10^{-3}
\end{array}
$$

Aus den Eigenschaften der Rückstoßerscheinungen wird geschlossen, daß sowohl nach RaC'' als nach RaD eine α-Verwandlung führt.

Nach der Theorie des gegabelten Zerfalles[18]) ist dann anzusetzen, daß für RaC

$$\frac{1}{\lambda} = \frac{1}{\lambda_c + \lambda_y} = 28{,}1 \text{ min.}$$

Für das Verzweigungsverhältnis setzt K. Fajans

$C''/C' = 3/10000$ an. (E. Albrecht fand $C''/C' = 0{,}0004$).

Literatur zu VI, 6 siehe Seite 440.

Demnach wäre
$$0{,}9997\lambda_C\, C = \lambda_{C'}\, C' = \lambda_D D$$
$$0{,}0003\lambda_C\, C = \lambda_{C''}\, C''$$
und
$$0{,}9997\lambda_C = \lambda_\varepsilon = 5{,}928 \cdot 10^{-4}\,\mathrm{sec}^{-1}$$
$$0{,}0003\lambda_C = \lambda_y = 1{,}78 \cdot 10^{-7}\,\mathrm{sec}^{-1}.$$

Einer Zerfallskonstante $\lambda_y = 1{,}78 \cdot 10^{-7}$ würde in der direkten Verwandlungsreihe eine Reichweite von ca. 3,8 cm bei Zimmertemperatur entsprechen (vgl. S. 50). Dies ist oben in Klammer eingetragen, es sei jedoch betont, daß bisher eine unmittelbare Beobachtung dieser α-Strahlung noch nicht vorliegt. Die Beobachtungsmöglichkeit ist dadurch sehr beeinträchtigt, daß eben mit jeder solchen α-Partikel etwa 3300 α-Partikeln der Reichweite von 6,94 cm gleichzeitig zur Wirkung gelangen.

Wenn obige Anordnung richtig ist, so folgt daraus weiter, daß das Endprodukt aus RaC'', da es ebenso wie RaD durch eine α- und eine β-Verwandlung (wenn auch in verkehrter Reihenfolge) aus RaC entsteht, mit RaD isotop und von gleichem Atomgewicht sein muß. Es besteht daher keine Aussicht, es von letzterem zu unterscheiden. Immerhin bleibt es fraglich, ob es mit RaD identisch ist, das heißt, ebenso wie dieses weiter zerfällt, um RaE und Polonium zu bilden. Könnte die Zählung der α-Partikeln von Po im Gleichgewicht mit RaC mit einer 3/10000 übersteigenden Genauigkeit erfolgen, so ließe sich dies entscheiden, doch ist das derzeit unmöglich.

Multipler Zerfall[34]. Daß die C-Produkte nicht nur dual sondern sogar multipel zerfallen können, wurde zuerst für ThC angegeben (vgl. S. 511). Die erste Mitteilung, daß RaC auch noch α-Teilchen größerer als der normalen Reichweite aussende, findet sich bei E. Rutherford. Dann haben L. F. Bates und J. St. Rogers angegeben, daß aus RaC für je 10^7 α-Teilchen der Reichweite 6,97 cm in Luft oder CO_2 einerseits 160 H-Partikeln, anderseits 380 α-Teilchen mit $R = 9{,}3$; 125 α-Teilchen mit $R = 11{,}2$ und 64 mit $R = 13{,}3$ cm auftreten sollen.

Reichweitendifferenz	9,3—7	11,2—9,3	13,3—11,2
Energiedifferenz (10^{-6} Erg.)	2,58	1,96	2,03
,, (10^5 Volt)	16,2	12,3	12,8

Wenn wirklich α-Teilchen verschiedener Anfangsgeschwindigkeit aufträten, so könnte diese Art multiplen Zerfalls in der Weise gedeutet werden, daß die einzelnen Typen aus verschiedenen Kernniveaus stammen. H-Kerne könnten etwa bei RaC (Atomgewicht $214 = 4n + 2$) durch von innen her den Kern passierende α-Teilchen herausgeschlagen werden. Auffallend bliebe der große Unterschied in der Zahl der normalen α-Teilchen gegenüber der gleichen Größenordnung für alle drei neuen Reichweiten.

D. Pettersson vermochte die Existenz der weitestreichenden Strahlen und der dem RaC selbst entstammenden H-Strahlen nicht zu be-

Literatur zu VI, 6 siehe Seite 440.

stätigen und konnte andeuten, durch welche Umstände (Inhomogenität der durchstrahlten Absorberschicht, Mitspiel von Glimmer und Gasen) derartige Erscheinungen etwa vorgetäuscht werden könnten.

Weitere Versuche E. Rutherfords und J. Chadwicks bestätigten das Fehlen der H-Teilchen und der α-Reichweite 13,3 cm; die Zahl der Teilchen mit 11,2 cm erschien wesentlich vermindert, die Reichweite von 9,3 cm fand sich aber auch unter variierten Bedingungen wieder. St. Meyer wies darauf hin, daß die „Strahlenquelle" nicht RaC sondern RaC-Oxyd sein dürfte; auch gehört zu ihr die metallische Unterlage. Die Erkenntnis der Zertrümmerbarkeit der Unterlagen der Präparate durch G. Kirsch und H. Pettersson und der Aussendung von Atomfragmenten nach hinten, sowie die analogen Untersuchungen N. Yamadas an Po, lassen eine eindeutige Feststellung der Herkunft der weitreichenden α-Strahlen aus RaC selbst noch nicht zu.

7. Bildung und Zerfall. Im folgenden sind die wichtigsten Fälle für Entstehen und Abklingen des aktiven Niederschlags angeführt. RaC kann hierbei durchwegs als einheitlich mit $T = 19{,}5$ eingesetzt werden, da hier die duale Aufspaltung desselben nicht von Belang ist.

[1]. Zur Zeit $t = 0$ sei $A = 1{,}000$; $B = C = 0$.

Dieser Fall tritt ein, wenn A chemisch isoliert abgeschieden wird oder angenähert bei sehr kurzer Exposition in Radiumemanation.*)

$$\lambda_A = 0{,}227_3\ \text{min}^{-1} \qquad \lambda_B = 0{,}0258_5\ \text{min}^{-1} \qquad \lambda_C = 0{,}0355_4\ \text{min}^{-1}.$$

Die Zahl der vorhandenen Atome jeder dieser 3 Substanzen zur Zeit t ist:

$$A = e^{-\lambda_A t};\quad B = \frac{\lambda_A}{\lambda_B - \lambda_A}\left(e^{-\lambda_A t} - e^{-\lambda_B t}\right);\quad C = k_1 e^{-\lambda_A t} + k_2 e^{-\lambda_B t} + k_3 e^{-\lambda_C t},$$

$$k_1 = \frac{\lambda_A \lambda_B}{(\lambda_B - \lambda_A)(\lambda_C - \lambda_A)} = 0{,}1520,$$

$$k_2 = \frac{\lambda_A \lambda_B}{(\lambda_C - \lambda_B)(\lambda_A - \lambda_B)} = 3{,}0102, \qquad \frac{\lambda_A}{\lambda_A - \lambda_B} = 1{,}1283,$$

$$k_3 = \frac{\lambda_A \lambda_B}{(\lambda_A - \lambda_C)(\lambda_B - \lambda_C)} = -3{,}1622,$$

$$k_1 + k_2 + k_3 = 0.$$

Das Maximum von B (0,757) ist erreicht für $t = 10{,}8$ min.,

Das Maximum von C (0,308) ist erreicht für $t = 38{,}2$ min.

C gibt die Gesamt-γ-Wirkung nach Absorption aller γ-Strahlen des RaB.

Literatur zu VI, 6 siehe Seite 440.

*) Hier und im folgenden abgekürzt A, B, C anstatt RaA, RaB, RaC.

t Minuten	A	B	C	$A+\frac{\lambda_C}{\lambda_A}C$	$A+\varkappa\frac{\lambda_C}{\lambda_A}C$
0	1,00000	0,00000	0,00000	1,00000	1,00000
1	0,79668	0,20062	0,00268	0,79710	0,80212
2	0,63470	0,35532	0,00977	0,63623	0,63668
3	0,50566	0,47358	0,02005	0,50880	0,50972
4	0,40285	0,56294	0,03261	0,40795	0,40945
5	0,32094	0,62939	0,04665	0,32824	0,33038
6	0,25569	0,67771	0,06167	0,26534	0,26817
7	0,20370	0,71172	0,07722	0,21578	0,21933
8	0,16229	0,73441	0,09290	0,17682	0,18109
9	0,12929	0,74823	0,10852	0,14626	0,15125
10	0,10300	0,75508	0,12380	0,12236	0,11806
12	6,5375 · 10^{-2}	0,75363	0,14302	8,7744 · 10^{-2}	9,4323 · 10^{-2}
14	4,1494 · 10^{-2}	0,73889	0,17982	6,9618 · 10^{-2}	7,7890 · 10^{-2}
16	2,6336 · 10^{-2}	0,71639	0,20381	5,8213 · 10^{-2}	6,7588 · 10^{-2}
18	1,6716 · 10^{-2}	0,68965	0,22493	5,1894 · 10^{-2}	6,2241 · 10^{-2}
20	1,0609 · 10^{-2}	0,66086	0,24321	4,8646 · 10^{-2}	5,9834 · 10^{-2}
25	3,4048 · 10^{-3}	0,58740	0,27739	4,6789 · 10^{-2}	5,9549 · 10^{-2}
30	1,0931 · 10^{-3}	0,51833	0,29749	4,7621 · 10^{-2}	6,1305 · 10^{-2}
35	3,5082 · 10^{-4}	0,45617	0,30659	4 8302 · 10^{-2}	6 2415 · 10^{-2}
40	1,1257 · 10^{-4}	0,40110	0,30727	4,8070 · 10^{-2}	6,2305 · 10^{-2}
45	3,6129 · 10^{-5}	0,35252	0,30174	4,7228 · 10^{-2}	6,1808 · 10^{-2}
50	1,1595 · 10^{-5}	0,30980	0,29169	4,5632 · 10^{-2}	5,9049 · 10^{-2}
60	1,1943 · 19^{-6}	0,23924	0,26338	4,1193 · 10^{-2}	5,3308 · 10^{-2}
70		0,18474	0,23011	3,5990 · 10^{-2}	4,6575 · 10^{-2}
80		0,14266	0,19645	3,0725 · 10^{-2}	3,9762 · 10^{-2}
90		0,11016	0,16482	2,5777 · 10^{-2}	3,3359 · 10^{-2}
100		8,5071 · 10^{-2}	0,13648	2,1346 · 10^{-2}	2,7624 · 10^{-2}
120		5,0728 · 10^{-2}	9,0892 · 10^{-2}	1,4217 · 10^{-2}	1,8397 · 10^{-2}
140		3,0250 · 10^{-2}	5,8971 · 10^{-2}	9,2246 · 10^{-3}	1,1936 · 10^{-2}
160		1,8038 · 10^{-2}	3,7399 · 10^{-2}	5,8508 · 10^{-3}	7,5695 · 10^{-3}
180		1,0756 · 10^{-2}	2,3427 · 10^{-2}	3,6655 · 10^{-3}	4,7416 · 10^{-3}
200		6,4141 · 10^{-3}	1,4524 · 10^{-2}	2,2731 · 10^{-3}	2,9397 · 10^{-3}
250		1,7612 · 10^{-3}	4,2608 · 10^{-3}	6,6655 · 10^{-4}	8,6239 · 10^{-4}
300		4,8354 · 10^{-4}	1,2259 · 10^{-3}	1,9189 · 10^{-4}	2,4812 · 10^{-4}
350		1,3277 · 10^{-4}	3,4168 · 10^{-4}	5,3454 · 10^{-5}	6,9156 · 10^{-5}
400		3,6457 · 10^{-5}	9,5144 · 10^{-5}	1,4882 · 10^{-5}	1,9257 · 10^{-5}
450		1,0010 · 10^{-5}	2,6348 · 10^{-5}	4,1224 · 10^{-6}	5,3328 · 10^{-6}
500		2,7487 · 10^{-6}	7,2725 · 10^{-6}	1,1376 · 10^{-6}	1,4720 · 10^{-6}
550		7,4964 · 10^{-7}	1,9897 · 10^{-6}	3,1135 · 10^{-7}	4,0272 · 10^{-7}
600		2,0724 · 10^{-7}	5,5017 · 10^{-7}	8,6062 · 10^{-8}	1,1135 · 10^{-7}

$A + C \cdot \lambda_C/\lambda_A$ gibt die Gesamt-α-Wirkung, gemessen durch die Partikelzahl (z. B. durch Szintillationen oder Stoßionisation).

$A + C \cdot \varkappa \cdot \lambda_C/\lambda_A$ gibt die Gesamt-α-Wirkung, gemessen durch den hervorgerufenen Strom.

$$\lambda_C/\lambda_A = 0{,}1564; \qquad \varkappa = 1{,}29_4; \qquad \varkappa \cdot \lambda_C/\lambda_A = 0{,}202_4.$$

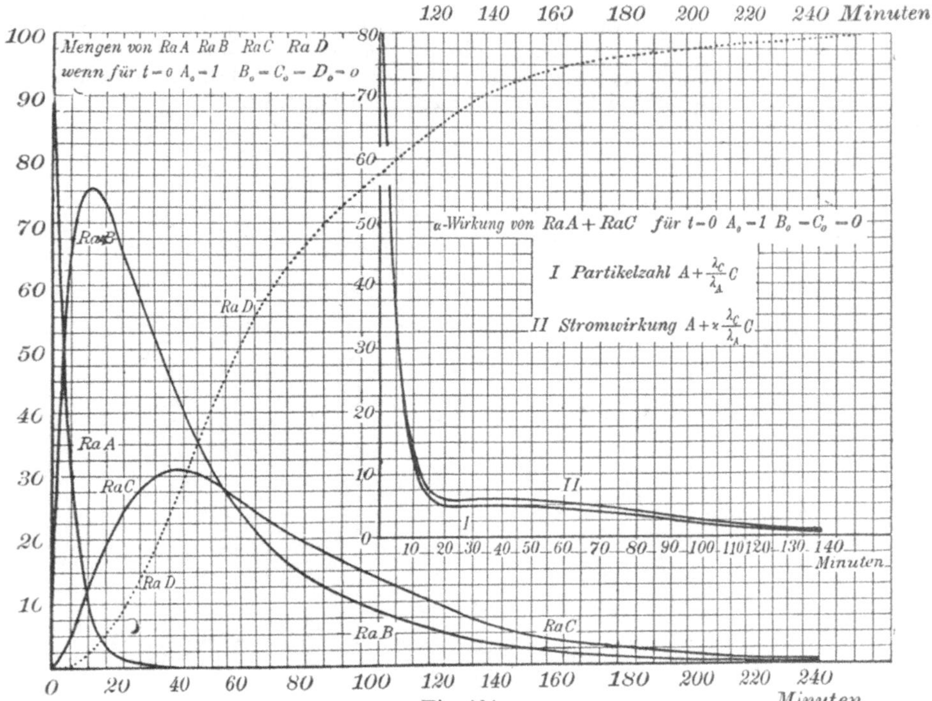

Fig. 101.

[2]. Zerfall von RaA, RaB, RaC, nachdem Gleichgewicht zwischen diesen Produkten eingetreten war:

$$\lambda_A A_0 = \lambda_B B_0 = \lambda_C C_0 = n_0.$$

Z. B. nach langer Exposition in emanationshaltigem Raum konstanten Emanationsgehaltes (Atmosphäre). $n_0 = 1$ gesetzt.

$$A = \frac{1}{\lambda_A} e^{-\lambda_A t} \qquad B = \frac{1}{\lambda_A - \lambda_B}\left(\frac{\lambda_A}{\lambda_B} e^{-\lambda_B t} - e^{-\lambda_A t}\right)$$

$$C = k_1 e^{-\lambda_A t} + k_2 e^{-\lambda_B t} + k_3 e^{-\lambda_C t} \qquad \frac{1}{\lambda_A} = 4{,}3995 \text{ m};$$

$$k_1 = \frac{\lambda_B}{(\lambda_B - \lambda_A)(\lambda_C - \lambda_A)} = 0{,}669 \qquad \frac{1}{(\lambda_A - \lambda_B)} = 4{,}964 \text{ m};$$

Literatur zu VI, 6 siehe Seite 440.

$$k_2 = \frac{\lambda_A}{(\lambda_C - \lambda_B)(\lambda_A - \lambda_B)} = 116{,}45 \qquad \frac{\lambda_A}{\lambda_B(\lambda_A - \lambda_B)} = 43{,}65\,.$$

$$k_3 = \frac{\lambda_A \lambda_B}{\lambda_C(\lambda_A - \lambda_C)(\lambda_B - \lambda_C)} = -88{,}98$$

Die letzten 3 Kolumnen S. 437 gelten für den Fall des „laufenden" Gleichgewichts, das heißt für die Anfangsbedingung langer Exposition, aber nicht in einem Raum konstanten Emanationsgehaltes, sondern derart, daß die Emanation darin selbst entsprechend $\lambda_{Em} = 1{,}258_5 \cdot 10^{-4}$ min^{-1} abstirbt.

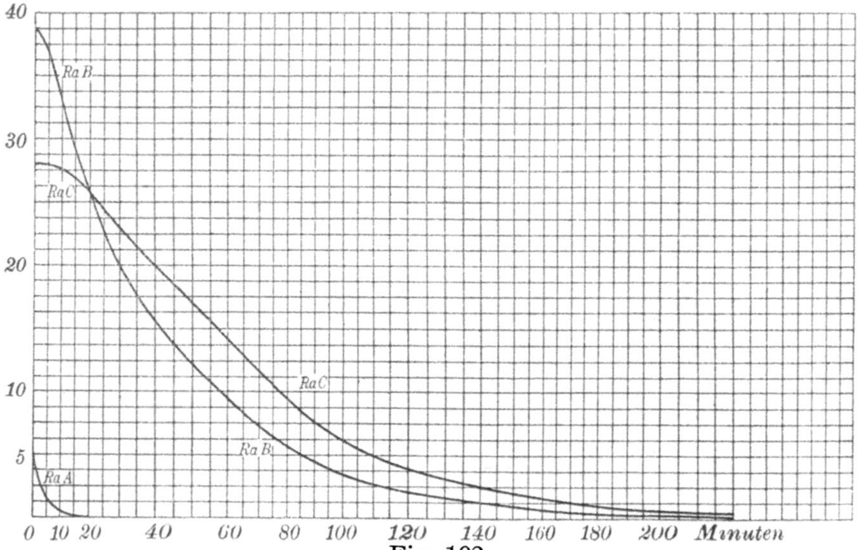

Fig. 102.

Die Zahl der vorhandenen Partikeln ist dann im Verhältnisse N^*/N zu vermehren (vgl. S. 62) und zwar für

Ra A $\quad \dfrac{N_A^*}{N_A} = \dfrac{\lambda_A}{\lambda_A - \lambda_{Em}} = 1{,}00055$

Ra B $\quad \dfrac{N_B^*}{N_B} = \dfrac{\lambda_A \lambda_B}{(\lambda_A - \lambda_{Em})(\lambda_B - \lambda_{Em})} = 1.0054$

Ra C $\quad \dfrac{N_C^*}{N_C} = \dfrac{\lambda_A \lambda_B \lambda_C}{(\lambda_A - \lambda_{Em})(\lambda_B - \lambda_{Em})(\lambda_C - \lambda_{Em})} = 1{,}0090\,.$

Die Messung der Menge der α-Partikeln und proportionaler Wirkungen (z.B. Szintillationen) erfolgt durch die Summe $\lambda_A A + \lambda_C C$;

die Messung der α-Stromwirkung durch $\lambda_A A + \varkappa\lambda_C C$, worin $\varkappa = 1{,}29$.

Literatur zu VI, 6 siehe Seite 440.

t Minuten	*A*	*B*	*C*	1,00055 *A*	1,0054 *B*	1,0090 *C*
0	4,3995	38,685	28,139	4,4019	38,894	28,392
1	3,5050	38,580	28,137	3,5069	38,788	28,390
2	2,7924	38,299	28,133	2,7939	38,506	28,386
3	2,2247	37,882	28,118	2,2259	38,087	28,371
4	1,7723	37,361	28,094	1,7733	37,563	28,347
5	1,4120	36,764	28,053	1,4128	36,963	28,305
6	1,1249	36,109	27,999	1,1255	36,304	28,251
7	$8,9618 \cdot 10^{-1}$	35,413	27,930	$8,9667 \cdot 10^{-1}$	35,604	28,181
8	$7,1399 \cdot 10^{-1}$	34,688	27,845	$7,1438 \cdot 10^{-1}$	34,875	28,096
9	$5,6881 \cdot 10^{-1}$	33,947	27,743	$5,6912 \cdot 10^{-1}$	34,130	27,993
10	$4,5315 \cdot 10^{-1}$	33,195	27,628	$4,5340 \cdot 10^{-1}$	33,374	27,877
12	$2,8762 \cdot 10^{-1}$	31,683	27,351	$2,8778 \cdot 10^{-1}$	31,854	27,597
14	$1,8255 \cdot 10^{-1}$	30,189	27,018	$1,8265 \cdot 10^{-1}$	30,352	27,261
16	$1,1587 \cdot 10^{-1}$	28,732	26,634	$1,1593 \cdot 10^{-1}$	28,887	26,874
18	$7,3542 \cdot 10^{-2}$	27,326	26,204	$7,3582 \cdot 10^{-2}$	27,474	26,440
20	$4,6674 \cdot 10^{-2}$	25,975	25,736	$4,6700 \cdot 10^{-2}$	26,115	25,968
25	$1,4979 \cdot 10^{-2}$	22,855	24,429	$1,4987 \cdot 10^{-2}$	22,978	24,649
30	$4,8091 \cdot 10^{-3}$	20,094	22,986	$4,8117 \cdot 10^{-3}$	20,203	23,193
35	$1,5434 \cdot 10^{-3}$	17,660	21,472	$1,5442 \cdot 10^{-3}$	17,755	21,665
40	$4,9525 \cdot 10^{-4}$	15,520	19,934	$4,9552 \cdot 10^{-4}$	15,604	20,113
45	$1,5895 \cdot 10^{-4}$	13,639	18,410	$1,5904 \cdot 10^{-4}$	13,713	18,576
50	$5,1012 \cdot 10^{-5}$	11,985	16,925	$5,1040 \cdot 10^{-5}$	12,050	17,077
60	$5,2543 \cdot 10^{-6}$	9,2549	14,142	$5,2572 \cdot 10^{-6}$	9,3049	14,269
70		7,1467	11,673		7,1853	11,778
80		5,5190	9,5420		5,5488	9,6279
90		4,2615	7,7370		4,2845	7,8066
100		3,2910	6,2342		3,3088	6,2903
120		1,9624	3,9849		1,9730	4,0208
140		1,1702	2,5076		1,1765	2,5302
160		$6,9782 \cdot 10^{-1}$	1,5599		$7,0159 \cdot 10^{-1}$	1,5739
180		$4,1611 \cdot 10^{-1}$	$9,6184 \cdot 10^{-1}$		$4,1836 \cdot 10^{-1}$	$9,7050 \cdot 10^{-1}$
200		$2,4813 \cdot 10^{-1}$	$5,8914 \cdot 10^{-1}$		$2,4947 \cdot 10^{-1}$	$5,9444 \cdot 10^{-1}$
250		$6,8132 \cdot 10^{-2}$	$1,7945 \cdot 10^{-1}$		$6,8500 \cdot 10^{-2}$	$1,8107 \cdot 10^{-1}$
300		$1,8706 \cdot 10^{-2}$	$4,7821 \cdot 10^{-2}$		$1,8807 \cdot 10^{-2}$	$4,8251 \cdot 10^{-2}$
350		$5,1362 \cdot 10^{-3}$	$1,0178 \cdot 10^{-2}$		$5,1639 \cdot 10^{-3}$	$1,0270 \cdot 10^{-2}$
400		$1,4103 \cdot 10^{-3}$	$3,7030 \cdot 10^{-3}$		$1,4179 \cdot 10^{-3}$	$3,7363 \cdot 10^{-3}$
450		$3,8725 \cdot 10^{-4}$	$1,0230 \cdot 10^{-3}$		$3,8934 \cdot 10^{-4}$	$1,0322 \cdot 10^{-3}$
500		$1,0633 \cdot 10^{-4}$	$2,8197 \cdot 10^{-4}$		$1,0690 \cdot 10^{-4}$	$2,8451 \cdot 10^{-4}$
550		$2,9000 \cdot 10^{-5}$	$7,7080 \cdot 10^{-5}$		$2,9157 \cdot 10^{-5}$	$7,7774 \cdot 10^{-5}$
600		$8,0170 \cdot 10^{-6}$	$2,0900 \cdot 10^{-5}$		$8,0603 \cdot 10^{-6}$	$2,1088 \cdot 10^{-5}$

Literatur zu VI, 6 siehe Seite 440.

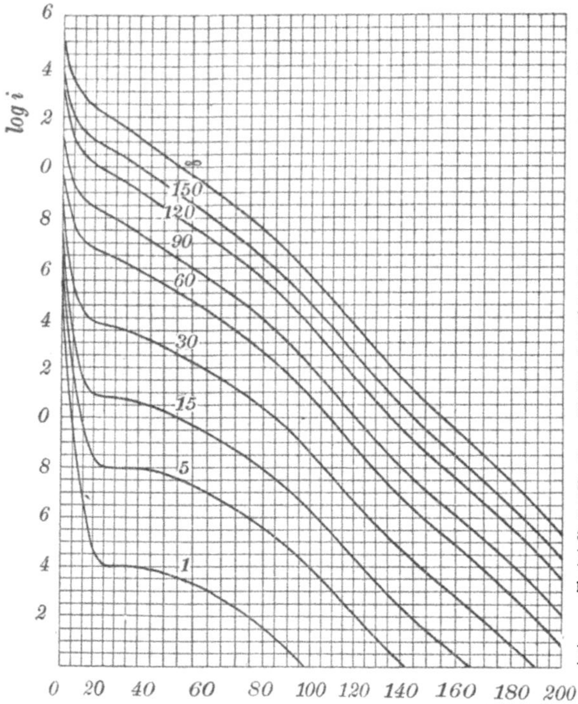

Fig. 103.

Die Messung durch die γ-Wirkung von RaC, nach Absorption der β-Strahlen und der γ-Strahlung des RaB, entspricht dem Kurvenverlauf von RaC allein.

Aus den Zerfallskurven sind die **Bildungskurven** für die Entstehung der einzelnen Produkte ohne weiteres erhältlich, wenn beachtet wird, daß jeweils immer der gleiche Prozentsatz nachentstanden wie abgeklungen ist. Die **Anstiegskurven** sind daher stets die **exakten Spiegelbilder der Zerfallskurven** und es läßt sich daher beispielsweise für den Fall der Bildung von RaA, RaB, RaC aus RaEm aus den gegebenen Daten der Wert zur Zeit t entnehmen.

[3]. Zerfall von RaA, RaB, RaC, wenn beliebige Zeit hindurch „induziert" wurde.

In diesem Falle ist die zur Zeit t vorhandene Menge, wenn während der Zeit Θ exponiert war:

$$A = A_\Theta e^{-\lambda_A t} = \frac{n_0}{\lambda_A}\left(1 - e^{-\lambda_A \Theta}\right) e^{-\lambda_A t}$$

$$B = B_\Theta \frac{k_1 e^{-\lambda_A t} - k_2 e^{-\lambda_B t}}{k_2 - k_1}$$

$$C = C_\Theta \frac{k_1' e^{-\lambda_A t} + k_2' e^{-\lambda_B t} + k_3' e^{-\lambda_C t}}{k_1' + k_2' + k_3'}$$

$$k_1 = \frac{1 - e^{-\lambda_A \Theta}}{\lambda_A}; \qquad k_2 = \frac{1 - e^{-\lambda_B \Theta}}{\lambda_B}$$

$$k_1' = \frac{\lambda_B}{(\lambda_B - \lambda_A)(\lambda_C - \lambda_A)}\left(1 - e^{-\lambda_A \Theta}\right) \qquad \frac{\lambda_B}{(\lambda_B - \lambda_A)(\lambda_C - \lambda_A)} = 0{,}669$$

$$k_2' = \frac{\lambda_A}{(\lambda_C - \lambda_B)(\lambda_A - \lambda_B)}\left(1 - e^{-\lambda_B \Theta}\right) \qquad \frac{\lambda_A}{(\lambda_C - \lambda_B)(\lambda_A - \lambda_B)} = 116{,}45$$

Literatur zu VI, 6 siehe Seite 440.

$$k_3' = \frac{\lambda_A \lambda_B}{\lambda_C (\lambda_A - \lambda_C)(\lambda_B - \lambda_C)} \left(1 - e^{-\lambda_C \Theta}\right) \qquad \frac{\lambda_A \lambda_B}{\lambda_C (\lambda_A - \lambda_C)(\lambda_B - \lambda_C)} = -88{,}98 \,.$$

Experimentell ist ein solcher Zerfall vielfach studiert worden. Die folgende Tabelle gibt die direkte Stromwirkung, also praktisch die α-Strahlenwirkung

$$\lambda_A A + \varkappa \lambda_C C \quad (\varkappa = 1{,}29_4)$$

wieder, nach der Tabelle von H. W. Schmidt[19]), wobei, wie vielfach üblich, die Logarithmen der Stromwerte statt dieser selbst angeführt sind. [In der Figur 103 als Abszissen t, als Ordinaten $lg\ i$ (zur besseren Einreihung für $t = 0$ willkürlich in der Ordinatenrichtung verschoben).]

In der folgenden Tabelle sind die Logarithmen (Mantissen) für die Abklingung des Stromwertes der aktiven Materie nach direkten Messungen eingetragen.

Expositions-dauer $\Theta =$	1 min	5 min	15 min	30 min	60 min	90 min	120 min	150 min	∞
$t =$ 0 min	091	621	808	901	030	102	140	160	176
2	896	433	644	775	940	024	068	088*)	107
5	628	179	444	630	843	941	990	014	037
8	389	978	308	550	788	893	942	968	991
10	263	875	245	518	765	871	917	949	968
12	159	792	212	495	750	860	905	931	952
15	065	732	188	476	732	840	889	912	939
18	019	708	176	471	722	824	870	895	914
20	002	696	176	467	715	816	862	885	906
25	996	696	173	458	694	792	834	858	877
30	001	701	170	446	675	766	810	829	849
35	997	698	158	429	650	740	778	800	816
40	990	684	143	408	623	706	745	765	782
50	956	646	100	352	558	638	673	692	707
60	907	594	039	289	486	562	597	614	627
70	842	525	971	213	408	479	512	528	542
80	768	453	892	133	322	393	423	441	452
90	688	373	810	047	233	303	332	346	360
100	604	288	722	959	140	207	237	251	263
120	428	107	540	775	950	017	045	058	071
150	134	816	246	476	648	712	738	752	766
180	830	508	936	164	334	398	424	436	447
210	516	193	621	847	016	077	102	114	124
240	196	876	301	526	695	754	779	791	800

Literatur zu VI, 6 siehe Seite 440.

*) Aus dem Kurvenverlauf korrigiert gegenüber H. W. Schmidts Angabe 108.

Literatur zu VI, 6:

1) P. und M. Curie, C. R. 129, 714, 1899.

2) E. Rutherford und H. T. Brooks, Phil. Mag. (6) 4, 1, 1902; P. Curie und J. Danne, C. R. 136, 364, 1903; 138, 683, 748, 1904.

3) E. Rutherford, Phil. Trans. (A) 204, 169, 1905.

4) H. W. Schmidt, Ann. d. Phys. (4) 21, 609, 1906; K. Fajans und W. Makower, Phil. Mag. (6) 23, 292, 1912; H. G. J. Moseley und W. Makower, Phil. Mag. (6) 23, 302, 1912.

4a) H. G. J. Moseley und H. Robinson, Phil. Mag. (6) 28, 327, 1914; Beibl. 39, 259, 1915.

5) P. Curie und J. Danne, C. R. 138, 748, 1904; H. L. Bronson, Sill. J. 20, 60, 1905; Phil. Mag. (6) 11, 143, 1906.

6) P. Curie und J. Danne, l. c. [5]); W. Duane, J. de phys. 4, 605, 1905; W. Makower, Le Rad. 6, 50, 1909.

7) H. Schrader, Phil. Mag. (6) 24, 125, 1912; A. S. Russell, Phil. Mag. (6) 24, 134, 1912; A. W. Barton, Phil. Mag. (7) 1, 835, 1926.

8) F. v. Lerch, Wien. Anz. 7. Dez. 1905; Wien. Ber. 115, 197, 1906; Ann. d. Phys. (4) 20, 345, 1906.

9) O. Hahn und L. Meitner, Verh. D. Phys. Ges. 11, 55, 1909; W. Makower und S. Russ, Proc. Roy. Soc. (A) 82, 205, 1909; Phil. Mag. (6) 19, 100, 1910; L. Wertenstein, C. R. 150, 869, 1910; Thèses, Paris 1913; A. Muszkat, Phil. Mag. (6) 39, 690, 1920; J. C. Jacobsen, Phil. Mag. (6) 47, 23, 1924; A. W. Barton, Phil. Mag, (7) 1, 835, 1926.

10) W. Makower und S. Russ, Manch. Memoirs 55, 1910; Phil. Mag. (6) 20, 875, 1910; W. Makower und E. J. Evans, Phil. Mag. (6) 20, 882, 1910; L. Wertenstein, C. R. 152, 1657, 1911.

11) J. Elster und H. Geitel, Phys. Z. 3, 305, 1902.

12) G. Eckmann, Jahrb. Rad. u. El. 9, 157, 1912; A. Debierne, Le Rad. 4, 97, 1907; E. M. Wellisch, Proc. Roy. Soc. (A) 82, 500, 1909; Verh. D. Phys. Ges. 13, 159, 1911; Sill. J. 36, 315, 1913; J. Franck und L. Meitner, Verh. D. Phys. Ges. 13, 67, 1911; J. Salpeter, Krak. Akad. 10, (A) 11, 1910; E. M. Wellisch, Sill. J. 38, 283, 1914; Phil. Mag. (6) 28, 417, 1914; G. H. Briggs, Phil. Mag. (6) 41, 357, 1921; L. Wertenstein (J. Danysz), Warschau. Ber. 9, 948, 1916; G. H. Henderson, Trans. Roy. Soc. Canada, 10, 151, 1917.

13) M. Curie, C. R. 145, 477, 1907; Le Rad. 4, 381, 1907.

14) P. Curie, C. R. 135, 857, 1902; derselbe und J. Danne, 138, 683, 748, 1904; H. L. Bronson, Sill. J. 20, 60, 1905; Phil. Mag. (6) 12, 73, 1906; H. W. Schmidt, Phys. Z. 6, 897, 1905; Ann. d. Phys. (4) 21, 609, 1906; E. Rutherford und H. Robinson, Wien. Ber. 121, 1500, 1912; M. Blau, Mitt. Ra-Inst. 161, Wien. Ber. 133, 17, 1924.

14a) W. Makower und S. Russ, Proc. Phys. Soc. London 25, 253, 1913; Proc. Roy. Soc. 16/V, 1913; Chem. News 107, 261, 1913; Nature 91, 364, 1913.

15) P. Curie und J. Danne, H. L. Bronson, wie [14]); F. v. Lerch, Wien. Ber. 115, 197, 1906; Ann. d. Phys. (4) 20, 345, 1906; M. Curie, Radioaktivität, Deutsche Ausg. 1912, II, 329; E. Rutherford, Radioactive Substances 1913, 489; P. Bracelin, Cambr. Proc. 18. Jan. 1926.

15a) T. S. Taylor, Phil. Mag. (6) 26, 402, 1914; H. Geiger, Z. f. Phys. 8, 45, 1921; G. H. Henderson, Phil. Mag. (6) 42, 538, 1921.

16) H. W. Schmidt, Phys. Z. 7, 764, 1906; St. Meyer und E. v. Schweidler, Wien. Ber. 116, 701, 1907; E. Rutherford, Radioactive Substances 1913, 608.

17) O. Hahn und L. Meitner, Phys. Z. **10**, 697, 1909; K. Fajans, Phys. Z. **12**, 369, 378, 1911; **13**, 699, 1912; E. Albrecht, Mitt. Ra-Inst. 123, Wien. Ber. **128**, 925, 1919.

18) F. Soddy, Phil. Mag. (6) **18**, 739, 1909; Chemistry of the Radioelements II, (Longmans, Green and Co., London 1914), S. 24.

19) H. W. Schmidt, Ann. d. Phys. (4) **21**, 662, 1906; M. Curie, Radioaktivität, Deutsche Ausg. 1912, I. 330.

20) E. Rutherford und E. N. da C. Andrade, Phil. Mag. (6) **27**, 854, 1914.

21) S. Ratner, Phil. Mag. (6) **36**, 397, 1918; R. W. Lawson, Mitt. Ra-Inst. 113, 118, Wien. Ber. **127**, 1315, 1918; **128**, 795, 1919.

22) L. Flamm und H. Mache, Wien. Ber. **121**, 227, 1912; St. Meyer und V. F. Hess, Wien. Ber. **121**, 625, 1912; H. P. Walmsley, Phil. Mag. (6) **28**, 539, 1914.

23) J. Szmidt, Phil. Mag. (6) **28**, 527, 1914.

24) H. Richardson, Proc. Roy. Soc. (A) **90**, 521, 1914.

25) E. Ramstedt, K. Vetenskapsakad. Nobelinst. **2**, Nr. 31, S. 21, 1913; Fortschr. d. Phys. **69**, I, 304, 1914.

26) S. Loria, Wien. Ber. **124**, 1077, 1915; Phys. Z. **17**, 6, 1916.

27) T. Godlewski, Wien. Anz. 14. Okt. 1915; H. Lachs, Kolloid Z. **21**, 165, 1917; H. Lachs und H. Herschfinkel, J. de phys. (6) **2**, 319, 1921; H. Lachs und M. Wertenstein, Phys. Z. **23**, 318, 1922; H. Leng, Diss. Wien, 1926.

28) J. Patkowski, Mitt. Ra-Inst. 91, Wien. Ber. **125**, 363, 1916.

29) V. F. Hess und R. W. Lawson, Mitt. Ra-Inst. 92, Wien. Ber. **125**, 585, 1916.

29a) A. Gabler, Mitt. Ra-Inst. 126, Wien. Ber. **129**, 210, 1920; H. W. Schmidt Phys. Z. **9**, 184, 1908; W. Mund, J. d. phys. (6) **2**, 378, 1921; G. Carrière, Bull. Soc. Chim. Belg. **32**, 5, 1923; H. A. Erikson, Phys. Rev. (2) **24**. 622, 1924; **25**, 890, 1925; **26**, 629, 1925; G. H. Briggs, Phil. Mag. (6) **41**, 357, 1921; J. and Proc. Roy. Soc. New South Wales **57**, 249, 1923.

30) S. Ratner, Phil. Mag. (6) **34**, 429, 1917; V. F. Hess, Mitt. Ra-Inst. 124, 133, Wien. Ber. **128**, 1029, 1919; **129**, 565, 1920; F. Běhounek, J. de phys. (6) **4**, 77, 1923.

31) J. A. Cranston und R. Hutton, J. chem. Soc. **119**, 2036, 1921; **121**, 2843, 1922; **123**, 1318, 1923.

32) J. C. Jacobsen, Phil. Mag. (6) **47**, 23, 1924.

33) W. Wien, Ann. d. Phys. (4) **66**, 229, 1921; A. J. Dempster, Phys. Rev. (2) **15**, 138, 1920; Astrophys. J. **57**, 193, 1923.

34) E. Rutherford, Phil. Mag. (6) **37**, 571, 1919; J. de phys. (6) **3**, 133, 1922; L. F. Bates und J. St. Rogers, Nature **112**, 435, 1923; Proc. Roy. Soc. (A) **105**, 97, 1924; G. Kirsch und H. Pettersson, Nature **112**, 687, 1923; D. Pettersson, Mitt. Ra-Inst. 163, Wien. Ber. **133**, 149, 1924; Nature **113**, 641, 1924; Naturwiss. **12**, 389, 1924; E. Rutherford und J. Chadwick, Phil. Mag. (6) **48**, 509, 1924; H. Pettersson, Mitt. Ra-Inst. 173, 176, Wien. Ber. **133**, 573, 1924; **134**, 45, 1925; G. Kirsch und H. Pettersson, Mitt. Ra-Inst. 176a, Wien. Anz. **62**, 47, 1925; N. Yamada, C. R. **180**, 436, 1925; I. Curie und N. Yamada, C. R. **180**, 1487, 1925.

35) G. H. Henderson, Nature **114**, 503, 1924; H. Pettersson, Mitt. Ra-Inst. 155, Wien. Ber. **132**, 155, 1923; G. Ortner und H. Pettersson, Mitt. Ra-Inst. 166, Wien. Ber. **133**, 229, 1924: H. Jedrzejowski, C. R. **182**, 1536. 1926.

36) V. F. Hess und R. W. Lawson, Mitt. Ra-Inst. 90, 92, Wien. Ber. **125**, 285, 585, 1916; A. F. Kovarik, Phys. Rev. (2) **13**, 272, 1919; **14**, 179, 1919; **23**, 559, 1924.

37) M. Curie, J. de phys. (6) **7**, 97, 1926.

38) D. K. Yovanovitch und A. Dorabialska, C. R. **182**, 1459, 1926.

7. Radium D, Radium E, Radium F (Polonium). Restaktivitäten. (Langsam veränderliche induzierte Aktivität.) Daß die Aktivität eines Körpers, der längere Zeit in Radiumemanation „induziert" worden war, nicht restlos verschwindet, sondern daß eine Aktivität geringen Ausmaßes übrig bleibt, die langsam mit der Zeit zunimmt, wurde zuerst von P. und M. Curie beobachtet und dann von F. Giesel[2]) und E. Rutherford bestätigt[1]). Der letztere fand, daß diese Restaktivität z. B. von Glasflächen durch Säuren abgelöst werden könne und α- und β-Strahlen aussende. Im Sinne der Zerfallstheorie deutete er dies dahin, daß aus RaC sich weitere Produkte bilden, deren er zuerst zwei (ein β-strahlendes RaD und daraus ein α-strahlendes RaE) annahm, wurde aber bald zur Erkenntnis gedrängt, daß es drei sein müßten, die anfangs die Namen D, D_1, E und später die bis jetzt beibehaltene Bezeichnung RaD, RaE, RaF erhielten. Die Halbierungszeiten wurden in der genannten Reihenfolge mit ca. 40 Jahren, rund 6 Tagen und etwa 150 bis 143 Tagen eingeschätzt.

Um diese Zeit waren bereits eine Reihe radioaktiver Substanzen beschrieben worden, das Polonium von M. Curie[2]), das Radiotellur von W. Marckwald[3]), das Radioblei von J. Elster und H. Geitel, von K. Hofmann und E. Strauss[4]). Von Anfang an fanden sich Vertreter der Ansicht, daß manche dieser Substanzen mit den „Restaktivitäten" identisch sein könnten, und St. Meyer und E. v. Schweidler konnten dies 1904/5 lückenlos nachweisen, indem sie als Zerfallskonstanten der einzelnen Produkte dieselben, wie die der „Restaktivitäten" bestimmten[5]).

1. Radium D. Radium D muß entsprechend seiner längsten Lebensdauer unter den drei Substanzen gewichtsmäßig in größter Menge vorhanden sein, also der chemischen Behandlung am ehesten zugänglich gemacht werden können. Es ist der dominierende Bestandteil des „Radioblei" und ist als mit dem Blei isotop anzusehen.

Man gewinnt es entweder direkt aus älteren Radiumsalzen nach einer Bleireaktion, z. B. durch Ausfällung mit H_2S, oder aus zerfallender Radiumemanation, beidemale natürlich in sehr geringen Mengen; oder man erhält es mit dem Blei, das aus Uranerzen abgeschieden wird (vgl. S. 395). Im letzteren Falle gelingt es aber nicht, es von Blei zu trennen, oder auch nur es gegenüber diesem anzureichern, wie dies zahlreiche negative Versuche beweisen[5a]). Verschiedene Verfahren, die eine

---

Literatur zu VI, 7 siehe Seite 458.

langsame Anreicherung bewirken sollen, finden sich zwar in der Literatur beschrieben, doch konnten diese späterer Nachprüfung durchwegs nicht standhalten.

Es in sichtbaren Mengen als Superoyxd aus zerfallender Radiumemanation elektrolytisch zu gewinnen, ist G. v. Hevesy und F. Paneth geglückt[5h]). R. Whytlaw-Gray[30]) führte mit einigen Tausendsteln mg (RaD + RaG) eine mikrochemische Reaktion aus, die zum Nachweis von Pb dient.

Hochkonzentrierte RaD-Präparate lassen sich aus alten Radiumpräparaten unbeschwert von gewöhnlichem Blei gewinnen. Für eine Sulfidfällung ist freilich ein Mitreißer erforderlich. A. S. Russell und J. Chadwick [5b]) nahmen hierzu wieder Spuren von Pb, doch kann man auch etwa Hg heranziehen. Für elektrolytische Abscheidungen (vgl. weiter unten, S. 449) geben F. Paneth und W. Bothe [5b]) die folgende Vorschrift: Das Ra-Präparat wird in verdünnter HNO_3 gelöst und zur Vertreibung vorhandener Halogene mehrmals mit HNO_3 zur Trockne abgedampft. Die zur Elektrolyse verwendete Lösung enthalte 5 cm³ konz. HNO_3 und 40 cm³ H_2O. Als Kathode diene ein Pt-Blech 3 × 1,5 cm groß, das man nur 2 cm tief eintaucht; die Anode wird aus 0,6 mm dickem Pt-Draht gebildet. Bei einer Stromstärke von $3 \cdot 10^{-4}$ Ampere wird im Laufe einiger Tage die Hauptmenge des RaD als gelber Beschlag oder braunschwarze Kruste an der Anode abgesetzt. Erwärmen und Rühren der Lösung werden empfohlen. Zur vollständigen Extraktion des RaD aus der Lösung wiederhole man den Vorgang mit frischen Elektroden. Das RaD-Superoxyd wird von der Anode durch verdünnte salpetrige Säure abgelöst. Eventuell mitgerissene Spuren von Ra entfernt man durch Wiederholung der Elektrolyse.

Ein Spektrum von RaD zu erhalten ist bisher nicht gelungen*) und, da es als isotop mit Blei anzusehen ist, darf man nicht erwarten, daß ein solches zu gewinnen wäre, das sich von dem normalen des Pb merklich unterscheidet. Immerhin ist hier die Differenz der anzunehmenden Atomgewichte, für RaD ca. 210, für Pb rund 207, nicht mehr ganz klein.

E. Demarçay[6]) hat vermeint dem Radioblei zwei unbekannte Linien 3659,6 und 4116,8 zuordnen zu sollen; nach den Tabellen von F. Exner und E. Haschek könnte aber erstere leicht mit der Molybdänlinie bei 3659,53, letztere mit der Vanadiumlinie 4116,73 identifiziert werden, insbesondere, da in Demarçays Präparat nachweislich Mo enthalten war.

RaD galt anfangs für strahlenlos; St. Meyer und E. v. Schweidler glaubten dann eine weiche β-Strahlung konstatieren zu können; O. v. Baeyer, O. Hahn und L. Meitner haben später durch die magnetischen Linienspektra zwei β-Strahltypen von der relativ ge-

---

Literatur zu VI, 7 siehe Seite 458.

*) Wenn eine Anreicherung von RaD gegen Pb nicht gelingt, ist dies auch schon deshalb fast ausgeschlossen, weil zu 1 g U nur ca. $3 \cdot 10^{-9}$ g RaD vorhanden sein können, daneben aber sich 40—200 mg Blei in den Erzen finden; man ist also auf die RaD-Gewinnung aus Emanation angewiesen.

ringen Geschwindigkeit $0,99 \cdot 10^{10}$ und $1,17 \cdot 10^{10}$ cm/sec sichergestellt. Die Untersuchungen wurden durch J. Danysz, C. D. Ellis, L. Meitner, D. H. Black (vgl. III, 10 Lit. 3) und L. F. Curtiss vervollständigt und letzterer gibt 5 β-Linien (relative Intensität in Klammern beigesetzt) für RaD an mit 30,33 Kilovolt (50); 30,92 (3); 42,68 (25): 45, 76 (10); 46, 63 (1); wozu eine Kern-γ-Linie mit 46,63 Kilovolt gehört. A. F. Kovarik gab $\mu = 130$ cm^{-1} Al an[7]), doch ist dieser Wert nach L. Meitner[7a]) viel zu klein. Sie findet $\mu = 5500$ cm^{-1} Al und sonach hier die weichste bekannte β-Strahlung.

E. Rutherford und H. Richardson haben für RaD auch in geringem Maße vorhandene γ-Strahlen nachgewiesen, für deren Absorptionskoeffizienten in Aluminium $\mu = 45$ und 0,99 cm^{-1} angegeben[8]) wird, was Halbierungsdicken von 0,015 und 0,70 cm Al entspricht. Nach J. Szmidt hat die harte γ-Strahlung ($\mu = 0,99$) 17—35% der Totalenergie der RaD-Strahlung[17]).

I. Curie und G. Fournier[17]) fanden:

	I. RaD	II. RaD	III. RaE
Relative Intensität der γ-Strahlen für RaD + RaE	89	9	2
Massenabsorptionskoeffizient in Al	16,6	0,37	0,092
Gewichtsmenge Al/cm², die die Strahlung auf $^1/_2$ herabsetzt	0,040	1,881	7,526

Die Diffusionskonstante des RaD zeigt es als zweiwertiges Element[8a]) mit $D = 0,65$ cm^2 Tag^{-1}.

Im allgemeinen wird das Vorhandensein von RaD durch die Strahlung seiner Folgeprodukte RaE und RaF quantitativ gemessen werden müssen.

Lebensdauer von RaD. Die Zerfallskonstante des RaD ist so klein, daß zunächst an eine direkte Beobachtung nicht gedacht wurde. Deshalb wurde der Vergleich der β-Strahlung des RaC mit der des über RaD entstandenen, gegenüber RaD als kurzlebig anzusehenden RaE oder der α-Strahlung des RaC und des über RaD daraus entstandenen RaF herangezogen[9]).

Nach der ersteren Methode erhielten E. Rutherford den Wert für $T =$ ca. 40 Jahre und St. Meyer und E. v. Schweidler den ähnlichen Betrag $T = 37,5$ Jahre. Jedoch ist die quantitative Vergleichung zweierlei verschieden durchdringlicher β-Strahlenarten wegen der ungleichen Ionisationswirkungen, die nur schwer richtig eingeschätzt werden können, eine mißliche; es verdient daher die α-Strahlenvergleichung demgegenüber den Vorzug. Aus derartigen Stromvergleichen erhielten St. Meyer und E. v. Schweidler (1906) den bedeutend kleineren Wert von $T =$ ca. $13^1/_2$ Jahren*). Dieser kleinere Wert wurde auch dadurch gestützt, daß das Maximum der Strahlung von RaF, das sich aus RaD entwickelte, bei ca. 700 Tagen erreicht schien (vgl. Tabelle S. 457).

Literatur zu VI, 7 siehe Seite 458.

*) Nach Einsetzung der relativen Ionisation 160 : 237 statt wie 1907 l. c. S. 705 160 : 261.

G. N. Antonoff[10]) hat (1910) statt der Bestimmung des Stromwertes die Zählung der α-Partikeln von über RaD aus einer gegebenen Menge Emanation entstandenem RaF vorgenommen und fand so für RaD eine Halbierungszeit $T = 16^1/_2$ Jahre.

R. Thaller[11]) hat (1914) mittels einer sehr empfindlichen Kompensationsmethode die Änderung der Strahlung von RaD und seiner Folgeprodukte gegenüber der eines Radiumpräparates (das praktisch konstant bleibt) untersucht und bei einer Versuchsdauer von 170 Tagen einen Wert $T = 15{,}8$ Jahre ableiten können. Aus der mit wachsendem RaD-Po-Gehalt in alten Ra-Präparaten gesteigerten Wärmeentwicklung schlossen M. Curie und D. K. Yovanovitch (1925) auf Werte von T zwischen 16 und 20 Jahren; analog T. Kautz (1926) auf 14—16 Jahre[37]).

Als zur Zeit wahrscheinlichster Wert kann demnach $T =$ nahe 16 Jahre gewählt werden.

2. Radium E. Das Produkt, das sich aus dem RaD bildet, ist β-strahlend. Die Strahlung ist charakterisiert durch einen Absorptionskoeffizienten $\mu = 43\ \text{cm}^{-1}$ Al. Die magnetischen Linienspektra ergaben keine scharfen Einzelgeschwindigkeiten, vielmehr ein verwaschenes Band mit einer mittleren Geschwindigkeit von etwa $2{,}3 \cdot 10^{10}$ cm/sec (vgl. Tabelle 6 des Anhanges).

Die γ-Strahlung ist außerordentlich schwach, in ihrer Wirkung geringer als 0,3 Promille der β-Strahlung und hat nahe dieselben Absorptionskoeffizienten wie die des RaD[12]). Anderseits ist es gerade mit RaE-β-Strahlen zuerst gelungen, zu zeigen, daß durch sie sekundäre γ-Strahlen erregt werden können[13]), was wohl auch im Salz selbst vor sich gehen mag, so daß zumindest ein Teil der beobachteten γ-Strahlung als sekundär erregt angesehen werden darf.

RaE ist elektrochemisch edler als RaD und läßt sich daher von letzterem bei Anwendung geringerer Stromdichten abscheiden[14]) (vgl. S. 448 f.). Chemisch ist es eine Art Wismut, mit dem es als isotop anzusehen ist und dessen Atome es z. B. auch in der Elektrolyse zu ersetzen vermag.

Man kann RaE auch durch Eintauchen verschiedener Metalle wie Ni, Pd, Ir, Ag aus Radiobleilösung ausfällen[14]). Es verdampft bei höherer Temperatur als RaD (über 1000°)[15]).

Holzkohle adsorbiert nach J. P. Mc Hutchinson[16]) RaD und RaE. Zusatz von Pb zu einer RaD-RaE-Lösung drängt RaD stark zurück und gestattet sehr reine RaE-Präparate zu gewinnen.

Die Diffusionskonstante des RaE weist auf 3 Ladungen und wurde zu $D = 0{,}45\ \text{cm}^2\ \text{Tag}^{-1}$ bestimmt[8a]).

Bei fraktionierter Kristallisation von Radiobleichlorid, -nitrat, oder dergleichen reichert sich RaE und RaF gegenüber RaD in der Mutterlauge an.

Über die Wasserstoffverbindung BiH_3 vgl. S. 451.

Lebensdauer von RaE[16]). E. Rutherford erhielt (1905) aus der Anstiegskurve der β-Aktivität zuerst Werte von $T = 6$ Tage; aus dem

Literatur zu VI, 7 siehe Seite 458.

Abfall eines geglühten mit Restaktivität beschlagenen Bleches $T = 4{,}5$ Tage. J. Danysz bekam aus einer Anstiegsbeobachtung $T = 4{,}7\,d$, den gleichen Wert M. Curie. F. Giesel erhielt $T = 6{,}14\,d$.

St. Meyer und E. v. Schweidler[14]) glaubten (1906) Anhaltspunkte dafür bekommen zu haben, daß aus Radioblei elektrolytisch gewonnenes RaE aus zwei Folgeprodukten RaE_1 und RaE_2 bestünde, wovon das erstere $T =$ ca. $6\,d$ haben sollte, strahlenlos sein müßte und leichter als RaE_2 verdampfen sollte; daraus hätte sich das β-strahlende RaE_2 mit $T = 4{,}8\,d$ zu entwickeln. Dies wäre imstande, obige einigermaßen widersprechende Angaben für den Zerfall aufzuklären. Spätere Untersuchungen haben jedoch keinen Grund geliefert, an dieser Annahme festzuhalten.

G. N. Antonoff erhielt (1910) aus dem Anstieg des RaE, das aus RaD sich entwickelte, welches bleifrei aus Radiumemanation gewonnen war und durch Bariumfällung zunächst von RaE und RaF getrennt wurde, einen Anstieg, der $T = 5\,d$ entspricht; und aus dem Abfall einer eingedampften Probe der zugehörigen Mutterlauge, welche als β-strahlenden Bestandteil das RaE enthalten muß, den genau gleichen Wert. Ebenso fand L. Meitner (1911) an elektrolytisch abgeschiedenem Material $T = 5{,}0$ Tage. R. Thaller erhielt (1912) bei einer größeren Anzahl von Messungen den Wert $T = 4{,}85$ Tage; L. Bastings (1924) $T = 4{,}98_5\,d$; G. Fournier (1925) wieder $T = 4{,}85\,d$; J. P. Mc Hutchinson (1926) $T = 4{,}9\,d$; L. F. Curtiss neuerdings (1926) wieder den größeren Wert $T = (5{,}07 \pm 0{,}05)\,d$.

Identifizierung mit anderen Produkten. Aus dem Gesagten geht hervor, daß RaE identisch ist mit dem β-strahlenden Bestandteil des Hofmannschen Radiobleis[4]).

F. Giesel[16]) hatte zuerst „Polonium" hergestellt, das im Gegensatz zu M. Curies Präparaten auch durchdringlichere Strahlen besaß; später hat er geradezu ein „β-Polonium" abgeschieden. Da wir heute wissen, daß RaE dem Bi isotop ist, daher ähnliche Reaktionen wie Po = RaF zeigt, das dem Tellur zunächst steht, unterliegt es keinem Zweifel, daß diese β-Strahler RaE waren.

Die Zahl der β-Teilchen, die RaE im Gleichgewicht aussendet, ist ebenso groß als die Zahl der α-Teilchen aus Po. (K. G. Emeléus)[34]).

3. Polonium (RaF). Das letzte aktive Produkt, das sich aus der Radiumzerfallsreihe bildet, ist das RaF, dessen Identität mit dem zuerst unter allen neuen Radioelementen entdeckten Polonium jetzt sicher steht. — Das Polonium war im Jahre 1898 von P. und M. Curie aufgefunden[2]) und nach dem Heimatlande Marya Curies, geborenen Sklodowska, benannt worden.

Es ist — frei von RaE — wesentlich α-strahlend (abgesehen von δ-Strahlen): eine schwache γ-Strahlung mit $\mu = 585\ cm^{-1}$ in Al fanden A. S. Russell und J. Chadwick[18]).

a) Die Reichweite[19]) wurde bereits im Jahre 1900 von P. Curie mit 4 cm angegeben; O. Wigger fand 4 cm; B. Kucera und B. Masek erhielten 4,1 cm;

Literatur zu VI, 7 siehe S. 458.

M. Levin 3,86 cm; St. Meyer und E. v. Schweidler ähnliche Werte — alle diese Angaben ohne Anführung des herrschenden Druckes und der Temperatur, so daß sie nur als approximativ für Zimmertemperatur gelten mögen. — Neuere Werte bei Zimmertemperatur gab W. Michl mit 3,8 cm; weitere Bestimmungen rühren von H. Geiger und J. M. Nuttall her und liefern bei 15° und 760 mm Druck 3,77 cm. A. F. Kovarik findet $R_{15} = 3,76$ cm. T. S. Taylor gab an: für Luft $R_{15} = 3,77$; für $O_2 = 3,43$; für $H_2 = 16,83$; für He $= 17,62$ cm.

St. Meyer, V. F. Hess und F. Paneth fanden an auf Au oder Pt elektrolytisch niedergeschlagenem Po den etwas höheren Wert $R_{15} = 3,85$. Es kann angenommen werden, daß das sonst meist auf Cu niedergeschlagene Po von einer dünnen Oxydhaut überdeckt war, welche die Reichweite ein wenig herabsetzte. R. W. Lawson erhielt bestätigend bei Auswertung der gesamten Ionisationskurve $R_0 = 3,66$ cm ($R_{15} = 3,86$ cm) in Luft und in Wasserstoff $R_0 = 15,46$ cm.

H. Geiger fand (1921) in Luft $R_0 = 3,721$ cm wozu $v_0 = 1,588 \cdot 10^9$ cm/sec gehört.

I. Curie hat $v = 1,593 \cdot 10^9$ cm/sec direkt bestimmt.

C. W. van der Merwe [19]) bekam für $R_{0,760}$ nach der Wilsonschen Nebelmethode in Luft 3,58 cm, in H_2 . . . 16,28, in Methan 3,96; in N_2 . . . 3,62; in CO . . . 3,51; in O_2 . . . 3,32; in NO . . . 3,23; in CO_2 . . . 2,36; in SO_2 . . . 1,97; in Methylbromid 1,76 cm.

L. F. Bates und J. St. Rogers [33]) gaben (1923) an, daß bei Po in geringer Zahl auch α-Partikeln der Reichweiten 6,1; 10,0; 13,1 cm aufträten, und zwar der Zahl nach 9,8; 5,1; 2,6 auf je 10^6 α-Teilchen der Reichweite 3,9 cm. I. Curie und N. Yamada [33]) fanden in O_2 und CO_2 etwa 10 weitreichende Partikeln auf 10^7 primäre α-Teilchen, in Luft rund 3 mal soviel, und zwar unabhängig von der Natur der Unterlage mit Reichweiten von etwa 16 cm. Nach der Art der Szintillationen erschienen sie ihnen eher wie H- denn als α-Teilchen. Die Herkunft dieser weitreichenden α-Teilchen aus Po ist nicht gesichert [vgl. S. 432 und 512, D. Pettersson, G. Kirsch und H. Pettersson, N. Yamada (Lit. VI, 6 [34])].

b) Darstellung. Ausgangsmaterial ist meist das „Hydrat" (vgl. Prozeß III, S. 393), welches die Hauptmenge Bi enthält, sowie die diversen Pb-haltigen Fraktionen. Um es von vorneherein bleifrei zu erhalten, muß es aus zerfallener RaEm über RaD-RaE gewonnen werden. M. Curie hat die folgenden Verfahren zur Konzentration [3]) aus ersterem Material angewendet:

1. Sublimation der Sulfide der Bi-enthaltenden Substanzen im Vakuum; das Po-Sulfid ist der flüchtigere Bestandteil.

2. Fraktionierte Fällung der salzsauren Lösung mit H_2S; Po-Sulfid ist minder löslich als Pb- und Bi-Sulfid.

3. Fällung salpetersaurer Lösung mit H_2O. Das zuerst ausfallende Subnitrat ist reicher an Po.

W. Marckwald [3]) schlug die folgenden Methoden zur Anreicherung ein:

4. Fällung mit Zinnchlorür aus salzsaurer Lösung des Roh-Wismutoxychlorides. Es scheiden sich schwarze Flocken aus, die das Po enthalten.

5. Spontaner Niederschlag des Po auf in die salzsaure Lösung eingetauchten Stücken von Cu, Ag oder Bi.

Literatur zu VI, 7 siehe Seite 458.

6. Ein 1910 von M. Curie und A. Debierne[3]) ausgearbeitetes Verfahren besteht darin, die Rückstände mit heißer ziemlich konzentrierter HCl zu behandeln, wodurch der größte Teil des Po herausgelöst wird; sodann statt mit H_2S zu fällen, die Metalle Cu, Pb, Bi, As, Sb, usw. samt dem Po auf Eisenblech niederzuschlagen, von da mit HCl abzulösen, neuerdings auf Cu-Blech niederzuschlagen, wieder in Lösung zu bringen und nach Methode 4 weiterzubehandeln.

7. Zur Gewinnung aus alten Emanationsampullen empfiehlt I. Curie[3]): Zerstoßen, Behandlung mit Königswasser ; Entfernung von Alkalien und Kupferspuren durch NH_3-Fällung. Es verbleibt die Aufgabe Reste von Hg zu entfernen. Hierzu werden die Sulfide in heißer Lösung von NH_4HS mit viel Zusatz von KOH behandelt; Stehenlassen ; Hg geht in Lösung. Restierende Sulfide werden in Königswasser gelöst. Die Trennung von RaD, RaE, RaF erfolgt elektrolytisch oder durch fraktionierte Kristallisation. In Au-Elektroden dringt Po ein. Zur Erzielung starker Po-Präparate scheidet man es auf langsam rotierenden Ag-Blechen aus der RaD-RaE-RaF-Lösung ab. Dann wird das Ag durch HNO_3 gelöst und mit HCl gefällt. Po bleibt in Lösung. Filter sind bei allen Operationen wegen der Adsorptionswirkungen zu vermeiden und bloß Dekantierungen anzuwenden.

J. Escher-Desrivières[3]) erwähnt das Mitreißen von Po mit Wismuthydrat in alkalischer Lösung sowie mit AgCl. Er wies nach, daß Po in schwach alkalischer Lösung vollständig (kolloidal) von Spuren fremder Materie mitgerissen wird, in konzentr. alkalischer Lösung jedoch das Po in Lösung bleibt. Spuren von Bi, Cu, Te, Au in salzsaurer Lösung reißen Po mit. Die Mitreißwirkung durch ein unvollständig gefälltes Metall hängt wesentlich von der Natur des gefällten Kations ab. 0,1 Milligramm eines Metallsulfides reißen fast das ganze Po mit. Auch J. H. Brennen[3]) studierte das Mitreißen von Po durch Kolloide.

Handelt es sich um die Gewinnung des Po aus dem das Radioblei enthaltenden Blei (vgl. die Darstellung S. 394 für das Ausgangsmaterial), so empfiehlt sich die von St. Meyer und E. v. Schweidler benützte elektrolytische Trennung[22]), indem bei geringster Stromdichte Po frei von RaE und RaD erhalten wird, bei größerer RaF + RaE, bei weiterer Steigerung aber RaD und Pb selbst mitabgeschieden werden. Statt des wenig löslichen Chlorides verwendeten sie das Radiobleiazetat; in diesem Falle erhält man bei einer Stromdichte von ca. $4 \cdot 10^{-6}$ Ampere/cm² nur Po, bei ca. 10^{-5} Ampere/cm² RaE + RaF, bei 10^{-4} Ampere/cm² auch RaD und Pb auf der Platinkathode. Jedoch erhält man dann auch auf der Anode Abscheidung von schwarzem Bleisuperoxyd, das Po mitnimmt.

Die elektrolytische Trennung nach dem seither vervollkommten Verfahren (siehe unten) ist übrigens die zweckmäßigste nicht nur für die Gewinnung aus Radioblei, sondern für jede Reindarstellung (auch aus zerfallener Emanation).

F. Paneth[23]) hat, zum Teil gemeinsam mit G. v. Hevesy, weitere Verfahren zur Anreicherung aus Radioblei-Lösungen ausgearbeitet.

Literatur zu VI, 7 siehe Seite 458.

Es wurde nachgewiesen, daß es gelingt, mittels Dialyse durch Pergamentpapier oder dergleichen das Polonium anzureichern, wenn es Gelegenheit hat in Analogie zu dem Verhalten des Tellurs kolloide Formen des Hydroxydes oder basischer Salze anzunehmen (in starker salpetersaurer Lösung, wobei die Kolloidbildung verhindert wird, versagt das Verfahren). Da sich RaE dem Wismut analog verhält, erfolgt nach dieser Methode nur Trennung des Po von RaD nicht von RaE. Man erhält also derart Lösungen, die an Po und RaE konzentrierter werden.

Ein anderes Verfahren besteht darin, Radiobleinitrat wiederholt unter Zusatz immer frischen gealterten Materiales aus heißer Lösung auszukristallisieren; RaE und RaF verbleiben in der Mutterlauge, die man dergestalt reich an Po zur weiteren elektrolytischen Abtrennung verwendet. Doch ist jeder unlösliche Staub, der Po adsorbiert, hierbei sorgfältig zu vermeiden. Soll Po allein aus einer solchen neutralen, fast gesättigten Bleinitratlösung an der Kathode abgeschieden werden, so wähle man Ströme von ungefähr 0,16 Milliampere pro cm^2 (genauer: man unterschreite nicht das auf die Kalomelelektrode bezogene Kathodenpotential $E_C = -0{,}08$ Volt). Will man RaE + RaF haben, so kann die Stromdichte bis rund 0,4 Milliampere pro cm^2 gesteigert werden ($E_C = -0{,}5$ Volt). Während der Elektrolyse ist durch einen konstant laufenden Rührer oder konstante Stickstoffdurchperlung für Erhaltung des Kathodenpotentiales vorzusorgen.

c) Das genaue Studium des elektrochemischen Verhaltens ist hier von besonderer Bedeutung, da es zur Charakteristik des „neuen“ (mit keinem bisher bekannten Element isotopen) Elementes mit der Atomnummer 84 führt. G. v. Hevesy und F. Paneth haben diese Frage bearbeitet[23]).

Bei der Elektrolyse von Polonium ist (vgl. oben) öfters beobachtet worden, daß nicht nur die Kathode, sondern auch die Anode aktiviert wird. G. v. Hevesy und F. Paneth wurden zu der Annahme geführt, daß die anodische Abscheidung auf der Bildung eines Polonium-Superoxydes beruhe. Es zeigte sich nämlich, daß analog wie beim sinkenden Potential die kathodische Abscheidung sprungweise zum Vorschein kommt, so die anodische erst oberhalb eines bestimmten Wertes des Elektrodenpotentiales beträchtlich wird, und daß dieser Wert weit entfernt liegt von jedem Abscheidungspotential eines Metalles, dagegen in der Nähe der Zersetzungsspannungen der Metallsuperoxyde (Pb, Mn). Die Kurve Fig. 104 gibt die beobachteten Erscheinungen wieder.

Literatur zu VI, 7 siehe Seite 458.

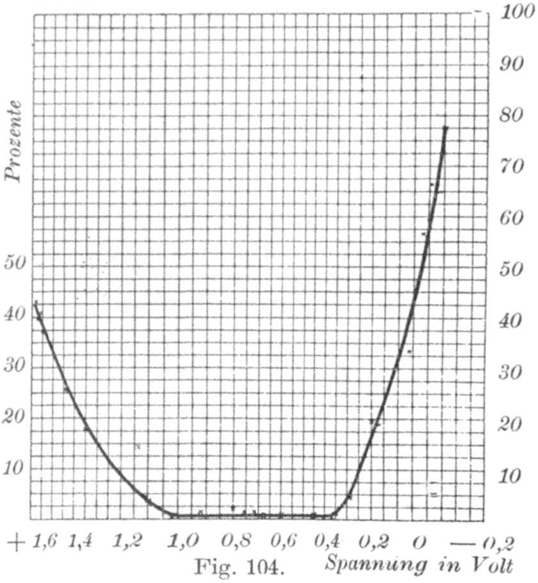

Fig. 104.

Auf der Abszisse sind die Elektrodenpotentiale, bezogen auf die Normal-Kalomel-Elektrode, als Ordinaten die abgeschiedenen Mengen Po (in Prozenten der ursprünglich vorhandenen Menge) aufgetragen. Man erkennt, daß bei den verwendeten Lösungen die Zersetzungsspannungen für die Abscheidung von Po-Metall unterhalb + 0,35 Volt, die für Po-Superoxyd oberhalb von + 1,0 Volt liegen. Die Lösungen waren an Po 10^{-9} normal; in 1 Normal-Lösung wäre der kathodische Potentialsprung um etwa 0,2 Volt höher, der anodische vielleicht 0,1 Volt niedriger zu erwarten. Es wurde stets in 0,1 *n* Salpetersäure untersucht, weil man bei dieser Konzentration sicher sein kann, daß das Po nicht — wie in wässeriger oder schwachsaurer Lösung — kolloide Partikeln bildet.*)

F. Paneth[36]) wies weiter nach, daß Po (so wie Bi) sich als Zwitterelement verhält. Po auf Au als Anode und Kathode niedergeschlagen, geht bei der Elektrolyse von verdünnter Natronlauge an beiden Elektroden in Lösung,

Das Loslösen des Po von Platinblech gelingt durch Kochen mit Säuren nur unvollständig, hingegen läßt es sich durch Destillation bei etwa 1000° davon entfernen. Destilliert man aber z. B. in einem Quarzrohr unter Anwendung eines schwachen CO_2- oder H_2-Stromes**), so merkt man, daß das Po sich nicht vollständig an den auf Zimmertemperatur befindlichen Teilen des Rohres niederschlägt, sondern vielmehr in beträchtlichem Ausmaße mit dem Gasstrom noch weggeführt wird. Man erhält jedoch praktisch das ganze Polonium, wenn man in den kälteren Teil des Rohres ein Pt-Blech einhängt (etwa an eine Stelle, wo die Temperatur noch 700—900° beträgt).

Literatur zu VI, 7 siehe Seite 458.

*) Enthält die Lösung auch Ra, so wird immer auch eine Spur Ra mit herauselektrolysiert; die radiumfreie Gewinnung von RaD—RaF durch Elektrolyse aus alten Radiumnitratlösungen ist daher nicht leicht.

**) In letzterem Falle handelt es sich sehr wahrscheinlich um Bildung eines gasförmigen Poloniumwasserstoffes (PoH_2), der unter der ionisierenden Wirkung der eigenen Strahlung auch schon bei Zimmertemperatur entsteht und die Ursache mancher Störungen bei Polonium-Studien gewesen zu sein scheint.

Es liegt hier eine spezifische Wirkung von Pt vor, denn die Abscheidung erfolgt auf diesem nahe quantitativ, obwohl seine Oberfläche neben der des Quarzrohres klein sein kann; Gold wirkt weniger intensiv wie Pt, Palladium hingegen noch stärker; hängen Pt- und Au-Bleche nebeneinander, so fängt das Pt das Po ab, hängt Pd daneben, so ist der überwiegende Teil auf diesem zu suchen.*) Um ein galvanisches Element zwischen den zwei Metallen in der stark ionisierten Luft handelt es sich hierbei kaum, vielmehr kann daran gedacht werden, daß der H-Gehalt in Pt bzw. Pd eine Rolle spiele, indem sich eventuell Poloniumwasserstoff (analog einem Tellurwasserstoff) bilden könnte; wahrscheinlich ist auch an das Entstehen einer Po-Pt- oder Po-Pd-Legierung zu denken. Dies würde es auch verständlich machen, warum eine Ablösung des Po von der Platinkathode nur mangelhaft gelingt und die Annahme rechtfertigen, daß dann das Po sich teilweise ins Innere des Pt bzw. Pd-Bleches einlagert.

M. Wertenstein[20]) glaubt, daß Po mit Au oder Pt verschiedene Formen „fester Lösungen" eingeht, was das elektrochemische Verhalten beeinflußt.

Handelt es sich darum Po in leichter Weise durch Ablösen mit Säure von der Kathode zu gewinnen, so empfiehlt sich nach dem Gesagten Gold besser als Platin für das Kathodenmaterial; so blieben bei gleicher Behandlung mit Salpetersäure auf einem Pt-Blech über 10% der Aktivität, auf einem Goldblech nur etwa 0,7% zurück. Man wird also beispielsweise für medizinische Injektionszwecke von einer Goldelektrode mit wenig Salzsäure das Po ablösen, dann mit NaOH neutralisieren und etwa als physiologische Kochsalzlösung ohne sonstige Beimengung verwenden.

Bei Abscheidungen von Po aus altem Ra durch H_2S-Fällungen — besser nach Zusatz von etwas Pb oder Hg, Bi usw. — wird infolge spurenweiser Sulfatbildung (oder Schwefelsäurebildung) stets auch etwas Ra als Sulfat mitgerissen.

Poloniumwasserstoff[21]). R. W. Lawson hatte auf Grund der Beobachtung von „Verseuchungen" bei Anwesenheit von Wasserstoff zuerst die Existenz eines PoH_2 wahrscheinlich gemacht. F. Paneth gelang dann der Nachweis und die Darstellung nicht nur von PoH_2, sondern auch der bishin unbekannten Verbindungen BiH_3 — [(RaC) H_3; (ThC) H_3; (RaE) H_3] —, weiterhin des PbH_2 — (der Hydride der B-D-G-Körper der radioaktiven Reihen) — und auch noch anderer Hydride (von Ge, Sn). Die Gewinnung der Hydride von Po, Bi, Pb wird immer

Literatur zu VI, 7 siehe Seite 458.

*) G. Costanzo bemerkte auch, daß Pd die Zerfallsprodukte des Ra (also das mit Po isotope RaA samt Folgeprodukten) okkludiert[29]).

als ein Musterbeispiel für die Anwendbarkeit radioaktiver Indikatoren (Isotopen) zu gelten haben; nur auf Grund von Zerfallsgeschwindigkeitsbeobachtungen war die Identifikation des durch Auftropfen von 0,2 n HCl auf mit ThB — ThC beladenem Magnesiumblech entstehenden und fortführbaren, kondensierbaren Gases möglich gewesen; erst nach Erkenntnis der Existenz des $(ThC)H_3$, $(RaC)H_3$ wurde es möglich auch gewöhnliches Wismut zu hydrieren und dies führte in Verfolgung und Ausarbeitung der Methoden zur Entdeckung der übrigen Wasserstoffverbindungen.

d) Spektrum; chemische Eigenschaften. Nach einigen negativen Versuchen, bzw. solchen, die nachträglich als negativ erkannt wurden, haben M. Curie und A. Debierne[24]) an einem sehr stark konzentrierten Präparat, das etwa 0,1 mg Po enthalten haben mag, das Funkenspektrum photographisch aufgenommen und fanden neben Linien, die auf das Vorhandensein von Au, Pt, Hg, Pd, Rh, Ir und Erdalkalien wiesen, vier Linien, die sie als möglicherweise dem Po zugehörig betrachten; nämlich

4642,0 schwach,
4170,5 stark,
3913,6 schwach,
3652,1 sehr schwach.

Bedenkt man aber, daß die stärkste dieser Linien der Palladiumlinie 4170,0 (Pd war nach obigem enthalten) entspricht und sich bei 4642,15; 4171,2; 3913,6; 3650,6 starke Terbiumlinien finden, bei 3652,0 eine starke Scandiumlinie, und daß das Po-Material ursprünglich auch die seltenen Erden enthielt, so vermag man von einem gesicherten Spektrum des Poloniums auch heute noch nicht zu sprechen.

Beachtung verdientdie Angabe von M. Siegbahn und E. Friman [35]), daß es ihnen wohl nicht mit 0,1 mg $RaBr_2$, jedoch mit auf Kupfer elektrolytisch niedergeschlagenem Polonium gelungen sei, ein Hochfrequenzspektrum zu erhalten.

Nimmt man an, daß das Präparat 5000 stat. Einheiten erreichte, und setzt man in runden Zahlen ein, daß dem 10^{-6} g Polonium entsprechen; rechnet man weiter damit, daß 1 cm^2, bedeckt mit einer kontinuierlichen einatomig-dicken Schicht (bei einem Atomdurchmesser der Größenordnung 10^{-8} cm) etwa 10^{16} Atome verlangt; beachtet man schließlich, daß 1 g Po rund 3.10^{21} Atome enthält, also in kontinuierlicher Reihung, etwa 3.10^5 Atomschichten für 1 cm^2 Fläche, so ergäben obige 10^{-6} g Po nur etwa 0,3 Atomschichten, d. h. also eine löcherige Haut, die überdies sehr leicht verdampfen müßte. Man kann sich kaum vorstellen, wie bei solchem Material ein Hochfrequenzspektrum in fassbarer Form entstehen kann. Die Wiederholung des Versuches, einmal mit Po, das aus RaD nachgebildet, also rein ist, das andere Mal mit Po, das direkt aus einer Erzaufschließung entnommen werden kann, also seine Isotope bei sich hätte, würde darüber entscheiden, ob es etwa stabile Isotope des Po gibt, deren Existenz, da sie in wägbarer Menge vorhanden sein müßten, die erwähnte Schwierigkeit betreffs des Er-

Literatur zu VI, 7 siehe Seite 458.

scheinens eines Hochfrequenzspektrums beheben könnte [St. Meyer[35]]. Hierfür kämen eventuell auch Endprodukte der Ac- oder Th-Verwandlungsreihe in Frage.

In chemischer Hinsicht steht Polonium dem Bi nahe und dem Tellur am nächsten; jedoch ist es nicht isotop mit Tellur, sondern das nächst höhere Homologe, so daß es von diesem getrennt werden kann, ähnlich wie das Ra vom Ba. Seine unbezweifelte Isotopie mit RaA, ThA, AcA wurde noch eigens von A. Muszkat und H. Herschfinkel bestätigt[31]).

Da M. Curie anfangs die Verwandtschaft mit dem Bi besonders betont hatte, W. Marckwald aber einen Körper abschied, der dem Tellur ähnlicher erschien, glaubte dieser zuerst einen vom Po verschiedenen Körper, erhalten zu haben und nannte ihn Radiotellur. Tatsächlich ist aber Marckwalds „Radiotellur" identisch mit RaE-freiem Polonium und die Benennung auch von ihm selbst fallen gelassen worden[3]).

Die Diffusionskonstante[8a]) in schwach saurer Lösung zeigt es als zweiwertig mit $D = 0{,}76\ \mathrm{cm^2\ Tag^{-1}}$; in alkalischer Lösung ($\frac{1}{2}\,n$ Ammoniak) erhält man jedoch $D = 0{,}19\ \mathrm{cm^2\ Tag^{-1}}$. Wie aus derartigen Versuchen und solchen F. Paneths[25]) hervorgeht, vermag eben das Polonium ganz ähnlich wie das Tellur kolloide Formen anzunehmen. Es ist in alkalischer Lösung gewiß zum größten Teil, in neutraler und schwach saurer Lösung noch in merklichem Ausmaße kolloid.

St. Maracineanu[38]) glaubt durch Sonnenwirkung auf Po aus diesem erzeugtes RaE nachweisen zu können.

e) Lebensdauer des Poloniums. Kurz nach der Auffindung der neuen Substanz galt Polonium als konstant aktiv, aber es stellte sich bald heraus, daß solche Präparate allmählich an Aktivität einbüßten, worüber die ersten qualitativen Angaben[26]) von M. Curie, F. Giesel, H. Becquerel sowie E. Rutherford gemacht wurden. Genauere Angaben brachten dann nahe gleichzeitig M. Curie und St. Meyer und E. v. Schweidler, mit Halbierungszeiten von ca. 140 Tagen.

Es fanden[27])

1904—1906	St. Meyer und E. v. Schweidler an RaF (Restaktivität)	T = 138,2 Tage
	an dem α-strahlenden Bestandteil des Radioblei	134,5
	an Radiotellur	136,5
	an Radiowismut-Polonium	138,9
1905	E. Rutherford an RaF (Restaktivität)	143
	an Radiotellur	143
1905	W. Marckwald und H. Greinacher an Radiotellur	139,6
1906	M. Curie an Radiowismut-Polonium	140,0
1910	J. W. Waters	148
1911	E. Regener	136,0 ± 0,5
1912	E. v. Schweidler (erstreckt über 2200 Tage)	136,5 ± 0,3
1913	R. Girard	135,6
1920	M. Curie	140
1923	St. Maracineanu	139,5

Literatur zu VI, 7 siehe Seite 458.

Es sei jedoch speziell im Hinblick auf die Resultate F. Paneths und G. v. Hevesys (vgl. S. 450f.) darauf verwiesen, daß es vielleicht nicht gleichgültig für die Beobachtungen ist, auf welchem Material das Po niedergeschlagen wird. Sowohl würde eine allmähliche, wenn auch geringfügige Oxydation der Oberfläche ein rascheres Verschwinden des unter die Oberfläche gelangenden Po vortäuschen, als auch durch langsame Diffusion ins Innere, z. B. Bildung von Polonium-Legierungen oder PoH_2-Bildung und Absorption dieses Gases ein scheinbar schnellerer Zerfall resultieren. Versuche über solche Diffusionen haben diesbezüglich noch keine bestimmten Anhaltspunkte gegeben und die Schärfe des Knickes der Reichweiten-Kurven nach dem Geiger-Nuttallschen Verfahren (vgl. Fig. 78, Seite 328) läßt den Schluß zu, daß bei auf Pt niedergeschlagenem Polonium alle α-Teilchen nahe die gleiche Reichweite besitzen, also kein merklicher Bruchteil in meßbare Tiefe unter die Oberfläche gelangt sein kann.*)

Die Diffusion von Po, sowie die von RaB—RaC in Pt, Au, Ag wurde von L. Wertenstein und H. Dobrowolska[32]) bei Zimmertemperatur verschwindend klein gefunden, bei ca. 470° für Po in Au von der Größenordnung 10^{-9} cm²/Tag; für RaC in Au 10^{-7} bis 10^{-6} cm²/Tag. St. Maracineanu[32]) fand ein Eindringen von Po in Au gemessen durch Stärkerwerden der Wirkung an der Gegenfläche einer Folie auch schon bei normaler Temperatur und führt diesen Umstand (wie dies bereits früher geschehen ist, vgl. I. Aufl. 1916 S. 362) als Ursache für manche zu klein gefundene Werte von T an, die sonach auf Glas- oder Quarzunterlage besser zu messen sind. Zu beachten ist in dieser Hinsicht, wie R. W. Lawson[32]) sehr deutlich zeigte, besonders auch der Aggregatrückstoß unter Wirkung der eigenen α-Strahlung.

Allgemein gilt für die Kritik der Meßresultate der Zerfallskonstante von Po: T verlängernd würde wirken: Anwesenheit kleiner Mengen von RaD; ungleiche Annäherung an den Sättigungsstromzustand (bei stärkeren Wirkungen geringere Annäherung, also zu kleine Stromwerte). T verkürzend würde wirken: Aggregatrückstoß, Diffusion ins Platten-Innere, sei es des Po-Metalles oder infolge von Legierungsbildung oder Eindringen von PoH_2; Oxydation der Grundplatte oder sonstiger allmählicher Überzug über die Po-Schicht.

Nicht immer wird die Verbindungsform des Po (oder anderer radioaktiver Stoffe) hinreichend beachtet; ob es als Metall, Oxyd, Hydrid oder als Salz vorliegt, was für die erwähnten Einflüsse von sehr verschiedener Bedeutung ist.

Die praktisch vollkommene Übereinstimmung der Resultate für die Zerfallskonstanten aller oben genannten Produkte bildet den besten Beweis für deren Identität und es ist daher neben der Bezeichnung RaF nur mehr der Namen Polonium üblich. Mit Rücksicht darauf, daß das Polonium einen bisher unbesetzten Platz im periodischen System der

---

Literatur zu VI, 7 siehe Seite 458.

*) Anderseits ergaben Beobachtungen von auf Pd niedergeschlagenem Po schon eine merkliche Abrundung der erwähnten Knickstelle der Fig. 78, S. 328[28]).

Elemente ausfüllt und das längstlebende Element seiner Plejade ist, bleibt die Beibehaltung eines eigenen Namens angezeigt.

f) Maßeinheit für die Poloniummengen. Als zweckmäßigstes Maß empfiehlt sich das Stromäquivalent, das auf ein Blech oder dergleichen niedergeschlagenes Po durch seine einseitig gerichtete α-Strahlung hervorbringt.

Wenn 1 g Ra bei allseitiger Ausnützung seiner α-Strahlung $2{,}41_3 \cdot 10^6$ stat. Einh. Sättigungsstrom liefert und im Gleichgewicht mit $2{,}19 \cdot 10^{-4}$ g Po steht; weiters die Ionisierung je einer α-Partikel des Ra und des Po sich wie 1,36 : 1,50 verhält, so ist 1 g Ra α-strahlenäquivalent mit $1{,}98_6 \cdot 10^{-4}$ g Po. 1 g Po würde bei allseitiger Ausnützung seiner Strahlung $1{,}21_5 \cdot 10^{10}$ stat. Einh. liefern (zur Erreichung des gleichen einseitigen Stromes, also für Po auf einer Unterlage, wären 2 g Po erforderlich).

1 stat. Einh. aus einseitiger Strahlung entspricht daher $1{,}65 \cdot 10^{-10}$ g Polonium.

g) Zusammenhängende Entstehung von RaD, RaE, RaF. Die folgenden Tabellen enthalten für die wichtigsten Fälle die zahlenmäßigen Angaben der Bildung der „Restaktivitäten" unter Zugrundelegung der oben angeführten Zerfallskonstanten.

(1). Die Restaktivität RaD entwickelt sich aus dem aktiven Niederschlag.

Während RaA, RaB, RaC entsprechend der Anfangsbedingung $RaA_0 = 1$, $RaB_0 = RaC_0 = 0$ zerfallen (vgl. S. 433), entsteht aus RaC das Folgeprodukt RaD entsprechend der folgenden Tabelle. Der zugehörige Kurvengang ist (gestrichelt) in Fig. 101, S. 435 mit eingezeichnet.

Die zur Zeit t vorhandene Anzahl von Atomen RaD ist durch die Gleichung gegeben:

$$\mathrm{RaD} = \mathrm{RaA}_0 \left(h_1 e^{-\lambda_A t} + h_2 e^{-\lambda_B t} + h_3 e^{-\lambda_C t} + h_4 e^{-\lambda_D t}\right); \quad \mathrm{RaA}_0 = 1.$$

$\lambda_A = 0{,}227_3\,\mathrm{min}^{-1}$; $\lambda_B = 0{,}0258_5\,\mathrm{min}^{-1}$; $\lambda_C = 0{,}0355_4\,\mathrm{min}^{-1}$; $\lambda_D = 8{,}8 \cdot 10^{-8}\,\mathrm{min}^{-1}$.

$$h_1 = -\frac{\lambda_B \lambda_C}{(\lambda_B - \lambda_A)(\lambda_C - \lambda_A)} = -0{,}0226_4\,,$$

$$h_2 = -\frac{\lambda_C \lambda_A}{(\lambda_C - \lambda_B)(\lambda_A - \lambda_B)} = -4{,}138\,,$$

$$h_3 = -\frac{\lambda_A \lambda_B}{(\lambda_A - \lambda_C)(\lambda_B - \lambda_C)} = 3{,}162_2\,,$$

$$h_4 = 1;$$

$$\mathrm{RaD} = 1 - 0{,}0226_4\, e^{-\lambda_A t} - 4{,}138\, e^{-\lambda_B t} + 3{,}162\, e^{-\lambda_C t}.$$

Literatur zu VI, 7 siehe Seite 458.

t Minuten	RaD	t Minuten	RaD	t Minuten	RaD	t Minuten	RaD
5	0,0035	50	0,3993	100	0,7787	200	0,9790
10	0,0187	60	0,4978	120	0,8582	250	0,9941
20	0,0858	70	0,5856	140	0,9110	300	0,9982
30	0,1829	80	0,6613	160	0,9445	350	0,9995
40	0,2908	90	0,7252	180	0,9658	400	0,9999

(2). Bildung von RaD aus Radium.

Da RaA, RaB, RaC gegenüber Ra und RaD sehr kurzlebig sind, können sie in dieser Betrachtung außer acht gelassen werden und es ist

$$\mathrm{RaD} = \mathrm{Ra}\left(a e^{-\lambda_{\mathrm{Ra}} t} + b e^{-\lambda_{\mathrm{Em}} t} + c e^{-\lambda_D t}\right).$$

$$a = \frac{\lambda_{\mathrm{Ra}}\,\lambda_{\mathrm{Em}}}{(\lambda_{\mathrm{Em}} - \lambda_{\mathrm{Ra}})(\lambda_D - \lambda_{\mathrm{Ra}})} = 10{,}2117 \cdot 10^{-3}, \qquad \lambda_{\mathrm{Ra}} = 4{,}38 \cdot 10^{-4}\,\mathrm{a}^{-1},$$

$$b = \frac{\lambda_{\mathrm{Ra}}\,\lambda_{\mathrm{Em}}}{(\lambda_D - \lambda_{\mathrm{Em}})(\lambda_{\mathrm{Ra}} - \lambda_{\mathrm{Em}})} = 0{,}0066 \cdot 10^{-3}, \qquad \lambda_{\mathrm{Em}} = 66{,}19\,\mathrm{a}^{-1}, \quad \lambda_D = 0{,}4333\,\mathrm{a}^{-1}$$

$$c = \frac{\lambda_{\mathrm{Ra}}\,\lambda_{\mathrm{Em}}}{(\lambda_{\mathrm{Ra}} - \lambda_D)(\lambda_{\mathrm{Em}} - \lambda_D)} = -\,10{,}2183 \cdot 10^{-3}, \qquad a + b + c = 0.$$

t Jahre	$\mathrm{RaD} \cdot 10^3$	t Jahre	$\mathrm{RaD} \cdot 10^3$	t Jahre	$\mathrm{RaD} \cdot 10^3$
0	0,0000	8	2,9511	45	8,5687
0,1	0,0372	9	3,2529	50	8,8197
0,2	0,0807	10	3,5419	60	9,1877
0,3	0,1241	11	3,8184	70	9,4112
0,4	0.1672	12	4,0829	80	9,5410
0,5	0,2102	13	4,3361	90	9,6102
0,6	0,2529	14	4,5783	100	9,6399
0,7	0,2956	15	4,8102	110	9,6444
0,8	0,3379	16	5,0320	120	9,6324
0,9	0,3802	17	5,2441	130	9,6100
1	0,4225	18	5,4471	140	9,5807
2	0,8327	19	5,6413	150	9,5471
3	1,2255	20	5,8271	160	9,5107
4	1,6015	25	6,6417	170	9,4725
5	1,9615	30	7,2933	180	9,4335
6	2,3060	35	7,8138	190	9,3937
7	2,6355	40	8,2287	200	9,3536

Literatur zu VI, 7 siehe Seite 458.

(3). Bildung von RaE und RaF (Polonium) aus RaD.

Die Bildung erfolgt nach den Gleichungen:

$$\mathrm{RaE} = \frac{D_0 \lambda_D}{\lambda_E - \lambda_D}\left(e^{-\lambda_D t} - e^{-\lambda_E t}\right)$$

$$\mathrm{RaF} = D_0\left(k_1 e^{-\lambda_D t} + k_2 e^{-\lambda_E t} + k_3 e^{-\lambda_F t}\right)$$

$$k_1 = \frac{\lambda_D \lambda_E}{(\lambda_E - \lambda_D)(\lambda_F - \lambda_D)} = 2{,}395_5 \cdot 10^{-2}$$

$$k_2 = \frac{\lambda_D \lambda_E}{(\lambda_F - \lambda_E)(\lambda_D - \lambda_E)} = 0{,}0862 \cdot 10^{-2}$$

$$k_3 = \frac{\lambda_D \lambda_E}{(\lambda_D - \lambda_F)(\lambda_E - \lambda_F)} = -\,2{,}4817 \cdot 10^{-2}$$

$D_0 = 1$

$\lambda_D = 1{,}187 \cdot 10^{-4}\, d^{-1}$

$\lambda_E = 0{,}1429 \quad d^{-1}$

$\lambda_F = 5{,}078 \cdot 10^{-3}\, d^{-1}$

t Tage	RaE · 10^4	RaF · 10^2	t Tage	RaE · 10^4	RaF · 10^2
0	0,0000	0,0000	80	8,2348	0,7197
1	1,1052	0,0008	90	8,2250	0,7987
2	2,0646	0,0031	100	8,2153	0,8737
3	2,8954	0,0066	120	8,1959	1,0123
4	3,6156	0,0113	140	8,1764	1,1370
5	4,2583	0,0166	160	8,1570	1,2492
6	4,7805	0,0232	180	8,1377	1,3500
7	5,2491	0,0302	200	8,1184	1,4405
8	5,6552	0,0378	250	8.0703	1,6282
9	6,0071	0,0459	300	8,0226	1,7708
10	6,3120	0,0545	350	7,9751	1,8784
12	6,8052	0,0726	400	7,9279	1,9589
14	7,1752	0,0918	450	7,8810	2,0184
16	7,4527	0,1117	500	7,8344	2,0615
18	7,6608	0,1321	600	7,7420	2,1129
20	7,8167	0,1527	700	7,6506	2,1334
25	8,0553	0,2050	800	7,5603	**2,1358**
30	8,1696	0,2572	900	7,4711	2,1271
35	8,2230	0,3084	1000	7,3829	2,1119
40	8,2467	0,3589	1100	7,2959	2,0930
45	8,2557	0,4081	1200	7,2097	2,0719
50	**8,2576**	0,4561	1300	7,1247	2,0496
60	8,2528	0,5486	1400	7,0406	2,0267
70	8,2443	0,6363	1500	6,9575	2,0036

Literatur zu VI, 7 siehe Seite 458.

(4). Zerfall von RaD, RaE, RaF, einzeln abgeschieden:

t Tage	RaD	RaE	RaF	t Tage	RaD	RaF
0	1,0000	1,0000	1,0000	80	0,9906	0,6662
1	0,9999	0,8668	0,9949	90	0,9895	0,6332
2	0,9998	0,7514	0,9899	100	0,9882	0,6018
3	0,9996	0,6514	0,9849	120	0,9859	0,5437
4	0,9995	0,5646	0.9799	140	0,9836	0,4912
5	0,9994	0,4894	0,9749	160	0,9813	0,4438
6	0,9993	0,4243	0,9700	180	0,9790	0,4009
7	0,9992	0,3678	0,9651	200	0,9765	0,3622
8	$0,9990_5$	0,3188	0,9602	250	0,9709	0,2810
9	0,9989	0,2764	0,9553	300	0,9650	0,2180
10	0,9988	0,2395	0,9505	350	0,9594	0,1691
12	0,9986	0,1800	0,9409	400	0,9536	0,1312
14	0,9983	0,1353	0,9314	450	0,9481	0,1018
16	0,9981	0,1016	0,9220	500	0,9424	$7,89 \cdot 10^{-2}$
18	0,9979	$7,64 \cdot 10^{-2}$	0,9127	600	0,9313	$4,75 \cdot 10^{-2}$
20	0,9976	$5,74 \cdot 10^{-2}$	0,9034	700	0,9203	$2,86 \cdot 10^{-2}$
25	0,9970	$2,81 \cdot 10^{-2}$	0,8808	800	0,9094	$1,72 \cdot 10^{-2}$
30	0,9965	$1,38 \cdot 10^{-2}$	0,8587	900	0,8987	$1,04 \cdot 10^{-2}$
35	$0,9959_5$	$6,73 \cdot 10^{-3}$	0,8372	1000	0,8881	$6,23 \cdot 10^{-3}$
40	0,9954	$3,29 \cdot 10^{-3}$	0,8162	1100	0,8776	$3,75 \cdot 10^{-3}$
45	0,9948	$1,61 \cdot 10^{-3}$	0,7958	1200	0,8672	$2,26 \cdot 10^{-3}$
50	0,9942	$7,89 \cdot 10^{-4}$	0,7758	1300	0,8570	$1,36 \cdot 10^{-3}$
60	0,9930	$1,89 \cdot 10^{-4}$	0,7374	1400	0,8469	$8,18 \cdot 18^{-4}$
70	0,9918	$4,53 \cdot 10^{-5}$	0,7009	1500	0,8369	$4,92 \cdot 10^{-4}$

Literatur zu VI, 7:

Vgl. den Bericht von St. Meyer und E. v. Schweidler, Jahrb. Rad. u. El. **3**, 381, 1906; **4**, 112, 1907.

1) P. und M. Curie, Thèses, Paris 1903, S. 116; E. Rutherford, Phil. Mag. (6) **8**, 636, 1904; Phil. Trans. (A) **204**, 169, 1904; Proc. Roy. Soc. **73**, 493, 1904.

2) P. und M. Curie, C. R. **127**, 175, 1898; F. Giesel, Phys. Z. **1**, 16, 1899; Ber. D. chem. Ges. **33**, 1667, 1900.

3) W. Marckwald, Phys. Z. **4**, 51, 1902; Ber. D. chem. Ges. **35**, 2285, 4239, 1902; **36**, 2662, 1903; **38**, 591, 1905; M. Curie, Radioaktivität, Deutsche Ausg. I, 173, 1912; M. Curie und A. Debierne, C. R. **150**, 386, 1910; R. W. Lawson, Wien. Ber. **124**, 509, 1915; J. Escher-Desrivières, C. R. **177**, 172, 1923; **178**. 1713, 1924; **179**, 158, 1924; J. chim. phys. **23**, 258, 1926; J. H. Brennen, C. R. **179**, 161, 1924; I. Curie, J. chim, phys. **22**, 471, 1925; **23**, 257, 1926.

4) J. Elster und H. Geitel, Ann. d. Phys. (3) **69**, 87, 1899; K. A. Hofmann und E. Strauss, Ber. D. chem. Ges. **33**, 3126, 1900; **34**, 8, 907, 3033, 3970, 1901; K. A. Hofmann und V. Wölfl, Ber. D. chem. Ges. **35**, 1453, 1902; **36**, 1040, 1903; A. Korn und E. Strauss, Ann. d. Phys. (4) **11**, 397, 1903; K. A. Hof-

mann, L. Gonder und V. Wölfl, Ann. d. Phys. (4) **15**, 615, 1904; F. Giesel, Ann. d. Phys. (4) **15**, 1048, 1904.

5) F. Giesel, Ber. D. chem. Ges. **33**, 3570, 1900; **35**, 3409, 1902; **36**, 728, 1903; M. Curie, Phys. Z. **4**, 234, 1903; A. Debierne, C. R. **139**, 281, 1904; F. Soddy, Nature **69**, 347, 461, 1904; St. Meyer und E. v. Schweidler, Wien. Ber. **114**, 389, 1195, 1905; **115**, 63, 697, 1906.

5a) Vgl. F. Soddy, Chemie der Radioelemente 1912; B. Szilard, Le Rad. **5**, 1, 1908; H. Herschfinkel, Le Rad. **7**, 198, 1910; K. A. Hofmann und V. Wölfl, Ber. D. chem. Ges. **40**, 2425, 1907; G. N. Antonoff, Phil. Mag. (6) **19**, 825, 1910; F. Paneth und G. v. Hevesy, Wien. Ber. **122**, 993, 1913.

5b) G. v. Hevesy und F. Paneth, Wien. Ber. **123**, 1909; 1914; Ber. D. chem. Ges. **47**, 2784, 1914; F. Paneth und W. Bothe, Handb. Arbeitsmeth. anorg. Chem. von E. Tiede und F. Richter II (2) 1027, 1925; A. S. Russell und J. Chadwick, Phil. Mag. (6) **27**, 114, 1914.

6) F. Exner und E. Haschek, Wien. Ber. **121**, 1077, 1912; E. Demarçay, zit. bei F. Giesel, Ber. D. chem. Ges. **35**, 102, 1902.

7) St. Meyer und E. v. Schweidler, Wien. Ber. **115**, 713, 1906; O. v. Baeyer, O. Hahn und L. Meitner, Phys. Z. **12**, 378, 1911; A. F. Kovarik, Phil. Mag. (6) **20**, 849, 1910.

7a) L. Meitner, Phys. Z. **16**, 272, 1915.

8) E. Rutherford und H. Richardson, Phil. Mag. (6) **26**, 324, 1913.

8a) G. v. Hevesy, Phys. Z. **14**, 49, 1202, 1913; F. Paneth, Kolloid Z. **13**, 297, 1913.

9) E. Rutherford, Phil. Trans. (A) **204**, 169, 1904; Proc. Roy. Soc. **73**, 493, 1904; St. Meyer und E. v. Schweidler, Wien. Ber. **115**, 697, 1906; **116**, 701, 1907; Phys. Z. **8**, 457, 1907.

10) G. N. Antonoff, Phil. Mag. (6) **19**, 825, 1910.

11) R. Thaller, Wien. Ber. **123**, 157, 1914.

12) St. Meyer und E. v. Schweidler, Wien. Ber. **115**, 697, 1906; E. Rutherford und H. Richardson, Phil. Mag. (6) **26**, 324, 1913.

13) J. A. Gray, Proc. Roy. Soc. (A) **85**, 131, 1911.

14) St. Meyer und E. v. Schweidler, Wien. Ber. **115**, 697, 1906; Lieben-Festschrift 402, 1906; Jahrb. Rad. u. El. **3**, 381, 1906.

15) E. Rutherford, Phil. Mag. (6) **10**, 538, 1905.

16) E. Rutherford wie [15]); J. Danysz, C. R. **143**, 232, 1906; F. Giesel, Ber. D. chem. Ges. **39**, 780, 1014, 1906; St. Meyer und E. v. Schweidler, wie [14]); G. N. Antonoff, Phil. Mag. (6) **19**, 825, 1910; R. Thaller, Wien. Ber. **121**, 1611, 1912; M. Curie, Le Rad. **8**, 853, 1911; L. Meitner, Phys. Z. **12**, 1094, 1911; L. Bastings, Phil. Mag. (6) **48**, 1075, 1924; G. Fournier, C. R. **181**, 502, 1925; J. P. Mc Hutchinson, Proc. Roy. Soc. London, 25. Febr. 1926; L. F. Curtiss, Phys. Rev. (2) **27**, 672, 1926.

17) J. Szmidt, Phil. Mag. (6) **28**, 527, 1914; I. Curie und G. Fournier, C. R. **176**, 1301, 1923.

18) A. S. Russell und J. Chadwick, Phil. Mag. (6) **27**, 112, 1914.

19) P. Curie, C. R. **130**, 75, 1900; O. Wigger, Jahrb. Rad. u. El. **2**, 391, 1905; B. Kučera, und B. Mašek, Phys. Z. **7**, 337, 630, 650, 1906; St. Meyer und E. v. Schweidler, Wien. Ber. **115**, 713, 1906; M. Levin, Phys. Z. **7**, 521, 1906; H. Geiger und J. M. Nuttall, Phil. Mag. (6) **22**, 613, 1911; W. Michl, Wien. Ber. **121**, 1431, 1912; A. F. Kovarik, Le Rad. **11**, 69, 1914; T. S. Taylor, Phil. Mag. (6) **26**, 402, 1914; St. Meyer, V. F. Hess und F. Paneth, Wien. Ber. **123**, 1459, 1914; R. W. Lawson, Wien. Ber. **124**, 637, 1915; H. Geiger,

Z. f. Phys. 8, 45, 1921; I. Curie, C. R. **175**, 220, 1922; C. W. van der Merwe, Phil. Mag. (6) **45**, 379, 1923.

20) M. Wertenstein, Warschau Ber. **10**, 781, 1917.

21) R. W. Lawson, Wien. Ber. **124**, 509, 1915; F. Paneth, Wien. Anz. **55**, 33, 35, 1918; Chem. Ztg. **42**, 200, 1918; Mitt. Ra-Inst. 114, Wien. Ber. **127**, 1729, 1918; Z. Elektrochem. **24**, 298, 1918; **26**, 452, 1920; Ber. D. chem. Ges. **51**, 1704, 1918; **53**, 1710, 1920; Naturwiss. **7**, 482, 1919; F. Paneth und E. Winternitz, Ber. D. chem. Ges. **51**, 1728, 1918; F. Paneth, A. Johannsen und M. Matthies, Ber. D. chem. Ges. **55**, 769, 1922; F. Paneth, M. Matthies und E. Schmidt-Hebbel, Ber. D. chem. Ges. **55**, 755, 1922; F. Paneth und A. Johannsen, Ber. D. chem. Ges. **55**, 2622, 1922; F. Paneth und E. Schmidt-Hebbel, Ber. D. chem. Ges. **55**, 2615, 1922; F. Paneth und O. Nörring, Ber. D. chem. Ges. **53**, 1693, 1920; F. Paneth und E. Rabinowitsch, Ber. D. chem. Ges. **58**, 1138, 2446, 1925.

22) St. Meyer und E. v. Schweidler, Wien. Ber. **115**, 697, 1906.

23) F. Paneth, Wien. Ber. **121**, 2193, 1912; derselbe u. G. v. Hevesy, Wien. Ber. **122**, 1049, 1913; F. Paneth, Wien. Ber. **122**, 1079, 1913; G. v. Hevesy, Phys. Z. **14**, 1202, 1913; G. v. Hevesy u. F. Paneth, Wien. Ber. **123**, 1619, 1914.

24) Vgl. St. Meyer und E. v. Schweidler, Bericht, Jahrb. Rad. u. El. **3**, 385, 1906; M. Curie und A. Debierne nach M. Curie, Radioaktivität, Deutsche Ausg. I, 179, 1912.

25) F. Paneth, Kolloid. Z. **13**, 1, 1913; T. Godlewski, Bull. Acad. Krakau, Juni 1913.

26) M. Curie, Thèses, Paris 1904, 31, 122; F. Giesel, Phys. Z. **1**, 16, 1899; Ann. d. Phys. (3) **69**, 834, 1899; H. Becquerel, C. R. **136**, 199, 1903; E. Rutherford, Phil. Trans. (A) **204**, 169, 1904; Proc. Roy. Soc. **73**, 493, 1904.

27) St. Meyer und E. v. Schweidler, Wien. Anz. 1. Dez. 1904; Wien. Ber. **114**, 389, 1905; **115**, 63, 1906; Phys. Z. **7**, 257, 1906; E. Rutherford, Phil. Mag. (6) **10**, 290, 1905; W. Marckwald, H. Greinacher und K. Herrmann, Jahrb. Rad. u. El. **2**, 136, 1905; M. Curie, C. R. **142**, 273, 1906; Phys. Z. **7**, 146, 180, 1906; J. W. Waters, Phil. Mag. (6) **19**, 905, 1910; E. Regener, Verh. D. Phys. Ges. **13**, 1027, 1911; E. v. Schweidler, Verh. D. Phys. Ges. **14**, 536, 1912; R. Girard, Le Rad. **10**, 195, 1913; M. Curie, J. de phys. (6) **1**, 12, 1920; St. Maracineanu, C. R. **176**, 1879, 1923; Thèses 1793, Paris 1924.

28) St. Meyer, V. F. Hess und F. Paneth, Wien. Ber. **123**, 1471, 1914.

29) G. Costanzo, C. R. **156**, 126, 1913.

30) R. Whytlaw-Gray, Nature **91**, 659, 1913.

31) A. Muszkat und H. Herschfinkel, J. de phys. (6), **2**, 15, 1921.

32) R. W. Lawson, Mitt. Ra-Inst. 118, Wien. Ber. **128**, 795, 1919; L. Wertenstein und H. Dobrowolska, J. de phys. (6) **4**, 324, 1923; St. Maracineanu, C. R. **177**, 1215, 1923.

33) L. F. Bates und J. S. Rogers, Proc. Roy. Soc. (A) **105**, 360, 1924; N. Yamada, C. R. **180**, 436, 1925; I. Curie und N. Yamada, C. R. **180**, 1487, 1925.

34) K. G. Emeléus, Cambridge Proc. **22**, 400, 1924.

35) M. Siegbahn und E. Friman, Phys. Z. **17**, 61, 1916; St. Meyer, Z. phys. Chem. **95**, 407, 1920.

36) F. Paneth, Naturwiss. **13**, 639, 1925; Z. Elektrochem. **31**, 572, 1925.

37) M. Curie und D. K. Yovanovitch, J. de phys. (6) **6**, 33, 1925; T. Kautz, Mitt. Ra-Inst. 183, Wien. Ber. **135**, 93, 1926.

38) St. Maracineanu, C. R. **183**, 345, 1926.

8. Das Endprodukt der Uran-Radium-Zerfallsreihe. Die Aktivität des Poloniums verschwindet mit der Zeit restlos; es muß daher angenommen werden, daß das Endprodukt inaktiv und sehr stabil, daher auch in größerer Menge in den natürlichen Uran-Radiummineralien vorhanden ist.

Nun enthalten die gewöhnlichen Uranmineralien fast alle bekannten Elemente in größerer oder geringerer Beimengung, allem Anscheine nach aber insbesondere Blei in nahe konstantem Verhältnis (vgl. Kap. VII, 3). Dies führte zu der Anschauung, daß tatsächlich das gewöhnliche Blei als das Endprodukt dieser Familie anzusehen sei[1]). Neben der angenäherten Konstanz des Verhältnisses Pb/U in den Mineralien wurde der Umstand dafür ins Treffen geführt, daß, wenn vom Uran bis zum Endprodukt 8 α-Partikeln vom Atome verloren werden, aus 238 — 32 = 206 ein Atomgewicht resultiert, das dem des Bleis (rund 207) nahesteht.

Freilich ist es eine bergmännisch bekannte Tatsache, daß verschiedene Metalle, wie Blei und Silber, oder Cu und Au, und dergleichen vielfach in der Natur vergesellschaftet in nahe konstanten Verhältnissen vorkommen, was ja durch eine gleichartige Abscheidung aus einem zutage tretenden oder sich abkühlenden Magma erklärt werden kann. Es wurde auch von Anfang an mehrfach betont, daß das Endprodukt (RaG) vielleicht nur dem Blei sehr ähnlich und chemisch nicht von ihm zu unterscheiden sei, aber nicht identisch mit dem gewöhnlichen Pb wäre[2]). Diese Anschauung findet in der Theorie der Isotopie jetzt eine wesentliche Stütze (vgl. S. 355 f.). Ein Element der vierten Gruppe mit einem Atomgewicht von 206 stünde dem Pb mit dem Atomgewicht 207,2 so nahe, daß es zur selben Plejade gehörig von letzterem in keiner Weise chemisch unterschieden werden könnte. Das aus dem Uran-Radium entstandene Blei in der Pechblende oder in ähnlichen Mineralien müßte sonach bei einer präzisen Atomgewichtsbestimmung einen um etwa eine Einheit niedrigeren Wert liefern, als das aus uranfreiem Material stammende Blei. Derartige Untersuchungen erschienen von grundlegender Bedeutung. Es muß aber gleich hier betont werden, daß kein Grund vorliegt, warum in den meisten natürlichen Uranmineralien, die Fe, Cu, Bi usw., kurz fast alle bekannten Elemente enthalten, nicht auch das gewöhnliche Blei vom Atomgewicht 207,2 vorhanden sein sollte Es wäre von vornherein eigentlich zu erwarten, daß, wenn obige Annahmen auch zutreffen, das aus solchen Mineralien abgeschiedene Blei ein Gemisch von gewöhnlichem und „Uranblei" darstellt, demnach auch ein Mittelwert zwischen 206 und 207 für das Verbindungsgewicht zu erwarten ist. Insbesondere steht es fest, daß oberhalb des Uranvorkommens in St. Joachimstal ziemlich mächtiges Bleivorkommen und darüber Silbervorkommen vorhanden war und noch teilweise ist (vgl. S. 369/370).

Ein weiterer präziser Beweis für die Richtigkeit des Atomgewichtes 206 für „Uranblei" = RaG (aus radioaktivem Zerfalle des U bzw. Ra) ließe sich dadurch erbringen, daß man den Zerfall einer genügend großen Menge von Polonium direkt verfolgt und so das Endprodukt frei von anderen Bleiarten bekommt. Wie schwierig eine derartige Untersuchung

---

Literatur zu VI, 8 siehe Seite 464.

sich gestaltet, folgt aber allein schon aus dem Umstande, daß mit 1 g Ra nur ca. 0,2 mg Po im Gleichgewicht stehen. Da dieses überdies bei der technischen Darstellung in den Bleimassen steckt, müßte es völlig bleifrei davon abgeschieden oder aus Ra-Emanation gewonnen werden. Es ist demzufolge ein bündiger Beweis dieser Art bisher nicht gelungen.

R. Whytlaw-Gray[3]) hat es versucht, die chemische Natur von aus Emanation über RaD und Po entstandenem Endprodukt durch mikrochemische Untersuchungen festzustellen. Die sehr empfindliche Reaktion des Bleies mit Kupfer- und Kaliumnitrit, wobei ein charakteristisches kristallisiertes Tripelnitrit auftritt, zeigte tatsächlich die Anwesenheit eines bleiartigen Körpers. Da aber nach den dermaligen Anschauungen RaD genau die gleichen Reaktionen zeigen soll, wie das Endprodukt, so erscheinen alle weiteren Schlüsse daraus nicht zwingend.

Im Jahre 1914 haben nun einerseits O. Hönigschmid und St. Horovitz[4]) im Anschluß an die Atomgewichtsbestimmungen des U und Ra, sowie anderseits (auf Veranlassung von K. Fajans) M. E. Lembert bei T. W. Richards Atomgewichtsbestimmungen ausgeführt. O. Hönigschmid fand an den aus den Uranerzen von St. Joachimstal stammenden Bleiprodukten ein Atomgewicht von 206,7, das also deutlich niedriger ist, als das des gewöhnlichen Pb (207,2). Dabei konnte aus der technischen Schwefelsäure etwas gewöhnliches Blei zum „Uranblei" (RaG) gekommen sein, so daß der Wert noch etwas zu hoch läge. T. W. Richards und M. E. Lembert fanden an „Blei" aus Plechblende von St. Joachimstal, aus Carnotit und aus Uraninit Werte zwischen 206,6 und 206,4. Ähnliche Werte erhielt Maurice Curie. O. Hönigschmid und St. Horovitz bekamen dann aus ausgesuchten Stücken Pechblende von St. Joachimstal 206,4. (Pb/U = 0,0664 nach A. Becker und P. Jannasch). Die Pechblende kommt dort aber immer in Nachbarschaft von gewöhnlichen Bleierzen vor, so daß eine Beimengung von gewöhnlichem Blei (207,2) anzunehmen war. O. Hönigschmid und St. Horovitz haben daher auch kristallisierte Pechblende aus Morogoro (Ostafrika) (RaG/U = 0,097) untersucht und für das enthaltene RaG („Blei") das Verbindungsgewicht **206,05** gefunden. Reines RaG ist daher in voller Übereinstimmung mit der Theorie (und Ra = 226,0) mit dem Atomgewicht nahezu 206,0 anzunehmen. Allzuweit gehende Schlüsse, welche die Genauigkeit der zweiten Dezimale voraussetzen, sollten jedoch noch nicht darauf gestützt werden[8]).

Auch das „Blei" aus dem neben der Hauptmenge Uran noch Thorium enthaltenden sonst sehr reinen Bröggerit (RaG/U = 0,128) ergab das Atomgewicht 206,06*). Seither sind insbesondere von O. Hönigschmid und T. W. Richards zahlreiche Bleiarten untersucht und für

Literatur zu VI, 8 siehe Seite 464.

*) Vgl. auch Thor-Endprodukt, Seite 522.

die der Herkunft nach verschiedenen Mischungen von RaG (206), Pb (207,2), ThD (208) Verbindungsgewichte zwischen den niedrigsten Werten [(206,046 (Morogoro); 206,048 (Katanga)] — entsprechend nahezu reinem RaG — in allen Zwischenstufen bis hinauf zu 207,9 (Thorit) — höchstprozentiges ThD — festgestellt worden[4]).

T. W. Richards und C. Wadsworth[6]) erhielten für die Dichte von Pb (207,2) $\varrho = 11{,}337$, für diejenige eines Gemisches RaG + Pb (vom Atomgewicht 206,3) $\varrho = 11{,}288$; die Atomvolumina dieser Isotope ergeben sich daher, wie schon F. Soddy[7]) voraussetzte, als gleich groß (18,28); die Atomradien unterscheiden sich um weniger als 10^{-4} ihres Wertes.

Das Spektrum des RaG (206) und des reinen Pb (207,2) erwies sich innerhalb des sichtbaren und ultravioletten Bereiches ($\lambda = 2380$ bis 4470) als vollkommen identisch. [E. Haschek, O. Hönigschmid und St. Horovitz[4])]; ebenso das Röntgenspektrum und viele andere Eigenschaften (vgl. S. 357 f.).

Drei Prozent eines blei-isotopen Actinium-Endproduktes (AcD) vom Atomgewicht 210 würden den Wert des gefundenen Atomgewichtes von 206,0 auf 206,12 erhöhen; es kann also nur entweder dieses Actiniumprodukt nicht stabil und daher nur in geringerer Menge vorhanden sein, oder es muß ihm selbst auch das Atomgewicht von nahe 206 (207) zukommen. Da O. Hönigschmid weder Bi noch Tl, die zwei Elemente (oder ihre Isotope), die für eine weitergehende Verwandlung in Betracht kommen, auffand, so ist die letztere Annahme die wahrscheinlichere. Die geringe zu erwartende Menge des „Thorblei"-Isotopes im Bröggerit wäre trotz des angenommenen Atomgewichtes 208 nicht von wesentlichem Einfluß (vgl. auch VI, 10, S. 522).

Die Differenzen U (238,18) — Ra (226,0) — (RaG + 3% AcD) (206,05) zeigen zwischen Uran und RaG für den Verlust von 8 Heliumatomen (32,00) nur mehr sehr kleine Unstimmigkeit, welche aber doch die Genauigkeit der Atomgewichtsbestimmung übertrifft und noch der Aufklärung harrt. Einen nur geringen Beitrag zu dieser Differenz bringen die Energieverluste, die maximal zwischen U und Ra 0,027; zwischen U und RaG 0,07 Atomgewichtseinheiten ausmachen können. Die Abweichung des Verbindungsgewichtes $U = 238{,}18$ von Ra $(226) + 3\alpha = 238{,}0$ läßt sich natürlich durch Annahme der Existenz weiterer Isotope zu U deuten; doch genügen hierzu weder ein ThU (vgl. S. 524), dem 236 entspräche, noch 3% eines AcU mit 239—240, es wäre noch ein Isotop höheren Atomgewichtes erforderlich.

K. Fajans und H. Towara[5]) hatten (1914) geglaubt ein RaH als α-strahlendes Wismut-Isotop und Folgeprodukt des RaG abgeschieden zu haben; sie sahen sich aber seither veranlaßt dies zu widerrufen und L. Meitner hat bestimmt

Literatur zu VI, 8 siehe Seite 464.

zeigen können, daß es sich dabei um beigemengtes Ionium gehandelt hat. Auch konnte, wie erwähnt, O. Hönigschmid in der kristallisierten Pechblende weder merkliche Mengen von Bi noch Tl nachweisen, so daß mit aller Sicherheit angenommen werden darf, daß diese Entwicklungsreihe tatsächlich im RaG ihr stabiles Endglied erreicht.

Literatur zu VI, 8:

1) B. B. Boltwood, Phil. Mag. (6) **9**, 613, 1905; Sill. J. **20**, 253, 1905; **23**, 78, 1907; E. Rutherford, Radioactive Substances 1913, S. 596, A. Holmes, Proc. Roy. Soc. (A) **85**, 248, 1911; The Age of the Earth, Chap. 10, London 1913.

2) St. Meyer und E. v. Schweidler, Wien. Ber. **115**, 83, 1906; St. Meyer, Vierteljahrsber. Wien. Ver. z. Förderung phys. u. chem. Unterricht Dez. 1906; Ion **1**, 249, 1909; C. Doelters, Handbuch der Mineralchemie S. 244, geschrieben 1911; G. v. Hevesy, Phys. Z. **14**, 61, 1913; F. Soddy, Jahrb. Rad. u. El. **10**, 197, 1913 (zitiert A. S. Russell, 1912).

3) R. Whytlaw-Gray, Nature **91**, 659, 1913; vgl. auch F. Soddy, Chemistry of Radioelements II, 28, 1914.

4) O. Hönigschmid und St. Horovitz, Bunsengesellschaft 23. Mai 1914, Z. Elektrochem. **20**, 319, 1914; Wien. Anz. **51**, 318, 1914; C. R. **148**, 1797, 1914; Wien. Ber. **123**, 2407, 1914; T. W. Richards und M. E. Lembert, J. Am. Chem. Soc. **36**, 1329, 1914; Z. anorg. Chem. **88**, 429, 1914; Z. Elektrochem. **20**, 319, 449, 1914; C. R. **159**, 1978, 1914; M. E. Lembert, Diss. Karlsruhe 1914; K. Fajans, Heidelberg. Ber. Abh. 11, 1914; Maurice Curie, C. R. **148**, 1676, 1914; T. R. Merton, Nature **94**, 662, 1915; F. Soddy und H. Hyman J. chem.

Zerfallskonstanten d[illegible]

	$T =$ Halbierungszeit in					$\tau =$ Mittler[illegible]	
	Sekunden	Minuten	Stunden	Tagen	Jahren	Sekunden	Minuten
Radium	$4,99 \cdot 10^{10}$	$8,32 \cdot 10^{8}$	$1,39 \cdot 10^{7}$	$5,79 \cdot 10^{5}$	1580	$7,21 \cdot 10^{10}$	1,20·10[illegible]
Radium-emanation	$3,305 \cdot 10^{5}$	$5,508 \cdot 10^{3}$	91,8	3,825	$1,047 \cdot 10^{-2}$	$4,768 \cdot 10^{5}$	7,946·10[illegible]
Radium A	183	3,05	$5,08 \cdot 10^{-2}$	$2,12 \cdot 10^{-3}$	$5,80 \cdot 10^{-6}$	$2,64 \cdot 10^{2}$	4,40[illegible]
Radium B	1608	26,8	0,470	$1,96 \cdot 10^{-2}$	$5,37 \cdot 10^{-5}$	$2,32 \cdot 10^{3}$	38,6[illegible]
Radium C	1183	19,72	0,329	$1,37 \cdot 10^{-2}$	$3,75 \cdot 10^{-5}$	$1,707 \cdot 10^{3}$	28,45
Radium C′	ca. $8 \cdot 10^{-7}$	—	—	—	—	ca. $1,2 \cdot 10^{-6}$	–
Radium C″	79,2	1.32	$2,2 \cdot 10^{-2}$	$9,17 \cdot 10^{-4}$	$2,51 \cdot 10^{-6}$	$1,15 \cdot 10^{2}$	1,90
Radium D	$5,05 \cdot 10^{8}$	$8,41 \cdot 10^{6}$	$1,40 \cdot 10^{5}$	5840	16,—	$7,28 \cdot 10^{8}$	1,21·10[illegible]
Radium E	$4,19 \cdot 10^{5}$	$6,98 \cdot 10^{3}$	116,4	4,85	0,0133	$6,05 \cdot 10^{5}$	1,01·10[illegible]
Radium F (Polonium)	$1,18 \cdot 10^{7}$	$1,97 \cdot 10^{5}$	$3,28 \cdot 10^{3}$	136,5	0,3737	$1,70 \cdot 10^{7}$	2,83·10[illegible]

	Ra	Ra Em	Ra A	Ra B
$\lambda \log e =$	$6,028 \cdot 10^{-12}\ s^{-1}$	$9,107 \cdot 10^{-7}\ s^{-1}$	$1,642 \cdot 10^{-3}\ s^{-1}$	$1,872 \cdot 10^{-4}\ s^{-1}$
$0,43429\,\lambda$	$1,902 \cdot 10^{-4}\ a^{-1}$	$7,869 \cdot 10^{-2}\ d^{-1}$	$9,871 \cdot 10^{-2}\ m^{-1}$	$1,123 \cdot 10^{-1}\ m^{-1}$

Soc. **105**, 1402, 1914; Nature **94**, 615, 1915; F. Soddy und A. F. R. Hitchins, Nature **98**, 469, 1917; F. Soddy, Nature **99**, 244, 1917; O. Hönigschmid, Z. Elektrochem. **23**, 161, 1917; Chem. Ztg. **42**, 201, 1918; Z. Elektrochem. **25**, 91, 1919; O. Hönigschmid und M. Steinheil, Ber. D. chem. Ges. **56**, 1831, 1923; O. Hönigschmid und L. Birkenbach, Ber. D. chem. Ges. **56**, 1837, 1923; K. Fajans, Heidelberg. Sitzber. A. 3. 1918; Chem. Ztg. **42**, 187, 1918; Z. Elektrochem. **24**, 163, 1918; R. W. Lawson, Mitt. Ra-Inst. 100, Wien. Ber. **126**, 721, 1917; Naturwiss. **5**, 429, 452, 610, 709, 1917; F. W. Clarke, Washington Proc. **4**, 181, 1918; T. W. Richards, Nature **103**, 74, 93, 1919; T. W. Richards und J. Sameshima, J. Amer. chem. Soc. **42**, 928, 1920; Maur. Curie, Rev. gén. des Sciences **34**, 576, 1923; A. Piutti und D. Migliacci, Rendiconti Accad. dei Lincei (5) **32**, 468, 1923; T. W. Richards und P. Putzeys, J. Am. chem. Soc. **45**, 2954, 1923; H. Brennen, Thèses, Paris 1925; B. Perrette, C. R. **180**, 1589, 1925; E. Gleditsch, M. Dorenfeldt-Holtan und O. Berg, J. chim. phys, **22**, 253, 1925; A. Piutti, Rend. Napoli (3) **31**, 72. 1925; C. W. Davis, Sill. J. (5) **11**, 201, 1926; O. Free, Phil. Mag. (7) **1**, 950, 1926; A. Holmes, Phil. Mag. (7) **1**, 1055, 1926; T. W. Richards und L. P. Hall, J. Am. chem. soc. **48**, 704, 1926; L. A. Cotton, Am. J. Science July 1926.

5) K. Fajans und H. Towara, Naturwiss. **2**, 685, 1914; Chem. Ztg. 22/VIII, S. 1032, 1914; L. Meitner, Phys. Z. **16**, 4, 1915.

6) T. W. Richards und C. Wadsworth, J. Am. Chem. Soc. **38**, 221, 1916; K. Fajans und J. Fischler, Z. anorg. Chem. **95**, 284, 1916; K. Fajans und M. E. Lembert, Z. anorg. Chem. **95**, 297, 1916.

7) F. Soddy, Nature **94**, 615, 1915; **107**, 41, 1921.

8) H. S. King, Nature **109**, 582, 1922; R. W. Lawson, Nature **109**, 613, 1922.

liumfamilie.

bensdauer in			λ = Zerfallskonstante in reziproken				
unden	Tagen	Jahren	Sekunden	Minuten	Stunden	Tagen	Jahren
$0 \cdot 10^7$	$8,34 \cdot 10^5$	2280	$1,39 \cdot 10^{-11}$	$8,33 \cdot 10^{-10}$	$5,00 \cdot 10^{-8}$	$1,20 \cdot 10^{-6}$	$4,38 \cdot 10^{-4}$
132,4	5,518	$1,511 \cdot 10^{-2}$	$2,097 \cdot 10^{-6}$	$1,258 \cdot 10^{-4}$	$7,549 \cdot 10^{-3}$	$0,181_2$	66,18
$3 \cdot 10^{-2}$	$3,05 \cdot 10^{-3}$	$8,35 \cdot 10^{-6}$	$3,78 \cdot 10^{-3}$	$0,227_3$	13,64	327,4	$1,20 \cdot 10^5$
$4 \cdot 10^{-1}$	$2,68 \cdot 10^{-2}$	$7,34 \cdot 10^{-5}$	$4,33 \cdot 10^{-4}$	$0,0258_5$	$1,55_1$	$37,2_2$	$1,36 \cdot 10^4$
$5 \cdot 10^{-1}$	$1,98 \cdot 10^{-2}$	$5,41 \cdot 10^{-5}$	$5,86 \cdot 10^{-4}$	$3,514 \cdot 10^{-2}$	2,108	50,6	$1,85 \cdot 10^4$
—	—	—	ca. $8,4 \cdot 10^5$	—	—	—	—
$7 \cdot 10^{-2}$	$1,32 \cdot 10^{-3}$	$3,62 \cdot 10^{-6}$	$8,75 \cdot 10^{-3}$	$5,25 \cdot 10^{-1}$	31,5	756	$2,76 \cdot 10^5$
$2 \cdot 10^5$	8425	23,08	$1,37 \cdot 10^{-9}$	$8,22 \cdot 10^{-8}$	$4,94 \cdot 10^{-6}$	$1,18_7 \cdot 10^{-4}$	0,0433
168	7,00	0,0192	$1,66 \cdot 10^{-6}$	$9,96 \cdot 10^{-5}$	$5,95 \cdot 10^{-3}$	0,143	52,2
$3 \cdot 10^3$	196,9	0,539	$5,88 \cdot 10^{-8}$	$3,528 \cdot 10^{-6}$	$2,12 \cdot 10^{-4}$	$5,078 \cdot 10^{-3}$	$1,85_5$

RaC	RaC″	RaD	RaE	RaF
$544 \cdot 10^{-4}\ s^{-1}$	$3,648 \cdot 10^{-3}\ s^{-1}$	$5,950 \cdot 10^{-10}\ s^{-1}$	$7,209 \cdot 10^{-7}\ s^{-1}$	$2,554 \cdot 10^{-8}\ s^{-1}$
$526 \cdot 10^{-2}\ m^{-1}$	$2,189 \cdot 10^{-1}\ m^{-1}$	$1,880 \cdot 10^{-2}\ a^{-1}$	$6,206 \cdot 10^{-2}\ d^{-1}$	$2,205 \cdot 10^{-3}\ d^{-1}$

Radioaktive Konstanten

Substanz	Symbol, Atomgewicht, Ordnungszahl	T	λ	τ	Strahlen	v in cm/sec
Ionium	*Io* 230 90	$7{,}6 \cdot 10^4\,a$ $2{,}4 \cdot 10^{12}\,s$	$9{,}1 \cdot 10^{-6}\,a^{-1}$ $2{,}9 \cdot 10^{-13}\,s^{-1}$	$1{,}1 \cdot 10^5\,a$ $3{,}5 \cdot 10^{12}\,s$	α — γ	$1{,}48 \cdot 10^9$ — —
Radium	*Ra* 226,0 88	$1580\,a$ $4{,}99 \cdot 10^{10}\,s$	$4{,}38 \cdot 10^{-4}\,a^{-1}$ $1{,}39 \cdot 10^{-11}\,s^{-1}$	$2280\,a$ $7{,}21 \cdot 10^{10}\,s$	α β γ	$1{,}51 \cdot 10^9$ $1{,}56 \cdot 10^{10};\ 2{,}05 \cdot 10^{10}$ —
Radium-Emanation (Radon)	*Ra Em* 222 86	$3{,}825\,d$ $3{,}305 \cdot 10^5\,s$	$0{,}1812\,d^{-1}$ $2{,}097 \cdot 10^{-6}\,s^{-1}$	$5{,}518\,d$ $4{,}768 \cdot 10^5\,s$	α — —	$1{,}61 \cdot 10^9$ — —
Radium *A*	*Ra A* 218 84	$3{,}05\,m$ $183\,s$	$0{,}227\,m^{-1}$ $3{,}78 \cdot 10^{-3}\,s^{-1}$	$4{,}40\,m$ $264\,s$	α — —	$1{,}69 \cdot 10^9$ — —
Radium *B*	*Ra B* 214 82	$26{,}8\,m$ $1{,}61 \cdot 10^3\,s$	$2{,}59 \cdot 10^{-2}\,m^{-1}$ $4{,}31 \cdot 10^{-4}\,s^{-1}$	$38{,}7\,m$ $2{,}32 \cdot 10^3\,s$	— β γ	— $1{,}08—2{,}41 \cdot 10^{10}$ —
Radium *C*	*Ra C* 214 83	$19{,}7\,m$ $1{,}18 \cdot 10^3\,s$	$3{,}51 \cdot 10^{-2}\,m^{-1}$ $5{,}86 \cdot 10^{-4}\,s^{-1}$	$28{,}5\,m$ $1{,}71 \cdot 10^3\,s$	α β γ	$(1{,}57 \cdot 10^9)$ $1{,}33—2{,}994 \cdot 10^{10}$ —
Radium *C′* (99,96 Proz.)	*Ra C′* 214 84	ca. $1{,}5 \cdot 10^{-8}\,s$	ca. $4{,}5 \cdot 10^7\,s$	ca. $2{,}2 \cdot 10^{-8}\,s$	α — —	$1{,}922 \cdot 10^9$ — —
Radium *C″* (0,04 Proz.)	*Ra C″* 210 81	$1{,}32\,m$ $79{,}2\,s$	$0{,}525\,m^{-1}$ $8{,}7 \cdot 10^{-3}\,s^{-1}$	$1{,}90\,m$ $115\,s$	— β γ	— —
Radium *D* (Radioblei)	*Ra D* 210 82	$16\,a$ $5{,}05 \cdot 10^8\,s$	$4{,}33 \cdot 10^{-2}\,a^{-1}$ $1{,}37 \cdot 10^{-9}\,s^{-1}$	$23\,a$ $7{,}3 \cdot 10^8\,s$	— β γ	— $9{,}9 \cdot 10^9;\ 1{,}21 \cdot 10^{10}$ —
Radium *E*	*Ra E* 210 83	$4{,}85\,d$ $4{,}19 \cdot 10^5\,s$	$0{,}143\,d^{-1}$ $1{,}66 \cdot 10^{-6}\,s^{-1}$	$7{,}00\,d$ $6{,}05 \cdot 10^5\,s$	— β γ	— um $2{,}31 \cdot 10^{10}$ —
Radium *F* (Polonium)	*Ra F* (*Po*) 210 84	$136{,}5\,d$ $1{,}18 \cdot 10^7\,s$	$5{,}08 \cdot 10^{-3}\,d^{-1}$ $5{,}88 \cdot 10^{-8}\,s^{-1}$	$197\,d$ $1{,}70 \cdot 10^7\,s$	α — γ	$1{,}59 \cdot 10^9$ — —
Radium *G* (Uranblei)	*Ra G* 206,0 82	—	stabil	—	—	—

der Ionium-Radium-Familie.

R_0 in cm Luft	$k \cdot 10^{-5}$	μ in cm^{-1} *Al*	D in cm *Al*	Im Gleichgewicht vorhandene Gewichtsmenge
3,03 — —	1,31 (1,41) — —	— — 1088; 22,7; 0,408	— — $0,64 \cdot 10^{-3}$; $3,05 \cdot 10^{-2}$; 1,69	49
3,21 — —	1,36 (1,47) — —	— 312 354; 16,3; 0,27	— $2,22 \cdot 10^{-3}$ $1,96 \cdot 10^{-3}$; $4,25 \cdot 10^{-2}$; 2,55	1,00
3,91 — —	1,55 (1,67) — —	— — —	— — —	$6,5 \cdot 10^{-6}$
4,48 — —	1,70 (1,83) — —	— — —	— — —	$3,54 \cdot 10^{-9}$
— — —	— — —	— 890; 77; 13,1 230; 40; 0,57	— $8 \cdot 10^{-4}$; $9 \cdot 10^{-3}$; $5,3 \cdot 10^{-2}$ $3 \cdot 10^{-3}$; $1,73 \cdot 10^{-2}$; 1,22	$3,05 \cdot 10^{-8}$
(3,6)? — —	1,47? (1,58?) — —	— 50; 13,5 0,23; 0,127	— $1,39 \cdot 10^{-2}$; $5,13 \cdot 10^{-2}$ 3,0; 5,5	$2,25 \cdot 10^{-8}$
6,60 — —	2,20 (2,37) — —	— — —	— — —	ca. $5 \cdot 10^{-18}$
— — —	— — —	— 1,49; 0,533 *Pb*	— 0,47; 1,30 *Pb*	$6 \cdot 10^{-13}$
— — —	— — —	— 5500 45; 0,99	— $1,26 \cdot 10^{-4}$ $1,54 \cdot 10^{-2}$; 0,70	$9,4 \cdot 10^{-3}$
— — —	— — —	— 43 (45; 0,99) 0,24	— $1,6 \cdot 10^{-2}$ ($1,54 \cdot 10^{-2}$; 0,70); 2,89	$7,8 \cdot 10^{-6}$
3,72 — —	1,50 (1,62) — —	— — 585	— — $1,18 \cdot 10^{-3}$	$2,19 \cdot 10^{-4}$
—	—	—	—	—

9. Die Actiniumfamilie. Es war angenommen worden, daß das Actinium aus einer Verzweigungsstelle des radioaktiven Zerfalles der Uran-Radiumfamilie stamme. Da es in die dritte Gruppe gehört, wäre zu schließen, daß es entweder durch eine α-Strahlung aus der V. Gruppe entsteht, also aus einem „Ekatantal" oder durch eine β-Strahlung aus der II. Gruppe. In der V. Gruppe war nur das kurzlebige UX_2 (Brevium) bekannt, das eben wegen dieser Kurzlebigkeit nicht in Frage kommt; in der II. Gruppe konnte an das schwach β-strahlende Ra selbst gedacht werden, doch haben weder F. Soddy noch F. Paneth und K. Fajans Entstehung von Ac aus mehrere Jahre altem Ra nachweisen können[1]). Nur wenn das Ac eine sehr große Lebensdauer von der Größenordnung von 10^7 Jahren hätte, wäre es bei diesen Versuchen der Beobachtung entzogen geblieben; dies ist aber nicht gut möglich, da die Intensität der Strahlung einiger bereits hergestellter Actiniumprodukte dem widerspricht.

Ebensowenig konnte aus dem Io ein Körper der Breviumplejade als Stammvater des Ac gefunden werden und auch die Versuche, einen solchen direkt aus der Pechblende zu gewinnen, mißlangen zunächst, so daß es fraglich geworden war, ob er tatsächlich in der V. Gruppe zu suchen ist[1]).

Es blieb als mögliche Deutung übrig, das UY als Stammsubstanz der Ac-Familie anzusehen. Daß einige Prozent der Atome in der Richtung des UY (die Hauptmenge in der Richtung des UX_1) zerfallen, steht nicht im Widerspruch mit den Beobachtungen (vgl. S. 472 f). UY gilt aber als isotop mit UX_1, gehört also der IV. Gruppe an; damit daraus das dreiwertige Ac entstehen soll, muß die Existenz mindestens eines α-strahlenden Zwischenproduktes hinter dem β-strahlenden UY supponiert werden.

A. Protactinium. (Pa). 1. Entdeckung, Namensgebung. In beharrlicher Forschung gelang es schließlich im Jahre 1918 nahe gleichzeitig O. Hahn und L. Meitner[2]) sowie F. Soddy und J. A. Cranston[2]) ein Homologes zum Tantal (Ekatantal) als Stammsubstanz des Actiniums festzustellen, also ein Element der V. Gruppe, dem die Erstgenannten den Namen Protactinium gaben.

2. Darstellung, chemische Eigenschaften.

Der Aufschluß der Pechblende zur Gewinnung des Pa, das sich bei der Radiumdarstellung (vgl. S. 392 ff.) vorwiegend in den Rückständen nach Verarbeitung der Uranlaugrückstände findet, wurde von O. Hahn und L. Meitner[3]) in dreifacher Weise durchgeführt: 1. durch Aufschluß mit Natriumbisulfat (Schema I); 2. durch direkte Zersetzung mittels Flußsäure + Schwefelsäure (Schema II); 3. durch Auflösung in Salpetersäure. Im ersten Falle findet sich

---

Literatur zu VI, 9 siehe Seite 490.

Ta + Pa im ungelösten Teil, im zweiten in der Lösung, im dritten verteilt zwischen Lösung und Rückstand, weshalb letzteres Verfahren sich für quantitative Abscheidungen minder eignet.

Schema I.

Uranpechblende mit $NaHSO_4$ geschmolzen
Schmelze mit H_2O gekocht

→ unlöslicher Rückstand
(enthält: Ra, RaD—RaG, Pa, Spuren RaE, Po, Io, UX); nach Zusatz von Thornitrat mit HF + H_2SO_4 behandelt

→ Lösung
(enthält U, Io, UX, Ac, RaE, Po)

Aus dem unlöslichen Rückstand:

→ Rückstand
(enthält: Ra, RaD—RaG, Spuren Io, UX)

→ Lösung
(enthält: Pa, geringe Mengen RaE, Po)
nach dem Eindampfen und Abrauchen der H_2SO_4 mit HCl + HNO_3 gekocht

Aus dieser Lösung:

→ unlösl. Rückstand
Pa

→ Lösung
(RaE, Po)

Schema II.

Pechblende + HF + H_2SO_4 extrahiert

→ Rückstand
(enthält völlig: Ra, RaD—RaG, Io—UX, Ac, RaE); größtenteils U, Po, etwa 10% Pa
nach Aufschließen mit Natriumbisulfat wie Schema I behandelt.

→ Lösung
(enthält: Hauptmenge Pa, geringe Mengen U und Po)
abgeraucht, mit HCl + HNO_3 gekocht.

Aus dieser Lösung:

→ Rückstand
Pa

→ Lösung
(U und Po)

Die bisher erhaltenen Präparate sind noch nicht reine Pa-Oxyde, sondern enthalten noch vor allem Erdsäuren, jedoch ist prinzipiell die Reinigung von Ta usw. durchführbar.

3. Strahlung und Zerfallskonstante. Protactinium ist ein α-Strahler der Reichweite $R_{15} = 3{,}673$ cm (H. Geiger, 1921), wozu $v_0 = 1{,}55 \cdot 10^9$ cm/sec gehört.

Literatur zu VI, 9 siehe Seite 490.

Die Lebensdauer des Pa wurde aus seiner Reichweite (vgl. die Be, ziehung S. 49) zunächst zwischen weiten Grenzen eingeschätzt[3,16]) sodann von O. Hahn und L. Meitner[16]) genauer dadurch gewonnen, daß der Pa-Gehalt verschieden alter Uranpräparate untersucht wurde und zuletzt die Halbierungszeit $T = 12000$ Jahre gefunden. Entsprechend der Annahme O. Hahns und L. Meitners über das Abzweigungsverhältnis (vgl. S. 473) wären dann zu 1 Tonne Uran 72 mg Protactinium zu gewärtigen. Zu nahezu dem gleichen Werte ($T = 12500$ a) gelangte J. H. Mennie[16]) durch Vergleich des im Erze vorhandenen Io und Pa unter Voraussetzung des Abzweigungsverhältnisses von 3%.

B. Actinium. 1. Entdeckung; Namensgebung. Als Entdecker dieses Stoffes sind A. Debierne und F. Giesel anzusehen[4]). Ac wurde mit den in der Pechblende enthaltenen seltenen Erden abgeschieden und zwar schließt es sich bei fraktionierter Kristallisation der Ammonnitratreihe dem Lanthan oder nach E. Demarçay und C. Ulrich[4]) bei Verwendung von Magnesiumdoppelsalzen dem Neodym-Samarium an. Nach C. Auer v. Welsbach steht es seinem basischen Charakter nach zwischen Lanthan und Calcium[4]).

Da zur Zeit der ersten Abscheidungen A. Debiernes (1899/1900) das Ionium noch nicht bekannt war, darf angenommen werden, daß seine mit Th und anderen seltenen Erden abgeschiedenen Produkte neben Ac auch Io enthielten; F. Giesel hatte (seit 1902) mit Ce und anderen seltenen Erden ebenfalls eine radioaktive Substanz abgetrennt, die er wegen ihres auffallend großen Emanationsvermögens „Emanium" nannte; sie enthielt wohl anfangs neben Ac auch etwas Io, was insbesondere dadurch als erwiesen gelten kann, daß B. B. Boltwood und E. Rutherford[5]) sowohl aus Debierneschem, als aus Gieselschem Präparate allmähliche Radiumentwicklung erhielten. (Dies hatte auch zur Folge, daß für kurze Zeit irrigerweise das Ac als Muttersubstanz des Ra gelten konnte.)

Das ioniumfreie dem Lanthan zunächst verwandte neue Element behielt den von A. Debierne zuerst vorgeschlagenen Namen „Actinium".

Daß Ac als dreiwertig anzusehen ist, folgt speziell aus den Diffusionsversuchen von G. v. Hevesy[6]), der für das in HCl gelöste Element die Diffusionskonstante $D = 0{,}46\ \mathrm{cm^2\ Tag^{-1}}$ erhielt. — Es darf sonach als Homologes zu La und als isotop mit $MsTh_2$ angesehen werden.

2. Darstellung; chemische Eigenschaften[4,7]).

Man erhält Ac mit Fe und den seltenen Erden durch Bariumsulfatfällungen; aus den Pechblenderückständen wird es bei Verarbeitung der sauren Lösungen gewonnen, die — nach Po-Entfernung mittels H_2S — oxydiert und mit Ammoniak niedergeschlagen wurden. Der Niederschlag enthält die seltenen Erden, die nach bekannten, mühsamen Verfahren voneinander gesondert werden müssen. C. Auer v. Welsbach[4]), der von dem „Hydrat" (vgl. S. 393) ausging, fand, daß bei Gegenwart von Mn das Ac aus basischer Lösung nahe quantitativ ausfällt. Das Th-Io war aus dem Material schon vorher völlig abgeschieden worden. — Er

Literatur zu VI, 9 siehe Seite 490.

stellte es als Ac (La)-Manganit, dann auch als $Ac(La)_2(SiF_6)_3$, ferner als Hydrat und in anderen Formen dar und erzielte Substanzen, die im Gleichgewicht mit ihren Zerfallsprodukten nach ihrer α-Strahlung der Größenordnung nach 10^5 mal so aktiv waren als Uran.

D. Strömholm und T. Svedberg[8]) zeigten, daß Ac bei Rotglut noch nicht flüchtig ist. Ein eigenes Spektrum der Substanz zu erhalten ist bisher nicht gelungen, doch wäre die Existenz eines solchen wohl zu erwarten, wenn die derzeit getroffene Einordnung in das periodische System zutreffend und die Lebensdauer nicht so kurz ist, daß zu wenig Substanz vorhanden wäre.

3. Radioaktive Reinigung.

Wie aus dem folgenden im Detail hervorgeht, hat das Ac zwei Deszendenten relativ längerer Lebensdauer, das Radioactinium und das Actinium X. Um es frei von diesen Produkten untersuchen zu können, empfehlen O. Hahn und M. Rothenbach[9]) das RdAc (am besten nach Zusatz von ein wenig Zirkonnitrat und einer Spur reinsten Thorammonnitrates) mit Natriumthiosulfat abzutrennen, wonach das Ac aus dem Filtrat mit Ammoniak ausgefällt wird (vor jeder Ammoniakfällung empfiehlt sich der Zusatz geringer Mengen von Bariumnitrat, um die Adsorption des AcX zurückzudrängen); die Fällung, in verdünnter HCl gelöst und eingedampft, stellt radioaktiv reines Ac dar. Man kann sie noch mit Bariumchlorid und Natriumacetat versetzen, sodann mit Kaliumchromat behandeln, wobei noch eventuell vorhandenes AcX ausfällt. Aus dem Filtrat wird dann das Ac nach Zusatz von Chromisalz mit Ammoniak abgetrennt. Man wiederholt diese Prozesse mehrmals und arbeitet rasch, um einer Nacherzeugung der Folgeprodukte keine Zeit zu lassen. [vgl. auch St. Meyer und F. Paneth[9])].

4. Strahlung des reinen Ac ohne Zerfallsprodukte. An nach obigem Verfahren gereinigten Präparaten vermochten O. Hahn und M. Rothenbach nur eine minimale α-Strahlung festzustellen, die höchstens 0,2 bis 0,3 Prozent der α-Strahlung des im Gleichgewicht mit seinen Zerfallsprodukten stehenden Ac ausmacht[9]). Da sich in der Zerfallsreihe noch weitere 5 α-Strahler finden, wäre, wenn Ac selbst α-Strahlen aussendet, anzunehmen, daß rund $^1/_6$ der ganzen α-Strahlung ihm zukommt oder etwas weniger, wenn die Strahlung sehr weich ist; ein so geringer Prozentsatz, wie er tatsächlich gefunden wurde, läßt sich aber nicht damit in Einklang bringen; es ist also nur die Alternative möglich, daß die geringfügige vorhandene α-Strahlung noch spurenweiser Beimengung eines anderen Strahlers zuzuschreiben ist, oder daß Ac dual zerfällt (St. Meyer, V. F. Hess und F. Paneth[10])). Die letzteren Autoren konnten dank der großen Intensität der Produkte C. Auer v. Welsbachs diese α-Strahlung näher untersuchen und (1914) ihre Reichweite $R_{15} = 3{,}56$ cm bestimmen. Diese Reichweite ist praktisch gleich der später für Pa festgestellten. Obige α-Strahlung ist daher offenbar den Beimischungen von nicht völlig abgetrenntem Pa zuzuschreiben.

Falls eine β-Aktivität vorhanden sein sollte, so muß sie nach den Angaben von O. Hahn und M. Rothenbach sich in noch engeren Grenzen bewegen; es ist

Literatur zu VI, 9 siehe Seite 490.

daher, soweit dies bisher erforscht werden konnte, die Hauptmenge des Ac tatsächlich „nichtstrahlend“. — Für die „Verschiebungssätze“ (vgl. S. 31, 335) bildet dies eine gewisse Schwierigkeit; anscheinend sind aber derartige „nichtstrahlende“ Körper so wie die β-Strahler aufzufassen und ihr nächstes Folgeprodukt steht bezüglich der Stelle im periodischen System um eine Stufe höher.

5. Radioaktive Abstammung; Lebensdauer. Actinium findet sich in den Uranmineralien immer, in reinen Thoriummineralien hingegen anscheinend nicht; sein prozentuales Verhältnis in den Uranmineralien scheint ein konstantes zu sein. Nun ist eine solche Proportionalität des Vorkommens zwar kein zwingender Beweis für einen genetischen Zusammenhang, macht ihn aber sehr wahrscheinlich. Freilich ist die Art des Zusammenhanges bisher noch nicht aufgeklärt.

Die relative Aktivität der einzelnen radioaktiven Bestandteile[11]) von Uranerzen, wenn U (= $U_I + U_{II}$) = 100 gesetzt ist, wurde angegeben von:

	B. B. Boltwood (1908) B. B. Boltwood und J. H. L. Johnstone (1920)	St. Meyer und F. Paneth (1912) (den Ionenzahlen von 1922 angepaßt)	A. S. Russell und W. P. Widdowson (1923)
Io	34	54	55
Ra	45 (49)	57	61
RaEm	54	64	—
RaA	62	70	—
RaC	91	91	—
RaF	46	62	64
Ac—Produkte	28	—	—
Pa	—	—	1,6

Aus den Boltwoodschen Werten hatten dieser und E. Rutherford das Abzweigungsverhältnis 8% eingeschätzt. Für Ac wurde damals roh 28/5 (5 = Zahl der α-Strahler) gesetzt; heute wäre analog Pa rund = 28/6 = 4,7 zu nehmen; genauer nach dem Verhältnis der Ionenzahlen (1922) multipliziert mit dem Faktor 1,44/10,69 = 0,1347 für Pa 3,77. Vergleicht man hierzu die Werte von A. S. Russell und W. P. Widdowson, so ergäbe die Relation 3,77 : 8% = 1,6 : x% den Wert x = 3,4%.

Die Untersuchungen B. B. Boltwoods[11]), K. H. Fusslers[13]) an Uraniniten und insbesondere von St. Meyer und V. F. Hess[13]) an Uranerzen möglichst verschiedener Herkunft und zwar: nichtkristallisiert vorkommende Uranpechblende aus St. Joachimstal in Böhmen mit 44,1% U und praktisch völlig thorfrei; kristallisierte Pechblende aus Morogoro (Ostafrika) mit 74,5% U und 0,5% Th; Bröggerit aus Norwegen mit 67% U und 3,95% Th; Thorianit aus Ceylon mit 26,8% U und 57% Th und ebensolcher mit 11,8% U und 68,9 Th, d. h. also bei einer Auswahl, die geographisch voneinander verschiedenste Fundstätten umfaßte, Vorkommen in kristallisierter und anderweitig erstarrter Form betraf und in der Zusammensetzung von thorärmsten zu thorreichsten Mineralien sich

Literatur zu VI, 9 siehe Seite 490.

bewegte, ergaben Konstanz des Verhältnisses der Ac- und U-Ra-Produkte. An denselben Erzen stellte weiterhin G. Kirsch[13]) Konstanz des Verhältnisses UY:UX_1 fest. Es liegt daher bisher experimentell kein Grund vor daran zu zweifeln, daß Pa genetisch mit dem Urankomplex (U und seinen Isotopen) zusammenhängt. Manche Umstände deuten darauf hin, daß U II als seine Stammsubstanz anzusehen sei[10]) (vgl. S. 49 die Beziehung zwischen R und λ und S. 484 das Atomgewicht von AcD). Dies nimmt auch L. Meitner auf Grund der Beziehungen unter den Isotopen an, während B. Walter gerade auf Grund dieser Regeln auf die Herkunft aus U I schließt[15]). Es wäre danach eine Gabelung der Uranzerfallsreihe anzunehmen, und zwar dachte man gewöhnlich an zweifache α-Emission des U, derart daß der überwiegende Teil der U-Atome sich in die Io-Ra-Reihe verwandelt, ein geringerer Bruchteil in die Ac-Familie. Als Abzweigungsverhältnis fanden — gegenüber älteren Angaben B. B. Boltwoods[11]) von etwa 8% — O. Hahn und L. Meitner[3]) nur 3%; in ähnlicher Weise St. Meyer[13]) ca. 4%, doch mögen in letzterem Falle nicht völlig vermiedene Spuren von Io den Wert etwas zu groß erscheinen lassen. G. Kirsch[13]) fand UY : UX_1 zu 4,2%, W. G. Guy und A. S. Russell 3,1%[13]), doch ist die Korrektur bei Vergleichung verschiedener β-Strahler etwas unsicher, so daß der Wert von rund 3% derzeit als bester anzusehen ist; im Jahre 1923 wurde er bestätigt durch Versuche von A. S. Russell und W. P. Widdowson[11]) mit 2,9%; wenngleich A. Piccard und E. Kessler später wiederum 5% fanden[13]). Es wurde auf die Möglichkeit hingewiesen (St. Meyer, A. Smekal[14]) daß die duale Strahlung des U II in Emission einer normalen α-Partikel (Entwickelung zur Io-Ra-Reihe) und einer des α-Isotops der Masse 3 (E. Rutherfords X_3) bestehen könne. Denkt man U II aufgebaut aus $57\alpha + 2X_3 = 234$, so ließe sich in guter Übereinstimmung mit der Erfahrung aus $2 : 57 = x : (100 - x)$ bei Voraussetzung gleicher Wahrscheinlichkeit für die Ausschleuderung das Abzweigungsverhältnis mit 3,4% errechnen. Dem Pa käme dementsprechend das Atomgewicht $234 - 3 = 231$ zu und die Atomnummer 91. Entstünde das Pa aus U II durch Abgabe eines normalen α-Teilchens so resultiert das Atomgewicht 230.

Denkbar wäre aber auch die Abstammung dieser ganzen Reihe aus einem Uranisotop [A. Piccard[14])] etwa der Masse 239 oder 240 — was freilich die Abweichung des Atomgewichtes des U 238,18 von $226 + 12 = 238$ bei so kleinem Abzweigungsverhältnis noch nicht aufklären würde — (vgl. St. Meyer[14]). Seine Stabilität müßte dann von gleicher Größenordnung sein wie die des U I (vgl. S. 484). Dann wären noch Isotope zu UX_1, UX_2 und U II zu vermuten.

Literatur zu VI, 9 siehe Seite 490.

A. Piccard und E. Stahel[17]) glaubten feststellen zu können, daß sich der Zerfall von UX_1 mit der Zeit ändere, und setzten unter Annahme der Existenz eines UV mit $T = 48\,d$ und $\mu = 2300\ cm^{-1}$ für die Herkunft des Ac an:

$$\begin{array}{ccccccc} AcU_I \rightarrow & UV \rightarrow & UZ \rightarrow & AcU_{II} \rightarrow & UY \rightarrow & Pa \rightarrow & Ac \\ 239 & 235 & 235 & 235 & 231 & 231 & 227 \end{array}$$

O. Hahn[17]) führt die Abweichungen bei UX_1 auf spurenweise Beimischungen von Io zurück und vermochte die Existenz von UV nicht zu bestätigen. UZ gehört jedenfalls in die Uranfamilie, genetisch mit UX_1 verknüpft, und nicht im obigen Sinne zu den Stammeltern des Ac (vgl. S. 380).

Ähnlich machte auch A. S. Russell[15]) gestützt auf allgemeine Zahlenbeziehungen (vgl. VI, 12) die Annahme einer selbständigen Reihe für die Ac-Familie und setzt danach — vorläufig ohne experimentelle Stütze — die Anfangsglieder in folgender Weise an:

	$AcU_I \xrightarrow{\alpha}$	$UY_1 \xrightarrow{\beta}$	$UY_2 \xrightarrow{\beta}$	$AcU_{II} \xrightarrow{\alpha}$	Vater des Pa $\xrightarrow{\beta}$	$Pa \xrightarrow{\alpha}$	Ac
Atomgewicht	239	235	235	235	231	231	227
Ordnungszahl	92	90	91	92	90	91	89
T	ca $8{,}10^9 a$	28^h	ca 1^m	$>2.10^6 a$	$>20\,a$	$<1{\cdot}2{,}10^4 a$	$20\,a$.

S. Iimori und J. Yoshimura[15]) schlossen aus dem Vorkommen von Halos in Biotiten mit Radien der Luftaequivalente von 2,1 und 1,2 cm auf T-Werte von 10^{12} und 10^{23} Jahren und betrachteten sie als von Stammsubstanzen der (unabhängigen) Ac-Reihe herrührend.

Als direkte Beobachtung über eine Abnahme der Aktivität mit der Zeit lag zuerst eine Angabe M. Curies[12]) vor, die nach 3 Jahren an alten Ac-Präparaten eine Abnahme der β-Aktivität gefunden zu haben glaubte, aus der eine Halbierungszeit von rund 30 Jahren berechnet werden sollte. (Es steht diese Angabe einigermaßen im Widerspruch mit ihrer älteren Beobachtung, wonach in eingeschmolzenen Präparaten innerhalb 18 Monaten keine Änderung gefunden werden konnte). O. Hahn und L. Meitner fanden (1918/1919) $T =$ ca. 20 Jahre; St. Meyer (1920) $T =$ ca. $16\frac{1}{2}$ Jahre[12]).

6. Atomgewicht. Da eine Reindarstellung bisher nicht vorliegt, konnte eine direkte Atomgewichtsbestimmung bisher weder für Pa noch Ac versucht werden.

Aus Diffusionsversuchen mit Actiniumemanation haben E. Marsden und A. B. Wood[18]) für Ac etwa 240 gefunden; aus dem Verhalten der γ-Strahlen in Analogie mit denen der anderen Substanzen berechnen E. Rutherford und H. Richardson[19]) 228. Die so erschlossenen Werte stehen jedenfalls nicht mit der Annahme im Widerspruch, daß Ac dem U im Atomgewicht nahe stehe und demnach auch die Vorstellung von der Genesis aus UY oder U_{II} möglich sei. — K. Fajans[20]) (vgl. VI, 12 S. 538) schließt aus Beziehungen zwischen den Atomgewichten und Zerfallskonstanten innerhalb der Plejaden auf ein Atomgewicht 227. Stammt Pa-Ac direkt von U und nicht von einem AcU, so müssen hierzu eine X_3- oder H- Emissionen zu Hilfe genommen werden. (St. Meyer[20])).

Versuche aus der Ablenkung von Rückstoßpartikeln im Magnetfeld, gemäß

Literatur zu VI, 9 siehe Seite 490.

$mv = MV$, worin m und v der α-Partikeln bekannt und V meßbar wäre, M zu bestimmen, brachten bisher noch keine Ergebnisse. — Beobachtungen des charakteristischen Röntgenspektrums, welche Rückschlüsse auf die „Atomnummer" zuließen, liegen noch nicht vor.

C. Radioactinium und Actinium X. Als erstes Zerfallsprodukt des Ac gilt das Radioactinium, das in die IV. Gruppe eingereiht und mit UX_1, Io, Th und RdTh als isotop angesehen wird. Aus diesem Stoffe entsteht durch α-Emission das zweiwertige AcX, das wiederum der Plejade Ra, $MsTh_1$, ThX zuzuzählen ist.

a) Radioactinium. Dieses Produkt wurde von O. Hahn[21]) entdeckt und benannt und bald danach auch von F. Giesel dargestellt. Auch M. Levin hatte Anhaltspunkte für die Existenz eines Zwischenproduktes zwischen Ac und AcX gefunden, da nach der Abscheidung des AcX von Ac ein α-strahlender Rest zurückblieb.

Da es seither als chemisch identisch mit den oben genannten Elementen erkannt wurde, müssen alle Methoden der Thorium-Abscheidung[22]) zur gesonderten Gewinnung dieser Substanz dienlich sein und auch alles, was zur Trennung von UX_1 oder Io brauchbar ist (vgl. S. 375f.). O. Hahn und M. Rothenbach[23]) empfehlen zur Befreiung von Ac und AcX aus sehr schwach salzsaurer Actiniumlösung nach Hinzufügen von etwas Zirkon, dieses durch Natriumthiosulfat abzuscheiden und die Fällung durch Wiederauflösen und Umfällen von eventuell mitgerissenem Actinium zu reinigen. H. N. Mc Coy und E. D. Leman[23]) verwendeten zur Reindarstellung Zusatz einer minimalen Spur von Thorium und Fällung des letzteren durch Wasserstoffsuperoyxd bei 60° [vgl. auch [10])].

Radioactinium sendet α- und β-Strahlen aus. Ein Folgeprodukt, wie es aus einer Kern-β-Strahlung zu erwarten wäre, konnte jedoch nicht nachgewiesen werden. (O. Hahn und L. Meitner)[24]).

Schwache γ-Strahlung mit $\mu/\varrho = 9{,}2$ bzw. 8 und 0,07 bzw. 0,1 geben E. Rutherford und H. Richardson, bzw. A. S. Russell und J. Chadwick an[25]).

Nach den Bestimmungen von H. Geiger und J. M. Nuttall ist die Reichweite der α-Partikeln bei 15° und Normaldruck gleich 4,60 cm, nach H. Geiger (1921) $R_{15} = 4{,}676$ cm, wozu $v_0 = 1{,}683 \cdot 10^9$ cm/sec gehört.

Aus den magnetischen Linienspektren von O. v. Baeyer, O. Hahn und L. Meitner sind für die β-Strahlen mit einiger Wahrscheinlichkeit diesem Produkt diejenigen mit den Geschwindigkeiten $1{,}14 \cdot 10^{10}$; $1{,}26 \cdot 10^{10}$; $1{,}47 \cdot 10^{10}$; $1{,}59 \cdot 10^{10}$ cm/sec zuzuordnen (Neuere Werte vgl. Tabelle 6 des Anhanges).

Die Halbierungszeit hat insbesondere O. Hahn, sowohl aus dem Kurvenverlauf, der sich bei Beobachtung der Folgeprodukte des RdAc ergibt, als auch aus dem Verlaufe einer solchen Kurve nach so langer Zeit, daß das längstlebige Produkt dominiert (praktisch etwa 100 Tage nach der Abscheidung beginnend), bestimmt und $T = 19{,}5$ Tage gefunden. H. N. Mc Coy und E. D. Leman[23]) haben dann gezeigt, daß aus eben diesen Beobachtungen, die sie vollauf bestätigen konnten, unter Berücksichtigung des „laufenden" Gleichgewichtes für RdAc und AcX ... $T = 18{,}88$ Tage wird. St. Meyer und F. Paneth[9]) fanden (1918) $T = 18{,}9\,d$.

Literatur zu VI, 9 siehe Seite 490.

Emission von α- und β-Partikeln aus dem Kern des Atomes würden einen sukzessiven oder dualen Zerfall des Produktes vermuten lassen; doch handelt es sich hier wohl kaum um eine β-Kernstrahlung; die Diskrepanz zwischen der angegebenen Lebensdauer und der Reichweite der α-Strahlen, die nach der Geiger-Nuttallschen Beziehung viel eher einen Körper mit einer Lebensdauer weniger Stunden erwarten ließe, deutet darauf hin, daß hier noch kompliziertere Verhältnisse vorliegen.

Im Jahre 1912 haben A. S. Russell und J. Chadwick geglaubt, das Radioactinium in zwei Teile zerlegt zu haben, die sie als $RdAc_1$ mit $T = 19{,}5d$ und $RdAc_2$ mit $T = 13h$ charakterisierten[26]). O. Hahn und L. Meitner konnten aber diese Ergebnisse nicht bestätigen und glauben, daß das Produkt $RdAc_2$ identisch sei mit ThB, das die Halbierungszeit $T = 10{,}6h$ besitzt und leicht in dem fraglichen Material vorhanden gewesen sein könnte.

Daß Radioactinium mit einer längeren Lebensdauer als AcX eine größere Reichweite seiner α-Strahlen besäße, ist jedenfalls gegenüber der Geiger-Nuttallschen Beziehung eine Anomalie und legte den Gedanken nahe, daß dieser Stoff nicht als einheitlich anzusprechen sei. Auch die weitgehende Analogie mit der Thoriumreihe ließe die Existenz von „Meso"-Produkten als plausibel erscheinen. (vgl. S. 477).

St. Meyer, V. F. Hess und F. Paneth[10]) haben für Radioactinium zweierlei Reichweiten $R_{15} = 4{,}61$ und $R_{15} = 4{,}2$ cm erhalten*), deren erstere mit der obigen Geiger-Nuttallschen Bestimmung übereinstimmt, während letztere auf ein neues Produkt hinweist. Dasjenige mit der kürzeren Reichweite reiht sich ungezwungen in die Geiger-Nuttallsche Beziehung zwischen Lebensdauer und Reichweite ein; dem ersteren Element ($R_{15} = 4{,}61$) entspräche ein $\lambda = 3{,}17 \cdot 10^{-5}$ sec^{-1}; $\tau = 8{,}8h$; $T = 6{,}2h$ (mit erheblicher Unsicherheit). H. Geiger (1921) konnte jedoch die Existenz von zweierlei Reichweiten nicht bestätigen. St. Meyer[14]) wies darauf hin, daß die Schwierigkeiten aufgeklärt werden könnten, wenn hier als Bausteine α-Isotope der Masse 3 ins Spiel träten (vgl. auch A. Smekal). Ablenkungsversuche G. Stetter's und E. Rona's (1926) im magnetischen und elektrischen Feld lassen dies als nicht ausgeschlossen gelten, brachten aber bisher noch keine definitive Entscheidung.

b) Actinium X. Dieser Stoff, der als unmittelbarer Vorgänger der Actiniumemanation sich durch seine Emanierungsfähigkeit zuerst als besonders ausgezeichnet kundgab und daher kurze Zeit auch als „Emanationskörper" bezeichnet worden war (F. Giesel), ist von F. Giesel und unabhängig von T. Godlewski entdeckt worden.[27]) Da er damals als erster Abkömmling des Actiniums angesehen wurde, erhielt er in Analogie zu der ersten von Uran abgeschiedenen Substanz (UX) den Namen AcX.

AcX folgt den Reaktionen des Radiums, bzw. denen der Glieder dieser Plejade, der es angehört. Speziell seine Analogie mit dem Thorium X haben im Detail D. Strömholz und T. Svedberg nachgewiesen, die auch zeigten, daß es bei Rotglut noch nicht flüchtig ist.

Literatur zu VI, 9 siehe Seite 490.

*) H. N. Mc Coy und E. D. Leman[23]) geben einen Mittelwert $R_{15} = 4{,}40$ an, doch gestattet ihre Kurve auch die Interpretation für obige zwei Werte.

O. Hahn und M. Rothenbach[23]) empfehlen zur Darstellung von radioaktiv reinem AcX aus einer radiumfreien Actiniumlösung das Radioactinium mit Ammoniak auszufällen und nach ca. zweistündigem Stehen auf dem Wasserbad zu filtrieren; im angesäuerten Filtrat werde nach Zugabe von etwas Fe die Ammoniakfällung wiederholt und aus dem Filtrat durch eine Bariumsulfatfällung das AcX abgetrennt. H. N. Mc Coy und E. D. Leman finden, daß die Trennung des AcX vom Ac mittels Ammoniak weniger vollständig erfolgt, als die analoge des ThX vom Th. Sie empfehlen daher (vgl. S. 505) Thor in Spuren zuzusetzen und mit H_2O_2 abzuscheiden, was wiederholt durchzuführen ist. Das AcX bleibt dann in der Lösung und enthält auch die minimalen Spuren von ThX, was für die Strahlenuntersuchung berücksichtigt werden muß und leicht korrigiert werden kann (vgl. auch [10])). Es läßt sich aber auch aus der Ac-Lösung actiniumfreies RdAc abtrennen (was mit Natriumthiosulfat oder H_2O_2 als Fällungsmittel geschehen kann) und dann erst das nachgebildete AcX durch eine Ammoniak- oder H_2O_2-Fällung ins Filtrat bringen, was eine glatte Scheidung bewirkt[9]).

Eine Methode, Reste von Ac aus einer AcX-Lösung zu entfernen, besteht in der Ausfällung von Hg in der ammoniakalischen Lösung mit H_2S; sowohl Ac wie RdAc werden dadurch sehr vollständig mitgerissen. (St. Meyer und F. Paneth[9]).

In sehr reinem Zustand läßt sich AcX durch Rückstoß aus Radioactinium an negativ geladenen Platten gewinnen[28]).

Lebensdauer. Die ersten Angaben von T. Godlewski und F. Giesel ergaben $T = 10{,}2$ Tage[27]).

St. Meyer und E. v. Schweidler erhielten an Rückstoß-Restaktivitäten $T = 11{,}8\,d.$[28]) Dann haben durch Beobachtung des Zerfalls mittels der β-Strahlung O. Hahn und M. Rothenbach 11,6 Tage gefunden und H. N. Mc Coy und E. D. Leman aus der zeitlichen Beobachtung der α-Strahlung von dünnen Sulfatscheiben $T = 11{,}4$ Tage erhalten[23]). St. Meyer und F. Paneth[9]) bestimmten (1918) $T = 11{,}2\,d.$

Dem AcX noch beigegebene Spuren von Radioactinium mit der längeren Lebensdauer würden die gefundenen Werte erhöhen.

Strahlung. AcX sendet α-Strahlen aus, für die H. Geiger und J. M. Nuttall $R_{15} = 4{,}40$ cm; St. Meyer, V. F. Hess und F. Paneth[10]) $R_{15} = 4{,}26$ cm; H. Geiger (1921) $R_{15} = 4{,}369$ cm fanden, wozu $v_0 = 1{,}64_5 \cdot 10^9$ zuzuordnen wäre.

Der Mangel an Analogie bei einer Reihe von Eigenschaften der Ac-Zerfallsprodukte zu denen der anderen radioaktiven Familien veranlaßte St. Meyer und F. Paneth[9]) zur Untersuchung, ob durch die Annahme von Isotopen nach Art der Glieder zwischen Th und ThX Aufklärung gebracht werden könnte. Es wurde jedoch erwiesen, daß in dieser Reihe keine Isotope zu RdAc und AcX, keines zu U und kein β-strahlendes Isotop zu Ac sich finden lassen.

c) Bildung von Radioactinium und Actinium X aus Actinium.

Literatur zu VI, 9 siehe Seite 490.

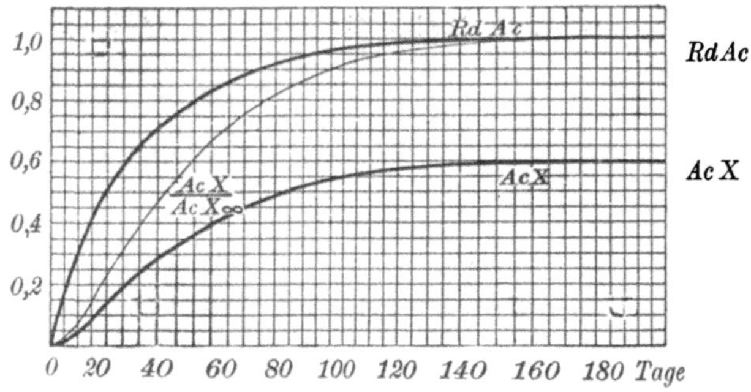

Fig. 105.

Ac selbst ist als langlebig angenommen gegenüber RdAc und AcX

$\lambda_{\mathrm{Rd\,Ac}} = 4{,}24 \cdot 10^{-7}\,\mathrm{sec}^{-1} = 0{,}0366\,d^{-1} = \lambda_1,$

$\lambda_{\mathrm{Ac\,X}} = 7{,}14 \cdot 10^{-7}\,\mathrm{sec}^{-1} = 0{,}0617\,d^{-1} = \lambda_2.$

Alle übrigen Produkte sollen daneben als kurzlebig außer acht bleiben. Die Menge, in Atomzahlen, zur Zeit t ist:

$$\mathrm{Rd\,Ac} = \mathrm{Rd\,Ac}_\infty \left(1 - e^{-\lambda_1 t}\right) \qquad \mathrm{Rd\,Ac}_\infty = 1{,}00.$$

$$\mathrm{AcX} = \mathrm{AcX}_\infty \left[1 + \frac{\lambda_1}{\lambda_2 - \lambda_1} e^{-\lambda_2 t} - \frac{\lambda_2}{\lambda_2 - \lambda_1} e^{-\lambda_1 t}\right], \quad \mathrm{AcX}_\infty = \frac{\lambda_1}{\lambda_2} \mathrm{Rd\,Ac}_\infty = 0{,}5932.$$

t	Rd Ac	$\frac{\mathrm{AcX}}{\mathrm{AcX}_\infty}$	AcX	t	Rd Ac	$\frac{\mathrm{AcX}}{\mathrm{AcX}_\infty}$	AcX
Tage 0	0,0000	0,0000	0,0000	Tage 50	0,8396	0,6724	0,3988
1	0,0359	0,0011	0,0006	60	0,8888	0,7625	0,4523
2	0,0706	0,0042	0,0025	70	0,9229	0,8280	0,4922
3	0,1040	0,0092	0,0055	80	0,9465	0,8789	0,5214
4	0,1362	0,0159	0,0094	90	0,9629	0,9144	0,5424
5	0,1672	0,0240	0,0143	100	0,9743	0,9398	0,5575
10	0,3065	0,0820	0,0486	120	0,9876	0,9705	0,5757
15	0,4225	0,1583	0,0939	140	0,9941	0,9856	0,5847
20	0,5191	0,2423	0,1437	160	0,9971	0,9930	0,5891
25	0,5995	0,3273	0,1942	180	0,9986	0.9966	0,5912
30	0,6665	0,4091	0,2427	200	0,9993	0,9984	0,5922
40	0,7687	0,5550	0,3292	220	0.9997	0,9992	0,5927

Die Stromwirkung ergibt sich aus

$$J = \lambda_1 \mathrm{Rd\,Ac} + k \lambda_2 \mathrm{AcX} \quad \text{oder} \quad \frac{1}{\lambda_1} J = \mathrm{Rd\,Ac} + k \frac{\mathrm{AcX}}{\mathrm{AcX}_\infty}.$$

Für die α-Strahlenwirkung sind die Reichweiten von RdAc und die Summe der R für AcX, AcEm, AcA und AcC zu relationieren, um k zu erhalten.

d) Bildung von AcX aus Radioactinium.

Zur Zeit $t = 0$ sei λ_1 RdAc $= 1{,}00$; AcX $= 0$. Dann ist zur Zeit t:

$$\mathrm{Rd\,Ac} = \mathrm{Rd\,Ac}_0\, e^{-\lambda_1 t} \qquad \lambda_{\mathrm{Rd\,Ac}} = \lambda_1 = 0{,}0366\,d^{-1}$$

$$\mathrm{AcX} = \frac{1}{\lambda_2 - \lambda_1}\left(e^{-\lambda_1 t} - e^{-\lambda_2 t}\right) \qquad \lambda_{\mathrm{AcX}} = \lambda_2 = 0{,}0617\,d^{-1}.$$

Literatur zu VI, 9 siehe Seite 490.

Mit AcX sind dessen Folgeprodukte alsbald im Gleichgewicht vorhanden anzunehmen.

t	λ_1 RdAc	λ_2 AcX	t	λ_1 RdAc	λ_2 AcX
Tage 0	1,0000	0,0000	Tage 60	0,1113	0,2128
1	0,9641	0,0588	70	$7{,}715 \cdot 10^{-2}$	0,1569
5	0,8328	0,2414	80	$5{,}351 \cdot 10^{-2}$	0,1139
10	0,6935	0,3784	90	$3{,}711 \cdot 10^{-2}$	$8{,}169 \cdot 10^{-2}$
15	0,5775	0,4454	100	$2{,}573 \cdot 10^{-2}$	$5{,}812 \cdot 10^{-2}$
20	0,4810	0,4666	120	$1{,}238 \cdot 10^{-2}$	$2{,}892 \cdot 10^{-2}$
25	0,4005	0,4589	140	$5{,}952 \cdot 10^{-3}$	$1{,}419 \cdot 10^{-2}$
30	0,3335	0,4338	160	$2{,}863 \cdot 10^{-3}$	$6{,}910 \cdot 10^{-3}$
40	0,2313	0,3603	180	$1{,}377 \cdot 10^{-3}$	$3{,}347 \cdot 10^{-3}$
50	0,1604	0,2819	200	$6{,}622 \cdot 10^{-4}$	$1{,}617 \cdot 10^{-3}$

Das Maximum der vorhandenen AcX-Atome ist für $t = 20{,}81^d$ erreicht. Zu dieser Zeit ist λ_2 AcX $= 0{,}467$.

Der durch die α-Strahlung erzielte Strom ist gegeben durch

$$J = \lambda_1 \,\mathrm{RdAc} + k\lambda_2 \,\mathrm{AcX}.$$

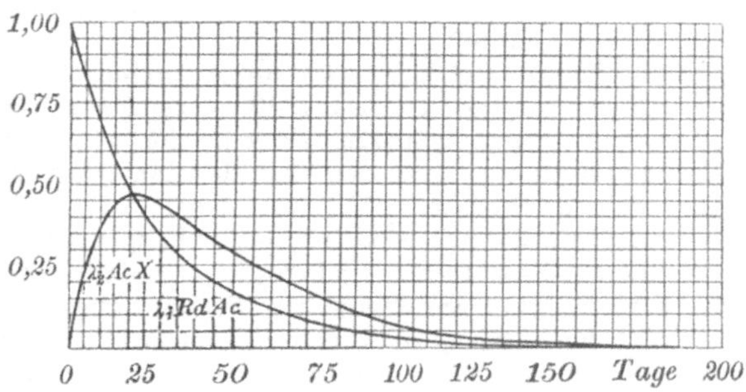

Fig. 106.

Berechnet man k nach den Ionenzahlen von H. Fonovits-Smereker (vgl. Tabelle 4 des Anhanges) für RdAc zu $1{,}69 \cdot 10^5$; für AcX + AcEm + AcA + AcC ... $7{,}56 \cdot 10^5$, so wird $k = 4{,}47$. (Nach den älteren Angaben H. Geigers für RdAc $1{,}87 \cdot 10^5$; AcX + AcC $8{,}22 \cdot 10^5$ findet man $k = 4{,}40$). Zu $k = 4{,}47$ ($k = 4{,}40$) ist der maximale Strom zur Zeit $17{,}34\,d$ ($17{,}28\,d$) mit 2,056 (2,022) zu erwarten.

St. Meyer, V. F. Hess und F. Paneth[10]) fanden empirisch einen größeren Wert, nämlich $k = 5{,}38$. Es ist jedoch zu beachten, daß, wenn das Präparat nicht in unendlich dünner Schicht vorliegt oder etwa von einem Glimmerblatt überdeckt ist, die kleineren Reichweiten stärker betreffs ihrer Ionisationswirkung herabgesetzt werden als die großen, so daß, wenn die Stammsubstanz ein kleineres R hat als die Folgeprodukte, das k vergrößert gefunden wird. Der von den genannten Autoren beobachtete Anstieg der α-Aktivität gibt aber auch, abgesehen von der hohen Lage des Stromwertes für das Maximum, einen Kurvenzug, der nicht genau mit dem aus den Zerfallskonstanten berechneten übereinstimmt. Man bemerkt ein anfangs noch steileres Anwachsen der Stromstärken; diese Verhältnisse bedürfen noch der Klärung.

Literatur zu VI, 9 siehe Seite 490.

D. Actiniumemanation. Die Actiniumemanation (seit 1918 auch Actinon (An) genannt) wurde im Jahre 1902 von F. Giesel entdeckt und von Anfang an ebenfalls durch A. Debierne studiert[4]).

Sie ist, wie die anderen Emanationen ein inertes Gas, nach den Diffusions- und Effusionsmessungen vom Atomgewicht ca. 222[29]) — vielleicht aber auch 218 — (vgl. VI, 5 und VI, 10 [6]) und in ihrem Verhalten, abgesehen von der kürzeren Lebensdauer ganz analog der Radiumemanation und Thoriumemanation[30]).

Die Zerfallskonstanten[31]) wurden von A. Debierne (1903), sowie von O. Hahn und O. Sackur (1905) nach der Methode der Beobachtungen in strömender Luft bekannter Geschwindigkeit (vgl. S. 316) gemessen und die Halbierungszeit $T = 3{,}9$ Sekunden gefunden. M. S. Leslie (1912) fand 3,92 Sekunden, P. B. Perkins (1914) 3,92 Sekunden; R. Schmid (1917) nach verschiedenen Methoden $3{,}92 \pm 0{,}015$ sec.

Die Reichweite bei 15° beträgt nach H. Geiger und J. M. Nuttall 5,7 cm Luft, nach St. Meyer, V. F. Hess und F. Paneth ist $R_{15} = 5{,}57$ cm; nach H. Geiger (1921) $R_{15} = 5{,}789$ cm, wozu $v_0 = 1{,}807 \cdot 10^9$ cm/sec gehört.

Die Kondensation*) wurde zuerst von E. Goldstein beobachtet und der Siedepunkt ist mit — 65° einzuschätzen[30]).

Die Löslichkeit*) in Wasser beträgt nach G. v. Hevesy[32]) bei 18° etwa $\alpha' = 2$.

Die Diffusionsgeschwindigkeit[30]) in Gasen bei 160 mm ergibt in $cm^2 sec^{-1}$ die Koeffizienten in Luft 0,098—0,123; in H_2 0,330—0,412; in CO_2 0,075; in SO_2 0,062; in Ar 0,107.

Die Emanierungsfähigkeit von Actiniumpräparaten ist im Vergleich zu der von Radiumpräparaten sehr groß; beispielsweise findet man nach Einschließen trockener Oxyde ein Ansteigen der β-Aktivität (aus der größeren Menge der dann zurückgehaltenen Emanation bzw. der daraus entstehenden induzierten Aktivität) um etwa 20 Prozent.

Das Emanierungsvermögen*) ist abhängig von der Natur des Salzes, — meist kommen La-Ac-Oxyde, Hydroxyde, Oxalate, Nitrate, dann auch Manganite, Siliziumfluoride, Sulfate usw. zur Beobachtung —, es nimmt stark mit Kühlung ab und Erwärmung zu, so daß beispielsweise E. Rutherford und F. Soddy[33]) von — 80° bis + 800° eine Steigerung des Wertes auf etwa das 40fache feststellen konnten.

Wenn man im Dunkeln ein Actiniumpräparat nahe über einen Leuchtschirm (Sidotblende) bringt, so wird die Leuchterscheinung durch Luftbewegung, Anblasen und dergleichen, hin- und herbewegt wie ein Schwaden schweren Gases; da im Hinblick auf die enorme Verdünnung die materielle Natur des Gases dafür nicht verantwortlich sein kann, ist diese Erscheinung vermutlich auf die Kurzlebigkeit der Emanation und ihres ersten positiv geladenen Zerfallsproduktes AcA zurückzuführen. Radiumemanation zeigt dieses Verhalten nicht, hingegen verhält sich Thoriumemanation ähnlich (auch dort gibt es ein außerordentlich kurzlebiges ThA).

Literatur zu VI, 9 siehe Seite 490.

*) Unter Annahme der Isotopie der Emanationen von Ra, Th und Ac müssen die physikalisch-chemischen Daten der anderen Emanationen (vgl. VI, 5 und VI, 10 [6]) auf die Ac-Em unmittelbar übertragen werden können und gleichermaßen das Verhalten der A-B-C-Produkte, soferne nicht die verschiedenen Geschwindigkeiten der emittierten Partikeln und die dadurch bedingte verschiedene Ionisation der Umgebung ins Spiel treten.

E. Aktiver Niederschlag des Actiniums. (Induzierte Actiniumaktivität.) Der aktive Niederschlag des Actiniums besteht aus den Folgeprodukten AcA, AcB, AcC, und AcC''.

Er ist bei seiner Entstehung größtenteils positiv geladen und daher auf negativen Elektroden leicht zu sammeln. A. N. Lucian[34]) hat gefunden, daß von den Partikeln in Luft 95% positiv geladen, 5% neutral sind.*) Der größere Prozentsatz der geladenen Partikel gegenüber den analogen der Radiumprodukte (95:88,2) wird darauf zurückgeführt, daß die Rückstoßatome aus AcA mit größerer Geschwindigkeit ausfliegen, als die von RaA. G. H. Briggs[34]) findet für RaA, ThA, AcA sowie RaB, ThB, AcB die gleichen Verhältnisse. H. A. Erikson[34]) fand zwei verschiedene Beweglichkeiten der Ionen des aktiven Niederschlages von Actinium: 4,35 und 1,55 cm/sec pro Volt/cm; er deutet dies durch Anwesenheit einatomiger AcA-AcB-Ionen und dreiatomiger Komplexe AcB + 1 Molekel Luft.

a) Actinium A[35]). Im Jahre 1911 hatte H. Geiger die Existenz zweier α-Strahler in der Actiniumemanation und ein Zwischenprodukt zwischen der Emanation und den bis dahin bekannten Produkten des aktiven Niederschlages signalisiert.

H. G. J. Moseley und K. Fajans ist dann die Abtrennung des AcA nach einer für diesen Fall besonders ausgearbeiteten Methode geglückt. Es erwies sich nämlich AcA so außerordentlich kurzlebig, daß es nur gelang mittels einer rotierenden negativ geladenen Scheibe, die durch den emanationshaltigen Raum mit einem Segment rasch hindurchzieht, diesen Stoff schnell genug aus der Emanation abzuscheiden, daß eine Beobachtung möglich wurde.

Sie fanden die Halbierungszeit $T = 0{,}002$ Sekunden und damit das kürzestlebige aller bisher bekannten (nicht wie RaC' rechnerisch erschlossenen) Elemente. H. Ikeuti bestimmte (1925) T = 0,0015 sec.

Dieser α-strahlenden Substanz, die bei ihrem Entstehen positiv geladen ist, wie das RaA, gehört nach H. Geiger und J. M. Nuttall die Reichweite $R_{15} = 6{,}5$ cm Luft zu. St. Meyer, V. F. Hess und F. Paneth fanden $R_{15} = 6{,}27$ cm; H. Geiger (1921) $R_{15} = 6{,}584$ cm.

Die Reichweite von AcA als Rückstoßatom aus AcEm gab L. W. Mc Keehan[30]) zu $R = 0{,}0092$ cm in Luft bei 20,7° an.

AcA darf als chemisch analog dem RaA und ThA angesehen werden, ist demnach auch isotop mit Polonium, und sein nächster Verwandter unter den alten Elementen ist das Tellur.

b) Actinium B. AcB, entdeckt von A. Debierne[4]), galt anfangs für strahlenlos und hat tatsächlich nur weiche β-Strahlen, deren Absorptionskoeffizient nach O. Hahn und L. Meitner etwa $\mu = 10^3\ \mathrm{cm}^{-1}$ Al ist (vgl. S. 128 und Tabelle 6 des Anhanges).

Literatur zu VI, 9 siehe Seite 490.

*) siehe Fußnote S. 480.

Die geringfügige γ-Strahlung hat nach E. Rutherford und H. Richardson[19]) die Absorptionskoeffizienten $\mu = 120; 31; 0{,}45\ cm^{-1}$ Al (vgl. S. 153).

Es ist isotop mit Blei und damit sind alle seine chemischen Eigenschaften gekennzeichnet. L. Meitner hat es auch elektrolytisch abgeschieden[39]).

Bei ca. 400° beginnt es zu verdampfen[36]). H. Schrader fand, daß es von Platin im Vakuum zwischen 600 und 900° verflüchtigt und daß, wenn Cl, Br, Bromwasserstoffsäure, Jodwasserstoffsäure oder andere Reagenzien anwesend sind, die Verdampfungstemperatur herabgesetzt wird, was auf die Bildung chemischer Verbindungen des AcB zurückgeführt werden darf. — Genauere Angaben ermöglichen die Studien an den Isotopen RaB und ThB vgl. S. 429 und 507.

Die Zerfallskonstante ist ziemlich häufig bestimmt worden[37]).

A. Debierne (1903, 1904)	T = 40 Minuten
H. T. Brooks (1904)	41
J. Elster und H. Geitel (1905)	34,4
St. Meyer und E. v. Schweidler (1905)	35,8
H. L. Bronson (1905)	35,7
O. Hahn und O. Sackur (1905)	36,4
T. Godlewski (1905)	36
V. F. Hess (1907)	36,07
H. N. Mc Coy und E. D. Leman (1913)	36,2
St. Maracineanu (1923)	36,0

Von den ersten (wegen möglicher ThB-Beimischung) unsicheren Messungen abgesehen, ergibt sich als Mittel $T = 36{,}0$ Minuten.

c) Actinium C. Dieses Produkt wurde von H. T. Brooks und E. Rutherford aufgefunden (1904)[38]). Es ist α-strahlend mit einer Reichweite nach H. Geiger und J. M. Nuttall $R_{15} = 5{,}40$ cm Luft; nach St. Meyer, V. F. Hess und F. Paneth $R_{15} = 5{,}15$ cm; nach H. Geiger (1921) $R_{15} = 5{,}511$ cm, wozu $v_0 = 1{,}778 \cdot 10^9$ cm/sec gehört.

Chemisch ist es als mit Wismut isotop anzusehen, gehört also in die gleiche Plejade wie alle C-Produkte und wie das RaE.

H. T. Brooks hat es elektrolytisch von AcB geschieden[38]); St. Meyer und E. v. Schweidler[36]) fanden, daß es bei höherer Temperatur (nach M. Levin bei ca. 700°) verdampft als AcB und daher durch Erhitzung auf Rotglut leicht von diesem befreit werden kann (vgl. die neueren hierher übertragbaren Daten bei RaC und ThC S. 427 und S. 509).

Die Halbierungszeit[39]) wurde zuerst als etwa $1\frac{1}{2}$ bis 2 Minuten angegeben, H. L. Bronson sowie O. Hahn und L. Meitner bestimmten (1908—1911) dann $T = 2{,}15$ Minuten; St. Meyer und F. Paneth (1918) $T = 2{,}16$ m.

Daß bei AcC ein dualer Zerfall einsetzt, wäre in Analogie zu den C-Gliedern der Radium- und Thoriumfamilie zu erwarten. L. Blanquies hat auch Andeutungen dafür gefunden, H. G. J. Moseley und K. Fajans allerdings konnten diese nicht für beweiskräftig erkennen.

Literatur zu VI, 9 siehe Seite 490.

E. Marsden in Gemeinschaft mit R. H. Wilson und P. B. Perkins und später mit R. W. Varder scheint aber der Nachweis geglückt, daß ein freilich sehr geringer Bruchteil, etwa 0,15 bis 0,20% des AcC durch β-Strahlung sich in ein AcC′ weiterverwandelt, während 99,85% bis 99,8% der Atome durch α-Strahlung in das Hauptfolgeprodukt zerfallen, das derzeit als AcC″ bezeichnet wird. Ebenso fand E. Albrecht[40]) C″/C′ = 99,84; L. F. Bates und J. St. Rogers[40]) hingegen 99,68.

AcC′ (früher als AC_2 bezeichnet) ist als α-strahlend zu betrachten mit einer Reichweite $R_{15}=$ ca. 6,5 cm und demgemäß als sehr kurzlebig; von einer Lebensdauer, die der des AcA nahestehen muß und etwa $7 \cdot 10^{-3}$ sec betragen mag (vgl. S. 51).

Es muß als isotop mit den anderen C′-, den A-Produkten und mit Polonium gelten, sich also tellurähnlich verhalten.

Betont sei, daß während bei Ra und Th der β-strahlende Anteil des dual zerfallenden C-Produktes überwiegt, hier umgekehrt dieser sehr klein ist und die α-Verwandlung vorherrscht.

L. F. Bates und J. St. Rogers[40]) vermuteten bei AcC ähnlich wie bei RaC und ThC multiplen Zerfall und das Auftreten weitreichender α-Strahlen (vgl. S. 432 und 511).

d) Actinium C″ (früher AcD genannt). Nach dem Rückstoßverfahren ist es O. Hahn und L. Meitner[41]) gelungen, diesen Stoff auf negativ geladener Gegenplatte aus dem Actinium C abzuscheiden (1908).

Es verdampft bei niedrigerer Temperatur als AcC und durch Erhitzen von AcC″ befreites AcC erzeugt es nach, was durch den Anstieg der β-Strahlung, die ein Maximum etwa bei 4,5 Minuten erreicht, bewiesen wird.

Actinium C″ ist β-γ-strahlend.

Für die β-Strahlung gab T. Godlewski (aus der damals bekannten „induzierten“ Aktivität) 1905[37]) einen Absorptionskoeffizienten 32,7 cm^{-1} Al an, was einer Halbierungsdicke $1{,}7 \cdot 10^{-2}$ cm Al entspricht. O. Hahn und L. Meitner fanden $\mu = 28{,}5$ cm^{-1}, was $D = 2{,}4 \cdot 10^{-2}$ cm Al ergibt; Frilley fand (1926) für die härtesten β-Strahlen $\mu = 44{,}5$ cm^{-1}; also $D = 1{,}56 \cdot 10^{-2}$ cm Al.[41]).

Aus den magnetischen Linienspektren ordnen mit einiger Wahrscheinlichkeit O. v. Baeyer, O. Hahn und L. Meitner dem AcC″ die Geschwindigkeiten 1,8; 1,98; 2,22; $2{,}73 \cdot 10^{10}$ cm/sec zu (neuere Daten vgl. Tabelle 6 des Anhanges).

Der Absorptionskoeffizient der γ-Strahlung ist nach E. Rutherford und H. Richardson[19]) $\mu = 0{,}198$ cm^{-1} Al, was einer Halbierungsdicke $D = 3{,}50$ cm entspricht.

Die Halbierungszeit[41]) wurde von O. Hahn und L. Meitner (1908) $T = 5{,}1$ Minuten, von A. F. Kovarik (1911) $T = 4{,}71$ Minuten gefunden. E. Albrecht fand $T = 4{,}76$ m.

Actinium C″ ist isotop mit Thallium, ThC″ und RaC″.

Literatur zu VI, 9 siehe Seite 490.

e) Das Zerfallsschema der „induzierten Actiniumaktivität“ (aktiver Niederschlag) kann nach dem Gesagten jetzt folgendermaßen geschrieben werden:

$$\underset{\lambda_A=3,5\cdot 10^{2}}{\mathrm{AcA}} \xrightarrow[(\mathbf{R}_{15}=5,7)]{\alpha} \underset{\lambda_B=3,2\cdot 10^{-4}}{\mathrm{AcB}} \xrightarrow{\beta} \underset{\lambda_C=5,3\cdot 10^{-3}}{\mathrm{AcC}} \begin{cases} \xrightarrow[\alpha\,(R_{15}=5,2)]{99,7\,\%} \underset{\lambda_{C''}=2,45\cdot 10^{-3}}{\mathrm{AcC''}} \xrightarrow[\beta,\gamma]{} \text{Endprodukt isotop mit Blei} \\ \xrightarrow[\beta]{0,3\,\%} \underset{\lambda_{C'}=140}{\mathrm{AcC'}} \xrightarrow[\alpha]{} \text{Endprodukt} \end{cases}$$

Es sei noch darauf aufmerksam gemacht, daß durch die Entdeckung des AcA eine Umbenennung der einzelnen Glieder dieser Reihe erforderlich geworden ist und daher in älterer Literatur A für das jetzige B-Produkt, B für das C-Produkt zu finden ist, so daß immer jeweils die zugehörige Zerfallskonstante usw. besonders beachtet werden muß; ebenso wurde früher das Thalliumisotop (jetzt AcC″) AcD, das Endprodukt (jetzt AcD) AcE genannt. Die unzweckmäßige Bezeichnung AcΩ″ für das Endprodukt ist abzulehnen. (St. Meyer[42]).

f) Das Endprodukt, AcD (früher zuweilen AcE genannt), wäre mit dem Atomgewicht 210 zu supponieren, wenn die Abspaltung der Actiniumreihe von Uran I erfolgt. Wären 3% der Atome in der Richtung der Ac-Reihe, 97% in der Richtung der Radiumreihe anzunehmen, und wäre AcD ebenso stabil wie RaG, so wäre das Atomgewicht des bleiartigen Gemisches AcD + RaG mit $= 0,97 \cdot 206 + 0,03 \cdot 210 = 206,12$ zu erwarten. Da O. Hönigschmid und St. Horovitz (vgl. S. 463) nur 206,05 fanden, folgt, daß AcD entweder selbst mit dem Atomgewicht nahe 206 anzusetzen wäre oder daß es viel kürzerlebig sein muß als RaG, daß also die Annahme eines weiteren Zerfallsproduktes, das aber bisher nicht aufgefunden wurde, notwendig wäre.

g) Bildung und Zerfall der induzierten Ac-Aktivität. Die folgenden Tabellen geben zwei typische Fälle für Entstehung des aktiven Niederschlages aus AcX und für den Zerfall desselben nach langer Exposition in einem Raume konstanten Ac-Emanationsgehaltes.

(1). Zerfall der Reihe AcX — AcEm — AcA — AcB — AcC — AcC″.

Zur Zeit $t = 0$ sei die vorhandene Menge AcX = 1, alle übrigen Stoffe nicht vorhanden.

Literatur zu VI, 9 siehe Seite 490.

Dann ist zur Zeit t die vorhandene Menge der einzelnen Substanzen

$$\mathrm{AcX} = e^{-\lambda_1 t}$$

$$\begin{aligned}
\lambda_1 &= \lambda_{\mathrm{AcX}} = 7{,}04 \cdot 10^{-7}\ \mathrm{sec}^{-1}\\
\lambda_2 &= \lambda_{\mathrm{Em}} = 0{,}18\\
\lambda_3 &= \lambda_A = 3{,}5 \cdot 10^{2}\\
\lambda_4 &= \lambda_B = 3{,}2 \cdot 10^{-4}\\
\lambda_5 &= \lambda_C = 5{,}3 \cdot 10^{-3}\\
\lambda_6 &= \lambda_{C''} = 2{,}45 \cdot 10^{-3}
\end{aligned}$$

Da die Zerfallskonstanten der Emanation und von AcA sehr groß sind, so sind diese Stoffe schon nach ½ Minute praktisch im Gleichgewicht mit AcX.

$$\mathrm{AcA} = a_1 e^{-\lambda_1 t} + a_2 e^{-\lambda_2 t} + a_3 e^{-\lambda_3 t}$$
$$a_1 + a_2 + a_3 = 0$$

$$\begin{aligned}
a_1 &= 2{,}011_4 \cdot 10^{-9}\\
a_2 &= -\ 2{,}012_5 \cdot 10^{-9}\\
a_3 &= 0{,}00103_5 \cdot 10^{-9}
\end{aligned}$$

$$\mathrm{AcB} = b_1 e^{-\lambda_1 t} + b_2 e^{-\lambda_2 t} + b_3 e^{-\lambda_3 t} + b_4 e^{-\lambda_4 t}$$
$$b_1 + b_2 + b_3 + b_4 = 0$$

$$\begin{aligned}
b_1 &= 2{,}204_9 \cdot 10^{-3}\\
b_2 &= 3{,}920 \cdot 10^{-6}\\
b_3 &= 0{,}000\\
b_4 &= -\ 2{,}2088 \cdot 10^{-3}
\end{aligned}$$

$$\mathrm{AcC} = c_1 e^{-\lambda_1 t} + c_2 e^{-\lambda_2 t} + c_3 e^{-\lambda_3 t} + c_4 e^{-\lambda_4 t} + c_5 e^{-\lambda_5 t}$$
$$c_1 + c_2 + c_3 + c_4 + c_5 = 0$$

$$\begin{aligned}
c_1 &= 1{,}3314_1 \cdot 10^{-4}\\
c_2 &= -\ 0{,}00007 \cdot 10^{-4}\\
c_3 &= -\ 1{,}4193_0 \cdot 10^{-4}\\
c_4 &= 0{,}000\\
c_5 &= 0{,}0879_6 \cdot 10^{-4}
\end{aligned}$$

$$\mathrm{AcC''} = d_1 e^{-\lambda_1 t} + d_2 e^{-\lambda_2 t} + d_3 e^{-\lambda_3 t} + d_4 e^{-\lambda_4 t} + d_5 e^{-\lambda_5 t} + d_6 e^{-\lambda_6 t}$$
$$d_1 + d_2 + d_3 + d_4 + d_5 + d_6 = 0$$

$$\begin{aligned}
d_1 &= 2{,}8810 \cdot 10^{-4}\\
d_2 &= 0{,}0000\\
d_3 &= 0{,}0000\\
d_4 &= -\ 3{,}5316 \cdot 10^{-4}\\
d_5 &= -\ 0{,}1635 \cdot 10^{-4}\\
d_6 &= 0{,}8141 \cdot 10^{-4}
\end{aligned}$$

Literatur zu VI, 9 siehe Seite 490.

t	AcX	AcA · 10^9	AcB · 10^3	AcC · 10^4	AcC'' · 10^4
0 Sekunden	1,0000	0,0000	0,0000	0,0000	0,0000
1	1,0000	0,3472	0,0000$_3$	0,0000	0,0000
2	1,0000	0,6552	0,0002	0,0000	0,0000
5	1,0000	1,2331	0,0011	0,0000$_1$	0,0000
10	1,0000	1,7104	0,0037	0,0000$_3$	0,0000
30	1,0000	2,0047	0,0171	0,0007	0,0000$_2$
1 Minuten	1,0000	**2,0114**	0,0380	0,0031	0,0003
2	0,9999	2,0113	0,0796	0,0123	0,0033
5	0,9998	2,0110	0,1978	0,0597	0,0292
10	0,9996	2,0106	0,3810	0,1632	0,1556
15	0,9994	2,0102	0,5474	0,2672	0,3197
20	0,9992	2,0098	0,6985	0,3637	0,5159
25	0,9989	2,0093	0,8358	0,4518	0,7133
30	0,9987	2,0089	0,9604	0,5319	0,9020
40	0,9983	2,0080	1,1764	0,6707	1,2400
50	0,9979	2,0072	1,3545	0,7852	1,5233
1 Stunden	0,9975	2,0064	1,5013	0,8795	1,7579
2	0,9949	2,0013	1,9731	1,1829	2,5138
3	0,9924	1,9962	2,1185	1,2765	2,7478
4	0,9899	1,9911	2,1606	1,3038	2,8168
5	0,9874	1,9861	**2,1701**	**1,3102**	2,8336
6	0,9849	1,9811	2,1694	1,3099	**2,8340**
7	0,9824	1,9761	2,1654	1,3076	2,8293
8	0,9799	1,9711	2,1604	1,3046	2,8229
9	0,9775	1,9661	2,1551	1,3014	2,8160
10	0,9750	1,9611	2,1497	1,2981	2,8089
12	0,9701	1,9512	2,1388	1,2915	2,7947
14	0,9651	1,9428	2,1280	1,2850	2,7805
16	0,9603	1,9315	2,1172	1,2785	2,7665
18	0,9554	1,9218	2,1065	1,2720	2,7526
20	0,9506	1,9120	2,0959	1,2656	2,7387
25	0,9386	1,8880	2,0695	1,2497	2,7042
30	0,9268	1,8642	2,0434	1,2339	2,6701
40	0,9036	1,8175	1,9923	1,2031	2,6033
50	0,8810	1,7720	1,9424	1,1730	2,5381
60	0,8589	1,7277	1,8938	1,1436	2,4746
70	0,8374	1,6845	1,8464	1,1150	2,4127
80	0,8164	1,6423	1,8002	1,0871	2,3523
90	0,7961	1,6012	1,7552	1,0599	2,2934
100	0,7761	1,5611	1,7113	1,0334	2,2361
120 = 5 Tage	0,7378	1,4840	1,6267	0,9823	2,1255
10	0,5443	1,0948	1,2001	0,7247	1,5681
20	0,2963	0,5959	0,6532	0,3944	0,8535
30	0,1613	0,3244	0,3556	0,2147	0,4646
40	0,0878	0,1765	0,1935	0,1169	0,2529
50	0,0478	0,0961	0,1053	0,0636	0,1376
60	0,0260	0,0523	0,0573	0,0346	0,0749
70	0,0142	0,0285	0,0312	0,0188	0,0408
80	0,0077	0,0155	0,0170	0,0103	0,0222
90	0,0042	0,0084	0,0092	0,0056	0,0121
100	0,0036	0,0073	0,0080	0,0048	0,0104
110	0,0023	0,0046	0,0050	0,0030	0,0066
120	0,0012	0,0025	0,0027	0,0017	0,0036
130	0,0007	0,0014	0,0015	0,0009	0,0020
140	0,0004	0,0007	0,0008	0,0005	0,0011
150	0,0002	0,0004	0,0004	0,0003	0,0006

Literatur zu VI, 9 siehe Seite 490.

(2). Aktiver Niederschlag des Actiniums.

Zur Zeit $t = 0$ sei Gleichgewicht (nach langer Exposition im Raume konstanten Emanationsgehalts) vorhanden.

$$\lambda_B \mathrm{AcB} = \lambda_C \mathrm{AcC} = \lambda_{C''} \mathrm{AcC''} = 1.$$

Dann ist zur Zeit t die vorhandene Anzahl der Atome gegeben durch:

$$\mathrm{AcB} = \frac{1}{\lambda_B} \cdot e^{-\lambda_B t}$$

$$\mathrm{AcC} = \frac{1}{\lambda_B - \lambda_C}\left(\frac{\lambda_B}{\lambda_C} e^{-\lambda_C t} - e^{-\lambda_B t}\right)$$

$$\mathrm{AcC''} = d_1 e^{-\lambda_B t} + d_2 e^{-\lambda_C t} + d_3 e^{-\lambda_{C''} t}$$

$$\lambda_B = 3{,}2 \cdot 10^{-4}\ \mathrm{sec}^{-1}$$
$$\lambda_C = 5{,}3 \cdot 10^{-3}$$
$$\lambda_{C''} = 2{,}45 \cdot 10^{-3}$$
$$\frac{\lambda_B}{\lambda_C} = 6{,}038 \cdot 10^{-2};$$
$$\frac{1}{\lambda_B - \lambda_C} = -2{,}008 \cdot 10^2.$$

$$d_1 = 4{,}9965 \cdot 10^2; \quad d_2 = 0{,}225_5 \cdot 10^2; \quad d_3 = -1{,}1403 \cdot 10^2.$$

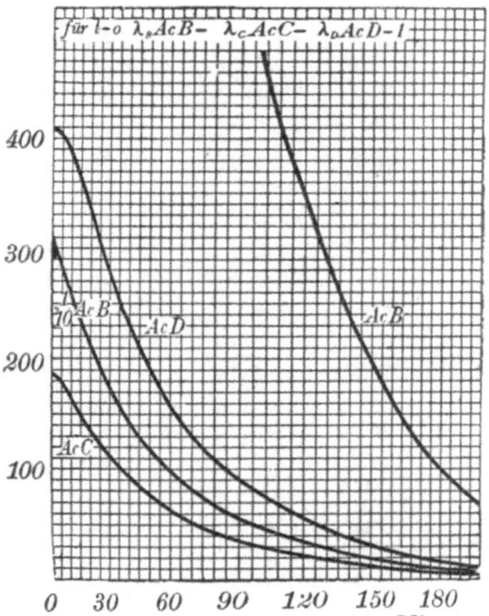

Fig. 107.

t	AcB	AcC	AcC''
0 Sekunden	3125,0	188,68	408,16
1	3124,0	188,68	408,16
2	3123,0	188,68	408,16
5	3120,0	188,67	408,16
10	3115,0	188,66	408,16
30	3095,2	188,54	408,16
1 Minuten	3065,6	188,16	408,11
2	3006,6	186,78	407,67
3	2950,1	184,87	407,04
4	2894,0	182,00	405,70
5	2838,9	179,95	403,83
6	2785,0	177,16	401,43
7	2732,0	174,24	398,50
8	2680,1	171,26	395,10
9	2629,1	168,25	391,28
10	2579,1	165,22	387,09
15	2343,0	150,45	362,24
20	2128,5	136,75	334,34
25	1933,7	124,25	308,61
30	1756,7	112,88	279,49
40	1449,8	93,16	231,49

t	AcB	AcC	AcC''	t	AcB	AcC	AcC''
50 Minuten	1196,5	76,89	191,24	220 Minuten	45,8	2,94	7,32
60	987,5	63,45	157,87	240	31,2	2,00	4,98
70	815,0	52,37	130,30	260	21,2	1,36	3,39
80	674,2	43,32	107,79	280	14,5	0,93	2,31
90	555,1	35,67	88,76	300	9,8	0,63	1,57
100	454,9	28,45	73,29	320	6,7	0,43	1,07
120	312,1	20,05	49,90	340	4,6	0,29	0,73
140	212,6	13,66	33,99	360	3,1	0,20	0,50
160	144,8	9,30	23,15	380	2,1	0,14	0,34
180	98,6	6,34	15,77	400	1,5	0,09	0,23
200	67,2	4,32	10,74				

Literatur zu VI, 9 siehe Seite 490.

Radioaktive Konstanten

Substanz	Symbol. Atomgewicht, Ordnungszahl	T	λ	τ	Strahlen	v in cm/sec
Protactinium	*Pa* 231 ± 1 91	$1{,}2 \cdot 10^4\,a$ $3{,}8 \cdot 10^{11}\,s$	$6 \cdot 10^{-4}\,a^{-1}$ $1{,}9 \cdot 10^{-12}\,s^{-1}$	$1{,}7 \cdot 10^4\,a$ $5{,}4 \cdot 10^{11}\,s$	α — —	$1{,}55 \cdot 10^9$ — —
Actinium	*Ac* 227 ± 1 89	ca. $20\,a$ $6{,}3 \cdot 10^8\,s$	$3{,}4 \cdot 10^{-2}\,a^{-1}$ $1{,}08 \cdot 10^{-9}\,s^{-1}$	ca. $29\,a$ $9{,}2 \cdot 10^8\,s$	— (β) —	— — —
Radioactinium	*Rd Ac* 227 ± 1 90	$18{,}9\,d$ $1{,}63 \cdot 10^6\,s$	$3{,}66 \cdot 10^{-2}\,d^{-1}$ $4{,}24 \cdot 10^{-7}\,s^{-1}$	$27{,}3\,d$ $2{,}36 \cdot 10^6\,s$	α β γ	$1{,}68 \cdot 10^9$ $1{,}14;\ 1{,}26;\ 1{,}47;\ 1{,}95 \cdot 10^{10}$ —
Actinium X	*Ac X* 223 ± 1 88	$11{,}2\,d$ $9{,}7 \cdot 10^5\,s$	$6{,}17 \cdot 10^{-2}\,d^{-1}$ $7{,}14 \cdot 10^{-7}\,s^{-1}$	$16{,}2\,d$ $1{,}40 \cdot 10^6\,s$	α — —	$1{,}65 \cdot 10^9$ — —
Actinium-Emanation (Actinon)	*Ac Em* 219 ± 1 86	$3{,}92\,s$	$0{,}177\,s^{-1}$	$5{,}66\,s$	α — —	$1{,}81 \cdot 10^9$ — —
Actinium A	*Ac A* 215 ± 1 84	$1{,}5 \cdot 10^{-3}\,s$	$474\ s^{-1}$	$2{,}1 \cdot 10^{-3}\,s$	α — —	$1{,}89 \cdot 10^9$ — —
Actinium B	*Ac B* 211 ± 1 82	$36{,}0\,m$ $2{,}16 \cdot 10^3\,s$	$1{,}925 \cdot 10^{-2}\,m^{-1}$ $3{,}21 \cdot 10^{-4}\,s^{-1}$	$51{,}94\,m$ $3{,}12 \cdot 10^3\,s$	— β γ	— —
Actinium C	*Ac C* 211 ± 1 83	$2{,}16\,m$ $130\,s$	$0{,}321\,m^{-1}$ $5{,}35 \cdot 10^{-3}\,s^{-1}$	$3{,}12\,m$ $187\,s$	α β —	$1{,}78 \cdot 10^9$ ...... —
Actinium C′ (0,32 Proz.)	*Ac C′* 211 ± 1 84	ca. $5 \cdot 10^{-3}\,s$	ca. $140\,s^{-1}$	ca. $7 \cdot 10^3\,s$	α — —	($1{,}9 \cdot 10^9$) — —
Actinium C″ (99,68 Proz.)	*Ac C″* 207 ± 1 81	$4{,}76\,m$ $286\,s$	$0{,}146\,m^{-1}$ $2{,}43 \cdot 10^{-3}\,s^{-1}$	$6{,}87\,m$ $412\,s$	— β γ	— $1{,}8;\ 1{,}98;\ 2{,}22;\ 2{,}73 \cdot 10^{10}$ —
Actinium D (Actiniumblei)	*Ac D* 207 ± 1 82	—	stabil (?)	—	—	—

der Actinium-Familie.

R_0 in cm Luft	$k \cdot 10^{-5}$	μ in cm^{-1} Al	D in cm Al	Im Gleichgewicht zu $Ra = 1$ vorhandene Gewichtsmenge
3,48	1,44 (1,55)	—	—	ca. 0,2
—	—	—	—	
—	—	—	—	
—	—	—	—	$4 \cdot 10^{-4}$
—	—	—	—	
—	—	—	—	
4,43	1,69 (1,82)	—	—	10^{-6}
—	—	175	$4 \cdot 10^{-3}$	
—	—	25; 0,19	$2,77 \cdot 10^{-2}$; 3,65	
4,14	1,61 (1,74)	—	—	$6 \cdot 10^{-7}$
—	—	—	—	
—	—	—	—	
5,49	1,95 (2,10)	—	—	$2,4 \cdot 10^{-12}$
—	—	—	—	
—	—	—	—	
6,24	2,12 (2,28)	—	—	$0,9 \cdot 10^{-15}$
—	—	—	—	
—	—	—	—	
—	—	—	—	$1,3 \cdot 10^{-9}$
—	—	groß	klein	
—	—	120; 31; 0,45	$5,77 \cdot 10^{-3}$; $2,33 \cdot 10^{-2}$; 1,54	
5,22	1,88 (2,03)	—	—	$7,5 \cdot 10^{-11}$
—	—	—	—	
—	—	—	—	
(6,1 ?)	2,1 ? (2,25 ?)	—	—	ca. $6 \cdot 10^{-15}$
—	—	—	—	
—	—	—	—	
—	—	—	—	ca. $1,6 \cdot 10^{-10}$
—	—	44,5	$1,56 \cdot 10^{-2}$	
—	—	0,198	3,5	
—	—	—	—	—

Literatur zu VI, 9:

Zu Ac und Pa:

1) F. Soddy, Nature **91**, 634, 1913; O. Hahn und L. Meitner, Phys. Z. **14**, 752, 1913; K. Fajans und F. Paneth, Wien. Ber. **123**, 1627, 1914; O. Göhring, Phys. Z. **15**, 642, 1914.

2) O. Hahn und L. Meitner, Z. Elektrochem. **24**, 169, 1918; Naturwiss. **6**, 324, 1918; Phys. Z. **19**, 208, 1918; F. Soddy und J. A. Cranston, Proc. Roy. Soc. (A) **94**, 384, 1918; Nature **100**, 498, 1918.

3) O. Hahn und L. Meitner, Phys. Z. **20**, 529, 1919; Naturwiss. **7**, 611, 1919; Ber. D. chem. Ges. **52**, 1812, 1919.

4) A. Debierne, C. R. **129**, 593, 1899; **130**, 906, 1900; Phys. Z. **7**, 14, 1906; F. Giesel, Ber. D. chem. Ges. **35**, 3608, 1902; **36**, 342, 1903; **37**, 1696, 3963, 1904; **38**, 775, 1905; C. Auer v. Welsbach, Wien. Ber. **119**, 1, 1910; E. Demarçay, C. R. **130**, 1019, 1910; K. H. Fussler, Phys. Rev. (2) **9**, 142, 1917; C. Ulrich, Z. angew. Chem. **36**, 55, 1923.

5) B. B. Boltwood, Sill. J. **22**, 537, 1906; Nature **75**, 54, 1906; Phys. Z. **7**, 915, 1906; E. Rutherford, Nature **75**, 270, 1906; **76**, 126, 1907.

6) G. v. Hevesy, Phys. Z. **14**, 1202, 1913.

7) M. Curie, Radioaktivität, deutsche Ausg. 1912; I, 180; F. Soddy, Chemie der Radioelemente, deutsche Ausg. 1912, 160.

8) D. Strömholm und T. Svedberg, Z. anorg. Chem. **61**, 338; **63**, 197, 1909.

9) O. Hahn und M. Rothenbach, Phys. Z. **14**, 410, 1913; St. Meyer und F. Paneth, Mitt. Ra-Inst. 104, Wien. Ber. **127**, 147, 1918; F. Paneth und C. Ulrich, Doelters Handbuch der Mineralchem. III, 2, S. 325, 1923.

10) St. Meyer, V. F. Hess und F. Paneth, Wien. Ber. **123**, 1459, 1914.

11) B. B. Boltwood, Sill. J. **25**, 269, 1908; E. Rutherford, Radioactive Substances 1913, 523; St. Meyer und F. Paneth, Mitt. Ra-Inst. 23, Wien. Ber. **121**, 1403, 1912; B. B. Boltwood und J. H. L. Johnstone, Phil. Mag. (6) **40**, 50, 1920; A. S. Russell und W. P. Widdowson, Phil. Mag. (6) **46**, 915, 1923.

12) M. Curie, Le Rad. **8**, 353, 1911; Radioaktivität, deutsche Ausg. 1912, II, 424; O. Hahn und L. Meitner, Phys. Z. **19**, 208, 1918; **20**, 127, 1919; St. Meyer, Mitt. Ra-Inst. 130, Wien. Ber. **129**, 483, 1920.

13) G. N. Antonoff, Phil. Mag. (6) **26**, 1058, 1913; Le Rad. **10**, 406, 1913; K. H. Fussler, Phys. Rev. (2) **9**, 142, 1917; St. Meyer und V. F. Hess, Mitt. Ra-Inst. 122, Wien. Ber. **128**, 909, 1919; St. Meyer, Mitt. Ra-Inst. 130, Wien. Ber. **129**, 483, 1920; G. Kirsch, Mitt. Ra-Inst. 127, Wien. Ber. **129**, 309, 1920; O. Hahn und L. Meitner, Ber. D. chem. Ges. **54**, 69, 1921; Z. f. Phys. **8**, 202, 1922; E. Róna, Ber. D. chem. Ges. **55**, 294, 1922; W. G. Guy und A. S. Russell, J. chem. Soc. **123**, 2618, 1923; A. Piccard und E. Kessler, Arch. scienc. phys. et nat. (5) **5**, 491, 1923.

14) A. Piccard, Arch. scienc. phys. et nat. **44**, 161, 1917; F. Soddy und J. A. Cranston, Proc. Roy. Soc. (A) **94**, 384, 1918; St. Meyer, Z. phys. Chem. **95**, 407, 1920; E. Q. Adams, J. Amer. chem. Soc. **42**, 2205, 1920; A. Smekal, Phys. Z. **22**, 48, 1921.

15) A. S. Russell, Nature **111**, 703, 1923; Phil. Mag. (6) **46**, 642, 1923; L. Meitner, Naturwiss. **14**, 719, 1926; B. Walter, ebenda **14**, 794, 1926; S. Iimori und J. Yoshimura, Scient. pap. Inst. Tokyo **5**, 11, 1926.

16) O. Hahn und L. Meitner, Phys. Z. **20**, 127, 1919; Ber. D. chem. Ges. **54**, 69, 1921; Z. f. Phys. **8**, 202, 1922; O. Hahn, Phys. Z. **21**, 591, 1920; J. H. Mennie, Phil. Mag. (6) **46**, 675, 1923.

17) A. Piccard und E. Stahel, Arch. scienc. phys. et nat. (5) **3**, 541, 1921; Phys. Z. **23**, 1, 1922; **24**, 80, 1923; O. Hahn, Phys. Z. **23**, 146, 1922; T. R. Wilkins, Nature **117**, 719, 1926.

18) E. Marsden und A. B. Wood, Phil. Mag. (6) **26**, 948, 1913.

19) E. Rutherford und H. Richardson, Phil. Mag. (6) **26**, 937, 1913.

20) K. Fajans, Bericht, Phys. Z. **16**, 456, 1915; St. Meyer, Z. phys. Chem. **95**, 433, 1920.

Zu RdAc, AcX:

21) O. Hahn, Phil. Mag. (6) **12**, 244, 1906; **13**, 165, 1907; Ber. D. chem. Ges. **39**, 1605, 1906; Phys. Z. **7**, 855, 1906; M. Levin, Phil. Mag. (6) **12**, 177, 1906; F. Giesel, Ber. D. chem. Ges. **40**, 3011, 1907.

22) Vgl. R. Böhm, Die Darstellung der seltenen Erden, Leipzig, bei Veit & Co., 1905; R. J. Meyer und O. Hauser, Die Analyse der seltenen Erden und Erdsäuren, Stuttgart 1912, F. Enke.

23) H. N. Mc Coy und E. D. Leman, Phys. Rev. (2) **4**, 409, 1914; O. Hahn und M. Rothenbach, Phys. Z. **14**, 409, 1913; H. N. Mc Coy und E. D. Leman, Phys. Z. **14**, 1280, 1913; E. Telschow, Diss. Berlin, 1912.

24) O. Hahn und L. Meitner, Z. f. Phys. **2**, 60, 1920.

25) E. Rutherford und H. Richardson, Phil, Mag. (6) **26**, 942, 1913; A. S. Russell und J. Chadwick, Phil. Mag. (6) **27**, 112, 1914.

26) A. S. Russell und J. Chadwick, Nature **90**, 463, 1912; O. Hahn und L. Meitner, Phys. Z. **14**, 752, 1913.

27) F. Giesel, Jahrb. Rad. u. El. **1**, 345, 1904; T. Godlewski, Phil. Mag. (6) **10**, 35, 1905.

28) St. Meyer und E. v. Schweidler, Wien. Ber. **116**, 319, 1907; O. Hahn, Phys. Z. **10**, 81, 1909.

Zu AcEm:

29) A. Debierne, Le Rad. **4**, 213, 1907; C. R. **150**, 1740, 1910; S. Russ, Phil. Mag. (6) **17**, 540, 1909; G. Bruhat, C. R. **148**, 628, 1909; Le Rad. **6**, 67, 109, 1909; M. S. Leslie, Phil. Mag. (6) **24**, 637, 1912; E. Marsden und A. B. Wood, Phil. Mag. (6) **26**, 948, 1913.

30) A. Debierne, Le Rad. **4**, 213, 1907; S. Russ, J. chem. Soc. London **17**, 540, 1909; G. Bruhat, Le Rad. **6**, 67, 1909; E. Rutherford, Radioactivity 387, 1913; G. v. Hevesy, Bericht, Jahrb. Rad. u. El. **10**, 221, 1913; L. W. McKeehan Phys. Rev. (2) **10**, 474, 1917.

31) A. Debierne, C. R. **136**, 446, 1903; O. Hahn und O. Sackur, Ber. D. chem. Ges. **38**, 1943, 1905; M. S. Leslie, Phil. Mag. (6) **24**, 637, 1912; P. B. Perkins, Phil. Mag. (6) **27**, 720, 1914; R. Schmid, Mitt. Ra-Inst. 103, Wien. Ber. **126**, 1065, 1917.

32) G. v. Hevesy, Phys. Z. **12**, 1214, 1911; J. of Phys. Chem. **16**, 429, 1912.

33) E. Rutherford und F. Soddy, Trans. Chem. Soc. **81**, 321, 1902; Phil. Mag. (6) **4**, 370, 1902.

Zu AcA, AcB, AcC, AcD:

34) A. N. Lucian, Sill. J. **38**, 539, 1914; Phil. Mag. (6) **28**, 761, 1914; G. H. Briggs, Phil. Mag. (6) **41**, 357, 1921; H. A. Erikson, Phys. Rev. (2) **24**, 622, 1924.

35) H. Geiger und E. Marsden, Phys. Z. **11**, 7, 1910; H. Geiger, Phil. Mag. (6) **22**, 201, 1911; H. G. J. Moseley und K. Fajans, Phil. Mag. (6) **22**, 629, 1911; H. Ikeuti, Festsch. f. H. Nagaoka, Tokyo, 295, 1925.

36) St. Meyer und E. v. Schweidler, Wien. Ber. **114**, 1147, 1905; M. Levin, Phys. Z. **7**, 812, 1906; H. Schrader, Phil. Mag. (6) **24**, 125, 1912.

37) A. Debierne, C. R. **136**, 671, 1903; **138**, 411, 1904; H. T. Brooks und E. Rutherford, Phil. Trans. (A) **204**, 188, 1904; J. Elster und H. Geitel, Arch. scienc. phys. et nat. (4) **19**, 18, 1905; St. Meyer und E. v. Schweidler, Wien. Ber. **114**, 1147, 1905; H. L. Bronson, Sill. J. **19**, 185, 1905; O. Hahn und O. Sackur, Ber. D. chem. Ges. **38**, 1943, 1905; T. Godlewski, Phil. Mag. (6) **10**, 35, 1905; Jahrb. Rad. u. El. **3**, 157, 1906; V. F. Hess, Wien. Ber. **116**, 1157, 1907; H. N. Mc Coy und E. D. Leman, Phys. Z. **14**, 1280, 1913; St. Maracineanu, C. R. **177**, 1215, 1923.

38) H. T. Brooks, Phil. Mag. (6) **8**, 373, 1904; E. Rutherford, Phil. Trans. (A) **204**, 169, 1904.

39) H. T. Brooks, l. c.[38]; St. Meyer und E. v. Schweidler, l. c. [6]; O. Hahn und L. Meitner, Phys. Z. **9**, 649, 1908; H. L. Bronson, Sill. J. **19**, 185, 1905; L. Meitner, Phys. Z. **12**, 1094, 1911; St. Meyer und F. Paneth, Mitt. Ra-Inst. 104, Wien. Ber. **127**, 147, 1918.

40) L. Blanquies, C. R. **151**, 57, 1910; Le Rad. **6**, 230, 1909; **7**, 159, 1910; H. G. J. Moseley und K. Fajans, Phil. Mag. (6) **22**, 629, 1911; E. Marsden und R. H. Wilson, Nature **92**, 29, 1913; F. Soddy, Chemistry of the Radioelements II, 26, 1914; E. Marsden und P. B. Perkins, Phil. Mag. (6) **27**, 690, 1914; Jahrb. Rad. u. El. **11**, 211, 1914; R. W. Varder und E. Marsden, Phil. Mag. (6) **28**, 818, 1914; E. Albrecht, Mitt. Ra-Inst. 123, Wien. Ber. **128**, 925, 1919; L. F. Bates und J. St. Rogers, Nature **112**, 938, 1923; Proc. Roy. Soc. (A) **105**, 97, 1924.

41) O. Hahn und L. Meitner, Phys. Z. **9**, 649, 1908; A. F. Kovarik, Phys. Z. **12**, 83, 1911; E. Albrecht, Mitt. Ra-Inst. 123, Wien. Ber. **128**, 925, 1919; Frilley, C. R. **182**, 1461, 1926.

42) St. Meyer, Jahrb. Rad. u. El. **19**, 344, 1923.

10. Thorium. 1. Das Element Thorium wurde (1828) von J. J. v. Berzelius in einer Erde auf Lövön in Norwegen entdeckt und von ihm benannt. Als Metall liefert es grauglimmernde Kristalle regulärer Form; es ist spröde. Sein Atomgewicht beträgt nach älteren Angaben von G. Krüss und L. F. Nilson 232,49[1]), nach den neuesten Untersuchungen von O. Hönigschmid und St. Horovitz 232,12. Spezifisches Gewicht nach H. C. Rentschler und J. W. Marden[1]) = 11,3 bis 11,7. Es ist vierwertig.

a) Das Vorkommen[2]) in der Natur ist meist vergesellschaftet mit dem des Urans und den seltenen Erden. Ein konstantes Verhältnis zwischen Uran und Thorium in den Mineralien existiert jedoch nicht.

Im folgenden seien die wichtigsten Thoriummineralien angeführt, wobei (im Hinblick auf die Bedeutung, radiumfreie Zerfallsprodukte des Thoriums gewinnen zu können) auch der Urangehalt angegeben ist. Im übrigen sei auch auf die Angaben VI, 2 S. 368 verwiesen.

Literatur zu VI, 10 siehe Seite 528.

Mineral	Angenäherter Gehalt an U	Angenäherter Gehalt an Th	Mineral	Angenäherter Gehalt an U	Angenäherter Gehalt an Th
	%	%		%	%
Orangit	1	66	Yttrialith	0,7—1,4	10
Thorianit	9—10	65	Erdmannit	—	9
Auerlit	—	61—63	Orthit, Allanit	—	8,8
Thorit*)	ca. 9	45—65	Tritomit	—	8
Calciothorit	—	52	Yttrocrasit	1,94	7,7
Uranothorit	1—10	35—45	Blomstrandin	4,8	6,8
Mackintoshit	20	42	Pyrochlor	2,4—4	3,8—6,7
Thorogummit	18	36	Cleveit	ca. 60	6
Eukrasit	—	32	Wijkit	3,1	4,8
Freyalit	—	25	Samarskit	3—15	4
Monazit (massiv)	0—0,8	bis 25	Fergusonit, Tyrit	1,5—6	1—3
Aeschynit	0,25	14	Xenotim	0,5—3	0,5—3
Bröggerit	ca. 66	ca. 14	Monazitsand	—	1—8—16
Cyrtholit	—	13	Ancylit	—	0,17
Karyocerit	Spur	12			

Die von C. Auer v. Welsbach inaugurierte Verwendung für die Gasglühlichtkörper hat die technische Gewinnung dieses Elementes, wofür hauptsächlich die Monazitsande das Material liefern, zu einer großen Vollkommenheit gebracht.

Die Welt-Jahresproduktion an Thorium kann zur Zeit mit 10^5 bis $2 \cdot 10^5$ kg eingeschätzt werden.

b) Die Radioaktivität des „Thoriums"[3]) wurde gleichzeitig und unabhängig von G. C. Schmidt (Publikation vom 1. April 1898) und von M. Curie (Publikation vom 12. April 1898) entdeckt. Inaktives Thorium glaubten (1903) K. A. Hofmann und F. Zerban[2]), C. Baskerville und F. Zerban[4]) erhalten zu haben. Ihre Resultate sind durch die seitherigen Entdeckungen der Folgeprodukte Mesothorium und Radiothorium usw. verständlich.

Die Thoriumzerfallsreihe kann zunächst in der nachstehenden Weise geschrieben werden:

$$\text{Th} \rightarrow \underset{T=6{,}7\ \text{Jahre}}{\text{Mesothor 1}} \rightarrow \underset{T=6{,}2\ \text{Stunden}}{\text{Mesothor 2}} \rightarrow \underset{T=1{,}9\ \text{Jahre}}{\text{Radiothor}} \rightarrow \underset{T=3{,}64\ \text{Tage}}{\text{Thor X}} \rightarrow$$

$$\rightarrow \underbrace{\text{Thor Emanation} \rightarrow \text{aktiver Niederschlag}}_{\text{relativ kurzlebig.}} \text{ des Th.}$$

Literatur zu VI, 10 siehe Seite 528.

*) Ein nahezu uranfreies Mineral wurde von W. R. Dunstan beschrieben und von F. Soddy analysiert. Ersterer fand $ThO_2 = 66{,}26$, $UO_3 = 0{,}46$ Prozent; letzterer $ThO_2 = 61{,}95$, $U_3O_8 = 0{,}85$ bis 1,9 Prozent [2]).

Da das Radiothor vom Thor untrennbar ist, so ist es ungemein schwierig Thorium selbst von allen seinen Zerfallsprodukten frei zu erhalten. Man muß es hierzu zuerst z. B. durch Bariumsulfatfällung von Mesothor befreien; dann stirbt das beim Thor verbliebene Radiothor allmählich ab. Da aber langsam Mesothor nachgebildet wird und dieses Radiothor und seine Folgeprodukte wieder entstehen ließe, muß sukzessive immer wieder, durch mehrere Jahre hindurch fortgesetzt, das Mesothor neuerlich abgeschieden werden. Nach etwa 12,6 Jahren wäre dann das vorhandene Radiothor auf 1 Prozent, nach ca. 19 Jahren auf 1 Promille abgesunken.

Es ist daher das Studium „radioaktiv reinen" Thoriums sehr erschwert und die quantitativen Angaben über Strahlung, Zahl der emittierten α-Partikeln und Lebensdauer sind deshalb noch nicht völlig gesichert.

c) Strahlung; Lebensdauer. Thorium sendet nur eine weiche α-Strahlung aus, deren Reichweite von H. Geiger (1921) zu $R_{15} = 2{,}90$ cm ermittelt wurde ($v_0 = 1{,}437 \cdot 10^9$ cm/sec) (vgl. Tabelle 4 des Anhanges).

H. Geiger und E. Rutherford[5]) haben die Zahl der sekundlich emittierten α-Partikeln von 1 g Th „im Gleichgewicht mit allen seinen Zerfallsprodukten" experimentell durch Zählung bestimmt und hierfür $2{,}7 \cdot 10^4$ gefunden. Da solchem Thorium, wie im folgenden näher diskutiert wird, 6 α-Strahler im Gleichgewicht zuzuschreiben sind, so folgt, daß Thorium allein ohne seine Zerfallsprodukte pro Sekunde $4{,}5 \cdot 10^3$ α-Teilchen aussendet; das sind pro 1 Jahr $1{,}42 \cdot 10^{11}$ α-Partikeln oder zerfallende Atome.

Legen wir die Loschmidtsche Zahl pro 1 Gramm-Mol. mit $6{,}06 \cdot 10^{23}$ zugrunde (vgl. Tabelle 2 des Anhanges), so enthält 1 g (vom Atomgewicht 232,12) $2{,}61 \cdot 10^{21}$ Atome und die Zerfallskonstante in reziproken Jahren wird, $1{,}42 \cdot 10^{11}/2{,}61 \cdot 10^{21} = 5{,}44 \cdot 10^{-11}$. Das entspricht einer mittleren Lebensdauer von $\tau = 1{,}84 \cdot 10^{10}$ Jahren und einer Halbierungszeit von $1{,}28 \cdot 10^{10}$ Jahren.

Wäre, was außer in natürlichen Erzen im Hinblicke auf die lange Lebensdauer des Mesothor leicht möglich ist, das untersuchte Thor noch nicht völlig im Gleichgewicht mit allen seinen Zerfallsprodukten, so würde die Zahl der emittierten α-Partikeln zu klein, daher T zu groß gefunden; wäre Io dabei, so würde Z zu groß und T zu klein erhalten.

Ein anderer Weg die Zerfallskonstante zu bestimmen, ist der, von dem Stromwerte auszugehen, der durch die α-Strahlung der einzelnen Thorprodukte unterhalten werden kann. Nach diesem Verfahren hat H. N. Mc Coy[6]), indem er für den Gesamtstrom von 1 g Th samt seinen Zerfallsprodukten $5{,}84 \cdot 10^{-10}$ Ampere fand, dem Thor eine Halbierungszeit von $1{,}78 \cdot 10^{10}$ Jahren zugeschrieben. Wird nach G. C. Ashman angenommen, daß dem Thor allein 11% von der Gesamtstrahlung des Thor mit allen Zerfallsprodukten zukomme, so wird die Halbierungszeit $T = 1{,}86 \cdot 10^{10}$ Jahre. B. Heimann[6]) erhielt an sehr altem Thoroxyd durch die Messung des von der α-Strahlung in unendlich dünner Schicht unterhaltenen Stromes $T = 1{,}5 \cdot 10^{10}$ Jahre.

L. Meitner[6]) ermittelte, daß 13,74 mg Th die gleiche Anzahl α-Strahlen aussenden, wie 10^{-6} g Ra. Dann wäre $T_{Th}/T_{Ra} = 13{,}74 \cdot 10^{-6}$ und bei Einsetzung von $T_{Ra} = 1580\,a$ wird $T_{Th} = 2{,}16 \cdot 10^{10}\,a$.

Eine weitere Methode T zu bestimmen ist gegeben, wenn in einem primären von Pb commune freien Erz das Verhältnis RaG : ThD, sowie das von Th : U

Literatur zu VI, 10 siehe Seite 528.

bekannt ist. Dann kann man aus RaG/U : ThD/Th = $\lambda_U : \lambda_{Th}$ das letztere berechnen. So findet G. Kirsch[6]) $T = 1{,}65 \cdot 10^{10} a = 5{,}22 \cdot 10^{17}$ sec.

Aus der Geiger-Nuttallschen Beziehung zwischen Zerfallskonstante und Reichweite der α-Strahlung würde hingegen, wenn obige Reichweite als gesichert gelten könnte, die wesentlich kleinere Halbierungszeit T = etwa 10^8 Jahre folgen (vgl. S. 49).

Daß aus den Thoriumpräparaten sich eine Emanation entwickelt und eine „induzierte Aktivität" entsteht, daß ferner nicht das Thor selbst sondern ein „Thor X" der unmittelbare Vorfahre der Emanation ist, war frühzeitig erkannt worden. Im Jahre 1905 hatte dann O. Hahn zwischen dem ThX und Thor das „Radiothor", 1907/8 die beiden „Mesothor" entdeckt.

Die Strahlung dessen, was gewöhnlich als „Thorium" gilt, rührt dementsprechend wesentlich von den Folgeprodukten her, speziell die γ-Strahlung von Mesothor 2 und von ThC'', dem letzten aktiven Produkt der ganzen Reihe.

In der folgenden Darstellung ist die genetische Reihenfolge eingehalten; im Gleichgewichtszustande hat dann jedes Produkt auch noch die Strahlung aller seiner Deszendenten.

2. Mesothorium 1. O. Hahn[7]) hat dieses Produkt (1907) entdeckt*) und als zwischen dem Thor und Radiothor gelegen mit dem Namen „Mesothor" belegt.

Die Auffindung war vorbereitet durch die Aufdeckung von Unstimmigkeiten im Aktivitätsanstieg von Thorpräparaten und den Vergleich zwischen künstlichen Thorpräparaten und Thormineralien (B. B. Boltwood; H. N. Mc Coy und W. H. Ross; H. M. Dadourian; A. S. Eve[8])).

Es ist „strahlenlos" oder besitzt nur sehr weiche β-Strahlen.

O. Hahn[7]) hat durch Messungen an Thoriumpräparaten verschiedenen, aber bekannten Alters die Zerfallskonstante bestimmt und fand die Halbierungszeit $T = 5{,}5$ Jahre. H. N. Mc Coy und W. H. Ross[8]) haben denselben Wert erhalten; L. Meitner[9]) ermittelte (1918) den genaueren: $T = 6{,}7 a$.

Darstellung.[10]) In der Literatur sind die folgenden Verfahren angegeben:

1) Fällung von Thor aus verdünnter Thoriumnitratlösung mit Ammoniak; 80—90% des $MsTh_1$ verbleiben im Flitrat.

2. Ausfällung aus einer Thoriumnitratlösung durch Natriumcarbonat, unter Zusatz von Eisenchlorid, nach Erwärmung der Lösung auf 70—80° als basisches Carbonat; desgleichen mit ausfallendem Bariumcarbonat ($MsTh_1$ im Niederschlag).

3. Niederschlag von Barium als Sulfat aus einer Thoriumnitratlösung ($MsTh_1$ im Niederschlag).

Literatur zu VI, 10 siehe Seite 528.

*) Schon im Jahre 1904 hatten L. Haitinger und K. Peters „Radium" aus Monazitsanden dargestellt; es handelte sich, wie diese Autoren gemeinsam mit St. Meyer erst später feststellten, tatsächlich um „Mesothor"[7]).

Beim Thor verbleibt jedesmal auch das Radiothor; beim Mesothor 1 das ThX. Wir betrachten $MsTh_1$ als in die zweite Gruppe des periodischen Systems gehörig und mit Radium isotop. Es ist daher nach allen Reaktionen erhältlich, die für die Gewinnung des letzteren erprobt sind. Von den alten Elementen steht es demgemäß auch dem Barium am nächsten und wird praktisch mit diesem abgetrennt. Vom Barium läßt es sich, ebenso wie das Radium, durch fraktionierte Kristallisation trennen. In der Technik wird hier die Kristallisation des Bromides bevorzugt.

In die gleiche Plejade wie das Ra und das $MsTh_1$ gehören noch ThX und AcX. Alle diese vier Körper werden also zusammen abgeschieden und es hängt sonach von der Natur des Ausgangsmaterials ab, inwieweit es möglich sein kann das $MsTh_1$ frei von den anderen Substanzen zu bekommen. War in dem Mineral, aus dem das Mesothorium gewonnen wurde, neben Thor auch mehr oder minder viel Uran vorhanden (vgl. S. 493), so wird dementsprechend auch ein größerer oder geringerer Bestandteil von Radium dabei sein müssen.

ThX und AcX sterben in einigen Wochen ab, und wenn dann die Trennung vom Thor und inzwischen nachgebildetem Radiothor wiederholt wird, so verbleibt bloß das Gemisch von Mesothor und Radium.

Radiumfreies Mesothor wäre in der Weise zu erhalten, daß aus Thorium das $MsTh_1$ etwa mittels Ba zugleich mit allem Ra abgeschieden würde und dann nach einigen Jahren das nacherzeugte Mesothorium (Radium kann nur in verschwindend kleiner Menge nachentstehen, wenn das mit Th isotope Ionium nicht in sehr großer Menge vorhanden war) frei von Ra neuerdings zur Abscheidung gebracht würde. Auch alte Glühkörperrückstände sind dafür geeignetes Material.

Die in der Literatur vielfach zu findende Angabe, daß käufliches Mesothor 25% Radium enthalte, bezieht sich auf einen speziellen Fall bestimmter Provenienz und bestimmten Alters und hat keine allgemeine Bedeutung. Die Prozentangabe bezieht sich überdies nicht auf die Gewichtsverhältnisse der beiden Substanzen, sondern auf das γ-Äquivalent ihrer Strahlung.

Mesothor ist Handelsartikel und wird speziell in der Medizin und in der Leuchtfarbentechnik (vgl. G. Berndt[11]) auch als Ersatz für Radium verwendet. Im Handel wird mit „1 mg Mesothor" in kurzer und unpräziser Weise diejenige Menge Mesothor bezeichnet, die nach ihrer γ-Strahlung (von $MsTh_2$ und ThC″) unter Voraussetzung gleicher Absorptionsverhältnisse äquivalent ist einer Menge von 1 mg Radium.*)

Da das „γ-Äquivalent" des Mesothoriums gegen Ra (das heißt RaC) von zwei γ-Strahlern herrührt, dem Mesothor 2, [das schon nach etwa 2 Tagen praktisch im Gleichgewicht vorhanden ist und dessen Strahlen nach älteren Angaben im Verhältnisse 124 : 100 von Pb oder 106 : 100 von Al — nach neueren Angaben 101 : 100 von Al — stärker absorbiert werden[12]), als die von RaC] und weiter vom ThC″, [das langsam im Tempo des Radiothor entsteht und dessen Strahlung durchdringlicher ist, als die des RaC, indem sie nach älteren Angaben im Verhältnisse 92,4 : 100 von Pb, oder 82 : 100 von Al — nach neueren Angaben 83,5 : 100 von Al — absorbiert wird], so liegen die Verhältnisse so kompliziert, daß alle derartigen Messungen von der Versuchsanordnung und dem Alter der Präparate

---

Literatur zu VI, 10 siehe Seite 528.

*) Leider ist mehrfach, besonders im Zwischenhandel, der Unfug eingerissen, mit „1 mg Mesothor" nicht das γ-Äquivalent zu 1 mg Radiumelement sondern zu 1 mg Radiumbromid (1 mg $RaBr_2 \sim 0{,}5857$ mg Ra) oder gar zu 1 mg ($RaBr_2 + 2H_2O) \sim 0{,}5357$ mg Ra zu bezeichnen, worauf zu achten ist.

(Prozentverhältnis des vorhandenen $MsTh_2$ und ThC″) stark abhängen. Daher sind im allgemeinen, wenn nicht exakte Daten über das Alter des Präparates und die Meßanordnung mitgegeben werden, solche Angaben als mit minderer Genauigkeit behaftet anzusehen (vgl. V, 3, S. 295).

Umgekehrt gestatten aber genaue Absorptionsmessungen mit variierter Dicke der absorbierenden Schicht Schlüsse auf das Alter und den Radiumgehalt der Mesothorpräparate[13]) (vgl. S. 296 u. 298).

Verschiedentlich sind Ansätze gemacht worden, um die Gewichtsmenge Mesothor zu finden, die z. B. 1 mg Ra „äquivalent" wäre. Man hat zu unterscheiden, ob man ein „α-Strahlenäquivalent" oder ein „γ-Strahlenäquivalent" sucht. Im ersteren Falle ergibt sich, daß die α-strahlenden Zerfallsprodukte, (RdTh, ThX, ThEm, 35% ThC + 65% ThC′) sich zu den α-Strahlern (Ra, RaEm, RaA, RaC) bezüglich ihrer Ionisierungen wie 9,09 : 6,81 = 1,335 verhalten. Die mittleren Lebensdauern von Ra und $MsTh_1$ liefern die Relation 2280/9,7 = 235 und aus dem Produkt dieser beiden Verhältnisse ergibt sich die Gewichtsrelation 1 : 314; das heißt für gleiche α-Wirkung ist gewichtsmäßig rund 300mal soviel Radium nötig als Mesothor.

Schwieriger ist die Schätzung für das γ-Äquivalent, da dem einen γ-Strahler RaC die zwei γ-Strahler MTh_2 und ThC″ gegenüberstehen. Wären alle drei γ-Strahlenarten gleichwertig, so gälte die Beziehung 2 2280/9,7 = 470. Tatsächlich aber wird nach dem Gesagten dieses Verhältnis je nach dem Alter des Präparates und je nach der Versuchsanordnung schwanken und die mehrfach zu findende Angabe, daß für die „gleiche Wirkung" etwa 300mal soviel Gewicht an Radium als an Mesothor erforderlich ist, entbehrt der Grundlage.

Jedenfalls erhellt daraus, daß, wenn in einem Mesothorpräparat auch nur einige Prozente der Wirkung von Radium herrühren, dann gewichtsmäßig gewiß mehr Radium in dem Salze enthalten sein muß als Mesothor.

Die Menge von Mesothor, die überhaupt auf der Erde zur Verwendung gelangen kann, ist beschränkt, weil, während im Verlauf der Jahre Mesothor technisch dargestellt wird, es auch schon merklich (τ = 9,7) abfällt, Bei einer Jahresproduktion von 100000 kg (vgl. K. Peters[76]) Thorium ($\tau = 2{,}4 \cdot 10^{10} a$) (die auch in der Glühlampentechnik verbraucht werden sollen, so daß sie nicht oder nur zu verschwindendem Bruchteil neuerdings der Mesothorgewinnung dienen könnten), ist, wenn restlos die ganze zugehörige Mesothormenge gewonnen würde (was natürlich nicht erreichbar ist), eine Jahresproduktion von

$$q = 10^5 \text{ kg} \cdot 9{,}7/2{,}4 \cdot 10^{10} = 40 \text{ mg Mesothor (im Gewichtsmaß)}$$

aus der Beziehung der Lebensdauern von Th und Mesothor zu berechnen.

Die zur Zeit t vorhandene Mesothormenge ist dann gegeben durch die Gleichung MsTh (t) = $q \cdot \tau (1 - e^{-\lambda t})$ und der Endwert nach sehr langer Zeit gibt für q = 40 mg und τ = 9,7 Jahre ca. 400 mg Mesothor (Gewichtsmaß). In der Bezeichnung als α-Äquivalent von Radium würde diese Zahl mit 314 zu multiplizieren sein, für das γ-Äquivalent je nach der Anordnung, in der die Substanz zur Verwendung gelangt, mit einer Größenordnung von mehreren Hundert.*)

Literatur zu VI, 10 siehe Seite 528.

*) Wie erwähnt, findet man meist die Relation von 300 angegeben, die aber eventuell um die Hälfte zu klein sein kann. Für diese Relation wären obige 400 mg äquivalent ca. 120 g Radium.

3. Mesothorium 2. Nach Abscheidung von Mesothor aus Thor fand O. Hahn[14]), daß die β-γ-Strahlung in den ersten Stunden zunimmt. Es gelang ihm ein Produkt abzuspalten, das dies verursacht, und er nannte es Mesothor 2 (1908). — Es sendet β- und γ-Strahlen aus.

Die β-Strahlen sind nicht einheitlich und nach den Ablenkungsversuchen im Magnetfeld durch O. v. Baeyer, O. Hahn und L. Meitner charakterisiert durch distinkte Geschwindigkeiten von 1,11; 1,17; 1,29; 1,50; 1,71; 1,80; 1,98 · 10^{10} cm/sec; weiter finden sich härtere β-Strahlen, die im magnetischen Spektrum ein verwaschenes Band mit Geschwindigkeiten von 2,1 bis 2,85 · 10^{10} cm/sec aufweisen, die aber wahrscheinlich dem ThC″ zuzuordnen sind (neuere Daten vgl. D. K. Yovanovitch und A. Proca[13]) und Tabelle 6 des Anhanges).

Als Absorptionskoeffizienten werden Werte von rund 20 bis 38 cm^{-1} Aluminium angegeben, denen Halbierungsdicken von $3{,}4 \cdot 10^{-2}$ bis $1{,}8 \cdot 10^{-2}$ cm Al entsprechen.

Die γ-Strahlen wurden insbesondere von F. Soddy, W. M. Soddy und A. S. Russell studiert und es wurde für die Absorptionskoeffizienten gefunden (vgl. III, 16 und Tabelle 9 des Anhanges):

Absorbierendes Material	$100\,\mu/\varrho$
Blei	5,44
Kupfer, Eisen, Zinn, Zink, Schiefer, Aluminium	4,2

Glas, Schwefel, Paraffin wiesen höhere Werte (bis 5,8) auf.

Später haben E. Rutherford und H. Richardson als Absorptionskoeffizienten in Aluminium die beiden Werte $\mu = 26$ und 0,116, also $\frac{\mu}{\varrho} = 9{,}5$ und 0,031 angegeben.

Die Strahlung ist jedenfalls etwas weicher als die des RaC.

Lebensdauer. Die Zerfallskonstante[14]) wurde von O. Hahn (1908) bestimmt und die Halbierungszeit $T = 6{,}20\,h$ gefunden. H. N. Mc Coy und C. H. Viol erhielten (1913) den Wert 6,14 Stunden; W. P. Widdowson und A. S. Russell (1925) $T = 5{,}95\,h$; O. Hahn und O. Erbacher (1926) $T = 6{,}13\,h$.

Darstellung. Mesothor 2 gehört in die dritte Gruppe, ist also mit Actinium als isotop anzusehen und sein nächster Verwandter unter den alten Elementen ist das Lanthan (oder Samarium).

O. Hahn fand, daß bei Abscheidung des Radiothor vom MsTh Mesothor 2 mitgenommen wird, wenn Zirkonhydroxyd mit Ammoniak aus einer Thoriumlösung ausgefällt wird.

Nach H. N. Mc Coy und C. H. Viol geht es ebenso mit Aluminiumhydroxyd. Da es sich rasch nachbildet, kann es bei wiederholter Fällung frei von Radiothor so gewonnen werden. W. Marckwald empfiehlt noch Zusatz von Eisenhydroxyd, um die Fällung vollständiger zu gestalten [15]).

L. Meitner[15]) zeigte, daß man Mesothor 2 aus neutraler Lösung nach vorangegangener elektrolytischer Abscheidung des enthaltenen Fe und des ThB rein auf einer Ag-Kathode abscheiden kann.

Literatur zu VI, 10 siehe Seite 528.

Um das Mesothor 2 vom ThB und ThC zu befreien, die Blei bzw. Wismut-Charakter haben, empfiehlt sich eine Schwefelwasserstoffällung unter Zusatz von etwas Pb-, Bi- oder Hg-Salz oder dergleichen zu machen. Um Mesothor 2 von Radiothor zu befreien, sind zweckmäßig Spuren radioaktiv reinen Thoriums oder eines die Thor-Reaktionen befolgenden Elementes zuzusetzen und mit H_2O_2 auszufällen.

D. K. Yovanovitch[15]) empfiehlt, statt das Ba-Salz nach Zugabe von Fe, Al, Zr direkt mit Ammoniak zu behandeln und damit das Hauptmesothorfiltrat mit Ammonsalzen zu verunreinigen, das Ba und MsTh zum größten Teil mit konz. HCl auszufällen. Im Filtrat verbleibt $MsTh_2$, das dann mittelst Ammoniaks von den letzten Resten $MsTh_1$ und weiters unter Zugabe von etwas Th von RdTh befreit wird. Fraktionierungsversuche von $MsTh_2$ bei Anwesenheit von La, Pr, Nd, Sa zeigen Anreicherung beim La. Wird nach F. Tödt[75]) $MsTh_2$ mit $FeCl_3$ von seiner Muttersubstanz getrennt, zu $\frac{1}{2}$ mg $FeCl_3$ 1 mg $BaCl_2$ zugegeben, und bei 1/10—1/20 normaler HCl-Lösung unter CO_2-Einleitung elektrolysiert, so ergeben sich kathodisch etwa 60—70% Ausbeute.

$MsTh_2$ ist isotop mit Ac. Bei Abscheidung aus Ceriterden + Mg folgt es den seltenen Erden, nicht dem Mg; bei Zusatz von Aluminiumsulfat bleibt alles $MsTh_2$ bei den seltenen Erden, nichts beim Al. Während RdTh sich dem Ce anschließt, bleibt es bei den anderen Erden und zwar nach E. Gleditsch und C. Chamié[15]) zu 87,4% beim La.

Zur Herstellung aktiver Filme empfehlen H. N. Mc Coy und C. H. Viol Bariumsulfatfällung aus schwach saurer Mesothor 2-Lösung.

4. Radiothorium. RdTh wurde von O. Hahn in den Rückständen der Thorianitverarbeitung entdeckt[16]) und unabhängig fand G. A. Blanc in Quellsedimenten von Echaillon und Salins-Moutiers diese Substanz; J. Elster und H. Geitel konnten sie gleichfalls in den Quellabsätzen von Baden-Baden, desgleichen H. Mache im Gasteiner Reissacherit nachweisen. In allen diesen Fällen war, wie nachträglich als sicher angenommen werden muß, ebenso wie das Radium, das Mesothor primär vorhanden und aus diesem das Radiothor entstanden.

Radiothorium ist, wie frühzeitig erkannt wurde, chemisch identisch mit Thorium selbst[14, 16]); es gehört demnach derselben Plejade an wie auch Ionium, UranX_1 und Radioactinium. Da die letzteren drei aus Uranerzen stammen, so kommen sie dort in Frage, wo das Ausgangsmaterial nicht uranfrei war. UX_1 und Radioactinium sind übrigens mit ihren Halbierungszeiten von ca. drei Wochen praktisch nach einigen Monaten nicht mehr von Belang.

In radioaktiv reinem Zustande kann demnach Radiothor nur aus thoriumfreiem Mesothor gewonnen werden.

Von seinem Folgeprodukt ThX kann es analog den Abscheidungsmethoden für Ra oder AcX befreit werden, z. B. durch Fällung von beigegebenem Aluminiumhydroxyd mit Ammoniak, wobei das ThX im Filtrat bleibt. ThB und ThC sind durch Schwefelwasserstoffällung (unter Zusatz eines Mitreißers wie Hg, Pb, Bi) zu entfernen, wobei gewöhnlich etwas RdTh (ca. 5%) mitgenommen wird.

Reines Radiothor wird aus Lösungen mit Aluminiumhydroxyd oder Ferrihydroxyd durch Ammoniak, mit basischem Ferricarbonat durch Überschuß von

---

Literatur zu VI, 10 siehe Seite 528.

Natriumcarbonat komplett ausgefällt. Mit Bariumsulfat fällt es aus saurer Lösung zu etwa 50% aus.

Nach F. Tödt[75]) wird Th bzw. RdTh bei starker Säurekonzentration und hoher Stromdichte zu 40—90% kathodisch abgeschieden. In neutraler oder schwach saurer Lösung fällt Th in Flocken aus ohne Bildung einer kathodischen Schicht.

G. v. Hevesy fand RdTh vierwertig, nämlich die Diffusionskonstante[26]) 0,33 cm² Tag⁻¹.

Radiothor, frei von seinen Zerfallsprodukten, emittiert α-Strahlen, die durch die Reichweite (nach älteren Angaben $R_{15} = 3{,}87$ cm) nach H. Geiger (1921) $R_{15} = 4{,}019$ cm und die dazu errechnete Anfangsgeschwindigkeit $v_0 = 160 \cdot 10^9$ cm/sec charakterisiert sind; ferner β-Strahlen[17]) mit den Anfangsgeschwindigkeiten $1{,}41 \cdot 10^{10}$ und $1{,}53 \cdot 10^{10}$ cm/sec; (letztere wurden bis 1915 dem ThX zugeschrieben*)); endlich auch geringfügige γ-Strahlen[17]).

Wie bei Ra und RdAc wird die β-Strahlung nicht als primäre Kernstrahlung aufgefaßt, da sich kein Folgeprodukt der Atomnummer 91 auffinden ließ.

Die Halbierungszeit wurde von O. Hahn mit 2 Jahren gefunden. G. A. Blanc gab 737 Tage = 2,02 Jahre an.[16])

Auch M. S. Leslie[18]), die (1911) eine kürzere Lebensdauer gefunden zu haben vermeinte, fand später T = ca. 710 Tage = ca. 2 Jahre. St. Meyer und F. Paneth[18]) (1916), B. Walter[18]) (1917) und L. Meitner[18]) (1918) fanden übereinstimmend den kleineren Wert $T = 1{,}9\,a$.

J. A. Cranston[19]) hat aus dem genauen Studium der Anstiegkurven bewiesen, daß zwischen Mesothor 2 und Radiothor kein weiteres Zwischenprodukt enthalten sein kann.

Da die Lebensdauern von Mesothor 1 und Radiothor groß sind gegenüber denen aller anderen Zerfallsprodukte dieser ganzen Familie, kann für die Frage der Bildung von Radiothor aus Mesothor der einfache Fall sukzessiver Verwandlung zweier Produkte herangezogen werden. Unter Außerachtlassung des kurzlebigen Mesothor 2 gelten sonach für die jeweils vorhandenen Mengen von Mesothor 1 (M) und Radiothor (R) die Gleichungen:

$$M = M_0 e^{-\lambda_M t}$$

$$R = \frac{M_0 \lambda_M}{\lambda_R - \lambda_M} \left(e^{-\lambda_M t} - e^{-\lambda_R t}\right).$$

Für die Wirkungen zur Zeit t ist zu unterscheiden, ob Mengenwirkungen oder Stromwirkungen betrachtet werden sollen und in letzterem Falle, ob die α-Strahlen oder die γ-Strahlen benützt werden.

Für die Stromwirkungen gilt allgemein $J = \lambda_M M + k \lambda_R R$.

Literatur zu VI, 10 siehe Seite 528.

*) Wenn diese weiche Strahlung aus dem Kern des Atomes stammte, so wäre bei RdTh ein dualer Zerfall zu erwarten, indem durch die α-Strahlung ThX, durch die β-Strahlung eine Substanz der V. Gruppe, isotop Pa, gebildet werden sollte. O. Hahn und L. Meitner[17]) haben gezeigt, daß dies nicht der Fall ist.

Im Falle der α-Strahlenbeobachtung wird der erste Summand verschwinden und k hängt von der relativen Wirkung der α-Partikeln des Radiothors und seiner α-strahlenden Folgeprodukte ThX, ThEm, ThA und ThC ab.

Für die γ-Wirkung kommen die Strahlen des Mesothor 2, das als beständig im Gleichgewicht mit Mesothor 1 anzusehen ist, und diejenigen des ThC'' in Betracht, das mit Radiothor immer als koexistent betrachtet werden kann (vgl. V, 3 [6]).

Die Lage des Maximums der γ-Wirkung hängt gemäß der Gleichung $J = \lambda_M M + k\lambda_R R$ von der Größe k ab.

Zeit, in welcher das Maximum eintritt:

k	$t_{\max}$
$\left(\frac{\lambda_M}{\lambda_R}\right) = 0{,}2822$	0,00 Jahre
0,3	0,17
0,4	0,91
0,5	1,43
0,6	1,83
0,7	2,14
0,8	2,39
0,9	2,59
1,0	2,76
1,1	2,91
1,2	3,04
1,5	3,34
2	3,66
3	4,01
4	4,20
sehr groß	4,83 (gilt z. B für die α-Wirkung)

$$e^{(\lambda_R-\lambda_M)t_{\max}} = \frac{\lambda_R}{\lambda_M\left(1+\frac{\lambda_R-\lambda_M}{k\lambda_R}\right)} = Z$$

$$\lambda_R = 0{,}365\, a^{-1}$$

$$\lambda_M = 0{,}130\, a^{-1}$$

$$t_{\max} = 8{,}7885 \cdot \log Z.$$

(Siehe Fig. 107, S. 504.)

Für die α-Wirkung, gemessen durch Ionisation, ist zu beachten, daß für die Ionenzahlen durch eine α-Partikel von Radiothor und seinen α-strahlenden Folgeprodukten angesetzt werden darf:

RdTh $1{,}53 \cdot 10^5$

ThX $1{,}61 \cdot 10^5$

ThEm $1{,}78 \cdot 10^5$

ThA $1{,}92 \cdot 10^5$

$35\,\%$ ThC $= 0{,}35 \cdot 1{,}71 \cdot 10^5 = 0{,}60 \cdot 10^5$

$65\,\%$ ThC' $= 0{,}65 \cdot 2{,}54 \cdot 10^5 = 1{,}65 \cdot 10^5$

$$1{,}53 \cdot 10^5 \quad \frac{\text{ThX} + \cdots + \text{ThC}}{\text{RdTh}} = 4{,}94$$

$$7{,}56 \cdot 10^5 \quad \frac{\text{RdTh} + \cdots + \text{ThC}}{\text{RdTh}} = 5{,}94.$$

(Experimentell haben H. N. Mc Coy und C. H. Viol[14]) für das Verhältnis $\frac{\text{RdTh} + \cdots + \text{ThC}}{\text{RdTh}}$ den Wert 6,23 gefunden.)

Das Maximum der α-Wirkung tritt nach 4,83 Jahren ein. (Siehe Fig. 107, S. 504).

Literatur zu VI, 10 siehe Seite 528.

t in Jahren	M für $M_0 = 1$	R		
		für $M_0 = 1$	für $\lambda_M M_0 = 1$	für α-Maximum $= 1$
0	1,0000	**0,0000**	0,0000	0,0000
0,1	0,9898	**0,0101**	0,0977	0,0586
0,2	0,9796	**0,0197**	0,1913	0,1148
0,3	0,9696	**0,0289**	0,2802	0,1682
0,4	0,9596	**0,0376**	0,3649	0,2190
0,5	0,9498	**0,0458**	0,4451	0,2671
1,0	0,9021	**0,0817**	0,7935	0,4762
1,5	0,8594	**0,1105**	1,0725	0,6437
2,0	0,8138	**0,1305**	1,2668	0,7603
2,5	0,7730	**0,1461**	1,4180	0,8510
3,0	0,7342	**0,1571**	1,5255	0,9156
3,5	0,6973	**0,1646**	1,5977	0,9589
4,0	0,6623	**0,1691**	1,6417	0,9853
4,5	0,6291	**0,1713**	1,6626	0,9979
5,0	0,5975	**0,1715**	**1,6653**	**0,9995**
5,5	0,5675	**0,1703**	1,6534	0,9923
6,0	0,5390	**0,1679**	1,6302	0,9784
7	0,4862	**0,1606**	1,5591	0,9358
8	0,4386	**0,1512**	1,4684	0,8813
9	0,3957	**0,1409**	1,3676	0,8208
10	0,3570	**0,1301**	1,2634	0,7583
11	0,3221	**0,1195**	1,1604	0,6964
12	0,2905	**0,1093**	1,0682	0,6368
13	0,2621	**0,0996**	0,9673	0,5805
14	0,2365	**0,0906**	0,8794	0,5278
15	0,2133	**0,0822**	0,7983	0,4791
16	0,1924	**0,0745**	0,7234	0,4342
17	0,1736	**0,0675**	0,6549	0,3930
18	0,1566	**0,0610**	0,5923	0,3555
19	0,1413	**0,0552**	0,5355	0,3214
20	0,1275	**0,0498**	0,4839	0,2904
25	0,0762	**0,0299**	0,2903	0,1742
30	0,0455	**0,0179**	0,1736	0,1042
40	0,0162	**$6{,}39 \cdot 10^{-3}$**	0,0620	0,0372
50	$5{,}80 \cdot 10^{-3}$	**$2{,}28 \cdot 10^{-3}$**	0,0221	0,0133
60	$2{,}07 \cdot 10^{-3}$	**$8{,}14 \cdot 10^{-4}$**	$7{,}90 \cdot 10^{-3}$	$4{,}74 \cdot 10^{-3}$
70	$7{,}39 \cdot 10^{-4}$	**$2{,}91 \cdot 10^{-4}$**	$2{,}83 \cdot 10^{-3}$	$1{,}70 \cdot 10^{-3}$
100	$3{,}36 \cdot 10^{-5}$	**$1{,}32 \cdot 10^{-5}$**	$1{,}28 \cdot 10^{-4}$	$7{,}69 \cdot 10^{-5}$

Literatur zu VI, 10 siehe Seite 528.

$J = \lambda_M M + k\lambda_R R$ für $M_0 = 9{,}7087$; $\lambda M_0 = 1$

$k = 0{,}85$	1,0	1,1	1,2	1,5	2
1,0000	1,0000	1,0000	1,0000	1,0000	1,0000
1,0201	1,0245	1,0290	1,0326	1,0433	1,0611
1,0389	1,0494	1,0564	1,0634	1,0843	1,1192
1,0565	1,0719	1,0821	1,0923	1,1230	1,1741
1,0728	1,0928	1,1061	1,1194	1,1594	1,2259
1,0879	1,1122	1,1285	1,1447	1,1935	1,2747
1,1483	1,1917	1,2207	1,2497	1,3365	1.4814
1,1922	1,2509	1,2900	1,3292	1,4466	1,6413
1,2068	1,2762	1,3224	1,3687	1,5074	1,7386
1,2129	1,2906	1,3423	1,3941	1,5493	1,8081
1,2075	**1,2910**	**1,3467**	**1,4024**	1,5694	1,8478
1,1930	1,2804	1,3388	1,3971	**1,5720**	**1,8636**
1,1716	1,2615	1,3214	1,3813	1,5611	1,8607
1,1449	1,2360	1,2966	1,3573	1,5394	1,8428
1,1142	1,2053	1,2661	1,3269	1,5093	1,8132
1,0805	1,1710	1,2313	1,2917	1,4727	1,7745
1,0448	1,1340	1,1935	1,2530	1,4315	1,7290
0,9699	1,0453	1,1122	1,1691	1,3398	1,6244
0,8942	0,9745	1,0281	1,0817	1,2425	1,5105
0,8200	0,8949	0,9448	0,9947	1,1444	1,3940
0,7490	0,8181	0,8643	0,9104	1,0487	1,2793
0,6821	0,7456	0,7880	0,8304	0,9574	1,1692
0,6219	0,6804	0,7194	0,7584	0,8753	1,0703
0,5622	0,6152	0,6505	0,6858	0,7917	0,9682
0,5093	0,5575	0,5896	0,6217	0,7180	0,8785
0,4610	0,5047	0,5338	0,5629	0,6503	0,7960
0,4168	0,4564	0,4828	0,5092	0,5885	0,7205
0,3768	0,4126	0,4365	0,4604	0,5321	0,6516
0,3404	0,3728	0,3944	0,4160	0,4809	0,5890
0,3074	0,3368	0,3563	0,3759	0,4345	0,5322
0,2776	0,3041	0,3218	0,3394	0,3924	0,4807
0,1663	0,1822	0,1928	0,2033	0,2351	0,2881
0,0994	0,1089	0,1152	0.1215	0,1405	0,1722
0,0355	0,0389	0,0411	0,0434	0,0502	0,0615
0,0127	0,0139	0,0147	0,0145	0,0179	0,0220
$4{,}52\cdot10^{-3}$	$4{,}95\cdot10^{-3}$	$5{,}24\cdot10^{-3}$	$5{,}53\cdot10^{-3}$	$6{,}40\cdot10^{-3}$	$7{,}84\cdot10^{-3}$
$1{,}62\cdot10^{-3}$	$1{,}77\cdot10^{-3}$	$1{,}88\cdot10^{-3}$	$1{,}98\cdot10^{-3}$	$2{,}29\cdot10^{-3}$	$2{,}81\cdot10^{-3}$
$7{,}27\cdot10^{-5}$	$7{,}96\cdot10^{-5}$	$8{,}12\cdot10^{-5}$	$8{,}88\cdot10^{-5}$	$1{,}03\cdot10^{-4}$	$1{,}26\cdot10^{-4}$

Verwendete Konstanten:

$\lambda_M = 0{,}103\,a^{-1}$;

$\lambda_R = 0{,}365\,a^{-1}$.

M vorhandene Menge Mesothor

R vorhandene Menge Radiothor

$\lambda_M M_0 = 1$ für $M_0 = 9{,}7087$

Die α-Wirkung gemessen durch Szintillationen ist, da 5 α-Strahler vorhanden sind, $= 5\,R$

Die α-Wirkung gemessen durch Ionisationsstrom ist 5,94 R (vgl. S. 501)

Die maximale Wirkung der α-Strahlen tritt für $t =$ 4,829 a ein mit dem Wert 1,7162 (für $M_0 = 1$).

Die γ-Wirkung hängt von der Meßanordnung ab und ist durch $\lambda_M M + k\lambda_R R$ gegeben (vgl. S. 298).

Bei einer Anordnung wie Fig. 65, S. 297 und 5 mm Pb wird k praktisch nahe gleich 1,5.

Literatur zu VI, 10 siehe Seite 528.

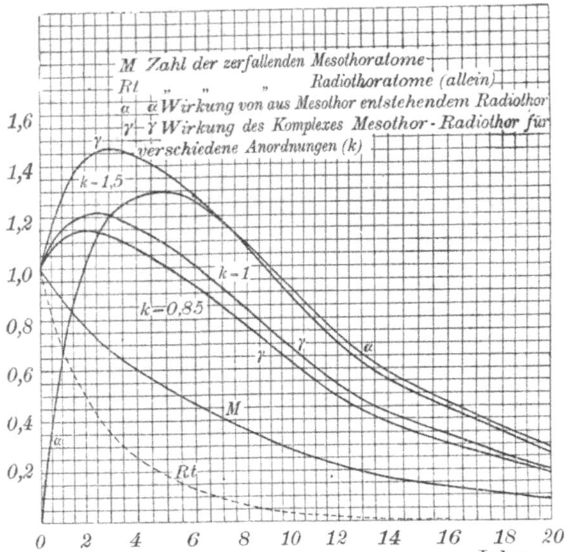

Fig. 107.

5. Thorium X. Nachdem es W. Crookes gelungen war, vom Uran das Uran X abzuspalten, hatten E. Rutherford und F. Soddy ihre Untersuchungen in die Richtung gelenkt, ob ähnliche Verhältnisse beim Thorium eintreten; und im Jahre 1902 gelang ihnen die Abscheidung eines Körpers aus dem Thor, den sie in Analogie zu der von Crookes beim Uran gewählten Bezeichnung als ThX benannten[20]). Dieser Stoff hat speziell auch historisches Interesse, weil an ihm zuerst Zerfall und Regeneration quantitativ studiert wurden und dabei der Ausgangspunkt für die Zerfallstheorie gefunden wurde.

Die Abscheidung gelingt in einfacher Weise durch Ammoniakzusatz zu Thornitrat bzw. RdTh-Lösung; im Filtrat verbleibt das ThX.

H. Schlundt und R. B. Moore[21]) verwenden zur Abtrennung Pyridin oder Fumarsäure oder Metanitrobenzoesäure; diese Reaktionen nehmen aber auch ThB mit.

D. Strömholm und T. Svedberg[22]) zeigten, daß bei Kristallisationen verschiedener Salzgemische ThX sich als isomorph mit Barium verhält.

F. v. Lerch[23]) studierte die elektrolytische Abscheidung und erwies, daß aus saurer Lösung ThX weder durch Fällung noch durch Elektrolyse abgeschieden werden kann; aus alkalischer Lösung gelingt die Abscheidung sowohl durch Metalle, wie auch durch Elektrolyse. Nicht amalgamiertes Zn fällt ThX aus, frisch amalgamiertes zum größten Teil nur die „induzierte Aktivität".

Wir können es heute als sichergestellt betrachten, daß ThX isotop ist mit Radium, also der gleichen Plejade angehört, wie $MsTh_1$ und AcX, und von den alten Elementen am nächsten verwandt dem Barium ist. Es folgt daher allen Reaktionen, die für Ra und $MsTh_1$ bereits angegeben sind; anderseits kann es, wenn aus Thorium direkt abgeschieden, nie frei sein von Mesothor 1.

Um es in größerer Konzentration und rein zu erhalten, scheidet man es aus Radiothor ab, das natürlich alt genug sein muß, damit sich das ThX in ihm gebildet haben kann (Hälfte der Bildung in 3,64 Tagen). Um einen sichtbaren Niederschlag zu erhalten, muß etwas Th, Ce, Al, usw. in der Lösung vorhanden sein. RdTh-Hydroxyde werden in Säure gelöst; nachfolgende Ammoniakfällung läßt

Literatur zu VI, 10 siehe Seite 528.

ThX in Lösung; zur Zurückdrängung der Adsorption ist Zusatz eines löslichen Ba-Salzes empfehlenswert, das auch dazu dienen kann im Filtrat der Ammoniakfällung ThX durch eine Carbonat- oder Sulfatfällung von den gleichzeitig anwesenden Ammonsalzen zu trennen. Letztere können auch vorsichtig abgeraucht werden. An Stelle der Fällung des in Säure gelösten RdTh kann auch Ausschüttelung des getrockneten und gepulverten Thorhydroxyds mit H_2O treten; das nachgebildete ThX geht dabei fast quantitativ in Lösung. Verwendung von verd. HCl-Lösung statt H_2O zum Ausschütteln verhindert eventuelle kolloide Auflösung der RdTh-hältigen Oxyde. (F. Paneth und C. Ulrich[21]).

H. N. Mc Coy und C. H. Viol[14]) empfehlen Fällung des RdTh mit Aluminiumhydroxyd; im Filtrat bleibt ThX. Dann werden Spuren von reinem Th zugesetzt und mit diesem die letzten Mengen RdTh neuerdings ausgefällt. Durch H_2S-Fällungen, eventuell Zusatz von etwas Hg oder Pb oder Bi, werden die „induzierten Aktivitäten" ThB, ThC, ThC'' entfernt.

Das reine ThX kann dann z. B. durch Bariumsulfatfällung in dünnen Filmen niedergeschlagen werden.*) Aus Bariumsulfat emaniert es relativ wenig. Aus Niederschlägen mit Eisenhydroxyd und dergleichen emaniert es vielmals mehr. (vgl. S. 414 415 Emanierungsvermögen von Ra-Salzen).

ThX läßt sich auch durch Rückstoß aus RdTh gewinnen; die ThX-Rückstoßatome sind dabei zunächst nach G. H. Briggs[77]) alle in He, O_2, H_2, N_2, CO_2 und C_2H_2 am Ende ihrer Bahn positiv geladen.

Als Diffusionskonstante[26]) findet G. v. Hevesy 0,66 $cm^2\,Tag^{-1}$ entsprechend der Zweiwertigkeit des ThX.

Strahlung. ThX sendet α- und, wenn überhaupt, so nur sehr schwache β-Strahlen aus.

Für die α-Strahlen gab (1906) O. Hahn die Reichweite 5,7 cm an; Messungen von H. N. Mc Coy und C. H. Viol, sowie von H. Geiger und J. M. Nuttall lieferten übereinstimmend $R_{15} = 4{,}08$ cm.[24]) H. Geiger fand (1921) $R_{15} = 4{,}354$ cm.

Die β-Strahlen, welche O. v. Baeyer, O. Hahn und L. Meitner dem ThX zuerst zugeordnet hatten, gehören nach den neueren Angaben dem RdTh zu[17]) (vgl. Tabelle 6 des Anhanges).

Lebensdauer[25]). Die Zerfallskonstante wurde bereits in der ersten Arbeit E. Rutherfords und F. Soddys bestimmt und die Halbierungszeit $T =$ ca. 4 Tage angegeben.

Es fanden	F. v. Lerch (1905)	3,64 Tage
	M. Levin (1906)	3,65
	J. Elster und H. Geitel (1906)	3,6
	H. N. Mc Coy und C. H. Viol (1913)	3,64

Im folgenden ist der von F. v. Lerch erhaltene von Mc Coy und Viol bestätigte Wert akzeptiert.

Literatur zu VI, 10 siehe Seite 528.

*) Bei Abscheidungen von ThX zu medizinischen Zwecken, speziell zu Injektionen, ist naturgemäß darauf Bedacht zu nehmen, daß das Fällungsmittel, wie z. B. Barium, in unschädlich geringer Menge vorhanden sei. Angabe der Art und des Quantums des Fällungsmittels sind in diesem Belange stets zu fordern

6. Thoriumemanation. Die Thoriumemanation (seit 1918 auch „Thoron" (Tn) genannt) wurde 1899/1900 von R. B. Owens und E. Rutherford als das erste radioaktive Gas entdeckt[27]). In ihrem chemischen Gehaben schließt sie sich völlig den Emanationen des Radiums und Actiniums und des weiteren den inerten Edelgasen an. Ihr Verdampfungspunkt liegt bei etwa — 65° C. Tatsächlich beobachtet wurden niedrigere Temperaturen (etwa — 120); nach neueren Versuchen von S. Loria[59]) sind die ersten Spuren der Verflüchtigung schon bei etwa — 164° bemerkbar, bei — 150° ist etwa die Hälfte in gasförmiger Phase, bei — 125° ist praktisch keine Kondensation mehr merklich*); doch wird dabei wegen der zu geringen vorhandenen Mengen die Lage des wahren Siedepunktes zu tief eingeschätzt[28]).

Das Atomgewicht wurde aus Effusionsversuchen M. S. Leslies zu etwa 201 —210 gefunden[29]). Nach dem Zerfall aus dem Thorium, wobei zwischen Th und ThEm drei α-Partikeln abgeschleudert werden, ist das Atomgewicht mit rund 220 anzunehmen.

Die Diffusionskonstante[30]) in Luft bei 15° C und 760 mm beträgt 0,085 bis 0,103 cm^2 sec^{-1}; in Ar ist sie 0,084.

Die Löslichkeit*) der Thoriumemanation in Wasser bei Zimmertemperatur fand A. Klaus zu $\alpha' = 1$ in Wasser und $= 5$ in Petroleum [31]).

Der Verteilungskoeffizient zwischen Kohle und Gas*) ist bei 18° größer als 50[32]).

Die Okklusion in den Thoriumsalzen und damit im Zusammenhang das Emanierungsvermögen*) hängt von der Natur des Salzes, der Temperatur und der Oberflächenbeschaffenheit, Feuchtigkeit usw. ab. Durch starke Abkühlung wird das Emanationsvermögen reduziert, bei Erhitzung gesteigert, doch treten dann auch oft chemisch-physikalische Modifikationen des Salzes selbst ein[33]), die gleichfalls eine Rolle spielen und den Vorgang manchmal irreversibel gestalten. Im allgemeinen emanieren Carbonate und besonders Sulfate viel weniger als Oxyde und Hydroxyde, trockene Salze weniger als feuchte. Einzelheiten vgl. S. 414/415 bei RaEm.

ThEm-Atome als Rückstoßatome aus ThX sind im Gegensatz zu letzterem nach G. H. Briggs[77]) in Luft, Ar, H_2, O_2, CO_2 neutral.

Lebensdauer. Für die Halbierungskonstante fanden[27,34])

E. Rutherford (1900)	$T = 1$ min
C. Le Rossignol und C. T. Gimingham (1904)	51 sec
H. L. Bronson (1905)	54
O. Hahn (1905)	53,3

Literatur zu VI, 10 siehe Seite 528.

*) Vgl. die Bemerkung bei AcEm S. 480, wonach bei Isotopie der Emanationen die entsprechenden Werte der RaEm (VI, 5) hierher übernommen werden können. — A. Fleck[58]) findet geringe Unterschiede der Kondensation von ThEm gegen RaEm, S. Loria[59]) kleine Differenzen in der Geschwindigkeit des Verflüchtigungsvorganges mit steigender Temperatur; die Unterschiede dürften aber durch Rückstoßvorgänge aufklärbar und nicht insoweit reell sein, daß sie den Auffassungen der Isotopie widersprechen.

M. S. Leslie (1912)	54,3
P. B. Perkins (1914)	54,53 ± 0,041.
R. Schmid (1917)	54,5 ± 0,03.

Strahlung. Die Thoremanation sendet α-Strahlen aus. Da sie selbst immer zusammen vorkommt mit ihrem ersten ausnehmend kurzlebigen Zerfallsprodukt ThA, das auch α-Strahlen emittiert, muß bei der Beurteilung der Natur der Wirkungen, die der Emanation allein zukommen, darauf besonders Bedacht genommen werden. Es spielt dies natürlich auch z. B. bei den Diffusionsversuchen u. dgl. mit und ebenso wie bei der Actiniumemanation mögen die Erscheinungen der fluktuierenden Leuchtwirkungen in bewegter Luft, die an Sidotblendenschirmen beobachtet werden können, dadurch erklärt werden.

Die Reichweite der α-Strahlen beträgt nach älteren Angaben $R_{15} = 5{,}00$ cm; nach H. Geiger (1921) $R_{15} = 5{,}063$ cm.

Alte Angaben beziehen sich auf das Gemisch der Strahlen von Thoremanation und ThA[35]).

7. Aktiver Niederschlag des Thoriums (induzierte Aktivität). Der aktive Niederschlag des Thoriums, als „induzierte Aktivität" schon im Beginne der radioaktiven Forschungen aufgefunden, wird derzeit als zusammengesetzt aus den Zerfallsprodukten ThA, ThB, ThC, ThC′ und ThC″ angesehen. (Über die den Isotopen gemeinsamen Eigenschaften vgl. RaA, RaB, RaC und AcA, AcB, AcC).

a) Thorium A[36]). Daß der Thoriumemanation scheinbar zwei α-Partikeln zukämen, wenn den anderen Stoffen dieser Familie im Gleichgewicht nur eine zugehört, war H. Geiger und E. Marsden aufgestoßen. H. Geiger, sowie H. Geiger und E. Rutherford schlossen dann auf die Existenz eines sehr kurzlebigen unmittelbaren Folgeproduktes der Thoremanation und konnten auch zeigen, daß dieses als ThA bezeichnete Produkt bei seiner Entstehung positiv geladen ist.

Die außerordentlich kurze Lebensdauer konnten H. G. J. Moseley und K. Fajans nach dem gleichen Verfahren wie für AcA bestimmen und erhielten die Halbierungskonstante $T = 0{,}145$ sec.

ThA ist α-strahlend. Die Reichweite bei 15° beträgt nach H. Geiger und J. M. Nuttall, 5,7 cm; T. Barratt fand 5,4 cm[35]); H. Geiger (1921) $R_{15} = 5{,}683$ cm.

Seiner chemischen Natur nach ist ThA, so wie alle A- und C′- Produkte in die Plejade des Poloniums einzureihen und demnach von den alten Elementen dem Tellur nächstverwandt.

b) Thorium B. Dieses in der älteren Literatur bis 1911 als „ThA" bezeichnete Element wurde von E. Rutherford entdeckt[37]).

Es galt ebenso wie RaB und AcB anfangs für „strahlenlos", bis F. v. Lerch die Existenz seiner weichen β-Strahlung nachwies.

Letzterer gibt an, daß 28% der gesamten β-Strahlung der induzierten Aktivität dem ThB zuzuschreiben wären; O. Hahn und L. Meitner finden sogar 43%[38]). Solchen Angaben kommt aber nur illustrativer Charakter zu, da wegen

Literatur zu VI, 10 siehe Seite 528.

der verschiedenen Durchdringlichkeit der β-Strahlen der einzelnen Stoffe der Prozentsatz je nach Dimension und Form des Meßgefäßes verschieden ausfallen muß. In kleineren Räumen wird der relative Effekt der weicheren Strahlen bevorzugt.

O. v. Baeyer, O. Hahn und L. Meitner ordnen aus ihren Aufnahmen der magnetischen Linienspektra dem ThB β-Strahlen der Anfangsgeschwindigkeit $1{,}89 \cdot 10^{10}$ und $2{,}16 \cdot 10^{10}$ cm/sec zu (vgl. Tabelle 6 des Anhanges). Als Absorptionskoeffizient wird $\mu = 153$ cm^{-1} Al gefunden, was einer Halbierungsdicke $D = 4{,}5 \cdot 10^{-3}$ cm Al entspricht.

E. Rutherford und H. Richardson fanden auch γ-Strahlen, und zwar drei Typen mit den Absorptionskoeffizienten $\mu = 160$; 32; 0,36 cm^{-1} Al, also Halbierungsdicken 0,004; 0,022; 1,92 cm Al (vgl. S. 152).

Chemisch betrachtet ist ThB eine Blei-Art und daher nach allen Methoden der Bleiabscheidungen gewinnbar.

Es verdampft nach älteren Angaben bei ca. 700° und ist dadurch von dem schwerer flüchtigen Folgeprodukt abtrennbar, wie dies J. M. W. Slater und F. Cook-Gates feststellten[39]).*) Der Verdampfungspunkt ist aber sicherlich von der Natur der vorliegenden Verbindung abhängig (vgl. S. 424, 428, auch F. v. Lerch[53])) und durch die Verhältnisse der analogen Bleisalze bestimmt, insoweit nicht, der Entstehung aus ThEm — ThA entsprechend, Rückstoßvorgänge Modifikationen hervorrufen.

Nach S. Loria[60]) ist von ThB, das aus ThEm auf Platinblech niedergeschlagen war, bei verschiedenen Temperaturen verdampft:

Temperatur	Prozent	Temperatur	Prozent	Temperatur	Prozent
650° C	0	800	73	950	94
700	8	850	82	1000	97
750	40	900	90	1100	100

F. v. Lerch zeigte, daß ThB elektrochemisch unedler als ThC und ThC'' ist und sich dementsprechend in der Lösung nach Herauselektrolysieren der letzteren Produkte im Überschuß finden muß[40]). C. F. Hogley[40]) gibt an, daß ThB in anorganischen Flüssigkeiten im allgemeinen löslicher ist als ThC, in organischen umgekehrt. (Das Verhalten ist durch das des isotopen Pb bzw. Bi definiert.)

Literatur zu VI, 10 siehe Seite 528.

*) Nach T. Barratt und A. B. Wood[60]) beginnen ThB und ThC bei 750° zu verdampfen und sind bei 1200° völlig verflüchtigt. Sie finden für ThC Inflexionspunkte bei 750° und 900°, die sie dem α- bzw. β-strahlenden Bestandteil (vgl. S. 511) zuschreiben! Die Wendepunkte beim ThC sind aber viel wahrscheinlicher durch Änderungen der betreffenden chemischen Verbindungen und damit deren Flüchtigkeit zu erklären. — Bi_2O_3 zeigt eine stabile Modifikation zwischen 704° und 820° (R. Abegg, Anorg. Chem. III, 3, S. 658). — S. Loria[60]) (vgl. S. 509 die Daten für die Verdampfung unter verschiedenen Bedingungen) hat insbesondere durch den Nachweis des identischen Verhaltens von RaC und ThC die Unhaltbarkeit der Annahme Barratts und Woods sichergestellt, da der Prozentsatz des dualen Zerfalles bei RaC gegenüber dem bei ThC verschwindend klein ist.

G. v. Hevesy hat die Diffusionskonstante dieses Produktes mit 0,67 cm^2 Tag^{-1} erhalten[26]), was seiner Zweiwertigkeit entspricht.

Die Beweglichkeit der Rückstoßatome ThX, ThA, ThB zeigt keine (nach photographischer Methode) meßbaren Unterschiede. Nach G. H. Briggs[77]) ergeben sich Geschwindigkeiten von 1,24 bis 1,84 cm/sec, mit einem Maximum bei 1,56 cm/sec.

Die Halbierungszeit[41]) wurde von F. v. Lerch zu $T = 10{,}6$ Stunden bestimmt (1905). — H. N. Mc Coy und C. H. Viol haben den identischen Wert erhalten (1913); J. E. Shrader hat (1915) durch Zählung mittels Geigerscher Spitzen 10,4 Stunden gefunden.

c) Thorium C. Aus den Kurven für die zeitlich sich ändernde Aktivität des aktiven Niederschlages hat E. Rutherford die Existenz dieses Elementes erschlossen und die Halbierungszeit $T = 55$ Minuten berechnet[37]).

An elektrolytisch oder chemisch abgetrenntem Material erhielten

G. B. Pegram[42]) (1903)	$T = 1$ Stunde
F. v. Lerch[41]) (1903, 1905, 1907)	60,4 Minuten
H. N. Mc Coy und C. H. Viol[41]) (1913)	60,8 Minuten
F. v. Lerch[53]) (1914)	60,48 ± 0,035 m.

ThC verdampft etwa bei 1000—1200° und ist daher durch Glühen eines induzierten Bleches oder Drahtes von ThB befreibar[39]). Elektrolytisch oder durch Niederschlag auf Nickel vermochte es F. v. Lerch in einfacher Weise zu isolieren[40]).

Die Verdampfung hängt von der Entstehungsgeschichte und von der Art der Unterlage ab. S. Loria[60]) fand einerseits für aus ThEm — ThA — ThB in gewöhnlicher Weise auf Pt „induziertes“ und anderseits für frei von den Vorprodukten elektrolytisch auf Pt-Kathoden niedergeschlagenes ThC bei ähnlichem Verlauf bei letzterem um rund 200° erhöhte Werte.

Temperatur	verdampfte Prozente von ThC		Temperatur	verdampfte Prozente von ThC	
	induziert	elektrolyt.		induziert	elektrolyt.
700° C	0	0	1000° C	70	32
750	15	0	1050	90	40
800	21	0	1100	95	70
850	27	0	1150	98	85
900	33	5	1200	100	93
950	40	20	1300	—	98

So wie elektrolytisch gewonnenes ThC verhält sich auch aus ThB-freier Lösung eingedampftes. Es kommt also wesentlich auf die Art des Ablagerns oder Hineinhämmerns in die Unterlage infolge von Rückstößen an. Diese Anschauung wird noch gestützt durch Versuche T. Godlewskis[61]), die ergaben, daß induziertes ThC merklich in Unterlagsfolien eindringt, während an elektrolytisch oder durch

Literatur zu VI, 10 siehe Seite 528.

Eindampfen einer ThC-Lösung erhaltenen Belagen kein solches Eindringen feststellbar war. Ganz analog verhält sich RaC*).

Es ergibt sich auch eine Abhängigkeit von der Natur des Grundbleches; die Verflüchtigung beginnt von Au früher als von Pt oder Pd. S. Loria führt die Verschiedenheiten auf Bildung von ThC-Oxyd zurück.

H. N. Mc Coy und C. H. Viol[41]) fanden, daß ThC nach einem von R. B. Moore und H. Schlundt angegebenen Verfahren mit Fumarsäure als Eisenfumaratfällung abgeschieden, völlig frei von ThB erhalten wird (vgl. auch F. v. Lerch[53])).

ThC wird auch von Kohle adsorbiert[43]).

Es ist isotop mit Wismut, also auch mit RaE und RaC, sowie AcC. Dadurch ist sein ganzes chemisches und elektrolytisches Verhalten gekennzeichnet; daß auch die Adsorbierung von ThB und ThC an verschiedenen Salzen und Oxyden in nahem Zusammenhang steht mit ihren chemischen Eigenschaften, zeigt die Untersuchung von K. Horovitz und F. Paneth[55]).

Die Existenz eines ThB-Superoxydes, das sich bei der Elektrolyse entsprechend dem Bleisuperoxyd an der Anode abscheidet, ist von F. Paneth und G. v. Hevesy[56]) nachgewiesen worden. G. v. Hevesy und E. Róna[57]) konnten zeigen, daß sich das ThB-Superoxyd schwerer in Säuren löst, als das kathodisch abgeschiedene ThB und daß dasselbe auch von dem ThC-Produkt gilt, welches durch Zerfall aus dem $(ThB)O_2$ entsteht. Sie schlossen daraus, daß das entsprechende ThC sofort in Bindung tritt mit den Sauerstoffatomen des $(ThB)O_2$ (vgl. dagegen auf S. 513 die Entstehung von ThC'' — nicht ThC''-Chlorid — aus ThC-Chlorid)[54]).

Seine Diffusionskonstante bestimmte G. v. Hevesy[26]) zu 0,5 cm^2 Tag^{-1}, was seiner Dreiwertigkeit entspricht.

ThC sendet α- und β-Strahlen aus.

Dualer Zerfall des Thorium C. Während ThC je 1 α-Partikel aussendet, wenn ThEm + ThA + ThC drei emittieren, also in der einheitlichen Gleichgewichtsreihe nur ein Produkt ThC vorhanden sein sollte[44]), hatte O. Hahn[45]) in dem ThC zwei distinkte α-Strahler mit den Reichweiten von 8,6 und ca. 5 cm festgestellt. E. Marsden und T. Barratt[46]) fanden gleichfalls diese beiden Reichweiten, bei Zimmertemperatur $R_{15} = 8{,}6$ bzw. 4,8 cm; Werte, die identisch auch von H. Geiger und J. M. Nuttall bestimmt wurden, während A. B. Wood[62]) den letzteren mit 4,95 cm einschätzt, welch höherer Wert von E. Rutherford und A. B. Wood[62]) bestätigt wurde. H. Geiger[62]) fand (1921) $R_{15} = 4{,}787$

Literatur zu VI, 10 siehe Seite 528.

*) Speziell bei den „induzierten Aktivitäten", die auf einer Unterlage so entstehen, daß die B-Produkte durch Rückstoß aus den A-Körpern mit großer Wucht in die Unterlage hineingeschleudert werden, ist an Legierungsbildung verschiedener Art zu denken, was das chemisch-physikalische Verhalten beeinflussen kann. Hängt die Art der Legierung oder dergleichen von der Rückstoßgeschwindigkeit ab, so können je nach der Entstehungsart kleine Unterschiede und Trennungsmöglichkeiten (z. B. von RaB, ThB, AcB oder den C-Produkten) sich ergeben (vgl. auch S. 424, 427, 482), ohne daß dadurch den Grundanschauungen der Isotopie — wobei es immer auf die Untrennbarkeit gleichartig gemischter Isotope ankommt — widersprochen wird.

und 8,617; G. H. Henderson (1921) 4,778 und ThC′ 8,616 cm. (Direkte Bestimmungen der Anfangsgeschwindigkeit vgl. V, 8, S. 336).

E. Marsden und T. Barratt haben dann an Szintillationen bestimmt, daß die Zahl der α-Partikeln der kürzeren Reichweite 35%, die derjenigen mit $R_{15} = 8{,}6$ cm 65% aller ausmache; daraus, sowie aus der oben angeführten Tatsache, daß insgesamt ThC ein Drittel der α-Strahlen des Komplexes ThEm + ThA + ThC emittiert und nicht ein Viertel, wird geschlossen, daß es sich hier um eine Seitenabspaltung handle, wobei 35% von ThC nach der einen Richtung, 65% nach der anderen abgetrennt werden. L. Meitner und K. Freitag[63]) fanden bei Auszählung von nach der Methode C. T. R. Wilsons (vgl. IV, 9) erhaltenen Nebelbahnen das Verhältnis 34,3 : 65,7.

Nach mehrfachen Diskussionen, ob der duale Zerfall beim ThB oder ThC einsetzt[47]), kann derzeit als wahrscheinlichstes Schema das nachstehende gelten:

$$\underset{\lambda_B = 1{,}82 \cdot 10^{-5}}{\mathrm{Th\,B}} \xrightarrow{\ \beta\ } \underset{\lambda_C = 1{,}90 \cdot 10^{-4}}{\mathrm{Th\,C}} \left\{ \begin{array}{l} \overset{\lambda_x = 1{,}235 \cdot 10^{-4}}{\xrightarrow[\beta]{65\,\%}} \ \underset{\lambda_{C'} = 10^{11}}{\mathrm{Th\,C'}} \xrightarrow[(R_{15}=8{,}6)]{\alpha} \\ \underset{\lambda_y = 0{,}665 \cdot 10^{-4}}{\xrightarrow[\alpha\,(R_{15}=5)]{35\,\%}} \ \underset{\lambda_{C''} = 3{,}73\ 10^{-3}}{\mathrm{Th\,C''}} \xrightarrow{\ \beta\ } \end{array} \right\} \begin{array}{c} \text{Endprodukt} \\ \text{isotop} \\ \text{mit Blei} \end{array}$$

Aus der Theorie des gegabelten Zerfalles berechnet man

$$\tfrac{65}{100}\lambda_c C = \lambda_x C = \lambda_{C'} C' \qquad \lambda_x = 1{,}235 \cdot 10^{-4}\,\mathrm{sec}^{-1}$$

$$\tfrac{35}{100}\lambda_c C = \lambda_y C = \lambda_{C''} C'' \qquad \lambda_y = 0{,}665 \cdot 10^{-4}\,\mathrm{sec}^{-1}.$$

Die mittlere Lebensdauer des ThC′ ist lediglich aus der großen Reichweite und der Geiger-Nuttallschen Beziehung zur Lebensdauer einzuschätzen und dabei erhält man (wenn auch ziemlich unsicher, vgl. S. 49) die Größenordnung von 10^{10} bis 10^{12} für die Zerfallskonstante. A. S. Russell[74]) wählt (1923) $T = 2 \cdot 10^{-12}$s. Die Anwendbarkeit dieser Formel bei gegabeltem Zerfall ist aber unsicher.

Multipler Zerfall des ThC.

Aus Szintillationsbeobachtungen mit sehr starken Präparaten fanden E. Rutherford und A. B. Wood[62]) noch aus dem ThC stammende α-Partikeln sehr großer Reichweite. Sie nehmen an, daß das ThC nicht nur dual sondern multipel zerfällt; 10^{-4} der ThC-Atome liefern zwei neue Typen von $R_{15} = 10{,}2$ und 11,3 cm, wobei $^2/_3$ davon die letztere Reichweite besitzen sollen. Da es nicht unmöglich schien, daß ausgelöste H-Kerne oder andere Partikeln ins Spiel kommen, mußten diesbezüglich weitere Mitteilungen abgewartet werden.

Von der Reichweite 10,2 ist späterhin nichts mehr verlautbart worden, doch bestätigten E. Rutherford und A. B. Wood[63]) (1921) diejenige von 11,3 cm. Letzterer gab an:

Literatur zu VI, 10 siehe Seite 528.

1. Zahl der 11,3 cm α-Teilchen/Gesamtzahl der α-Teilchen $= 10^{-4}$.

2. Relativzahl der schnellen „O-Atome" hervorgerufen durch Zusammenstoß von α mit O (in Glimmer) $= 10^{-5}$.

3. H-Partikeln $= 10^{-6}$.

L. F. Bates und J. St. Rogers[63]) fanden (1923/24) sogar dreierlei weitreichende α-Teilchen und zwar zugehörig zu je 10^6 α-Teilchen mit $R = 8{,}6$ cm.

220	Teilchen mit $R =$	11,5
47	„	15,0
55	„	18,4 cm.

Reichweitendifferenz:	11,5—8,6	15,0—11,5	18,4—15,0
Energiedifferenz in Erg.:	$2{,}99 \cdot 10^{-6}$	$3{,}29 \cdot 10^{-6}$	$2{,}99 \cdot 10^{-6}$
„ „ Volt:	$18{,}8 \cdot 10^5$	$20{,}7 \cdot 10^5$	$18{,}8 \cdot 10^5$

Die Reichweiten über 11,5 cm konnten jedoch weder im Wiener Radiuminstitut noch von K. Philipp oder L. Meitner und K. Freitag[63]) bestätigt werden.

L. Meitner und K. Freitag[63]) erhielten durch Nebelbahnbilder neben den Reichweiten von 4,8 und 8,6 cm auch solche von 11,5 cm und auch einzelne von 9,5 cm mit ThC als Strahlenquelle. Im Jahre 1926 gaben sie auf Grund zahlreicher Beobachtungen nach der Wilson-Methode für die Reichweiten bei 15° C und 760 mm an:

ThC in Luft 4,78; in N_2 4,89; in O_2 4,57; in Ar 5,11 cm;

ThC′ „ „ 8,62; „ N_2 8,76; „ O_2 8,11; „ Ar 9,03 „ ;

weitreichende Teilchen in Luft 11,5 und 9,6; in N_2 11,6 und 9,6; in O_2 10,9 und 9,1; in Ar 12,0 und 10,1; in CO_2 8,1 und 6,7 cm. Auf 10^6 α-Teilchen von ThC′ kommen im Mittel 200 Teilchen mit R = 11,5 und 70 mit R = 9,5 cm.

Ähnliche Ausbeuten für die Teilchen mit 11,5 cm erhielt K. Philipp[63]) (1926) aus Szintillationszählungen.

Es fällt auf, daß dies, wenn auch in verkehrter Intensitätsfolge, nahe dieselben großen Reichweiten sind wie bei RaC.

N. Yamada[63]) erhielt auf Unterlagen von Ni, Ag, Au gleichfalls weitreichende α-Teilchen mit $R = 11{,}5$ cm und zwar ca. 3 auf 10^4 primäre der Reichweite 8,6 cm. Noch weiterreichende fand auch er nicht.

Die Bemerkungen über den analogen „multiplen Zerfall" bei RaC (S. 432/433) und Po (S. 447) gelten hier in gleicher Weise.

S. Rosenblum[78]) findet photographisch an im Magnetfeld abgelenkten Strahlen von ThC und ThC′ zwei „halbwegs"-Strahlen und zwei „halb-halbwegs"-Strahlen. Er deutet die ersteren durch einfach geladene α-Teilchen; für letztere (stark gestreuten) wäre vielleicht an einen Mittelwert aus Umladungen zu denken, noch scheint aber eine Deutung verfrüht.

d) Thorium C″ (früher ThD)[48]). O. Hahn und L. Meitner ist es geglückt, nach dem Rückstoßverfahren aus ThC ein β-γ-strahlendes Produkt abzuscheiden, das zurzeit den Namen ThC″ führt. Es gehört nach

---

Literatur zu VI, 10 siehe Seite 528.

seiner Entstehung aus dem α-strahlenden Teil des in die Wismut-Plejade gehörigen ThC in die Thallium-Plejade, was u. a. von W. Metzener bestätigt wurde[49]), und ist sonach isotop mit RaC'' und AcC'').

Die Halbierungszeit[48]) beträgt nach

O. Hahn und L. Meitner (1909)	$T = 3{,}1$ m
F. v. Lerch und E. v. Wartburg (1909) . .	3,0 m
E. Albrecht (1919)	3,20 m

Thorium C'' ist leicht abscheidbar[48]) von ThA, ThB, ThC durch Erhitzen, indem es leichter (noch unterhalb Rotglut) verdampft als ThB, das bei sichtbarem Glühen, und ThC, das noch bei wesentlich höherer Temperatur verflüchtigt. ThC''-Metall (oder Oxyd) verflüchtigt nach A. B. Wood[54]) bei 520° und ist bei 700° völlig verdampft. ThC''-Chlorid verdampft schon bei 270°.

F. v. Lerch und E. v. Wartburg[48]) haben weiter gezeigt, daß man ThC'' aus saurer Lösung des aktiven Th-Niederschlages erhält, wenn man es durch kurz dauernde Elektrolyse mit schwachem Strom zwischen blanken Pt-Elektroden oder auch durch Nickelausfällung abscheidet. ThC'' ist elektrochemisch unedler als ThC.

J. Franck[50]) hat die Beweglichkeit der positiv geladenen Träger beim Rückstoß des ThC'' aus ThC bestimmt und von gleicher Größe gefunden, wie die der positiven Ionen.

Rückstoßpartikeln aus ThC-Chlorid liefern nicht ThC''-Chlorid, sondern ThC''[54]) (vgl. dagegen S. 510 die Bildung von ThC-Oxyd).

Die β-Strahlungen des ThC und des ThC'' getrennt zu messen, stößt auf große Schwierigkeiten. O. v. Baeyer, O. Hahn und L. Meitner ordnen aus ihren magnetischen Linienspektren diesen beiden Substanzen die Anfangsgeschwindigkeiten 0,87; 1,08; 2,79 und $2{,}85 \cdot 10^{10}$ cm/sec zu (vgl. Tabelle 6 des Anhanges).

ThC + ThC'' liefern einen Absorptionskoeffizienten von $\mu = 17\ \mathrm{cm}^{-1}$ Al, das ist eine Halbierungsdicke $D = 4{,}1 \cdot 10^{-2}$ cm Al.

Dem ThC allein kann ein Absorptionskoeffizient

$$\mu = 14{,}4, \quad \text{also} \quad D = 4{,}8 \cdot 10^{-2}\ \text{cm Al},$$

dem ThC''

$$\mu = 21{,}6, \quad \text{also} \quad D = 3{,}2 \cdot 10^{-2}\ \text{cm Al}$$

zugeschrieben werden.

Nach A. B. Wood[54]) verhält sich die β-Strahlungs-Intensität von ThC zu der von ThC'' wie 1,5 : 1.

Die γ-Strahlen des ThC'' haben E. Rutherford und H. Richardson durch den Absorptionskoeffizienten in Al $\mu = 0{,}096$ charakterisiert; $\left(\frac{\mu}{\varrho} = 0{,}035\right)$.

F. Soddy, W. M. Soddy und A. S. Russell hatten für Cu, Messing, Fe, Sn, Zn, Al ähnliche Werte für $\frac{\mu}{\varrho}$ erhalten; für Blei fanden sie $\mu = 0{,}462$ und $\frac{\mu}{\varrho} = 0{,}0405$ (vgl. Tabelle 9 des Anhanges).

Literatur zu VI, 10 siehe Seite 528.

W. Kolhörster[64]) fand das Verhältnis der Rückstoßatome von ThC und ThC′ angenähert gleich dem erwarteten (35 : 65); die Gesamtzahl der Rückstoßstrahlen gleich derjenigen der α-Strahlen. Die Reichweite der Rückstoßteilchen bei 760 mm und 15° ergab sich in

	Wasserstoff	Luft
Rückstoß von ThC	0,553 mm	0,129 mm
Rückstoß von ThC′	0,963 mm	0,224 mm.

Nach H. Schönborn[64]) tragen Rückstoßatome ThC″ in der normalen Leuchtgasflamme positive Ladung. Je nach der Temperatur beträgt die Beweglichkeit der positiven Ionen zwischen 200 und 400 cm/sec pro Volt/cm.

γ-Äquivalente von Thorpräparaten.

H. N. Mc Coy und L. M. Henderson[65]) hatten angegeben, daß $6{,}85 \cdot 10^6$ g Th γ-äquivalent seien zu 1 g Ra; $19{,}0 \cdot 10^6$ g Th liefern soviel MsTh um einem g Ra γ-äquivalent zu sein; MsTh ist an der γ-Aktivität zu 36,3% (ThC″ zu 63,7%) beteiligt. H. N. Mc Coy und G. H. Cartledge[65]) haben weiterhin gefunden, daß ThC″ 1,81 mal soviel γ-Aktivität liefert wie die Gleichgewichtsmenge MsTh, obwohl nur 35% der Th-Reihe in ThC″ zerfallen. Ein Atom ThC″ gibt 5,17 mal mehr γ-Aktivität als 1 Atom MsTh.

Das γ-Äquivalent hängt aber (vgl. S. 295 u. 500f.) von der durchstrahlten Schichtdicke (Bleidicke) ab. Deshalb haben A. L. Mc Aulay[65]) sowie A. G. Shenstone und H. Schlundt[65]) experimentell die Auswertung von ThC-Präparaten betreffs ihrer α-Strahlung auf γ-Äquivalente von Radium (Ra + . . . RaC) relationiert. Aus den Resultaten A. G. Shenstones und H. Schlundts läßt sich entnehmen, daß für ein ThC-γ-Äquivalent zu 1 mg (Ra + . . . + RaC) für durchstrahlte Bleidicke von

3,3	4	5	6	7	8	9	10	11	12	13	14 mm
3,07	2,99	2,92	2,86	2,82	2,78	2,75	2,72	2,69	2,66	2,64	$2{,}63 \cdot 10^7$

α-Teilchen von 8,6 cm Reichweite pro Sekunde gehören.

8. Typische Fälle für die Bildung und den Zerfall von Thor-Produkten.

(1). Zerfall der Reihe ThX—ThEm—ThA—ThB—ThC—ThC″.

Zur Zeit $t = 0$ sei die vorhandene Menge ThX = 1, alle übrigen Stoffe nicht vorhanden.

ThC zerfällt dual in ThC″ und ThC′ und zwar werden 35% von ThC in ThC″, 65% in ThC′ verwandelt.

Da die Lebensdauer von ThC′ neben den anderen verschwindend klein und nicht hinreichend genau bekannt ist, sei nur angegeben, daß die maximale Menge von der Größenordnung 10^{-17} neben ThX wäre und daß es unmittelbar mit ThC im Gleichgewicht steht.

Literatur zu VI, 10 siehe Seite 528.

Die zur Zeit t vorhandenen Mengen der einzelnen Substanzen sind gegeben durch

$$\mathrm{Th\,X} = e^{-\lambda_1 t} \qquad \begin{aligned} \lambda_1 &= \lambda_{\mathrm{ThX}} = 2{,}20 \cdot 10^{-6}\ \mathrm{sec}^{-1} \\ \lambda_2 &= \lambda_{\mathrm{Em}} = 1{,}3 \cdot 10^{-2} \\ \lambda_3 &= \lambda_A = 4{,}95 \end{aligned} \qquad \begin{aligned} \lambda_4 &= \lambda_B = 1{,}82 \cdot 10^{-5}\ \mathrm{sec}^{-1} \\ \lambda_5 &= \lambda_C = 1{,}90 \cdot 10^{-4} \\ \lambda_6 &= \lambda_{C''} = 3{,}73 \cdot 10^{-3} \end{aligned}$$

$$\mathrm{Th\,A} = a_1 e^{-\lambda_1 t} + a_2 e^{-\lambda_2 t} + a_3 e^{-\lambda_3 t}$$

$$a_1 + a_2 + a_3 = 0 \qquad \begin{aligned} a_1 &= 4{,}445_2 \cdot 10^{-7} \\ a_2 &= -4{,}456_9 \cdot 10^{-7} \\ a_3 &= 0{,}0117 \cdot 10^{-7} \end{aligned}$$

$$\mathrm{Th\,B} = b_1 e^{-\lambda_1 t} + b_2 e^{-\lambda_2 t} + b_3 e^{-\lambda_3 t} + b_4 e^{-\lambda_4 t}$$

$$b_1 + b_2 + b_3 + b_4 = 0 \qquad \begin{aligned} b_1 &= 1{,}375_2 \cdot 10^{-1} \\ b_2 &= 1{,}699 \cdot 10^{-4} \\ b_3 &= 10^{-9} \\ b_4 &= -1{,}3769 \cdot 10^{-1} \end{aligned}$$

$$\mathrm{Th\,C} = c_1 e^{-\lambda_1 t} + c_2 e^{-\lambda_2 t} + c_3 e^{-\lambda_3 t} + c_4 e^{-\lambda_4 t} + c_5 e^{-\lambda_5 t}$$

$$c_1 + c_2 + c_3 + c_4 + c_5 = 0 \qquad \begin{aligned} c_1 &= 1{,}3327_6 \cdot 10^{-2} \\ c_2 &= -2{,}4145 \cdot 10^{-7} \\ c_3 &= 10^{-14} \\ c_4 &= -1{,}4586_7 \cdot 10^{-2} \\ c_5 &= 1{,}2617_6 \cdot 10^{-3} \end{aligned}$$

$$\mathrm{ThC'} = \tfrac{35}{100} \left\{ d_1 e^{-\lambda_1 t} + d_2 e^{-\lambda_2 t} + d_3 e^{-\lambda_3 t} + d_4 e^{-\lambda_4 t} + d_5 e^{-\lambda_5 t} + d_6 e^{-\lambda_6 t} \right\}$$

$$d_1 + d_2 + d_3 + d_4 + d_5 + d_6 = 0 \qquad \begin{aligned} d_1 &= 6{,}792_8 \cdot 10^{-4} \\ d_2 &= 4{,}948_8 \cdot 10^{-9} \\ d_3 &= 10^{-19} \\ d_4 &= -7{,}466_7 \cdot 10^{-4} \\ d_5 &= 6{,}772 \cdot 10^{-5} \\ d_6 &= -2{,}180 \cdot 10^{-7} \end{aligned}$$

Von den Strahlen des ThC haben

35% die Reichweite $R_{15} = 4{,}78$ cm

65% (aus ThC′) die Reichweite $R_{15} = 8{,}6$ cm.

Literatur zu VI, 10 siehe Seite 528.

t	ThX	Th A · 10^7	ThB · 10	ThC · 10^2	ThC″ · 10^4
Sekunden 0	1,0000	0,0000	0,0000	0,0000	0,0000
1		0,0460		0,0002	$0{,}0003_5$
2		0,1027			
3		0,1588			
4		0,2141			
5		0,2688			
6		0,3237			
7		0,3760			
8		0,4284			
9		0,4747			
10		0,5360	0,0000		0,0004
20	1,0000	1,0095	$0{,}0000_5$		
30	0,9999	1.4273	0,0001		
40		1,7951	0,0002		
50		2,1170	0,0003		
Minuten 1	0,9999	2,4015	0,0004	0,0002	
2	0,9997	3,5085	0,0013		
3	0,9996	4,0142	0,0024		
4	0,9995	4,2460	0,0037		
5	0,9993	4,3521	0,0049	0,0003	0,0005
6	0,9992	4,4003	0,0062	0,0004	
7	0,9991	4,4222	0,0075	0,0005	
8	0,9990	4,4318	0,0088	$0{,}0005_5$	0,0006
9	0,9988	4,4359	0,0101	0,0006	0,0007
10	0,9987	**4,4375**	0,0114	0,0007	0,0008
15	0,9980	4,4360	0,0180	0,0015	0,0017
20	0,9974	4,4335	0,0244	0,0025	0,0030
25	0,9967	4,4306	0,0309	0,0039	0,0047
30	0,9954	4,4247	0,0363	0,0046	0,0058
40	0,9941	4,4189	0,0490	0,0085	0,0120
50	0,9928	4,4131	0,0615	0,0133	0,0199
Stunden 1	0,9915	4,4072	0,0739	0,0189	0,0292
2	0,9836	4,3725	0,1449	0,0631	0,1066
3	0,9759	4,3380	0,2108	0,1184	0,2040
4	0,9682	4,3038	0,2720	0,1762	0,3064
5	0,9605	4,2698	0,3287	0,2331	0,4081
6	0,9530	4,2361	0,3812	0,2876	0,5057
7	0,9455	4,2027	0,4298	0,3390	0,5978
8	0,9380	4,1696	0,4747	0,3870	0,6838
9	0,9306	4,1367	0,5163	0,4317	0,7638
10	0,9233	4,1040	0,5546	0,4731	0,8380
12	0,9087	4,0395	0,6225	0,5467	0,9701

Literatur zu VI, 10 siehe Seite 528.

t	ThX	ThA · 10^7	ThB · 10	ThC · 10^2	ThC'' · 10^4
Stunden 14	0,8945	3,9761	0,6799	0,6092	1,0823
16	0,8804	3'9136	0,7281	0,6621	1,1421
18	0,8666	3,8521	0,7684	0,7064	1,2567
20	0,8530	3,7915	0,8016	0,7434	1,3230
25	0,8198	3,6443	0,8598	0,8092	1 4412
30	0,7880	3,5028	0,8908	0,8459	1,5074
40	0,7280	3,2361	**0,9010**	**0,8641**	**1,5407**
50	0,6726	2,9897	0,8729	0,8413	1,5003
60	0,6214	2,7620	0,8275	0,7995	1,4260
70	0,5740	2,5517	0,7754	0,7502	1,3381
80	0,5303	2,3374	0,7220	0,6991	1,2470
90	0,4900	2,1779	0,6700	0,6490	1,1542
100	0,4526	2,0121	0,6205	0,6012	1,0724
120	0,3863	1,7173	0,5308	0,5143	0,9175
180	0,2402	1,0678	0,3303	0,3201	0,5711
Tage 10	0,1494	0,6639	0,2054	0,1991	0,3551
20	0,0223	0,0992	0,0307	0,0298	0,0531
30	0,0033	0,0149	0,0046	0,0045	0,0079
40	0,0005	0,0022	0,0007	0,0007	0,0012
50	$0,0000_7$	0,0003	0,0001	0 0001	0,0002

(2). Aktiver Niederschlag des Thoriums.

Zur Zeit $t = 0$ sei λ_B ThB $= \lambda_C$ThC $= \lambda_{C'}$ ThC'' $= 1$; Gleichgewicht nach langer Exposition. Dann ist zur Zeit t die vorhandene Anzahl der Atome gegeben durch

$$\mathrm{ThB} = \frac{1}{\lambda_B} e^{-\lambda_B t} \qquad \frac{1}{\lambda_B} = 54\,945 \text{ sec}; \quad \lambda_B = 1{,}82 \cdot 10^{-5} \text{ sec}^{-1}$$

$$\mathrm{ThC} = \frac{1}{\lambda_B - \lambda_C} \left(\frac{\lambda_B}{\lambda_C} e^{-\lambda_C t} - e^{-\lambda_B t} \right) \qquad \begin{aligned} \lambda_C &= 1{,}90 \cdot 10^{-4} \\ \lambda_D &= 3{,}73 \cdot 10^{-3} \end{aligned}$$

$$\frac{1}{\lambda_B - \lambda_C} = -5{,}821 \cdot 10^3 \qquad \frac{\lambda_B}{\lambda_C} = 0{,}09579$$

$$\mathrm{ThC''} = d_1 e^{-\lambda_B t} + d_2 e^{-\lambda_C t} + d_3 e^{-\lambda_D t} \qquad d_1 = \frac{\lambda_C}{(\lambda_C - \lambda_B)(\lambda_{C''} - \lambda_B)} = 297{,}952$$

$$d_2 = \frac{\lambda_B}{(\lambda_B - \lambda_C)(\lambda_{C''} - \lambda_C)} = -29{,}926$$

$$d_3 = \frac{\lambda_B \lambda_C}{\lambda_{C''}(\lambda_B - \lambda_{C''})(\lambda_C - \lambda_{C''})} = 0{,}07056$$

Dies gälte für den direkten Zerfall ThB → ThC → ThC''.

Da bei ThC eine Gabelung eintritt, sind von ThC'' nur 35% zu nehmen. Für kurze Exposition überwiegt ThB gegenüber ThC''. Für die α-Stromwirkung ist ThC und das damit im Gleichgewicht stehende ThC' maßgebend, d. h. 35% mit der Reichweite $R_{15} = 4{,}78$ cm und 65% mit der Reichweite 8,62 cm.

Literatur zu VI, 10 siehe Seite 528.

Für dauerndes Gleichgewicht:

t	ThB	ThC	ThC′	$^{35}/_{100}$ ThC″
0	54945	5263,2	268,10	93,835
1 Minuten	54885	5263,1	268,10	93,835
2	54824	5263,0	268,10	93,835
5	54648	5262,3	268,08	93,828
10	54346	5260,0	268,02	93,811
15	54055	5256,2	267,89	93,762
20	53758	5251,1	267,69	93,692
25	53467	5244,7	267,42	93,597
30	53176	5237,1	267,09	93,482
40	52599	5218,6	266,25	93,188
50	52027	5196,1	265,20	92,820
1 Stunden	51461	5170,2	263 96	92,386
2	48198	4963,9	253,74	88,809
3	45143	4710,4	240,94	84,329
4	42280	4442,6	227,32	79,562
5	39599	4176,5	213,74	74,809
6	37088	3919,5	200,61	70,214
7	34731	3674,9	188,10	65,835
8	32533	3443,8	176,28	61,698
9	30467	3226,4	165,15	57,803
10	28533	3022,3	154,71	54,149
12	25033	2651,5	135,72	47,502
14	21956	2325,9	119,06	41,671
16	19260	2040,3	104,44	36,554
18	16894	1789,8	91,61	32,064
20	14819	1569,9	80,36	28,126
25	10680	1131,4	57,91	20,269
30	7696	815,3	41,73	14,606
40	3997	423,5	21,68	7,588
50	2076	219,9	11,26	3,941
60	1078	114,2	5,85	2,048
70	560	59,3	3,04	1,064
80	291	30,8	1,58	0,553
90	151	16,0	0,82	0,287
100	79	8,3	0,43	0,151
110	41	4,3	0,22	0,077
120	21	2,2	0,11	0,039
150	3	0,3	0,02	0,007
180	0,5	0,05	0,003	0,0001

Literatur zu VI, 10 siehe Seite 528.

Bei der Gewinnung des aktiven Niederschlages des Thoriums hat man zwei Fälle zu unterscheiden.

1. Es wird die induzierte Aktivität aus Mesothor oder Radiothor und dem damit im Gleichgwicht stehenden ThX gewonnen. In diesem Falle hat man es wegen der langen Lebensdauer des Mesothors oder auch des Radiothors praktisch mit „dauerndem Gleichgewicht" zu tun.

2. Man induziert aus einem ThX-Produkt. Die Lebensdauer dieses Stoffes ist nicht mehr „unendlich" groß gegenüber denen der Zerfallsprodukte und man hat dann den Fall des „laufenden Gleichgewichtes" (vgl. S. 62).

Gälte der einfache Zerfall ThX—ThB—ThC—ThC'' (wobei die kurzlebige Emanation und ThA von vornherein weggelassen werden dürfen) ohne Rücksicht auf die Gabelung bei ThC, so wären ThB, ThC und ThC'' im Überschuß gegenüber dem 1. Fall vorhanden nach den Gleichungen

$$\frac{N^*_B}{N_B} = \frac{\lambda_B}{\lambda_B - \lambda_{\mathrm{Th\,X}}} = 1{,}1375 \qquad \lambda_{\mathrm{Th\,X}} = 2{,}20 \cdot 10^{-6}\ \mathrm{sec}^{-1}$$

$$\lambda_B = 1{,}82 \cdot 10^{-5}$$

$$\frac{N^*_C}{N_C} = \frac{\lambda_B \lambda_C}{(\lambda_B - \lambda_{\mathrm{Th\,X}})(\lambda_C - \lambda_{\mathrm{Th\,X}})} = 1{,}1507 \qquad \lambda_C = 1{,}90 \cdot 10^{-4}$$

$$\lambda_{C''} = 3{,}73 \cdot 10^{-3}$$

$$\frac{N^*_{C''}}{N_{C''}} = \frac{\lambda_B \lambda_C \lambda_{C''}}{(\lambda_B - \lambda_{\mathrm{Th\,X}})(\lambda_C - \lambda_{\mathrm{Th\,X}})(\lambda_{C''} - \lambda_{\mathrm{Th\,X}})} = 1{,}1513 \qquad \lambda_x = 1{,}235 \cdot 10^{-4}$$

$$\lambda_y = 0{,}665 \cdot 10^{-4}$$

$$\lambda_C = \lambda_x + \lambda_y\,.$$

Die jeweiligen Werte des Falles 1 wären also mit diesen Faktoren zu multiplizieren. Tatsächlich muß aber auch der Dualität des Zerfalles noch Rechnung getragen werden. Dementsprechend muß für den Zweig, der nach ThC'' führt, die Zerfallskonstante λ_y und nicht λ_C eingesetzt werden und für den Zweig, der nach ThC' führt, die Zerfallskonstante λ_x.

(3). Tabellen für die „induzierte Thoraktivität" (aktiver Niederschlag ThA—ThB—ThC) bei verschieden langer Exposition Θ in konstanter Thoremanation [66]).

Zugrunde gelegt sind die Zerfallskonstanten λ_1, λ_2, λ_3 für ThA, ThB, ThC in reziproken Minuten

$$\lambda_1 = 297{,}0, \qquad \lambda_2 = 0{,}001092, \qquad \lambda_3 = 0{,}0114.$$

Die zu verwendenden allgemeinen Formeln sind:

$$A_t = A_\Theta e^{-\lambda_1 t}; \quad B_t = B_\Theta \frac{b_1 e^{-\lambda_1 t} - b_2 e^{-\lambda_2 t}}{b_2 - b_1};$$

$$b_1 = \frac{1 - e^{-\lambda_1 \Theta}}{\lambda_1}; \quad b_2 = \frac{1 - e^{-\lambda_2 \Theta}}{\lambda_2}$$

$$C_t = C_\Theta \frac{k_1 e^{-\lambda_1 t} + k_2 e^{-\lambda_2 t} + k_3 e^{-\lambda_3 t}}{k_1 + k_2 + k_3}$$

Literatur zu VI, 10 siehe Seite 528.

$$k_1 = \frac{\lambda_2}{(\lambda_2 - \lambda_1)(\lambda_3 - \lambda_1)}\left(1 - e^{-\lambda_1 \Theta}\right); \quad k_2 = \frac{\lambda_1}{(\lambda_3 - \lambda_2)(\lambda_1 - \lambda_2)}\left(1 - e^{-\lambda_2 \Theta}\right);$$

$$k_3 = \frac{\lambda_1 \lambda_2}{\lambda_3(\lambda_1 - \lambda_3)(\lambda_2 - \lambda_3)}\left(1 - e^{-\lambda_3 \Theta}\right).$$

Die Zeit t ist zu zählen vom Abschluß der Expositionsdauer Θ. k_1 ist in unserem Falle von der Größenordnung 10^{-8} und vernachlässigbar. Zur Messung gelange bloß die α-Wirkung von ThC, welche der Atomzahl C zur Zeit t proportional ist.

Setzen wir $k_2 = c_2$ und $k_3 = -c_3$ und bezeichnen mit C_Θ die Zahl der nach der Expositionsdauer Θ vorhandenen ThC-Atome, mit C_t die zur Zeit t, mit C_m die im Maximum zur Zeit t_m vorhandenen, so ergeben sich die weiteren Formeln:

$$C_t = C_\Theta \frac{c_2 e^{-\lambda_2 t} - c_3 e^{-\lambda_3 t}}{c_2 - c_3}; \quad \frac{C_m}{C_\Theta} = \frac{c_2 e^{-\lambda_2 t_m} - c_3 e^{-\lambda_3 t_m}}{c_2 - c_3}$$

$$t_m = \frac{1}{(\lambda_3 - \lambda_2)\log e}\left[\log\left(\frac{\lambda_3 c_3}{\lambda_2 c_2}\right)\right] = 227{,}55 - 223{,}38 \log\left(\frac{c_2}{c_3}\right)$$

Lage und Größe des Maximums.

Θ Minuten	c_2	c_3	t_m Minuten	$\frac{C_m}{C_\Theta}$
0	0,00000	0,00000	227,55	∞
1	0,10574	0,10529	227,14	165,80
5	0,52775	0,51483	225,15	28,90
10	1,0536	1,0011	222,59	14,23
20	2,0945	1,8946	217,82	7,469
30	3,1257	2,6917	213,05	5,161
45	4,6517	3,7301	206,13	3,644
60	6,1515	4,6037	199,43	2,890
90	9,0803	5,9620	186,72	2,147
120	11,914	6,9268	174,94	1,785
150	14,673	7,612	163,66	1,571
200	19,027	8,343	147,56	1,371
400	34,332	9,196	99,74	1,108
600	46,629	9,283	70,97	1,045
800	56,514	$9{,}292_5$	52,41	1,022
1000	64,460	$9{,}292_5$	39,66	1,012
2000	86,089	$9{,}292_5$	11,59	1,0009
3000	93,347	$9{,}292_5$	3,73	1,0001
4000	95,763	$9{,}292_5$	1,26	1,00002
6000	96,873	$9{,}292_5$	0,14	1,00000

Literatur zu VI, 10 siehe Seite 528.

Abfall von ThC nach Expositionsdauer Θ in konstanter Thoremanation, gemessen durch C_t/C_Θ.
Meßbeginn: $t_0 = \Theta$.

Minuten	C_t/C_Θ für $\Theta = 1\,m$	$\Theta = 5$ m	$\Theta = 10$ m	$\Theta = 20$ m	$\Theta = 30$ m	$\Theta = 60$ m	$\Theta = 120$ m	$\Theta = 200$ m
0	1,0000	1,0000	1,0000	1,0000	1,0000	1,0000	1,0000	1,0000
1	3,3778	1,4063	1,1941	1,0960	1,0624	1,0294	1,0132	1,0069
5	12,644	2,9853	1,9472	1,4682	1,3044	1,1432	1,0640	1,0355
10	23,644	4,8491	2,8364	1,9073	1,5899	1,2773	1,1237	1,0648
20	43,644	8,2423	4,4541	2,7060	2,0859	1,5206	1,1915	1,1208
30	60,956	11,2260	5,8766	3,4077	2,5644	1,7335	1,3254	1,1688
45	83,622	15,0317	7,6897	4,3009	3,1435	2,0030	1,4429	1,2280
60	102,013	18,1509	9,1739	5,0309	3,6158	2,2215	1,5367	1,2646
90	129,118	22,7407	11,3552	6,0998	4,3049	2,5362	1,6675	1,3343
100	135,616	23,8777	11,8941	6,3626	4,4735	2,6119	1,6977	1,3469
120	146,544	25,6850	12,7488	6,7777	4,7384	2,7289	1,7420	1,3634
150	157,118	27,4543	13,5842	7,1787	4,9910	2,8353	1,7765	1,3703
200	164,960	28,7601	14,1823	7,4534	5,1552	2,8906	1,7784	1,3517
300	161,687	28,1339	13,8389	7,2408	4,9874	2,7669	1,6762	1,2579
400	149,373	25,9745	12,7480	6,6706	4,5862	2,5368	1,5290	1,1425
500	136,069	23,6564	11,6242	6,0705	4,1737	2,3047	1,3867	1,0346
600	121,784	21,1718	10,4023	5,4315	3,7338	2,0609	1,2393	0,9241
800	98,067	17,0472	8,3756	4,3729	3,0058	1,6588	0,9972	0,7434
1000	78,847	13,7043	6,7339	3,5157	2,4166	1,3336	0,8016	0,5976
1500	45,673	7,9396	3,9008	2,0366	1,3999	0,7725	0,4644	0,3462
2000	26,456	4,5991	2,2594	1,1797	0,8109	0,4375	0,2690	0,2005
3000	8,878	1,5433	0,7581	0,3959	0,2721	0,1402	0,0903	0,0673
4000	2,978	0,5178	0,2545	0,1328	0,0913	0,0504	0,0302	0,0226
6000	0,336	0,0580	0,0286	0,0150	0,0103	0,0057	0,0034	0,0025
8000	0,038	0,0060	0,0032	0,0017	0,0012	0,0006	0,0004	0,0003
10000	0,004	0,0006	0,0004	0,0002	0,0001	$0,0000_7$	$0,0000_4$	$0,0000_3$

9. Endprodukte der Thoriumreihe. Es war eine Zeit lang die Ansicht vertreten, daß ähnlich wie ein „Blei" das Endglied der Uran-Radiumfamilie darstellen soll, ein „Wismut" als das inaktive Element betrachtet werden mag, das sich aus der Thoriumfamilie ergäbe. Es war dies hauptsächlich damit zu begründen, daß durch die 6 α-Strahler dieser Zerfallsreihe das Atomgewicht von dem des Th (232,1) um 24 auf 208,1, also auf einen Wert, der dem des Bi nahesteht, herabgesetzt wird.

Die „Verschiebungssätze" andrerseits (vgl. S. 31,355) lassen dem Blei isotope Stoffe für alle Familien erwarten. Die Analyse von Thoriummineralien hat jedoch bisher keine hinreichende Konstanz weder des „Wismuts" noch des „Bleis" noch auch des „Thalliums" zu Thor erkennen lassen[51]). Das letztere könnte erwartet werden, wenn das aus dem Thor entstehende Pb-Isotop und das nächstfolgende Bi-Isotop relativ kurzlebig wären.

O. Hönigschmid und St. Horovitz haben für das „Blei" aus Bröggerit (Pb/U = 0,128), der neben U auch Th enthält (Th/U = 0,07), das Atomgewicht 206,063 erhalten (vgl. VI, 8). Daraus zu folgern, daß das enthaltene Thor-Endprodukt den für RaG erwarteten Wert nicht beeinflußt, weil es gegenüber RaG kurzlebig sei, ist jedoch nicht ohne weiteres statthaft.*) Anderseits stünde letzteres in guter Übereinstimmung mit den Überlegungen von A. Holmes und R. W. Lawson[51]). Dieselben zeigten, daß der „Blei"-Gehalt in Thormineralien im Gegensatz zu dem der Uranmineralien nicht mit steigendem Alter zunimmt, sondern einen Grenzwert erreicht; danach könnte angenommen werden, daß das blei-isotope ThD β-strahlend oder „strahlenlos" sich in ein Element der Bi-Plejade verwandle, wohin es mit dem Atomgewicht 208 sehr gut paßt. Findet sich in den Thormineralien nicht genügend Wismut, um dieses als Endprodukt gelten zu lassen, so dürfte an eine Weiterverwandlung etwa in ein „Thallium" gedacht werden. Immerhin ist es beachtenswert, daß A. Holmes und R. W. Lawson auf Grund der Analysen von zwei Proben Bröggerit bei Berechnung des Alters des Minerales aus dem Blei-Uran-Verhältnis einerseits und anderseits aus demjenigen von Wismut zu Thorium annähernd das gleiche erhielten, was für die Stabilität des Endproduktes in der Bi-Plejade spräche; freilich fanden sie in zahlreichen anderen Analysen kein Bi. Für das bleiartige Produkt (ThD) berechneten A. Holmes und R. W. Lawson auf Grund zahlreicher Mineralanalysen eine Halbierungszeit von etwa 10^6 Jahren.

F. Soddy[52]) fand in seinem Thorit ein wenig Tl und auch Spuren von Jod; F. Exner und E. Haschek haben spektralanalytisch in Pechblende aus Cornwallis beträchtlichere Mengen von Tl festgestellt. Ph. Hoernes hat hingegen bei

---

Literatur zu VI, 10 siehe Seite 528.

*) Da λ_{Th} nicht genau bekannt ist, lassen sich hier nur Schätzungen machen. Für λ_{U}/λ_{Th} = 3 bis 4 ergäbe sich aus 206,00 bei 7% Th der Wert 206,044 bzw. 206,034; eine Erhöhung um 0,017 gegenüber dem RaG aus dem Morogoroerz (206,046) ist tatsächlich für das Bröggeritprodukt (206,063) vorhanden, doch übersteigt sie kaum die Meßgenauigkeit und könnte auch von Spuren gewöhnlichen Bleis hervorgerufen sein.

sorgfältiger Analyse von 1 kg thoriumreichen und sehr uranarmen Monazits zwar die erwartete Menge Blei und geringe Spuren von Bi, jedoch kein Tl nachweisen können. Auch J. R. Cotter[52]) zeigte, daß in Thoriten Tl nicht als Endprodukt der Verwandlungsreihe angesehen werden kann; desgleichen F. Soddy[52]), der auch bemerkt, daß das gefundene Jod gewöhnliches J sei. Danach darf es als wahrscheinlich gelten, daß das in verschiedenen Th- und U-Mineralien vorkommende Tl in diesen akzessorisch enthalten und nicht genetisch entstanden ist.

F. Soddy[52]) und seinen Mitarbeitern ist es (1914) gelungen, aus Ceyloner Thorit der neben 61,95% ThO_2 nur etwa 0,85% U_3O_8 enthielt, das im Ausmaß von 0,39% PbO vorkommende Blei abzuscheiden und dafür das Atomgewicht 207,74 zu bestimmen, welches das des gewöhnlichen Blei (207,2) wesentlich überschreitet, und damit den Beweis zu erbringen, daß ein stabiles ThD existiert. O. Hönigschmid[52]) fand für dieses Material das Atomgewicht 207,77 und später an einem von K. Fajans beschafften uranarmen Thorit für das „ThD" sogar 207,90, also Werte, die demjenigen, welcher für das Ausgangsatomgewicht des Thor mit 232,12 weniger 6×4 berechenbar ist (208,1), schon sehr nahe kommen.

Damit war zwar die Annahme, daß ThD ein relativ kurzlebiges Element sei (Halbierungszeit etwa 10^6 Jahre), die A. Holmes und R. W. Lawson[51]) zuerst gemacht hatten, unhaltbar geworden, die Gründe aber, welche jene Forscher zu diesem Schluß geführt hatten, waren noch nicht widerlegt. Diese bestanden im wesentlichen darin, daß, während in Uranerzen die Menge des bleiartigen RaG mit steigendem geologischen Alter des Gesteins systematisch, wie es nach dem Uranzerfall zu erwarten war, zunahm, dies für das Thorblei (ThD) in Thormineralien, besonders bei Thoriten, nicht zutraf. Würde das ThD sich weiter verwandeln, so wäre das Manko erklärlich; dann aber müßte mit zunehmendem geologischen Alter das immer beigemischte RaG immer mehr in den Vordergrund treten und so hohe Atomgewichte, wie sie tatsächlich für das Thorblei gefunden wurden, wären unmöglich.

Drei Wege wurden beschritten, um diese Schwierigkeiten zu beheben. Den einen betrat R. W. Lawson[67]), welcher das Problem umkehrte und nach Gründen suchte, warum die geologischen Altersbestimmungen irrig gewesen sein könnten und zu dem Schluß gelangte, daß es sich sehr wohl um sekundäre Thormineralien handeln möge, deren Bleigehalt dementsprechend zu klein gefunden würde; ja er wurde sogar zu der Annahme gedrängt, daß Thormineralien eine allmähliche Umgestaltung in dem Sinne erfahren könnten, daß mit der Zeit Uran im Erze durch Thor verdrängt würde. Da bei sekundären Mineralien auch relativ mehr RaG im Mineral verbleiben könnte, als dem derzeitigen Urangehalt entspricht, sollten auch die Atomgewichte der RaG-ThD-Gemische kleinere Werte liefern, als dem augenblicklichen Thor-Uran-Verhältnisse zuzuschreiben wäre: eine Voraussetzung, die tatsächlich bei allen bisher erhaltenen Atomgewichten der Thorbleiproben zutrifft*) (vgl. auch den dritten Weg S. 524).

Den zweiten Weg wählte F. Soddy[68]) und ihm folgte A. Holmes[68]). Soddy weist darauf hin, daß Thorblei auf zwei Arten entstehe, indem 35% der C-Atome

Literatur zu VI, 10 siehe Seite 528.

*) Im Hinblick auf die Unstimmigkeiten des Atomgewichtes von „Blei" aus Thormineralien verbleibt noch die Deutungsmöglichkeit, daß das Magma, aus welchem z. B. die Thorianite auskristallisierten, von Uran herstammendes RaG (206,0) enthielt, das in wechselnden Verhältnissen mit dem Thor abgeschieden werden konnte. Eine Altersbestimmung aus dem „Blei"-Gehalt würde für solche Mineralien freilich illusorisch [vgl. St. Meyer[66])].

über ThC″ und 65% derselben über ThC′ sich weiter verwandeln; er nimmt an, daß nur die ersteren sich in ein stabiles ThD umsetzen, während 65% sich ähnlich wie die RaD-Atome weiter verändern. Damit ließe sich sowohl die zu gering gefundene Menge an Blei in den Thormineralien erklären, als auch — indem das vorhandene RaG bloß neben dem stabilen Teil des Thorblei sich stärker bemerkbar macht — würde sich ein Atomgewicht ergeben, das etwa 207,74 im Falle des Soddyschen Thorit entspräche.

Diese geistvolle Hypothese, welche auf „Isotope höherer Ordnung“ mit verschiedener Zerfallskonstante führt, wurde näher untersucht.

Für die Weiterverwandlung kommen die folgenden Schemata in Betracht:

$$\mathrm{ThD} \xrightarrow{\alpha} \mathrm{Hg}; \quad \mathrm{ThD} \xrightarrow{\beta} \mathrm{E} \xrightarrow{\alpha} \mathrm{Tl}; \quad \mathrm{ThD} \xrightarrow{\beta} \mathrm{E} \xrightarrow{\beta} \mathrm{F}; \quad \mathrm{ThD} \xrightarrow{\beta} \mathrm{E} \xrightarrow{\beta} \mathrm{F} \xrightarrow{\alpha} \mathrm{G}.$$

Alle diese Möglichkeiten wurden von St. Meyer[69]) geprüft und abgelehnt, so daß es als wahrscheinlich gelten muß, daß sowohl der Teil der Atome der sich aus ThC über ThC′, als auch derjenige, der sich über ThC″ weiterverwandelt, zu stabilem Thorblei führt. Die beiden ThD-Arten wären dann isotop, von gleichem Atomgewicht und gleich stabil, d. h. identisch.*)

Auch J. Joly[70]) meint, daß ein α-Strahler mehr, als bisher angenommen, sich hätte bei den Halos bemerkbar machen müssen.

Der dritte Weg hängt mit der Abstammung der Thoriumfamilie zusammen.

10. Herkunft der Thoriumfamilie.

Es wurde die Vermutung aufgestellt, daß alle drei radioaktiven Familien aus Uranisotopen abzuleiten sind und nicht nur ein Actinuran (AcU), sondern auch ein Thoruran (ThU) existiere oder in früheren Epochen existiert habe. Ob solch eine genetische Verknüpfung vorhanden ist, bedarf noch der Bestätigung, doch sprechen manche Umstände dafür.**) Insbesondere fände sich damit eine Deutung für den Befund, daß das Verhältnis Th/U mit steigendem geologischen Alter in den Erzen eine Zunahme erfahre.

Wenn die Thorfamilie aus einem ThU (Uranisotop) herstammen sollte, so müßte dieses ThU ein Atomgewicht von etwa 236 haben, stünde also zwischen $\mathrm{U_I}$ (238) und $\mathrm{U_{II}}$ (234) und ließe nach der Regel von K. Fajans (vgl. S. 537) eine Halbierungszeit der Größenordnung $10^8\,a$ erwarten. Dann sollten, wenn vor Jahrmilliarden U und ThU — wie dies bei den nicht radioaktiven Isotopen zutrifft — überall in gleichem Verhältnis aus dem Magma abgeschieden war, die heute vorhandenen Uranerze um so mehr Th enthalten, je älter sie sind. G. Kirsch[71]) hat in diesem Gedankengange das Verhältnis Th/U zu „Pb“/U in den bestbestimmten Erzen von St. Joachimstal, Morogoro (Afrika) und Bröggerit (Th-Gehalt der Reihe nach ca. $5 \cdot 10^{-5}$, $5 \cdot 10^{-3}$, $5 \cdot 10^{-2}$) zusammengestellt und durch zahlreiche, weiterhin durch W. Riß[71]) ergänzte Analysen an Einzelstücken gestützt und findet sowohl

---

Literatur zu VI, 10 siehe Seite 528.

*) Eine Bezeichnung der beiden Endprodukte aus C′ mit Ω' und aus C″ mit Ω'', wie es in den Tables der „Commission internationale“ 1923 vorgeschlagen wurde, ist daher als unzweckmäßig abzulehnen.

**) J. Joly[70a]) wies z. B. darauf hin, daß die mit dem Alter (bei ältesten Gesteinen) auftretenden Änderungen der Radien pleochroitischer Höfe sich durch Annahme ausgestorbener „Ahnen“ erklären ließen.

aus dem Vergleich zwischen Bröggerit und Morogoroerz als aus dem zwischen Morogoroerz und solchem aus St. Joachimstal für Thoruran

$$T = 63 \cdot 10^6\, a; \quad \tau = 91 \cdot 10^6\, a; \quad \lambda = 1{,}12 \cdot 10^{-8}\, a^{-1} = 3{,}5 \cdot 10^{-16}\ \text{sec}^{-1}.$$

Freilich haben St. Meyer und C. Ulrich[72]) festgestellt, daß in der St. Joachimstaler Pechblende Io-Th-Gemische vorkommen, deren Io-Gehalt zwischen 30% und 50% schwanken kann. Dies würde jedoch obige Schlüsse noch nicht erschüttern. Der Unterschied in der Berechnung für T von Th für das Gemisch 50% Th + 50% Io gegenüber dem von 70% Th + 30% Io wäre nur gering: man erhielte $T = 5{,}9 \cdot 10^7\, a$ statt $6{,}3 \cdot 10^7 a$, was nicht wesentlich erscheint.

Nehmen wir zunächst den Standpunkt ein, alles in der Pechblende auftretende Thorium sei durch Zerfall aus ThU entstanden. Dann müßte unter Zugrundelegung von $T = 6 \cdot 10^7\, a$ zwischen Proben des Io-Th mit 70, beziehungsweise 50% Th ein Altersunterschied von etwa 45 Millionen Jahren bestehen (bei einem Gesamtdurchschnittsalter des Erzes von rund 200 Millionen Jahren).

Hierfür fehlen wohl andere Stützen. Es soll jedoch darauf hingewiesen werden, daß M. Kraus[73]) unter den zahlreichen Analysen des Uranpecherzes aus St. Joachimstal, auch für das Verhältnis Blei zu Uran (und daraus rückschließbar auch für dasjenige von Ra G : U, wenn man das gewöhnliche Blei berücksichtigt) erstaunlich große Differenzen für den Ra G-Gehalt angibt (auffallend kleine Bleigehalte), die unbedingt entweder für sehr große Altersunterschiede — der gleichen Größenordnung, wie oben für den verschiedenen Thorgehalt angeführt — sprechen oder aber sekundäre Veränderungen im Material zur Ursache haben, was Altersbestimmungen überhaupt sehr erschwert. Weiteres sei erwähnt, daß S. C. Lind und C. F. Whittemore[73]) Schwankungen des Radiumgehaltes selbst bei kleinen Proben gleichen Uranerzes fanden, was wiederum auf die Möglichkeit sekundärer Veränderungen auch in scheinbar primärem Material hindeutet.

Es ist aber natürlich auch möglich, daß das Thorium in der Pechblende akzessorisch auftritt, unabhängig vom Urangehalt, ebenso wie dies für die seltenen Erden der Fall ist. Dies würde beliebige Schwankungen verständlich machen und die Annahme der Existenz eines Thorurans überflüssig erscheinen lassen.

Auch an wiederholte Umschmelzungen oder anderweitige Umarbeitungen des Erzes im Sinne J. Jolys[73]) wäre zu denken. Dann bliebe jeweils im Magma Io und Th zwar chemisch vereint, aber bei zeitweiliger räumlicher Trennung vom Uran würde sich ihr Verhältnis gemäß den stark verschiedenen mittleren Lebensdauern untereinander verschieben. Für die dazu notwendige längere Trennung vom Uran und späteres Wiederzusammenkommen fehlt jedoch eine Begründung.

Endlich wäre es noch denkbar, daß sowohl ein von Thoruran abstammendes als ein vom Uran unabhängiges Thorisotop existiere und nur letzteres akzessorisch in wechselndem Ausmaße verschiedenen Erzproben beigemischt sei. Ohne triftige Gründe sollte man jedoch mit der Annahme der Existenz von Isotopen zur Behebung von auftretenden Schwierigkeiten nicht zu freigebig sein.

Radioaktive Konstanten

Substanz	Symbol, Atomgewicht, Ordnungszahl	T	λ	τ	Strahlen	v in cm/sec
Thorium	*Th* 232,12 90	$1{,}65 \cdot 10^{10}\,a$ $5{,}2 \cdot 10^{17}\,s$	$4{,}2 \cdot 10^{-11}\,a^{-1}$ $1{,}3 \cdot 10^{-18}\,s^{-1}$	$2{,}4 \cdot 10^{10}\,a$ $7{,}5 \cdot 10^{17}\,s$	α — —	$1{,}44 \cdot 10^{9}$ — —
Mesothor 1	*Ms Th* 1 228 88	$6{,}7\,a$ $2{,}1 \cdot 10^{8}\,s$	$0{,}103\,a^{-1}$ $3{,}26 \cdot 10^{-9}\,s^{-1}$	$9{,}7\,a$ $3{,}05 \cdot 10^{8}\,s$	— β —	— — —
Mesothor 2	*Ms Th* 2 228 89	$6{,}13\,h$ $2{,}21 \cdot 10^{4}\,s$	$0{,}113\,h^{-1}$ $3{,}14 \cdot 10^{-5}\,s^{-1}$	$8{,}84\,h$ $3{,}18 \cdot 10^{4}\,s$	— β γ	— $1{,}10 - 2{,}994 \cdot 10^{10}$ —
Radiothor	*Rd Th* 228 90	$1{,}90\,a$ $6{,}0 \cdot 10^{7}\,s$	$0{,}365\,a^{-1}$ $1{,}16 \cdot 10^{-8}\,s^{-1}$	$2{,}74\,a$ $8{,}65 \cdot 10^{7}\,s$	α β —	$1{,}60 \cdot 10^{9}$ $1{,}41 \cdot 10^{10}$; $1{,}53 \cdot 10^{10}$ —
Thor *X*	*Th X* 224 88	$3{,}64\,d$ $3{,}14 \cdot 10^{5}\,s$	$0{,}190\,d^{-1}$ $2{,}20 \cdot 10^{-6}\,s^{-1}$	$5{,}25\,d$ $4{,}54 \cdot 10^{5}\,s$	α — —	$1{,}64 \cdot 10^{9}$ — —
Thor-Emanation (Thoron)	*Th Em* 220 86	$54{,}5\,s$	$1{,}27 \cdot 10^{-2}\,s^{-1}$	$78{,}7\,s$	α — —	$1{,}73 \cdot 10^{9}$ — —
Thor *A*	*Th A* 216 84	$0{,}14\,s$	$4{,}95\,s^{-1}$	$0{,}20\,s$	α — —	$1{,}80 \cdot 10^{9}$ — —
Thor *B*	*Th B* 212 82	$10{,}6\,h$ $3{,}82 \cdot 10^{4}\,s$	$6{,}54 \cdot 10^{-2}\,h^{-1}$ $1{,}82 \cdot 10^{-5}\,s^{-1}$	$15{,}3\,h$ $5{,}51 \cdot 10^{4}\,s$	— β γ	— $1{,}89 \cdot 10^{10}$; $2{,}31 \cdot 10^{10}$ —
Thor *C*	*Th C* 212 83	$60{,}8\,m$ $3{,}65 \cdot 10^{3}\,s$	$1{,}14 \cdot 10^{-2}\,m^{-1}$ $1{,}90 \cdot 10^{-4}\,s^{-1}$	$87{,}7\,m$ $5{,}26 \cdot 10^{3}\,s$	α β —	$1{,}70 \cdot 10^{9}$ $0{,}87 \cdot 10^{10}$; $2{,}997 \cdot 10^{10}$ —
Thor *C'* (65 Proz.)	*Th C'* 212 84	ca. $10^{-11}\,s$	ca. $10^{11}\,s^{-1}$	ca. $10^{-11}\,s$	α — —	$2{,}06 \cdot 10^{9}$ — —
Thor *C''* (35 Proz.)	*Th C''* 208 81	$3{,}20\,m$ $192\,s$	$0{,}217\,m^{-1}$ $3{,}61 \cdot 10^{-3}\,s^{-1}$	$4{,}62\,m$ $277\,s$	— β γ	— $0{,}87 \cdot 10^{10}$; $2{,}52 \cdot 10^{10}$ —
Thor *D* (Thoriumblei)	*Th D* 208 82	—	stabil	—	—	—

der Thorium-Familie.

R_0 in cm Luft	$k \cdot 10^{-5}$	μ in cm^{-1} *Al*	*D* in cm *Al*	Im Gleichgewicht vorhandene Gewichtsmenge
2,75 — —	1,23 (1,32) — —	— — —	— — —	$2{,}6 \cdot 10^{9}$
— — —	— — —	— — —	— — —	1,00
— — —	— — —	— 40 — 20 26; 0,116 *Al.* 0,64 *Pb*	— $3{,}4 \cdot 10^{-2}$ — $1{,}8 \cdot 10^{-2}$ 0,027; 5,98 *Al* 1,1 *Pb*	$1{,}05 \cdot 10^{-4}$
3,81 — —	1,53 (1,64) — —	— 420 —	— $1{,}7 \cdot 10^{-3}$ —	0,28
4,13 — —	1,61 (1,73) — —	— — —	— — —	$1{,}46 \cdot 10^{-3}$
4,80 — —	1,78 (1,92) — —	— — —	— — —	$2{,}48 \cdot 10^{-7}$
5,39 — —	1,92 (2,07) — —	— — —	— — —	$6{,}24 \cdot 10^{-10}$
— — —	— — —	— 153 160; 32; 0,36	— $4{,}5 \cdot 10^{-3}$ $4{,}3 \cdot 10^{-3}$; $2{,}2 \cdot 10^{-2}$; 1,9	$1{,}67 \cdot 10^{-4}$
4,53 — —	1,71 (1,85) — —	— 14,4 —	— $4{,}8 \cdot 10^{-2}$ —	$1{,}60 \cdot 10^{-5}$
8,17 — —	2,54 (2,73) — —	— — —	— — —	ca. 10^{-20}
— — —	— — —	— 21,6 0,096 *Al.* 0,46 *Pb*	— $3{,}2 \cdot 10^{-2}$ 7,22 *Al.* 1,5 *Pb*	$2{,}88 \cdot 10^{-7}$
— — —	—	—	—	—

Literatur zu VI, 10:

1) G. Krüss und L. F. Nilson, Ber. D. chem. Ges. **20**, 1665, 1887; B. Brauner, vgl. R. Abegg, Anorg. Chemie III, 2, S. 795; O. Dammer, Handb. anorg. Chemie II, 1, 1894; O. Hönigschmid, Mitt. Ra-Inst. 86, Wien. Ber. **125**, 149, 1916; H. C. Rentschler und J. W. Marden, Phys. Rev. (2) **25**, 589, 1925.

2) Vgl. K. A. Hofmann und F. Zerban, Ber. D. chem. Ges. **36**, 3094, 1903; M. Curie, Radioaktivität, Deutsche Ausg. II. 466. 1912; C. Doelter, Handbuch der Mineralchemie; W. R. Dunstan, Nature **69**, 510, 1904; Ceylon Min. Survey Rep. 31/III 1904; F. Soddy, J. Chem. Soc. **105**, 1404, 1910; R. J. Strutt, Proc. Roy. Soc. **81**, 312, 1905; Chem. News, **91**, 929, 1910; O. Mann, Diss. Leipzig, 1904; C. Doelter, Edelerden und Erze **1**, 1, 1919; S. Halen, Edelerden und Erze **2**, 18, 1920; O. N. Berndt, Edelerden und Erze **2**, 101, 1921; A. Krejer, Edelerden und Erze **4**, 109, 1923; W. E. Hidden und C. H. Warren, Sill. J. **22**, 515, 1906; W. Crookes, Z. anorg. Chem. **61**, 349, 1909.

3) G. C. Schmidt, Ann. d. Phys. (3) **65**, 141, 1898; M. Curie, C. R. **126**, 1101, 1898.

4) C. Baskerville, Chem. News **84**, 179, 187, 1901; J. Am. Chem. Soc. **23**, 761, 1901; F. Zerban, J. Am. Chem. Soc. **26**, 1642, 1904; Chem. News **91**, 74, 1905.

5) H. Geiger und E. Rutherford, Phil. Mag. (6) **20**, 691, 1910.

6) B. Heimann, Wien. Ber. **123**, 1369, 1914; H. N. Mc Coy, Phys. Rev. (2) **1**, 403, 1913; G. C. Ashman, Sill. J. **27**, 65, 1909; L. Meitner, Phys. Z. **19**, 257, 1918; G. Kirsch, Mitt. Ra-Inst. 150, Wien. Ber. **131**, 551, 1922; Naturwiss. **11**, 372, 1923.

7) O. Hahn, Ber. D. chem. Ges. **40**, 1462, 1907; Phys. Z. **8**, 277, 1907; **9**, 392, 1908; L. Haitinger und K. Peters, Wien. Ber. **113**, 569, 1904; L. Haitinger, K. Peters und St. Meyer, Wien. Ber. **120**, 1199, 1911.

8) B. B. Boltwood, Sill. J. **21**, 415, 1906; **24**, 93, 1907; Phys. Z. **8**, 556, 1907; H. N. Mc Coy und W. H. Ross, Sill. J. **21**, 433, 1906; J. Am. Chem. Soc. **29**, 1709, 1907; H. M. Dadourian, Sill. J. **21**, 427, 1906; A. S. Eve, Sill. J. **22**, 477, 1906.

9) L. Meitner, Phys. Z. **19**, 257, 1918.

10) B. B. Boltwood, Sill. J. **25**, 93, 1907; W. Marckwald, Ber. D. chem. Ges. **43**, 3420, 1910; F. Soddy, Trans. Chem. Soc. London **99**, 72, 1911; H. N. Mc Coy und C. H. Viol, Phil. Mag. (6) **25**, 333, 1913; F. Paneth und C. Ulrich, Doelters Handb. d. Min. Chem. III. 2. S. 323, 1923; C. Ulrich, Z. f. angew. Chem. **36**, 49, 1923.

11) G. Berndt, Techn. Rundschau, **23**, 197, 201, 1917; K. W. F. Kohlrausch, Die Lichttechnik, **3**, 37, 1926.

12) F. Soddy, W. M. Soddy und A. S. Russell, Phil. Mag. (6) **21**, 130, 1911; E. Rutherford und H. Richardson, Phil. Mag. (6) **26**, 937, 1913.

13) O. Hahn, Strahlentherapie **4**, 154, 1914; Le Rad. **11**, 71, 1914; St. Meyer und V. F. Hess, Wien. Ber. **123**, 1443, 1914; St. Meyer, Jahrb. Rad. u. El. **11**, 442, 1914.

14) O. Hahn, Phys. Z. **9**, 246, 392, 1908; H. N. Mc Coy und C. H. Viol, Phil. Mag. (6) **25**, 350, 1913; W. P. Widdowson und A. S. Russell, Phil. Mag. (6) **49**, 137, 1925; O. Hahn und O. Erbacher, Phys. Z. **27**, 531, 1926.

15) W. Marckwald, Ber. D. chem. Ges. **43**, 3420, 1910; L. Meitner, Phys. Z. **12**, 1094, 1911; D. K. Yovanovitch, C. R. **175**, 307, 1922; E. Gleditsch u. C. Chamiè, C. R. **182**, 380, 1926: D. K. Yovanowitch u. A. Proca, C. R. **183**, 878, 1926.

16) O. Hahn, Proc. Roy. Soc. **76**, 115, 1905; Jahrb. Rad. u. El. **2**, 233, 1905; Phil. Mag. (6) **12**, 82, 1906; G. A. Blanc, Phys. Z. **6**, 703, 1905; **7**, 620, 1906; **8**, 321, 1907; J. Elster und H. Geitel, Phys. Z. **7**, 445, 1906; H. N. Mc Coy und W. H. Ross, J. Am. Chem. Soc. **29**, 1709, 1907.

17) O. v. Baeyer, O. Hahn und L. Meitner, Phys. Z. **16**, 6, 1915; J. Chadwick und A. S. Russell, Proc. Roy. Soc. (A) **88**, 217, 1913; Nature **90**, 690, 1913; Chem. News **107**, 103, 1913; O. Hahn und L. Meitner, Z. f. Phys. **2**, 60, 1920.

18) M. S. Leslie, Le Rad. **8**, 356, 1911; **9**, 276, 1912; St. Meyer und F. Paneth, Mitt. Ra-Inst. 96, Wien. Ber. **125**, 1253, 1916; B. Walter, Phys. Z. **18**, 584, 1917; L. Meitner, Phys. Z. **19**, 257, 1918.

19) J. A. Cranston, Phil. Mag. (6) **25**, 712, 1913.

20) E. Rutherford und F. Soddy, Phil. Mag. (6) **4**, 370, 569, 1902; Trans. Chem. Soc. **81**, 321, 837, 1902.

21) H. Schlundt und R. B. Moore, J. Phys. Chem. **9**, 682, 1905; F. Paneth und C. Ulrich, Doelters Handb. d. Min. Chem. III, 2, S. 306, 324, 1923; F. Gazzoni, C. R. **179**, 963, 1924.

22) D. Strömholm und T. Svedberg, Z. anorg. Chem. **61**, 338; **63**, 197, 1909.

23) F. v. Lerch, Wien. Ber. **114**, 553, 1905; Jahrb. Rad. u. El. **2**, 471, 1905.

24) O. Hahn, Phil. Mag. (6) **11**, 792, **12**, 82, 1906; H. N. Mc Coy und C. H. Viol, Phil. Mag. (6) **25**, 355, 1913; H. Geiger und J. M. Nuttall, Phil. Mag. (6) **24**, 653, 1912; H. Geiger, Z. f. Phys. **8**, 45, 1921.

25) E. Rutherford und F. Soddy wie [20]); F. v. Lerch wie [23]); H. N. Mc Coy und C. H. Viol wie [14]); M. Levin, Phil. Mag. (6) **12**, 177, 1906; Phys. Z. **7**, 515, 1906; J. Elster und H. Geitel, Phys. Z. **7**, 455, 1906.

26) G. v. Hevesy, Phys. Z. **14**, 1202, 1913.

27) R. B. Owens, Phil. Mag. (5) **48**, 360, 1899; E. Rutherford, Phil. Mag. (5) **49**, 1, 1900.

28) E. Rutherford und F. Soddy, Phil. Mag. (6) **5**, 561, 1903; S. Kinoshita, Phil. Mag. (6) **16**, 121, 1908; E. Henriot, Le Rad. **5**, 41, 1908; E. Goldstein, Verh. D. phys. Ges. **5**, 392, 1903; G. v. Hevesy, Jahrb. Rad. u. El. **10**, 219, 1912.

29) M. S. Leslie, Phil. Mag. (6) **24**, 637, 1912.

30) E. Rutherford, Radioactivity, 387, 1913; S. Russ, J. chem. Soc. London **17**, 540, 1909; M. S. Leslie, C. R. **153**, 328, 1911.

31) A. Klaus, Phys. Z. **6**, 820, 1905; R. W. Boyle, Macdonald Phys. Build. Bull. Nr. 1, 52, 1910.

32) R. W. Boyle, Phil. Mag. (6) **17**, 389, 1909.

33) E. Rutherford und F. Soddy, Trans. Chem. Soc. **81**, 321, 1902; Phil. Mag. (6) **4**, 370, 1902; O. Hahn, Z. Elektrochem. **29**, 189, 1923.

34) E. Rutherford, Phil. Mag. (5) **49**, 1, 1900; C. Le Rossignol und C. T. Gimingham, Phil. Mag. (6) **8**, 107, 1904; H. L. Bronson, Sill. J. **19**, 185, 1905; O. Hahn, Jahrb. Rad. u. El. **2**, 233, 1905; M. S. Leslie, Phil. Mag. (6) **24**, 637, 1912; P. B. Perkins, Phil. Mag. (6) **27**, 720, 1914; R. Schmid, Mitt. Ra-Inst. 103, Wien. Ber. **126**, 1065, 1917.

35) O. Hahn, Phys. Z. **7**, 456, 1906; H. Geiger und J. M. Nuttall, Phil. Mag. (6) **24**, 653, 1912; E. Marsden und T. Barratt, Proc. Phys. Soc. London **23**, 50, 1911; T. Barratt, Proc. Phys. Soc. London **24**, 112, 1912; Le Rad. **9**, 81, 1912; (hier Irrungen in der Zuordnung zur Temperatur 0°, die von H. N. Mc Coy und C. H. Viol vgl. [14]) übernommen wurden); H. Geiger, Z. f. Phys. **8**, 45, 1921.

36) H. Geiger und E. Marsden, Phys. Z. **11**, 7, 1910; H. Geiger, Phil. Mag. (6) **22**, 201, 1911; H. Geiger und E. Rutherford, Phil. Mag. (6) **22**, 621, 1911; H. G. J. Moseley und K. Fajans, Phil. Mag. (6) **22**, 629, 1911.

37) E. Rutherford, Phil. Trans. (A) **204**, 169, 1904.

38) F. v. Lerch, Phys. Z. **7**, 913, 1906; Wien. Ber. **116**, 1443, 1907; O. Hahn und L. Meitner, Phys. Z. **9**, 321, 1908.

39) H. T. Brooks, Phil. Mag. (6) **8**, 373, 1904; F. Cook-Gates, Phys. Rev. **16**, 300, 1903; K. Fehrle, Phys. Z. **3**, 130, 1902; J. M. W. Slater, Phil. Mag. (6) **9**, 628, 1905; F. v. Lerch und E. v. Wartburg, Wien. Ber. **118**, 1583, 1909.

40) F. v. Lerch, Ann. d. Phys. (4) **12**, 745, 1903; Wien. Ber. **114**, 553, 1905; C. F. Hogley, Phil. Mag. (6) **25**, 330, 1913.

41) F. v. Lerch, Wien. Ber. **114**, 553, 1905; **116**, 1443, 1907; H. N. Mc Coy und C. H. Viol, Phil. Mag. (6) **25**, 351, 1913; J. E. Shrader, Phys. Rev. (2) **6**, 292, 1915.

42) G. B. Pegram, Phys. Rev. **17**, 424, 1903.

43) M. Levin, Phys. Z. **8**, 129, 1907.

44) H. L. Bronson, Phil. Mag. **16**, 291, 1908; H. Geiger und E. Marsden, Phys. Z. **11**, 7, 1910.

45) O. Hahn, Phil. Mag. (6) **11**, 793, 1906.

46) E. Marsden und T. Barratt, Proc. Phys. Soc. London, **24**, 50, 1911.

47) E. Marsden und C. G. Darwin, Proc. Roy. Soc. (A) **87**, 17, 1912; O. Hahn und L. Meitner, Phys. Z. **13**, 390, 1912; L. Meitner, Phys. Z. **13**, 623, 1912; P. Beer und K. Fajans, Phys. Z. **14**, 947, 1913; K. Fajans, Phys. Z. **14**, 951, 1913; E. Marsden und R. H. Wilson, Phil. Mag. (6) **26**, 354, 1913; F. Soddy, Chemistry of the Radioelements II. 23, 1914; S. Loria, Phys. Z. **17**. 6, 1916.

48) O. Hahn und L. Meitner. Verh. D. Phys. Ges. **11**, 55, 1909; F. v. Lerch und E. v. Wartburg, Wien. Ber. **118**, 1575, 1909; E. Albrecht, Mitt. Ra-Inst. 123, Wien. Ber. **128**, 925, 1919.

49) W. Metzener, Ber. D. chem. Ges. **46**, 979, 1913.

50) J. Franck, Verh. D. Phys. Ges. **11**, 397, 1909.

51) A. Holmes und R. W. Lawson, Mitt. Ra-Inst. 70, Wien. Ber. **123**, 1373, 1914; Nature **93**, 109, 479, 1914; A. Holmes und R. W. Lawson, Phil. Mag. (6) **28**, 823, 1914; **29**, 673, 1915.

52) F. Soddy und H. Hyman, J. Chem. Soc. **105**, 1402, 18. Mai, 1914; Nature **94**, 615, 1915; O. Hönigschmid, Z. Elektrochem. **23**, 161, 1917; Bunsen-Ges. März 1918; Chem. Ztg. **42**, 201, 1918; K. Fajans, Z. Elektrochem. **24**, 163, 1918; F. Soddy, und A. F. R. Hitchins, Nature **98** 469, 1917; F. Soddy, Nature **99**, 244, 1917: J. R. Cotter, Nature **102**, 425, 1919.

53) F. v. Lerch, Wien. Anz. 31/X, 1912; Wien. Ber. **123**, 699, 1914.

54) A. B. Wood, Phil. Mag. (6) **28**, 808, 1914; Beibl. **39**, 262, 1915.

55) K. Horovitz und F. Paneth, Wien. Ber. **123**, 1819, 1914; Z. phys. Chem. **89**, 513, 1915.

56) F. Paneth und G. v. Hevesy, Wien. Ber. **122**, 1037, 1913.

57) G. v. Hevesy und E. Róna, Z. phys. Chem. **89**, 294, 1915.

58) A. Fleck, Phil. Mag. (6) **29**, 337, 1915.

59) S. Loria, Wien. Anz. Nr. **17**, 1915; Wien. Ber. **124**, 829, 1915.

60) S. Loria, Mitt. Ra-Inst. 81, 83, Wien. Ber. **124**, 567, 1077, 1915; Phys. Z. **17**, 6, 1916; Krakauer Anz. (A) Nr. 8/10, 260, 1917; T. Barratt und A. B. Wood, Nature **93**, 367, 1914; Proc. Phys. Soc. London, 21/IV. 1914; A. B. Wood, Nature **96**, 305, 1916; T. Barratt und A. B. Wood, Le Rad. **11**, 198, 1919.

61) T. Godlewski, Mitt. Ra-Inst. 85, Wien. Ber. **125**, 137, 1916.

62) A. B. Wood, Phil. Mag. (6) **30**, 702, 1915; E. Rutherford und A. B. Wood, Phil. Mag. (6) **31**, 379, 1916; H. Geiger, Z. f. Phys. **8**, 45, 1921; G. H. Henderson, Phil. Mag. (6) **42**, 538, 1921.

63) E. Rutherford, Nature **105**, 246, 1921; Phil. Mag. (6) **41**, 570, 1921; J. de phys. (6) **3**, 133, 1922; A. B. Wood, Phil. Mag. (6) **41**, 575, 1921; L. F. Bates und J. St. Rogers, Nature **112**, 938, 1923; Proc. Roy. Soc. (A) **105**, 97, 1924; K. Philipp, Naturwiss. **12**, 511, 1924; Z. f. Phys. **37**, 518, 1926; L. Meitner und K. Freitag, Naturwiss. **12**, 634, 1924; Z. f. Phys. **37**, 481, 1926; N. Yamada, C. R. **180**, 1591, 1925; L. Meitner, München chem. Ges. 16. VII. 1925 bei F. Enke, Stuttgart 1926.

64) W. Kolhörster, Z. f. Phys. **2**, 257, 1920; H. Schönborn, Z. f. Phys. **4**, 118, 1921.

65) H. N. Mc Coy und L. M. Henderson, J. Am. chem. Soc. **40**, 1316, 1918; H. N. Mc Coy und G. H. Cartledge, J. Am. chem. Soc. **41**, 50, 1919; A. L. Mc Aulay Phil. Mag. (6) **42**, 903, 1921; A. G. Shenstone und H. Schlundt, Phil. Mag. (6) **43**, 1038, 1922.

66) St. Meyer, Mitt. Ra-Inst. 121, Wien. Ber. **128**, 897, 1919.

67) R. W. Lawson, Mitt. Ra-Inst. 100, Wien. Ber. **126**, 723 1917; Naturwiss. **5**, 429, 452, 610, 709, 1917.

68) F. Soddy, Nature **99**, 244, 1917; Roy. Inst. of Great Britain, 18. V. 1917; A. Holmes, Nature **99**, 245, 1917.

69) St. Meyer, Mitt. Ra-Inst. 111, Wien. Ber. **127**, 1286, 1918; Z. phys. Chem. **95**, 407, 1920.

70) J. Joly, Nature **99**, 284, 1917.

70a) J. Joly, Nature **99**, 456, 476, 1917; **108**, 279, 1921.

71) G. Kirsch, Mitt. Ra-Inst. 150, Wien. Ber. **131**, 564, 1922; Naturwiss. **11**, 372, 1923; W. Riß, Mitt. Ra-Inst. 162, Wien. Ber. **133**, 91, 1924.

72) St. Meyer und C. Ulrich, Mitt. Ra-Inst. 158, Wien. Ber. **132**, 279, 1923; F. Soddy und A. F. R. Hitchins, Phil. Mag. (6) **47**, 1148, 1924.

73) M. Kraus, Bergbau und Hütte, Heft 1—10 Sonderabdruck, Wien, Staatsdruckerei 1916; S. C. Lind und C. F. Whittemore, J. Am. Chem. Soc. **36**, 2066, 1914; J. Joly, Phil. Mag. (6) **45**, 1167, 1923.

74) A. S. Russell, Phil. Mag. (6) **46**, 651, 1923.

75) F. Tödt, Z. phys. Chem. **113**, 329, 1924.

76) K. Peters, Naturwiss. **13**, 746, 1925.

77) G. H. Briggs, Phil. Mag. (6) **50**, 600, 1925; Proc. Cambr. Soc. **23**, 73, 1926.

78) S. Rosenblum, C. R. **182**, 1386, 1926.

11. Andere radioaktive Elemente. Außer an den Elementen der U-Ra-; Ac-; Th-Familien wurden Becquerelstrahlen an Kalium und Rubidium festgestellt und mit negativem oder zumindest ohne sicheren Erfolg [G. Hoffmann[1])] bei zahlreichen anderen Grundstoffen gesucht.

A) Kalium, Rubidium. Die photoelektrischen Untersuchungen hatten zur Erkenntnis geführt, daß Natrium, Kalium usw., auch in der Form von metallischen Legierungen und Amalgamen, unter dem Einfluß der Belichtung negative Elektrizität zu entbinden vermögen.

Daß Alkalimetalle, speziell Kalium und Rubidium, auch im Dunkeln Elektronen emittieren, hat zuerst J. J. Thomson[2]) (1905) an

Literatur zu VI, 11 siehe Seite 535.

Metallzellen im Vakuum festgestellt und seine Ergebnisse wurden seither mehrfach bestätigt. J. J. Thomson dachte bereits an eine Erklärung analog den Erscheinungen bei den radioaktiven Stoffen.

Als Entdecker der atomistischen Natur der K- und Rb-Strahlen sind N. R. Campbell und A. Wood[3,4]) (1906) anzusehen, deren Untersuchungen insbesondere durch R. J. Strutt[4]), M. Levin und R. Ruer[4]), J. C. Mc Lennan und W. T. Kennedy[4]), E. Henriot und G. Vavon[4,7,8]), W.W. Strong[4]), J. Elster und H. Geitel[4]), E. H. Büchner[9]), J. Satterly[4]), J. W. Woodrow[9]), W. Biltz und E. Marcus[4]), H. Thirring[9]), K. Bergwitz[10]) ergänzt erscheinen.

Kalium und Rubidium zeigen eine dem Metallgehalt proportionale β-Strahlung, die durch ihre photographische Wirkung und ihr Ionisierungsvermögen nachgewiesen ist. Emanationsentwickelung aus diesen Stoffen war nicht nachweisbar[18]).

Insbesondere der Vergleich natürlich vorkommender K-Verbindungen, wie Carnallit, Hartsalz, Orthoklas, Muscovit, Lepidolit, Leucit oder Aschen aus tierischen oder Pflanzenstoffen und künstlicher reinster K-Salze ergab, bezogen auf den Gehalt an Kalium-Element, gleiche Aktivität. Analog verhalten sich die Rubidiumsalze, die nicht ganz so eingehend untersucht sind. Hierdurch kann es als erwiesen gelten, daß es sich dabei nicht etwa um eine geringe Beimengung eines anderen bekannten oder noch unbekannten radioaktiven Körpers handelt. Neuerdings (1926) hat O. Hahn[17]) nachgewiesen, daß die Existenz eines Ekacaesiums mit einer Halbierungszeit von einigen Stunden oder mehr als ausgeschlossen zu gelten habe. Ebenso zeigte G. v. Hevesy[17]), daß, wenn $MsTh_2$-Atome (89) durch α-Emission eine Substanz der Ordnungszahl 87 liefern könnten, jedenfalls weniger als 1/200000 der $MsTh_2$-Atome in solcher Weise zerfallen.

Durch den Mangel von Szintillationen [E. Henriot[8]) und E. H. Büchner[9])] scheint es sichergestellt, daß es sich nicht um α-Strahlen handeln könne. Die gegenteiligen Angaben J. W. Woodrows[9]) lassen sich, wie H. Thirring[9]) plausibel machte, auf Versuchsfehler zurückführen.

N. R. Campbell ist es weiter durch elektrische, E. Henriot und G. Vavon[7]) für Kalium und K. Bergwitz[10]) für Rubidium durch magnetische Ablenkung gelungen, den β-Charakter der Strahlen festzustellen.

Die Strahlung ist weich, und da sie in absorbierenden Filtern noch Sekundärstrahlen erzeugt, kann bei der Messung der Absorptionskoeffizient (μ) nicht leicht unmittelbar gefunden werden; μ nimmt anscheinend mit der durchstrahlten Schichtdicke ab.

Für Kalium nimmt nach N. R. Campbell und A. Wood[3]) der Quotient μ/ϱ mit wachsender Stannioldicke von 27,2 bis etwa 10,6 ab. E. Henriot[8]) findet für Kaliumsulfat verschiedener Schichtdicke praktisch nach einem Exponentialgesetz absorbierte Strahlen mit $\mu/\varrho = 11{,}3$; bei Anwendung von Stanniolfiltern, wie oben, eine Abnahme.

Nach W. D. Harkins und W. G. Guy[1]) wächst μ für KCl von 39,6 bis 55,4 cm^{-1}, wenn die Aluminiumfolien in der Dicke von 0,0135 bis 0,0405 cm ansteigen.

Da die Kaliumstrahlung sonach eine β-Strahlung ist, die in ihrer Härte mit der des Uran X_2 verglichen werden kann, so darf als Geschwindigkeit dieser β-Strahlen $v =$ ca. $2 \cdot 10^{10}$ eingesetzt werden.

Literatur zu VI, 11 siehe Seite 535.

Für Rubidium gibt Campbell $\mu/\varrho = 53{,}2 \pm 2{,}1$ an.

E. Henriot[8]) erhält eine empirische Beziehung zum Gewicht g der Flächeneinheit:

$$J_g = J_0(0{,}90 \cdot e^{-162g} + 0{,}10 e^{-950g}).$$

Jedenfalls sind die Rubidiumstrahlen viel weicher als die des Kaliums.

K. Bergwitz[10]) findet aus der Vergleichung mit den Strahlen von RaE für die Geschwindigkeit $v = 1{,}85 \cdot 10^{10}$ cm/sec.

Nach den Angaben E. Henriots unterhält eine Schicht von 1 cm² Oberfläche in Luft normaler Dichte als Folge der Ionisation ihrer β-Strahlung einen Sättigungsstrom von

Rb_2SO_4	ca. $12 \cdot 10^{-7}$	stat. Einh.	(ca. $4 \cdot 10^{-16}$ Ampere)
K_2SO_4	„ $9 \cdot 10^{-7}$	„	(„ $3 \cdot 10^{-16}$ „)

Im Rubidiumsalz selbst wird wegen der größeren Weichheit der Rb-Strahlen mehr absorbiert als im K-Salz, wodurch die relative Ionisation in der Luft herabgemindert werden muß.

Da 1 cm² von U_3O_8 einen Strom von ca. $1{,}8 \cdot 10^{-3}$ stat. Einh. unterhält, folgt, daß die Gesamtaktivität gleicher Gewichtsmengen von Uran und Kalium, bzw. Rubidium sich der Größenordnung nach wie $10^3 : 1$ verhalten.

Nach O. Hahn und M. Rothenbach[5]) ist der Absorptionskoeffizient für Rubidium $\mu_{Al} = 347$ cm^{-1}, die Halbierungsdicke in Al $D_{Al} = 0{,}0020$ cm (gegenüber derjenigen für RaD = 0,0022 und der für UX_1 von 0,0015 cm). G. Hoffmann[5]) nimmt daneben noch eine weiche Strahlung mit $\mu = 900$ cm^{-1} Al an. Die „Aktivität" gleicher Mengen von Rb verhält sich, bezogen auf vergleichbare β-Strahlung, zu der von U wie 1 : 15. Daraus wird für Rb eine Halbierungszeit T = ca 10^{11} Jahre eingeschätzt und in analoger Weise für K eine etwa 3—7 mal so hohe. G. Hoffmann[5]) findet die Wirkung von Rb zu 4,1 (für K gleich 1 angenommen).

Nach W. D. Harkins und W. G. Guy[1]) nimmt μ für Rb ab von 593 auf 522 für wachsende absorbierende Dicken von Al 0,0017 bis 0,0051 cm. Nach diesen Autoren ist die Rb-Strahlung 10—15 mal weicher als die von K.

Im höchsten Vakuum müssen entsprechend ihrer Elektronenemission die Kalium- und Rubidiumsalze sich spontan positiv aufladen. Der pro 1 cm² Sulfates gefundene Strom lieferte etwas kleinere Werte als die oben angeführten (Größenordnung 10^{-9} stat. Einh.), was aber durch die Versuchsbedingungen verständlich erscheint.

Aus obigen Daten, ergänzt durch Angaben von A. Holmes und R. W. Lawson[19]) ergibt sich nachstehende Zusammenstellung:

Element	Atomgewicht	Ordnungszahl	Strahlenart	Halbieruugszeit T	μ cm^{-1} Al	Geschwindigkeit $\frac{v}{c}$	Energie in Erg per β-Strahl
K	39,10	19	β	ca. 10^{12}a	39,6—55,4 bzw. 22—38	0,85	$7{,}3 \cdot 10^{-7}$
Rb	85.5	37	β	ca. 10^{11}a	900; 593-522; bzw. 347	0,6	$2{,}04 \cdot 10^{-7}$

Literatur zu VI, 11 siehe Seite 535.

Weder Lithium noch Natrium noch Caesium[1,6]) ließen Strahlungswirkungen erkennen. Da die Reihenfolge K, Rb, Cs nach den Befunden an K und Rb für Cs außerordentlich weiche Strahlen vermuten ließe, könnten sich solche der Beobachtung entziehen. Li und Na sind gemäß ihrer Stellung im periodischen Systeme der Elemente vielleicht stärker wesensverschieden. Zu beachten ist, daß K, Rb, Cs die größten aller Atomvolumina besitzen. Wenn neben der Größe der Masse des Atomes auch diejenige des Volumens für die Stabilität ein Kennzeichen ist, liegt darin ein Hinweis für die hier gefundene Aktivität (vgl. VI, 12).

Umwandlungsprodukte aus Kalium und Rubidium sind bisher nicht nachweisbar gewesen. Man dachte anfangs für die Alkalimetalle hierbei an die dem Atomgewichte nach nahestehenden Edelgase (also für K an Argon, für Rb an Krypton); die Verschiebungsregel für β-Strahlen ließe jedoch für das Folgeprodukt eine um eine Einheit höhere Valenznummer vermuten, so daß für Kalium das Calcium, für Rubidium das Strontium in Frage kämen.

Hinge die β-Emission hier in erster Linie mit dem großen Atomvolumen zusammen, das heißt, kämen für die Strahlung etwa nicht die Kern-Elektronen, sondern solche der Ringe (des Rutherford-Bohrschen Atommodells) in Frage, so wäre die Art der Aussendung im Wesen verschieden von der durch „radioaktive Umwandlung" bedingten. Dann wäre auch nicht an das Entstehen eines Ca- bzw. Sr-Isotopes zu denken. In diesem Falle wäre Temperaturabhängigkeit der Strahlung zu erwarten. S. Geiger[11]) zeigte aber, daß die Rb-Strahlung unabhängig ist von Abkühlung bis zur Temperatur der flüssigen Luft (genauer: zwischen $+ 20^0$ und $- 190^0$ C).

Die experimentelle Entscheidung, ob Ca aus geologisch sehr alten K-Lagern und solches aus K-freiem Vorkommen gleiches Atomgewicht haben, erscheint deshalb von grundsätzlicher Bedeutung.

Ein Hinweis für die Existenz eines aus K durch β-Strahlung entstandenen Ca-Isotops könnte darin gesehen werden, daß zwischen den Verbindungsgewichten von Ca (40,1) und Sc (45,1) ein ungewöhnlich großer Sprung besteht, während dasjenige von K (39,1) dem des Ca nahe steht. F. W. Aston[12]) hat aber bei der Erforschung der Isotope für K nur 39 und 41, für Ca 40 und 44, also kein gemeinsames Isotop gefunden. Dies spräche gegen die Annahme einer Kernverwandlung, wenn das aus K entstehende Isotop des Ca bei letzterem nicht in sehr geringer Menge vorhanden ist (was dann wieder die genannten Verbindungsgewichtsdifferenzen nicht aufklären würde). S. Rosseland[13]) hält es für möglich, daß durch Zusammenstöße mit Elektronen, bei sehr exzentrischen Bahnen (sogenannten Tauchbahnen), solche vom Kern eingefangen und dafür eine Korpuskel emittiert werden könnte. Dies gäbe eine Deutung ohne notwendige Bildung eines Ca- (bzw. Sr-)Isotops.

Auffallend ist es, daß in einzelnen Mineralien, obwohl keine α-Strahlung nachweisbar war, von R. J. Strutt ein merklicher Heliumgehalt gefunden wurde.

Literatur zu VI, 11 siehe Seite 535.

Zum Beispiel

in Steinsalz NaCl	in 100 g	0,0233 cm^3	Helium.
„ Sylvin KCl	„ 100 „	0,55 „	„
„ Carnallit $KMgCl_2 + 6\,H_2O$	„ 100 „	0,151 „	„

Da aber auch Beryll einen abnorm hohen Heliumgehalt aufwies, so beweist dies nur, daß die Heliumprovenienz noch mehrfach der Aufklärung bedarf (vgl. auch F. Paneth und Kurt Peters S. 541).

An anderen hier nicht genannten Elementen (im bisherigen chemischen Sinne) radioaktive Eigenschaften festzustellen, die sich nicht durch Beimengung von Spuren eines der besprochenen Radioelemente erklären ließen, ist bisher nicht gelungen. Die Vorstellung, daß es sich aber für alle Grundstoffe nur um sehr große quantitative Verschiedenheiten der Stabilität ihres Atomgefüges und dementsprechend ihrer Zerfallsgeschwindigkeit handle — man betrachte selbst bei den hier besprochenen Elementen die großen Unterschiede der mittleren Lebensdauern, die zwischen 10^{18} und 10^{-11} Sekunden liegen, also einen Bereich von 10^{29} umfassen —, kann deshalb dennoch nicht von der Hand gewiesen werden.

B) Hibernium. In Material von Ytterby fand J. Joly[14]) bei pleochroitischen Höfen Ringe, die einer Reichweite von bloß etwa 1 cm Luft entsprechen. Er weist sie der Existenz eines neuen radioaktiven Elementes zu, das gemäß der kurzen Reichweite längerlebig sein sollte als Uran und gab ihm den Namen Hibernium. Sein Vorhandensein ist nicht gesichert und es wurde auf den Gehalt an Y hingewiesen. An ein „ausgestorbenes" Element ist dabei nicht zu denken, wenn die Beziehung zwischen Zerfallskonstante und Reichweite hier nicht ebenso versagen sollte wie in dem bisher einzig bekannten Ausnahmefall bei RdAc und AcX.

C) Emilium. P. Loisel[15]) glaubt aus Quellen und Quellsedimenten eine Emanation mit T = 22 m zu finden, die er einer neuen radioaktiven Familie, der „Emilium"-Reihe, zuspricht. Seine Angaben stehen vielen Einwänden offen.

Literatur zu VI, 11:

1) G. Hoffmann, Elster-Geitel-Festschrift, S. 435, 1915; Ann. d. Phys. (4) **62**, 738, 1920; Z. f. Phys. **7**, 254, 1921; **25**, 177, 1924; Phys. Z. **24**, 475, 1923; W. D. Harkins und W. G. Guy, Washington Proc. **11**, 628, 1925.

2) J. J. Thomson, Phil. Mag. (6) **10**, 584, 1905; E. Müller, Verh. D. Phys. Ges. **11**, 72, 1909; L. Dunoyer, C. R. **150**, 335, 1910.

3) N. R. Campbell und A. Wood, Proc. Cambr. Soc. **14**, 15, 1906.

4) N. R. Campbell, Proc. Cambr. Soc. **14**, 211, 1907; **14**, 557, 1908; **15**, 11, 1909; R. J. Strutt, Proc. Roy. Soc. (A) **81**, 278, 1908; M. Levin und R. Ruer, Phys. Z. **9**, 248, 1908; **10**, 576, 1909; J. C. Mc Lennan und W. T. Kennedy, Phil. Mag. (6) **16**, 377, 1908; Phys. Z. **9**, 510, 1908; E. Henriot, C. R. **148**, 910, 1909; W. W. Strong, Am. Chem. Journ. **42**, 147, 1909; Phys. Rev. **29**, 170, 1909; J. C. Mc Lennan, Phys. Rev. **29**, 489, 1909; J. Elster und H. Geitel, Phys. Z. **11**, 275, 1910; J. Satterly, Proc. Cambr. Soc. **16**, 67, 1910; W. Biltz und E. Marcus, Z. anorg. Chem. **81**, 369, 1913.

5) O. Hahn und M. Rothenbach, Phys. Z. **20**, 194, 1919; G. Hoffmann, Z. f. Phys. **25**, 177, 1924.

6) W. E. Ringer, Arch. néerl. de Physiol. 7, 434, 1922; H. Zwaardemaker, W. E. Ringer und E. Smits, Amsterdam Proc. **26**, 575, 1923.
7) E. Henriot und G. Vavon, C. R. **149**, 30, 1909.
8) E. Henriot, C. R. **150**, 1750, 1910; **152**, 851, 1384, 1911; Le Rad. **7**, 40, 169, 1910; **9**, 224, 1912; Ann. chim. et phys. **26**, 71, 1912.
9) J. W. Woodrow, Phys. Rev. **35**, 203, 1912; H. Thirring, Phys. Z. **14**, 406, 1913; E. H. Büchner, Le Rad. **9**, 259, 1912.
10) K. Bergwitz, Phys. Z. **14**, 655, 1913.
11) S. Geiger, Mitt. Ra-Inst. 156, Wien. Ber. **132**, 69, 1923.
12) F. W. Aston, Phil. Mag. (6) **45**, 944, 1923.
13) S. Rosseland, Z. f. Phys. **14**, 173, 1923; F. H. Loring, Nature **117**, 448, 1926.
14) J. Joly, Nature, **109**, 517, 578, 711, 1922; Proc. Roy. Soc. (A) **102**, 682, 1923; Nature **114**, 160, 1924; Naturwiss. **12**, 693, 1924; H. Hirschi, Naturwiss. **12**, 939, 1924; B. Gudden, Naturwiss. **12**, 940, 1924.
15) P. Loisel, C. R. **173**, 1098, 1921; **179**, 533, 1924.
16) H. Lachs, Ber. wiss. Ges. Warschau **8**, 145, 1915.
17) D. Dobrosserdow, J. chim. Ukraine **1**, 491, 1925; O. Hahn, Naturwiss. **14**, 158, 1926; G. v. Hevesy, Danske Vidensk. Selskab. mat. fys. VII, 11, 1926; O. Hahn und O. Erbacher, Phys. Z. **27**, 531, 1926.
18) B. Kracke, Phys. Z. **27**, 290, 1926.
19) A. Holmes und R. W. Lawson, Nature **117**, 620, 1926.

Zusammenfassende Berichte.

I. Elster und H. Geitel, Jahrb. Rad. u. El. **10**, 323, 1913.
II. M. C. Neuburger, Samml. chem. u. techn. Vortr. **26**, 1, 1921 bei F. Enke, Stuttgart.

12. Schlußbemerkungen. Wie schon in Abschnitt VI, 1 gezeigt wurde und aus den Detailbesprechungen deutlich hervorgeht, bestehen weitgehende Analogien zwischen den einzelnen Zerfallsreihen, die schon in den Anordnungen S. 16, 17, 347, 355 in die Augen springen.

Der Parallelismus des sukzessiven Zerfalles in den direkten Reihen und an den Stellen der Gabelung ist ein so durchgreifender, daß seine Deutung weitere Einblicke in die Konstitution und die Vorgänge innerhalb des Atomes verspricht. Zur Zeit sind jedoch noch keine Anschauungen weit genug entwickelt, um hierin Klärung zu bringen.

Der Zusammenhang zwischen Reichweite oder Anfangsgeschwindigkeit und Zerfallskonstante der α-Strahler, nach Gleichungen der Form[1])

$$\log\lambda = A + B\log R; \quad \log\lambda = a + bv^n; \quad \log\lambda - \log v = k_1 + k_2 v^{-2}$$

und die Beziehungen unter diesen Konstanten für die drei Familien (vgl. II, 5) bieten immerhin einen ersten Hinweis, der auch zu mancherlei Spekulationen Anlaß bot (z.B. G. Kirsch, H. Th. Wolff, L. Myssowsky[1])), und ebenso wurden Versuche gemacht, Beziehungen zwischen Härte der β-Strahlen und Lebensdauer der betreffenden Strahler zu gewinnen, allerdings bisher nicht mit so gutem Erfolg.

Literatur zu VI, 12 siehe Seite 544.

R. Swinne formuliert seine Ergebnisse in der Weise, daß der Unterschied in der Anfangsgeschwindigkeit v eines α-Strahlers einer Radiofamilie und der des analogen α-Strahlers einer anderen Radiofamilie für diese zwei Familien angenähert konstant sei. Er beträgt für die Thoriumfamilie gegen die Radiumfamilie im Mittel $0{,}13 \cdot 10^9$ cm/sec; für die Radium- gegen die Actiniumfamilie im Mittel $-0{,}20 \cdot 10^9$ cm/sec. Beachtenswert scheint auch das freilich nicht ausnahmslos und nur in gewisser Annäherung zutreffende Ergebnis R. Swinnes, daß für die α-Strahler der Quotient aus den Zerfallskonstanten der analogen Glieder zweier Radiofamilien konstant sein soll. Für die Radiumreihe im Verhältnis zur Thoriumreihe ergibt seine Berechnung $\frac{\lambda\,\text{Ra-Produkte}}{\lambda\,\text{Th-Produkte}} = 4{,}8 \cdot 10^{-5}$; für die Radiumfamilie relationiert zur Actiniumfamilie $\frac{\lambda\,\text{Ra-Produkte}}{\lambda\,\text{Ac-Produkte}} = 1{,}2 \cdot 10^{-5}$ [vgl. auch A. van den Broek[6])].

Für die einzelnen Radioelemente einer Plejade fand K. Fajans[2]) folgende (nach neueren Daten ergänzte) Beziehungen zwischen den Atomgewichten und den Zerfallskonstanten in reziproken Sekunden:

I. α-Strahler:

		A. G.	λ
1.	U_I	238,2 ↑	$5 \cdot 10^{-18} s^{-1}$
	U_{II}	234 ↓	$2 \cdot 10^{-14}$
2.	Th	232,1 ↑	$1{,}3 \cdot 10^{-18}$
	Io	230	$2{,}9 \cdot 10^{-13}$
	RdTh	228	$1{,}2 \cdot 10^{-8}$
	RdAc	227(?) ↓	$4{,}2 \cdot 10^{-7}$
3.	Ra	226 ↑	$1{,}4 \cdot 10^{-11}$
	ThX	224	$2{,}2 \cdot 10^{-6}$
	AcX	223(?) ↓	$7{,}1 \cdot 10^{-7}$!!
4.	RaEm	222 ↑	$2{,}1 \cdot 10^{-6}$
	ThEm	220	$1{,}3 \cdot 10^{-2}$
	AcEm	219(?) ↓	0,18
5.	RaA	218 ↑	$3{,}8 \cdot 10^{-3}$
	ThA	216	4,95
	AcA	215(?)	$4{,}7 \cdot 10^{2}$
	RaC′	214	$4{,}5 \cdot 10^{7}$
	ThC′	212	ca. 10^{11}
	AcC′	211(?)	140!!
	Po	210 ↓	$5{,}9 \cdot 10^{-8}$!!
6.	0,03 % RaC_α	214 ↑	$1{,}8 \cdot 10^{-7}$*
	35 % ThC_α	212	$6{,}7 \cdot 10^{-5}$*
	99,68 % AcC_α	211(?) ↓	$5{,}3 \cdot 10^{-3}$*

II. β-Strahler:

		A. G.	λ
7.	Ac	227(?)	$10^{-9} s^{-1}$
	$MsTh_2$	228 ↓↓	$3{,}3 \cdot 10^{-5}$
8.	Bi	209	stabil
	RaE	210	$1{,}7 \cdot 10^{-6}$
	0,32 % AcC_β	211(?)	$1{,}7 \cdot 10^{-3}$!*
	65 % ThC_β	212	$1{,}2 \cdot 10^{-4}$*
	99,97 % RaC_β	214 ↓↓	$5{,}9 \cdot 10^{-4}$*
9.	RaG	206	stabil
	AcD	207(?)	stabil
	Pb	207,2	stabil
	ThD	208	stabil
	RaD	210	$1{,}4 \cdot 10^{-9}$
	AcB	211(?)	$3{,}2 \cdot 10^{-4}$!!
	ThB	212	$1{,}8 \cdot 10^{-5}$
	RaB	214 ↓↓	$4{,}3 \cdot 10^{-4}$
10.	Tl	204	stabil
	AcC″	207(?)	$2{,}4 \cdot 10^{-3}$
	ThC″	208	$3{,}6 \cdot 10^{-3}$
	RaC″	210 ↓↓	$8{,}7 \cdot 10^{-3}$

Literatur zu VI, 12 siehe Seite 544.

*) Bei dualem Zerfall berechnet aus $1/\lambda = 1/(\lambda_\alpha + \lambda_\beta)$, vgl. S. 431 und 511.

Es ergibt sich im allgemeinen innerhalb einer Plejade für die α-Strahler eine Zunahme von λ für abnehmendes Atomgewicht, für die β-Strahler eine Abnahme der Zerfallswahrscheinlichkeit mit sinkendem Atomgewicht. Enthält eine Plejade beide Arten von Radioelementen, so besitzen die β-Strahler ein größeres AG als die α-Strahler und sind kürzerlebig als das nächste Glied der Plejade. — In verwandter Weise suchte F. G. Carruthers[10]) eine lineare Beziehung der Logarithmen der Atomgewichte von Isotopen zu den Logarithmen der Reichweiten aufzustellen; A. van den Broek setzte hierbei, wie K. Fajans, für das Atomgewicht des Ac 227 ein.

Ausnahmen bringen die Produkte AcX, AcB und Polonium. Für die Actiniumprodukte sind die Verhältnisse noch nicht ganz geklärt, insbesondere auch die Zuordnung der Atomgewichte noch ziemlich willkürlich, so daß dies nicht so stark ins Gewicht fällt. Polonium hat eine ganz andere Genesis als die anderen Produkte seiner Plejade.

L. Meitner[2]) ergänzte (1926) diese Beziehungen durch die Regel: Ist das stabilste Element einer Plejade das mit dem höchsten (niedrigsten) Atomgewicht, so zerfallen alle Glieder unter α-(bzw. β-)Emission. Hat es ein mittleres AG, so sind die schwereren Isotope β-Strahler, die leichteren und das stabilste Glied selbst α-Strahler.

St. Meyer und E. v. Schweidler[7]) haben bereits 1906 im Hinblick auf die radioaktiven Elemente darauf hingewiesen, daß für die mehr oder minder große Festigkeit der Atomgefüge nicht nur das Atomgewicht, sondern auch das Atomvolumen (wenn auch vielleicht letzteres nur indirekt als Folge der Konstitution des Atomkernes) kennzeichnend sein kann. Hohe Atomgewichte und große Atomvolumen bedeuten verminderte Stabilität. So wäre es auch deutbar, daß außer den Stoffen mit den größten Atomgewichten diejenigen mit besonders großen Atomvolumen (vgl. Fig. 97, S. 354), also K, Rb, die außer Cs die größten Werte besitzen, sich radioaktiv erweisen. Auffallend ist daher mehr, daß eine Aktivität des Cäsiums bisher nicht festgestellt werden konnte. Es sei aber bemerkt, daß vom Lithium über Natrium zum Kalium in roher Annäherung das Atomvolumen proportional der Kernladungszahl steigt, während vom Kalium über Rubidium zum Cäsium dieses Anwachsen sehr viel langsamer erfolgt. Dieser Verlangsamung parallel läuft es, daß K durchdringlichere Strahlen emittiert als Rb, und vielleicht hängt es damit zusammen, daß Cs nicht mehr merkliche Strahlen aussendet.

Im Zusammenhang mit dem radioaktiven Verhalten zeigt der Verlauf des Zerfalles aller drei Umwandlungsreihen das Überschreiten eines Atomvolumen-Maximums und Hinstreben gegen das Minimum (Gegend größter Stabilität), aber nicht das Überschreiten eines Minimums. Weiter läßt sich feststellen[9]):

Literatur zu VI, 12 siehe Seite 544.

Für die α-Strahler einer Reihe nimmt die Lebensdauer mit steigendem Atomvolumen (von Gruppe VI zur Mitte vgl. Fig. 98, S. 355) ausnahmslos ab; von Mitte gegen links, von den A-Körpern an mit fallendem Atomvolumen wieder zu.

Abgesehen von den Verzweigungsprodukten C′ zeigt sich ferner für gleichartige Strahler:

a) rechts der Gruppe 0 (Entwicklung mit ansteigendem Atomvolumen): Rückkehr in die gleiche Plejade ergibt ein Element kürzerer Lebensdauer (minder stabil) als das primäre. ($U_I > U_{II}$; $Th > RdTh$),

b) links der Gruppe 0 (Entwicklung mit sinkendem Atomvolumen): Rückkehr in die gleiche Plejade ergibt ein Element längerer Lebensdauer (stabiler), als das vorhergehende Isotop (z.B. $RaB < RaD < RaG$; $RaC < RaE$; $RaA < RaF$).

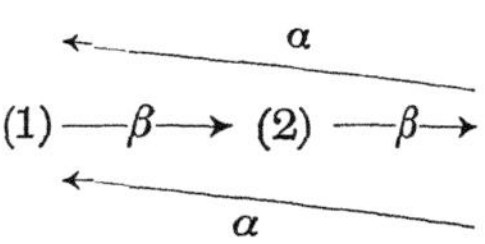

Für die mehrfach vorkommende Verwandlungsfolge hat immer das linksstehende β-Produkt (1) eine größere Lebensdauer als das β-Produkt (2).

Es sei noch bemerkt, daß diese gegenläufige Entwicklung [bei Stelle (1)] bei UX_1 und allen B-Körpern gerade in der vierten Gruppe einsetzt, also dort, wo eventuell ein relatives Maximum der Valenzelektronen (relatives Minimum des Atomvolumens) anzunehmen ist.

Endlich fällt es auf, daß der duale Zerfall der C-Stoffe an den Stellen der Doppelvalenz III—V zur Geltung kommt, demnach an ganz analogen Orten, wo für N, P, oder ähnlich situierte Elemente die sprunghaften Änderungen im Verlauf der Atomvolumenkurve erkennbar sind, wenngleich es sich hier um andere Verhältnisse handelt.

L. Meitner[3]) stellt sich die radioaktiven Atomkerne aufgebaut vor aus $N/2$ α-Partikeln ($N =$ Ordnungszahl) und $(n - N/2)$ Heliumkernen, deren Ladung durch $2(n - N/2)$ Elektronen kompensiert ist (α'); eventuell kommen für Atomgewichte (A) $A > 4n$ noch H-Kerne (Protonen) samt den erforderlichen kompensierenden Elektronen hinzu.

Beispiel:

$U \ldots A = 238 = 4 \cdot 59 + 2; N = 92 \ldots 46\alpha + 13(\alpha' + 2\beta) + 2H^+ + 2\beta$

$Th \ldots A = 232 = 4 \cdot 58 \quad ; N = 90 \ldots 45\alpha + 13(\alpha' + 2\beta)$.

Dann soll:

1. Ausschleuderung eines α-Teilchens weiter nachfolgende α-Emissionen solange nach sich ziehen, bis die neutralen Kernteile α' affiziert werden (z. B. Io—Ra—Em—RaA—RaB).

2. Ausschleuderung eines α'-Teilchens zwei nachfolgende β-Emissionen

Literatur zu VI, 12 siehe Seite 544.

bedingen (z. B. UI—UX_1—UX_2—UII)

$$\alpha' — \beta -- \beta.$$

3. Ausschleuderung eines β-Teilchens aus dem Neutralteil bedingt gleichzeitige α'-Emission (z. B. bei dem dualen Zerfall der C-Produkte)

$$\beta — \begin{matrix} \beta\ \alpha' \\ <> \\ \alpha'\ \beta \end{matrix} \cdot$$

4. Gleichzeitige Emission von α und α' führt zur Reihenspaltung $\begin{matrix} \nearrow \alpha \\ \searrow \alpha' \end{matrix}$,

ebenso $\begin{matrix} \nearrow \alpha \\ \searrow \beta \end{matrix}$.

K. Fajans[3]) nimmt in weiterer Ausführung des Gedankenganges von L. Meitner an, daß auch ein Proton mit einem Elektron zu einem Neutralteil ($H^+\beta^-$) im Elementenkern zusammentreten kann und kommt zu dem „Instabilitätssatz", daß Atomarten, deren Kerne solche negative Elektronen enthalten, die keinem Neutralteil angehören, unstabil sind. Nimmt man z. B. Th mit der Kernformel an: $45\alpha^{++} + 13(\alpha'\beta\beta)$, so wird nach Emission eines α' und eines β-Teilchens daraus $MsTh_2$ mit der Formel: $45\alpha^{++} + 12(\alpha'\beta\beta) + \beta^-$, welche das überschüssige, keinem Neutralteil angehörende β-Teilchen klar erkennen läßt.

A. S. Russell[4]) suchte gleichfalls allgemeine Beziehungen zu gewinnen:

1. Beginnt eine Serie mit einem α-Strahler, so folgen 1 oder 2 β-Strahler.

2. Bei Folgeverwandlungen lassen sich unterscheiden:

zumindest 4 α-Strahler hintereinander . . . $\Sigma\alpha$,

die Folge $\alpha—\beta—\beta—\alpha$ . . . β_1,

die Folge $\alpha—\beta—\alpha—\beta$ oder $\beta—\alpha—\beta—\alpha$ . . . β_2.

Für Verwandlungen der Type β_1 oder β_2 hat die erste β-Verwandlung die größere Halbierungszeit T (vgl. oben).

In einer Verwandlungsfolge der Art $\Sigma\alpha$ ist T rund 800 mal so groß als beim Folgeprodukt.

Wird für die Type β_1 der Faktor k definiert durch

$$k \cdot \frac{T \text{ erster } \alpha\text{-Strahler}}{T \text{ zweiter } \alpha\text{-Strahler}} = T \text{ (erster } \beta\text{-Strahler) mal } T \text{ (zweiter } \beta\text{-Strahler)},$$

so ist k von gleicher Größenordnung (vielleicht konstant) für jede Atomnummer und nimmt ab um rund 1/80 für jeden Abfall um 2 Atomnummern.

Bei Versuchen Beziehungen zwischen Atomgewicht (A) und Ordnungszahl (N) der Elemente aufzustellen, hat L. Strum [15]) derartige Betrachtungen weitergesponnen. Er setzt $A = 2N + 2kN^2$, wobei $k = 0{,}0066$ wird; ferner wenn β die Zahl der Kern-Elektronen, H die der Kern-Protonen bedeutet: $\beta — H = Nk^2$,

Literatur zu VI, 12 siehe Seite 544.

worin k = 0,0032 zu wählen ist. Nach K. Fajans[15]) ist unter den nichtaktiven Elementen kein einziges mit ungeradem N und A = 4n. Solche wären ThC, ThC'', $MsTh_2$, das sind alle kurzlebige β-Strahler.

Sehr wenige Elemente gibt es mit geradem A und ungeradem N. Hierher gehören Li (6), B (10), N (14), Tl (204) von den inaktiven und von den radioaktiven Elementen: Ac, Pa, RaC, RaE, UX_2, unter denen bloß Pa α-strahlend ist, während alle anderen β-Teilchen emittieren.

Am stabilsten sind Kerne, in welchen alle Elektronen und positiven Teilchen neutralisiert sind (Gerade Ordnungszahl, in der Natur vorwiegend vorkommende Stoffe).

Seltener sind Elemente, bei denen die H^+-Teilchen um eine Einheit die Zahl der Kern-β-Teilchen überschreiten, die nicht mit α-Partikeln verbunden sind (Ungerades N, ungerades A).

Geringe Stabilität ist vorhanden, wenn die Zahl der Kern-β-Teilchen, die nicht enger mit α-Teilchen verknüpft sind, ungerade ist. (Ungerades N, gerades A).

Instabil sind Elemente, wenn Kern-β-Teilchen vorkommen, die nicht mit positiven Teilchen verbunden sind. (Ungerades N und A = 4n).

Ein Blick auf die Tabelle S. 355 zeigt weiters, daß die Gruppen VII b und I a keine radioaktiven Substanzen enthalten. In den Gruppen VIII (0), VI a und VI b befinden sich nur α-Strahler; in den Gruppen III a, III b und IV b nur β-Strahler; V b, V a, IV a und II a enthalten α- und β-Strahler.

Wäre in III b ein α-Strahler vorhanden, so müßte bei der Verwandlung Gold entstehen. Die Angabe von A. Miethe und H. Stammreich, sowie H. Nagaoka's[8]), daß Au (I b) aus Hg (II b) entstehe, wäre jedoch mit den Verschiebungsregeln nur vereinbar, wollte man ein β-strahlendes Zwischenprodukt annehmen oder eine H-Abspaltung, oder wie F. Soddy[8]) mit der Möglichkeit rechnen, daß ein β-Teilchen in den Kern eingeschluckt würde.

Zahlreiche Untersuchungen[8]) auf diesem Gebiete unter denen die Feststellung F. W. Astons, daß es kein Hg-Isotop der Masse 197 gibt, die Atomgewichtsbestimmung O. Hönigschmids, der für das ihm von Miethe übersandte Au das Atomgewicht des gewöhnlichen Au fand, und die Präzisionsangaben zur Herstellung goldfreien Quecksilbers hervorgehoben seien, machen es sehr wahrscheinlich, daß diese und ähnliche angebliche Elementverwandlungen (wie Pb in Tl und Hg nach A. Smits und A. Karssen) auf Versuchsfehler, vor allem mangelnde Reinheit des Ausgangsmateriales zurückzuführen sind.

Ungeklärt sind noch die Ergebnisse über das Auftreten von He und Ne in Vakuumröhren. (J. N. Collie und H. S. Patterson, T. R. Merton, R. W. Lawson, R. J. Strutt, R. W. Hiding und E. C. C. Baly[16]).

Die Verwandlung von 4 H in das energieärmere He könnte ohne Energiezufuhr erfolgen, wenn die Protonen einander nahe genug gebracht werden können. Bei Verwendung von Pd- oder Pt-Schwamm oder -Asbest als Katalysatoren vermochten F. Paneth und Kurt Peters[17]) tatsächlich das Auftreten von 10^{-8} cm^3 He aus absorbiertem Wasserstoff nachzuweisen, das weder aus der Luft noch aus einem α-Zerfall von Pd oder Pt stammen konnte.

Sehr zahlreich sind die Spekulationen Systeme aller Elemente mit ihren Isotopen aus Reihen der Form $4n$, $4n+1$, $4n+2$, $4n+3$ ab-

---

Literatur zu VI, 12 siehe Seite 544.

zuleiten[11]), wobei Beziehungen für die Häufigkeit des Auftretens geradzahliger und ungeradzahliger Stoffe aufgesucht wurden. Dabei wurde immer der He-Kern als vorgebildeter Baustein in den Elementen aufgefaßt. St. Meyer hat jedoch wiederholt darauf hingewiesen*), daß man sich durch die Häufigkeit des Auftretens von Atomgewichten der Form $4n$ nicht faszinieren lassen solle. Derartige Ganzzahligkeiten können auch durch besondere noch unbekannte Gesetzmäßigkeiten der Packungseffekte aus Protonen zustande kommen, eine Meinung, die auch W. A. Plotnikow[12]) vertritt. Wäre Kohlenstoff oder ein anderes $4n$-Element tatsächlich nur aus He-Kernen aufgebaut, ohne allen Packungseffekt, so müßten aus diesen relativ lockeren Gefügen leicht α-Teilchen bei Atomzertrümmerungsversuchen aus solchen Stoffen herausgeschlagen werden können. Tatsächlich ist es G. Kirsch und H. Pettersson gelungen, sowohl aus C wie zahlreichen anderen derartigen Elementen Protonen, aber keine α-Teilchen als Atomfragmente zu erhalten, so daß der Aufbau auch dieser Stoffe zum mindesten zum Teil direkt aus Wasserstoffkernen sehr wahrscheinlich geworden ist, da H-Teilchen aus He-Kernen aus Energiebilanzgründen durch α-Bombardement nicht herausschlagbar sind (vgl. IV, 8).

Wiederholt ist auch die Möglichkeit erwähnt worden [R. A. Sonder (der als Grundbausteine die Elektronen, als Kitt die Protonen beim Kernaufbau heranzieht), F. E. Woloschin, W. A. Plotnikow[12])], daß die α-Teilchen der radioaktiven Stoffe nicht in ihnen vorgebildet seien, sondern erst knapp vor ihrer Emission sich aus Protonen und Elektronen zusammenschließen.

P. D. Foote[13]) versucht den Stickstoffgehalt in Uranmineralien dahin zu deuten, daß U ($238 = 17 \cdot 14$) Stickstoffkerne abspalten könnte. Es ist jedoch bisher weder die spontane noch die künstlich hervorgerufene Emission anderer Fragmente als α-Teilchen oder Protonen aus den Elementen nachgewiesen worden. Beim spontanen radioaktiven Zerfall ist auch das Auftreten von H-Teilchen bisher nicht bekannt geworden, obwohl die Möglichkeit öfters in Betracht gezogen wurde.

Über die Endprodukte der Radium- und der Thorium-Zerfallsreihe wurden schon S. 461 und 522 einige Worte gesagt. Alle Endprodukte, oder mindestens von jeder Zerfallsreihe eines, gehören nach dem Schema S. 355 in die Bleiplejade, ihre Atomgewichte differieren aber einigermaßen.

Ob die Atomgewichtsdifferenzen von U (238,18) gegen Ra (226,0) und RaG (206,0), welche die Vielfachen desjenigen für He (4,00) um mehr überschreiten, als aus dem Energieverlust quantitativ begründet werden

---

Literatur zu VI, 12 siehe Seite 544.

*) Diskussion D. phys. Ges. Gauverein Wien 25. II. 1924; Naturf. Vers. Innsbruck Sept. 1924.

kann[5]), durch Anwesenheit von Uran-Isotopen mit höherem Atomgewicht zu erklären sind, bleibt noch unentschieden.

J. H. Jeans[14]) vertritt den Gedanken, daß in der Sonne Elemente mit Ordnungszahlen größer als $N = 92$ existierten. Bei solchen Elementen könnten nach S. Rosseland kernfremde Elektronen exzentrischer Bahnen eventuell direkt in Kontakt mit dem Kern kommen. J. H. Jeans betrachtet Nr. 92 (U) als Grenze für jene Gebilde, bei denen Elektronen nicht im Kern stecken bleiben. Die Zerstörung von Materie kann bei größeren weitergehend sein, er denkt sich die Selbstvernichtung durch solche Elektronen beschränkt auf $N > 92$. Vor Geburt der Erde (Abtrennung von der Sonne) denkt er sich die Zerstörung der $N > 92$ und Bildung von U (92), also Gleichgewichtsmengen von U in der Sonne. Bei Abschnürung der Erde von der Sonne sollen keine $N > 92$ mitkommen und es beginnt der irdische einseitige U-Zerfall. E. Belot[18]) nimmt dagegen an, daß die radioaktive Erdkruste erst nach Abtrennung der Erde von der Sonne aus den kosmischen Nebeln angesaugt wurde.

Weiteren Einblick in die Systematik des Aufbaus der Elemente bringt die Erkenntnis der Beziehungen zwischen den einzelnen β- und γ-Strahlen aus den Elementenkernen (vgl. III, 14). Man vermutet, daß dem Übergang eines Elementes ins andere ein Platzwechsel von β-Teilchen aus verschiedenen Niveaus und allmähliche Kernumbildung vorausgehen kann, bis schließlich ein β-Teilchen die Kernsphäre verläßt; es entsteht dann das Folgeprodukt, z. B. RaC aus RaB, das nun betreffs seiner β-Niveaus ganz analog gebaut ist wie RaB, nur daß die Niveaulagen systematisch verschoben sind. Dies ähnelt den Verhältnissen bei der systematischen Änderung mit der Ordnungszahl, wie sie aus den Röntgenspektren für die Elektronenbahnen außerhalb des Kernes erschlossen wurden (vgl. das Schema Fig. 108).

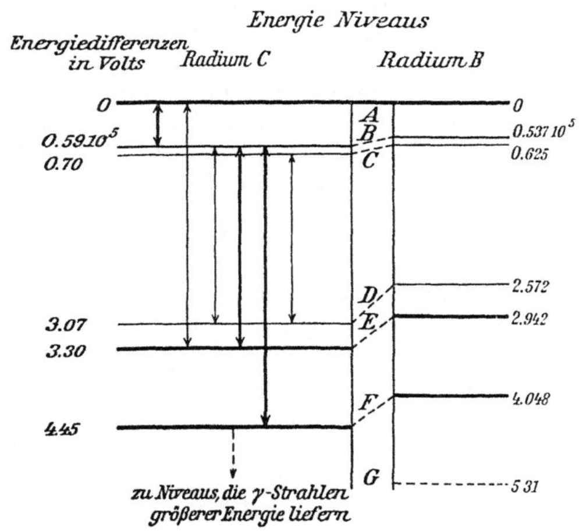

Fig. 108.

Zweifache β-Aufspaltung, wie von UX_1 in UX_2 und UZ, wird dann auch deutbar, wenn man an Elektronenausschleuderung aus verschiedenen Niveaus denkt.

Literatur zu VI, 12 siehe Seite 544.

Endlich darf man hoffen, tiefer in die Erkenntnis der Konstitution der Kerne, nicht nur der radioaktiven Atome sondern auch der stabilen, einzudringen durch Verfolgung der Versuche zur Atomzertrümmerung (vgl. IV, 8). Ganz besonderes Interesse verlangt hierbei der Nachweis der Möglichkeit, daß kerntreffende α-Teilchen unter Umständen vom Kern aufgenommen werden können, um für kürzere oder längere Dauer ein neues Element aufzubauen, dessen Kernmasse bei Aufnahme eines α-Teilchens (4) und Abgabe eines Protons (1) um 3 Einheiten erhöht ist (J. Perrin, G. Kirsch und H. Pettersson, P. M. S. Blackett, E. Rutherford und J. Chadwick). Diese künstliche Synthese ist gegenüber dem sonst nur spontan vor sich gehenden einseitigen Zerfall der radioaktiven Elemente von prinzipieller Bedeutung.

Literatur zu VI, 12:

1) H. Geiger und J. M. Nuttall, Phil. Mag. (6) **22**, 617, 1911; **24**, 653, 1912; R. Swinne, Phys. Z **13**, 141, 1912; **14**, 142, 1913; G. Kirsch, Naturwiss. **8**, 207, 1920; H. Th. Wolff, Phys. Z. **21**, 169, 393, 1920; **22**, 171, 1921; L. Myssowsky, Z. f. Phys. **18**, 304, 1923.

2) K. Fajans, Le Rad. **10**, 171, 1913; Phys. Z. **14**, 950, 1913; Naturwiss. **14**, 963, 1926; L. Meitner, Naturwiss. **14**, 719, 1926.

3) L. Meitner, Z. f. Phys. **4**, 146, 1921; Naturwiss. **9**, 423, 1921; Festschr. 10jähr. Jub. Kaiser-Wilhelm-Inst. S. 154, 1921; K. Fajans, Radioaktivität, Samml. Vieweg, Heft **45**, 4. Aufl. 1922, S. 93.

4) A. S. Russell, Phil. Mag. (6) **46**, 642, 1923.

5) R. Swinne, Phys. Z. **14**, 145, 1913.

6) A. van den Broek, Nature **93**, 7, 241, 376, 480, 1914; (Beibl. **39**, 120, 1915).

7) St. Meyer und E. v. Schweidler, Wien. Ber. **115**, 83, 1906.

8) A. Miethe und H. Stammreich, Naturwiss. **12**, 597, 1211, 1924; Z. anorg. Chem. **149**, 263, 1925; **150**, 350, 1926; A. Miethe, Naturwiss. **13**, 635, 1925; Z. techn. Phys. **6**, 74, 1925; Phys. Z. **26**, 842, 1925; H. Stammreich, Z. techn. Phys. **6**, 76, 1925; Phys. Z. **26**, 843, 1925; H. Nagaoka, Soc. Franc. de phys. Bull 220, 1925; Nature **116**, 95, 1925; Naturwiss. **13**, 682, 1925; J. de phys. (6) **6**, 209, 1925; F. Haber, Naturwiss. **12**, 635, 1924; **14**, 405, 1926; F. Soddy, Nature **114**, 244, 1924; F. W. Aston, Nature **116**, 208, 1925; O. Hönigschmid und E. Zintl, Naturwiss. **13**, 644, 1925; Z. anorg. Chem. Rosenheim-Meyer Festschr. 1925; W. Haase und E. H. Riesenfeld, Naturwiss. **13**, 745, 1925; Ber. D. chem. Ges. **59**, 1625, 1926; E. Tiede, A. Schleede und F. Goldschmidt, Naturwiss. **13**, 745, 1925; Ber. D. chem. Ges. **59**, 1625, 1926; L. Birkenbach und S. Valentiner, Festschr. Clausthal, 136, 1925; H. H. Sheldon und R. S. Estley, Scientific American 296, 1925; Phys. Rev. (2) **27**, 515, 1926; Naturwiss. **14**, 50, 1926; A. Piutti und Boggio-Lera, Rendiconti Napoli Dez. 1925; F. Haber, J. Jaenicke und F. Mathias, Ber. D. Chem. Ges. **59**, 1641, 1926; E. Duhme und A. Lotz, Ber. D. chem. Ges. **59**, 1649, 1926; Naturwiss. **14**, 883, 1926; A. Gaschler, Z. angew. Chem. Nr. 32, 1924; Nature **116**, 396, 1925; Z. Elektrochem. **32**, 186, 1926; O. Hahn und L. Meitner, Naturwiss. **13**, 1907, 1925; A. S. Russell, Nature **116**, 312, 1925; A. Smits und A. Karssen, Naturwiss. **13**, 699, 1925; A. Smits, Nature **117**, 13, 620, 1926; A. C. Davies und F. Horton, Nature **117**, 152, 1926; M. W. Garrett, Nature **118**, 84, 1926.

9) St. Meyer, Wien. Ber. **124**, 249, 1915; Elster-Geitel-Festschr. 146, 1915.

10) F. G. Carruthers, Nature **96** 565, 1916; A. van den Broek, Nature **96**, 677, 1916.

11) A. van den Broek, Phys. Z. **17**, 260, 579, 1916; Nature **97**, 479, 1916; J. W. D. Hackh, Phys. Rev. (2) **13**, 165, 1919; W. D. Harkins, Nature **105**, 230, 1920; Phys. Rev. (2) **15**, 73, 141, 1920; J. Amer. Chem. Soc. **42**, 1956, 1920; Phys. Rev. (2) **17**, 388, 1921; J. Amer. Chem. Soc. **43**, 1038, 1921; **45**, 1426, 1923; Phys. Rev. (2) **21**, 711, 1923; H. Th. Wolff, Phys. Z. **22**, 352, 1921; H. Collins, Chem. News **127**, 52, 1923; R. Mecke, Naturwiss. **11**, 888, 1923; A. S. Russell, Nature **112**, 588, 1923; Phil. Mag. (6) **47**, 1121, 1924; **48**, 365, 1924; A. S. Russell und W. P. Widdowson, Phil. Mag. (6) **48**, 293, 1924; R. A. Sonder, Z. f. Kryst. **57**, 611, 1923; F. W. Aston, Nature **113**, 393, 1924.

12) R. A. Sonder, Z. f. Kryst. **57**, 611, 1923; F. E. Woloschin, Zvlastni otisk Časopim pro pěstovani mat. a fys. **52**, 7, 1923; W. A. Plotnikow, Z. f. Phys. **28**, 339, 1924.

13) P. D. Foote, Nature **114**, 789, 1924.

14) J. H. Jeans, Nature **115** 297, 1925; S. Rosseland, Nature **111**, 357, 1923.

15) K. Fajans, Naturwiss. **10**, 617, 1922; L. Strum, Z. phys. Chem. **119**, 368, 1926.

16) J. N. Collie, Proc. Roy. Soc. (A) **82**, 378. 1909; **90**, 554, 1914; J. N. Collie und H. S. Patterson, Proc. Chem. Soc. **29**, 22, 217, 1913; J. chem. Soc. **103**, 419, 1913; Nature **90**, 699, 1913; **91**, 32, 1913; A. Fowler, Nature **91**, 9, 1913; R. W. Lawson, Phys. Z. **14**, 938, 1913; R. J. Strutt, Proc. Roy. Soc. (A), **89**, 499, 1914; T. R. Merton, Proc. Roy. Soc. (A) **90**, 549, 1914; R. W. Riding und E. C. C. Baly, Proc. Roy. Soc. (A) **109**, 186, 1925; Nature **118**, 625, 1925.

17) F. Paneth u. Kurt Peters, Ber. D. chem. Ges. **59**, 2039, 1926; Naturwiss. **14**, 956, 1926.

18) E. Belot, C. R. **182**, 1327, 1926.

Siebentes Kapitel.

Die Radioaktivität in Geophysik und kosmischer Physik.

1. Die Radioaktivität der Mineralien und Gesteine. Bezüglich der Radioaktivität der eigentlich radioaktiven Mineralien sei auf S. 368 und 493 verwiesen und hier nur die ältere[1]) und neuere[2]) Literatur angeführt. Vermöge der außerordentlichen Empfindlichkeit der elektrischen Methoden zum Nachweis geringer Mengen radioaktiver Stoffe läßt sich aber feststellen, daß nicht bloß die eigentlichen Uran- und Thor-Mineralien, sondern fast alle natürlich vorkommenden Gesteins- und Bodenarten radioaktive Bestandteile enthalten.

Ausgehend von der Voraussetzung, daß die in der freien Atmosphäre gefundene Radiumemanation (vgl. VII, 5) aus dem Boden stamme, haben zunächst J. Elster und H. Geitel[3]) die Aktivität verschiedener Bodenarten mittels einer qualitativen Methode geprüft; eine bestimmte Menge (gewöhnlich 125 g) der zu untersuchenden Probe wird in gepulvertem Zustande über eine bestimmte Fläche verteilt und in ein größeres geschlossenes Ionisationsgefäß gebracht, in dem mittels eines Elektrometers der Sättigungsstrom gemessen wird. Der Effekt rührt dann teilweise von der α-Strahlung der Oberflächenschichten und von der durchdringenden (β- und γ-)Strahlung mehr oder minder dicker Schichten her, teilweise von der Strahlung der Emanationen und deren Zerfallsprodukte, die an die Luft des Ionisationsraumes abgegeben werden. Da diese Emanationsabgabe in hohem Grade von der Oberflächenbeschaffenheit, Korngröße und sonstigen Bedingungen (Temperatur, Feuchtigkeit) abhängig ist, geben die Resultate nicht einmal ein relatives Maß des Gehaltes an Radioelementen, sondern bloß eine vorläufige Orientierung qualitativen Charakters.

Zahlreiche derartige Messungen [J. Elster und H. Geitel[3]); ferner[4]) G. Vicentini und M. Levi da Zara; F. Giesel; R. Schenk; G. v. d. Borne; R. Nasini und M. G. Levi; O. Scarpa; G. A. Blanc; A. Gockel] ließen tatsächlich eine größere oder geringere Aktivität der untersuchten Gesteine und Bodenarten erkennen; besonders Tone und leicht verwitternde Gesteinsarten zeigten höhere Werte, offenbar im

---

Literatur zu VII, 1 siehe Seite 551.

Zusammenhang mit der hier stärkeren Emanationsabgabe; ferner wurden namentlich manche vulkanische Produkte relativ stark aktiv befunden, so vor allem der Fangoschlamm aus Battaglia in Norditalien und verschiedene Vesuvlaven und -aschen. Aus dem zeitlichen Verlauf der im Meßgefäß induzierten Aktivität konnte in vielen Fällen festgestellt werden, daß neben Ra auch Th und Ac beteiligt sind.

Später wurden diese qualitativen Methoden durch quantitative ersetzt, die auf der Austreibung der Emanation aus der Probe und Messung der Strahlung der Emanation in einem sie aufnehmenden Ionisationsgefäße beruhen (vgl. auch V 4). Dabei sind zwei Hauptformen zu unterscheiden, je nachdem die Probe in Lösung gebracht wird [R. J. Strutt[5])], worauf dann die Emanation entweder durch Auskochen oder Durchquirlen von Luft entfernt wird, oder in geeignet konstruierten Öfen mit entsprechenden Zusätzen (Alkalicarbonate) geschmolzen wird, wobei von selbst eine fast vollständige Austreibung der Emanation erfolgt [J. Joly; E. Ebler; H. Holthusen; C. Ramsauer[6])]. Im ersteren Falle sind bei manchen Gesteinsarten komplizierte Operationen zur vollständigen Aufschließung notwendig; der häufig als Nachteil erwähnte Umstand, daß sich bildende Niederschläge (besonders Sulfate) oder Kolloide die Emanation absorbieren und festhalten, daher zu kleine Werte für den Gehalt liefern, läßt sich aber ohne große Schwierigkeiten unschädlich machen [E. H. Büchner[7]); H. Mache und M. Bamberger[8])]. Die Resultate J. Jolys, der nach der Schmelzmethode im Durchschnitt wesentlich höhere Werte ermittelte als nach der Lösungsmethode, dürften daher zum Teil in zufälligen Abweichungen der Proben, zum Teil in Ungenauigkeiten der Eichung des Apparates ihren Grund haben. Weitere methodologische Angaben siehe bei H. Hirschi, V. F. Hess, M. Curie und E. Burkser[9]).

Die Untersuchungen von R. J. Strutt[5]), A. S. Eve und D. Mc Intosh[10]), G. A. Blanc[11]), J. Joly[12a]), J. W. Waters[13]), C. C. Farr und D. C. H. Florance[14]), A. L. Fletcher[15]), E. H. Büchner[7]), G. Meyer[16]), A. Holmes[17]), H. Mache und M. Bamberger[8]), H. E. Watson und G. Pal[18]), W. F. Smeeth und H. E. Watson[18]), G. A. Aartovara[19]), A. Laitakari[19]), N. Sahlbom[20]), J. C. Sanderson[21]), J. H. J. Poole[22]), H. J. Folmer und A. H. Blaauw[23]), H. Hirschi[24]), G. Trovato[25]), P. Loisel[26]), J. H. J. Poole und J. Joly[27]), H. V. Ellsworth[28]), N. A. Yajnik und S. J. Kohli[29]) betreffen eine große Anzahl typischer Gesteinsarten aus verschiedenen Erdteilen und geben den relativen Gehalt (Masse des radioaktiven Stoffes in der Masseneinheit Gestein) sowohl an Ra als auch in vielen Fällen an Th an. Da in der Regel eine

Literatur zu VII, 1 siehe Seite 551.

chemische Einwirkung, die Ra- und U-Verbindungen von einander scheidet, binnen der letzten Jahrtausende nicht anzunehmen ist, kann aus dem Ra-Gehalt unmittelbar auf den zugehörigen Gleichgewichtsgehalt an U geschlossen werden (U-Gehalt = rund. $3 \cdot 10^6$ mal Ra-Gehalt). Die stark schwankenden Einzelwerte lassen folgende Gesetzmäßigkeiten erkennen:

a) Radiumgehalt. Bei Trennung von Eruptivgesteinen und Sedimenten sind nach einer Zusammenstellung E. H. Büchners[7]) die Mittelwerte des relativen Gehaltes in 10^{-12}:

Autor:	Strutt[5])	Eve[10])	Joly*)[12])	Joly**)[12])	Büchner[7])	And. A.
Eruptiv:	1,7	2,2	5,5	2,5	4,0	1,3
Sediment:	1,1	0,9	4,3	1,5	1,5	—

Es sind also die Eruptivgesteine aktiver als die sedimentären; Joly nimmt daher an, daß das in den Sedimenten fehlende Radium (bzw. Uran) bei der Bildung ins Meer geführt wurde, und findet eine Bestätigung darin, daß tatsächlich unter einigen untersuchten Tiefsee-Sedimenten sich solche sehr hoher Aktivität befanden (bis zu $60 \cdot 10^{-12}$). Doch zeigt eine Teilung der Eruptivgesteine in Untergruppen, daß hauptsächlich bestimmte Gesteinsarten (besonders Granite, Quarzporphyre und Syenite) durch ihren hohen Radiumgehalt (bis zu $40 \cdot 10^{-12}$ in einzelnen Fällen) das Mittel heben, während andere, wie Trachyte, Gabbros, Diabase und Basalte sich nicht wesentlich von den Sedimentgesteinen unterscheiden [E. H. Büchner[7])].

G. Trovato[25]) findet bei den vulkanischen Produkten des Ätna relativ schwache Radioaktivität mit der Reihenfolge (wachsende Werte): frische Lava, feste Lava, glasige Schlacke („scoria"), Sand, alte Lava, Basalt, Aschen, Thermenschlamm, Tuff, pflanzlicher Lehm.

Ein deutlicher Zusammenhang besteht, wie schon R. J. Strutt[5]) bemerkte, zwischen dem Radiumgehalt und dem chemischen Charakter eruptiver Gesteine in dem Sinne, daß die sauren Gesteine den höchsten, die basischen den kleinsten Radiumgehalt besitzen, wie folgende Zusammenstellung J. Jolys[12]) zeigt:

Saure Gesteine:	(Mittel aus 86 Proben)	$3{,}01 \cdot 10^{-12}$	(33) $2{,}17 \cdot 10^{-12}$
Zwischenformen:	(„ „ 48 „)	$2{,}57 \cdot$ „	(43) $1{,}28 \cdot$ „
Basische Gesteine:	(„ „ 31 „)	$1{,}28 \cdot$ „	(26) $0{,}58 \cdot$ „

Hierbei bezieht sich die erste Kolumne auf Ergebnisse der Schmelz-, die zweite auf solche der Lösungsmethode.

Literatur zu VII, 1 siehe Seite 551.

*) Nach der Schmelzmethode.

**) Nach der Lösungsmethode.

A. Holmes[17]) gibt folgende neuere Zusammenstellung:

Sauere Gesteine, vulkan.	$3{,}1 \cdot 10^{-12}$	Ultrabasische Gesteine	$0{,}5 \cdot 10^{-12}$
„ „ pluton.	2,7	Sedimentäre Gesteine:	
Zwischenformen, vulkan.	2,1	Tone	1,5
„ pluton.	1,9	Sandsteine	1,4
Basische Gesteine, vulkan.	1,1	Kalk	0,9
„ „ pluton.	0,9		

Eine noch neuere Tabelle nach J. Joly [12b]) siehe S. 550.

Trotz dieses ersichtlichen Parallelismus besteht keine strenge Proportionalität zwischen Kieselsäure- und Radiumgehalt; in einzelnen Fällen treten sogar beträchtliche Abweichungen ein, so z. B. für Vesuvlaven basischen Charakters, die im Mittel $12{,}6 \cdot 10^{-12}$ lieferten.

Wie verschiedene Untersuchungen an fraktionierten Proben der untersuchten Gesteinsarten zeigten, ist das Radium an akzessorische Mineralien gebunden, unter denen besonders die Titanverbindungen und Zirkon von Bedeutung sind [J. W. Waters[13]), H. Mache und M. Bamberger[8]), A. Sauer[33])]; es wird dadurch erklärlich, daß verschiedene Exemplare derselben Gesteinsart, auch vom gleichen Fundort, oft stark differierende Resultate liefern. Im Zusammenhange damit steht vielleicht auch die von E. H. Büchner[7]) bemerkte Tatsache, daß man geographisch ohne Rücksicht auf den petrographischen Charakter der gerade vorherrschenden Gesteine radiumreiche und radiumarme Gebiete unterscheiden kann; zu ersteren gehören z. B. Deutschland, die Alpenländer, zu den letzteren die Anden, Neuseeland, die ostindischen Inseln usw.

Mit der Tiefe unter der Erdoberfläche steht der Radiumgehalt in keinem einfachen Zusammenhange, wie Messungen in Bohrlöchern ergaben [A. S. Eve und D. Mc Intosh[10]), E. H. Büchner[7]), H. E. Watson und G. Pal, W. F. Smeeth und H. E. Watson[18])]. Dagegen ist nach G. Trovato[25]) beim Ätna anscheinend die Radioaktivität in der Tiefe kleiner.

Ebenso läßt sich weder an Eruptiv- noch an Sedimentgesteinen eine Beziehung des Radiumgehaltes zu ihrem geologischen Alter erkennen.

Der mittlere Radiumgehalt der Erdkruste mit Rücksicht auf den Anteil der verschiedenen Gesteinsarten an ihrer Zusammensetzung ist derzeit natürlich nicht genau angebbar; J. Joly[12a]) schätzt ihn auf Grund der nach der Schmelzmethode erhaltenen Werte zu etwa 2,0 bis $2{,}6 \cdot 10^{-12}$, was einem relativen Urangehalte von 6 bis $8 \cdot 10^{-6}$ entspricht.

Literatur zu VII, 1 siehe Seite 551.

b) Thoriumgehalt. Für den relativen Thoriumgehalt ergaben die Messungen von G. A. Blanc[11]), J. Joly[12a]), H. Mache und M. Bamberger[8]), A. Holmes[17]), J. H. J. Poole[22]) ähnliche Beziehungen wie für den Radium- bzw. Urangehalt; Eruptivgesteine sind thoriumreicher als die Sedimente, unter den ersteren ist wieder ein Zusammenhang mit dem chemischen Charakter vorhanden, wie folgende Mittelwerte zeigen:

	J. Joly	J. H. J. Poole	A. Holmes
Sauere Gesteine, vulkan.	$3,9 \cdot 10^{-5}$	2,05	2,9
„ „ pluton.	2,8		
Zwischenformen, vulkan.	2,5	1,64	1,7
„ pluton.	2,8		
Basische Gesteine, vulkan.	1,3	0,56	1,5
„ „ pluton.	—		
Sediment. Gesteine, Tone	—	1,4	1,1
„ „ Sandsteine	—	0,6	0,5
„ „ Kalk und Dolomit	—	< 0,06	< 0,1

Eine neuere Zusammenstellung von J. Joly[12b]) ergibt

	U-Gehalt	Th-Gehalt	Th/U
Basalte	$4,4 \cdot 10^{-6}$	$0,9 \cdot 10^{-5}$	2,1
Zwischenformen	7,6	1,64	2,2
Saure Gesteine (Granite)	8,0	2,0	2,5
Saure Intrusivgesteine	11	2,3	2,1
Saure Gesteine (Mittel)	9	2,0	2,2

Das Verhältnis Th/U ist bemerkenswert konstant und von gleicher Größenordnung wie das Verhältnis der mittleren Lebensdauern von Th und U, so daß der Anschein eines genetischen Zusammenhanges dieser beiden Elemente erweckt wird; andererseits sprechen starke Abweichungen in Einzelfällen gegen eine solche Annahme (vgl. die Ausführungen bei A. Holmes und R. W. Lawson[17]), J. C. Sanderson[21]), J. H. J. Poole[22]) sowie bei G. Kirsch[32]), der an ein Uranisotop „Thoruran" als Muttersubstanz des Thoriums denkt) [vgl. auch IV, 10, (9)].

Über die Bedeutung der Radioaktivität der Gesteine für praktische Zwecke (Bodenuntersuchung) siehe bei R. Ambronn[30]); den Einfluß, den die Radioaktivität auf verschiedene physikalische Eigenschaften von Kristallen ausübt, behandelt O. Mügge[31]).

Über die Radioaktivität der Meteoriten siehe VII, 9.

Literatur zu VII, 1 siehe Seite 551.

Literatur zu VII, 1:

1) Vgl. die Zusammenstellungen: G. v.d. Borne, Jahrb. Rad. u. El. **2**, 88, 1905; B. Szilard, Le Rad. **6**, 233, 1909; W. Marckwald und A. S. Russell, Jahrb. Rad. u. El. **8**, 457, 1911; B. Heimann und W. Marckwald, Phys. Z. **14**, 303, 1913; Jahrb. Rad. u. El. **10**, 299, 1923; M. Bamberger und G. Weißenberger, Wien. Ber. **123**, 2065, 1914; V. Achtner, Untersuchungen, Karlsbad, 1915; Chem. Zentralbl. **2**, 567, 1905; P. Krusch, Ra in Biol. u. Heilk. **1**, 245, 1912; M. Curie, Radioaktivität, Deutsche Ausg. II. 466, 1912; O. Dammer, Handb. anorg. Chem. III. 679, 1893; K. A. Hofmann und F. Zerban, Ber. D. chem. Ges. **36**, 3094, 1903; A. Piutti, Soc. R. Napoli **16**, 33 (Tables ann. de Const. I. 267, 1912); R. B. Moore und K. L. Kithil, Bureau of Mines Washington, Bull. 70, 1913; C. Doelter, Handb. d. Mineralchemie bei Steinkopf 1914; W. Marckwald, Zentralbl. f. Min. 761, 1906; Landwirtsch. Jahrb. Berlin **38**, Ergbd. **5**, 422, 1909; W. R. Dunstan, Nature **69**, 510, 1904; Ceylon Min. Survey Rep. 31/III 1904; F. Soddy, J. Chem. Soc. **105**, 1404, 1914.

2) C. Moureu und A. Lepape, C. R. **158**, 598, 1914; M. Baltuch u. G. Weißenberger, Z. f. anorg. Chem. **88**, 88, 1914; K. L. Kithil, U. S. Bur. Mines Techn. Papers, Nr. 110, 1915; A. Becker und P. Jannasch, Jahrb. Rad. u. El. **12**, 1, 1915; H. M. Plum, J. Amer. Chem. Soc. **37**, 1797, 1915; R. C. Sabot, Arch. scienc. phys. et nat. (4) **42**, 242, 1916; A. Serra, Rend. Linc. (5) **25** (2), 279, 1916; L. S. Pratt, Amer. Inst. Min. Eng. Bull. Nr. 113, 1916; F. Henrich, J. f. prakt. Chem. (N. F.) **96**, 73, 1917; L. Francesconi, L. Granata, A. Nieddu und G. Angelino, Gazz. chim. ital. **48** (1), 112, 1918; E. Newbery u. H. Lupton, Nature **101**, 198, 1918; Manch. Phil. Soc. **62**, Nr. 10, 1918; J. Chem. Soc. **116**, (2), 130, 1919; St. Meyer, Wien. Ber. **128**, 897, 1919; F. Scheminzky, Die Emanation der Mineralien; eine theoretisch-experimentelle Studie, Giessen 1919; A. Schoep, C. R. **173**, 1186, 1921; **174**, 623, 1240, 1922; **176**, 171, 1923; **179**, 413, 693, 1924; V. F. Hess, Meeting Amer. electrochem. Soc. 27/29 IV 1922; A. Muguet, C. R. **174**, 172, 1922; W. Riß, Wien. Ber. **133**, 91, 1924; A. Karl und S. Lombard, C. R. **177**, 1036, 1923; T. L. Walker u. A. L. Parsons, Univ. Toronto Studies, Geol. Sect. Nr. 16, 13, 1923; W. Vernadsky, C. R. **176**, 993, 1923; Nature **110**, 229, 1924; G. Costanzo, Assoc. portug. par o progresso das scienc., Congresso da Porto, Impresa da Univ. Coimbra, 1924; M. Curie, C. R. **180**, 208, 1925; H. V. Ellsworth, Amer. J. Sci. **9**, 127, 1925; H. Hirschi, Schweiz. Min. u. Petr. Mitt. **5**, 173, 1925; S. Iimori, Scient. Papers Inst. Japan **4**, 79, 1925;

3) J. Elster u. H. Geitel, Phys. Z. **5**, 11, 321, 1904.

4) F. Müller, Phys. Z. **5**, 357, 1904; G. Vicentini u. M. Levi da Zara, Atti Acad. Venetia **64**, 95, 1904; F. Giesel, Phys. Z. **6**, 205, 1905; R. Schenk, Jahrb. Rad. u. El. **2**, 19, 1905; G. v. d. Borne, Jahrb. Rad. u. El. **2**, 77, 1905; R. Nasini u. M. G. Levi, Rend. Linc. (5) **15**, 391, 1906; **17**, 435, 551, 1908; O. Scarpa, Rend. Linc. (5) **16**, 44, 1907; G. A. Blanc, Phys. Z. **9**, 294, 1908; Phil. Mag. (6) **18**, 146, 1909; A. Gockel, Jahrb. Rad. u. El. **7**, 487, 1910.

5) R. J. Strutt, Proc. Roy. Soc. (A) **77**, 472, 1906; **78**, 150, 1906; **84**, 377, 1910.

6) J. Joly, Phil. Mag. (6) **22**, 134, 1912; E. Ebler, Z. Elektrochem. **18**, 532, 1912; H. Holthusen, Heidelberg Ber. (A) 1912, 16. Abh.; C. Ramsauer, Heidelberg Ber. (A) 3. Abh. 14/II. 1914; Le Rad. **11**, 100, 1914.

7) E. H. Büchner, Proc. Amsterdam **13**, 359, 818, 1910/11; **14**, 1063, 1912; **15**, 22, 1912; Jahrb. Rad. u. El. **10**, 516, 1913.

8) H. Mache u. M. Bamberger, Wien Ber. **123**, 325, 1914.

9) H. Hirschi, Vierteljahrsschr. Nat. Ges. Zürich **65**, 545, 1920; V. F. Hess, Meeting Amer. Chem. Soc. 27, IV. 1922; E. Burkser, Verh. Ra-Exp. d. Ak. Petersburg 1916; M. Curie, C. R. **180**, 208, 1925.

10) A. S. Eve u. D. Mc Intosh, Trans. Roy. Soc. Canada 1910 (3) S. 69.

11) G. A. Blanc, Phys. Z. **9**, 294, 1908; Phil. Mag. (6) **18**, 146, 1909.

12a) J. Joly, Phil. Mag. (6) **16**, 190, 1908; **17**, 760, 1909; **18**, 140, 577, 1909; **20**, 125, 353, 1910; Congr. Intern. Rad. Bruxelles (1910) I. 370, 1911; Phil. Mag. (6) **22**, 134, 357, 1911; **23**, 201, 1912; **24**, 694, 1912.

12b) J. Joly, Nature **114**, 160, 1924; Naturwiss. **12**, 693, 1924; J. Chem. Soc. London **125**, 897, 1924.

13) J. W. Waters, Phil. Mag. (6) **18**, 677, 1909; **19**, 903, 1910.

14) C. C. Farr u. D. C. H. Florance, Phil. Mag. (6) **18**, 812, 1909.

15) A. L. Fletcher, Phil. Mag. (6) **20**, 36, 1910; **23**, 279, 1912.

16) G. Meyer, Ber. Naturf. Ges. Freiburg i. B. **20**, 1, 1913.

17) A. Holmes, The Age of the Earth, London and Newyork, 1913; Nature **91**, 582, 1913; Science Progress Nr. 33, 12, 1914; Proc. Geol. Ass. **26**, 289, 1915; Geol. Mag. (6) **2**, 60, 102, 1915; A. Holmes u. R. W. Lawson, Wien. Ber. **123**, 1373, 1914; Phil. Mag. (6) 28, 823, 1914.

18) H. E. Watson u. G. Pal, Phil. Mag. (6) **28**, 44, 1914; Ind. Inst. Sci. J. **1**, 39, 1914; W. F. Smeeth u. H. E. Watson, Phil. Mag. (6) **35**, 206, 1918.

19) G. A. Aartovara, Ann. acad. scient. fennicae (Helsingfors) **3 A**, Nr. 5, 1912; A. Laitakari, Finnl. Geol. Komm. Geotekniska Meddel. Nr. **33**, 1921 (deutsch 1923).

20) N. Sahlbom, Ark. Kem., Min., Geol. **6**, 1, 1916.

21) J. C. Sanderson, Sill. J. **32**, 169, 1911; **39**, 391, 1915.

22) J. H. J. Poole, Phil. Mag. (6) **29**, 483, 1915.

23) H. J. Folmer u. A. H. Blaauw, Proc. Akad. Amsterdam **20**, Nr. 5, 1917.

24) H. Hirschi, Schweiz. min. u. petrogr. Mitt. **1**, Heft 1/2, 3/4, 1921; **3**, 240, 1923.

25) G. Trovato, Nuov. Cim. **25**, 177, 1923.

26) P. Loisel, C. R. **179**, 533, 1924.

27) J. H. J. Poole u. J. Joly, Phil. Mag. (6) **48**, 819, 1924.

28) H. V. Ellsworth, Amer. J. Sci. **9**, 127, 1925.

29) N. A. Yajnik u. S. J. Kohli, J. Proc. Asiat. Soc. Bengal **18**, 73, 1922; J. Chem. Soc. London **126**, 620, 1924.

30) R. Ambronn, Z. f. anorg. Chem. **32**, 353, 1919; D. Bauingen. **1**, Nr. 7/8 1920; Helios 1920, Nr. 10; Umschau **24**, Nr. 13, 1920; Glückauf 1921, Nr. 21.

31) O. Mügge, Zentralbl. f. Min. 1922, 721, 753.

32) G. Kirsch, Wien. Ber. **131**, 551, 1922.

33) A. Sauer, Jahresber. d. Ver. f. vaterl. Naturk. Württemberg **81**, 70, 1925.

Zusammenfassende Darstellungen: E. H. Büchner, Jahrb. Rad. u. El. **10**, 516, 1913; A. Gockel, Die Radioaktivität von Boden und Quellen, Sammlung Vieweg, Heft 5, Braunschweig 1914; H. Hirschi, Viertelj. Nat. Ges. Zürich **65**, 545, 1924; A. Sauer, siehe [33]).

2. Radioaktivität und Erdwärme. Daß der Gehalt der allgemein verbreiteten, die Erdkruste zusammensetzenden Gesteine an Radioelementen und die daraus sich ergebende Wärmeentwicklung für den „Wärmehaushalt der Erde" von wesentlicher Bedeutung sei, wurde zuerst von F. Himstedt[1]) ausgesprochen.

Quantitative Berechnungen auf Grund der damals vorliegenden Daten wurden dann von C. Liebenow[2]), J. Koenigsberger[3]), R. J. Strutt[4]) J. Elster und H. Geitel[6]), sowie J. Joly[7]) durchgeführt mit dem Resultate: eine Verteilung radioaktiver Stoffe in der gleichen Konzentration, wie sie im Durchschnitt an Gesteinen beobachtet wird, über den ganzen Erdkörper würde eine weit größere Wärmemenge liefern als die durch Strahlung tatsächlich nach außen abgegebene; es kann somit ein stationärer Wärmezustand der Erde schon erklärt werden, wenn nur eine relativ dünne (etwa 20 km dicke) Radioelemente enthaltende Rindenschichte über einem inaktiven Kerne angenommen wird. Andernfalls würde sich sogar eine allmähliche Steigerung der mittleren Erdtemperatur ergeben, deren Größenordnung von H. A. Wilson[5]) berechnet wurde. Jedenfalls ist hierdurch den älteren — auf die Theorie der Wärmeleitung in einem nicht selbst Wärme produzierenden Erdkörper aufgebauten — Berechnungen des zeitlichen Verlaufes der Erdtemperatur und den daraus über das Alter der Erde abgeleiteten Folgerungen die Grundlage entzogen.

Während aber die erstere Annahme — Radioaktivität bloß in einer Rindenschichte — den stationären Temperaturzustand leicht erklärt und sogar für die Dicke der Rinde Werte der gleichen Größenordnung liefert wie verschiedene andere geophysikalische Daten [J. Joly[7])], ergeben sich gewisse Schwierigkeiten bezüglich des absoluten Wertes der Erdtemperatur im Innern; die durch die radioaktive Wärmeentwicklung erzielte Temperaturdifferenz zwischen Oberfläche und Innenrand der aktiven Schichte würde nach der Rechnung den Betrag von wenigen hundert Graden nicht übersteigen, während doch aus andern geophysikalischen Gründen eine den Schmelzpunkt der Gesteine überschreitende Temperatur ($\vartheta > 1000^0$ C) gefordert werden muß. Diese Forderung, sowie jene, daß die Erde ein sich abkühlender Körper sei, lassen sich aber vereinigen durch folgende Annahmen: Die Konzentration der Radioelemente in der Erdkruste nimmt mit der Tiefe ab, etwa angenähert nach einem Exponentialgesetze; die Gesamtmenge deckt durch ihre Wärmeerzeugung nicht den ganzen Wärmeverlust durch Strahlung, sondern ein Teil dieses Wärmeverlustes erfolgt auf Kosten des inneren Wärmevorrates unter langsamer Abkühlung. Die Temperaturzunahme nach

Literatur zu VII, 2 siehe Seite 557.

dem Innern setzt sich daher zusammen aus einem Betrag, der von der radioaktiven Wärmeerzeugung herrührt und mit der Tiefe rasch an Größe abnimmt, und einem Betrag, der der Abkühlung entspricht und mit der Tiefe nur langsam abnimmt [A. Holmes[9]), G. F. Becker[10]), H. Jeffreys[11,18]), R. W. Lawson[12]), Lord Rayleigh [14]), W. J. Sollas[14]), H. H. Poole[15]), A. P. Socolow[16]), L. H. Adams[20]), J. B. Ostermeier[22])]. Die Annahme, daß der Gehalt der Erdrinde an radioaktiven Stoffen mit der Tiefe abnehme, findet eine Stütze in der Tatsache (vgl. VII,1), daß die aus größerer Tiefe stammenden basischen Gesteine wirklich geringeren Ra-Gehalt aufweisen. Daß er aber in Tiefen von etwa 50 km und mehr praktisch Null werde, läßt sich nicht ohne weiteres aus physikalisch-chemischen Gesetzen über die Stoffverteilung in einem Magma ableiten. O. Mügge[13]) nahm daher an, daß der hohe Druck im Innern der Erde den radioaktiven Zerfall verhindere — eine Hypothese, die mit den in II, 3 angeführten Ergebnissen in Widerspruch steht. Sollte wirklich eine Abnahme des Gehaltes unerklärlich und nur eine Abnahme der Zerfallsgeschwindigkeit als Lösung des Problems denkbar bleiben, so wäre noch auf Grund der Hypothesen von J. Perrin (vgl. II,1) eine Erklärung möglich: der Zerfall der radioaktiven Atome wird durch eine sehr durchdringende kosmische Strahlung ausgelöst, die durch Gesteinsschichten von etwa 50 km Dicke bis zur Unmerklichkeit abgeschwächt wird.

Einige numerische Daten zu den obigen Ausführungen gibt die folgende Zusammenstellung:

Erdradius	$= 6{,}37 \cdot 10^8$ cm
Erdoberfläche	$= 5{,}10 \cdot 10^{18}$ cm²
Erdvolumen	$= 1{,}08 \cdot 10^{27}$ cm³
Erdmasse	$= 5{,}98 \cdot 10^{27}$ g
Wasserwert der Erde	= rund $1{,}2 \cdot 10^{27}$ g Wasser
Temperaturgradient an der Oberfläche $\frac{d\vartheta}{dz}$	$= 32.10^{-5} \frac{\text{Grad}}{\text{cm}} = 32 \frac{\text{Grad}}{\text{km}}$
Mittlere Wärmeleitfähigkeit der Gesteine k	$= 5 \cdot 10^{-3}$ cal/cm Grad sec
Dichte des radialen Wärmestromes $k\frac{d\vartheta}{dz}$	$= 1{,}6 \cdot 10^{-6}$ cal/cm² sec
Gesamter radialer Wärmestrom	$= 8{,}2 \cdot 10^{12}$ cal/sec
Wärmeproduktion von 1 g U	
(im Gleichgewicht mit Zerfallsprodukten)	$= 2{,}5 \cdot 10^{-8}$ cal/g sec
ebenso für 1 g Th	$= 0{,}68 \cdot 10^{-8}$ cal/g sec
Thermisches Äquivalent von 1 g Th	= 0,272 g U
Mittlerer U-Gehalt von Gesteinen (vgl. VII, 1)	$= 6{,}7 \cdot 10^{-6}$
„ Th- „ „ „	$= 2{,}2 \cdot$ U-Gehalt

Literatur zu VII, 2 siehe Seite 557.

Gesamter „Uran"-Gehalt	$= 6{,}7\,(1 + 2{,}2 \times 0{,}272) \cdot 10^{-6}$
	$= 10{,}7 \cdot 10^{-6}$
Mittlere Dichte der Gesteine	$= 3$ g/cm³
„ „Uran"-menge in 1 cm³	$= 32 \cdot 10^{-6}$ g „U"/cm³
Wärmeproduktion in 1 cm³ p	$= 8{,}0 \cdot 10^{-13}$ cal/cm³ sec

a) Unter der Annahme gleichmäßiger Verteilung der Radioelemente in der oben angegebenen Konzentration über den ganzen Erdkörper erhält man:

Gesamter „Uran"-Gehalt der Erde	$= 1{,}08 \cdot 10^{27} \times 32 \cdot 10^{-6}$
	$= 34{,}6 \cdot 10^{21}$ g
Gesamte Wärmeproduktion	$= 34{,}6 \cdot 10^{21} \times 2{,}5 \cdot 10^{-8}$
	$= 8{,}65 \cdot 10^{14}$ cal/sec
	$= 105 \times$ radialer Wärmestrom
Temperaturzunahme der Erde	$= \frac{104}{105} \times 8{,}65 \cdot 10^{14}/1{,}2 \cdot 10^{27}$
	$= 7{,}1 \cdot 10^{-13}$ Grad/sec
	$= 2{,}2 \cdot 10^{-5}$ Grad/Jahr

b) Unter der Voraussetzung eines **stationären** Temperaturzustandes der Erde werden die dazu erforderlichen Werte:

„Uran"-menge $= 8{,}2 \cdot 10^{12}/2{,}5 \cdot 10^{-8}$	$= 32{,}8 \cdot 10^{19}$ g U
Gesteinsvolumen $= 32{,}8 \cdot 10^{19}/32 \cdot 10^{-6}$	$= 1{,}03 \cdot 10^{25}$ cm³
Dicke der radioaktiven Rinde h	$= 1{,}03 \cdot 10^{25}/5{,}10 \cdot 10^{18}$
	$= 2{,}02 \cdot 10^{6}$ cm $= 20{,}2$ km

In diesem Falle folgt bei gleichmäßiger Verteilung bis zur Tiefe h für die Temperaturverteilung die Differentialgleichung:

$$k\frac{d\vartheta}{dz} = p\,(h - z)$$

und daraus weiter

$$\vartheta_z = \vartheta_0 + \frac{p}{k}\left(hz - \frac{z^2}{2}\right)$$

$$\vartheta_h = \vartheta_0 + \frac{p\,h^2}{2k}\,.$$

Mit den obigen Werten ($p = 8{,}0 \cdot 10^{-13}$ cal/cm³ sec, $h = 2{,}0 \cdot 10^{6}$ cm, $k = 5 \cdot 10^{-3}$) wird $\vartheta_h = \vartheta_0 + 320^\circ$ C.

Wird statt gleichmäßiger Verteilung der Radioelemente über die Dicke h angenommen, daß diese exponentiell abnehme nach dem Gesetze $p = p_0 e^{-az}$, wobei p_0 dem früheren p entspricht und $a = \frac{1}{h}$ ist, also die Gesamtmenge die gleiche wie früher ist, so gilt:

$$\vartheta_z = \vartheta_0 + \frac{p_0}{a^2 k}(1 - e^{-az})$$

$$\vartheta_\infty = \vartheta_0 + \frac{p_0}{a^2 k} = \vartheta_0 + \frac{p_0 h^2}{k} = \vartheta_0 + 640^\circ\,\mathrm{C}\,.$$

Literatur zu VII, 2 siehe Seite 557.

c) Unter der Annahme, daß die Erde ursprünglich eine heiße Kugel war und zugleich einen mit der Tiefe exponentiell abnehmenden Gehalt an radioaktiven Stoffen besitze, gilt für die obersten Schichten die Differentialgleichung:

$$\frac{\partial \vartheta}{\partial t} - l^2 \frac{\partial^2 \vartheta}{\partial z^2} = \frac{p}{c\varrho},$$

wobei $p = p_0 e^{-az}$ die Wärmeerzeugung in der Volumeinheit, ϱ die Dichte, c die spezifische Wärme und $l = \sqrt{\frac{k}{\varrho c}}$ die sogenannte „Temperaturleitfähigkeit" der Gesteine ist. Setzt man für $t = 0$ (Beginn der Bildung einer festen Kruste): $\vartheta = \Theta + mz$, wobei der ursprüngliche Temperaturgradient m durch die Abhängigkeit des Schmelzpunktes der Gesteine vom Druck gegeben ist $\left(\text{also etwa von der Größenordnung } 4\,\frac{\text{Grad}}{\text{km}}\right)$, so liefert die Integration der Differentialgleichung das Resultat:

$$\vartheta(z,t) - \vartheta(0,t) = mz + \left(\Theta - \frac{p_0}{a^2 k}\right) G\left(\frac{z}{2l\sqrt{t}}\right)$$

$$+ \frac{p_0}{2a^2 k} e^{a^2 l^2 t}\left\{e^{-az}\left[1 - G\left(al\sqrt{t} - \frac{z}{2l\sqrt{t}}\right)\right] - e^{az}\left[1 - G\left(al\sqrt{t} + \frac{z}{2l\sqrt{t}}\right)\right]\right\}$$

und

$$\left(\frac{d\vartheta}{dz}\right)_{z=0} = m + \left(\Theta - \frac{p_0}{a^2 k}\right)\frac{1}{l\sqrt{\pi t}} + \frac{p_0}{ak}.$$

Die Funktion $G(x)$ ist dabei definiert durch $G(x) = \frac{2}{\sqrt{\pi}}\int_0^x e^{-u^2} du$, also das sog. Gauss'sche Fehlerintegral. Die Berechnung der derzeitigen Temperaturverteilung erfordert die Kenntnis des Alters der festen Erdkruste; auf Grund der in VII, 3 besprochenen Altersbestimmungen nimmt A. Holmes[9]) den Wert $t = 1{,}6 \cdot 10^9\,a = 5 \cdot 10^{16}$ sec an. Der Anteil der radioaktiven Wärmeproduktion am gesamten radialen Wärmestrom wird von Holmes auf etwa $^3/_4$, von G. F. Becker[10]) auf $^2/_3$, von H. Jeffreys[18]) auf $^7/_8$ geschätzt. Aus analogen Berechnungen von L. H. Adams[20]) ergibt sich für die Temperaturverteilung bis zur Tiefe von 250 km:

z	=	0	5	10	15	20	30	40	50	75	100	150	200	250	km
$\vartheta_z - \vartheta_0$	=	0°	150°	270°	380°	480°	630°	760°	865°	1100°	1300°	1620°	1900°	2165°	
$\frac{d\vartheta}{dz}$	=		30	24	22	20	15	13	10,5	9,4	8,0	6,4	5,6	5,3	$\frac{\text{Grad}}{\text{km}}$

Lokale Konzentration von radioaktiven Stoffen kann lokale Anomalien des Temperaturgradienten erklären, wie sie z. B. im Simplontunnel tatsächlich beobachtet wurden. Derselbe Umstand, in Verbindung mit Verringerung der Wärmeableitung infolge übergelagerter mächtiger Sedimentschichten könnte zu Temperatursteigerungen führen, die vielleicht mit tektonischer Instabilität und mit vulkanischen Erscheinungen in Zusammenhang zu bringen wären [J. Joly[7])].

Literatur zu VII, 2 siehe Seite 557.

In späteren Arbeiten entwickelt J. Joly[17]) eine Theorie, wonach periodisch die Unterlage der Kontinentalschollen sich bis über den Schmelzpunkt erwärmt, wodurch die Kontinente einsinken; darauf erfolgt wieder Erstarrung des Tiefenmagmas und Hebung der Kontinente; die Periodenlänge wird (unter Voraussetzung eines Gesamtalters der Erdkruste von nur 200 Millionen Jahren) zu etwa 3.10^7 Jahren berechnet [vgl. hierzu auch J. R. Cotter[19]) und H. Jeffreys[18])].

A. Holmes und R. W. Lawson[21]) berücksichtigen auch die Wärmeproduktion aus dem Zerfall der Elemente K und Rb (vgl. IV, 10), wobei speziell K einen Beitrag gleicher Größenordnung wie U und Th liefert.

Literatur zu VII, 2:

1) F. Himstedt, Phys. Z. **5**, 210, 1904.

2) C. Liebenow, Phys. Z. **5**, 625, 1904.

3) J. Koenigsberger, Phys. Z. **7**, 297, 1906.

4) R. J. Strutt, Proc. Roy. Soc. (A) **77**, 472, 1906; Naturw. Rundschau **21**, 405, 1906; Nature **79**, 206, 1908; Proc. Roy. Soc. (A) **84**, 377, 1910.

5) H. A. Wilson, Nature **77**, 365, 1908.

6) J. Elster u. H. Geitel, Weltall **8**, 249, 1908.

7) J. Joly, Proc. Dublin Soc. **11**, 288, 1908; Phil. Mag. (6) **16**, 190, 1908; Radioactivity and Geology, London 1909; Congr. Intern. Bruxelles (1910) I, 370, 1911.

8) G. W. Bulman, Nature **90**, 305, 1912.

9) A. Holmes, The Age of the Earth, London and Newyork, 1913; Geol. Mag. (6) **2**, 60, 102, 1915; **3**, 265, 1916; Proc. Geol. Assoc. **26**, 289, 1915.

10) G. F. Becker, Bull. Geol. Soc. Am. **19**, 113, 1908; **26**, 171, 1915; Smith. Inst. Misc. Coll. **56**, Nr. 6, 1910; Science **41**, 157, 1915; Referat Beibl. **39**, 661, 1915.

11) H. Jeffreys, Phil. Mag. (6) **32**, 575, 1916.

12) R. W. Lawson, Naturwiss. **5**, 429, 452, 610, 709, 1917.

13) O. Mügge, Zentralbl. f. Min., Geol. u. Paläont. 1922, 721, 753.

14) Lord Rayleigh, W. J. Sollas, Nature **108**, 279, 1921.

15) H. H. Poole, Phil. Mag. (6) **46**, 406, 1923.

16) A. P. Socolow, J. de phys. et le Rad. (6) **5**, 153, 1924.

17) J. Joly, Phil. Mag. (6) **45**, 1167, 1923; **46**, 170, 1923; Halley Lecture, Oxford, Clarendon Press 1924; Phil. Mag. (7) **1**, 932, 1926; **2**, 245, 1926; Gerland's Beitr. Geophys. **15**, 189, 1926.

18) H. Jeffreys, The Earth, Cambridge Univers. Press 1924; Nature **115**, 876, 1925; Phil. Mag. (7) **1**, 923, 1926.

19) J. R. Cotter, Phil. Mag. (6) **48**, 458, 1924.

20) L. H. Adams, J. Washington Acad. **14**, 459, 1924.

21) A. Holmes u. R. W. Lawson, Nature **117**, 620, 1926.

22) J. B. Ostermeier, Z. techn. Phys. **7**, 196, 1926.

3. Bestimmung des Alters von Mineralien und Gesteinen. Während die Berücksichtigung des Anteils radioaktiver Stoffe an der Erdwärme ältere Methoden zur Berechnung des Alters der festen Erdkruste entwertet hat, liefert die Zerfallstheorie neue Hilfsmittel, das Alter von Mineralien und Gesteinen verschiedener geologischer Perioden, d. h. die Zeit, seit welcher sie wesentlichen ihre Zusammensetzung ändernden chemischen Einflüssen entzogen sind, wenigstens der Größenordnung nach zu bestimmen. Hierfür kommen erstens die stabilen Endprodukte der Umwandlungsreihen, zweitens das aus den emittierten α-Teilchen entstandene Helium, drittens in speziellen Fällen die von α-strahlenden Einschlüssen hervorgerufenen „pleochroitischen Höfe" in Kristallen in Betracht.

a) Altersbestimmung aus dem Bleigehalt.

Alle drei Zerfallsreihen führen zu Endprodukten (Ra G, Ac D, Th D), die Bleiisotope sind und als stabil betrachtet werden können; die vorübergehend aufgestellte Hypothese, daß Th D instabil und im Verhältnis zu Th kurzlebig sei [A. Holmes und R. W. Lawson[13])] wurde später als unhaltbar aufgegeben [R. W. Lawson[15])]. Die Menge des in der Zeit t gebildeten Endproduktes läßt sich aus den Grundgesetzen der Zerfallstheorie leicht berechnen und daher kann auch umgekehrt aus dem durch Analyse bestimmten Gehalt einer Gesteins- oder Mineralprobe an Blei und Muttersubstanzen (U, Th) das Alter abgeleitet werden.

Neben der — durch geologische Gründe zu stützenden — Voraussetzung, daß innerhalb der Zeit t keine chemische Einwirkung erfolgt sei, die Pb oder U (Th) abgetrennt habe, ist hierzu noch die weitere Voraussetzung erforderlich, daß das gesamte vorhandene Pb radioaktiven Ursprunges sei — eine Voraussetzung, deren Richtigkeit allenfalls durch Bestimmung des Atomgewichtes des vorhandenen Bleis ($A = 206$ für Ra G, $A = 208$ für Th D, $A = 207 \pm 1$ für Ac D) geprüft werden kann. Freilich bleibt es selbst dann, wenn beide Voraussetzungen erfüllt sind, noch fraglich, ob der für t berechnete Wert gerade der Entstehungszeit im geologischen Sinne entspricht [vgl. die kritischen Ausführungen von H. S. Shelton[17])].

Sind zur Zeit $t = 0$ von der Muttersubstanz (Atomgewicht A, Zerfallskonstante λ), N_0 Atome vorhanden, so existieren zur Zeit t davon noch $N = N_0\, e^{-\lambda t}$, während $N' = N_0 - N = N_0 (1 - e^{-\lambda t})$ bereits zerfallen sind. Wenn t groß gegen die mittlere Lebensdauer des längstlebigen Zwischenproduktes ist, so ist die Zahl der auf die Zwischenprodukte entfallenden Atome zu vernachlässigen und N' als die Zahl der Atome des Endproduktes (Atomgewicht A') aufzufassen. Es ist also:

Literatur zu VII, 3 siehe Seite 564.

$$\frac{N'}{N} = \frac{1 - e^{-\lambda t}}{e^{-\lambda t}} = e^{\lambda t} - 1 = \lambda t + \frac{\lambda^2 t^2}{2} + \cdots = \lambda t\left(1 + \frac{\lambda t}{2} + \cdots\right)$$

und das Massenverhältnis:

$$\frac{m'}{m} = \frac{A'N'}{AN} = \frac{A'}{A}\lambda t\left(1 + \frac{\lambda t}{2} + \cdots\right)$$

Bei U als Muttersubstanz kann wegen der Isotopie (also chemischen Untrennbarkeit) von U_I und U_{II} eine von vornherein dem Gleichgewichtsverhältnis entsprechende Mischung dieser Bestandteile angenommen werden, die Vernachlässigung der Zwischenprodukte ist daher erlaubt, wenn t groß (etwa das 5 bis 10fache) gegen die Halbierungszeit des Ioniums (T = ca. 10^5 a) ist. Mit $A = 238$, $A' = 206$, $T = 4{,}5 \cdot 10^9$ a, $\lambda = 1{,}54 \cdot 10^{-10}\,\mathrm{a}^{-1}$ erhält man:

$$\frac{m'(\mathrm{Ra\,G})}{m(\mathrm{U})} = 1{,}33 \cdot 10^{-10}\, t\,(1 + 7{,}7 \cdot 10^{-11}\, t)$$

bzw.

$$t\,(1 + 7{,}7 \cdot 10^{-11}\, t) = 7{,}52 \cdot 10^{9}\, \frac{m'}{m}.$$

Bei Th als Muttersubstanz sind alle Zwischenprodukte kurzlebig. Mit $A = 232$, $A' = 208$, $T = 1{,}65 \cdot 10^{10}$ a, $\lambda = 4{,}20 \cdot 10^{-11}\,\mathrm{a}^{-1}$ wird:

$$\frac{m'(\mathrm{Th\,D})}{m(\mathrm{Th})} = 3{,}77 \cdot 10^{-11}\, t\,(1 + 2{,}1 \cdot 10^{-11}\, t)$$

bzw.

$$t\,(1 + 2{,}1 \cdot 10^{-11}\, t) = 2{,}65 \cdot 10^{10}\, \frac{m'}{m}.$$

Sind U und Th gleichzeitig vorhanden, so ergibt eine einfache Summierung der Gleichungen für m′ das Resultat:

$$m'(\mathrm{Pb}) = 1{,}33 \cdot 10^{-10}\, t(1 + 7{,}7 \cdot 10^{-11}\, \mathrm{t})\,[m(\mathrm{U}) + 0{,}283\,(1 - 5{,}6 \cdot 10^{-11}\, \mathrm{t})\, m(\mathrm{Th})],$$

d. h. für je 1 g Th ist als „Uranäquivalent" rund 0,283 g U (mit einer kleinen Zeitkorrektur) einzusetzen und dann mit der Uranformel zu rechnen. [Infolge anderer Annahmen über die Zerfallskonstanten finden sich in der Literatur abweichende Werte des „Uranäquivalents" von Th, z. B. 0,384 bei A. Holmes und R. W. Lawson[33])].

Insofern die Voraussetzung, daß die Probe zur Zeit $t = 0$ bleifrei war, unsicher ist, erhält man durch die obigen Formeln im allgemeinen einen oberen Grenzwert des Alters. Das Verhältnis $\frac{\mathrm{Pb}}{\mathrm{U}}$ der Mengen von Blei und Uran in verschiedenen Uranmineralien, die verschiedenen geologischen Formationen angehörten, und nach ihren Lagerungsverhältnissen seit ihrer Bildung keinen chemischen Veränderungen unterlegen sein dürften, wurde von B. B. Boltwood[1]) und von A. Holmes[8, 12]) experimentell untersucht. Die Resultate für $\frac{\mathrm{Pb}}{\mathrm{U}}$ schwankten zwischen 0,04 und 0,2, zeigten aber für einen bestimmten Fundort gute Übereinstimmung.

Literatur zu VII, 3 siehe Seite 564.

Die entsprechenden Alterswerte liegen zwischen 290 und 1350 Millionen Jahren. Eine von H. Jeffreys[31]) mit neueren Konstanten umgerechnete Tabelle von A. Holmes ergibt aus geologisch gut definierten Mineralien die geologische Zeitskala:

Tertiär, Oligozän:	26	Millionen	Jahre
„ Eozän:	60	„	„
Primär, Karbon:	260—300	„	„
„ Devon:	310—340	„	„
Archäisch, oberes Präkambrium:	560	„	„
„ mittleres „	770—950	„	„
„ unteres „	1210—1340	„	„

Mineralien, die sowohl U als Th enthalten, wurden zunächst von A. Holmes und R. W. Lawson[13]) zur Altersbestimmung herangezogen, wobei sich auffallend kleine Werte des Alters (8 bis 300 Millionen Jahre) ergaben, und zwar um so kleiner, je größer der Quotient $\frac{\text{Th}}{\text{U}}$ war. Wie schon erwähnt, wurde dieses Ergebnis zuerst auf die Instabilität des Th D, später aber [R. W. Lawson[15])] auf sekundäre Entstehung der thorreichen Mineralien zurückgeführt.

Weitere Bestimmungen liegen vor von E. Gleditsch[20]) an Bröggerit (Alter rund 950 Millionen Jahre) und von G. Kirsch[26]) an Morogoroerz (Alter 650 Millionen Jahre). Unter der Annahme, daß das Th selbst ein Zerfallsprodukt eines „Thoruran" genannten Uranisotopes sei (vgl. S. 524) leitet G. Kirsch daraus für dieses eine Halbierungszeit von $63 \cdot 10^6\, a$ ab [vgl. auch die Untersuchungen von W. Riß[30])]. Aus Berechnungen von H. V. Ellsworth[32]) folgen für einige Mineralien die Werte:

Uraninite aus dem oberen Devon:	Alter	$364—475 \cdot 10^6\, a$
„ „ „ Präkambrium:	„	$956—1310 \cdot 10^6\, a$
Komplexe Mineralien aus dem „	„	$187—294 \cdot 10^6\, a$.

Besonders hohen Bleigehalt (Pb/U = 0,225 bei einem Atomgewicht von 206,07, das auf fast reines Uranblei hinweist) und entsprechendes Alter ($t > 1{,}5 \cdot 10^9\, a$) finden T. W. Richards und L. P. Hall[34]) an einer Probe von Uraninit aus Süd-Dakota.

A. Muguet und J. Seroin[23]) bestimmten an Autuniten das Verhältnis $\frac{\text{Ra}}{\text{U}}$ und schlossen daraus auf sehr geringes Alter (unter 2000

Literatur zu VII, 3 siehe Seite 564.

Jahren), wobei allerdings die Bildung des Zwischenproduktes Ionium nicht berücksichtigt zu sein scheint.

H. N. Russell[24]) sucht das Alter der Erdkruste als Ganzes aus ihrem Gesamtgehalt an U (bzw. Th) und Pb zu bestimmen und erhält Werte von der Größenordnung $10^{10}\,a$.

b) Altersbestimmung aus dem Heliumgehalt.

Durch die Zerfallskonstanten von U und Th und die Loschmidtsche Zahl ist die von der Masseneinheit U (Th) in der Zeiteinheit ausgesandte Zahl von α-Teilchen oder in andern Worten die erzeugte Heliummenge (vgl. III, 7) gegeben.

Mit den hier angenommenen Werten $\lambda_U = 1{,}54 \cdot 10^{-10} a^{-1}$, $\lambda_{Th} = 4{,}20 \; 10^{-11} a^{-1}$, $L' = 6{,}06 \cdot 10^{23}$ Atome/Grammatom, $L = 2{,}70_4 \cdot 10^{19}$ Atome/cm³ berechnet sich für 1 g der Muttersubstanz, die mit allen Folgeprodukten im Gleichgewicht ist, die Heliumerzeugung zu:

$$q = 3{,}14 \cdot 10^{12} \frac{\text{Atome}}{a} = 1{,}16 \cdot 10^{-7} \frac{\text{cm}^3}{a} \text{ für U (8 } \alpha\text{-Strahler)}$$

$$q = 6{,}58 \cdot 10^{11} \frac{\text{Atome}}{a} = 2{,}43 \cdot 10^{-8} \frac{\text{cm}^3}{a} \text{ für Th (6 } \alpha\text{-Strahler).}$$

Bezüglich der Heliumentwicklung ist also 1 g Th äquivalent zu 0,210 g U.

Wurde aus einer ursprünglich heliumfreien Menge m_0 der Muttersubstanz U das in der Zeit t erzeugte Helium aufgespeichert, so gilt für die Zeit t — analog wie früher bei der Pb-Bildung —

$$\frac{m(\text{He})}{m(\text{U})} = qt\left(1 + \frac{\lambda}{2} t\right).$$

Abgesehen von Fällen, wo zufällig ein Anfangsgehalt an He vorlag, (z. B. wurde bei Beryllium abnorm hoher He-Gehalt gefunden), wird im allgemeinen die gefundene He-Menge zu klein sein, da ein Teil durch Diffusion entweicht [über He-Abgabe von erhitztem Thorianit vgl. D. O. Wood[5])]; das berechnete Alter ist also ein unterer Grenzwert [J. A. Gray[5])], so daß die Blei- und die Heliummethode, an derselben Probe angewandt, den wahren Wert zwischen Grenzen einschließen. Quantitative Bestimmungen wurden von R. J. Strutt[2]) vorgenommen und von A. Holmes[12]) und R. W. Lawson[15]) mit den nach der Bleimethode erhaltenen verglichen. Aus einer von dem letztgenannten Autor stammenden Tabelle (hier im Auszug) ergibt sich:

Literatur zu VII, 3 siehe Seite 564.

Geologische Formation	Alter (He)	Alter (Pb)
Holozän	0,1 $\cdot 10^6 a$	—
Plistozän	0,96	—
Pliozän	1,56	—
Miozän	6,1	—
Oligozän	7,5	—
Oberkarbon	137	320 $\cdot 10^6 a$
Mitteldevon	46,1	340
Devon	120	—
Silur (?)	227	400
„	242	500
Oberes Präkambrium	127	—
„ „	159	—
„ „	267	1200
Mittleres „	352	1300
„ „	409	1300
Unteres „	581	1500
„ „	600	1500

Aus dem He-Gehalt von Eisenmeteoriten berechnen F. Paneth und Kurt Peters[40]) ein Alter von $6 \cdot 10^8$ a.

c) Altersbestimmung aus pleochroitischen Höfen.

Die in manchen Glimmersorten und anderen Mineralien beobachteten „pleochroitischen Höfe", die sich als verfärbte kugelförmige Gebilde mit fremden Einschlüssen in ihrer Mitte darstellen, wurden von J. Joly[3]) und O. Mügge[4]) durch die Annahme erklärt, daß der Kern α-strahlend sei und hierdurch die Verfärbung bewirkt habe. Die genauere Untersuchung [J. Joly[3,7,16,27]); J. Joly und A. L. Fletcher[7]); J. Joly und J. H. J. Poole[21]); O. Mügge[4,29]); H. Hirschi[22]); B. Gudden[25]); A. Schilling[25])] der Struktur der Höfe in Dünnschliffen ließ tatsächlich eine konzentrische Anordnung verschieden stark verfärbter Zonen erkennen, deren äußere Radien im allgemeinen den Reichweiten verschiedener α-Strahlgruppen entsprechen (von etwa 13 μ für die α-Strahlen des U bis zu 33 μ für RaC und 40 μ für ThC′). Demzufolge lassen sich verschiedene Typen unter den Höfen unterscheiden, die auf U bzw. Th oder RaEm als wirksames Element im Zentrum hinweisen und daher entsprechend benannt werden. Daneben werden aber auch andere Typen gefunden, so zwei den Th-Höfen ähnliche, die J. Joly als X_1- und X_2-Höfe bezeichnet und nicht als sekundär modifizierte Th-Höfe auffaßt; ferner Höfe mit einem Ring von 5 μ Radius (entsprechend einer Reichweite in Luft R = 1,5 cm), dem Joly ein neues bisher unbekanntes radioaktives Element „Hiber-

Literatur zu VII, 3 siehe Seite 564.

nium“ zuordnet (vgl. VI, 11); endlich wurde auch ein Hof mit 8,5 μ Radius gefunden. S. Iimori und J. Yoshimura[38]) finden in Biotiten Ringe mit 10,0 und 5,9 μ (R = 2,1 und 1,2 cm Luft) und ordnen ihnen die Stammsubstanzen des Ac mit Halbwertszeiten von 10^{12} und $10^{23}a$ zu.

Höfe analogen Charakters wurden von E. Rutherford[6]) in Glas künstlich erzeugt mittels kondensierter RaEm als Strahlungsquelle.

Die natürlichen Höfe zeigen verschiedene Stadien der Ausbildung, entsprechend der Zahl der emittierten α-Teilchen, sei es infolge verschiedenen Gehaltes des Kernes an Radioelementen, sei es infolge verschiedener Dauer der Einwirkung. Versuche von J. Joly und E. Rutherford[11]) führten zu einer ungefähren Ermittlung dieser Zeit auf folgendem Wege:

Künstliche Verfärbung des Glimmers mittels starker α-strahlender Präparate ($25 \cdot 10^{-3}$ Curie RaEm) lieferte eine Vergleichskala, aus der die Gesamtzahl der bis dahin vom Kern emittierten α-Teilchen bestimmt werden konnte (Resultate bei 30 Proben zwischen $2,6 \cdot 10^8$ und $16 \cdot 10^8$). Der Urangehalt, bzw. der Radiumgehalt der meist aus Zirkon bestehenden Kerne ließ sich nicht direkt messen, aber ungefähr schätzen aus der mikroskopischen Messung der Dimensionen des Kernes und aus der Annahme, daß — entsprechend Ergebnissen R. J. Strutts — der Urangehalt von Zirkonen den Wert von 10% in der Regel nicht übersteigt. Auf diese Weise ergaben sich also als untere Grenze des Alters für die untersuchten Proben Werte zwischen 20 und 470 Millionen Jahren, und zwar wären diese Zahlen dem frühen Devon zuzuordnen. Zugleich zeigt die Berechnung, daß ein Kern mit einem Gehalt von $3 \cdot 10^{-11}$ g U und daher 10^{-17} g Radium innerhalb dieser langen Zeiträume bereits einen merklichen Effekt hervorruft.

Bei U-Höfen fand J. Joly[27]) für den innersten Ring (α-Strahlen von U_I) anomale Werte des Radius, nämlich bis zu 16 μ (statt 13 μ), und zwar um so größer, je älter das untersuchte Mineral nach seiner geologischen Einreihung war. Er schloß daraus, daß die Zerfallskonstante von U_I im Laufe der Zeit abgenommen habe, während B. Gudden[25]) keine solchen Anomalien bei U-Höfen findet.

Die Unsicherheiten in der Altersschätzung, die aus Umkehrung der Verfärbung bei sehr intensiver oder langer Bestrahlung, Beeinflussung durch die Temperatur usw. entstehen, wurden von J. Joly und J. H. J. Poole[21]), H. Hirschi[22]), B. Gudden[25]), W. Duane[28]) und J. St. van der Lingen[25]) diskutiert.

Zusammenfassungen der Ergebnisse der radioaktiven Methoden der Altersbestimmung und Vergleiche mit den nach astronomischen, geophysikalischen oder geologischen Methoden abgeleiteten Resultaten finden sich bei J. Joly[7]), A. Holmes[12]), A. Hamberg[14]), R. W. Lawson[15]), J. Barrell[18]), F. W. Clarke[19]), H. Jeffreys[31]), H. V. Ellsworth[32]) und L. A. Cotton[39]).

Literatur zu VII, 3 siehe Seite 564.

Literatur zu VII, 3:

1) B. B. Boltwood, Phil. Mag. (6) **9**, 613, 1905; Sill. J. **20**, 253, 1905; **23**, 78, 1907.

2) R. J. Strutt, Proc. Roy. Soc. (A) **76**, 95, 1905; **80**, 56, 572, 1907/08; **81**, 272, 1908; **82**, 166, 1909; **83**, 96, 298, 1909; **84**, 194, 379, 1910.

3) J. Joly, Phil. Mag. (6) **13**, 381, 1907.

4) O. Mügge, Zentralbl. für Min. 397, 1907; 65, 113, 142, 1909.

5) J. A. Gray, Proc. Roy. Soc. (A) **82**, 301, 1909; D. O. Wood, ebendort **84**, 70, 1910.

6) E. Rutherford, Phil. Mag. (6) **19**, 192, 1910.

7) J. Joly, Phil. Mag. (6) **19**, 327, 1910; Congr. intern. Rad. Bruxelles (1910) I, 370, 1911; Phil. Mag. (6) **22**, 357, 1911; J. Joly u. A. L. Fletcher, ebendort **19**, 630, 1910.

8) A. Holmes, Proc. Roy. Soc. (A) **85**, 248, 1911.

9) T. C. Chamberlin, J. Geol. **19**, 674, 1911; Proc. Amer. Phil. Soc. **61**, 247, 1922.

10) G. Hövermann, N. Jahrb. f. Min. **34**, 321, 1912.

11) J. Joly u. E. Rutherford, Phil. Mag. (6) **25**, 644, 1913.

12) A. Holmes, The Age of the Earth, London and Newyork 1913; Proc. Geol. Assoc. **26**, 289, 1915.

13) A. Holmes u. R. W. Lawson, Wien. Ber. **123**, 1373, 1914; Phil. Mag. (6) **28**, 823, 1914; Nature **93**, 479, 1914; Phil. Mag. (6) **29**, 673, 1915.

14) A. Hamberg, Geol. Fören. Stockholm, Förhand. **36**, 31, 1914.

15) R. W. Lawson, Naturwiss. **5**, 429, 452, 610, 709, 1917; Wien. Ber. **126**, 721, 1917.

16) J. Joly, Nature **97**, 455, 1916; **99**, 456, 476, 1917; Trans. Roy. Soc. **217**, 51, 1917.

17) H. S. Shelton, Abs. Proc. Geol. Soc. 1915, 63; Chem. News **116**, 259, 1917.

18) J. Barrell, Bull. Geol. Soc. Amer. **28**, 745, 1917.

19) F. W. Clarke, Washington Proc. **4**, 181, 1918.

20) E. Gleditsch, Fysisk Tidskrift **17**, 101, 1919.

21) J. Joly u. J. H. J. Poole, Nature **104**, 92, 1919.

22) H. Hirschi, Viertelj. Naturf. Ges. Zürich **64**, 65, 1919; Naturwiss. **12**, 939, 1924.

23) A. Muguet u. J. Seroin, C. R. **171**, 1005, 1920; A. Muguet, C. R. **174**, 172, 1922.

24) H. N. Russell, Proc. Roy. Soc. (A) **99**, 84, 1921; Nature **107**, 125, 1921.

25) B. Gudden, Z. f. Krist. **56**, 422, 1921; Z. f. Phys. **26**, 110, 1924; Naturwiss. **12**, 940, 1924; A. Schilling, Diss. Göttingen 1925; J. St. van der Lingen, Zentralbl. f. Min. (A) Nr. 6, 177, 1926.

26) G. Kirsch, Wien. Ber. **131**, 551, 1922; Naturwiss. **11**, 372, 1923.

27) J. Joly, Nature **108**, 279, 1921; **109**, 480, 517, 578, 711, 1922; **111**, 205, 1923; Proc. Roy. Soc. (A) **102**, 682, 1923; J. Chem. Soc. London **125**, 897, 1924; Nature **114**, 160, 1924; Naturwiss. **12**, 693, 1924.

28) W. Duane, Proc. Amer. Phil. Soc. **61**, 286, 1922.

29) O. Mügge, Göttinger Nachr. 1923, Nr. 1.

30) W. Riß, Wien. Ber. **133**, 91, 1924.

31) H. Jeffreys, The Earth, Cambridge Univ. Press 1924; Phil. Mag. (7) **1**, 923, 1926.

32) H. V. Ellsworth, Amer. J. Sci. **9**, 127, 1925; [Referat von W. Eitel, Naturwiss. **13**, 362, 1925].

33) A. Holmes, Nature 117, 482, 1926; Phil. Mag. (7) 1, 1055, 1926; A. Holmes u. R. W. Lawson, Nature 118, 478, 1926.
34) T. W. Richards u. L. P. Hall, J. Amer. Chem. Soc. 48, 704, 1926.
35) O. Free, Phil. Mag. (7) 1, 950, 1926.
36) S. C. Lind, Washington Proc. 11, 772, 1925.
37) C. W. Davis, Sill. J. (5) 11, 201, 1926.
38) S. Iimori und J. Yoshimura, Scient. papers Inst. phys. chem. res. Tokyo 5, 11, 1926.
39) L. A. Cotton, Amer. J. Science, July 1926.
40) F. Paneth u. Kurt Peters, Ber. D. chem. Ges. 59, 2039, 1926; Naturwiss. 14, 956, 1926.
Zusammenfassend: O. Hahn, Was lehrt uns die Radioaktivität über die Geschichte der Erde?, bei J. Springer, Berlin 1926; ferner [37]) und [39]).

4. Die Radioaktivität der Gewässer. Bei der Bestimmung der Radioaktivität natürlichen Wassers wird in der Regel nach den V, 4 besprochenen Methoden[1]) der Gehalt an Radiumemanation gemessen. Dabei ist zu unterscheiden zwischen Fällen, wo die Emanation im Gleichgewichte mit den im Wasser gelösten Radiummengen steht und daher zugleich ein Maß des Radiumgehaltes liefert, und solchen, wo Emanation allein oder wenigstens im Überschusse über einen relativ geringen Gleichgewichtsgehalt im Wasser enthalten ist.

Im ersteren Falle kann auch der feste Rückstand einer größeren eingedampften Wassermenge untersucht werden, unter Umständen läßt sich dann neben Ra auch Th nachweisen. Im zweiten Fall ist natürlich das unmittelbare Meßresultat nach dem bekannten Zerfallsgesetze der Emanation auf den Zeitpunkt zu extrapolieren, in dem die Entnahme der Wasserprobe stattfand; ein eventueller Gehalt an Th- oder Ac-Emanation entzieht sich hierbei in der Regel dem empirischen Nachweis.

Neben dem Emanationsgehalt des Wassers selbst kommt bei gasführenden Quellen auch jener der Quellgase, eventuell auch der Ra-Gehalt der Quellsedimente in Betracht.

Als Maßeinheiten (vgl. V, 2) werden für den Emanationsgehalt verwendet: die in Curie pro Volumeinheit (Liter oder cm^3) angegebene Konzentration, beziehungsweise auf Grund der im Jahre 1921 in Freiberg i. S. gefaßten Beschlüsse [siehe P. Ludewig[1])] das „Eman“ $\left(1 \text{ Eman} = 10^{-10} \frac{\text{Curie}}{\text{l}} = 10^{-13} \frac{\text{Curie}}{\text{cm}^3}\right)$, ferner die Mache-Einheit, d. i. jene Konzentration, bei der die in 1 l enthaltene Emanationsmenge bei vollkommener Ausnützung der α-Strahlen (also nach Extrapolation auf unendlich großes Ionisationsgefäß) allein, ohne ihre Zerfallsprodukte einen Sättigungsstrom von 10^{-3} stat. Einh. erzeugt: es ist 1 M. E. $= 3{,}64 \cdot 10^{-10} \frac{\text{Curie}}{\text{l}} = 3{,}64$ Eman. Endlich wird in älteren, besonders

Literatur zu VII, 4 siehe Seite 571.

französischen Arbeiten die „Milligramm-Minute", d. i. jene Menge Emanation, die von 1 g Ra in 1 Minute erzeugt wird, angewendet, beziehungsweise die Konzentration in mg-min pro 10 l angegeben. Richtig wäre also 1 mg-min $= 1{,}25 \cdot 10^{-7}$ Curie und $1\,\frac{\text{mg-min}}{10\,\text{l}} = 1{,}25 \cdot 10^{-11}\,\frac{\text{Curie}}{\text{cm}^3}$ $= 125$ Eman $= 34{,}4$ M. E.

Infolge mangelhafter Kenntnis des Sättigungsstromes, den eine bestimmte Emanationsmenge erzeugt, wurde aber damals diese Einheit zu klein gewählt und entspricht, wo sie in Tabellen [vgl. M. Curie[2])] verwendet ist, etwa 14 M. E.

A. Gehalt von Meerwasser und Binnengewässern. Bezüglich des Radiumgehaltes von Meerwasser liegen zum Teil ziemlich abweichende Versuchsergebnisse vor.

Ort	ϱ in $10^{-15}\,\frac{\text{g Ra}}{\text{cm}^3}$	Autor
—	2,5	R. J. Strutt[3])
Atlant. Ozean		
östl. v. Pernambuco	4	J. Joly[5])
Golfstrom	14	,,
Küste von Irland	34	,,
Mittelmeer	14	,,
Schwarzes Meer	7	,,
Indischer Ozean	4—7	,,
Atlantischer Ozean	1,0	J. Satterly[7])
Adria	0,9—3,9	H. Mache[9])
Golf von Mexiko	1,7	S. J. Lloyd[10])
Atlant. u. Großer Ozean	Mittel 18,8 (2,9—42,3)	U. Mialock[11])
Atlant. u. Großer Ozean in Landferne (IV. Kreuzfahrt der „Carnegie")	0	C. W. Hewlett[13])
St. Lorenzostrom	0,25	A. S. Eve[4])
Nil	4,2	J. Joly[5])
Rockanjie-See (Holland)	0	H. J. Folmer u. A. H. Blaauw[12])

Messungen von W. Knoche[6]) beziehen sich nur auf den Emanationsgehalt frischer Seewasserproben (ohne Angabe des Gleichgewichtsgehaltes) und liefern 0,0 bis 0,3 M. E., im Mittel 0,12 M. E. = 0,44 Eman für den Atlantischen Ozean—Kap Horn—Großen Ozean; spätere Messungen im Großen Ozean geben 0,05 M. E. = 0,18 Eman.

Literatur zu VII, 4 siehe Seite 571.

Analoge Messungen von J. Laub[8]) ergeben im Mittel 0,1 M. E. (mit den Extremen 0,0 und 0,3), und zwar im Großen Ozean etwas kleinere Werte (0,08) als im Atlantischen (0,14).

Bezüglich des Thoriumgehaltes des Meerwassers gibt J. Joly[5]) den Mittelwert $10^{-8} \frac{\text{g Th}}{\text{cm}^3}$ an; H. Mache[9]) findet bei verschiedenen Proben Werte zwischen 8 und $48 \cdot 10^{-8} \frac{\text{g Th}}{\text{cm}^3}$, wobei in erster Annäherung Proportionalität zum Ra-Gehalt besteht.

In theoretischen Berechnungen betreffend die Verteilung radioaktiver Substanzen im Meere kommt V. F. Hess[14]) zu dem Schlusse, daß Zufuhr durch die Flüsse bei weitem nicht zur Erhaltung eines konstanten Radiumgehaltes ausreicht, daß also die Anwesenheit von Uran im Gleichgewichtsverhältnis im Meerwasser anzunehmen ist.

Über die Radioaktivität von Tiefseesedimenten vgl. S. 548, über die Beziehungen des Emanationsgehaltes des Meerwassers zu dem der Atmosphäre über den Ozeanen vgl. S. 587.

B. Quellen. Der Emanationsgehalt von Quellwasser wurde von A. Sella und A. Pochettino[15]) sowie von J. J. Thomson[16]) entdeckt, die Identität mit Radiumemanation zuerst von F. Himstedt[18]) bewiesen. Seither ist eine überaus große Zahl von Quellen untersucht worden, wobei neben den aus Uranerzlagern austretenden auch viele Thermen eine auffallend hohe Aktivität zeigten, ein Umstand, der — besonders im Verein mit der Tatsache, daß bisweilen solche hochaktive Quellen im übrigen fast frei von gelösten Stoffen sind, wie z. B. in Gastein — zuerst auf die therapeutische Bedeutung der Radiumemanation aufmerksam machte. Dementsprechend sind die meisten Thermen und Mineralquellen der bekannten Badeorte Europas untersucht worden.

Daneben wurden aber vielfach auch gewöhnliche Quellen und Brunnen geprüft, um Anhaltspunkte für den Zusammenhang mit den geologischen Verhältnissen des Ursprungsortes zu gewinnen, so besonders in den umfangreichen Untersuchungen von M. Bamberger und K. Krüse[35]) in Tirol, von M. Weidig[57]) in Sachsen, von H. Mache und M. Bamberger[67]) in der Umgebung Gasteins, von H. Perret und A. Jaquerod[74]) im schweizerischen Jura, von P. Loisel[80]) in Frankreich u. a.

Eine Zusammenstellung vieler Resultate findet sich bei A. Gockel sowie bei A. F. Kovarik und L. W. Mc Keehan (siehe Lit., Zusammenfassende Darstellungen). Hier seien aus der außerordentlich großen Zahl von einschlägigen Arbeiten (Lit. Nr. 15—108) nur einige Ergebnisse herausgegriffen, die sich auf stark radioaktive Quellen (Gehalt > 50 Eman) beziehen.

Literatur zu VII, 4 siehe Seite 571.

Gebiet	Ort	Quelle	Gehalt in Eman	Autor
Spanien	Valdemorillo	—	2180	F. Diaz de Rada[100])
,,	Arenas	—	476	,,
Frankreich	Bagnères de Luchon	Source Lepape	415	A. Lepape[81])
,,	Extreys	—	340	,,
,,	La Bourboule	S Choussy	205	,,
,,	Vernet	—	155	,,
,,	Royat	—	153	,,
,,	Plombières	S. Lambinet	141	,,
,,	Grisy	—	136	,,
,,	La Chaldette	—	132	,,
,,	Sail-les-Bains	S. du Hamel	115	,,
,,	Aix-les-Bains	—	205	P. Curie u. A. Laborde[20])
Island	.—	versch. heiße Quellen	bis zu 320	T. Thorkelsson[43])
Skandinavien	Islinge	Lidingen	302	N. Sahlbom[76])
,,	Stockholm	Bollstanas	376	,,
Mitteleuropa	Brambach	Wettinquelle	6500—7500	M. Weidig[57]); P. Ludewig[83])
nördlich der	Oberschlema	—	6700—9200	P. Ludewig[83])
Alpen	St. Joachimstal	Grubenwasser	7500	St. Meyer u. H. Mache[21])
,,	,,	Concordiaquelle	1640	F. Běhounek[102])
,,	Karlsbad	Mühlbrunnen	115	St. Meyer u. H. Mache[21])
,,	,,	Schloßbrunnen	63	,,
,,	,,	Sprudel	0,4	,,
,,	Teplitz	Bergquelle	335	E. Stein [St. Meyer[84])]
,,	,,	andere	62—275	,,
,,	Riesengebirge	—	bis 480	A. Wagner[96])
,,	Baden-Baden	Büttquelle	290—450	C. Engler u. H. Sieveking[22])

Literatur zu VII, 4 siehe Seite 571.

Gebiet	Ort	Quelle	Gehalt in Eman	Autor
Mitteleuropa nördlich der Alpen	Griesbach (Schwarzwald)	Badquelle	95	C. Engler u. H. Sieveking[22])
	Nauheim	Karlsbrunnen	100	H. W. Schmidt u. K. Kurz[24])
	Kreuznach	Inselquelle	73	„
„	Münster a. Stein	Hauptbrunnen	87	„
Alpen	Gastein	Reissacherstollen	840/995	H. Mache[91])
„	„	Sophienquelle	827	„
„	„	andere	68—633	„
„	Froy (Tirol)	Magenquelle	130—180	M. Bamberger u. K. Krüse[35])
„	Villnösstal (Tirol)	Eisenquelle	360	„
„	Steinach a. Brenner	—	240	„
„	Sils (Tirol)	Schwöbbrunnen	78	K. Krüse[35])
„	Mairhofen (Zillertal)	—	54—130	„
„	Stilluptal	Lacknerbrunnen	66	„
„	Bozen	Kühles Brünnl	73	M. Bamberger u. K. Krüse[35])
„	Disentis (Schweiz)	—	175	A. Schweitzer[40])
Italien	Ischia	Altröm. Quelle	1350	C. Engler u. H. Sieveking[22])
„	Castellamare	Acidolaquelle	80	„
Algerien	bei Oran	Bains de la Reine	130	J. Pouget u. D. Chouchak[101])
„	Guergour	—	49—1220	„
Indien	Tuwa (Bombay)	Hot springs	330—620	A. Steichen[73])
Japan	Murasugi	—	160	H. Ikeuti[66])
„	Arima	—	138	D. Isitani u. K. Manabe[44])
Amerika	Hot Springs (Arkansas)	—	90	H. Schlundt u. R. B. Moore[39])
„	Manitou (Colorado)	—	50—305	O. C. Lester[82])

Literatur zu VII, 4 siehe Seite 571.

Bisweilen ist in den Quellen, besonders in Thermen, aus dem Gleichgewichtsgehalte an Emanation auch die Anwesenheit von Radium festzustellen; ebenso in Sedimenten der Quellwässer, z. B. im Reissacherit in Gastein, ferner in den Quellabsätzen in Kreuznach, Baden-Baden, Teplitz, Kissingen u. a.

Quantitative Angaben des Radiumgehaltes $\left(\text{in } 10^{-10} \frac{\text{g Ra}}{\text{l}}\right)$ liegen in den folgenden Orten vor:

Saratoga (New York)	0,1—1,0	R.B.Moore u. C.F.Whittemore[39])
Canadische Quellen	0,08—0,25	J.Satterly u. R.T.Elworthy[77])
Bath (England)	1,4	W. Ramsay[58])
Gastein	0—1,5	W.Kolhörster[52]); H.Mache[91, 105])
Karlsbad, Sprudel	1,0	W. Kolhörster[52])
„ „	0,35—0,54	H. Mache u. F. Kraus[105])
Borschom (Rußland)	0,2—0,7	E. Burkser[90])

Zwischen Ra- und Emanationsgehalt besteht keine Proportionalität, im Gegenteil zeigen bei Quellen desselben engeren Gebietes (Gastein) die heißen großen Ra- bei kleinerem Emanationsgehalt, die kühlen umgekehrt geringen Ra-Gehalt und großen Emanationsgehalt [H. Mache[91])]. Thorium, bzw. RdTh wurde in vielen Thermen nachgewiesen, so z. B. in Homburg v. d. Höhe und in Kreuznach [H. W. Schmidt und K. Kurz[24])], in Kissingen [F. Jentzsch[26])], in verschiedenen Quellen der Umgebung von Halle [W. Starke[52])], im französischen Zentralplateau [A. Lepape[81])], in Colorado [O. C. Lester[82])], und besonders in Echaillon [J. Cluzet und A. Chevallier[87])].

In der Regel beruht die Aktivität der Quellwässer darauf, daß das Wasser auf seinem Wege bloß die Emanation aufgenommen hat, und zwar in einem Betrage, der sowohl vom Radiumgehalt des umgebenden Gesteins als auch von dessen Emanierungsfähigkeit abhängt. Der am Quellort gefundene Emanationsgehalt ist dann noch durch die Laufzeit des Wassers bedingt sowie durch seine Temperatur, insofern bei der Herstellung der Verteilung der Emanation zwischen Wasser und lufterfüllten Räumen die Absorption im Wasser von seiner Temperatur abhängt (vgl. S. 411). Durch die Temperatur ist auch das Verhältnis des Emanationsgehaltes in Wasser und Quellgas bestimmt.

Für den schematischen Fall, daß der Quellgang ein kalibrisches Rohr vom Volumen V und der Oberfläche F sei, wobei a die in der Zeiteinheit von der Flächeneinheit an das Wasser abgegebene Emanationsmenge

---

Literatur zu VII, 4 siehe Seite 571.

und t die Laufzeit des Wassers durch den ganzen Quellgang bezeichnet, berechnet H. Mache[47]) den Emanationsgehalt beim Austritt zu:

$$\varrho = a \frac{F}{V} \frac{(1 - e^{-\lambda t})}{\lambda}.$$

Die Frage der zeitlichen Veränderlichkeit des Emanationsgehaltes der Quellen im Zusammenhange mit wechselnder Ergiebigkeit, meteorologischen Einflüssen usw. wurde behandelt von F. Henrich[23]); A. Hauser[27]); K. Krüse[35]); R. R. Ramsey[71]); A. Steichen[73]); P. Loisel[80]); P. Ludewig[83]) und H. Mache[91]).

Literatur zu VII, 4:

1) C. Engler u. H. Sieveking, Z. Elektrochem. **11**, 714, 1905; Phys. Z. **6**, 700, 1905; Z. anorg. Chem. **53**, 1, 1907; Chem.-Ztg. 1914, S. 449; dieselben u. A. Koenig, Phys. Z. **15**, 441, 1914; C. Engler u. A. Koenig, Phys. Z. **17**, 73, 1916; H. W. Schmidt, Phys. Z. **6**, 561, 1905; H. Mache u. St. Meyer, Z. Instrkde **29**, 65, 1909; Phys. Z. **10**, 860, 1909; Verh. D. Phys. Ges. **11**, 519, 1909; Ra in Biol. u. Heilk. **1**, 350, **2**, 96, 1912; J. v. Weszelsky, II. Congr. Int. Rad. Brüssel (1910), S. 684, 1911; A. Becker, II. Congr. Int. Rad. Brüssel (1910), S. 536, 1911; Z. Instrkde **30**, 301, 1910; W. Hammer, Phys. Z. **13**, 943, 1912; derselbe u. F. Vohsen, Phys. Z. **14**, 451, 1913; A. Laborde, Méthodes de mesures (Gauthier-Villars) S. 157, 1910; H. Mache u. M. Bamberger, Wien. Ber. **123**, 325, 1914; E. H. Büchner, Jahrb. Rad. u. El. **10**, 516, 1913; H. Greinacher, Phys. Z. **13**, 435, 1912; **21**, 270, 1920; G. Berndt, Ann. d. Phys. (4) **38**, 958, 1912; St. Meyer, Jahrb. Rad. u. El. **11**, 447, 1915; J. Moran, Phil. Mag. (6) **30**, 660, 1915; O. Nürnberger, Phys. Z. **21**, 198, 241, 1920; P. Ludewig, Phys. Z. **22**, 298, 1921; Strahlentherapie **13**, 163, 1921; **15**, 384, 1923; Jb. f. Berg- und Hüttenwesen i. Sachsen, 1921; A. Becker, Strahlentherapie **15**, 365, 1923; Z. anorg. Chem. **131**, 209, 1923; E. Burkser, Verh. Radium-Exped. d. Akad. Petersburg 1916.

2) M. Curie, Traité de Radioactivité II, 497, 1910.

A. (Meer- und Binnengewässer):

3) R. J. Strutt, Proc. Roy. Soc. (A) **77**, 472, 1906; **78**, 150, 1906.

4) A. S. Eve, Phil. Mag. (6) **13**, 248, 1907; Phys. Z. **8**, 286, 1907; Phil. Mag. (6) **15**, 102, 1909.

5) J. Joly, Phil. Mag. (6) **15**, 385, 1908; **18**, 396, 1909.

6) W. Knoche, Phys. Z. **10**, 157, 1909; **13**, 112, 1912.

7) J. Satterly, Proc. Cambr. Soc. **15**, 540, 1910; **16**, 360, 1911.

8) J. Laub, Phys. Z. **14**, 81, 1913.

9) H. Mache, Wien. Anz. **51**, 345, 1914.

10) S. J. Lloyd, Sill. J. **39**, 580, 1915; Monthly Weather Rev. Washington **43**, 342, 1915.

11) U. Mialock, Inst. nacion. del profesorado secundo; Comm. del depart de fisica, Nr. 3, 1915 [Referat: Terr. Magn. **21**, 36, 1916].

12) H. J. Folmer u. A. H. Blaauw, Proc. Amsterdam **20**, Nr. 5, 1917.

13) C. W. Hewlett, Terr. Magn. **22**, 173, 1917.

14) V. F. Hess, Wien. Ber. **127**, 1297, 1918.

B. (Quellen):

15) A. Sella u. A. Pochettino, Rend. Linc. (5) **11**, 527, 1902.

16) J. J. Thomson, Phil. Mag. (6) **4**, 352, 1902.

17) E. P. Adams, Phil. Mag. (6) **6**, 563, 1903.

18) F. Himstedt, Ann. d. Phys. (4) **13**, 573, 1904.

19) B. B. Boltwood, Sill. J. (4) **18**, 378, 1904.

20) P. Curie u. A. Laborde, C. R. **138**, 1150, 1904; **142**, 1462, 1906.

21) H. Mache, Wien. Ber. **113**, 1329, 1904; H. Mache u. St. Meyer, Wien. Ber. **114**, 355, 545, 1905; Phys. Z. **6**, 642, 1905.

22) C. Engler, Z. Elektrochem. **11**, 714, 1905; H. Sieveking, Phys. Z. **6**, 700, 1905; C. Engler u. H. Sieveking, Z. anorg. Chem. **53**, 1, 1907.

23) F. Henrich, Erlangen Ber. **36**, 177, 1904; Wien. Anz. **43**, 436, 1906; Z. Elektrochem. **13**, 393, 1907; Phys. Z. **8**, 112, 1907.

24) H. W. Schmidt u. K. Kurz, Phys. Z. **7**, 209, 1906; H. W. Schmidt, Phys. Z. **8**, 1, 1907.

25) G. v. d. Borne, Jahrb. Rad. u. El. **2**, 142, 1905.

26) A. Schmidt, Phys. Z. **6**, 34, 402, 1905; **8**, 107, 1907; G. Gehlhoff, Phys. Z. **7**, 590, 1906; K. R. Koch, Phys. Z. **7**, 806, 1906; F. Jentzsch, Phys. Z. **8**, 886, 1907.

27) A. Hauser, Phys. Z. **7**, 593, 1906.

28) J. v. Sury, Dissert. Freiburg i. S. 1906.

29) S. Loewenthal, Verh. D. Phys. Ges. **9**, 434, 1907.

30) G. Massol, C. R. **147**, 844, 1908; **155**, 373, 1912.

31) A. Wellik, Wien. Ber. **117**, 1191, 1908.

32) K. Reichau, Dissert. Halle 1908.

33) E. Sarasin, C. E. Guye u. J. Micheli, Arch. scienc. phys. et nat. (4) **25**, 36, 1908.

34) M. Bamberger, Wien. Ber. **116**, 1437, 1907; **117**, 1055, 1065, 1908.

35) M. Bamberger u. K. Krüse, Wien. Ber. **119**, 207, 1910; **120**, 989, 1911; **121**, 1763, 1912; **122**, 1009, 1913; Jahrb. k. k. geol. Reichsanst. **64**, 189, 1914; K. Krüse, Jahrb. Rad. u. El. **14**, 352, 1917; Jahrb. Geol. Bundesamt **76**, 81, 1926.

36) H. Mache u. St. Meyer, Z. Instrkde **29**, 65, 1909.

37) E. Ebler, Verh. D. Phys. Ges. **11**, 526, 1909.

38) H. Wieprecht, Dissert. Halle 1909.

39) H. Schlundt u. R. B. Moore, Bull. U. S. Geol. Survey Nr. 395, 1909; H. Schlundt, J. Phys. Chem. **18**, 662, 1914; R. B. Moore u. C. F. Whittemore, J. Ind. Engg. Chem. **6**, 552, 1914.

40) A. Schweitzer, Arch. scienc. phys. et nat. (4) **27**, 256, 1909; **30**, 46, 1910.

41) E. Sommer, Radioaktivitätsverhältnisse natürlicher Heilquellen im deutschen Sprachgebiet, München 1909 [Referat: Phys. Z. **12**, 1192, 1911].

42) J. Satterly, Proc. Cambr. Soc. **15**, 540, 1910.

43) T. Thorkelsson, K. Danske Vidensk. Selsk. Skriften (7) 8, Nr. 4, 181, 1910 [Referat: Beibl. 1911, 565].

44) D. Isitani u. K. Manabe, Proc. Tokyo Math. Phys. Soc. (2) **5**, 226, 1910; **6**, 220, 291, 308, 1912; D. Isitani u. I. Yamakawa, ebendort **6**, 178, 1912; **7**, 10, 32, 1913; D. Isitani, ebendort **7**, 150, 221, 275, 1913; **8**, 15, 1914.

45) O. Scarpa, Gazz. chim. ital. **40**, 285, 1910 [Referat: Beibl. 1911, 799].

46) K. v. Luck, Dissert. Erlangen 1910.

47) H. Mache, Congr. int. Rad. Bruxelles (1910) I, 540, 1911.

48) A. Hurmuzescu, Congr. int. Rad. Bruxelles (1910) C. R. I, 78, 1911; A. Hurmuzescu u. N. Patriciu, ebendort S. 77.
49) O. Pinto, ebendort S. 79.
50) P. Mesernitzky, J. d. russ. phys. chem. Ges. **43**, phys. T. 244, 1911.
51) Chaspoul u. A. Jaubert de Beaujeu, C. R. **153**, 944, 1911.
52) W. Kolhörster, Dissert. Halle 1911; Verh. D. Phys. Ges. **14**, 356, 1912; W. Starke, Dissert. Halle 1911.
53) J. Danne u. V. Crémieu, C. R. **153**, 870, 1911.
54) J. Sterba, Jahrb. Rad. u. El. **8**, 23, 1911.
55) R. Nasini u. C. Porlezza, Rend. Linc. (5) **21**, [1] 316, 475, 1912.
56) H. Sieveking u. L. Lautenschläger, Phys. Z. **13**, 1043, 1912.
57) M. Weidig, Radioaktive Wässer in Sachsen, IV. Teil, Freiberg i. S. 1912.
58) W. Ramsay, Chem. News **105**, 134, 1912.
59) C. Moureu, J. chim. phys. **11**, 63, 1913.
60) A. Laborde u. A. Lepape, C. R. **155**, 1202, 1912.
61) L. Duparc, R. Sabot, u. M. Wunder, Arch. scienc. phys. et nat. (4) **35**, 77, 1913.
62) J. Muñoz del Castillo, Bolet. del Inst. de Radioactividad **5**, 73, 1913; **6**, 1914.
63) E. Gérard u. H. Chauvin, C. R. **157**, 302, 1913.
64) A. Gockel, Die Radioaktivität von Boden und Quellen, Braunschweig, 1914.
65) J. E. Shrader, Phys. Rev. (2) **3**, 339, 1914.
66) S. Ono, Proc. Tokyo Math. Phys. Soc. (2) **7**, 419, 1914; H. Ikeuti, ebendort **7**, 176, 178, 422, 424, 425, 1913/14; K. Fuji, ebendort **8**, 15, 1915; S. Ono u. H. Ikeuti, Nature **94**, 598, 1915.
67) H. Mache u. M. Bamberger, Wien. Ber. **123**, 325, 1914.
68) E. Giurgea, Bull. Ac. Roum. **3**, 54, 1914.
69) E. Poulsson, Skrift. Vidensk. Kristiania 1914, Nr. 8.
70) A. Wagner, Z. f. Balneologie **6**, 440, 1913/14.
71) R. R. Ramsey, Sill. J. **40**, 309, 1915; Phil. Mag. (6) **30**, 815, 1915; Phys. Rev. (2) **7**, 284, 1916; Monthly Weath. Rev. **44**, 295, 1916.
72) P. B. Perkins, Science **42**, 806, 1915.
73) A. Steichen, Phil. Mag. (6) **31**, 401, 1916.
74) H. Perret, Arch. scienc. phys. et nat. (4) **44**, 68, 1917; H. Perret u. A. Jaquerod, ebendort **45**, 277, 336, 418, 1918.
75) J. R. Wright u. G. W. Heise, J. Phys. Chem. **21**, 525, 1917.
76) N. Sahlbom, Ark. Kemi, Min., Geol. **6**, 1, 1916.
77) R. T. Elworthy, Trans. Roy. Soc. Canada **11**, 27, 1917; J. Satterly u. R. T. Elworthy, Bull. Canada Dep. Mines, Nr. 16, 1917; Nature, **101**, 6, 1918.
78) W. Knoche, Mitt. d. Deutsch-chilen. Bundes, Santiago, Dez. 1918; Kalender d. Deutsch-chilen. Bundes, 129, 1919 [Referat: Phys. Ber. **2**, 243, 1921].
79) T. Okaya, Proc. Math. Phys. Soc. Japan (3) **1**, 351, 1919.
80) P. Loisel, C. R. **169**, 791, 1919; J. de radiol. et d'électrol. **4**, 247, 1920; C. R. **171**, 858, 1921; **173**, 921, 1098, 1921; **175**, 890, 1922; P. Loisel u. R. Castelnau, C. R. **173**, 1390, 1921; P. Loisel u. Michailesco, C. R. **175**, 1054, 1922.
81) A. Lepape, C. R. **171**, 731, 1920; **176**, 1702, 1908, 1923; **178**, 931, 1924; **181**, 112, 1925; C. Moureu, A. Lepape u. H. Moureu, C. R. **179**, 123, 1924.
82) O. C. Lester, Sill. J. **46**, 621, 1918.

83) P. Ludewig, Phys. Z. **22**, 121, 298, 1921; **25**, 280, 1924; Strahlentherapie **19**, 170, 1925.
84) E. Stein [St. Meyer], Wien. Mediz. Wochensch. 1921, Nr. 12; 20, 22.
85) E. Ebler u. A. J. van Rhyn, Z. anorg. Chem. **119**, 135, 1921.
86) F. Henrich, Z. anorg. Chem. **33**, 5, 13, 20, 1920; Ber. D. Chem. Ges. **54**, 1715, 1921.
87) J. Cluzet u. A. Chevallier, C. R. **175**, 1163, 1922.
88) Kuckuk, Gas- und Wasserfach, 1922, Februar, 81.
89) L. Kolowrat-Tscherwinski, Verh. Ra-Exped. d. Akad. Petersburg 1916.
90) E. Burkser, J. Russ. Phys. Chem. Ges. **47**, 21, 1915.
91) H. Mache, Wien. Ber. **132**, 207, 1923.
92) C. Viola, Rend. Accad. Lincei (5) **32**, 7, 1923.
93) V. Crémieu, C. R. **177**, 825, 1923.
94) O. Murani, Rend. Ist. Lombardo (2) **56**, 656, 1923.
95) R. Nasini u. C. Porlezza, Giorn. chim. ind. appl. **3**, 543, 1923.
96) A. Wagner, Hochschulwissen **1**, 477, 1924.
97) R. Castagné, C. R. **180**, 510, 1925.
98) A. Baldit, C. R. **180**, 1026, 1925.
99) V. Bianu, Bull. Acad. Roumaine, **9**, 67, 1924.
100) F. Diaz de Rada, Bol. Inst. Radiactiv. Madrid, (2) **5**, 112, 1923; **6**, 5, 20, 26, 1925; **7**, 5, 94, 1926.
101) J. Pouget u. D. Chouchak, C. R. **177**, 1112, 1319, 1923; **181**, 124, 921, 1925; **182**, 1480, 1926.
102) F. Běhounek, J. de phys. et le Rad. (6) **6**, 48, 1925.
103) A. Gil Bermejo, Bol. Inst. Radioactiv. Madrid (2) **5**, 115, 1923.
104) L. Jaloustre, G. Danne, M. Demenitroux u. A. Maubert, C. R. **181**, 222, 1925.
105) H. Mache u. F. Kraus, Phys. Z. **27**, 205, 1926.
106) C. Moureu, A. Lepape, H. Moureu u. M. Geslin, C. R. **182**, 602, 1926.
107) I. Tscherepennikow, Bull. Inst. Geophys. Leningrad **1**, 275, 1925.
108) C. Jacquet, C. R. **182**, 1398, 1926; **183**, 227, 1926.

Zusammenfassende Darstellungen:

A. Gockel, siehe Nr. 64.

A. F. Kovarik u. L. W. Mc Keehan, Radioactivity, S. 136 u. 149, Bull. Nation. Res. Council Nr. 51, Washington, 1925; Internat. Crit. Tables, Washington, 1926.

5. Die Radioaktivität der Atmosphäre. Die Anwesenheit radioaktiver Emanationen und ihrer Zerfallsprodukte in der freien Atmosphäre kann festgestellt werden, entweder durch Methoden, bei denen die Emanation selbst einem Luftstrom durch absorbierende Körper oder durch Kondensation bei tiefen Temperaturen entzogen und in ein Ionisationsgefäß überführt wird, oder durch solche, bei denen die Analogie im Verhalten der Zerfallsprodukte (besonders der A-Körper)

Literatur zu VII, 5 siehe Seite 589.

mit dem positiver Ionen zur Abscheidung der positiven Träger an negativ geladenen Sammlern benützt wird.

Diese Methoden der zweiten Art sind technisch einfacher und daher auch die zuerst angewandten; sie sind in bezug auf quantitative Ergebnisse zwar weniger zuverlässig, dafür aber besser geeignet zur Untersuchung der Radioelemente aus der Ac- und Th-Reihe, bei denen die Kurzlebigkeit der Emanationen die erstere Methode unbrauchbar macht.

A. Qualitativer Nachweis der Zerfallsprodukte der Emanationen in der Atmosphäre. Auf Grund der Eigenschaft der Zerfallsprodukte, sich an negativen Körpern abzuscheiden, wurde zuerst von J. Elster und H. Geitel[1]) die Verbreitung radioaktiver Stoffe in der Erdatmosphäre festgestellt; die Analyse des zeitlichen Verlaufes der Aktivität des Sammlers schien zuerst gegen die Identität mit bekannten Radioelementen zu sprechen [E. Rutherford und S. J. Allen[2])], doch wurde bald für den anfänglichen Teil der Kurve die Übereinstimmung mit den Umwandlungsgesetzen der kurzlebigen Radiumprodukte nachgewiesen [J. Elster und H. Geitel[1]) S. J. Allen[5])]; später konnte aber auch eine Überlagerung der langsam abfallenden Aktivität der Thorprodukte konstatiert werden [H. A. Bumstead[8]); J. E. Burbank[12]); G. A. Blanc[25, 39]); A. Gockel[26]); H. M. Dadourian[31]); W. Wilson[37]); D. Pacini[30]); C. Runge[49]); M. Lindemann[50]); W. Knoche[48]); G. Berndt[55]); S. J. Allen[68])]; auch der Anteil von Actiniumprodukten wurde gefunden, allerdings mit geringerer Sicherheit, einerseits wegen des geringen Betrages, andererseits wegen der Ähnlichkeit der Zeitkonstanten bei Ac und bei Ra [J. Jaufmann[16]); A. Gockel[26]); K. Kurz[27]); W. Knoche[48])].

Bezüglich des Verhältnisses zwischen den Zahlen der in der Volumeinheit enthaltenen Atome von RaEm (N) und ThEm (N') wurden von verschiedenen Autoren die Werte gefunden: G. A. Blanc[25, 39]) in Rom $\frac{N}{N'} = 20000-30000$; H. M. Dadourian[31]) in New Haven $30000-50000$; W. Wilson[37]) in Manchester 3700; D. Pacini[30]) in Sestola 6700. Doch sind wegen der später zu besprechenden Schwierigkeiten in der quantitativen Deutung der Versuchsergebnisse diese Zahlen als unsicher zu betrachten.

Zahlreiche Messungsreihen, welche die Gesamtaktivität des Sammlers betreffen, sind nach der von J. Elster und H. Geitel[1]) beschriebenen Methode angestellt: ein Draht von mehreren Metern Länge wird — in der Regel horizontal — zwischen isolierenden Trägern ausgespannt, mit Hilfe einer Trockenbatterie oder sonstigen Elektrizitätsquelle auf

Literatur zu VII, 5 siehe Seite 589.

ein negatives Potential von mehr als 2000 Volt gebracht und so etwa 2 Stunden oder länger exponiert; dann wird er — auf einen passenden Rahmen gewickelt — in ein geschlossenes Ionisationsgefäß (z. B. Elster-Geitelscher Zerstreuungsapparat mit unten geschlossenem Schutzzylinder) gebracht. Die Entladungsgeschwindigkeit in Volt pro Stunde, dividiert durch die Länge des Drahtes in Metern, wird dann nach Elster und Geitel als „Aktivierungszahl A" bezeichnet.

Einige Ergebnisse sind in der folgenden Tabelle zusammengestellt; sie sind aber nicht immer streng vergleichbar, denn abgesehen von der

Autor	Ort	$\bar{A}$	A_{max}	A_{min}
J. Elster u. H. Geitel[1])	Wolfenbüttel	19	64	4
A. Gockel[7])	Freiburg i. S.	84	170	10
G. C. Simpson[9])	Karasjok (Lappland)	60	384	20
"	Hammerfest	58	204	—
R. Schenk[10])	Halle	14	31	4
W. Saake[6])	Arosa (Schweiz)	91	218	7
J. Elster[1])	Juist (Nordsee)	5	15	1
"	Kochelsee (Oberbayern)	137	224	92
H. Brandes[11])	Kiel	8	17	1
J. Elster, H. Geitel u. F. Harms[18])	Balearen	38	69	14
A. Gockel[7])	Brienzer Rothorn	—	100	6
F. Linke[19])	Gr. Ozean	—	5	1
P. H. Dike[34])	Gr. Ozean, Hochsee	0	—	—
	Gr. Ozean, Landnähe	40	—	—
H. Flemming[32])	Ballon (Deutschl.)	6,3	23	0,5
K. Kurz[27])	Gießen	13	—	—
H. Sieveking[38])	Mittelmeer	40	—	—
H. Stade[41])	Atl. Ozean	—	420	80
E. Kidson[42])	Atl. Ozean	35	85	0
G. Lüdeling[13])	Swinemünde	39	90	18
W. Knoche[48])	Boliv. Hochkordillere (5200 m)	450—520	—	—
W. Budig[51])	Brocken	—	42	8
W. Knoche[48])	Gr. Ozean, Landnähe	7,5	77	1
	Gr. Ozean, Hochsee	3,6	8,5	—
G. Berndt[55])	Argentinien	34	48	9
C. W. Hewlett[63])	Ozean	—	8	—
C. Dorno[52])	Davos (Schweiz)	78	165	33
W. F. G. Swann[65])	Atl. Ozean	23	—	—

Literatur zu VII, 5 siehe Seite 589.

Undefiniertheit der Aktivierungszahlen (vgl. unten) sind bisweilen Anordnung des Sammlerdrahtes, Spannung und Expositionszeit sowie Kapazität der Meßanordnung bei verschiedenen Autoren nicht gleich.

Im allgemeinen zeigt sich, daß über dem Meere der Gehalt an radioaktiven Zerfallsprodukten klein ist, über dem Festlande, besonders in Europa höher, und mit Annäherung an Gebirge (Alpen) beträchtlich steigt.

Bezüglich regelmäßiger Perioden und Beeinflussung durch meteorologische Elemente liegen sehr mannigfache, teilweise nicht übereinstimmende Resultate vor.

B. Quantitative Messung der Zerfallsprodukte in der Atmosphäre. Soll aus der Menge der an einem negativen Sammler niedergeschlagenen und dort nachgebildeten Zerfallsprodukte der Emanationen ein Rückschluß auf den Emanationsgehalt der Atmosphäre gezogen werden, so sind hierbei zu berücksichtigen: 1. die Abweichungen vom Verhältnis des radioaktiven Gleichgewichts; 2. der Umstand, daß bloß die positiven Träger induzierter Aktivität zur Abscheidung gelangen; 3. die komplizierten Beziehungen zwischen der gemessenen abgeschiedenen Menge und der Versuchsanordnung (Einfluß der Beweglichkeit der Träger, der Feldverteilung im Expositionsraum, des zeitlichen Verlaufes der Strahlung nach Beendigung der Exposition, der Abhängigkeit des Ionisierungseffektes von der Anordnung im Meßraum).

In bezug auf das Mengenverhältnis Emanation/Zerfallsprodukte ist theoretisch zu erwarten, daß dieses dem radioaktiven Gleichgewichte entspricht, falls der Emanationsgehalt räumlich und zeitlich konstant oder wenigstens nur langsam veränderlich ist; dagegen werden beträchtliche Abweichungen auftreten, falls der Emanationsgehalt rasche Veränderungen erleidet; das ist der Fall bei Luftmassen, die Th- und Ac-Emanation aufnehmen und durch turbulente Bewegung verteilt werden; hier werden die langlebigen Umwandlungsprodukte im Überschusse über den Gleichgewichtsgehalt vorhanden sein, während bei den Elementen der Radiumreihe nahezu die Gleichgewichtsverhältnisse bestehen werden.

Bezüglich der Anzahl der positiv geladenen Träger (also der A-Atome der 3 Reihen) in der Volumeinheit kommt in Betracht, daß sie außer durch Erzeugung und Zerfall auch noch durch die Wiedervereinigung mit negativen Ionen und die Wanderung im elektrischen Felde bedingt ist.

Literatur zu VII, 5 siehe Seite 589.

Im feldfreien Raume lautet die Bedingung für den stationären Zustand [J. Salpeter[40]); M. Curie[46])]:

$$\frac{dN}{dt} = q - \lambda N - \alpha n N = 0; \quad \text{oder} \quad N = \frac{q}{\lambda + \alpha n} = \frac{q}{\lambda'},$$

wenn N die Zahl der A-Atome in der Volumeinheit, q die Zahl der in der Zeit- und Volumeinheit nacherzeugten, λ die Zerfallskonstante dieses Produktes, ferner n die Zahl der Ionen in der Volumeinheit und α den Wiedervereinigungskoeffizienten bezeichnet. Die Wiedervereinigung hat also denselben Effekt, als ob die Zerfallskonstante statt des wahren Wertes λ den scheinbaren Wert $\lambda' = \lambda + \alpha n$ annehmen würde.

Unter der Voraussetzung $\alpha = 1{,}6 \cdot 10^{-6}$ (vgl. S. 181) und $n = 700$ berechnet sich z. B. für RaA ($\lambda = 3{,}8 \cdot 10^{-3}\,\mathrm{sec}^{-1}$) der Wert $\lambda' = \frac{\lambda}{0{,}77}$, d. h. die Zahl der positiv geladenen RaA-Atome ist 77% der Gesamtzahl. Bei Anwesenheit langsamer (Langevin-)Ionen und sonstiger Adsorptionskerne (Staub, Wassertröpfchen) steigt aber der effektive Wert von α auf ein Vielfaches und damit wird λ' noch kleiner.

Für die Ac- und Th-Produkte entzieht sich der Vorgang einer analogen quantitativen Behandlung, da die Nacherzeugung aus der Emanation (Größe q) lokal stark variiert.

Noch weiter kann der Gehalt an positiven A-Atomen erniedrigt werden durch ihr Abwandern im elektrischen Felde der Erde [J. Salpeter[40])]; bei homogenem Felde würde nur anormales Vorzeichen (negatives Potentialgefälle) eine Verringerung in den unteren Luftschichten hervorrufen; dagegen tritt auch bei normalem Felde eine Verarmung der bodennahen Schichten ein zufolge des Umstandes, daß erfahrungsgemäß die Feldstärke mit der Höhe rasch abnimmt; nach numerischen Berechnungen Salpeters bedingt dies eine Abnahme der Trägerzahl N auf 96% bis 80% je nach der Feldverteilung.

Nur die infolge Wiedervereinigung und Erdfeld verringerte Anzahl N der in der Volumeinheit vorhandenen positiv geladenen Atome des Zerfallsproduktes unterliegt daher der Einwirkung des künstlichen Feldes, das vom negativen Sammler ausgeht.

Ihre Messung gestaltet sich am einfachsten nach einer von H. Gerdien[17]) und von H. Mache und T. Rimmer[20]) zuerst angegebenen, von K. W. F. Kohlrausch[21]) zuerst ausgeführten Methode, die dem Verfahren H. Eberts zur Bestimmung der Ionenzahlen ganz analog ist: ein Luftstrom bekannter Geschwindigkeit c und Fördermenge Φ wird durch einen Zylinderkondensator getrieben, dessen innere Elektrode auf konstantem negativen Potentiale $-E$ geladen bleibt; ist l die Länge, R und r äußerer und innerer Radius des Kondensators und

Literatur zu VII, 5 siehe Seite 589.

u die Beweglichkeit der A-Atome, so werden von diesen alle diejenigen an der inneren Elektrode abgeschieden, bei denen die Ungleichung gilt:

$$u \geqq \frac{c(R^2 - r^2)\log\operatorname{nat}\frac{R}{r}}{2El}.$$

Die Träger geringerer Beweglichkeit entziehen sich zum Teil der Abscheidung. Unter der Annahme, daß obige Ungleichung praktisch für alle Träger erfüllt sei, ist $N\,\Phi$ die Zahl der in der Zeiteinheit auf der Innenelektrode abgeschiedenen A-Atome und nach den in II, 6 allgemein, in Kap. VI, 6 speziell für RaA—C gegebenen Formeln bzw. Zahlentabellen lassen sich die Zahlen $\mathfrak{A}$, $\mathfrak{B}$, $\mathfrak{C}$ der nach einer Aspirationsdauer t vorhandenen Atome jedes Umwandlungsproduktes berechnen. Der Sättigungsstrom J, den dieser Belag nach Beendigung der Aspiration erzeugt (eventuell nach Transport der aktivierten Elektrode in ein eigenes Ionisationsgefäß), ist dann gegeben durch:

$$J = \tfrac{1}{2}(k_1\lambda_1\mathfrak{A} + k_2\lambda_2\mathfrak{B} + k_3\lambda_3\mathfrak{C}),$$

wenn λ die Zerfallskonstante und k den Ionisierungseffekt je eines Atomzerfalles für die drei Stoffe bezeichnet, wobei also k_2 praktisch vernachlässigt werden kann, da RaB kein α-Strahler ist.

Setzt man $J = \frac{1}{K(t)}\varepsilon\,\Phi$, wobei $\varepsilon = \lambda_1 k_1 N$, so ist ε der Sättigungsstrom, den die in der Volumeinheit (cm³) enthaltenen Atome des A-Produktes allein liefern, also ε ein Maß des Gehaltes der Atmosphäre an Zerfallsprodukten der Radiumemanation.

Infolge des Umstandes, daß ursprünglich unmittelbare Abscheidung von RaC statt RaA angenommen wurde, ferner infolge mangelhafter Kenntnis der Größen k_1, k_2, k_3 sind die Originalangaben der später genannten Autoren einer Korrektur bedürftig [V. F. Hess[43]); K. W. F. Kohlrausch[57])].

Letzterer gibt in einer Tabelle die Werte der Funktion $K(t)$ für verschiedene Aspirationszeiten und zugleich richtig gestellte Werte für ε nach den Beobachtungen der in der Tabelle S. 580 angeführten Autoren:

t	$K(t)$	t	$K(t)$	t	$K(t)$
2 min.	22,6	30 min.	6,17	120 min.	3,62
5 „	11,2	40 „	5,52	180 „	3,42
10 „	8,11	50 „	5,03	240 „	3,36
15 „	7,36	60 „	4,65	300 „	3,34
20 „	6,96	90 „	3,94	∞	3,34

Literatur zu VII, 5 siehe Seite 589.

Ist ε gegeben, so läßt sich leicht der Strom ε' berechnen, den die in der Volumeinheit enthaltene Emanation (radioaktives Gleichgewicht vorausgesetzt) erzeugt, nämlich $\varepsilon' = \frac{1,55}{1,70}\varepsilon = 0,91\,\varepsilon$ unter Berücksichtigung der in der Tabelle 4 des Anhanges angeführten Werte für die Ionisierungsfähigkeit der α-Strahlen von RaEm und RaA.

Da 1 Curie den Strom $2,75 \cdot 10^6$ stat. Einh. erzeugt, folgt daraus weiter der Emanationsgehalt in Curie/cm³ zu

$$\varrho = 3,64 \cdot 10^{-7}\varepsilon' = 3,31 \cdot 10^{-7}\varepsilon.$$

Tatsächlich ist aber ϱ größer, da in ε bloß die pos. geladenen Träger berücksichtigt sind.

Autor	Ort	Zahl d. Beob.	ε	ϱ
H. Gerdien[17])	Gießen	—	$12,4 \cdot 10^{-11}$	$41,0 \cdot 10^{-18}$
K. W. F. Kohlrausch[21])	Gleinstätten (Steiermark)	(37)	9,3 „	30,8 „
„ [44])	Seeham (Salzburg)	(31)	20,2 „	66,9 „
K. Kurz[27])	Gießen	(9)	18,4 „	60,6 „
V. F. Hess[43])	Donauauen bei Wien	(110)	3,0 „	9,9 „
E. Schrödinger[59])	Seeham	(105)	2,7 „	8,9 „
A. Gockel[53])	Mittl. Meer	—	sehr klein	—
L. A. Bauer u. W. F. G. Swann[73])	Großer Ozean	—	—	3,3 „
	Subantarkt. Ozean	—	—	0,4 „
S. J. Mauchly[85])	Ozean (alle Mess.)	(400)	—	2,6 „
	„ (Landferne)	(333)	—	1,2 „

Werden bei der Aspiration verschiedene Luftgeschwindigkeiten oder Spannungen verwendet, so läßt sich auch die Verteilung der Beweglichkeiten für die RaA-Atome ermitteln; H. Gerdien[17]) hat diese Anwendung der Methode noch vor der Ausführung der Gehaltsbestimmung benützt, mit dem Ergebnis, daß die Beweglichkeit zwischen dem 10-fachen und 1-fachen der für gewöhnliche Luftionen gültigen Werte schwanke; weitere Beweglichkeitsmessungen wurden von K. W. F. Kohlrausch[44]) und E. Schrödinger[59]) ausgeführt.

Im Gegensatz zu der Aspirationsmethode ist bei der Aktivierung eines negativen Sammlers in ruhender oder natürlich bewegter Luft die Beweglichkeit der Träger von ausschlaggebender Bedeutung; die Vorgänge stehen dann in Analogie mit denen an gewöhnlichen Luftionen bei Zerstreuungs- und Leitfähigkeitsmessungen.

Literatur zu VII, 5 siehe Seite 589.

Denkt man sich zwischen den Platten eines unendlich ausgedehnten Kondensators (Plattendistanz d) durch eine Spannung E ein homogenes Feld von der Stärke $\frac{E}{d}$ hergestellt und im Luftraume zwischen den Platten pro Zeit- und Volumeinheit q Atome des A-Produktes erzeugt, so gilt für den stationären Zustand die Differentialgleichung:

$$\frac{\partial N}{\partial t} = q - \lambda N - \frac{Eu}{d} \frac{\partial N}{\partial x},$$

wenn wieder N die Zahl der A-Atome in der Volumeinheit, λ ihre Zerfallskonstante (eventuell „scheinbare", vgl. S. 578), u die Beweglichkeit und x die Distanz von der Anodenplatte bezeichnet. Daraus folgt für die stationäre Verteilung:

$$N(x) = \frac{q}{\lambda}\left(1 - e^{-\frac{\lambda r d}{uE}}\right)$$

und für die in der Zeiteinheit auf der Flächeneinheit der Kathodenplatte abgeschiedene Zahl der A-Atome:

$$m = \frac{q}{\lambda} \cdot \frac{uE}{d}\left(1 - e^{-\frac{\lambda d^2}{uE}}\right).$$

Mit wachsender Spannung E steigt also m analog wie ein Ionisationsstrom asymptotisch bis zu einem Sättigungswert $M = qd$ an.

Die relative Sättigung ist gegeben durch $\frac{m}{M} = \frac{1 - e^{-p}}{p}$, wenn abkürzend $p = \frac{\lambda d^2}{uE}$ gesetzt wird.

Die gleiche Formel für die relative Sättigung ergibt sich für einen Zylinderkondensator [M. Curie[46])], nur nimmt dann der Parameter den Wert $p = \frac{\lambda(R^2 - r^2)}{2uE} \log \text{nat} \frac{R}{r}$ an. Auf Grund dieser Formeln kann berechnet werden, welcher Bruchteil der aus der Emanation entstehenden A-Atome auf dem Sammler abgeschieden wird, falls dieser in ruhender Luft aufgestellt ist und das Feld dem eines ebenen oder eines Zylinderkondensators entspricht. In einem geschlossenen, mit Freiluft gefüllten größeren Gefäße (Eisenkessel) bestimmte auf diese Weise A. S. Eve[15]) den Sättigungsbetrag des Aktivierungsstromes und ermittelte durch einen Kontrollversuch, bei dem eine bekannte Emanationsmenge in den Kessel eingeführt wurde, die Emanationskonzentration der Freiluft zu etwa $3 \cdot 10^{-16} \frac{\text{Curie}}{\text{cm}^3}$.

Nur bei vollständiger Ruhe der Luft wäre diese Methode der Berechnung als Grenzfall für ein unendlich großes Gefäß auf die Aktivie-

Literatur zu VII, 5 siehe Seite 589.

rung eines im Freien aufgestellten Sammlers zu übertragen. Bei Berücksichtigung der Luftbewegung wird das Problem analog dem von E. Riecke behandelten Fall der Zerstreuung der elektrischen Ladung eines Leiters in strömender Luft. Für die Bewegung der A-Atome wurde die theoretische Lösung von S. Kinoshita, S. Nishikawa und S. Ono[54]) sowie von W. F. G. Swann[65]) gegeben: bezeichnet wieder m die Zahl der in der Zeiteinheit auf der Längeneinheit des Sammlerdrahtes niedergeschlagenen A-Atome, η die elektrische Ladung der Längeneinheit, u die Beweglichkeit und N die Zahl der A-Atome in der Volumeinheit, so gilt:

$$m = 4\pi u \eta N$$

falls der Draht horizontal gespannt ist und der Wind senkrecht zur Längsrichtung des Drahtes weht; es ist also dann m unabhängig von der Windgeschwindigkeit und der Beweglichkeit proportional. Für dem Draht parallele Windrichtung wird m abhängig von der Höhe des Drahtes über dem Boden.

Unter der — nicht geprüften — Annahme, daß für die A-Atome ebenso wie für positive Luftionen $u = 1{,}3 \frac{\mathrm{cm}}{\mathrm{sec}} \Big/ \frac{\mathrm{Volt}}{\mathrm{cm}}$ sei, ergaben die experimentellen Versuche der genannten Autoren in Tokyo einen auffallend kleinen Wert des Emanationsgehaltes, nämlich $5 \cdot 10^{-18} \frac{\mathrm{Curie}}{\mathrm{cm}^3}$; für die Thoremanation (unter Voraussetzung radioaktiven Gleichgewichtes zwischen ThEm und ThA) wurde daraus abgeleitet, daß die Zahl der in der Volumeinheit vorhandenen Emanationsatome gegeben sei durch die Verhältnisse: $\frac{\mathrm{RaEm}}{\mathrm{ThEm}} = 6500$ bzw. 13000 in 1,5 m bzw. 6,5 m Höhe über dem Boden; analoge Versuche von S. Sato[60]) in Tohoku (Japan) lieferten dagegen den RaEm-Gehalt $90 \cdot 10^{-18} \frac{\mathrm{Curie}}{\mathrm{cm}^3}$, in guter Übereinstimmung mit den Seite 585 erwähnten direkten Bestimmungen und das Verhältnis $\frac{\mathrm{RaEm}}{\mathrm{ThEm}} = 15000$.

Auf die älteren Messungen der Aktivierungszahl A läßt sich im allgemeinen diese Formel nicht anwenden, da die nötigen Daten (z. B. Ladung der Längeneinheit) fehlen; ebenso sind die dabei gefundenen Relativwerte der Ra- und Th-Aktivität des Sammlers nicht als quantitative Angaben verwertbar. Auf empirischem Wege ermittelte K. Kurz[27]) für seine spezielle Versuchsanordnung durch gleichzeitige Messungen nach der Aspirationsmethode, daß dem Mittelwerte $A = 13$ ein RaA-

Literatur zu VII, 5 siehe Seite 589.

gehalt im Betrage $\varepsilon = 18{,}4 \cdot 10^{-5}$ entspreche. Nach W. F. G. Swann[65]) ist zu berücksichtigen, daß in der freien Atmosphäre nicht nur A-Atome sondern zum Teil auch B- und C-Atome als positive Träger vorhanden sind, so daß von den B- und C-Produkten ein gewisser Betrag unmittelbar am Sammler abgeschieden wird; hierdurch erfährt der zeitliche Verlauf der Aktivität des Sammlers einige Änderung gegenüber dem gewöhnlich theoretisch vorausgesetzten (unter der Annahme, daß primär nur die A-Atome ausgeschieden werden). Auch ergibt sich aus den von ihm bearbeiteten Messungen auf der 3. Kreuzfahrt der „Carnegie", daß die mittlere Beweglichkeit der radioaktiven Träger merklich kleiner ist, als in der Regel angenommen wird.

C. Direkte Bestimmungen des Emanationsgehaltes. Die ersten Versuche rühren von H. Mache und seinen Schülern her.

R. Hofmanns[14]) Methode beruhte auf der Tatsache, daß die Löslichkeit α' der RaEm in Kohlenwasserstoffen (z.B. Petroleum) eine relativ bedeutende und mit der Temperatur stark veränderliche ist. In einer Kältemischung (Temperatur ϑ_1) abgekühlte Flüssigkeit vom Volumen F nimmt daher bei andauerndem Durchleiten eines Luftstromes mit der Emanationskonzentration c solange Emanation auf, bis die Konzentration den Wert $\alpha'_1 c$ erreicht hat. Wird dann ein Luftvolumen L eines geschlossenenen Ionisationsgefäßes mit der auf ϑ_2 erwärmten Flüssigkeit durch längeres Durchquirlen ins Gleichgewicht gebracht, so ergibt sich die Verteilung der vorhandenen Emanation aus der Gleichung:

$$E = \alpha'_1 cF = \alpha'_2 c'F + c'L,$$

wobei $c'L$ analog wie bei Fontaktometermessungen unmittelbar bestimmt werden kann. Tatsächlich konnte auf diese Weise der Emanationsgehalt von Kellerluft $\left(12 \cdot 10^{-3}\,\text{M.E.} = 44 \cdot 10^{-16}\,\frac{\text{Curie}}{\text{cm}^3}\right)$ und von Zimmerluft in einem radioaktive Stoffe enthaltenden Laboratorium $\left(3 \cdot 10^{-3}\,\text{M.E.} = 11 \cdot 10^{-16}\,\frac{\text{Curie}}{\text{cm}^3}\right)$, nicht aber der von Freiluft mit Sicherheit ermittelt werden.

H. Mache und T. Rimmer[20]) maßen die Differenz der Sättigungsströme in einem Gefäß, in dem das eine Mal die zu untersuchende Luftprobe enthalten war, das andere Mal dieselbe Luftmenge in entemaniertem Zustande, nachdem sie in einer Zirkulationsanordnung (vgl. V, 4, S. 302) wiederholt durch eine größere Menge Petroleum getrieben worden war. Auch hier ergaben sich zuverlässige Werte nur bei relativ emanations-

---

Literatur zu VII, 5 siehe Seite 589.

reicher Kellerluft. Holzkohle als absorbierender Stoff bewährte sich nicht.

Das gleiche Prinzip liegt der zuerst von A. S. Eve[23]), dann von J. Satterly[28]) und von J. R. Wright und O. F. Smith[61]) angewandten Methode zugrunde; nur wird hier die schon bei Zimmertemperatur sehr stark absorbierende Kokosnußkohle gebraucht und jedesmal in einem Parallelversuch durch ein zweites Kohlenfilter eine bekannte Emanationsmenge geleitet, nämlich ein Luftstrom, der eine vorher entemanierte Radiumlösung passiert und alle nachentwickelte Emanation mitnimmt. Der Vergleich der Ionisierungseffekte, den die aus den beiden Filtern durch Glühen ausgetriebenen Emanationsmengen liefern, gibt dann unmittelbar ein Maß der Emanationskonzentration in der freien Atmosphäre. Nach Wright und Smith liegt aber in dem Umstande, daß die Vergleichslösung durch einfaches Durchquirlen nicht immer vollständig entemaniert wird und daher dann auch an den Luftstrom nicht alle nachentwickelte Emanation abgibt, eine Fehlerquelle, die eine Korrektion (Erniedrigung der unmittelbar beobachteten Werte bei Wright und Smith um 21%) bedingt.

Technisch einwandfreier, aber auch schwieriger, ist die von J. Satterly[28]) und G. C. Ashman[29]) gebrauchte Methode, die aus der Luft und aus der Vergleichslösung stammende Emanation bei der Temperatur der flüssigen Luft zu kondensieren und dann in die Meßgeräte überzuführen; übrigens findet Satterly und ebenso J. Olujić[76]) gute Übereinstimmung zwischen den Ergebnissen beider Methoden.

R. Zlatarovic[79]) wandte die oben erwähnte Differenzmethode nach Mache und Rimmer an, wobei als absorbierende Stoffe teils Petroleum, teils eine unter dem Namen „Rademanit“ im Handel erhältliche Kohlenpulversorte benützt wurden. Da erfahrungsgemäß die Eigenaktivität des Gefäßes und die durchdringende Strahlung (vgl. VII, 7) an einem bestimmten Orte nur wenig veränderlich sind, der Emanationsgehalt aber unter Umständen gegen den Mittelwert sehr kleine Werte erreicht, hat E. Schweidler[74]) Näherungswerte für den Emanationsgehalt abgeleitet, indem er bloß den Sättigungsstrom in einem jedesmal gelüfteten Gefäße maß und die Differenzen gegen den kleinsten innerhalb einer längeren Messungsreihe gefundenen Wert bildete.

Es ist zu bemerken, daß die nach der Differenzmethode erhaltenen Werte die ionisierende Wirkung der Thorprodukte mit einschließen, also eine Art „RaEm-Äquivalent“ der gesamten Aktivität darstellen.

Literatur zu VII. 5 siehe Seite 589.

Die Resultate sind in der folgenden Tabelle zusammengestellt:

Autor	Ort	Zeit	Methode d. Beobacht.	Zahl d. Beobacht.	Em.-Geh. in 10^{-18} $\frac{\text{Curie}}{\text{cm}^3}$ Mittel	Max.	Min.
A. S. Eve [23])	Montreal	1907/08	Kohle	(41)	60	7×Minim.	—
J. Satterly [28])	Cambridge	1908	„	(8)	88	—	—
„	„	1908	flüss. Luft	(21)	124	—	—
„	„	1909/10	Kohle	—	105	350	35
G. C. Ashman [29])	Chicago	1908	flüss. Luft	(4)	89	—	—
J. R. Wright u. O. F. Smith [61])	Manila (Meeres-Niveau)	1912/13	Kohle	(21)	82,5	154	42
„ „	M. Pauai (Luzon, 2460 m)	1913	„	(10)	19,2	34	8
„ „	Manila	1913/14	„	(29)	63,4	145	14
J. Olujić [76])	Freiburg i. S.	1917	Kohle u. fl. Luft	(36)	131	305	54
R. Zlatarovic [79])	Innsbruck	Sommer 1919	Diff.-Meth.	(49)	433	1140	40
E. Schweidler [74])	„ (Freiluft)	1912/20	„	(339)	340	1220	0
„	„ (Zimmer)	„	„	(241)	1050	2400	250
„	Seeham*)	1914/18	„	(161)	125	405	0
„	„ **)	1918	„	(46)	77	315	0
A. Wigand; F. Wenk [83])	b. Halle, Flugzeug	1923/24	flüss. O_2				
	$h = 0$—1000 m	„	„	(5)	170	—	—
	$h = 1000$—2000 m	„	„	(3)	85	—	—
	$h > 2000$ m	„	„	(3)	8	—	—

Bezüglich einer jährlichen Periode findet Eve kein deutliches Resultat, bezüglich einer täglichen höhere Werte bei Nacht als bei Tag; Wright und Smith erhalten in Manila ein Maximum im Januar—März, ein Minimum im Juli sowie einen ähnlichen täglichen Gang wie Eve. E. Schweidler[74]) erhält ebenfalls ein Minimum mittags, ein Maximum nachts.

Über den Zusammenhang mit meteorologischen Elementen sind die vorliegenden Ergebnisse teilweise nicht in Übereinstimmung: nach Eve entsprechen zyklonaler Wetterlage hohe, antizyklonaler niedrige Werte, nach Satterly umgekehrt. Dieser, sowie Wright und Smith finden niedrige Werte bei und nach Niederschlägen oder bei starkem Wind; Luftdruck und Luftdruckschwankungen sowie Feuchtigkeit haben

Literatur zu VII, 5 siehe Seite 589.

*) über Wasser; **) über festem Boden.

nach den letztgenannten Autoren keinen merklichen Einfluß. Nach Schweidler ist der Emanationsgehalt groß bei hohem und bei fallendem Luftdruck und an warmen Tagen, klein bei tiefem oder steigendem Luftdruck, an kalten Tagen und besonders an Regentagen. Bemerkenswert ist die starke Abnahme mit der Höhe nach den Gipfelmessungen (M. Pauai) und den Flugzeugmessungen (vgl. Tabelle S. 585).

D. Radioaktivität der Niederschläge. Fällt durch die mit Radiumemanation und ihren Zerfallsprodukten vermischte Atmosphäre Wasser in flüssiger oder in fester Form, so ist der Betrag der von den Regentropfen oder Schneeflocken mitgerissenen radioaktiven Stoffe für empirischen Nachweis genügend groß. Unter der Annahme z. B., daß von 2000 *m* Höhe abwärts die gesamten Zerfallsprodukte mitgenommen werden, und daß die in einem cm^3 enthaltene Menge von RaA einen Sättigungsstrom von $10 \cdot 10^{-11}$ stat. Einh. erzeuge (vgl. Tabelle auf Seite 580), würden die auf 500 cm^2 (übliche Auffangfläche von Regenmessern) auffallenden Niederschlagsmengen zugleich ein Quantum von RaA und RaC mitbringen, das durch einseitige Strahlung einen Strom von rund 0,01 stat. Einh. erzeugt; selbst wenn nur 10% der in der Luft enthaltenen Zerfallsprodukte mitgerissen werden, ist der Ionisierungseffekt noch immer bequem meßbar.

Tatsächlich wurde die Aktivität von Regenwasser zuerst von C. T. R. Wilson[3]) konstatiert; dabei wurden die radioaktiven Stoffe aus dem Wasser entweder als Rückstand nach Eindampfen oder durch Ausfällen mit Bariumsulfat oder Alaun erhalten. Der zeitliche Verlauf der Aktivität bewies das Vorhandensein von RaA + RaB + RaC, dagegen ließ sich im Regenwasser kein merklicher Gehalt an Emanation nachweisen. Analoge Ergebnisse erhielten auch J. C. Mc Lennan[4]), S. J. Allen[5]), J. Jaufmann[16]), G. Costanzo und C. Negro[22]), [vgl. auch A. Gockel[26])], A. Gockel und T. Wulf[33]) und J. Muñoz del Castillo[58]). Auch Schnee, sowie Rauhreif und Tau zeigten Gehalt an aktiven Stoffen. Übereinstimmend werden bei Gewitterregen hohe Werte gefunden.

Über den Gehalt der Niederschläge an Thorprodukten finden sich in der Literatur keine Angaben; doch wurde nach bisher nicht veröffentlichten Messungen R. Sarreiras in Innsbruck sowohl in Regen als in Schnee ein Anteil von Thorprodukten festgestellt.

E. Zusammenfassung. Unter Berücksichtigung des Umstandes, daß die auf Abscheidung der Zerfallsprodukte beruhenden Methoden nur die positiv geladenen Träger erfassen, also im allgemeinen zu kleine Werte ergeben, führen die indirekten und die direkten Methoden auf

Literatur zu VII, 5 siehe Seite 589.

die gleiche Größenordnung des Emanationsgehaltes, nämlich etwa $10^{-16} \frac{\text{Curie}}{\text{cm}^3} = 2{,}75 \cdot 10^{-4}$ M. E. über Festland in Bodennähe. Diesem Durchschnittswerte entspricht eine Zahl $N = 1{,}77\,[1{,}64]\,\frac{\text{At}}{\text{cm}^3}$ für die in 1 cm³ enthaltenen Emanationsatome, je nachdem die S. 95 besprochene Zahl Z zu $3{,}72 \cdot 10^{10} \frac{\alpha\text{-Str.}}{g \cdot \sec}$ oder zu $3{,}45 \cdot 10^{10}$ angesetzt wird. Daraus folgt weiter für die Zerfallsprodukte:

bei:	Ra A	Ra B	Ra C
$N =$	$9{,}8\,[9{,}1] \cdot 10^{-4}$	$8{,}6\,[8{,}0] \cdot 10^{-3}$	$6{,}3\,[5{,}8] \cdot 10^{-3}$.

Eine direkte Wirkung der suspendierten Zerfallsprodukte als Kondensationskerne, wie es E. Bandl[70]) und H. Bongards[62]) vermuten, ist daher kaum anzunehmen. Auf jeden der 3 α-Strahler entfallen pro cm³ und sec $3{,}72\,[3{,}45] \cdot 10^{-6}$ α-Strahlen, im ganzen also $11{,}2\,[10{,}4] \cdot 10^{-6}$ α-Strahlen. Die dadurch bedingte Ionisierungsstärke berechnet sich aus den in der Tabelle 4 des Anhanges angeführten Werten für k zu:

$$q = 2{,}75 \cdot 10^{-10} \cdot \frac{1{,}55 + 1{,}70 + 2{,}20}{1{,}55} \cdot \frac{10^{10}}{4{,}774} = 2{,}03\,\frac{\text{Ionenp.}}{\text{cm}^3\,\text{sec}}\,.$$

Bezüglich der Th-Produkte ergaben sich (unter Voraussetzung radioaktiven Gleichgewichtes zwischen ThEm und ThA—ThC) für den Quotienten $\frac{N\,(\text{RaEm})}{N'\,(\text{ThEm})}$ Werte zwischen 6500 und 15000 aus quantitativen Bestimmungen (vgl. S. 582) und solche analoger Größenordnung (3700—50000) aus qualitativen Versuchen (vgl. S. 575). Da das Verhältnis der Zerfallskonstanten $\frac{\lambda'}{\lambda} = 6060$ ist, erhält man für den Quotienten $\frac{\lambda' N'}{\lambda N}$ Werte von der Größenordnung 1 (bzw. $^1/_8$ bis 2); die ionisierende Wirkung der Th-Produkte in der Atmosphäre ist also ungefähr ebenso groß (eher kleiner) als die der Ra-Produkte. Über die Ac-Produkte lassen sich quantitative Angaben derzeit nicht machen.

Über dem Meere ist der Gehalt der Atmosphäre an Emanationen und Zerfallsprodukten sehr gering, nämlich nur einige Prozente des mittleren Gehaltes über dem Festland.

Ebenso nimmt der Gehalt mit der Höhe rasch ab (vgl. S. 585); theoretisch wurde die Höhenverteilung von V. F. Hess und W. Schmidt[75]) berechnet.

Für den sogenannten „Austauschkoeffizienten" A, der die Intensität der vertikalen Luftdurchmischung durch turbulente Strömungen angibt, lieferten verschiedene meteorologische Daten zunächst die Grenzwerte 50 g cm⁻¹ sec⁻¹ und 100 g cm⁻¹

Literatur zu VII, 5 siehe Seite 589.

sec^{-1}. Mittels dieser Grenzwerte berechnen die genannten Autoren für verschiedene radioaktive Stoffe die Höhenverteilung im stationären Zustande und finden so:

Bei RaEm:	$h =$ 0,	1,	2,	3,	4,	5,	6,	7,	8	km
(A = 50)	$\varrho =$ 100,	49,	25,	13,5,	7,4,	4,5,	2,5,	1,5,	0,9	
(A = 100)	= 100,	61,	38,	24,	16,	11,	7,5,	5,3,	3,8.	

Die Zerfallsprodukte RaA bis RaC sind dann im radioaktiven Gleichgewicht mit der Emanation.

Bei ThEm ist schon in 100 m Höhe der Gehalt auf 2% des Bodenwertes abgesunken, dagegen ist:

bei ThB:	$h =$ 0,1,	0,5,	1,0,	2,0 km
(A = 50)	$\varrho =$ 52,	23,	8,	1
(A = 100)	= 54,	29,	14,	3.

Ac-Produkte reichen nur bis etwa 20 m Höhe.

In einer neueren Arbeit benützt W. Schmidt[88]) verbesserte (mit der Höhe variable) Werte des Austauschkoeffizienten und erhält so eine noch wesentlich raschere Abnahme der Radioaktivität mit der Höhe nämlich:

RaEm;	h = 13 m	$\varrho = 0{,}5\,\varrho_0$
	= 150 m	= 0,1
ThEm;	= 1,2 m	= 0,5
	= 1,6 m	= 0,1
ThB;	= 5,8 m	= 0,5
	= 32 m	= 0,1.

Mit der theoretisch berechneten Höhenverteilung der RaEm stimmt das Beobachtungsresultat vom M. Pauai (vgl. S. 585) gut überein, während die — allerdings bisher noch wenig zahlreichen — Messungen im Flugzeug eine noch raschere Abnahme anzeigen. Unter der Annahme eines Emanationsgehaltes $\varrho_0 = 10^{-16}\,\frac{\text{Curie}}{\text{cm}^3}$ und der Werte A = 50 [100] für den „Austausch" wird $\int\limits_0^\infty \varrho(h)\,dh = 1{,}3\,[1{,}8] \cdot 10^{-11}\,\frac{\text{Curie}}{\text{cm}^2}$ und der Gesamtgehalt der Atmosphäre über dem Festland ($f = 1{,}5 \cdot 10^{18}\,\text{cm}^2$) $E = 2{,}0\,[2{,}7] \cdot 10^7$ Curie.

Die neueren Daten nach W. Schmidt[88]) (vgl. oben) führen auf die Werte $1{,}4 \cdot 10^{-12}\,\frac{\text{Curie}}{\text{cm}^2}$, bzw. den Gesamtgehalt $2{,}1 \cdot 10^6$ Curie.

Zur Aufrechterhaltung des mittleren Zustandes wäre eine Zufuhr aus dem Boden im Betrage von $2{,}7\,[3{,}8] \cdot 10^{-17}\,\frac{\text{Curie}}{\text{cm}^2\text{sec}}$ notwendig, oder $3 \cdot 10^{-18}\,\frac{\text{Curie}}{\text{cm}^2\text{sec}}$ nach W. Schmidt[88]), was mit den in VII, 6 besprochenen experimentellen Resultaten in der Größenordnung über-

---

Literatur zu VII, 5 siehe Seite 589.

einstimmt. H. Bongards[78]) glaubte aus Aktivitätsmessungen in größerer Höhe schließen zu können, daß die in der Atmosphäre enthaltene Emanation großenteils außerterrestrischen Ursprunges sei und in Form einer von der Sonne ausgehenden Korpuskularstrahlung zugeführt werde, eine Hypothese, gegen die besonders A. Wigand[83]) und A. Gockel[81]) gewichtige Gegenargumente gebracht haben. Nach R. Ambronn[80]) steht die Radioaktivität der Luft in Beziehung zu geologischen Verhältnissen (Verwerfungen) und kommt daher unter Umständen für die angewandte Geophysik in Betracht. Über eventuelle physiologische Wirkungen vgl. H. Lauter[69]).

Bezüglich periodischer Änderungen des Emanationsgehaltes läßt sich noch theoretisch das folgende Resultat ableiten: Es sei für ein willkürlich abgegrenztes Volumen die zeitlich veränderliche Zufuhr von Emanation, bzw. der Überschuß der Zufuhr über die Abfuhr, durch eine beliebige Funktion $q\,(t)$ gegeben. Denkt man sich diese in eine Fourier'sche Reihe entwickelt, so wird sie von der Form $q\,(t) = a + \sum b \sin 2\pi\nu t$. Wählt man dann die mittlere Lebensdauer τ der Emanation als Zeiteinheit, so entspricht dem mittleren Werte a der Zufuhr auch ein Mittelwert des Gehaltes im Betrage $\overline{m} = a$; einem einzelnen periodischen Gliede $b \sin 2\pi\nu t$ in der Zufuhr entspricht eine periodische Abweichung des Gehaltes vom Mittelwert im Betrage von:

$$\Delta\,(t) = m(t) - \overline{m} = \int_{-\infty}^{t} \sin 2\pi\nu\vartheta \cdot e^{-(t-\vartheta)}\,d\vartheta =$$

$$= \frac{b}{\sqrt{1+4\pi^2\nu^2}} \sin 2\pi\nu\,(t-\delta), \text{ wobei } \delta = \frac{\operatorname{arctg} 2\pi\nu}{2\pi\nu}.$$

Die Amplitude der Gehaltsschwankung wird also um so kleiner, je größer ν, die Zahl der Perioden innerhalb der mittleren Lebensdauer, wird; die zeitliche Verspätung δ, die die Gehaltsänderung gegenüber der Änderung der Zufuhr aufweist, ist bei kleinen Werten von ν gleich der mittleren Lebensdauer, für große Werte von ν nähert sie sich dem Werte $\frac{1}{4\nu}$, d. i. $^1/_4$ der Periodenlänge. Bei RaEm z. B. ($\tau = 5{,}5\,d$) und einer 24 stündigen Periode der Zufuhr sinkt die Amplitude der Gehaltsänderung auf 2,9% der Amplitude der Zufuhränderung und die Verspätung wird nahezu 6 Stunden.

Literatur zu VII, 5:

1) J. Elster u. H. Geitel, Phys. Z. **2**, 590, 1901; **3**, 305, 1902; **4**, 96, 522, 1903; **5**, 11, 1904; H. Geitel, Phys. Z. **3**, 76, 1901.

2) E. Rutherford u. S. J. Allen, Phil. Mag. (6) **4**, 704, 1902; Phys. Z. **3**, 225, 1902.

3) C. T. R. Wilson, Proc. Cambr. Soc. **11**, 428, 1902; **12**, 17, 85, 1903.

4) J. C. Mc Lennan, Phil. Mag. (6) **5**, 419, 1903, derselbe u. E. F. Burton, Phys. Rev. **16**, 184, 1903.

5) S. J. Allen, Phys. Rev. **16**, 106, 1903; Phil. Mag. (6) **7**, 140, 1904.

6) W. Saake, Phys. Z. **4**, 626, 1903.

7) A. Gockel, Phys. Z. **5**, 591, 1904.

8) H. A. Bumstead, Sill. J. (4) **18**, 1, 1904; Phys. Z. **5**, 504, 1904.

9) G. C. Simpson, Phil. Trans. (A) **205**, 61, 1905; Phys. Z. **6**, 270, 1905.

10) R. Schenk, Jahrb. Rad. u. El. **2**, 19, 1905.

11) H. Brandes, Dissert. Kiel 1905.

12) J. E. Burbank, Phys. Z. **6**, 436, 1905.

13) G. Lüdeling, Veröff. preuß. meteor. Inst. 1905.

14) R. Hofmann, Phys. Z. **6**, 337, 1905.

15) A. S. Eve, Phil. Mag. (6) **10**, 98, 1905.

16) J. Jaufmann, Met. Z. **22**, 102, 1905; **24**, 337, 1907; Dissert. München Techn. Hochsch. 1908.

17) H. Gerdien, Phys. Z. **6**, 465, 195; Untersuchungen über radioaktive Induktionen, Berlin 1907; Götting. Nachr. **5**, 59, 1907.

18) J. Elster, H. Geitel u. F. Harms, Terr. Magn. **11**, 1, 1906.

19) F. Linke, Götting. Nachr. 1906, 490.

20) H. Mache u. T. Rimmer, Phys. Z. **7**, 617, 1906.

21) K. W. F. Kohlrausch, Wien. Ber. **115**, 1263, 1906.

22) G. Costanzo u. C. Negro, Phys. Z. **7**, 350, 921, 1906; Jahrb. Rad. u. El. **5**, 120, 1908.; C. Negro, Phys. Z. **11**, 189, 1910; K. Bergwitz, Jahrb. Rad. u. El. **6**, 11, 1909.

23) A. S. Eve, Phil. Mag. (6) **14**, 724, 1907; **16**, 622, 1908.

24) C. Runge, Götting. Nachr. 1907, 211.

25) G. A. Blanc, Phil. Mag. (6) **13**, 378, 1907; Phys. Z. **9**, 294, 1908.

26) A. Gockel, Phys. Z. **8**, 701, 1907.

27) K. Kurz, Dissert. Gießen 1907; Phys. Z. **9**, 177, 1908; Habilit.Schrift München Techn. Hochsch. 1909; Abhandl. k. bayr. Akad., Nr. 1, 1909.

28) J. Satterly, Phil. Mag. (6) **16**, 584, 1908; **20**, 1, 1910.

29) G. C. Ashman, Sill. J. (4) **26**, 119, 1908.

30) D. Pacini, Nuov. Cim. (5) **15**, 24, 1908; Phys. Z. **11**, 227, 1910.

31) H. M. Dadourian, Phys. Z. **9**, 333, 1908.

32) H. Flemming, Phys. Z. **9**, 801, 1908.

33) A. Gockel u. T. Wulf, Phys. Z. **9**, 907, 1908.

34) P. H. Dike, Terr. Magn. **13**, 119, 1908.

35) A. Gockel, Arch. scienc. phys. et nat. **27**, 248, 1909.

36) F. A. Harvey, Phys. Rev. **28**, 188, 1909; Phys. Z. **10**, 46, 1909.

37) W. Wilson, Phil. Mag. (6) **17**, 321, 1909.

38) H. Sieveking, Phys. Z. **10**, 398, 1909.

39) G. A. Blanc, Jahrb. Rad. u. El. **6**, 502, 1909.

40) J. Salpeter, Wien. Ber. **118**, 1163, 1909; **119**, 107, 1910.

41) H. Stade, Met. Z. **27**, 469, 1910.

42) E. Kidson, Terr. Magn. **15**, 83, 1910; **16**, 237, 1911.

43) V. F. Hess, Wien. Ber. **119**, 145 u. 507, 1910.

44) K. W. F. Kohlrausch, Wien. Ber. **119**, 1577, 1910.

45) G. Lüdeling, Ciel et Terre **31**, 395, 1910; Bull. Soc. Belge d'Astr. 1910.

46) M. Curie, Traité de Radioactivité, II 474—490, Paris 1910.
47) G. A. N. Ising, Ark. f. Math., Astr. och Fys. **7**, Nr. 8, 1911.
48) W. Knoche, Phys. Z. **12**, 179, 1911; **13**, 113, 152, 440, 1912; Terr. Magn. **18**, 2, 1913.
49) C. Runge, Götting. Nachr. 1911, 99.
50) M. Lindemann, Dissert. Kiel 1911.
51) W. Budig, Ber. preuß. met. Inst. 1910, Nr. 229, 1911.
52) C. Dorno, Licht und Luft des Hochgebirges, Braunschweig 1911.
53) A. Gockel, Phys. Z. **12**, 65, 1911.
54) S. Kinoshita, S. Nishikawa u. S. Ono, Proc. Tokyo Math. Phys. Soc. **6**, 92, 1911; Mem. Kyoto Univ. **3**, 155, 1911; Phil. Mag. (6) **22**, 821, 1911.
55) G. Berndt, Phys. Z. **13**, 514, 1912; Elster-Geitel-Festschrift 59, 1915.
56) G. Angenheister u. A. Ansel, Götting. Nachr. 1912, 76.
57) K. W. F. Kohlrausch, Phys. Z. **13**, 1193, 1912.
58) J. Muñoz del Castillo, Bol. del Inst. de Rad. Madrid, **5**, 12, 37, 58, 74, 1913.
59) E. Schrödinger, Wien. Ber. **122**, 2033, 1913.
60) S. Sato, Science Rep. Tohoku Imp. Univ. (1) **2**, 171, 1913.
61) J. R. Wright u. O. F. Smith, Phys. Z. **15**, 31, 1914; Phys. Rev. (2), **5**, 459, 1915.
62) H. Bongards, Met. Z. **31**, 189, 1914.
63) C. W. Hewlett, Phys. Rev. (2) **3**, 496, 1914; Terr. Magn. **19**, 127, 1914.
64) R. Müns, Dissert. Kiel 1913; Schr. Naturw. Ver. Schleswig-Holstein **16**, Heft 1, 1914.
65) W. F. G. Swann, Terr. Magn. **19**, 23, 81, 171, 1914; **20**, 13, 1915.
66) O. H. Blackwood, Philippine J. of sc. Manila **10**, 37, 1915.
67) E. Jacot, South African J. of sc. Cape Town **11**, 271, 1915.
68) S. J. Allen, Phys. Rev. (2) **7**, 133, 1916.
69) H. Lauter, Dissert. Halle 1915.
70) E. Bandl, Phys. Z. **17**, 193, 1916; Met. Z. **33**, 366, 1916.
71) E. H. Norinder, K. Svenske Wetenskapsakad. Handl. **55**, Nr. 6, 1916.
72) W. Knoche u. J. Laub, Terr. Magn. **21**, 117, 177, 1916.
73) L. A. Bauer u. W. F. G. Swann, Carnegie Inst. Publ. Nr. 175, 361, 1916; Carnegie Inst. Yearbook **15**, 1916; **16**, 1917; **17**, 1918.
74) E. v. Schweidler, Wien. Ber. **126**, 1009, 1917; **129**, 919, 1920; Jahrb. Rad. u. El. **18**, 1, 1921.
75) V. F. Hess u. W. Schmidt, Phys. Z. **19**, 109, 1918.
76) J. Olujić, Dissert. Freiburg i. S. 1918; Jahrb. Rad. u. El. **15**, 158, 1918.
77) V. F. Hess, Wien. Ber. **127**, 1297, 1918.
78) H. Bongards, Met. Z. **36**, 339, 1919; **40**, 367, 1923; Phys. Z. **21**, 141, 1920; **24**, 16, 295, 1923; **25**, 679, 1924; Astrophys. J. **58**, 307, 1923.
79) R. Zlatarovic, Wien. Ber. **129**, 59, 1920.
80) R. Ambronn, Helios 1920, Nr. 10.
81) A. Gockel, Met. Z. **39**, 252, 1922; Phys. Z. **24**, 500, 1923.
82) J. J. Nolan, Proc. Roy. Irish Acad. (A) **35**, 38, 1920.
83) A. Wigand, Phys. Z. **25**, 684, 1924; Fortschr. d. Chem., Phys. u. phys. Chem. **18** (B), Heft 5, 1925; F. Wenk, Dissert. Halle 1924.
84) J. Clay, Akad. Amsterdam **34**, Nr. 3, 1924; Amsterdam Proc. **28**, 531, 1925.
85) S. J. Mauchly, Terr. Magn. **29**, 187, 1924.

86) D. B. Deodhar, Proc. Roy. Soc. (A) **109**, 280, 1925.
87) F. Běhounek, J. de phys. (6) **6**, 397, 1925.
88) W. Schmidt, Phys. Z. **27**, 371, 1926.
Zusammenfassung:
H. Geitel, Die Radioaktivität der Erde und der Atmosphäre, Marx, Handb. d. Radiologie, Bd. I, 401, 1920.

6. Die Radioaktivität der Bodenluft. Die Anwesenheit radioaktiver Stoffe in den Gesteinen und Bodenarten sowie in der freien Atmosphäre (vgl. VII, 1 und VII, 5) führen zu der Konsequenz, daß die in den Poren der Oberflächenschichten enthaltene Luft Emanationen aus den festen Stoffen aufnimmt und durch Diffusion oder Austritt an die freie Atmosphäre abgibt.

Ein relativ großer Gehalt der Bodenluft an radioaktiven Stoffen wurde von J. Elster und H. Geitel[1]) vermutet auf Grund der Wahrnehmung, daß die Luft in abgeschlossenen Räumen (natürlichen Höhlen, Kellern) eine bedeutende Leitfähigkeit zeigte, und dann unmittelbar bewiesen durch Versuche, bei denen Bodenluft aus verschiedener Tiefe mittels eines Rohres in ein Ionisationsgefäß eingesaugt wurde. Analoge Versuche von H. Ebert und P. Ewers[2]) zeigten, daß die zeitliche Änderung der Aktivität von Bodenluftproben dem Zerfall der Radiumemanation entspricht, sowie daß der primäre aktive Stoff bei tiefen Temperaturen (flüssige Luft) durch Kondensation ausgeschieden wird [H. Ebert[3])]. Ebenso konnten H. A. Bumstead und L. P. Wheeler[4]) die Identität der Bodenemanation mit der des Radiums nachweisen, H. M. Dadourian[5]) aber daneben auch die Anwesenheit von Thorprodukten feststellen.

Die Versuche verschiedener Autoren [H. Brandes[7]); R. Schenk[8]); A. Gockel[9]); H. Ebert und K. Kurz[12]); J. C. Sanderson[13]); J. Satterly[14]); L. B. Smyth[15]); J. Muñoz del Castillo[16]); K. Kähler[17]); J. R. Wright und O. F. Smith[18]); J. Olujić[21]); L. Kolowrat-Tscherwinski[22]); P. Ludewig und E. Lorenser[23]); J. Stoklasa und J. Penkava[24]); J. Clay[25])] ergaben, daß der Emanationsgehalt, bzw. die Aktivität der Bodenluft in geringer Tiefe stark veränderlich ist, aber mit zunehmender Tiefe zu einem zeitlich konstant bleibenden Maximalwerte ansteigt, der in etwa 2 m Tiefe erreicht wird. Während für diesen Maximalbetrag einerseits der Gehalt der Bodenart an Radioelementen, andererseits deren Emanierungsfähigkeit maßgebend ist, kommen für den schwankenden Gehalt der obersten Schichten noch die Vorgänge in Betracht, welche Zufuhr aus der Tiefe oder Abgabe an die Außenluft fördern oder hemmen, wie Luftdruckschwankung, Erwärmung

---

Literatur zu VII, 6 siehe Seite 594.

durch Strahlung, Wind, Durchnässung des Bodens, Frost, Schneebedeckung usw. Der Anteil dieser Faktoren an den beobachteten Werten des Emanationsgehaltes ist bei verschiedenen Autoren in wechselnder Weise zur Geltung gekommen. Einige Absolutwerte veranschaulicht die Tabelle:

Autor	Ort	Bodenart	Gehalt in $\frac{\text{Curie}}{\text{cm}^3}$
A. Gockel	Freiberg i. S.	Moränenschotter	0,07 bis $0,28 \cdot 10^{-12}$
J. Satterly	Cambridge	—	0,25 „
„	„	Sumpf	0,3 „
J. C. Sanderson	New Haven	Sandstein	0,24 „ $1,35 \cdot 10^{-6}$ g Th
K. Kähler	Potsdam	Sand	$0,008 \cdot 10^{-12}$
L. B. Smyth	Dublin	—	0,16 „
J. R. Wright u. O. F. Smith	Manila	—	0,30 „
J. Olujić	Freiburg i. S.	Lehm	1,20 „
„	„	feucht	0,25 „
P. Ludewig u. E. Lorenser	Schneeberger Gruben (Sachs.)	Uranhältiges Gestein	0,3 bis 18,2 „

Der Emanationsgehalt der Bodenluft ist also bedeutend (bis zu einige tausendmal) größer als jener der freien Atmosphäre, dagegen nur ein Bruchteil (nach Satterly $^1/_6$ bis $^1/_{20}$) der Menge, die im Gleichgewichte mit dem im Boden enthaltenen Radium steht. Messungen der tatsächlich austretenden Emanationsmengen wurden von L. Endrös[11]) nach einer von H. Ebert[10]) angegebenen Methode ausgeführt. Dabei ist für München und andere in Bayern gelegene Orte der mittlere Emanationsgehalt der austretenden Luft etwa 0,1 M. E. $= 3,64 \cdot 10^{-14} \frac{\text{Curie}}{\text{cm}^3}$ gefunden worden; einen nahe gleichen Wert (0,08 M. E.) erhielten H. Ebert und K. Kurz[12]) ebenfalls in München. Als Hauptfaktor für den Emanationsaustritt erwies sich die Insolation, ferner Wind, besonders Gewitterböen, während der Einfluß von Luftdruckschwankungen nicht sicher festgestellt werden konnte. Nach regnerischem Wetter nimmt die austretende Menge stark ab, oft um 60% [J. R. Wright und O. F. Smith[18])].

Messungen von L. B. Smyth[15]) in Dublin ergaben als Mittel aus 98 Versuchen für die Emanationsabgabe („Exhalation") des Bodens den Wert $0,74 \cdot 10^{-16} \frac{\text{Curie}}{\text{cm}^2\text{sec}}$; Wright und Smith finden für trockenes

Literatur zu VII, 6 siehe Seite 594.

Wetter $4 \cdot 10^{-17} \frac{\text{Curie}}{\text{cm}^2 \text{sec}}$. Dieser experimentell gefundene Wert steht in guter Übereinstimmung mit dem von V. F. Hess und W. Schmidt[20]) theoretisch berechneten (vgl. VII, 5). Nach H. Mache[6]) ist die Diffusion allein — ohne Austritt von Bodenluft — hinreichend, eine Emanationsmenge der angegebenen Größenordnung zu liefern.

Literatur zu VII, 6:

1) J. Elster u. H. Geitel, Phys. Z. **3**, 76, 574, 1901/02.
2) H. Ebert u. P. Ewers, Phys. Z. **4**, 162, 1902.
3) H. Ebert, München. Ber. **33**, 133, 1903.
4) H. A. Bumstead u. L. P. Wheeler, Sill. J. (4) **17**, 97, 1904.
5) H. M. Dadourian, Sill. J. (4) **19**, 16, 1905.
6) H. Mache, Wien. Ber. **114**, 1377, 1905.
7) H. Brandes, Dissert. Kiel. 1905.
8) R. Schenk, Jahrb. Rad. u. El. **2**, 19, 1905.
9) A. Gockel, Phys. Z. **9**, 304, 1908.
10) H. Ebert, Phys. Z. **10**, 346, 1909.
11) L. Endrös, Dissert. München Techn. Hochsch. 1909 [Referate: Beibl. 1910, 1166; Fortschr. 1910, 343].
12) H. Ebert u. K. Kurz, Abhandl. k. bayr. Akad. **25**, N. 2, 1909: Phys. Z. **11**, 389, 1910.
13) J. C. Sanderson, Sill. J. (4) **32**, 169, 1911; Phys. Z. **13**, 142, 1912.
14) J. Satterly, Proc. Cambr. Soc. **16**, 336, 356, 514, 1911/12 [Referat: Beibl. 1912, 1272].
15) L. B. Smyth, Phil. Mag. (6) **24**, 632, 1912.
16) J. Muñoz del Castillo, Bol. del Inst. de Rad. Madrid **5**, 14, 37. 58, 74, 1914.
17) K. Kähler, Phys. Z. **15**, 27, 1914.
18) J. R. Wright u. O. F. Smith, Phys. Rev. (2) **5**, 459, 1915.
19) E. Bandl, Phys. Z. **17**, 193, 1916.
20) V. F. Hess u. W. Schmidt, Phys. Z. **19**, 109, 1918.
21) J. Olujić, Dissert. Freiburg i. S. 1918; Jahrb. Rad. u. El. **15**, 158, 1918.
22) L. Kolowrat-Tscherwinski, Verh. Ra-Exped. d. Akad. Petersburg. 1916.
23) P. Ludewig u. E. Lorenser, Z. f. Phys. **22**, 178, 1924.
24) J. Stoklasa u. J. Penkava, C. R. **179**, 819, 1924.
25) J. Clay, Amsterdam Proc. **28**, 531, 1925.

7. Die Ionisierung in geschlossenen Gefäßen und die durchdringende Strahlung. In einem geschlossenen Gefäße, das eine isolierte innere Elektrode enthält, zeigt sich ein dauernder, schon bei mäßiger Spannung gesättigter Strom, der daher auch die dauernde Wirksamkeit eines den Gasinhalt ionisierenden Prozesses anzeigt [J. Elster und H. Geitel[1]); C. T. R. Wilson[2])]; bezeichnet i die Stromstärke in stat. Einh., e das Elementarquantum und V das Volumen des Gefäßes, so

Literatur zu VII, 7 siehe Seite 610.

ist aus der Beziehung: $i = qeV$ die mittlere Ionisierungsstärke q im Hohlraum zu berechnen, wobei von i der Strom infolge unvollkommener Isolation des Elektrodenträgers als — meist kleines — Korrektionsglied abzuziehen ist.

Untersuchungen über die Ionisation in geschlossenen Gefäßen wurden teils nach dem Verfahren Elsters und Geitels angestellt, bei dem ein Elektroskop mit aufgesetztem Zerstreuungskörper auf eine Platte gestellt und mit einem größeren Gefäße („Glocke") von etwa 15 bis 30 l Inhalt überdeckt wird, teils nach dem Verfahren C. T. R. Wilsons, wo der Hohlraum des dicht verschlossenen Elektroskopes selbst den Meßraum bildet, ferner mit Ionisationsgefäßen willkürlich gewählter Dimensionen, die auf ein Zweifadenelektrometer nach T. Wulf aufgesetzt wurden, endlich mit Apparaten, die speziell für diesen Zweck von T. Wulf[28]) konstruiert wurden; die innere Elektrode ist wie beim Wilsonschen Verfahren das Fadensystem selbst samt seinen Trägern, das Gehäuse des Elektrometers hat die Form eines Zylinders von etwa 2 l Inhalt und besteht aus 2 mm dicken Metallwänden, so daß von außen kommende Strahlen nur bei großer Durchdringungsfähigkeit wirken können und daß Druckdifferenzen zwischen dem Innen- und Außenraum keine merkliche Deformation des Gefäßes hervorbringen. Nach Aufschrauben von Schutzkappen über die Ladesonde, das Ablesemikroskop und das Beleuchtungsfenster kann der Apparat auch in geladenem Zustande unter Wasser versenkt werden; ein Schutzrohr, das nach Bedarf über das Fadensystem herabgelassen wird, gestattet die Messung des Isolationsverlustes. Wiederholte Verbesserungen, die Unempfindlichkeit gegen Druck und Temperatur bewirken und den Apparat speziell für Ballonfahrten geeignet machen, zuletzt unter Anwendung einer neuen Elektrometertype mit Quarzschlingen, wurden von W. Kolhörster[74, 114, 128, 131, 144]) beschrieben.

Ein Meßverfahren mit vom Elektrometer abgetrennten Ionisationsgefäßen wurde von E. Schweidler[101]) angegeben.

Über Vorrichtungen zur Registrierung siehe bei K. Bergwitz[85]) sowie bei R. A. Millikan und I. S. Bowen[126]), über eine Differentialmethode bei K. M. Downey[112]), über hochempfindliche Anordnungen bei G. Hoffmann[134]). Schließlich läßt sich eine von V. F. Hess und R. W. Lawson[92]) benützte Vorrichtung zur „Zählung" von γ-Strahlen auch auf die natürliche durchdringende Strahlung anwenden.

Die Ergebnisse der zahlreichen Untersuchungen (vgl. Literatur) zeigen, daß die mittlere Ionisierungsstärke q abhängig von den Dimensionen und dem Wandmaterial des Gefäßes, sowie von der Art und Dichte der Gasfüllung ist, ferner in einem gegebenen Gefäße je nach dem Orte der Aufstellung und der unmittelbaren Umgebung verschieden ist und endlich zeitliche Änderungen erleidet.

Bezüglich des Einflusses des Gefäßmateriales finden R. J. Strutt[5]), F. Harms[6]), J. C. McLennan und E. F. Burton[7]), A. Righi[12]), N. R. Campbell[13]), A. Wood[14]), A. Wood und N. R. Campbell[20]), J. C. Mc Lennan[26]), teils daß bestimmte Metalle z. B. Blei und Platin eine größere, andere z. B. Zink und Aluminium eine geringere Ionisation

Literatur zu VII, 7 siehe Seite 610.

bewirken, teils auch für verschiedene Proben des gleichen Metalles ziemlich differierende Werte. Auch bei den Wulfschen Apparaten wurde beobachtet, daß die ältere Type mit Seitenwänden aus Kupfer höhere Werte liefert als die neuere mit Zinkplatten. Der Einfluß des Materiales beruht teilweise auf der „Eigenaktivität" (siehe unten), teils auf der — besonders bei Metallen hoher Atomnummer und nicht allzu harter γ-Strahlung — verstärkten Sekundärstrahlung der Gefäßwand. Der erstgenannte Einfluß wird am meisten herabgedrückt bei Anwendung von Zn, eventuell Al oder Fe oder durch Anwendung von Drahtkäfigen, die innerhalb des Apparates das eigentliche Meßvolumen abgrenzen [G. Hoffmann[134])]; der zweite kann absichtlich zur Verstärkung des Effektes benützt werden, z. B. mit altem RaD-freien Pb [E. Marsden[121]), W. Kolhörster[128])].

Mit zunehmender Dichte der Gasfüllung, sei es durch Steigerung des Druckes, sei es durch Wahl eines spezifisch schwereren Gases, steigt die Ionisierungsstärke an. Neben älteren Versuchen [C. T. R. Wilson[2]); J. Patterson[9]); G. Jaffé[11]); N. R. Campbell[13]); W. Wilson[33]); J. J. Rey[68])] beziehen sich hierauf besonders die Messungen von K. M. Downey[112]) und H. F. Fruth[125]) [vgl. auch die Diskussion der Resultate bei W. F. G. Swann[116])], die bis zu 75 At Druck anwenden; in reinen Gasen erreicht bei hinreichend hohen Drucken ($>$ 53 At) die Ionisierung einen konstanten Grenzwert, was andeutet, daß eine primäre Strahlung großer Durchdringungsfähigkeit nur wenig beiträgt, dagegen eine weichere Sekundärstrahlung, die bei den erwähnten Drucken im Gas vollkommen absorbiert wird, den Hauptanteil hat. Stickstoff zeigt Anomalien, wasserdampf- und staubhältige Gase geben keinen konstanten Grenzwert. Vgl. auch die teilweise abweichenden Ergebnisse von J. W. Broxon und von W. W. Merrymon[149]).

Gase höheren Molekulargewichtes als Luft (CO_2, SO_2) wurden als Füllgas verwendet von E. Marsden[121]) und W. Kolhörster[128]), CO_2 sowie H_2 und C_2H_2 von K. H. Kingdon[96]) und G. Hoffmann[134]).

Die Temperatur hat — bei konstanter Gasdichte — keinen merklichen Einfluß nach J. Patterson[9]) und C. H. Kunsman[113]), bewirkt aber nach N. R. Campbell[21]) Variationen unregelmäßiger Natur. K. H. Kingdon[96]) findet oberhalb 80° C geringe Erhöhung der Ionisierung, wahrscheinlich infolge verstärkter Emanationsabgabe der Gefäßwände. Bei Wulfschen Apparaten beobachteten K. Bergwitz[67]) und C. Dorno[67]) eine Beeinflussung der Elektrometerempfindlichkeit durch die Temperatur, die bisweilen eine Veränderung der Ionisierung vortäuschen kann. In neueren Konstruktionen (W. Kol-

Literatur zu VII, 7 siehe Seite 610.

hörster, vgl. oben unter Meßanordnungen) sind derartige Einflüsse vermieden. C. H. Kunsman[113]) glaubte, die starke Ionisation in großen Höhen (siehe Höhenstrahlung) auf Versagen der Isolation bei tiefen Temperaturen zurückführen zu können.

Die unmittelbare Umgebung ist von Einfluß, wie Versuche zeigen, bei denen in die Nähe gebrachte Massen von Eisen, Blei oder Wasser eine Verringerung von q bewirken, was als Schirmwirkung gegen eine von außen kommende durchdringende Strahlung am einfachsten gedeutet wird [E. Rutherford und H. L. Cooke; H. L. Cooke[4]); J. C. Mc Lennan und E. F. Burton[7]); K. Bergwitz[42])]; unter Umständen aber überwiegt die Eigenstrahlung des Schirmes die Verringerung der Umgebungsstrahlung durch Absorption und bewirkt daher eine Vergrößerung der Ionisation, so z. B. Ziegelsteine [H. L. Cooke[4])] oder Holz [A. Wood[14])]. Beobachtungen an verschiedenen Orten ergeben lokale Differenzen, doch sind die Angaben nicht ohne weiteres vergleichbar, wenn sie sich nicht auf denselben Apparat beziehen. Im allgemeinen findet eine merkliche Verringerung statt, wenn der Apparat aus einem Gebäude ins Freie gebracht wird, und eine ziemlich bedeutende, wenn er über eine Wasseroberfläche gebracht oder unter Wasser versenkt wird [J. C. Mc Lennan[26]); T. Wulf[28]); A. Gockel[30, 52, 59, 86]); C. S. Wright[34]); D. Pacini[37, 45]); E. v. Schweidler[40, 55, 62, 115]); G. C. Simpson und C. S. Wright[47]); J. C. Mc Lennan und Mitarbeiter[49, 56, 72, 88]); V. F. Hess[57, 65]); C. H. Kunsman[91])]. Analoges zeigt sich in Gletscherspalten oder Eishöhlen [A. Gockel[59, 100]); V. Oberguggenberger[124]); W. Kolhörster (u. G. Salis)[128]); vgl. auch später über Absorption der Höhenstrahlung].

Einige Zahlenwerte für q an verschiedenen Orten sind in der folgenden Tabelle zusammengestellt; dabei ist q ausgedrückt in mit „J" bezeichneten Einheiten: $1\ J = 1$ Ionenpaar pro cm³ und sec; die mit * gezeichneten Zahlen bedeuten die Differenz gegen den Wert, der mit unter Wasser (oder Eis) versenktem Apparat beobachtet wurde, also die Wirkung der äußeren Strahlung A nach Abzug der Restwirkung R (vgl. S. 600). Die zwei Kolonnen bei Mc Lennan beziehen sich auf zwei verschiedene Apparate.

Besonders auffallend ist das Verhalten bei Änderung der Höhenlage. Beobachtungen auf Türmen [J. C. Mc Lennan[26]); derselbe und E. N. Macallum[49]); T. Wulf[41]); K. Bergwitz[42])] ergaben zunächst eine Abnahme; Ballonbeobachtungen bei Erhebung bis in etwa 2500 m Höhe bald eine beträchtliche Abnahme [K. Bergwitz[42])], bald eine unbedeutende Abnahme anfangs und Konstanz oder sogar geringen Anstieg bei weiterer Erhebung [A. Gockel[43, 48, 52, 59]); V. F. Hess[50, 57])]; in größeren Höhen, von 2500 m an bis zu mehr als 9000 m, wurde über-

Literatur zu VII, 7 siehe Seite 610.

Autor	Ort	q in J	
T. Wulf[41])	Valkenburg	10*	
„	Paris	6*	
„	Eiffelturm	3,5	
D. Pacini[51])	Sestola	6 bis 30	
„	über Adria	11	
„	unter Wasser	8,9	
J. C. Mc Lennan[49, 56])	Toronto, Laborat.	15,2	9,1
„	„ Wiese	15,1	6,7
„	„ über Wasser	9,3	6,0
„	„ Gebäude	16,1	—
„	„ Turm	12,1	—
„	Cambridge	—	9,0
E. v. Schweidler[55, 62, 115])	Seeham (Salzburg)		
„	über festem Boden	4*	
„	über Wasser	1,6*	
„	Innsbruck	12,5*	
G. C. Simpson und C. S. Wright[47])	Atlant. Ozean	4	
A. Gockel[48])	Zürich	11,7	
„	Bern	15,2	
A. Gockel[86])	Lötschbergtunnel (Granit)	30	
K. Bergwitz[85])	Braunschweig, Garten	8,0	
„	Bergwerk (Steinsalz)	0,8	
„	„ (Carnallit)	16	
J. C. Mc Lennan und H. G. Murray[87])	Ontariosee (Zn-Gefäß)	4,5	
	„ (Eis-Gefäß)	2,6	
C. H. Kunsman[91])	Kalifornien	8,7	
„	Gr. Ozean	4,2	
L. A. Bauer und W. F. G. Swann[103])	Land	6 [4*]	
	Ozean	3,6 [1,5*]	
S. J. Mauchly[150])	„	3,2 und 3,8	
V. Oberguggenberger[124])	Tiroler Alpen (über verschied. Gesteinen)	1,2* bis 16,6*	
W. Kolhörster[119])	Waniköi (am Bosporus)	2,69*	
K. Kähler[111])	Kolberg	7,5	
V. F. Hess und M. Kofler[102])	Obir (2044 m)	11,1	
G. Ising[108])	über Wasser	3,0	
	„ Land	5 bis 6	
	in Gebäuden	8,4	
	Physik. Inst.	13,5	

einstimmend eine starke Zunahme der Ionisierungsstärke [V. F. Hess[57, 73]); W. Kolhörster[75, 80, 81]); A. Gockel[77])] gefunden.

Über abweichende Ergebnisse von R. A. Millikan und I. S. Bowen[126]) und R. M. Otis[127]) siehe später unter „Höhenstrahlung".

Auch auf hohen Bergen wurden analoge Ergebnisse erhalten [A. Gockel[59, 86, 100]); V. Oberguggenberger[124]); W. Kolhörster[128]);

Literatur zu VII, 7 siehe Seite 610.

M. Otis[127]); derselbe und R. A. Millikan[130]); R. A. Millikan[139])], während E. Marsden[121]) keine merkliche Zunahme findet.

Zeitliche Änderungen am selben Orte treten auf zunächst nach Erneuerung der Gasfüllung des Ionisationsgefäßes und zwar in der Regel im Sinne einer allmählichen Zunahme der Ionisierungsstärke bis zu einem Endwerte, der nach einigen Tagen erreicht wird [H. Geitel[1]); H. Mache[3]); F. Harms[6])], bisweilen aber auch im entgegengesetzten Sinne [E. v. Schweidler[101])].

Bei alter Gasfüllung wurde zunächst von G. Jaffé[11]) und A. Wood[16]) eine tägliche Periode der Ionisierung aufgefunden und zwar parallel verlaufend mit der des atmosphärischen Potentialgefälles. Zahlreiche spätere Untersuchungen [H. Mache und T. Rimmer[19]); A. Wood und N. R. Campbell[20]); W. W. Strong[22, 25]); T. F. Mc Keon[23]); A. Gockel[24, 32, 100]); T. Wulf[28, 66]); D. Pacini[29]); G. A. Cline[35]); H. Mache[36]); E. v. Schweidler[40, 55, 62, 101, 115]); K. Bergwitz[42, 85]); G. C. Simpson und C. S. Wright[47]); J. C. Mc Lennan[56]); C. Dorno[67]); L. J. Lassalle[82]); V. F. Hess und M. Kofler[102]); K. Kähler[111]); K. M. Downey[112]); W. Kolhörster[119, 128, 157]); V. Oberguggenberger[124]); R. M. Otis[127]); G. Hoffmann[134])] ergaben ziemlich abweichende Resultate, die teils den obigen Befund bestätigten, teils Nichtübereinstimmung mit dem Gang des Potentialgefälles oder überhaupt keinen ausgesprochen täglichen Gang anzeigten. Aufstellungsart (im Zimmer oder im Freien) und Art des Abschlusses (luftdicht und nicht dicht verschlossene Gefäße) scheinen dabei von Einfluß zu sein; auch spielen die durch Temperaturbeeinflussung des Elektrometers (vgl. oben) vorgetäuschten Änderungen bisweilen eine Rolle.

Jedenfalls erscheinen die oft sehr bedeutenden Schwankungen in älteren Messungsreihen nicht reell zu sein (Näheres siehe weiter unten bei der Besprechung der einzelnen, die Ionisierung bedingenden Faktoren, speziell: Erdstrahlung, Luftstrahlung, Belagstrahlung, Höhenstrahlung).

In ähnlicher Weise sind die Ergebnisse über den Zusammenhang mit meteorologischen Faktoren nicht eindeutig, nur die Erhöhung von q nach Regenfällen wird von mehreren Autoren [H. Mache und T. Rimmer[19]); A. Gockel[24, 100]); H. Mache[36]); E. v. Schweidler[40, 55, 115]); V. F. Hess und M. Kofler[102]); W. Kolhörster[119])] übereinstimmend festgestellt. Letzterer behandelt speziell den Zusammenhang der „Erdstrahlung" (siehe dortselbst) mit meteorologischen Faktoren.

Literatur zu VII, 7 siehe Seite 610.

Widersprechend sind auch die Resultate bei der größten Annäherung des Halley-Kometen im Mai 1910, wobei einige Beobachter [A. Thompson[46]); A. Gockel[52]); D. Pacini[37])] eine Erhöhung, J. A. Lebel[38]) keine merkliche Änderung beobachteten. Unter Mitberücksichtigung auch anderer luftelektrischer Messungen stellt aber A. Wigand[98]) einen ionisierenden Effekt der Kometenmaterie als sicher nachgewiesen hin.

Beobachtungen bei Sonnenfinsternissen [M. de Broglie[51]); V. F. Hess[57]); L. Palazzo[109]); W. Kolhörster[105]); L. A. Bauer, H. W. Fisk und S. J. Mauchly[110]); G. Ising[108]); E. N. Coade und W. W. Merrymon[141]); W. F. G. Swann[135]); H. A. Erikson[142])] gaben keine merkliche Veränderung der Intensität, höchstens in manchen Fällen etwas übernormale Schwankungen.

Nach den Ergebnissen von Simultanmessungen, die an vereinbarten Tagen in Valkenburg (Holland), Davos, Wien, Graz und Innsbruck angestellt wurden [T. Wulf[66])] ist kein Anlaß vorhanden, auf weit entfernte Orte gleichzeitig stattfindende Einwirkungen anzunehmen.

Ursprung der Ionisierung. Als Quelle der Ionisierung kommen entweder Prozesse in Betracht, die sich abgesehen von radioaktiven Vorgängen spontan in einem Gase abspielen, oder die Einwirkung von Becquerelstrahlen, die von den Bestandteilen des Apparates sowie von der näheren oder weiteren Umgebung ausgehen, samt der Wirkung der von dieser primären Strahlung erzeugten Sekundärstrahlen. Von diesem Gesichtspunkte aus erhält man folgendes Schema der primär an der Ionisierung beteiligten Summanden:

A Äußere durchdringende Strahlung:

A 1: der im Erdboden und in den umgebenden festen Körpern enthaltenen Radioelemente = „Erdstrahlung“,

A 2: des aus der Atmosphäre stammenden radioaktiven Oberflächenbelages der Umgebung = „Belagstrahlung“,

A 3: der in der Atmosphäre selbst enthaltenen Radioelemente = „Luftstrahlung“,

A 4: einer außerterrestrischen Strahlungsquelle = „Höhenstrahlung“ oder „Hess'sche Strahlung“.

R. Restwirkung:

R 1: Gesamtstrahlung der in der Gasfüllung } enthaltenen Radioelemente.
R 2: Gesamtstrahlung der in der Gefäßwand }

R 3: Spontane Ionisierung des Gases.

Literatur zu VII, 7 siehe Seite 610.

Diese Komponenten sind in verschiedener Weise als mehr oder minder beteiligt angesehen worden. Die zuerst von E. Rutherford und H. L. Cooke[4]) nachgewiesene und später vielfach bestätigte (vgl. oben) Tatsache einer Verringerung von q durch umgebende Schirme beweist das Vorhandensein einer von außen kommenden durchdringenden Strahlung; Messungen unter Wasser in genügender Tiefe oder in Eishöhlen, Gletscherspalten und dgl. gestatten sogar eine ziemlich genaue Trennung der Komponenten A und R. Als hauptsächlichste Quelle der äußeren Strahlung nahmen aber die meisten Autoren [J. C. Mc Lennan[26]); T. Wulf[28]); A. S. Eve[44]); K. Kurz[31])] die Strahlung der festen Umgebung an, andere dagegen [W. W. Strong[25, 61]); H. Mache[19, 36]); D. Pacini[29, 37, 45])] schrieben der Atmosphäre den Hauptanteil oder wenigstens einen wesentlichen Anteil zu; auch die infolge des Erdfeldes an der Erdoberfläche niedergeschlagenen Zerfallsprodukte wurden speziell zur Erklärung des täglichen Ganges (Parallelismus mit Potentialgefälle) herangezogen [H. Mache und T. Rimmer[19])]; endlich ist eine seinerzeit von O. W. Richardson[17]) ausgesprochene Ansicht, nämlich daß eine außerterrestrische Strahlungsquelle wirksam sei, zunächst wegen der Absorptionsverhältnisse in der Erdatmosphäre als quantitativ unhaltbar hingestellt [K. Kurz[31])] worden. Die Ergebnisse der ersten Ballonfahrten aber, welche überraschenderweise ergaben, daß die beobachtete Ionisierung in einem geschlossenen Gefäße trotz Fortfallens der Erdstrahlung bis zu etwa 2000 m annähernd konstant sei [A. Gockel[43, 48, 52, 59]); V. F. Hess[50])], von 2000 m an bis zu 5200 m sogar beträchtlich zunehme [V. F. Hess[57, 73])] führten zur Hypothese einer von oben kommenden (wahrscheinlich außerterrestrischen) Strahlung von größerer Durchdringungsfähigkeit als derjenigen der bekannten γ-Strahlungen [V. F. Hess[57, 73])].

Die Existenz dieser Strahlung wurde bestätigt und in ihren physikalischen Eigenschaften (Intensität, Absorptionskoeffizient) näher charakterisiert durch W. Kolhörster [75, 80, 81, 89]), dessen Ballonaufstiege bis 9300 m Höhe erreichten. Weitere Ballonmessungen von Kleinschmidt [bearbeitet und mitgeteilt von A. Gockel[77, 86])] sowie im allgemeinen die S. 598 erwähnten Messungen auf hohen Bergen standen damit in guter Übereinstimmung. Gleichwohl wurde die Realität dieser Strahlung angezweifelt und der beobachtete Effekt auf Isolationsfehler zurückgeführt [C. H. Kunsman[113])], beziehungsweise auf die Wirkung der in der Atmosphäre vorhandenen Zerfallsprodukte [R. M. Otis und R. A. Millikan[130]); G. Hoffmann[134]); F. Běhounek[143])]; später erkannten aber sowohl R. A. Millikan[139]) als G. Hoffmann[134]) das

Literatur zu VII, 7 siehe Seite 610.

Bestehen dieser Strahlung an, wenn auch mit teilweise abweichenden Annahmen bezüglich Intensität und Absorption (vgl. später unter „Höhenstrahlung").

Ebenso bestehen widersprechende Auffassungen bezüglich der Restionisierung; R. J. Strutt[5]), A. Wood und N. R. Campbell[13, 14, 20]) schließen auf eine auch den gewöhnlichen Elementen zukommende Radioaktivität, in der Regel nimmt man aber Verunreinigung des Gefäßmateriales durch Spuren der bekannten Radioelemente an [J. C. Mc Lennan[26])]; daneben wird aber auch eine spontane Ionisierung der Gasfüllung als möglich betrachtet [M. Wolfke[70]), J. C. Mc Lennan[72, 76])].

Die folgende Zusammenstellung behandelt die quantitative Darstellung der im obigen Schema unterschiedenen Komponenten:

A. Äußere durchdringende Strahlung.

A 1: Erdstrahlung. Bei dickwandigen Gefäßen kommt fast allein die γ-Strahlung und die von ihr erzeugte Sekundärstrahlung, bei dünnwandigen daneben auch noch die β-Strahlung — allerdings nur der nächsten Umgebung — in Betracht. Bezeichnet K die „Evesche Zahl" (vgl. S. 199), μ_1 den Absorptionskoeffizienten der γ-Strahlung und ϱ_1 die Konzentration des vorhandenen Radioelementes, so gilt für einen Hohlraum (Zimmer, Tunnel, Höhle usw.): $q\,(A\,1) = \frac{4\pi\varrho_1 K}{\mu_1}$, falls die Absorption der γ-Strahlen in der Luft des Hohlraumes vernachlässigt werden kann; für einen auf die ebene Erdoberfläche aufgesetzten Apparat gilt $q\,(A\,1) = \frac{2\pi\varrho_1 K}{\mu_1}$ und in der Höhe h über dem Erdboden $q(h) = q(0)\Phi(\mu_3 h)$, wenn μ_3 den Absorptionskoeffizienten der Luft für die γ-Strahlung bezeichnet (L. V. King[54]); vgl. auch S. 84).

Die Größe K ist für RaC bestimmt (vgl. S. 199); der unter Hinzurechnung der Sekundärstrahlung speziell bei den Wulfschen Apparaten einzusetzende Wert wurde empirisch von V. F. Hess[65]) ermittelt (rund $K = 5 \cdot 10^9$ Ionenpaare in cm^3 und sec für Gleichgewichtsmenge RaC zu 1 g Ra). Quantitative Berechnungen [A. S. Eve[44]); V. F. Hess[65])] des zu erwartenden Effektes sind schwierig, da neben dem Ra-Gehalt der Umgebung auch der an Uran (UX) und den Zerfallsprodukten des Thoriums zu berücksichtigen wäre; ein relativer Ra-Gehalt von 10^{-12}, somit eine Konzentration von $2 \cdot 10^{-12} \frac{\text{g Ra}}{\text{cm}^3}$ in einer Bodenart vom spez. Gewichte 2 würde, wenn $\mu_1 = 0{,}1\ \text{cm}^{-1}$ gesetzt wird, etwa $q = 0{,}6$ liefern; für Bodenarten größeren Gehaltes (vgl. VII, 1) kann daher unter Hinzurechnung der Uran- und Thorstrahlung das Glied $q(A\,1)$ bis zu einer Größenordnung von 10 ansteigen.

Die beobachteten Differenzen zwischen den Werten im Zimmer und im Freien und zwischen denen über Land und über Wasser (vgl. Tabelle, S. 598), lassen sich also auf die Komponente A 1 zurückführen.

Literatur zu VII, 7 siehe Seite 610.

V. Oberguggenberger[124]) hat speziell den Zusammenhang zwischen Erdstrahlung und geologischem Charakter des Bodens untersucht und dabei im allgemeinen über gleichartigem Untergrund auch ziemlich gleiche Strahlung gefunden, sowie Übereinstimmung mit den aus der Gehaltsbestimmung zu erwartenden Resultaten, z. B. kleine Werte über Sedimentgesteinen, große über Urgesteinen, besonders Phyllit. W. Kolhörster[119]) hat insbesondere den zeitlichen Gang und die Beziehung zu meteorologischen Einflüssen untersucht. Er findet einen ausgesprochenen täglichen Gang (Hauptmaximum 16^h, Minimum 9^h, Amplitude 0,8 J, darüber gelagert eine zweite Schwingung kleinerer Amplitude), ebenso einen jährlichen Gang (Max. im Juni, Min. im Januar, Amplitude 0,5 J); offenbar sind ähnliche jährliche Veränderungen, die von andern Autoren [V. F. Hess und M. Kofler[102]); K. Kähler[111]); A. Gockel[100])] beobachtet wurden, ebenfalls den Schwankungen der Erdstrahlung zuzuschreiben und auf Verlagerung der kurzlebigen Zerfallsprodukte des U und des Th in den obersten Bodenschichten zurückzuführen. In der gleichen Weise erklärt Kolhörster die von ihm konstatierten Beziehungen zu meteorologischen Verhältnissen (Luftdruck, Temperatur, Wind, Niederschlag). Wie aus der Formel über die Abnahme mit der Höhe bei Einsetzung numerischer Werte hervorgeht, verschwindet die Wirkung der Bodenstrahlung schon in einer Höhe von einigen hundert Metern.

A 2: Belagstrahlung. Versuche von T. Wulf[28]) zeigten, daß dieser Komponente nur eine geringe Bedeutung zukommt. Theoretische Berechnungen E. v. Schweidlers[62]) ergeben, daß bei normalen Werten des Erdfeldes und des Emanationsgehaltes (vgl. VII, 5) die Strahlung des Oberflächenbelages auf einer Ebene zu vernachlässigen ist, nämlich q (A 2) $< 0{,}01$; auch der radioaktive Belag auf emporragenden Gegenständen (Turmspitzen und dgl.) oder zufällig stark negativ geladenen Ballonhüllen liefert nach der Rechnung einen praktisch unmerklichen Beitrag [vgl. auch den experimentellen Befund von V. F. Hess[50])], die Erklärung des täglichen Ganges aus der Wirkung des Erdfeldes erscheint daher quantitativ unzureichend. Dagegen läßt sich von den durch Niederschläge aus der Atmosphäre herabgeschwemmten Zerfallsprodukten der Emanationen eine merkliche Wirkung wohl erwarten [K. Kurz[21]), vgl. auch S. 586].

A 3: Luftstrahlung. Analog wie bei A 1 ergibt sich für q der Wert $\frac{4\pi K \varrho_3}{\mu_3}$ in großer Höhe, $\frac{2\pi K \varrho_3}{\mu_3}$ am Boden, falls wieder ϱ_3 die Konzentration des radioaktiven Stoffes in der Atmosphäre und μ_3 den Absorptionskoeffizienten der Luft bezeichnet. Setzt man $K = 5 \cdot 10^9$, $\varrho_3 = 10^{-16} \frac{\text{Curie}}{\text{cm}^3}$ für Radiumemanation und als abgerundeten Mittelwert aus Messungen von V. F. Hess und von J. Chadwick $\mu_3 = 50 \cdot 10^{-6}\ \text{cm}^{-1}$, so wird am Boden die Komponente q (A 3) $= 0{,}06$ für die Radiumprodukte; die Wirkung der Thorprodukte dürfte nach den in VII, 5 angeführten Ergebnissen diesen Betrag nicht wesentlich übersteigen; im ganzen ist also q(A 3) nur ein kleiner Bruchteil des beobachteten Wertes und daher dürften auch seine regelmäßig periodischen oder unperiodischen Variationen nur wenig zu den beobachteten Schwankungen der durchdringenden Strahlung beitragen.

A 4: Höhenstrahlung (Hess'sche Strahlung). Diese Komponente zusammen mit der — an sich schwachen — Luftstrahlung (siehe A 3) wird experimentell ermittelt, wenn einmal bei vollkommener Abschirmung der äußeren Strahlung

---

Literatur zu VII, 7 siehe Seite 610.

durch Wasser, Eis, inaktive Metallpanzer, ein zweitesmal über Wasser oder Eis bei Abschirmung der Erdstrahlung beobachtet und die Differenz gebildet wird. Bezüglich des absoluten Wertes der von der Höhenstrahlung hervorgerufenen Ionisierung ist zu beachten, daß sie größtenteils von der in der Gefäßwand erregten Sekundärstrahlung herrührt, daher mit Material und Dicke derselben sich ändert. Genauere Angaben über die Art dieser Abhängigkeit lassen sich aber derzeit nicht machen und die an gewöhnlichen γ-Strahlen erhaltenen Resultate sind nicht mit Sicherheit auf die Höhenstrahlung übertragbar. W. Kolhörster[128]) findet, daß die Verstärkung der Sekundärstrahlen in Metallen hoher Atomnummer bei der Höhenstrahlung kleiner ist als bei gewöhnlichen γ-Strahlen; Messungen von E. v. Schweidler[101]) über Wasser und unter Wasser dagegen liefern das Ergebnis, daß die Differenz (= Luftstrahlung + absorbierter Teil der Höhenstrahlung) im Wulfschen Apparat bedeutend größer ist als in dünnwandigen Gefäßen (1,55 J gegen 0,61 J).

Auch die von der Höhenstrahlung in der näheren Umgebung erzeugte Sekundärstrahlung kommt in Betracht; V. F. Hess[57]) nimmt an, daß von der Differenz (über Land — über Wasser) ein großer Teil hierauf und nicht auf die Erdstrahlung zurückzuführen sei.

Für die Höhenstrahlung im Meeresniveau oder in geringen Seehöhen ergeben die Beobachtungen von D. Pacini[45]), E. v. Schweidler[62, 101, 115]), V. F. Hess[65, 73]), J. C. Mc Lennan und A. R. Mc Leod[72]), W. Kolhörster[74, 80, 119, 128]) und A. Gockel[86, 100]) im allgemeinen ziemlich übereinstimmend Werte zwischen 1 und 2 J, während R. A. Millikan[130]) beträchtlich kleinere Werte erhält.

Die in Europa ausgeführten Messungen im Ballon oder auf hohen Bergen (s. S. 598) liefern ebenfalls mit guter Übereinstimmung im Mittel etwa folgenden Verlauf mit der Höhe:

$h = 0$ km;	1;	2;	3;	4;	5;	6;	7;	8;	9
q(A 4) = 1,5 J;	3;	5,5;	9;	14;	21;	33;	50;	67;	84

Die amerikanischen Messungen [R. A. Millikan und I. S. Bowen[126]); R. A. Millikan[130, 139])] geben im allgemeinen in großen Höhen kleinere Werte (etwa $^1/_4$ der obigen). Es läßt sich derzeit noch nicht entscheiden, ob diese Unterschiede auf der Verschiedenheit der Apparatur beruhen oder auf einer tatsächlichen ungleichen Verteilung über die Erdoberfläche, z. B. analoger Art wie die der polarlichterzeugenden Strahlen. Leider fehlen bisher Beobachtungen der Höhenstrahlung aus hohen Breiten gänzlich.

Zeitliche Veränderungen (tägliche, jährliche Periode) der Höhenstrahlung lassen sich wegen der Überlagerung der Restionisierung (eventuell der Erdstrahlung) in geringer Seehöhe nur relativ unsicher feststellen; sicher ist bloß, daß der Wechsel von Tag und Nacht und Sonnenfinsternisse nur geringen Einfluß haben. In großer Seehöhe sind aber sowohl unregelmäßige Schwankungen der Höhenstrahlung zu beobachten [V. Oberguggenberger[124])] als auch eine tägliche Periode mit einer Amplitude von etwa 15% des Mittelwertes [W. Kolhörster[128])].

Bezüglich der Richtung der Höhenstrahlung wäre es a priori denkbar, daß sie annähernd vertikal sei (ungestreute Strahlung einer außerterrestrischen gleichmäßig verteilten Quelle) oder überwiegend von einer ausgezeichneten Stelle des Himmelsgewölbes oder endlich (infolge starker Streuung in der Atmosphäre)

Literatur zu VII, 7 siehe Seite 610.

gleichmäßig von allen Punkten des Himmelsgewölbes herzukommen scheine. Direkte Herkunft von der Sonne auf geradem Wege ist nach den oben angeführten Ergebnissen ausgeschlossen. A. Gockel[86]) schloß aus seinen Versuchen in Gletscherspalten, daß annähernd der erste der drei Fälle realisiert sei; W. F. G. Swann[116]) findet nach Versuchen von Herrick, bei denen asymmetrische Ionisationsgefäße (halb aus Pb, halb aus Al) verwendet und infolge der Ungleichheit von sekundärer Eintritts- und Austrittsstrahlung (vgl. III, 18) je nach der Orientierung des Apparates verschiedene Effekte erhalten wurden, eine schwache, aber deutliche Bevorzugung der Vertikalen (etwa 9% über dem Mittelwert). Analog ergeben die Messungen W. Kolhörsters[128]) in Gletscherspalten, daß eine zirkumzenitale Zone von etwa 25° Radius als hauptsächliche Strahlungsquelle in Betracht komme und bei Kulmination der Milchstraße stärker wirksam sei. Nach Versuchen von L. Myssowsky und L. Tuwim[138]) auf einem Wasserturm ist die Höhenstrahlung unabhängig vom Azimut und eine derartige Funktion des Einfallswinkels, wie es theoretisch einer diffusen Strahlung von oben her entspricht. R. A. Millikan[139]) findet gleichmäßige Richtungsverteilung.

Absorption. Die Absorption der Höhenstrahlung wird experimentell untersucht, entweder indem man die bei Ballonaufstiegen erhaltenen Werte in Beziehung setzt zu den durchstrahlten Luftschichten oder indem man den Apparat durch absorbierende Schichten meßbarer Dicke (Wasser, Eis, Blei) abschirmt. Bei der theoretischen Deutung der experimentellen Ergebnisse ist folgendes zu beachten: 1. der absorbierende Schirm sendet selbst Sekundärstrahlen aus, die ionisierend wirken. 2. Drückt man die Abschwächung der Primärstrahlung durch eine absorbierende Schichtdicke dx aus in der Form $\frac{dJ}{J} = -\mu' \, dx$, so entspricht der so definierte „Absorptionskoeffizient" μ' weder dem „wahren Absorptionskoeffizienten" μ^* noch dem „scheinbaren Absorptionskoeffizienten" oder „Schwächungskoeffizienten" $\mu = \mu^* + \sigma$ (vgl. die Definition dieser Größen in III, 3); ersteres wäre nur dann der Fall, wenn die Strahlung keine Streuung erlitte, letzteres nur dann, wenn die Versuchsanordnung bloß den in der ursprünglichen Richtung weitergehenden Teil auffinge. Tatsächlich empfängt bei dem üblichen Verfahren der abgeschirmte Apparat außer der durch Absorption und Streuung abgeschwächten Strahlung unveränderter Anfangsrichtung auch noch von den seitlichen Teilen des Schirmes gestreute (und daher auf längerem Wege absorbierte) Strahlung. Es gilt daher die Ungleichung:

$$\mu^* < \mu' < \mu^* + \sigma$$

d. h. der beobachtete Wert μ' liegt zwischen dem wahren Absorptions- und dem Schwächungskoeffizienten.

Da qualitativ aus den unten besprochenen Ergebnissen große Härte der Höhenstrahlung folgt und bei harten Strahlen σ groß gegen μ^* ist, wird jede theoretische Abschätzung der Wellenlänge aus dem beobachteten μ' (vgl. III, 16) außerordentlich unsicher. Wegen der jedenfalls starken Streuung der Höhenstrahlung ist auch die Anwendung des Absorptionsgesetzes $\Phi(\mu x)$ auf eine diffuse Strahlung (vgl. III, 3 und Tabelle 1 des Anhanges) bestenfalls eine sehr grobe Annäherung. Eine Zusammenstellung der beobachteten Werte von μ' enthält folgende Tabelle [nach W. Kolhörster[147])]:

Jedenfalls ist also die Höhenstrahlung bedeutend härter (7 bis 15mal) als die γ-Strahlung von RaC, nach Millikan und Kolhörster ist sie inhomogen. Die

---

Literatur zu VII, 7 siehe Seite 610.

Autor	Abs. Medium	μ' (cm^{-1})	$\frac{\mu'}{\varrho}\left(\frac{cm^2}{g}\right)$	Vorausgesetztes Abs.-Gesetz
W. Kolhörster[80])	Luft*)	$0{,}71 \cdot 10^{-5}$	$5{,}5 \cdot 10^{-3}$	$e^{-\mu' x}$
E. v. Schweidler[83])	„	0,75 „	5,8 „	„
F. Linke[93])	„	0,46 „	3,6 „	$\Phi(\mu' x)$
R. Seeliger[104])	„	0,5 „	3,8 „	„
W. Kolhörster[128])	Eis	$1{,}4$–$2{,}4 \cdot 10^{-3}$	1,6—2,7 „	$e^{-\mu' x}$
„	Wasser	2,0 „	2,0 „	„
R. A. Millikan[139])	„	1,8–3,0 „	1,8–3,0 „	„
L. Myssowsky u.	„	{ 3,6 „	{ 3,6 „	„
L. Tuwim[138])	„	{ 2,8 „	{ 2,8 „	$\Phi(\mu' x)$
F. Běhounek[143])	Blei**)	0,433	38 „	$e^{-\mu' x}$
O. H. Gish[107])	„	0,45	39 „	„
W. Kolhörster[128])	Luft	$0{,}3 \cdot 10^{-5}$	2,0 „	„

*) Die ersten vier Werte von μ' in Luft beruhen auf den Daten von W. Kolhörster[81]).

**) Bezieht sich offenbar auf die Absorption der Erdstrahlung.

(oben als sehr unsicher bezeichneten) theoretischen Berechnungen der Wellenlänge λ aus der bekannten Funktion $\mu = f(\lambda)$ führen nach R. A. Millikan[139]) auf die Werte $\lambda = 0{,}4$ bis 0,7 X.E., nach W. Kolhörster[147]) auf etwa $\lambda = 2$ X.E.

Natur und Ursprung der Höhenstrahlung. Die große Durchdringungsfähigkeit sowie der Umstand, daß bisher keine Anzeichen eines Einflusses des erdmagnetischen Feldes bekannt sind, führt zu der Auffassung, daß die Höhenstrahlung eine kurzwellige γ-Strahlung sei, so daß V. F. Hess[145]) mit Vorbehalt den Namen „Ultra-γ-Strahlen" vorschlägt; doch wurde bisweilen auch Identität mit den γ-Strahlen der bekannten Radioelemente angenommen [ursprüngliche, wieder aufgegebene Annahme von R. A. Millikan und R. M. Otis[130]) und von G. Hoffmann[134]), ferner von F. Běhounek[143])]. Im ersteren Falle können entweder uns unbekannte Elemente als Quelle der Strahlung betrachtet werden [A. Gockel[86]); F. Linke[93]); A. Wigand[98]); W. Nernst[118])] oder Prozesse anderer Art, die mit Emission sehr kurzwelliger Strahlung verbunden sind: „Ultra-X-Strahlen" der Sonne nach H. Deslandres[122]); Strahlen, die nicht dem Zerfall, sondern der Bildung von Atomkernen, speziell He-Kernen entsprechen und deren Quantum $h\nu$ durch den „Massendefekt" (vgl. II,1) gegeben ist, wie A. L. Hughes u. G. E. M. Jauncey[146]) annehmen, oder die der Bildung von „Neutronen" zugeordnet sind [A. v. Antropoff; E. Condon[148])].

Es ist aber auch die Auffassung möglich, daß die Höhenstrahlung eine von primären Korpuskularstrahlen in der Atmosphäre erzeugte Sekundärstrahlung sei [E. v. Schweidler[83, 120]); W. Kolhörster[105]), R. Swinne[106]), W. F. G. Swann[116]), M. Akiyama[137])], wobei natürlich die Art dieser Primärstrahlung (Kathoden-H-, α-Strahlen) vorläufig ganz hypothetisch bleibt. Schließlich wäre noch die wenig wahrscheinliche, aber immerhin nicht auszuschließende Annahme zu erwähnen, daß die Höhenstrahlung selbst eine β-Strahlung von enormer Geschwindigkeit (fast Lichtgeschwindigkeit) und entsprechender Härte sei und mit der zur

Literatur zu VII, 7 siehe Seite 610.

Erklärung andererPhänomene (vgl. VII,9) herangezogenen „extremen β-Strahlung" zusammenhänge. Nach C. T. R. Wilson[136]) können solche Kathodenstrahlen sogar in den starken elektrischen Feldern innerhalb der Gewitterwolken (also rein terrestrisch) entstehen und direkt oder indirekt (durch Erzeugung sekundärer γ-Strahlen) an der durchdringenden Strahlung beteiligt sein.

Neben der Natur der Höhenstrahlung ist auch die räumliche Lage ihrer Quelle sehr hypothetisch. Die Sonne als direkte Quelle einer primären γ-Strahlung ist nach den oben erwähnten Ergebnissen (täglicher Gang, Sonnenfinsternisse) ausgeschlossen. Nach E. v. Schweidler[83]) [vgl. auch R. Seeliger[104])] müßten Sonne oder Mond eine Oberflächenschichte besitzen, deren „spezifischeAktivität", d. i. Zahl der von 1 g in 1 sec ausgesandten Strahlen, rund 170mal so groß als die des reinen Urans wäre, um die beobachtete Intensität zu erklären. Noch größere Aktivität wäre den Fixsternen zuzuschreiben. Gleichmäßig im Weltraum in beliebiger Dichte verteilte kosmische Materie würde aber bereits bei einer Aktivität genügen, die $^1/_{1200}$ von der des Urans oder rund das 100 fache von der Aktivität irdischer Gesteine betrüge, also eher in Betracht kommen.

Die Annahme eines unbekannten sehr leichten radioaktiven Gases ist unvereinbar mit der beobachteten Höhenverteilung der Strahlungsintensität.

Den obigen Berechnungen der kosmischen Aktivität lag die Voraussetzung zugrunde, daß die Energie eines einzelnen γ-Strahles ebenso groß sei wie bei den γ-Strahlen von RaC. Wenn nach den S. 606 erwähnten Überlegungen die Wellenlänge der Höhenstrahlung rund 1 X. E., also etwa $^1/_{20}$ der „effektiven" Wellenlänge der RaC-Strahlung, somit das Energiequant $h\nu$ das 20fache betragen sollte, wären die oben angeführten Zahlen auf ein Zwanzigstel zu verkleinern. Die Auffassung, daß eine primäre Korpuskularstrahlung in der Atmosphäre erst eine sekundäre γ-Strahlung erzeuge, ändert nicht die Größenordnung der berechneten „Aktivität" der kosmischen Quellen; die hohen Werte derselben werden aber weniger unwahrscheinlich, falls nicht wirkliche Radioaktivität, sondern anderweitig erzeugte Primärstrahlen (Glühkathodenstrahlen, H-Strahlen einer geladenen Sonne u. dgl., vgl. auch VII, 9) angenommen werden. F. Linke[93]) nahm — ähnlich wie A. Wigand[98]) speziell beim Halleykometen — eine zwar aus dem Weltraum stammende, aber in der Atmosphäre (etwa in 20 km Höhe) sich ansammelnde Schichte radioaktiven Staubes an, eine Hypothese, die mit der beobachteten Höhenverteilung vereinbar ist (vgl. auch R. Seeliger[104]), aber zu andern Bedenken Anlaß gibt (K. Bergwitz[95])). Die Hypothese einer kosmischen radioaktiven Strahlungsquelle wurde besonders von W. Nernst[118]) weiter ausgeführt mit der Annahme, daß bei der Bildung jungerSterne aus kosmischenNebeln uns unbekannte Radioelemente entstehen, von welchen die Höhenstrahlung emittiert wird. Die Beobachtungen W. Kolhörsters[128]) über die tägliche Periode und ihren Zusammenhang mit der Kulmination der Milchstraße (vgl. S. 605) stehen mit dieser Auffassung in Übereinstimmung.

Über den Anteil der Höhenstrahlung an der Ionisierung der freien Atmosphäre siehe VII, 8, über eventuell von ihr erzeugte sekundäre β-Strahlen großer Durchdringungsfähigkeit siehe VII, 9.

R. Restionisierung.

R 1: Emanationsgehalt der Gasfüllung. Dieser kann aus der Freiluft stammen und daher in undicht verschlossenen Gefäßen parallel verlaufende Änderungen erfahren. Einem mittleren Emanationsgehalt der Luft von $10^{-16}\ \frac{\text{Curie}}{\text{cm}^3}$

Literatur zu VII, 7 siehe Seite 610.

(vgl. VII, 5) entspricht eine Ionisierungsstärke $q = 0{,}6$ infolge der Emanations-Strahlung allein und ungefähr der doppelte Betrag bei Hinzurechnung der Wirkung der an den Gefäßwänden abgeschiedenen Zerfallsprodukte der Emanation; ferner ist noch der Gehalt der Luft an Thorprodukten zu berücksichtigen, so daß im Mittel etwa rund $q = 2{,}5$ gesetzt werden kann. Da (vgl. S. 585/86) der Gehalt der Atmosphäre an radioaktiven Stoffen beträchtliche Schwankungen zeigt, wird daher aus dieser Komponente eine Variabilität der Ionisierungsstärke in undichten Gefäßen zu erwarten sein, die Schlußfolgerungen über die Werte der äußeren durchdringenden Strahlung unsicher macht und wahrscheinlich vielen bei älteren Beobachtungen angegebenen periodischen Änderungen der „durchdringenden Strahlung" zugrunde liegt.

In luftdicht geschlossenen Gefäßen ist selbstverständlich nach hinreichender Zeit die ursprünglich vorhandene Emanationsmenge verschwunden, aber eventuell kann die Gefäßwand Emanation abgeben, falls sie radioaktive Beimengungen enthält; speziell die langsamen zeitlichen Änderungen nach Wechsel der Gasfüllung werden dadurch beeinflußt, z. B. Abfall der Ionisierung unmittelbar nach Lüftung des Apparates und nachträgliches langsames Ansteigen, wenn der Gleichgewichtsgehalt der Emanation im Innern größer als der der Außenluft ist, und umgekehrt im entgegengesetzten Falle.

R 2: Strahlung der Gefäßwände. Nach einer Berechnung von E. v. Schweidler[79]) ergibt sich, daß in einem kugelförmigen Gefäße vom Radius a und der Wanddicke d, dessen Material je Z_α, Z_β, Z_γ-Strahlen in der Zeit- und Volumeinheit aussendet, die mittlere Ionisierungsstärke gegeben ist durch:

$$q_\alpha = 0{,}45 R' k_\alpha \frac{Z_\alpha}{a}$$

$$q_\beta = 1{,}5 \frac{1 - e^{-\mu_\beta d}}{\mu_\beta} \mathfrak{k}_\beta Z_\beta$$

$$q_\gamma = 1{,}5 d \mathfrak{k}_\gamma Z_\gamma,$$

wobei R' die Reichweite der α-Strahlen im Wandmaterial, k_α die Gesamtzahl der von 1 α-Teilchen erzeugten Ionenpaare, $\mathfrak{k}_\beta$ und $\mathfrak{k}_\gamma$ die Zahl der von 1 β- resp. γ-Strahl pro Längeneinheit gebildeten Ionenpaare bezeichnet.

Der Betrag q_α ist dem Radius a umgekehrt proportional, q_β und q_γ unabhängig von der Größe des Hohlraumes. Einsetzen numerischer Werte zeigt, daß Restionisierungen von häufig beobachteter Größenordnung ziemlich beträchtliche Mengen von Radium als Verunreinigung voraussetzen würden, z. B. einen relativen Gehalt von $2 \cdot 10^{-12}$ in einem Kupfergefäß, das bei 2 Liter Inhalt die Restionisierung $q = 25$ besitzt, wie es bei den Wulfschen Apparaten älterer Type der Fall ist; derartige Mengen müßten sich auch unmittelbar nachweisen lassen und die Frage, ob radioaktive Verunreinigungen oder wahre Eigenaktivität des Wandmaterials selbst die Ursache der Restionisierung ist, wäre entscheidbar. Messungen von G. Hoffmann[84, 134]), die in einer Feinregistrierung der Ionisation in geschlossenen Gefäßen bestehen und eine Trennung der auf α- und β- oder γ-Strahlung beruhenden Beträge ermöglichen, haben bei Pt eine schwache α-Strahlung angedeutet, im übrigen noch keine abschließenden Resultate ergeben. Die Annahme einer wahren Eigenaktivität führt für die gewöhnlichen Elemente auf Werte der Zerfallskonstante in der Größenordnung $\lambda = 10^{-22}$ bis 10^{-23} sec^{-1}.

Literatur zu VII, 7 siehe Seite 610.

R3: Spontane Ionisierung. Aus der Tatsache, daß bei Abschirmung äußerer Strahlung die Restionisierung im günstigsten Falle (Anwendung von luftdichten Zinkgefäßen) nicht unter den Wert $q = 4$ gebracht werden konnte, schloß man [G. C. Simpson und C. S. Wright[47]); J. C. Mc Lennan und A. R. Mc Leod[72])] auf eine eventuell von radioaktiven Vorgängen unabhängig und spontan eintretende Ionisierung im Gase; doch wurde zunächst von E. v. Schweidler[62]) in einem undichten Zinkgefäße über Wasser im Mittel der Wert $q = 3{,}2$ gefunden, so daß nach Abrechnung der Emanationsstrahlung (Komponente R1) das erreichbare Minimum unterhalb des Wertes $q = 3$ liegt. Ferner erhielten J. C. Mc Lennan und H. G. Murray[87]) in einem aus Eis hergestellten Ionisationsgefäße auf dem Ontariosee den Betrag $q = 2{,}6$, A. Gockel[86]) unter Wasser 1,9 und schließlich K. Bergwitz[85]) in einem Steinsalzbergwerke $q = 0{,}8$.

Die Annahme, daß entsprechend dem Geschwindigkeitsverteilungsgesetze der kinetischen Gastheorie eine gewisse Anzahl von Molekeln hinreichend große Geschwindigkeit besitze, um ähnlich wie bei der Stoßionisierung durch Ionen zu wirken, wurde von K. Bergwitz[42]) und von P. Langevin und J. J. Rey[69]) rechnerisch behandelt. Nimmt man mit Bergwitz die Geschwindigkeit von $1{,}5 \cdot 10^9$ cm/sec (analog wie bei α-Teilchen nach der seinerzeitigen Annahme E. Rutherfords, vgl. S. 108, wo aber $0{,}8 \cdot 10^9$ cm/sec der ungefähre Grenzwert ist) als untere Grenze der Ionisierungswirksamkeit an, so wird die berechnete Zahl der wirksamen Luftmolekeln viel zu klein, um den beobachteten Effekt ($q = 4$) zu erklären. Nimmt man dagegen eine gewisse untere Grenze der kinetischen Energie, nämlich 10^{-11} Erg (ungefähr der Ionisierungsarbeit für 1 Molekel entsprechend, vgl. S. 191) für die Wirksamkeit an, so ergibt sich zwar für Zimmertemperatur der gewünschte Effekt, zugleich aber die Konsequenz, daß eine mäßige Temperatursteigerung (um weniger als 100° C) den Ionisierungseffekt auf das rund Zehntausendfache steigern müßte. Diese Erklärung der spontanen Ionisierung ist also abzulehnen.

Im Gegensatz hierzu berechnet M. Wolfke[70]) eine von der Temperatur nur wenig abhängige spontane Ionisierung der tatsächlich beobachteten Größenordnung, wenn statt zentraler Stöße mit einer Relativgeschwindigkeit oberhalb einer bestimmten Grenze umgekehrt tangentielle Stöße mit einer Relativgeschwindigkeit unterhalb einer bestimmten Grenze als die ionisierend wirksamen vorausgesetzt werden.

Von ähnlichen Voraussetzungen ausgehend berechnet K. H. Kingdon[96]) theoretisch eine mit der Temperatur merklich ansteigende Ionisierung, ein Resultat, das er aber experimentell nicht bestätigt findet. F. v. Hauer[97]) greift auf die Bedingung des Überschreitens einer kritischen Energie der Molekularbewegung zurück und zeigt in allgemeinerer Weise als die früher genannten Autoren, daß die Zahl wirksamer Zusammenstöße bei nicht sehr hohen Temperaturen vollkommen zu vernachlässigen ist.

Die experimentell beobachteten Werte der Restionisation lassen sich jedenfalls durch die unter R1 und R2 genannten Wirkungen erklären oder auf die Sekundärstrahlung der Gefäßwände zurückführen, welche von der nicht genügend abgeschirmten Höhenstrahlung erzeugt wird.

Zusammenfassung. Auf Grund der im vorstehenden behandelten quantitativen Daten über den Beitrag der verschiedenen Komponenten, die an der Ionisierung in geschlossenen Gefäßen von der Art der Wulf-

Literatur zu VII, 7 siehe Seite 610.

schen Apparate beteiligt sind, kann etwa folgende Übersicht über die einzelnen Beträge, entsprechend dem Schema auf S. 600 aufgestellt werden:

Erdstrahlung:	$A_1 \equiv 0$ bis 20	R 1:	$q = 0$ bis 6
Belag „	: $A_2 = 0$ bis 0,01	R 2:	$= 0$ bis 50
Luft „	: $A_3 = 0$ bis 0,2	R 3:	$\leqq 0{,}8$
Höhen „	: $A_4 =$ (s. S. 604).		

Literatur zu VII, 7:

1) H. Geitel, Phys. Z. **2**, 116, 1900/01; J. Elster und H. Geitel, Phys. Z. **2**, 560, 1900/01.
2) C. T. R. Wilson, Proc. Cambr. Soc. **11**, 52, 1900; Proc. Roy. Soc. **68**, 151; **69**, 277, 1901.
3) H. Mache, Wien. Ber. **110**, 1302, 1901.
4) E. Rutherford und H. L. Cooke, Amer. Phys. Soc., Dez. 1902; Phys. Rev. **16**, 183, 1903; H. L. Cooke, Phil. Mag. (6) **6**, 403, 1903.
5) R. J. Strutt, Nature **67**, 369, 439, 1903; Phil. Mag. (6) **5**, 680, 1903.
6) F. Harms, Phys. Z. **4**, 11, 1902/03.
7) J. C. Mc Lennan und E. F. Burton, Phys. Rev. **16**, 184, 1903; Phil. Mag. (6) **6**, 343, 1903; Phys. Z. **4**, 553, 1902/03.
8) A. Voller, Phys. Z. **4**, 666, 1902/03; J. Borgmann, Phys. Z. **5**, 542, 1904.
9) J. Patterson, Proc. Cambr. Soc. **12**, 44, 1903; Phil. Mag. (6) **6**, 231, 1903.
10) A. Pochettino und A. Sella, Rend. Linc. (5) **13**, I, 550, 1904; [Referat: Naturw. Rundschau **19**, 421, 1904].
11) G. Jaffé, Phil. Mag. (6) **8**, 556, 1904.
12) A. Righi, Mem. Acc. Bologna (1) **6**, 149, 1904; Nuov. Cim. (5) **9**, 53, 1905.
13) N. R. Campbell, Phil. Mag. (6) **9**, 531, 545, 1905; Jahrb. Rad. u. El. **2**, 434, 1905.
14) A. Wood, Phil. Mag. (6) **9**, 550, 1905.
15) H. Geitel, Naturw. Rundschau **21**, 221, 237, 251, 1906.
16) A. Wood, Nature **73**, 583, 1906.
17) O. W. Richardson, Nature **73**, 607; **74**, 55, 1906.
18) G. C. Simpson, Nature **74**, 8, 1906.
19) H. Mache und T. Rimmer, Phys. Z. **7**, 617, 1906.
20) A. Wood und N. R. Campbell, Phil. Mag. (6) **13**, 265, 1907.
21) N. R. Campbell, Phil. Mag. (6) **13**, 614, 1907.
22) W. W. Strong, Science (N. S.) **25**, 522; **26**, 52, 1907.
23) T. F. Mc Keon, Phys. Rev. **25**, 399, 1907.
24) A. Gockel, Phys. Z. **8**, 701, 1907.
25) W. W. Strong, Phys. Z. **9**, 117, 1908.
26) J. C. Mc Lennan, Phys. Z. **9**, 440, 1908.
27) A. Gockel und T. Wulf, Phys. Z. **9**, 907, 1908.
28) T. Wulf, Phys. Z. **10**, 152, 997, 1909.
29) D. Pacini, Rend. Linc. (5) **18**, I, 123, 1909.
30) A. Gockel, Phys. Z. **10**, 845, 1909.
31) K. Kurz, Phys. Z. **10**, 834, 1909.
32) A. Gockel, Arch. scienc. phys. et nat. **27**, 619, 1909.
33) W. Wilson, Phil. Mag. (6) **17**, 216, 1909.

34) C. S. Wright, Phil. Mag. (6) **17**, 295, 1909.
35) G. A. Cline, Phys. Rev. **30**, 35, 1910.
36) H. Mache, Wien. Ber. **119**, 55, 1910.
37) D. Pacini, Ann. dell Uff. Met. Ital. **32**, I, (Nr. 1 u. Nr. 8) 1910.
38) J. A. Lebel, C. R. **150**, 1372, 1910.
39) W. W. Strong, Phys. Z. **11**, 13, 1910.
40) E. v. Schweidler, Wien. Ber. **119**, 1839, 1910.
41) T. Wulf, Phys. Z. **11**, 811, 1910.
42) K. Bergwitz, Habil.-Schrift Braunschweig 1910.
43) A. Gockel, Phys. Z. **11**, 280, 1910.
44) A. S. Eve, Phil. Mag. (6) **21**, 26, 1911.
45) D. Pacini, Le Rad **8**, 307, 1911; Nuov. Cim. (6) **3**, 93, 1912.
46) A. Thompson, Terr. Magn. **16**, 25, 1911.
47) G. C. Simpson u. C. S. Wright, Proc. Roy. Soc. (A) **85**, 175, 1911.
48) A. Gockel, Phys. Z. **12**, 595, 1911.
49) J. C. Mc Lennan u. E. N. Macallum, Phil. Mag. (6) **22**, 639, 1911.
50) V. F. Hess, Phys. Z. **12**, 998, 1911; Wien. Ber. **120**, 1575, 1911.
51) M. de Broglie, C. R. **154**, 1654, 1912; Terr. Magn. **17**, 162, 1912.
52) A. Gockel, Jahrb. Rad. u. El. **9**, 1, 1912.
53) K. Braun, Jahrb. Rad. u. El. **9**, 204, 1912.
54) L. V. King, Phil. Mag. (6) **23**, 242, 1912.
55) E. v. Schweidler, Wien. Ber. **121**, 1297, 1912.
56) J. C. Mc Lennan, Phil. Mag. (6), **24**, 520, 1912.
57) V. F. Hess, Wien. Ber. **121**, 2001, 1912; Phys. Z. **13**, 1084, 1912.
58) A. S. Russell, Jahrb. Rad. u. El. **9**, 438, 1912.
59) A. Gockel, Arch. scienc. phys. et nat. (4) **34**, 120, 311, 1912.
60) E. Schrödinger, Wien. Ber. **121**, 2391, 1912.
61) W. W. Strong, Terr. Magn. **17**, 49, 1912.
62) E. v. Schweidler, Wien. Ber. **122**, 137, 1913.
63) G. Berndt, Luftelektrische Beobachtungen in Argentinien, Berlin 1913.
64) A. B. Chauveau, Le Rad. **10**, 17, 69, 1913.
65) V. F. Hess, Wien. Ber. **122**, 1053, 1913; Phys. Z. **14**, 610, 1913.
66) T. Wulf (Benndorf-Dorno-Hess-Schweidler-Wulf), Phys. Z. **14**, 1141, 1913.
67) K. Bergwitz, Phys. Z. **14**, 953, 1913; C. Dorno, Phys. Z. **14**, 956, 1913.
68) J. J. Rey, Le Rad. **10**, 137, 1913.
69) P. Langevin u. J. J. Rey, Le Rad. **10**, 142, 1913.
70) M. Wolfke, Le Rad. **10**, 265, 1913.
71) L. V. King, Phil. Mag. (6) **26**, 604, 1913.
72) J. C. Mc Lennan u. A. R. Mc Leod, Phil. Mag. (6) **26**, 740, 1913.
73) V. F. Hess, Wien. Ber. **122**, 1481, 1913.
74) W. Kolhörster, Phys. Z. **14**, 1066, 1913.
75) W. Kolhörster, Phys. Z. **14**, 1153, 1913; Verh. D. Phys. Ges. **15**, 111, 1913.
76) J. C. Mc Lennan, Nature **92**, 424, 1913.
77) A. Gockel, Arch. scienc. phys. et nat. (4) **35**, 396, 1913.
78) W. Kolhörster, Mitt. Nat. Ges. Halle **3**, Nr. 5, 1913.
79) E. v. Schweidler, Phys. Z. **15**, 685, 1914.
80) W. Kolhörster, A. Wigand u. K. Stoye, Abh. d. naturf. Ges. Halle, Neue Folge, Nr. 4, 1914.
81) W. Kolhörster, Verh. D. Phys. Ges. **16**, 719, 1914; Beitr. z. Phys. d. freien Atm. **7**, 87, 1914/15.
82) L. J. Lassalle, Phys. Rev. (2) **5**, 135, 1915.

83) E. v. Schweidler, Elster-Geitel-Festschr. 411, 1915.
84) G. Hoffmann, Elster-Geitel-Festschr. 435, 1915.
85) K. Bergwitz, Elster-Geitel-Festschr. 585, 1915.
86) A. Gockel, Phys. Z. **16**, 345, 1915; Met. Z. **33**, 15, 1916.
87) J. C. Mc Lennan u. H. G. Murray, Phil. Mag. (6) **30**, 428, 1915.
88) J. C. Mc Lennan u. C. L. Treleaven, Phil. Mag. (6) **30**, 415, 1915.
89) C. Jensen, W. Kolhörster u. P. Perlewitz, Jahrb. Hamburger Wiss. Anst. **32**, 3. Beiheft, 1915; Referat Beibl. 1915, 595.
90) H. Meyer, Dissert. Erlangen 1915.
91) C. H. Kunsman, Phys. Rev. (2) **6**, 493, 1915.
92) V. F. Hess u. R. W. Lawson, Wien. Ber. **125**, 285, 585, 1916.
93) F. Linke, Met. Z. **33**, 157, 510, 1916.
94) G. C. Simpson, Month. Weath. Rev. **44**, 115, 1916; Nature **99**, 124, 1917.
95) K. Bergwitz, Met. Z. **33**, 310, 1916.
96) K. H. Kingdon, Phil. Mag. (6) **32**, 396, 1916.
97) F. v. Hauer, Phys. Z. **17**, 583, 1916; **18**, 98, 1917.
98) A. Wigand, Phys. Z. **18**, 1, 1917.
99) M. Wolfke, Phys. Z. **18**, 34, 1917.
100) A. Gockel, Neue Denkschr. Schweiz. Naturf. Ges. **54**, Abh. 1, 1917.
101) E. v. Schweidler, Wien. Ber. **126**, 1009, 1917.
102) V. F. Hess u. M. Kofler, Wien. Ber. **126**, 1389, 1917; Phys. Z. **18**, 585, 1917; Met. Z. **35**, 157, 1918.
103) L. A. Bauer u. W. F. G. Swann, Carnegie Inst. of Washington: Yearbook **15**, 1916; **16**, 1917; Public. Nr. 175 (Vol. **3**), 1917.
104) R. Seeliger, München. Ber. 1918, 1.
105) W. Kolhörster, Naturwiss. **7**, 412, 1919.
106) R. Swinne, Naturwiss. **7**, 529, 1919.
107) O. H. Gish, Phys. Rev. (2) **13**, 155, 1919.
108) G. Ising, L'eclipse totale de soleil 20/21. VIII. 1914, V. Partie, Nr. 4, Stockholm 1919.
109) L. Palazzo, Mem. Soc. spettroscop. Ital. (2) **8**, 1919.
110) L. A. Bauer, H. W. Fisk u. S. J. Mauchly, Terr. Magn. **24**, 1, 87, 1919.
111) K. Kähler, Phys. Z. **21**, 324, 1920.
112) K. M. Downey, Phys. Rev. (2) **16**, 420, 1920; **20**, 186, 1922.
113) C. H. Kunsman, Phys. Rev. (2) **16**, 349, 1920.
114) W. Kolhörster, Z. f. Phys. **5**, 107, 1921.
115) E. v. Schweidler, Jahrb. Rad. u. El. **18**, 1, 1921.
116) W. F. G. Swann, Bull. Nation. Res. Council Nr. 17, 65, 1922.
117) A. Nodon, Bull. Soc. astr. Bordeaux **2**, 1921; C. R. **173**, 722, 1921; **174**, 1061, 1922; **175**, 1086, 1922; **176**, 1705, 1923.
118) W. Nernst, Das Weltgebäude im Lichte der neuen Forschung, J. Springer, Berlin 1921.
119) W. Kolhörster, Z. f. Phys. **11**, 379, 1922.
120) E. Schweidler, Terr. Magn. **27**, 105, 1922.
121) E. Marsden, Terr. Magn. **27**, 105, 1922.
122) H. Deslandres, C. R. **175**, 506, 1922; Nature **110**, 847, 1922.
123) W. Kolhörster, Z. f. Instrkde **43**, 61, 1923.
124) V. Oberguggenberger, Wien. Ber. **132**, 59, 1923.
125) H. F. Fruth, Phys. Rev. (2) **22**, 109, 1923.

126) R. A. Millikan u. I. S. Bowen, Phys. Rev. (2) **22**, 198, 1923; Nature **114**, 141, 1924; Phys. Rev. (2) **27**, 353, 1926.
127) R. M. Otis, Phys. Rev. (2) **22**, 198, 199, 1923.
128) W. Kolhörster (u. G. v. Salis), Berl. Ber. **34**, 366, 1923; W. Kolhörster, ebenda **36**, 120, 1925; W. Kolhörster u. G. v. Salis, Naturwiss. **14**, 936, 1926.
129) J. G. Brown, Phys. Rev. (2) **24**, 207, 1924.
130) R. M. Otis u. R. A. Millikan, Phys. Rev. (2) **23**, 778, 1924; R. A. Millikan, Nature **114**, 141, 1924; R. A. Millikan u. R. M. Otis, Phys. Rev. (2) **27**, 645, 1926.
131) W. Kolhörster, Z. f. Instrkde. **44**, 333, 1924.
132) K. Kähler, Ann. d. Hydrogr. **52**, 201, 1924.
133) J. Clay, Amsterd. Proc. **28**, 531, 1925.
134) G. Hoffmann, Z. f. Phys. **25**, 177, 1924; Phys. Z. **26**, 40, 669, 1925; **27**, 291, 1926; Naturwiss. **14**, 622, 1926.
135) W. F. G. Swann, Phys. Rev. (2) **25**, 901, 1925; J. Franklin Inst. **200**, 489, 1925; **201**, 143, 1926.
136) C. T. R. Wilson, Proc. Phys. Soc. London **37**, 32, 1925; Proc. Cambr. Soc. **22**, 534, 1925.
137) M. Akiyama, Nagaoka Annivers. Vol. 301, 1925; Jap. J. of Astr. u. Geophys. **3**, 1, 1925.
138) L. Myssowsky u. L. Tuwim, Z. f. Phys. **35**, 299, 1925; **36**, 615, 1926; **39**, 146, 1926.
139) R. A. Millikan, Nature **116**, 823, 1925; Scient. Monthly 661, 1925; Washington Proc. **12**, 48, 1926; Ann. (4) **79**, 572, 1926.
140) J. H. Jeans, Nature **116**, 861, 1925.
141) E. N. Coade u. W. W. Merrymon, J. Franklin Inst. **200**, 497, 1925.
142) H. A. Erikson, J. Franklin Inst. **200**, 505, 1925.
143) F. Běhounek, Phys. Z. **27**, 8, 536, 1926.
144) W. Kolhörster, Phys. Z. **27**, 62, 555, 1926.
145) V. F. Hess, Phys. Z. **27**, 159, 405, 1926.
146) A. L. Hughes u. G. E. M. Jauncey, Nature **117**, 193, 1926; Washington Proc. **12**, 169, 1926; Phys. Rev. (2) **27**, 509, 1926.
147) W. Kolhörster, Z. f. Phys. **36**, 147, 1926; **38**, 404, 1926; Ann. d. Phys. (4) **80**, 621, 1926.
148) A. v. Antropoff, Naturwiss. **14**, 493, 1926; E. Condon, Phys. Rev. (2) **27**, 644, 1926; Washington Proc. **12**, 323, 1926.
149) J. W. Broxon, Phys. Rev. (2) **27**, 542, 1926; W. W. Merrymon, ebendort 659, 1926.
150) S. J. Mauchly, Carnegie Inst. Publ. Nr. 175, Vol. **5**, 385; J. P. Ault u. S. J. Mauchly, ebendort 195, 429.
151) A. W. Menzies u. C. A. Sloat, Science (N. S.) **63**, 44, 1926.

Zusammenfassend:

152) A. Gockel, siehe Nr. 52; K. Braun, siehe Nr. 53; W. W. Strong, siehe Nr. 61; A. B. Chauveau, siehe Nr. 64; K. Kähler, Naturwiss. **2**, 501, 1914.
153) E. v. Schweidler u. K. W. F. Kohlrausch, Handb. d. Elektr. u. d. Magn. von L. Graetz, Bd. III, 227, 1915.
154) P. Ludewig, Naturwiss. **6**, 89, 101, 1918.
155) V. F. Hess, Schr. Verein z. Verbreit. naturwiss. Kenntn. Wien, **59**, Heft 2, 1912.
156) A. Wigand, Phys. Z. **25**, 445, 1924.

157) W. Kolhörster, Probleme d. kosm. Physik (Samml. Jensen-Schwassmann), Bd. 5, Hamburg 1924.
158) P. Loisel, Traité d'él. atm. et tellur. (E. Mathias) Chap. VI, Paris 1924.
159) B. Chauveau, Él. atm., Fasc. III, S. 193—213, Paris 1924.
160) W. Kolhörster, Naturwiss. 14, 290, 313, 1926.
161) C. S. Wright, Nature 117, 54, 1926.

8. Der Anteil der radioaktiven Strahlungen an der Ionisation der Atmosphäre. Die Atmosphäre der Erde ist dauernd ionisiert, unterliegt also der Einwirkung ionenerzeugender Prozesse, unter denen jedenfalls der Strahlung der radioaktiven Stoffe der Hauptanteil zukommt. Die verschiedenen luftelektrischen Methoden liefern teils unmittelbar die Zahl der in der Volumeinheit enthaltenen Ionen bzw. das Produkt ne aus der Ionenzahl und -ladung, teils die spezifische Leitfähigkeit der Luft, somit das Produkt $\Lambda = ne(u_1 + u_2)$, wo u_1 und u_2 die Beweglichkeiten der beiden Ionengattungen bezeichnen. Hieraus folgt, entsprechend der Gleichung (vgl. S. 182):

$$q = an^2 + \gamma n N$$

der Wert der Ionisierungsstärke q, die zur Aufrechterhaltung des Ionisationszustandes erforderlich ist.

Aus den Ergebnissen der Ionenzählungen mittels des Ebertschen Aspirationsapparates folgt ein Durchschnittswert von etwa 3 bis $4 \cdot 10^{-7} \frac{\text{stat. Einh.}}{\text{cm}^3}$ für ne, somit rund 600 bis 800 für n. Gut übereinstimmend sind die Resultate der Leitfähigkeitsmessungen nach verschiedenen Methoden, die einen Mittelwert von etwa 2 bis $3 \cdot 10^{-4}$ stat. Einh. für Λ liefern; setzt man daher die Summe der Beweglichkeiten $(u_1 + u_2) = 2{,}9 \frac{\text{cm}}{\text{sec}} / \frac{\text{Volt}}{\text{cm}} = 870$ in stat. Einh. (vgl. S. 180), so wird im Mittel $ne = 2{,}3$ bis $3{,}4 \cdot 10^{-7}$, analog wie früher, und daher $n = 500$ bis 700.

Im Durchschnitt kann also etwa $n = 600$ gesetzt werden. Für a wurde in Laboratoriumsversuchen bei gereinigter (staubfreier) Luft der Wert $1{,}6 \cdot 10^{-6}$ gefunden, während für Luft der freien Atmosphäre eine höhere Zahl $(3 \cdot 10^{-6})$ als „Effektivwert" sich ergab, womit man zunächst den Einfluß der Adsorption an Staubkernen und der Wiedervereinigung zwischen gewöhnlichen Ionen und schweren Ionen berücksichtigt zu haben glaubte. Das Einsetzen der numerischen Werte in die einfache Formel $q = an^2$ liefert dann aber eine berechnete Ionisierungsstärke von 1,1 J (1 J = 1 Ionenpaar pro cm³ und sec), was hinter der tatsächlich beobachteten Ionisierungsstärke einzelner Komponenten (siehe später) weit zurückbleibt.

Die theoretischen Überlegungen und die Messungen von J. A. Mc Clelland und H. Kennedy[5]), E. Schweidler[7]), J. J. Nolan und Mitarbeitern[8]), A. D. Power[9]) und W. Schlenck[10]) zeigten aber, daß bei den normalerweise vorliegenden Verhältnissen die zweigliedrige Formel $q = an^2 + \gamma n N$ angewandt werden müsse, bzw. daß umgekehrt in erster Annäherung das erste Glied vernachlässigt und daher $q = \gamma n N = \beta' n$ gesetzt werden könne. Für $\beta' = \gamma N$ fand E. Schweidler im Mittel Werte von der Größenordnung $20 \cdot 10^{-3}$ sec^{-1}; allgemeiner zeigten

Literatur zu VII, 8 siehe Seite 616.

J. J. Nolan, R. K. Boylan und G. P. de Sachy[8]), daß $\gamma = 19{,}4 \cdot 10^{-6}$ sei, also bei $N = 1000$ auf den obigen Wert von β' führe.

Man wird also im Durchschnitt in Bodennähe auf eine Ionisierungsstärke von der Größenordnung $q = 600 \times 20 \cdot 10^{-3} = 12\,J$ schließen können.

Vergleicht man hiermit die ionisierende Wirkung der im Boden und in der Atmosphäre enthaltenen Radioelemente, so ergibt sich, daß sie nach den in den vorigen Abschnitten behandelten Daten in der Größenordnung ausreicht, den obigen geforderten Betrag zu liefern.

Einem RaEm-Gehalt $\varrho = 10^{-16} \frac{\text{Curie}}{\text{cm}^3}$ entspricht durch die α-Strahlung der Emanation und ihrer Zerfallsprodukte eine Ionisierungsstärke $q = 2{,}03\,J$ (vgl. S. 587).

Die ionisierende Wirkung der β- und γ-Strahlen (vgl. S. 196 und 199) der in der Atmosphäre vorhandenen Zerfallsprodukte ist etwa 10% dieses Betrages; dazu kommt noch die Wirkung der der Th-Reihe angehörigen Stoffe mit einem Betrag von ungefähr gleicher Größenordnung wie der der Radiumprodukte. Dann folgt:

$$q = 2 \cdot 2{,}0 \cdot 1{,}10 = 4{,}4\,J$$

als Wirkung der in der Atmosphäre vorhandenen Radioelemente. Die durchdringende Strahlung des Bodens („Erdstrahlung") und die Hess'sche Höhenstrahlung liefern weitere Beiträge, die in VII, 7, S. 610 im Mittel zu etwa $4\,J$ bzw. $1{,}5\,J$ angegeben wurden.

Damit erscheinen die Bilanzen der ionenerzeugenden Vorgänge einerseits, der beobachteten Ionisation andererseits in befriedigender Übereinstimmung, soweit es sich um die Verhältnisse in geringer Höhe über festem Boden handelt.

Weniger sicher ist die Aufklärung der Ionisationsverhältnisse über dem Meere [vgl. G. C. Simpson[6])], wo sowohl die Erdstrahlung wegfällt als auch — wenigstens in Landferne — der Emanationsgehalt der Luft verschwindend klein wird (vgl. VII, 5), also nur die Höhenstrahlung und eventuelle Ionisatoren nicht radioaktiver Natur übrigbleiben. Inwieweit die letzteren herangezogen werden müssen, ließe sich erst entscheiden, wenn über die dort gültigen Werte der Wiedervereinigung (wahrscheinlich bei geringer Zahl von Adsorptionskernen wesentlich kleiner als über Land) empirisch gefundene Daten vorlägen.

Auch in den höheren Schichten der Atmosphäre bleibt wegen der raschen Abnahme des Emanationsgehaltes mit der Höhe (vgl. VII, 5) bloß die Höhenstrahlung als radioaktiver Ionisator übrig. Die auf S. 604 gegebenen Werte beziehen sich aber auf die durch Sekundärstrahlung der Gefäßwände verstärkte Wirkung; in der freien Atmosphäre sind daher die Beträge kleiner anzusetzen.

Literatur zu VII, 8 siehe Seite 616.

Das Verhältnis der ionisierenden Wirkung der im Gas und der im Gefäßmaterial erzeugten Sekundärstrahlen ist nach VII, 7 (S. 604) derzeit nicht mit Sicherheit anzugeben. A. Wigand[11]) schätzt die ionisierende Wirkung der Höhenstrahlung in der freien Atmosphäre:

$h = 0$; 1; 2; 3; 4; 5; 6; 7; 8; 9 km
$q = 1$; 2; 3,5; 5; 7; 9,5; 13; 17; 20,5; 23 J

Eine Mitwirkung des ultravioletten Lichtes als Ionisator ist erst in sehr großen Höhen anzunehmen.

Literatur zu VII, 8:

1) K. Kurz, Phys. Z. **10**, 834, 1909.
2) V. F. Hess, Wien. Ber. **119**, 145, 1910.
3) A. S. Eve, Phil. Mag. (6) **21**, 26, 1911.
4) K. W. F. Kohlrausch, Phys. Z. **13**, 1193, 1912.
5) J. A. Mc Clelland u. H. Kennedy, Proc. Roy. Irish Acad. **30**, 72, 1912.
6) G. C. Simpson, Monthl. Weath. Rev. **44**, 115, 1916.
7) E. Schweidler, Wien. Ber. **127**, 953, 1918; **128**, 947, 1919; **133**, 23, 1924.
8) J. J. Nolan u. J. Enright, Proc. Roy. Irish Acad. **36**, 93, 1923; J. J. Nolan, R. K. Boylan u. G. P. de Sachy, ebendort **37**, 1, 1925.
9) A. D. Power, J. Franklin Inst. **196**, 327, 1923.
10) W. Schlenck, Wien. Ber. **133**, 28, 1924.
11) A. Wigand, Verh. klimat. Tagung, Davos 1925.

Zusammenfassend:

12) E. v. Schweidler u. K. W. F. Kohlrausch, Atmosphärische Elektrizität, in L. Graetz, Handb. d. El. u. d. Magn., III, 232, 270, 1915.
13) V. F. Hess, Die elektrische Leitfähigkeit der Atmosphäre und ihre Ursachen, Sammlung Vieweg, Band **84**, 1926.

9. Kosmische Radioaktivität. Resultate betreffend das Vorkommen radioaktiver Elemente in den Weltkörpern und im Weltraum können nach den folgenden Methoden erhalten werden: a) durch direkten Nachweis (in Meteoriten); b) auf spektralanalytischem Wege (bei selbstleuchtenden Weltkörpern); c) durch Feststellung der Wirkung außerterrestrischer radioaktiver Strahlungen innerhalb der Erdatmosphäre: d) indirekt aus theoretischen Überlegungen über den Energieumsatz der Weltkörper.

a) Radioaktivität der Meteoriten.

Nach R. J. Strutt[1]) sowie A. Holmes[2]) besitzen Eisenmeteoriten einen unmerklichen oder wenigstens sehr geringen Ra-Gehalt, dagegen Steinmeteoriten einen von der gleichen Größenordnung wie etwa ultrabasische Gesteine (vgl. S. 549). Ähnliche Ergebnisse erhielten

Literatur zu VII, 9 siehe Seite 623.

T. T. Quirke und L. Finkelstein[3]) an 22 verschiedenen Proben sowie G. Halledauer[4]), die im Mittel bei 5 Meteoreisen einen relativen Ra-Gehalt von $5{,}5 \cdot 10^{-14}$ (mit den Extremen 1,8 und $8{,}6 \cdot 10^{-14}$) und bei 5 Steinmeteoriten einen Gehalt von $6{,}7 \cdot 10^{-13}$ (3,3 bis $12.7 \cdot 10^{-13}$) fand.

Bezüglich des Mondes nimmt R. J. Strutt[1]) an, daß er ungefähr dieselbe Zusammensetzung und daher Gehalt an radioaktiven Stoffen besitze wie die Gesteine der Erdkruste, und schließt hieraus auf eine bedeutende Erhitzung des Mondinnern, die möglicherweise die Ursache der vulkanischen Erscheinungen auf dem Monde bilde.

b) Spektralanalytische Ergebnisse.

Auf spektralanalytischem Wege konnte bisher in der Sonne selbst kein Radium nachgewiesen werden, im Spektrum der Chromosphäre glaubte F. W. Dyson[5]) eine Anzahl von Absorptionslinien mit denen des Ra identifizieren zu können, die Sicherheit dieses Befundes wurde aber von S. A. Mitchell[6]) und J. Evershed[7]) skeptisch beurteilt.

In analoger Weise wurde aus dem Spektrum der Nova Geminorum 2 von H. Giebeler und F. Küstner[8]) auf das Vorhandensein von U, Ra, RaEm und He geschlossen, dagegen bezweifelten dies W. S. Adams und A. Kohlschütter[9]); H. Kayser[10]) versuchte eine Hypothese über die Entstehung einer „Nova" auf radioaktive Vorgänge zu gründen.

c) Strahlungen außerterrestrischen Ursprunges.

Wenn ein Weltkörper spontan, z. B. infolge Radioaktivität, geladene Korpuskeln emittiert, so nimmt er eine entgegengesetzte Ladung an und erzeugt so ein elektrisches Feld, das bremsend auf die emittierte Strahlung wirkt. Ist bloß eine spontane Strahlung bestimmten Vorzeichens vorhanden, so gelangen im stationären Zustand die emittierten Teilchen nur in eine endliche Entfernung A, in der sie umkehren und zum Körper zurückgetrieben werden; der Wert von A läßt sich unter gewissen vereinfachenden Voraussetzungen berechnen und ist abhängig von der Größe des Weltkörpers sowie von der Zahl und von der Anfangsgeschwindigkeit der Strahlen. Einsetzen numerischer Werte ergibt, daß im allgemeinen bei plausiblen Annahmen die emittierte Strahlung schon in mäßiger Entfernung zur Umkehr gebracht wird, z. B. daß eine der β-Strahlung der irdischen Gesteine in Qualität und Intensität entsprechende Strahlung des Mondes im Vakuum bis in eine Entfernung von etwa 100 Mondradien käme.

Literatur zu VII, 9 siehe Seite 623.

Enthält die Oberfläche des strahlenden Weltkörpers freie Ladungsträger (ionisierte Atmosphäre), so entsteht neben der „spontanen" Strahlung eine „feldgetriebene" Korpuskularstrahlung mit entgegengesetztem Ladungsvorzeichen. Im stationären Zustand ist für beide Arten von Strahlen sowohl die Zahl der emittierten Teilchen als auch deren Endgeschwindigkeit im Unendlichen die gleiche [E. Schweidler[11])].

Experimentell beobachtete Erscheinungen, welche die Hypothese außerterrestrischer radioaktiver Strahlungsquellen nahelegen, sind die folgenden:

1. Die durchdringende Höhenstrahlung. Eine ausführliche Besprechung wurde in VII, 7 gegeben. Hier sei nur rekapituliert, daß es sich wahrscheinlich um eine „Ultra-γ-Strahlung" sehr kleiner Wellenlänge handelt. Über die kosmischen Quellen dieser Strahlung sind verschiedene Hypothesen möglich, zwischen denen derzeit eine Entscheidung nicht getroffen werden kann: Primäre Strahlung von im Weltraum gleichförmig verteilter kosmischer Materie; primäre Strahlung aus der Gegend der Milchstraße, ausgehend von sich entwickelnden jungen Riesensternen; sekundäre Strahlung, die in der Erdatmosphäre durch eine primäre Korpuskularstrahlung der Sonne erzeugt wird, wobei die Natur dieser Primärstrahlung wieder verschiedene Deutung zuläßt (Glühkathodenstrahlen, positive Strahlen).

2. Polarlichterzeugende Strahlen. Von den überaus zahlreichen Arbeiten über das Polarlicht können hier nur diejenigen erwähnt werden, welche sich speziell mit der Frage nach der Natur der Strahlen befaßen, die in der Erdatmosphäre das Polarlicht erzeugen.

Die bereits von E. Goldstein (1881) geäußerte Idee, daß von der Sonne ausgehende Kathodenstrahlen die Ursache der Polarlichter seien, wurde von K. Birkeland[12]) zur Grundlage seiner Theorie gewählt. C. Störmer[13]) berechnete dann die Trajektorien der von der Sonne emittierten Elektronen im magnetischen Felde der Erde unter der vereinfachenden Voraussetzung, daß dieses durch das eines Elementarmagneten ersetzt werden könne; die theoretischen Ergebnisse stehen in qualitativer Übereinstimmung mit den beobachteten Erscheinungen bezüglich der geographischen Verteilung und Orientierung im Raume, doch treten Abweichungen in quantitativer Hinsicht auf, insofern das charakteristische Produkt $\mathfrak{H}\mathfrak{R} = \frac{mv}{e}$ für die erzeugenden Strahlen aus der Lage der Zone größter Häufigkeit zu etwa 10^6 C. G. S. berechnet wird, während selbst für β-Strahlen von 0,995 Lichtgeschwindigkeit

Literatur zu VII, 9 siehe Seite 623.

$\mathfrak{H}\mathfrak{R} < 2 \cdot 10^4$ wäre (vgl. Tabelle Nr. 5 des Anhanges). C. Störmer selbst hielt es für möglich, daß Störungen des magnetischen Erdfeldes, besonders durch ringförmige elektrische Ströme in der Äquatorialebene der Erde sowie gegenseitige Beeinflussung der Korpuskularstrahlenbündeln diese Abweichungen bedingen. P. Lenard[14]) hielt dagegen die hohen, der Lichtgeschwindigkeit sehr nahekommenden Werte für reell und nahm dementsprechend an, daß auf der Sonne uns derzeit unbekannte Radioelemente vorkommen; zugleich zeigt er, daß die aus der durchschnittlichen Höhe der Polarlichter zu berechnenden Absorptionsverhältnisse der erzeugenden Strahlen mit dieser Annahme übereinstimmen. [Vgl. J. H. Jeans, VI, 12, Lit. Nr. 14].

L. Vegard[15]) nahm zunächst α-Strahlen als erzeugende an und erklärte so nicht nur aus der größeren Steifigkeit im Magnetfelde die Lage der Zone größter Nordlichthäufigkeit, sondern auch einzelne Details in der Struktur gewisser Formen des Polarlichtes, insbesondere die scharfe untere Grenze in 103 (bzw. 100 und 106) km Höhe.

R. Swinne[16]) sowie J. Stark[17]) schlossen — teils aus den Absorptionsverhältnissen in der Atmosphäre, teils aus dem Spektrum des Polarlichtes — ebenfalls auf positive Strahlen als Erreger, aber nicht auf α-Strahlen, sondern H-Strahlen (nach Stark von relativ kleiner Geschwindigkeit, etwa 5000 bis 50000 Volt entsprechend). [(Vgl. auch G. C. Simpson[18]) und F. A. Lindemann[18])].

In späteren Veröffentlichungen gab L. Vegard[19]) die α-Strahlenhypothese wieder auf und schloß sich der Elektronenstrahlentheorie an, mindestens bezüglich der strahlenförmigen Nordlichtformen; speziell die Verteilung der Leuchtintensität längs der Bahn der erzeugenden Strahlen war besser mit den Absorptionsgesetzen der β-Strahlen als mit denen der α-Strahlen vereinbar, ebenso die Orientierung der bogenförmigen Nordlichter (Abweichung vom magnetischen Parallelkreis).

Die quantitativen Angaben über die Konstanten der erzeugenden Strahlen bleiben aber immer noch unsicher. L. Vegard[19]) schließt, daß $\mathfrak{H}\mathfrak{R} = \frac{mv}{e_m} = \frac{m_0 c^2}{e_s} \eta \beta \leqq 10^4$ C. G. S., also $\beta < 0{,}98$ sein müsse (vgl. S. 71). C. Störmer[13a]) kommt sogar für einen wahrscheinlich häufigen Typus von Nordlichterscheinungen auf den entsprechenden Wert $\mathfrak{H}\mathfrak{R} = 700\,\Gamma \cdot \mathrm{cm}$ (β = rund 0,4). Bei außergewöhnlichen Polarlichtern, z. B. solchen in niedrigen Breiten, können die berechneten Werte wesentlich größer werden, z. B. nach G. Angenheister[20]) für ein in Samoa sichtbares Polarlicht $\mathfrak{H}\mathfrak{R} = 2 \cdot 10^7$, was einer enorm raschen β-Strahlung (etwa $\beta = 1 - 10^{-8}$) entsprechen würde.

Literatur zu VII, 9 siehe Seite 623.

Da L. Vegard[19]) aus verschiedenen Daten den Schluß zieht, daß die Sonne kein elektrisches Feld großer Stärke besitzen könne, neigt er der Hypothese zu, daß die von der Sonne ausgehenden Elektronen tatsächlich β-Strahlen radioaktiven Ursprungs seien. Weil aber notwendigerweise die Sonne im Durchschnitt ebensoviel positive wie negative Korpuskeln aussenden muß [L. Vegard[19]); vgl. E. Schweidler[11])], ist die Möglichkeit vorhanden, daß manche Polarlicht- oder verwandte Erscheinungen (z. B. das allgemeine Leuchten des Nachthimmels in niederen Breiten mit einem die Nordlichtlinie 5577 Å. E. enthaltenden Spektrum) auch durch positive Strahlen bewirkt werden.

3. Erdladung und extreme β-Strahlen. Nach den Ergebnissen der luftelektrischen Forschung kann der mittlere Zustand der Erde und ihrer Atmosphäre kurz so charakterisiert werden: Die Erde ist eine leitende Kugel mit einer negativen Oberflächenladung, deren Flächendichte $2{,}4 \cdot 10^{-4}$ stat. Einh./cm², deren Gesamtbetrag also $1{,}2 \cdot 10^{15}$ stat. Einh. ist. An der Erdoberfläche besteht dementsprechend ein abwärts gerichtetes elektrisches Feld von der Stärke $\mathfrak{E}_0 = 3 \cdot 10^{-3}$ stat. Einh. (90 Volt/m). Infolge ihrer Ionisierung ist die mittlere Leitfähigkeit der Atmosphäre in Bodennähe von der Größenordnung $\Lambda = 2{,}5 \cdot 10^{-4}$ sec^{-1}. Daraus resultiert ein abwärts gerichteter vertikaler Leitungsstrom mit der Stromdichte $i = \Lambda \cdot \mathfrak{E}_0 = 7{,}5 \cdot 10^{-7}$ stat. Einh. $= 2{,}5 \cdot 10^{-16}$ A/cm² $= 1500$ Elementarquanten pro cm² und sec (bzw. ein Gesamtstrom von $3{,}75 \cdot 10^{12}$ stat. Einh. $= 1250$ A). Da dieser mittlere Zustand — abgesehen von lokalen und zeitweisen Schwankungen — stationär bleibt, muß notwendigerweise ein Vorgang angenommen werden, der in der Zeiteinheit eine gleichgroße Ladung in entgegengesetzter Richtung transportiert, also einem aufwärts gerichteten positiven Strom äquivalent ist [„Gegenstrom“ nach G. C. Simpson[21]); „Kompensationsstrom“ nach E. v. Schweidler und K. W. F. Kohlrausch[22]); „Zustrom“ bzw. „Abstrom“ nach H. Benndorf[23])]. Die Aufklärung der physikalischen Natur dieses Stromes ist ein Grundproblem der luftelektrischen Forschung [vgl. R. Seeliger[26])]. Da verschiedene Theorien, die z. B. konvektive Bewegung positiver Raumladungen mit der Luft, mit dem Niederschlag zur Erde geführte Ladungen und andere Vorgänge zur Erklärung herangezogen hatten, sich als unhaltbar erwiesen, griffen W. F. G. Swann[24]) und E. v. Schweidler[25]) auf eine von G. C. Simpson[21]) bereits im Jahre 1904 aufgestellte Hypothese zurück, daß dieser Strom ein Zustrom negativer Ladungen in Form einer die Erdatmosphäre durchdringenden β-Strahlung sei. Direkte Versuche dieser beiden Autoren, die negative Auf-

---

Literatur zu VII, 9 siehe Seite 623.

ladung massiger isolierter Körper, die einen Teil der einfallenden Strahlung absorbieren, nachzuweisen, hatten ein negatives Ergebnis. Gleichwohl wurde auch von R. Seeliger[26]) und H. Benndorf[23]) diese Hypothese als eine der wenigen in Betracht kommenden angesehen.

Die Hypothese der Zufuhr negativer Ladungen kann in zwei Formen aufgestellt werden: a) Primäre kosmische β-Strahlung, die die ganze Atmosphäre durchsetzt; b) sekundäre β-Strahlung, in der Atmosphäre erzeugt durch eine sehr harte γ-Strahlung (eventuell durch die durchdringende Höhenstrahlung, vgl. VII, 7). Im ersten Falle müßte den β-Strahlen eine enorme Durchdringungsfähigkeit zugeschrieben werden; im zweiten Falle würden die Absorptionsverhältnisse als solche keinen ungewöhnlichen Grad der Härte verlangen. Der Umstand aber, daß in beiden Fällen eine Stromdichte von rund 1500 Elementarquanten pro cm^2 und sec (vgl. oben) besteht, ohne daß dabei eine merkliche ionisierende Wirkung auftritt [vgl. E. v. Schweidler[25])], führt zur Annahme von extrem raschen β-Strahlen [$(\beta \geqq (1 - 10^{-7})$], da nach W. F. G. Swann[24]) bei derartig schnellen Strahlen die auf ein ursprünglich ruhendes Elektron übertragene Energie nicht in kinetische Energie, sondern wegen der großen Beschleunigung wieder in elektromagnetische Strahlung umgesetzt wird (vgl. S. 195).

Noch schwieriger wird das Problem, die in der Atmosphäre zirkulierenden Ströme zu erklären, wenn nicht bloß für den experimentell beobachteten luftelektrischen Vertikalstrom (Stromdichte etwa 1500 Elementarquanten/cm^2. sec) eine Deckung durch einen entgegengesetzt gleichen gesucht wird, sondern auch für die sogenannten „Bauerschen Ströme". L. A. Bauer[27]) [vgl. auch A. Schmidt[27])] hat nämlich bei einer Analyse des erdmagnetischen Feldes neuerdings die schon vorher von A. Schmidt sowie von ihm selbst gefundene Tatsache bestätigt erhalten, daß im erdmagnetischen Feld ein potentialloser Anteil vorhanden ist, der nach den Gesetzen der Elektrodynamik die Existenz vertikaler, die Erdoberfläche durchsetzender Ströme beweist. Im allgemeinen ergibt sich für die Polarkappen der Erde ein aufwärts, für die Äquatorialzone ein abwärts gerichteter Strom; der Gesamtbetrag ist Null, der Absolutbetrag der mittleren Stromdichte aber etwa das 10^4fache des luftelektrischen Vertikalstromes. Eine Erklärung durch Korpuskularstrahlen würde daher das Passieren von etwa 10^7 Elementarquanten pro cm^2 und sec voraussetzen müssen [vgl. H. Benndorf[23])].

Über die berechneten bzw. extrapolierten Konstanten (magnetische Ablenkung, Energie, Absorptionskoeffizient) extrem schneller β-Strahlen vgl. Tabelle Nr. 5 des Anhanges.

Literatur zu VII, 9 siehe Seite 623.

4. Halleykomet. Wie bereits in VII, 7 (S. 600) erwähnt wurde, haben verschiedene Beobachter[28]) gefunden, daß während des Durchganges der Erde durch den Schweif des Halleykometen im Mai 1910 eine Erhöhung der durchdringenden Strahlung oder der Ionisierung der Luft eingetreten sei, während andere Beobachter negative Ergebnisse erhielten. Nach A. Wigand[28]) wäre tatsächlich zu schließen, daß bei diesem Ereignis der Erdatmosphäre radioaktive Stoffe beigemengt wurden.

5. Emanationsgehalt der Atmosphäre. H. Bongards[29]) schloß aus Beobachtungen der Radioaktivität der Atmosphäre in größeren Höhen, daß hier die Emanation nicht terrestrischen Ursprunges sei, sondern in Form einer Massenstrahlung von außen und zwar von der Sonne her in die Atmosphäre hineingebracht sei, doch wurde dieser Hypothese insbesondere von A. Gockel[29]) und von A. Wigand[29]) widersprochen (vgl. VII, 5).

d) Energieumsatz der Weltkörper.

Die Möglichkeit, daß die Prozesse der radioaktiven Umwandlung für die Energieausstrahlung der Gestirne, speziell der Sonne, in ähnlicher Weise von Bedeutung seien wie für die Erde (vgl. VII, 2), wurde bald nach der Entdeckung der Wärmeentwicklung der Radioelemente diskutiert [A. Schuster, G. H. Darwin, J. Joly, E. Rutherford und F. Soddy, W. E. Wilson, R. J. Strutt, W. B. Hardy[30])]. Ein Vergleich der von der Sonne tatsächlich ausgestrahlten Energie mit der von radioaktiven Stoffen gelieferten zeigt aber, daß selbst dann, wenn die Sonne ausschließlich aus Uran und dessen Zerfallsprodukten im Gleichgewichtsverhältnis zusammengesetzt wäre, nur etwa die Hälfte der Ausstrahlung gedeckt würde.

Setzt man die Solarkonstante gleich $2 \frac{\text{cal}}{\text{cm}^2\text{min}}$, so wird die gesamte ausgestrahlte Energie zu $10^{26} \frac{\text{cal}}{\text{sec}}$ erhalten; bei einer Wärmeentwicklung von $2{,}5 \cdot 10^{-8} \frac{\text{cal}}{\text{sec}}$ durch 1 g Uran im Gleichgewicht mit allen Zerfallsprodukten wird die Wärmeentwicklung einer Uran-Sonne (Masse $= 2 \cdot 10^{33}$ g) zu $0{,}5 \cdot 10^{26} \frac{\text{cal}}{\text{sec}}$ berechnet.

Wenn also die Umwandlung von Gravitationsenergie in Wärme bei der allmählichen Zusammenziehung der Sonne oder anderer Fixsterne nicht für genügend lange Zeit die Ausstrahlung kompensieren kann, wie aus Rechnungen G. H. Darwins[30]) hervorgeht, und daher die Annahme einer aus chemischen oder atomistischen Umwandlungen stammenden

Literatur zu VII, 9 siehe Seite 623.

Energie notwendig sein sollte, so kommen hierfür andere Prozesse als die des Zerfalles der derzeit bekannten Radioelemente in Betracht [vgl. auch A. Véronnet, L. Meitner, J. Joly, W. Nernst, A. Schack und A, S. Eddington[31])].

Literatur zu VII, 9:

1) R. J. Strutt, Proc. Roy. Soc. (A) **77**, 472, 1906.
2) A. Holmes, Geol. Mag. (6) **2**, 63, 1915.
3) T. T. Quirke u. L. Finkelstein, Sill. J. (4) **44**, 237, 1917.
4) G. Halledauer, Wien. Ber. **134**, 39, 1925.
5) F. W. Dyson, Astron. Nachr. **192**, 82, 1912; Nature **91**, 171, 1913.
6) S. A. Mitchell, Astron. Nachr. **192**, 226, 1912.
7) J. Evershed, Kodaikanal Obs. Bull. 1912, 503.
8) H. Giebeler u. F. Küstner, Astron. Nachr. **191**, 394, 1912.
9) W. S. Adams u. A. Kohlschütter, Astroph. J. **36**, 293, 1912.
10) H. Kayser, Astron. Nachr. **191**, 421, 1912.
11) E. Schweidler, Terr. Magn. **27**, 105, 1922; **28**, 50, 1923.
12) K. Birkeland, Arch. scienc. phys. et nat. (4) **1**, 497, 1896; „Expédition norvégienne de 1899/1900". Kristiania 1901; „The Norvegian Aurora Polaris Expedition" Bd. I, Teil 2, 1913; Arch. scienc. phys. et nat, **41**, 22, 109, 1916; Month. Weath. Rev. **44**, 508, 1916.
13) C. Störmer, C. R. **142**, 1580; **143**, 140, 408, 460, 1906; **151**, 736, 1910; Mémoire I aus Arch. scienc. phys. et nat. (4) **23** u. **24**, 1907; Mémoire II aus Arch. scienc. phys. et nat. (4) **32** u. **33**, 1911/12; Videns. Selsk. Skrifter, Kristiania, Nr. 4, 10, 14, 1913; Nr. 12, 1916; Terr. Magn. **22**, 23, 97, 1917; C. R. **170**, 742, 1920.
13a) C. Störmer, Geofys. Publ. **1**, Nr. 5, 1921; C. R. **174**, 1447, 1922.
14) P. Lenard, Heidelberg. Ber. 1910, Nr. 17; 1911, Nr. 12; Met. Z. **28**, 481, 1911.
15) L. Vegard, British Assoc. 1911 (Referat: Phys. Z. **12**, 1185, 1911); Phil. Mag. (6) **23**, 211, 1912; Ann. d. Phys. (4) **50**, 853, 1916; Jahrb. Rad. u. El. **14**, 383, 1917; L. Vegard u. O. Krogness, Ann. d. Phys. (4) **51**, 495, 1916; C. R. **163**, 443, 1916.
16) R. Swinne, Phys. Z. **17**, 529, 1916.
17) J. Stark, Ann. d. Phys. (4) **54**, 598, 1917; Naturwiss. **6**, 145, 397, 1918.
18) G. C. Simpson, Month. Weath. Rev. **44**, 115, 1916; F. A. Lindemann, Phil. Mag. (6) **38**, 669, 1919.
19) L. Vegard u. O. Krogness, Geofys. Publ. **1**, Nr. 1, 1920; L. Vegard, Phil. Mag. (6) **42**, 47, 1921; Vidensk. Selsk. Skr. 1921, Nr. 19; Marx, Handb. d. Radiol. Bd. VI, 505, 1924; Phys. Z. **25**, 685, 1924; Naturwiss. **13**, 541, 1925; Ann. d. Phys. (4) **79**, 377, 1926.
20) G. Angenheister, Met. Z. **39**, 20, 1922.
21) G. C. Simpson, Nature **69**, 270, 1904; **90**, 411, 1912; Met. Z. **30**, 235, 1913.
22) E. v. Schweidler u. K. W. F. Kohlrausch, Handb. d. Elektr. u. d. Magnet. von L. Graetz, Bd. III, 193, 1915; E. v. Schweidler, Encyklop. d. mathem. Wissensch. VI 1, 9, 1915.
23) H. Benndorf, Phys. Z. **26**, 81, 1925; Z. f. Geophys. **1**, 147, 1925; Wien. Ber. **134**, 281, 1925.
24) W. F. G. Swann, Terr. Magn. **20**, 105, 1915; Phys. Rev. (2) **9**, 555, 1917; Bull. Nat. Res. **17**, 65, 1922; J. Franklin Inst. 433, 1923; Nature **111**, 640, 673, 1923; Phil. Mag. (6) **47**, 306, 1924.

25) E. v. Schweidler, Wien. Ber. **127**, 515, 1918; Ann. d. Phys. (4) **63**, 726, 1920.

26) R. Seeliger, Ann. d. Phys. (4) **62**, 464, 1920.

27) L. A. Bauer, Terr. Magn. **25**, 145, 1920; A. Schmidt, Z. f. Geophys. **1**, Heft 7, 1925.

28) A. Thompson, Terr. Magn. **16**, 25, 1911; D. Pacini, Ann. dell. Uff. Met. Ital. **32**, I, (Nr. 8), 1910; A. Gockel, Jahrb. Rad. u. El. **9**, 1, 1912; W. Hagemann und J. Schünemann, Met. Z. **28**, 41, 1911; J. A. Lebel, C. R. **150**, 1372, 1910; A. Wigand, Phys. Z. **18**, 1, 1917.

29) H. Bongards, Met. Z. **36**, 339, 1919; **40**, 367, 1923; Phys. Z. **21**, 141, 1920; **24**, 16, 295, 1923; **25**, 679, 1924; Astrophys. J. **58**, 307, 1923; A. Wigand, Phys. Z. **25**, 684, 1924; A. Gockel, Met. Z. **39**, 252, 1922; Phys. Z. **24**, 500, 1923.

30) A. Schuster, Chem. News **88**, 166, 1903; G. H. Darwin, Nature **68**, 496, 1903; J. Joly, Nature **68**, 548, 1903; W. E. Wilson, Nature **68**, 222, 1903; R. J. Strutt, Nature **68**, 572, 1903; W. B. Hardy, Nature **68**, 548, 1903; E. Rutherford u. F. Soddy, Phil. Mag. (6) **5**, 591, 1903.

31) A. Véronnet, C. R. **158**, 1649, 1914; W. Nernst, D. Weltgebäude im Lichte der neueren Forschung, J. Springer, Berlin 1921; A. Schack, Phys. Z. **22**, 23, 1921; J. Joly, Nature **110**, 112, 1922; L. Meitner, Z. anorg. Chem. 1923, 7. Heft; A. S. Eddington, Nature **117**, 25, 1926.

Anhang.

Tabelle 1.

Exponentialfunktion, Exponentialintegral und Funktion $\Phi(x)$.

x	e^{-x}	$-Ei(-x)$	$\Phi(x)$	x	e^{-x}	$-Ei(-x)$	$\Phi(x)$
0	1,0000	∞	1,0000	1,0	0,3679	0,2194	0,1485
10^{-5}	$0,9999_9$	10,9354	$0,9998_8$	1,1	0,3329	0,1860	0,1283
10^{-4}	$0,9999_0$	8,6332	$0,9990_4$	1,2	0,3012	0,1584	0,1111
$5,10^{-4}$	0,9995	7,0242	0,9960	1,3	0 2725	0,1355	$9,64 \cdot 10^{-2}$
0,001	0,9990	6,3315	0,9927	1,4	0,2466	0,1162	$8,39 \cdot 10^{-2}$
0,005	0,9950	4,7251	0,9714	1,5	0,2231	0,1000	$7,31 \cdot 10^{-2}$
0,01	0,9900	4,0379	0,9497	1,6	0,2019	$8,631 \cdot 10^{-2}$	$6,38 \cdot 10^{-2}$
0,02	0,9802	3,3547	0,9131	1,7	0,1827	$7,465 \cdot 10^{-2}$	$5,58 \cdot 10^{-2}$
0,03	0,9704	2,9591	0,8817	1,8	0,1653	$6,471 \cdot 10^{-2}$	$4,88 \cdot 10^{-2}$
0,04	0,9608	2,6813	0,8535	1,9	0,1496	$5,620 \cdot 10^{-2}$	$4,28 \cdot 10^{-2}$
0,05	0,9512	2,4679	0,8278	2,0	0,1353	$4,890 \cdot 10^{-2}$	$3,75 \cdot 10^{-2}$
0,06	0,9418	2,2953	0,8040	2,5	$8,208 \cdot 10^{-2}$	$2,419 \cdot 10^{-2}$	$1,98 \cdot 10^{-2}$
0,07	0,9324	2,1508	0,7819	3,0	$4,979 \cdot 10^{-2}$	$1,304 \cdot 10^{-2}$	$1,07 \cdot 10^{-2}$
0,08	0,9231	2,0269	0,7610	4,0	$1,832 \cdot 10^{-2}$	$3,779 \cdot 10^{-3}$	$3,20 \cdot 10^{-3}$
0,09	0,9139	1,9187	0,7412	5,0	$6,738 \cdot 10^{-3}$	$1,148 \cdot 10^{-3}$	$9,98 \cdot 10^{-4}$
0,10	0,9048	1,8229	0,7225	6,0	$2,479 \cdot 10^{-3}$	$3,601 \cdot 10^{-4}$	$3,18 \cdot 10^{-4}$
0,15	0,8694	1,4645	0,6497	7,0	$9,119 \cdot 10^{-4}$	$1,155 \cdot 10^{-4}$	$1,03 \cdot 10^{-4}$
0,20	0,8187	1,2227	0,5742	8,0	$3,355 \cdot 10^{-4}$	$3,767 \cdot 10^{-5}$	$3,41 \cdot 10^{-5}$
0,30	0,7408	0,9057	0,4691	9,0	$1,234 \cdot 10^{-4}$	$1,245 \cdot 10^{-5}$	$1,14 \cdot 10^{-5}$
0,40	0,6703	0,7024	0,3894	10,0	$4,540 \cdot 10^{-5}$	$4,157 \cdot 10^{-6}$	$3,83 \cdot 10^{-6}$
0,50	0,6065	0,5598	0,3266	20,0	$2,061 \cdot 10^{-9}$	$9,835 \cdot 10^{-11}$	$9,41 \cdot 10^{-11}$
0,60	0,5488	0,4544	0,2762	30,0	$9,359 \cdot 10^{-14}$	$3,022 \cdot 10^{-15}$	$2,93 \cdot 10^{-15}$
0,70	0,4966	0,3738	0,2349	50,0	$1,929 \cdot 10^{-22}$	$3,784 \cdot 10^{-24}$	$3,71 \cdot 10^{-24}$
0,80	0,4493	0,3106	0,2009	100,0	$3,721 \cdot 10^{-44}$	$3,685 \cdot 10^{-46}$	$3,65 \cdot 10^{-46}$
0,90	0,4066	0,2601	0,1724	∞	0	0	0

Das Exponentialintegral $Ei(-x)$ ist definiert durch

$$Ei(-x) = -\int_x^\infty u^{-1} e^{-u} du;$$

da seine numerischen Werte im Intervall $x = 0$ bis $x = \infty$ negativ sind, enthält die Tabelle die Werte von $-Ei(-x)$.

$$Ei(-x) = C + \log \text{nat}\, x - x + \frac{x^2}{2 \cdot 2!} - \frac{x^3}{3 \cdot 3!} + \frac{x^4}{4 \cdot 4!} - \cdots$$

wobei C = Eulersche Konstante = 0,5772156649015 ...

Die Funktion $\Phi(x)$, die bei Absorptionsproblemen (vgl. S. 83) eine Rolle spielt, ist definiert durch:

$$\Phi(x) = e^{-x} + x \cdot Ei(-x); \quad \text{also} \quad \Phi'(x) = \frac{d\Phi}{dx} = Ei(-x).$$

$$\int \Phi(x)\,dx = \frac{1}{2}\left\{x\,\Phi(x) - e^{-x}\right\}; \quad \int_0^h \Phi(x)\,dx = \frac{1}{2}\left\{1 - e^{-h} + h\,\Phi(h)\right\};$$

$$\int_0^\infty \Phi(x)\,dx = \frac{1}{2}.$$

Tabelle 2. Basiswerte.

Es sind in diesem Buche durchwegs die in der folgenden Zusammenstellung angeführten Werte für fundamentale bzw. aus diesen abgeleitete Größen angenommen worden.

Lichtgeschwindigkeit:	$c = 2{,}9985 \cdot 10^{10} \frac{\text{cm}}{\text{sec}} = 3 \cdot 10^{10}\,(1 - 5 \cdot 10^{-4})\,\frac{\text{cm}}{\text{sec}}$
Elementarquantum:	$e = 4{,}774 \cdot 10^{-10}$ stat. Einh. $= 1{,}592 \cdot 10^{-20}$ magn. Einh.
Spez Ladung d. Elektrons:	$\frac{e}{m_0} = 1{,}766 \cdot 10^7 \frac{\text{magn. Einh.}}{\text{g}} = 5{,}295 \cdot \frac{\text{stat Einh.}}{\text{g}}$
Ladung des Grammäquiv.:	1 Faraday $= 9649{,}4 \frac{\text{magn. Einh.}}{\text{g-Äqu.}}$
Atomgewicht von Wasserstoff:	$H = 1{,}0078$
„ „ Helium:	$He = 4{,}000$
„ „ Silber:	$Ag = 107{,}88$
Molvolumen:	$= 22414 \frac{\text{cm}^3}{\text{Mol}}$
Mechan. Wärmeäquiv.:	$4{,}186 \cdot 10^7 \frac{\text{Erg}}{\text{cal}_{15}}$
Plancksches Wirkungsquantum:	$h = 6{,}55 \cdot 10^{27}$ Erg · sec
Loschmidtsche Zahl	
pro Mol oder Grammatom:	$L' = \frac{9649{,}4}{1{,}592 \cdot 10^{-20}} = 6{,}061 \cdot 10^{23}$
pro 1 cm³:	$L = \frac{L'}{22414} = 2{,}704 \cdot 10^{19}$
Masse des Elektrons:	$m(\text{El}) = 9{,}015 \cdot 10^{-28}$ g
Masseneinheit der Chemie:	$m\left(\frac{0}{16}\right) = 1{,}650 \cdot 10^{-24}$ g
Masse des Wasserstoffatoms:	$m(\text{H}) = 1{,}663 \cdot 10^{-24}$ g
„ „ Protons:	$m(\text{Prot}) = 1{,}662 \cdot 10^{-24}$ g
„ „ Heliumatoms:	$m(\text{He}) = 6{,}600 \cdot 10^{-24}$ g
„ „ des α-Teilchens:	$m(\alpha) = m(\text{He}) - 2\,m(\text{El}) = 6{,}598 \cdot 10^{-24}$ g

$m(El)/m\left(\frac{0}{16}\right) = 1/1830$

$m(El)/m\,(H) = 1/1845$

$m\,El/m\,(Prot) = 1/1844$

Ruhenergie des Elektrons: $m_0 c^2 = 8{,}105 \cdot 10^{-7}$ Erg

Ruhenergie/Elementarquant.: $\frac{m_0 c^2}{e_s} = 1697{,}8 \frac{\text{Erg}}{\text{stat. Einh.}}$

Wirkungsquantum × Lichtgeschw.: $hc = 1{,}964 \cdot 10^{-17}$ Erg · cm

$\pi = 3{,}141\,592\,653\,6 \ldots$

$e = 2{,}718\,281\,828\,5 \ldots$

$1/e = 0{,}367\,879\,299\,8 \ldots$

$\log^{10} e = 0{,}434\,294\,482$

$\log\log e = 0{,}637\,784\,3 - 1$

$\log c = 10{,}476\,904$

$\log m_0 = 0{,}954\,966 - 28$

$\log e_s = 0{,}678\,882 - 10$

$\log\text{nat}\, 2 = 0{,}693\,147\,192\,7$

$1/\log\text{nat}\, 2 = 1{,}442\,695\,0$

$\frac{1}{\log e} = \log\text{nat}\, 10 = 2{,}302\,585\,09$

1 Jahr $= 365{,}24\,223\, d = 3{,}155\,693 \cdot 10^7$ sec.

Tabelle 3.

Konstanten der α-Strahlen, berechnet für runde Werte der Geschwindigkeit.

Es bezeichnet v die Geschwindigkeit (in cm/sec); β dasselbe in Bruchteilen der Lichtgeschwindigkeit; aus $\eta = \frac{1}{\sqrt{1-\beta^2}}$ [in der Tabelle ist $(\eta - 1)$ angegeben] findet man die Masse des α-Teilchens entsprechend der Formel: $m(\beta) = m_0 \eta$; $E = m_0 c^2 (\eta - 1) = \frac{m_0 v^2}{2}(1 + \frac{3}{4}\beta^2 + \ldots)$ gibt die kinetische Energie in Erg an; aus der Formel: $E = P \cdot 2e$ folgt die (in Volt umgerechnete) Spannung, deren Durchlaufen das ruhende α-Teilchen auf die angegebene Geschwindigkeit bringen würde; R_0 ist die berechnete Reichweite bei 0° C; k die Gesamtzahl der erzeugten Ionenpaare; $\mathfrak{k}$ die Zahl der pro 1 cm erzeugten Ionenpaare; $\mathfrak{H}\mathfrak{R} = \frac{m_0 c^2}{2e}\eta\beta$ das Produkt aus magn. Feldstärke und Krümmungsradius der Bahn; $\lambda\gamma = \frac{hc}{E}$ die Wellenlänge einer γ-Strahlung, deren Energiequant der kinetischen Energie des α-Teilchens entspricht; τ (in sec) ist die der Größenordnung nach berechnete mittlere Lebensdauer (aus der Geiger-Nuttall-Formel).

$m_0 c^2 = 5{,}9323 \cdot 10^{-3}$ $\frac{m_0 c^2}{2e} = 6{,}21313 \cdot 10^6$ $P = 3{,}14045 \cdot 10^{11} \cdot E.$

$10^{-9}v$	$\beta=\frac{v}{c}$	$\eta-1=\frac{1}{\sqrt{1-\beta^2}}-1$	E (Erg)	P (Volt)	R_0 (cm)	k	$\mathfrak{k}$	$\mathfrak{H}\mathfrak{R}$	$\lambda_\gamma=\frac{hc}{E}$ (X.E.)	τ (sec)
0,5	0,01668	$1{,}4\cdot10^{-4}$	$0{,}825\ 10^{-6}$	$0{,}259\cdot10^{6}$	$0{,}116_2$	$0{,}149\cdot10^{5}$	$8{,}543\cdot10^{4}$	$1{,}036\cdot10^{5}$	23,80	$3\cdot10^{97}$
0,6	0,02001	$2{,}0\cdot10^{-4}$	$1{,}188\cdot10^{-6}$	$0{,}373\cdot10^{6}$	$0{,}200_8$	$0{,}214\cdot10^{5}$	$7{,}119\cdot10^{4}$	$1{,}243\cdot10^{5}$	16,53	$2{,}5\cdot10^{83}$
0,7	0,02335	$2{,}7\cdot10^{-4}$	$1{,}617\cdot10^{-6}$	$0{,}508\cdot10^{6}$	$0{,}318_8$	$0{,}292\cdot10^{5}$	$6{,}119\cdot10^{4}$	$1{,}451\cdot10^{5}$	12,14	$2{,}5\cdot10^{71}$
0,8	0,02668	$3{,}6\cdot10^{-4}$	$2{,}112\cdot10^{-6}$	$0{,}663\cdot10^{6}$	$0{,}475_9$	$0{,}381\cdot10^{5}$	$5{,}339\cdot10^{4}$	$1{,}658\cdot10^{5}$	9,30	10^{61}
0,9	0,03002	$4{,}5\cdot10^{-4}$	$2{,}674\cdot10^{-6}$	$0{,}840\cdot10^{6}$	$0{,}677_6$	$0{,}482\ 10^{5}$	$4{,}743\cdot10^{4}$	$1{,}866\cdot10^{5}$	7,35	$3\cdot10^{51}$
1,0	0,03335	$5{,}6\cdot10^{-4}$	$3{,}302\cdot10^{-6}$	$1{,}037\cdot10^{6}$	$0{,}929_5$	$0{,}596\cdot10^{5}$	$4{,}271\cdot10^{4}$	$2{,}073\cdot10^{5}$	5,95	$3\cdot10^{43}$
1,1	0,03669	$6{,}7\cdot10^{-4}$	$3{,}996\cdot10^{-6}$	$1{,}255\cdot10^{6}$	1,237	$0{,}721\cdot10^{5}$	$3{,}883\cdot10^{4}$	$2{,}281\cdot10^{5}$	4,92	$1{,}2\cdot10^{36}$
1,2	0,04002	$8{,}0\cdot10^{-4}$	$4{,}756\cdot10^{-6}$	$1{,}494\cdot10^{6}$	1,606	$0{,}858\cdot10^{5}$	$3{,}559\cdot10^{4}$	$2{,}488\cdot10^{5}$	4,13	$1{,}8\cdot10^{29}$
1 3	0,04336	$9{,}4\cdot10^{-4}$	$5{,}583\cdot10^{-6}$	$1{,}753\cdot10^{6}$	2,042	$1{,}007\cdot10^{5}$	$3{,}286\cdot10^{4}$	$2{,}696\cdot10^{5}$	3,52	10^{23}
1,4	0,04669	$1{,}09\cdot10^{-3}$	$6{,}477\cdot10^{-6}$	$2{,}034\cdot10^{6}$	2,551	$1{,}167\cdot10^{5}$	$3{,}051\cdot10^{4}$	$2{,}904\cdot10^{5}$	3,03	$1{,}5\cdot10^{17}$
1,5	0,05003	$1{,}25\cdot10^{-3}$	$7{,}437\cdot10^{-6}$	$2{,}336\cdot10^{6}$	3,137	$1{,}340\cdot10^{5}$	$2{,}848\cdot10^{4}$	$3{,}112\cdot10^{5}$	2,64	$6{,}5\cdot10^{11}$
1,6	0,05336	$1{,}43\cdot10^{-3}$	$8{,}463\cdot10^{-6}$	$2{,}658\cdot10^{6}$	3,808	$1{,}525\cdot10^{5}$	$2{,}670\cdot10^{4}$	$3{,}320\cdot10^{5}$	2,32	$5{,}7\cdot10^{6}$
1,7	0,05670	$1{,}61\cdot10^{-3}$	$9{,}557\cdot10^{-6}$	$3{,}001\cdot10^{6}$	4,567	$1{,}721\cdot10^{5}$	$2{,}513\cdot10^{4}$	$3{,}528\cdot10^{5}$	2,06	10^{2}
1,8	0,06003	$1{,}81\cdot10^{-3}$	$1{,}072\cdot10^{-5}$	$3{,}367\cdot10^{6}$	5,421	$1{,}930\cdot10^{5}$	$2{,}373\cdot10^{4}$	$3{,}736\cdot10^{5}$	1,83	$3{,}6\cdot10^{-3}$
1,9	0,06337	$2{,}01\ 10^{-3}$	$1{,}195\ 10^{-5}$	$3{,}753\cdot10^{6}$	6,371	$2{,}150\cdot10^{5}$	$2{,}248\cdot10^{4}$	$3{,}945\cdot10^{5}$	1.64	$2{,}2\cdot10^{-8}$
2,0	0,06670	$2{,}23\ 10^{-3}$	$1{,}324\cdot10^{-5}$	$4{,}158\cdot10^{6}$	7,436	$2{,}382\cdot10^{5}$	$2{,}136\cdot10^{4}$	$4{,}153\cdot10^{5}$	1,48	$2{,}1\cdot10^{-11}$
2,1	0,07004	$2{,}46\cdot10^{-3}$	$1{,}460\cdot10^{-5}$	$4{,}585\cdot10^{6}$	8,608	$2{,}627\cdot10^{5}$	$2{,}034\cdot10^{4}$	$4{,}362\cdot10^{5}$	1,35	$3{,}2\cdot10^{-15}$
2,2	0,07337	$2{,}70\cdot10^{-3}$	$1{,}603\cdot10^{-5}$	$5{,}034\cdot10^{6}$	9,899	$2{,}883\cdot10^{5}$	$1{,}942\cdot10^{4}$	$4{,}571\cdot10^{5}$	$1{,}22_5$	$7{,}3\cdot10^{-19}$
2,3	0,07671	$2{,}96\cdot10^{-3}$	$1{,}733\cdot10^{-5}$	$5{,}505\cdot10^{6}$	11,31	$3{,}151\cdot10^{5}$	$1{,}857\cdot10^{4}$	$4{,}780\cdot10^{5}$	1,12	$2{,}5\cdot10^{-22}$
2,4	0,08004	$3{,}22\cdot10^{-3}$	$1{,}909\cdot10^{-5}$	$5{,}995\cdot10^{6}$	12,85	$3{,}431\cdot10^{5}$	$1{,}780\cdot10^{4}$	$4{,}989\cdot10^{5}$	1,03	$1{,}2\cdot10^{-25}$
2,5	0,08338	$3{,}49\cdot10^{-3}$	$2{,}073\cdot10^{-5}$	$6{,}510\cdot10^{6}$	14,52	$3{,}722\cdot10^{5}$	$1{,}709\cdot10^{4}$	$5{,}198\cdot10^{5}$	0,95	$7{,}6\cdot10^{-29}$

Tabelle 4.

Konstanten der α-Strahlen der radioaktiven Elemente.

Es bezeichnet
R_0 die Reichweite in Luft von 760 mm Druck und 0° C Temperatur in cm
R_{15} „ „ „ „ „ 760 „ „ „ 15° C „ „ „
$R_{15} = 1{,}055\ R_0$; $R_{20} = 1{,}073\ R_0$,
v die Anfangsgeschwindigkeit in cm/sec,
k die Gesamtzahl der von einem α-Teilchen erzeugten Ionenpaare.

Die Werte von v und k sind berechnet nach den Formeln

$$v^3 = a_0 R_0 \text{ und } k = k_0 R_0^{2/3},$$

wobei die bei RaC′ beobachteten Werte (*) als Basis dienen, also mit

$$a_0 = 1{,}0758 \cdot 10^{27};\quad a_0^{1/3} = 1{,}0246 \cdot 10^9;\quad k_0 = 6{,}253 \cdot 10^4\ [k_0 = 6{,}735 \cdot 10^4].$$

Die Werte von k gehören zu der von 1 g Ra per Sekunde ausgesendeten Zahl von α-Teilchen $Z = 3{,}72 \cdot 10^{10}$; $k = 2{,}20 \cdot 10^5$ für RaC′; [die eingeklammerten Werte zu $Z = 3{,}45_3 \cdot 10^{10}$ bzw. $k = 2{,}37 \cdot 10^5$ für RaC′].

Radioelement	R_0	R_{15}	v	k
U I	2,53	2,67	$1{,}39_6 \cdot 10^9$	$1{,}16 \cdot 10^5$ [$1{,}25 \cdot 10^5$]
U II	2,91	3,07	$1{,}46_3$	1,27 [1,37]
Io	$3{,}02_8$	$3{,}19_4$	$1{,}48_2$	1,31 [1,41]
Ra	$3{,}21_2$	$3{,}38_9$	$1{,}51_2$	1,36 [1,47]
RaEm (Rn)	$3{,}90_7$	$4{,}12_2$	$1{,}61_4$	1,55 [1,67]
RaA	$4{,}47_6$	$4{,}72_2$	$1{,}68_9$	1,70 [1,83]
RaC	(3,6?)	(3,8?)	(1,57)	(1,61) [(1,58)]
RaC′	$6{,}60_0$	$6{,}97_1$	1,922*	2,20* [2,37*]
RaF (Po)	$3{,}72_1$	$3{,}92_5$	$1{,}58_8$	1,50 [1,62]
Th	2,75	2,90	$1{,}43_7$	1,23 [1,32]
RdTh	$3{,}81_0$	$4{,}01_9$	$1{,}60_0$	1,53 [1,64]
ThX	$4{,}12_7$	$4{,}35_4$	$1{,}64_3$	1,61 [1,73]
ThEm (Tn)	$4{,}79_9$	$5{,}06_3$	$1{,}72_8$	1,78 [1,92]
ThA	$5{,}38_7$	$5{,}68_3$	$1{,}79_6$	1,92 [2,07]
ThC	$4{,}53_4$	$4{,}78_3$	$1{,}69_6$	1,71 [1,85]
ThC′	$8{,}16_8$	$8{,}61_7$	$2{,}06_4$	2,54 [2,73]
Pa	$3{,}48_2$	$3{,}67_3$	$1{,}55_3$	1,44 [1,55]
RdAc	$4{,}43_2$	$4{,}67_6$	$1{,}68_3$	1,69 [1,82]
AcX	$4{,}14_1$	$4{,}36_9$	$1{,}64_5$	1,61 [1,74]
AcEm (An)	$5{,}48_7$	$5{,}78_9$	$1{,}80_7$	1,95 [2,10]
AcA	$6{,}24_1$	$6{,}58_4$	$1{,}88_6$	2,12 [2,28]
AcC	$5{,}22_4$	$5{,}51_1$	$1{,}77_8$	1,88 [2,03]
AcC′	(6,2?)	(6,5?)	(1,87)	(2,09) [(2,25)]

Tabelle 5.

Konstanten der β-Strahlen, berechnet für runde Werte der Geschwindigkeit.

Es bezeichnet: β die Geschwindigkeit in Bruchteilen der Lichtgeschwindigkeit; $\eta = \frac{1}{\sqrt{1-\beta^2}}$; $E = m_0 c^2 (\eta - 1)$ die kinetische Energie in Erg; $P = 299{,}85 \frac{E}{e}$ die in Volt (abs.) gemessene Spannung („Voltgeschwindigkeit"), die ein ruhendes Elektron durchlaufen müßte, um die Endgeschwindigkeit β zu erreichen; $\lambda = \frac{hc}{E}$ die Wellenlänge einer Strahlung, der vermöge der Formel $E_\lambda = h\nu = \frac{hc}{\lambda}$ ein Energiequant gleicher Größe zukommt; $\mathfrak{H}\mathfrak{R}$ das Produkt aus magn. Feldstärke und Krümmungsradius der Bahn, berechnet aus der Formel $\mathfrak{H}\mathfrak{R} = \frac{m_0 c^2}{e} \cdot \eta\beta$; μ_z den auf Teilchenzahl (vgl. S. 76 u. 131) bezogenen Absorptionskoeffizienten; μ_z/ϱ den Massenabsorptionskoeffizienten (hier nach P. Lenard übereinstimmend aus μ von Aluminium und μ von Luft berechnet); $\frac{d\beta}{dx}$ die Geschwindigkeitsabnahme bei Durchsetzen von 1 cm Luft (0^0 C, 760 mm Hg); X(Al) die „Grenzdicke" in Al, vgl. S. 132; k die Gesamtzahl der von 1 β-Teilchen erzeugten Ionenpaare; $\mathfrak{k}$ die Zahl der pro 1 cm Weglänge erzeugten Ionenpaare; $\mathfrak{k}_1$ dasselbe unter Abrechnung der durch Sekundärstrahlen erzeugten Ionen.

Zur numerischen Berechnung sind die in Tabelle 2 angegebenen Basiswerte verwendet, somit

$$E = 8{,}1054 \cdot 10^{-7} (\eta - 1)$$
$$P = 6{,}2809 \cdot 10^{11} E$$
$$\mathfrak{H}\mathfrak{R} = 1697{,}82\, \eta\beta$$
$$\lambda = \frac{1{,}9640 \cdot 10^{-16}}{E}.$$

β	$\eta - 1$	E (Erg)	P (Volt)	λ cm	$\eta \cdot \beta$	$\mathfrak{H}\mathfrak{R}$
0,01	$5{,}000 \cdot 10^{-5}$	$4{,}053 \cdot 10^{-11}$	$2{,}546 \cdot 10$	$4{,}846 \cdot 10^{-6}$	0,0100	16,98
0,05	$1{,}252 \cdot 10^{-3}$	$1{,}013 \cdot 10^{-9}$	$6{,}364 \cdot 10^{2}$	$1{,}938 \cdot 10^{-7}$	0,0501	85,00
0,10	$5{,}038 \cdot 10^{-3}$	$4{,}085 \cdot 10^{-9}$	$2{,}566 \cdot 10^{3}$	$4{,}808 \cdot 10^{-8}$	0,1005	170,6
0,15	$1{,}144 \cdot 10^{-2}$	$9{,}273 \cdot 10^{-9}$	$5{,}824 \cdot 10^{3}$	$2{,}119 \cdot 10^{-8}$	0,1517	257,7
0,20	$2{,}062 \cdot 10^{-2}$	$1{,}671 \cdot 10^{-8}$	$1{,}050 \cdot 10^{4}$	$1{,}175 \cdot 10^{-8}$	0,2041	346,7
0,25	$3{,}280 \cdot 10^{-2}$	$2{,}659 \cdot 10^{-8}$	$1{,}670 \cdot 10^{4}$	$7{,}387 \cdot 10^{-9}$	0,2582	438,5
0,30	$4{,}829 \cdot 10^{-2}$	$3{,}914 \cdot 10^{-8}$	$2{,}459 \cdot 10^{4}$	$5{,}018 \cdot 10^{-9}$	0,3145	534,1
0,35	$6{,}752 \cdot 10^{-2}$	$5{,}473 \cdot 10^{-8}$	$3{,}437 \cdot 10^{4}$	$3{,}589 \cdot 10^{-9}$	0,3736	634,5

β	$\eta - 1$	E (Erg)	P (Volt)	λ cm	$\eta \cdot \beta$	$\mathfrak{H}\mathfrak{R}$
0,40	$9{,}109 \cdot 10^{-2}$	$7{,}383 \cdot 10^{-8}$	$4{,}637 \cdot 10^{4}$	$2{,}657 \cdot 10^{-9}$	0,4364	741,1
0,45	0,1198	$9{,}710 \cdot 10^{-8}$	$6{,}099 \cdot 10^{4}$	$2{,}022 \cdot 10^{-9}$	0,5039	855,5
0,50	0,1547	$1{,}254 \cdot 10^{-7}$	$7{,}876 \cdot 10^{4}$	$1{,}566 \cdot 10^{-9}$	$0{,}5773_5$	980,2
0,55	0,1974	$1{,}600 \cdot 10^{-7}$	$1{,}005 \cdot 10^{5}$	$1{,}228 \cdot 10^{-9}$	0,6586	1118
0,60	0,2500	$2{,}026 \cdot 10^{-7}$	$1{,}273 \cdot 10^{5}$	$9{,}692 \cdot 10^{-10}$	0,7500	1273
0,65	0,3159	$2{,}561 \cdot 10^{-7}$	$1{,}608 \cdot 10^{5}$	$7{,}670 \cdot 10^{-10}$	0,8553	1452
0,70	0,4003	$3{,}244 \cdot 10^{-7}$	$2{,}038 \cdot 10^{5}$	$6{,}054 \cdot 10^{-10}$	0,9802	1664
0,75	0,5119	$4{,}149 \cdot 10^{-7}$	$2{,}606 \cdot 10^{5}$	$4{,}734 \cdot 10^{-10}$	1,1339	1925
0,80	0,6667	$5{,}404 \cdot 10^{-7}$	$3{,}394 \cdot 10^{5}$	$3{,}635 \cdot 10^{-10}$	1,3333	2264
0,85	0,8983	$7{,}281 \cdot 10^{-7}$	$4{,}573 \cdot 10^{5}$	$2{,}697 \cdot 10^{-10}$	1,6136	2740
0,90	1,2942	$1{,}049 \cdot 10^{-6}$	$6{,}589 \cdot 10^{5}$	$1{,}872 \cdot 10^{-10}$	2,0648	3506
0,91	1,4119	$1{,}144 \cdot 10^{-6}$	$7{,}188 \cdot 10^{5}$	$1{,}716 \cdot 10^{-10}$	2,1948	3727
0,92	1,5516	$1{,}257 \cdot 10^{-6}$	$7{,}899 \cdot 10^{5}$	$1{,}562 \cdot 10^{-10}$	2,3474	3986
0,93	1,7206	$1{,}395 \cdot 10^{-6}$	$8{,}760 \cdot 10^{5}$	$1{,}408 \cdot 10^{-10}$	2,5302	4296
0,94	1 9311	$1{,}565 \cdot 10^{-6}$	$9{,}831 \cdot 10^{5}$	$1{,}255 \cdot 16^{-10}$	2,7552	4678
0,95	2,2026	$1{,}785 \cdot 10^{-6}$	$1{,}121 \cdot 10^{6}$	$1{,}100 \cdot 10^{-10}$	3,0424	5166
0,96	2,5714	$2{,}084 \cdot 10^{-6}$	$1{,}310 \cdot 10^{6}$	$9{,}423 \cdot 10^{-11}$	3,4286	5821
0,97	3,1135	$2{,}524 \cdot 10^{-6}$	$1{,}586 \cdot 10^{5}$	$7{,}783 \cdot 10^{-11}$	3,9901	6775
0,98	4,0252	$3{,}263 \cdot 10^{-6}$	$2{,}049 \cdot 10^{6}$	$6{,}020 \cdot 10^{-11}$	4,9247	8361
0,99	6,0888	$4{,}935 \cdot 10^{-6}$	$3{,}100 \cdot 10^{6}$	$3{,}979 \cdot 10^{-11}$	7,0179	11915

β	$\frac{\mu_z}{\varrho}$	$\frac{d\beta}{dx}$	X (Al)	k	$\mathfrak{t}$	$\mathfrak{t}_1$
0,01	$18 \cdot 10^{6}$	—	—	—	—	—
0,05	—	$12 \cdot 10^{3}$	$2 \cdot 10^{-5}$	0,5	3200	0
0,10	$8 \cdot 10^{5}$	$2{,}3 \cdot 10^{3}$	$3 \cdot 10^{-5}$	2	1700	0
0,15	$1{,}5 \cdot 10^{5}$	$7 \cdot 10^{2}$	$7 \cdot 10^{-5}$	7	1200	0
0,20	$3{,}6 \cdot 10^{4}$	$2{,}3 \cdot 10^{2}$	$1{,}9 \cdot 10^{-4}$	20	830	0
0,25	$8{,}6 \cdot 10^{3}$	—	$5{,}1 \cdot 10^{-4}$	53	580	0
0,30	$2{,}9 \cdot 10^{3}$	60	$1{,}1 \cdot 10^{-3}$	100	400	0
0,35	$1{,}4 \cdot 10^{3}$	35	$2{,}2 \cdot 10^{-3}$	160	308	0
0,40	$7{,}4 \cdot 10^{2}$	24	$3{,}8 \cdot 10^{-3}$	247	250	0
0,45	$4 \cdot 10^{2}$	18	$6{,}1 \cdot 10^{-3}$	385	210	0
0,50	$2{,}2 \cdot 10^{2}$	14	$8{,}9 \cdot 10^{-3}$	580	180	0
0,55	$1{,}3 \cdot 10^{2}$	11	$1{,}27 \cdot 10^{-2}$	830	152	0
0,60	83	8,4	$1{,}78 \cdot 10^{-2}$	1150	131	0
0,65	49	6,4	$2{,}37 \cdot 10^{-2}$	1520	111	—
0,70	29	4,7	$3{,}20 \cdot 10^{-2}$	1990	95	89
0,75	19	3,4	$4{,}42 \cdot 10^{-2}$	2570	80	—
0,80	13	2,3	$6{,}3 \cdot 10^{-2}$	3310	69	53
0,85	9,0	1,5	$8{,}9 \cdot 10^{-2}$	4200	59	38
0,90	6,0	0,81	$1{,}33 \cdot 10^{-1}$	5400	(50)	25
0,91	—	0,70	—	—	—	—
0,92	—	0,60	—	—	—	—
0,93	—	0,48	—	—	—	—
0,94	—	0,38	—	—	—	—
0,95	—	0,29	$2{,}36 \cdot 10^{-1}$	8600	(45)	(12)
0,96	—	0,20	$2{,}77 \cdot 10^{-1}$	—	—	—
0,97	—	0,13	$3{,}4 \cdot 10^{-1}$	—	—	—
0,98	—	0,07	$4{,}4 \cdot 10^{-1}$	—	—	—
0,99	(0,59)	0,02	$6{,}7 \cdot 10^{-1}$	26800	(41)	(2)

β	$\eta - 1$	E (Erg)	P (Volt)	λ cm	$\eta \cdot \beta$	$\mathfrak{H}\mathfrak{R}$
0,990	6,0888	$4,935 \cdot 10^{-6}$	$3,100 \cdot 10^{6}$	$3,979 \cdot 10^{-11}$	7,0179	$1,192 \cdot 10^{4}$
0,991	6,4704	$5,245 \cdot 10^{-6}$	$3,294 \cdot 10^{6}$	$3,745 \cdot 10^{-11}$	7,4032	$1,257 \cdot 10^{4}$
0,992	6,9216	$5,610 \cdot 10^{-6}$	$3,524 \cdot 10^{6}$	$3,501 \cdot 10^{-11}$	7,8582	$1,334 \cdot 10^{4}$
0,993	7,4664	$6,052 \cdot 10^{-6}$	$3,801 \cdot 10^{6}$	$3.245 \cdot 10^{-11}$	8,4071	$1,427 \cdot 10^{4}$
0,994	8,1424	$6.600 \cdot 10^{-6}$	$4,145 \cdot 10^{6}$	$2,976 \cdot 10^{-11}$	9,0876	$1,543 \cdot 10^{4}$
0,9950	9,0125	$7,305 \cdot 10^{-6}$	$4,588 \cdot 10^{6}$	$2,689 \cdot 10^{-11}$	9,9625	$1,692 \cdot 10^{4}$
0,9955	9,5528	$7,743 \cdot 10^{-6}$	$4,863 \cdot 15^{6}$	$2,536 \cdot 10^{-11}$	10,505	$1,784 \cdot 10^{4}$
0,9960	10,192	$8,261 \cdot 10^{-6}$	$5,188 \cdot 10^{6}$	$2,378 \cdot 10^{-11}$	11,147	$1,893 \cdot 10^{4}$
0,9965	10,963	$8,886 \cdot 10^{-6}$	$5.571 \cdot 10^{6}$	$2,210 \cdot 10^{-11}$	11,921	$2,024 \cdot 10^{4}$
0,9970	11,920	$9,661 \cdot 10^{-6}$	$6,068 \cdot 10^{6}$	$2,033 \cdot 10^{-11}$	12,881	$2,187 \cdot 10^{4}$
0,9975	13,151	$1,066 \cdot 10^{-5}$	$6,695 \cdot 10^{6}$	$1,843 \cdot 10^{-11}$	14,116	$2,397 \cdot 10^{4}$
0,9980	14,819	$1,201 \cdot 10^{-5}$	$7,545 \cdot 10^{6}$	$1,635 \cdot 10^{-11}$	15,788	$2,681 \cdot 10^{4}$
0,9985	17,264	$1,399 \cdot 10^{-5}$	$8,790 \cdot 10^{6}$	$1,403 \cdot 10^{-11}$	18,237	$3,096 \cdot 10^{4}$
0,9990	21,366	$1,732 \cdot 10^{-5}$	$1,088 \cdot 10^{7}$	$1,134 \cdot 10^{-11}$	22,344	$3,794 \cdot 10^{4}$
0,9995	30,627	$2.483 \cdot 10^{-5}$	$1,559 \cdot 10^{7}$	$7,911 \cdot 10^{-12}$	31,611	$5,367 \cdot 10^{4}$
0,9996	34,360	$2.785 \cdot 10^{-5}$	$1,749 \cdot 10^{7}$	$7,052 \cdot 10^{-12}$	35,346	$6,001 \cdot 10^{4}$
0,9997	39,828	$3,228 \cdot 10^{-5}$	$2,028 \cdot 10^{7}$	$6,084 \cdot 10^{-12}$	40,816	$6,930 \cdot 10^{4}$
9,9998	49,003	$3,972 \cdot 10^{-5}$	$2,495 \cdot 10^{7}$	$4,945 \cdot 10^{-12}$	49,993	$8,488 \cdot 10^{4}$
$1 - 10^{-4}$	$6,9712 \cdot 10$	$5,651 \cdot 10^{-5}$	$3,549 \cdot 10^{7}$	$3,476 \cdot 10^{-12}$	$7,0705 \cdot 10$	$1,200 \cdot 10^{5}$
$1 - 10^{-5}$	$2,2261 \cdot 10^{2}$	$1.804 \cdot 10^{-4}$	$1,133 \cdot 10^{8}$	$1,089 \cdot 10^{-12}$	$2,2361 \cdot 10^{2}$	$3,797 \cdot 10^{5}$
$1 - 10^{-6}$	$7,0611 \cdot 10^{2}$	$5,723 \cdot 10^{-4}$	$3,596 \cdot 10^{8}$	$3,432 \cdot 10^{-13}$	$7,0711 \cdot 10^{2}$	$1,201 \cdot 10^{6}$
$1 - 10^{-7}$	$2,2351 \cdot 10^{3}$	$1,812 \cdot 10^{-3}$	$1,138 \cdot 10^{9}$	$1,084 \cdot 10^{-13}$	$2,2361 \cdot 10^{3}$	$3,797 \cdot 10^{6}$
$1 - 10^{-8}$	$7,0701 \cdot 10^{3}$	$5,731 \cdot 10^{-3}$	$3,599 \cdot 10^{9}$	$3,427 \cdot 10^{-14}$	$7,0711 \cdot 10^{3}$	$1,201 \cdot 10^{7}$
$1 - 10^{-9}$	$2,2360 \cdot 10^{4}$	$1,812 \cdot 10^{-2}$	$1,138 \cdot 10^{10}$	$1,084 \cdot 10^{-14}$	$2,2361 \cdot 10^{4}$	$3,797 \cdot 10^{7}$
$1 - 10^{-10}$	$7,0710 \cdot 10^{4}$	$5,731 \cdot 10^{-2}$	$3,600 \cdot 10^{10}$	$3,427 \cdot 10^{-15}$	$7,0711 \cdot 10^{4}$	$1,201 \cdot 10^{8}$
$1 - 10^{-11}$	$7,23606 \cdot 10^{5}$	$1.812 \cdot 10^{-1}$	$1,138 \cdot 10^{11}$	$1,084 \cdot 10^{-15}$	$2,23607 \cdot 10^{5}$	$3,797 \cdot 10^{8}$
$1 - 10^{-12}$	$2,07106 \cdot 10^{5}$	$5,731 \cdot 10^{-1}$	$3,600 \cdot 10^{11}$	$3,427 \cdot 10^{-16}$	$7,07107 \cdot 10^{5}$	$1,201 \cdot 10^{9}$

Absorption bei extremen β-Strahlen.

β =	$1 - 10^{-3}$	$1 - 10^{-4}$	$1 - 10^{-5}$	$1 - 10^{-6}$	$1 - 10^{-7}$	$1 - 10^{-8}$
μ_z/ϱ*) =	$8,9 \cdot 10^{-2}$	$1,5 \cdot 10^{-2}$	$2,7 \cdot 10^{-3}$	$4,6 \cdot 10^{-4}$	$8,4 \cdot 10^{-5}$	$1,5 \cdot 10^{-5}$

*) Bei schnellen β-Strahlen, für die μ/ϱ gemessen ist, gilt annähernd $\mu/\varrho \cdot P^{3/2} =$ Const. Unter Voraussetzung der strengen Gültigkeit dieser Formel sind für extrem schnelle Strahlen die Werte von μ/ϱ extrapoliert.

Tabelle 6.

β-Strahlenspektren der radioaktiven Elemente.

Die — unmittelbar experimentell bestimmbaren — Werte von $\mathfrak{H}\mathfrak{R}$ sind den Originalarbeiten entnommen. Die Werte von P und β sind daraus mit den der Tabelle 5 zugrundeliegenden Basiswerten und Formeln berechnet, daher bisweilen von den Angaben in den Originalarbeiten abweichend. Die Intensität der Linien ist gekennzeichnet durch * bei starken, durch ** bei den stärksten Linien. Einander nahestehende Angaben verschiedener Autoren beziehen sich wahrscheinlich auf die gleichen Linien.

$\mathfrak{H}\mathfrak{R}$	β	P (Volt)
	UX_1 [1]	
927	$0{,}47_9$	$7{,}09 \cdot 10^4$
1028	$0{,}51_8$	$8{,}61 \cdot 10^4$
1057	$0{,}52_8$	$9{,}04 \cdot 10^4$
1163 bis 1264 (Band)	$0{,}56_5$ bis $0{,}59_5$	$1{,}08 \cdot 10^5$ bis $1{,}24 \cdot 10^5$
	UX_2 [2]	
2433	0,82	$3{,}80 \cdot 10^5$
4114	$0{,}92_4$	$8{,}23 \cdot 10^5$
5821	0,96	$1{,}31 \cdot 10^6$
	UY [2]	
1240	0,59	$1{,}22 \cdot 10^5$
	Ra [3]	
1037	0,521	$8{,}74 \cdot 16^4$
1508	0,664	$1{,}72 \cdot 10^5$
1575	0,680	$1{,}85 \cdot 10^5$
	RaB [3]	
660,9	0,363	$3{,}72 \cdot 10^4$
667,0	0,365	$3{,}78 \cdot 10^4$
687,0	0,375	$4{,}00 \cdot 10^4$
768,8	0,413	$4{,}97 \cdot 10^4$
793,1	0,423	$5{,}28 \cdot 10^4$
799,1	0,426	$5{,}35 \cdot 10^4$
833,0	0,441	$5{,}80 \cdot 10^4$
838	0,443	$5{,}86 \cdot 10^4$
855,4	0,450	$6{,}10 \cdot 10^4$
860,9	0,452	$6{,}16 \cdot 10^4$
877,8	0,459	$6{,}40 \cdot 16^4$
896	0,467	$6{,}65 \cdot 10^4$
926,2	0,479	$7{,}08 \cdot 10^4$
949,2	0,488	$7{,}42 \cdot 10^4$
1155	0,562	$1{,}06 \cdot 10^5$
1209	0,580	$1{,}16 \cdot 10^5$
*1410	0,639	$1{,}53 \cdot 10^5$
1496	0,661	$1{,}69 \cdot 10^5$
1576	0,680	$1{,}85 \cdot 10^5$
*1677	0,703	$2{,}07 \cdot 10^5$
1774	0,722	$2{,}27 \cdot 10^5$
$1{,}85 \cdot 10^3$	0,737	$2{,}44 \cdot 10^5$
*1938	0,752	$2{,}64 \cdot 10^5$
2015	0,765	$2{,}81 \cdot 10^5$

$\mathfrak{H}\mathfrak{R}$	β	P (Volt)
(2064)†	0,772	$2{,}92 \cdot 10^5$
(2110)†	0,779	$3{,}03 \cdot 10^5$
*2256	0,799	$3{,}38 \cdot 10^5$
2307	0,805	$3{,}50 \cdot 10^5$
2321	0,807	$3{,}53 \cdot 10^5$
2433	0,820	$3{,}80 \cdot 10^5$
2480	0,825	$3{,}94 \cdot 10^5$
†) vielleicht dem RaC zugehörig		
	RaC [3] [4]	
703	0,382	$4{,}18 \cdot 10^4$
848	0,447	$5{,}99 \cdot 10^4$
871	0,457	$6{,}31 \cdot 10^4$
896	0,467	$6{,}65 \cdot 10^4$
944	0,486	$7{,}34 \cdot 10^4$
964	0,494	$7{,}6 \cdot 10^4$
1379	0,563	$1{,}48 \cdot 10^5$
1438	0,646	$1{,}58 \cdot 10^5$
1557	0,676	$1{,}82 \cdot 10^5$
1586	0,682	$1{,}87 \cdot 10^5$
1834	0,734	$2{,}40 \cdot 10^5$
1912	0,743	$2{,}51 \cdot 10^5$
2085	0,776	$2{,}97 \cdot 10^5$
2156	0,786	$3{,}14 \cdot 10^5$
2256	0,799	$3{,}38 \cdot 10^5$
2390	0,815	$3{,}70 \cdot 10^5$
2550	0,832	$4{,}09 \cdot 10^5$
2720	0,848	$4{,}53 \cdot 10^5$
2840	0,858	$4{,}83 \cdot 10^5$
2890	0,862	$4{,}97 \cdot 10^5$
*2980	0,869	$5{,}18 \cdot 10^5$
3145	0,880	$5{,}63 \cdot 10^5$
3203	0,884	$5{,}78 \cdot 10^5$
*3271	$0{,}887_5$	$5{,}96 \cdot 10^5$
3289 [4]	0,888	$6{,}00 \cdot 10^5$
3307	0,890	$6{,}05 \cdot 20^5$
3326	0,891	$6{,}11 \cdot 10^5$
3584	0,904	$6{,}79 \cdot 10^5$
3824	0,914	$7{,}44 \cdot 10^5$
4196	0,927	$8{,}48 \cdot 10^5$
4404	0,933	$9{,}09 \cdot 10^5$
*4866	0,944	$1{,}04 \cdot 10^6$
4991	0 947	$1{,}07 \cdot 10^6$
5136	0,949	$1{,}11 \cdot 10^6$
5178	0,950	$1{,}13 \cdot 10^6$
5281	0,952	$1{,}15 \cdot 10^6$
5428	0,955	$1\ 20 \cdot 10^6$
5552	0,956	$1{,}23 \cdot 10^6$

1) Nach L. Meitner, Z. f. Phys. **17**, 54, 1923 (korrigiert).
2) Vgl. A. F. Kovarik und L. W. Mc Keehan, Bull. Nat. Research Council **10** (1) Nr. 51, Washington, D. C. 1925.
3) Vgl. in H. Geiger und K. Scheel, Handb. d. Phys. XXII, 1926, Springer, L. Meitner, Ziff. 43, S. 133.
4) J. d'Espine, C. R. **180**, 1403, 1925.

$\mathfrak{H}\mathfrak{R}$	β	P (Volt)
5708	0,959	$1{,}28\cdot10^6$
*5904	0,961	$1{,}33\cdot10^6$
5912[1]	$0{,}961_3$	$1{,}34\cdot10^6$
5948	0,962	$1{,}35\cdot10^6$
6030	0,963	$1{,}37\cdot10^6$
6161	0,964	$1{,}42\cdot10^6$
6212	0,965	$1{,}43\cdot10^6$
6350	0,966	$1{,}46\cdot10^6$
6523	0,968	$1{,}51\cdot10^6$
6656	0,969	$1{,}55\cdot10^6$
6800	0,970	$1{,}60\cdot10^6$
6932	0,971	$1{,}63\cdot10^6$
6998	0,972	$1{,}65\cdot10^6$
7109	0,973	$1{,}69\cdot10^6$
7240	0,974	$1{,}72\cdot10^6$
7380	0,975	$1{,}76\cdot10^6$
7530	$0{,}975_5$	$1{,}83\cdot10^6$
7690	$0{,}976_3$	$1{,}85\cdot10^6$
7974	0,978	$1{,}94\cdot10^6$
8090	0,979	$1{,}97\cdot10^6$
8313	0,980	$2{,}04\cdot10^6$
8617	0,981	$2{,}13\cdot10^6$
8885	$0{,}982_3$	$2{,}21\cdot10^6$
9165	$0{,}983_3$	$2{,}29\cdot10^6$
9425	$0{,}984_2$	$2{,}37\cdot10^6$
9655	$0{,}984_9$	$2{,}43\cdot10^6$
9960[1]	$0{,}985_3$	$2{,}53\cdot10^6$
$1{,}97\cdot10^4$[1]	$0{,}987_6$	$2{,}74\cdot10^6$
$1{,}5\cdot10^4$ bis $2{,}7\cdot10^4$[1]	$0{,}993_6$ bis $0{,}998_1$	$4{,}01\cdot10^6$ bis $7{,}67\cdot10^6$

Ra D[2]

$\mathfrak{H}\mathfrak{R}$	β	P (Volt)
**594_3	0,330	$3{,}03\cdot10^4$
600_3	0,333	$3{,}09\cdot10^4$
*709_1	0,385	$4{,}25\cdot10^4$
735_2	0,397	$4{,}57\cdot10^4$
742_5	0,401	$4{,}61\cdot10^4$

L. Meitner[5]) gibt nur 3 Linien an mit $\mathfrak{H}\mathfrak{R} = 602, 718, 741$;

D. H. Black[4]) fand $\mathfrak{H}\mathfrak{R} = 600, 606, 714, 738$

Ra E[3]

$\mathfrak{H}\mathfrak{R}$	β	P (Volt)
1000	0,508	$8{,}20\cdot10^4$
1532	0,67	$1{,}77\cdot10^5$
1664	0,70	$2{,}03\cdot10^5$
1800	0,727	$2{,}32\cdot10^5$
2060	0,772	$2{,}91\cdot10^5$
2178	0,789	$3{,}19\cdot10^5$
2300	0,805	$3{,}49\cdot10^5$
3750	0,911	$7{,}25\cdot10^5$
4678	0,94	$9{,}83\cdot10^5$
4900	0,945	$1{,}20\cdot10^6$
6069	0,963	$1{,}38\cdot10^6$
11915	0,990	$3{,}10\cdot10^6$
16915	0,995	$4{,}59\cdot10^6$

Rd Ac[5]

$\mathfrak{H}\mathfrak{R}$	β	P (Volt)
378	0,217	$1{,}24\cdot10^4$
407	0,233	$1{,}44\cdot10^4$
429	0,245	$1{,}60\cdot10^4$
*534_4	0,300	$2{,}46\cdot10^4$
543	0,305	$2{,}54\cdot10^4$
551	0,309	$2{,}61\cdot10^4$
561	0,314	$2{,}71\cdot10^4$
571	0,319	$2{,}80\cdot10^4$
580	0,323	$2{,}89\cdot10^4$
590	0,328	$2{,}99\cdot10^4$
596	0,331	$3{,}05\cdot10^4$
611	0,339	$3{,}19\cdot10^4$
623	0,345	$3{,}32\cdot10^4$
630	0,348	$3{,}39\cdot10^4$
652	0,358	$3{,}62\cdot10^4$
675	0,369	$3{,}87\cdot10^4$
*707_5	0,384	$4{,}23\cdot10^4$
**732_0	0,396	$4{,}53\cdot10^4$
759	0,408	$4{,}85\cdot10^4$
*822_5	0,436	$5{,}66\cdot10^4$
846	0,446	$5{,}97\cdot10^4$
876	0,459	$6{,}38\cdot10^4$
912	0,473	$6{,}87\cdot10^4$
951	0,489	$7{,}44\cdot10^4$
982	0,501	$7{,}90\cdot10^4$
996_5	0,506	$8{,}13\cdot10^4$
1010	0,511	$8{,}33\cdot10^4$
1075	0,535	$9{,}31\cdot10^4$

1) J. d'Espine, C. R. **180**, 1403, 1925.
2) Nach L. F. Curtiss, Phys. Rev. (2) **27**, 257, 1926.
3) Bandenspektrum; Grenzen und Maxima nach verschiedenen Autoren vgl. A. F. Kovarik und L. W. McKeehan, Bull. Nat. Research Council **10** (1) Nr. **51**, Washington, D. C. 1925.
4) D. H. Black, Proc. Roy. Soc. (A) **109**, 166, 1925.
5) Vgl. in H. Geiger und K. Scheel, Handb. d. Phys. XXII, 1926, Springer, L. Meitner, Ziff. 43, S. 133.

ℌℜ	β	P (Volt)
1093	0,541	$9,62\cdot 10^{4}$
1108	0,546	$9,86\cdot 10^{4}$
1132	0,554	$1,03\cdot 10^{5}$
1159	0,564	$1,07\cdot 10^{5}$
1178	0,570	$1,11\cdot 10^{5}$
1195	0,575	$1,13\cdot 10^{5}$
*1291	0,605	$1,30\cdot 10^{5}$
1367	0,627	$1,44\cdot 10^{5}$
*1396	0,635	$1,50\cdot 10^{5}$
1525	0,668	$1,75\cdot 10^{5}$
*1546	0,673	$1,79\cdot 10^{5}$
1597	0,685	$1,90\cdot 10^{5}$
*1634	0,694	$1,98\cdot 10^{5}$
1663	0,700	$2,03\cdot 10^{5}$
1703	0,708	$2,12\cdot 10^{5}$
1745	0,717	$2,21\cdot 10^{5}$
1773	0,722	$2,27\cdot 10^{5}$
1808	0,729	$2,34\cdot 10^{5}$
1872	0,741	$2,49\cdot 10^{5}$
1930	0,751	$2,62\cdot 10^{5}$
2010	0,764	$2,80\cdot 10^{5}$
	AcX[1])	
524	0,295	$2,37\cdot 10^{4}$
*733	0,396	$4,54\cdot 10^{4}$
756	0,407	$4.81\cdot 10^{4}$
**816$_5$	0,434	$5,59\cdot 10^{4}$
845	0,443	$5,91\cdot 10^{4}$
(900)	(0,468)	$(6,71\cdot 10^{4})$
(983)	(0,501)	$(7,91\cdot 10^{4})$
(1000)	(0,508)	$(8.18\cdot 10^{4})$
1140	0,557	$1,04\cdot 10^{5}$
1191	0,574	$1,13\cdot 10^{5}$
1265	0,597	$1,26\cdot 10^{5}$
*1321	0,614	$1,36\cdot 10^{5}$
1335 †)	0,618	$1,39\cdot 10^{5}$
1380	0,631	$1,47\cdot 10^{5}$
1402	0,637	$1,51\cdot 10^{5}$
**1502	0,663	$1,71\cdot 10^{5}$
1527	0,669	$1.76\cdot 10^{5}$
(1547)	(0,673)	$(1,80\cdot 10^{5})$
1753	0,718	$2,22\cdot 10^{5}$
1817	0,731	$2,38\cdot 10^{5}$
1880	0,742	$2,50\cdot 10^{5}$

†) Doppellinie

ℌℜ	β	P (Volt)
	AcB + AcC[1])	
(734)	0,397	$4,57\cdot 10^{4}$
**1942	0,753	$2,64\cdot 10^{5}$
2184	0,789	$3,20\cdot 10^{5}$
2263	0,800	$3,39\cdot 10^{5}$
2314	0,806	$3,52\cdot 10^{5}$
*2418	0,819	$3,77\cdot 10^{5}$
2472	0,824	$3,90\cdot 10^{5}$
2570	0,844	$4,40\cdot 10^{5}$
2772	0,853	$4,65\cdot 10^{5}$
	Ms Th_2[2]) [3])	
*181	0,106	$2,89\cdot 10^{3}$
195	0,114	$3,35\cdot 10^{3}$
299	0,173	$7,80\cdot 10^{3}$
(333)	(0,192)	$(9,70\cdot 10^{3})$
(417)	(0,239)	$(1,51\cdot 10^{4})$
(501)	(0,283)	$(2,17\cdot 10^{4})$
(529)	(0,298)	$(2,41\cdot 10^{4})$
597	0, 32	$3,05\cdot 10^{4}$
606	0,336	$3,14\cdot 10^{4}$
640	0,353	$3,49\cdot 10^{4}$
654	0,359	$3,64\cdot 10^{4}$
**668	0,366	$3,80\cdot 10^{4}$
*676	0,370	$3,89\cdot 10^{4}$
**700	0,381	$4,15\cdot 10^{4}$
723	0,392	$4,42\cdot 10^{4}$
757	0,407	$4,83\cdot 10^{4}$
796 [3])	0,424	$5,32\cdot 10^{4}$
*804	0,428	$5,42\cdot 10^{4}$
831	0,440	$5,77\cdot 10^{4}$
860	0,452	$6,15\cdot 10^{4}$
907 [3])	0,471	$6,82\cdot 10^{4}$
940	0,484	$7,28\cdot 10^{4}$
*956	0,491	$7,51\cdot 10^{4}$
996	0,506	$8,12\cdot 10^{4}$
1103	0,545	$9,79\cdot 10^{4}$
1170 [3])	0,567	$1,09\cdot 10^{5}$
**1187	0,573	$1,12\cdot 10^{5}$
1257 [3])	0,595	$1,25\cdot 10^{5}$
1276	0,601	$1,28\cdot 10^{5}$
1308 [3])	0,611	$1,34\cdot 10^{5}$
1341	0,620	$1,40\ 10^{5}$
1488	0,659	$1,68\cdot 10^{5}$

1) Vgl. in H. Geiger und K. Scheel, Handb. d. Phys. XXII, 1926, Springer, L. Meitner, Ziff. 43, S. 133.

2) D. K. Yovanovitch, Presses Universitaires, Paris 1925; D. K. Yovanovitch und A. Proca, C. R. **183**, 878, 1926.

3) D. H. Black, Proc. Roy. Soc. (A) **109**, 166, 1925.

$\mathfrak{H}\mathfrak{R}$	β	P (Volt)
1524	0,668	$1,75\cdot10^{5}$
1588	0,683	$1,88\cdot10^{5}$
**1695	0,707	$2,10\cdot10^{5}$
1737	0,715	$2,19\cdot10^{5}$
2007	0,764	$2,79\cdot10^{5}$
**2047	0,770	$2,88\cdot10^{5}$
2219	0,794	$3,29\cdot10^{5}$
2238	0,797	$3,33\cdot10^{5}$
*2330	0,808	$3,55\cdot10^{5}$
2679 [2])	0,845	$4,42\cdot10^{5}$
2756	0,851	$4,61\cdot10^{5}$
3238	0,886	$5.87\cdot10^{5}$
3368	0,893	$6,23\cdot10^{5}$
4139	0,925	$8,31\cdot10^{5}$
4238 [2])	0,928	$8,61\cdot10^{5}$
*4330	0,931	$8,86\cdot10^{5}$
4555 [2])	0,937	$9,49\cdot10^{5}$
5472	0,955	$1,21\cdot10^{6}$
6468 [2])	0,967	$1,50\cdot10^{6}$
6604 [2])	0,969	$1,54\cdot10^{6}$
*6842	0,971	$1,60\cdot10^{6}$
10060	0,986	$2,56\cdot10^{6}$
16668	0.994_9	$4,52\ 10^{6}$
21276	$0,996_8$	$5,89\cdot10^{6}$
28200	$0,998_3$	$8,17\cdot10^{6}$
	Rd Th [1])	
904	0,47	$6,77\cdot10^{4}$
1007	0,51	$8,28\cdot10^{4}$
	Th X [1])	
1377	0,63	$1,46\cdot10^{5}$
1814	0,73	$2,36\cdot10^{5}$
	Th B [2])	
835	0,442	$5,83\cdot10^{4}$
856	0,450	$6,11\cdot10^{4}$
926	0,479	$7,06\cdot10^{4}$
946	0,487	$7,37\cdot10^{4}$
1020	0,515	$8,48\cdot10^{4}$
1118	0,550	$1,01\cdot10^{5}$
1185	0,572	$1,12\cdot10^{5}$
1352	0,623	$1,42\cdot10^{5}$
**1398	0,636	$1,50\cdot10^{5}$
1452	0,650	$1,61\cdot10^{5}$
1701	0,708	$2,12\cdot10^{5}$
*1764	0,720	$2,25\cdot10^{5}$

$\mathfrak{H}\mathfrak{R}$	β	P (Volt)
1820	0,731	$2,37\cdot10^{5}$
1831	0,733	$2,39\cdot10^{5}$
1926	0,750	$2,61\cdot10^{5}$
2037	0,768	$2,86\cdot10^{5}$
2095	0,777	$3,00\cdot10^{5}$
	Th C + Th C'' [2])	
**541	0,304	$2,52\cdot10^{4}$
*548	0,307	$2,59\cdot10^{4}$
568	0,317	$2,78\cdot10^{4}$
**658	0,361	$3,69\cdot10^{4}$
668	0,366	$3,80\cdot10^{4}$
*684	0,374	$3,98\cdot10^{4}$
689	0,376	$4,04\cdot10^{4}$
830	0,439	$5,77\cdot10^{4}$
960	0,492	$7,58\cdot10^{4}$
1056	0,528	$9,06\cdot10^{4}$
1157	0.563	$1,07\cdot10^{5}$
1249	0,593	$1,23\cdot10^{5}$
1278	0,601	$1.28\cdot10^{5}$
1373	0,629	$1,45\cdot10^{5}$
1421	0,642	$1,55\cdot10^{5}$
1478	0,657	$1,66\cdot10^{5}$
1501	0,662	$1,70\cdot10^{5}$
**1604	0,687	$1,91\cdot10^{5}$
1623	0,691	$1,95\cdot10^{5}$
*1665	0,700	$2,04\cdot10^{5}$
1723	0,713	$2,16\cdot10^{5}$
1817	0,731	$2,36\cdot10^{5}$
1852	0,737	$2,44\cdot10^{5}$
1916	0,749	$2,58\cdot10^{5}$
1939	0,752	$2,64\cdot10^{5}$
1990	0,761	$2,75\cdot10^{5}$
2312	0,806	$3,51\cdot10^{5}$
2475	0,825	$3,91\cdot10^{5}$
**2622	0,839	$4,28\cdot10^{5}$
**2913	0,864	$5,02\cdot10^{5}$
2961	0,867	$5,15\cdot10^{5}$
3057	0,874	$5,40\cdot10^{5}$
3182	0,882	$5,72\cdot10^{5}$
3432	0,896	$6,39\cdot10^{5}$
3650	0,906	$6,99\cdot10^{5}$
3960	0,919	$7,83\cdot10^{5}$
4040	0,922	$8,05\cdot10^{5}$
10080	$0,986_1$	$2,54\cdot10^{6}$
10340	$0,986_7$	$2,63\cdot10^{6}$
10380	$0,986_8$	$2,64\cdot10^{6}$

1) Vgl. A. F. Kovarik und L. W. Mc Keehan, Bull. Nat. Research Council **10** (1) Nr. **51**, Washington, D. C. 1925.

2) D. H. Black, Proc. Roy. Soc. (A) **109**, 166, 1925.

Tabelle 7.

Konstanten der γ-Strahlen, berechnet für runde Werte der Wellenlänge

Es bezeichnet: λ die Wellenlänge in X. E. (1 X. E. $= 10^{-3}$ Å. E. $= 10^{-11}$ cm); $\nu = \frac{c}{\lambda}$ die Schwingungszahl in $\sec^{-1}$; $E = h\nu$ die Energie in Erg; $P = E/e$ die „Voltgeschwindigkeit“ von β-Strahlen gleicher Energie; β die zugehörige β-Strahlgeschwindigkeit in Bruchteilen der Lichtgeschwindigkeit.

λ (X. E.)	ν ($\sec^{-1}$)	E (Erg)	P (Volt)	β
0,01	$2{,}9985 \cdot 10^{23}$	$1{,}964 \cdot 10^{-3}$	$1{,}234 \cdot 10^{9}$	$1-10^{-7}$
0,05	$5{,}9970 \cdot 10^{22}$	$3{,}928 \cdot 10^{-4}$	$2{,}467 \cdot 10^{8}$	$1-3 \cdot 10^{-6}$
0,1	$2{,}9985 \cdot 10^{22}$	$1{,}964 \cdot 10^{-4}$	$1{,}234 \cdot 10^{8}$	$1-10^{-5}$
0,5	$5{,}9970 \cdot 10^{21}$	$3{,}928 \cdot 10^{-5}$	$2{,}467 \cdot 10^{7}$	0,9998
1	$2{,}9985 \cdot 10^{21}$	$1{,}964 \cdot 10^{-5}$	$1{,}234 \cdot 10^{7}$	0,9992
2	$1{,}4993 \cdot 10^{21}$	$9{,}820 \cdot 10^{-6}$	$6{,}168 \cdot 10^{6}$	0,9971
3	$9{,}9950 \cdot 10^{20}$	$6{,}547 \cdot 10^{-6}$	$4{,}112 \cdot 10^{6}$	0,9939
4	$7{,}4963 \cdot 19^{20}$	$4{,}910 \cdot 10^{-6}$	$3{,}084 \cdot 10^{6}$	0,9899
5	$5{,}9970 \cdot 10^{20}$	$3{,}928 \cdot 10^{-6}$	$2{,}467 \cdot 10^{6}$	0,9853
6	$4{,}9975 \cdot 10^{20}$	$3{,}273 \cdot 10^{-6}$	$2{,}056 \cdot 10^{6}$	0,9801
7	$4{,}2836 \cdot 10^{20}$	$2{,}806 \cdot 10^{-6}$	$1{,}762 \cdot 10^{6}$	0,9746
8	$3{,}7481 \cdot 10^{20}$	$2{,}455 \cdot 10^{-5}$	$1{,}542 \cdot 10^{6}$	0,9688
9	$3.3317 \cdot 10^{20}$	$2{,}182 \cdot 10^{-6}$	$1{,}371 \cdot 10^{6}$	0,9627
10	$2{,}9985 \cdot 10^{20}$	$1{,}964 \cdot 10^{-6}$	$1{,}234 \cdot 10^{6}$	0,9564
15	$1{,}9990 \cdot 10^{20}$	$1{,}309 \cdot 10^{-6}$	$8{,}224 \cdot 10^{5}$	0,924
20	$1{,}4993 \cdot 10^{20}$	$9{,}820 \cdot 10^{-7}$	$6{,}168 \cdot 10^{5}$	0,892
25	$1{,}1994 \cdot 10^{20}$	$7{,}856 \cdot 10^{-7}$	$4{,}934 \cdot 10^{5}$	0,861
30	$9{,}9950 \cdot 10^{19}$	$6{,}547 \cdot 10^{-7}$	$4{,}112 \cdot 10^{5}$	0,833
35	$8{,}5671 \cdot 10^{19}$	$5{,}612 \cdot 10^{-7}$	$3{,}525 \cdot 10^{5}$	0,807
40	$7{,}4963 \cdot 10^{19}$	$4{,}910 \cdot 10^{-7}$	$3{,}084 \cdot 10^{5}$	0,782
45	$6{,}6633 \cdot 10^{19}$	$4{,}365 \cdot 10^{-7}$	$2{,}741 \cdot 10^{5}$	0,760
50	$5{,}9970 \cdot 10^{19}$	$3{,}928 \cdot 10^{-7}$	$2{,}467 \cdot 10^{5}$	0,739
55	$5{,}4519 \cdot 10^{19}$	$3{,}571 \cdot 10^{-7}$	$2{,}243 \cdot 10^{5}$	0,720
60	$4{,}9975 \cdot 10^{19}$	$3{,}273 \cdot 10^{-7}$	$2{,}056 \cdot 10^{5}$	0,702
65	$4{,}6131 \cdot 10^{19}$	$3{,}022 \cdot 10^{-7}$	$1{,}898 \cdot 10^{5}$	0,685
70	$4{,}2836 \cdot 10^{19}$	$2{,}806 \cdot 10^{-7}$	$1{,}762 \cdot 10^{5}$	0,669
75	$3{,}9980 \cdot 10^{19}$	$2{,}619 \cdot 10^{-7}$	$1{,}645 \cdot 10^{5}$	0,655
80	$3{,}7481 \cdot 10^{19}$	$2{,}455 \cdot 10^{-7}$	$1{,}542 \cdot 10^{5}$	0,641
85	$3{,}5276 \cdot 10^{19}$	$2{,}311 \cdot 10^{-7}$	$1{,}451 \cdot 10^{5}$	0,628
90	$3{,}3317 \cdot 10^{19}$	$2{,}182 \cdot 10^{-7}$	$1{,}371 \cdot 10^{5}$	0,616
95	$3{,}1563 \cdot 10^{19}$	$2{,}067 \cdot 10^{-7}$	$1{,}299 \cdot 10^{5}$	0,604
100	$2{,}9985 \cdot 10^{19}$	$1{,}964 \cdot 10^{-7}$	$1{,}234 \cdot 10^{5}$	0,593
150	$1{,}9990 \cdot 10^{19}$	$1{,}309 \cdot 10^{-7}$	$8{,}224 \cdot 10^{4}$	0,509
200	$1{,}4993 \cdot 10^{19}$	$9{,}820 \cdot 10^{-8}$	$6{,}168 \cdot 10^{4}$	0,452
250	$1{,}1994 \cdot 10^{19}$	$7{,}856 \cdot 10^{-8}$	$4{,}934 \cdot 10^{4}$	0,411
300	$9{,}9950 \cdot 10^{18}$	$6{,}547 \cdot 10^{-8}$	$4{,}112 \cdot 10^{4}$	0,380
350	$8{,}5671 \cdot 10^{18}$	$5{,}612 \cdot 10^{-8}$	$3{,}525 \cdot 10^{4}$	0.354
400	$7{,}4963 \cdot 10^{18}$	$4{,}910 \cdot 10^{-8}$	$3{,}084 \cdot 10^{4}$	0,335
450	$6{,}6633 \cdot 10^{18}$	$4{,}365 \cdot 10^{-8}$	$2{,}741 \cdot 10^{4}$	0,316
500	$5{,}9970 \cdot 10^{18}$	$3{,}928 \cdot 10^{-8}$	$2{,}467 \cdot 10^{4}$	0,301

λ (X. E.)	ν (sec⁻¹)	E (Erg)	P (Volt)	β
550	$5{,}4519 \cdot 10^{18}$	$3{,}571 \cdot 10^{-8}$	$2{,}243 \cdot 10^{4}$	0,288
600	$4{,}9975 \cdot 10^{18}$	$3{,}273 \cdot 10^{-8}$	$2{,}056 \cdot 10^{4}$	0,276
650	$4{,}6131 \cdot 10^{18}$	$3{,}022 \cdot 10^{-8}$	$1{,}898 \cdot 10^{4}$	0,266
700	$4{,}2836 \cdot 10^{18}$	$2{,}806 \cdot 10^{-8}$	$1{,}762 \cdot 10^{4}$	0,257
750	$3{,}9980 \cdot 10^{18}$	$2{,}619 \cdot 10^{-8}$	$1{,}645 \cdot 10^{4}$	0,249
800	$3{,}7481 \cdot 10^{18}$	$2{,}455 \cdot 10^{-8}$	$1{,}542 \cdot 10^{4}$	0,241
850	$3{,}5276 \cdot 10^{18}$	$2{,}311 \cdot 10^{-8}$	$1{,}451 \cdot 10^{4}$	0,234
900	$3{,}3317 \cdot 10^{18}$	$2{,}182 \cdot 10^{-8}$	$1{,}371 \cdot 10^{4}$	0,228
950	$3{,}1563 \cdot 10^{18}$	$2{,}067 \cdot 10^{-8}$	$1{,}299 \cdot 10^{4}$	0,222
1000	$2{,}9985 \cdot 10^{18}$	$1{,}964 \cdot 10^{-8}$	$1{,}234 \cdot 10^{4}$	0,216
1100	$2{,}7259 \cdot 10^{18}$	$1{,}786 \cdot 10^{-8}$	$1{,}121 \cdot 10^{4}$	0,207
1200	$2{,}4988 \cdot 10^{18}$	$1{,}637 \cdot 10^{-8}$	$1{,}028 \cdot 10^{4}$	0,198
1300	$2{,}3065 \cdot 10^{18}$	$1{,}511 \cdot 10^{-8}$	$9{,}489 \cdot 10^{3}$	0,190
1400	$2{,}1418 \cdot 10^{18}$	$1{,}403 \cdot 10^{-8}$	$8{,}812 \cdot 10^{3}$	0,184
1500	$1{,}9990 \cdot 10^{18}$	$1{,}309 \cdot 10^{-8}$	$8{,}223 \cdot 10^{3}$	0,178
1600	$1{,}8741 \cdot 10^{18}$	$1{,}228 \cdot 10^{-8}$	$7{,}710 \cdot 10^{3}$	0,172
1800	$1{,}6658 \cdot 10^{18}$	$1{,}091 \cdot 10^{-8}$	$6{,}853 \cdot 10^{3}$	0,163
2000	$1{,}4993 \cdot 10^{18}$	$9{,}820 \cdot 10^{-9}$	$6{,}168 \cdot 10^{3}$	0,155
2500	$1{,}1994 \cdot 10^{18}$	$7{,}856 \cdot 10^{-9}$	$4{,}934 \cdot 10^{3}$	0,138
3000	$9{,}9950 \cdot 10^{17}$	$6{,}547 \cdot 10^{-9}$	$4{,}112 \cdot 10^{3}$	0,127
5000	$5{,}9970 \cdot 10^{17}$	$3{,}928 \cdot 10^{-9}$	$2{,}467 \cdot 10^{3}$	0,098
10^4	$2{,}9985 \cdot 10^{17}$	$1{,}964 \cdot 10^{-9}$	$1{,}234 \cdot 10^{3}$	0,070
10^5	$2{,}9985 \cdot 10^{16}$	$1{,}964 \cdot 10^{-10}$	$1{,}234 \cdot 10^{2}$	0,023

Tabelle 8a.

Wellenlängen der γ-Strahlen, bestimmt aus Interferenzen in Kristallen.

ϑ = Glanzwinkel; d = Gitterkonstante (d = 2814 X. E. für Steinsalz; d = 3028 X. E. für Calcit); $\lambda = 2d \sin\vartheta$.

RaB, weiche Strahlung.

λ in X. E.	ϑ	Intensität	Anmerkung	Autor und Literaturhinweis
1365	14° 00′	mittel		Rutherford u. Andrade,
1349	13° 52′	„		III, 15, Lit. 2, S. 148
1315	13° 31′	klein		
1286	13° 14′	„		
1266	13° 00′	„		
1219	12° 31′	„	Übereinstimmend mit	
1196	12° 16′	mittel	*L*-Serie der Ele-	
1175	12° 03′	groß	mrnte Nr. 82 (Pb,	
1141	11° 42′	mittel	RaB, . . .) und Nr. 83	
1100	11° 17′	klein	(Bi, RaC, . . .) nach	
1074	11° 00′	„	Swinne (III, 14, Lit 30,	
1055	10° 48′	„	S. 147) und E. Wag-	
1029	10° 32′	mittel	ner (Phys. Z. 18, 405,	
1006	10° 18′	„	432, 461, 468, 1917).	
982	10° 03′	groß	Alle Messungen mit	
953	9° 45′	mittel	Steinsalz	

λ in X. E.	ϑ	Intensität	Anmerkung	Autor und Literaturhinweis
917	9° 23′	klein	wie S. 638	wie S. 638
853	8° 43′	mittel		
838	8° 34′	„		
809	8° 16′	„		
793	8° 06′	„		

Ra B + Ra C, harte Strahlung.

λ in X. E.	ϑ	Intensität	Anmerkung	Autor und Literaturhinweis
428	4° 22′	—		Rutherford und Andrade, III, 15, Lit. 2, S. 148
(393)	4° 00′	—	Spektrum 2. Ordnung zu 196 X. E. und 159 X. E.?	
(324)	3° 18′	—		
296	3° 00′	—	zur K-Serie	
262	2° 40′	—		
242	2° 28′	—		
229	2° 20′	—		
196	2° 00′	—		
169	1° 43′	groß	K-Linie Ra C?	
159	1° 37′	„	K-Linie Ra B?	
137	1° 24′	—		
116	1° 11′	—		
99	1° 06′	groß		
71	43	—	bis hierher mit Steinsalz	
72	41′	—	mit Calcit	Kovarik, III, 15, Lit. 10, S. 149
66	37,5′	—	„ „	
58	33′	—	„ „	
48	27,5′	—	„ „	
37	21′	—	„ „	
28	16′	—	„ „	

Ms Th und Folgeprodukte

168	—	groß	—	Thibaud, III, 15, Lit. 14, S. 149
145	—	„	zu Rd Th	
62	—	klein	—	
52	—	mittel	zu Th B	

Tabelle 8b.

Wellenlängen der γ-Strahlen, berechnet aus der Energie der β-Strahlen.

Primäre Gammastrahlen von der Energie E_γ erzeugen im zerfallenden Atom selbst oder in fremden Atomen sekundäre β-Strahlen von der Energie E_β. Es ist $E_\gamma = E_\beta + A$, wobei A die Ablösungsarbeit ist, deren Wert von dem Niveau abhängt, aus dem die β-Strahlen stammen. Analog läßt sich E'_γ berechnen in Fällen, wo primäre β Strahlen und aus ihnen sekundär entstandene γ-Strahlen angenommen werden. Die Energie der β-Strahlen wird aus ihrer magnetischen Ablenkbarkeit berechnet.

Radio-element	λ (X.E.)	ν (sec^{-1})	P (Volt)	Intensität	Autor und Literaturhinweis
Ra	66	$4{,}55 \cdot 10^{19}$	$1{,}87 \cdot 10^5$	—	Meitner, III, 15, Lit. 9, S. 149; Hahn und Meitner, III, 15, Lit. 9, 11, S. 149
Ra B	230	$1{,}30 \cdot 10^{19}$	$5{,}36 \cdot 10^4$	—	Ellis u. Skinner, III, 14, Lit. 35, S. 147
	174	$1{,}72 \cdot 10^{19}$	$7{,}40 \cdot 10^4$	—	
	155	$1{,}93 \cdot 10^{19}$	$7{,}98 \cdot 10^4$	—	
	51,9	$5{,}78 \cdot 10^{19}$	$2{,}38 \cdot 10^5$	—	Broglie und Cabrera, III, 15, Lit. 12, S. 149
	51,3	$5{,}85 \cdot 10^{19}$	$2{,}40 \cdot 10^5$	25	Ellis und Skinner; Thibaud, III, 15, Lit. 14, S. 149
	48,0	$6{,}25 \cdot 10^{19}$	$2{,}53 \cdot 10^5$	6	Thibaud
	42,6	$7{,}04 \cdot 10^{19}$	$2{,}90 \cdot 10^5$	—	Broglie und Cabrera
	42,0	$7{,}14 \cdot 10^{19}$	$2{,}94 \cdot 10^5$	30	Ellis und Skinner
	35,6	$8{,}43 \cdot 10^{19}$	$3{,}47 \cdot 10^5$	—	Broglie und Cabrera
	35,2	$8{,}52 \cdot 10^{19}$	$3{,}51 \cdot 10^5$	40	Ellis und Skinner; Thibaud
Ra C (einschl. Ra C″)	209?	$1{,}44 \cdot 10^{19}$	$5{,}9 \cdot 10^4$	—	Ellis und Skinner, wie oben (Existenz fraglich)
	52,1?	$5{,}76 \cdot 10^{19}$	$2{,}37 \cdot 10^5$	—	
	49,8?	$6{,}02 \cdot 10^{19}$	$2{,}48\ 10^5$	—	
	44,4?	$6{,}76 \cdot 10^{19}$	$2{,}78\ 10^5$	—	
	28,9?	$10{,}4 \cdot 10^{19}$	$4{,}28 \cdot 10^5$	—	
	45,4	$6{,}61\ 10^{19}$	$2{,}72 \cdot 10^5$	—	Ellis, III, 15, Lit 7, S. 149
	37,5	$8{,}00 \cdot 10^{19}$	$3{,}29 \cdot 10^5$	—	
	32,0	$9{,}38 \cdot 10^{19}$	$3{,}86 \cdot 10^5$	—	
	30,2	$9{,}93 \cdot 10^{19}$	$4{,}09 \cdot 10^5$	—	Broglie und Cabrera, III, 15, Lit. 12, S. 149
	29,0	$1{,}03 \cdot 10^{20}$	$4{,}26 \cdot 10^5$	—	Thibaud, III, 15, Lit. 14, S. 149
	24,9	$1{,}20 \cdot 10^{20}$	$4{,}96 \cdot 10^5$	—	Ellis
	24,3	$1{,}23 \cdot 10^{20}$	$5{,}09 \cdot 10^5$	—	Thibaud
	21,2	$1{,}41 \cdot 10^{20}$	$5{,}83 \cdot 10^5$	—	
	20,6	$1{,}46 \cdot 10^{20}$	$5{,}99 \cdot 10^5$	—	Broglie und Cabrera
	20,4	$1{,}47 \cdot 10^{20}$	$6{,}05 \cdot 10^5$	s. groß	Thibaud
	20,3	$1{,}48 \cdot 10^{20}$	$6{,}07 \cdot 10^5$	—	Ellis u. Skinner, III, 14, Lit. 35, S. 147
	16,2?	$1{,}85 \cdot 10^{20}$	$7{,}06 \cdot 10^5$	—	Thibaud
	10,93	$2{,}743 \cdot 10^{20}$	$1{,}13 \cdot 10^6$	groß	

Radio-element	λ (X. E.)	ν (sec^{-1})	P (Volt)	Intensität	Autor und Literaturhinweis
RaC einschl. RaC″	10,0	$3{,}00 \cdot 10^{20}$	$1{,}241 \cdot 10^{6}$	klein	Thibaud
	9,93	$3{,}02 \cdot 10^{20}$	$1{,}243 \cdot 10^{6}$	groß	
	7,00	$4{,}29 \cdot 10^{20}$	$1{,}763 \cdot 10^{6}$	klein	
	6,94	$4{,}32 \cdot 10^{20}$	$1{,}768 \cdot 10^{6}$	groß	
	5,56 ?	$5{,}39 \cdot 10^{20}$	$2{,}220 \cdot 10^{6}$	„	
RaD	269	$1{,}12 \cdot 10^{19}$	$4{,}59 \cdot 10^{4}$	—	Meitner, III, 15, Lit. 9, S. 149
	266	$1{,}14 \cdot 10^{19}$	$4{,}67 \cdot 10^{4}$	—	Curtiss, Lit. 2, S. 634
RdAc	390	$0{,}77 \cdot 10^{19}$	$3{,}20 \cdot 10^{4}$	—	Meitner, III, 15, Lit. 9, S. 149
	282	$1{,}06 \cdot 10^{19}$	$4{,}37 \cdot 10^{4}$	—	
	232	$1{,}29 \cdot 10^{19}$	$5{,}32 \cdot 10^{4}$	—	
	201	$1{,}49 \cdot 10^{19}$	$6{,}13 \cdot 10^{4}$	—	
	123	$2{,}44 \cdot 10^{19}$	$1{,}00_4 \cdot 10^{5}$	—	
	82,8	$3{,}62 \cdot 10^{19}$	$1{,}49 \cdot 10^{5}$	—	
	63,0	$4{,}76 \cdot 10^{19}$	$1{,}95 \cdot 10^{5}$	—	
	48,6	$6{,}17 \cdot 10^{19}$	$2{,}53 \cdot 10^{5}$	—	
	43,8	$6{,}85 \cdot 10^{19}$	$2{,}82 \cdot 10^{5}$	—	
	41,1	$7{,}30 \cdot 10^{19}$	$3{,}00 \cdot 10^{5}$	—	
AcX	86	$3{,}49 \cdot 10^{19}$	$1{,}43 \cdot 10^{5}$	—	Meitner, III, 15, Lit. 9, S. 149
	80,4	$3{,}73 \cdot 10^{19}$	$1{,}53 \cdot 10^{5}$	—	
	79	$3{,}80 \cdot 10^{19}$	$1{,}56 \cdot 10^{5}$	—	
	62	$4{,}84 \cdot 10^{19}$	$2{,}00 \cdot 10^{5}$	—	
	46	$6{,}52 \cdot 10^{19}$	$2{,}68 \cdot 10^{5}$	—	
AcC″	35	$8{,}57 \cdot 10^{19}$	$3{,}53 \cdot 10^{5}$	—	Meitner, III, 15, Lit. 9, S. 149
	27	$1{,}11 \cdot 10^{20}$	$4{,}59 \cdot 10^{5}$	—	
	25,7	$1{,}17 \cdot 10^{20}$	$4{,}79 \cdot 10^{5}$	—	
$MsTh_2$	171	$1{,}75 \cdot 10^{19}$	$7{,}2 \cdot 10^{4}$	—	Broglie und Cabrera, III, 15, Lit. 12, S. 149
	59,7	$5{,}03 \cdot 10^{19}$	$2{,}07 \cdot 10^{5}$	—	
	53,0	$5{,}66 \cdot 10^{19}$	$2{,}33 \cdot 10^{5}$	—	
	37,1	$8{,}09 \cdot 10^{19}$	$3{,}33 \cdot 10^{5}$	s. groß	Thibaud, III, 15, Lit. 14, S. 149
	37,0	$8{,}11 \cdot 10^{19}$	$3{,}34 \cdot 10^{5}$	—	Broglie und Cabrera
	29,7	$1{,}01 \cdot 10^{20}$	$4{,}16 \cdot 10^{5}$	—	
	26,9	$1{,}12 \cdot 10^{20}$	$4{,}59 \cdot 10^{5}$	groß	Thibaud
	9,09	$3{,}3 \cdot 10^{20}$	$1{,}36 \cdot 10^{6}$	—	Yovanovitch, Lit. 2, S. 635
	3,53	$8{,}5 \cdot 10^{20}$	$3{,}50 \cdot 10^{6}$	—	
	3,00	$1{,}00 \cdot 10^{21}$	$4{,}11 \cdot 10^{6}$	—	
	2,11	$1{,}42 \cdot 10^{21}$	$5{,}84 \cdot 10^{6}$	—	
	1,55	$1{,}94 \cdot 10^{21}$	$7{,}98 \cdot 10^{6}$	—	
RdTh	147	$2{,}04 \cdot 10^{19}$	$8{,}41 \cdot 10^{4}$	—	Meitner, III, 15, Lit. 9, S. 149
ThB	210	$1{,}43 \cdot 10^{19}$	$0{,}59 \cdot 10^{5}$	—	Black, Lit. 4, S. 634
	203	$1{,}48 \cdot 10^{10}$	$0{,}61 \cdot 10^{5}$	—	
	173	$1{,}73 \cdot 10^{19}$	$0{,}71 \cdot 10^{5}$	—	
	167	$1{,}80 \cdot 10^{19}$	$0{,}74 \cdot 10^{5}$	—	
	52,9	$5{,}67 \cdot 10^{19}$	$2{,}33 \cdot 10^{5}$	—	Thibaud, III, 15, Lit. 14, S. 149
	52.0	$5{,}77 \cdot 10^{19}$	$2{,}36 \cdot 10^{5}$	—	Meitner, III, 15, Lit. 9, S. 149
	51,6	$5{,}81 \cdot 10^{19}$	$2{,}39 \cdot 10^{5}$	—	Black

Radioelement	λ (X. E.)	ν (sec⁻¹)	P (Volt)	Intensität	Autor und Literaturhinweis
Th B	41,6	$7{,}21\cdot10^{19}$	$2{,}97\cdot10^{5}$	—	Ellis, III, 15, Lit. 7, S. 149
	41,3	$7{,}24\cdot10^{19}$	$2{,}98\cdot10^{5}$	—	Thibaud
	41,2	$7{,}27\cdot10^{19}$	$2{,}99\cdot10^{5}$	—	Black
Th C″	301	$9{,}97\cdot10^{18}$	$0{,}41\cdot10^{5}$	—	Black, Lit. 4, S. 634
	85,2	$3{,}52\cdot10^{19}$	$1{,}45\cdot10^{5}$	—	
	58,4	$5{,}13\cdot10^{19}$	$2{,}11\cdot10^{5}$	—	
	53,0	$5{,}66\cdot10^{19}$	$2{,}33\cdot19^{5}$	—	
	48,8	$6{,}15\cdot10^{19}$	$2{,}53\cdot10^{5}$	—	
	47,6	$6{,}30\cdot10^{19}$	$2{,}59\cdot10^{5}$	—	
	45,2	$6{,}63\cdot10^{19}$	$2{,}73\cdot10^{5}$	—	Thibaud, III, 15, Lit. 14, S. 149
	44,2	$6{,}78\cdot10^{19}$	$2{,}79\cdot10^{5}$	—	Black
	42,2	$7{,}10\cdot10^{19}$	$2{,}92\cdot10^{5}$	—	
	24,5	$1{,}22\cdot10^{20}$	$5{,}04\cdot10^{5}$	—	Ellis, III, 15, Lit. 7, S. 149
	23,8	$1{,}26\cdot10^{20}$	$5{,}18\cdot10^{5}$	—	Black
	21,3	$1{,}41\cdot10^{20}$	$5{,}81\cdot10^{5}$	—	Thibaud
	18,7	$1{,}60\cdot10^{20}$	$6{,}58\cdot10^{5}$	—	Black
	13,6	$2{,}21\cdot10^{20}$	$9{,}08\cdot10^{5}$	—	Thibaud
	13,5	$2{,}22\cdot10^{20}$	$9{,}11\cdot10^{5}$	—	
	12,8	$2{,}34\cdot10^{20}$	$9{,}63\cdot10^{5}$	—	
	4,84	$6{,}20\cdot10^{20}$	$2{,}55\cdot10^{6}$	—	Black
	4,71	$6{,}37\cdot10^{20}$	$2{,}62\cdot10^{6}$	—	
	4,66	$6{,}44\cdot10^{20}$	$2{,}65\cdot10^{6}$	—	

Tabelle 8c.

Effektive Wellenlängen der γ-Strahlen, berechnet aus Absorption und Streuung.

Der Schwächungs- oder scheinbare Absorptionskoeffizient μ setzt sich zusammen aus dem wahren Absorptionskoeffizienten μ^* und dem Streuungskoeffizienten σ, also $\mu = \mu^* + \sigma$. Allgemeine Gesetze über die Abhängigkeit dieser beiden Größen von der Wellenlänge siehe bei Glocker (III, 16, Lit. 44, S. 157), Compton (III, 15, Lit. 8, S. 149), Wingårdh (III, 16, Lit. 65, 157), Warburton und Richtmyer (III, 16, Lit. 54, S. 157), Jauncey (III, 16, Lit. 61, S. 157) und Allen (III, 16, Lit. 68, S. 157).

Effektive Wellenlänge der Strahlen von RaC:

λ (X. E.)	berechnet aus	Autor und Literaturangabe
< 63	Absorption	Rutherford, III, 15, Lit. 3, S. 148
< 60	„	Kohlrausch, III, 15, Lit. 4, S 148
80—30	Absorpt. von β-Str.	Prelinger, III, 15, Lit. 5, S. 148
120—60	Streuung	Compton, III, 15, Lit. 8, S. 149 (für weiche Strahlung)
30—25	„	Compton, III, 15, Lit. 8, S. 149 (für harte Strahlung)

λ (X. E.)	berechnet aus	Autor und Literaturangabe
21	Streuung	Owen, Fleming und Fage, III, 15, Lit. 15, S. 149
je 50% {24, 8}	Absorption	Gray, III, 15, Lit. 17, S. 149
19	"	Ahmad und Stoner, III, 15, Lit. 16, S. 149
19,5	Streuung	Ahmad und Stoner, III, 15, Lit. 16, S. 149
4100—100	Absorpt. von γ-Str.	M. Lang, III, 15, Lit. 6, S. 148

Tabelle 9.

Absorptionskonstanten für die γ-Strahlen der Radioelemente.

Strahlenquelle	In Aluminium D cm	In Aluminium μ cm^{-1}	In Aluminium μ/ρ $cm^2 g^{-1}$	In Blei D cm	In Blei μ cm^{-1}	In Blei μ/ρ $cm^2 g^{-1}$
UX_1	0,029	24	8,9	—	—	—
	0,99	0,70	0,26	0,30	2,3	0,20
UX_2	4,95	0,140	0,052	0,96	0,72	0,064
Io	0,00064	1088	403	—	—	—
	0,0305	22,7	8,4	—	—	—
	1,7	0,41	0,15	—	—	—
Ra	0,0020	354	131	—	—	—
	0,043	16,3	6,0	—	—	—
	2,6	0,27	0,1	—	—	—
RaB	0,0030	230	85	0,015	46	4,1
	0,0173	40	15	0,15	4,6	0,41
	1,22	0,57	0,21	0,46	1,5	0,13
RaC und	3,00	0,23	0,085	0,46	1,5	0,13
RaC″	5,47	0,127	0,047	1,3	0,54	0,047
RaD	0,0154	45	16,7	—	—	—
	0,70	0,99	0,37	—	—	—
RaE	2,79	0,25	0,092	—	—	—
RaF	0,0012	585	217	—	—	—
RdAc	0,28	25	9,3	—	—	—
	3,65	0,19	0,07	—	—	—
AcB	0,0058	120	44	—	—	—
	0,022	31	11,5	—	—	—
	1,54	0,45	0,17	—	—	—
AcC″	3.50	0,198	0,073	—	—	—
$MsTh_2$	0,027	26	9,6	0,061	11,3	1,00
				0,25	2,8	0,25
	6,0	0,116	0,043	0,99	0,7	0,062
RdTh	—	—	—	klein	groß	—
ThB	0,0043	160	59	—	—	—
	0,022	32	11,9	—	—	—
	1,9	0,36	0,133	—	—	—
ThC″	7,2	0,096	0,036	1,5	0,46	0,041

$D = 0{,}693 \cdot \frac{1}{\mu}$ = Halbierungsdicke; μ = Absorptionskoeffizient; ρ = Dichte.

Tabelle 10.

Absorptionskonstanten verschiedener Stoffe für die γ-Strahlen von RaC.

Es bezeichnet ϱ die Dichte des absorbierenden Stoffes; μ den Absorptionskoeffizienten in cm^{-1}; $D = 0{,}693 \ldots \cdot \frac{1}{\mu}$ die Halbierungsdicke, μ/ϱ den Massenabsorptionskoeffizienten; die Indices 1 und 2 beziehen sich auf die beiden Komponenten der γ-Strahlung von RaC. Nach K. W. F. Kohlrausch (vgl. S. 322) gilt in seiner Anordnung für die Gesamtstrahlung:

$$J(x) = J_0\,(e^{-\mu_1 x} + 0{,}75\,e^{-\mu_2 x})$$

Absorbierendes Material und Atomnummer		ϱ $g \cdot cm^{-3}$	D_1 cm	D_2 cm	μ_1 cm^{-1}	μ_2 cm^{-1}	μ_1/ϱ $cm^2\,g^{-1}$	μ_2/ϱ $cm^2\,g^{-1}$
6	C	1,8	7,88	4,42	0,088	0,157	0,0489	0,0870
11	Na	0,97	15,4	8,35	0,045	0,083	0,0463	0,0859
12	Mg	1,74	8,35	4,59	0,083	0,151	0,0478	0,0870
13	Al	2,70	5,50	3,03	0,126	0,229	0,0467	0,0848
15	P	2,20	6,36	3,50	0,109	0,198	0,0496	0,0901
16	S	2,0	7,62	3,59	0,091	0,193	0,0458	0,0965
19	K	0,86	14,4	10,5	0,048	0,066	0,0559	0,0772
20	Ca	1,55	9,00	6,25	0,077	0,111	0,0466	0,0719
26	Fe	7,9	1,95	1,10	0,356	0,632	0,0451	0,0799
27	Co	8,6	1,75	1,07	0,396	0,650	0,0461	0,0756
28	Ni	8,8	1,70	0,93	0,408	0,749	0.0463	0,0851
29	Cu	8,9	1,76	0,99	0,395	0,700	0,0444	0,0787
30	Zn	7,1	2,15	1,23	0,322	0,565	0,0453	0,0796
33	As	5,72	2,77	1,44	0,250	0,483	0,0437	0,0844
34	Se	4,8	3,35	1,77	0,207	0,392	0,0431	0,0816
40	Zr	6,4	2,64	1,11	0,263	0,627	0,0411	0,0980
41	Nb	7,1	2,29	1,06	0,303	0,657	0,0426	0,0925
42	Mo	9,0	1,86	0,80	0,373	0,867	0,0414	0,0964
47	Ag	10,5	1,54	0,70	0,451	0,986	0,0429	0,0939
48	Cd	8,6	1,98	0,83	0,350	0,838	0,0407	0,0975
50	Sn	7,28	2,32	1,01	0,299	0,689	0,0411	0,0946
51	Sb	6,6	2,55	1,08	0,272	0,643	0,0412	0,0974
52	Te	6,25	2,61	1,43	0,266	0,485	0,0426	0,0776
74	W	19,1	0,82	0,31	0,850	2,25	0.0445	0,1178
79	Au	19,3	0,77	0,30	0,901	2,30	0,0470	0,1194
80	Hg	13,7	1,12	0,40	0,621	1,73	0,0453	0,1262
82	Pb	11,3	1,30	0,47	0,533	1,49	0,0472	0,1318
83	Bi	9,8	1,79	0,43	0,383	1,63	0,0392	0,1666

Tabelle 11.

Anfangsgeschwindigkeiten der Rückstoßatome.

Strahler	Restatom	Anfangs-geschwindigkeit in 10^7 cm/sec
U_I →	UX_1	2,386
U_{II}	Io	2,544
Io	Ra	2,623
Ra	Rn	2,724
Rn	Ra A	2,961
Ra A	Ra B	3,157
Ra C	Ra C″	2,990
Ra C′	Ra D	3,661
Po	Ra G	3,083
Pa	Ac	2,737
Rd Ac	Ac X	3,019
Ac X	An	3,005
An	Ac A	3,362
Ac A	Ac B	3,575
Ac C	Ac C″	3,436
Ac C′	Ac D	3,614
Th	$MsTh_1$	2,403
Rd Th	Th X	2,857
Th X	Tn	2,987
Tn	Th A	3,200
Th A	Th B	3,389
Th C	Th C″	3,262
Th C′	Th D	3,969

Namenverzeichnis.*)

(Es bedeuten die geradstehend gedruckten Ziffern die Seitenzahlen, die *kursiv* gedruckten die Zitatnummern der Literaturangaben.)

*) Wie bereits in der ersten Auflage dieses Buches wurde das Geschlecht der Autoren im Text nicht angegeben. Für Interessenten sei daher auch diesmal (s. e. e. o.) angeführt, daß die nachstehenden Forscher weiblich sind: E. Albrecht, G. A. Anslow, A. Arsenjewa, M. Artner, H. Becker-Rose, A. Beckmann, M. Belar, W. Bender, E. V. Berger, L. Blanquies, M. Blau, C. Böhm-Wendt, M. A. Bolschanina, E. Bormann, Y. Brière, H. T. Brooks, R. Brunetti, F. M. Cale, C. Chamié, R. Clarke, F. Cook-Gates, I. Curie, M. Curie, E. E. Damon, H. Dobrowolska, A. Dorabialska, M. Dorenfeldt (Dorenfeldt-Holtan), K. M. Downey, T. Ehrenfest, W. E. Fage, H. J. Folmer, H. Fonovits (Fonovits-Smereker), F. Friedmann, A. Gabler, M. Giraud, E. Gleditsch, F. Goldschmidt, G. Halledauer, B. Heimann, Herrick, A. F. R. Hitchins, M. Hornyak, St. Horovitz, J. T. Howell, M. L. Huggins, E. Kara-Michailova, T. Kautz, S. Laborde, M. Lang, J. S. Lattès, H. Leng, M. S. Leslie, S. Maracineanu, L. Meitner, A. Muszkat, M. Nadratowska, B. Naylor, E. Norst-Rubinowicz, A. Obrutsheva, B. Perrette, D. Pettersson, R. Pirret, E. Ramstedt, G. Richter, E. Rona, H. Salbach, E. v. Schroeder, J. M. W. Slater, W. M. Soddy, H. Souczek, Emmy Stein, M. Szeparowicz, J. Szmidt, I. Tacke, H. Towara, M. Wertenstein, E. G. Willcock, M. Wreschner, R. Zlatarovic.

Sachverzeichnis.

Tabellenverzeichnis.

Berichtigungen.

	statt:	lies richtig:
Seite 9, Zeile 11/10 von unten	$0{,}87 \cdot 10^{10}$ bis $2{,}997 \cdot 10^{10}$ $(3 \cdot 10^{10})$	$0{,}32 \cdot 10^{10}$ bis $2{,}993 \cdot 10^{10}$ $(2{,}9985 \cdot 10^{10})$
„ 41, Lit. 24	1925	1926
„ 72, Zeile 13 von oben	Charkterisierung	Charakterisierung
„ 75, „ 17 „ „	selative	relative
„ 75, „ 18 „ „	rolche	solche
„ 122, „ 11 „ unten	0,29 bis 0,986	0,106 bis 0,9983
„ 176, Lit. 9	D. Thurm	O. Thurm
„ 207, Zeile 11, von unten	NO	N, O
„ 207, „ 10, „ „	A	Ar
„ 241, „ 7, von oben	**29**, 240, 1915;	**29**, 420, 1915;
„ 248, Lit. 30	1925	1926
„ 268, „ 23	Coy	Coey
„ 291, Zeile 8 von unten	piezoeletrischer	piezoelektrischer
„ 363, letzte Zeile in Lit. 5	1924	1925
„ 445, Zeile 10 von unten	Hutchinson	Hutchison
„ 459, vorletzte Zeile in Lit. 16	Hutchinson	Hutchison
„ 498, Zeile 11, von oben	Proca[13])	Proca[15])
„ 528, „ 2, „ unten	Yovanowitch	Yovanovitch

GPSR Compliance

The European Union's (EU) General Product Safety Regulation (GPSR) is a set of rules that requires consumer products to be safe and our obligations to ensure this.

If you have any concerns about our products, you can contact us on ProductSafety@springernature.com

In case Publisher is established outside the EU, the EU authorized representative is:

Springer Nature Customer Service Center GmbH
Europaplatz 3
69115 Heidelberg, Germany

Batch number: 10577882

Printed by Printforce, the Netherlands